深基坑防渗体的设计施工与应用

Design, construction and application of impervious works for deep foundation pit

丛蔼森　杨晓东　田　彬　著

知识产权出版社
全国百佳图书出版单位

内容提要

本书是根据作者长期从事设计、科研、施工、咨询和管理的经验和体会，参考国内外地下连续墙、深基础及深基坑的最新经验编写而成的。本书比较系统地介绍了深基坑的渗流分析和计算方法；提出地基土、地下水与结构物相结合，基坑侧壁防渗、水平防渗与基坑降水相结合，安全、质量与经济相结合的基本设计原则；提出了深基坑防渗体的概念和由渗流稳定条件确定深基坑最小入土深度的计算原则；改进了原有的设计路线。本书对现有基坑支护技术规范（程）进行了讨论，对如何看待和使用这些规范（程）提出了建议。

本书分为四篇共25章，分别阐述了深基坑渗流分析与计算方法、深基坑防渗体设计、深基坑工程施工和监测，以及国内外的深基坑（深基础）工程实例。本书对深基坑的设计施工有指导参考意义。

责任编辑：陆彩云　石陇辉　　　　　责任校对：董志英
封面设计：智兴设计室·张国仓　　　　责任出版：卢运霞

图书在版编目（CIP）数据

深基坑防渗体的设计施工与应用/丛蔼森，杨晓东，田彬著．—北京：知识产权出版社，2012.1
　ISBN 978-7-5130-0397-1

Ⅰ．①深… Ⅱ．①丛… ②杨… ③田… Ⅲ．①深基坑—防渗体—施工设计 Ⅳ．①TU46

中国版本图书馆 CIP 数据核字（2011）第 247994 号

深基坑防渗体的设计施工与应用
Shenjikeng Fangshenti De Sheji Shigong Yu Yingyong
丛蔼森　杨晓东　田　彬　著

出版发行：知识产权出版社			
社　　址：北京市海淀区马甸南村 1 号		邮　　编：100088
网　　址：http://www.ipph.cn		邮　　箱：bjb@cnipr.com
发行电话：010-82000860 转 8101/8102		传　　真：010-82005070/82000893
编辑电话：010-82000860 转 8110		编辑邮箱：lcy@cnipr.com
印　　刷：北京富生印刷厂		经　　销：新华书店及相关销售网点
开　　本：787mm×1092mm　1/16		印　　张：53.75
版　　次：2012 年 3 月第 1 版		印　　次：2012 年 3 月第 1 次印刷
字　　数：1381 千字		定　　价：120.00 元
ISBN 978-7-5130-0397-1/TU·029（3865）			

序　　言

钱七虎

本书是一本论述深大基坑渗流分析及防渗体设计、施工的专著，是第一作者丛蔼森教授级高级工程师组织、率领他的团队多年来在该领域密切结合工程实际进行设计、施工、科研、咨询和管理工作的系统总结。

深大基坑是伴随着现代大型基础工程建设发展起来的。在 20世纪第二次世界大战以后的国民经济恢复时期，西方发达国家和日本相继建成了大量深大基础工程。这期间，经过不断探索、研究，在工作中创造性地开发出地下连续墙工法，正是由于这种工法的出现和实施，才使深大基坑和基础工程实现跨越式的发展。

在国际范围内，意大利于 1950 年率先在坝工领域建成世界上第一座地下连续墙。随后，在美国、德国、日本等国家迅速得到推广应用。近年来，在日本最大基坑开挖深度达 110.1m，使用超级液压铣槽机和抓斗建成的地下连续墙深度达140m，厚度达 2.8m，均居国际前列。

目前，在各国的深大基坑建设中，地下连续墙工法已普遍应用于水利、水电、矿山、建筑、城市地铁、减灾防灾、环境保护等领域，取得了显著的社会效益和经济效益。

我国于 20 世纪 50 年代后期，在青岛月子口、北京密云水库开始试验并应用地下连续墙技术。此后在各种深大基坑基础建设中不断加以推广，应用范围日益扩大。目前，国内最深的地下防渗墙达 158m（西藏旁多水电站）。最深的地下连续墙达 77m，深基础和深基坑的开挖深度达 50.1m。

值得注意的是，进入 21 世纪以来，在全球范围内，经济发展和基础建设格局发生了相当大的变化。在欧美等发达国家，由于经济发展缓慢，基础建设相对萎缩；而在我国，随着国民经济的腾飞，各个领域的大规模基础建设工程不断涌现，从而有力地推动了深大基坑设计、施工技术的长足进步。

但是，在取得辉煌成绩的同时，我国在深大基坑建设中也发生了不少事故，有的甚至造成人员伤亡。究其原因，大部分事故与基坑渗流设计、施工不当有关。加之现行规程、规范对上述问题论述甚少，远不能满足工程要求。因此，著者在分析、总结国内外大量科研成果和工程实例的基础上，就此专题进行全面、系统的论述是十分必要的。专著中不乏创新性观点，如著者提出的地基土、地下水和结构物相结合，基坑侧壁防渗、水平防渗和基坑降水相结合，安全、质量和经济相结合的设计原则，以及深基坑防渗体的概念和由渗流稳定条件确定深基坑最小入土深度的计算原则等都值得大家关注。

专著的第一作者丛蔼森同志是国际基础协会会员，中国岩石力学与工程学会理事、锚固与注浆分会副理事长，中国水利学会地基基础委员会副主任委员，中国深基础协会理事。历年来，丛蔼森同志积极参加了国内外各种学术活动，在从事或主持水利、市政、环保和地基基础工程的规划、设计和科研工作 27 年之后，近 20 年来主要在深大基坑工程建设施工领域辛勤耕耘，不断探索，持续创新。在治学过程中，他始终把参与工程实践放在重要地位，善于从工程实践中发现问题，解决问题，提高理论水平，促进学科发展。他的代表性专著《地下连续墙的设计施工与应用》于 2001 年出版后，深受广大读者的欢迎。

　　现在，为满足工程上的迫切需要，丛蔼森同志又主持出版一本新的专著《深基坑防渗体的设计施工与应用》，无疑具有十分重要的意义。

　　本书的特点在于理论密切联系实际，论证充分、深入浅出，便于广大工程技术人员在设计施工中应用。此外，该书列举了大量工程实例，既包括大量成功的经验，也包括不少失败的教训，便于读者学习、借鉴。不言而喻，该书的问世必将进一步推动深大基坑学科发展、工程应用及相关规程、规范的修订，不但填补了国内的空白，在国际领域也堪称上流。

中国工程院院士
中国岩石力学与工程学会理事长
2011 年 10 月 12 日

前　言

　　本书讨论的是深大基坑的渗流分析与防渗体设计。

　　基坑，土中挖坑是也。自从人类从树上走向大地，先是利用天然岩洞得以栖身，后来发展到在土中挖坑，上覆树枝、树皮以为房屋，生生不息。更有大者，相传轩辕黄帝在涿鹿的丘山之中，掘土以为城池，以御外敌。现在西北高原上的黄土窑洞，想必是先民遗风吧。这都是很久远的历史了。

　　现代基坑工程是随着资本主义的工业革命起步和发展的。高大建筑物必须有深厚的基础才能站立在历史的长河边，而要把它建设完成，则必须先把基坑挖好。

　　这里要指出的是，随着地下连续墙技术的出现和发展，才使深大基坑工程能够以日新月异的速度向深、大、难方向发展。所以这里要回忆一下地下连续墙的由来和发展历程。

　　地下连续墙首先是由意大利1950年在水库大坝中建成的，至今已有60年历史。其后在米兰地铁中得到应用，又推广到其他工程中。

　　1954年建成了槽板式地下连续墙，也就是我们常说的地下连续墙。此后，德国、日本和美国相继引进效仿和发展。

　　我国是在清华大学黄文熙教授1957年赴意大利考察后，1958年在青岛月子口试验建成了桩排式防渗墙，1958～1959年在密云水库试验建成了槽孔（板）式防渗墙，这就是目前大量应用的地下连续墙的前身。可见我国的地下连续墙技术起步并不算晚，但在施工设备制造能力和施工水平上相对弱些。

　　我国从20世纪80年代末和90年代初开始引进国外的液压抓斗，2000年以后又引进了国外的液压双轮铣，并进行了一些自主生产和自主研发创新，使我国的地下连续墙技术越来越接近了国际先进水平。

　　日本的地下连续墙技术在世界上是最先进的，已经使用超级液压铣槽和抓斗建成了最深150m厚度达2.8m的地下连续墙，最大的深基坑（竖井）内径达到144m，开挖深度已达到110.1m。

　　我国目前在西部地区的高山峡谷中建设的水电站，如西藏旁多水电站的防渗墙已经达到了158m；深基础和深基坑的开挖深度最大达到50.1m，地下连续墙的深度达到了77m，墙厚达到1.5m，取得了可喜的成果。

　　近年来，我国经济建设飞速发展，各类基础设施和许多大型、超深的基坑和深基础工程正在进行规划设计和施工。由于设计、施工地质勘察和运行管理方面的缺陷和失误，导致了不少基坑发生了质量事故，有的则涉及人身安全，造成了不必要的损失，日益引起人们的重视。

　　在这些事故中，有80％以上是与水有关系的。由于对基坑渗流理解不深，造成了一些本来可以避免的工程事故。

　　从事故的原因来分析，涉及规划设计、地质勘探、施工工艺和运行管理以及监理等方面。笔者认为设计是重要环节，有的设计本身就存在问题，即使再认真施工，避免不了发生渗流破坏。而目前设计所采用的基坑支护设计规范存在不少问题，这才是问题的根源所在。所以对这些规程有必要进行讨论、修改。总之，在深基坑的设计施工中，还存在着一些似是而非的、认识不一致的模糊问题，需要集思广益、取长补短、深入探讨这些问题。

笔者（指本书第一作者，以下同）从事水工建筑、岩土和地基基础工程设计27年后，又从事地基基础施工20年，积累了一定的设计、施工的心得体会，并于2001年出版了《地下连续墙的设计施工与应用》一书。笔者先后三次主持地下连续墙和深基坑的科研课题研究，并对多个地方的深基坑工程进行了技术咨询。在近几年接触的各种深基坑工程中，笔者深感深大基坑的渗流分析计算与防渗体设计施工等方面存在着对地下水认识不深、对渗流问题理解更少的问题。而目前的规范、规程中和一些书籍中，对此关注也少，有些只是浅显的内容。从施工实践来看，需要一本深入浅出、实用的深基坑渗流方面的书籍供有关人员学习、参考。

笔者希望把自己在地下连续墙设计施工、科研和现场咨询以及在深基坑渗流和防渗体设计施工方面的心得体会，以及收集到的国内外有关方面的最新资料，写入此书，供大家参考。

本书是根据笔者长期从事设计、科研、施工、咨询和管理的经验和体会，参考国内外地下连续墙、深基础及深基坑的最新经验编写而成的。本书比较系统地介绍了深基坑的渗流分析和计算方法；提出地基土、地下水和结构物相结合，基坑侧壁防渗、水平防渗和基坑降水相结合，安全、质量和经济相结合的基本设计原则；提出了深基坑防渗体的概念和由渗流稳定条件确定深基坑最小入土深度的计算原则；改进了原有的设计路线。本书对现有基坑支护技术规范（程）进行了讨论，对如何看待和使用这些规范（程）提出了建议。

本书共分四篇25章，分别阐述了深基坑渗流分析与计算方法、深基坑防渗体设计、深基坑工程施工和监测，以及国内外的深基坑（深基础）工程实例。本书对深基坑的设计施工有指导参考意义。

本书由丛蔼森主笔写稿。本书在写作过程中，中国科学院地质和地球物理研究所傅冰骏研究员、原华北水电学院院长张镜健教授和中国水利水电科学研究院副院长、中国岩石力学与工程学会锚固与注浆分会主任委员杨晓东教授等专家，参与了本书策划工作，并审阅了本书重点章节内容。杨晓东教授还参与了部分章节的写作，中国水电七局、成都水利水电建设有限公司田彬高级工程师参与施工篇和应用篇的策划和部分章节的编写工作。在此表示衷心感谢！

梁建民工程师全程参与了本书的写作和组织编排工作，在此表示感谢。对于参与电算的许国安研究员、刘昌军高级工程师、李鹏辉教授和高晓军总工程师，表示衷心感谢！对于提供技术资料的各位同行表示感谢！

丛蔼森

2011 年 8 月 3 日

目　　录

第一篇　概　　论

第1章　基坑工程概述 …………………………………………………………… 1

1.1　基坑的基本概念 ……………………………………………………………… 1

1.2　地下连续墙的优缺点 ………………………………………………………… 1

1.3　深基坑和深基础工程的发展概况 …………………………………………… 2

　1.3.1　概述 ……………………………………………………………………… 2

　1.3.2　地下连续墙的施工深度 ………………………………………………… 2

　1.3.3　基坑内部开挖深度 ……………………………………………………… 2

　1.3.4　钢筋混凝土地下连续墙的厚度 ………………………………………… 3

　1.3.5　深基坑的平面尺寸 ……………………………………………………… 3

　1.3.6　混凝土的强度 …………………………………………………………… 3

　1.3.7　地下连续墙深基础 ……………………………………………………… 4

1.4　基坑工程的设计要点 ………………………………………………………… 4

　1.4.1　概述 ……………………………………………………………………… 4

　1.4.2　支护结构的内力计算与细部设计 ……………………………………… 4

　1.4.3　防渗和降水设计 ………………………………………………………… 4

　1.4.4　地基处理设计 …………………………………………………………… 5

　1.4.5　检测和监测 ……………………………………………………………… 6

1.5　设计思路的改进 ……………………………………………………………… 6

1.6　本书写作说明 ………………………………………………………………… 7

第2章　地基土（岩）和地下水的基本概念 …………………………………… 8

2.1　概述 …………………………………………………………………………… 8

　2.1.1　土的基本概念 …………………………………………………………… 8

　2.1.2　土的矿物成分和特性 …………………………………………………… 8

2.2　土的基本性能 ………………………………………………………………… 8

　2.2.1　土的物理性质和化学特性 ……………………………………………… 8

　2.2.2　土的基本力学性质 ……………………………………………………… 10

　2.2.3　土的分类 ………………………………………………………………… 11

　2.2.4　几种特种土 ……………………………………………………………… 12

2.3　岩石的基本概念 ……………………………………………………………… 12

　2.3.1　岩石的分类 ……………………………………………………………… 12

　2.3.2　岩石的基本性能 ………………………………………………………… 15

  2.3.3　残积土和风化带 …………………………………………………… 16
2.4　地下水 ……………………………………………………………………… 19
  2.4.1　地下水分类 …………………………………………………………… 19
  2.4.2　地下水特性 …………………………………………………………… 20
  2.4.3　地下水的作用 ………………………………………………………… 22
  2.4.4　地下水对基坑工程的影响 …………………………………………… 22
  2.4.5　岩石中的地下水 ……………………………………………………… 23
2.5　土的渗透性 ………………………………………………………………… 24
  2.5.1　基本概念 ……………………………………………………………… 24
  2.5.2　土的渗透性和达西定律 ……………………………………………… 25
  2.5.3　渗流作用力 …………………………………………………………… 27
  2.5.4　渗透系数的测定和参考建议值 ……………………………………… 29
2.6　流网和电拟实验 …………………………………………………………… 35
  2.6.1　概述 …………………………………………………………………… 35
  2.6.2　描述稳定渗流场的拉普拉斯方程 …………………………………… 35
  2.6.3　流网的一般特征 ……………………………………………………… 36
  2.6.4　电拟实验 ……………………………………………………………… 37
2.7　渗流破坏类型和判别 ……………………………………………………… 39
  2.7.1　概述 …………………………………………………………………… 39
  2.7.2　土体渗流破坏型式 …………………………………………………… 40
  2.7.3　临界渗透坡降的计算 ………………………………………………… 43
  2.7.4　渗流破坏型式的判别 ………………………………………………… 47
  2.7.5　砂砾地基的渗透变形特点 …………………………………………… 52
  2.7.6　黏性土地基的渗透变形特点 ………………………………………… 54
  2.7.7　坑底残积土渗透破坏判别 …………………………………………… 55
2.8　砂的液化 …………………………………………………………………… 55
2.9　本章小结 …………………………………………………………………… 57
  2.9.1　土（岩）和地下水的相互作用和影响 ……………………………… 57
  2.9.2　土的渗透破坏 ………………………………………………………… 57
  2.9.3　粉细砂的液化问题 …………………………………………………… 57
  2.9.4　计算单位问题 ………………………………………………………… 57

第3章　槽孔的稳定 ……………………………………………………………… 59
3.1　概述 ………………………………………………………………………… 59
3.2　非支撑槽孔的稳定 ………………………………………………………… 59
  3.2.1　干砂层中挖槽 ………………………………………………………… 59
  3.2.2　黏土层内挖槽 ………………………………………………………… 60
3.3　黏土中泥浆槽孔的稳定 …………………………………………………… 61
  3.3.1　稳定分析方法 ………………………………………………………… 61
  3.3.2　黏土中挖槽的特殊问题 ……………………………………………… 62
3.4　砂土中泥浆槽孔的稳定 …………………………………………………… 64

　　3.4.1　干砂中泥浆槽孔的稳定性 ………………………………………… 64
　　3.4.2　含水砂层中泥浆槽孔的稳定性 …………………………………… 65
　　3.4.3　粉砂及粉质砂土中的深槽 ………………………………………… 66
　　3.4.4　砂土中挖槽的特殊问题 …………………………………………… 66
　3.5　槽孔稳定性的深入研究 …………………………………………………… 67
　　3.5.1　黏土中的槽孔 ……………………………………………………… 67
　　3.5.2　浇注混凝土时的槽孔稳定 ………………………………………… 68
　　3.5.3　砂土中的深槽 ……………………………………………………… 68
　　3.5.4　泥浆的渗透作用 …………………………………………………… 69
　　3.5.5　泥皮对槽孔稳定的影响 …………………………………………… 70
　　3.5.6　槽孔的圆弧滑动 …………………………………………………… 72
　　3.5.7　槽孔的稳定分析 …………………………………………………… 72
　3.6　泥浆的流变性对槽孔稳定的影响 ………………………………………… 77
　3.7　深槽周围的地面沉降 ……………………………………………………… 78
　3.8　泥浆与地基土的相互作用 ………………………………………………… 78
　　3.8.1　护壁 ………………………………………………………………… 79
　　3.8.2　渗透 ………………………………………………………………… 79
　　3.8.3　界面化学作用 ……………………………………………………… 80
　3.9　关于槽孔稳定问题的讨论 ………………………………………………… 81
　　3.9.1　有利于槽孔稳定的因素 …………………………………………… 81
　　3.9.2　不利于槽孔稳定的因素 …………………………………………… 81
　　3.9.3　提高槽孔稳定性的措施 …………………………………………… 81
　3.10　混凝土浇注过程中的槽孔稳定性 ……………………………………… 82
　　3.10.1　非常松散的砂基 ………………………………………………… 82
　　3.10.2　软土地基 ………………………………………………………… 82
　　3.10.3　黏性土地基 ……………………………………………………… 82
　3.11　工程实例 ………………………………………………………………… 82
　3.12　本章小结 ………………………………………………………………… 85

第4章　地下连续墙和深基坑（础）的试验研究成果和论文 ………………… 86
　4.1　槽孔混凝土成墙规律试验研究 …………………………………………… 86
　　4.1.1　概述 ………………………………………………………………… 86
　　4.1.2　模型设计制作 ……………………………………………………… 86
　　4.1.3　试验方法及内容 …………………………………………………… 88
　　4.1.4　槽孔混凝土的流动形态 …………………………………………… 89
　　4.1.5　在泥浆下浇注槽孔混凝土的几种现象 …………………………… 97
　　4.1.6　地下连续墙质量缺陷的试验研究 ………………………………… 98
　4.2　地下连续墙质量缺陷和预防 …………………………………………… 105
　　4.2.1　地下连续墙墙体质量缺陷 ……………………………………… 105
　　4.2.2　其他质量缺陷 …………………………………………………… 109
　4.3　多层地基和承压水深基坑的渗流问题探讨 …………………………… 111

4.3.1　引言 ……………………………………………………………… 111

4.3.2　对基坑支护的基本要求 …………………………………………… 112

4.3.3　深基坑渗流特性 …………………………………………………… 112

4.3.4　基坑渗流计算 ……………………………………………………… 113

4.3.5　深基坑抗渗设计要点 ……………………………………………… 117

4.3.6　基坑渗流控制措施 ………………………………………………… 118

4.3.7　结论 ………………………………………………………………… 119

4.4　当前基坑支护工程必须考虑渗流稳定问题

　　　——《建筑基坑支护技术规程》（JGJ 120—1999）中有关问题的讨论 …… 119

4.4.1　当前基坑工程出现的一些问题 …………………………………… 119

4.4.2　从实践中发现 JGJ 120—1999 存在的一些不足之处 …………… 120

4.4.3　对基坑渗流压力与静止水压力的理解 …………………………… 120

4.4.4　对承压水的理解 …………………………………………………… 120

4.4.5　对基坑土体多样（层）性的认识 ………………………………… 120

4.4.6　对入土深度 h_d 的讨论 …………………………………………… 121

4.4.7　基坑坑底的渗流稳定分析 ………………………………………… 124

4.4.8　对基坑防渗体和地下连续墙合理深度的讨论 …………………… 125

4.4.9　关于基坑降水（水位）的讨论 …………………………………… 126

4.4.10　结语 ……………………………………………………………… 127

4.5　非圆形大断面的地下连续墙深基础工程综述 …………………………… 127

4.5.1　引言 ………………………………………………………………… 127

4.5.2　井筒式地下连续墙基础 …………………………………………… 129

4.5.3　墙桩（条桩）的设计 ……………………………………………… 133

4.5.4　我国的应用实例 …………………………………………………… 136

4.6　高压喷射灌浆技术的最新进展 …………………………………………… 144

4.6.1　概述 ………………………………………………………………… 144

4.6.2　单管法的新进展 …………………………………………………… 146

4.6.3　改良后的二重管法 ………………………………………………… 146

4.6.4　三重管法 …………………………………………………………… 146

4.6.5　多重管法 …………………………………………………………… 147

4.6.6　超级喷射法（SUPER JET） ……………………………………… 147

4.6.7　交叉喷射法（X—JET） …………………………………………… 148

4.6.8　喷射搅拌法（JACSMAN） ……………………………………… 149

4.6.9　低变位喷射搅拌工法（LDis） …………………………………… 150

4.6.10　扩幅式喷射搅拌工法（SEING—JER） ………………………… 150

4.6.11　喷射干粉工法 …………………………………………………… 150

4.6.12　苏联的喷射冷沥青技术 ………………………………………… 150

4.6.13　意大利的 RJP 工法 ……………………………………………… 152

4.6.14　关于浆液的改进 ………………………………………………… 155

4.6.15　关于高喷灌注体的质量检验 …………………………………… 155

4.6.16　结语 ··· 156

第5章　深基坑支护工程总体设计要点 ······························ 157

5.1　概述 ··· 157

5.1.1　发展概况 ·· 157

5.1.2　我国发展概况 ··· 158

5.2　深基坑支护结构设计要点 ·································· 159

5.2.1　概述 ··· 159

5.2.2　深基坑支护的主要型式 ································ 162

5.2.3　支护结构选型 ·· 168

5.2.4　基坑安全等级分类 ······································ 169

5.2.5　设计基本原则 ·· 169

5.2.6　设计内容 ·· 170

5.3　设计荷载和计算参数 ··· 170

5.3.1　概述 ··· 170

5.3.2　土的抗剪强度与强度指标的选定 ··················· 171

5.3.3　土压力计算 ··· 178

5.3.4　地下水对土压力的影响和计算 ····················· 187

5.3.5　特殊情况下的土压力 ··································· 190

5.3.6　土的常用参数及其选用 ································ 190

5.3.7　结构及土体参数的选用计算 ························· 196

5.4　地下连续墙设计 ·· 200

5.4.1　概述 ··· 200

5.4.2　地下连续墙的特点和适用条件 ····················· 200

5.4.3　地下连续墙的细部设计 ································ 201

5.4.4　T形地下连墙设计要点 ································· 205

5.4.5　我国的T形地下连续墙 ································ 211

5.5　基坑土体加固 ··· 214

5.5.1　概述 ··· 214

5.5.2　基坑内被动区的加固方法 ····························· 215

5.5.3　被动区加固设计 ··· 218

5.5.4　基坑加固的其他方法 ··································· 221

5.6　本章小结 ··· 223

第6章　井筒式深基础工程设计要点 ······························ 225

6.1　概述 ··· 225

6.1.1　发展概况 ·· 225

6.1.2　地下连续墙基础的分类 ································ 227

6.2　井筒式基础的设计 ··· 228

6.2.1　概述 ··· 228

6.2.2　深基础的设计条件 ······································ 230

6.2.3　设计流程 ·· 231

　　　6.2.4　基础的平面形状 ……………………………………………… 232
　　　6.2.5　基础的稳定计算 ………………………………………………… 232
　　　6.2.6　细部设计 …………………………………………………………… 239
　　　6.2.7　顶板（承台）的设计 …………………………………………… 243
　　　6.2.8　设计实例 1 ………………………………………………………… 244
　　　6.2.9　设计实例 2 ………………………………………………………… 250
　6.3　建筑深基础的设计要点 ………………………………………… 253
　　　6.3.1　概述 …………………………………………………………………… 253
　　　6.3.2　周边地下连续墙桩 ………………………………………………… 254
　　　6.3.3　组合建筑基础的设计 ……………………………………………… 260
　6.4　本章小结 …………………………………………………………… 267

第二篇　深基坑的渗流分析和防渗体设计

第 7 章　深基坑的渗流分析与计算 ……………………………………… 270
　7.1　概述 …………………………………………………………………… 270
　　　7.1.1　渗流分析的目的 …………………………………………………… 270
　　　7.1.2　渗流计算内容 ……………………………………………………… 270
　　　7.1.3　渗流计算水位 ……………………………………………………… 271
　　　7.1.4　最不利的计算情况 ………………………………………………… 271
　7.2　基坑渗流的基本计算方法 ……………………………………… 271
　　　7.2.1　概述 …………………………………………………………………… 271
　　　7.2.2　基坑渗流水压力计算 ……………………………………………… 272
　　　7.2.3　基坑底部垂直渗流水压力计算 …………………………………… 274
　　　7.2.4　水下混凝土底板的抗浮计算 ……………………………………… 276
　　　7.2.5　板桩基坑中的渗流计算 …………………………………………… 278
　　　7.2.6　基坑支护水压力探讨 ……………………………………………… 280
　7.3　深基坑综合渗流分析方法和实例 ……………………………… 281
　　　7.3.1　概述 …………………………………………………………………… 281
　　　7.3.2　基坑工程基本资料 ………………………………………………… 281
　　　7.3.3　计算原理和方法 …………………………………………………… 282
　　　7.3.4　计算研究的成果分析 ……………………………………………… 284
　　　7.3.5　坑底地基的渗透稳定分析和安全评估 ………………………… 290
　　　7.3.6　小结 …………………………………………………………………… 292
　7.4　三维空间有限元 1 ………………………………………………… 292
　　　7.4.1　概述 …………………………………………………………………… 292
　　　7.4.2　燕塘站基坑渗流计算 ……………………………………………… 292
　7.5　三维空间有限元 2 ………………………………………………… 298
　　　7.5.1　概述 …………………………………………………………………… 298
　　　7.5.2　燕塘站计算结果及分析 …………………………………………… 298
　7.6　支护墙（桩）裂隙渗流计算 …………………………………… 306

7.6.1　概述 ································· 306

7.6.2　工程概况 ······························ 306

7.6.3　桩间空隙的渗流计算 ······················ 306

7.6.4　渗流计算结果 ·························· 307

7.6.5　桩间灌浆帷幕的评价 ······················ 311

7.6.6　咬合桩防渗帷幕实例 ······················ 311

7.6.7　防渗墙的开叉（裂缝） ····················· 315

7.7　潜水条件下基坑渗流分析小结 ···················· 315

7.7.1　概述 ······························ 315

7.7.2　地下连续墙悬挂在砂层中 ···················· 316

7.7.3　地下连续墙悬挂在坑底表层有黏土的砂层中 ············ 316

7.7.4　地下连续墙悬挂在双层地基中 ·················· 317

7.7.5　地下连续墙底深入黏土层内 ··················· 317

7.7.6　小结 ······························ 318

7.8　深基坑防渗体渗流分析小结 ····················· 318

7.8.1　概述 ······························ 318

7.8.2　深基坑防渗体深度的确定 ···················· 318

7.8.3　渗流计算方法的选定 ······················ 320

7.8.4　潜水和承压水的渗流计算方法 ·················· 321

7.8.5　水泵失电（动力）计算和防护 ·················· 322

7.8.6　岩石风化层对渗流的影响 ···················· 322

第8章　深大基坑的渗流控制 ······················· 324

8.1　渗流控制的基本任务 ························· 324

8.2　渗流控制原则 ···························· 324

8.2.1　渗流控制目的 ·························· 324

8.2.2　基本措施 ···························· 324

8.2.3　防渗和止水 ··························· 324

8.2.4　基坑降水 ···························· 324

8.2.5　反滤 ······························ 325

8.3　允许渗透坡降的参考值 ························ 325

8.3.1　渗流安全准则 ·························· 325

8.3.2　水利水电地质勘察规范 ····················· 325

8.3.3　水闸设计规范推荐的允许渗流坡降值 ··············· 326

8.3.4　管涌土允许平均渗流坡降 ···················· 326

8.3.5　管涌土允许渗透坡降与含泥量的关系 ··············· 327

8.3.6　黏性土体的允许渗流坡降 ···················· 327

8.4　对基坑底部地基抗浮稳定的讨论 ··················· 327

8.4.1　坑底抗浮稳定和结构物抗浮的区别 ················ 327

8.4.2　坑底抗浮的有利和不利因素 ··················· 328

8.4.3　如何判断坑底抗浮稳定性 ···················· 328

8.5　本章小结 ······························ 329

第9章　深基坑的防渗体设计 ···································· 330

9.1　概述 ··· 330

　9.1.1　设计要点 ·· 330

　9.1.2　深基坑防渗措施 ··· 330

　9.1.3　不透水层 ··· 331

9.2　基坑底部的防渗轮廓线 ······································· 332

　9.2.1　概述 ··· 332

　9.2.2　防渗轮廓线设计要点 ····································· 332

　9.2.3　地下连续墙底进入不透水层的必要性 ····················· 334

　9.2.4　小结 ··· 335

9.3　地下连续墙的入土深度 ······································· 335

　9.3.1　概述 ··· 335

　9.3.2　地下连续墙入土深度的确定 ······························· 335

9.4　深基坑防渗体的合理深度 ····································· 337

　9.4.1　概述 ··· 337

　9.4.2　基坑的防渗和降水方案的比较 ····························· 337

　9.4.3　防渗墙和帷幕的比较 ····································· 338

　9.4.4　深基坑防渗体的合理深度 ································· 338

9.5　深基坑垂直防渗体设计 ······································· 338

　9.5.1　垂直防渗体设计要点 ····································· 338

　9.5.2　地下连续墙兼做防渗墙 ··································· 339

　9.5.3　地下连续墙与灌浆帷幕 ··································· 343

　9.5.4　高压喷射灌浆和水泥土搅拌法 ····························· 350

　9.5.5　深基坑外围防渗体的设计 ································· 369

9.6　基坑底部的水平防渗体设计 ··································· 376

　9.6.1　概述 ··· 376

　9.6.2　坑底水平防渗设计 ······································· 377

　9.6.3　坑底水平防渗措施 ······································· 378

　9.6.4　对水平防渗帷幕漏洞的讨论 ······························· 382

9.7　悬挂式防渗墙的基坑设计要点 ································· 390

　9.7.1　何时用悬挂式防渗体 ····································· 390

　9.7.2　设计要点 ··· 391

　9.7.3　悬挂式基坑支护的防渗设计 ······························· 391

9.8　深基础的基坑防渗设计 ······································· 391

　9.8.1　概述 ··· 391

　9.8.2　井筒式深基础的基坑设计要点 ····························· 392

9.9　本章小结 ··· 392

　9.9.1　深基坑工程设计的基本原则 ······························· 392

　9.9.2　以渗流控制为主的设计新思路 ····························· 392

　9.9.3　深大基坑应优先考虑防渗为主 ····························· 392

　9.9.4　基坑入土深度的确定 ····································· 393

9.9.5　深基坑防渗体的概念 ……………………………………… 393

9.9.6　深基坑垂直防渗体设计 …………………………………… 393

9.9.7　坑底水平防渗帷幕 ………………………………………… 394

9.9.8　深基础的基坑防渗设计 …………………………………… 394

9.9.9　悬挂式防渗墙 ……………………………………………… 394

第 10 章　深基坑降水 ……………………………………………… 396

10.1　概述 ……………………………………………………………… 396

10.1.1　降水的作用 ………………………………………………… 396

10.1.2　基坑渗水量估算 …………………………………………… 396

10.1.3　降排水方法与适用范围 …………………………………… 396

10.1.4　事故停止抽水的核算 ……………………………………… 397

10.1.5　施工降水引起地面的沉降与变形 ………………………… 397

10.2　基坑降水的最低水位 ………………………………………… 398

10.2.1　概述 ………………………………………………………… 398

10.2.2　地铁接地线施工要求的地下水位 ………………………… 398

10.2.3　残积土基坑的降水水位 …………………………………… 398

10.2.4　承压水基坑的降水水位 …………………………………… 398

10.3　基坑降水计算 …………………………………………………… 398

10.4　基坑降水设计要点 …………………………………………… 399

10.4.1　概述 ………………………………………………………… 399

10.4.2　应掌握的资料 ……………………………………………… 399

10.4.3　基坑降水设计过程 ………………………………………… 400

10.4.4　基坑降水应以内降水为主，外降水为辅 ………………… 400

10.5　井点降水 ………………………………………………………… 400

10.5.1　概述 ………………………………………………………… 400

10.5.2　井点降水设计 ……………………………………………… 405

10.5.3　滤水管的设计 ……………………………………………… 408

10.5.4　渗水井点的设计与施工 …………………………………… 409

10.5.5　小结 ………………………………………………………… 411

10.6　疏干井和减压井 ……………………………………………… 411

10.6.1　概述 ………………………………………………………… 411

10.6.2　疏干井设计 ………………………………………………… 411

10.6.3　减压井降水设计 …………………………………………… 412

10.6.4　小结 ………………………………………………………… 415

10.7　超级真空井点降水 …………………………………………… 416

10.8　回灌 ……………………………………………………………… 417

10.8.1　概述 ………………………………………………………… 417

10.8.2　回灌井的设计 ……………………………………………… 418

10.8.3　回灌井的施工 ……………………………………………… 418

10.9　辐射井降水 …………………………………………………… 419

　　　　10.9.1　辐射井概念 ……………………………………………………… 419
　　　　10.9.2　辐射井出水量的计算 ………………………………………… 420
　　　　10.9.3　辐射井设计要点 …………………………………………… 422
　　　　10.9.4　辐射井的施工要点 ………………………………………… 424
　　　　10.9.5　辐射井施工事故预防 ………………………………………… 428
　　　　10.9.6　辐射井工程实例 …………………………………………… 429
　　　　10.9.7　小结 ……………………………………………………… 431
　　10.10　减少基坑降水不良影响的措施 ………………………………… 431
　　　　10.10.1　充分估计降水可能引起的不良影响 ………………………… 431
　　　　10.10.2　设置有效的止水帷幕，尽量不在坑外降水 ………………… 431
　　　　10.10.3　采用地下连续墙 …………………………………………… 431
　　　　10.10.4　坑底以下设置水平向止水帷幕 …………………………… 431
　　　　10.10.5　设置回灌系统，形成人为常水头边界 …………………… 432
　　10.11　本章小结 ……………………………………………………… 432

第11章　防渗体接头 ……………………………………………………… 433
　11.1　概述 ……………………………………………………………… 433
　11.2　对防渗体接头的基本要求 …………………………………………… 433
　11.3　钻凿接头 ………………………………………………………… 434
　　　11.3.1　概述 ……………………………………………………… 434
　　　11.3.2　套接接头 ………………………………………………… 434
　　　11.3.3　平接接头 ………………………………………………… 434
　　　11.3.4　双反弧接头 ……………………………………………… 435
　11.4　接头管 …………………………………………………………… 436
　　　11.4.1　概述 ……………………………………………………… 436
　　　11.4.2　圆接头管 ………………………………………………… 437
　　　11.4.3　排管式接头管 …………………………………………… 441
　　　11.4.4　塑料接头管 ……………………………………………… 442
　　　11.4.5　接头管的施工要点 ……………………………………… 444
　11.5　接头箱 …………………………………………………………… 444
　　　11.5.1　概述 ……………………………………………………… 444
　　　11.5.2　接头箱实例 ……………………………………………… 445
　11.6　隔板式接头 ……………………………………………………… 447
　　　11.6.1　概述 ……………………………………………………… 447
　　　11.6.2　隔板接头实例 …………………………………………… 448
　11.7　预制接头 ………………………………………………………… 451
　11.8　软接头 …………………………………………………………… 452
　　　11.8.1　概述 ……………………………………………………… 452
　　　11.8.2　胶囊接头管 ……………………………………………… 452
　　　11.8.3　麻杆接头管 ……………………………………………… 453
　11.9　其他接头 ………………………………………………………… 454

    11.9.1　充气接头 ……………………………………………………………… 454

    11.9.2　滑模接头 ……………………………………………………………… 454

    11.9.3　灌注桩接头 …………………………………………………………… 454

    11.9.4　防水接头 ……………………………………………………………… 454

  11.10　施工接头的缺陷和处理 ………………………………………………… 455

  11.11　本章小结 …………………………………………………………………… 458

第12章　深基坑工程监测 ……………………………………………………… 462

  12.1　基坑工程监测设计 ………………………………………………………… 462

    12.1.1　监测设计要求 ………………………………………………………… 462

    12.1.2　施工监测要点 ………………………………………………………… 463

  12.2　在防渗墙中埋设观测仪器 ………………………………………………… 463

    12.2.1　在防渗墙中埋设观测仪器 …………………………………………… 463

    12.2.2　埋设方法 ……………………………………………………………… 464

  12.3　在地下连续墙中埋设观测仪器 …………………………………………… 466

    12.3.1　测斜仪的埋设和观测 ………………………………………………… 466

    12.3.2　土压力和水压力观测仪器的埋设和观测 …………………………… 470

    12.3.3　钢筋应力计的埋设和观测 …………………………………………… 475

    12.3.4　观测仪器埋设实例 …………………………………………………… 477

  12.4　本章小结 …………………………………………………………………… 477

第三篇　施　　工

第13章　深基坑施工要点 ……………………………………………………… 479

  13.1　概述 ………………………………………………………………………… 479

  13.2　施工组织设计 ……………………………………………………………… 479

    13.2.1　概述 …………………………………………………………………… 479

    13.2.2　施工组织设计要点 …………………………………………………… 480

  13.3　基坑的施工方式 …………………………………………………………… 480

    13.3.1　基坑的施工分段 ……………………………………………………… 480

    13.3.2　基坑施工方式 ………………………………………………………… 480

  13.4　基坑土方开挖 ……………………………………………………………… 481

    13.4.1　基坑土方开挖施工组织设计 ………………………………………… 481

    13.4.2　施工前准备工作 ……………………………………………………… 482

    13.4.3　基坑土方开挖方式 …………………………………………………… 482

    13.4.4　人工开挖 ……………………………………………………………… 485

    13.4.5　机械开挖 ……………………………………………………………… 486

    13.4.6　基坑土方开挖施工应重视的几个问题 ……………………………… 487

  13.5　基坑施工的环境效应及控制 ……………………………………………… 488

    13.5.1　概述 …………………………………………………………………… 488

    13.5.2　基坑开挖引起的地面沉降量估算 …………………………………… 489

13.5.3　基坑工程环境效应和对策 ……………………………………… 490

13.6　基坑施工应注意的问题 ………………………………………………… 490

13.7　本章小结 ………………………………………………………………… 491

第14章　工法和设备 ………………………………………………………… 492

14.1　概述 ……………………………………………………………………… 492

14.1.1　地下连续墙施工要点 ………………………………………… 492

14.1.2　几点说明 ……………………………………………………… 492

14.2　常用工法概要 …………………………………………………………… 493

14.2.1　概述 …………………………………………………………… 493

14.2.2　桩柱（排）式地下连续墙工法 ……………………………… 493

14.2.3　钢筋混凝土地下连续墙工法 ………………………………… 493

14.2.4　钢制地下连续墙工法 ………………………………………… 495

14.3　冲击钻进工法和设备 …………………………………………………… 495

14.3.1　概述 …………………………………………………………… 495

14.3.2　冲击钻 ………………………………………………………… 496

14.3.3　冲击反循环钻进工法和设备 ………………………………… 496

14.3.4　液压抓斗的冲击功能 ………………………………………… 497

14.3.5　回转冲击工法和设备 ………………………………………… 498

14.4　抓斗挖槽工法和设备 …………………………………………………… 499

14.4.1　概述 …………………………………………………………… 499

14.4.2　钢丝绳抓斗 …………………………………………………… 499

14.4.3　液压导板抓斗 ………………………………………………… 500

14.4.4　导杆式抓斗 …………………………………………………… 502

14.4.5　混合式抓斗 …………………………………………………… 503

14.5　旋挖钻钻孔法 …………………………………………………………… 507

14.6　水平多轴回转钻进工法和设备 ………………………………………… 508

14.6.1　概述 …………………………………………………………… 508

14.6.2　液压双轮铣槽机 ……………………………………………… 508

14.6.3　电动铣槽机 …………………………………………………… 510

14.6.4　德国的大型液压铣槽机 ……………………………………… 511

14.6.5　法国的超大型液压铣槽机 …………………………………… 511

14.7　本章小结 ………………………………………………………………… 512

14.7.1　地层特性 ……………………………………………………… 512

14.7.2　开挖深度和宽度 ……………………………………………… 513

第15章　工程泥浆 …………………………………………………………… 515

15.1　工程泥浆概述 …………………………………………………………… 515

15.1.1　概述 …………………………………………………………… 515

15.1.2　泥浆的功能和用途 …………………………………………… 517

15.2　工程泥浆的原材料 ……………………………………………………… 521

15.2.1　概述 …………………………………………………………… 521

15.2.2　造浆黏土和水 ……………………………………………………… 521

15.2.3　泥浆外加剂 ………………………………………………………… 530

15.2.4　泥浆材料的选定 …………………………………………………… 537

15.3　泥浆的基本性能和测试方法 …………………………………………… 538

15.3.1　概述 ………………………………………………………………… 538

15.3.2　泥浆的流变特性 …………………………………………………… 540

15.3.3　泥浆的稳定性 ……………………………………………………… 547

15.3.4　泥浆的失水与造壁性 ……………………………………………… 551

15.3.5　泥浆的电导特性 …………………………………………………… 554

15.3.6　泥浆的其他性能 …………………………………………………… 556

15.4　泥浆性能的变化与调整 ………………………………………………… 558

15.5　泥浆质量控制标准 ……………………………………………………… 565

15.5.1　我国水电标准 ……………………………………………………… 565

15.5.2　我国建工标准 ……………………………………………………… 566

15.5.3　英国标准 ……………………………………………………………… 566

15.5.4　德国标准 ……………………………………………………………… 566

15.5.5　日本标准 ……………………………………………………………… 566

15.5.6　意大利标准 …………………………………………………………… 567

15.5.7　美国标准 ……………………………………………………………… 567

15.5.8　我国台湾地区的泥浆控制标准 ……………………………………… 570

15.5.9　笔者建议 ……………………………………………………………… 570

15.6　超泥浆 …………………………………………………………………… 571

15.7　本章小结 ………………………………………………………………… 578

第16章　地下连续墙的施工 …………………………………………………… 579

16.1　概述 ……………………………………………………………………… 579

16.1.1　施工过程图 …………………………………………………………… 579

16.1.2　施工计划 ……………………………………………………………… 579

16.2　施工平台与导墙 ………………………………………………………… 582

16.2.1　施工平台 ……………………………………………………………… 582

16.2.2　导墙 …………………………………………………………………… 585

16.3　槽段的划分 ……………………………………………………………… 593

16.3.1　概述 …………………………………………………………………… 593

16.3.2　槽段（孔）长度的确定 ……………………………………………… 593

16.3.3　槽孔的划分 …………………………………………………………… 597

16.4　挖槽施工要点 …………………………………………………………… 606

16.4.1　概述 …………………………………………………………………… 606

16.4.2　复杂地层中的挖槽 …………………………………………………… 609

16.4.3　挖槽的质量保证措施 ………………………………………………… 612

16.5　清孔和换浆 ……………………………………………………………… 613

16.5.1　概述 …………………………………………………………………… 613

16.5.2　土渣的沉降 …………………………………………………… 613

16.5.3　换浆和清底 …………………………………………………… 615

16.5.4　接头刷洗 ……………………………………………………… 617

16.6　检测和验收 ………………………………………………………… 618

16.6.1　概述 …………………………………………………………… 618

16.6.2　检测 …………………………………………………………… 618

16.6.3　超声波检测仪的应用 …………………………………………… 620

16.6.4　验收 …………………………………………………………… 622

16.6.5　成墙质量检查 …………………………………………………… 623

16.7　钢筋的加工和吊装 …………………………………………………… 625

16.7.1　概要 …………………………………………………………… 625

16.7.2　钢筋施工图 ……………………………………………………… 626

16.7.3　钢筋加工和组装 ………………………………………………… 630

16.7.4　钢筋笼吊装入槽 ………………………………………………… 632

16.7.5　钢筋笼制作与吊装的质量要求 …………………………………… 634

16.8　水下混凝土浇注 ……………………………………………………… 636

16.8.1　墙体材料 ………………………………………………………… 636

16.8.2　水下混凝土浇注 ………………………………………………… 637

16.9　孔底浇砂浆问题 ……………………………………………………… 645

16.10　本章小结 …………………………………………………………… 648

第17章　防渗帷幕的施工 ………………………………………………… 649

17.1　概述 ………………………………………………………………… 649

17.1.1　防渗措施 ………………………………………………………… 649

17.1.2　防渗帷幕施工应注意的问题 …………………………………… 649

17.2　防渗灌浆帷幕 ………………………………………………………… 650

17.2.1　概述 …………………………………………………………… 650

17.2.2　灌浆材料 ………………………………………………………… 651

17.2.3　岩石风化层防渗帷幕灌浆 ……………………………………… 651

17.2.4　覆盖层防渗帷幕灌浆 …………………………………………… 654

17.3　高压喷射灌浆 ………………………………………………………… 661

17.3.1　高喷灌浆的适用范围 …………………………………………… 661

17.3.2　高喷灌浆的方法 ………………………………………………… 661

17.3.3　高喷灌浆工艺参数的选择 ……………………………………… 663

17.3.4　浆液材料和机具 ………………………………………………… 664

17.3.5　高喷施工 ………………………………………………………… 669

17.3.6　质量检查和控制 ………………………………………………… 671

17.4　深层水泥搅拌桩防渗墙 ……………………………………………… 672

17.4.1　概述 …………………………………………………………… 672

17.4.2　施工时应注意的问题 …………………………………………… 674

17.4.3　对深层搅拌法评价 ……………………………………………… 674

17.5　SMW 工法 ……………………………………………………… 674

17.6　TRD 工法 …………………………………………………………… 675

　　17.6.1　概述 ………………………………………………………… 675

　　17.6.2　TRD 工法概要 …………………………………………… 675

　　17.6.3　TRD 工法实例 …………………………………………… 677

17.7　本章小结 ……………………………………………………… 679

第四篇　应　　用

第 18 章　水利水电工程的深基坑和深基础 ……………………………… 681

18.1　三峡二期围堰和基坑工程 …………………………………………… 681

　　18.1.1　概况 ………………………………………………………… 681

　　18.1.2　设计方案和渗流分析 …………………………………… 682

　　18.1.3　防渗墙的施工 …………………………………………… 687

　　18.1.4　二期围堰的效果 ………………………………………… 689

　　18.1.5　小结 ………………………………………………………… 689

18.2　桐子林水电站导流明渠 ……………………………………………… 690

　　18.2.1　概述 ………………………………………………………… 690

　　18.2.2　工程概况 …………………………………………………… 692

　　18.2.3　地质条件 …………………………………………………… 693

　　18.2.4　深基坑渗流分析与控制 ………………………………… 694

　　18.2.5　出口段结构布置方案比较 ……………………………… 697

　　18.2.6　对原设计的优化和改进 ………………………………… 698

　　18.2.7　框格式墙桩组合深基础设计要点 ……………………… 704

　　18.2.8　组合深基础施工要点 …………………………………… 706

　　18.2.9　主要技术成果和创新点 ………………………………… 710

　　18.2.10　本课题的技术、经济社会效益 ……………………… 713

　　18.2.11　小结 ……………………………………………………… 714

18.3　盐官排洪闸的地下连续墙 …………………………………………… 715

　　18.3.1　概述 ………………………………………………………… 715

　　18.3.2　设计要点 …………………………………………………… 715

　　18.3.3　施工要点 …………………………………………………… 717

18.4　本章小结 ……………………………………………………… 721

第 19 章　城市建设中的深基坑和深基础 ………………………………… 722

19.1　天津市冶金科贸中心大厦 …………………………………………… 722

　　19.1.1　概况 ………………………………………………………… 722

　　19.1.2　地质条件 …………………………………………………… 723

　　19.1.3　基坑支护和桩基方案 …………………………………… 723

　　19.1.4　施工图设计 ……………………………………………… 726

　　19.1.5　施工 ………………………………………………………… 727

　　19.1.6　效果 ………………………………………………………… 727

19.1.7 结语 ··· 728

19.1.8 点评 ··· 729

19.2 上海地区的基坑降水工程 ··· 729

19.2.1 上海地区降水工程特点 ··· 729

19.2.2 上海环球金融中心基坑降水工程 ······························ 729

19.2.3 上海地区某深基坑降水工程 ···································· 732

19.3 北京新兴大厦基坑支护工程 ·· 735

19.3.1 概述 ··· 735

19.3.2 基坑支护设计变革 ·· 735

19.3.3 施工要点 ··· 737

19.3.4 点评 ··· 737

19.4 北京嘉利来世贸中心基坑条桩支护工程 ····················· 738

19.4.1 概述 ··· 738

19.4.2 地质条件和周边环境 ··· 739

19.4.3 基坑支护设计 ·· 739

19.4.4 桩间防渗与基坑降水 ··· 743

19.4.5 施工要点 ··· 743

19.4.6 工程质量和效果 ··· 744

19.4.7 点评 ··· 744

19.5 本章小结 ·· 744

第 20 章 地下铁道工程的深基坑 ······························· 745

20.1 天津市于家堡交通枢纽一标段基坑工程 ···················· 745

20.1.1 概述 ··· 745

20.1.2 地质概况和周边环境 ··· 746

20.1.3 工程施工难点 ·· 748

20.1.4 深基坑渗流稳定和降水 ··· 749

20.1.5 地下连续墙施工要点 ··· 752

20.1.6 连续墙接缝防渗漏施工 ··· 761

20.1.7 深基坑工程质量评价 ··· 761

20.1.8 评论 ··· 761

20.2 广州地铁 3 号线燕塘站 ··· 762

20.2.1 概述 ··· 762

20.2.2 原基坑防渗设计存在的问题 ···································· 765

20.2.3 燕塘站深基坑渗流分析和计算 ································· 766

20.2.4 灌浆帷幕的试验和设计 ··· 770

20.2.5 帷幕灌浆的施工 ··· 772

20.2.6 质量检查和效果 ··· 773

20.2.7 结语 ··· 775

20.3 本章小结 ·· 775

第 21 章　悬索桥的锚碇基础 ⋯⋯ 776
21.1　武汉阳逻长江大桥南锚碇基坑 ⋯⋯ 776
　21.1.1　概述 ⋯⋯ 776
　21.1.2　水文地质及工程地质条件 ⋯⋯ 776
　21.1.3　南锚碇圆形地下连续墙设计施工要点 ⋯⋯ 776
　21.1.4　结语 ⋯⋯ 778
21.2　广州黄埔珠江大桥锚碇 ⋯⋯ 779
　21.2.1　概况 ⋯⋯ 779
　21.2.2　对原施工图设计的评审意见 ⋯⋯ 780
　21.2.3　补充地质勘察 ⋯⋯ 780
　21.2.4　场地工程地质条件 ⋯⋯ 780
　21.2.5　水文地质条件 ⋯⋯ 781
　21.2.6　基坑渗流计算 ⋯⋯ 782
　21.2.7　基坑防渗和降水设计 ⋯⋯ 783
　21.2.8　小结 ⋯⋯ 785
21.3　日本明石海峡大桥 ⋯⋯ 786
21.4　本章小结 ⋯⋯ 787

第 22 章　竖井工程 ⋯⋯ 788
22.1　鹤岗煤矿通风副井 ⋯⋯ 788
22.2　意大利地下水电站的竖井和隧道 ⋯⋯ 788
22.3　川崎人工岛竖井 ⋯⋯ 789
22.4　武汉长江隧道南段盾构井 ⋯⋯ 791
22.5　本章小结 ⋯⋯ 797

第 23 章　环保工程 ⋯⋯ 798
23.1　概述 ⋯⋯ 798
　23.1.1　发展概况 ⋯⋯ 798
　23.1.2　机理 ⋯⋯ 798
　23.1.3　应用范围 ⋯⋯ 798
23.2　防渗体的型式和选用 ⋯⋯ 799
　23.2.1　主要防渗体型式 ⋯⋯ 799
　23.2.2　防渗体的选用 ⋯⋯ 799
23.3　防渗体材料的试验研究 ⋯⋯ 799
　23.3.1　基本要求 ⋯⋯ 799
　23.3.2　污染物对防渗墙渗透性的影响 ⋯⋯ 799
　23.3.3　污染物对混凝土材料的影响 ⋯⋯ 801
　23.3.4　小结 ⋯⋯ 802
23.4　设计施工要点 ⋯⋯ 802
　23.4.1　概述 ⋯⋯ 802
　23.4.2　防渗墙的平面设计 ⋯⋯ 803

23.5　铬渣场防渗墙工程实例 ……………………………………………………… 805

　23.5.1　污染情况和治理方案 …………………………………………………… 805

　23.5.2　铬渣场防渗墙的试验研究 ……………………………………………… 807

　23.5.3　防渗墙设计 ……………………………………………………………… 807

　23.5.4　施工简况 ………………………………………………………………… 808

　23.5.5　质量监控和工程效益 …………………………………………………… 809

　23.5.6　结语 ……………………………………………………………………… 809

23.6　美国提尔登铁矿尾矿坝 ………………………………………………………… 810

23.7　山区工业废渣堆场的防渗 ……………………………………………………… 810

　23.7.1　概述 ……………………………………………………………………… 810

　23.7.2　岸边废物堆场的防渗 …………………………………………………… 810

　23.7.3　河道废物堆场的防渗 …………………………………………………… 812

23.8　本章小结 ………………………………………………………………………… 812

第 24 章　工程事故分析和预防 ………………………………………………………… 814

24.1　概述 ……………………………………………………………………………… 814

24.2　勘察、规范和设计问题 ………………………………………………………… 815

　24.2.1　勘察问题 ………………………………………………………………… 815

　24.2.2　规范的问题 ……………………………………………………………… 815

　24.2.3　设计问题 ………………………………………………………………… 815

　24.2.4　实例 ……………………………………………………………………… 815

24.3　深基坑施工问题 ………………………………………………………………… 819

　24.3.1　概述 ……………………………………………………………………… 819

　24.3.2　挖槽施工问题 …………………………………………………………… 820

　24.3.3　水下混凝土浇注问题 …………………………………………………… 820

　24.3.4　接头施工问题 …………………………………………………………… 820

24.4　基坑开挖问题 …………………………………………………………………… 821

　24.4.1　概述 ……………………………………………………………………… 821

　24.4.2　基坑土方开挖问题 ……………………………………………………… 821

　24.4.3　坑底渗流稳定问题 ……………………………………………………… 821

　24.4.4　墙体渗漏问题 …………………………………………………………… 821

　24.4.5　深基坑破坏型式 ………………………………………………………… 821

24.5　高压喷射灌浆问题 ……………………………………………………………… 825

　24.5.1　概述 ……………………………………………………………………… 825

　24.5.2　评论 ……………………………………………………………………… 828

24.6　竖井问题 ………………………………………………………………………… 828

　24.6.1　概述 ……………………………………………………………………… 828

　24.6.2　煤矿竖井突水事故 ……………………………………………………… 828

24.7　本章小结 ………………………………………………………………………… 830

第 25 章　深基坑工程技术展望 ………………………………………………………… 832

25.1　地下连续墙技术展望 …………………………………………………………… 832

25.2　新基坑工程技术展望 …………………………………………………………… 833

第一篇 概 论

第1章 基坑工程概述

1.1 基坑的基本概念

基坑工程学是涉及地质、土力学和基础工程、结构力学、工程结构、施工机械和机械设备等的综合学科。由于设计、施工和管理方面的不确定因素和周围环境的多样性，使基坑工程成为一种风险性很大的特种工程。工程技术人员只有在尊重科学的基础上，采用恰当的技术和管理措施，才能完成预定工程目标。

关于基坑深浅的问题，目前还没有一个明确的定论。因为即使是 4～5m 深的基坑，如果它位于淤泥或淤泥质土中，那也是一个相当麻烦的基坑；相反地，位于砂卵石地基且没有地下水影响的基坑，即使它的深坑达到 10 多米，也不会造成严重的后果。

这里借用派克（Peck）的判断原则，把大于 6.1m 的基坑看做是深基坑，实际上常把深度在 8m 以上的基坑看做是深基坑。

用地下连续墙作为支护墙的基坑一般都是深基坑，这是本书阐述的重点。目前我国高层建筑物的基坑最深已达 50 多米，开挖面积已达到几十万平方米。

有支护的基坑工程应包括以下几个分部工程（工序）：①挡土支护结构；②支撑体系；③土方开挖工艺和设施；④降水或防渗工程；⑤地基加固；⑥监测和控制；⑦环境保护工程。

基坑工程应当满足以下的基本技术要求：

1) 安全可靠性。要保证基坑工程本身的安全以及周围环境的安全。

2) 经济合理性。要在支护结构安全可靠的前提下，从工期、材料、设备、人工以及环境保护等多方面综合研究其经济合理性。

3) 施工便利性和工期保证性。在安全可靠和经济合理的条件下，最大限度地满足施工便利和缩短工期的要求。

1.2 地下连续墙的优缺点

地下连续墙的优点：墙的深度可以做得很深，目前已超过 140m；可以在临近已建成建筑物边上施工，不会产生过大变形、位移；可以承受很大的建筑荷载。

具体来说，地下连续墙的优点表现在以下几方面：

1) 断面多样化。无论是基坑支护，还是深基础桩，均可做成矩形、T 形断面，或者是圆形、椭圆形、矩形和多室（格）形式的封闭结构。地下连续墙与地基土层紧密接触，水平变位小，很适合作为大型建筑物的支持结构。

2）挖槽精度高。悬挂（垂）式挖槽机（如抓斗）的挖槽误差低达 1/300；使用测斜纠偏装置后，回转式钻机的误差低达 1/500，甚至可到 1/1000。也就是说，挖深 100m 时的偏差量只有 5～10cm。

3）具有良好的墙体和接头的止水性。

目前，墙深超过 100m（内部开挖深度大于 80m）、墙厚大于 2.0m、精度高于 1/1000 的地下连续墙已经越来越多。其缺点主要表现在以下几方面：

1）由于地质条件、泥浆性能和挖槽机械的扰动，会造成槽壁坍塌；

2）高精度挖槽可导致挖槽速度变慢。施工场地窄小也会影响施工进度。

3）临时设施多，准备时间长，土砂分离装置和运行费用高。

4）挖槽机的总体造价、维修和进出场费用高。

1.3　深基坑和深基础工程的发展概况

1.3.1　概述

本书讨论的重点是深基坑和深基础工程，地下连续墙应当是首选的支护和防渗结构。因此要把两者的发展概况结合起来加以探讨。

地下连续墙大致分为钢筋混凝土（RC）地下连续墙和原位搅拌（SMW 和 TRD 等）地下连续墙。前者广泛用于全世界，而后者则大多用在日本。

1.3.2　地下连续墙的施工深度

目前世界上深度位于前五位的地下连续墙均在日本，其主要技术指标见表 1.1。

表 1.1　深度位于前五位的地下连续墙

排　位	墙深（m）	用途地点	施工日期
1	140	排水竖井 3 号	1993 年
2	130	排水竖井 1 号	1994 年
3	129	排水竖井 2 号	1993 年
4	122	排水竖井 4 号	1995 年
5	119	川崎人工岛	1991 年
（试验）	150		1987 年

1.3.3　基坑内部开挖深度

随着钢筋混凝土地下连续墙深度的增加，内部开挖深度也随着增加（见表 1.2）。

表 1.2　深度位于前五位的基坑内部开挖深度

排　位	开挖深度 h_p（m）	地下连续墙深（m）	用途地点	施工日期
1	110.1	110.1	管道竖井	2004～2005 年
2	82.0	110	污水井	1995 年
3	76.0	106	白鸟大桥墩	1988 年

续表

排　位	开挖深度 h_p（m）	地下连续墙深（m）	用途地点	施工日期
4	75.0	119	川崎人工岛	1991 年
5	74.7	83	管道竖井	1993 年

1.3.4　钢筋混凝土地下连续墙的厚度

可能的挖槽厚度 3.2m，实际挖槽厚 2.8m（见表 1.3）。

表 1.3　厚度位于前五位的地下连续墙的墙厚

排　位	墙厚（m）	用途地点	施工日期
1	2.8	川崎人工岛	1991 年
2	2.6	污水竖井	1988 年
3	2.4	变电站深基坑	1993 年
4	2.4	桥梁深基坑	1998 年
5	2.4	大楼深基坑	1999 年

其中第 3 位的变电站深基坑挡土墙，采用变断面的地下连续墙，其上部 44m 墙厚 2.4m；下部 26m 墙厚 1.2m。

1.3.5　深基坑的平面尺寸

深基坑多采用圆形平面（见表 1.4），可以充分利用混凝土的特点，减少内部支撑结构的麻烦。

表 1.4　内径位于前五位的深基坑

排　位	内径（m）	用途地点	施工日期
1	144	变电站深基坑	1993 年
2	140	中国台湾高雄地铁	2002～2003 年
3	98	日本川崎人工岛	1991 年
4	81	抽水井	1992 年
5	80.5	地下贮槽	1996 年

要说明的是，第 2 位的中国台湾高雄地铁的内径 140m 的圆形深基坑，是在十字路口下完成的。

1.3.6　混凝土的强度

目前日本国内的混凝土设计标准强度为 60MPa，是最大值（见表 1.5）。

表 1.5　混凝土强度位于前五位的地下连续墙

排　位	混凝土强度（MPa）	用途地点	施工日期
1	60	天然气贮槽	1994 年
2	60	天然气贮槽	1995 年
3	60	高铁深基坑	1996 年
4	60	排水竖井	1998 年
5	60	天然气贮槽	1999 年

1.3.7 地下连续墙深基础

地下连续墙基础工法是由日本发明并发展的。

表 1.6 深基础深度前五位的地下连续墙

排　位	深基础深度（m）	用途地点	施工日期
1	106	白鸟大桥 3 号墩	1988 年
2	77	隧道竖井	1990 年
3	76	明石大桥锚碇	1994 年
4	76	大楼深基础	1994 年
5	75	高速路	1989 年

到 2006 年 6 月底，共有 390 个深基础工程已经建成。

1.4 基坑工程的设计要点

1.4.1 概述

一个完整的深基坑工程的设计，应当包括以下几个方面的内容：

1）深基坑支护的总体策划和布置；

2）深基坑工程的防渗加降水（回灌）设计；

3）支护结构的内力计算与细部设计；

4）深基坑工程的地基处理设计；

5）基坑开挖方案设计；

6）深基坑工程的检测和监测设计。

下面加以简要说明。

1.4.2 支护结构的内力计算与细部设计

深基坑的支护结构包括以下几个部分。

1. 垂直挡土结构

垂直挡土结构主要有地下连续墙、现场灌注桩和预制桩、钢板桩和水泥土搅拌桩墙。

这里要指出的是，这种垂直挡土结构不仅用于基坑支护，有时还要用于加固周边建筑物的地基。

2. 水平支撑结构

水平支撑结构主要有钢支撑（型钢、钢管、组合钢梁）、钢筋混凝土支撑、预应力锚索（杆）和水平高压喷射灌注桩。

1.4.3 防渗和降水设计

1. 基本要求

对于存在地下水的深基坑，均应进行防渗和降水设计。

前面已经说到，由渗流条件来确定基坑的最小入土深度。这里就来说一说如何由渗流条件来确定这个最小入土深度。

深基坑的防渗设计主要是确定能够保证基坑渗流安全的入土（岩）深度和防渗体的总深度。这要通过对深基坑的渗流分析和降水计算，结合已建成工程的经验，最后选定一个入土深度和总深度。

还要说明的是，这个最小入土深度不一定就是由渗流分析得到的。当基坑底部的透水层很深，地下连续墙底无法深入下面的不透水层而成为悬空状态时，此时基坑的最小入土深度应当由基坑防渗和降水计算两方面综合比较后确定。这一点一定要引起注意。

根据这个最小入土深度，再进行稳定和强度等计算，确定基坑的设计入土深度。

由于深基坑的开挖，改变了地基土和地下水的应力、位移和渗流条件，需要通过以下方案来选定基坑防渗和降水方案。

1）全部防渗方案。将地下连续墙（这里泛指垂直挡土结构）伸入到不透水的土层或岩层内，切断渗流通道。

2）全部降水方案。此时不设置防渗设施，通过强力抽水将地下水位降到基坑底部以下。由于强力抽水对周边地下水影响很大，所以此法只在周边环境开阔地域内或基坑深度较小时使用，如一些大型江河中的围堰和基坑。

3）防渗和降水相结合方案。此方案是在基坑上部设置防渗结构，下部则采用抽排地下水的方法，以降低地下水位。在城市建设中，多采用这种方法。

2. 防渗措施

1）地下连续墙，墙底伸入不透水层。

2）水泥灌浆帷幕。

3）高压喷射灌浆帷幕。

4）水泥土搅拌桩墙（SMW、TRD）。

5）地下防渗墙（塑性混凝土、砂浆或自硬泥浆、薄墙）。

6）冻结法。

3. 降水工法

根据地下水的类型、埋深和基坑的特性，可以采用以下几种降水方法：

1）明排水。

2）井点排水和超级井点排水（SWP）。

3）管井排水。

4）辐射井排水。

当基坑周边建（构）筑物离得较近容易引起位移时，有时需要在基坑外边采取回灌措施，以保持该处地下水位不变或不会降低太大。

1.4.4　地基处理设计

这里所说的深基坑地基处理设计，包括以下几个方面。

1）为防止基坑底部软土地基隆起而在基坑边缘采用的加固措施，也有采用抽条加固的。加固的方法多用高喷桩、水泥土桩或水泥灌浆帷幕。

2）为防止坑底地基土（砂土类）管涌或流土破坏而采用的水平密封加固措施，形成水平的防渗帷幕。此时多采用高喷帷幕或水泥灌浆帷幕，也有采用水下浇注混凝土的。

3）地下连续墙或灌注桩的接缝堵漏。有些基坑采用灌注桩和桩间防渗的方法来解决基坑渗漏问题。这在地基土渗透系数不是很大的情况下是可行的。近年来，为了防止地下连续墙或咬合桩接缝漏水也采用了类似方法。采用的防渗、堵漏措施有：高喷桩、搅拌桩、水泥或化学灌浆、冻结法等。

4）当周边建（构）筑物的地基条件很差（如流砂、淤泥等）时，要对临基坑一侧的地基进行加固，甚至将其周围全部围封起来。

1.4.5　检测和监测

在上述几道工序施工过程中和完成以后，在基坑开挖过程、地下结构施工过程中，均应进行各种结构、地基和地下水的位移、应力等项检测监测，及时掌握动态参数，做出评价，采取相应措施，以确保深基坑工程安全顺利施工。

1.5　设计思路的改进

从本节前面的叙述中可以看出，本书的宗旨是由深基坑的渗流稳定条件来确定地下连续墙的入土深度。这与以往的设计思路不同。

以往的设计是按照抗倾覆或者是抗深层圆弧滑动等条件来计算基坑地下连续墙的入土深度的，没有考虑或者是没有全面考虑基坑渗流稳定问题，也没有考虑地下连续墙的经济性问题。实践证明，这种设计导致了一些基坑出现问题。

以基坑的渗流稳定条件来确定入土深度，具体地说，是由以下几个计算条件来确定入土深度的：

1）用渗流稳定条件确定最小入土深度；

2）用支护结构的经济条件（应力和配筋优化）来确定设计采用的入土深度；

3）用一般稳定条件，如总体稳定、圆弧滑动稳定、踢脚等稳定条件来核算设计采用的入土深度是否满足要求。

4）构造要求。

其中，条件1）求得的入土深度 h_{d1} 是地下连续墙入土深度最小下限值。如果入土深度比它小，基坑就会不稳定。所以这个条件不但是必要的，而且是必须的。

条件2）要求采用的入土深度 h_{d2}，应当使结构内力（主要是弯矩）尽可能小，使结构的钢筋用量和混凝土用量合理，以达到经济合理的目标。由于内力随着入土深度的增加而变小，那么 h_{d2} 应当大些为好，以便使内力（弯矩）小些；通常 h_{d2} 应大于由条件1）确定的入土深度 h_{d1}。至于 h_{d2} 究竟多大，应当选用几个不同的入土深度和墙厚进行内力和配筋计算，在计算结果中选用工程造价最小或比较小时的入土深度作为设计的入土深度。

条件3）是现有基坑支护规程要求的。求出的入土深度 h_{d3} 常常小于条件1）求出的入土深度 h_{d1}，以此作为设计值往往是不安全的。所以它只是一个必要的条件，而不是必须的条件，通常作为校核条件。只有在河口区、滨海区和湖区的深基坑工程中可能成为控制条件。

条件4）是根据通常做法提出的。例如，通常要求深基坑防渗体应深入到下部不透水层中。日本要求有水平支撑时入土深度不小于 1.5m，钢板桩挡土墙的入土深度不小于 3.0m。

　　按照这种思路（路线）进行设计，是由渗流稳定条件 1）来解决基坑的安全问题，由条件 2）解决支护结构的经济性（造价最低）问题，而把地基土稳定条件 3）作为校核条件。

　　以往的设计，大多只按设计条件 3）进行计算，选出一个入土深度，即按此进行结构配筋。

　　总之，笔者推荐的深基坑的新设计思路（路线）如下：

　　1）首先进行深基坑渗流分析和计算，确定入土深度的最小值 h_{d1}。

　　2）选择几组地下连续墙入土深度和墙体厚度，进行渗流稳定计算和内力及配筋计算，在入土深度、墙厚和钢筋配筋量这三个元素之中，找出造孔费、混凝土浇注费和钢筋费用之和最小或较小的那组入土深度和墙厚，作为设计参数。此时的入土深度 h_{d2} 应大于 h_{d1}。

　　3）进行深基坑的各项稳定性（抗倾覆、圆弧滑动等）核算。

　　4）其他设计步骤同常规做法。

　　显然这种设计思路（路线）综合考虑了地基土、地下水的稳定性和支护结构物的经济性，并且以地下水的渗流稳定为前提条件，以支护结构的经济性为目标，这样做出的设计应当是更合理、安全的。

1.6　本书写作说明

　　1）本书内容以深度大于 15m 的深基坑为主，并且以垂直边壁的基坑为主，对于放坡开挖的基坑一般不涉及。

　　2）本书的重点是阐述深基坑（深基础）的渗流分析和防渗体设计以及施工，至于基坑支护结构的结构计算、稳定计算和内力配筋等，本书不再涉及。读者可参阅作者的《地下连续墙的设计施工与应用》一书。

　　3）本书写作时力图理论结合工程实例，把成功经验和失败教训都写入有关的章节中，以供借鉴。各章末尾均有本章小结，总结该章内容重点和应注意的事项。书中采用的工程实例大多是作者亲自主持参与设计、施工、科研和咨询的，或者是作者现场调查的。对于成功的和失败的工程实例，作者都进行了点评。

　　4）由于深基坑的相关计算中采用了很多经验公式，这些经验公式都是基于以往的实验条件及实验设备（如比重计等）获得的。因此，本书相关的一些物理量并未完全遵守现有的国家标准，适当保留了一些老的物理量及其单位，请读者注意。

　　① 固体（或粉末）均采用"比重"这一物理量，即该物质的密度与标准大气压下 4℃ 纯水的密度（1000kg/m³）之比。如花岗岩、碎石和重晶石粉及膨润土粉等，计算时均采用它们的土粒比重。

　　② 液体（或悬浊液）在以往的计算中也使用"比重"这一物理量，如水、泥浆、水泥浆等。如果要使用"重度"这一物理量，数值需要乘以 10，单位为 kN/m³。

第 2 章　地基土（岩）和地下水的基本概念

2.1　概　述

为了后面叙述方便，特在本章对土（岩）和渗流的基本概念加以介绍。这里只选择性地列出了一些与本书有关的结论，而很少牵涉它的证明或阐述过程。

2.1.1　土的基本概念

自然界的土，是指分布在地球表面自然形成的松散堆积物。土的主要物质是岩石风化的产物，其次是地球生物残骸分解的产物，它们组成土体的固体部分。土体孔隙一般由水或空气充填，从而形成由固相、液相、气相组成的三相分散系。土体中的孔隙绝大部分是相互连通的，孔隙水或气体可以流动。

2.1.2　土的矿物成分和特性

黏土矿物是组成土体次生矿物数量最多的一类。不同的黏土矿物结构是由硅氧四面体和铝氧八面体以不同的比例组合而成的，通常称为层状结构矿物，主要类型有高岭石、蒙脱石、伊利石等。

单个的蒙脱石晶体由几层到十几层的晶胞组成，两层晶胞之间的连接力很弱，水分子容易进入晶胞之间。因此蒙脱石的晶体是活动的，吸水后会膨胀，体积可增大数倍，脱水后又会收缩。

膨胀土黏土矿物中含有较多的蒙脱石。通常认为该含量大于 5%，土就具有膨胀性。

2.2　土的基本性能

2.2.1　土的物理性质和化学特性

土的物理性质和化学性质主要是指不同矿物成分的土颗粒与水相互作用反映出来的一些性质。它必然影响着土的工程性质，并可以对土的工程性质的形成和变化机理作出解释。本节仅就与渗流有关的物理性质和化学性质进行简单介绍。

1. 土粒间的相互作用

土体中的每个土颗粒都处于内力和外力的共同作用下。外力作用包括荷载和重力的作用，它引起土体的应力和变形；内力作用包括土颗粒内部的作用和土颗粒之间的相互作用，它影响着土的物理性质和化学性质。这些作用力包括离子静电力、毛细力、静电力和渗透斥力等。下面介绍一下渗透斥力。

根据溶质势的概念，溶有离子的水与纯水之间将产生渗透压力，浓度越大渗透压力越大。当两个颗粒在水中相互靠近时，由于双电层的影响，它的离子浓度要比不受双电层影响的自由水中的大，因此两土粒之间的渗透压力就大于自由水中的渗透压力。这种压力差就是能使两个土粒相互排斥的渗透斥力，斥力的大小与两土粒中间水的离子浓度与自由水的离子浓度差成正比，土粒相距越近，离子浓度差越大，斥力越大。同样距离时，双电层越薄，离子浓度越小，斥力越小；双电层越厚，斥力越大。可见影响双电层厚薄的各种因素，如土的矿物成分、水的离子浓度、价数、介电常数、pH 值等都将影响渗透斥力的大小。

2. 土的结构

土的结构是指土颗粒或集合体的大小和形状、表面特征、排列型式以及它们之间的连接特征；而构造则是指土层的层理、裂隙和大孔隙等宏观特征，也称为宏观结构。土的结构对土的工程性质影响很大。土的结构与土的形成条件密切相关，大体上可分为单粒结构、片架结构和片堆结构三种主要类型。

其中单粒结构是组成砂、砾等粗粒土的基本结构类型，颗粒较粗大，比表面积小，颗粒之间是点接触，几乎没有连接，粒间相互作用的影响可忽略不计，它是在重力作用下堆积而成的。自然界粗粒土的颗粒大小不一，自然孔隙比约为 0.35～0.91。松散结构的土在动力作用下会使结构趋于紧密，如果此时孔隙中充满水，则将产生附加孔隙水压力，使砂粒呈悬液状，称为液化。单粒结构土的工程性质，除与密实程度有关外，还与颗粒大小、级配、土粒的表面形状及矿物成分类型有关。

片架结构（分散结构）和片堆结构（絮凝结构）是黏性土的结构型式。

3. 黏土颗粒的表面特性与带电性

（1）比表面积

一定质量的散粒体，颗粒越细，表面积越大；颗粒与球形差别越大，表面积越大。按我国土的分类标准，把黏土颗粒定义为粒径小于 $5\mu m$ 的颗粒；胶体化学中称小于 $0.1\mu m$ 的颗粒为胶体颗粒，具有巨大的表面积。黏土颗粒的表面往往带有一定的电荷，这些电荷具有吸引外界极性分子或离子的能力，称为表面能。同样质量或同样体积的土，表面积越大表面能也越大，重力作用相对减小。

通常采用比表面积来表征土的表面积大小。比表面积可以用单位体积土的颗粒具有的表面积来表示，单位是 cm^2/cm^3；也可以用单位质量土所具有的总表面积来表示，单位是 m^2/g。像蒙脱石这类矿物的晶胞间连接力很弱，不仅具有外表面，同时还有巨大的内表面。土中常见黏土矿物的比表面积见表 2.1。

表 2.1　常见黏土矿物的比表面积

单位：m^2/g

矿物名称	比表面积	矿物名称	比表面积
蒙脱石	810（其中内表面积 700～760）	高岭石	7～30
伊利石	67～100	水铝英石	200～300

（2）电动现象

电子或离子在电场作用下的定向移动现象，称为电动现象。极细小的黏土颗粒本身带有一定量的负电荷，在电场作用下向正极移动，这种现象称为电泳。水分子在电场作用下向负极移动，这是由于水中含有一定量的正离子（K^+、Na^+、Ca^{2+}、Mg^{2+} 等），水的移

动实际上是水分子随这些水化了的正离子一起移动，见图
2.1。这种现象称为电渗。

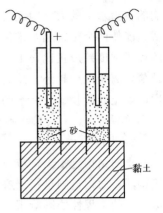

电泳、电渗是同时发生的，统称为电动现象。根据电动
现象的原理，可以用通电的方法来加固软黏土地基，进行边
坡临时加固，或作为地下洞室开挖的临时稳定措施；用电渗
法可使软土（淤泥土）的含水率降低，强度提高。这些方法
在国内已有实际应用的例子。

2.2.2　土的基本力学性质

1．土的黏性

土的黏性指土颗粒黏结在一起的性质，是黏性土的基本
特征，它可以从抗剪强度中的黏聚力反映出来，其实质是土

图 2.1　电动现象

粒间各种作用力的综合体现。土的抗剪强度由摩擦力和黏聚力两部分组成。纯净的砂只有
摩擦力没有黏聚力，因其粒间作用力较之外力已小到可以忽略不计的程度，无黏性，故称
为无黏性土。

土的黏聚力主要产生于如下作用中：

1）结合水连接作用。

2）胶结作用。

3）毛细水及冰的连接作用。

土的黏性概念在本书中是个很重要的概念，对于理解地基的渗透特性很有帮助。

2．土的塑性

黏性土随着含水量的变化可以处于不同的稠度状态——流态、塑态、固态。塑态时的
土在外力作用下可以揉塑成任意形状而不破坏土粒间的连结，外力除去后能保持形状不
变。黏性土的这种性质称为可塑性，也称为塑性。因此，黏性土也称为塑性土，无黏性的
土就没有塑性。

不仅黏性土有固化黏聚力随时间增长的现象，胶结性不明显的砂土也有类似的黏聚力
随时间增长的规律。

3．黏性土的变形

黏性土受力作用后，其变形无论从宏观，还是微观观察，都表现出明显的不均匀性。

当黏性土的固化黏聚力还没有消失以前，或颗粒接触处的剪应力小于土体黏聚力（原
始黏聚力与固化黏聚力之和）时，土体只会发生弹性变形。建筑物地基由于弹性变形产生
的沉降很小。当土体受到较大压力使颗粒接触处的剪应力大于土体黏聚力时，土体将产生
不可恢复的结构变形。

4．土的膨胀性

1）判定。岩土工程勘察规范 6.7.1 条规定：含有大量亲水矿物、湿度变化时有较大
体积变化、变形受约束时产生较大内应力的岩土，应判定为膨胀岩土。膨胀岩土的自由膨
胀率一般大于 40%。

2）膨胀岩土的特殊试验项目：①自由膨胀率；②一定压力下的膨胀率；③收缩系数；
④膨胀力。

2.2.3　土的分类

1. 按粒组划分（见表 2.2）

表 2.2　粒组划分表

粒组名称		粒径 d 范围（mm）	粒组统称
漂石（块石）粒		＞200	巨粒
卵石（碎石）粒		200～60	
砾粒	粗粒	60～20	粗粒
	细粒	20～2	
砂粒		2～0.075	
粉粒		0.075～0.005	细粒
黏粒		＜0.005	

2. 土的分类和鉴定

1）根据地质成因，土可划分为残积土、坡积土、洪积土、冲积土、淤积土、冰积土和风积土等。

2）粒径大于 2mm、颗粒质量超过总质量 50％的土，应定名为碎石土。

3）粒径大于 2mm、颗粒质量不超过总质量的 50％，且粒径大于 0.075mm、颗粒质量超过总质量的 50％的土，应定名为砂土。

4）粒径大于 0.075mm、颗粒质量不超过总质量的 50％，且塑性指数小于等于 10 的土，应定名为粉土。

5）塑性指数大于 10 的土应定名为黏性土。

黏性土根据塑性指数分为粉质黏土和黏土。塑性指数大于 10 且小于等于 17 的土，应定名为粉质黏土；塑性指数大于 17 的土应定名为黏土。

3. 土的特征粒径和特性参数

（1）特征粒径

1）d_{10}——有效粒径，小于该粒径的土重占总土重的 10％。哈增最早用它确定均匀细砂的渗透系数。

2）d_{20}——等效粒径，小于该粒径的土重占总土重的 20％。在渗透性方面与粒径相同于 d_{20} 的均一土是等效的。

3）d_{30}——分界粒径，小于该粒径的土重占总土重的 30％。土中小于或等于 d_{30} 的部分为填粒，大于 d_{30} 的部分为土的骨架。

4）d_{60}——哈增最早提出的控制粒径，小于该粒径的土重占总土重的 60％。

5）d_{70}——不均匀土中粗料开始起控制作用的粒径，小于该粒径的土重占总土重的 70％。

6）d_{85}——太沙基的控制粒径，小于该粒径的土重占总土重的 85％。

（2）特征粒径与特性参数

1）不均匀系数 C_u。$C_u = d_{60}/d_{10}$ 是反映土的组成离散程度的参数，C_u 越大表示土中包含的粒径级越多，粗细料粒径之间的范围较大，因此土越不均匀。它不能反映颗粒级配曲线的形状、类型及细料含量的多少。

2）细料含量 P 表示不均匀土中颗粒的孔隙被细颗粒填充程度的指标，以总土重的百分数计，一般以细粒占总重量的 30% 作为界限指标。

2.2.4　几种特种土

1. 分散性黏土

分散性黏土中的黏土矿物主要由蒙脱石、伊利石两种矿物组成。蒙脱石包括钙蒙脱石和纳蒙脱石。钙蒙脱石吸水膨胀到一定程度后停止，而纳蒙脱石则会继续膨胀水化，甚至分解成单个的晶胞，成为分散性土，而且在碱性环境中的分散度更高。

分散性黏土的胶粒（$d \leqslant 0.002$mm）含量高达 30% 以上，其抵抗水流冲刷能力很差，纳蒙脱石的抗冲能力仅为 $0.02 \sim 0.10$m/s，而一般黏土可达到 $0.5 \sim 2.7$m/s。由此推测，分散性黏土的抗渗流冲刷的能力也是很差的。

2. 软土

（1）软土的意义

《软土地区岩土工程勘察规范》（JGJ 83−2011）规定，符合以下三项特征的即为软土：外观以灰色为主；天然含水量大于等于液限；天然孔隙比大于等于 1.0。

（2）软土的物理力学性能

软土的土粒比重比一般黏土略小，天然含水量较高。软土的渗透系数小，一般小于 1×10^{-6}cm/s，竖向渗透系数小于水平渗透系数。孔隙比很大，压缩性很大。标贯击数很小，通常小于 $2 \sim 4$ 击。

（3）软土的性能指标范围

孔隙比 $e = 1.0 \sim 2.45$；

含水量 $W = 34\% \sim 89\%$ 或更大；

液限 $W_1 = 34\% \sim 65\%$；

压缩系数 $\alpha = 0.5 \sim 23.3$kPa^{-1}；

三轴不排水剪 $\phi \approx 0$，$C = 5 \sim 25$kPa；

垂直渗透系数 $k = 1 \times 10^{-7} \sim 1 \times 10^{-9}$cm/s；

水平渗透系数 $k = 1 \times 10^{-5}$cm/s（含薄层粉砂）。

3. 淤泥、淤泥质土

淤泥、淤泥质土是软土的一种，是一种经生物化学作用形成的黏性土。它含有有机质，天然含水量大于液限。当 $e > 1.5$ 时称为淤泥；当 $1.0 < e < 1.5$ 时，称为淤泥质土。此外，还常常会遇到盐渍土、饱和粉细砂、灵敏性软土。有关饱和粉细砂的内容见本章 2.8 节。

2.3　岩石的基本概念

2.3.1　岩石的分类

1. 按成因分类

岩石由多种矿物组成，也可由一种矿物组成。岩石按成因可分为岩浆岩（火成岩）、沉积岩（水成岩）和变质岩三大类。

（1）岩浆岩

岩浆在向地表上升过程中，由于热量散失逐渐经过分异等作用冷凝而成岩浆岩。在地表下冷凝的称为侵入岩；喷出地表冷凝的称为喷出岩。侵入岩按距地表的深浅程度又分为深成岩和浅成岩。岩基和岩株为深成岩产状，岩脉、岩盘和岩枝等为浅成岩产状，火山锥和岩钟为喷出岩产状。

（2）沉积岩

沉积岩是由岩石、矿物在内外力的作用下破碎成碎屑物质后，再经水流、风吹和冰川等的搬运、堆积，再经胶结、压密等成岩作用在大陆低洼地带或海洋形成的岩石。沉积岩的主要特征是具层理。矿物成分除原生矿物外，还有碳酸盐类、硫酸盐类、磷酸盐类和高岭土等次生矿物。沉积岩的分类见表2.3。

表 2.3 沉积岩的分类

成因	硅质	泥质	灰质	其他成分
碎屑沉积	石英砾岩，石英角砾岩、燧石角砾岩、砂岩、粗砂岩、硬砂岩、石英岩	泥岩、页岩、黏土岩	石灰砾岩、石灰角砾岩、多种石灰岩	集块岩
化学沉积	硅华、燧石、石髓岩	泥铁石	石笋、石钟乳、石灰华、白云岩、石灰岩、泥灰岩	岩盐、石膏、硬石膏、硝石
生物沉积	硅藻土	油页岩	白垩、白云岩、珊瑚石灰岩	煤炭、油砂、某种磷酸盐岩石

（3）变质岩

变质岩是岩浆岩或沉积岩在高温、高压或其他因素作用下，经变质而形成的岩石。原来的母岩经变质作用后，不仅矿物重新结晶，或变成新矿物，同时岩石的结构、构造也有变化，但一般情况下，仍保存着原岩的产状。

大多数变质岩具有片麻状、片状或片理，有的有变质矿物产生，这是识别变质岩的主要方法。

2. 按坚固程度分类

岩石按坚固程度的分类见表2.4。

表 2.4 岩石坚固性分类

类别	亚类	强度（MPa）	代表性岩石
硬质岩石	极硬岩石	＞60	花岗岩、花岗片麻岩、闪长岩、玄武岩、石灰岩、石英砂岩、石英岩、大理岩、硅质、钙质砾岩、砂岩等
	次硬岩石	30～60	
软质岩石	次软岩石	5～30	黏土岩、页岩、千枚岩、板岩、绿泥石片岩、云母片岩、泥质砾岩、砂岩、凝灰岩等
	极软岩石	＜5	

注：强度指新鲜岩块的饱和单轴极限抗压强度。

3. 按风化程度分类

岩石按风化程度的分类见表 2.5。

表 2.5　岩石按风化程度的分类

岩石类别	风化程度	野外特征	风化程度参考指标		
			压缩波速度 v_p(m/s)	波速比 k_v	风化系数 k_f
硬质岩石	未风化	岩质新鲜，未见风化痕迹	>5000	0.9~1.0	0.9~1.0
	微风化	组织结构基本未变，仅节理面有铁锰质渲染或矿物略有变色，有少量风化裂隙	4000~5000	0.6~0.8	0.4~0.8
	中等风化	组织结构部分破坏，矿物成分基本未变化，仅沿节理面出现次生矿物。风化裂隙发育。岩体被切割成 20~50cm 的岩块，锤击声脆，且不易击碎，不能用镐挖掘，岩芯钻方可钻进	2000~4000	0.6~0.8	0.4~0.8
	强风化	组织结构已大部分破坏，矿物成分已显著变化。长石、云母已风化成次生矿物。裂隙很发育，岩体破碎。岩体被切割成 2~20cm 的岩块，可用手折断。用镐可挖掘，干钻不易钻进	1000~2000	0.4~0.6	<0.4
	全风化	组织结构已基本破坏，但尚可辨认，并且有微弱的残余结构强度，可用镐挖，干钻可钻进	500~1000	0.2~0.4	
残积土		组织结构已全部破坏。矿物成分除石英外，大部分已风化成土状，锹镐易挖掘，干钻易钻进，具可塑性	<500	<0.2	
软质岩石	未风化	岩质新鲜，未见风化痕迹	>4000	0.9~1.0	0.9~1.0
	微风化	组织结构基本未变，仅节理面有铁锰质渲染或矿物略有变色。有少量风化裂隙	3000~4000	0.8~0.9	0.8~0.9
	中等风化	组织结构部分破坏。矿物成分发生变化，节理面附近的矿物已风化成土状。风化裂隙发育。岩体被切割成 20~50cm 的岩块，锤击易碎，用镐难挖掘。岩芯钻方可钻进	1500~3000	0.5~0.8	0.3~0.8
	强风化	组织结构已大部分破坏，矿物成分已显著变化，含大量黏土质黏土矿物。风化裂隙很发育，岩体破碎。岩体被切割成碎块，干时可用手折断或捏碎，浸水或干湿交替时可较迅速地软化或崩解。用镐或锹可挖掘，干钻可钻进	700~1500	0.3~0.5	<0.3
	全风化	组织结构已基本破坏，但尚可辨认并且有微弱残余结构强度，可用镐挖，干钻可钻进	300~700	0.1~0.3	

岩石类别	风化程度	野外特征	风化程度参考指标		
			压缩波速度 v_p(m/s)	波速比 k_v	风化系数 k_f
残积土		组织结构已全部破坏，矿物成分已全部改变并已风化成土状，锹镐易挖掘，干钻易钻进，具可塑性	<300	<0.1	

注：1. 波速比（k_v）为风化岩石与新鲜岩石压缩波速度之比。

　　2. 风化系数（k_f）为风化岩石与新鲜岩石饱和单轴抗压强度之比。

　　3. 岩石风化程度，除按表列野外特征和定量指标划分外，也可根据地区经验按点荷载试验资料划分。

　　4. 花岗岩强风化与全风化、全风化与残积土的划分宜采用标准贯入试验，其划分标准分为强风化（$N \geqslant 50$）、全风化（$50 > N \geqslant 30$）、残积土（$N < 30$）。

2.3.2　岩石的基本性能

1. 概述

岩土工程是一门以岩土力学为理论基础的综合性学科，它研究与岩土有关的工程技术问题，包括岩土工程勘察、设计与施工以及运行使用阶段的各种岩土工程问题。无论在哪一阶段，岩土工程技术工作都离不开对岩土的力学性状的试验研究、评价与预测。

岩土的力学性状问题涉及的面很广，它与试验有关，也与计算有关，全面地论述这个问题应包括岩土的本构关系的讨论，这就涉及各种类型的本构模型。本章只讨论岩土力学性状的一些基本概念、特征以及一些经验数据。

2. 岩土体的原始状态

岩土体的原始状态，指岩土体在开挖卸载或加载以前的起始状态，包括物理状态和应力状态。通常情况下是指岩土体在天然埋藏条件下的物理状态和应力状态；但也可以理解为进行某项工程活动以前的原始状态，这种状态可能已受人类工程活动的影响，如老建筑物修复加固时土的原始状态就不是天然状态，又如工程活动产生的环境效应可能已改变了岩土体的天然状态。

（1）岩体结构

岩体的原始物理状态主要是指岩体中存在的构造特征的类型及其重要性质。岩石之所以有别于许多其他工程材料，就在于它包含了使其结构不连续的各种类型的破裂面。因此，必须将岩石单元或岩石材料与岩体明确地区别开来。岩石材料是用于描述不连续面之间的完整岩石的术语。它可由供室内研究之用的试件或一段钻孔岩芯来表示。岩体是指含有层面、断层、节理、褶皱和其他构造特征的总体的原位介质。岩体是非连续的，并常具有非均质和各向异性的工程性质。

岩石质量指标是在确定不连续面间距时引入的一个概念，它由所钻取的岩芯来确定，并由下式给出：

$$RQD = (100 \sum x_i)/L$$

式中　x_i——长度等于大于 10cm 的岩芯长度；

　　　L——钻孔进尺总长度。

根据岩芯或一个露头上进行不连续面间距测量的结果，采用下式可以估算岩石质量指标：

$$RQD = 100e^{-0.1\lambda}(0.1\lambda + 1)$$

当 λ 值在每米 6～16 范围内时，可以发现利用下列线性关系得出的岩石质量指标与实测的岩石质量指标值非常接近：

$$RQD = -3.68\lambda + 110.4$$

贯通度、粗糙度和张开度是描述不连续面的参数，对岩体的工程性质有很大的影响。贯通度是用于描述一个平面中不连续面的面积范围或尺寸的术语，通过观察露头上不连续面的迹线长度可粗略地对贯通度进行定量，它是岩体最重要的参数之一，但又是最难确定的参数之一。

（2）原岩应力状态

地下结构设计与地表结构设计的不同之处在于作用在结构上的荷载的性质不同。一般的地表结构，它的几何条件及工作状态规定了作用在结构上的荷载。但对于地下结构，岩石介质在开挖之前就受到初始应力的作用。作用在地下结构上荷载，既取决于开挖所诱发的应力状态，也取决于原岩应力状态。因此，确定原岩应力状态就成为研究岩体的十分重要的内容。

2.3.3 残积土和风化带

1. 概述

深基坑大多位于岩石的残积土和风化带内，本节将详细阐述岩石残积土和风化带内的深基坑渗流问题。

2. 残积土和风化岩的定义和划分标准

（1）残积土和风化岩的定义

岩石在风化营力作用下，其结构、成分和性质已产生不同程度变异的应定名为风化岩。已完全风化为土状而未经搬运的，应定名为残积土。

不同气候条件下和不同类型的岩石具有不同的风化特征。比如湿润气候以化学风化为主，而干燥气候则以物理风化为主。花岗岩多沿节理面风化，风化厚度很大，且以球状风化为主；而层状（沉积岩）岩多受岩性控制，风化特性各有不同。

风化岩与残积土都是新鲜岩层在物理风化作用和化学作用下形成的物质，可统称为风化残积物。风化岩与残积土的主要区别是因为岩石受到的风化程度不同，使其性状不同。风化岩受风化程度较轻，保存的原岩性质较多，而残积土则受到风化的程度极重，极少保持原岩的性质。风化岩基本上可以作为岩石看待，而残积土则完全成为土状物。两者的共同特点是均保持在原岩所在的位置，没有受到搬运营力的水平搬运。

（2）风化岩和残积土的划分标准

对风化岩和残积土的划分，可采用标准贯入试验或无侧限抗压强度试验，或采用波速测试或者其他方法，并根据当地经验和岩土特点确定。

岩石的风化程度可参考表 2.5。

（3）花岗岩残积土与风化岩的划分

花岗岩残积土与风化岩的划分可按下列准则之一进行：

1）标贯击数：

$N<50$ 击，为残积土；

50 击$\leqslant N<200$ 击，为强风化岩；

$N\geqslant200$ 击，为中风化岩。

2）风干试验的无侧限抗压强度 q_u：

$q_u<800$kPa 为残积土；

$q_u\geqslant800$kPa 为风化岩。

3）剪切波速 v_s：

$v_s<400$m/s，为残积土；

$v_s\geqslant400$m/s，为风化岩。

（4）花岗岩残积土的测试

为求得合理液性指数，应测试其中细粒土（粒径小于 0.5mm）的天然含水量 W_f、塑性指数 I_p、液性指数 I_l。试验时应先筛去粒径大于 0.5mm 的粗颗粒。

对残积土，应进行湿陷性和湿化试验。

由于气候湿热作用，接近地表的残积土受水的淋滤作用，氧化铁富集，并稍具胶结状态，形成网纹结构，土质比较坚硬。而其下部强度较低。再往下则因风化程度减弱而强度逐渐增加。

3. 残积土的主要性能

在此以广州地铁 3 号线北延线的燕塘站、南方医院和同和站的花岗岩残积土和风化带为例，来了解一下它们的主要性能。

（1）已有研究成果

通过对现场调查、已搜集的广州地铁历年勘探试验资料及本次钻探取样和一系列试验结果资料的分析整理，并进行了一系列定性分析与定量研究，取得的一些成果和规律性认识，现总结如下：

1）花岗岩残积土属于第四系风化土类型（Q^{el}），分布于广州市的北部及东南部，主要涵盖广州市区 2～6 号地铁线路的部分区段。花岗岩残积土一般厚度 5～15m，越秀山北侧风化土厚度最大，达 32m。其分布与花岗岩和混合花岗岩母岩分布密切相关。这两种母岩分布于广州市区东北及东南。

2）依据产出地质环境不同，广州地区花岗岩残积土有隐伏和出露两种产出类型。隐伏型花岗岩残积土一般位于第四系海陆交互相沉积层之下。出露型花岗岩残积土位于残丘和台地之上和其边缘。隐伏型花岗岩残积土含水层因其上覆有淤泥、黏性土和人工填土作为隔水层，其中的孔隙水具微承压性。

3）根据广州地区的勘察资料显示，研究区内的花岗岩残积土按母岩类型不同分为花岗岩残积土（5H）和混合花岗岩残积土（5Z）两大类，每大类按照土的可塑性状态分为可塑性和硬塑性残积土两层，即 5H(Z)－1 和 5H(Z)－2。其中主要包含三类土：黏性土、砂质黏性土和砾质黏性土。

4）花岗岩残积土的土质类型较多，包括砂土、粉土和黏性土及其各亚类，据广州地铁勘察资料分析，包括砾砂、粗砂、中砂、粉砂、粉土、粉质黏土和黏土。不管是花岗残积土还是混合花岗岩残积土，都以粉质黏土分布最广，其次为粉砂。其他几类土分布不广，有的呈透镜状零星分布。

5）花岗岩残积土各类土内部无沉积纹理和层理，各类土间呈渐变过渡，不存在划分土的类型的天然界线，这是花岗岩残积土分类不一致的重要原因，也是与冲积、洪积和坡积等成因的土体存在根本差异的地质特征。

6）在地壳活动稳定、外动力侵蚀剥蚀作用微弱、风化壳保存完好的条件下，通常花岗岩残积土铅直剖面上的分布特征是：上部以细粒土为主，下部以砂土为主，不同类型土的界线大致与地表平行。

7）广州地区花岗岩残积土中次生矿物主要为高岭石和伊利石，未见亲水性特别强的蒙脱石。试验表明，研究区花岗岩残积土自由膨胀率较低，不属于膨胀土。

8）根据室外试验和室内崩解试验，花岗岩残积土具有不同程度的崩解性。一般粉砂土崩解性较强，黏性土崩解性较弱至无崩解性。另外花岗岩残积土的崩解性与土中裂隙发育程度有关，裂隙发育者的崩解性比裂隙不发育者强。

9）花岗岩残积土以中等压缩性为主，其次是高压缩性土。其中砂类土以中等压缩性为主，具高压缩性者主要为黏性土。土的类型由粗至细，其压缩模量具有由大到小的特点。

10）花岗岩残积土具有显著的软化特性，随着含水量的增加，其强度降低、压缩性增大。土体含水量的增加，使得土体中起胶结作用的游离氧化物的溶解量随之增加，从而导致土体强度降低、压缩性增大。

11）花岗岩残积土抗扰动性较差。

12）花岗岩残积土粒组成分和矿物成分具有明显的不均匀性，土体结构复杂，工程性质差异大。

13）多次到正在开挖的基坑中实地考察，发现〈5H—2〉、〈6H〉、〈7H〉的土的含量很小，土体很干燥，能够保持垂直坡坎而不塌。

当受到外来的地表和向上涌出的承压水的作用下，土体很快被泥化，泥泞一片。

（2）对残积土定名的认识

根据规范要求，残积土的塑性指数是用小于 0.5mm 的颗粒（燕塘站约为 30％）进行试验而得到的，不是全部颗粒的性能，所以它不能完全代表这种土的真正特性。如果综合考虑一下，燕塘站的这种残积土的总体塑性指数应当小于 10，详见表 2.6。规范规定，当粒径大于 0.075mm 的颗粒含量不超过总重的 50％且塑性指数小于等于 10，应定名为粉土。本勘察报告提出的"砂质黏性土"是不符合实际情况的，给人以误导，不宜采用此称呼。

从表中可以看出，残积土和〈6H〉、〈7H〉风化层的黏粒含量比较小，而砂粒和粉粒含量之和超过了 85％，所以这种土更接近于砂性土。从不均匀系数来看，随风化程度减弱而增加。从渗流观点来看，这种土是容易发生管涌或流土的土类。

从矿物成分来看，也不是膨胀土。这种土遇到外来流水的冲刷后，就会发生崩解、泥化现象。

表 2.6　燕塘站地层特性对比表

地层	含水量（%）		粉粒平均（%）	黏粒平均（%）	D_{50}	不均匀系数 C_u	塑性指数 I_p
	平均	最小					
〈4-1〉	33.3	16.0					17.4
〈5H-1〉	32.8	26.1	50.8	13.3	0.032	10.05	14.6
〈5H-2〉	32.4	20.9	47.7	10.6	0.047	25.70	13.7
〈6H〉	25.6	16.8	43.9	12.9	0.051	38.33	13.4
〈7H〉	23.9	11.5	39.9	9.8	0.132	61.76	12.6

注：塑性指数值不是全部土体的，只是小于 0.5mm 的土粒的试验值。

2.4　地下水

2.4.1　地下水分类

地表以下的水，不论是岩土孔隙或裂隙中的水，还是土洞或溶洞中的水，统称地下水。

按照地下水的埋藏条件，地下水可分为包气带水、潜水和承压水。包气带水是地下水位以上到地表之间的水，对地下工程的影响不大，不在本书讨论之内。现将潜水和承压水叙述如下。

1. 潜水

地表以下具有自由表面的含水层中的水，叫做潜水。潜水一般埋藏在第四纪的松散沉积层或岩石风化层内。

潜水接受大气降水、地表水的补给，在重力作用下，潜水从位置（高程）高的地方向低处渗流流动。潜水水位受气候变化的影响而变化。潜水与河水有互相补给的作用。

2. 上层滞水

在潜水面之上存在局部隔水层（黏土或黏性土）时，其上部聚积的具有自由水面的重力水，叫做上层滞水。上层滞水分布最接近于地表，接受大气降水的补给，在城市则因上、下水道漏水而产生补给。因此，上层滞水的动态变化与气候、局部隔水层厚度及分布范围有关，也与城市上下水道管网的运行状态有关。

3. 承压水

充满于两个隔水层之间的含水层中的水，叫承压水。它承受一定的静水压力。当揭穿隔水层顶板后，承压水将上升到顶板以上一定高度，此高度就是压力水头。如果不揭穿此隔水层，则此高度就产生该层承压水的势能高度。此时高出顶板（底）以上的那个高程叫做它为自由水位。这里要说明的是，如果不揭穿隔水层，则此水位处并没有地下水；只是在打钻孔或降水井后，承压水才上升到此处，表现为真实的水。

承压水受到隔水层的限制，它与大气圈、地表水圈联系较弱，年度水位变化较小。

2.4.2 地下水特性

1. 岩土的水理特性

岩土的水理性质是指岩土与水相互作用时岩土显示出来的各种性质，主要有以下几种。

1）容水性：岩土的容水性是指常压下岩土孔隙中能容纳一定水量的性能，以容水度表示。容水度即为岩土孔隙中能容纳水量的体积与该岩土总体积之比。当岩土的孔隙全部被水充满时，则水的体积即等于孔隙的体积。因此，除膨胀性岩土以外，岩土的容水度在数值上与孔隙率相近似。

2）持水性：饱水岩土在重力作用下排水后仍能保持一定水量的性能称为岩土的持水性，以持水度表示。持水度是指饱水岩土在重力作用下释水后，所能保持水量的体积与该岩土总体积之比。按保持水型式的不同，持水度可分为分子持水度和毛细水持水度。

3）给水性：指在重力作用下饱水岩土从孔隙中能自由流出一定水量的性能，以给水度表示。给水度指常压下饱水岩土在重力作用下流出来的水体积与该岩土体积之比。各类岩土的给水度的一般值见表2.7。

表2.7　岩土的给水度

岩土名称	给水度	岩土名称	给水度
砾砂	0.30～0.35	粉砂	0.10～0.15
粗砂	0.25～0.30	亚黏土	0.10～0.15
中砂	0.20～0.25	黏土	0.04～0.07
细砂	0.15～0.20	泥炭	0.02～0.05

4）毛细管性：指松散岩土中能产生毛细管水上升现象的性能，通常以毛细管水上升高度、毛细管水上升速度和毛细管水压力来表示。松散岩土毛细管水上升最大高度见表2.8。

表2.8　松散岩土毛细管水上升最大高度 h_e

土的名称	粗砂	中砂	细砂	粉土	粉质黏土	黏土
h_e（cm）	2～4	12～35	35～120	120～250	300～350	500～600

各类松散岩土毛细管上升高度室内、野外均可测定，但数值差别较大，故最好是野外测定。

5）透水性：指在水的重力作用下，岩土容许水透过自身的性能，通常以渗透系数表示。

岩土渗透性的强弱首先取决于岩土孔隙的大小和连通性，其次是孔隙度的大小。松散岩土的颗粒越细，越不均匀，则其透水性便越弱。坚硬岩土的透水性可用裂隙率或岩溶率来表示。同一岩层在不同方向上也往往具有不同的透水性。

岩土透水性的强弱可根据岩土的渗透系数 k 的值划分（见表2.9）。

表 2.9　透水性按渗透系数 k 的分类

类别	强透水	透水	弱透水	微透水	不透水
k（m/d）	>10	10～1	1～0.01	0.01～0.001	<0.001

2. 水在岩土中的存在型式

自然界岩土孔隙中赋存着各种型式的水，按其物理性质的不同可分为气态水、吸着水、薄膜水、毛细管水、重力水和固态水等。

1）气态水。呈气体和空气一起充填在非饱和的岩土孔隙中的水称为气态水。它可由湿度相对大的地方向小的地方移动。岩土温度降低到露点时，气态水便凝结成液态水。

2）吸着水。被分子力吸附在岩土颗粒周围形成极薄的水膜称为吸着水，其吸附力高达一万个大气压，故又称为强结合水。该水的密度比普通水大一倍左右，可以抗剪切，但不传递静水压力，$-78℃$ 时仍不结冰。在外界土压力作用下，吸着水不能移动，但在用 $105℃$ 的温度将土烤干并保持恒温时，可将吸着水排除。黏性土仅含吸着水时呈现为固体状态。砂土也可含有极微量的吸着水。

3）薄膜水。受分子力的作用包围在吸着水外面的一薄层水称为薄膜水，也称为弱结合水。其厚度大于吸着水的厚度。薄膜水在外界土压力下可以变形，可以由膜相对厚处向薄处移动，其抗剪强度较小。因蒸发薄膜水可由土中逸出地表，薄膜水可被植物根吸收。

黏性土的一系列物理力学性质都与薄膜水有关。砂土由于颗粒的比表面积较小以及其他原因，薄膜水含量甚微，可忽略不计。

4）毛细管水。由于毛细管力支持充填在岩土细小孔隙中的水称为毛细管水。它同时受毛细管力和重力的作用，当毛细管力大于水的重力时，毛细管水就上升。因此，地下水面以上普遍形成一层毛细管水带。毛细管水能垂直上下运动，能传递静水压力。

5）重力水。在重力作用下能在岩土孔隙中运动的水称为重力水，即常称的地下水。它不受分子力的影响，可以传递静水压力。

毛细管水和重力水又称为自由水，均不能抗剪切，但可传递静水压力，密度为 $1g/cm^3$ 左右。

6）固态水。常压下当岩土体温度低于零度时，岩土孔隙中的液态水（甚至气态水）凝结成冰（冰夹层、冰椎、冰晶体等）称为固态水。固态水在土中起到胶结作用，可以形成冻土，提高其强度。因为岩土孔隙中的液态水转变为固态水时其体积膨胀，使土的孔隙增大，结构变得松散，故解冻后的土压缩性增大，土的强度往往低于冻结前的强度。

3. 土中水的能量

自然界的土连同孔隙中的水和气，可以看作是一个土水体系。土中水与其他物质一样，同样具有不同型式和数量的能量。若只考虑机械能，即势能和动能。由于土中水的运动速度很小，可以忽略动能的影响，只需考虑水的势能。这种势能取决于水所处的位置（高程）和内部条件，它是影响水的状态和运动的主要原因。土中水的能量就是指土中的势能，简称土水势。

饱和土中孔隙水的稳定渗流、非饱和土中的水分转移都是水从势能高处向势能低处的运动。当土体中各点的势能相等时，土中水就处于静态平衡状态。

土体内不同点的势能差就是孔隙水运动的动力，这种动力可能由各种因素引起，如重力作用，压力作用，土粒、水和空气界面上的张力作用，土中矿物成分对水的吸引力，水中离子浓度变化等，这些势能的代数和称为总的土水势。据此又把总土水势分成以下几个分量，即重力势、压力势、基质势、溶质势和荷载势。不同条件下，土水势的各个分量的组合是不一样的。

土水势的单位有以下三种，即单位质量水的势能、单位容积水的势能和单位重量水的势能。其中单位重量水的势也叫重量势，它的单位为 m 或 cm，实际就是水头的概念。

2.4.3　地下水的作用

地下水作为土（岩）体的组成部分，直接影响着土（岩）的性状和动态变化，同时也就影响了建筑物的稳定性和耐久性以及安全性。

地下水对土岩体和建筑物的作用，可分为以下两个方面。

1. 力学作用

（1）浮托作用

1）由于抽排、集水和回灌引起地下水位或水压的变化，从而造成地面沉降或上浮。

2）由于承压水的顶托作用，使基坑底部地基土体隆起、开裂或流土。

（2）动水力（渗透水压力）作用

动水力表现为渗流。渗流可造成土体的流砂、流土、管涌破坏。

对于深基坑来说，坑底地基的渗流出口坡降超过允许值以后，就会发生管涌破坏。

（3）静水压力

静水压力主要是指作用在基坑支护结构上面的水平静水压力，是支护结构上的主要荷载。当基坑存在渗流时，则产生动水压力，使坑外水压力减小，而坑内的水压力会增大。渗流也会使坑内外的土压力发生变化。

2. 地下水的物理化学作用

1）含水量减少，可能会造成黏土（黄土）干裂、崩塌，使一些弱胶结的岩石崩溃失稳。

2）含水量增加，会导致黏土的膨胀破坏；黄土泡水后会使原有稳定结构变弱；含水量过大会使砂土地基失去承载力。

3）地下水能使土岩体中的石膏、石灰等溶解，会造成地下连续墙或其他构筑物混凝土或水泥的化学溶蚀；当溶解（溶蚀）作用不断加大后，可能造成可溶物的大量流失，形成所谓的化学潜蚀，详见 2.7.2 节。

2.4.4　地下水对基坑工程的影响

1. 在降水和开挖过程中

基坑开挖之前的一段时间（一般不少于 15～30d），应进行先期排（降）水工作。在这期间，由于地基土中的孔隙水被排走，地基土被压缩，会产生较大的沉陷（降）变形，导致建筑物基础下沉，基坑周边的管线也会发生不同程度的沉降；同时在地下水抽水影响半径范围内，沉降会从基坑边向外扩展。

随着基坑不断向下开挖，降水工作持续进行，上述沉降会持续加大，并且在水平土压力和水压力作用下，基坑支护结构（地下连续墙）会产生向坑内的水平位移和转动。当开挖快接近设计坑底时，基坑的变形和位移可能达到最大值，可能发生支护结构的破坏（通常是踢脚、抗倾覆和圆弧滑动等）。

挖到基坑底部时，如果渗流控制失误，则可能造成坑底地基土的管涌、流土（流砂）和隆起。如果是承压水地基，则坑底可能出现承压水突涌和隆起。

2. 地下水对混凝土垫层和混凝土底板的影响

由于承压水的突涌和顶托作用，可能使已经浇筑的混凝土垫层和混凝土底板抬动、上浮或倾斜。

如果发生水泵失去动力（失电）或者由于井的滤水管堵塞，造成水泵停开，地下水位上升，则可能使垫层和底板抬动或倾斜。

还有一些工程，在基坑混凝土底板刚刚浇注完就停止了抽水，致使地下水从混凝土底板的裂缝中排出，有的把白色的氢氧化钙液体都带出来了，使底板的防渗性能完全丧失了。

3. 运行期地下水的影响

建筑物建成运行后，地下水的影响有以下几个方面。

1）由于设计、施工质量控制不严格，从一些止水接缝中漏水，或者从混凝土内部渗、漏水。

2）由于邻近建筑物施工降水，导致本身建筑物和地基偏斜、沉降。

4. 地下水位突然变化的影响

在施工过程中和运行过程中，都有可能出现地下水位突然上升或下降现象。例如，1995 年北京市的官厅水库放水，引起北京从西向东的地下水位上升，上升幅度达到 2～3m。因此曾造成西客站某基坑底板上浮，中关村某个正在开挖的基坑冒水。而在东三环昆仑饭店附近的某基坑，改变了原来渗井降水方案，重新采用条桩（支护墙）间高压摆喷止水和在坑底打井降低承压水的方案。

2.4.5　岩石中的地下水

1. 概述

岩石中的地下水分布和变化规律比较复杂，这里只是介绍一下目前深基坑工程中常见的岩石的残积土和风化岩的地下水（潜水和承压水）的基本情况。

2. 残积土和风化岩中的地下水

基岩含水层通常可分为孔隙含水层、裂隙含水层和岩溶含水层。这里研究的是岩石表层风化层和残积土中的孔隙含水层，叫做风化裂隙水。

花岗岩风化岩和残积土中的地下水及其渗透性，因岩性和风化程度不同而有很大区别。例如，在粗粒花岗岩地区，它的表层风化产物多为砾砂、中粗砂，很少有黏性土生成；而在一些细粒火成岩的表层则会生成砂质黏性土或砾质黏性土，它的透水性很小。

岩石的全风化层，风化破碎，结构基本破坏，此层接近于土状风化。而在强风化层和弱（中）风化层中，岩石结构大多破坏，切割成块状，充填物比较少。

在这种情况下，地下水的分布也是不一样的。其中在强、弱风化层的地下水的透水性常常很大，如在广州可达 $K=2\sim4m/d$，相当于砂子的透水性。而在全风化和残积土中，则由于黏性土成分较多，渗透系数 K 往往很小，$K=0.05\sim0.15m/d$。

由于表层残积土的隔水作用，使得强、弱风化层中的地下水变成承压水，且富水性好。在粗粒花岗岩的表层为中粗砂的情况下，基岩风化层中不会形成承压水。但如果上部第四纪有黏性土做隔水层的话，仍可形成承压水状态。

由于岩体构造的不均匀性，存在着很多断层、裂隙、节理和软弱面等，所以岩体中的地下水更具不均匀性和方向性。

残积土和风化带中地下水的存在方式有潜水和承压水两种。这里要指出的是，当岩石表层的残积土层和其下的一部分全风化层为砾质黏性土时，其透水性很小，此时下面的强风化带或中风化带中的地下水就可能成为承压水。

2.5 土的渗透性

2.5.1 基本概念

1. 土中渗流的特点

土体是一个包括土颗粒、水和空气的三相体系。对处于地下水位之下的饱和土体来说，土体变为土颗粒和水的二相体系。由于土体中孔隙的存在（在某些特殊土中还可能同时存在裂隙空间，如岩石风化层和黄土中裂隙），使得在水头差作用下，水可以通过土体中孔隙或裂隙产生流动，这种现象通常称为渗流。土体被水透过的性能就称为土体的渗透性。土体渗透性的大小，取决于土体中孔隙或裂隙空间分布的状况和通过流体的性质。在此只讨论透过孔隙的水产生的渗流。土的渗透性与它的强度和变形特性一样，都是土力学中研究的主要力学性质，在土木工程的各个领域都有重要的意义和广泛的应用。

渗流问题是岩土工程中一个重要的课题，如边坡中的渗流、堤坝中的渗流、地基中的渗流，以及基坑渗流等（见图 2.2）。土体渗流研究的目的就在于研究土体中的渗流运动规律和渗流场的分布状况，确定水头、渗透坡降、渗流量、渗透水压力、渗流力等渗流要素，并判别渗流破坏的可能性及提出合理的防治措施。工程中常见的砂沸、流土、管涌等岩土破坏现象皆与土的渗流有

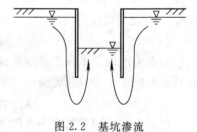

图 2.2 基坑渗流

关。渗流对土体的强度、变形还有重要的影响，如土体固结的快慢、荷载作用下土体中有效应力随时间的增加规律、荷载作用下强度变化情况等皆与土体的渗透性有关。

2. 渗透与渗流条件的简化

赋存地下水的孔隙土层或裂隙岩石称为多孔介质或裂隙介质。地下水在多孔介质或裂隙介质中的运动称为渗透。由于孔隙或裂隙的形状大小、连通性不同，地下水在各个部位的运动状态各不相同。因此，无法直接研究个别液体质点的运动规律。从实用观点来看，

只需研究孔隙或裂隙中的流体的平均运动的规律。假设用充满整个含水层（包括全部空隙和岩石颗粒所占有的全部空间）的假想流体来代替只在空隙内流动的真实水流，且假想流体具有下列性质：

1) 通过任意断面的流量与真实水流通过这一断面的流量相等。

2) 某一断面上的压力或水头与真实水流相等。

3) 在任意岩石或土层中所受的阻力与真实水流所受的阻力相等。

满足上述条件的假想水流称为渗透水流，简称为渗流。假想水流所占的空间区域称为渗流区或渗流场。为了描述渗流的特征，采用一些物理量如流量、流速、水头等来说明它。

3. 渗透速度与实际流速

垂直于渗流方向的空隙中充满着地下水的岩石或土层断面称为过水断面。整个过水断面的面积既包括空隙的面积也包括岩土颗粒所占的面积。按渗流的不同特点，其形状可以是平面也可以是曲面。渗流在此断面上的平均流速称为渗透速度或渗流速度 v，即

$$v = Q/\omega \tag{2.1}$$

式中　ω——过水断面积，m^2；

　　　Q——渗流量（简称流量），即单位时间内通过过水断面 ω 的渗流体积，m^3/s。它与真实水流通过同一过水断面的流量相等。

　　　v——渗透速度，m/s 或 cm/s。

渗透速度是一种假想流速，它与实际地下水流在岩石空隙间的实际平均流速不相等，它们之间的关系有：

$$v = nv' \tag{2.2}$$

式中　n——岩石或土层的孔隙度；

　　　v'——实际平均流速。

2.5.2　土的渗透性和达西定律

1. 土体的渗透特性

（1）土体的渗透特性

土体结构包括土体颗粒的排列方式及其颗粒之间的相互作用力。对于无黏性土来说，土体颗粒的排列方式主要受土颗粒自重作用控制，影响渗透性的主要因素是土体颗粒的级配与土体的孔隙率；而对于黏性土来说，土体颗粒的排列方式主要受土颗粒之间的相互作用力控制。土体渗透性除受土体的颗粒组成、土体孔隙率影响外，还与土颗粒的矿物成分、水溶液的化学性质有关。黏粒表面存在吸着水膜，会直接影响黏性土的渗透特性，该部分的水在通常条件下不能发生流动，对土体渗透性是不起作用的。此外，不连通孔隙中的水也不能发生流动，对土体渗流也是无效的。因此在研究土体渗透性时，应采用土体的有效孔隙率。不特别指明情况下，本书所指孔隙率即为有效孔隙率。土体的渗透特性还与通过的流体有关，其密度、黏滞性等直接影响土体的渗透能力。

（2）连续介质假定

严格来说，土体渗流只发生在土颗粒之间的孔隙中，土体的渗透特性应该表现为非均质性和非连续性。但是为研究问题方便，常将水假想成充满整个介质空间，采用连续介质

理论来分析。这就存在尺度效应的问题。只有研究范围达到一定的尺度空间，才可以将土体近似为连续介质。

通常所指渗流是指宏观平均意义的、基于连续介质理论来说的，渗透流速是指整个土体断面上的平均流速，而不是通过孔隙的实际流速。

2. 达西渗透定律

（1）达西渗透试验

达西渗透定律是由法国工程师达西根据直立均质砂柱模型渗流试验成果提出的。试验装置如图 2.3 所示。由于砂柱顶底端之间存在水头差，水就透过砂体孔隙从顶端流向底端，当形成稳定渗流场后，测得通过砂土的流量 Q 大小与水头差 h_1-h_2 成正比，与过水断面面积 A 成正比，但与砂柱长度 L 成反比，可表示为

$$Q=KA(h_1-h_2)/L \qquad (2.3)$$

式中　K——渗透系数，cm/s 或 m/d。

如果定义渗透流速为整个过水断面上的平均流速，即 $Q=vA$，并考虑到 $i=(h_1-h_2)/L$ 为渗透坡降，则上式可简化为：

$$v=Ki \qquad (2.4)$$

式中　v——渗透流速，cm/s 或 m/d，指整个
　　　　　　过水断面上的平均流速；

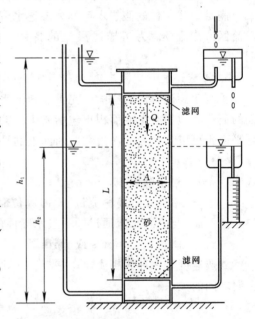

图 2.3　达西渗透试验

　　　　i——渗透坡降，表示沿流程的水头损
　　　　　　失率；

　　　　K——渗透系数，cm/s 或 m/d，表示单位渗透坡降时的渗透流速，是表征土体渗透
　　　　　　性大小的重要参数。

渗透系数是反映土的颗粒组成、结构、紧密程度、孔隙大小等因素的综合指标。通过渗透系数可以确定土的一些其他性质，如黏性土的孔隙、平均直径和破坏渗透坡降等。对于无黏性土来说，土的渗透破坏坡降随着渗透系数的加大而变小。

式（2.4）$v=Ki$ 即为著名的达西渗透定律，首次确立了渗透水流在土体中的流动速度与渗透坡降和土的性质这三者之间的相互关系。

注意，这里所指流速 v 是一个假想流速，是指整个过水断面上的平均流速，而不是孔隙中的实际流速 v'。

（2）达西渗透定律的适用性

达西渗透定律适用于呈线性阻力关系的层流运动，总体来说它适用于细粒土。对于砂土，达西渗透定律是适用的；但对于颗粒较粗的砾石类土或黏性土会发生偏离现象，流速与渗透坡降之间可能不再是简单的线性关系，这称为非达西渗流。非达西渗流表现为两类，一类为低渗透率下的非达西渗流，另一类为高流速下的非达西渗流。对各种砂进行渗透试验，欧德给出各种土中渗流符合达西定律的坡降关系如表 2.10 所示。

表 2.10　土中渗流符合达西定律的坡降关系

d_{10}（mm）	0.05	0.1	0.2	0.5	1
i（≤）	800	100	12	0.8	0.1

达西定律有效范围的下限，终止于黏土中微小流速的渗流，它是由土颗粒周围结合水薄膜的流变特性所决定的。

也有资料认为，只有在雷诺数 $1 < Re < 10$ 时，渗流才服从于达西定律。由图 2.4 可以看出，达西定律适用范围比层流范围要小。即使如此，大多数天然地下水中运动时仍服从达西定律。

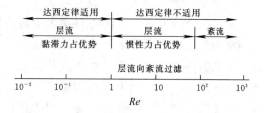

图 2.4　多孔介质中的水流状态

3. 残积土和风化岩中的渗流

由于残积土已经风化成土状，它与第四纪复盖层的黏性土和砂性土的地下水没有明显的区别。

这里主要讨论岩石风化带中的地下水渗流特点。由于岩石中含有很多连续和不连续的裂隙，如节理、断层、剪切面、软弱面和接触面等，所以岩体中的渗流比第四纪的砂、砾地层中的渗流具有更大的不均匀性以及方向性。这已在很多岩石基坑的抽水试验和地下水位观测资料中反映出来。

2.5.3　渗流作用力

1. 概述

本节主要讨论渗流作用力，即静止压力和动水压力（或叫超静水压力）的相互作用问题。两者都是孔隙水传递的，它们通称为孔隙水压力。局部的管涌、流土等渗透变形或整体的滑坡问题，都与孔隙水流动的渗流作用密切相关，读者应当对此有所了解。

2. 单位渗流作用力的合成与分解

为了分析方便，常把作用在土体的渗流作用力分解成沿流线方向和竖直方向的两个分力（见图 2.5）。其中沿流线方向的分力即为动水压力作用到土体颗粒骨架上的渗透力，其值为 $f = \gamma_w i$，可称为单位渗透力。另一分力是上举力或静水浮力，其方向竖直向上，即 $u = (1-n)\gamma_w$。这两个力是渗流场研究时使用的，它们不仅使土粒骨架本身受到浮力和拖引力，同样也使整块土体受到这两个力的作用。

除这两个渗流分解力之外，考虑到平衡计算，还要有土体的干密度 γ_d，可用单位土体中的颗粒重表示为

$$\gamma_d = (1-n)G_s$$

这里 G_s 为骨架颗粒的重度。为计算简便，可把土重和浮力两竖直方向的力叠加起来，记土的浮重为：

$$\gamma_d' = \gamma_d - u = \gamma_d - (1-n)\gamma_w = (1-n)(G_s - \gamma_w) \tag{2.5}$$

式（2.5）表示的干土浮重或其颗粒浮重和其所受的浮力，都是指作用在单位土体骨架颗粒上的力，多用于研究管涌问题的群体颗粒起动平衡计算。但研究整体性滑坡问题时

则以采用饱和土体的力（水土合算）为好，所以在饱和渗流区总是用单位土体浮重 $\gamma_s' = \gamma_s - \gamma_w$ 来计算稳定性。γ_s 为土的饱和重度。

3. 渗流的两个分力的讨论

上述两个分力（静水浮力与动水渗透力）往往被误解为静水压力就等于浮力，动水压力就是渗透力，这是值得注意的。说动水压力和渗透力相互等同是不恰当的。在概念上应当理解：压力是作用在点、面上的，浮力、渗透力则是作用于体积的。有的对浮力和渗透力取代静水压力和动水压力的简便计算认识不够。下面讨论这两个分力各自之间的水力联系及其转换关系和在稳定性平衡计算中的应用。

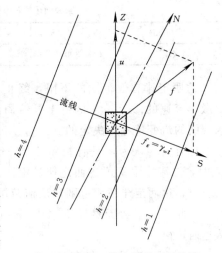

图 2.5　单位土体中颗粒所受渗流
作用力的分解

（1）静水压力与浮力

静水压力为土孔隙中静止状态下的水压传递，而对土粒间的接触情况或孔隙度以及土的剪应力等的力学性质不发生影响。不管土体潜水深度如何，土粒间的结构不受影响，就是说不发生任何变形。但静水压力的传递结果产生浮力，致使土粒的有效重量减轻，变为潜水浮重；同时，土体浸水饱和后的抗剪强度也大减，削减了抵抗局部冲蚀和整体破坏的能力，因而可以说浮力是一个消极的、间接的内水破坏力。从单位饱和土体来考虑其浮重度的不同参数的表达式为：

$$\gamma_s' = \gamma_s - \gamma_w = (1-n)(G_s - \gamma_w) = \gamma_d - (1-n)\gamma_w = (G_s - \gamma_w)/(1+e) \tag{2.6}$$

式中　γ_s——饱和土体的重度（单位重）；

　　　γ_w——水重度；

　　　G_s——土粒重度；

　　　γ_d——土体干重度；

　　　n——土体孔隙率；

　　　e——土体孔隙比。

比较式（2.5）和式（2.6）可知，浮重度 $\gamma_s' = \gamma_d'$。

（2）动水压力与渗透力

当饱和土体内发生渗流位势或水头差时，水就在土孔隙中流动，此超静水压力可称为动水压力，促使不平衡压差的两断面间发生渗流，导致土体中沿流动方向的渗透力，也就是由表面的水压力转变成体积的渗透力，它冲蚀土粒，拖动土体，因而可说是一个积极的、直接的渗流破坏力。从单位体积的土体考虑时，此单位渗透力沿流线方向表示为：

$$f_s = -\gamma_w \frac{\mathrm{d}h}{\mathrm{d}s} = \gamma_w i \tag{2.7}$$

式中　i——渗流坡降。

对于体积为 V 的土体，沿流线方向的渗透力为：

$$F_s = \gamma_w i V \tag{2.8}$$

此渗透力普遍作用到渗流场的所有土粒上。在岩体裂隙渗流中，此渗透力即是对裂隙壁面产生的剪应力，即 $\tau=0.5b\gamma_w i$，b 为裂隙宽度。

4. 渗透力与边界水压力的转换关系

浮力是由周边水压力转换来的；同样，渗透力也是由边界上表面水压力转变来的。于是在土体受力平衡计算中就可简化为：用一个渗透力与土体浮重相平衡，取代多个周边水压力与饱和土重相平衡的计算方法。这两种等价计算方法的概念很重要，可以大大简化计算。

5. 单位土体渗流各力的图示与平衡算法

把上述的两项渗流破坏力（浮力与渗透力）都以单位重度表示来绘制图 2.6，表示土重、水重和渗流各力的相互关系，便于正确引用有关孔隙水的各力，计算土体的平衡关系。竖直线 $ACDB$ 表示土体的饱和重度，由图可见，其值为土体浮重度与水的重度之和或土体干重度与单位土体孔隙中的水重度（即 $n\gamma_w$）之和。竖直线 $ACDB$ 及其左边表示式（2.6）静水压力下各重度之间的关系，体现了静水力学中把静水压力转换为浮力的阿基米德原理，可只计算土体或土粒的浮重而不计水的压力。竖直线 $ACDB$ 右边的图表示的是动水力学部分，影线三角形 BCF 表示式（2.7）动水压力下土体单元周边水压力的合力 BF（即 $-\Delta P$）等于土体所受浮力 BC（即单位土体相同体积水重的反向力 $-\gamma_w$）与沿渗流方向 CF 的渗透力（即 $\gamma_w i$）的向量和关系。虚线 DG 表示只作用在固相土粒上的动水压力，它等于土颗粒所受浮力 DC 与作用在颗粒表面上渗流摩擦剪应力 CG 的向量和，CG 只是渗透力的一部分，即孔隙水流对颗粒表面的摩擦力 $(l-n)\gamma_w i$；另一部分是作用在土粒上的动水压力 GF，即 $n\gamma_w i$；当水土合算作为整个单位土体考虑时，$n=0$，则渗透力 CF 为 $\gamma_w i$。图 2.6 中的土体表面水压的合力 BF 是由平行于流向力 BE 和正交力 EF 所组成的，BE 等于渗透力加上土体所受浮力（$-\gamma_w$）沿流向的分力。然后可以由力的三角形 ACF 看出土体的稳定性关系，即单位土体渗透力 $\gamma_w i$ 与土体浮重度 γ'_s 的合力 $R=0$，或者向上渗流时 $\gamma_w i \geqslant \gamma'_s$ 以及斜向渗流时 R 有向上的分力时，土体就开始浮动产生管涌流土现象。同样，由三角形 ABF 看出土体的稳定性关系，即用土体周边水压力 BF 与土体饱和重 AB 来考虑合力 R 时也得相同的结果。

因此在稳定性分析计算中，可总结一个重要法则是：采用渗透力时就必须与土体浮重相平衡，采用周边水压力时就必须与饱和重相平衡。

这里所说的浮重，因为它直接由土颗粒的接触点传递压力，完全作用在土体骨架上而影响骨架土粒的结构变形，故称为有效压力。另一种压力，即静水状态下的孔隙水压力，它只是借土粒间孔隙中的水传递压力，而与土粒间的接触情况或孔隙度无关，对土体骨架的结构型式以及对土的剪应力等力学性质不发生影响。可以称这种水的荷重为中性压力。饱和土某剖面上任何一点的总应力也可以认为是由土粒间传递的有效应力与孔隙水传递的中性应力两部分所组成的。

2.5.4 渗透系数的测定和参考建议值

1. 渗透系数的测定方法

渗透系数是描述土体渗透性的重要指标，它是达西渗透定律中流速与渗透坡降成线性关系的比例常数，其物理意义是渗透坡降等于 1 时的渗透流速。土体渗透系数大小不仅与颗粒的形状、大小和排列方式以及矿物成分有关，还与流体的性质有关。由于组成土体颗

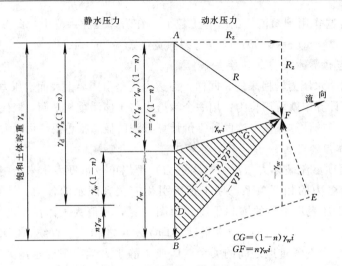

图 2.6　饱和渗流单位土体的力的图示

粒的粒径范围分布很广，土体渗透系数的变化范围很大，由粗粒到黏土，随着粒径和孔隙的减小，其渗透系数可由 1.0cm/s 降低到 10^{-9}cm/s。

渗透系数直接影响渗流计算结果的正确性和渗流控制方案的合理性。确定渗透系数的方法主要有经验估算法、室内或现场试验法和反演法。

2. 现场试验法

对于较重要的工程，应进行现场试验。现场确定渗透系数的试验方法主要有抽水试验法、注水试验法以及压水试验法。

（1）抽水试验

抽水试验是现场测定渗透系数的常用方法，根据抽水试验时水量、水位与时间的关系，可分为稳定流抽水试验和非稳定流抽水试验。稳定流抽水试验即是从抽水试验孔（如钻孔）中抽水，直至原来的地下水位面（虚线）逐渐下降形成一个稳定的降水漏斗（实线）；再利用抽水流量与孔中水位的关系，计算渗透系数。

（2）注水试验

稳定流注水试验的原理与稳定流抽水试验相似，只是以注水代替抽水，连续向试验孔内注水，直至形成稳定的水位和注入量，再以此数据进行土体渗透系数的计算。试验装置示意图如图 2.7 所示。

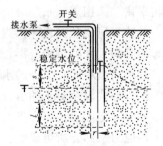

图 2.7　钻孔注水试验示意图

当在巨厚且水平分布较宽的含水层中进行常量注水试验时，可按下式计算渗透系数：

当 $l/r \leqslant 4$ 时

$$k = \frac{0.08Q}{rs\sqrt{\dfrac{l}{2r} + \dfrac{1}{4}}} \tag{2.9}$$

当 $l/r > 4$ 时

$$k=\frac{0.366Q}{ls}\lg\frac{2l}{r}\qquad(2.10)$$

式中　l——试验段或过滤器长度，m；

　　　s——孔中水头高度，m；

　　　Q——稳定注水量，m³/d；

　　　r——钻孔半径或过滤器半径，m。

用以上两个公式求得的 k 值比用抽水试验求得的 k 值一般小 15%～20%。

若含水层具双层结构，用两次试验来确定每层的渗透系数。一次单层试验求得第一层渗透系数 k_1，另一次混合试验求得 k，而 $kl=k_1l_1+k_2l_2$，故第二层渗透系数 $k_2=(kl-k_1l_1)/l_2$。

在不含水的干燥岩（土）中注水时，若试验段高出地下水位很多，介质均匀，且 $50<h/r<200$，$h\leqslant l$ 时可按下式计算渗透系数 k 值。

$$k=0.423\frac{Q}{h^2}\lg\frac{2h}{r}$$

式中　h——注水造成的水头高度，m；

　　　其余字母意义同上。

（3）压水试验

岩石和风化层的渗透系数有时需要用压水试验法来测定。

岩石压水试验通常是在岩石钻进过程中，通常自上而下地用隔离装置（栓塞）将钻孔隔离成一定长度（通常为5m）的封闭区段，再用不同压力向该区段内送水，测定其相应的流量值，由此计算出岩体的透水率 q，并换算成渗透系数 K。通常，K 与 q 存在以下关系：

$$K=1.5q\times10^{-5}\qquad(2.11)$$

这是一个经验公式，式中 q 的单位为吕荣（Lu），K 的单位为 cm/s。

目前压水试验多是采用吕荣试验方法。

3. 常用渗透系数参考值

（1）工程地质手册建议值（见表 2.11）

表 2.11　岩土的渗透系数参考值

岩土名称	渗透系数 k		岩土名称	渗透系数 k	
	m/d	cm/d		m/d	cm/d
黏土	<0.005	<6×10⁻⁶	粗砂	20～50	2×10⁻²～6×10⁻²
粉质黏土	0.005～0.1	6×10⁻⁶～1×10⁻⁴	均质粗砂	60～75	7×10⁻²～8×10⁻²
粉土	0.1～0.5	1×10⁻⁴～6×10⁻⁴	圆粒	50～100	6×10⁻²～1×10⁻¹
黄土	0.25～0.5	3×10⁻⁴～6×10⁻⁴	卵石	100～500	1×10⁻¹～6×10⁻¹
粉砂	0.5～1.0	6×10⁻⁴～1×10⁻³	无充填物卵石	500～1000	6×10⁻¹～1×100
细砂	1.0～5.0	1×10⁻³～5×10⁻³	稍有裂隙岩石	20～60	2×10⁻²～7×10⁻²
中砂	5.0～20.0	6×10⁻³～2×10⁻²	裂隙多的岩石	>60	>7×10⁻²
均质中砂	35～50	4×10⁻²～6×10⁻²			

(2) 基坑降水手册建议值（见表 2.12）

表 2.12　渗透系数经验数值

岩性	岩层颗粒		渗透系数 $k(m/d)$	岩性	岩层颗粒		渗透系数 $k(m/d)$
	粒径（mm）	所占比例（%）			粒径（mm）	所占比例(%)	
粉质黏土			0.05～0.1	粗砂	0.5～1.0	>50	25～50
黏质粉土			0.1～0.25	砾砂	1.0～2.0	>50	50～100
黄土			0.25～0.5	砾石夹砂			75～150
粉土质砂			0.5～1.0	砾卵石夹粗砂			100～200
粉砂	0.05～1	70以下	1～1.5	漂砾石			200～500
细砂	0.1～0.25	>70	5～10	圆砾大漂石			500～1000
中砂	0.23～0.5	>50	10～25				

(3) 工程地质手册建议值（见表 2.13）

表 2.13　黄淮海平原地区渗透系数经验数值

岩性	渗透系数（m/d）	岩性	渗透系数（m/d）
砂卵石	80	粉细砂	5～8
砂砾石	45～50	粉砂	2～3
粗砂	20～30	亚砂土	0.2
中粗砂	22	亚砂—亚黏土	0.1
中砂	20	亚黏土	0.02
中细砂	17	黏土	0.001
细砂	6～8		

注：1. 此表系根据冀、豫、苏北、淮北、北京等省市平原地区部分野外试验资料综合而成。
　　2. 岩性一栏中，亚砂土现定名为砂质粉土，亚黏土现定名为粉质黏土。

(4) 冶金矿山设计参考资料（见表 2.14）

表 2.14　渗透系数经验值

岩性	粒径（mm）	所占比例（%）	渗透系数（m/d）
粉砂	0.05～0.1	<70	1～5
细砂	0.1～0.25	>70	5～10
中砂	0.25～0.5	>50	10～25
粗砂	0.5～1.0	>50	25～50
极细砂	1.0～2.0	>50	50～100
砾石夹砂			75～150
带粗砂的砾石			100～200
清洁的砾石			>200

注：此表数值为实验室中理想条件下获得的。当含水量层夹泥量多时，或颗粒不均匀系数大于 2～3 时，取小值。

（5）矿坑涌水量预测方法（见表 2.15）

表 2.15　渗透系数经验值

岩石名称	渗透系数（m/d）	岩石名称	渗透系数（m/d）
重亚黏土（粉质黏土）	<0.05	中粒砂	5～20
轻亚黏土（粉质黏土）	0.05～0.1	粗粒砂	20～50
亚砂土（粉质砂土）	0.1～0.5	砾石	100～500
黄土	0.25～0.05	漂砾石	20～150
粉土质砂	0.5～1.0	漂石	500～1000
细粒砂	1～5		

（6）五机部勘测公司（见表 2.16）

表 2.16　砾石渗透系数

平均粒径 d_{60}（按重量）(mm)	35.0	21.0	14.0	10.0	5.8	3.0	2.9
不均匀系数 $\eta = d_{60}/d_{10}$	2.7	2.0	2.0	6.3	5.9	3.5	2.7
渗透系数（10℃）（cm/s）	20.0	20.0	10.0	5.0	3.3	3.3	0.8

（7）渗透系数经验参考值（见表 2.17）

表 2.17　渗透系数经验参考值

土类	渗透系数（cm/s）	土类	渗透系数（cm/s）
粗砾	$1 \sim 5 \times 10^{-1}$	粉土	$10^{-3} \sim 10^{-4}$
砂质砾	$10^{-1} \sim 10^{-2}$	粉质黏土	$5 \times 10^{-6} - 6 \times 10^{-4}$
粗砂	$5 \times 10^{-2} \sim 10^{-2}$	黏土	$< 5 \times 10^{-6}$
细砂	$5 \times 10^{-3} \sim 10^{-3}$		

（8）《高层建筑施工手册》渗透系数经验值（见表 2.18）

表 2.18　渗透系数经验值

地层	地层颗粒		渗透系数 K（m/d）
	粒径（mm）	所占重量（%）	
粉质黏土			<0.05
黏质粉土			0.05～0.1
粉质黏土			0.1～0.25
黄土			0.25～0.5
粉土质砂			0.5～1
粉砂	0.05～0.1	70 以下	1～5
细砂	0.1～0.25	>70	5～10
中砂	0.25～0.5	>50	10～25
粗砂	0.5～1.0	>50	25～50
极粗的砂	1～2	>50	50～100

地层	地层颗粒		渗透系数 K（m/d）
	粒径（mm）	所占重量（%）	
砾石夹砂			75～150
带粗砂的砾石			100～200
漂砾石			200～500
圆砾大浮石			500～1000

（9）几种半经验半理论公式

1）哈增公式：

$$K = C d_{10}^2$$

式中　d_{10}——有效粒径，cm；

　　　C——系数，$C=AB$，其值为 100～150。

2）柯森公式：

$$K_{18} = 780 \frac{n^3}{(1-n)^2} d_{\text{э}}^2$$

式中　K_{18}——温度 18℃时的渗透系数，cm/s；

　　　$d_{\text{э}}$——等效粒径，cm。

$$\frac{1}{d_{\text{э}}} = \sum_{i-2} \frac{\Delta g_i}{d_i} + \frac{3}{2} \frac{\Delta g_i}{d_i}$$

3）扎乌叶布列公式：

$$K_{18} = C \frac{n^3}{(1-n)^2} d_{17}^2 \quad (C=135～350)$$

4）康德拉且夫公式：

$$K_{18} = 105 n (\eta D_{50})^2$$

$$\eta = \frac{D_n}{D_{100-n}}$$

式中　D_n 和 D_{100-n}——颗粒粒径，小于该粒径的土重分别占总土重的 $n\%$ 和 $t(100-n)\%$；

　　　n——土的孔隙率；

　　　D_{50}——中间粒径，cm，小于该粒径的土重占总土重的 50%。

4. 渗透系数与黏土掺入量的关系

向有不同渗透系数（见表 2.19）的砂砾试样中加入流限为 35%、塑限为 17%的粉质黏土后，渗透系数就逐渐减小。当黏土掺入量超过 20%以后，渗透系数就迅速下降到 5×10^{-8}cm/s，而呈现出黏土那样低的渗透性。

表 2.19　黏土加量对渗透系数的影响

黏土掺量（%）	0	10	20	30
试样 A	3.4×10^{-4}	1.1×10^{-7}	6×10^{-8}	5×10^{-8}
试样 B	9.5×10^{-1}	1.05×10^{-1}	2×10^{-7}	1.1×10^{-7}
试样 C	4.2×10^{-3}	1.05×10^{-6}	1.15×10^{-7}	6×10^{-8}

　　如果用膨润土泥浆来代替黏土，会有更显著的效果。例如，在粒径为 $1.25 \sim 2.0 \mathrm{cm}$ 的砂砾的孔隙中充满上述泥浆，就会使渗透系数降低到只有 $1 \times 10^{-7} \mathrm{cm/s}$。在地层中挖槽时，因槽孔泥浆比重比水大，泥浆就向土中渗透，取代土体孔隙中的地下水，形成凝胶后，使地层的渗透系数降低，并把土的颗粒加以固定。

　　5. 渗透系数与打桩的关系

　　在上海地区，常用钢管桩作为高层建筑的桩基础。

　　抽水试验结果表明，由于主楼区桩基密布而且钢管桩施工时的击振使原有地基结构受到明显破坏，其结果是地基变得更加密实，渗透系数变小，且比较均匀；而裙房区桩比较稀疏，受施工击振影响小，所以渗透系数较大。

　　可以通过现场抽水试验求出这种变化了的渗透系数，由此进行坑内外降井数量的计算。

2.6　流网和电拟实验

2.6.1　概述

　　流网是研究平面渗流问题最有用且最全面的流动曲线，有了流网，整个渗流场的问题就得到解决。这里只限于讨论平面问题，就是说和这个流网平面相平行的其他各个平面上的流动图案都具有相同的式样，其法线方向的速度分量等于零。图 2.8 为基坑地基渗流的流网，由流线（实线）和等势线（虚线）两组互相垂直交织的曲线组成。流线在稳定渗流情况下表示水质点的运动路线；等势线表示势能或水头的等值线，即每一根等势线上的测压管水位都是齐平的，而不同等势线间的差值表示从高位势向低位势流动的趋势。

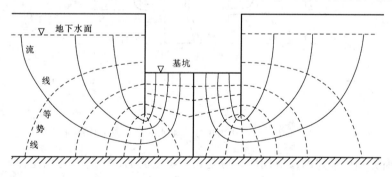

图 2.8　均质各向同性土体渗流流网图（基坑）

　　本节还将介绍另外一种渗流分析方法，即电拟实验方法。

2.6.2　描述稳定渗流场的拉普拉斯方程

　　现在从 $x-z$ 平面流网中取出任一个小单元图 2.9 来研究稳定渗流的数学方程式。单元的宽度和高度分别为 $\mathrm{d}x$、$\mathrm{d}z$，与纸面成正交方向的厚度为 $\mathrm{d}y=1$，单元四边的测压管水头表明势能的高低和流动方向。假定土体和水体都是不可压缩的，以 v_x、v_z 代表水平和竖直方向的流速，则有

$$J_x = -\frac{\partial h}{\partial x}, J_z = -\frac{\partial h}{\partial z}$$

J_x、J_z 代表水平和竖直方向的渗流坡降，根据质量守恒定理，进出流量应相等，可得

$$\frac{\partial v_x}{\partial x}dxdzdy+\frac{\partial v_z}{\partial z}dxdzdy=0 \qquad \frac{\partial v_x}{\partial x}+\frac{\partial v_z}{\partial z}=0$$

上式即为不可压缩情况下的连续方程。再以达西定律进行变换，

$$v_x=-K\frac{\partial h}{\partial x},v_z=-K\frac{\partial h}{\partial z}$$

代入 $\frac{\partial v_x}{\partial x}+\frac{\partial v_z}{\partial z}=0$,可得式

$$\frac{\partial^2 h}{\partial x^2}+\frac{\partial^2 h}{\partial z^2}=0$$

这就是描述稳定地下水运动的拉普拉斯方程。

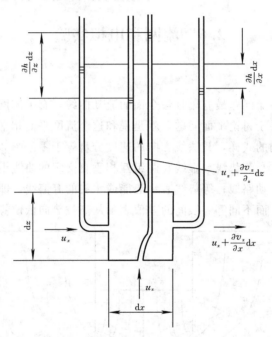

图 2.9　$x-z$ 平面中任一单元的水压力示意

　　拉普拉斯方程所描述的渗流问题，应是：①稳定流的；②符合达西定律的；③介质是不可压缩的；④均匀介质或是分块均匀的流场。一般边界条件复杂的渗流场，很难积分上式求得解析解，多是采用近似计算（如差分法、有限单元法等）或电模拟试验、图绘流网法等，而且经常只求出等势线或流线的任一组曲线，根据流网的性质描绘另一组曲线。

　　均质地基流网示意图见图 2.10，非均质地基流网示意图见图 2.11。

2.6.3　流网的一般特征

　　渗流场采用流网来描述。流网由两簇曲线交织而成，一簇为流线，一簇为等水头线。流线指示着渗流的方向，表示水质点渗流的路径。等水头线是渗流场中水头相等的点的连线。

　　对于均质各向同性土体，流网具有如下特征：

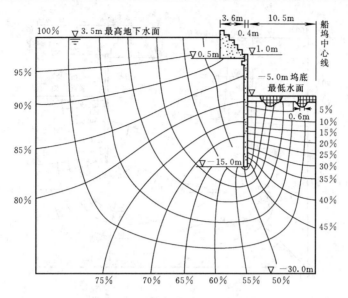

图 2.10　均质地基流网示意图

1）流网中相邻流线间的流函数增量相同；

2）流网中相邻等水头线间的水头损失相同；

3）流线与等势线正交；

4）每个网格的长宽比相同；

5）各流槽的渗流量相等。

6）等势线和流线的斜率互成负倒数，说明等势线和流线互相正交。

流网的另一个特性是如果流网各等势线间的差值相等，各流线间的差值也相等，则各个网格的长宽比为常数。

从上述对流网性质的分析可知，流线越密的部位流速越大，等势线越密的部位水力坡降越大。由流网图可以计算得到渗流场内各点的压力、水力坡降、流速以及渗流场的渗流量等各值，实际工程中感兴趣的下游出口坡降以及闸坝底板的浮托力或扬压力等均可求得，用以判断渗流的稳定性。

但对于非均质土体或各向异性土体来说，其渗流流网性质将发生变化。图 2.11 为一船坞的均质各向同异性地基的渗流流网图。从图中可见，对于非均质体，由于土体渗透性不同，为使流量保持不变，渗透性小的区域的水力梯度必将大于渗透性大的区域，因此当渗流从高渗透性区流向低渗透性区时，相邻等势线间的距离将变宽，使网格变得狭长，流线和等势线在区域分界面也将发生偏转。对于各向异性土体，其等势线和流线则不再保持正交。

2.6.4　电拟实验

这里介绍一下渗流分析的另外一种方法，即电拟实验方法。

1. 电拟试验的种类

电拟法分二向电拟试验和三向电拟试验两种，精度比较高，误差只有 0.1%～0.2%。电拟法的基础是拉普拉斯方程，并应用电流运动微分方程与渗透理论方程的相似性原理。电场与渗流场的相似关系如表 2.20 所示。

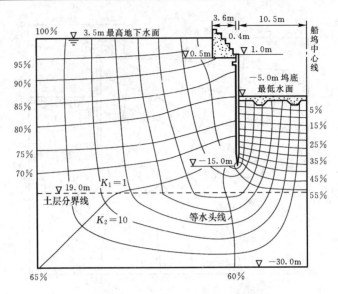

图 2.11　非均质地基流网示意图

表 2.20　电场与渗流场的相似关系

电场	渗流场	电场	渗流场
欧姆定律 $i=-c\dfrac{\partial V}{\partial S}$	达塞定律 $V=-K\dfrac{\partial h}{\partial S}$	电流强度　I 等位面　$V=$常数 边界条件：	渗透量　Q 等水头面　$h=$常数 边界条件：
拉普拉斯方程式 $\nabla^2 V=0$	拉普拉斯方程式 $\nabla^2 h=0$		
导电系数　c	渗透系数　K	绝缘表面 $\dfrac{\partial V}{\partial n}=0$	不透水面 $\dfrac{\partial h}{\partial n}=0$
电位　V	测压管水头　h		
电流密度　i	渗透速度　V	（n 为表面的法线）	（n 为表面的法线）

2. 电拟试验必须满足的相似条件

1）渗透区域和电拟模型的外部边界应几何相似。

2）渗透区域和电拟模型的边界处，水头和边界条件应相同。

3）渗透区域中划分的不同地层界线应与模型中用不同导电介质划分出来的边界应几何相似，各层之间的电导率与地层渗透系数之比应为常数。

3. 根据电拟观测数据，可按下列方法确定地基的渗流指标

（1）等水头线和流线

将试验求得的各部位具有等位势值的数值点连接成平滑曲线，即为渗透的等水头线，并用流网图解法的原理补绘出等水头线正交的流线，从而形成流网图形。

（2）渗透流量计算

渗透流量可根据模型测出的电阻值计算。

空间渗透时：

单元渗透流量

$$Q_j=\frac{K\rho H\lambda_1}{\mu}I_j \qquad (2.12)$$

总的渗透流量

$$Q=\frac{K\rho H\lambda_1}{\mu}\sum_{j-1}^{n}I_j \qquad (2.13)$$

平面渗透时：

水平面有压渗透的单位渗透流量为：

$$q = \frac{K\rho H}{\delta R_\mu}$$ (2.14)

水平面无压渗透的单位渗透流量为：

$$q = 0.5K(h_1^2 - h_2^2)q_r$$ (2.15)

水平面有压～无压渗透的单位渗透流量为：

$$q = \frac{(\phi_1 - \phi_2)\rho}{\delta R_\mu}$$ (2.16)

式中　K——地层的渗透系数，cm/s；

　　　p——模型的电流密度，$\Omega \cdot cm$；

　　　H——作用水头（上、下游水位差，cm）；

　　　λ_1——模型的缩小比例；

　　　μ——模型最大和最小水头的表面汇流极之间的电压；

　　　I_j——模型单个汇点的电流强度；

　　　n——模型中的汇点数；

　　　j——汇点的顺序号码；

　h_1、h_2——起点断面和终点断处的渗透水流深度（或水头）；

　　　q_r——化引流量$\left(q_r = \frac{\rho}{\delta R_\mu}\right)$；

　　　δ——平面模型的厚度；

　　　R_μ——模型的电阻，Ω；

　ϕ_1、ϕ_2——渗透水流起点和终点断面处位势值。

（3）渗透坡降

可利用已绘成的流网图形按下式计算：

$$i' = \frac{h}{l}$$ (2.17)

式中　i'——某计算点的平均渗透坡降；

　　　h——计算点两侧等水头线差值；

　　　l——计算点两侧等水头线沿流线方向上的距离。

2.7　渗流破坏类型和判别

2.7.1　概述

在渗透水流作用下，地基土体产生变形的现象叫做渗透变形，若继续发展，则可能产生渗透破坏。

深大基坑的渗流破坏方式可概括为四大类，即：

1）局部破坏。局部破坏是指渗流沿着阻力最小的薄弱部位而发生的集中渗流冲刷而导致的破坏，通常所说的潜水绕地下连续墙进入基坑产生的管涌或局部流土等即是这种破坏方式。

2）整体破坏。如承压水水头过大引起的突涌和流土等。

3）化学潜蚀破坏。化学潜蚀破坏是指在渗流水长期作用下，岩土中可溶盐类被溶解（蚀）带走的现象。

4）建筑物内部的缺陷造成局部渗流破坏。这通常是指渗流从地下连续墙等支护结构内部薄弱的部位（如内部含泥孔洞或接缝夹泥）突涌出来，造成的基坑事故。

前面三项破坏主要是由地下水渗流在地基内造成的，而后一项破坏则是人工施工失误造成的。

渗流变形（破坏）会导致工程事故破坏。据统计，1998 年长江大洪水期间，长江中下游堤防发生险情总数为七万余处，其中渗透险情约占总险情的 88%；而影响较大的溃口中，有 70% 是因渗透变形发展为渗透破坏的溃口。另外，在上海、杭州、天津、广州和武汉等地的一些深基坑中发生的破坏，80%～90% 是和地下水渗流密切相关的。

可见，分析研究渗透变形的类型、产生条件，从而采取渗流控制措施，防止渗透破坏的产生，是非常重要的。

渗流变形（破坏）产生的条件有水力条件、地质条件、边界条件和人工构筑物缺陷等四种。

（1）水力条件

即基坑内外地下水位的水头差。

（2）地质条件

1）从土性考虑，粉细砂、粉土、软土、砂卵石和风化岩等抗渗强度不高、易产生渗透变形。

2）从地层结构看，单层砂性土、双层结构上层为砂性土、双层结构中上层为薄黏性土、多层结构，也容易发生渗透变形（破坏）。

3）局部地质缺陷，如基坑挖土破坏了土层的原有结构，人类活动历史遗迹、生物洞穴、历史溃口、现代地下构筑物等，也都是渗透变形（破坏）多发部位。

（3）边界条件

基坑紧邻河、海、地面（下）建（构）筑物等。

（4）构筑物的缺陷

基坑支护结构设计施工质量和运行缺陷。

2.7.2　土体渗流破坏型式

本小节讨论渗流引起的局部稳定破坏问题。根据渗透水流引起的局部破坏的机理不同，常将局部渗透破坏分为以下几种类型。

1. 无黏性土渗透破坏

（1）管涌（潜蚀）

管涌是指在渗流作用下，土体中的细颗粒从骨架孔隙通（管）道流失的现象，这是一种渐近性质的破坏。随着细小颗粒被带走，孔隙不断扩大，渗透流速不断增加，较大颗粒也逐渐被渗流带走，最终导致土体内形成贯通的管道，造成土体下沉、开裂或坍塌。

天然条件下的管涌有时也称为潜蚀，主要发生在砂砾透水地基中，或者是黄土和岩溶地层中。

潜蚀可分为机械潜蚀和化学潜蚀两种。机械潜蚀是指在地下渗流的长期作用下，岩土体中的细小颗粒产生位移和淘空的现象。而化学潜蚀则是指易溶盐类（如岩盐、钾盐和石膏等）以及某些比较难溶的盐类（如方解石、菱镁矿和白云石等）在流动水的长期作用下，尤其是在地下水循环比较剧烈的地域，盐类逐渐被溶解或溶蚀，使岩土体颗粒之间的胶结力被削弱或破坏，导致岩土体结构松动、崩塌，直至破坏。

潜蚀的产生的条件和预防措施与管涌相同。

（2）流土

流土是指在上升的渗流作用下，当渗透压水压力大于等于土的浮重度时，土粒间压力消失，土粒处于悬浮状态，随水流动，此现象叫做流土（流砂）。具体表现为局部土体表面隆起、顶穿，或者土粒群同时浮动而流失的现象。流土多发生于表层为黏性土与其他细粒土组成的土体或较均匀的粉细砂层中，流砂多发生在不均匀的砂层中。流土只有破坏坡降（临界坡降与其相近）。越细的砂越容易出现流砂。由于此时的细砂就像沸腾了一样，所以也叫"砂沸"。

（3）接触冲刷

接触冲刷是指渗流沿着两种渗透系数不同的土层接触面或建（构）筑物与地基的接触面流动时，沿接触面带走细颗粒的现象。

（4）接触流失

接触流失是指在层次分明、渗透系数相差悬殊的两土层中，当渗流垂直于层面将渗透系数小的一层中的细颗粒带到渗透系数大的一层中的现象。基坑工程中会出现此现象。

实践表明，如果土层是由粗细相差较大的土粒组成，则在渗流作用下，当粗粒（直径为 D）和细粒（直径为 d）之比 $D/d>10$ 时，或当土层的不均匀系数 $C_u=d_{60}/d_{10}>(5\sim10)$，或两种相互接触的土层的渗透系数 $k_1/k_2>2$ 时，在地下水的渗透坡降 $i>5$ 且水流呈紊流时往往就会产生管涌或接触冲刷。

当土料中细颗粒（常指直径小于 1mm）含量较少时，则细颗粒在骨架（常指直径大于 2mm）孔隙中的流动阻力较小，容易发生管涌；当细颗粒含量达到 30％～35％以后，则可填满全部孔隙，移动阻力加大，故不易发生管涌。

2. 黏性土的渗透破坏

（1）流土

表层为黏性土与其他细粒土组成的土体表面产生隆起、顶穿、断裂、剥落的破坏现象，就叫流土，主要发生在出口无盖重的情况下。对于基坑来说，当基坑开挖到坑底而混凝土底板尚未浇筑或降水失效时，可能产生此破坏。

黏性土（包括黏土及粉质黏土）颗粒间有凝聚力，即使渗透压力达到土的浮重度，土体仍有强度，所以不会轻易发生流土。有些资料指出，只有当渗透坡降达到 8 以上时，才有可能出现流土。凝聚力越大，越不容易出现流土。淤泥土的重度小，凝聚力小，比一般黏性土更容易产生流土。

（2）接触流土

在黏性土与粗粒土接触处，发生土体向粗粒土空隙中移动的流土破坏现象。

（3）剥落

当渗透水流流经黏性土，向设有盖重的另一侧粗粒土渗透时，未被盖重的遮盖部位逐渐产生剥落，形成深洼。剥落深度约为粗粒土孔隙直径 D_0 的 $1/2$。在基坑工程中采用支护桩和桩间防渗时，如果防渗效果不好，就会发生两桩间的黏性土向临空面剥落的现象，就属于此种破坏。

（4）接触冲刷

渗流沿相邻不同土层的层间流动时带走颗粒的现象。

（5）发展性管涌

主要在分散性土中产生，基坑工程中少见。

3. 承压水条件下的渗流破坏形式

当基坑底部有承压水存在时，其渗流破坏表现为突涌（水），具体表现在以下几个方面。

1）坑底地基土或已浇筑的混凝土垫层或混凝土底板被顶裂（浮起），表面出现网状或树枝状裂缝，地下水从中涌出。

2）自下而上的承压水流使地基土泥化成泥，沿基坑表面流动。

3）坑底多处大量涌水涌砂，成沸腾状，坑内大量积水积砂。

4. 管涌和流土的相互关系

上面介绍了渗透变形的几种型式，现在来谈谈它们之间的相互关系和演变。

管涌和流土既有共性，又各不相同。从受力条件来讲，它们都是作用在土单元上的力平衡受到破坏而产生的。对流土来说，土单元是指单位土体，而对管涌来说则指"单个颗粒"。对流土来说，作用力是单位土体的渗透力，对管涌来说，作用力则为单个颗粒的渗透力。前者从渗流的层流条件导出，而后者则越出了层流的界限。

土体孔隙中所含细粒的多少是影响渗透变形的关键。若孔隙中仅有少量细粒，则细粒自由处在孔隙之中，只需在很小的渗流坡降作用下，细颗粒便将由静止状态起动而随渗流流失。此时的临界坡降很小且变化范围也很小，约为 $0.17 \sim 0.20$。若孔隙中细粒不断增加，虽然仍处在自由状态，但因阻力增大，则需要较大的渗流坡降才足以推动这些细粒运动。若孔隙全为细粒所填满，此时孔隙中的砂粒就像一个微小体积的砂土那样，互相挤在一起阻力更大，渗流在这些砂粒中的运动与一般砂土中的渗流运动完全一样，因而要推动这个砂体的运动，也就是流土变形，需在更大的渗流坡降。此时的破坏坡降在数值上接近土的浮重度，约为 $0.8 \sim 1.30$。

从上述现象可以清楚地了解到土体渗透变形的全过程，以及为什么管涌的渗流坡降要比流土的渗流坡降小，为什么管涌的渗流坡降随着土体中细粒含量的增加而增大。还可以看出，流土破坏具有突然性，而管涌破坏则有一个发展过程。只有当土体中的细粒含量不断增加，直至将土体中骨架颗粒所形成的孔隙全部填满形成一个实体时，管涌才转化为流土。

对于任何建筑物及地基而言，渗透变形的形式可以是单一型式出现，也可以是多种型式伴随，出现于各个不同部位。

还要说明的是，当土体内黏粒含量超过 $3\% \sim 5\%$ 时，后面计算临界坡降的公式就不适用了。

5. 化学潜蚀

易溶盐类，如岩盐、钾盐、石膏等，以及某些难溶性盐类，如方解石、菱镁矿、白云石等，在流动水的长期作用下，尤其是在地下水循环比较剧烈的区域，矿物逐渐被溶蚀、引起流失，称化学潜蚀。断层带胶结物中如含有石膏和方解石，则其深蚀速度比整个石灰岩层或石膏岩层更快。化学潜蚀的发生条件是：

1）水中 HCO_3^{-1} 在压力流情况下，由于压力降低释放出 CO_2，形成 $CaCO_3$ 和 $MgCO_3$ 沉淀。反应式为：

$$2Ca(HCO_3)_2 \rightarrow 2CaCO_3 \downarrow + 2CO_2 \uparrow + 2H_2O$$

$$2Mg(HCO_3)_2 \rightarrow 2MgCO_3 \downarrow + 2CO_2 \uparrow + 2H_2O$$

2）在碱性条件下，部分溶于水中的硅在 pH 值降低或脱水时，硅的溶胶可聚合成乳白色、半透明絮状胶体物并在裂隙出口处淤堵。

3）水中有侵蚀性 CO_2，使低价铁 Fe^+ 变为 $Fe(HCO_3)_2$，在压力降低和温度升高时，在氧化条件下 CO_2 溶解度变小而分离出来，低价铁变高价铁而沉淀。

由于断层中物质的溶蚀而致毁损的实例尚不多见，但不能因此忽视溶蚀可能招致的危害。在红色岩层和华北奥陶系灰岩中，常有石膏夹层分布，经过不同水头下的溶滤试验表明，在不透水或弱透水的地层中，石膏溶滤速度是很缓慢的。但是机械作用伴随着化学作用发生，促使岩溶作用的加快。因此，对于含石膏夹层的地基，一定要做好防渗。如美国某大坝由于岩层的接触带有一条强度较低的软弱带，坝基砾岩胶结很差，构造极其复杂，水位升高后，砾岩中的石膏被溶解，岩体崩解成黏土、砂、砾石等松散体，软化的砾岩被水压力挤出后，产生了大量的渗漏，形成一股泥水流，坝下被掏空导致失事破坏。

2.7.3　临界渗透坡降的计算

1. 流土型临界（破坏）渗透坡降的计算

从严格意义上讲，流土型渗流破坏只有破坏坡降，没有临界坡降。只是由于二者比较接近，为适应习惯用法，所以本书把流土和管涌两种临界状态下的坡降统称为临界渗透坡降。

（1）太沙基公式

太沙基根据均匀地基中单位体积土体的有效重量和作用在该土体上的渗流力相平衡的条件，得到均匀无黏性土在向上渗流作用下流土的临界渗透坡降计算公式，即太沙基公式。

$$i_{cr} = \gamma'/\gamma_w = (G_s - 1)(1 - n) \tag{2.18}$$

式中　i_{cr}——临界渗透坡降；

　G_s——土的比重；

　n——孔隙率。

太沙基认为，土体受渗透力顶托时，一经松动，土粒间的摩擦力即不存在，故不考虑摩擦力的影响，以求安全。一般情况下，$n=0.4$、$G_s=2.65$ 时，可得 $i_{cr}=1$。均匀的砂土在室内进行渗透试验时，i_{cr} 都在 $0.8\sim1.2$ 之间，两者是相近的。

由上式计算出的 i_{cr} 偏小，大约小于试验值的 $15\%\sim25\%$，于是其他学者提出了修正公式。

（2）扎马林公式

$$i_{cr} = (G_s - 1)(1 - n) + 0.5n \tag{2.19}$$

（3）考虑土体侧面摩擦力的公式

南京水利科学研究院王韦提出的公式：

$$i_{cr} = (G_s - 1)(1 - n)(1 + \xi \tan \phi) \tag{2.20}$$

式中　ξ——侧压力系数；

　　　ϕ——土体内摩擦角。

通过试验求得 $1 + \xi \tan \phi = 1.17$。

上式计算结果与扎马林公式结果接近。

还有薛守义在高等土力学中提出的公式：

$$i_{cr} = (G_s - 1)(1 - n)(1 + 0.5 \xi \tan \phi) \tag{2.21}$$

公式中的符号意义同上。

（4）沙金煊公式

沙金煊进一步考虑了土体颗粒形状的影响，提出了下面公式

$$i_{cr} = \alpha (G_s - 1)(1 - n) \tag{2.22}$$

式中　α——土体颗粒的形状系数，指不规则颗粒与等体积球形颗粒两者表面积之比。对于各种砂粒 $\alpha = 1.16 \sim 1.17$，对于有锐角的不规则颗粒 $\alpha = 1.5$，对于各种颗粒混合的砂砾料 $\alpha = 1.33$。

（5）《水利水电工程地质手册》的临界渗透坡降计算公式

1）斜坡表面由里向外水平方向渗流作用时，流砂破坏的临界渗透坡降为：

无黏性土（按单位土体计算）：

$$I_v = G_w (\cos\theta \tan\phi - \sin\theta) / \gamma_v \tag{2.23}$$

黏性土（按单位土体计算）：

$$I_v = [G_w (\cos\theta \tan\phi - \sin\theta) + c] / \gamma_v \tag{2.24}$$

式中　G_w——岩土的浮重（即土的浮重度乘土的体积），g/cm^3；

　　　γ_v——水的比重，；

　　　ϕ——土的内摩擦角；

　　　c——土的黏聚力，kPa；

　　　θ——斜坡坡度。

2）地基表面土层受自下而上的渗流作用时流砂破坏的临界渗透坡降为：

无黏性土：

$$I_v = \gamma_d / G_s - (1 - n)$$

或

$$I_v = \gamma_d / G_s - (1 - n) + 0.5n \tag{2.25}$$

黏性土：

$$I_v = \gamma_d / G_s - (1 - n) + c / G_s \tag{2.26}$$

式中　γ_d——土的干重度，t/m^3；

　　　n——土的孔隙度；

　　　G_s——土的比重；

　　　c——土的黏聚力，kPa。

土的渗透系数（k）愈小，排水条件不通畅时，易形成流砂。砂土孔隙度（n）愈大，

愈易形成流砂。

（6）上海地区经验

上海地区当地下水的渗流条件符合 $i \approx 1$ 时，下列土层易发生流砂：

1）土颗粒组成中黏粒含量<10%，粉粒含量>75%。

2）土的不均匀系数<5，一般在 1.6～3.2 之间时。

3）土的孔隙比>0.75 或孔隙率>43%。

4）土的含水量>30%。

5）土层厚度>25cm 的粉细砂及粉土。

上海地区，当地下水位平均在地面以下 0.7m 左右，一般开挖深度大于 3m，且土质符合上述条件时，易产生流砂现象。

（7）砂层中夹薄层黏土

当透水砂层中夹有薄层的黏土时，此时的实际渗透坡降的计算应当考虑黏土的影响，即把此层黏土化引成均匀厚度的砂层。此时的计算公式如下：

$$i = \frac{h}{t}$$

$$t = \left(\frac{t_1}{k_1} + \frac{t_2}{k_2}\right)k_2 \tag{2.27}$$

式中　　h——水头；

　　t_1——夹层厚度；

　　k_1——夹层渗透系数；

　　t_2——砂层厚度；

　　k_2——砂层渗透系数。

2. 管涌破坏临界坡降的确定

计算管涌临界渗透坡降的公式目前还不太成熟，一般有条件尽可能通过室内试验测定。

（1）根据土中细粒含量确定临界坡降

管涌破坏临界坡降与土中细粒含量的关系如图 2.12 所示。

（2）根据土的渗透系数确定临界坡降

应用图 2.13 时应注意，当土中细粒含量大于 35% 时，由于趋向于流土破坏，应同时进行流土破坏评价。

（3）根据经验公式确定

1）中国水利水电科学研究院刘杰曾根据渗流场中单个土粒受到渗流力、浮力以及自重作用时的极限平衡条件，并结合试验资料分析的结果，提出了如下计算公式：

$$i_{cr} = 2.2(G_s - 1)(1 - n)^2 d_5/d_{20} \tag{2.28}$$

式中　　d_5——渗流可能带出的最大颗粒粒径，小于该粒径的土粒重量占总土重 5%；

　　d_{20}——等效粒径，小于该粒径的土粒重量占总土重 20%。

2）南京水利科学研究院公式：

$$i_{cr} = 42d_3/(k/n^3)^{0.5} \tag{2.29}$$

式中　　d_3——小于该粒径的土粒重量占总土重 3%，它是渗流可能带出的最大颗粒；

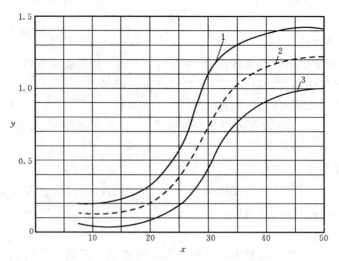

图 2.12　临界渗透坡降与细粒含量关系

x—细粒含量（％）；y—临界水力坡降

1—上限；2—中值；3—下限

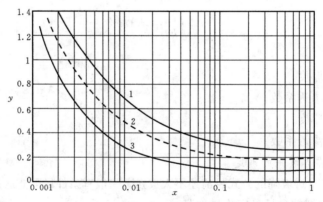

图 2.13　临界渗透坡降与渗透系数关系图

x—渗透系数，cm/s；y—渗透破坏临界坡降 i_{cr}

1—上限；2—中值；3—下限

　　k——渗透系数；

　　n——孔隙率。

　　上式的计算结果精确度较高，计算比较方便。

　　3）不均匀颗粒地基（长江科学院学报）：

$$i_{cr}=\frac{0.85d_i}{p_i d_{85}}(1-n)(G_s-1) \qquad (2.30)$$

式中　d_i——被渗流冲动的颗粒（组）粒径；

　　　p_i——颗分曲线上与 d_i 对应的土重百分数（小数）；

　　　d_{85}——太沙基提出控制粒径，小于该粒径的土粒重量占总土重85％。

　　此式比较好用，利用颗分曲线即可计算向上的渗流临界坡降。

这里要注意，平常见到的公式 $i_{cr}=\gamma'/\gamma_w$（γ'——土的浮重度，γ_w——水的重度），只适用于均匀颗粒地基。如果是地基组成不均匀且有较强透水层时，则应使用式（2.30）。

3. 水平管涌的临界坡降

（1）水平管涌

发生在地基内部的水平管涌，它的临界坡降可用下式表示：

$$i_{cr}(\text{水平})=i_{cr}\tan\phi \tag{2.31}$$

式中，i_{cr}——垂直管涌（渗流自下而上）的临界坡降；

ϕ——内摩擦角。

（2）水平管涌的临界坡降

对于砂土，考虑水平管涌时，水平渗透力为 $\gamma_w i_{侧}$（$i_{侧}$ 为水平渗透坡降），与土的自重 $\gamma'\cdot1$ 和垂直力 $\sigma\cdot1$ 引起的水平方向的摩阻力为（见图2.14）

$$\frac{2}{1-\mu}(\gamma'\cdot1+\sigma\cdot1)\tan\phi$$

式中　ϕ——砂土的内摩擦角；

μ——砂土的泊松比。

水平渗透力与水平方向的摩擦力相平衡，得

$$\gamma_w i_{侧}=\frac{2}{1-\mu}(\gamma'+\sigma)\tan\phi \tag{2.32}$$

当 $\sigma=0$ 时，则

$$i_{侧}=\frac{2}{1-\mu}\frac{\gamma'\tan\phi}{\gamma_w} \tag{2.33}$$

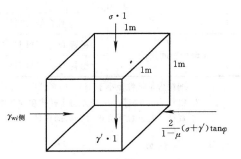

图 2.14　力的平衡图

当然，也要考虑一定的安全系数 k，这就要根据临界渗流坡降和破坏渗流坡降，选用不同的 k 值。

2.7.4　渗流破坏型式的判别

地基渗流破坏是一种复杂的工程地质现象，它不仅取决于不均匀系数、土粒直径和级配，而且也与土的密度、渗透性能等有关。因此，需采用多种方法来判别。

地基有渗透水流作用时，可按图2.15检验地基土发生渗流破坏的可能性。

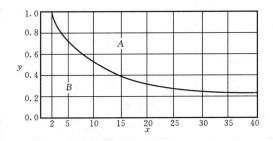

图 2.15　渗透破坏判别图

x—$C_u=d_{60}/d_{10}$（不均匀系数）；y—地基实际渗透坡降；A—渗流破坏比降范围；B—安全比降范围

破坏型式与不均匀系数的关系见表2.21。

表 2.21　破坏型式与不均匀系数昀关系

不均匀系效 C_u	渗透破坏类型
<10	一般产生流土破坏
10<C_u≤20	既可能产生流土破坏，也可能产生管涌破坏
>20	一般产生管涌破坏

地基破坏与颗粒级配和细粒土含量的关系见表 2.22。

表 2.22　地基破坏与颗粒级配和细粒土含量的关系

颗粒级配情况	细粒含量	渗透破坏类型
缺少中间粒径	细粒含量>35%（比较均匀）	一般为流土破坏
	细粒含量 25%～35%	既可能是流土破坏，也可能是管涌破坏，（取决于土的密度，粒径和形状等）
	细粒含量<25%	一般为管涌破坏
不缺少中间粒径	粗料 D_{15}/细料 D_{85}≤5	不产生管涌破坏，有可能产生流土破坏
	粗料 D_{15}/细料 D_{85}>5	产生管涌破坏

注：1. 细粒含量指粒径小于 1mm 的颗粒所占整个土重的比例（%）。

　　2. 粗料 D_{15} 和细料 D_{85} 是先将土样按粗粒和细粒分开，然后分别求出粗粒土的粗料 D_{15} 和细料 D_{85}（D 为土粒直径，右下数字为该直径时的含量%）。

1. 一般判别

流土和管涌是渗透破坏中最常见的两种基本型式。流土主要发生在渗流的溢出边界处，一般不发生在土体的内部；而管涌可能发生在渗流溢出处，也可能发生在土体的内部。流土在黏性土和无黏性土中都有可能发生，而管涌主要发生在砂砾等无黏性土中。土体发生渗透破坏的可能型式与土的性质、颗粒组成和细料含量等有关。例如，对于黏性土和均匀的无黏性土只可能发生流土，不可能发生管涌；而对于不均匀且细粒含量较少的无黏性土则很可能发生管涌。

无黏性土的可能渗透破坏型式可参照表 2.23 进行判别。

表 2.23　无黏性土的可能渗透破坏型式

颗粒组成			渗流破坏型式
不均匀系数 C_u≤5			流土
不均匀系数 C_u>5	级配不连续	P>35%	流土
		P<25%	管涌
		P=25%～35%	可能流土，可能管涌
	级配连续	$P\geq 1/\{4\times(1-n)\}\times100\%$	流土
		$P<1/\{4\times(1-n)\}\times100\%$	管涌

注：P 为细粒含量，确定方法见后面。

2. 流土破坏的判别

（1）流土的特性

流土多发生在颗粒级配均匀和颗粒较细的砂性土中，但是也有部分黏性土发生流土现象。其特征是：颗粒级配往往较好，颗粒多呈片状、针状或附有亲水胶体矿物颗粒。土的孔隙直径一般较小，孔隙间连通程度不好，排水性较差，且细粒含量在 30%～35% 以上（细粒指粒径在 0.01mm 以下的颗粒）。实践表明流土现象多在粉砂土、细砂和含少量黏粒的土层中发生。具体流土条件包括：

1）土体由粒径均匀的细颗粒组成，土中含有较多的片状矿物（如云母细片、绿泥石等）和亲水胶体颗粒，从而增加了吸水膨胀性、降低了土粒重量。

2）渗透性能差，排水条件不畅。

3）渗透坡降较大，动水压力超过土粒重量，使土粒悬浮流动。

（2）流土的判别方法

1）根据细粒含量判别：

$$P \geqslant \frac{1}{4(1-n)} \times 100\% \tag{2.34}$$

式中　n——土的孔隙率（%）；

　　　P——土的细颗粒含量，以质量百分率计（%）。

上式中，土的细粒含量可按下列方法确定：

①不连续级配的土，级配曲线中至少有一个以上的粒径级的颗粒含量小于或等于 3% 的平缓段，粗细粒的区分粒径 d_f 采用平缓段粒径级的最大和最小粒径的平均粒径，或以最小粒径为区分粒径，相应于此粒径的含量为细粒含量。

②连续级配的土，区分粗粒和细粒粒径的界限粒径 d_f 可按下式计算：

$$d_f = \sqrt{d_{70} d_{10}} \tag{2.35}$$

式中　d_f——粗细粒的区分粒径，mm；

　　　d_{70}——小于该粒径的含量占总土重 70% 的颗粒粒径，mm；

　　　d_{10}——小于该粒径的含量占总土重 10% 的颗粒粒径，mm。

③对于不均匀系数大于 5 的不连续级配土

$$P \geqslant 35\% \tag{2.36}$$

④对于流土和管涌过渡型的土

$$25\% \leqslant P < 35\% \tag{2.37}$$

2）按水力条件判别：

当土体渗流的实际坡降 i 大于允许的渗透坡降时，会产生流土渗透破坏。

3. 管涌破坏的判别

（1）管涌土的特征

管涌土多为非黏性土，其特征是：颗粒大小比例差别较大，往往缺少某种粒径，磨圆度较好，土的骨架主要由粗粒组成，颗粒之间加架空性好，孔隙直径大而互相通连，细粒含量较少，不能全部充满空隙。颗粒多由密度较小的矿物构成，易随水流移动，有较大和良好的渗透水流出路等。具体条件包括：

1）土中粗颗粒（粒径为 D）和细颗粒（粒径为 d）的粒径比 $D/d > 10$；

2）土的不均匀系数 $d_{60}/d_{10} > 10$；

3）两种相互接触的土层，其渗透系数之间的比值 $K_1/K_2 > (1\sim3)$；

4）渗透水流的渗透坡降 i 大于土的临界坡降 i_{cr}。

（2）管涌判别方法

1）根据土的细粒含量：[见《水利发电工程地质勘察规范》（GB 50287—2006）]

$$P < \frac{1}{4(1-n)} \times 100\% \qquad (2.38)$$

式中符号意义同式（2.27）。

2）对于不均匀系数大于 5 的无黏性土可采用下列方法来判别（中国水利水电科学研究院）：

①级配不连续时：$P < 25\%$ 时，发生管涌。

②级配连续时：采用以下两个方法判别管涌。

a. 孔隙直径法：$D_0 > d_5$ 　管涌型

　　　　　　　　$D_0 < d_3$ 　流土型

　　　　　　　　$D_0 = d_3 \sim d_5$ 　过渡型

b. 细料含量法（%）：$P < 0.9P_{op}$ 　管涌型

　　　　　　　　　　$P \geqslant 1.1P_{op}$ 　流土型

　　　　　　　　　　$P = (0.9 \sim 1.1)P_{op}$ 　过渡型

式中　d_3、d_5、d_{70}——小于该粒径的含量占总土重 3%、5%、70% 的颗粒粒径，mm；

　　　　D_0——土孔隙的平均直径，按 $D_0 = 0.63nd_{20}$ 估算；d_{20} 为等效粒径，小于该粒径的土重占总土重的 20%；

　　　　P_{op}——最优细粒含量，$P_{op} = (0.3-n+3n^2)/(1-n)$，$n$ 为土的孔隙率。

其中 P 的含义及求法同前。

4. 双层地基的接触流失的判别

对于双层地结构的地基，当发生渗流向上的情况时，有可能发生接触流失。按照以下方式判别：

1）若两层土满足 $C_u \leqslant 5$，且 $D_{15}/d_{85} \leqslant 5$；或者 $C_u \leqslant 10$，且 $D_{20}/d_{70} \leqslant 7$ 时，则认为不会发生接触流失。

2）不满足上述条件时，就会发生接触流失。

其中，D_{15}、D_{20} 分别为较粗土层中的某种粒径，小于该粒径的土粒含量分别为 15% 和 20%；d_{85}、d_{70} 则是指较细土层中小于该粒径的土粒含量为 85% 和 70%。

5. 砂砾地基渗透变形型式判别方法

管涌和流土是砂砾石土的主要渗透变形现象。有的土在一定渗透坡降下发生管涌现象，而有的土却在流土破坏以前的任何渗透坡降下都不发生管涌。但任何土料在一定渗流坡降下，却都可能发生流土。

砂砾石土产生管涌坡降比产生流土坡降要得多小。为了确定砂砾石土的抗渗强度及允许坡降，首先需要判别产生管涌的可能性，确定是否为管涌土，判别方法有以下几种。

（1）依据土的不均匀系数

理论上，均匀球形颗粒排列最紧密状态时，其孔隙直径为球形颗粒直径的 1/6（见图 2.16）。只有小于此孔隙直径的细颗粒，才可能通过孔隙，产生管涌现象。在天然情况下，由于细粒形状和水膜影响，粗颗粒与细颗粒的粒径之比 $d_{max}/d_{min}>20$，才发生管涌。据此，苏联依斯托明娜根据土体不均匀系数 C_u 大小，提出 $C_u>20$ 为管涌；$C_u<10$ 为流土；C_u 在 $10\sim20$ 之间为过渡型，可为管涌或为流土。

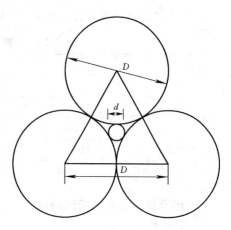

图 2.16　均匀球形颗粒的孔隙直径

由于土的不均匀系数主要表示土的不均匀程度。同一不均匀系数可以有不同的级配组成。因此，此法虽简便，但准确性差，仅适用于粒径组成符合正态律的稳定流态沉积下来的河砂，以及细粒含量小于 $30\%\sim35\%$ 的正常级配砂砾石。

（2）依据土的渗透系数

渗透系数是反映土的颗粒组成和密实度的一种综合性指标。判断渗透变形型式的临界渗透系数 k_{kp} 可表示为

$$k_{kp}=1830nd_5^2 \tag{2.39}$$

式中　n——土体孔隙率；

　　　d_s——小于该粒径的含量为 5% 的粒径。

对于不均匀系数大于 5 的土，若其渗透系数 $k<k_{kp}$，出现局部流土；$k>k_{kp}$ 或大于 0.025cm/s，出现管涌。

（3）依据土体填料含量

南京水利科学研究院从土体细粒填料体积等于骨架孔隙体积这一概念出发，导得产生管涌破坏的最大细粒含量 p_z 的表达式为

$$p_z=a\frac{\sqrt{n}}{1+\sqrt{n}} \tag{2.40}$$

式中　a——修正系数，取 $0.95\sim1.00$。

对双峰土和单峰土，土体中区分填料与骨架的界限粒径可取为 2mm。对缺乏中间粒径的双峰土，可以颗粒级配组成的微分曲线（分布曲线）上的间断点所对应的粒径作为界限粒径。若土体中实有填料含量小于 p_z，为管涌土；否则为非管涌土，只可能产生流土。

当细粒填料含量超过土料总重的 35% 时，骨架孔隙已全部被填料充填。土料的渗透系数及渗流破坏坡降主要取决于填料的性质，属非管涌土，渗透破坏主要型式为流土。细粒填料含量小于 25% 时，粗粒骨架间的孔隙不能被填料充满，细粒与粗粒粒径又不符合反滤原则，土的渗透变形型式多为管涌。细粒含量在 $25\%\sim35\%$ 时，土的渗透破坏可能是流土或管涌，主要取决于土的密度、颗粒粒径和形状。

（4）依据骨架孔隙率及骨架孔隙直径

康德拉契夫根据试验成果提出，当土的骨架孔隙率 $n_{ck}>50\%$ 时，为非管涌土，渗透变形型式为流土；$n_{ck}<50\%$ 时，为管涌土，此时若骨架孔隙直径 $D_0>d_{z70}$，为发展性管涌；$D_0<d_{z70}$，为非发展性管涌。式中 d_{z70} 为土的填料颗粒中相应于含量小于 70% 的粒径，或取为容许带出粒径。

综合上述研究成果，建议按表 2.24 鉴别无黏性土的渗透变形形式。

表 2.24　天然无黏性土渗透变形型式鉴别

分类	均匀土	不均匀土					
不均匀系数	<5	>5					
颗粒级配	较均匀	级配不连续			级配连续		
		$P>35\%$	$P<25\%$	$P=(25\%\sim35\%)$	$d_0<d_3$	$d_0>d_s$	$d_0=(d_3\sim d_s)$
渗透变形型式	流土	流土	管涌	过渡	流土	管涌	过渡

注：P 为细粒含量；d_0 为孔隙直径。

2.7.5　砂砾地基的渗透变形特点

1. 结构特征

（1）细粒含量

冲积类型的砂砾石，细粒含量多少及其填满骨架孔隙的程度，是衡量渗透变形型式的主要因素。细粒含量很少时，细料在粗料形成的骨架孔隙中呈疏松散粒状态，临界坡降小且变化范围小，约为 0.17～0.20。细粒含量逐渐增加，细料在孔隙中的阻力、流失颗粒与其他细粒之间的夹挤力、弯拱作用或黏滞力也将增加，临界坡降及破坏坡降便迅速增加。当细粒含量超过骨架孔隙体积后，粗、细料均呈持力状态，渗流型式成为流土，破坏坡降在数值上接近土的浮重度，为 0.8～1.3。

（2）黏粒含量

在冰碛、冰缘相的泥流块碎石及砂层中，黏粒在细料中的相对比例对抗渗强度有显著影响。当黏粒含量大于 4％时，黏粒能够加强粒间联结力；含量越多，联结越强，甚至可使细料黏结成整体，土体的抗渗性能随黏粒的增加而有较大幅度的增长。但一经扰动，原有结构破坏，黏结力降低，抗渗性便大为削弱。

（3）级配特征

1）连续级配。粗细料大多处于挟挤状态，能被渗流水自由带动的细粒较少，抗渗性能较强。

2）不连续级配。缺乏一定区间的粒级，土体架空，颗粒挟挤不紧，渗流稳定性差。架空层中缺乏中间粒径区间越大，渗流稳定性越差；架空层中粗料越均匀，抗渗性能越差；架空层中细料越均匀，抗渗性能越差。如级配曲线呈多峰，渗流稳定性更差。

（4）密实程度

只有比较密实的砂砾石，细料含量的增加才有助于提高砂砾石的抗渗性能。较松散的砂砾石中，细粒的增加虽也能提高抗渗强度，但一旦被冲动、流失，便会产生较大的孔隙率及较大的渗透流速，以致冲动处于挟挤状态的粗粒。

2. 成因类型

（1）冲积砂砾石

冲积砂砾石一般以粗粒相为主，易形成不均质、松散、细料不足的架空层。由于细料含量小于骨架孔隙体积，密实度又不高，渗流呈紊流状态，变形型式以管涌为主（见表 2.25）。

表 2.25　冲积砂砾地基的渗透类型

类型	颗粒组成及结构特征	不均匀系数	渗透系数(m/d)	渗透变形型式	实测临界坡降	允许渗透坡降
粗细砾	粗粒料以卵、砾为主，细料不连续，颗粒大小混杂，小于2mm颗粒含量高，颗分曲线连续，呈均匀斜线	>200	1~20	以流土破坏为主	0.09~3.76	0.1~0.3
漂卵石夹砂（一般架空）	漂、卵粒级组成骨架。填料含量高，且以砂为主，黏粒少，颗分曲线连续，呈较缓斜坡	20~200	5~30	管涌	0.08~0.50	0.1~0.15
漂卵石夹砂（架空）	漂、卵粒级组成骨架，具不同程度架空，缺失粒径为1~2mm填料	20~50	40~70	管涌	0.06~0.25	0.07~0.10
漂卵石大孔层	漂卵石呈架空结构，缺失粒径为1~10mm填料	<20	>100	管涌		0.07
漂卵石（漫滩部位特殊类型）	漂卵石呈大孔结构，缺失砾石粒级，颗分曲线不连续，曲线中段陡立	>150		管涌	0.07~0.43	0.15~0.35
砂	含砾砂及砂土，颗分曲线陡立	<10		流土		

对于似线性结构的砂砾石，当细料含量大于骨架孔隙体积时，渗透特性以细料性质而定，孔隙细小，渗流呈层流状态，渗流稳定性较高，变形型式为流土。大孔结构的砂砾石，细料少，在一定动水压力下不足以冲动处于挟挤紧密的骨架颗粒，因此本身结构较稳定，主要渗透变形是与邻近接触面间的接触冲刷。

（2）冰碛（泥砾）砂砾石

冰碛物粒级大小悬殊，小于2mm的细粒含量占30%~50%，有较高的密实程度，易形成富含细粒的泥砾，渗透系数小于0.2m/d，不均匀系数 C_u>200。冰碛层的特殊结构使其具有较高的抗渗强度。渗流变形经历一个较长时段的发展过程。渗透变形型式为流土，实测临界坡降为1.8~2.3。

3. 场址的地形、地质条件

场址的地形、地质条件对地基的抗渗稳定性有很大影响，主要表现为以下几个方面。

1）渗流逸出部位处于斜坡范围内时，增加了土粒自重在斜坡上的分力，不利于渗透稳定。

2）不同透水性地层的组合，增加了渗流场势的复杂性。

3）管涌土与管涌土接触时，使接触带水头等势线加密，促使管涌发展。

4）渗透水沿透水性相差极大的双层介质接触带行进时，会造成接触冲刷。

5）管涌土与非管涌土的透水层接触时，因后者具有反滤性能，而有利于场区的渗流稳定。

6）具有一定伸展范围的大孔层，可造成集中渗流，大大降低相邻土层的渗透稳定性。

4. 胶结程度

稍胶结比无胶结砂砾石具有较高的抗渗性能，且铁锰质或钙质胶结比泥质胶结的抗渗性能强。对于泥质胶结，高亲水性的蒙脱石和伊利石黏土矿物遇水易软化，其抗渗性能比耐水性黏土矿物胶结的土层差。

5. 地下水动态

地下水呈层流，一般不会产生渗透变形。紊流是产生渗透变形的必要条件。水头的升高及持续时间的增长，均会使土体含水量增大，结构变松，甚至造成渗透破坏。

2.7.6　黏性土地基的渗透变形特点

黏性土的渗透破坏属属于渗流出口的渗透力与土的抗渗强度的极限平衡问题，其抗渗强度与黏性土的粒径组成关系不大，主要取决于其黏土矿物成分（交换性阳离子的数量和成分、孔隙流体的含盐浓度和成分），以及土的含水量、密实度、有无裂缝和外部接触条件。

1. 黏土矿物成分

含有一定量钠蒙脱土的分散性黏性土，在纯净水中团聚状黏性土会全部或大部分散成原级颗粒，抵抗纯净水的冲刷流速小于 $0.1\sim0.2\text{m/s}$。当土中有缝隙，出口又无合适的反滤层保护时，在很小的水力坡降下，也有可能发生渗透破坏（见表 2.26）。

表 2.26　小浪底不同黏性土的针孔冲蚀试验成果

分类	分散性土	缓慢分散性土	非分散性土
土类	轻粉质壤土	中粉质壤土	重粉质壤土
抗冲蚀速度(m/s)	<0.3	<1.0	$1.5\sim2.0$
抗冲蚀坡降	<1.5	<8.0	11.0

2. 土的物理状态

在一定反滤层保护下，土的抗渗强度随干密度的增加，呈双曲线函数关系增大，且位于下游水位以上部分的抗渗强度大于水下部分，表明防渗体及黏性土地基渗流破坏位置易出现在下游水位以下部位。

土体干密度大于液限干密度时，抗渗强度较高。液限大、塑性指数高的土，一般具有较高的抗渗强度。相同干密度，又在同一反滤层保护下，起始含水量低的试样的抗渗强度低于起始含水量高的试样。

接触流土的抗渗强度随土的液限及骨架重度的增大而增大。

3. 土体的结构状态

具有完整结构的、未破坏土体的抗拉断黏聚力、抗剪黏聚力均较结构已遭破坏的土体要大，抗渗强度也大于结构已破坏的土体。

4. 外界接触条件

黏性土若用一定的反滤料保护，抗渗强度大为提高。非分散性黏土对反滤层的要求不象无黏性土那样严格。

接触流土的破坏坡降与上覆粗粒材料孔隙直径的关系：若铺在黏性土接触面上的材料孔隙相当大时，接触流土的破坏坡降约等于流土的破坏坡降。因此，反滤层粒径越小，土体抗渗强度越大。

若在填筑时土料有部分被压入反滤层，形成一薄过渡层，抗渗强度要比光面接触情况几乎高出一倍。

2.7.7　坑底残积土渗透破坏判别

在这里根据燕塘站岩土勘察报告的试验结果，来判别坑底残积土的渗透破坏型式，详见表 2.27。

表 2.27　燕塘站流土判别计算表

地层	比重 s	$e_大$	$e_小$	$e_{平均}$	粉粒(%)	黏粒(%)	C_u	n	P_c	i_{cr}
5H—1	2.70	1.153	0.907	1.028	20.8	13.3	10.0	0.507	50.7	0.84
5H—2	2.69	1.078	0.602	0.903	47.7	10.6	25.7	0.474	47.5	1.03
6H	2.68	0.967	0.557	0.799	43.9	12.9	38.3	0.444	45.0	1.08
7H	2.68	0.982	0.481	0.769	39.9	9.8	61.8	0.435	44.2	1.10
说明	$n=e/(e+1)$　　　$p=1/4(1-n)\times100\%$　　　$i_{cr}=(G_s-1)(1-n)$ 渗流破坏型式：流土									

从表中可以看出，各层土的细颗粒含量 P_c 均大于 35%，且 C_u 均大于 5，故本场地残积土的渗流破坏型式应为流土。

2.8　砂的液化

饱和粉细砂的特性与软土不同，它没有黏粒和胶粒，没有塑性，抗剪强度不是很低，压缩系数不是很大，但受到地震或其他反复振动时，粉细砂被加密，孔隙减小，导致孔隙水压力上升，有效应力降低。当孔隙水压力大于上覆压应力时，则发生喷水冒沙。建筑物的刚性基础有足够压力时不会喷水冒沙，但基础下的砂层可能从基础周围喷水冒沙，导致基础下沉偏斜。土堤、土坝路堤下的粉细砂则从堤坝趾部喷出，导致堤坝塌陷裂缝。

在地下连续墙或灌注桩施工过程中，由于挖槽机（或钻机）对槽（桩）孔中粉细砂、不断反复地冲击，造成粉细砂突然失水固结，将钻头紧紧抱住，而无法拔出。这些现象就叫做粉细砂的液化。

在 1998 年长江大洪水之后进行的提防加固工程中，在江南岸的嘉鱼县地段的防渗墙挖槽过程中，由于抓斗不断反复地冲击粉细砂地基，导致粉细砂突然液化，前后有 6 台薄抓斗被固结的粉细砂紧紧抱住而被永久埋于地下。后来把该段防渗墙改成了高压喷射灌浆，才解决了问题。2009 年在同一个地段，又发生了盾构机被突然液化的粉细砂抱死而无法移动的事故，最后只有采用明挖的办法，将其拉出到地面。

级配均匀的粉细砂容易液化。中值粒径 $d_{50}=0.05\sim0.1\text{mm}$，不均匀系数 $C_u=2\sim5$ 的极细砂至细砂最易液化。中值粒径 $d_{50}=0.02\sim0.5\text{mm}$，不均匀系数 $C_u<10$ 的粉砂至粗砂都属于易液化砂。

除了级配以外，砂土的密实度、沉积时间、振动力的强弱都是影响液化的重要因素。砂土的相对密度愈大，愈不易液化。1975 年海城地震后，经调查水平地面下中细砂的情况，得出结论是：相对密度大于 0.55 的砂层，Ⅶ度地震区未液化；相对密度大于 0.7 的砂层，Ⅷ度地震区未液化。在砂层地面上有 1.0m 土层覆盖的区域，Ⅶ度地震区未喷水冒砂，也就是表面有盖重压应力 20kPa，故不会液化。

《水利水电工程地质勘察规范》（GB 50287—1999）建议，不同地震烈度下砂土不发生液化的临界相对密度如表 2.28 所示。如果小于表中的相对密度，当发生表中相应的地震烈度时砂层可能发生液化。

表 2.28　饱和砂土遇地震时可能发生液化破坏的临界相对密度

地震烈度	Ⅵ	Ⅶ	Ⅷ	Ⅸ	Ⅹ[①]
相对密度 D_r（%）	65	70	75	80~85	90

注：GB 50287—1999 未列地震烈度 Ⅹ 时相对应的相对密度，Ⅹ 度地震的临界相对密度是一些专家建议。

GB 50287—1999 还建议了另一种判别砂土液化的方法，即按标准贯入试验击数判别，方法如下：

深度 Z 处的饱和砂土不发生液化的临界贯入击数 N_{cr}，用式（2.41）计算。

$$N_{cr} = N_c [0.9 + 0.1(Z - Z_w)] \sqrt{\frac{3}{\rho_c}} \qquad (2.41)$$

式中　Z——砂土层深度，m。若深度不足 5m，以 5m 计；

Z_w——地下水位离地表深度，m。当地面淹没于水下时，Z_w 取零；

ρ_c——土的黏粒（粒径小于 0.005mm）含量重量百分比，当 $\rho_c < 3$ 时，取 3；

N_c——当 $Z = 3m$，$Z_w = 2m$，$\rho_c < 3$ 时，饱和砂土的临界贯入击数，按表 2.29 取用。

表 2.29　饱和砂土的临界贯入击数 N_c 值

地震烈度	Ⅶ	Ⅷ	Ⅸ	Ⅹ
近震	6	10	16	24
远震	8	12	—	—

注：坝址、厂址基本烈度比震中烈度小Ⅱ度或Ⅱ度以上称为远震。

若饱和砂土层的深度为 Z，地下水位深度为 Z_w，在该地层作标准贯入试验得到标准贯入击数为 $N_{63.5}$，当 $N_{63.5} < N_{cr}$ 时，则该地层可能液化。

如果标准贯入试验是在建筑物施工以前做的，那时试验点深度为 Z'，地下水位深度为 Z'_w，标准贯入击数为 $N'_{63.5}$，则工程建成正常运用后的 $N_{63.5}$ 可按式（2.42）校正。

$$N_{63.5} = N'_{63.5} \frac{z + 0.9 Z_w + 0.7}{2 + 0.9 Z_w + 0.7} \qquad (2.42)$$

式中　Z、Z_w——标准贯入试验点在工程建成运用后的地层深度和地下水位深度，m。

临界贯入击数式（2.41）中的 Z、Z_w 也按正常运用时的地层深度和地下水位深度计算。

标准贯入试验判别液化土层，只适用于 $Z < 15m$ 的土层。

以上判别液化土层的相对密度法和标准贯入击数法只适用于水平地面下的砂层。对于地形复杂或上部有建筑物的地基层要做砂土动力特性和振动孔隙水压力试验，并作静力动力有限元分析研究，得出液化度 U_d/σ_3 等值线图，其中 U_d 为动孔隙水压力，σ_3 为静小主应力。砂质地基中某些点或区域计算的液化度大于 95%，则判定该处会液化，应采取加固措施。

对可能液化地基的加固措施，有强夯、振冲挤密、振冲置换等增加砂层相对密度的工程措施，或采用压载增大上部压应力、围封防止砂层向建筑物轮廓外挤出或喷出的措施等。

2.9 本章小结

本章重点叙述了地基土、岩石和地下水各自的特性以及土水之间关系，应注意以下几点。

2.9.1 土（岩）和地下水的相互作用和影响

1. 水对岩土体的作用

1）地下水通过物理、化学作用改变岩土体的结构，从而改变岩土体的 C、ϕ 值大小。

2）地下水通过孔隙静水压力作用，影响岩土体中的有效应力，从而降低了岩土体的强度。

3）由于地下水的流动，在岩土体内产生渗流，对岩土体产生剪应力，从而降低岩土体的抗剪强度。

4）由于地下水的作用，基坑产生过大的沉陷、水平位移和隆起。

2. 岩土体对地下水的作用

1）由于岩土体结构性质不同，对地下水的渗流产生了不同程度的阻抗力。

2）岩土体中的矿物溶入地下水中，从而改变了地下水化学成分。

3）由于岩土体的透水或隔水性能的差别，使地下水形成潜水和承压水形态。

岩土体在地下水作用下，常常导致其工程性质劣化，使岩土体发生软化或泥化和液化作用，使岩土体边界面润滑，联系力减弱；进而可能招致工程项目的事故和失败。

2.9.2 土的渗透破坏

土的渗透特性及渗透破坏的判别，是本章的重中之重，请注意以下几点：

1）土的渗透性是地下水和地基土相互作用的结果。地下水的渗透流动需要一定的能量（压力）来启动，渗流过程实际上是地下水能量（压力）的损失过程。

2）土体破坏通常可分为流土和管涌两种基本类型。本章中给出了不同类型和情况下的临界渗透破坏坡降的计算公式。根据求出的渗透破坏坡降，再除以安全系数，就能得到允许的渗透坡降值。本章同时给出了直接查表得到的允许破坏坡降值。

3）当实际的渗透坡降大于上述允许值很多时，基坑地基就可能发生渗透破坏。

2.9.3 粉细砂的液化问题

前面已经谈到，粉细砂地基在抓斗和冲击钻机的反复冲击下，也会产生液化，造成事故。在这种地基中施工时，应当认真对待此问题。必要时，应对粉细砂地基进行加固处理，比如采用振冲方法加固地基。要使施工平台和导墙座在坚实的地基上。

2.9.4 计算单位问题

本章采用很多经验公式，使用的物理量及其单位与现行的国家标准可能不同，在使用计算公式时，请注意单位的换算。

参考文献

[1] 钱家欢，殷宗泽．土工原理与计算 [M]．2 版．北京：中国水利水电出版社，1996.

[2] 殷宗泽．土工原理 [M]．北京：中国水利水电出版社，2007

[3] 中华人民共和国建设部．GB 50287－2006 水利发电工程地质勘察规范 [S]．北京：中国计划出版社，2006.

[4] 刘杰．土的渗透稳定与渗流控制 [M]．北京：水利电力出版社，1992.

[5] 杨光煦．砂砾地基防渗工程 [M]．北京：水利电力出版社，1993.

[6] 毛昶熙．堤防工程手册 [M]．北京：中国水利水电出版社，2009.

[7] 沙金煊．渗流论文选集 [M]．北京：中国水利水电出版社，2007.

[8] 工程地质手册 [M]．4 版．北京：中国建筑工业出版社，2007.

[9] 华东水利学院．水闸设计：上 [M]．上海：上海科学技术出版社，1983.

[10] 毛昶熙，等．再论渗透力及其应用 [J]．长江科学院学报，2009，9.

[11] 水利水电工程地质手册 [M]．北京：水利电力出版社，1985.

[12] 白永年，等．中国堤坝防渗新技术 [M]．北京：中国水利水电出版社，2001.

[13] 松冈元．土力学 [M]．罗汀，姚仰平，译．北京：中国水利水电出版社，2001.

[14] 陆培炎．科技著作及论文选集 [C]．北京：科学出版社，2006.

第3章　槽孔的稳定

3.1　概述

在很松散的地基中能否挖出一条窄而深的长槽（沟），而不使用常见的支撑结构？如何保持槽孔的稳定而不坍塌的呢？这一章将根据水力学、土力学和泥浆胶体化学原理，对地基土、地下水和泥浆这三者在槽孔开挖过程中的互相影响和作用问题加以分析研究，提出有效措施，以保证槽孔在任何情况下都不坍塌。

世界各国学者都对槽孔（沟槽）的稳定问题进行了深入研究，见表3.1。

表3.1　槽孔稳定性研究统计表

项目 学者	外力			抵抗力			地基	
	平面	空间	地基强度变化	泥浆压	泥皮	渗透压	非黏性土	黏性土
	槽段长有限	拱的作用	泥浆浸入地基，抗剪强度增加	泥浆的静水压	膨润土泥皮	电渗透现象		
纳什，等（Nash, et al., 1963）	○			○			○	○
维达尔（Veder, 1963）	○			○	○		○	
斯科尼贝利（Schneebeli, 1964）		○		○			○	
莫振特恩（Morgenstern, 1965）	○			○			○	
皮斯科斯科，等 （Piaskowski, et al, 1995）		○		○			○	
浅川（1967）	○			○		○	○	
埃尔森（Elson, 1968）	○		○	○			○	
西中川（1973）		○		○			○	
阿斯（Aas, 1976）		○		○				○
金谷（1984）		○		○			○	○

3.2　非支撑槽孔的稳定

这里所说的非支撑，也就是不使用泥浆。

3.2.1　干砂层中挖槽

在纯净干砂中明挖沟槽，坡面与水平面的夹角 i 只有小于或等于砂在疏松状态下的内摩擦角 ϕ 时才是稳定的。坡面的滑动安全系数可用下式表示：

$$F_s = \frac{\tan\phi}{\tan i} \tag{3.1}$$

不管高度如何，纯净砂体的坡面角 i 不能大于 ϕ。因此，在砂层内，在无支撑条件下进行垂直开挖是不可能的。

3.2.2　黏土层内挖槽

在黏性土层中，即使没有泥浆护壁，也可以挖出垂直沟槽来。

沟槽的稳定性可用如图 3.1 所示的条件来加以判断。图中 AB 为槽孔垂直壁面。由图可以得出水平压力为零时高度 Z_0 的公式：

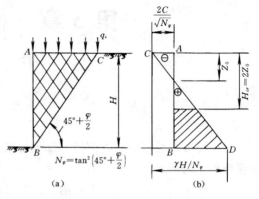

图 3.1　干黏土中挖槽示意图

$$Z_0 = \frac{2C}{\gamma}\tan\left(45° + \frac{\phi}{2}\right) \tag{3.2a}$$

$$H_{cr} = 2Z_0 = \frac{4C}{\gamma}\tan\left(45° + \frac{\phi}{2}\right) \tag{3.2b}$$

式中　　Z_0——水平压力为 0 的深度；

γ——土的重度；

C——土的黏聚力；

H_{cr}——土的临界开挖高度（安全系数＝1.0）；

ϕ——土的内摩擦角。

在式（3.2a）和式（3.2b）中，如果令 $\phi = 0$，则可得到

$$Z_0 = \frac{2C}{\gamma} \tag{3.3a}$$

$$H_{cr} = 2Z_0 = \frac{4C}{\gamma} \tag{3.3b}$$

如果用不排水抗剪强度 S_u 代替 C，则为

$$H_{cr} = \frac{4S_u}{\gamma} \tag{3.3c}$$

当地面上有均布荷载 q_s 时，则可得到

$$H_{cr} = \frac{4C - 2q_s}{\gamma} \tag{3.4}$$

一般情况下，不考虑土体承受拉应力，在没有地面荷载情况下，不产生拉裂的临界高度为

$$H'_{cr} = Z_0 = \frac{2C}{\gamma} \tag{3.5}$$

若存在上部荷载，则较小的上部荷载的作用会使张裂闭合。

假设 $q_s > 2C$，可以用式（3.4）求出 $H_{cr} < 0$，说明壁面不能自立。

在某些情况下，通过人工增强土的抗拉强度的办法，可使滑动推迟或暂时停止。在冻土地区，由于冰冻作用，也能产生上述效果。

当 $\phi=0$ 时，理论上的滑动面就变成一个与水平面成 $45°$ 的斜面。如按圆弧滑动面分析，式（3.4）分子中的系数 4 变为 3.85。

3.3　黏土中泥浆槽孔的稳定

3.3.1　稳定分析方法

1. 稳定计算公式

在挖槽时，深槽内充满重度为 γ_f 的泥浆，会在孔壁表面上形成一层不透水泥（膜）皮将泥浆和地基土分开。

深槽的稳定分析图见图 3.2。作用在滑动楔体上的荷载有：自重（包括上部荷载）W、泥浆压力 P_f、滑动面上的支撑反力 R 和抗剪力 C。力的合成图见图 3.2（b）～（c）。

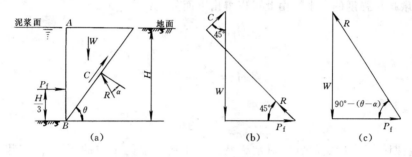

图 3.2　干黏土中的泥浆槽示意图
（a）受力分析；（b）$\phi=0$ 时力的合成；（c）$C=0$ 时力的合成

我们可以由水平合力为 0 的原则得出

$$0.5\gamma_f H^2 + 0.5\gamma H^2 - 2CH = 0 \tag{3.6}$$

由此求出

$$H_{cr} = \frac{4C}{\gamma - \gamma_f} \tag{3.7a}$$

当地面上有均布荷载 q_s 时，有

$$H_{cr} = \frac{4C - 2q_s}{\gamma - \gamma_f} \tag{3.7b}$$

上面公式是在假定 $\phi=0$、$\alpha=0$ 和 $\theta=45°$ 条件下推导出来的。

式中　γ——土的重度；

　　　γ_f——泥浆重度；

　　　C——土的黏聚力；

　　　H——槽深；

　　　q_s——地面荷载；其他符号意义见图 3.2。

式（3.7a）和式（3.7b）与实验以及经验相一致。

上述公式说明：如果泥浆的重度大，临界高度也就大。但是 H_{cr} 的影响因素很多，不完全取决于它。比如膨润土泥浆重度虽然很小，但是由于泥皮（膜）的作用和泥浆的流变特性，槽孔仍是很稳定的。

式（3.7a）和式（3.7b）适用于下列情况：

1）槽孔长度比深度大得多。

2）黏聚力 C 沿全槽深方向都存在。

3）槽内没有泥浆漏失。

2. 关于 $\phi = 0$ 的讨论

当槽孔快速开挖，饱和土中水无法排除时，在黏土中采用 $\phi = 0$ 是可行的。对于一般的泥浆槽孔来说，槽孔开挖并用混凝土回填是个短暂过程，它比黏土中孔隙水压力的消散所需时间少得多。在此情况下，可以采用 $\phi = 0$ 和不排水抗剪强度和式（3.7a）、式（3.7b)来核算槽孔的稳定。不过，式中的 C 应该用不排水抗剪强度 S_u 来代替。通常 S_u 取无侧限抗压强度的一半。由此可以得出下面公式：

$$H_{cr} = \frac{4S_u}{\gamma - \gamma_f} \tag{3.8a}$$

$$H_{cr} = \frac{4S_u - 2q_s}{\gamma - \gamma_f} \tag{3.8b}$$

其中

$$S_u = \frac{q_u}{2} \tag{3.9}$$

关于短期的槽孔稳定问题，对从天然地基中所采取的试样的 $S_u = q_u/2$ 和 $\phi = 0$ 的假定，是偏于安全的。

如果开挖后要保留很长时间，将引起土体溶胀以及孔隙压力和有效应力的改变。此时有效应力的计算就是很粗略的了。

对于不饱和黏土以及地基内有些硬裂缝和软弱黏土的槽孔来说，上述 $\phi = 0$ 的假定是不适用的。

【例 3.1】 已知 $S_u = 98 \text{kN/m}^2$、$\gamma = 19.2 \text{kN/m}^3$、$\gamma_f = 11.2 \text{kN/m}^3$，试进行深槽稳定计算，求临界深度。取安全系数为 1.5，不考虑张裂问题。

解：1）不使用泥浆的情况下，由式（3.3c）得

$$H_{cr} = \frac{4 \times 98}{19.2 \times 1.5} \text{m} = 13.6 \text{m}$$

2）使用泥浆的情况下，由式（3.8a）得

$$H_{cr} = \frac{4 \times 98}{(19.2 - 11.2) \times 1.5} \text{m} = 32.6 \text{m}$$

3）使用泥浆，上部荷载 $q_s = 12.3 \text{kN/m}^2$ 时，由式（3.8b）得

$$H_{cr} = \frac{4 \times 98 - 2 \times 12.3}{(19.2 - 11.2) \times 1.5} \text{m} = 30.6 \text{m}$$

3.3.2　黏土中挖槽的特殊问题

1. 圆（环）形槽

在孔壁表面，环（切）向应力约等于垂直应力，随着离开孔壁表面距离的增加，其环

向和径向应力均逐渐接近于静止土压力。

（1）浅的圆（环）形槽孔

对于深度与直径之比小于 12 的圆（环）形槽孔来说，麦叶浩夫（Meyerhoff）于 1972 年给出了近似的表达式：

$$P_Z=(\gamma-\gamma_f)Z-2C=(\gamma'-\gamma_f')Z-2C \tag{3.10}$$

式中 P_Z——某深度 Z 处的完全饱和土的主动土压力。

对长时间挖土情形是适用的。对于浅孔来说，式中的系数 2 应用 K 来代替：

$$K=2\left[\ln\left(\frac{2d}{b}+1\right)+1\right] \tag{3.11}$$

式中 d——深度；

b——槽宽（或直径）。

再将式（3.7a）中的 $4C$ 用 $2KC$ 代替，可得到：

$$H_{cr}=\frac{2KC}{\gamma'-\gamma_f'} \tag{3.12}$$

式中，系数 $2K$ 随着深宽比 d/b 的增加而增加。式（3.11）所示函数曲线见图 3.3。图中 $L/b=1\sim8$，可用于圆（环）形槽孔。由图中可以看出，K 与 d/b 并不是线性关系。相应的安全系数 $H_{cr}/H_{实际}$ 也是随深度增加而增大的，因而开挖深度最大时也就是评价槽孔安全与否的最不利情况。

（2）深的圆（环）形槽孔

当深宽比 $d/b>12$ 以后，圆（环）形（或矩形）槽孔周边的土压力及其平衡问题，可以仿照上部有超载的深的条形基础的承载力的计算方法来求解，也就是等于静止土压力。麦叶浩夫于 1972 年给出以下公式：

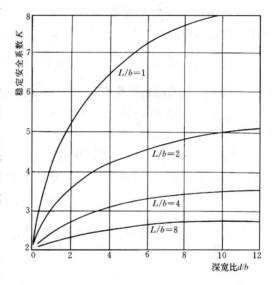

图 3.3 黏土中浅圆槽安全系数 K
L—长；b—宽；d—深

$$H_{cr}=\frac{NC}{K_0\gamma'-\gamma_f'} \tag{3.13}$$

式中 K_0——静止土压力系数；

N——条形深基础的承载力系数，取 $N=8.28$。

由于上面分析中未包括槽孔底部侧向抗剪能力，因而计算结果偏于保守。如果计入这种影响，则 N 值可取为 9.34。这相当于把临界高度提高了 12%。

2. 短的矩形槽孔

长为 L、宽为 b 和深为 d 的矩形槽孔，可近似并偏于保守地按下述方法进行分析。

参照式（3.11），对 K 做如下变动：

$$d/b=0 \text{ 时},K=2; \quad d/b>0 \text{ 时},K=2\left(1+\frac{3b}{L}\right) \tag{3.14}$$

N 用下式求得：

$$N=4\left(1+\frac{b}{L}\right) \tag{3.15}$$

上述 K 和 N 最大值均发生在最大深度时。中间深度的 K、N 值可用内插法求得（见图 3.4）。

当地面有均布荷载 q_s 或者是在层状黏土中开挖时，前述公式应变为

$$P_t-P_f=NC \tag{3.16}$$

式中　P_t——最大水平荷载；

P_f——泥浆压力。

3. 土的侧向位移

对于深圆（环）形槽孔来说，某一深度处的位移可用式（3.17）求出，即

$$\Delta=\frac{(1+\mu)P_z b}{2E_i} \tag{3.17}$$

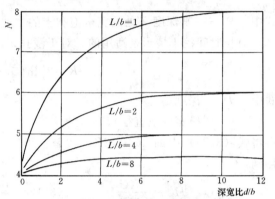

图 3.4　黏土中矩形槽的安全系数 K

L—长；b—宽；d—深

式中　E_i——土的初始弹性模量；

μ——土的泊松比，对饱和土 $\mu=0.5$；

P_z——深度为 Z 时的土侧压力。

当槽孔内充满泥浆时，$P_z=(K_0\gamma'-\gamma_f')Z$。此时，式（3.17）变为

$$\Delta=0.75(K_0\gamma'-\gamma_f')\frac{2b}{E_i} \tag{3.18}$$

深的矩形槽孔长边中点的侧向位移可用式（3.19）求出，即

$$\Delta=0.75(K_0\gamma'-\gamma_f')\frac{2L}{E_i} \tag{3.19}$$

3.4　砂土中泥浆槽孔的稳定

3.4.1　干砂中泥浆槽孔的稳定性

参见图 3.5，可以推导出滑动面上反力 R 与法线间的夹角 α 的正切值：

$$\tan\alpha=\frac{\gamma-\gamma_f}{2\sqrt{\gamma\gamma_f}} \tag{3.20}$$

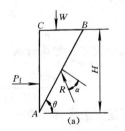 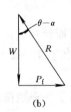

图 3.5　干砂中槽孔稳定图

设安全系数 $F_s=\dfrac{\tan\phi}{\tan\alpha}$，代入上式可得到：

$$F_s=\frac{2\sqrt{\gamma\gamma_f}\tan\phi}{\gamma-\gamma_f} \tag{3.21}$$

式中　γ——干砂重度；

γ_f——泥浆重度；

ϕ——砂的内摩擦角。

式（3.21）表明，如果使用泥浆，就能在干燥砂层内垂直挖孔，决定其安全系数的因素是干砂的重度、泥浆的重度和砂的内摩擦角。

式（3.21）也可由作用在槽壁上的水平合力为零的条件推导出来，即

土压力 $P_a = \gamma H^2 K_a/2$，泥浆压力 $P_f = \gamma_f H^2/2$。由 $P_a = P_f$（$F_s = 1.0$）可得，$K_a = \dfrac{\gamma_f}{\gamma}$ $= \tan^2\left(45° - \dfrac{\phi}{2}\right)$，则

$$\tan\phi = \frac{\gamma - \gamma_f}{2\sqrt{\gamma\gamma_f}} \tag{3.22}$$

式（3.22）与式（3.20）相同，是 $F_s = 1.0$ 条件下的公式。公式（3.21）也可用于有上部荷载 q_s 的情况。

【例 3.2】　在 $\phi = 40°$、$\gamma = 19.2\mathrm{kN/m^3}$ 的级配良好的紧密砂中，使用 $\gamma_f = 11.2\mathrm{kN/m^3}$ 的泥浆，用式（3.21）求得安全系数 $F_s = \dfrac{2\times\sqrt{1.92\times1.12}\times\tan40°}{1.92 - 1.12} = 3.0$，即有足够的安全度。

当为干燥松砂时，$\phi = 28°$，如重度与以上计算相同，则可求得 $F_s = 2.0$，也是十分安全的。

如果是非常松散的砂，因其重度小，浇注混凝土要比开挖槽孔危险得多。在深槽中浇注混凝土，在其凝固之前的流态混凝土同样会对孔壁产生很大的水平压力。此时，$(\gamma - \gamma_f) < 0$，即混凝土将向砂层内部挤出，直到砂层变形加大到能产生足够大的被动抗力为止，由此产生了反向稳定问题。

3.4.2　含水砂层中泥浆槽孔的稳定性

当地下水位接近地表时，槽孔的稳定性是最差的，为此必须满足下列要求：

1）地下水位应低于施工地面；

2）建造更高的导墙，抬高泥浆面高程；

3）使用重度大的泥浆；

4）采取其他措施，如缩短槽孔长度以形成土体拱效应。

在粗砂及砂砾地层中挖槽，泥浆很容易渗透到周围地层中去。在进行稳定分析时，假定土压为有效土压力，孔隙水压为静水压的排水状态。由泥浆产生的水平力等于从周围地层传来的全部侧压力，即土压（以土的浮重度计算）与孔隙水压力之和。

$$\frac{1}{2}\gamma_f H^2 = \frac{1}{2}\gamma' H^2 K_a + \frac{1}{2}\gamma_w H^2$$

$$K_a = \tan^2\left(45° - \frac{\phi}{2}\right) = \frac{\gamma_f - \gamma_w}{\gamma'} \tag{3.23a}$$

令 $\gamma_f' = \gamma_f - \gamma_w$，则可得到

$$F_s = \frac{2\tan\phi\sqrt{\gamma'\gamma_f'}}{\gamma' - \gamma_f'} \tag{3.23b}$$

式（3.23b）也可由式（3.21）导出，只要把 γ 和 γ_f 换成 γ' 和 γ_f' 即可。

【例 3.3】　同例 3.2，但假定地下水位与地表面持平，则 $\gamma' = 9.2$，$\gamma_f' = 1.2$，$F_s = 0.7 < 1.0$。这种状态的深槽在理论上被认为是不稳定的。

关于泥浆重度 γ_f 的讨论：

由式（3.23b）可以得到（取 $F_s=1.0$）

$$\gamma_f = K_a\gamma' + \gamma_w \tag{3.24}$$

对松散饱和的砂来说，$\phi'=28°$，$K_a=\dfrac{1-\sin\phi'}{1+\sin\phi'}=0.40$，$\gamma=18.4\text{kN/m}^3$，$\gamma'=8.5\text{kN/m}^3$，取 $F_s=1.0$，则由式（3.24）求得

$$\gamma_f = (0.40\times8.5+10.0)\text{kN/m}^3 = 13.4\text{kN/m}^3$$

当槽孔内地下水位和泥浆面高程均发生变化时（见图3.6），此时的泥浆重度由下式求出：

$$\gamma_f = \frac{\gamma(1-m^2)K_a + \gamma'm^2K_a + \gamma_w m^2}{n^2} \tag{3.25}$$

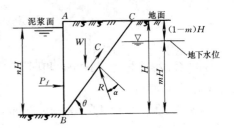

图3.6　泥浆和地下水位变化的槽孔

若令 $m=n=1$，则式（3.25）变为式（3.24）。在干砂和饱和砂中均采用同一个 ϕ 值。

【**例3.4**】 法国某电站沿河流岸边修建挡水围堰，其堰顶超过河道最高洪水位，采用防渗墙来解决渗透问题。设计参数为 $H=24\text{m}$，$n=0.96$，$m=0.87$、0.93、1.0，$\gamma=18.5\text{kN/m}^3$。泥浆重度选为 12.0kN/m^3。

3.4.3　粉砂及粉质砂土中的深槽

决定粉砂及粉质砂土地层中深槽的稳定条件与纯净砂层相同。

疏松状态的粉砂 $\phi'=27°\sim30°$，紧密状态的粉砂 $\phi'=30°\sim35°$。

粉砂和粉质砂土的渗透性比较小，使泥浆难以向地层内渗透。由于属于部分排水状态，通常使用有效应力进行分析，将孔隙水压力的分布简化为静水压力的分布状态。

3.4.4　砂土中挖槽的特殊问题

1. 稳定分析方法

槽孔稳定分析程序是在假定槽孔无限长，也就是可以忽略槽孔几何尺寸和形状影响的条件下建立的，并假定滑动楔体的下滑力超过泥浆水平力之后开始滑动破坏。在图3.7中不同深度上的土压力表示在图的右侧，而泥浆压力则示于图的左边。

图3.7　泥浆槽应力图

(a) 黏土；(b) 干砂或饱和砂；(c) 含水砂层

稳定分析方法可以用单位应力（unit stress）法和式（3.24）的总体滑动法，这些公式用于黏土时不太方便，但是用于砂土却是很方便的。

图3.7（b）所示的情形与单位应力法相当，这与总体滑动法是等效的；但是图3.7（c）所表示的情形并不相同。对于多层黏土来说，使用单位应力法更好些。

2. 等效应力法

从图 3.8 可以得出下式：

$$P_f = P_w + P_a \qquad (3.26)$$

式中　P_f——泥浆水平力；

　　　P_w——地下水压力；

　　　P_a——主动土压力。

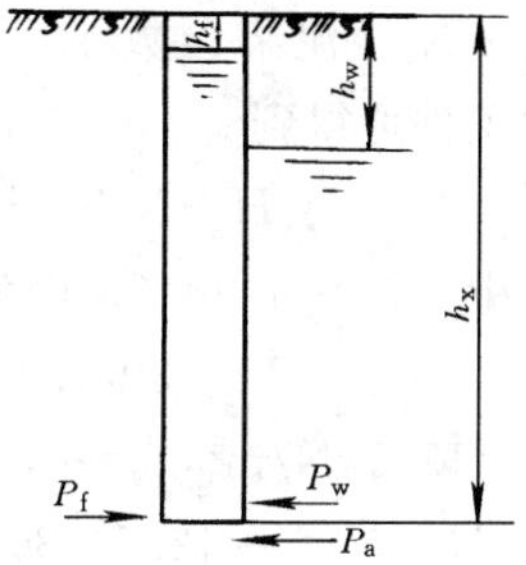

$$P_f = \gamma_f(h_x - h_f)$$
$$P_w = \gamma_w(h_x - h_w)$$

如果　$h_x \leqslant h_w$　　　则　$P_a = \gamma h_x K_a$

如果　$h_x > h_w$　　　　则　$P_a = [\gamma h_w + \gamma'(h_x - h_w)]K_a$

如果　$h_f = h_w = 0$　　则　$\gamma_f = K_a \gamma' + \gamma_w$

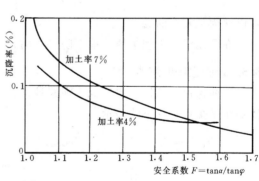

图 3.8　泥浆和地下水
变化的砂层槽孔

3. 土体拱效应

对于短的槽孔来说，孔壁周围土体在挖槽过程中会产生拱效应，从而减少了主动土压力，提高了稳定安全度。

在图 3.9 中，由于考虑了土体拱效应，使主动土压力减少到常规计算土压力的 30% 左右，对槽孔的稳定极为有利。

4. 地面的沉降

根据现场实测资料绘制的地面沉降与安全系数的关系曲线见图 3.10。

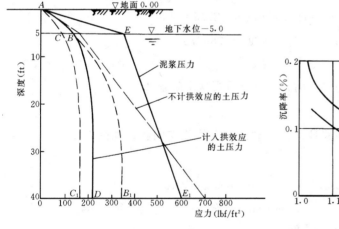

图 3.9　拱效应对土压力的影响

图 3.10　沉降曲线

这些资料并不能说明所有问题，但是可以看出当安全系数大于 1.5 以后，地面沉降量已降低到槽孔深度的 0.05% 以下。

3.5　槽孔稳定性的深入研究

3.5.1　黏土中的槽孔

从力的平衡条件出发可以核算槽孔的稳定性。在图 3.11（a）中，黏土的参数为 γ、

S_u、N_c，泥浆参数 γ_f，由水平合力为 0 的条件可得到

$$\gamma_f H + N_c S_u \geqslant \gamma H + q$$

式中，$N_c = 4 \sim 8$（地面为 4）。

如果 $H = 30\text{m}$，$\gamma = 18.0\text{kN/m}^3$，$\gamma_f = 12.5\text{kN/m}^3$，$q = 0$，$\phi = 0$，则可得到

$$\gamma_f H + N_c S_u = 12.5 \times 30 + 6 \times 27.5 = 540$$

$$\gamma H + q = 18.0 \times 30 + 0 = 540$$

此时可认为槽孔是稳定的（$F_s = 1.0$）。

有的资料提出，当 $\dfrac{S_u}{\gamma' H} > 0.12$ 时槽孔才能保持稳定。

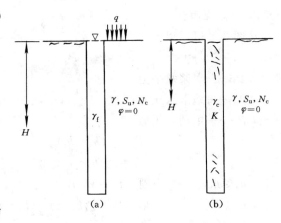

图 3.11 黏土中槽孔稳定示意图
(a) 在泥浆中；(b) 在新混凝土中

3.5.2 浇注混凝土时的槽孔稳定

在黏土层中挖孔后，要浇注新的流态混凝土，此时周围的黏土能否承受住新鲜混凝土的水平推力呢？可以采用与前面相似的方法进行分析。在图 3.11 (b) 中，用 γ_c 与 K 表示混凝土的重度和应力折减系数，则可列出下面的平衡方程：

$$\gamma H + N_c S_u = K \gamma_c H \tag{3.27}$$

假定 $\gamma_c = 24\text{kN/m}^3$，$K = 0.8$，则

$$\gamma H + N_c S_u = 18.0 \times 30 + 6 \times 27.5 = 705$$

$$K \gamma_c H = 0.8 \times 24 \times 30 = 576 < 705$$

可以认为是安全的。

在已建成的土坝中修建地下防渗墙时，尤其要重视这个问题。

3.5.3 砂土中的深槽

下面探讨一下地下水位低于泥浆液面时的砂层中深槽稳定问题。如图 3.12 所示，深槽稳定平衡条件用下式表示：

$$\frac{\gamma_f}{\gamma_w} = \frac{\left(\dfrac{h}{H}\right)^2 \cos\theta\tan\phi + \left(\dfrac{\gamma}{\gamma_w}\right)\cos\theta(\sin\theta - \cos\theta\tan\phi)}{\cos\theta + \sin\theta\tan\phi} \tag{3.28}$$

式中 γ_f、γ_w、γ——泥浆、水和土的重度。

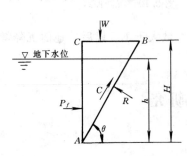

图 3.12 含水沙层的槽孔

当安全系数 $F_s = 1.0$，取 $h/H = 0.96$，$\phi = 40°$，则可求得 $\theta = 62.5°$ 时，公式右边达到最大值 1.15，即 $\gamma_f/\gamma_w = 1.15$，$\gamma_f = 1.15\gamma_w = 11.5\text{kN/m}^3$，但这仍不是最稳定的。

下面从物理现象的角度来观察壁面的稳定。当土颗粒从槽孔壁面上脱落进入泥浆内时，膨润土泥浆对此有微弱的抵抗作用。可以将此作为两块硬板间的全塑性体的压缩问题来处理，进行以下的分析。

取泥浆的微小单元加以研究（见图 3.13），其平衡方程为

$$\frac{\partial \sigma_x}{\partial x} + \frac{\partial \tau_{xy}}{\partial y} = 0$$

$$\frac{\partial \sigma_y}{\partial y} + \frac{\partial \tau_{xy}}{\partial x} - \gamma_f = 0 \qquad (3.29)$$

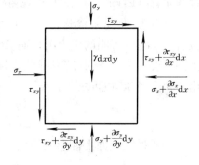

图 3.13　微分单元

式中　γ_f——凝胶状态时的泥浆重度。

当微分体应力状态满足下列屈服条件时，泥浆将发生塑性流动：

$$(\sigma_x - \sigma_y)^2 + 4\tau_{xy} = 4C_f^2 \qquad (3.30)$$

式中　C_f——泥浆凝胶的抗剪强度。

在合适的边界条件下，采用式（3.29）和式（3.30）就可求得静态应力。

对于宽度为 $2a$ 的深槽，水平应力 σ_x 为

$$\sigma_x = \gamma_f y + C_f \frac{y}{a} + \pi \frac{C_f}{2} \qquad (3.31)$$

被动抗力 P_p 为

$$P_p = \int_0^H \sigma_x \mathrm{d}y = \frac{1}{2}\gamma_f H^2 + \frac{C_f H^2}{2a} + \pi C_f \frac{H}{2} \qquad (3.32)$$

若 $C_f = 0$，则

$$P_p = \frac{1}{2}\gamma_f H^2$$

公式（3.32）可作为一般公式，用以分析深槽稳定状态。例如，对于黏土中的深槽，也可采用此公式推算其安全系数：

$$F_s = \frac{4S_u}{\gamma H - \gamma_f H - \dfrac{C_f H}{a} - \pi C_f} \qquad (3.33)$$

若 $C_f = 0$，则 $F_s = \dfrac{4S_u}{\gamma H - \gamma_f H}$，与前面推导的公式相同。当 $C_f \neq 0$ 时，F_s 将增大很多（见表 3.2）。表中的槽宽为 $2a$。

表 3.2　黏土层中的槽壁稳定安全系数

C_f(kN/m²)	半槽宽 a（m）			
	0.15	0.30	0.45	1.50
0.245	3.8	3.4	3.2	3.1
0.490	5.1	3.8	3.5	3.2
0.735	17.7	5.3	4.3	3.4

由表中可以看出，即使泥浆只有极小的抗剪强度，也有助于槽孔稳定。其次，开挖宽度越小，稳定性也越高。

3.5.4　泥浆的渗透作用

由于黏土中存在着孔隙，导致槽孔中泥浆向周围地基中渗透，其范围取决于孔隙尺寸、

水头和泥浆抗剪（凝胶）强度。泥浆在孔隙里凝结后，可提高黏土的抗剪强度。这种现象已被埃尔森（Elson）于 1968 年观测到（不考虑摩擦角变化的影响）。

图 3.14 是泥浆渗透范围内应力变化图。其中 ABC 表示没有考虑泥皮影响的应力图，而 ACD 则是考虑泥皮影响的应力图。设 τ_f 和 r 分别代表凝胶强度和黏土的平均孔隙半径。由三角形 ABC 中可求出：

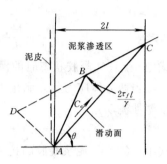

图 3.14　泥浆渗透示意图
ABC—无泥皮；DAC—有泥皮

$$C_a = \frac{2\tau_f l^2}{r\cos\theta}\tan\phi \qquad (3.34a)$$

如果槽孔壁面上能形成泥皮，则 C_a 可由 $\triangle ACD$ 求出：

$$C_a = \frac{4\tau_f l^2}{r\cos\theta}\tan\phi \qquad (3.34b)$$

很显然，黏土的抗剪强度因此而提高了 1 倍。

此时 C_a 的水平分量可用下式表示：

$$C_h = 2C_a\cos\left(45° + \frac{\phi}{2}\right) \qquad (3.35)$$

或

$$C_h = \frac{8\tau l^2}{r}\tan\phi$$

由于泥浆渗透和注入作用，肯定降低了主动土压力。

由于土的参数难于选定，所以式（3.35）仅供参考使用。

3.5.5　泥皮对槽孔稳定的影响

穆勒—柯克巴尔于 1972 年给出了简单的解答。在图 3.15 中，h 表示水头，l 为渗透距离，并令 $i_0 = \dfrac{h}{l}$。

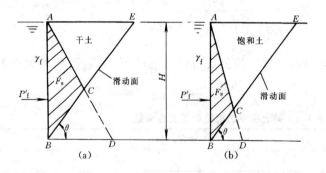

图 3.15　泥浆渗透
(a)、(b) 没有泥皮情况；(c) 渗透路径

在没有泥皮的情况下，图 3.15（a）、3.15（b）的泥浆水平力 P'_f 均可用下式计算：

$$P'_f = Vi_0\gamma_{fp} \qquad (3.36a)$$

式中　P'_f——没有泥皮的泥浆水平力；

　　　V——滑动楔体泥浆渗透区的体积（$\triangle ABC$）；

　　　γ_{fp}——渗透区内泥浆重度，通常 $\gamma_{fp} = \gamma_f$。

如果用 F_s 表示 $\triangle ABC$ 区域的面积,则

$$P'_f = F_s i_0 \gamma_f \tag{3.36b}$$

还可得出

$$\frac{P'_f}{P_f} = \frac{\triangle ABC}{\triangle ABD}$$

可以看出 P'_f 比 P_f 小得很多。同时由于泥浆流入,降低了黏土的内摩擦角 ϕ 而使安全系数大为降低。在有些情况下,ϕ 值会减少 $5°$。

下面再来讨论一下有泥皮的情况。

由于泥浆失水和混入黏土的盐类而在孔壁上形成泥皮。在这种情况下,泥浆的实际压力介于前述的 P_f 和 P'_f 之间。

一般说来,泥皮的密度、强度和变形特性与所使用的膨润土性能和用量以及地基条件有密切关系。有人曾用三轴模型试验来确定泥皮的抵抗变形的能力(见图 3.16)。试验的目的是要确定一个直径 72mm、高 130mm 的砂样表面泥皮的强度。试样仅靠少量孔隙水压力维持平衡。在没有压力条件下,在膨润土泥浆中浸泡半天后,表面形成了泥皮。

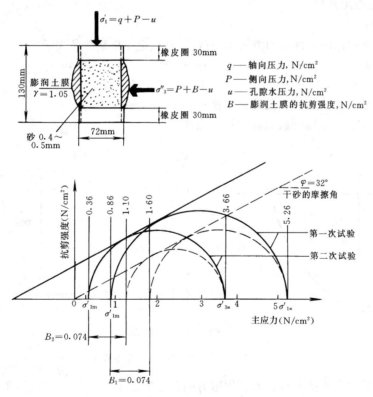

图 3.16　膨润土膜的三轴试验结果(根据维达尔的资料)

试样在三轴试验中虽然发生变形,但仍与泥皮结合着。试样表面的抗剪强度为 0.74N/cm^2。这个力虽然很小,但却防止了砂子的坍塌。即使这样小的抗剪强度,也可以支持一个位于砂砾地层没有泥浆的高 $2\sim3\text{m}$ 的沟槽,而不会坍塌。

以上分析说明，槽孔上有泥皮时，它的稳定性大大增加了。

3.5.6　槽孔的圆弧滑动

在图 3.17 中，假定滑动破坏面近似于一个圆弧形表面。在这个滑动面上，存在着最大的滑动力矩和抗滑力矩。采用库仑理论并考虑摩擦力和黏聚力的影响，以找出最小安全系数的滑动面位置。作用在滑动体上的所有外力和荷载已画于图中。假定滑动力矩为 M_0（沿 BC 面），抗滑力矩为 M_r。M_r 是由泥浆水平推力 P_f、BC 面上的摩擦力 R_f 和黏聚力 R_C、圆柱面 ABC 上的抗剪力产生的。此时安全系数可表示为

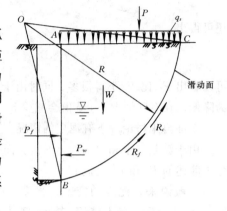

图 3.17　圆弧滑动

$$F = \frac{M_r}{M_0}$$

圆弧滑动的分析方法已为人们所熟悉，这里不再详细介绍。

3.5.7　槽孔的稳定分析

1. 计算图式

槽孔边墙上的作用力符号如图 3.18 所示，其稳定安全系数的表示式为

$$F = \frac{\tan\phi_e}{\tan\phi} = \frac{C_e}{C}$$

式中　$\tan\phi_e$、C_e——土层的天然抗剪强度值；

　　　$\tan\phi$、C——土体沿破裂面的抗剪强度值。

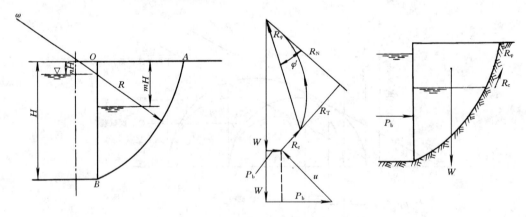

图 3.18　槽孔边墙的稳定计算图式

为此应核算三组平衡方程，即各作用力的合力等于零（$\sum F = 0$，二组平衡方程），其合力矩也等于零（$\sum M = 0$，一组平衡方程），并应确定滑动面的位置。

在槽孔边墙内，应力沿滑动面的分布情况并非固定不变，而有图 3.19 所示的两种极限情况。因此，边墙的稳定安全系数相应也有最大值和最小值。以下按圆弧形滑动面和直线滑动面两种情况，分别讨论各项因素对槽孔边墙稳定的影响。

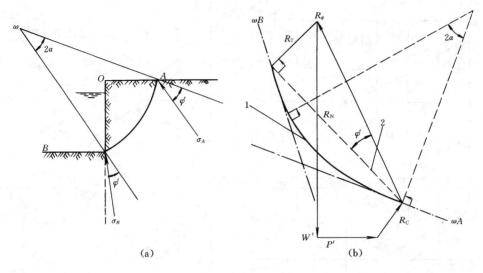

图 3.19　槽孔边墙稳定的计算情况

1—上限；2—下限

2. 圆弧形滑动面的稳定计算

将土体视为均质土，按各作用力的合力和合力矩等于零的原则，按图 3.18 的计算图式，可列出向量方程：

$$\overline{W}+\overline{U}+\overline{R_C}+\overline{R_\phi}+\overline{P_b}=0$$

$$W_{力矩}+R_{C力矩}+R_{\phi力矩}+P_{b力矩}=0$$

则边墙的最小安全系数为

$$F_{\min}=(R_N R\tan\phi_e+2aR^2C)/(W_{力矩}-P_{b力矩})$$

式中，$R_N=R_\phi\sin\phi$，而边墙的最大安全系数如图 3.19（b）所示。

按照以上公式，对于不同的地层、泥浆和地下水条件，对边墙稳定情况进行了系统计算，并利用编定的程序通过电子计算机计算，找出相应于最小安全系数的滑弧位置。计算结果见图 3.20、图 3.21，各曲线系相应于安全系数 $F=1$ 的情况。因此，按照图 3.20、图 3.21 所列的资料，可以计算出不同条件下的最大孔深，各项符号的解释见图 3.22。

3. 关于槽孔稳定和最大墙深的几点讨论

所谓槽孔的最大深度系指一定特性（ϕ_e、C_e、γ、γ'）和一定的泥浆与地下水位条件下，当槽孔边墙稳定系数 $F=1$ 时的槽孔深度。

（1）土层性质的影响

对于纯黏性土，当泥浆重度为 11.0kN/m³，土层完全饱水时，$\dfrac{C}{\gamma H}=0.13$，由图 3.20得

$$H_{\max}=\frac{1}{0.13}\frac{C}{\gamma}\approx 7.7\frac{C}{\gamma}$$

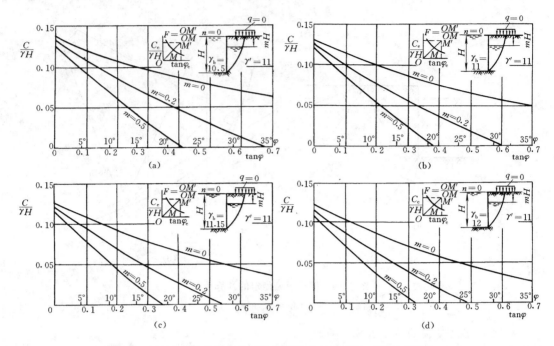

图 3.20　地下水位变化条件下的槽孔稳定计算成果（圆弧形滑动面）
（a）泥浆比重 1.5；（b）泥浆比重 1.0；（c）泥浆比重 1.15；（d）泥浆比重 1.20

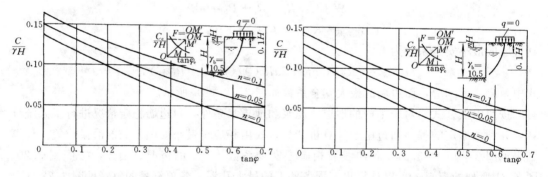

图 3.21　地下水位固定条件下的槽孔稳定计算成果（圆弧形滑动面）

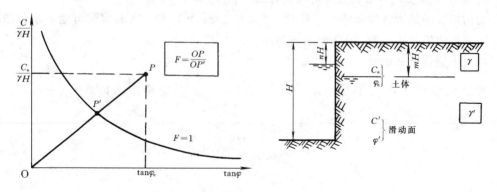

图 3.22　槽孔稳定计算的图解说明

若地下水位只达到 1/2 边墙高度（$m=0.5$）时，则

$$H_{max}=\frac{1}{0.13}\frac{C}{\gamma}\approx 8.3\frac{C}{\gamma}$$

在奥斯陆市的软黏土中，曾用重度为 12.4kN/m³ 的泥浆开挖深 28m 的槽孔。黏土的 $\gamma=19.0\text{kN/m}^3$，$\gamma'=9.0\text{kN/m}^3$，$\phi_e=0$，$C_e=30\sim 40\text{kN/m}^2$。施工中曾观测和记录了两侧边墙的位移情况，发现在槽孔成孔后，边墙仍在继续变位，估计其安全开挖深度为 20m 左右。按图 3.20、图 3.21 所列资料计算得出的最大孔深为 17m。

对于无黏性土（$C=0$），当泥浆的重度为 11kN/m³、$m=0$、$n=0$ 时，由图 3.20（a）可知，只有当土层具有一定的黏聚力时，边墙才能有较好的稳定条件。因此，饱水弱黏性土层中槽孔经常塌孔是有其原因的。但当地下水位下降后（如 $m=0.2$），边墙的稳定情况会有较大的改善。例如，在图 3.20（b）中，当 $\phi_e=30°$、$C_e=0$、$n=0$，$m=0.2$ 时，如果地下水位埋深为 2m，$H_{max}=2\text{m}/0.2=10\text{m}$，地下水位埋深为 4m，$H_{max}=20\text{m}$。

（2）地下水位的影响

为了方便比较，分别给定 $H=10\text{m}$，$\gamma=20\text{kN/m}^3$，$\gamma'=11\text{kN/m}^3$，$\phi=25°$，$C=20\text{kN/m}^2$。若 $m=0.2$，即地下水位低于地表面 2m，按图 3.20（a）得出 $F=1.53$；若 $m=0$，即地下水位与地面齐平，则 $F=1.15$。由此可见，地下水位升高将显著影响槽孔边墙的稳定。这就是槽孔施工中一般要使地下水位埋深保持大于 2m 的原因。

法国罗纳河皮埃尔·伯尼特坝的防渗墙槽孔，即因洪水期内地下水位升高而产生塌孔事故。在施工的前期，地下水位的高程为 156.5m，泥浆的重度为 11.5kN/m³，$\phi_e=30°$，$H=3.5\text{m}$，$C_e=0$，$\gamma=18.5\text{kN/m}^3$，$\gamma'=11\text{kN/m}^3$，$n\approx 0$，槽孔孔口高程 160m，即 $m\approx 1$，此时槽孔边墙有足够的稳定。但当地下水位升高至 159m（$m=0.2$）时，按图 3.20（c）所示的资料，边墙稳定开始受到影响。罗纳河洪水期到来后，地下水位升高到 160m，$m=0$，槽孔边墙即经常坍塌。如图 3.20（c）所示，当 m 小于 0.2 时，边墙的 F 值实际小于 1。

（3）泥浆重度的影响

加大泥浆重度，可使边墙稳定增加的效果是显而易见的。仅比较 γ 等于 11kN/m³ 和 12kN/m³ 两种情况。设 $\phi_e=25°$，$C_e=30\text{kN/m}^2$，$H=30\text{m}$，$\gamma=20\text{kN/m}^3$，$\gamma'=11\text{kN/m}^3$，地下水位埋深 3m（$m=0.1$），则得出的 F 值相应为 1.0 和 1.2。

此外，泥浆面的位置也是一项影响边墙稳定的因素。

4. 直线滑动面的稳定计算

在非黏性土中，滑动面具有很大的曲率半径，常常为槽孔深度的 100 倍，因而可看做直线滑动面。因此，对于非黏性土层还要讨论直线滑动面条件下的稳定计算方法。

边墙直线滑动面的稳定计算图式如图 3.23、图 3.24 所示，所用主要符号与图 3.18 相同。当滑动面为平面时，阻抗边墙滑动的摩擦力与圆弧形滑动面的情况不同，可简化为一个直线合力，而且边墙稳定安全系数并无圆弧滑动面具有的两种极限情况。

直线滑动面的稳定系数计算式为

$$F=(\tan\phi_e+BC_e)/A$$
$$A=(W\sin\theta-P_b\cos\theta)/(W\cos\theta+P_b\sin\theta)$$

$$B = (H\cos\theta)/(W\cos\theta + P_b\sin\theta)$$

式中　θ——F 为最小值时的滑动面与水平面所成的夹角，在多数情况下 $\theta = \pi/4 + \phi/2$。

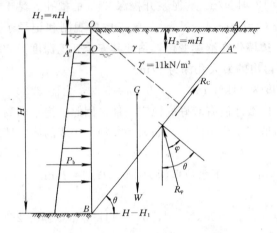

图 3.23　直线滑动面的稳定计算图式

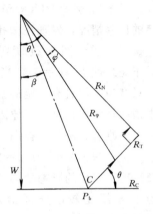

图 3.24　直线滑动面力的平衡

有关直线滑动面的稳定计算成果见图 3.25，地下水位为 $0.1H$（$m = 0.1$）、泥浆深度有变化（$n = 0 \sim 0.1$），图 3.25（a）中泥浆重度为 10.5kN/m^3，图 3.25（b）中泥浆重度为 12.0kN/m^3。

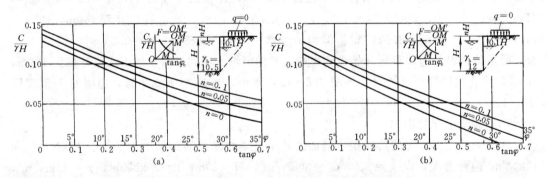

图 3.25　地下水位固定条件下的槽孔稳定计算成果（直线滑动面）

（a）泥浆重度为 10.5kN/m^3；（b）泥浆重度为 12.0kN/m^3

图 3.26 为 θ 角与土层 ϕ_e 值的关系曲线。由图可见，θ 值与 $\pi/4 + \phi/2$ 有时略有出入。

5. 两种计算方法的比较

图 3.27 综合了图 3.21 和图 3.25（a）的资料，以便对圆弧法和平面法两种计算方法进行比较。

对于 $\phi_e = 25°$、$C_e = 20\text{kN/m}^2$、$H = 10\text{m}$、$\gamma = 20\text{kN/m}^3$、$\gamma' = 11\text{kN/m}^3$、$m = 0.1$、$n = 0$ 的情况，用圆弧法计算 $F = 1.35$；用平面法计算，$F = 1.40$。此外，对于纯黏性土（$\phi_e = 0$），当 $n = 0$、$m = 0.1$ 时，则按圆弧法 $H_{max} = (1/0.135)(C/\gamma) = 7.4C/\gamma$；按平面法 $H_{max} = (1/0.13)(C/\gamma) = 7.7C/\gamma$。

因此，两种滑动面的计算方法，其结果是接近的（圆弧法稍低），建议对弱黏性土中的槽孔采用两种方法同时计算，以便互相比较。

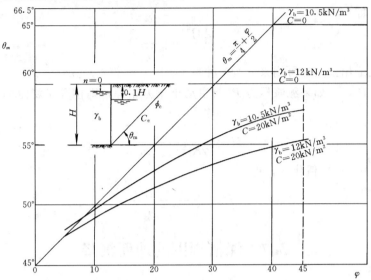

图 3.26 θ 与土层 ϕ_e 值的关系曲线（直线滑动面）

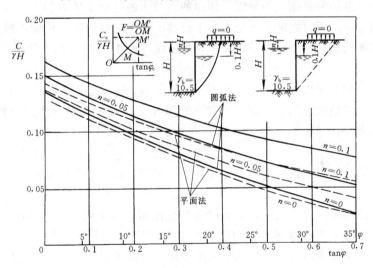

图 3.27 圆弧法与平面法计算成果比较

3.6 泥浆的流变性对槽孔稳定的影响

对于绝大多数使用泥浆的槽孔开挖来说，泥浆总是处于或强或弱地不断地搅拌之中。在某些情况下，可能会有意地提高它的抗剪强度，使之凝固成防渗墙。泥浆具有很大的抗剪强度（如 $0.4\sim0.6kN/m^2$），能够改善槽孔的稳定状态。

对于高为 H、宽为 $2a$ 的槽孔来说，它的水平压力可用下式求出：

$$P_f = \frac{1}{2}\gamma_f H^2 + \frac{1}{2a}\tau_f H^2 + \frac{1}{2}\pi\tau_f H \tag{3.37}$$

式中第一项相当于泥浆的液体压力，第二、三项则可理解成是由于泥浆的抗剪强度 τ_f 产生的黏聚力，即

$$C_f = \frac{\tau_f H^2}{2a} + \frac{1}{2}\pi\tau_f H \tag{3.38}$$

这两个公式是通用公式，可用来分析各种黏土。

在干黏土层内，如果泥浆压力 P_f 与主动土压力相等，则槽孔是稳定的。由此推导出临界深度为

$$H_{cr} = \frac{\pi\tau_f}{\gamma K_a - \gamma_f - \tau_f/a} \tag{3.39}$$

也可将 $\phi = 0$ 和 C 值代入，得

$$H_{cr} = \frac{4C + \pi\tau_f}{\gamma - \gamma_f - \tau_f/a} \tag{3.40}$$

3.7　深槽周围的地面沉降

挖槽时排出地层土砂，灌入泥浆，这样就由泥浆的液压来代替初始静止土压力。因而可以预料到会发生某种变化。如果泥浆作用的力与土的主动土压力相同，则在土压由静止土压力转变到主动土压力之前，地层会发生位移。在这种情况下，槽段周围土体的沉降主要受土的密实度控制。密实砂的下沉量不到槽孔深度的 1/1000，几乎等于 0；可是在松散砂层中就要大得多。

实际上，膨润土泥浆的液压比主动土压力大得多，这又会影响土中应力与应变关系的变动。有人根据模型试验测定下沉量，建立它与安全系数的关系。当安全系数 $F_s = 1.05$ 时，下沉量约为槽孔深度的 2/1000；当 $F_s = 1.2$ 时，约为 1/1000；当 $F_s = 1.5$ 时，则下沉量极少。

前面已经说过，当槽孔尺寸具有适当的长宽比时，就会产生拱效应，可以减少沉降和水平位移。

在非常松散（软）的地层中，又有巨大荷载作用于其上时，预计会出现有害的沉降。通常在槽孔开挖前，先对地基顶部用普遍注浆或高压喷射注浆或者是振冲的方法予以加固。黄河小浪底水库主坝防渗墙就是事先用振冲法加固了表层 8m 厚的粉细砂，取得了良好效果。

上面只是简要地讨论槽孔开挖过程中的沉降问题。基坑开挖时，地下连续墙产生的沉降与位移，将在后面有关章节中介绍。

3.8　泥浆与地基土的相互作用

在黏土或砂土地层中挖槽时，槽的四面孔壁因临空而失稳，可以采用向槽内注入泥浆的方法来保持槽孔稳定。注入泥浆以后，对原有地基的应力和变形都要产生影响。可以说，泥浆槽孔的稳定过程实际上是泥浆与地基土相互作用和影响的过程。本节将对固壁、渗透和电化学问题加以探讨。

3.8.1 护壁

在槽孔开挖过程中，泥浆就像液体支撑一样，能使深槽保持稳定而不坍塌。泥浆之所以能够起到这种作用，主要原因就是它是一种具有触（流）变性的材料。所谓触（流）变性，简单地说就是指胶体物质受到搅动后强度减少而成为流体；而当扰动停止后，又会恢复原有强度而呈凝胶的特性。具体地说泥浆的护壁作用有以下几个方面：

（1）泥浆在地基土的孔隙中凝胶化

泥浆渗入周围地基土的孔隙内部之后，由于不再受到扰动而形成凝胶，并将槽孔孔壁表层一定范围内的土的孔隙填满，改变了土的原有结构状态，加大了土体的稳定性。

（2）孔壁泥皮的形成和作用

在槽孔孔壁表面上形成的凝胶层叫做泥皮（膜）。泥皮形成的必要条件是泥浆渗入地层并能在壁面上产生滤饼，也就是地层必须具有一定的渗透性。因此，在砂质土层内容易形成泥皮，而在黏土中则很难。此外泥皮的形成还受泥浆性能的影响。优良的膨润土泥浆能形成薄而韧的泥皮，密度大，抗渗性高，抗冲击能力强；而质量差的黏土泥浆则很容易形成厚而松散、透水性很大的泥皮。密实的泥皮牢固地贴附在孔壁上，既能防止泥浆大量漏失，又能防止地下水渗入到槽孔之内。

（3）静液压力的作用

槽孔内的泥浆面通常高出地下水位以上，且泥浆重度大于水的重度，泥浆对孔壁的静液压力比地下水压力要大，通常泥皮对壁面产生支护作用。

（4）电渗现象

经实际检测证明，由于槽内泥浆的静压力与地下水的压力差会在界面上产生电化学现象，这种电渗现象有利于泥皮和凝胶的形成。

为了研究膨润土泥浆对槽孔稳定的作用问题，国外有人在长×宽×深＝12m×0.5m×5m的砂土的槽孔中注满了膨润土泥浆，在孔口附近的地表加有 $50kN/m^2$ 的荷载时，槽孔是稳定的。从而证明了在松散地基中，直接靠近已建的楼房及建筑物建造这种槽孔地下连续墙是可能的。米兰的地下铁道就是在这种情况下建成的。在与上述条件相同的条件下，注入重晶石泥浆时槽孔却坍塌了。可见，膨润土泥浆是有它特殊作用的。专门的测量测得槽孔与孔壁土壤之间存在着 $50\sim100mV$ 的电位差，这大约相当于产生了水力坡降为50的反渗透力，能使孔壁保持稳定而不会坍塌。

3.8.2 渗透

前面已经谈到，由于泥浆向槽孔壁周围地层中渗透而形成泥皮，对槽孔稳定是有利的。如果地层的渗透系数很大，泥浆的触（流）变性能很差，那么泥浆就会流入到砂砾卵石地层中很远的地方而不能形成凝胶，从而使大量泥浆流失掉了，这会造成槽孔内泥浆面迅速下降；还会使地下水大量进入槽孔内，降低了泥浆重度，槽孔很可能失去稳定（见图 3.28）。

由图中不难看出，挖到砂砾层后，泥浆大量漏失，使泥浆面迅速下降，泥浆的水平压力不足以平衡地层的主动土压力，砂砾层开始坍塌；由于泥浆面降低，导致地下水涌入，又造成砂层向内坍塌。

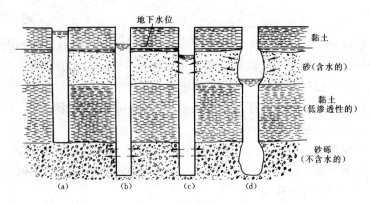

图 3.28　漏浆的影响

上面这个例子说明挖槽时一定要保持泥浆面超过地下水位 $1.5\sim2.5m$；如果可能发生漏浆，则应预先采取措施，适当增加泥浆重度，使用特种外加剂和堵漏材料等。

下面探讨一下泥浆在砂砾渗透地层中渗透理论问题。地下水流动仍服从达西定律，即

$$v=Ki$$

式中　v——地下水流速；

　　　K——渗透系数；

　$i=h/L$——渗透坡降；

　　　h——水头（压力损失）；

　　　L——渗透路径。

K 与土粒粒径 D 的平方成正比，可用下式来表示：

$$K=CD_{10}^2$$

式中　D_{10}——有效直径，cm，即含量 10% 的土的粒径。

对砂来说，$C=81\sim117$，可取 $C=100$。

上式可简化成下式：

$$K=\frac{1}{S^2}\times1.5\times10^4\times\frac{n^3}{(1-n)^2} \tag{3.41}$$

式中　S——比表面积，即单位容积内颗粒的总表面积，据测定蒙脱土的 $S=800m^2/g$；

　　　n——孔隙率。

向砂砾石地基中灌入黏土泥浆，特别是膨润土泥浆，可以大大降低地基的渗透系数到 $1\times10^{-7}cm/s$ 以下，有利于增加地层的稳定性。黏土加量与渗透系数的关系可见表 2.18。

如果土体孔隙很多很大、渗透坡降也很大的话，泥浆会不断向地层中渗流，形成漏浆现象。在这种最坏的条件下，有时经过很长时间也不能形成泥皮，或不能形成坚固的泥皮。

一般来说，膨润土泥浆形成的泥皮比普通黏土泥浆的泥皮好，但有时黏土泥浆能在短时间内形成泥皮；膨润土泥浆的泥皮在抵抗水力冲刷方面有时也不如普通泥浆。

3.8.3　界面化学作用

膨润土泥浆与槽孔壁上的土层接触后，自然会发生界面化学现象。关于这种现象的理论在 1961 年召开的第五届国际土力学和基础工程学会上已经被提出来了。

在槽孔壁面上发生着黏土颗粒的浓聚和泥浆絮凝现象。由于黏土颗粒的表面带有负电荷，在电位差作用下发生运动。如果在泥浆和土层内分别插入电极（假定土中插入阳极），在电压作用下黏土颗粒会因电泳效应而在槽孔壁面上沉淀下来形成泥皮，对稳定是有利的。

3.9 关于槽孔稳定问题的讨论

前面讨论了泥浆槽的稳定理论和公式，可以用来解决一般槽孔稳定问题。但是由于这个问题尚处于半经验、半理论状态，在理论与实际之间还存在着差别。比如，本来槽孔是很稳定的，可是用公式一算，反而会得出要坍塌的结论；还可能是情况刚好相反。所以要讨论一下影响槽孔稳定的有利和不利因素以及增加槽孔稳定的措施。

3.9.1 有利于槽孔稳定的因素

1）根据经验，泥浆产生的静压力只占使槽孔稳定的外力的 75%～90%（见表 3.3），也就是说由于其他一些因素产生的外力（如泥皮的抗剪力、电渗透力和槽孔的拱效应等），增加了槽孔的稳定性。

表 3.3 槽孔壁稳定因素表

项目	泥浆静侧压力	泥浆渗入带的抗剪强度	泥皮被动抗力	孔壁不透水层抗力	电渗透力
百分比（%）	75～90	10～25	5	很小	很小

2）古典压力理论中对槽孔底部侧向土压力估计过高。

3）槽孔内地层的坍塌往往只局限于一小部分地区，如导墙底部、粉细砂地层等。

3.9.2 不利于槽孔稳定的因素

1）地质勘察不细，对地层详细情况缺乏了解。

2）雨季时地下水位急剧上升，或者是由于水库或河道放水，而造成地下水位抬升。

3）泥浆质量达不到要求，或者是使用次数过多，性能变坏。

4）槽孔壁附近地面上的外荷载大大超过了原设计值。

3.9.3 提高槽孔稳定性的措施

1）加大泥浆重度。在特殊情况下，可增加膨润土粉用量或者加入加重剂（如重晶石等），以提高泥浆重度。加入化学外加剂，改善泥浆性能。

2）在槽孔稳定分析计算中，考虑泥浆的抗剪强度的影响。

3）利用槽孔的空间效应（拱效应）。此时，槽孔的几何尺寸之间要保持一个适当的比例。

4）考虑导墙的支撑作用。导墙高 1.2～1.5m，能使槽壁两侧土体的位移受到约束。

5）考虑槽孔壁泥皮的抗剪强度。

6）改善土的力学性能。泥浆渗进砂砾地层中的距离可达 1～2m，所产生的黏聚力可占到槽壁稳定所需力的 25% 以上。必要时应对地表进行加固（如采用振冲、强夯和高喷等）。

槽孔稳定安全系数必须大于 1.5。

3.10　混凝土浇注过程中的槽孔稳定性

3.10.1　非常松散的砂基

由于这种砂的重度很小，产生的水平抗力较小，混凝土浇注过程要比挖槽过程危险得多。在深槽中浇注混凝土，在其凝固前的液态混凝土同样会对槽壁产生很大的水平压力。由于混凝土的重度大于砂的重度，则此时 $(\gamma-\gamma_f)<0$。也就是说混凝土将向砂层内部挤压流出，直到砂层变形加大至足够大的被动抗力时为止。由此产生了槽孔的反向稳定问题。

3.10.2　软土地基

对于像淤泥或淤泥质黏土、泥类土等软土来说，它的饱和抗剪强度非常小。在浇注混凝土过程中，也会受到流态混凝土的巨大挤压，甚至产生土体破坏。

3.10.3　黏性土地基

在黏性土层中挖槽后，要浇注流态混凝土。此时的黏性土地基能否承受得住流态混凝土的挤压，可以采用 3.5 节的式（3.27）加以分析。

对于软土来说，γ 较小，S_u 很小，会出现 $\gamma H+N_c S_u<K\gamma_c H$，则此时是不安全的，可能会导致正在浇注的混凝土发生绕流现象。

关于浇注过程中发生混凝土绕流问题，可见 11.11 节。

3.11　工程实例

这里引用长江三峡二期围堰的槽孔稳定分析情况作为参考。

长江三峡二期围堰及堰基主要依靠混凝土防渗墙防渗，造孔总面积达 8.3 万平方米，是二期围堰的重要安全屏障。要求在 1998 年 5 月底以前完成第一道墙，最高月成墙强度达 14700m²/月。为确保高强度、高质量完成防渗墙任务，造孔成槽是关键。因此，分析造孔期间槽壁稳定性，提出防渗墙的合理设计与施工控制指标和确保造孔期槽壁稳定性的技术措施是十分重要的。

1. 槽壁稳定安全系数

影响防渗墙造孔期间槽壁稳定安全系数 F_s 的主要因素是槽壁土层的物理力学性质、槽孔轮廓尺寸及固壁泥浆力学性能，阐述如下。

不计土层拱效应，无地下水情况时：

$$F_s=\frac{2\sqrt{\gamma\gamma_f}\tan\phi}{\gamma-\gamma_f}+\frac{2(2C-q)}{\left(\gamma-\gamma_f-\dfrac{C_f}{a}\right)H-\pi C_f} \tag{3.42}$$

不计土层拱效应，地下水与地面齐平时：

$$F_s=\frac{2\sqrt{\gamma'\gamma_f'}\tan\phi}{\gamma'-\gamma_f'}+\frac{2(2C-q)}{\left(\gamma'-\gamma_f'-\dfrac{C_f}{a}\right)H-\pi C_f} \tag{3.43}$$

计入土层拱效应，无地下水情况时：

$$F_s = \frac{2\sqrt{K_s \gamma \gamma_f} \tan\phi}{K_s \gamma - \gamma_f} + \frac{2(2C - q)}{\left(K_s \gamma - \gamma_f - \dfrac{C_f}{a}\right)H - \pi C_f} \quad (3.44)$$

计入土层拱效应，地下水与地面齐平时：

$$F_s = \frac{2\sqrt{K_s \gamma' \gamma'_f} \tan\phi}{K_s \gamma' - \gamma'_f} + \frac{2(2C - q)}{\left(K_s \gamma' - \gamma'_f - \dfrac{C_f}{a}\right)H - \pi C_f} \quad (3.45)$$

式中　γ、γ_f——槽壁土层、固壁泥浆的重度，kN/m^3；

　　　γ'、γ'_f——槽壁土层、固壁泥浆的浮重度，kN/m^3；

　　　ϕ——槽壁土层的不排水抗剪强度指标；

　　　C_f——泥浆凝胶体的不排水抗剪强度，kPa；

　　　a——槽孔宽度的一半，m；

　　　H——槽孔深度，m；

　　　q——槽顶施工荷载，kN/m^2；

　　　K_s——拱效应折减系数。

深度系数 n_1 和 $K_a \tan\phi$ 的关系曲线见图 3.29。

$$n_1 = \frac{z}{2b}$$

$$K_a = \tan^2\left(45° - \frac{\phi}{2}\right)$$

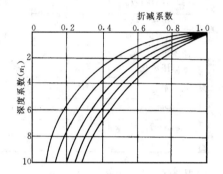

图 3.29　土压力折减系数 K_s 与深度系数 n_1 关系曲线

式中　b——槽孔分段长度，m；

　　　z——计算点深度，m；

　　　K_a——主动土压力系数。

2. 采用的基本数据

根据室内试验，参照类似工程确定的槽壁土层、采用固壁泥浆的物理、力学计算数据见表 3.4。

表 3.4　槽壁土层及固壁泥浆的计算指标

项目		等效粒径 d_{20} (mm)	孔隙率 n	土粒比重 G	重度（kN/m^3）			内摩擦角 ϕ	黏聚力 C (kPa)	凝胶体抗剪强度 C_f (kPa)
					干重度 γ_d	饱和重度 γ_s	浮重度 γ'			
槽壁土层	水下抛填，未经振冲的风化砂	2.5	0.457	2.76	15	19.57	9.57	31	12	
	水下抛填，经振冲加密风化砂	2.5	0.384	2.76	17	20.84	10.84	32	30	
	水上干填，分层碾压风化砂	2.5	0.348	2.76	18	21.48	11.48	35	50	
	水下平抛砂卵石	1.5~3	0.245	2.65	20	22.45	12.45	43	0	
	天然淤砂	0.13	0.481	2.68	13.9	18.59	8.59	27	7	
	围堰自重压密后的淤砂	0.13	0.392	2.68	16.3	20.22	10.22	29	13	
固壁泥浆	膨润土泥浆				1.05	1.05	0.05			0.245
	加重泥浆				1.2	1.2	0.2			0.734

3. 槽壁稳定性计算成果及分析

造孔期间出现地下水位与地面齐平（最危险情况）时，在不同造孔深度、槽孔分段长度、固壁泥浆比重下，由式（3.43）及式（3.45）可计算出不同土层槽壁稳定性安全系数，见表3.5。

表 3.5　不同情况下的槽壁稳定安全系数 F_s

计算情况		不计槽壁两侧土层的拱效应 （槽孔宽 1.0m）								计入槽壁两侧土层的拱效应 （槽孔宽 1.0m）							
固壁泥浆比重		1.05				1.2				1.05							
造孔深度（m）		10	20	30	40	10	20	30	40	20				40			
槽孔分段长度（m）									3	5	7	9	3	5	7	9
不同情况下的槽壁稳定安全系数	水下抛填，未经振冲的风化砂	0.86	0.57	0.48	0.43	1.51	1.09	0.96	0.89	2.09	1.64	1.26	1.01	1.36	1.10	0.87	0.72
	水下抛填，经振冲加密风化砂	1.51	0.89	0.69	0.59	2.34	1.49	1.21	1.07	3.6	2.79	2.11	1.67	2.09	1.65	1.28	1.03
	水上干填，分层碾压风化砂	2.23	1.27	0.95	0.79	3.28	1.98	1.55	1.34	4.78	3.91	2.98	2.32	2.84	2.23	1.73	1.37
	水下平抛砂卵石	0.47	0.47	0.47	0.47	0.89	0.89	0.89	0.89	0.79	0.7	0.61	0.54	0.79	0.7	0.61	0.54
	天然淤砂	0.64	0.46	0.39	0.36	1.22	0.93	0.84	0.79	1.61	1.25	0.96	0.78	1.09	0.88	0.69	0.58
	经围堰自重压密后的淤砂	0.83	8.54	0.43	0.39	1.41	1.00	0.87	0.80	1.98	1.55	1.19	0.96	1.26	1.02	0.80	0.67

从表中可可得出：

1）上述计算成果与有限元分析成果基本一致。孔深在 20m 以内的浅槽，土压力及附加荷载主要由土体的土拱作用所支承，拱效应明显，泥浆的作用主要是挡住地下水位并预防侵蚀。随着造孔深度的增加，槽壁稳定性逐渐降低，但泥浆压力的余量提高槽壁稳定作用逐渐增加。因此，适当提高泥浆比重对改善深部槽壁稳定性有有明显效果。

2）当采用对槽壁无加密加固作用的双轮铣及液压抓斗造孔时，以水下平抛砂卵石垫底的槽壁稳定性最差。须采用比重不低于 1.1 的优质泥浆固壁、槽孔分段长度不超过 7m，才能维持槽壁稳定（见图 3.30）。冲击钻机造孔对槽壁土层具有冲击压实、挤密、振动加密、泥浆填充等效应。在砂卵石层中泥浆渗入槽壁内可达 1～2m，可提高槽壁稳定安全系数 25% 以上。为提高钻进效率，减少沿架空砂卵石漏浆可能性，也可采用比重为 1.05 的优质泥浆固壁。

3）水下抛填风化砂造孔期的槽壁稳定性较好。经过振冲加密后，槽孔分段长度可由 5～7m 增为 7～9m。

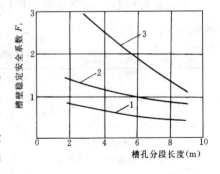

图 3.30　在水下平抛砂卵石中造孔的槽壁稳定性
1—固壁泥浆比重 1.05；2—固壁泥浆比重 1.1；3—固壁泥浆比重 1.2

4）围堰底部淤砂在填料自重作用下，强度增长，有利于提高槽壁稳定性。20m 深度以内的槽段长在 9m 以内。超过 40m 深度的槽段长宜为 5～7m。

3.12　本章小结

槽孔的稳定是地下连续墙能否顺利建成的前提。本章叙述了国内外对槽孔稳定的理论分析、试验研究和现场观测成果，可以说是包括了地下连续墙槽孔稳定的各个方面。

本章中关注在挖槽过程中，槽孔孔壁的地基土（岩）在不利条件下，向孔内坍塌的问题；还专门分析了在软土地基槽孔中浇注混凝土时，可能产生混凝土向软土地基流动，绕过接头管而造成工程事故的问题。这一点已经在笔者亲历的很多基坑工程中得到证实。

参考文献

[1] P P Xanthakos. Slurry Walls as Structural Systems [M]. New York：McGraw-Hill, 1994.

[2] 陆震铨，祝国荣. 地下连续墙的理论与实践 [M]. 北京：中国铁道出版社，1987.

[3] 冈原. 基础的施工. 东京，1994.

[4] 水电部成都勘测设计院. 专题译丛（混凝土防渗墙），1964.

[5] 电力工业部水力发电建设总局. 辗压式高堆石坝 [M]. 北京：水利电力出版社，1981.

[6] 比阿列兹. 土坝坝坡的极限稳定 [J]. 法国公共工程技术研究所年报，1965：7～8.（译文载于《天津水利》1975 年第 4 期，译者不详）

[7] P P Xanthakos. Slurry Walls [M]. New York：McGraw-Hill, 1970.

[8] 杨光熙. 砂砾地基防渗工程 [M]. 北京：水利电力出版社，1993.

第 4 章　地下连续墙和深基坑（础）的试验研究成果和论文

本章主要阐述笔者在 1981～1985 年和 1991～1995 年两次主持水利科技基金课题项目以及 2009～2011 年主持广州地铁花岗岩残积土深大基坑渗流分析和防渗体设计研究项目的主要成果，以及笔者近年来撰写的与此有关的论文。

4.1　槽孔混凝土成墙规律试验研究

4.1.1　概述

地下连续墙是采用直升导管法在泥浆中浇注混凝土成墙的。这里应注意以下几点：

1）混凝土是在泥浆中而不是在水中浇注的。泥浆的物理化学性能是随时间发生变化的，并且是很容易受到混凝土中钙离子的污染而使性能变坏的。

2）混凝土是采用直升导管法浇注的，是不能振捣的，是依靠导管内混凝土与槽孔泥浆之间比（容）重之差形成的势能"自行"密实的。

3）混凝土和泥浆一样，随着时间的增加，它的流动性变小，并且不可逆转，直到最后凝结成固体。

有了这三条基本认识，再来深入探讨一下槽孔混凝土成墙规律就不难了。掌握了这种变化规律，弄清地下连续墙窝（夹）泥的原因，以便采取合适的预防和处理措施。

笔者从 20 世纪 70 年代末期就开始注意这个问题，并于 80 年代初和 90 年代初两次承担了这方面的科研试验课题，在广泛调查研究基础上，针对施工中出现的缺陷进行了几十组模型试验，取得了一批试验成果。现简述如下。

4.1.2　模型设计制作

1. 模型率

本试验主要研究流动规律问题，所以采用正态模型。正态模型能保证模型中的流动状态与原形基本相似。混凝土及泥浆均属于非牛顿流体，是一种溶胶（悬浮体系），它们的流动性与水这种牛顿流体是根本不同的。随着浇注时间的增加，混凝土流动性变小而硬结。槽孔内泥浆的性能也随时间及扰动情况而改变；而水的流动性并不随时间的增加而有所变化，所以用于水流的相似条件不能直接用于我们这种试验中。

从已开挖的防渗墙中看到，防渗墙的墙面是凹凸不平的，墙面的不平整度与墙体所在部位的地质条件及施工工艺有关。在实际工程中由于使用泥浆固壁，壁面有一层密实的泥皮，泥皮使凹凸的壁面的糙率大大降低。本试验对于壁面的糙率不进行模拟，仅对设计槽孔的几何形状进行模拟。

导管法施工是通过垂直的导管利用混凝土落下的重力作用浇注成墙的。试验室中的浇注方式大体与实际墙体相似。因而，利用这种模型研究成墙规律及墙体夹泥的发展趋势，并推断局部地区出现的夹泥情况是可行的。

根据制作材料的品种规格、受力情况、模型制作的工艺水平及试验室的条件，设计制做了两个模型。一个是参照实际工程的槽孔尺寸（长 8.8m、宽 1.0m、深 12.0m）制作成 1：10 的模型，模型槽槽长 88cm、宽 10cm、深 120cm（以下简称大模型）。另一个是模拟实际工程槽孔尺寸（长 10.8m、宽 0.8m、深 15m）制作成 1：20 的模型，模型槽孔长 54cm、宽 4cm、深 75cm（以下简称小模型）。

2. 模型结构及材料

模型的结构及材料是根据试验的要求设计的。前面已提到本试验的目的是研究成墙过程及各因素对墙体质量的影响，这就要求在模型外面能观察成墙的全过程，模型壁面应透明、装卸方便、变形较小、连接牢固、密封性好，不漏水、不漏浆，确保试验能顺利进行。

在选择槽壁材料时比较了透光率较好的几种材料：普通玻璃、钢化玻璃及有机玻璃。有机玻璃虽然变形大，价格较高，但透光率、抗冲击强度、机械强度均能满足要求，又容易与其他构件连接，可按设计要求裁剪及成型，便于制作加工，装卸安全方便，而变形较大的缺点可采取相应的结构措施加以克服，使变形控制在允许范围之内，所以选用有机玻璃作为壁面材料。导管用 1 寸钢管加工而成，节长分 20cm、10cm 两种，两端头分别加工成内外螺纹，便于节间连接，最顶端一节承托一个用黑铁皮焊接而成的进料漏斗。

小模型的结构基本与大模型相同，与大模型的主要区别是，槽孔两端用混凝土浇注而成，以便观察一、二期槽混凝土接缝的夹泥情况，导管用直径为 20mm 的钢管制成。每节长 10cm，两端分别加工成内外螺纹。

3. 试验材料

1）浇注介质：清水、膨润土泥浆、当地黏土泥浆。膨润土采用张家口及黑山膨润土，膨润土的颗粒分析见表 4.1。当地黏土采用昌平县讲礼黏土，其颗粒分析结果见表 4.2。

表 4.1　膨润土颗粒分析表

编号	颗粒组成（%）			质地命名
	0.1～0.01	0.01～0.001	<0.001	
X_{01}（黑山）	35	21	44	粉砂质黏土
X_{02}（张家口）	22	22.7	55.3	胶体质黏土

表 4.2　当地黏土颗粒分析表

试样编号	颗粒组成（%）			土的分类
	0.05	0.05～0.005	0.005	
$J—1$（讲礼土）	16.0	43.3	40.7	粉质黏土

2）浇注材料：①水泥砂浆；②豆石混凝土；③掺粉煤灰水泥砂浆。水泥为北京琉璃河水泥厂生产的 425 号矿渣水泥和苏州光华水泥厂生产的 425 号白水泥，白度 30%。砂子为中砂。石子为小豆石，粒径不超过 5mm。

3）孔底淤积物：①砂子；②黏土淤泥；③细度为20～40目的砖煤碎屑；④小豆石。

4.1.3　试验方法及内容

20世纪80年代中期的槽孔混凝土浇注试验共进行了33次，其中在清水下浇注9次，在泥浆下浇注24次，并有10次为重复试验，有3次录了相。试验时，改变导管间距、埋深、泥浆比重、淤积物和浇注顺序等试验条件，观察它们对墙体形成过程和质量的影响。试验采用的各影响因素的变化范围见表4.3。

表4.3　试验项目表

项目	模型名称	大模型 （1∶10）	小模型 （1∶20）
导管根数		2～3	1～4
导管间距	边距（cm）	1.4～1.9	0.45～2.7
	中距（cm）	2.9～5.8	1.5～3.9
卸管后导管埋深		1.0～6.0	0.3～4.0
槽内介质		清水、泥浆	
浇注方式		同时、交替	
孔底淤积		淤泥、砖末、煤末、豆石	

为了解混凝土在槽孔内的流动及夹泥形成的情况，把槽内泥浆、淤积物及浇注的混凝土配制成不同的颜色，并使用不同颜色的水泥拌制混凝土，以区分不同导管及不同时间浇注的混凝土。浇注过程中，从两侧面及两端部认真观察槽内混凝土及淤积物运动状态，并每隔一定的时间测绘墙面混凝土及夹泥分布图。浇注完毕，待混凝土具有一定的强度后，再拆开模型，将墙体取出进行切割，绘制切割面的带色混凝土分布及夹泥情况图。

槽孔浇注中有两组是浇注豆石混凝土，为便于墙体切割描述，其余均用水泥砂浆浇注，选用配合比为水泥∶水∶砂∶土∶塑化剂＝1∶0.7∶2.27∶0.33∶0.00。

因导管管径小，受管壁效应的影响，水泥砂浆不易通过，因此在实际操作中加水量较大，每次调整至水泥砂浆能顺利地通过导管为止。混凝土防渗墙是通过一根或几根间隔布置在泥浆中的导管，使混凝土进入槽孔中，并不断向周围流动以形成连续的墙体。槽孔模型混凝土浇注方式模拟实际工程施工顺序进行：

1）小心插入导管到孔底以上的适当部位，并在导管顶端安装加料漏斗，导管用导管夹固定在槽顶板上。

2）放入导注球及漏斗堵片。

3）将砂浆倒满漏斗，开浇时拉开漏斗堵片并继续往漏斗内进料。砂浆在导管内借自重将导注球压下去，把管内泥浆从导管中排挤出来。

4）导注球到底后，从导管内冲出来浮至浆面，回收洗净备用。混凝土随着导注球一起冲出导管，在槽孔底部铺开。随着混凝土面的上升，导管可逐节提升并拆除。就这样通过浇注混凝土和把导管提升、卸掉的反复作业，直至预定标高为止。

5）混凝土浇注完毕，将导管全部拔出槽孔，因导管黏附有混凝土，应用水冲洗干净备用。

泥浆下浇注槽孔应注意的事项：

1）混凝土必须具有良好的流动性与和易性，易于在管中流动。

2）在混凝土浇注和运输途中，要注意不能使混凝土发生离析现象。在浇注导管内的混凝土应当连续流下，导管底部必须埋入槽孔内一定深度。

3）不能将插入混凝土中的导管横向强行拖拉，也不要使混凝土从孔口洒落到槽孔里去。对于这些基本要求，试验中均能严格遵守。

4.1.4　槽孔混凝土的流动形态

1. 对槽孔混凝土浇注特点的认识

防渗墙混凝土是采用直升导管法，在泥浆下浇注成墙的。在研究槽孔混凝土浇注特点的时候，必须注意以下几点：

1）它是利用混凝土从导管内下落时产生的动能，在抵消导管外泥浆和已浇注混凝土的阻力（静压力）之后所产生的冲力（喷出压力），使混凝土从导管底口向周围流动的。在槽孔底部，混凝土的冲力大，流动得快而远，导管的控制半径大；随着混凝土面逐渐上升，特别是到了墙顶附近的时候，混凝土的冲力变小，流动得慢而近，导管的控制半径也变小了。

2）混凝土的流动性是随时间的增加而变小的。几个地下连续墙工程的浇注情况都说明，虽然地下连续墙采用了坍落度很大的混凝土，但浇注以后的 3～4h，混凝土的流动性已经很小了。

3）泥浆和水不同，它是一种胶体（悬浮液），有溶胶和凝胶两种状态。当它受到外界扰动以后，就由凝胶状态变为溶胶状态；当外界扰动消除以后，它又会从溶胶状态恢复到凝胶状态。泥浆的这种特性，叫做触（流）变特性。所以在泥浆中浇注混凝土，要比在水中浇注混凝土复杂得多。由于浇注混凝土时对泥浆的扰动已经不象造孔和清孔时那么强烈，泥浆就由溶胶状态逐渐向凝胶状态过渡，黏滞性逐渐增加，流动性变小，较粗的颗粒在重力作用下沉积到槽孔底部或槽孔混凝土顶面上。对于触变性（静切力）很小的泥浆，这个沉积过程尤其迅速，同时由于混凝土富含钙离子。当它和泥浆接触以后，因离子交换反应而使泥浆的黏土颗粒表面吸附了大量钙离子，使其水化膜厚度变小，使泥浆性能显著恶化：比重、黏度和 pH 值增大，凝胶化倾向增大，固壁性能急剧下降。

泥浆在浇注过程中的这些变化，使得槽孔混凝土面上的淤泥和附近的泥浆变得黏稠，很容易夹裹在混凝土内并黏附在槽孔壁上，在墙体混凝土内形成淤泥"包块"、"狗洞"以及接缝夹泥。同时，淤泥堆积在槽孔混凝土顶面，增加了混凝土的流动阻力，降低了混凝土的水平扩散能力。

4）混凝土是通过几根间隔布置的导管进入窄而长的槽孔内并向周围流动，以形成连续墙体的。所以，墙体混凝土质量的好坏，与导管的浇注要素（间距、进料量、埋深以及拔管和浇注过程中的变位和偏斜）有很大关系。如果导管间距过大，或者在浇注中发生偏斜而离开原来位置，那么混凝土的有效流动距离就会小于导管的间距，就会在两根导管中间部位的混凝土中产生夹泥。

为了保证槽孔混凝土的质量，要求导管底埋入槽孔混凝土内一定深度。由于槽孔混凝土面连续上升而导管只能间断地拆卸，所以随着槽孔混凝土面逐渐上升而导管埋深不断增加。一般要浇注 2～4h、导管底埋深 4～9m 后，才提升和拆卸导管。此时从导管底口出来的混凝土，就要克服很大阻力，才能向周围流动。当某根导管一次拆去 2～3 节（4～6m），管底埋深减少到 1～3m，而相邻的另一根导管仍在原深处未动。那么，再用这两根导管浇注混凝土时，肯定是埋深小的那根导管底口出来的混凝土流动性大，这部分混凝土就会爬到另一部分混凝土上去，而在两部分混凝土之间就可能产生夹泥。由于混凝土是在一个窄而长的深槽里流动，周边孔壁是凹凸不平的，无论是泥皮、黏土，还是砂卵石或岩石，都会对流动着的混凝土产生黏滞阻力而使混凝土的流动速度不尽相同。如果进料量、拔管时间和拆卸长度以及混凝土和易性这几个因素发生变化，或者是有的导管中途停浇，那么各导管之间混凝土的流动性更不会相同了。

　　综上所述，槽孔混凝土的流动性是受三个因素影响的：一是随着浇注时间加长，混凝土逐渐硬结而流动性变小；二是随着槽孔混凝土面不断上升，混凝土从导管底的流（喷）出压力变小，从而混凝土的水平扩散能力逐渐变小；三是受周围边界条件的约束，混凝土流动得越远，所受阻力越大。这样，新浇入的混凝土总是分布在此导管周围，流动性大，而早期浇注的混凝土则已被挤向远离此导管的地方，流动性也逐渐变小了。也就是说，槽孔混凝土在垂直上升的同时又在水平方向扩散。同一根导管在某一时段内浇注的混凝土，在槽孔内大致呈"U"或"O"形分布（见图 4.1）。对于布置有多根导管的槽孔，其混凝土面的变化规律是：在混凝土浇注总量最大的导管附近，槽孔混凝土面最高；在某一深度和在某一时段内，浇注强度大的导管附近混凝土面上升得快。从图 4.1 中可以看到，各导管混凝土之间有明显的分界面且其内夹泥，1 号导管浇注的混凝土像一串糖葫芦。还可以看到导管起拔和混凝土流动情况。

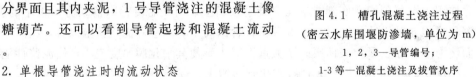

图 4.1　槽孔混凝土浇注过程
（密云水库围堰防渗墙，单位为 m）
1，2，3—导管编号；
1-3 等—混凝土浇注及拔管次序

　　2. 单根导管浇注时的流动状态

　　（1）基本流态

　　用单根导管浇注混凝土时，混凝土的基本流动状态可以归纳为以下三种，如图 4.2 所示。

　　1）内部举升式。最初浇入的混凝土始终处于最上层，与槽孔内的泥浆接触面一直稳定不变，后浇的混凝土居于先浇混凝土的内部，不与泥浆发生接触。当导管埋入深度足够而且管口位置不动时，呈此流动状态。

　　2）覆盖式。后浇入的混凝土沿导管周围上升，然后覆盖至先浇混凝土面上，形成导管周围及最上层是后浇的混凝土层，此种流动状态在下列情况下出现：①导管埋深较浅；②后浇混凝土的重度小于先浇混凝土的重度；③由于某种原因中途停浇时间较长，使已浇入的混凝土密实硬化，流动性减小，再继续浇入的混凝土，推挤不开先浇入的混凝土，故只好沿阻力小的导管外壁周围夺道而出。应避免此现象发生。

　　3）挤升式。后浇入的混凝土把先浇入的混凝土逐步挤向周边，越挤越薄，越挤越往

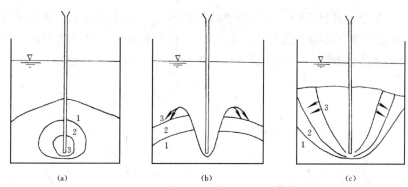

图 4.2　单根导管浇注混凝土流动状态
(a) 内部举升式；(b) 覆盖式；(c) 挤升式
1、2、3—浇注次序

上伸展。这种作用能使最初浇注的底部混凝土沿周边一直挤升到 $10\sim12m$ 高度，甚至到达槽孔顶部。这种流态是内部挤升式的延续，当内部浇入的混凝土量较多，内部的混凝土就会将初期浇入的混凝土从导管两边分开并将其推向顶部。这是大部分槽孔的浇注情形。

（2）典型试验分析

当用一根导管浇注槽孔混凝土时，槽孔内混凝土的流态是上述三种基本流态的组合。混凝土流态的组合情况随导管间距、埋深、浇注过程中的混凝土的均匀程度而异。

1）图 4.3（a）表示一根导管浇注槽孔混凝土，每次拔管后埋深均相等，槽孔混凝土的流态基本上呈举升式，墙面混凝土的形状成"O"形。图 4.3（b）则表示拔管浇注形成的挤升式流动图。

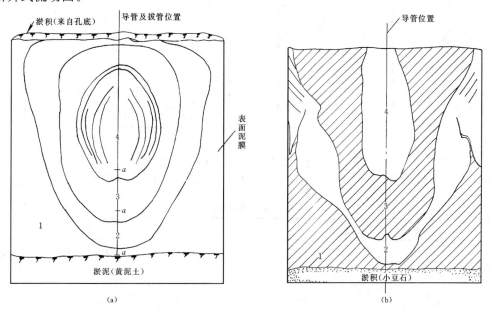

图 4.3　单根导管混凝土流动图
(a) 混凝土交界面呈"O"形；(b) 挤升式流动
1，2，3，4—浇注次序

2）图 4.4 描绘了单根导管在不同浇注阶段的混凝土的流动状态。从图中可以清楚地看到混凝土面及各部分混凝土在槽孔内的演变过程。本例采用黑白两种水泥砂浆交替浇注。（1）～（4）浇黑色砂浆，（5）～（12）浇白色砂浆，（13）～（22）浇黑色砂浆。拔管顺序按表 4.4 进行。

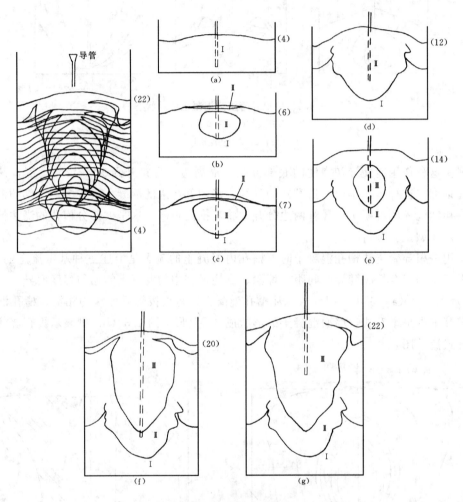

图 4.4　单根导管浇注时槽孔内混凝土流动情况

（ ）中的数字标明的线条表示浇注某一数量混凝土后的混凝土面及不同颜色混凝土的分界线

表 4.4　拔管顺序表　　　　　　　　　　　　　单位：cm

水泥砂浆面高	拔管长度	拔管后埋深
15.0	5	8
24.0	10	7
43.0	10	16
60.0	15	18

图 4.4（a）表示浇注 4L 黑色砂浆后的情况。此部分用"Ⅰ"表示。图 4.4（b）表示

拔管后改浇 2L 白色砂浆的情况，白色砂浆在"Ⅰ"内挤出一席位置，同时又沿导管周围向上呈覆盖式流动，覆盖在"Ⅰ"面上。继续浇入白色砂浆时，白色砂浆团向四周挤压"Ⅰ"而逐渐长"胖"，同时覆盖在"Ⅰ"上的量越来越多，覆盖范围越来越大，在这种下挤上压的作用下，终于使第"Ⅰ"部分在导管处向二边分开，第"Ⅰ"、"Ⅱ"部分交界线呈"V"和"U"字形（图 4.4（c）、（d）），图 4.4（e）～（g）表示改浇黑色砂浆后，它的流动又重复上述过程。

从图中还可以看到。槽孔表面并不是水平的，而是在导管处高，接近端部时最低，到端部处受到边界阻挡又往上翘起，导管附近的表面平缓几乎呈水平状，离导管 10cm 左右，坡度变陡为 $10°\sim30°$。

总之，单根导管浇注时，正常情况下混凝土的流态就是前面所说的三种基本流态的组合。不同时间浇入的混凝土分界线不外乎"O"、"V"、"U"三种形状。

3. 多根导管浇注时的流动形态

（1）基本流态

多根导管浇注时，混凝土的流态除各自具有单根导管浇注时的状态外，相邻导管的混凝土还会互相影响，有的相邻混凝土之间有一条明显的分界面，各导管进入的混凝土一般不互相混合，而有的却互相掺混，无明显的分界面。分界面的形状有以下几种，如图 4.5 所示。

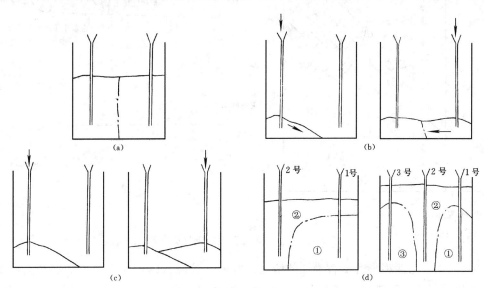

图 4.5　相邻导管分界线

—— · ——相邻导管浇注的交界线

1）分界面居相邻导管中间部位，左右摆动不大（见图 4.5（a））。当各导管同时均匀浇注重度相等的混凝土时，各导管浇入的混凝土面上升均匀，交界面基本居中。

2）互推式交界面（见图 4.5（b））。当各导管交替进料时，相邻导管浇入的混凝土之间的交界面左右来回摆动，但最终仍居于二导管的中间部位。

3）穿插式交界面（见图 4.5（c））。当各导管交替进料，但浇注量不相等或导管底高程不同时，相邻导管浇注的混凝土互相穿插。

4）偏离式交界面（见图 4.5（d））。当相邻导管重度相差较大，重度大的将重度小的挤向一边，使其所占位置变窄，同时将重度小的混凝土托举向上，所以重度小的混凝土在槽孔中所占据的位置是下小上大，而重度大的居于槽孔下部。

5）各导管浇注的混凝土互相掺混，分界面不清。

（2）典型试验分析

1）如图 4.6 所示用两根导管浇注的情况。导管同时进料，混凝土面高度至 33cm 时，拔管 22cm，拔管后导管埋深 9cm，浇入的混凝土 1-2、2-2 分别将先浇入的混凝土 1-1、2-1 挤开，后浇入的居于先浇入混凝土之中，各自有单根导管浇注时的挤升式流态。两根导管混凝土之间的交界面居中，左右摆动不大，近似垂直面。

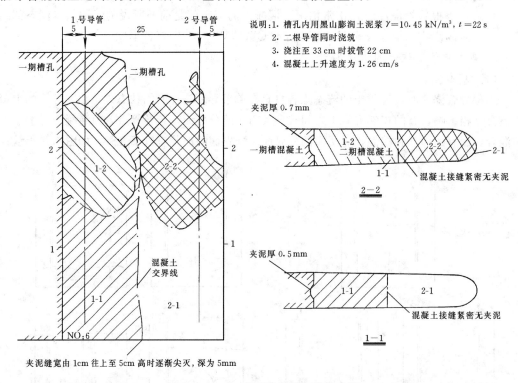

图 4.6　一、二期槽孔混凝土接缝夹泥

2）图 4.7 为两根导管交替浇注的情况。两根导管浇入的混凝土交界面摆动大，成蛇曲形，从混凝土流动迹线可以看出，每根导管所浇的混凝土的流态也与单根导管浇注时的状态相似。不同时间浇入的混凝土交界线呈"O"、"V"、"U"形，从纵剖面图中可以看到墙体内部混凝土的分布情况，后浇入的混凝土居导管周围，越先浇入的混凝土离导管越远。先浇入的混凝土在槽孔中所占的水平长度随浇注土高度的上升而减小，到槽孔顶部只剩端部很窄的一条。

3）图 4.8 描绘了三根导管交替浇注时槽孔的流动情况。边导管距槽孔端部 15cm，中间两导管之间的距离为 29cm。开始两根边导管同时进料，混凝土很快在槽底铺开，前端到达中间导管处。接着从中间导管进料，进入的混凝土由中间导管向两边挤推，使相邻导管浇入的混凝土的交界面居两导管的中间部位。若交替浇注量相等，混凝土重度相等，相

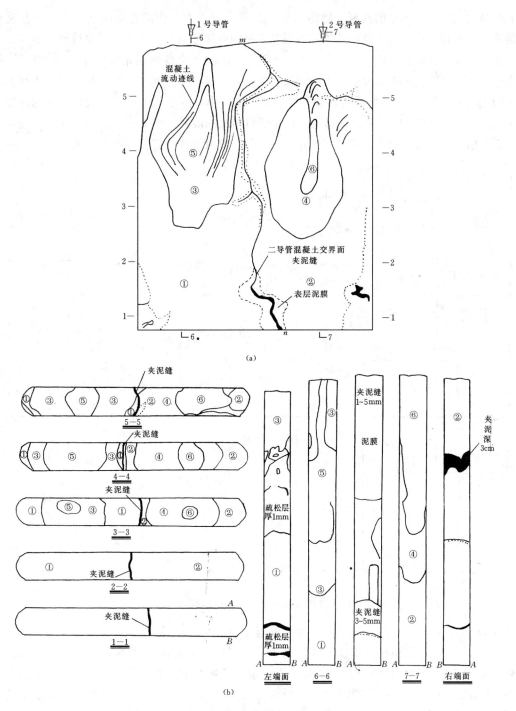

图 4.7　双管浇注的墙体

（a）墙面混凝土及夹泥分布；（b）纵横剖面

邻导管浇入的混凝土交界面就能保持垂直上升，左右摆动较小，见图 4.8（c）～（f）。当加大中间导管的进料量后，中间部分的混凝土面抬高，与相邻导管浇入的混凝土面形成较大的高度差，中间部分的混凝土顺图 4.8（g）箭头所指方向向两边流动至 A 点，产生夹泥接着两边导管进料，由 3 号导管进入的混凝土将中间部分混凝土往中间部位挤推至 B 处，但未能完全推回到原来位置，使 2 号、3 号导管之间混凝土交界面互相穿插 [见图 4.8（h）]。当中间导管进料量再次加大时，上部混凝土又向两边流动 [图 4.8（j）]，相邻混凝土在混凝土面上的交界为 C、D，此时再增加两边导管的进料量。由于导管埋深较大，浇入的混凝土不能推着 C、D 向中间导管方向移动，而是随着两边的混凝土面上升而抬高。由此可见，混凝土在槽孔内的流动状态是受进料顺序、进料量、导管埋深等条件的变化而改变的。

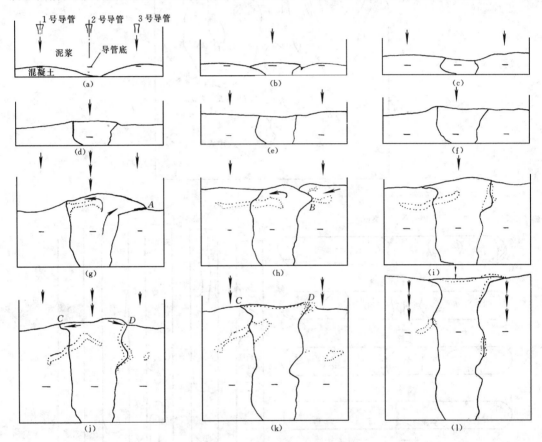

图 4.8　三根导管浇注过程（箭头位置表示浇注顺序，箭头数为浇注的量）

4）当导管前后或左右偏离时，槽孔混凝土图形也不相同。

5）图 4.9 给出两根导管浇注的混凝土重度不相等的情况下的混凝土交界面图形。导管离槽端 10cm，两根导管相距 34cm，两根导管同时浇注。由 1 号导管浇注的混凝土重度为 17.4kN/m³，由 2 号导管浇注的混凝土重度为 14.6kN/m³。①、②两部分混凝土的垂直交界面偏向 2 号导管。1 号导管浇注的混凝土居槽孔下部，上面被 2 号导管浇注的混凝土覆盖，形成一条水平交界面，交界面的形状呈 "L" 形。

6）图 4.10 是三根导管浇注不同重度混凝土情况下交界面图形。导管边距 14cm，相邻导管间距 30cm，边导管与中间导管轮换进料。开始时三根导管进入的混凝土重度相等，均为 18.5kN/m³，浇至混凝土面离孔底 50cm 时，由三根导管进入的三部分混凝土在槽长度方向所占的长度均为 1/3。再继续浇注时，中间导管进入的混凝土重度变为 17.6kN/m³，两边导管进入的混凝土重度保持不变。随着浇注量的增加，两边混凝土逐渐挤压中间部分混凝土，两边混凝土变宽，中间混凝土一边变细一边往上长，覆盖到两边导管混凝土面上，最终使中间混凝土在槽孔中成花瓶形状。

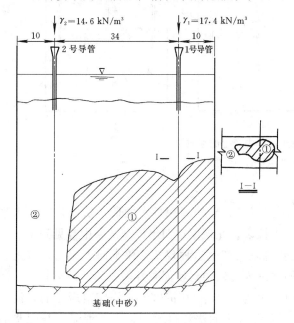

图 4.9　混凝土重度不相等时分布图

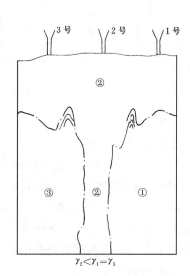

图 4.10　三根导管浇注的混凝土重度不相等时槽孔混凝土分布图

4.1.5　在泥浆下浇注槽孔混凝土的几种现象

地下连续墙是在泥浆下通过导管浇注的，受导管、泥浆及淤积物的影响而与普通水上浇注的混凝土不同，在试验中发现以下几种新现象。

1）常常见到有气泡由混凝土内穿过泥浆垂直上升至泥浆面后破灭。气泡上升时将水泥浆带入泥浆中，使泥浆性能恶化，而沉淀于表面，浮浆层越来越厚。这种现象曾在锦州铁合金厂铬渣场防渗墙及向阳闸防渗墙施工时发现过，本试验验证了这种现象。在潮河某隧洞防渗墙开挖现场观察到了这种现象造成的混凝土中的气孔，这种现象是普遍存在的，特别是在开浇及拔管后最多。

2）开浇时，混凝土从导管底口喷出后，一部分水泥砂浆与槽内泥浆掺混，沉淀于混凝土表面成为浮浆层（见图 4.11）。

3）开浇时导管内的混凝土往下流动冲力很大，将底部淤积物冲起，有的与接踵而来的混凝土掺混，有的进入泥浆中，又沉淀在混凝土表面上。

4）有孔底淤积物存在，墙底与基岩就不能紧密结合。

5）孔底淤积物会夹裹在接头缝或交界面内而且还会被混凝土一直挤推上升到槽孔顶部，并覆盖在混凝土面上［见图 4.3（a）］。

6）浇注过程中，有时混凝土面呈锯齿状（见图 4.18）。齿状裂缝内嵌入泥浆及淤积

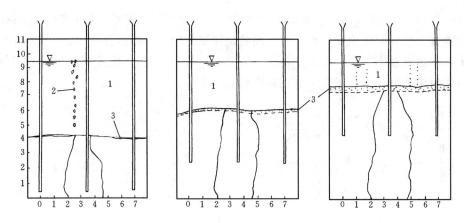

图 4.11　浇注过程中产生的浮浆层

1—清水；2—气泡；3—浮浆层

物，影响混凝土质量。

7）在浇注过程中，如果混凝土浇注时间过长，导管埋深过大的话，从导管底口出来的新混凝土有可能把浇注时间长的老混凝土拉裂。此现象在四组模型试验中都见到了。

8）泌水现象。当混凝土的和易性较差时就会产生这种现象，泌水向上流动，带走了混凝土中的水泥浆，这种含钙离子很高的水进入泥浆中，使泥浆性能变坏，甚至絮凝。浇注混凝土之前，曾测得该槽孔中泥浆的电导率为 $1.35 \times 10^3 \mu V/cm$；浇完混凝土后，泥浆的电导率增到 $4 \times 10^3 \mu V/cm$。也就是说，在混凝土的浇注过程中，由于混凝土与泥浆的接触、掺混，气泡及泌水又将水泥颗粒带入泥浆中；水泥中富含钙离子，使泥浆中钙离子增加，因而使泥浆的电导率增加了 2 倍多。留在墙体混凝土表面的那一层泥浆，在浇注过程中一直与混凝土面接触，污染最严重，有的很快沉淀，有的呈泥膏状。2h 后取沉淀后的上层水测得电导率为 $8.1 \times 10^3 \mu V/cm$，比刚浇完后泥浆的电导率又增加了 1 倍，说明虽然墙已浇注完毕，但泌水过程还未停止，泌水继续将混凝土中的水泥带出，使泥浆的电导率逐渐增高。

泌水现象大多发生在混凝土和易性不好的墙段。混凝土加水量太大或掺入粉煤灰易造成泌水。

4.1.6　地下连续墙质量缺陷的试验研究

1. 孔底淤积物对墙体质量的影响

槽孔底部淤积物是墙体夹泥的主要来源。混凝土开浇时向下冲击力大，混凝土将导管下的淤积物冲起，一部分悬浮于泥浆中，一部分与混凝土掺混；处于导管附近的淤积物易被混凝土挤推至远离导管的端部。当淤积层厚度大或颗粒大时，仍有部分留在原地未受扰动。悬浮于泥浆中的淤积物，随着混凝土浇注时间的延长，又沉淀下来落在混凝土表面上。一般情况下，这层淤泥比底部的淤积物细些，内摩擦角很小，比处于塑性流动状态下的混凝土有更大的流动性，只要槽孔混凝土面稍有倾斜，就会促使淤泥流动，沿着斜坡流到低洼处聚集起来［见图 4.12（a）］。当槽孔混凝土面发生变化或呈覆盖状流动时，这些淤积最易被裹夹在混凝土中。被混凝土挤推至槽底两端的淤积物，有一部分会随混凝土沿槽段接缝向上爬升，甚至一直爬升到槽孔顶部。当混凝土挤压力小时，还会在接缝中滞留下来形成接头夹泥［见图 4.12（c）］。由于混凝土的流线如图所示呈弧形，拐角处的淤积不可能完全挤升向上，所以拐角处绝大多数有淤积物堆积［见图 4.12（b）和（c）］。

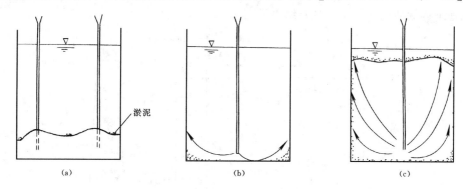

图 4.12　孔底淤积物对墙体夹泥的影响

（a）淤积物在混凝土表面低洼处聚集；（b）淤积物堆积在槽孔底两端拐角处；
（c）淤积物由底部沿槽孔两端一直挤升到槽孔混凝土顶部

当多根导管浇注时，除了端部接缝处夹泥外，导管间混凝土分界面也可能夹泥（见图 4.13）。这些夹泥来自孔底淤积物。

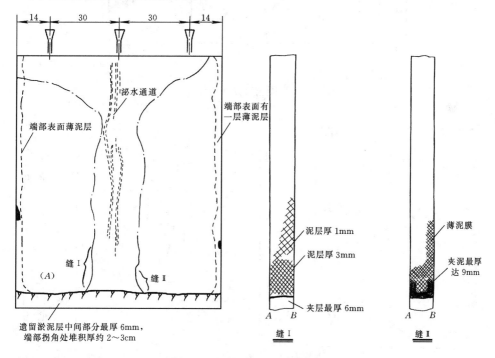

图 4.13　混凝土交界面夹泥情况

在试验中用不同的淤积物作试验，在夹泥缝中均发现有底部淤积物。结果表明，当淤积物颗粒较细（如黏土）时均造成两端部及导管之间混凝土交界面夹泥。而当淤积物颗粒较粗时，混凝土不能将其冲走，仍留在墙底，从图 4.14 可以看出，在混凝土垂直交界面上均有淤积物。在接近墙顶部的断面中，仍可见到直径约为 2cm 的黄土块。图 4.15 底为细砂，也被混凝土沿交界面携带至 10cm 高处，形成直径 40mm、厚 7mm 的砂窝（这种现象在雅绥雷塔防渗墙中就发现过）。底部豆石层几乎未扰动仍呈散粒状。这些淤积物在墙底形成地下连续墙的薄弱层。试验结果见表 4.5。

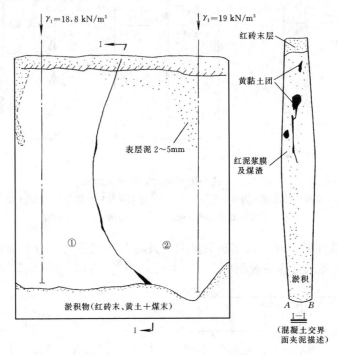

图 4.14　混凝土交界面夹泥分布图

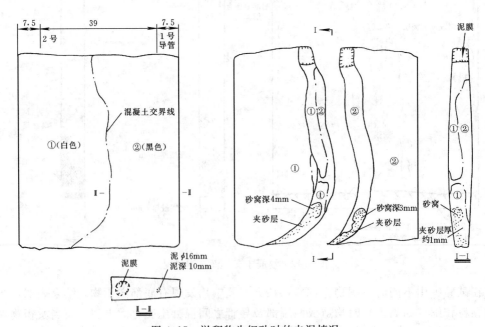

图 4.15　淤积物为细砂时的夹泥情况

表 4.5　淤积物材料表

淤积物种类	试验次数	夹泥情况
当地黏土	6	夹泥严重
少量泥浆沉淀物	5	夹泥
砂层	3	细砂能被冲走，在混凝土分界面上夹泥，中砂冲不走，仍留底部呈散粒状
小豆石层	1	未冲走，小豆石仍在底部呈散粒状
煤末砖屑	4	夹泥严重

淤积物的存在直接影响防渗墙的质量。

2. 浇注介质对防渗墙质量的影响

试验中比较了不同介质对防渗墙夹泥的影响。当槽内为清水时，墙内各部分混凝土的交界面结构紧密，只在墙顶有 $3\sim5\text{cm}$ 的浮浆，用导管法浇注水下混凝土质量是有保证的。当槽内为膨润土泥浆，泥浆重度为 $10.3\sim10.45\text{kN/m}^3$，墙间混凝土交界面无夹泥，与一期槽混凝土接头缝处夹泥仅 $0\sim0.7\text{mm}$。当膨润土泥浆中含砂量增加，重度增至 $10.6\sim10.8\text{kN/m}^3$ 时，接缝夹泥显著增加至 $2\sim3\text{cm}$，底部拐角及腰部窝泥厚达 $2\sim5\text{cm}$；使用当地黏土泥浆时夹泥严重，如图 4.16 所示，槽内为用讲礼地区黏土制备的泥浆，重度为 12.3kN/m^3，黏度为 18s。由于泥浆重度大，对混凝土的流动阻力大，流动不畅，两导管浇注的混凝土互相穿插将泥浆卷入混凝土内，分界面成糖葫芦状。交界面夹泥厚 5mm，贯穿全断面。底部拐角和两端腰部均夹泥，墙中部还有严重的混浆区，夹泥及严重混浆区面积占 7.5%，浮浆层占 7.9%。

由此可见，泥浆重度小，其他性能也好时，夹泥或夹泥就少，而泥浆重度大时，夹泥严重。

3. 施工工艺对防渗墙质量的影响

(1) 导管间距

不同间距导管浇注的墙段，墙间夹泥面积占垂直断面积的百分数统计见表 4.6。

表 4.6　夹泥面积统计表

试验用模型	大模型（1∶10）		小模型（1∶20）			
导管间距（cm）	50	30	15～16	25	32～34	39
试验次数	3	3	3	1	3	3
接缝夹泥面积占断面面积百分数（%）	0.6	0.14	0.01	0.06	0.1	0.54

表 4.6 的统计数据表明，导管间距在 3m 以下时，断面夹泥很少；$3\sim3.5\text{m}$ 夹泥略有增加；大于 3.5m 夹泥面积大大增加，因此导管的间距不宜太大。如图 4.6 所示，槽孔内为优良的膨润土泥浆，导管间距 $l_{边}=19\text{cm}$，$l_{中}=50\text{cm}$，二导管之间混凝土交接面严重夹泥，夹泥面积占断面积的 69%，当拆开模型后墙体沿交界夹泥缝裂开。由于夹泥使墙体混凝土强度减小，形成渗漏通道。

(2) 导管埋深

导管埋深影响混凝土的流动状态。埋深太小，混凝土呈覆盖状态流动，容易将混凝土表面的浮浆及淤积物卷入混凝土内，当埋深小于 $10\sim20\text{cm}$ 时就可能在端部窝泥。本试验

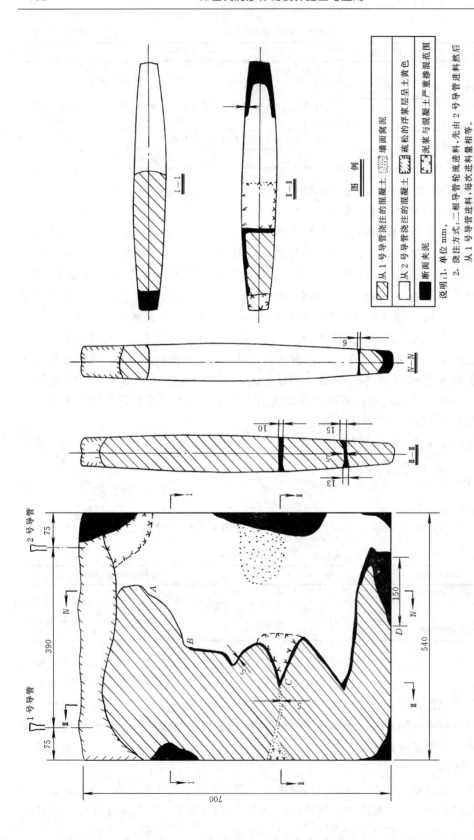

说明: 1. 单位 mm。
2. 浇注方式: 二根导管轮流进料, 先由 2 号导料然后从 1 号导管进料, 每次进料量相等。
3. 浇注材料掺粉煤灰水泥砂浆 $\gamma = 18$ kN/m³。
4. 槽孔介质: 黏土泥浆 $\gamma = 12.3$ kN/m³, $t = 18$s。

图例

从 1 号导管浇注的混凝土
从 2 号导管浇注的混凝土
断面夹泥
墙面夹泥
疏松的浮浆层呈土黄色
泥浆与混凝土严重掺混范围

图 4.16　在大容重泥浆中浇注的情况

中拔管后埋深小于 10cm 时共 10 次，出现窝泥的 6 次。在图 4.17 中，拔管后埋深 1.34m，窝泥即在拔管时的混凝土面附近。

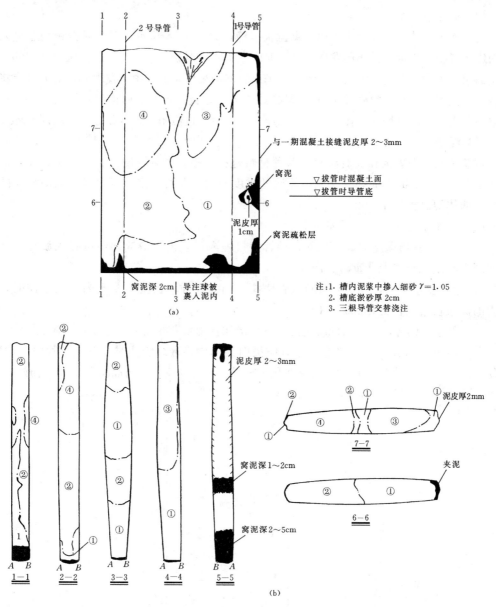

图 4.17　孔底和接缝夹泥情况

（a）端部窝泥；（b）断面图

导管埋深太深时，导管内外压力差小，混凝土流动不畅，当内外压力相平衡时，则导管无法浇入槽内，必须拔管以便混凝土继续流动。当小模型最大埋深大到 40cm，大模型 60cm 后，混凝土流动非常困难。

（3）导管底的高差

不同时拔管造成导管底口高差较大，当埋深较浅的导管进料时，混凝土的影响范围小，只将本导管附近的混凝土挤压上升。与相邻导管浇注的混凝土面高差大，混凝土表面上的浮浆层及淤积物随着混凝土面的变动而流到较低洼处聚集，很容易被卷入混凝土内。

（4）浇注速度

浇注速度太快，使混凝土表面成锯齿状裂缝，如图 4.18 所示，泥浆或淤积物会进入裂缝而影响混凝土质量。另外还发现当浇注速度太快时，混凝土向上流动速度快，对相邻的混凝土的拉力也大，有时会将其拉裂形成水平或斜向的裂缝。试验中曾发现流动的混凝土将邻近的已浇混凝土拉裂。裂缝长 18cm，裂缝处的水泥浆被泌水冲走而使砂石暴露在外。虽然随着混凝土浇注高度增加，在混凝土自重压力下裂缝会慢慢闭合，但裂缝处已成薄弱环节。

（5）混凝土与泥浆的重度差

试验中用水泥砂浆和豆石混凝土两种材料进行模拟。砂浆重度为 $17\sim19\text{kN/m}^3$，而混凝土重度为 $21\sim23\text{kN/m}^3$，混凝土与泥浆的重度差大，混凝土流动能力强，推动泥浆的力量大，墙体混凝土质量较好。

（6）施工事故对混凝土质量的影响

1）由于淤积物深度测量不准确，导管底口埋入淤积内，造成导注球裹入淤泥中，而且混凝土与淤积物掺混严重（见图 4.17）。

2）导管发生堵塞，拔出后重新下管浇注。当导管插入已浇混凝土内继续浇注时，导管内的泥浆被带入，夹在混凝土内。

若重新下入的导管未插入混凝土内而继续浇注，则新老混凝土面上形成一条水平缝，缝内夹泥，如图 4.19 所示。当堵塞的导管停浇而其他导管继续浇注时，由于导管间距加大，致使夹泥严重，如图 4.20 所示。这是运用三根导管同时浇注，槽内混凝土 20cm 高时，1 号

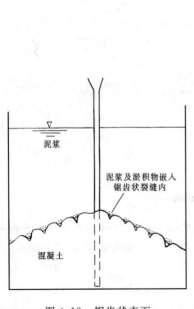

图 4.18 锯齿状表面

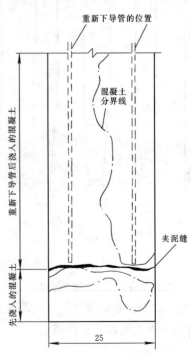

图 4.19 墙体水平夹泥缝

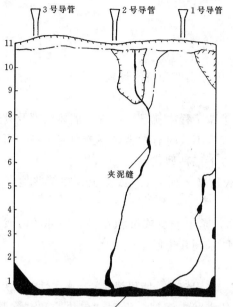

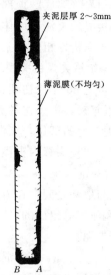

（红砖屑 20～40 目淤积物内未渗入泥浆及砂浆所呈散粒状）

沿夹泥缝切开的断面

说明：模拟某工程的浇注事故。当混凝土浇注至 20cm 高度时，1 号导管停止进料，其他两根导管继续浇注。

图 4.20　导管中途停浇槽孔混凝土情况

导管停止进料，其他两根导管继续进料，2号、3号导管相应控制的范围加大，造成混凝土交界面上夹泥。尤其到槽孔上部，混凝土浇筑压力减小，更无力将由底部携带上来的淤泥挤出混凝土交界面，而留在交界面内。

3）相邻导管进料量或重度相差太大，造成混凝土面高差加大，而易卷入淤泥。图 4.8（g）的中间导管进料量猛然增加，使中间导管混凝土面高于相邻导管混凝土面，在 A 处裹卷入泥浆。图 4.21 所示三根导管浇注混凝土，中途由中间导管进入的混凝土重度减小，则中间部分的混凝土就被两边的混凝土挤成细脖状，在细脖 A 处大量混浆夹泥。

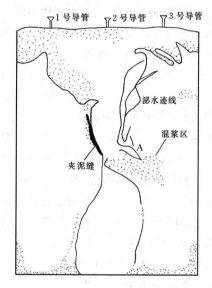

图 4.21　由混凝土重度差造成的墙体夹泥情况

4.2　地下连续墙质量缺陷和预防

4.2.1　地下连续墙墙体质量缺陷

地下连续墙的质量缺陷问题包括以下几个方面：

1）墙体几何尺寸偏差过大。

2）墙体边界（墙底、顶部）窝泥。

3）墙体接缝的夹泥和墙体内部窝泥。

4）混凝土离析，粗骨料架空，影响墙体密实度和抗渗性能。

1. 地下连续墙夹泥的类型

早在 20 世纪 60 年代初期，在一些防渗墙工程中就已经出现了墙体内部及其边界上夹泥的问题。近年来，由于这种夹泥引起的工程事故时有发生，逐渐引起了各方面的重视。

按照夹泥产生的部位，夹泥可以分为以下三种型式：

1）相邻槽孔接头缝内夹泥，其厚度从几毫米到 20cm 或更大，在某些地区甚至出现了人都可以穿过的大洞。

2）墙底与地基之间存在着一层淤积物，是由残留或沉积在槽孔底部的岩屑、砂砾或黏土碎块与稠泥浆等组成的，其厚度从几厘米到几十厘米或更大。

3）墙身夹泥：

①沿墙的深度方向，底部混凝土较密实，夹泥较少；墙顶部混凝土密实性差，夹泥较多。

②沿墙的厚度方向，形成水平方向上的带状夹泥层，淤泥"包块"和"狗洞"，甚至有 1～2m 的大漏洞。

③沿墙的长度方向，导管附近的混凝土质量较好，导管之间的混凝土质量差，很容易产生夹泥，形成垂直方向上的带状夹泥。

一般情况下，墙身夹泥常出现在墙体表面上，或向墙体内延伸一定深度就消失了，但有时夹泥会贯穿墙体，在墙体内造成上下游连通的夹泥缝（洞）。

2. 地下连续墙夹泥的危害

由于地下连续墙的夹泥问题，造成了以下影响和危害：

1）由于夹泥或淤积物在不太大的水头压力下，就会失去稳定，在墙体内或边界上形成集中渗漏通道，进而引起地基及其上建筑物的破坏，造成工程事故。有些建筑物基坑和水库发生的坝坡和黏土铺盖塌坑事故，就是由防渗墙的漏水引起的。

2）减少了墙体的有效厚度，降低了墙承受荷载、抵抗化学溶蚀的能力。

由地下连续墙引起的工程事故，是由下面几个因素共同作用造成的：①地下连续墙质量；②作用水头；③地基的颗粒组成及其抵抗管涌的能力。所以，不能只根据墙体夹泥厚度的多少来判断工程安全与否。

3. 地下连续墙窝夹泥的形成

（1）墙底淤积物的形成

按施工规范的要求，槽孔终孔验收合格后，还要刷洗接头和清孔。清孔合格后，一般要经过 4～12h 的准备，才能浇注混凝土。

清孔验收后，仍有一些砂子、岩屑和黏土团块等悬浮在槽孔泥浆中。随着槽孔停置时间加长，这些粗颗粒的一部分或大部分就会在重力作用下沉积到槽孔底部；泥浆质量越差，沉积物就越多，沉积越快。另外，下放接头管和钢筋笼、埋设观测仪器以及其他一些原因，可能造成孔壁坍塌，增加了槽孔底部淤积物的厚度。等到开始浇注混凝土时，已经在孔底形成了一层少则几厘米多则几十厘米厚的淤积物，其结构松散、承载力低，在不太高的水头作用下就失去稳定。开始浇注混凝土以后，位于导管底端及其附近的淤积物的一部分掺入到水泥砂浆和混凝土中去；一部分被卷到槽孔混凝土面上去并随着槽孔混凝土一起上升；一部分被推向远离导管的地方，最后留在墙底；或者当它们被推挤到槽孔两端（接头孔）和两侧孔壁底部时，也会被混凝土带着向上移动，成为墙体下部夹泥的主要来源。

　　图 4.22 是根据笔者 1980 年在广州东圃的一个建筑基坑拍摄的照片而绘制的。该楼房基坑地下连续墙中曾发生孔底和接缝淤泥现象。该工程泥浆质量很差，清孔不彻底，导管间距约 4.0m，混凝土浇注速度很慢，导致严重质量缺陷。

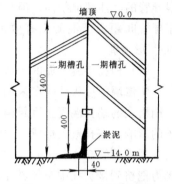

图 4.22　孔底淤积和接缝
夹泥（单位：cm）

　　（2）混凝土顶面淤积（泥）的形成

　　在混凝土浇注过程中，常常在槽孔混凝土顶面上产生一层淤积（泥），它是由以下几个原因造成的。

　　1）槽孔混凝土浇注初期，被卷到混凝土顶面上的孔底淤积物以及被上升的混凝土从槽孔四周孔壁上拖带上来的孔底淤积物。

　　2）由于槽孔孔口封闭不严，使混凝土直接从孔口散落到槽孔混凝土顶面上。

　　3）混凝土从导管底口喷射到泥浆中而后落到槽孔混凝土面上，形成不会固化的松散淤积物。

　　4）槽孔的两侧壁及其上的泥皮崩落到槽孔混凝土表面或其内面。

　　5）浇注过程中，泥浆中悬浮的粗颗粒在重力作用下，沉积到槽孔混凝土表面。

　　6）由于絮凝反应形成的淤泥。

　　（3）墙体夹泥的形成

　　上面所说的槽孔混凝土顶部的淤泥以粉粒和黏粒为主，含有少量砂粒和岩屑。一些较大的石子和卵石下落时，可穿过此层淤泥而进入下面的混凝土中。所以在一般情况下，这层淤泥要比槽孔底部的淤积物细得多，它的内摩擦角极小，比处于塑性流动状态的混凝土（内摩擦角可达 20°～30°）有更大的流动性。也就是说，只要混凝土面稍有倾斜，就可促使淤泥流动，沿着斜坡流到低洼处聚集起来。当槽孔混凝土面发生变化时，这些淤泥又被带到另处或被夹裹在混凝土内。这种情况既可发生在两根导管中间的混凝土中，也可发生在槽孔两端接缝处（见图 4.23）。

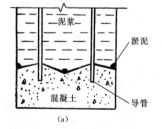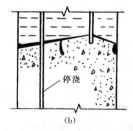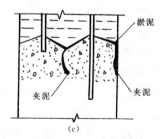

图 4.23　墙体夹泥形成过程

（a）淤泥在接缝处；（b）停浇产生的夹泥；（c）管底高差太大产生的夹泥

密云水库潮河人防洞进口围堰防渗墙墙顶以下 10m 范围内，有不少导管混凝土之间都有这种夹泥缝。有些是上下游贯通，图 4.24 是北台上水库防渗墙开挖后看到的夹泥现象。它表示两根导管的浇注情况相同，但在接近墙顶部位，由于导管间距大于混凝土有效流动半径而造成的"U"形夹泥。

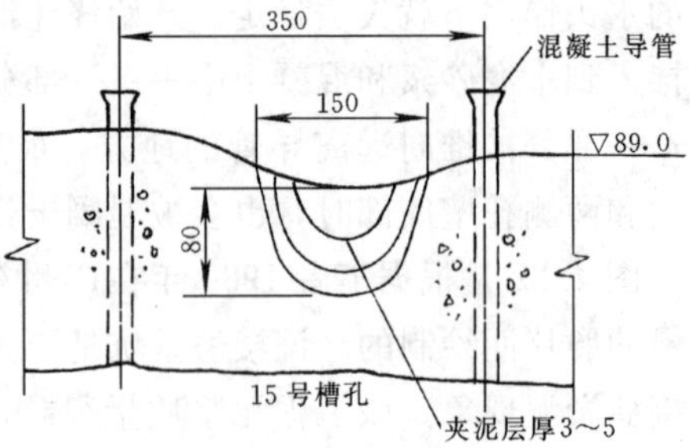

图 4.24　墙体顶部夹泥（单位：cm）

（4）槽孔接缝夹泥的形成

防渗墙的接头孔大多采用钻凿式接头，即把一期槽孔的端孔混凝土重新凿出后形成的。这种接头孔孔壁很粗糙，再加上混凝土中钙离子的影响，在孔壁上形成了厚泥皮。另外，接头孔位于槽孔边缘且收缩为半圆形，离最近的混凝土导管 0.8～1.5m，这一部位对流动混凝土的约束要比其他部位大得多。当混凝土无力把挤到接头孔中来的淤泥再排挤出去的时候，就在接头缝上留下了比较厚的淤泥，并被混凝土带着向上移动。这种现象地下连续墙也会发生。虽然很多工程采用十、工字接头，但处在槽孔边缘的接头，形状复杂、边角曲折，不利于混凝土的流动，在接头的阴角处就会形成夹泥，减短了有效渗径，易被渗流冲刷带走。

玉马水库的接缝夹泥厚 2～5cm，最厚 20cm，含水量 52.5%。在水位差 2m 时，就有漏水现象。5 号和 9 号槽接缝夹泥，从墙顶往下延伸，5m 以下未见尖灭。从侧面可以看到位于此缝上的岩心钻孔的 $\phi127$ 套管。其他接缝也有夹泥，透水性很大，其压水试验结果见表 4.7。

表 4.7　墙体接缝压水试验表

孔号	孔位	透水量[L/(min·m·m)]
1	14 与 15 槽	0.523
2	14 与 13	7.0（注水）
5	11 与 6	0
8	7 与 8	12.25
10	5 与 9	0.079～0.045

根据实际观察和试验资料，可以把接缝夹泥分成两部分：第一部分是由于泥浆失水而在一期槽孔混凝土面上形成的泥皮；第二部分是浇注过程中被混凝土推挤到孔壁上的淤泥，见图 4.25。

从渗透稳定方面来看，在浇注过程中形成第二部分淤泥，最容易遭受渗透破坏，对防渗墙质量影响最大。施工中应设法减少这种情况。

在造孔过程中，槽孔内泥浆面总是高出地下水位以上的，槽孔内泥浆就在这两种液体压力差以及电位差的作用下，向孔壁两侧透水地基中渗透，并逐渐凝结，而把地基颗粒牢固地连结起来，形成一道不透水泥皮。泥浆质量好时，形成的泥皮薄而密实；泥浆质量差时，形成的泥皮厚而松散。由这种泥皮保护的孔壁稳定性很差。

在浇注过程中，由于混凝土上升时与粗糙不平的槽孔壁产生强烈摩擦，孔壁突出部位就会连同其上泥皮一起脱落下来，混入混凝土中。

　　防渗墙穿过的地层常呈多层结构，当地层中含有淤泥或砂的夹层时，由于相对密度、含水量和透水性不同，或者在砂砾地层内，由于密度、砾石含量、粒径和透水性不同，都有可能在交界面上出现孔壁坍塌，使槽孔壁成坛子形。浇注混凝土时，由于边界条件的突然变化，混凝土墙面上容易窝泥；交界面上的地层（图中阴影部分）很容易坍落到混凝土中。导墙下面的槽孔，有时也会出现坍塌，如图 4.26 所示。

　　和槽孔接缝夹泥一样，孔壁泥皮的颗粒组成也随槽孔深度的增加而变粗，也可大体分为两部分：一是泥浆失水形成的泥皮；二是浇注过程中被混凝土推挤来的淤泥（见图 4.27）。

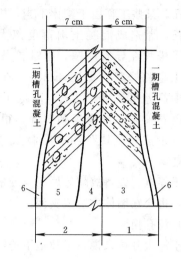

图 4.25　槽孔接缝夹泥详图

1—泥浆失水形成的泥皮；2—浇注中形成的淤泥；
3—含小砾石的密实泥皮；4—含大块碎石的软泥；
5—含小砾石的软泥；6—絮凝泥膜

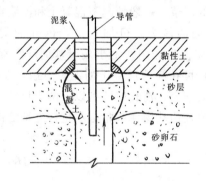

图 4.26　孔壁坍塌产生夹泥

1—造孔泥皮；2—淤泥；
3—混凝土墙面；4—槽孔孔壁

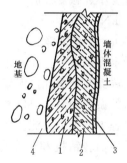

图 4.27　孔壁泥皮详图

　　在第二部分淤泥表面上，常可看到明显的擦痕，这是槽孔混凝土带着淤泥上升时，与两侧孔壁强烈摩擦造成的。

4.2.2　其他质量缺陷

1. 混凝土浇注造成的质量缺陷

（1）混凝土浇注过程中造成的质量缺陷

　　混凝土地下连续墙是依靠混凝土在槽孔中不断流动建成的，它要求混凝土具有良好的和易性与流动性。实践证明，在其他条件不变的情况下，卵石混凝土要比人工碎石混凝土好，而卵石中又以针片状石子含量少的混凝土流动性好。在混凝土配比试验中发现含片状石子很多（15％以上）的混凝土，其扩散度要比圆卵石混凝土小 6～7cm，因而不能用来浇注槽孔。某些工程由于配比不当，施工质量控制不严或运距过长，常造成混凝土坍落度忽大忽小或骨料离析，致使石子堆积在导管周围，很难扩散开去，使导管附近的混凝土呈驼峰状（见图 4.28），在水平距离 2m 以内混凝土面高差可达 3m 以上，降低了混凝土从导管底口流出速度，使淤泥都聚集到凹处，很容易被卷裹到混凝土中去，形成"包块"和"狗洞"，影响墙体密实度和抗渗性能。

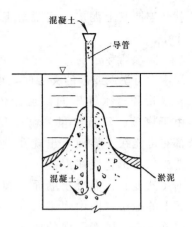

图 4.28　驼峰状混凝土

由于停电、设备故障等原因，使槽孔的浇注强度降低或中断，也会在墙体内造成夹泥。

（2）清孔换浆

对于深大基坑来说，吊放地下连续墙钢筋笼是个非常危险而重要的工作，有的往往需要十几个小时才能完成。虽然在把笼子放好之后又进行了二次清孔，但很难达到标准，留在底部的淤积物对墙体质量影响很大。

2. 止水和防漏措施

（1）防渗墙夹泥的预防措施

1）泥浆质量的好坏直接影响到墙体质量，必须引起足够的重视。浇注混凝土时，应采用重度小、触变性能好、抗污染能力强的泥浆。一般情况下混凝土和泥浆重度之差不宜小于 $10kN/m^3$。为了提高泥浆抗水泥污染的能力，可加入适当的外加剂。其中纯碱（Na_2CO_3）价格低廉、抗污染能力较强，应优先选用。由于羧甲基钠纤维素（CMC）几乎不受水泥的影响，而且用量少、效果好，可在浇注混凝土的泥浆中掺入一些。清孔时，要用新鲜泥浆把槽孔内泥浆换出一部分或大部分。清孔应达到以下两个目的：一是要使孔底残留的淤积物最少，以减少夹泥；二是要使槽孔内泥浆指标尽量接近新鲜泥浆，以减少浇注过程中产生的夹泥。

采用回转钻机和泥浆循环方法时，应使用质量好的泥浆，做好泥浆的回收和净化工作。

2）改进接头孔的施工工艺。国内已开始使用钢管接头和其他型式的接头。使用接头管，可以加快施工进度，节约投资，保证相邻槽孔之间有足够的搭接宽度，还可使孔壁平整光滑，避免了一期混凝土被钻头打酥，还可减少接头孔混凝土中钙离子对泥浆的污染，减少接缝泥皮的厚度。实践证明，墙顶以下 5～10m 夹泥最多，最容易遭受渗流破坏。如果能用接头管处理好这段接缝，对保证防渗墙体质量大有好处。现在在地下连续墙工程中都采用了非钻凿式接头。

要特别注意改善接头孔壁的刷洗质量，应当研究新的刷洗方法和刷洗设备。

3）为了保证混凝土具有良好的和易性与流动性，混凝土配比必须通过试验确定，并建议：

①采用集中生产的机拌混凝土，以改善混凝土和易性，提高抗渗性等，还可掺入粉煤灰和膨润土粉。

②把砂率提高到 40％～45％。

③采用容量大、速度快的运输工具，避免二次倒运。

④混凝土浇注强度不宜小于 20～25m³/h，槽孔混凝土上升速度不宜小于 2.0m/h。

4）导管的运用和控制：

①采用厚壁钢管制造导管，采用密封止水。

②导管间距要控制在（3.0±0.5）m 之间，要使各导管能够均匀进料，要尽量避免经常上下或左右提拉导管，以减轻附着在导管外面的水泥浆对泥浆的污染。要注意提管不能太多，以免泥浆混入混凝土中。

至于槽孔两端导管到两端或接头管的距离，应根据该工程混凝土的和易性、槽孔混凝土面上升速度和槽孔深度等因素，以及槽孔实际浇注情况来确定。导管距孔端距离太小（0.7m）时，反而会被混凝土推挤得远离孔端，造成导管偏斜而在墙体顶部出现了水平夹泥层。导管距孔端的距离可采用 0.8～1.2m。

③导管埋入混凝土内的深度，要根据混凝土的流动性和上升速度来确定。一般情况下，导管埋入混凝土的时间不要超过 2h，导管的埋入深度以 2～6m 为好。如果埋管时间超过 2h，埋深大于 7～9m，则应提升和拆卸导管。过去拆卸导管时，有时忽略了导管埋入时间的影响，发生了堵管事故。

④为了保证槽孔混凝土面均匀上升，还必须注意各导管要均衡提升和拆卸，要使相邻导管的埋深之差小于 2.0m。

5）在槽孔顶部浇注混凝土时，要使槽孔混凝土面到导管进料口的高差始终大于 3m 以上。可多拆卸几次导管，每次拆卸长度要小些，还可用吊车吊着导管，以适应墙顶混凝土上升缓慢的情况。应及时排除泥浆。

（2）墙底淤积物处理

这些淤积物是一些淤泥加砂的混合物，沉降量大，且易漏水，成为地下连续墙的缺陷。浇注混凝土之前应尽量清除干净。在钢筋笼吊放完毕之后，必要时进行二次清孔。

近年来，采用了在墙底灌浆的方法，使淤积物得到固结，有利于提高墙的承载力，降低墙底的漏水。

（本节内容引自丛蔼森"广州轨道交通 3 号线花岗岩残积土渗流分析及相应深大基坑维护结构的防渗设计方法研究报告"，2010 年 12 月）

4.3　多层地基和承压水深基坑的渗流问题探讨

4.3.1　引言

目前我国经济建设飞速发展，各类基础设施和许多大型、超深的基坑工程正在进行设计和施工。由于设计、施工、地质勘察和运行管理方面的缺陷和失误，导致了不少基坑发生了质量事故，比如上海、北京、天津、杭州和广州等地的深基坑工程事故，造成了不必要的损失。

根据多年从事地基基础工程设计、施工、科研和管理工作的体会，笔者认为目前大型深基坑工程还存在着以下一些问题和隐患：

1）设计问题。应当说绝大部分的深基坑设计都是很好的，但也有一些基坑设计不够符合实际或者出现失误。比如在存在着地下水或者承压水时，只考虑满足基坑支护结构（如地下连续墙和排桩）的强度和稳定要求，未进行专门的渗流计算，而将墙底或防渗体底放在透水层中，成为"悬空"结构，因此发生了很多基坑透水、管涌和突涌事故。

2）现有的规范条文已不能适应目前复杂的地质条件和基坑规模。比如目前的有关地基基础和基坑支护的规范条文，只是适应均匀地基和潜水（地下水）；如果基坑很深很大，或者是存在几层承压水时，这些公式是不适用的。规范中也没有提出进行渗流稳定核算的建议。有的规范条文前后矛盾，令使用者无所适从。

3）工程地质和水文地质勘察精度不够，数据不准确，设计、施工人员对其认识不足，导致施工过程中发生事故。有的深基坑底部本来存在承压地下水，可是勘察没有确认，等到基坑底部发生突涌，才知道是承压水。

4）施工草率，质量缺陷太多。特别是导致地下连续墙或其他防渗体（水泥搅拌桩、高压喷射灌浆、注浆等）底部出现裂缝，使基坑外侧地下水"短路"，直接涌入基坑。还有施工过程中，运行维护不够，降水（抽水）工作无法正常进行，造成事故。

基坑是否安全稳定是由多方面因素决定的。地下连续墙等支护结构具有足够的强度和钢筋用量固然是很重要的，但是各个行业的多个工程实例都证明，基坑破坏的主要原因不是钢筋配的太少，而是坑底入岩（土）深度不够深，与周边环境不协调；或者是对软弱地层和地下水认识有误，没有采取合理的防渗降水措施；或者是施工质量太差；从而造成管涌、"突水"事故后再引发滑动、踢脚等破坏，这样的例子举不胜举。在很多情况下，人们忽视了渗流造成的危害，因而付出了很大的代价。

对于岩石地基中的基坑或者底部位于岩石地基中的大型深基坑来说，渗流稳定问题仍然是存在的。基坑底部位于风化岩或软岩中时，当坑内外水位差很大而支护结构底部嵌入深度不足时，就会出现坑底大量漏水而很难排干，或者渗水把岩体中的细颗粒或易溶于水的物质携带出来，导致基坑破坏；当承压水头很高时，可能会顶破上部软岩层或已浇注的混凝土而导致基坑破坏。这些事故都已经发生过了。

4.3.2　对基坑支护的基本要求

1）应补充、完善有关工程地质、水文地质和周边环境等方面的设计基本资料。基坑支护结构与桩基础受力特点不同，所以对地基的要求也不尽相同。桩基础是以承受垂直荷载为主的，它对地基的主要要求是桩侧摩阻力和桩端垂直承载力；而基坑支护结构是以承受水平荷载为主的，它对地基的主要要求是抗剪强度、变形特性和透水特性等。因此基坑工程地质勘察与桩基础应当有所区别。

2）根据不同阶段的勘察报告及有关资料和支护结构的受力特点，结合工程地质和水文地质条件进行基坑渗流分析计算，进一步优化结构设计。

3）必须进行专门的深基坑渗流稳定计算分析，以确保工程安全。很多深基坑工程地质条件复杂，其地下水位有时还受潮汐或波浪的影响，出现渗流破坏的可能性更大，尤应引起注意。

4.3.3　深基坑渗流特性

土体是由固体、液体和气体组成的三相体系。土中的自由水在压力作用下，可在土孔隙中流动，这便是渗流；而土体在外荷载或自重作用下，也会发生运动，对孔隙水也要产生作用力；因此可以说，水的渗流是土与水相互作用的结果。

随着基坑不断往下开挖，基坑内外的土体的物理力学性能都发生了很大变化。其中渗透水流对土体的作用和影响也发生了很大变化。此时，作用在基坑外侧的渗透水流的作用力是向下的（见图 4.29），它对土体产生了压缩作用；同时由于渗流的作用，作用在地下连续墙等支护结构上的水压力也小于静水压力。当渗流穿过墙底进入基坑内侧时，渗透水流的方向变成了向上，渗流水压力就变成浮托力，使土体重力密度减少；而它对支护结构的水压力将加大。

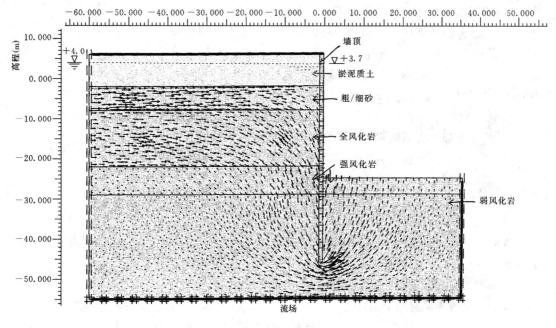

图 4.29　基坑渗流示意图

4.3.4 基坑渗流计算

1. 基坑渗流计算和控制的目的

基坑渗流计算和控制应当达到以下几个目标：

1）坑内地基中的任何部位在整个运行期间都不会发生灾难性的管涌和流土。

2）基坑底部地层不会因承压水的顶托而产生突涌（水）、流土、隆起等不良地质现象。

3）基坑四周和底部涌（出）水量不能太大，不能由于抽水量太大或抽水时间太长而影响基坑开挖和混凝土的浇注工作；也不会对周边环境造成影响和破坏。这种情况对于岩石透水性很强的基坑或者是很软弱的土基坑来说，是一个必须验算的项目。

4）要使基坑内的软土（特别是淤泥质土）能够尽快地脱水固结，便于大型设备尽快进入坑内挖土，加快施工进度；避免软土的纵横向滑坡。

2. 渗流计算内容

渗流计算内容主要有：

1）基坑整体渗流计算。通过计算，给出各计算点的渗透水压力和坡降以及基坑内的渗透流量和总出水量。

2）核算基坑底面的渗流出逸坡降是否满足要求，是否会发生管涌。

3）检验地下连续墙墙底进入隔水层内的深度是否满足渗透稳定要求。

4）核算基坑底部抵抗承压水突涌的能力。此时，应进行下面两方面计算：

①核算基坑底部土体的总体抗浮稳定性。

②坑底为不均匀的成层地基，而不透水层厚度较薄时，还必须进行土体渗透安全（渗透坡降）核算。

5）核算基坑的抽水井设计是否满足要求。

6）通过分析计算和方案比较，提出该基坑的渗流控制措施。

3. 对于深基坑来说，应进行专门基坑渗流计算

这里要指出的是，对于多层地基和承压水条件下的深基坑来说，现有的基坑设计规范中有关渗流的计算公式是不适用的，要进行专门计算。

4. 最不利的计算情况

1）地基上部没有不透水层，砂层和透水基岩互相连通。

2）薄弱地层（如淤泥、流沙）或不透水层突然变化部位。

3）基坑局部超深部位或深度突然变化部位。

4）基坑的几种支护结构的连接部位。

5）承受特殊荷载部位。

通常，选取一个或多个最不利的断面进行分析计算；但有些时候，也可能需要针对整个基坑，进行整体稳定计算。

5. 三维空间有限差分法

（1）基坑的渗流有限差分法

如图4.30所示，计算一个井壁不透水、井底透水、井壁临河的集水基坑。将河流视为单侧恒水头补给边界。基本水动力方程为不考虑降雨渗入的地下水渗流偏微分方程组，其中，河水位是考虑风暴潮造成的潮水位。方程组的解算方法为极坐标的三维有限差分法。垂直计算深度至基岩裂隙含水层底面。

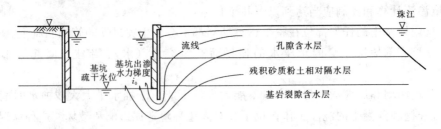

图4.30　基坑有限差分法示意图

（2）基坑的渗流计算结果分析

计算结果表明，当基坑入岩深度 $h_d = 3.0\mathrm{m}$ 时，北基坑最大出逸坡降 $i_{max} = 2.151$，远远大于强风化层的允许坡降0.7，会发生渗透破坏；在南侧基坑，其最大出逸坡降达

$i_{max} = 1.568$，也会发生渗透破坏；同时，该基坑的最大涌水量达 $6000\text{m}^3/\text{d}$，将使基坑开挖和浇筑很难顺利进行。可以说，最小入岩深度 $h_d = 3.0\text{m}$ 是不安全的。

6. 平面有限元法

（1）计算模式

用平面有限元法计算渗流，就是在基坑中选取一个或几个地质剖面，把渗流看成是二维水流问题来处理。可根据基坑深度、支护结构型式和地下水变化等资料，设定一个或多个计算情况，分别计算不同部位（特别是基坑底部和支护结构的底部）的渗流压力、坡降和渗透水流量等。

（2）计算结果

这里只列出压力水头等值线，见图 4.31。

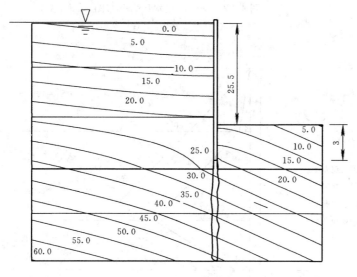

图 4.31　基坑压力水头等值线（单位：m）

计算结果表明，如果墙底帷幕灌浆深入到微风化层，则基坑是稳定的。

7. 简化计算法

基坑的水压力分布见图 4.32；图 4.33 是利用简化计算法绘制的多层地基基坑的渗透水压力图。该基坑是一个直径 73m、深 33m 的大型基坑，地下连续墙底深入到弱风化的花岗成岩中。

8. 基坑底部渗流稳定计算

基坑底部的渗流稳定计算，应包括以下两个方面：

1）当坑底上部为不透水层，而其下的透水层中有承压水时，应进行抗突涌和流土的稳定性计算，即要保证透水层顶板以上到基坑底部之间的土体重量大于水的浮托力 P_w，安全系数按下式求得：

$$K = \frac{\gamma_{sat} t}{P_w} = \frac{\gamma_{sat} t}{\gamma_w h_w}$$

式中　　γ_{sat}——土的饱和重度，kN/m^3；

　　　　t——透水层顶板到坑底的厚度，m；

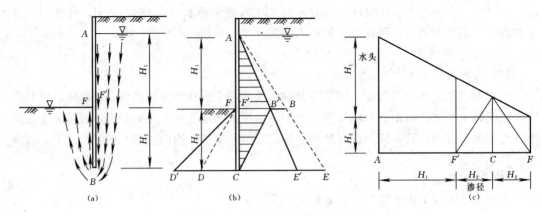

图 4.32　均匀土层水压力分布图

（a）渗径；（b）水压力分布；（c）水头分布

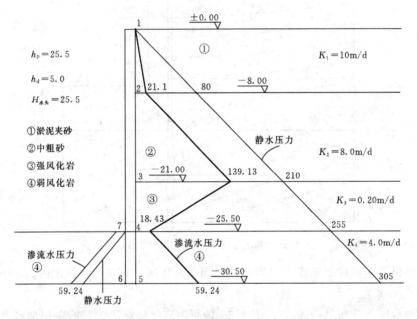

图 4.33　多层地基深基坑渗透水压力分布图（单位：kPa）

　　P_w——承压水的浮托力，kN；

　　h_w——透水层顶板以上的水头，m。

　　要求 $K \geqslant 1.1 \sim 1.2$。

　　2）坑底以下为粉土和砂土时，要验算抗管涌稳定性，也就是要使该地基的渗透比降 i 小于该地层的允许渗透比降 $[i]$。通常粉细砂地基约为 $[i] = 0.2 \sim 0.3$，有时 $[i] = 0.1$。

　　3）当基坑底部以下地基为黏性土与砂土层互层时，应进行上面两项渗流稳定核算（见图 4.34）。特别是当黏性土很薄时，应当核算该层土的渗透坡降是否满足要求。

　　通过基坑渗流计算，可以了解它的重要性。在多数情况下，应当把渗流计算出来的 h_d 作为基坑地下连续墙入土（岩）深度的最小限值，以保证基坑不会发生渗透破坏事故。

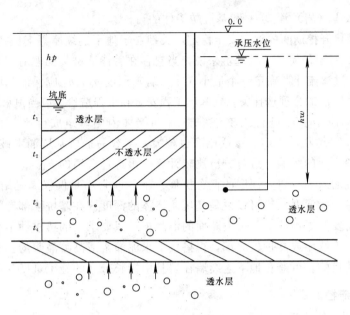

图 4.34　坑底渗流稳定图

4.3.5　深基坑抗渗设计要点

（1）参考已建工程经验进行对比分析

在取得基本资料——初勘、详勘和补勘的基本参数之后，可参考已建成工程的经验，特别是当工程地质条件复杂、基坑规模大、承受的荷载变化很大时，应选用多种计算参数和计算方法，进行计算分析对比，以保证设计、施工工作的顺利进行。

（2）对于岩石基坑，要考虑岩石透水性的影响

有些岩石的弱风化层的透水性不但比上部的全风化和强风化层大，甚至比第四系砂层还大。因此，不能认为渗透破坏只发生在第四系的软弱地层（如淤泥和砂层）中。实际上，在超深（如 30～40m 以上）基坑中，其底部透水性较大岩层中也可能发生渗透破坏，此时可采用水泥帷幕灌浆的方法加以解决。

（3）基坑防渗体与地下连续墙的合理深度

通常在进行抗渗设计时，都是要把对渗透水流的防渗和降水统一考虑。例如某个深基坑工程，基坑深度达 25～30m，地下水位很高且存在着几层承压水，有一部分地下连续墙墙底未深入隔水层内，使基坑就像一个没有底的水桶一样，其后果是造成降水工程很被动，必须打很多水井，抽走很多地下水；而且由于抽取深层承压水过多，对周边环境（楼房和地下管线）造成很不利的影响，大大增加了工程投资。

从上例可以看出，地下连续墙深度不够，其支护结构的造价可以省一些，但是降低承压水的费用则会大大增加，而且可能造成不好的环境影响。这里就提出了一个问题：如何选择比较合理的防渗和降水方案。笔者认为，适当的地下连续墙的深度（通常是要加长一些）和足够的降水系统结合起来，使得工程投资较少、对周边环境影响较小的方案，才应看做是最合理的。这就是所谓的地下连续墙（或支护桩）合理（经济）深度。在某些情况下，取消大规模降水，而把墙体（防渗体）加深，可能是合适的。

（4）关于入土（岩）深度 h_d 和基坑防渗体的讨论

能否保证基坑开挖期间的渗透安全稳定，关键在于地下连续墙等支护结构的入土（岩）深度 h_d 的大小。对于任何一个深基坑来说，当它存在着渗流破坏问题时，都要根据该工程的具体情况，通过渗流计算确定一个最小入土（岩）深度 h_d。h_d 应保证基坑不会因渗流而发生的大的事故。h_d 的合理选择关系到基坑工程安全和工程造价，应当慎重选择。

笔者曾选取不同的 h_d 进行比较，发现 h_d 与墙体内侧弯矩成反比关系，即 h_d 越小，内侧弯矩越大。h_d 越小，则墙底渗透比降也越大，越容易造成基坑涌水破坏。由此看来，应当综合考虑各方面的影响，进行分析比较计算，再选择合适的 h_d。

应当把所说的入土（岩）深度的概念扩展一下，即它不是仅仅满足结构稳定的深度，而是满足渗流稳定的深度，也可以说是基坑防渗体的深度。在基坑下部专门用于防渗止水的部位，不再需要配置钢筋或是很大断面的混凝土；只要求它的透水性很小就行。这样的话，在原来地下连续墙或支护桩底部，再搭接上水泥灌浆或高喷灌浆的止水帷幕，就可以达到基坑防渗的目的。可避免地下连续墙在岩基中接长带来的施工难度和工程造价增加。

4.3.6　基坑渗流控制措施

1. 基坑渗流控制基本措施

1）对于超深基坑来说，宜首先采用地下连续墙做支护；深度较浅的基坑，可采用咬合桩、灌注桩与高喷桩或水泥土搅拌桩、土钉墙作为支护结构，总之要因地制宜。但关键是一定要把防渗做好，确保基坑不会发生管涌、流土（砂）、突涌等破坏。

2）主要防渗措施有：① 结构底部加长；② 底部灌浆（岩石地基）；③ 底部或在坑外（内）侧采用水泥帷幕灌浆或高压喷射灌浆（土层）；④ 坑内降水（承压水或潜水）；⑤ 坑外降水（承压水或潜水）；⑥ 基坑坑底加固（高压旋喷灌浆或水泥搅拌桩）；⑦ 在基坑外围施作防渗墙（帷幕）。

2. 结构底部接长

地下连续墙做为支护结构时，其结构强度（配筋）所需的入土深度常常较小，所以为了防渗需要而接长的那段内，一般不必配置钢筋。这种做法效果不错，已被多个基坑采用。

至于是否采用底部接长方案以及接长多少，应当通过比较后选定。

3. 支护结构底部的止水帷幕

前面已经说到，当支护结构深入岩石深度不够的时候，可考虑在其底部基岩中进行水泥帷幕灌浆，深度和其他参数由设计和现场试验定。在软土基坑中的支护结构底部，宜采用水泥帷幕或高压喷射灌浆。有时也可在支护结构外侧布置水泥帷幕灌浆或高压喷射灌浆帷幕或者是混凝土防渗墙，其好处是不需在结构内部预埋灌浆管，施工干扰少。当基坑周边的墙（桩）接缝或内部出现漏水通道时，也可利用这种方法进行堵漏。

这里要说明的是，近年来的多个地区实践表明，当帷幕深度较深时，高喷灌浆效果并不理想，常常造成透水事故。所以要慎重选用。

4. 基坑降水

当上复土重不足以克服承压水的浮托力或不满足土的渗透坡降要求时，也可采用降低承压水的压力水头的方法。通常降水可在坑内进行，也可在坑外进行。降低深层承压水时，往往对坑外的周边环境造成不利影响。只有在周边环境允许的情况下，才能采用此法。

关于基坑底部最低水位问题，《建筑基坑支护技术规程》(JGJ 120－1999)第 8.3.2 条要求"设计降水深度在基坑范围内不宜小于基坑底面以下 0.5m"，其他很多规范也是这样要求的。

也有人提出，只要保持开挖土体自重大于该位置水的浮托力（扬压力），即可继续挖土，甚至挖到基坑底部时在其上保持 10m 水头也无所谓！实际上，这样做风险很大。如果只是开挖一条管道，基坑底部保持一定的浮托力未尝不可；但是，对于大型的深基坑来说，在原本连续的地基中，建造防渗墙和支护桩围成的基坑已经破坏了地基的完整性；何况还要在坑内打上几十到几百根大口径灌注桩和临时支撑桩，很多根降水井和观测井以及勘探孔。上述这些人工构筑物在基坑底部地基中穿了很多孔洞，使承压水很容易沿着这些薄弱带向上突涌，酿成大事故。有的工程就是由于在基坑打了直径 5～6cm 的小钻孔而导致基坑发生大量突水事故。由此可见，对于大型的深基坑来说，必须妥善进行基坑的防渗和降水设计。

5. 对高喷灌浆水平封底的讨论

当基坑底部没有适当的隔水层可供利用时，则可采用对基坑底部进行水平封底的方法，形成一个相对隔水层。但实践证明，特别是武汉地区 20 世纪 90 年代的经验证明，在大面积的基坑底部使用高压旋喷桩形成的水平封底结构，它的透水性仍然非常大，有的基坑底部土体发生强烈突（管）涌，造成周边楼房和道路管线大量沉降和损坏，最后不得不采用大量深层降水的方法才解决了问题。所以，应当慎重使用此法。

4.3.7　结论

1）深大基坑必须进行专门的渗流计算，以确定基坑的最小入土深度。

2）基坑的防渗体应由地下连续墙等上部支护结构和灌浆/高喷等下部防渗结构组成。

3）地下连续墙等上部结构应按合理深度进行设计。

4）渗透破坏不只发生在第四系的软弱地层（如淤泥和砂层）中，也会发生在超深且透水性较大的岩石基坑中。

5）目前的基坑支护规范的渗流的公式不适用于多层地基和承压水的深基坑工程。

（本节论文刊登于《岩石力学与工程学报》，2009，28（10）：2018～2023）

4.4　当前基坑支护工程必须考虑渗流稳定问题
——《建筑基坑支护技术规程》（JGJ 120—1999）中有关问题的讨论

4.4.1　当前基坑工程出现的一些问题

近年来，在大规模城市地铁建设和其他工程建设中，深大基坑的渗透破坏事故时有发生，引起人们的重视。这些事故 80％是与水有关的。尤其令人痛心的是，由于对渗流理解不深，发生了本来可以避免的工程事故。

从事故的原因来分析，涉及规划设计、地质勘探、施工工艺和管理、监理和质量控制以及运行管理等方面。但是，笔者认为，设计是一个很重要的环节。事故发生后，再回过头来看，发现原本有些设计就有问题，即使认真仔细地施工，仍然避免不了由渗流引起的事故。

目前设计所采用的基坑支护规程存在不少问题，这才是问题的根源所在。这些规程或规范大多是在 20 世纪八九十年代的基坑实践和理论基础上制定的，与目前大量的基坑工程实践已有很大差距。为此，很有必要对现行规程进行讨论，提出一些新的补充建议，以使今后的基坑工程施工更安全、更顺利些。

下面重点讨论《建筑基坑支护技术规程》（JGJ 120—1999）的一些问题。为叙述方便，以下简称为原规程。

在这里要说明一下，本节只讨论有关基坑渗流的一些问题，其他有关内力和变形计算、配筋和构造等问题均不在讨论范围之内。

4.4.2　从实践中发现 JGJ 120—1999 存在的一些不足之处

《建筑基坑支护技术规程》（JGJ 120—1999）形成于 20 世纪 90 年代末期，对于当时大规模工程建设起到了很好的指导和规范作用。但是，随着基坑工程实践不断发展，出现了一些新情况、新问题，需要对此加以补充和充实。

笔者经过多年的设计、施工以及科研实践，经过对已成工程的调查和观察，发现原规程存在以下不足之处：

1）原规程的有关渗流的公式只适用于浅层地下水和单一透水地基的基坑，对于很细颗粒和级配不良的透水地基不适用，对于透水的岩石地基和残积土地基不适用。

2）原规程对于多层地基和承压水的基坑不适用。

3）原规程的某些条文之间不协调。

4）原规程 8.4 节的条文对深基坑不适用。

5）原规程没有提出明确的坑底渗流稳定的条文。

6）原规程没有考虑入土深度对地下连续墙体应力和配筋的经济性影响。

详细情况将在后面各节加以说明。

4.4.3　对基坑渗流压力与静止水压力的理解

在天然地基中，土、水处于平衡状态之中。当开挖出一个基坑时，此时的土、水的应力状态就会发生很大变化。地下水在水压力作用下，就会从坑外向坑内较低处流动，这就产生了渗流。渗流是地下水在地基土体中的一种运动现象。渗流流动需要能量（水头）来克服土体的阻力。可以说渗流的过程就是基坑外水压力（水头）不断消耗、损失的过程。如果到了坑底出口处的压力还很大，而地基土体又不能承受，就会造成基坑土体的渗流破坏；进而可能引起整个基坑的破坏。这是设计者要竭力避免的情况。

由上述分析可知，渗流是不断消耗水压力和能量的过程，所以在基坑外地基中某个深度位置上的渗流水压力要小于该位置上的静止水压力；而在基坑内部，渗流水压力则大于静止水压力。

4.4.4　对承压水的理解

通常把地下水分为潜水和承压水两种。潜水是指具有自由水面的地下水，而承压水则是地基的两个不透水层之间的地下水。

当深基坑地基中存在着一层或多层承压水时，坑底的地基土可能因为自重不足或是内部渗流不稳定而发生破坏。在实际工程中，有不少基坑工程就是因为上述原因而发生事故的。

4.4.5　对基坑土体多样（层）性的认识

原规程基本上是按单层地基来考虑的，这可从对原规程的 4.1.3 公式的详细分析当中看出来。

实际上基坑地基都是由多层土体或风化的岩体构成的。一般的基坑应当由透水层和不透水层（隔水层）构成；也可能存在其中某一层缺失的情况。比如有个基坑，其上部的不透水层（隔水层）被挖掉，而下部 70m 内没有隔水层，基坑的防渗和降水都遇到了难题。

还有，基坑岩石表层覆盖的残积土层和其下的风化层的透水性是有很大差别的。残积土和其下的全风化层通常透水性较小，可看成是相对不透水层；而下面的强、中风化层则常常是透水层。花岗岩的这两层是富水带，当上部残积土或全风化层透水性很小时，此层水就变成了承压水。

原规程无法解决这种复杂基坑的渗流问题。

4.4.6　对入土深度 h_d 的讨论

1. 对原规程有关条文的解析

原规程条文主要有四条与入土深度有关，即 4.1.2、4.1.3、8.4.2 和 8.4.3。其中，前两条明确是针对地下连续墙的；而后两条则明确是针对帷幕的。在笔者看来，这四条规定对于地下连续墙和帷幕都应当是适用的，但条文内容尚需商榷。

2. 原规程条文解析

上述四条规定还不完善，不全面：

当基坑地基土的弹性模量很高，水平抗力比例系数 m 很大的时候，按公式求得的入土深度 h_d 会很小。此时就会按原规程 4.1.2 条的规定，取 $h_d = 0.2h$ 或 $0.3h$。但有一些人就忽略了还要满足 4.1.3 条的要求，其结果是把地下连续墙设计短了。

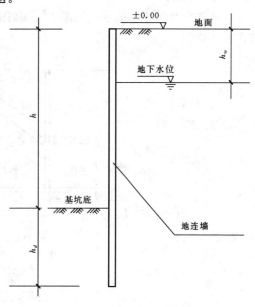

图 4.35　渗透稳定计算简图

原规程的 4.1.3 条是很重要的条文，可是它本身也有问题。现在我们来看原规程 4.1.3 条的公式（见图 4.35）

$$h_d \geqslant 1.2\gamma_0(h - h_w)$$

如果 $\gamma_0 = 1.1$、1.0、0.9，由此来推算地下连续墙的渗径长度 L 和平均渗流坡降 i，如表 4.8 所示。

表 4.8　渗流计算成果表

γ_0	$h_d/(h-h_w)$	L	i
1.1	1.32	3.64	0.27
1.0	1.20	3.40	0.29
0.9	1.08	3.16	0.32

渗径长度 $L = 2h_d + (h - h_w)$；平均渗流坡降 $i = (h - h_w)/L$

由此表可以得出以下三点看法：

1）这个公式仅适用于一般砂砾透水地基。这种地基的允许渗透坡降可大于上述计算的渗透坡降值（0.27~0.32），是安全的；而对于粉细砂和粉土类以及级配不良的某些粗颗粒地基是不适用的。在这些地基中，允许渗流坡降只有 0.1~0.2 左右，远远小于上面计算的 $i=0.27~0.32$。也就是说，h_d 还要加长，才能满足要求。

2）这个公式不能用于多层地基和承压水状况。很显然，多层地基的渗流坡降不能用这么简单的公式进行计算，它的允许渗流坡降也不会符合 0.27~0.32 的范围要求。另外，在承压水条件下，它的 h_d 并不是用此式来确定的。

3）这个公式也不适用于岩石残积土和风化层的基坑渗流计算。

3. 计算实例

这里选择两种地基的基坑见图 4.36 和图 4.37，按原规程 4.1.3 条和 8.4.2 条中的公式进行计算。

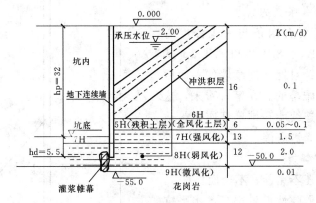

图 4.36　基坑 1 示意图

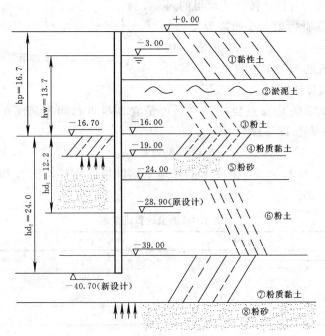

图 4.37　基坑 2 示意图

表 4.9　流流计算成果表（实例）　　　　　　　　单位：m

	基坑 1	基坑 2
（1）基坑深度 h_p	32	16.7
（2）地下水特性	承压水	承压水
（3）承压水头	30	13.7
（4）地基性质	岩石风化层	覆盖层地基
（5）原设计入土（岩）h_d	5.5	12.2
（6）原设计墙长＝（1）＋（5）	37.5	28.9
（7）按 4.1.3 求 h_{d1}	39.6	18.0
（8）计算墙长＝（1）＋（7）	71.6	34.7
（9）按 8.4.2 求 h_{d2}	5.5	6.0
（10）实际施工墙（幕）长	55	40.7

由上表可以看出，采用原规程的 4.1.3 计算出来的设计墙长（6）（37.5m、28.9m），与施工采用的数值（10）相差很大。其中基坑 1 如果把地下连续墙由 37.5m 加上 h_{d1}，得到计算墙长（8）为 71.6m，则进入微风化花岗岩内约 20m，其施工难度可想而知。基坑 2 的计算墙长（8）虽比设计长 5.8m，但不满足渗流稳定要求，所以要加长到 40.7m（这是实际施工长度），才能满足稳定要求，比设计墙长多了 11.8m。

可以看出，同样用原规程的 4.1.3 计算，岩石风化层的计算墙长偏大，而覆盖层的计算墙长偏小，此时 4.1.3 就不适用了。这个结论是否具有普遍性，还要通过多个实例来验证。

4. 笔者的建议

笔者认为，入土（岩）深度 h_d 应当同时满足基坑的渗流稳定要求和墙体结构强度两方面的要求，也就是：

1）最小的入土深度应当通过专门的渗流分析和计算确定；

2）墙体的深度（包括厚度）应控制在合理范围内（h_d 不要太大），并且要考虑经济性要求。

3）承压水条件下地下连续墙的入土（岩）深度 h_d，通常不是由原规程的 4.1.3 来确定的，而是由坑底土体渗透稳定度条件确定的。

4）在当前情况下，应当把 h_d 的概念延伸一下，即把原来主要是由结构受力条件确定的 h_d，看成是基坑整个防渗体（指地下连续墙和其下的灌浆帷幕）在坑底以下的深度，并且在大多数情况下是进入不透水层的深度。

5. 底部进入不透水层的必要性

原规程 8.4.3 条文提出，当含水层渗透性强、厚度较大时，可采用竖向截水与坑内井点降水相结合或采用截水与水平封底相结合的方案。但原规程 4.1.3 并没有对墙底进入不透水层提出要求，所以这两个公式有矛盾。

对此，笔者提出以下几点看法：

1）国内一些重要的深基坑进行水平封底的实践，效果很差，造成了不少事故，因此如果没有特殊的施工环境，最好不用。

2）当深基坑周边环境非常复杂的时候，不宜在基坑内部大量抽水，即使悬挂式墙墙体很深，降水效果仍然很差，而且会造成周边环境的过大变形或破坏。这样的事故实例已经很多了。

3）笔者建议深大基坑应当采用防渗为主的基本概念。即使基坑深度较大，也要采用地下连续墙和灌浆帷幕相结合形成防渗体的办法，把透水层的水截住。特别是周边环境复杂的承压水基坑，此法应是必须的和首选的。

4）如果基坑周边环境很简单，基坑降水不致于对周边环境造成很大影响和破坏时，采用悬挂式地下连续墙和降水方案也是可行的。

5）如果坑底不透水层埋藏很深的话，其基坑防护方案应经充分比较论证后，再选定。

6. 入土深度对地下连续墙（或桩基）应力和配筋的影响。

在原规程中没有这方面的条文。实际上，入土深度的大小对于地下连续墙体的内力和配筋是有很大影响的。这里就有进行技术、经济比较，来选用合理的、经济的入土深度的问题，而不能只根据基坑安全的要求来确定入土深度。

7. 对原规程附录 A 中表 A.0.2 的看法

此表只是根据圆弧滑动条件计算出来的，有地下水的基坑不能用。

4.4.7　基坑坑底的渗流稳定分析

1. 原规程的条文

原规程在基本规定的 3.1.6 条提出要进行：

①抗渗透稳定性验算；②基坑突涌稳定性验算；③地下水控制计算。

原规程对①没有提出具体条文，对③的内容还不完善，将另外进行讨论。原规程对于②即基坑突涌问题没有给出明确的条文，在此有必要先加以探讨。

2. 坑底地基抗浮稳定和结构物抗浮有何区别

对于建（构）筑物的抗浮稳定核算，有关规范早有规定。但对基坑底部地基本身的抗浮稳定却少有提及。

坑底地基的抗浮稳定与其上部的钢筋混凝土结构的抗浮稳定是有很大区别的。

1）从时间来看，建（构）筑物的抗浮稳定是永久运行期间的问题，而坑底地基的抗浮稳定则是施工期间的重要问题。

2）从强度来看，地基土的强度显然是大大低于混凝土的强度。因此，建筑物混凝土不必考虑是否被承压水局部破坏的问题，而坑底地基则必须考虑受地下水或承压水顶托、管涌或流土等局部或整体破坏问题。

从风险程度来看，施工期间坑底地基抗浮稳定总是更显得脆弱些，更应得到足够的关注。

3. 坑底抗浮稳定性的判断原则

1）目前有几种计算坑底抗浮的方法，多是以上部荷重与下部浮托力相平衡且有一定安全系数来考虑的。实际上这只是一种平衡（荷载平衡）。由于土的凝聚力不同而造成的内部抗渗透能力不同，所以还需要核算第二种平衡条件，也就是土体渗透坡降的平衡问题，见图 4.34。

2）目前，基坑的平面尺寸已经做得很大，例如长度可达上千米，宽度可达 200m 以上，基坑面积十几万至二十几万平方米，基坑深度可达 40～50m，基坑内部有几百至上千根大口径的深桩和很多降水井。这样的基坑，从空间来看，其工程地质和水文地质条件变化相当大，而且被人为切割、穿插，带来很多不确定性和风险，故必须考虑一定的安全系数来提高工程安全度。

3）坑底地基抗浮安全度的选取要根据具体问题来具体分析。

①如果基坑规模很小，深度不是很大，坑底土质好且连续的临时性基坑，则抗浮稳定安全系数等于 1.0，也是可以施工的。一段基坑抗浮稳定安全系数可取 1.1～1.2。

②对于特大型基坑，特别是一些滨河、滨海地区的基坑，由于海相、陆相交叉沉积，造成不透水层出现缺口漏洞，又受到承压水顶托时，基坑的安全风险很大，宜取较大的安全系数，最大可取 2.5。

③对于岩石基坑，则应根据基坑底部位于残积土和风化层中的位置和承压水头的大小，来选取适当的抗浮安全系数。总的来看，可略小些。

4. 地基土抗承压水突涌稳定性的核算

按下面三种计算情况，核算基坑内部地基土的抗承压水突涌稳定性。

（1）三种计算情况

1）坑底表层为不透水层。

2）上部不透水层全部被挖除，基坑底和地下连续墙底直接位于透水层中。

3）成层（互层）地基情况。

（2）计算内容

1）核算地基土的抗承压水突涌的稳定性，要进行两个方面的核算：

①外部荷载平衡计算，即上部土的饱和重应大于承压水的浮托力，并保持有一定的安全系数。

②土体内部渗流计算，它的渗透坡降应当小于允许的渗透坡降。

2）要核算承压水沿地下连续墙内壁的贴壁渗流计算，核算出口稳定性。通常情况下，这种贴壁渗流不是最不利的。

4.4.8　对基坑防渗体和地下连续墙合理深度的讨论

1. 关于基坑防渗体

原规程的条文 8.4 偏重于计算基坑的涌水量和单一的帷幕结构。

基坑地基组成和特性很复杂时，比如对于岩石残积土和风化层的基坑或者是第四纪覆盖层的含水层很深时，上述条文无法解决这种复杂基坑的渗流稳定问题。特别是无法解决坑底地基土的抗浮稳定问题。

为此，笔者提出了基坑防渗体概念，也就是在地下连续墙或其他支护结构下部进行水泥帷幕灌浆或高压旋喷灌浆，用墙和帷幕组成基坑的防渗体，这是用上部结构来承受基坑的荷载。基坑下部承受的荷载逐渐变得很小，不必再浪费造价很高的混凝土和钢筋了，只需用帷幕来解决基坑的渗流稳定问题。这样，可以避免单纯采用地下连续墙底部伸入不透水层过深带来的施工困难，可大量节约工程投资。此概念对于第四纪覆盖层和岩石的基坑都是适用的，笔者更倾向于在岩石基坑中采用这种概念。比如现在很多地下连续墙深度超过了60m，施工难度很大。在条件适宜的情况下，可以考虑采用上墙下幕的设计方案。

　　2. 关于地下连续墙的合理（经济）深度

由于基坑下部的地下连续墙应力变小，不一定配置钢筋。从防渗角度考虑，不需要强度很高的混凝土地下连续墙，只需要能够防止渗水的灌浆或高喷帷幕，满足渗流稳定要求即可。地下连续墙做多深，帷幕做多深，应通过技术经济比较，来选定一个地下连续墙合理深度，既满足了基坑的防渗要求，又可节约投资。笔者认为，适当的地下连续墙深度和足够的防渗帷幕或降水措施结合起来，使得基坑工程的总体造价较少，对周边环境影响较小的总体方案，才应看做是合理的。这样的地下连续墙深度，才是地下连续墙的合理深度。

4.4.9　关于基坑降水（水位）的讨论

　　1. 原规程的提法

原规程的8.3.2条要求"设计降水深度在基坑范围内不宜小于基坑底面以下0.5m"。

　　2. 关于基坑降水的讨论

对上述规程提出的水位降幅，有必要进行一些探讨。

有人提出，在基坑开挖工程中，只要保持开挖土体自重大于水的浮托力（扬压力），即可继续向下挖土，而不必降水；甚至挖到基坑底部时，在其上保持10m以上的承压水头也无所谓！

如果只是开挖一条管道，基坑底部为较厚的黏性土时，保持一定的浮托力，未尝不可；但是，对于大型的深基坑来说，这样做的风险是很大的。在原本就不是连续的地基中，建造了防渗墙和支护桩，在坑内打大口径灌注桩和临时支撑桩、降水井、观测井以及勘探孔等，这些构筑物在基坑地基中穿了很多孔洞，而使承压水很容易沿着这些薄弱带向上突涌，酿成大事故。只有在坑底不透水层的厚度很厚，渗透系数很小，承压水头较小的情况下，才可考虑在坑底以上保持一定的承压水头。

还有一些工程在坑内大量抽水，导致坑外建筑物和道路管线过大的沉降开裂而发生了不少事故。

由此可见，对于大型的深基坑来说，必须根据基坑地层结构和地下水特性，来合理进行基坑的防渗和降水设计；因地制宜确定地下水的降水幅度。

　　3. 地铁接地线施工要求的地下水位

地铁基坑打接地孔时，应当考虑会不会把下面承压水带到地面（突涌）。有的工程坑底是不透水的黏性土层，打了一个直径不过6cm的小钻孔，就导致基坑发生大量突水事故。此时应把地下水位降到不透水层的底板以下或者是降到上部黏性土能够压住承压水的浮托力的程度。

与此类似的情况是二级基坑的开挖。如果需要在大基坑内，再开挖规模小一点的基坑，如电梯井等，也必须把地下水降到足够深度以下。

4. 残积土基坑的降水水位

当基坑底部位于花岗岩残积土中时，如果残积土属于黏质砂土或粉土（砂）类时，很容易受到上涌的承压水作用而发生流土流泥。此时应注意以下几点：

1）基坑降水必须彻底，否则残余的少量地下水和很小的水头，就能造成残积土的崩解和泥化成泥。当残积土为细粒土时，用大口井降水，不能完全排除其内部的水。

2）鉴于承压水从残积土地基下部自下而上突涌时，对残积土的崩解和泥化影响最大。所以，降水的时候不应仅仅低于基坑底 0.5m，而应低于残积土层的底面以下。

3）在基坑开挖时应设置足够数量的降水井，先把弱、强风化层内承压水降低到足够深度之下，才能安全顺利下挖。不要仅仅在残积土表面挖沟明排，那样虽然可把基坑挖到底，浇注混凝土垫层，但是已经把残积土扰动了，导致地下连续墙的入岩深度减少了，地基承载力变小了，对墙的受力和变形不利。

与此相近的情况是，基坑底部坐在淤泥和淤泥质土或粉细砂（土）层中时，也应当把承压水降到这些地层以下或者是承压水不会造成破坏的深度。

5. 承压水基坑的降水水位

通常，承压水条件下的基坑，其允许降水幅度应当大一些。国外有规范要求降到坑底以下 2m，国内也要求降到 1.0～2.0m 以下，有时可能要降到该不透水层的底部。

还有一种情况需要注意，就是基坑开挖时，把承压水的顶部不透水顶板挖掉了，而在几十米深范围内找不到不透水的底板。在这种情况下。基坑内部完全暴露承压水作用之下。此时如何降水，需要通过基坑的总体设计方案和渗流计算来确定。

总之，基坑的降水水位，应当通过综合论证分析后确定。

4.4.10　结语

1）原规程已不能适用于当前多层地基和承压水的深大基坑渗流稳定分析计算和设计。

2）周边环境复杂时的深大基坑应以防渗为主，并应进行专门的基坑渗流分析和计算。对于潜水的地下水深基坑，应进行贴壁渗流计算，以出口不发生渗流破坏（管涌或流土）为控制条件，来确定地下连续墙或防渗体的深度；对于承压水的深基坑，则应进行土体内部渗流稳定计算，以坑底土体自重与水的浮托力相平衡和内部渗流稳定为控制条件，来确定地下连续墙或防渗体的深度。

3）承压水条件下深基坑应进行坑底抗突涌的稳定计算。

4）建议加快进行基坑支护技术规程的修订工作。

（本节见《第十一届全国岩石力学与工程学会论文集》，2010，10：429～434）

4.5　非圆形大断面的地下连续墙深基础工程综述

4.5.1　引言

1. 发展概况

随着现代化的高大建筑物不断涌现，基础工程的重要性受到人们的高度重视。基础工程的概念和技术领域已经发生了很大变化。

　　基础工程作为地下结构物存在于地下，它是由地基和上部工程结构以及钻孔机械、混凝土技术等组成的综合技术，是包括从勘察、规划到设计施工和监测多方面的技术体系。

　　自从 1950 年在意大利圣·玛利亚水库坝基首次采用地下连续墙以来，经过二十多年的推广和发展，到了 20 世纪 70 年代已经成了重要的基础工程施工技术之一。地下连续墙技术在日本得到了快速的发展，从设计理论到造孔机械和施工工法方面，都达到了世界先进行列。可以说，是他们首先提出了地下连续墙基础这个新概念，并且首先付诸实施。1979 年在日本的东北新干线高架桥工程中采用的地下连续墙井筒式基础，代替了惯用的沉井式基础，可以说是开了地下连续墙深基础工程的先例。在此以后的 20 年中，地下连续墙深基础由于大型多轴水平铣槽机的研制成功而获得了更为迅速的发展，现在深度达 170m、厚度 3.20m 的深基础工程已经是指日可待了。据统计，到 1993 年 4 月，日本已在 220 项工程中使用地下连续墙基础。可以说，日本的地下连续墙技术在世界上遥遥领先。

　　2. 地下连续墙基础的分类

　　基础的作用就是安全地把上部结构的荷载传递到地基中去。从荷载传递这个观点出发，可以把基础划分为的几种型式（见图 4.38）。

　　现在不仅可以用地下连续墙代替桩基，而且可以用来代替沉井，做成刚性基础。

　　根据基础的刚度和设计方法，可把基础按以下方式分类（见图 4.39）。

　　地下连续墙基础的断面可能是闭合的口字形或圆环形结构，也可能是条状、片状或其他非闭合断面型式。从它的刚度来看，有时是像直接基础或沉箱基础那样的刚性体，有时则可能是弹性桩。这里要指出的是，地下连续墙基础的刚度不仅取决于基础几何尺寸和材料特性（即 βL 值），而且取决于各单元墙段之间的接头型式。也就是说，只有采用刚性接头且 $\beta L < 1.0$ 时，才算是刚性基础；否则的话即使 $\beta L < 1.0$ 的承受水平荷载

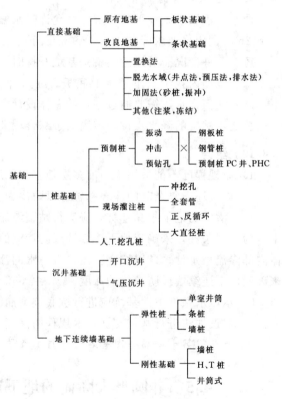

图 4.38　深基础分类图

的基础也不是绝对的刚性基础，因为它不能传递全部剪力。这一点是地下连续墙基础所独有的。从结构的断面型式来看，可把地下连续墙基础分为墙（壁）桩和井筒式基础两大类。其中墙桩中的断面尺寸较小的桩又叫做条桩（片桩），参见图 4.40、图 4.41。

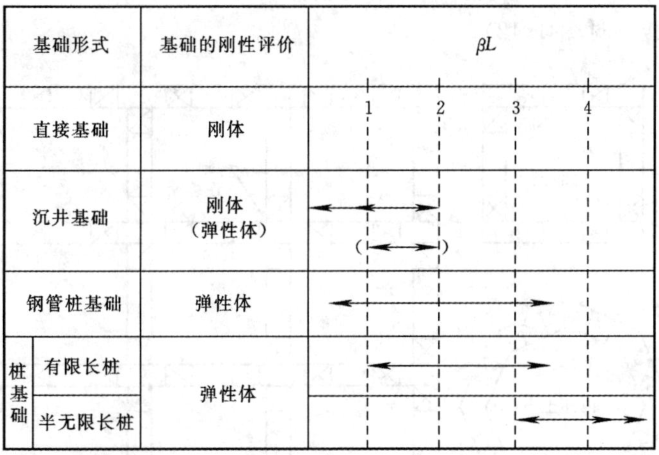

基础形式		基础的刚性评价	βL			
直接基础		刚体	1　　2　　3　　4			
沉井基础		刚体 （弹性体）				
钢管桩基础		弹性体				
桩基础	有限长桩	弹性体				
	半无限长桩					

L —— 基础的入土深度, cm

β —— 基础的特性值, cm^{-1}, $\beta = \sqrt[4]{\dfrac{K_H D}{4EI}}$

EI —— 基础的抗弯刚度, kgf·cm^2

D —— 基础的宽度或直径, cm

K_H —— 基础的水平地基反力系数, N/cm^3, $K_H = \dfrac{p}{\delta} = \nu \dfrac{E}{B}$

p —— 应力, kgf/cm^2, δ —— 变位量, ν —— 泊松比, E —— 变形模量

B —— 荷载宽度

图 4.39　深基础分类（刚度）

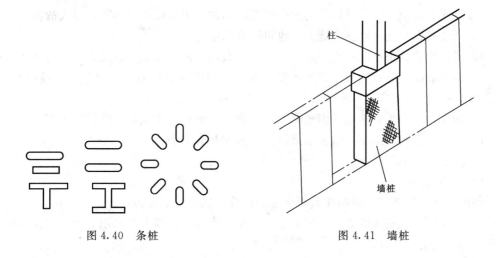

图 4.40　条桩　　　　　　　　　图 4.41　墙桩

4.5.2　井筒式地下连续墙基础

1. 概述

在这一节里将简述闭合断面的地下连续墙基础的设计方法。

地下连续墙基础是利用构造接头把地下连续墙的墙段连结成一个外形为矩形、多边形或圆环形且其内部可分为一个或多个空格的整体结构，并在其顶部设置封口顶板，以便与上部结构紧密连接（见图 4.42）。

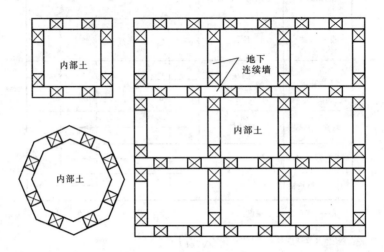

图 4.42　筒式深基础图

沉井结构也是中空的深基础结构。但是由于施工速度和安全方面的原因，应用越来越少了。从 1966～1986 年的 20 年内，沉井在日本基础工程中占有的比例已由 26.1％迅速下降到 4.0％，到 2006 年则下降到 10％；而地下连续墙深基础的应用在 1976～1986 年的 10 年内几乎增加了 1 倍。那么，地下连续墙基础与沉井相比，究竟有哪些优点呢？主要有以下几点：

1）地下连续墙基础能与地基牢固地连接在一起，基础的侧面摩阻力大。

2）由于形成了矩形或多边形的闭合的断面结构，因而可以修建刚性很大的基础。

3）几乎可以在任何地基中施工，也可以在水中施工。

4）可以修建从很小的一直到超大型的任意载面的深基础工程，最大深度可达 140m。

5）在地表面上进行机械化施工，安全度比沉井法高出很多倍，而且施工噪声和振动均很小，减少社会公害。

6）施工过程中不会破坏周围地基和建筑物，因而可以实施接（贴）近施工。

7）可以大大缩短工期，整体上来说经济效益是显著的。

2. 设计要点和设计条件

（1）计算方法

井筒式地下连续墙基础的应力和变位的计算方法有以下几种：

1）日本旧国铁提出的方法。把基础看成是一个刚体，周边地基用 8 种不同弹簧代换，按静力学方法进行计算。

2）采用道路桥梁设计指示沉井计算方法。把基础看成是一个弹性体，基础周边地基用 4 种弹簧加以代换，由此计算出内力和变位。

3）采用桩基础的计算方法。把基础看成是弹性体，考虑基础正面的被动土压抗力和侧面的摩阻力，进行内力和变位计算。

日本道路协会于 1992 年 7 月提出了"地下连续墙基础设计施工方针"，1996 年又进行了修订，由此确定了地下连续墙基础的标准设计方法。

（2）设计条件

基础的设计条件包括使用材料、地质条件和荷载条件。当然，对每个设计条件都应仔细斟酌。

根据日本的统计资料分析，90％的地下连续墙基础的混凝土设计强度大于 $300kg/cm^2$，个别的基础工程的混凝土设计强度大于 $500kg/cm^2$，允许使用强度达到 $350\sim400kg/cm^2$。

（3）设计流程

通常需要对地下连续墙基础进行多次试算和设计。首先根据荷载条件与使用挖掘机械相应的单元长度，假定概略的平面形状，然后核算承载力、变位、构件应力，并进行稳定计算。平面形状的设定和稳定计算通常需进行三四次的试算才能完成。

（4）基础的平面形状

日本《连壁基础指针》规定最小墙厚为 80cm。至于最大墙厚，由于目前受挖掘机械的限制，只能达到 320cm。因而目前地下连续墙基础的墙厚限定在 $80\sim320cm$ 范围内。地下连续墙基础断面的最小尺寸应确保先期构筑的单元在一定长度（5m）以上，以保证施工期间的稳定。另外，单元截面的最大尺寸应在 10m 以下。这是因为，随着跨度加大，基础使用的混凝土和钢筋数量也将增加，施工将很困难。以上所述也适用于多室截面情况下的各室最大、最小尺寸的设定。

（5）基础的稳定计算

1）基础的稳定计算内容：

①基础底面的垂直地基反力以及侧面地基垂直方向的剪切反力（将抵消垂直荷载）。

②基础正（前）面地基的水平地基反力、侧面地基的水平向剪切反力、底面地基的剪切反力（将抵消水平荷载）。

③地下连续墙基础的地基反力、变位及断面内力。

计算得到的基础正面及侧面的地基反力应小于各自的允许值。基础的垂直和水平变位量应不超过允许值。

通常假定基础本身为弹性体，计算模型中的弹簧分为基础正面的水平弹簧、基础底面水平弹簧、基础底面垂直方向弹簧以及基础底面水平剪切弹簧等四种型式的弹簧。

2）容许变位。这里所说的容许变位，是包括容许垂直变位量（即沉陷）和容许水平位移量两部分的。与其他型式的基础一样，地下连续墙基础的容许变位量包括上部结构的容许变位量和下部结构的变位量。所谓上部结构的容许变位量，是指对上部构造物不会造成有害影响的变位量。所谓下部结构的容许变位量，是指确保地下连续墙基础稳定的最大变位量。在设计地基面上，变位量不应超过基础宽的 1‰（最大 5cm）。另外，在超高土压作用于基础上的情况下，平时应将水平变位量控制在 1.5cm 以下。

3．细部设计

由于上述的地下连续墙基础稳定计算模型考虑了地基弹塑性弹簧的作用，手工计算地基反力强度和断面内力是很困难的，因此，通常使用电算程序进行计算求出基础的变位量、正面及侧面的地基反力以及基础本身的垂直方向的内力。可利用算出的地基反力和断面内力进行有关垂直构件和水平构件。

（1）有效墙厚和设计墙厚

关于地下连续墙基础的设计计算，在进行稳定计算时应使用设计墙厚，在计算钢筋混凝土截面时应使用有效墙厚。地下连续墙基础施工中使用泥浆，挖槽过程中在沟壁表面形成泥膜。泥膜的一般厚度为 2～20mm 左右。因此，有效壁厚应低于设计墙厚（机械墙厚）。可将地下连续墙两侧各减少 2cm 共 4cm 后的墙厚作为有效墙厚，也即设计墙厚＝有效厚度＋4cm。

近年来，随着地下连续墙施工技术的进步，墙体混凝土质量有了很大提高，有人建议有效厚度等于设计墙厚，而将主钢筋的保护层厚度适当加大一些。

（2）钢筋配置

关于最小钢筋量的规定如下：

1）当轴向力起支配作用时，配筋率应为计算上所需的混凝土截面积的 0.8％ 以上，而且为混凝土总截面积的 0.15％ 以上。

2）当弯矩起支配作用时，垂直方向的最小抗拉钢筋配筋率为 0.3％，水平方向的最小抗拉钢筋配筋率为 0.2％。

考虑到沟壁表面凸凹不平以及钢筋和埋件安装精度情况，为确保最低限度的保护层，日本的钢筋中心至设计墙厚表面的间距必须在 150mm 以上，即钢筋净保护层在 130mm 以上。我国的净保护层约为 5～10cm。

3）接头部位的配筋。地下连续墙基础分一（先）期和二（后）期构筑两种型式。另外，有时还要把深度方向分成几段的钢筋笼连结在一起。因此，钢筋接头有两种，即垂直接头和水平接头。垂直方向接头多为搭接接头，接头长度应大于计算值，且应配置在受力较小之处。同时用横向钢筋加固接头部位也是很重要的。

水平方向的接头（单元间接头）与垂直方向一样，搭接接头配置在同一截面内，搭接接头长为钢筋直径的 40 倍，接头部横向钢筋的间距应在 100mm 以下。另外，刚性节点接头部的横向钢筋的配置应比接合面多 0.4％。

4）垂直方向构件的计算。根据上述计算模型算出的断面内力，利用有效墙厚来进行设计。土中的垂直应力因地下连续墙基础的自重而增加，虽然因侧面摩阻力而减少一部分，但由于影响较小，可忽略不计。因此通常将作用于井筒下端（基础底面）的垂直力作为地下连续墙基础应力计算用的轴向力。另外，当地下连续墙基础突出于地表时，可通过其他方法确定轴向力。

5）水平向构件的计算。根据算出的横向地基反力以及基础稳定计算得出的基础底面剪切地基反力，进行有关横向构件的计算和设计。

关于加在计算模型上的设计荷载，一般取为计算深度的最大地基反力。但是，由于地基分成几层而导致水平向地基反力急剧变化时，可以利用等效地基反力进行。必须注意的是，不仅要考虑到基础底面水平地基反力的影响，还必须考虑到基础底面剪切地基反力的影响。

4.5.3　墙桩（条桩）的设计

1. 概述

前面说的是闭合断面的井筒式地下连续墙基础，现在来说明一下各种开式断面的地下连续墙基础，也就是所谓的墙桩或条桩以及它们的变种（如丁字桩、工字桩等）的设计。上面提到的这些地下连续墙桩大都属于弹性桩范畴，只有在一些特殊情况下，比如短而粗的条形桩以及断面尺寸较大的十字桩或工字桩，有可能达到 $\beta h < 1.0$，成为刚性基础。为了叙述方便，把所有开式断面的地下连续墙基础都叫做地下连续墙桩或条桩。众所周知，建筑物或结构物的基础按其刚度大小可以分为：浅的刚体基础（直接基础）、深的刚体基础（沉井以及深的弹性基础）即桩基础。近年来开发应用的大口径现场灌注桩和预制混凝土板桩以及地下连续墙桩等，可以看做是介于深的刚体基础和深的弹性基础之间的基础结构。

墙（条）桩常用做建筑物、桥梁和其他结构物的大型桩基础。

2. 墙桩的设计概要

我国目前还没有专门的地下连续墙墙桩的设计规范。当采用墙桩时，往往采用现有的常用方法进行设计。

对于承受竖向荷载的墙桩来说，可以采用以下方法进行计算和设计。

（1）静力计算法

根据桩侧阻力和桩端阻力的试验或经验数据，按照静力学原理，采用适当的土的强度参数，分别对桩侧阻力和桩端阻力进行计算，最后求得桩的承载力。

（2）原型试验法

在原型上进行静载试验来确定桩的承载力，是目前最常用和最可靠的方法。在原型上进行动力法测试也可确定桩的承载力，但目前还不能代替静载试验。

水平承载桩的工作性能是桩—土体系的相互作用问题。桩在水平荷载作用下发生变位，促使桩周土体发生相应的变形而产生被动抗力，这一抗力阻止了桩体变形的进一步发展。随着水平荷载加大，桩体变位加大，使其周围土体失去稳定时，桩—土体系就发生了破坏。

对于承受水平荷载的单桩，其承载力的计算方法有地基反力系数法、弹性理论法、极限平衡法和有限元法等。地基反力系数法是我国目前最常用的计算方法。

桩的变位（沉降、水平位移和挠曲）也可参照有关规范进行计算。

上面提到的有限元法在岩土工程中已有较多的应用，但在水平承载桩的分析计算中的应用尚不普及。

日本在计算地下连续墙桩时完全采用有限元和电算方法，大大提高了工作效率和工程安全度。他们把墙桩看作是弹性地基上的无限或有限长梁，进行内力计算，其计算模型见图 4.43。它把墙桩看成是由桩基、沉井和周围弹性体（地基）三部分组成的组合结构。

3. 墙桩工程实例

下面以日本某桥梁基础工程采用的墙桩为例进行简要说明。该桥的 P12～P18 排桥墩左右（L，R）两个基础都采用了地下连续墙桩方案。根据所在部位的地形和地质条件，每

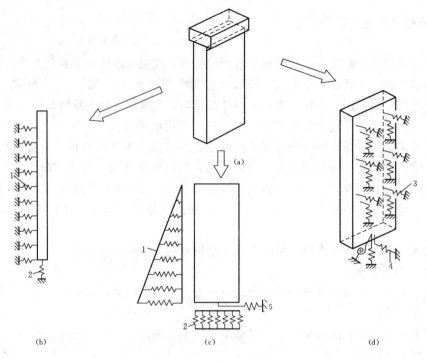

图 4.43 条桩计算简图

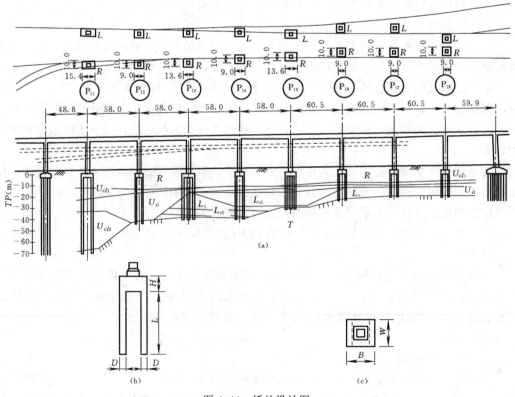

图 4.44 桥的设计图

个桥墩下面一般采用两根墙桩，个别部位采用 3 根墙桩。墙桩宽均为 10m，厚 1.0～1.2m，深 30.0～51.0m，桩底深入泥岩中。桥的布置见图 4.44。

墙桩的设计步骤大体如下。

首先对上部结构进行粗略计算，即根据静荷载、活荷载、温度变化荷载和地震荷载，求出作用在桩顶的上部荷载（弯矩、铅直力和水平力），以此为据进行桩基的计算和设计，求出桩顶的变位；将此数据反馈回上部结构进行详细计算，重新求出作用在桩顶上的荷载和变位（水平、铅直位移和转角）；再用上述数据进行基础的详细设计（见图 4.44）。

从图 4.44 不难看出，此桥的基础采用的是两排或三排平行的墙桩。此时墙桩沿桥的长轴方向的刚度较小，弹性较大，可以适应上部多跨连续梁桥的温度影响。而在垂直于桥轴方向上，墙桩的刚度很大，完全可以承受地震荷载的影响，这种刚度有方向性的特点，正是地下连续墙桩所独有的。正是由于这个原因，这个工程没有采用常用的矩形或多边形闭合地下连续墙的井筒式基础。

基础的计算模型是沿桥轴方向为一个弹性门型框架，而在垂直于桥轴的方向则为一个刚体基础。这一设计方法值得借鉴。

4. 条桩的设计

这里所说的条桩也属于地下连续墙桩基础的一种，它的几何尺寸较小，常作为单桩基础。总的来看，条桩的刚度比前面的井筒式和墙式基础的刚度小得多，所以仍可采用现场灌注桩的桩基技术规范来进行设计。

由于施工机具和方法的不同，条桩的断面尺寸和深度也各有不同。它可以用回转钻机如 BW 多头钻、潜水钻机等施工，其端部为半圆弧形；也可用抓斗来施工，其端部可半圆弧形或为矩形。1993 年笔者在我国首次使用液压抓斗在高架桥基础中建造了条桩，接着又在高层建筑地基中用条桩代替圆桩取得成功。现在这种条桩的应用范围和实施工程越来越多了。

在面积一定的情况下，圆的周长最短，正方形周长较长，长方形周长更长。在桩基工程中，在使用同样数量的混凝土条件下，长方形的桩能获得更大的侧面积以及侧面摩阻力，提高了摩擦桩的承载力。如果用长条形桩（条桩）代替圆桩，而保持承载力不变的话，则条桩可节约 10%～15% 的混凝土，提高施工效率 5～10 倍。此外，矩形断面的抗弯刚度比圆形断面大，而且在它的两个互相垂直的方向上，具有不同的抗弯刚度。可以利用这一特性，灵活布置条桩的位置和方向，既可保证工程安全，又可节省混凝土，降低工程造价。

条桩可应用于以下工程中：

1) 做桥梁的桩基。当一个桥墩用一根条桩来支承时，可减少承台尺寸（有时可不要承台）。当承台下有多根桩基时，可用条桩代替圆桩，并可减少承台尺寸和混凝土数量。

2) 做建筑物的桩基。可做成一柱一桩型式，也可用多根条桩（或墙桩）代替圆桩。

3) 做基坑支护挡墙。

5. 扩底条桩

(1) 概要

近年来在日本出现了扩底的条形桩，它的外形（如图 4.45）所示，目前已经建成了一批扩底条桩的基础工程。这是一个用伸缩式导杆抓斗（KELLY）施工的新颖桩型，应当引起我们的关注。

（2）扩底条桩的特点

1）用同一台挖槽机完成常规挖槽和扩底工作，可提高工作效率。

2）由于在KELLY抓斗中安装了强力的液压开关装置，因而可以在坚硬的地基中挖槽。

3）使用计算机控制施工全过程，可以及时掌握挖槽进展情况。

4）可以靠近建筑物或障碍物进行施工。

5）可以在含有卵石和漂石的复杂地基中施工。

6）桩的尺寸和形状可以改变，以适应不同的需求。

7）由于桩的刚度具有方向性，因而可以通过配置桩的方向来达到合理设计。

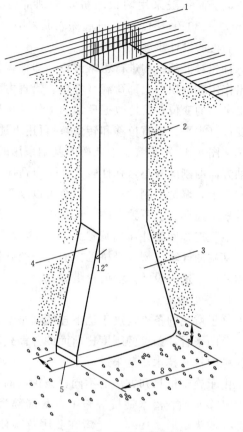

图 4.45　扩底条桩图

4.5.4　我国的应用实例

1. 概述

本节简要介绍一下我国地下连续墙基础工程和技术的应用以及发展情况。从20世纪90年代初期以来，已经在下列工程和部门中应用了地下连续墙基础：

1）高层建筑的基础工程（墙桩和条桩）。

2）桥梁承台下的条桩基础（代替圆桩）。

3）地铁车站柱基下的桩基（条桩和十字桩）。

4）大型桥梁（如悬索桥和斜拉桥等）的井筒式基础。

5）其他工程。

下面选择几个有代表性的地下连续墙基础工程加以说明。

2. 高层建筑的墙桩和条桩

（1）概况

随着地下连续墙施工技术的不断发展和提高，原来用于基坑支护的地下连续墙，不再仅仅用来承受施工荷载和截渗，而且还被用来承受永久荷载，这样就变成集承重、挡土和防渗于一身的所谓三合一地下连续墙（桩）。

这种三合一地下连续墙（桩）具有如下特点：

1）避免了排桩围护结构和降水井占地过多的缺点，可以充分利用红线以内地面和空间，充分发挥投资效益。

2）由于地下连续墙抗弯刚度大，悬臂开挖的基坑深度大，因而可减少基坑内支撑的数量和截面尺寸，便于采用逆作法施工。

3）地下连续墙防水效果好。如果墙底放到适当的隔水土层中，那么基坑降水设备和费用就可大大降低。也不致因为基坑外边降水而造成邻近建筑物或管线的沉降变形。

4）目前地下连续墙桩可承受 $80 \sim 100 t/m^2$ 或更大的垂直荷载，可减少工程桩的数量或单桩承载力，还可节省基础底板的外挑部分（通常为 $1.5 \sim 3.0m$）的混凝土和相应的外排桩基工程量。

5）地下连续墙施工单元较大，一般为 6m 左右，它的造孔、清孔和浇注混凝土各道工序都是可以检查的，所以它的质量可靠度比较高；而排桩围护结构则因圆桩径有限，施工单元（即根数）多，质量可靠度差一些。

6）把临时围护用的地下连续墙（或排桩）用于永久承载用，可节省基坑工程费用，而且工效高、工期短、质量有保证。所以对开挖深度 15m 以上的基坑来说，应是首选的技术方案。

笔者从 1992 年开始应用三合一地下连续墙技术解决了北京王府饭店东侧的新兴大厦基坑支护问题，接着于 1993 年用条形桩代替圆形桩建成了北京东三环路上的双井立交桥，同时在天津冶金科贸大厦基坑中采用了完全的三合一地下连续墙桩，把 31 层大厦的荷载直接作用在地下连续墙（墙桩）和条桩上面，这在国内尚属首次。此后又在多个工程中采用此种技术。总共完成这种地下连续墙（桩）的施工面积几十万平方米。

（2）天津冶金科贸大厦的地下连续墙桩和条形桩基

1）概况。本工程共完成地下连续墙 244m，43 个槽段、墙深 $18 \sim 37m$、墙厚 0.8m；条桩 68 根，深 $27 \sim 37m$，断面 2.5m×0.6m；锚桩 2 根，深 47.0m；挖槽面积 $14067m^2$。整个工程分主、副楼两期施工。天津市冶金科贸大厦位于天津市友谊路北段路东，主楼地上 28 层，地下 3 层。笔者提出了改进的基础工程总体方案，主持了地下连续墙及桩基的施工图设计和施工工作。

2）地质条件。本工程地表以下 $1.6 \sim 4.0m$，为人工杂填土层，主要由炉灰渣、砖块、石子等组成。其下为粉土、黏土和粉细砂。地下水位于地面以下 $0.8 \sim 1.2m$。

3）基坑支护和桩基方案的优化。

①原设计方案。本工程由主楼、副楼和配楼三部分组成。主、副楼基坑长 70.2m，宽 31.2m，深 12.0m。基础底板厚 2.2m，为减少地基附加压力和不均匀沉降，将基础底板外挑 2.5m。

基础桩：Φ0.8 灌注桩，共 330 根，其中主楼 225 根，外挑段 43 根，桩长 36m（有效桩长 24m），间距 2.2m，单桩承载力 220t/根。

②基坑支护和桩基方案的优化。由于基坑周围有多座楼房和电力、电信管线，对基础沉降和水平变形很敏感，打桩会影响周围居民的正常生活。由于本工程施工场地很小，特别是主楼施工期间，不可能同时安排几台普通打桩机进场施工。

经技术经济比较并报经天津市建委批准，最后采用三合一地下连续墙桩和条形桩基方案（见图 4.46）。两种桩的比较见表 4.10。

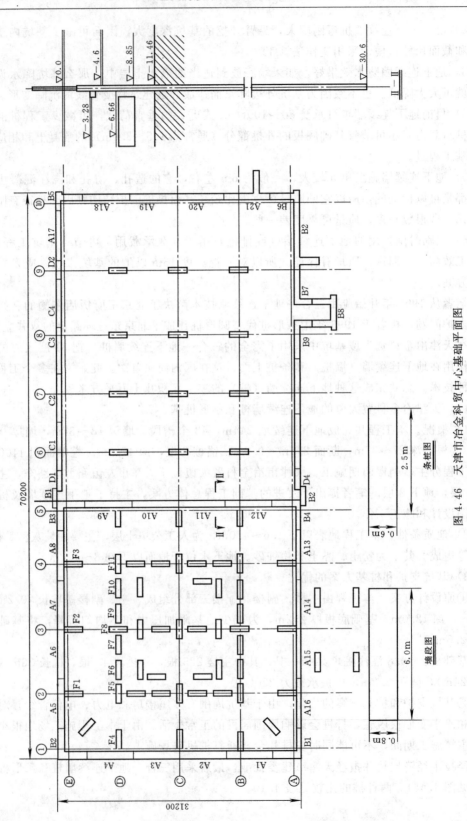

图 4.46　天津市冶金科贸中心基础平面图

条桩图

墙段图

2.5 m

6.0 m

0.6 m

0.8 m

表 4.10　条桩和圆桩对比表

类别	根数	断面 (m)	有效长 (m)	混凝土 (m³)	承截力（t）	静压承载力 (kN)	单位混凝土承载力 (kN/m³)	2 期
条桩	54	2.5×0.6	24	1944	（估）750～850	1050～1300	292～361	1 台抓斗 31d
圆桩	182	Φ0.8	24	2184	220	/	183	6 台钻机 30d （估）

③试桩。为了验证桩基承载力和沉降，本工程要求使用两根静压桩试验。经比较，最后采用了 2.5m×0.6m 的条桩，估算其承载力约为 750～850t。此时用现有设备来测桩是可行的。

为不与基坑开挖相干扰，试桩在基坑外进行。为了利用试桩作为塔吊基础桩，把锚桩与试桩设计成不对称布置。其中利用地下连续墙的 A14 和 A15 墙段做近端锚桩，远端锚桩则是利用两根深 47m，断面 2.5m×0.6m 的条桩。由建科院地基所承担静压桩试验，经分析确定两根桩的极限承载力分别为 1600t 和 1800。如果按允许沉降量为 10mm 来确定大直径桩基的允许承载力的话，那么它们分别达到了 1050t 和 1300t，即 1 根条桩相当 5～6 根 Φ0.8m 的圆桩。如果单桩承载力（取小值）计算，则 52 根条桩总承载力将达 54600t，已经大大超过设计荷重（49500t）。另外，周长为 125m 地下连续墙桩还可提供约 39000t 的承载力，使整个建筑物变得非常安全。

根据静压试验结果，可以求得桩身单位侧摩阻力 6.6t/m²（原采用 4t/m²），桩端承载力可达 140～160t/m（原 80～100t/m²）。

④本工程的基坑支护和桩基工程经过上述优化和改进后，在保证工程质量的前提下，快速、安全、文明施工，大大缩短了工期，降低了工程造价，减少了环境污染，得到了各界的好评。

根据初步估算，本项目共节约混凝土约 2000m³，降低工程投资不少于 200 万元。

4）效果。

①经对主楼基坑开挖后观察和检测，证明地下连续墙已经达到了原来的"三合一"要求。墙表面平整，在天津地区做到这一点很不容易。在悬臂状态下挖深 6m 后，墙顶变位也仅为 1.5～2.0cm，挖到 10m 深到达基坑底以后，在位移达到 2.5cm（电话大楼侧）后就不再增加了。

由于沿基坑地下连续墙周边的 15 根条桩紧贴地下连续墙，在墙体承受外侧土、水压力时，起到了有力的反向支承作用，这是墙体变位较小的原因之一。

②开挖后对条桩进行观测，发现其混凝土质量非常好，而且表面平整，角部垂直，其长边或短边的尺寸约增加 2～3cm。

③主楼已经于 1995 年 8 月封顶，基础桩和地下连续墙均已承受全部荷重，现已正常营业，未发现任何异常现象。

3. 桥梁和地铁车站中的地下连续墙基础

（1）概述

为了适应目前基本建设工程中对大口径灌注桩的需要，实现桩基工程的快速施工，缩短建设工期，降低工程造价，减少环境污染，笔者根据多年来形成的技术设想，从 1992

年开始，利用引进的液压导板抓斗的特性设计、开发和应用了条形桩、T 形桩和十字桩等非圆形大断面灌注桩技术。到目前为止，已建成 2000 多根，浇注水下混凝土约 8 万立方米，约相当于直径 0.8m 的圆桩 7000 多根。最大条桩断面积已达 8.4m²，深度已达到 53.2m。北京新建的几条高速路和城市快速路都使用了很多条桩。

（2）非圆桩的应用实例

1）北京东三环双井立交桥。

这是国内第一次在桥梁基础中采用液压抓斗施工的非圆形大断面桩，每个桥墩的垂直荷载为 1000～1100t，原设 4 根 Φ1.2m 圆桩。经验算后，可用两根 2.5m×0.8m 条桩来代替。经现场试桩（2 根）验证，单桩极限承载力可达到 1500t 以上，一根条桩的允许承载力就超过了设计要求。采用条桩可节约 13％ 的混凝土。另外本工程的地质条件较差，特别是底部的砂、卵砾石多且厚，回转钻或冲击钻施工很困难，平均 3d 左右才能完成 1 根 Φ1.2 的桩，而条桩至少可以完成 3～4 根，其效率至少高 16～20 倍，因而大大缩短了工期，为后续工作提前腾出工作面。

在双井立效桥下采用了 52 根条桩（见图 4.47），桩长 260～35m。使用 BH7 和 BH12 液压抓斗挖孔，总平均工效为 73.5m²/d，施工工效最高达 5.7m²/h。

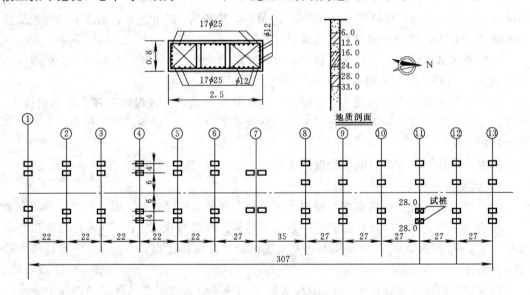

图 4.47　双井立交桥条桩平面图

2）大北窑地铁车站十字桩。

大北窑地铁车站是复兴门—八王坟地铁线的一个大型车站，站场长度 217m，地下结构宽 21.8m，开挖深度 16.88m。本车站采用盖挖法施工，车站两侧地下连续墙已经完工，唯有中间的 56 根十字桩尚未完成。

十字桩的施工难度大，特别是要把两个分别开挖的条形槽搞得互相垂直，并且下入一个相当大的钢筋笼和十几米长的 Φ1.3m 的钢护筒（见图 4.48）决非易事。

原设计十字桩边长 3.0m，厚 0.6m，侧面积 11.46m²/m，底面积为 3.77m²，与 BH12 抓斗开度（2.5m）不符合。

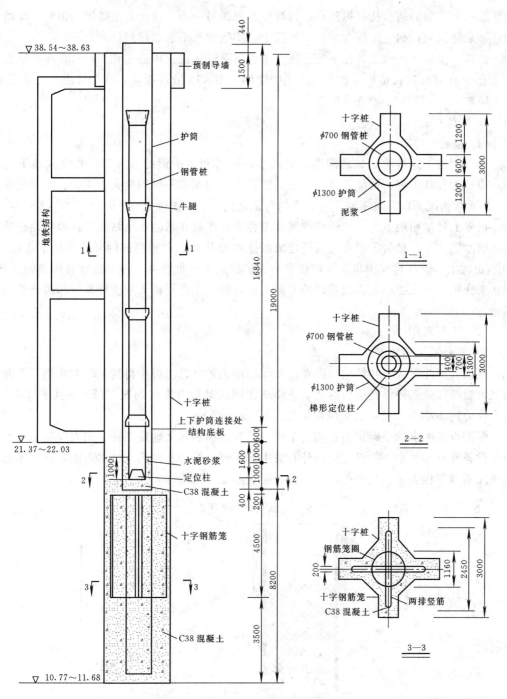

图 4.48 十字桩设计图

实际施工时，是按设计变更后的尺寸（2.85m×2.85m×0.6m）要求，在抓斗体外边各加上一个短齿，使展开后宽度达到 2.85m，在导板外侧焊上导板，使其外缘总宽不大于 2.80m。安装时要保证两个短齿安装高度之差不大于 1.5cm。

施工中曾比较了几种抓孔方式：

①将某方向的条形孔一抓到底，再改变方向抓另一边。这个方法抓第二边时，开始的十几米总是抓空，到一定深度才能向外抓土，实践效果不怎么理想。

②两个条形孔同时交替往下挖。施工中采用此法。施工中还采用 CZ－22 冲击钻机带一个直径 1.37m 的长钻头来扩孔。施工中使用了 B（12 液压抓斗，在 70d 内共完成了 39 个十字桩。

4. 井筒式基础

（1）概述

那些用地下连续墙建成的圆形、椭圆形、矩形和多边形的（大型）井筒式地下构筑物，简称为竖井工程。请注意这里所说的竖井工程的深度一般均应大于 30m、深宽比应大于 1。通常情况下的基坑工程不在此文的讨论之内。

世界上最早用地下连续墙建成的竖井工程当属苏联在基辅水电站施工过程中建造的辐射式取水竖井了，稍后，则是墨西哥建成的排水竖井和意大利建成的竖井式地下水电站。20 世纪的七八十年代我国也在城市建设和煤矿建成了一批竖井。与上述这些构筑物不同，现在来介绍一下主要用做大型基础的井筒式构筑物，主要是指大型桥梁基础和高耸结构的基础。

（2）工程实例

1）某悬索桥的锚碇。

近来大型井筒式竖井结构已经在国外大型桥梁的基础工程中得到了较多应用。下面是为某大型跨江悬索桥锚碇所做的地下连续墙井筒式基础方案的简况。该桥主跨长 1200m，最大锚力约 46000t。其中北锚结构最复杂。

根据设计要求的锚碇拉力和相关条件、工程地质和水文地质条件、国内现有基础工程施工设备和技术水平，并参照国内外有关工程实例，综合几种施工技术方法，提出了六个北锚碇基础工程方案。其中的深井方案的要点如下（见图 4.49）。

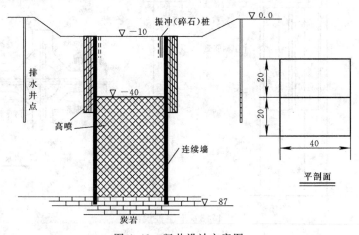

图 4.49　竖井设计方案图

①本方案是先在现有地面上向下开挖到 -10m 相对标高上。在开挖前，应在基坑周围设置（井点）排水系统。

②在开挖后的基坑中，在防渗墙外侧进行旋喷加固地基工作。

　　③在加固后的基坑中，用 B（12 抓斗进行深井筒施工。初定为边长 40m 日字形结构，墙厚 1.2m，上部 50m 设钢筋，混凝土 25～30MPa。墙的底部嵌入石灰岩内 2～3m，最深 77m。设置中隔墙的目的是便于开挖时架设内部支撑，也可考虑采用圆形竖井。

　　④防渗墙达到养护龄期后，即开挖深井内部土方至 -40m。在开挖过程中，边下挖边做支撑（永久或临时的），挖到规定标高后，浇注一层低标号混凝土，作为施工机械的工作平台。

　　⑤将钻机吊放到深井中进行旋喷工作，$\phi 1.0 \sim \phi 1.5$m，要求将井筒内的地层全部固结。

　　⑥在旋喷的同时，对井底基岩进行灌浆。

　　⑦在深井内安装锚碇支架等设备并浇注混凝土。

　　⑧井内工作全部完成后，再根据设计要求，将井筒接高到原地面或设计标高，墙外回填压实。

　　主要工程量：

　　地下连续墙：1.75 万平方米（混凝土 2.1 万立方米）；

　　振冲：640 根（共约 6400m）；

　　高喷桩：360 根（共约 18000m），护底桩 400 根（11000m）；

　　钢筋混凝土：5.5 万立方米。

　　由于缺少大型挖槽设备，北锚基础是用沉井法施工的。

　　2）润扬长江大桥的井筒式基础。

　　这座大桥是我国目前工程规模最大、建设标准最高、技术最复杂的特大型桥梁工程。桥长 4700m，主跨（南汊）1490m，上部结构采用单孔双铰钢箱梁悬索桥型式。其北锚碇最为复杂，经技术和经济比较，最后采用了矩形井筒式地下连续墙深基础。其外形尺寸为：长 69m，宽 50m，深 48m，主要由地下连续墙、底板、中隔墙和内衬、顶板组成。基础座落在花岗岩中，承受 6.8 万吨的水平荷载。

　　矩形地下连续墙基础的要点是：

　　①在高程 5.0m 的地面上建造厚度为 1.2m 的地下连续墙，其轴线长度为 235.2m，平均深度为 53.2m，墙底嵌入花岗岩内（最大）7.1m。

　　②地下连续墙底部基岩内进行帷幕灌浆。

　　③在地下连续墙外侧设置高压喷射灌浆的防水帷幕。

　　④锚碇基坑最大开挖深度约 52m，在开挖过场中需设置 12 层支撑。

　　⑤基坑开挖完成后，分层、分块浇灌底板、内衬、中隔墙和顶板的混凝土，并在隔仓内浇灌混凝土和回填沙土。

　　⑥安装上部锚固设备，进行锚索的张拉和固定。

　　施工过程中，在槽孔建造、墙段接头、钢筋笼制作与吊放以及墙体和基岩的止水等方面的难度都是很大的。施工中采用了德国的液压双轮铣槽机、液压抓斗、重凿锤和 V 形钢板接头以及其他一些先进技术，完成了地下连续墙混凝土浇筑 $15260m^3$，钢筋制安 3700t，帷幕灌浆 3700m，高压旋喷灌浆 1700m。

　　此外，武汉市杨逻长江大桥的南锚碇采用了圆形的地下连续墙井筒式基础方案。值得注意的是，这个圆筒形基础采用的是自支撑系统，即它只靠在开挖过程中浇筑上去的 3m 厚的钢筋混凝土内衬来保持基坑的整体稳定。

（本节见《第八次全国岩石力学与工程学术大会论文集》，北京：科学出版社，2004：146～154）

4.6　高压喷射灌浆技术的最新进展

4.6.1　概述

高压喷射灌（注）浆技术（Jet Grouting，简称高喷技术）起源于日本。1970 年发明喷射（旋喷）桩（CCP 工法）以后，这种技术才得到广泛的应用和发展，而且在几年之内被引进到欧美各国。其中意大利的高喷技术独树一帜，在灌浆设备和施工技术方面都取得了很多新的技术成果，土力（SOILMEC）、卡沙特兰地（CASAGRANDE）和罗地欧（RODIO）是比较有代表性的公司。此外英格索兰（INGERSOIL－RAND）和克雷姆（KLEMM）公司也是生产高喷设备的著名公司。

我国在 20 世纪 70 年代初期开始引进和开发应用此项技术，进入 80 年代以后，这项技术得到了较快发展。近年来国内外一些高喷工程实例见表 4.11。

表 4.11　高喷工程实例

序号	工程名称	施工日期	平均/最大深度(m)	地层情况	高喷工法
1	泰国 KHAOLEAM 坝	1979～1982	65/	砂砾卵石及石灰岩风化层	二/三管法
2	阿根廷 DIEGA 坝	1979～1984	52/	淤泥、砾卵石层	二管法
3	莫桑比克 CORUMANA 坝	1983～1989	62/70	粉土、粗砂、卵砾石层	二管法
4	意大利维罗那水电站工程	1985～1987	68/	冲积的砂砾石层	三管法
5	意大利 FREJUS 高速路工程	1985～1990	45/	砂、卵石及强风化层	单管法
6	意大利 CENGIO 工程	1986～1990	40/	淤泥、粉细砂层	二管法
7	中国二滩水电站围堰工程	1993～1994	50/	淤泥、砾卵石层	二管法
8	河南方上防渗墙		/83		
9	中国小浪底围堰工程	1997～1998	48/	淤泥、砾卵石层	二管法
10	广东北江大堤防渗工程	1991	/63	砂砾卵石层	三管法
11	河南塔岗水库防渗墙工程	1993	/42	粉土、卵砾石层	三管法
12	武汉某基坑防渗工程	1994	/57	杂填土、壤土、细砂、砂砾卵石	三管法
13	武汉建银基坑防渗工程	1994	/48	杂填土、壤土、细砂、砂砾卵石	三管法
14	广东飞来峡围堰防渗工程	1994	/40	砂砾卵石层	三管法
15	三峡隔流堤防渗工程	1995	/48	风化砂、砂卵石及残留块球体	三管法
16	武汉香格里拉基坑防渗工程	1995	/42	杂填土、壤土、细砂、砂砾卵石	三管法
17	河南乌洛水库防渗墙工程	1995	/42	砂砾卵石层	三管法

最近十年以来，国外的高喷技术进展非常迅速，开发和应用的部门和工程越来越多。那么这些新进展究竟体现在哪些方面呢？笔者认为有以下几方面：

1）增加射流破碎能力，加大地层内细颗粒的置换力度，能在砂、卵石地层建造出大直径及高强度的桩体，并能在黏性土中造出所需直径的桩体。

2）把高喷技术与深层搅拌技术、超高压射流技术、超声波检测技术结合起来，使高喷技术应用到了各种复杂的地质条件和工程环境条件之中。

3）改进了施工设备，特别是开发了高压泥浆泵，大大提高了水和浆液的射流压力。

4）解决了高喷法在地表附近质量较差的问题。

5）解决了高喷施工场地污染问题，废浆量降低到 $8\%\sim10\%$ 以下。

目前在软弱地基中用压入水泥浆液来改良地基的方法，主要有以下几种：灌（注）浆工法、高压喷射灌浆工法（单管法/二重管法/三重管法/多重管法）、深层搅拌工法和深层搅拌与高压喷射灌浆混合工法。

常见的高喷工程的施工过程见图 4.50。

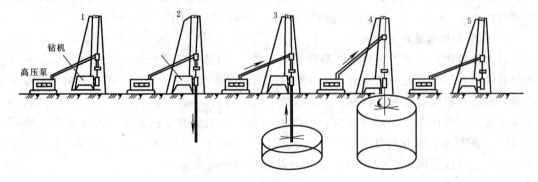

图 4.50　高压喷射灌浆施工过程图

为了叙述方面，现把一些国家的高喷工法加以归纳汇总（见图 4.51），以便对照比较。

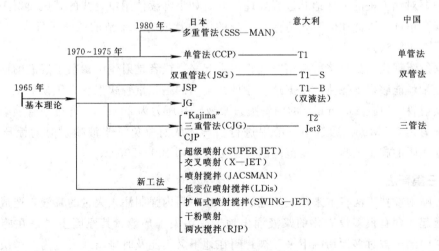

图 4.51　高压喷射灌浆分类图

4.6.2　单管法的新进展

目前，对提高单管法的施工效率和加大桩体直径提出了新的要求，为此提出了三个解决方案：

1）增大喷嘴直径和增加喷浆量。

2）增大喷射压力。

3）把切割地层和灌浆工序分开。

1. 增大喷嘴直径和增加喷浆量

首先考虑增大喷嘴直径以及与其相应的浆液喷射量的增加。以前的喷嘴直径是 2.0～2.3mm，浆液的喷射量是 25～35L/min，现在可将喷嘴直径增大到 3.2～3.3mm，浆液的喷射量增加到 60L/min，由此可将直径增大到 40～90cm。

2. 增大喷射压力

另一个方法是增加泵的压力。泵压达到 40MPa 以上的泥浆泵出现之后，就立即被采用了。此时钻杆也改为直径 54mm 的耐高压的钻杆。日本的施工喷射压力已达到 40MPa，喷嘴直径 3.1～3.5mm，浆液的喷射量是 100L/min，直径为 70～140cm。

3. 将施工过程分作两步进行

过去单管法大多是把切割地层和灌浆合一的 。如果将这两个施工工序分开，就可以更加有效地利用各自的射流能量，会更加扩大固化改良的范围。也就是说，在第一个施工阶段，利用水的喷射流来切割地层；在第二个施工阶段，通过喷射固化浆液来进行混合，这样可减少切割地层时的能量损失，可以进一步扩大固化改良的范围。实践证明，使用 20MPa 的高压泵，固化改良的直径可以达到 70～110cm；而使用 40MPa 的高压泵，固化改良的直径可以达到 110～160cm。这种做法很值得借鉴参考。

4.6.3　改良后的二重管法

随着喷射搅拌工法的推广应用，对地基处理又提出了更新的要求。例如，在软弱地层中打入钢板桩作为挡土（防渗）墙，但是钢板桩的长度有限，不能深入到下面的土层中时，就需要对钢板桩的下部地基进行处理。此时如果继续使用单管式的高压喷射工法，施工效率就会很低。因此如何有效地保持射流的压力就成为一个新的课题。日本 1976 年首先提出了二重管法。

根据射流理论，如果将射流用空气膜包裹起来，或者是射流中掺杂了气泡的话，射流压力的能量就能够得到保持。依据这一原理开发出的是二重管式工法高压喷射工法。它是从两重喷射管（口径 60.5mm）的内管喷射浆液，其压力为 20MPa；通过外管喷射压缩空气，其压力是 0.7MPa。通过空气喷射进行引导，从而避免了浆液喷射时射流压力的减小。根据实际的施工经验，改良范围的直径可以达到 100～200cm。

4.6.4　三重管法

高压喷射搅拌工法将本来稳定的地层，在短时间内强制注入大量的浆液，造成了周围的地形隆起，含有很多没固化的浆液涌出地表，污染了环境。其原因主要是在施工过程中，地层中的土被过多地切割下来，被封闭在地下又不能及时排出地表。为了解决这一问题，开发出来的是三重管式高压喷射搅拌工法和多管式高压喷射搅拌工法。

日本于 1976~1988 年间开发出了三重管式高压喷射工法，在此只介绍其中有代表性的工法。

三重管的口径为 90mm。中心管用来输送浆液，其压力为 40MPa；第二层管是送水管，其压力是 20MPa；最外面的一层是送气管，其压力是 0.7MPa。喷嘴分上部喷嘴和下部喷嘴，通过上部喷嘴喷出空气和水，下部喷嘴喷出空气和浆液。高压水和空气在地层中边旋转边喷射，从而切割地层；多余的泥土被钻杆周围的空气提升排出到地面上来。与此同时，高压浆液通过下部的喷嘴喷出，跟切割下来的土料混合，从而形成固化体。改良范围能够达到 200~300cm。

可以看出，单管法固化体是通过强制搅拌灌浆的方式形成的，但是三重管法的固化体的形成则是半置换式的，能够形成强度更高的均匀的固化体。

4.6.5　多重管法

此法于 1992 年提出，在日本称之为 SSS—MAN 法。其原理和前面的三重管法是一样的，也需要利用水的射流，浆液的射流和空气的射流，但是它在钻杆上安装了专用的排泥管并能控制排泥数量。它先是钻出导孔，然后置入多重管（口径 142mm），在向下旋转时以高压水（40MPa）切削捣碎土体，把孔内形成的泥浆用真空泵从多重管中抽出，反复切削和排浆以形成更大的空洞，装在喷嘴附近的超声波传感器会及时测出空洞的直径和形状（见图 4.52），然后用水泥浆液、砂浆或砾石等材料充填形成桩体，桩体直径可达 2.2~2.8m，最大可达 4.0m。此法可以形成完全置换的固化体，施工深度可达 40m 以上，并可在水平方向施工。

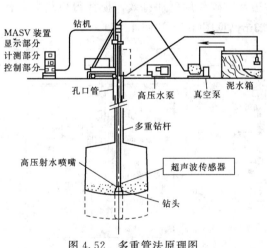

图 4.52　多重管法原理图

从图 4.53 中可以看出，利用多重管法可以把地层中某一部分按设计要求加以扩大，甚至不用灌浆法而是使用导管水下浇注法来形成桩体。

4.6.6　超级喷射法（SUPER JET）

本工法的最大特点是在压缩空气气膜（幕）保护下的水泥浆液压力高达 30MPa，而流量则高达 2×300L/min，是常规流量的 10 倍。在这种高压大流量的射流冲击下，它的桩径可以达到 5.0m（见图 4.54）。

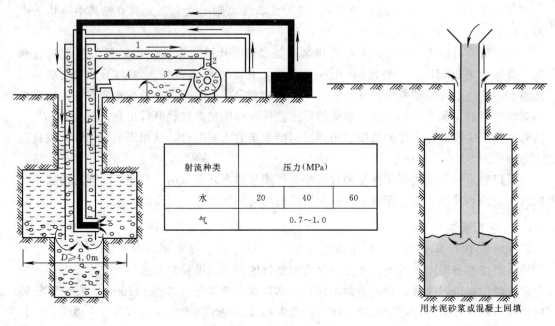

射流种类	压力(MPa)		
水	20	40	60
气	0.7～1.0		

用水泥砂浆或混凝土回填

图 4.53　多重管法施工图

4.6.7　交叉喷射法（X—JET）

　　本工法的特点是它的喷嘴的喷射方向不再是水平的，而是两组喷嘴射流方向交叉起来。这样可使射流的冲击和破碎作用更加有效，搅拌得更均匀，使得废浆污染大为减少。它的最大桩径可达到 2.3m（见图 4.54 和图 4.55）。

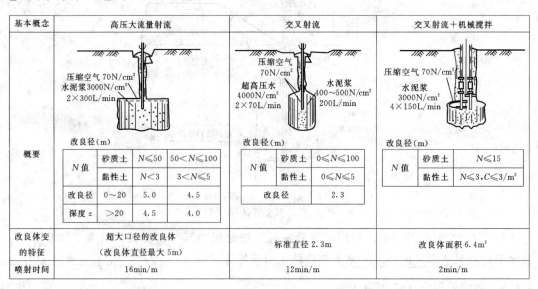

图 4.54　高喷新技术综合图

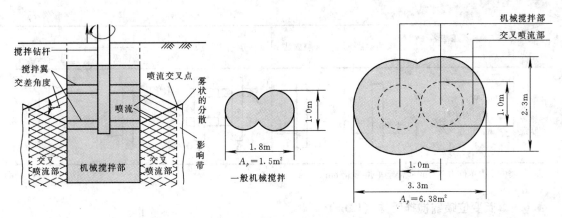

图 4.55 交叉喷射原理图

4.6.8 喷射搅拌法（JACSMAN）

本工法是前面所说的交叉喷射工法和深层搅拌工法结合产生的工法，见图 4.54。它是在深层搅拌机钻杆底部的搅拌叶端部布置了高压浆、气喷嘴，底部设有水泥浆喷嘴，见图 4.55。在搅拌叶对地基土进行机械搅拌的同时，进行交叉射流。

本工法有以下特点：

1）可以获得大断面的桩体（成桩面可达 6.4m²）。

2）桩体质量更为均匀。

3）施工效率高，可达到 300～600m²/d，相当于机械搅拌工法的 3～4 倍。

本工法已在日本 4 个工程中已完成了 900 多根桩，总进尺约 1 万米。平均造孔效率为 0.5～1.0m/min。它的机械搅拌部分浆液压力为 0.6MPa，流量 200～300L/min，而交叉喷射部分浆液压力为 30MPa，流量高达 600L/min。

上面三种工法的主要施工参数见表 4.12。

表 4.12 新的高压喷射搅拌工法比较表

项目		工法名	超级喷射法	交叉喷射法	喷射搅拌法	参考	
						三重管法	二重管法
上部喷嘴	水	压力	—	4000	—	4000	—
		流量	—	140	—	70	—
	固化材	压力	3000	—	3000	—	2000
		流量	600	—	600	—	60
	压缩空气	压力	70～105	70～105	70～105	70	70
		流量	6.0～10.0	4.0～6.0	6.0～10.0	1.5～3.0	1.5～3.0
	个数		2	2	4	1	1
下部喷嘴	固化材	压力	—	300	50～100	300	—
		流量	—	190	300～400	180	—
	压缩空气	压力	—	—	—	—	—
		流量	—	—	—	—	—
	个数		—	1	3	1	—

续表

工法名 项目	超级喷射法	交叉喷射法	喷射搅拌法	参考	
				三重管法	二重管法
喷射切削状况　W：水　C：固化材　A：压缩空气	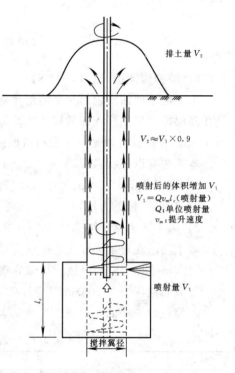				

（表中压力单位为 N/cm²；流量单位为 L/min）

4.6.9　低变位喷射搅拌工法（LDis）

这也是把机械搅拌和高喷工法结合起来的一种新工法。由于采用了高喷技术，可以大大减少机械搅拌工法产生的变位。它是把压力达 35～40MPa 的水泥浆液，从设在搅拌叶端部的喷嘴中喷射出来，以加强机械搅拌效果。它的施工原理见图 4.56，施工过程见图 4.57。

本工法曾用来加固基坑底部的细砂和砂质粉土，以防止很高的地下水位造成基坑隆起。加固体可承受 20t/m² 的荷载。桩直径 1.2m，厚 3.5m，参看图 4.58。

4.6.10　扩幅式喷射搅拌工法（SEING—JER）

本工法的主要特点：普通的机械搅拌叶是固定在钻杆底部的，而本工法的活动搅拌叶可在钻杆的任何深度位置上工作（转动）。本工法首先利用活动搅拌叶把钻孔扩大，然后注入水泥浆液。从搅拌叶端部喷咀喷出的射流可把桩径进一步加大。

4.6.11　喷射干粉工法

提高高喷固结体的整体质量的关键措施，就是尽量降低固结体的水灰比，增加水泥含量。如果喷射水泥干粉，效果更好。据了解，日本利用改性水泥干粉，已成功地用喷射水泥干粉来充填基岩裂隙（见图 4.59）。我国也有喷射干的水泥粉的尝试。

4.6.12　苏联的喷射冷沥青技术

由苏联开发成功的这种新技术，具有加快成墙速度和降低施工费用的优点。冷沥青（沥青乳

图 4.56　低变位喷射搅拌工法原理图

图 4.57　标准施工过程图

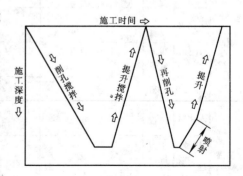

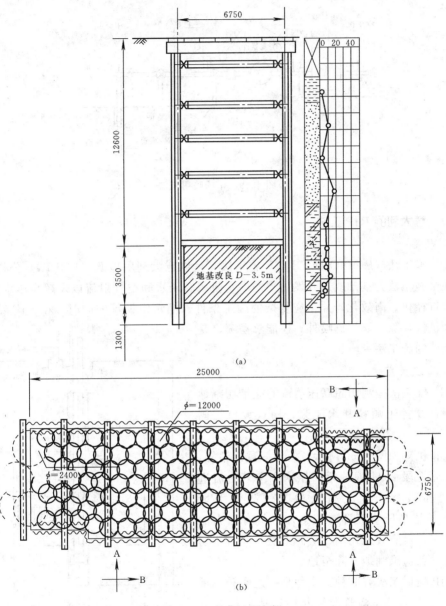

图 4.58 高喷工程实例

(a) 剖面图；(b) 平面图

剂）通过喷射钻杆注入地层内。杆的侧面每隔一定距离开有喷射孔，孔口安装喷嘴，其出口直径仅为 1～2mm。在钻杆末端设有两个向下喷射水流的喷嘴。射流压力目前采用10MPa。整个施工过程与前面提到的高喷工艺相似。利用高压泵将沥青乳剂注入土层内，与被高速射流粉碎的土颗粒均匀混合，硬结后形成具有弹性和防水性的固结体，可形成连续的防渗墙。

　　如果把喷射压力提高到 20～30MPa，还可以在透水岩石中形成连续的防渗帷幕，但这有待继续试验。

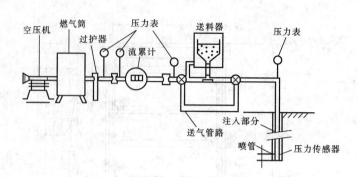

图 4.59 干粉喷射工法

4.6.13 意大利的 RJP 工法

1. 概要

RJP 施工法（RODIO JET PILE 施工法）是以意大利罗地欧（RODIO）公司的高压旋喷注浆施工法为基础改进开发出来的。它使用高压水和空气射流以及超高压水泥浆等，谋求大口径化、高效化，并适应复杂的施工条件、缩短工期等的同时，在 RJP 钻机上设置摆动机构，除了能够旋喷外，还能够摆喷，是一种经济的施工法。

2. 工法要点

RJP 施工法是利用超高压射流的能量切割地基，混合搅拌土颗粒和水泥浆，构筑大口径固结体。

工作机理如图 4.60 所示，使用三重管钻杆，通过钻管上段 20MPa 的超高压水和空气射流进行切削和破碎，形成超松散层。钻管下段 40MPa 的超高压浆液和空气射流，具有强大的切削能量，可有效地切削、破碎地层，同时将切削产生的钻渣顺利地排除至地面。

RJP 喷射工法有两种：一种是一边回转三重管钻杆一边提升，构筑圆柱状固结体的构筑方式；另一种是一边使钻杆在一定的范围内摆动一边提升，构筑扇柱状的固结体的构筑方式（摆喷方式），即通过将超高压水和超高压固化材料以

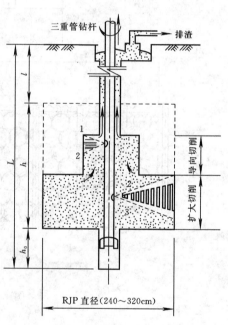

图 4.60 RJP 施工法加固模式图

及空气射流同向配置，在设计角度内摆喷，以 90°~270° 的范围构筑扇柱状固结体，可确保与圆柱状 RJP 有相同的半径，而且加固体特性也相同。

3. 工法的特点

通过上段喷嘴进行导向切削，自下段喷嘴以超高压与空气射流一起喷射固化材料，构筑直径 2.5~3.0m 的大口径加固体。

（1）利用摆动方式构筑扇柱状加固体

通过在设计角度内摆射，能够在 $90°\sim270°$ 的范围构筑扇柱状加固体。

（2）合适的固结强度

根据设计要求选用固化材料，能够构筑从普通强度到低强度的加固体，例如在砂质土层能够构筑 $12\sim20\text{kgf/cm}^2$ 的固结体，在黏性土层能够构筑 $2\sim7\text{kgf/cm}^2$ 的固结体。

（3）通用性强

不需要套管、滤水管等水下辅助作业，从钻孔到构筑固结体，能够连续循环施工。

（4）防水性和连续性好的

除了能够沿着相邻构筑物的边缘进行施工外，还可通过高压射流获得很高黏着力。

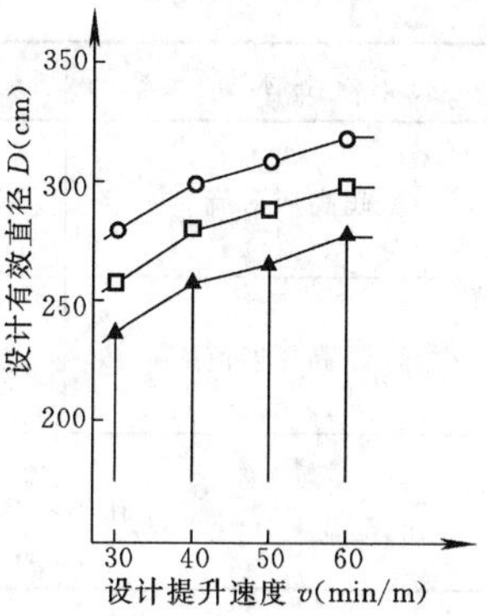

（5）无公害且经济的固化材料

固化材料使用无机物水泥系材料，能够长期稳定，无公害且经济。

图 4.61　有效直径与提升速度的关系

4. 固结体的特性

与其他高压旋喷注浆施工法一样，在 RJP 工法设计时，把握现场的地基状况极为重要。为了确保加固体的质量，需要进行各种土质调查。

关于特殊土，如砂卵层不能通过高压射流来切削、破碎，如腐殖土因为含有阻碍水泥类固化材料水化反应的腐殖酸。所以，对固结直径、固结体强度要进行慎重的研究。

采用 RJP 施工法构筑的加固体的力学特性，即设计使用的标准数值列于表 4.13。

表 4.13　加固体的设计标准值表　　　　　单位：N/cm²

硬化材料代号	土质	单轴抗压强度 q_n	黏聚力 C	附着力 f	弯曲抗拉强度 σ_t	强性模量 E_{s0}	水平地基反力系数 K
RG—1	砂质土	200	40			20000	
	黏性土	70	30			7000	
RG—2	砂质土	120	30	1/3C	2/3C	12000	
	黏性土	50	20			5000	
RG—3	腐殖土	20	10			2000	

图 4.61 示出了固结体的有效直径与提升速度的关系曲线，依土质条件、喷射压力、喷射时间等而有差异，这些是以一般地基的值为基础绘制的。根据需要，通过现场试验进行确认很重要。

5. 技术性能和施工方法

表 4.14 示出了 RJP 施工法的技术标准。施工系统主要分为设备和钻机两方面。施工方法可参考图 4.62 所示的钻机方面装置图，施工顺序如下：

表 4.14　标准技术性能表

名称	使用材料	标准技术性能	
超高压射流	水	工作压力	200kgf/cm²
		排量	50L/min
超高压射流	水泥浆	工作压力	400kgf/cm²
		排 量	100L/min
压缩空气		工作压力	7kgf/cm²
		排 量	3～7m³/min

（1）安装

将 RJP 钻机移动安装到预定的施工位置。

（2）钻进

以适合地层的压力、转速、给进速度等钻进至计划深度。

（3）喷射试验

钻至计划深度后，设定回转摆动速度，提升速度，进行喷射试验。

（4）通过选定的施工参数和三重管钻杆来构筑桩体。

（5）RJP 构筑完成后，将三重管钻杆提至地表，填埋孔口，清洗管路。

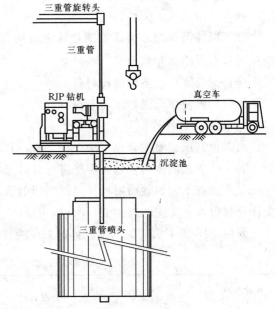

图 4.62　RJP 施工图

6. 施工实例

（1）增强挡土墙基础承载力工程

在日本岛根县隐岐岛的原有挡土墙基础因为桥梁引道的桥头部分产生下沉而不稳定。为此利用 RJP 桩来提高原有 L 型挡土墙基脚（宽 1.5m）的承载力。

RJP 的配置为：设计直径 3.0m，自基脚两侧开始加固面积比约 40%。喷射时间定为 40min/m。

地层情况：顶端附近是 $N=4$ 左右的混砾砂质黏土，下部是 $N=11$ 左右的混砾砂质土，通过开挖和取芯确认，固结体直径 3.0m，强度 $q_u=18.3～24.8kgf/cm^2$，完全满足了设计要求。

平面图和断面图如图 4.63 所示。

（2）涌砂防止工程

在日本大孤市北区修建合用沟的起始竖坑时，为确保地下连续墙顺利施工和防止坑底涌沙而把基坑内部的土体全部用 RJP 桩予以加固，其直径为 2m。土质为混砾砂，N 值超过 50，而且加固深度 49m。与 RJP 施工法的标准设计不同，通过改变喷射时间等对施工

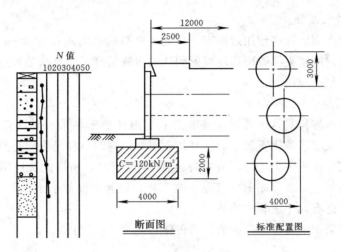

图 4.63　挡土墙基础加固图

方法进行改进，先进行了试验。为此选定喷射时间为 35min/m，可获得 2.0m 的加固直径。正式施工采用了这一参数，使竖坑顺利开挖完成。

4.6.14　关于浆液的改进

本工法最初使用的一种化学浆液有毒，而被停用；之后开发使用了水玻璃系列和水泥系列的浆液。目前最常用的是水泥系列的材料。最初开发使用水泥系列材料时，由于凝固时间无法调节，改良效果并不理想。但是，由于水泥浆液不会产生污染，又比较便宜，又容易采购，仍然是一种比较理想的材料，所以又开展了添加剂与掺和材料的开发研究工作。现在已经使用以下材料：

1）石灰、矾土、石膏的熔融混合物。
2）缓凝剂。
3）含钙的混合物、缓凝剂等。
4）水泥系列材料。

现在使用的最主要的灌浆材料是水泥系列材料。由于开发使用了可以产生高压的泥浆泵，解决了水泥颗粒摩损问题，使得水泥系列的固化材料成为最主要的高压喷射灌浆材料。

4.6.15　关于高喷灌注体的质量检验

如何检测和检验高喷灌注体的质量，多年来一直没有很理想的解决办法，下面简单介绍一下常用的方法。

1. 开挖检查法

由于地下水和边坡稳定要求，常常只能开挖 3～4m，对于评价桩体的整体质量来说价值不大。

2. 钻孔取芯法

对钻芯进行物理力学试验和渗透试验，也可在钻孔内进行压（注）水试验。此法受钻孔取样设备和技术限制，常常不能令各方满意。

3. 测音管桩检测法

这是中国台湾地区曾经使用过的方法。它是在高喷孔附近设置 3～4 根 $\phi50$ 钢管测音管，利用放入管内的麦克风收听高压喷射到达的声音信号，以判断是否达到桩径。此法不确定因素很多，很少应用。

4. 超声波测桩法

这就像用超声波检测地下连续墙槽孔形状和灌注桩的桩形一样，它是在三管法施工中，利用超声波检测浆液比重较小时的桩体轮廓，以判断桩径是否满足要求。由于实际施工时，桩孔内浆液比重多大于超声波检测的最小比重 1.1，所以此法应用起来有不少的难度，唯在全置换的三管法（如 RJP 工法）施工中，因其浆液常小于 1.1，才可使用。据了解中国台湾地区已有几个三管法检测实例。

此外，还有采用地质雷达来检测高喷桩体。

5. 围井

这是常用的一种方法，它是在施工现场做成的方形或多边形竖井，其深度从几米到十几米或更深。井的周边由不同配比、不同桩间、不同灌浆压力和浆液比重、不同的提升和旋转速度构成的多根桩体构成。完成之后若干天，将井内土料挖出，观察桩体的质量，取芯做室内试验，最后将井口封闭，进行整井的压水或注水试验。由试验结果，选定新的设计施工参数。

当高喷防渗墙建成之后，可以墙体为一边，在其外侧再用同样施工参数建造的一些新桩体，围成四边形或三角形竖井，再照上法检测墙体的质量和透水性。

4.6.16　结语

本节简要介绍了国外高压喷射灌浆技术的最新进展情况。从中可以看出，高喷工程的最新技术不但表现在不断改进和提高施工机械及设备的性能和效率，更重要的是，还把其他方面的最新技术吸收结合起来，加以应用，取得了明显的技术和经济效果。所有这些都值得认真进行研究并积极应用。

今后的主要开发课题有：

1）施工机械的小型化，以满足在隧道、地下室等部位施工的需要。

2）固化灌浆材料的开发。

3）施工管理和检测设备的开发。

4）降低环境污染措施。

第5章 深基坑支护工程总体设计要点

5.1 概 述

5.1.1 发展概况

地下连续墙是由意大利在 1950 年首先应用到水库防渗墙工程中。这是些以防渗（不开挖）为主要目的地下连续墙。到了 20 世纪 60 年代末期和 70 年代初期开始把地下连续墙（开挖后）作为各种建筑物或构筑物的基坑支护，或者作为永久结构的一部分，或者作为各种建（构）筑物的基础。这些地下连续墙强度很高，断面尺寸比较大，结构刚度大。为了与防渗为主的地下连续墙相区别，把它叫做刚性地下连续墙，而深基坑工程又是应用刚性地下连续墙最多的。

1973 年日本首先把地下连续墙作为地下储油罐的围护墙，开了刚性混凝土地下连续墙本体利用的先河。在此后的几年间，我国也开始了这方面的应用。1979 年日本开始使用地下连续墙刚性基础，标志着地下连续墙的应用已经从防渗和临时支护结构为主转向了永久性结构。与此同时，世界各国都花了很大力气来研制新型的挖槽机械和配套设备，其中水平多轴液（电）动铣槽机和超声波检测仪的使用，是刚性地下连续墙施工的一次革命性的进步，它使深度达到 150～170m、厚度达到 3.0m 以上的超深地下连续墙的施作成为可能，使地下连续墙施工技术获得了惊人的进展。图 5.1 为日本地下连续墙厚度和深度的发展情况。表 5.1 是日本近年来建造大型刚性地下连续墙工程实例。

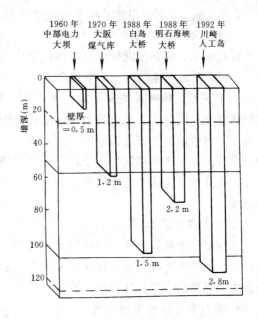

图 5.1 日本地下连续墙发展情况

表 5.1 日本主要大型地下连续墙实例

序号	工程名称	深度（m）	厚度（m）	断面尺寸（m）	挖槽机	施工开始时间
1	关东地下连续墙，3 号竖井	140	2.10		EM	1994.1
2	关东地下连续墙，2 号竖井	129	2.10		EM	1993.11
3	东京湾人行道，川崎人工岛	119	2.80	外径 103.6	EM	1991.11
4	北海道，白岛大桥基础	106	1.50	外径 37.0	EM、HF	1989.1

序号	工程名称	深度（m）	厚度（m）	断面尺寸（m）	挖槽机	施工开始时间
5	东京都，江东水泵站	104	2.60		EM	1990.10
6	东京，川崎竖井	76.5	2.00		EM	1990.2
7	本四，明石海峡大桥	75.7	2.20	外径 85.0	EM/HF	1990.1
8	东京电力、新丰州变电所	70.0	2.4/1.2	外径 144.0	EM	1993.2
9	大阪市，污水泵站	32.0		82.2×91.2		

进入 20 世纪 90 年代以后，刚性地下连续墙和深基坑工程获得了更快的发展，主要表现在以下几个方面。

1. 大断面、大深度的基坑工程

日本在这方面处于领先地位。例如明石海峡大桥的锚碇坑外径 85.0m，挖深 63.5m；大阪市下水道抽水站基坑外径 81.0m，挖深 40.9m；东京湾川崎人工岛基坑外径 103.6m，深度为海平面以下 70.0m；白鸟大桥基础外径 37.0m，挖深为海平面以下 73m；某大型地下变电站的基坑外径 144m，挖深 29.2m。此外，意大利某抽水蓄能电站的深基坑外径 30m，挖深 66m。这些超大型基坑都是采用圆环形结构。有些基坑则必须按非圆形（如矩形）来设计。日本大阪市某污水泵站基坑平面尺寸为 82.2m×91.2m 的矩形，挖深 32.0m。

2. 刚性地下连续墙的新技术和新材料

近几年来，高强度混凝土已经被用于地下连续墙工程。此外钢制地下连续墙和钢—混凝土（SRC）地下连续墙也不断用来建造新的建筑物基础。钢制地下连续墙是用型钢（如 H 型、工字型）和钢板构成主要框架，而以高强度混凝土填充其间建成的地下连续墙。它的强度高、刚性大、承载能力高，很适合于在狭小场地内施工。这种结构与以前已经大量采用的钢管混凝土桩是相似的，也是钢—混凝土组合结构新理论的实际应用。上面所说钢—混凝土地下连续墙的特点是在普通的钢筋混凝土中插入型钢（通常为工字型钢），可以大大提高地下连续墙抗弯抗剪能力（4~5 倍），减少支护墙水平位移，在深基坑工程中已被使用。

3. 软土基坑的加固

在软土中的基坑，往往因坑底土质太差，无法产生足够的被动土压力而导致支护墙变形过大甚至发生坍滑事故。现在越来越多的基坑对被动土压力区域进行加固处理，主要方法有水泥（或生石灰）搅拌法，旋喷（定喷）法以及化学注浆法等。

4. 情报化施工和安全管理

由于现代科学技术的发展，使得基坑工程的荷载和变形的实时测量、分析和监控成为现实，可大大降低施工风险，确保安全、顺利达到预想的目标。

5.1.2　我国发展概况

我国自 1958 年首先在水库防渗工程中使用桩排式防渗墙获得成功，次年又开发应用了槽板式防渗墙作为土坝防渗墙，在水利水电工程中获得广泛应用后，防渗墙逐渐推广到其他行业部门。如 1974 年鹤岗煤矿的两个深度分别为 30m 和 50m 的地下连续墙通风竖井，先后建成投入使用至今。1977 年上海试制使用了导杆抓斗和多头钻等挖槽设备，标志着地下连续墙施工技术的开发和应用进入了新阶段。

我国于 20 世纪 80 年代中期建成的上海耀华皮尔金顿玻璃熔窑工程中采用格构式地下连续墙做为永久性围护结构，是我国最有代表性的刚性地下连续墙工程之一。进入 90 年代，在北京、上海、广州和天津等大城市，有为数不少的采用地下连续墙作为永久（或临时）的围护和承重结构的超高层建筑物和构筑物，把我国地下连续墙技术推向了新的阶段。

综合各方面信息，可以认为地下连续墙施工技术已经在下述几个方面取得了很大进展：

1）新式挖槽机的开发应用和挖槽精度管理。

2）泥浆新材料和槽孔稳定的研究和应用。

3）墙段接缝的研究和应用。

4）混凝土技术。

5）信息化施工技术。

6）地下连续墙的本体利用。

刚性地下连续墙已经应用到以下工程中：

1）基坑支护墙（或桩）。

2）作为高层建筑物永久结构的一部分（本体利用）。

3）挡土墙。

4）地下构筑物的外墙或围护墙（如地下铁道、地下商场、下水道、管沟以及各种竖井等）。

5）桩基础和刚性基础。

6）隔振墙、防冲（刷）墙。

有关深基坑工程的最新发展概况，见本书 1.3 节。

5.2　深基坑支护结构设计要点

5.2.1　概述

随着国内外大量的高层（超高层）建筑物和水电、铁路、公路、矿山和码头的建成，一门新兴的学科——基坑工程学也随之诞生了。

基坑工程学是涉及地质、土力学和基础工程、结构力学、工程结构、施工机械和机械设备等的综合学科。由于设计、施工和管理方面的不确定因素和周围环境的多样性，使基坑工程成为一种风险性很大的特种工程。

关于基坑深浅问题，目前还没有一个明确的定论。因为即使只有 $4 \sim 5m$ 深的基坑，如果它是位于淤泥或淤泥质土中，那也是一个相当麻烦的基坑；相反地，位于砂卵石地基且没有地下水影响的基坑，即使它的深坑达到十多米，也不会造成严重的后果。

这里借用派克的判断原则，把大于 6.1m 的基坑看做是深基坑，实际上常把深度在 $6 \sim 8m$ 以上的基坑看做是深基坑。本书只对大于 15m 的深基坑进行讨论。

用地下连续墙作为支护墙的基坑，一般都是深基坑，这是本章（也是本书）所阐述的重点。目前我国高层建筑物的基坑最深已达 30 多米，开挖面积已达到几十万平方米。

有支护的基坑工程应包括以下几个方面工程（工序）：①挡土支护结构；②支撑体系；③土方开挖工艺和设施；④降水或止水工程；⑤地基加固；⑥监测和控制；⑦环境保护工程。

基坑工程应当满足以下基本的技术要求。

1）安全可靠性。要保证基坑工程本身的安全以及周围环境的安全。

2）经济合理性。要在支护结构安全可靠的前提下，从工期、材料、设备、人工以及环境保护等多方面综合研究其经济合理性。

3）施工便利性和工期保证性。在安全可靠和经济合理的条件下，最大限度地满足施工便利和缩短工期的要求。

基坑工程设计阶段取决于主体工程的性质、投资规模和施工进度的要求，一般可划分为总体方案设计和施工图设计两个阶段。

重要的深大基坑应结合主体工程设计进行基坑总体方案设计，并从以下各点对基坑工程方案进行分析评价和对比选择。

1）按主体工程地下室所处场地的工程地质及水文地质和周围环境条件，分析所考虑的基坑工程问题和相应的总体设计中的对策是否全面、合理。

2）对主体工程地下室的建造层数、开挖深度、基坑面积及形状、施工方法、造价、工期与主体工程和上部工程造价、工期等主要经济指标进行综合分析，以评价基坑工程技术方案的经济合理性。

3）研究基坑工程的支护结构是否兼作主体工程的部分永久结构，对其技术经济效果进行评估。

4）研究基坑工程的开挖方式的可靠性和合理性。

5）对大型主体工程及其基坑工程施工的分期和前后期工程施工进度安排及相邻影响进行技术经济分析，以通过分析对比，提出适应于分期施工的总体方案。

基坑总体方案设计目前多在主体工程施工图完成后、基坑施工前进行。但为了使基坑工程与主体工程之间有较好的协调，使临时工程与主体工程的结合能够更经济合理，大型深基坑的总体方案设计应在主体工程的初步设计中就着手进行，以利于协调处理主体工程与基坑工程的相关问题，诸如部分工程桩兼作立柱桩；地下主体工程施工时，支撑如何换撑；基坑支护结构与主体工程的结合方式；支护结构如何适应地下主体结构施工的构筑方式（逆作或顺作）以及如何处理支模、防水等工序的配合要求。

总体方案设计要在调查研究的基础上，明确设计依据、设计标准，提出基坑开挖方式、支护结构、支撑结构、地基加固土方开挖、支撑施工、施工监控以及施工场地总平面布置等各项方案设计。

施工图设计一般在主体工程（地下部分）施工图已完成及基坑工程总体方案确定后进行。施工图和施工说明的内容、各项具体技术标准依据和检验方法必须符合国家及各地区建筑行业管理部门的有关建筑法规、法令和技术规范、规程。

基坑工程方案总体设计中的一个重要内容，就是根据设计依据、设计标准，确定合理、便捷、安全经济的基坑开挖方法，并在此基础上作出支护结构、支撑体系、地基加固和开挖施工等配套设计。

基坑工程开挖方法及特点见表 5.2。

表 5.2　基坑支撑开挖方法表

方法		图例	特点
放坡开挖			1）放坡开挖较经济 2）无支撑施工，施工主体工程作业空间宽余、工期短 3）适合于基坑四周空旷处有场地可供放坡，周围无邻近建筑设施 4）软弱地基不宜挖深过大，因需较大量地基加固
无支撑围护开挖	挡墙支护下开挖		1）适合于开挖较浅工程、地质条件较好、周围环境保护要求较低的基坑 2）无支撑施工、工期较短
无支撑围护开挖	挡墙加土锚支护下开挖		1）适合于锚杆的锚固效应较好的地层 2）土锚的施工范围内无障碍物，周围环境允许打设锚杆，如锚杆打入基地外，应考虑拆锚及回收是否可行 3）无内支撑，方便主体工程施工、工期快造价较经济
	重力式挡墙支护下开挖		1）适合于一层地下室基坑的开挖施工，施工简便造价经济 2）环境保护要求较高，地层较软弱时慎用
有支护分层开挖			1）可适用于软弱地基，土方回填量少 2）可选用钢筋混凝土支撑或装配式钢支撑的支撑体系，其型式可多样化 3）按考虑时空效应的开挖、支撑、施工工艺，可有效控制围护结构变形，适合地层软弱、周围环境复杂、环境保护要求高的深基坑开挖 4）开挖机械的施工活动空间受限、支撑布置需考虑适应主体工程施工、换拆支撑施工较复杂
中心岛开挖			1）适合于开挖面积较大、基坑支撑作业较复杂困难、施工场地紧张的基坑 2）开挖特点是基坑中间先开挖、基坑围护结构内侧先留土堤后设斜撑。在较软弱地层中，此开挖法引起的周围地层位移较大些，须验算基坑变形是否为周围环境所允许 3）支撑用量较省，主体工程施工过程中，施工场地可周转使用 4）地下主体工程的钢筋混凝土工程施工缝处理较复杂 5）支撑撑于主体工程结构需进行验算并作构造处理
壕沟式开挖			1）适合于开挖面大而且全面开挖施工场地困难的基坑 2）地下主体工程需分次施工。围护结构需作二次，施工复杂、工期较长、造价较高

续表

方法	图例	特点
逆筑法（半逆筑法施工）开挖	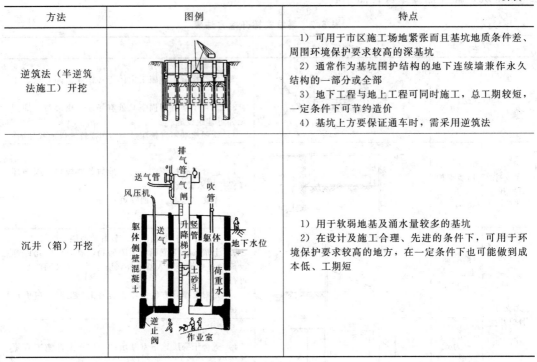	1）可用于市区施工场地紧张而且基坑地质条件差、周围环境保护要求较高的深基坑 2）通常作为基坑围护结构的地下连续墙兼作永久结构的一部分或全部 3）地下工程与地上工程可同时施工，总工期较短，一定条件下可节约造价 4）基坑上方要保证通车时，需采用逆筑法
沉井（箱）开挖	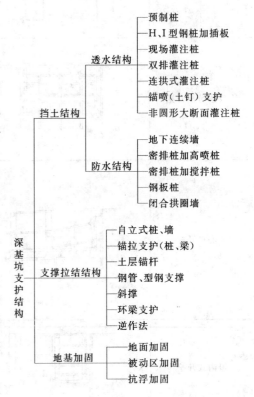	1）用于软弱地基及涌水量较多的基坑 2）在设计及施工合理、先进的条件下，可用于环境保护要求较高的地方，在一定条件下也可能做到成本低、工期短

5.2.2　深基坑支护的主要型式

1. 概要

深基坑的支护结构是多种多样的。大体上可以把它分为挡土（水）和支撑两大部分。其中挡土部分又可分为防水结构和透水结构两部分（见图 5.2）。支撑（或拉锚）系统则是与挡土部分共同承受外力并能减少基坑变形的结构。

有些挡土结构能够同时起到上述的挡土和支撑作用，这就是所谓的自立式挡土结构。这种结构常用大口径人工挖孔桩、地下连续墙（板状或丁字形）、双排灌注桩和重力式挡土墙等。

还有基坑是采用放坡开挖的，特别是大型的水利水电、矿山等基坑更是如此。根据支护结构的受力特点，施工方法和结构型式的不同，可把基坑结构分为如表 5.3 所示的几种类型。表中还列出了它们的适用条件。

表 5.4 列出了主要基坑支护结构的结构型式和施工要点。

图 5.2　基坑支护分类图

表 5.3　基坑支护方案选择表

序号	拟选择的支护结构	应考虑的因素			注意事项与说明
		施工、场地条件	土层条件	一般开挖深度（m）	
1	放坡开挖	1）基坑周围场地允许 2）邻近基坑边无重要建筑物或地下管线	可塑	<10	1）开挖深度超过 4～5m 时宜采用分级放坡 2）地下水位较高或单一放坡不满足基坑稳定性要求时宜采用深层搅拌桩，高压喷射注浆墙等措施进行截水或挡土
2	重力式挡土结构	1）基坑周围不具备放坡条件，但具备重力式挡墙的施工宽度 2）邻近基坑边无重要建筑物或地下管线	软塑	<6	1）土钉墙开挖深度不宜超过 12m，且土层较好的基坑支护工程 2）土层较差且厚度较大时特别是软塑至流塑土层，宜选择水泥土搅拌桩墙挡土结构
3	悬臂式挡土结构	基坑周围不具备放坡或施工重力式挡墙的宽度	可塑	<8	1）开挖深度不大，或邻近基坑边无建筑物及地下管线，或土层情况较好时，可选用 2）变形较大的坑边可选用双排桩或多排桩，门架式双排桩或加一道或多道拐角部位的斜撑 3）土质好时，可加大开挖深度
4	支锚排桩挡土结构	1）基坑周围施工宽度狭小 2）邻近基坑边有建筑物或地下管线需要保护	锚杆的锚固段要求有较好土层，其余不限	<20	1）基坑平面尺寸较小，或邻近基坑边有深基础建筑物或基坑用地红线以外不允许占用地下空间，可选择基坑内支撑排桩式支护型式 2）基坑周边土层较好（$N \geqslant 6 \sim 10$ 击的黏土等），且邻近基坑边无深基础建筑物或基坑用地红线以外允许占用地下空间，可选择拉锚排桩式支护型式
5	地下连续墙	1）基坑周围施工宽度狭小 2）邻近基坑边有建筑物或地下管线需要保护	不限	<20	1）地下连续墙宜考虑兼作永久结构的全部或一部分使用 2）基坑开挖深度较大时，地下连续墙应设置内支撑或锚杆，其要求与支锚式排桩要求类似 3）地下连续墙可结合逆作法或半逆作法进行施工
6	拱圈支护结构	1）基坑周围施工宽度狭小 2）邻近基坑边无重要建筑物	硬塑	<10	1）采用排桩支护结构较困难或不经济 2）坑壁拱圈支护结构应结合逆作法进行施工 3）基坑平面尺寸近方形或圆形
7	土钉或喷锚支护结构	1）基坑周围不具备放坡条件 2）邻近基坑边无重要建筑物、深基础建筑物或地下管线等	可塑	<12	1）土体内富含地下水，或可塑以下的软土厚度超过 3m，不宜采用喷锚支护结构 2）在市区内，或基坑周围有需保护建筑物，应慎用喷锚支护结构
8	组合式支护结构	1）邻近基坑边有重要建筑物或地下管线 2）基坑周围不具备放坡条件	不限	<20	1）单一支护结构型式难以满足工程安全或经济要求时，可考虑组合式支护结构 2）组合式支护结构型式应根据具体工程条件与要求，确定能充分发挥所选结构单元特长的最佳组合型式

续表

序号	拟选择的支护结构	应考虑的因素			注意事项与说明
		施工、场地条件	土层条件	一般开挖深度（m）	
9	环形内支撑桩墙支护结构	基坑周边施工场地狭窄或有相邻重要建筑物，基坑尺寸较大	可塑	<20	有下列条件时，可选用有内支撑排桩支护结构 1) 相邻场地有地下建筑物，不宜选用锚杆支护 2) 为保护场地周边建筑物，基坑支护桩不得有较大内倾变形 3) 场地土质条件较差，对支护结构有较大要求时 4) 地下水较高时，应设挡土及止水结构
10	逆作法基坑开挖与支护结构	适用各种土质的基坑	不限	<20	1) 逆作法为先进的施工方法，立体交叉作业，应预先做好施工组织方案 2) 以地下室的梁板作支撑，自上而下施工，挡土结构变形小，节省临时支护结构，节点处理较困难 3) 可按施工程序不同分为全逆作法或半逆作法
11	支护结构与坑内土质加固的复合式支挡	坑内被动土压区土质较差，或基坑较深，防止基坑支护结构过大变形或坑底土体隆起	可塑	<12	1) 被动区加固可用注浆法旋喷桩法、搅拌桩法，根据施工条件选择合适方法 2) 加固区深度与宽度应通过比较确定
12	地面拉结与支护桩结构	1) 场地周边开阔 2) 有条件采用予应力钢筋或花兰螺钉拉紧	不限	<12	1) 节省支护费用 2) 可与混凝土灌注桩或 H 型钢桩配合

表 5.4　基坑支护结构特性表

类型	型式	图例	特点
板桩式	钢板桩	 (1)U 型钢板 (2)H 型钢板 (3)Z 型钢板 (4)钢管	1) 钢板桩系工厂成品、强度、品质、接缝精度等质量保证、可靠性高 2) 具有耐久性，可回拔修正再行使用 3) 与多道钢支撑结合，适合软土地区的较深基坑 4) 施工方便、工期短 5) 施工中须注意接头防水，以防止桩缝水土流失所引起的地层塌陷及失稳问题 6) 钢板桩刚度比排桩和地下连续墙小，开挖后挠度变形较大 7) 打拔桩振动噪声大、容易引起土体移动，导致周围地基较大沉陷
	预制混凝土板桩		1) 施工方便、快捷、造价低、工期短 2) 可与主体结构结合 3) 打桩振动及挤土对周围环境影响较大，不适合在建筑密集城市市区使用 4) 接头防水性差 5) 不适合在硬土层中施工

续表

类型	型式	图例	特点
板桩式	主桩横列板	钢围檩　木挡板　H 型钢　插入深度	1) 施工方便、造价低、适合开挖宽度较窄深度较浅的市政排管工程 2) 止水性较差，软弱地基施工容易产生坑底隆起和覆土后的沉降 3) 容易引起周围地基沉降
柱列式	钻孔灌注桩	(1)一字形配置 (2)错缝配置 (3)搭接配置	1) 噪声和振动小，刚度较大，就地浇制施工，对周围环境影响小 2) 适合软弱地层使用，接头防水性差，要根据地质条件从注浆、搅拌桩、旋喷桩等方法中选用适当方法解决防水问题 3) 在砂砾层和卵石中施工慎用 4) 整体刚度较差，不适合兼作主体结构 5) 桩质量取决于施工工艺及施工技术水平，施工时需作排污处理
	挖孔灌注桩		1) 施工方便、造价较低廉、成桩质量容易保证 2) 施工、劳动保护条件较差 3) 不能用于地下水位以下不稳定地层
	地下连续墙	(1)地下连续墙 A 接头 (2)地下连续墙 B 接头 (3)地下连续墙 C 接头	1) 施工噪声低，振动小，就地浇制、墙接头止水效果较好、整体刚度大、对周围环境影响小 2) 适合于软弱地层和建筑设施密集城市市区的深基坑 3) 墙接头构造有刚性和柔性两种类型，并有多种型式。高质量的刚性接头的地下连续墙可作永久性结构；还可施工成 T 型、Ⅱ 型等，以增加抗弯刚度作自立式结构 4) 施工的基坑范围可达基地红线，可提高基地建筑物的使用面积，若建筑物工期紧、施工场地小，可将地下连续墙作主体结构并可采用逆筑法、半逆筑法施工 5) 泥浆处理、水下钢筋混凝土浇制的施工工艺较复杂、造价较高 6) 为保证地下连续墙质量，要求较高的施工技术和管理水平

续表

类型	型式	图例	特点
自立式水泥土挡墙	水泥土搅拌桩挡土墙	搅拌桩	1）适合于软土地区、环境保护要求不高，深度不大于 7m 的基坑工程 2）施工低噪声，低振动，结构止水性较好，造价经济 3）围护挡墙较宽，一般需 3～4m，需占用基地红线内一部分面积
	高压旋喷桩挡墙	高压水泵　水箱　气量计　浆桶　搅拌桩　钻机　泥浆泵　空压机　水泥仓　喷头　固结体	1）适合于软土地区环境要求不很高的基坑挖深不大于 7m 的基坑 2）施工低噪声、低振动，对周围环境影响小，止水性好 3）如作自立式水泥土挡墙，墙体较厚需占用基坑红线内一部分面积 4）施工需作排污处理，工艺复杂，造价高 5）作为围护结构的止水加固措施、旋喷桩深度可达 30m
组合式	SMW 工法	(1)全孔设置　(2)隔孔设置　(3)组合式	1）施工低噪声，对周围环境影响小 2）结构止水性好结构强度可靠，适合于各种土层，配以多道支撑，可适用于深基坑 3）此施工方法在一定条件下可取代作为围护的地下连续墙，具有较大发展前景
	灌注桩与搅拌桩结合	开挖面　迎土面　搅拌桩　灌注桩	1）灌注桩作为受力结构，搅拌桩作为止水结构 2）适用于软弱地层中的挖深不大于 12m 的深基坑，当开挖深度超过 12m 且地层可能发生流砂时，要慎用 3）施工低噪声，低振动，施工方便，造价经济，止水效果较好 4）搅拌桩与灌注桩结合可形成连拱型结构，搅拌桩作受力拱，灌注桩作支承拱脚，沿灌注桩竖向设置道数适量的支撑、这种组合式结构可因地制宜取得较好的技术经济效果
沉井法	沉井		1）施工占地面积小，挖土量少 2）应用于工程用地与环境条件受到限制或埋深较大的地下构筑施工中 3）沉井施工只要措施选择恰当，技术先进，沉井施工法可适用于环境保护要求较高和地质条件较差的基坑工程

2．主要基坑支护结构简介

下面把有代表性的支护结构介绍如下。

（1）地下连续墙

地下连续墙刚度大，挡土结构变位小，整体性好，可以在各种地基条件下施工；既可作为基坑的挡土和防水（渗）结构，也能作为永久结构（如地下室外墙）的一部分。它可以采用自立式结构，也可采用水平拉锚、土层锚杆、钢支承或混凝土梁作为水平支撑，还可以采用逆作法施工。它特别适用于深基坑工程。

地下连续墙也可采用闭合式断面，如圆筒形、矩形或多边形等。市政、桥梁的深基础或深的竖井常常采用这些闭合断面的地下连续墙。

1993 年在天津市冶金科贸大厦中采用的挡土、防水和承重三合一的地下连续墙支护墙，可以说是我国首次在高层（地上 28 层、地下 3 层）建筑物中，把基坑支护结构与永久结构合二为一的先例，这以后施工的金皇大厦（地上 47 层、地下 3 层）和华信大厦（建筑面积 18 万平方米，地下 3 层）也都采用了类似的设计体系。上海的金茂大厦（地上 88 层、地下 3 层）也是这种临时与永久合一的地下连续墙。

地下连续墙的缺点是：需要专用挖槽机，单位成本高，泥浆易污染环境。

（2）现场灌注桩

目前我国基坑工程的 50%以上使用了各种型式的现场灌注桩。

我国钻孔灌注桩的钻机很多，钻孔成本很低，桩径大小、桩身长短和桩的间距可以随意调整，并且具有可以和深层水泥搅拌桩、压力注浆、高喷和摆喷桩相结合（见图 5.3），组成防水（渗）的挡土结构等特点，使得钻孔灌注桩获得了广泛应用。

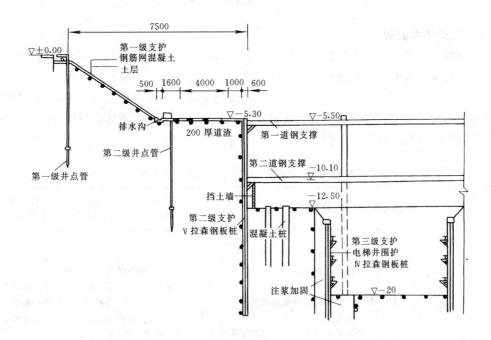

图 5.3 基坑支护

（3）钢筋混凝土支撑

这是近年来开发使用的基坑内支撑结构。在软土地基中，基坑支护结构的承载和位移过大常常造成基坑和支护结构的不稳定或事故。使用钢筋混凝土作为基坑的水平内支撑，具有刚度大、整体性高、便于施工等优点，即使在形状不规则或有缺口的基坑内，也可获得较为理想的效果，所以应用日渐增多。目前在天津、上海两地使用得较多。

环梁平面形状大多为单圆、双圆（见图 5.4）或椭圆以及框架式。目前最大环梁直径已超过 130m。

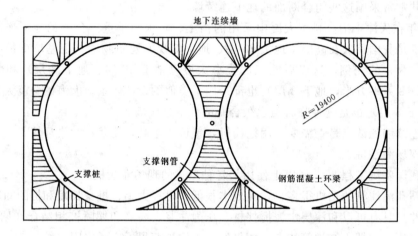

图 5.4 环梁支撑系统（平面）

5.2.3 支护结构选型

我国幅员辽阔，对于支护结构的施工工艺，各地不一，有传统的，有引进国外技术又结合当地情况改进的。因此如何合理地选择支护结构的类型，应根据地质情况、周围环境要求、工程功能、当地的常用施工工艺设备以及经济技术条件进行综合考虑，因地制宜地选择支护结构类型。表 5.5 为我国目前对于不同开挖深度不同地质环境条件下的支护结构可选择方案的归纳，可作为支护方案选型的参考。

表 5.5 我国基坑工程支护结构类型和应用

开挖深度	我国沿海软土地区软弱土层，地下水位较高情况	我国西北、西南、华南、华北、东北地区地质条件较好，地下水位较低情况
≤6m（一层地下室）	方案1：搅拌桩（格构式）挡土墙 方案2：灌注桩后加搅拌桩或旋喷桩止水，设一道支撑 方案3：环境允许，打设钢板桩或预制混凝土板桩，设1~2道支撑 方案4：对于狭长的排管工程采用主柱横挡板或打设钢板桩加设支撑	方案1：场地允许可放坡开挖 方案2：以挖孔灌注桩或钻孔灌注桩做成悬臂式挡墙，需要时亦可设一道拉锚或锚杆 方案3：土层适于打桩，同时环境又允许打桩时，可打设钢板桩

开挖深度	我国沿海软土地区软弱土层，地下水位较高情况	我国西北、西南、华南、华北、东北地区 地质条件较好，地下水位较低情况
6～11m （二层地下室）	方案 1：灌注桩后加搅拌桩或旋喷桩止水，设一至二道支撑 方案 2：对于要求围护结构作永久结构的，则可采用设支撑的地下连续墙 方案 3：环境条件允许时，可打设钢板桩，设二至三道支撑 方案 4：可应用水泥土搅拌桩工法 方案 5：对于较长的排管工程，可采用打设钢板桩，设 3～4 道支撑，或灌注桩后加必要的降水帷幕，设 3～4 道支撑	方案 1：挖孔灌注桩或钻孔灌注桩加锚杆或内支撑 方案 2：钢板桩支护并设数道拉锚 方案 3：较陡的放坡开挖，坡面用喷锚混凝土及锚杆支护，也可用土钉墙
11～14m （三层地下室）	方案 1：灌注桩后加搅拌桩或旋喷桩止水，设三至四道支撑 方案 2：对于环境要求高的，或要求围护结构兼作永久结构的，采用设支撑的地下连续墙。可逆筑法，半逆筑法施工 方案 3：可应用水泥土搅拌桩工法 方案 4：对于特种地下构筑物，在一定条件下可采用沉井（箱）	方案 1：挖孔灌注桩或钻孔灌注桩加锚杆或内支撑 方案 2：局部地区地质条件差，环境要求高的可采用地下连续墙作临时围护结构，也可兼作永久结构，采用顺筑法或逆筑法，半逆筑法施工 方案 3：可研究应用水泥土搅拌桩工法
>14m （四层以上地下室或特种结构）	方案 1：有支撑的地下连续墙作为临时围护结构，也可兼作主体结构，采用顺筑法或逆筑法，半逆筑法施工 方案 2：对于特殊地下构筑物，特殊情况下可采用沉井（箱）	方案 1：在有经验、有工程实例前提下，可采用挖孔灌注桩或钻孔灌注桩加锚杆或内支撑 方案 2：采用地下连续墙作为临时围护结构，也可兼作永久结构，采用顺筑法或逆筑法，半逆筑法施工 方案 3：可应用水泥土搅拌桩工法

5.2.4　基坑安全等级分类

《建筑基坑支护技术规程》（JGJ 120—1999）提出了基坑安全等级分类的概念，并提供了重要性系数（见表 5.6）。

表 5.6　基坑安全等级和重要性系数表

安全等级	支护结构破坏或土方开挖过程中地基土体位移的影响后果	重要性系数 γ_0
一级	对周边环境和对本工程施工影响很严重	1.10
二级	对周边环境影响小，对本工程施工影响很严重	1.00
三级	对周边环境影响小，对本工程施工影响不严重	0.90

按表中要求对基坑进行分类并不是一件容易的事情。但是它明确地告诉我们，在进行基坑设计的时候，一定要考虑一旦支护结构破坏对周围环境和对本工程施工的影响后果。根据工程具体要求，必须选定是按稳定性（强度）要求、还是按变形要求进行设计。如果是后者，还要根据周边环境条件确定允许变形量。

5.2.5　设计基本原则

支护体系设计要坚持安会、经济、方便施工的原则。

设计人员在掌握基抗工程要求（平面尺寸和深度等）、场地工程地质和水文地质条件、场地周边环境条件等资料后，应对影响基坑工程支护体系安全的主要矛盾作出分析，确定影响支护体系安全的主要矛盾是土压力还是渗流。一般说来，地下水位较高的砂土地基中基坑工程渗流是主要矛盾，特别是有承压水时，矛盾更为突出。软黏土地基中基坑工程土压力是主要矛盾。在支护体系选型和设计中一定要注意处理好主要矛盾。

在基坑工程支护体系设计中，要重视支护体系失败或土方开挖造成周边地基变形对周边环境和工程施工造成的影响。当场地开阔、周边没有建（构）筑物和市政设施时，基坑支护体系主要是本身的稳定，可以允许支护结构及周边地基发生较大的变形。这种情况可按支护体系稳定性要求进行设计。当基坑周边有建（构）筑物和市政设施时，应对其重要性、对地基变形的适应能力进行分析，并提出基坑支护结构和地面沉降的允许值。在这种情况下，支护体系设计不仅要满足隐定性要求，还要满足变形要求，而且支护体系设计往往由变形控制。

作用在支护结构上的土压力值与支护结构变形有关，因此按变形控制设计和按稳定性控制设计作用在围护结构上的土压力是不同的，在支护体系设计中应予以重视。

5.2.6　设计内容

基坑工程支护体系设计一般包括下述内容：

1）支护体系的选型，包括支护结构型式和防渗体系。

2）支护结构的强度和变形计算（对锚撑结构，包括锚固体系或支撑体系）。

3）防渗体系的设计计算。

4）基坑内外土体稳定性（含渗流稳定性）验算。

5）基坑挖土施工组织设计。

6）监测设计及应急措施的制定。

5.3　设计荷载和计算参数

5.3.1　概述

作用在基坑支护结构上的荷载有以下几种：

1）由上部结构传递下来的垂直荷载、水平力和弯矩，以及施工期间可能产生的荷载。

2）支护桩（墙）的自重。

3）基坑顶面上的超载（堆土、模板、车辆和邻近建筑物等）。

4）由地基土产生的水平土压力。

5）由地面超载产生的水平土压力。

6）水压力，大多情况下是渗透水压力和浮力。

7）地震产生的垂直和水平荷载。

上述各项荷载中，4）为土压力，是比较难于准确把握和计算的荷载，在设计计算和参数取值上常常采用直观、简单和偏于安全的方法。一般情况下不计地震产生的影响。

虽然传统的土压力计算理论不能计算基坑支护结构和土体的变形，不能完全适应当前基坑工程大发展的要求，但是由于弹性地基梁的 m 法和有限元法尚有其不成熟之处，计算机的应用在深基坑支护设计也未普及，特别是它们还不能完全考虑地下水的存在与渗流对水压力和土压力的影响。因此传统的土压力设计理论不仅还要保留，还要改进，以成为实用有效的计算方法。

当前对黏性土的土压力计算问题，有水土压力分算与水土压力合算的分歧。在国外，常取黏性土 $\phi=0$，此时分算法与合算法的结果是一致的，但是采用 $\phi=0$ 的算法偏于保守。当前已比较一致地认为可取固结不排剪或固结快剪指标，即 $\phi>0$。在 $\phi>0$ 条件下，有分析认为水土合算法在理论上是不成立的。深基坑工程中渗流问题比较突出，而又常在工程中被忽视，有些水压力分布的提法是含糊不清的甚至是不正确的，使水土分算法误差加大。

5.3.2　土的抗剪强度与强度指标的选定

1. 土的抗剪强度与试验方法

（1）土的抗剪强度表示方法

土的抗剪强度是指在外力作用下，土体内部产生剪应力时，土对剪应力的极限抵抗能力。

按库仑定律，黏性土的抗剪强度表达为

$$\tau_f = C + \sigma \tan\phi \tag{5.1}$$

式中　τ_f——土的抗剪强度，kPa；

σ——作用于剪切面上的法向压力，kPa；

ϕ——土的内摩擦角；

C——土的黏聚力，kPa。

无黏性土 $C=0$，故上式简化为

$$\tau_f = \sigma \tan\phi \tag{5.2}$$

对于平面问题，可用一个莫尔圆表示土体中某点的应力状态，莫尔圆周上各点的横坐标与纵坐标分别表示该点在相应平面上的正应力和剪应力，如图 5.5 所示。在图 5.5（a）中，平面 mn 的正应力与剪应力可表示为

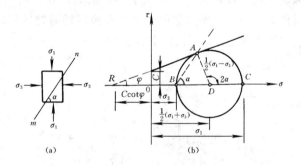

$$\sigma = \frac{1}{2}(\sigma_1 + \sigma_3) + \frac{1}{2}(\sigma_1 - \sigma_3)\cos 2\alpha$$

$$\tau = \frac{1}{2}(\sigma_1 - \sigma_3)\sin 2\alpha \tag{5.3}$$

图 5.5　土体中一点达极限平衡状态时的莫尔圆

(a) 单元微体；(b) 极限状态时的莫尔圆

式中　τ——剪应力，kPa；

σ_1、σ_3——土体的大小主应力（$\sigma_1 > \sigma_3$），kPa；

α——平面与大主应力作用面的夹角，即图 5.5（b）中 BC 与 BA 的夹角。

图 5.5（b）中，RA 直线称为强度包线，当莫尔圆与强度包线相切时，切点 A 的 $\tau = \tau_f$，表示切点 A 处于极限平衡状态。根据极限应力圆与强度包线之间的几何关系，可

得到抗剪强度指标和主应力 σ_1、σ_3 之间的关系如下：

$$\sigma_3 = \sigma_1 \tan^2(45°-\phi/2) - 2C\tan(45°-\phi/2) \tag{5.4}$$

$$\sigma_1 = \sigma_3 \tan^2(45°+\phi/2) + 2C\tan(45°+\phi/2) \tag{5.5}$$

（2）强度指标的测定方法

土的抗剪强度是土的一个重要力学性质。测定强度指标的方法有多种，在实验室内常用的有直接剪切试验和三轴剪切试验。

直接剪切试验采用直接剪切仪，图 5.6 为直剪仪的示意图，该仪器的主要部分由固定的上盒和活动的下盒组成，试样放在盒内上下两块透水石之间。试验时，通过加压板加法向力 P，然后在下盒施加水平力 T，使其发生水平位移，试样则沿上下盒之间的水平面上受剪切。在法向力 P 作用下，土样达到剪切破坏的水平作用力为 T。

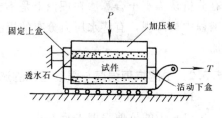

图 5.6　直剪仪

若试样水平截面积为 F，则正压力 $\sigma = P/F$，土样抗剪强度 $\tau_f = T/F$。

采用不同的法向应力，可得出不同的抗剪强度，将一组（一般为 4 个）σ 与 τ_f 的对应值画在坐标纸上，得到四个点，将其连成一条直线，该直线与横坐标的夹角即土的内摩擦角 ϕ，直线在纵坐标轴上的截距即土的黏聚力 C。

直接剪切试验仪器简单，操作方便，但存在以下问题：①剪切面限定在上下盒之间的平面，而不是沿土样最薄弱的面剪切破坏；②剪切面上剪应力分布不均匀，土样剪切破坏先从边缘开始，在边缘发生应力集中现象；③在剪切过程中，因上下盒发生错动使土样剪切面逐渐缩小，计算时却按土样原截面积计算；④试验时不能严格控制排水条件。

三轴试验是在三轴仪上进行，图 5.7 为三轴仪构造示意图，将土样加工成圆柱体套在橡皮膜内，放在密封的受压室中，然后加压，使试件在各向受到周围压力 σ_3。然后再通过传力杆对试件施加竖向压力，直至试样剪切破坏。设剪切破坏时由传力杆加在试件上的竖向压力为 $\Delta\sigma_1$，则试件上大主应力 $\sigma_1 = \sigma_3 + \Delta\sigma_1$，由 $\sigma_1 - \sigma_3$ 可画出一个莫尔圆，用同一种土的若干个试件（3 个以上，一般为 4 个）。按上述方法分别进行试验，对每个试样施加不同的周围压力 σ_3，可分别得出剪切破坏时的相应的大主应力 σ_1。将这些结果绘成一组莫尔破裂圆，画出该组莫尔破裂圆的公共切线（称破坏包线），就是土的抗剪强度线。该线与横坐标轴的夹角为土的内摩擦角 ϕ，在纵坐标轴上的截距即为土的黏聚力 C。

用三轴仪做试验，可控制排水条件，并测出孔隙水压力大小，且破裂面将出现在最弱处，结果比较可靠。

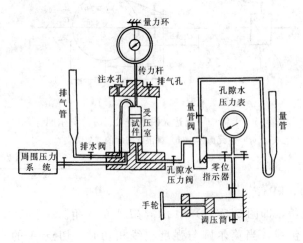

图 5.7　三轴仪

但这种仪器构造较复杂，操作技术也比较高，故目前还未能广泛使用。

（3）不同排水条件下的试验方法与结果

土的抗剪强度与土的固结度有密切关系，而土的固结过程就是孔隙水压力的消散过程，对同一种土在不同排水条件下进行试验，可得出不同的抗剪强度指标 C 和 ϕ，试验条件的选取应尽可能反映地基的实际工作情况。

根据试验时的不同排水条件可分为三种试验方法，其结果也各不相同。

1）不排水剪（在直剪试验中称为快剪）。这种试验方法在整个试验过程中试样保持不排水，如用直剪仪，则在试样的上下面均贴以蜡纸或将上下两块透水石换成不透水的金属板，并在加竖向压力后随即施加水平剪力，使试样迅速剪切破坏。当用三轴剪切仪时，则关闭排水阀门。在不同的周围压力 σ_3 作用下，破坏时的主应力差是相等的。将试验结果画出莫尔圆，则莫尔圆直径相等，因而强度包线是一条水平线，故内摩擦角 $\phi_u = 0$，则

$$\tau_f = C_u = \frac{1}{2}(\sigma_1 - \sigma_3)$$

直接剪切仪进行快剪试验常得出 $\phi_u = 1° \sim 3°$，这主要是由于直接剪切仪不能严格控制不排水的缘故。

2）固结不排水剪（在直剪试验中称为固结快剪）。在直剪试验中先将试样在一定的压力下完成固结，然后很快施加水平剪力，使试样在基本不排水的条件下快速剪切破坏。在三轴剪切试验中，先施加等向周围压力 σ_3，将排水阀门打开，让试样在排水的情况下完成固结，然后关闭排水阀门，再施加竖向压力，使试样在不排水的情况下剪切破坏。

对于不同的固结压力，剪切破坏力是不同的，但两者呈线性关系，强度包线的倾角以 ϕ_{cu}（直剪仪的固结快剪也有另以 ϕ_{cq} 表示的）表示，而截距则以 C_{cu}（或 C_{cq}）表示。当用三轴仪进行试验时，还可以通过测定的各相应的孔隙水压力 u，由 $\sigma_1' = \sigma_1 - u$，$\sigma_3' = \sigma_3 - u$，可算得破坏时的有效大小主应力，再画出有效应力圆与其强度包线。同理，此强度包线的倾角即为有效内摩擦角 ϕ'，截距为有效黏聚力 C'。

3）排水剪（直剪试验称为慢剪）。排水剪是在整个试验过程中都允许孔隙水充分排出的一种试验方法。如用直剪仪，则试样上下两面都放置透水石，在垂直压力作用下让试样完全固结后，再缓慢施加水平剪力，直至剪切破坏；在三轴剪切试验中，始终将排水阀门打开，并给予充分时间让试样中的孔隙水能够完全消散，这样就可以得到有效强度指标 C'、ϕ'。对正常固结的饱和黏性土，其结果与固结不排水试验用有效应力法所得的强度指标比较接近。

许多资料表明，直接剪切试验的慢剪指标与三轴剪切试验的排水剪切试验结果比较接近。

（4）超固结土与正常固结土的固结快剪强度指标

超固结土的前期固结压力 P_c 对固结快剪试验结果是有影响的。在固结快剪试验中，先让试样在一定压力下完成固结。三轴试验则在周围压力 σ_3 下固结，如果 $\sigma_3 > P_c$，属于正常固结试样，如果 $\sigma_3 < P_c$，则属于超固结试样。超固结土固结不排水剪试验的破坏包线为图 5.8 中的 ab 段。由于前期固结压力 P_c 超过试验时的周围预固结压力 σ_3，因此它的抗剪强度比正常固结土高。正常固结土的破坏包线如以总应力表示为 ebd，以有效应力表

示为 abd。

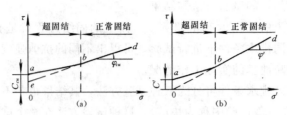

图 5.8　前期固结压力对饱和黏土
固结不排水剪切试验结果的影响
（a）总应力法；（b）有效应力法

（5）总应力法与有效应力法表示方法

抗剪强度试验成果一般有两种表示方法，一种是在 $\sigma—\tau_f$ 关系图中横坐标 σ 用总应力表示，称为总应力法，其表达式为

$$\tau_f = C + \sigma\tan\phi$$

式中符号意义同前。

另一种是在 $\sigma—\tau_f$ 关系图中横坐标用有效应力 σ' 表示，称为有效应力法。

由于土中某点的总应力 σ 等于有效应力 σ' 和孔隙水压力 u 之和，即 $\sigma = \sigma' + u$（或 $\sigma = \sigma_u$），故在有效应力法中，抗剪强度的一般表达式为

$$\tau_f = C' + \sigma'\tan\phi$$

或

$$\tau_f = C' + (\sigma - u)\tan\phi'$$

式中　σ'——剪切破坏面上的法向有效应力，kPa；

　　　C'——土的有效黏聚力，kPa；

　　　ϕ'——土的有效内摩擦角；

　　　u——剪切破坏时的孔隙水压力，kPa。

用有效应力法表示土的抗剪强度，可根据土的实际固结状态，估算总应力和孔隙水压力，得出较能反映实际情况的强度，但在试验中必须测量孔隙水压力，其设备和试验方法较复杂，必须用三轴仪才能完成；而用总应力法则无需测定孔隙水压力，试验方法简单、方便，它把孔隙水压力的影响包括在强度指标中，对于受排水条件影响不大的土，试验结果基本反映实际情况，故目前仍广泛应用。

（6）峰值强度与残余强度指标

前面所描述的不同排水条件下土的强度，均为土的峰值强度，也就是土的最高强度。从应力应变的性状看，无论是正常固结土或是超固结土，甚至是重塑的黏土，强度达到峰值以后都会降低，直至在大应变下强度不再变化为止，如图 5.9 所示。在大应变下强度的稳定值，即为残余强度，这是由于强度达到峰值时，试样开始出现破裂面。随着应变进一步增大，破裂面上下发生错动，土体受到扰动，强度降低，应力值也逐渐降低。上海市基坑规范中，采用土的峰值强度。

在基坑开挖中，当土体位移达一定值后，土体中就会产生破裂面。若位移继续增大，土的强度反而降低，此时土压力增大。因此，在发生大位移的条件下，应采用残余强度

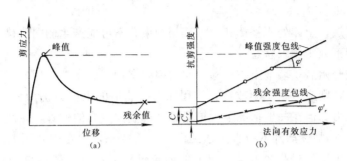

图 5.9　高度超压密黏土的应力—应变和强度曲线

指标。

　　残余强度是在试样剪切变形达数厘米甚至几十厘米的条件下测得的，在常规的剪切试验中，剪切变形不可能达到这么大，需要对现有试验方法加以改进。常用的方法有四种：①反复剪切的直剪试验；②事先把试样劈开的剪切试验；③三轴切面剪切试验；④环剪试验。

　　当无试验资料时，可参考下列资料估算残余强度及峰值强度。

　　黏性土的残余强度与黏粒含量有关，黏粒含量愈多，则残余强度降低愈多，残余强度 $C_r = 0$ 或很小，ϕ_r 比 ϕ' 约减小 $1° \sim 2°$，塑性指数大的土可减小 $10°$。无黏性土的残余强度见表 5.7。

表 5.7　无黏性土的残余强度与峰值强度

土的类别	残余强度 ϕ_r （或松散砂峰值强度 ϕ）	峰值强度	
		中密	密实
粉砂	$26° \sim 30°$	$28° \sim 32°$	$30° \sim 34°$
均匀细砂、中砂	$26° \sim 30°$	$30° \sim 34°$	$32° \sim 36°$
级配良好的砂	$30° \sim 34°$	$34° \sim 40°$	$38° \sim 46°$
砾砂	$32° \sim 36°$	$36° \sim 42°$	$40° \sim 48°$

　　2. 墙后主动区的强度指标选定

　　前已指出，室内试验按试样的排水条件，可得出三种强度指标，即不排水剪或快剪指标 $\phi_u = 0$，$\tau_f = C_u$；固结不排水剪或固结快剪指标 ϕ_{cu}、C_{cu} 及排水剪或慢剪指标 ϕ'、C'。

　　一般认为，强度指标的选定决定于土体的工作条件。由于土体的工作条件比较复杂，因此强度指标的选定也是一个比较复杂的问题。这里仅就深基坑工程的土体工作条件来讨论这一问题。

　　在支护桩或支护墙（以下均简称为支护桩或墙）设置之后，基坑开挖之前，地面以下深度为 z 的墙后土体中的某点的应力状态如下：竖向应力为土自重应力，且为大主应力 $\sigma_1 = \gamma z$，γ 为土体重度；水平向应力为小主应力 $\sigma_3 = K_0 \sigma_1 = K_0 \gamma z$，$K_0$ 为静止土压力系数。这就是天然土层中的应力状态，而且一般土为正常固结土。也就是说土在自重应力 σ_1 与 σ_3 的作用下，固结已经完成。只有新填土或沉积不久的土层，它在自重应力下固结未完成，称为欠固结土。

天然水平土层，土体处于平衡状态，互相约束，不可能产生侧向位移，也就是说土体在自重应力作用下处于侧限状态。

当基坑开挖开始后，墙前土被挖除，此时因有支护墙的支挡作用，如果支护墙因有支挡而无位移产生，则应力状态不改变，作用在支护墙上的土压力仍为 $\sigma_3 = K_0 \gamma z$，这就是所谓的静止土压力。但在一般情况下支护墙总会产生向坑内的位移，在此条件下，可认为 σ_1 保持不变，而 σ_3 则逐渐降低，直至达到极限平衡状态，即在破裂面上的剪应力等于土的抗剪强度。σ_3 的降低过程也就是剪应力的增长过程。由于一般基坑开挖工期较短，对于黏性土，剪应力引起的孔隙水压力来不及消散，即来不及固结。这种应力路线基本上是和直剪仪的固结快剪试验一致的。因为试验过程也是让土样先在侧限（即 K_0）条件下固结，而在剪切时是接近于不排水的。因此可以得出结论，在计算主动区由于土自重而产生的土压力时，采用固结快剪或固结不排水剪指标是比较合理的。

前面曾已指出，固结不排水剪的试验结果可以用总应力法的强度指标 C_{cu} 与 ϕ_{cu} 表示，也可以用有效应力法的强度指标 C' 与 ϕ' 表示。可是由于问题比较复杂，当前，一般还是采用总应力法的强度指标 C_{cu}、ϕ_{cu}，其原因将在后面说明。当采用水土压力分算法时，宜将主动区土的 ϕ 值提高至 $1.2\phi_{cu}$，被动区土的 ϕ 值提高到 $1.4\phi_{cu}$，并令 $C = C_{cu}$。

如果计算主动区由地面的临时荷载产生的土压力，情况就不一样了。这种荷载总是在支护结构已设置，并在基坑开挖开始之后短时间内施加完毕的，墙后黏性土来不及固结，因此计算土压力时应采用不排水剪或快剪指标。

此外，还有另外一种情况，就是在主动区的地面附近有已建的建筑物。要计算由此建筑物荷载引起的土压力，就要根据建筑物的建成年限具体分析。

以上各种情况均对黏性土而言，对于砂土，由于排水固结迅速，任何情况下均可采用慢剪指标，或用固结不排水剪经孔隙水压力修正后的 ϕ'、C' 计算土压力。

对于黏性土，特别是软黏性土，也有人主张采用不排水剪的强度指标，即取 $\phi_u = 0$，$C = C_{cu}$。由于这是一种最保守的设计方法，因此对于任何一种荷载均可统一采用，这样也就使计算得到简化。但是当采用不排水剪强度指标时，一般不宜采用室内试验的结果。因为室内试验的试样受到扰动，强度指标偏低，因此最好采用十字板的原位测试方法得出的 C_u。

此外，在处理基坑开挖出现滑坡事故时，可能要设计新的支护结构。在设计中对滑动面通过的土层，应采用残余强度指标。有的工程，支护结构发生很大位移（例如大于 200~300mm），工程出现险情，在考虑加固时，有时要验算土压力，此时采用的各土层的固结快剪指标应有所降低。

另外还有一种情况，即围护桩或工程桩采用打入或压入式的预制桩或沉管灌注桩，则土体将受到十分严重的扰动。虽然扰动之后，随着停歇时间的延长土体强度将逐渐恢复，但强度的恢复期很长，要达到 100% 的恢复，恢复期很可能要以年计。而对于深基坑工程，一般工期较短，因此，对于这种情况，应视工程实际条件，采用固结快剪的峰值强度与残余强度的某一中间值，或将原提供的峰值强度指标适当降低。

以上两点，在计算墙前区的被动土压力时也应同样考虑。

3. 墙前被动区的强度指标选定

墙前被动区土的强度指标一般也采用固结快剪或固结不排水剪强度指标。但是正如前面所指出，当采用水土分算法计算有效被动土压力时，按理同样也要采用有效应力法的强度指标，即 C' 与 ϕ'。可是目前一般还是采用固结快剪指标，这是不合理的，建议将被动区上的强度指标提高至 $1.4\phi_{cu}$。

此外尚需指出，墙前被动区土的应力路线与应力历史不同于墙后土。

今取原地面以下深度为 z（此深度大于基坑开挖深度）的被动区土体中某一点来讨论。该点在开挖前，其应力状态为 $\sigma_1 = \gamma z$，$\sigma_3 = K_0 \gamma z$，且已完成固结。当基坑开挖到底后，如开挖深度为 H，则由于上覆土体挖除而卸载，故竖向应力 $\sigma_v = \gamma(z-H)$，较之开挖前的 σ_1，减小很多；而水平向应力 σ_h 则因支护桩向坑内产生位移而挤压墙前被动区土体而增大。当达到极限平衡状态时，σ_h 成为大主应力 σ_1，而 σ_v 则成为小主应力 σ_3。按极限平衡条件可得

$$\sigma_1 = \sigma_3 \tan^2(45° + \phi/2) + 2C \tan(45° + \phi/2)$$

由于 $\sigma_3 = \sigma_v = \gamma(z-H)$ 为已知，求得的 σ_1 即该点的被动土压力。

从以上分析可知，墙前土体在基坑开挖之前和墙后土体一样，均处于正常固结状态，但开挖之后，坑底以下土体，因上覆压力减小而处于超固结状态。前面曾经指出，在相同上覆压力下，超固结土的强度高于正常固结土。如果不考虑这种超固结效应，则计算的被动土压力偏小，即偏于保守。

鉴于一般工程难以获得超固结土的强度指标，本章将在后面介绍一种由超固结比推求超固结土的强度指标的经验统计方法，可供参考。

超固结作用对于无黏性土的强度影响不大。因此，当墙前被动区为砂土时，仍采用有效内摩擦角 ϕ'。

在深基坑工程中，墙前土的工作条件，除了上述的超固结效应外，一般尚有工程桩的作用。因为高层建筑大多采用桩基础。在基坑内，常有百根以至数百根的工程桩密布，由于桩在墙前土体中起到类似复合地基或抗滑桩的作用，将增大被动土压力及坑底土体的稳定性。由于目前尚无考虑这种效应的具体计算方法，因此常被忽略不计。但作为设计人员应当心中有数，可以在取用安全系数时适当予以考虑。

在深基坑工程中有时也会遇到因为工程桩的施工方法不同，反而使墙前土体处于不利的工作条件。有些地区，为了降低工程桩造价，在设置支护结构之后，先开挖基坑至接近坑底设计标高，然后在坑内施工人工挖孔桩。由于人工挖孔桩的施工方法是先挖孔后下钢筋笼、浇注混凝土，这种桩孔的最小直径为 1.1m，桩孔较大，常需降排水，因此在浇注混凝土之前，墙前土体处于十分不利状况，宜尽量避免采用这种后打工程桩的施工程序。如果采用这种工序，则设计取用强度指标及安全系数方面都要加以考虑。

4. 边坡稳定分析的强度指标选定

深基坑的边坡一般是由挖方而不是填方形成的，因此在选定边坡土体的强度指标时，与土压力的计算相似，可以采用固结快剪或固结不排水剪指标，但当采用有效应力法分析时，应采用有效内摩角与有效黏聚力。

在验算深基坑围护结构的整体稳定时，一般采用固结快剪指标。但有时为了简化计

算，也可以采用快剪或不排水剪指标，即用 $\phi=0$ 的方法分析。

在考虑边坡坡顶附近的临时堆载时，按理也应将临时荷载与土体自重分开考虑，但这样计算比较麻烦。由于临时堆载一般不大，可以将固结快剪指标中的 ϕ 值适当降低 $1°\sim2°$ 而不必分开计算。对于砂土均采用有效内摩擦角。

5.3.3　土压力计算

1. 概要

在基坑工程的设计与施工中，为了维护基坑开挖边坡的稳定，常要设置临时性或半永久性的支护工程。土压力是作用于支护结构上的主要荷载，如果能够正确地估算和利用它，对于确保工程的顺利施工具有非常重要的意义。

根据挡土结构变位的方向和大小的不同，作用于其上的土压力可分为三种，即静止土压力、主动土压力和被动土压力（见图 5.10）。

1) 静止土压力 E_0。挡土结构在土压力作用下，不可能产生侧向位移时，作用于结构上的土压力称为静止土压力。如建筑物地下室外墙，由于横墙和楼板的支撑作用，墙体变形很小，可以忽略，则作用于外墙上的土压力可以认为是静止土压力。

2) 主动土压力 E_a。挡土结构在基坑外侧土压力作用下，向基坑内移动或绕前趾向基坑内转动时，随着位移的增加，作用于挡土结构上的土压力逐渐减小。当位移达到一定数量时，

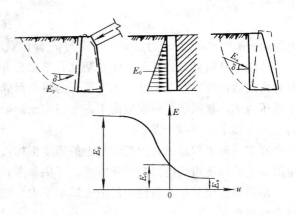

图 5.10　三种不同极限状态的土压力

其后土体开始形成滑裂面，应力达到极限平衡状态，此时土压力最小，称为主动土压力。进入主动土压力状态的位移量一般是比较小的，大致只有墙高的千分之几（见表 5.8）。

表 5.8　产生主动和被动土压力所需的位移量

土类	应力状态	位移型式	所需的位移量
砂土	主动	平移	$(0.001\sim0.005)h$
	被动	平移	$>0.05h$
	主动	绕前趾转动	$(0.001\sim0.005)h$
	被动	绕前趾转动	$>0.1h$
黏土	主动	平移	$(0.004\sim0.010)h$
	主动	绕前趾转动	$(0.004\sim0.010)h$

注：1. 表中数值根据西南交通大学彭胤宗教授等的最新试验研究成果（彭胤宗等："黏性土土压力研究报告之一"，西南交通大学，1991 年 3 月）进行补充；

　　2. 表中 h 为墙高。

3) 被动土压力 E_p。挡土结构在外部荷载推动下，向墙背方向移动或转动。随着位移的增加，土体阻止其变形的抗力随之增加，使作用于结构上的土压力逐渐增加。当位移达

到一定数量时，土体中也将形成滑裂面，应力达到极限平衡。此时土压力最大，称为被动土压力。进入被动状态的位移量比主动状态要大得多（见表 5.8）。

上述三种土压力是随位移变化的三种极限情况，由图 5.10 可知：$E_p > E_0 > E_a$。

作用在基坑支护上的土压力，根据结构型式、土体构成和变位状态，总会处于其中的某一状态，并在特定条件下发生转化。作用在基坑支护结构上的土压力通常介于 E_a 和 E_0 或 E_p 和 E_0 之间。

就基坑的支护墙而言，产生主动土压力和被动土压力的前提是土体必须处于极限平衡状态，而产生极限平衡状态的前提是支护墙必须有足够的位移。产生主动土压力和被动土压力所需的位移型式可能是平移，也可能是绕基底转动（见图 5.11）。对于无黏性土，平移产生主动和被动土压力所需的墙顶位移值分别为墙高的 1‰ 和 5%。对于黏性土则可以稍大些。当墙体背向基坑转动时，则需很大的位移才能使土体达到极限破坏状态，破裂面首先在靠近墙顶处出现，随着位移增大，破裂面在更深处出现。

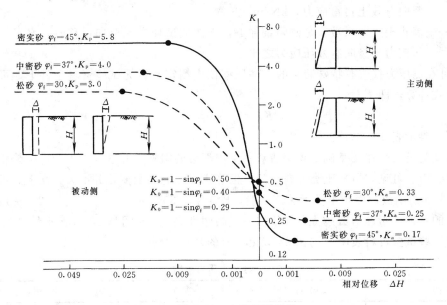

图 5.11　土的极限状态

实际大量监测资料表明，墙在基坑以下的位移大多在数厘米以内，远未达到表 5.8 所要求的数值。为什么此时基坑还是稳定的呢？我们可以这样来解释。

1）墙前土体处于原地面以下较深处，与一般挡土墙有很大差别。开挖之前，此部分土体处于超固结状态，且超固结比（OCR）很大，应力状态十分复杂。另一方面达到被动土压力所需的位移与土体的刚度和变形模量有很大关系。高度超固结土的变形模量显然大于一般挡土墙墙前的正常固结土，因此它产生的被动土压力所需要的位移就比较小。

2）在高层建筑深基坑中，往往有很多工程桩密布于墙前，这种复合地基的刚度显然大得更多。

从库仑于 1773 年提出土压力理论到如今的两百多年中，国内外众多学者和工程技术人员进行了大量的土压力试验研究工作，提出很多种土压力计算理论。其中库仑和朗肯土压力理论仍是应用最广泛的土压力理论。实践证明，这两个理论至今仍不失为有效的实用计算方法。

　　2. 静止土压力计算

　　如上所述，在支护墙无位移或位移很小时，作用在墙上的土压力可以按静止土压力计算。

　　（1）有效静止土压力计算

　　有效静止土压力的计算方法是先计算竖向有效土自重应力，再乘以静止土压力系数，即

$$P_0 = K_0 \gamma z \qquad (5.6)$$

式中　γ——土的重度。地下水位以下土层取有效重度，用 γ' 表示，$\gamma' = \gamma_{sat} - \gamma_w$。$\gamma_{sat}$ 为土的饱和重度，γ_w 为水的重度，kN/m^3；

　　　　z——计算点在地面以下深度，m；

　　　　γz——竖向有效土自重应力，kN/m^2；

　　　　K_0——静止土压力系数，是侧限条件下，土体或试样在无侧向位移时，水平向有效压应力与竖向有效压应力之比。

　　K_0 可在侧压力仪或有特殊装置的三轴压缩仪中测定，在无试验资料条件下，可用以下经验公式计算，即

$$K_0 = 1 - \sin\phi' \qquad (5.7)$$

也可以参考表 5.9 选定。

　　表 5.9 为吴天行在《基础工程手册》一书中汇集的国外一些学者发表的有关静止土压力系数值。由表可见，虽然土类五花八门，但静止土压力系数变化并不大，从上式可以看出 K_0 仅为 ϕ' 的函数，而与土类无关。一般，砂土 $\phi' = 30° \sim 40°$，黏性土 $\phi' = 20° \sim 35°$。ϕ' 决定于土的塑性，塑性指数越大，ϕ' 就越小。高塑性黏土，ϕ' 可取 20°。含水量高达 70% 的淤泥，一些试验资料表明 ϕ' 仍在 25° 以上，有的甚至达到 30°。

表 5.9　静止土压力系数

土的类别	液限 w_L（%）	塑性指数 I_p	K_0
饱和松砂	—	—	0.46
饱和密砂	—	—	0.36
干的密砂（$e=0.6$）	—	—	0.49
干的松砂（$e=0.8$）	—	—	0.64
压实的残积黏土	—	9	0.42
压实的残积黏土	—	31	0.66
原状的有机质淤泥质黏土	74	45	0.57
原状的高岭土	61	23	0.64~0.70
原状的海相黏土（Oslo）	37	16	0.48
灵敏黏土	34	10	0.52

　　必须强调指出，由于 K_0 是水平向有效压应力与竖直向有效压应力之比，而 γz 则为竖直向有效土自重应力，因此二者的乘积 $K_0 \gamma z$ 即为水平向有效压应力。又因为它是在侧

向无位移条件下的压应力，故称为有效静止土压力，常简称为静止土压力，其中不包括水压力。正因为这个缘故，故 K_0 远小于 1，大多在 0.5 左右，这个概念必须弄清，不可混淆。对于层状土，各层土的重度不同，则土自重应力 γz 应为各层土的重度 γ_i 与相应各土层厚度 h_i 的乘积和，即

$$\gamma z = \gamma_1 h_1 + \gamma_2 h_2 + \cdots + \gamma_n h_n = \sum_{i=1}^{n} \gamma_i h_i \tag{5.8}$$

（2）超固结作用对墙前有效静止土压力的效应

前面曾经指出过，在基坑开挖前，坑底以下土在土自重应力作用下一般已完成固结，属于正常固结土。但在基坑开挖后，坑底以上土体被挖除，使坑底以下土体的现存土自重应力小于开挖前的土自重应力，因而处于超固结状态。开挖前的土自重应力与开挖后的土自重应力之比称为超固结比，此值以 OCR 表示。超固结土的抗剪强度高于正常固结土，同样，超固结土的静止土压力系数也高于正常固结土。因此考虑超固结的作用，对支护结构的设计是有利的。

超固结作用对于砂土影响不大，可不考虑。对于黏性土，静止土压力系数与超固结比的关系可用下式表示（Ladd 等，1977 年）：

$$(K_0)_\infty = K_0 (OCR) m_1 \tag{5.9}$$

式中　$(K_0)_\infty$——超固结黏性土的有效静止压力系数；

　　　K_0——正常固结黏性土的有效静止土压力系数；

　　OCR——超固结比。在基坑工程中，坑底下某一深度的土的 OCR 值即为该点开挖前土自重应力与开挖后土自重应力之比；

　　　m_1——与土的塑性指数 I_p 有关的系数。一般土，$I_p < 20$，$m_1 = 0.41$；$I_p = 40$时，$m_1 = 0.37$。

3. 朗肯（Rankine）土压力

（1）基本公式

朗肯理论是从弹性半无限体的应力状态出发，由土的极限平衡理论导出。在弹性均质的半无限体中，任一竖直面应都是对称面，其上的剪应力为零，因此地表下任一点深度为 z 之处的应力为（见图 5.12）

$$\sigma_z = \gamma z$$
$$\sigma_x = K_0 \gamma z \tag{5.10}$$

在自然状态下，K_0 一般小于 1.0，则 $\sigma_z > \sigma_x$，所以 σ_z 为最大主应力，σ_x 为最小主应力。当土体沿水平方向伸展，使 σ_x 逐渐减小而达到极限平衡时，土体进入主动极限状态，如图 5.12（a）及（d）中的圆 Ⅰ 所示。当土体沿水平方向挤压，使 σ_x 增加而大于 σ_z，则土体进入被动极限状态，如图 5.12（c）及（d）中的圆 Ⅲ 所示。

朗肯土压力公式如下：

$$e_a = \gamma z K_a - 2C \sqrt{K_a} \tag{5.11}$$

$$e_p = \gamma z K_p + 2C \sqrt{K_p} \tag{5.12}$$

其中　　　　　　　　　　　$K_a = \tan^2 \left(45° - \dfrac{\phi}{2} \right) \tag{5.13}$

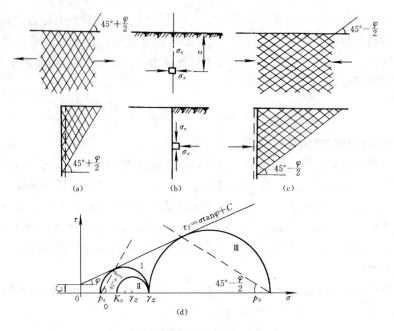

图 5.12　朗肯极限平衡状态

$$K_{\mathrm{p}} = \tan^2 \left(45° + \frac{\phi}{2} \right) \tag{5.14}$$

在主动状态下，当 $z \leqslant z_0 = \frac{2C}{\gamma} \tan \left(45° + \frac{\phi}{2} \right)$ 时，$e_{\mathrm{a}} < 0$，为拉应力。若不考虑这个拉应力存在，可求得作用在墙背上的总的主动压力为

$$E_{\mathrm{a}} = \frac{1}{2} \gamma h^2 K_{\mathrm{a}} - 2Ch \sqrt{K_{\mathrm{a}}} + \frac{2C^2}{\gamma} \tag{5.15}$$

式中　h——墙的高度。

土压力方向水平，作用点离墙底的高度为

$$z_{\mathrm{E}} = \frac{1}{3} \left[h - \frac{2C}{\gamma} \tan \left(45° + \frac{\phi}{2} \right) \right] \tag{5.16}$$

被动土压力呈梯形分布，总的被动土压力为

$$E_{\mathrm{p}} = \frac{1}{2} \gamma h^2 K_{\mathrm{p}} + 2Ch \sqrt{K_{\mathrm{p}}} \tag{5.17}$$

土压力方向水平，作用点为梯形形心，离墙底的高度为

$$z_{\mathrm{E}} = \frac{h}{3} \frac{1 + \dfrac{6C}{\gamma h} \sqrt{K_{\mathrm{p}}}}{1 + \dfrac{4C}{\gamma h} \sqrt{K_{\mathrm{p}}}} \tag{5.18}$$

（2）几点说明

1）朗肯土压力理论假定墙背是竖直光滑的，填土表面为水平，因此计算结果与实际监测结果有出入。由于墙背假定摩擦角 $\delta = 0$，计算主动土压力偏大（有的观测资料认为可达 20%），而被动土压力偏小，因此它的计算结果偏于保守。也正为如此，在等值梁法

中，采用了把被动土压力加以提高的方法，以求得更接近于实际的设计数据。

2）朗肯理论不论砂土或黏性土，均质土或层状土均可适用，也适用于有地下水及渗流效应的情况。

3）当基坑顶面作用着均布荷载 q 时，变为公式（5.19）

$$e_a = (\gamma z + q)K_a - 2C\sqrt{K_a} \tag{5.19}$$

式中 q——基坑顶面上的施工荷载（模板、散料、机械和混凝土罐车等），可取为 $20\sim$ 30kN/m^2。

4. 库仑（Coulomb）土压力理论

（1）基本公式

库仑土压力理论是 1773 年提出的，至今仍在广泛应用。库仑理论是在极限滑动楔体平衡的基础上推导出来的。它的基本假定是：

1）墙后土体为均质且各向同性的无黏性土。

2）挡土墙很长，属于平面变形问题。

3）土体表面为一平面，与水平面夹角为 β（见图 5.13）。

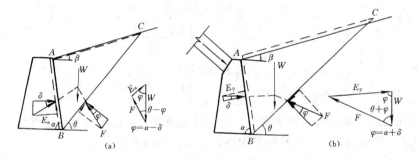

图 5.13 库仑土压力计算图式

4）主动状态：墙在土压力作用下向前变位，使土体达到极限平衡，形成滑裂（平）面 BC。

被动状态：墙在外荷载作用下向土体方向变位，使土体达到极限平衡，形成滑裂（平）面 BC。

5）滑裂面上的力满足极限平衡关系：

$$T = N\tan\phi$$

墙背上的力满足极限平衡关系：

$$T' = N'\tan\delta$$

以上式中 ϕ——土的内摩擦角；

δ——土与墙背之间的摩擦角。

根据楔体平衡关系（见图 5.13），可以求得主动和被动土压力为

$$E_a = \frac{\sin(\theta-\phi)}{\sin(\alpha+\theta-\phi-\delta)}\overline{W}$$

$$E_p = \frac{\sin(\theta+\phi)}{\sin(\alpha+\theta+\phi+\delta)}\overline{W} \tag{5.20}$$

式中　$\overline{W}$——滑楔自重。

$\overline{W}$可由下式表示：

$$\overline{W}=\frac{1}{2}\gamma\,\overline{AB}\,\overline{AC}\sin(\alpha+\beta) \tag{5.21}$$

其中，$\overline{AC}$是θ的函数。所以E_a、E_p都是θ的函数。随着θ的变化，其主动土压力必然产生在使E_a为最大的滑楔面上；而被动土压力必然产生在使E_p为最小的滑裂面上。由此，将E_a与E_p分别对θ求导，求出最危险的滑裂面，即可得到库仑的主动与被动土压力为

$$E_a=\frac{1}{2}\gamma h^2 K_a$$

$$E_p=\frac{1}{2}\gamma h^2 K_p \tag{5.22}$$

式中　γ——土体的重度；

h——挡土墙的高度；

K_a、K_p——库仑主动与被动土压力系数。

K_a、K_p是α、β、ϕ与δ的函数：

$$\left.\begin{array}{l}K_a=\dfrac{\sin^2(\alpha+\phi)}{\sin^2\alpha\sin^2(\alpha-\delta)\left[1+\sqrt{\dfrac{\sin(\phi-\beta)\sin(\phi+\delta)}{\sin(\alpha+\beta)\sin(\alpha-\delta)}}\right]^2}\\[28pt]K_p=\dfrac{\sin^2(\alpha-\phi)}{\sin^2\alpha\sin^2(\alpha+\delta)\left[1-\sqrt{\dfrac{\sin(\phi+\beta)\sin(\phi+\delta)}{\sin(\alpha+\beta)\sin(\alpha+\delta)}}\right]^2}\end{array}\right\} \tag{5.23}$$

库仑土压力的方向均与墙背法线成δ角。但必须注意主动与被动土压力与法线所成的δ角方向相反。作用点在没有超载的情况下，均为离墙踵高$h/3$处。

当墙顶的土体表面作用有分布荷载q（以单位水平投影面的荷载强度计），如图5.14所示，则滑楔自重部分应增加超载项，即

$$\overline{W}=\frac{1}{2}\gamma\,\overline{AB}\,\overline{AC}\sin(\alpha+\beta)+q\,\overline{AC}\cos\beta$$

$$=\frac{1}{2}\gamma\,\overline{AB}\,\overline{AC}\sin(\alpha+\beta)\left[1+\frac{2q}{\gamma h}\frac{\sin\alpha\cos\beta}{\sin(\alpha+\beta)}\right]$$

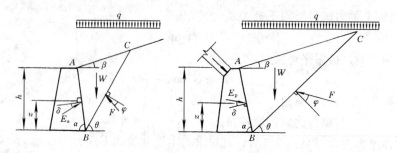

图5.14　具有地表分布荷载的情况

如果令$K_q=1+\dfrac{2q}{\gamma h}\dfrac{\sin\alpha\cos\beta}{\sin(\alpha+\beta)}$，则

$$\overline{W} = \frac{1}{2} K_q \overline{AB}\,\overline{AC} \sin(\alpha+\beta)$$

同理，可求得库仑的主动与被动土压力为

$$E_a = \frac{1}{2} \gamma h^2 K_a K_q$$

$$E_p = \frac{1}{2} \gamma h^2 K_p K_q \tag{5.24}$$

其土压力的方向仍与墙背法线成 δ 角。由于土压力呈梯形分布，因此作用点位于梯形的形心，离墙踵高为

$$z_E = \frac{h}{3}\frac{2P_a+P_b}{P_a+P_b} = \frac{h}{3}\frac{1+\dfrac{3}{2}\dfrac{2q}{\gamma h}}{1+\dfrac{2q}{\gamma h}} \tag{5.25}$$

式中　P_a、P_b——墙顶与墙踵处的分布土压力。

库仑土压力理论是根据无黏性土的情况导出的，没有考虑黏性土的黏聚力 C。因此，当挡土结构后为黏性土作为填料时，在工程实践上常采用换算的等值内摩擦角 ϕ_D 来进行计算，如图 5.15 所示。换算方法有以下几种。

1）根据经验确定：

①一般黏性土取 $\phi_D = 30° \sim 35°$。

②黏聚力 C 每增加 0.01MPa，ϕ_D 增加 $3° \sim 7°$，平均取 $5°$。

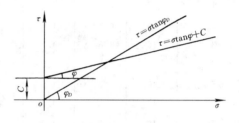

图 5.15　等值内摩擦角

2）根据土的抗剪强度相等，取 $\sigma = \gamma h$，则

$$\phi_D = \arctan\left(\tan\phi + \frac{C}{\gamma h}\right) \tag{5.26}$$

3）按朗肯公式，土压力相等，有

$$\phi_D = 90° - 2\arctan\left[\tan\left(45° - \frac{\phi}{2}\right) - \frac{2C}{\gamma h}\right] \tag{5.27}$$

4）按朗肯公式，土压力的力矩相等，有

$$\phi_D = 90° - 2\arctan\left\{\left[\tan\left(45° - \frac{\phi}{2}\right) - \frac{2C}{\gamma h}\right]\sqrt{1 - \frac{2C}{\gamma h}\tan\left(45° + \frac{\phi}{2}\right)}\right\} \tag{5.28}$$

上述各种换算方法是无法全面反映土压力计算中各项因素之间的复杂关系的。不同的换算方法还存在着较大的差异。一般说，如图 5.15 所示，换算后的强度仅有一点与原曲线相重合。而在该点之前，强度偏低；在该点之后，强度偏高，从而造成低墙保守、高墙危险的状态。

（2）适用范围

库仑土压力计算公式是以平面滑裂面为基础导出的，与实际的曲面滑裂面有一定的差异。主动状态滑裂面的曲度较小，采用平面滑裂面来代替，偏差不大；但在被动状态两者差异较大，采用平面滑裂面将会引起较大的误差。并且其误差随着 δ 角的加大而增加。根

据太沙基的分析，当 $\delta = \phi$ 时，误差可达 30%。当 $\delta > \phi/3$ 时，必须考虑滑裂面的曲度。

此外，当有地下水，特别是有渗流效应时，库仑理论是不适用的。对层状土，则需将其简化为均质土后才能进行计算。

5. 被动土压力计算方法的讨论

1）前面已经谈到，计算墙前黏性土的被动土压力时，宜采用超固结土的固结快剪指标。通常先按正常固结不排水剪或固结快剪指标计算出被动土压力，再乘以被动土压力提高系数 K_∞，即可得到超固结的被动土压力。当采用水土压力分算法计算有效的被动土压力时，可将 ϕ 值提高到 $1.4\phi_{cu}$，而 K_∞ 则由 $\phi = \phi_{cu}$ 确定。表 5.10 中列出了坑底以下 5m 以内的平均 K_∞（K_{oc}）值可供选用。当实际条件有出入时，可按比例以插入法取值。

表 5.10　超固结条件下被动土压力提高系数 K_{oc} 表

基本条件编号	ϕ	C_{cu} (kN/m²)	水位深度 (m)	开挖深度 (m)	K_{oc}	说明
1	16	8	1.5	10	1.31	1）水位深度指开挖前
2	16	8	1.5	5	1.18	2）墙前水位均平坑底
3	16	8	1.5	15	1.40	3）开挖深度和水位深度越大，K_{oc} 越大
4	16	8	1.5	10	1.16	4）ϕ_{cu} 越小，C_{cu} 越大，K_{oc} 越小
5	10	8	1.5	10	1.14	5）表中 K_{oc} 是坑底以下 5.0m 的平均值，如计算深度小于 0.5m，仍以 5.0m 计
6	16	8	4.0	10	1.40	
7	16	8	4.0	15	1.46	

2）考虑墙面摩擦力的被动土压力修正系数。在计算带支撑的支护墙的内力和最小入土深度时，常常采用等值梁法。该法要点是要找出墙前后土压力相等点，也即土压力合力为 0 的点。该法认为，由于基坑开挖期间，支护墙的变形将使墙与土体之间发生位移和摩擦力，被动区的破坏体向上隆起，而支护墙则对其产生了向下的摩擦力，从而使被动土压力有所增大。其增大幅度与土的内摩擦角和支护墙面的粗糙程度有关，计算时采用被动土压力修正系数来表示这种影响，见表 5.11。

表 5.11　墙前被动土压力修正系数表

内摩擦角 ϕ	10°	15°	20°	25°	30°	35°	40°
钢板桩	1.2	1.4	1.6	1.7	1.8	2.0	2.3
钢筋混凝土排桩与墙	1.2	1.5	1.8	2.1	2.3	2.6	3.0

对于墙后区域，由于破坏棱体向下滑动，而墙对土体产生向上的摩擦力，将使墙后的主动土压力和最下端的被动土压力均有所减小。为安全计，主动土压力不减少，而将下端被动土压力予以折减，即乘以一个不大于 1 的修正系数（见表 5.12）。

表 5.12　墙后被动土压力折减系数表

内摩擦角 ϕ	10°	15°	20°	25°	30°	35°	40°
钢板桩	1.00	0.75	0.64	0.55	0.47	0.40	0.35

5.3.4　地下水对土压力的影响和计算

1. 概要

如前所述，作用在支护墙上的侧向压力包括水压力和有效土压力两种。

关于水压力计算，单纯计算一下静水压力是很简单的事情，但在支护墙前后存在着水位差而出现渗流现象的时候，渗流效应将使基坑水压力分布复杂化。至今仍有一些不明确的认识和做法。

目前比较流行的基坑支护中的水压力分布如图 5.16 所示。它们都是采用静水压力的全水头进行计算的。

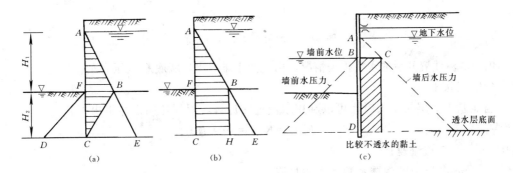

图 5.16　水压力分布图

2. 基坑水压力计算

（1）均质土

实际上，即使在透水性很小的黏土层内，只要存在着水位差，就会产生渗流，水力联系是到处存在的，而且任何一点的水压力应当是相同的。现在来看图 5.17 所示的计算情况。在图中，设坑内水位与坑底平齐，坑内外水位差为 H_1。下面研究紧贴于墙壁的流线上的贴壁渗流压力分布情况。图中的流线自 A 点向下经 F'，再向下绕过 B 点后上升到 F 点上。渗径总长为 H_1+2H_2。平均水力被降 $i=H_1/(H_1+2H_2)$。在图 5.17（b）中，AE 和 FD 是不考虑渗流的水压力分布线，$F'B=\gamma_{\mathrm{w}}H_1$，$CE=\gamma_{\mathrm{w}}(H_1+H_2)$，$CD=\gamma_{\mathrm{w}}H_2$。由于 $CE>CD$，即 B 点左右水压力不相等。而在考虑渗流水头损失时，墙后 F' 点的水失损失为 $iH_1=H_1^2/(H_1+2H_2)$，其实际水压力则为

$$F'B'=\gamma_{\mathrm{w}}H_1-\gamma_{\mathrm{w}}H_1^2/(H_1+2H^2)　[见图 5.17(b)]$$

或

$$F'B'=2\gamma_{\mathrm{w}}H_1H_2/(H_1+2H_2) \tag{5.29}$$

同理可得，

$$CE'=2\gamma_{\mathrm{w}}H_2(H_1+H_2)/(H_1+2H_2) \tag{5.30}$$

水流自图 5.17（b）的 C 点流到 F 点时的水头损失为 $iH_2=H_1H_2/(H_1+2H_2)$，C 点实际水压力为

$$CD'=\gamma_{\mathrm{w}}H_2+\gamma_{\mathrm{w}}H_1H_2/(H_1+2H_2)$$

整理得，

$$CD'=2\gamma_{\mathrm{w}}H_2(H_1+H_2)/(H_1+2H_2) \tag{5.31}$$

对比上面式（5.30）和式（5.31），可以看出两者相等。也就是说 C 点左右水压力相等，这是符合渗流力学规律的。此时作用在支护结构上的净水压力为 $\triangle AB'C$。图 5.17（c）是把

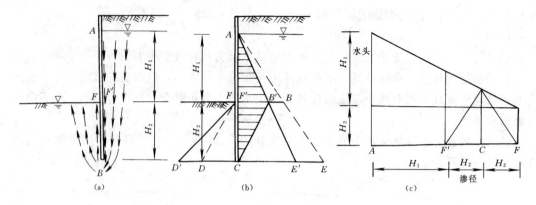

图 5.17　均匀土层水压力分布

紧贴墙壁的流线展开后的水头损失情况，由此图不难看出，墙底 C 点压力左右相等。

（2）层状土

当地基土为层状土层时，可以利用水流连续原理，根据达西定律得出下式

$$v = K_1 i_1 = K_2 i_2 = \cdots = K_i i_i$$

式中　v——渗透流速；

　K_i、i_i——各层土的渗透系数和水力坡降。

由此可得

$$K_1/K_2 = i_2/i_1, K_2/K_3 = i_3/i_2, \cdots \qquad (5.32)$$

参照图 5.17，可得出总的水头损失计算公式为

$$\sum \Delta H_i = \sum h_i i_i = H_1 \qquad (5.33)$$

根据上面两个公式，先求得最小的 i（K_i 最大），再推求其余的 i 值，再分段求出水头损失值，最后可得到支护结构上的全部水压力图。

【例 5.1】　基本资料见图 5.18。设支护墙为不透水结构，求在渗流条件下水压力分布。

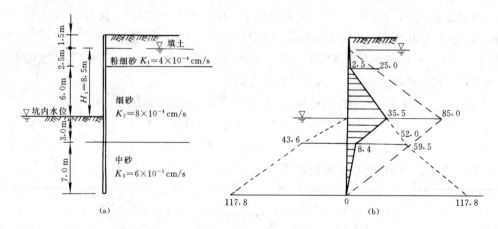

图 5.18　层状土剖面及水压力分布

（a）剖面；（b）水压力分布（单位：kN）

解： 各土层渗透系数比值为 $K_1 : K_2 : K_3 = 4 : 8 : 60 = 1 : 2 : 15$，因 i 与 K 成反比，则 $i_1/i_3 = K_3/K_1 = 15/1$，故 $i_1 = 15i_3$，同理 $i_2 = 7.5i_3$。根据上面水头损失计算公式 $\sum h_i i_i = H_1$，可以得出下式：

$$2.5i_1 + 9i_2 + 7i_3 + 7i_3 + 3i_2 = 8.5$$

即 $141.5i_3 = 8.5$，则 $i_3 = 0.06$，$i_2 = 0.45$，$i_1 = 0.90$。

1) $z = 1.5\text{m}$ 处：$P'_w = 0$。

2) $z = 4.0\text{m}$ 处：水头损失 $\Delta H_1 = h_1 i_1 = 2.5\text{m} \times 0.900 = 2.25\text{m}$；水压力 $P'_w = \gamma_w h_1 - \gamma_w \Delta H_1 = (10 \times 2.5 - 10 \times 2.25)\ \text{kN/m}^2 = 2.50\text{kN/m}^2$。

3) $z = 10.0\text{m}$（坑底处）：在 $Z = 4.0 \sim 10.0\text{m}$ 区段，$\Delta H = 6.0 \times i_2 = 6.0\text{m} \times 0.450 = 2.7\text{m}$；$P'_{w2} = P'_{w1} + \gamma_w \times 6 - \gamma_w \times 2.7 = (2.50 + 10 \times 6 - 10 \times 2.7)\ \text{kN/m}^2 = 35.5\text{kN/m}^2$。

4) $z = 13.0\text{m}$ 处：$\Delta H = 3\text{m} \times 0.450 = 1.35\text{m}$；$P'_{w3} = (35.5 + 10 \times 3 - 10 \times 1.35)\ \text{kN/m}^2 = 52\text{kN/m}^2$。

5) $z = 20\text{m}$ 处（墙趾）：$\Delta H = 7i_3 = 7\text{m} \times 0.06 = 0.42\text{m}$；$P'_{w4} = (52 + 10 \times 7 - 10 \times 0.42) = 117.8\text{kN/m}^2$。

6) $z = 13.0\text{m}$ 处（墙前，渗流向上）：$\Delta H = 7i_3 = 0.42\text{m}$；$P'_{w5} = (117.8 - 10 \times 7 \times 0.42)\ \text{kN/m}^2 = 43.6\text{kN/m}^2$。

7) $z = 10.0\text{m}$ 处（墙前坑底）：$\Delta H = 3i_2 = 3\text{m} \times 0.45 = 1.35\text{m}$；$P'_{w6} = (43.6 - 10 \times 3 - 10 \times 1.35)\ \text{kN/m}^2 = 0.1\text{kN/m}^2$（应为零，这是计算误差，此值可检验计算是否有差错）。

墙前后水压力部分可相消，得到坑底以下的墙后净水压力 P'_w 如下：

1) $z = 10.0\text{m}$ 处：$P'_w = P'_{w2} = 35.5\text{kN/m}^2$。

2) $z = 13.0\text{m}$ 处：$P'_w = P'_{w3} - P'_{w5} = (52 - 43.6)\ \text{kN/m}^2 = 8.4\text{kN/m}^2$。

3) $z = 20.0\text{m}$ 处：$P'_w = 0$。

绘出的净水压力分布图如图 5.18（b）中的影线部分所示。图示最大净水压力位于坑底水位线上，随着土层的变化而有所转折，大轮廓仍接近于三角形。图中虚线表示按图 5.16（a）所示的三角形净水压力分布，说明二者差别很大。图中点线表示墙前与墙后渗流水压力。

（3）几点说明

这里有一个重要问题要说明，即如上所述，渗流效应有两个方面：一方面使作用在支护墙后的水压力减小使墙前的水压力增大，这是有利的；但另一方面，如前面所指出的，水在土中渗流时将对土的颗粒骨架产生渗透力，因而将对有效土压力产生效应。在墙后，渗透力基本上沿竖直方向而下，使竖直方向的土自重应力增大，因而也就增大了墙后的土压力；在墙前，渗透力基本上是向上的，使竖直方向的土自重应力减小，因而墙前的被动土压力将减小，这些又都是不利的。渗流效应的大小，与墙前后水位差有关，由于一般深基坑工程的水位差较大，因此考虑渗流效应是必要的。

本节已阐述了渗流引起墙上的水压力变化。至于渗流效应对有效土压力的影响，在这里可以作一简单的说明，即渗流效应对水压力的影响大于对有效土压力的影响。总的说来，考虑渗流效应是有利的。

最后尚有一个问题要说明，即如何确定墙后与墙前的水位。基坑设计应从最不利条件出发。基坑施工时期，一般应考虑到暴雨的可能性。对于墙后水位，应以工程勘察为依据。坑内水位可参考第 9、10 章有关内容来确定。

3. 对黏性土水土压力合算法的讨论

所谓水土压力合算法，即对于地下水位以下的土，用饱和重度代替有效土压力计算公式中的有效重度（浮重度），以求得包括水压力在内的土压力。

分析表明，此法存在以下四个问题：

1）计算求出的主动区水压力偏小，被动区水压力偏大。

2）不能反映水位（头）高低的影响。

3）无法考虑渗流效应对土压力的影响。

4）在浅层土的 C 值较大的情况下，用水土压力合算法求出的土压力为零点深度（临界深度）z_0 也很大，往往大于水位深度，这是不合理的。

可以说，水土压力合算法对于 $\phi \neq 0$ 的情况，从理论上说是不成立的，因此关于"砂土用水土分算法，黏性土可用水土合算法"的论点应当修改为：$\phi = 0$ 或很小的软土可以采用水土压力合算法，一般均应采用水土压力分算法。

5.3.5 特殊情况下的土压力

这里所说的特殊情况有以下几种。

1）均布荷载不从墙顶开始。

2）地面上作用有集中荷载、条形荷载和线状荷载。

3）地下某一深度处作用着一个荷载。

4）地面倾斜。

5）基坑上部局部开挖。

6）其他特殊情况。

读者可参考《地下连续墙的设计施工应用》有关章节。

5.3.6 土的常用参数及其选用

1. 常用土力学参数

几种常用参数见表 5.13～表 5.17。

表 5.13 内摩擦角由 ϕ_0 提高到 ϕ 值（简化计算土压力）

土质	稍湿的		很湿的		饱和的		重度 γ(kN/m³)		
	ϕ_0	ϕ	ϕ_0	ϕ	ϕ_0	ϕ	稍湿的	很湿的	饱和的
软的黏土及亚黏土	24°	40°	22°	27°	20°	20	15	17	18
塑性的黏土及亚黏土	27°	40°	26°	30°	25°	25°	16	17	19
半硬的黏土及亚黏土	30°	45°	26°	30°	25°	25°	18	18	19
硬黏土	30°	50°	32°	38°	33°	33°	19	19	20
淤泥	16°	35°	14°	20°	15°	15°	16	17	18
腐殖土	35°	40°	35°	35°	33°	33°	15	16	17

注：ϕ_0 为原值，ϕ 为加大后值。

表 5.14　砂土的内摩擦角

砂的种类	孔隙比 e	标准内摩擦角	计算的内摩擦角	砂的种类	孔隙比 e	标准内摩擦角	计算的内摩擦角
砾砂、粗砂	0.7	38	36	细砂	0.7	32	30
	0.6	40	38		0.6	36	34
	0.5	43	41		0.5	38	36
中砂	0.7	35	33	粉砂	0.7	30	28
	0.6	38	36		0.6	34	32
	0.5	40	38		0.5	36	34

注：1. 表中所列 ϕ 值不包括石灰质（贝壳石灰岩）的砂类土及含云母黏土或有机物（泥炭、腐蚀质等）残余、含水量大于土的干的矿物颗粒重 30% 的砂类土。
　　2. 砂的含水量对 ϕ 角的影响很有限，实用上可以不考虑。

表 5.15　非黄土类土的粉土、黏性土的 C（单位：kPa）、ϕ 的标准值

土的名称	液性指数	指标	孔隙比 e						
			0.45	0.55	0.65	0.75	0.85	0.95	1.05
粉土	$0<I_L<0.25$	C	21	17	15	13	—		
		ϕ	30	29	27	24	—		
	$0.25<I_L<0.75$	C	19	15	13	11	9		
		ϕ	28	26	24	21	18		
粉质黏土	$0<I_L<0.25$	C	47	37	31	25	22	19	
		ϕ	26	25	24	23	22	20	
	$0.25<I_L<0.5$	C	39	34	28	23	18	15	
		ϕ	24	23	22	21	19	17	
	$0.5<I_L<0.75$	C	—	—	25	20	16	14	12
		ϕ	—	—	19	18	16	14	12
黏土	$0<I_L<0.25$	C	—	81	68	54	47	41	36
		ϕ	—	21	20	19	18	16	14
	$0.25<I_L<0.5$	C	—	—	57	50	43	37	32
		ϕ	—	—	18	17	16	14	11
	$0.5<I_L<0.75$	C	—	—	45	41	36	33	29
		ϕ	—	—	15	14	12	10	7

表 5.16　沉积砂土的黏聚力 C（单位：kPa）、内摩擦角 ϕ、变形模量 E（单位：MPa）

砂质土	指标	孔隙比 e				砂质土	指标	孔隙比 e			
		0.45	0.55	0.65	0.75			0.45	0.55	0.65	0.75
砾砂	C	2	1	—	—	细砂	C	6	4	2	—
	ϕ	43	40	38	—		ϕ	38	36	32	28
	E	50	40	40	—		E	48	38	28	18
中、粗砂	C	3	2	1	—	粉砂	C	8	6	4	2
	ϕ	40	38	35	—		ϕ	36	34	30	26
	E	50	40	30	—		E	39	28	18	11

表 5.17　砂土的内摩擦角 ϕ（初设）

土类	剩余 ϕ_r（休止角）	峰值 ϕ_d		土类	剩余 ϕ_r（休止角）	峰值 ϕ_d	
		中密	密实			中密	密实
无塑性粉砂	26~30	28~32	30~34	级配良好砂	30~34	34~40	38~46
均匀细中砂	26~30	30~34	32~36	砾砂	32~36	36~42	40~48

其中表 5.13 是为了简化黏性土压力计算而使用的。将内摩擦角适当加大后（饱和状态不能加大），略去 C 的影响。

表 5.18～表 5.26 是地基反力（基床）系数参考表；表 5.27～表 5.31 是比例系数的参考表。

表 5.18　黏性土的基床系数 K 值

地基分类	黏性土和粉性土				砂性土			
	淤泥质	软	中等	硬	极松	松	中等	密实
水平向基床系数（kN/m³）	3000～15000	15000～30000	30000～150000	150000以上	3000～15000	15000～30000	30000～100000	100000以上

表 5.19　黏性土的基床系数 K 与 q_u 的关系

无侧限抗压强度	黏性土		
$q_u(kN/m^2)$	软 0.1～1.0	中等 1.5～4.0	硬 4.0 或以上
基床系数 $K_v(10^4 kN/m^3)$	$(3～5)q_u$	$(3～5)q_u$	$(3～5)q_u$

注：对于水平向基床系数，表中值乘以系数 1.5～2.0。

表 5.20　非岩石类土的基床系数 K 值

序号	土的分类	$K(10^3 kN/m^3)$	序号	土的分类	$K(10^3 kN/m^3)$
1	流塑、黏性土，$I_L \geq 1$；淤泥	1～2	4	坚硬、半坚硬黏性土，$I_L < 0$；粗砂	6～10
2	软塑黏性土，$1 > I_L \geq 0.5$；粉砂	2～4.5	5	砾砂，角砾砂，圆砾砂，碎石，卵石	10～13
3	硬塑性黏土，$0.5 > I_L > 0$；细砂、中砂	4.5～6	6	密实卵石夹粗砂，密实漂卵石	13～20

表 5.21　岩石的基床系数 K 值

岩石单轴极限抗压强度 $R_压$（kN/m²）	$K(kN/m^3)$	岩石单轴极限抗压强度 $R_压$（kN/m²）	$K(kN/m^3)$
1000	3×10^5	≥ 25000	1.5×10^7

表 5.22　土的基床系数 K 值

土的种类	$K(10^4 kN/m^3)$	土的种类	$K(10^4 kN/m^3)$
松散土（流砂、松散砂、湿黏土）	0.1～0.5	致密实石灰岩	40～65
中等密实土（块砂、松卵石、潮湿黏土）	1～5	砂质片岩	50～80
密实土（密实块砂、密实状卵石）	5～10	砂岩	80～350
极密实土（微实黏土、坚实黏土、磁石）	10～20	片麻岩	350～500
黏土片石	20～60	花岗岩	500～800

表 5.23　土的基床系数 K 值

土的种类	成分	$K(10^4 kN/m^3)$		土的种类	成分	$K(10^4 kN/m^3)$	
		密实	疏松			密实	疏松
砾石、砾质土	级配良好	15～20	5～10	砂、砂质土	级配良好	6～15	1～3
	级配差	10～20	5～10		级配差	5～8	1～3
	含有黏土	8～15			含有黏土	6～15	
	含有淤泥	5～15			含有淤泥	3～8	

表 5.24　水平向基床系数 K 值

土的种类	K 值范围（$10^4 kN/m^3$）	土的种类	K 值范围（$10^4 kN/m^3$）
粉质细砂	8～10	软到中等黏土	10～14
中砂	8～13	密实砂及黏土	42～56

表 5.25　土体水平向基床系数 K_h

地基土分类	K_h（kN/m^3）	地基土分类	K_h（kN/m^3）
淤泥质黏性土	5000	坑内工程桩为 $\Phi600～800mm$ 的灌注桩且桩距为 3～3.5 倍桩径，挡墙前坑底土的 0.7 倍开挖深度采用搅拌桩加固，加固率在 25%～30%	20000～25000
夹薄砂层的淤泥质黏土采取超前降水加固时	10000		
淤泥质黏性土采用分层注浆加固时	15000		

表 5.26　土体竖向基床系数 K_v

地基土分类	K_v（kN/m^3）	地基土分类	K_v（kN/m^3）
淤泥质黏性土	5000～10000	密实的老黏土	50000～150000
软塑的一般黏性土	10000～20000	松散砂土（不包括新填筑砂土）	10000～15000
可塑的一般黏性土	20000～40000	中密的砂土	15000～25000
硬塑的一般黏性土	40000～100000	密实的砂土	25000～40000

表 5.27　地基土水平抗力的比例系数 m（《建筑桩基技术规范》）

序号	地基土类别	预制桩，钢桩		灌注桩	
		m（MN/m^4）	相应单桩在地面的水平位移（mm）	m（MN/m^4）	相应单桩在地面的水平位移（mm）
1	淤泥，淤泥质土，饱和湿陷性黄土	2～4.5	10	2.5～6	6～12
2	流塑（$I_L>1$），软塑（$0.75<I_L<1$）状黏性土，$e>0.9$ 粉土，松散粉细砂，松散、稍密填土	4.5～6.0	10	6～14	4～8
3	可塑 $0.25<I_L<0.75$）状黏性土，$e=0.75～0.9$ 粉土，湿陷性黄土，中密填土，稍密细砂	6.0～10	10	14～35	3～6
4	硬塑（$0<I_L<0.25$）坚硬（$I_L<0$）状黏性土，湿陷性黄土，$e<0.75$ 粉土，中密的中粗砂，密实填土	10～22	10	35～100	2～5
5	中密，密实的砾砂，碎石类土			100～300	1.5～3

注：1. 当桩顶水平位移大于表列数值或灌注桩配筋率较高（≥0.65%）时，m 值应适当降低；当预制桩的水平向位移小于 10mm 时，m 值可适当提高。

2. 当水平荷载为长期或经常出现的荷载时，应将表列系数值乘以 0.4 降低采用。

表 5.28　m 值

地基分类	m(kN/m⁴)	地基分类	m(kN/m⁴)
$I_L \geqslant 1$ 的黏性土、淤泥	1000~2000	$0.5 > I_L \geqslant 0$ 的黏性土、细砂、中砂	4000~6000
$1.0 > I_L \geqslant 0.5$ 的黏性土、粉砂、松散砂	2000~4000	坚硬的黏土、粉质黏土、砂质粉土、粗砂	6000~10000

注：I_L 为土的液性指数。

表 5.29　非岩石类土的比例系数 m 和 m₀ (公路桥涵设计采用)

序号	土的名称	m 和 m_0 (MN/m⁴)	序号	土的名称	m 和 m_0 (MN/m⁴)
1	流塑黏性土 $I_L \geqslant 1$，淤泥	3~5	4	坚硬、半坚硬黏性土 $I_L < 0$，粗砂	20~30
2	软塑黏性土 $1 > I_L \geqslant 0.5$，粉砂	5~10	5	砾砂，角砾，圆砾，碎石，卵石	30~80
3	硬塑黏性土 $0.5 > I_L \geqslant 0$，细砂、中砂	10~20	6	密实卵石夹粗砂，密实漂卵石	80~120

注：1. 本表用于结构在开挖面处位移最大值不超过 6mm；位移较大时，适当降低。

　　2. 当基础侧面设有斜坡或台阶，且其坡度或台阶总宽与深度之比超过 1∶20 时；表中 m 值应减少 50%。

表 5.30　非岩石土的比例系数 m 和 m₀ (铁路桥设计采用)

土的名称	m 和 m_0(MN/m⁴)	
	当地面水平位移大于 0.6cm 但小于及等于 1cm 时	当地面水平位移小于及等于 0.6cm 时
流塑性的黏土及砂黏土，淤泥	1~2	3~5
软塑性的砂黏土、黏砂土及粉土，粉砂以及松散砂土	2~4	5~10
硬塑性的砂黏土、黏砂土及粉土，细砂和中砂	4~6*	10~20
坚硬的砂、黏土、黏砂土及黏土；粗砂	6~10*	20~30
砾砂、角砾土、砾石土、碎石土、卵石土	10~20*	30~80

*　对于密实的砂和黏砂土，表中数值可提高 30%。

表 5.31　土的比例系数 m (港口工程设计采用)　　　　单位：MN/m⁴

土的名称	当地面处水平变位大于 0.6cm 但不大于 1cm 时	当地面处水平变位不大于 0.6cm 时
$I_L \geqslant 1$ 的黏性土，淤泥	1~2	3~5
$1 > I_L \geqslant 0.5$ 的黏性土，粉砂	2~4	5~10
$0.5 > I_L > 0$ 的黏性土，细砂、中砂	4~6	10~20
$I_L \leqslant 0$ 的黏性土，粗砂	6~10	20~30
砾石，砾砂，碎石，卵石	10~20	30~80
块石，漂石		80~120

注：当桩在开挖面处的水平变位大于 1cm 时，可采用表中第一栏的较小值或适当降低。

　　2. 关于等代摩擦角的讨论

　　在计算黏性土的土压力时，为了简化计算，常令 $C = 0$，而适当增大 ϕ 值。表 5-13 就是其中一种做法。表中将所有的黏性土，均划分为三种状态，即稍湿的、很湿的与饱和

的，这显然是脱离实际的。例如淤泥，按淤泥
的定义，其天然含水量应大于液限，它必然处
于饱和状态，不可能有稍湿的或很湿的淤泥。
再就是表中第一种土即软的黏土及亚黏土，这
些土在深基坑工程中，却是经常遇到的，对于
这些土，由于是饱和的，查此表则发现全部 $\phi_0 =$
ϕ。也就是说，所谓的等代摩擦角，实际上是不
考虑黏聚力，这显然是不合理的，特别是当 C
值较大时就太保守了。

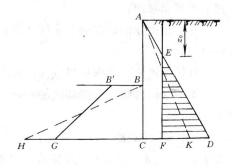

图 5.19　等代土压力比较

以下将对等代内摩擦角引起的问题与误差分几个方面进行讨论。

1）有效土压力的误差。前已指出，土压力应区分为水压力和有效土压力，对于地下
水位在计算深度以下时，有效土压力即土压力。

按朗肯土压力理论，均质的黏土土压力分布如图 5.19 所示，墙后的土压力分布为
EFD，E 点以上土压力为零。按等代内摩擦角计算，按理不论何种土，包括淤泥，ϕ 值均
应有所提高，故其土压力分布应为 ACK，即使采用等代内摩擦角能够凑合成土压力的合
力相等。而对于支护墙的弯矩作用，则仍然不相同。当 C 值较大时，临界深度 z_0 也较大，
则用等代内摩擦角计算，将使弯矩偏大甚多。对于墙前被动土压力，按朗肯土压力理论计
算，其图形为 $BB'GC$，按等代内摩擦角计算，其图形为 BHC。由于 B 点附近的土压力大
小对于支护墙的弯矩大小以及入土深度均有较大影响，而按等代内摩擦角计算，B 点被动
土压力为零，因此计算结果一般也是偏于保守。

2）水压力的误差。前已指出，对于黏性土，如采用水土压力合算法，因 $\phi > 0$，$K_a < 1$，
$K_p > 1$，将使主动区的水压力自 $\gamma_w h$（h 为水头）减为 $K_a \gamma_w h$ 而偏小很多，使被动区的水
压力自 $\gamma_w h$ 增至 $K_p \gamma_w h$ 而偏大很多。如果采用等代内摩擦角，则因 ϕ 的增大，而使水压
力的计算误差进一步扩大，更不合理。

3）等代内摩擦角的涵义不明确。有人理解为土压力合力相等，也有人理解为在最大
计算深度处的土压力强度相等。但无论怎样理解，如前面所指出，由于土压力的分布大大
改变，实际上是无法做到等效的。

4）土压力的分布与开挖深度、水位高差均有密切关系，因此将 C、ϕ 等代为 $C = 0$，
$\phi = \phi_0$，要做到等代后基本等效，不仅与 C、ϕ_0 大小有关，而且与开挖深度、计算深度与水
位深度有关。因此问题比较复杂，单独由 C、ϕ_0 决定 ϕ 有很大盲目性，综合的误差大小很
难判定。

等代内摩擦角一般用于按库仑理论的土压力计算，对于挡土墙设计较为合适。因挡土
墙的水压力问题不突出，对于深基坑工程，地下水问题影响极大，如仍采用等代内摩擦
角，计算工作虽略有简化，但误差大、不合理，而且目前也没有比较有依据的合理的图表
可查，随意等代，往往不是冒险，就是过于保守。

3. 土的抗剪强度指标的取值

根据基坑支护结构型式、降水情况，可对土的抗剪强度进行如下调整。

1）当进行基坑降水并使土体固结条件下，地面有排水和防渗措施时，土的内摩擦角

可按下列规定选用：

①支护结构外侧，在地下水降水范围内，ϕ值可乘以 $1.2 \sim 1.3$ 的系数，内侧可乘以 $1.1 \sim 1.3$。

②有桩基内侧，在密集群桩深度范围内，ϕ值可乘以 $1.2 \sim 1.4$。

③支护结构内侧进行被动区加固处理时，处理深度超过土压力作用范围时，ϕ值可乘以 $1.1 \sim 1.3$。

2）对于钢筋混凝土支护结构，可考虑土与支护结构之间的摩擦力影响，可将黏聚力 C 乘以 $1.1 \sim 1.3$。若土压力计算时，已考虑墙、土之间的摩擦阻力，则 C 值不变动。

5.3.7 结构及土体参数的选用与计算

在用有限单元法进行支护结构分析时，需事先选定各种参数，如支撑簧弹系数、等值水平基床系数 K 值（张有龄法）、随深度直线增加水平基床系数的比例系数 m 值（m 法）等。

1. 支撑弹簧系数

（1）压缩弹簧系数

钢支撑时：

$$K_s = \frac{\pi\alpha EA}{ls} \quad \text{或} \quad K_s = \frac{2EA}{ls} \tag{5.34}$$

混凝土支撑时：

$$K_c = \frac{2EA}{ls} \quad \text{或} \quad K_c = \frac{2EA(1-\varepsilon_c)}{ls(1+\phi_c)} \tag{5.35}$$

式中　K_s、K_c——支撑弹簧系数，kN/（m·m）；

　　　　α——降低系数（日本土木学会 $0.5 \sim 1.0$，日本首都高速道路公园 1.0，日本东京都交通局 0.5）；

　　　　E——支撑材料弹性模量，kPa；

　　　　A——支撑的断面积，m²；

　　　　l——支撑的长度，m；

　　　　s——支撑的水平间距，m；

　　　　ϕ_c——混凝土的徐变系数（日本营团 0.5）；

　　　　ε_c——混凝土干燥收缩系数（日本营团 15×10^{-5}）。

（2）转动弹簧系数

当钢筋混凝土底板与地下连续墙固接时，需计算转动弹簧系数。

$$K_q = \eta EI/l \tag{5.36}$$

式中　K_q——钢筋混凝土底板的转动弹簧系数，kN·m/(rad·m)；

　　　　η——由挡土墙相邻中间支点的固定型式所决定的系数（日本 JR 3.5，日本营团 4.0）；

　　　　E——钢筋混凝土底板的弹性模量，kPa；

　　　　I——相当于钢筋混凝土底板 1m 宽度断面的惯性矩；

　　　　l——从挡土墙断面中心到相邻中间支点的距离，m。

2. 等值水平基床系数（K_0 值）

（1）查表法

交通部《港口工程技术规范》第六篇第二册"桩基"提出的 K_0 值，见表 5.32、表 5.33。

表 5.32　黏性土的K_0值

土的状态	极软	软	中等	硬	很硬	极硬
标准贯入击数 N	<2	2~4	4~8	8~15	15~30	>30
K_0（N/cm³）	<4	4~8	8~16	16~30	30~60	60~100

表 5.33　砂土的K_0值

土的状态	很松	松	中等	密实	极密
标准贯入击数 N	<4	4~10	10~30	30~50	>50
K_0（N/cm³）	1~8	8~20	20~60	60~100	>100

注：K_0 为地面水平变位为 1cm 时的 K 值，当地面水平变位增大时，K 值将减小，可用下式计算。

$$K = K_0 \left(\frac{y}{y_0} \right)^{\frac{1}{2}} \tag{5.37}$$

式中　K_0——见表 5.32、表 5.33；

　　　y_0——桩在地面处的单位水平变位值，$y_0 = 1$cm；

　　　y——桩在地面处的水平变位值，cm。

表中"土的状态"和"标准贯入击数"均指地面到 $1/\beta$ 深度范围内的土层。

$$\beta = \sqrt[4]{\frac{Kb}{4EI}} \tag{5.38}$$

式中　EI——墙身刚度，N·cm²；

　　　b——墙身宽度，$b = 100$cm。

（2）由地基变形模量与荷载宽度求水平基床系数的公式（日本土木学会）

$$K_h = \frac{1}{30} E_0 \left(\frac{B}{30} \right)^{-\frac{3}{4}} \text{（日本东京都交通局，首都高速公路团）} \tag{5.39}$$

$$K_h = \frac{1}{30} \alpha E_0 \left(\frac{B}{30} \right)^{-\frac{3}{4}} \text{（日本铁道公团）} \tag{5.40}$$

$$K_h = \frac{\alpha E_0}{400} \tag{5.41}$$

以上式中　K_h——水平基床系数，N/cm³；

　　　　　E_0——由各种试验求得的地基模量，N/cm²。当用标准贯入击数 N 求解时，$E_0 = 250N$（日本东京都交通局，铁道公团），$E_0 = 280N$（日本首都高速道路公团）；

　　　　　α——对 E_0 的计算方法修正系数，见表 5.34；

　　　　　B——荷载宽度；$B = 500 \sim 1000$cm（日本土木学会，东京都交通局）或 $B = 1000$cm（日本首都高速道路公团，公团道路）。

表 5.34 变形模量计算表

E_0 的计算方法	α	E_0 的计算方法	α
平板载荷试验	1	标准贯入试验	1
钻探孔内载荷试验	4	经验值	1
单轴或三轴压缩试验	4		

注：数据来源于日本东京都交通局。

（3）由地基变形模量与挡土墙的挠度值求水平基床系数公式

$$K_h = K_{h0} \sqrt{y_x} \tag{5.42}$$

$$K_{h0} = \frac{1}{25} \alpha E_0 \tag{5.43}$$

式中　K_h——水平基床系数，N/cm³；

　　　y_x——由地面往下 x 点上的挡土结构挠度值，cm；

　　　K_{h0}——标准水平基床系数，N/cm³；

　　　E_0——由各试验求出的地基模量，N/cm²；

　　　α——对 E_0 计算方法的修正系数，见表 5.35。

表 5.35　E_0 的计算

E_0 的计算方法	α
钻孔内载荷试验	0.8
单轴或三轴压缩试验	0.8
标准贯入试验	0.2

3. 随深度呈直线增加的水平基床系数的比例系数 m 值

（1）文献的 m 值

见表 5.36。表中的值为一般弹性计算法所用。

表 5.36　土的 m 值　　　　　　　　　　　　　　单位：N/cm⁴

土 的 名 称	当地面处水平变位＞0.6cm，但 ≤1cm 时	当地面处水平变位≤0.6cm 时	土 的 名 称	当地面处水平变位＞0.6cm，但 ≤1cm 时	当地面处水平变位≤0.6cm 时
$I_L \geqslant 1$ 的黏性土，淤泥	0.01～0.02	0.03～0.05	$I_L < 0$ 的黏性土，粗砂	0.06～0.10	0.20～0.30
$1 \geqslant I_L > 0.5$ 的黏性土，粉砂	0.02～0.04	0.05～0.10	砾石，砾砂，碎石，卵石	0.10～0.20	0.30～0.80
$0.5 > I_L > 0$ 的黏性土，细砂，中砂	0.04～0.06	0.10～0.20	块石，漂石	—	0.80～1.20

注：1. 当桩在地面处的水平变位大于1cm时，可采用表中第一栏的较小值或适当降低。

　　2. 采用的 m 值为深度 1.8T 范围内土层的 m 值。

$$T = \sqrt[5]{\frac{EI}{mb_0}} \tag{5.44}$$

式中　EI——墙身的刚度，N·cm²；

b_0——相对的换算宽度，对地下连续墙，

　　　$b_0 = 100\text{cm}$；

m——土的 m 值，单位为 N/cm^4。

当为成层土时，地面以下 $1.8T$ 深度范围内各土层的 m 的加权平均值，例如地基为三层时（见图 5.20）：

$$m = \frac{m_1 h_1^2 + m_2(2h_1 + h_2)h_2 + m_3(2h_1 + 2h_2 + h_3)h_3}{(1.8T)^2}$$

$$(5.45)$$

（2）《灌注桩基础技术规程》采用的 m 值

见表 5.37。表中数值可用于一般弹性计算中。当地基为可液化土层时，应按表 5.38 乘以折减系数。

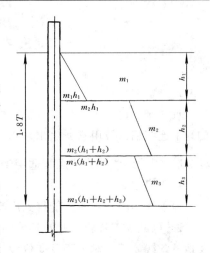

图 5.20　成层土 m 值计算图

表 5.37　土的 m 值

地基土类别	比例系数 m （MN/m^4）	相应单桩在地面处水平位移 （mm）
淤泥、淤泥质土、饱和湿陷性黄土	2.5～6	6～12
流塑（$I_L > 0$）、软塑（$0.75 \leqslant I_L \leqslant 1$）状黏性土、$e > 0.9$ 粉土、松散粉细砂、松散稍密砂	6～14	4～8
可塑（$0.25 \leqslant I_L \leqslant 0.75$）状黏性土、$e = 0.7～0.9$ 粉土、湿陷性黄土、中密填土、稍密细砂	14～35	3～6
硬塑（$0 < I_L \leqslant 0.25$）、坚硬（$I_L \leqslant 0$）状黏性土、$e < 0.7$ 粉土、中密的中粗砂、密实老填土	35～100	2～5
中密、密实的砾砂、碎石类土	100～300	1.5～3

注：1．当桩顶水平位移大于表列值或桩身配筋率大于 0.65% 时，m 值应适当降低。

　　2．当水平荷载为长期或经常出现的荷载时，应将表列数值乘以 0.4 降低系数。

　　3．当地基为可液化土层时，应将表列数值乘以表 5.38 的系数。

　　4．当桩侧为几种土层组成时，求得主要影响深度范围内的加权平均值 $\overline{m}$ 作为计算值。

　　　在实际应用中，沿深度增大的基床水平反力系数 mx（x 为深度）并不是取沿深度无限增大，而是在某深度以下取为定值，此深度可取 5m，$1.8T$ 或 3（$d+1$）。

表 5.38　土层液化折减系数

$\lambda_n = \dfrac{N_{63.5}}{N_{cr}}$	自地面起液化土层深度 d_1（m）	ϕ_L
$\lambda_n \leqslant 0.6$	$d_1 \leqslant 10$	0
	$d_1 > 10$	1/3
$0.6 < \lambda_n \leqslant 0.8$	$d_1 \leqslant 10$	1/3
	$d_1 > 10$	2/3
$0.8 < \lambda_n \leqslant 1.0$	$d_1 \leqslant 10$	2/3
	$d_1 > 10$	1

注：$N_{63.5}$ 为饱和砂土标准贯入击数实测值，N_{cr} 为液化判别标准贯入击数临界值。

5.4　地下连续墙设计

5.4.1　概述

现在来讨论一下支护墙（桩）的设计问题。由于篇幅有限，本节只讨论作为支护结构的地下连续墙以及由它派生出来的非圆形桩的设计问题。

5.4.2　地下连续墙的特点和适用条件

1. 地下连续墙的特点

地下连续墙技术所以能得到广泛的应用与发展，是因为它具有如下的优点：

1）可减少工程施工时对环境的影响。施工时振动少，噪声低；能够紧邻相近的建筑及地下管线施工，对沉降及变位较易控制。

2）地下连续墙的墙体刚度大、整体性好，因而结构和地基变形都较小，既可用于超深支护结构，也可用于主体结构。

3）地下连续墙为整体连续结构，加上现浇墙壁厚度一般不少于60cm，钢筋保护层又较大，故耐久性好，抗渗性能较好。

4）可实行逆作法施工，有利于施工安全，并加快施工进度，降低造价。

正如以往任何一种新的施工技术或结构型式出现一样，地下连续墙尽管有上述明显的优点，也有它自身的缺点和尚待完善的方面。归纳起来有以下几方面：

1）弃土及废泥浆的处理问题。除增加工程费用外，如处理不当，还会造成新的环境污染。

2）地质条件和施工的适应性问题。从理论上讲，地下连续墙可适用于各种地层，但最适应的还是软塑、可塑的黏性土层。当地层条件复杂时，会增加施工难度和影响工程造价。

3）槽壁坍塌问题。引起槽壁坍塌的原因，可能是地下水位急剧上升，护壁泥浆液面急剧下降，有软弱疏松或砂性夹层，以及泥浆的性质不当或者已经变质，此外还有施工管理等方面的因素。槽壁坍塌轻则引起墙体混凝土超方和结构尺寸超出允许的界限，重则引起相邻地面沉降、坍塌，危害邻近建筑和地下管线的安全。这是一个必须重视的问题。

2. 地下连续墙在基坑工程中的适用条件

地下连续墙是一种比钻孔灌注桩和深层搅拌桩造价昂贵的结构型式。选用时必须经过技术经济比较，确实认为是经济合理时，才可采用。一般说来其在基坑工程中的适用条件归纳起来，有以下几点：

1）基坑深度大于10m的有地下水作用的工程。

2）软土地基或砂土地基。

3）在密集的建筑群中施工基坑，对周围地面沉降，建筑物的沉降要求需严格限制时，宜用地下连续墙。

4）支护结构与主体结构相结合，用做主体结构的一部分，且对抗渗有较严格要求时，宜用地下连续墙。

5）采用逆作法施工，内衬与护壁形成复合结构的工程。

3. 地下连续墙在基坑工程中的应用

1）在应用范围方面，有建筑物的基坑，如地下室、地下商场、地下停车场等；市政工程的基坑，如地下铁道车站、地下汽车站、地下泵站、地下变电站、地下油库等；以及工业构筑物基坑（如钢铁厂的铁皮沉淀池）、盾构及顶管隧道的工作井、接收井等。

2）在应用地下连续墙的基坑规模方面，矩形基坑的宽度已达 1000m 以上，长度达 2000m 以上；圆形基坑的直径则已超过 144m；国内矩形基坑开挖深度已达 32m，圆形基坑达 60m。

3）在地下连续墙的厚度及深度方面，最常用于基坑围护结构的厚度是 60cm、80cm，个别基坑也用过 100cm、120cm，最厚已达 280cm；至于深度则已达 140m（国内 81.9m）。近年来已开发了厚 20～45cm 的地下连续墙。

4）目前在基坑工程中应用的地下连续墙有以下几种型式：

①板式。这是应用得最多的地下连续墙型式，用于直线形墙段、圆弧形（实际是折线形）墙段，见图 5.21（a）、（b）；

② T 形及 π 形地下连续墙。适用于基坑开挖深度较大，支撑垂直间距较大的情况，其开挖深度已达 25m，见图 5.21（c）、（d）；

③格式地下连续墙。这是一种将板式及 T 形地下连续墙组合成的结构，靠自重维持墙体的稳定，已用于大型的工业基坑，见图 5.21（e）。

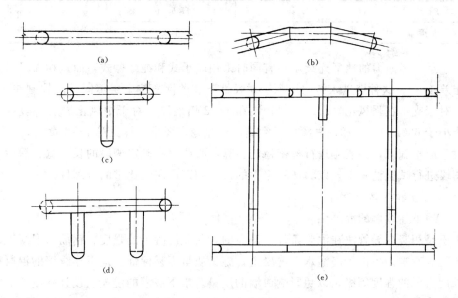

图 5.21　基坑连续墙结构型式

（a）板式；（b）折线式；（c）T 形；（d）π 形；（e）格式

5.4.3　地下连续墙的细部设计

1. 概述

地下连续墙除应进行详细的设计计算和选用合理的施工工艺外，相应的构造设计是极为重要的，特别是混凝土和钢筋笼构造设计，墙段之间如何根据不同功能和受力状态选用刚性接头、柔性接头、防水接头等不同的构造型式。墙段之间由于接头型式不同和刚度上的差别，往往采用钢筋混凝土压顶梁，把地下连续墙各单元墙段的顶端连接起来，协调受力和变形。高层建筑地下室深基坑开挖的支护结构，既可以作为临时支护，也可以作为主体结构的一部分，这样地下连续墙就可能作为单一墙也可能作为重合墙、复合墙、分离双层墙等来处理，这就要求有各种相应的构造型式和设计。

所有构造设计，都应能满足不同的功能、需要和合理的受力要求，同时便于施工，而且经济可靠。

2. 深厚比

作为主要承受水平力的临时支护结构的地下连续墙，其深厚比主要根据水、土压力计算确定。其深厚比一般不严格规定。对于承受竖向垂直力的地下连续墙，根据工程实践经验，墙厚 600mm 时墙深最大达 28m，当墙厚 800mm 时墙深最大达 45m，当墙厚 1000～1200mm 时墙深达到 50～80m。对于预制地下连续墙墙厚 500mm 时墙深最大只能到 16m。墙厚 b 与最下一道支撑或底板以下深度（之比（以下称深厚比）宜符合表 5.39 规定（对于地下墙外露部分支撑薄弱的，其（值应计入全墙高度）。

表 5.39　承受竖向力的地下连续墙允许深厚比

传递竖向力类型	穿越一般黏土、砂土	穿越淤泥、湿陷性黄土	备注
端承	$H/b \leqslant 60$	$H/b \leqslant 40$	端承 70%以上竖向力为端承型的地下连续墙
摩擦	不限	不限	

对于承受竖向力的地下连续墙不宜同时采用端承式和纯摩擦式，而且相邻段入土深度不宜相差 1/10。这种墙进入持力层深度对黏性土和砂性土按土层不同一般控制在 2～5 倍墙厚；对于支承在强风化岩层，一般控制在 1～2 倍墙厚；对于中风化岩层一般可支承在岩面或小于 600mm。上述这种深度必须满足渗流稳定要求，详见第 7～9 章。

对于成槽施工，一般应进行槽壁稳定验算，必要时在确定槽段的长、宽、深后，在最不利槽段进行试验性施工，以验证稳定性的设计和采用泥浆比重的合理性。

3. 混凝土和钢筋笼设计

（1）地下连续墙的混凝土

由于是用竖向导管法在泥浆条件下浇灌的，因此混凝土的强度、钢筋与混凝土的握裹力都会受到影响。也由于浇灌水下混凝土，施工质量不易保证。地下连续墙的混凝土等级不宜采用太低的强度等级，以免影响成墙的质量。水下浇灌的混凝土设计强度应比计算墙的强度提高 20%～25%，且不宜低于 C20。个别要求较高的工程，为了保证混凝土质量，施工时的混凝土等级可以比设计等级提高 20%～30%，但必须经过技术经济效果论证后采用。水泥用量不宜少于 350kg/m³，坍落度 18～22cm，水灰比不宜大于 0.60。

（2）混凝土保护层

为防止钢筋锈蚀，保证钢筋的握裹能力，在连续墙内的钢筋应有一定厚度的混凝土保护层，一般可参照表 5.40 采用。异形钢筋笼（如 L 形、T 形）的保护层应取大值。

表 5.40　地下连续墙中钢筋保护层厚度

规定要求	目前国内常用保护层厚度		冶金部地下连续墙的设计施工规程					
			现浇				预制	
	永久使用	临时支护	建筑安全等级			临时支护	长期	临时
			一级	二级	三级			
保护层厚 .（cm）	7	4～6	7	6	5	≥4	≥3	≥1.5

为防止在插入钢筋笼时擦伤槽壁造成塌孔，一般可用钢筋或钢板制作定位垫板且应比实际采用的保护层厚度小 1～2cm，以防擦伤槽壁或钢筋笼不能插入（见图 5.22）。

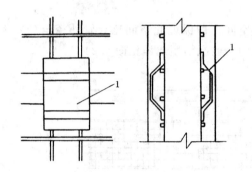

图 5.22　定位垫板或定位上位置示意图
1—定位垫板或定位卡

定位垫块或定位卡在每单元墙段的钢筋笼的前后两个面上，分别在同水平位置设置两块以上，纵向间距约 5m 左右。

（3）钢筋选用及一些构造要求

泥浆使钢筋与混凝土的握裹力降低，一些试验资料表明，在不同比重的泥浆中浸放的钢筋，可能降低握裹力 10%～30%，对水平钢筋的影响会大于竖向钢筋，对圆形光面钢筋的影响要大于变形钢筋。

因此一般钢筋笼要选用变形小的钢筋（Ⅱ级钢），常用受力钢筋为 $\Phi 20\sim 32$。墙较厚时最大钢筋也可用到 $\Phi 32$，但最小钢筋不宜小于 $\Phi 16$。

为导管上下方便，纵向主钢筋一般不应带有弯钩。对较薄的地下连续墙，还应设纵向导管导向钢筋，主钢筋的间距应在 3 倍钢筋直径以上。其净距还要在混凝土粗骨料最大尺寸的 2 倍以上。

钢筋笼的底端，为防止纵向钢筋的端部擦坏槽壁，可将钢筋笼底端 500mm 范围内做成向内按 1∶10 收缩的形状（以不影响插入导管为度，详见图 5.23）。

（4）钢筋笼分段及接头

为了有利于钢筋受力、施工方便和减少接头工期及费用，钢筋笼应尽量整体施工。但地下连续墙深度太大时，往往受到起吊能力、起吊高度以及作业场地和搬运方法等限制，需要将钢筋笼竖向分成 2 段或 3 段，在吊放、入槽过程中，连接成整体，具体分段的长度应与施工单位密切配合，目前已施工的工程多为每 15～20m 为一段。对槽深小于 30m 的地下连续墙的钢筋笼宜整幅吊入槽内。竖向接头宜选在受力较小处，接头型式有钢板接头、

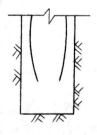

图 5.23　钢筋笼底端形状

电焊接头、绑接接头。使用绑接的搭接接头长度一般不小于 45 倍主筋直径。当搭接接头在同一断面时，有将搭接接头长度加长到 70 倍钢筋直径，且搭接长度不小于 1.5m

的工程实例。

（5）钢筋笼

地下连续墙的配筋必须按设计图纸拼装成钢筋笼，然后再吊入槽内就位，并浇注水下混凝土。为满足存放、运输、吊装等要求，钢筋笼必须具有足够的强度和刚度。因此钢筋笼的组成，除纵向主筋和横向联系筋以及箍筋外，还需要有架立主筋用的纵、横方向的承力钢筋桁架和局部加强筋。钢筋笼应进行焊接，除纵横桁架、加强筋及吊点周围全部点焊外，其余可 50% 交错点焊。

承力钢筋桁架，主要为满足钢筋笼吊装而设计，假定整个钢筋笼为均布荷载，作用在钢筋桁架上，根据吊点的不同位置，按梁式受力计算桁架承受的弯矩和剪力，再以钢筋结构进行桁架的截面验算及选材，并控制计算挠度在 1/300 以内。桁架间距 1.2～2.5m。

钢筋笼内还得考虑水下混凝土导管上下的空间，即保证此空间比导管外径至少要大100mm 以上。导管周边要配置导向筋。钢筋笼的一般配筋型式详见图 5.24。

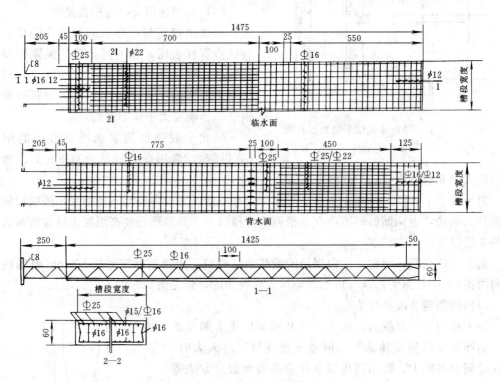

图 5.24　钢筋笼构造（单位：cm）

施工过程中为确保钢筋笼在槽内位置的准确，设计时应留有可调整的位置，宜将钢筋笼的长度控制在成槽深度 500mm 以内。

当钢筋笼上安装较多聚苯乙烯等附加部件时，或者泥浆比重过大，都会对钢筋笼产生浮力，阻碍钢筋笼插入槽内，特别是钢筋笼单面装有较多附加配件时会使钢筋笼产生偏心浮力，钢筋笼入槽容易擦坏槽壁造成塌孔。这种情况下可以考虑在钢筋笼上焊接配重，或在导墙上预埋钢板，以便用铁件将钢筋笼与预埋钢板焊接，作为抗弯和抗偏的临时锚固。

4. 槽段间墙的接头

地下连续墙的槽段间的接头一般分为柔性接头、刚性接头和止水接头。

柔性接头是一种非整体式接头，它不传递内力，主要为了方便施工，所以又称为施工接头，如锁口管接头、V 形钢板接头、预制钢筋混凝土接头等。其具体构造和施工方法详见第 11 章。为了适应这种接头的特点，在构造上主要处理好钢筋笼的设计，使钢筋笼在凸凹缝之间、拐角墙、折线墙、十字交叉墙、丁字墙等处的钢筋笼端部能紧贴接头缝，同时又不影响施工为宜。

刚性接头是一种整体式接头，它能传递全部或部分传递内力，如一字形、十字形穿孔钢板式刚性接头、钢筋搭接式刚性接头等。

一字形穿孔钢板式的接头，由于它只能承受抗剪状态，故在工程中较少使用。十字形穿孔钢板式能承受剪拉状态，在较多情况下可以使用，如格式、重力式地下连续墙结构的剪力墙上，各墙段间接头就同时承受剪力和拉力，这种型式的接头，在构造上又有端头板和无端头板之分。

当接头要求传递平面剪力或弯矩时，可采用带端板的钢筋搭接接头，将地下连续墙连成整体。

穿孔钢板的尺寸，宜根据试验的受力状况来确定，钢板厚度一般由强度计算确定，但不宜太厚。穿孔钢板在墙接缝处应骑缝对称放置，钢板在接缝一侧的墙体内的长度，一般为墙体水平向钢筋直径的 25～30 倍，钢板的穿孔面积与整块钢板面积之比宜控制在1/3左右为好。

止水接头在一般情况下可以使用锁口管和 V 形钢板等接头型式，也可以取得一定止水防渗的效果。对于有较高止水要求的地下连续墙接头，上海宝钢冶金建设第五工程公司研究成功了一种新型用橡胶止水带的止水接头，在一些工程实践中获得成功并取得专利。北京乾坤基础工程有限公司研究成功和应用了带止水片的沉降一伸缩缝接头，并且申报了专利。

以上只是简要地对地下连续墙的细部构造进行说明，后面各有关事节将有详细说明。

5.4.4　T 形地下连续墙设计要点

1. 概要

在一些大型基坑工程中，采用内支撑困难很大，而锚杆的使用也受到限制。国内外已有不少工程采用了 T 形自立式地下连续墙。

现在通过一个工程实例来讨论一下 T 形地下连续墙的结构计算和设计方面的有关问题。

2. 日本的 T 形自立式地下连续墙

(1) 工程概况

在现代建设中，边长超过百米的大型基坑正在增多。在此情况下，采用内支撑在技术上和经济上的可行性正在受到挑战，采用锚杆支撑则因周围环境限制而无法实施。为此研究使用了 T 形自立式地下连续墙作为基坑的挡土墙。本节将提出两种计算这种挡土墙的方法，并根据实际观测资料进行修正，以便找出一种实用的计算方法。

本节介绍的基坑工程位于日本东京都墨田区。该地区地面 34m 以下存在着坚硬的（$N>50$）的砂层，它的上面则是软弱的粉质黏土层，平均内摩擦角小于 5°，是东京都有名的软土区。

该基坑长 134m，宽 94m，深 12.2m（见图 5.25 和图 5.26），采用 T 形自立式挡土地下连续墙（见图 5.27）。T 形挡土墙（地下连续墙）是由面板和肋板组成的，两者在构造上是连成整体的。面板埋深 22m，由于肋板将做为建筑物的基桩，因此肋板底部伸入到 35m 深处的砾石层（$N>50$）内，设计深度约为 29.5m。

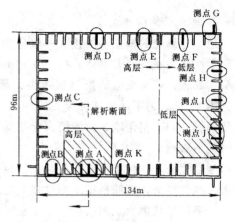

图 5.25　基坑平面图

由于这种地下连续墙支护结构是第一次施工和使用。为确保施工安全，了解墙体的实际运行状态，在地下连续墙中埋设了仪器并进行了观测，如图 5.26 所示。共设 11 个测点，其中测点 A 和 J 为观测重点区域，集中设置了观测仪器。观测项目有地下连续墙上的土压力和水压力、墙体变形和钢筋应力。其中测点 A 的配置见图 5.26 和图 5.27。为了掌握肋板水平截面上的垂直应力分布情况，在同一截面内设置了 2～5 个钢筋计。

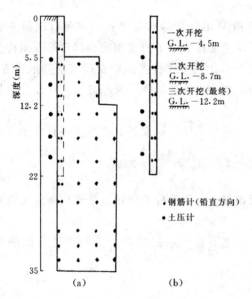

图 5.26　T 形地下连续墙
(a) 肋板；(b) 面板

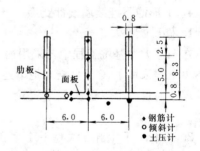

图 5.27　地下连续墙结构图（单位：m）

由于采用了 T 形自立式地下连续墙，完全可以把基坑一举挖到设计坑底。为慎重起见；本基坑是分成三次挖完的。每次开挖时，都通过观测和分析有关资料，在确保安全的条件下，再开始下一次开挖。

（2）结构分析和预测

由于 T 形地下连续墙为空间结构，所以不能使用以前常用平面问题计算方法。

在工程开工之前，使用两种方法对 T 形地下连续墙进行了结构计算和分析，了解它的变形和内力的变化规律，据此进行地下连续墙的断面设计。

A 法：三次非线性有限单元法（FEM）。

B 法：弹性地基梁的基床反力系数法。

1）结构计算：

①A 法。如图 5.28 所示，选定的计算模型为考虑了平面形状对称性的 1/2 模型。

虽然 T 形地下连续墙为弹性体，但考虑到非线性影响，根据邓肯—张的方法，提出了地基土的应力应变关系。计算所用的地基常数值见表 5.41。

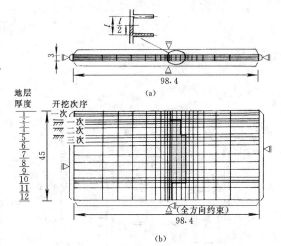

图 5.28　A 法模型（单位：m）
(a) 水平断面；(b) 立面

表 5.41　A 法地基主要参数

地层	应力应变关系	E (kN/m²)	ν	γ_t (kN/m³)	k (k_{ur})	n	R_f	C (kN/m²)	ϕ
1	弹性	2800	0.4	16					
2	弹性	5600	0.38	17.8					
3	邓肯—张		0.45	17.5	114 (341)	0.67	0.89	26	4.8
4	弹性	19600	0.35	17.3					
5	邓肯—张		0.45	16	34 (101)	0.41	0.73	35	5
6	邓肯—张		0.45	16	112 (336)	0.58	0.61	76	3.1
7	邓肯—张		0.45	16	492 (1641)	0.38	0.58	87	5.7
8	邓肯—张		0.45	16	830 (2767)	0.31	0.49	129	4.9
9	邓肯—张		0.3	18	1125 (3376)	0.5	0.9	0	32
10	邓肯—张		0.4	18	659 (1976)	0.5	0.9	124	0
11	邓肯—张		0.3	19	4907 (14720)	0.5	0.9	0	55
12	邓肯—张		0.3	18	1869 (5608)	0.5	0.9	0	46

首先进行静荷载计算，设定地基初始应力状态。根据地质条件，确定作用在地下连续墙上的土压力系数为 0.60。其次在各挖掘阶段中，按顺序去掉挖掘部分的地基因素，掌握了各阶段中挡土墙的受力状态。

②B 法。如图 5.29 所示，将 T 形地下连续墙当做是弹性地基上的梁，将作用于面板上的被动土压力以及作用在肋板两侧的摩阻力看做是弹簧，并就此进行了计算。计算所用的地基系数见表 5.42。

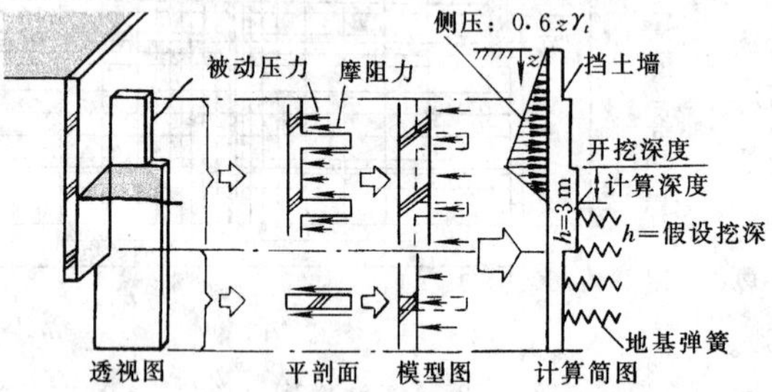

表5.42　　　　地基主要参数

E_s (kN/m²)	C (kN/m²)	φ	γ_t (kN/m³)
2000	15	10°	16
4000	0	28°	18
1000	26	5°	17
3310	26	5°	17
10340	0	35°	18
4110	35	5°	16
5670	35	5°	16
11670	76	3°	16
17670	87	6°	16
30990	129	5°	16
12450	0	32°	18
26560	124	0°	18
44270	0	55°	19

图 5.29　B法模型

与 A 法一样，假定土压力系数为 0.6，其分布形状见图 5.29。另外，地下连续墙底部伸入砾石层内，其支承状态应介于固定和自由之间，比较难于判定，所以把底端的支承状态按固定、简支和自由支承三种型式进行了计算和对比。

2）地下连续墙性状的分析和预测。从图 5.30 可以看到，T 形自立式地下连续墙在不同开挖阶段的变形、弯矩和剪力的计算值和实侧值。

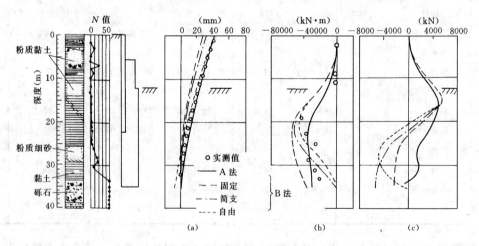

图 5.30　计算结果（3 次，测点 A）

(a) 变形（肋板）；(b) 弯矩（T 形跨度 6m）；(c) 剪力

①关于变形情况。由于地下连续墙的刚度大以及不设支撑，T 形墙的变形特性与悬臂梁相同。还可以看出，墙的变形扩展到了墙的底端，其大小受底端约束状态的影响。用 B 法算得的墙顶位移约为 30mm；当底端处于自由支承状态时，A、B 两种方法的计算结果

均表明，墙顶位移略有增加，约为 40mm。另外，A 法的计算结果表明，地下连续墙的底端处于弹性支承状态。

②关于弯矩变化情况，如图 5.30 (b) 所示。计算结果表明，与悬臂式地下连续墙的变形特性一样，弯矩的分布曲线也表明墙的背面是受拉的，而且在基坑底面至其以下 8.0m 之间达到最大（弯矩），再往下随着深度的继续增加，弯矩逐渐减少。墙底的弯矩则因其端部支承条件不同而有差异。在 B 法中，当墙底端为固定支承状态时，弯矩最大，约为最大弯矩的 60%；而采用 A 法按弹性支承时，弯矩值略小。B 法中墙底处于简支（铰接）和自由支承状态时，其弯矩为 0。

3) 剪力的分布见图 5.30 (c)。计算结果表明，剪力在基坑底（深 12.2m）至深度 15.0m 左右处达到最大。这个深度与 B 法中假定的深度相对应（见图 5.29）。墙底端的剪力与弯矩一样，也因支承条件不同而异，而在墙底端处处于简支（铰接）状态时为最大。

（3）实测结果与计算结果的比较

先来看观测 A 区在不同开挖阶段的应力和变形的实测状态。然后，再来研究最终开挖阶段的应力和变形，并与计算结果加以比较。

1) 侧压力。作用在 T 形地下连续墙的面板和肋板上的侧压力分布如图 5.31 所示。实测侧压力系数在开挖深度小于 12.2m 之前呈 0.4～0.6 的三角型分布，随着开挖深度的增加，侧压力有所下降。计算采用侧压力系数为 0.6，这是偏于安全的。如果采用 0.5，则更接近于实测结果。

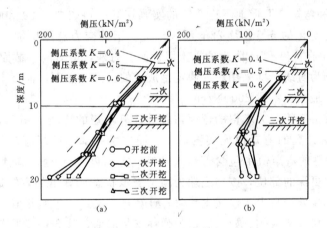

图 5.31　实测侧压力（测点 A）

(a) 肋板；(b) 面板

2) 变形。T 形地下连续墙的实测变形分布如图 5.32 所示。面板的埋深为 22m，但在面板底部以下的地基中，测出了与肋板埋深（35m）相同深度处的水平位移。图中曲线表明，由于地下连续墙的刚度很大，肋板、面板的变形以及整个地下连续墙自身的挠度都很小，而整个地下连续墙的以肋板底端为支点的转动变形较大。另外，关于肋板在最终开挖阶段的变形特点，在深度 5.5m 和 22.0m 处截面发生变化的部位，变形曲线的斜率也发生了变化，但是三个变形线段的斜率大体近似。

最终开挖阶段的实测变形与计算结果的比较见图 5.30。它表明 A 法的计算结果与实

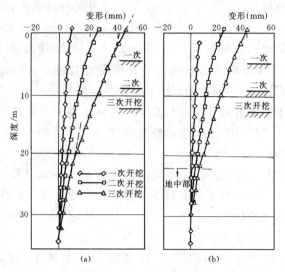

图 5.32　实测变形（测点 A）

(a) 肋板；(b) 面板

测值相当接近。另一方面，对于 B 法的计算结果，当墙底处于固定支承状态或简支状态时，其计算值大大小于实测值；当墙底为自由支承时，墙体下部的计算变形值并未减少。由此可以推测，墙底端的支承状态应为固定支承与自由支承之间的弹性支承状态。

3）钢筋应力和弯矩。T 形地下连续墙的实测钢筋应力如图 5.33 和图 5.34 所示。在肋板形状发生显著变化的 5.5m 及 22m 深度附近，钢筋应力急剧增加。最大拉应力约为 $10000N/cm^2$，发生在深度 25m 附近的挡土墙背面。另外，虽然同一截面上应力分布相当分散，但基本上仍为直线，即采用平面假定是成立的。另一方面，面板中的应力均为拉应力，应力值很小，最大也不过 $2000N/cm^2$。

最终开挖阶段由钢筋应力求得的弯矩与各种计算弯矩的比较如图 5.30 所示。由图中可以看法，用 A 法计算的弯矩值比实测值小；而在墙底部，计算弯矩却比实测值为大。另一方面，B 法计算的弯矩值中包含着最大弯矩；在深度 25m 处，其计算弯矩与实测结果非常接近，但在更深的部位，按墙底端为固定支承状态计算出的弯矩远大于实测弯矩。与此相反，当墙底端处于自由或铰接支承时，计算弯矩又远小于实测值。这种显著差别主要是由墙底的支承状态造成的。如果假定为弹性支承的话，就会更接近实际状态。

4）设计计算方法的评价。通过对 T 形地下连续墙的计算结果与实测结果进行对比和分析，从 A、B 两种计算方法选择应用广泛的 B 法，并在墙底端设置转动弹簧和水平弹簧，用基床反力弹簧进行计算。这些弹簧的地基变形模量取为 PS 试验值的一半，是根据弹性理论得到的。另外，作为外力的侧压力，可根据实测结果取侧压力系数为 0.5。

根据上述条件得到的 T 形地下连续墙的实测变形、弯矩与计算值的比较如图 5.35 所示。该图同时表示了剪力的计算值。从图中可以看出，变形和弯矩的实测值与计算值是相互对应的。

由于 B 法中的墙底支承为弹簧支承，可以更接近地下连续墙的实际受力状态，可以作为一种实用的设计方法而加以利用。

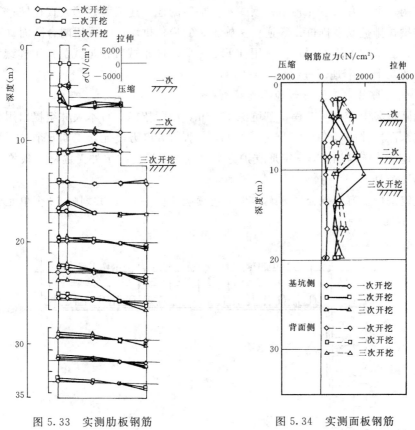

图 5.33　实测肋板钢筋　　　　　　　图 5.34　实测面板钢筋
应力（测点 A）　　　　　　　　　　应力（测点 A）

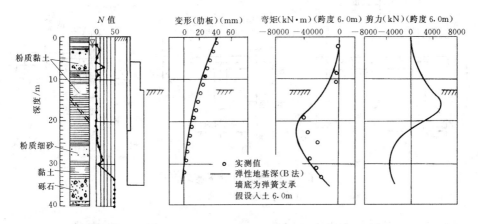

图 5.35　墙底为弹性支承时的计算结果（第三次开挖，测点 A）

5.4.5　我国的 T 形地下连续墙

1. 概要

随着基坑平面尺寸的不断加大，原有的基坑支撑方式（如钢、钢筋混凝土内支撑和锚杆等）有时无法满足要求。因此采用自立式支护结构已经是刻不容缓的事。这种自立式的基坑支护结构，可以有以下几种结构型式：①加厚的地下连续墙；②大直径桩；③人工挖孔桩；④连拱式排桩或多排桩；⑤逆作法施工；⑥逆作拱墙；⑦采用闭合断面（圆形、矩形）的基坑；⑧基坑土体加固；⑨采用 T 形、π 形、H 形或其他型式的地下连续墙。

下面介绍几个 T 形地下连续墙工程实例。

2. 上海国际贸易中心的 π 形地下连续墙

上海国际贸易中心大厦工程，基坑深 10.3m，国际招标，日本大林组提出用 SMW 护壁（即深层水泥搅拌法），壁厚 7.5m，深 41m，报价 800 万美元，工期 6 个月。上海基础公司提出用地下连续墙加肋，π 字形支护方案，坑内不设支撑坑外无锚杆，报价 600 万人民币，工期 3 个月。

最后决定采用上海基础公司方案，地下连续墙共长 617m，共划分 62 个单元槽段，如图 5.36（a）、（b）所示。

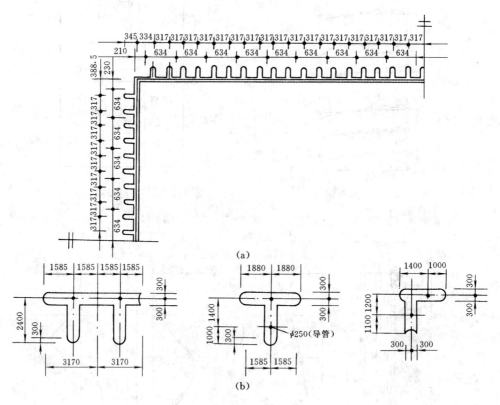

图 5.36　加肋式地下连续墙

(a) 平面图；(b) 肋大样

3. 钱塘江盐官闸的 T 形地下连续墙

该闸是太湖流域洪水向钱塘江的排洪闸，工程规模很大，两岸边相距 120m，不可能采用内支撑。由于处于软土地基之中，也无法使用土层锚杆。笔者建议，经过技术经济比较后，决定在最大开挖深度为 12.7m 的基坑中采 T 形自立式地下连续墙（墙顶配以少量钢拉杆）作为基坑支护结构以及永久性的河岸挡土墙。T 形地下连续墙的最大深度为 27.0m，肋板长 5.0m，深 22.0m。墙厚均为 0.8m，如图 5.37 所示。详细情形见后面水利水电工程应用部分。

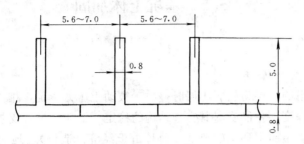

图 5.37 T 形地下连续墙

4. 某工程的 T 形地下连续墙支护方案

该工程位于天津市内。由于周围环境和地质条件限制,笔者曾建议采用 T 形自立式地下连续墙,并考虑对基坑土体进行加固。最后形成了如图 5.38 所示的基坑支护方案,即周边采用 T 形地下连续墙,基坑内侧采用条形桩顶在地下连续墙内侧,相当于加固了被动区,可减少地下连续墙的墙顶位移;同时可在基坑内侧代替一部分承重桩。此方案结构受力明确,计算结果可信度高;可加快基坑土方开挖和结构施工速度,缩短工期。

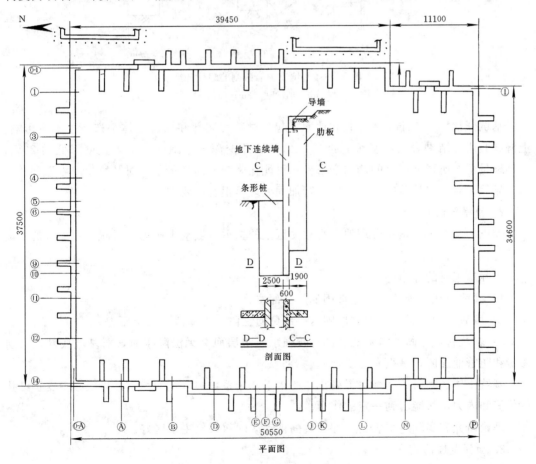

图 5.38 基坑支护

5.5　基坑土体加固

5.5.1　概述

1. 基坑加固原因

当基坑底面以下的土层为软弱土层时，由于被动土压力不足，排（板）桩墙支护结构必须有很大的插入深度，才能确保其支护结构的稳定。即使这样，支护结构内力、变形仍然很大，常常不能满足周围环境的要求。而且由于经济（造价）、地质因素、场地等条件的限制，使增加支护结构的插入深度或其他技术措施受到约束。

图5.39表示随开挖深度的增加，支护结构两侧土体塑性区的展开情况。坑内被动区土体的塑性区开展，直接影响支护结构的安全稳定。由此可见，坑内被动区土体的力学性质对支护结构的变形稳定起着十分重要的作用。

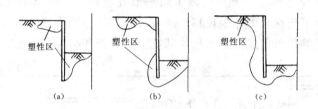

图5.39　基坑支护墙两侧的塑性开展

(a) 开挖9m；(b) 开挖12m；(c) 开挖14m

基坑开挖后，由于土体卸载和地面隆起，对基坑底部和周边土体都造成了不少影响。上海试验研究结果表明：基坑底部约1倍基坑开挖深度范围内，土体强度降低约20%，变形模量也有所降低，有的侧向变形模量可能比竖向变形模量小，对基坑稳定更不利。

显然，对一些特殊的基坑土体进行加固处理是很有必要的。

2. 加固部位

加固的基本原则是：合理地提高被动区土的抗力（被动土压力）或减少主动区的主动土压力。

实际施工时的加固部位有：

1）墙前被动土压区。这是常用的加固部位。

2）墙后主动土压区。通过加固这一部位的土体，可降低主动土压力。

3）基坑封底加固。当基坑底部有较强承压水层而又无法降水时，对基坑底部进行防渗漏和防管涌加固，是很有必要。

基坑土体加固后，无疑对提高土体的水平基床系数和基坑的稳定性以及减少支护结构的位移和内力，都能起到一定的作用。

理论研究和实际应用表明，加固坑内被动区的效果比主动区好。

3. 加固范围的确定

经过深入的地质调查和计算分析，而后针对基坑地基的薄弱部位，预先进行可靠而合理的地基加固。必须加固的位置和范围要选在以下可能引起突发性、灾害性事故的地质或环境条件之处：

1）液性指数大于 1.0 的触变性及流变性较大的黏土层。

2）基坑底面以下存在承压水层，坑底不透水层有被承压水顶破之险。

3）在坑底面与下面承压水之间存在不透水层与透水层互层的过渡性地层。

4）基坑承受偏载的情形：①四周地面和地下水位高程有较大差异；②四周挡墙外侧有局部的松土或空洞；③基坑局部挡墙外侧超载很大；④基坑内外地层软硬悬殊；⑤部分挡墙受邻近工地打桩、压浆等施工活动引起附加压力。

5）含丰富地下水的砂性土层及废弃地下室管道等构筑物内的贮水体。

6）地下水丰富且连通、透水性很大的卵砾石地层或旧建筑垃圾层。

7）基坑周围外侧存在高耸桅塔、易燃管道、地下铁道、隧道等对沉降很敏感的建筑设施。

针对上述困难和风险较大问题，按具体的工程地质和水文地质条件和施工条件，预测基坑周围地层位移。当经过精心优化挡墙及支撑体系结构设计及开挖施工工艺后，周边地层位移仍大于保护对象的允许变形量时，则必须考虑在计算分析所显示的基坑地基薄弱部分，预先进行可靠而合理的地基加固。对于风险性特大部位处的地基加固的安全系数应适当提高，并采取在开挖施工中跟踪注浆等防渐杜微的加固方法，以可靠地控制保护对象的差异沉降。对于有管涌和流土危险之部位则更须预先进行可靠的预防性地基处理。地基加固的部位、范围、加固后介质性能指标及加固方式选择均应经计算分析，还要明确提出检验加固效果的规定。

实践证明，采用封底加固方法来解决承压水突涌问题是不成功的，是不可行的。

4. 基坑加固目标

1）减少挡土结构位移。

2）增加抗坑底隆起的能力。

3）抵抗坑底的砂土涌入。

4）防止承压水穿破黏土层进入坑内的底鼓现象。

5）对基坑挡墙起到"预支撑"或用以代替支挡结构。

6）减少承受竖向荷载的位移。

7）防止挡墙接头处漏水。

5.5.2　基坑内被动区的加固方法

1. 概要

坑内被动区土体加固，就是采用各种手段，对坑内被动破坏区范围内的软弱土体进行改良，使被动区土体的力学性质得到明显改善。

大量的工程实践及理论分析证明，加固坑内被动区土体是一种经济有效的技术措施，它能使坑底土的力学性质指标得到明显提高，起到减小支护结构的内力、水平位移、地面沉降及坑底隆起的作用，并能防止被动区土体破坏及流土现象。

图 5.40 为坑内被动区土体未加固和局部加固后，水泥搅拌桩挡墙的水平位移实测曲线。坑内被动区土体加固法可用于坑底存在一定厚度软弱土层的各种型式的支护结构。

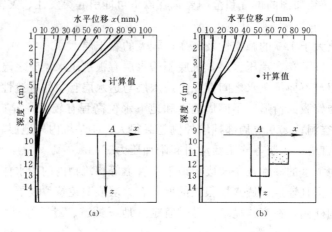

图 5.40　水泥土挡墙实测变形曲线

(a) 坑底土未加固；(b) 坑底土局部加固

2. 被动区加固方法

在邻近建筑物的流塑、软塑黏性土层的深大基坑中，为控制支护墙侧向位移过大，在基坑开挖前的一段时间内（相当于加固土体硬结时间），对被动区进行加固是很有必要的。

用于加固被动区土体的方法有：坑内降水、水泥搅拌桩、高压旋喷、压力注浆、人工挖孔桩和化学加固法等，其中较为常用的是水泥搅拌法，因其较为经济且加固质量易于控制。

1）坑内降水。当坑底土为砂性土或黏质粉土时，可采用坑内井点降水，以提高坑底土体的物理力学指标。

2）水泥搅拌法。用于坑底土为软土的情况，加固型式可根据需要灵活布置。水泥掺合量一般为加固土体重量的 10%～15%，坑底以上采用空搅或注水搅拌。

3）高压旋喷。对 $N<10$ 的砂土和 $N<5$ 的黏性土较适合，但造价较高。

4）压力注浆。适用于粉质黏土。水泥掺合量为加固土体重量的 7%～10%。

5）人工挖孔桩。当基坑底以上土体存在坚硬夹层或坚硬障碍物，搅拌桩无法穿透时可用此法。坑底以上为空桩，坑底以下加固范围用 C10 素混凝土。

怎样用最少的工程量获得支护结构安全稳定性最大幅度的提高，这是一个值得探讨的问题。已有一些学者对此作了初步研究分析。如布朗（B. B. Broms）曾对软土基坑进行 3.0m 深的压浆加固，减少墙体水平位移和地表沉降约 50%，支撑轴力减小 40%，基底隆起减小 35%。同时还作了加固 6.0m 深的比较，发现加固 6.0m 深的各项指标仅比加固 3.0m 情况减小了 10%～20%，可见加固 3.0m 是经济合理的。目前，一般根据支护结构的变形性态及按一定经验确定加固范围和型式。如认为合理的加固深度约为开挖深度的一半，一般 3～4m 深就可得到较好的效果，加固范围约为 1/2 的支护结构插入深度，一般 3～5m。而加固宽度和加固间距（即加固置换率）可视为加固手段、支护结构受力特性等因素确定。如采用压力注浆而基坑挖深又较大时，可沿支护结构内侧坑底形成一条基本连续的加固体；若采用水泥搅拌法加固，加固宽度 1.0～3.0m，加固间距按沿基坑周边中部密、端部疏的原则定。被动区土体局部加固型式见图 5.41～图 5.44。

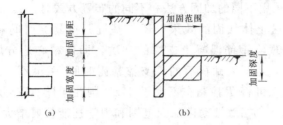

图 5.41　被动区土体局部加固

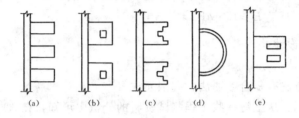

图 5.42　常用被动区土体局部加固型式（平面）

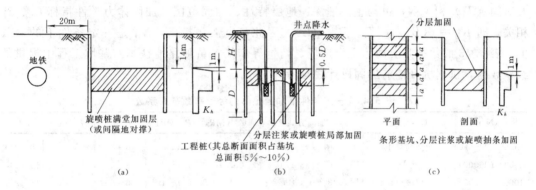

图 5.43　基坑挡墙被动区注浆加固

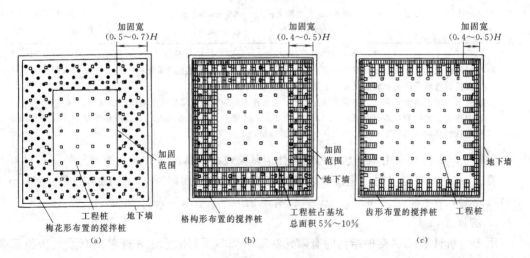

图 5.44　基坑挡墙被动区搅拌桩加固

在同一基坑中，采用不同的加固方法和不同的布置方式时，其加固效果不同。

此外，基坑被动区土体加固的效果，还与基坑开挖暴露时间和支撑方式有密切关系。比如，对于采用现浇钢筋混凝土支撑的基坑，即使精心地分层、分部、对称、平衡和限时开挖及支撑，地下墙卸荷后的无支撑暴露时间 T_r 也不小于 48h。而采用钢支撑的基坑，精心的施工可将 T 控制在不大于 24h，则在同样地质环境条件下，采用现浇钢筋混凝土支撑的基坑，挡墙被动区加固范围和力学性能就要增大 50%～100%（视地质条件而定）。

利用上述方法，可将加固土体的平均强度和基床系数提高 2～6 倍。有资料认为，应使被动区土体的变形模量 $E \geqslant 150$MPa。

5.5.3　被动区加固设计

1. 计算方法

目前常用计算方法有复合参数法、有限元法等。

基本系数的选用：从上海一些工程测试资料的分析中可知，在软弱黏性土层中由于土体的流变性，在弹性变形中所用的基床系数 K_H 是与基坑每步开挖所暴露的范围（$B \times h$）及时间（T_r）相关的，也与土体埋深、地层特性、加固范围、加固体力学性指标 C_u、P_s 相关，即 $K_H = f(B, h, T_r, P_s, H_e)$。因此，应强调指出，$K_H$ 是一定条件下的等效值。表 5.43 的数据是上海市上海广场、新世界广场、黄陂路地铁车站基坑工程中提供的经验数据，供基坑开挖前加固设计之参考。

表 5.43　一定条件下加固土体的经验等效基床系数

K_H(kN/m³)	基坑土质	加固方式	$\overline{C_u}$/(MPa)	$\overline{P_s}$(MPa)	B (m)	h (m)	T_r (h)
40000（5000）	淤泥质黏土	图 5.43（a）	0.5	3.5	6～8	3～4	48（24）
20000（30000）		图 5.43（a）	0.2～0.3	1.4～2.0	6～8	3～4	48（24）
10000（20000）	$I_L = 1.2～1.5$	图 5.43（c）（加固部分）	0.1～0.2	0.7～1.4	6～8	3～4	48（24）
20000（30000）	$w = 35\%～49\%$	图 5.45（a）～（c）	0.2～0.3	—	6～8	3～4	48（24）
5000（10000）	$e = 1.2～1.6$	图 5.53 降水疏干部分	0.2～0.3	—	6～8	3～4	48（24）
≤3000	$E = 2～3$MPa	坑底明排水	0.2～0.3	—	6～8	3～4	24

注：$\overline{C_u}$ 为平均不排水抗剪强度，第一行到第三行中的 $\overline{C_u}$ 为旋喷桩旋喷范围的平均 $\overline{C_u}$，第四行至第六行中的 $\overline{C_u}$ 为搅拌桩本体的 $\overline{C_u}$；B 为每步开挖暴露围护墙平均宽度；h 为每步开挖土层深度；$\overline{P_s}$ 为平均比贯入阻力；T_r 为每步开挖后所暴露的围护墙的无支撑暴露时间。

在降水加固土体中间隔抽槽注浆加固时，K_H 取两者 K_H 的平均值或按宽度的加权平均值。

表中括弧中数值为暴露时间 $T_r \leqslant 24$h，表中数据系由上海广场、新世界商场挡墙位移测试数据反分析或由上海地铁深基坑挡墙位移及被动区土压测试数据算出，上表仅供参考。

文献［38］建议采用承受水平力的弹性地基梁或板的基床系数法（如 m 法）进行计算。

关于 m 值的取值问题，建议取以下参考值：土体不加固时，$m = 1500～2500$kN/m⁴；土体加固后，$m = 3500～5000$kN/m⁴，也有取值 $m = 8000$kN/m⁴ 的。

2. 有限元法

用于分析计算基坑支护结构的有限元法有平面单元有限元法、杆单元有限元法和三维有限元法等。坑内被动区土体经加固后，分析计算的关键是被动区土体的计算参数的选取。采用连续性加固时，可根据加固方法和施工参数配合室内试验确定加固后增大的力学

参数，按平面单元有限元法设计计算。若采
用局部加固，可利用三维有限元法计算，或
取被动区内加固体和土体的复合参数（具体
见下述"复合参数法"），按平面单元有限元
法计算。计算简图如图 5.45 所示。

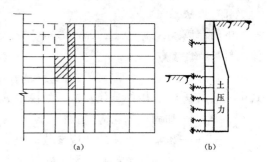

图 5.45　计算简图

(a) 平面单元有限元计算简图；

(b) 杆单元有限元计算简图

3. 复合参数法

（1）方法一

假设坑内被动区土体（局部）加固后，
其被动破坏面与水平面的夹角为 $45° - \phi/2$。
此时，支护结构被动土压力可按复合强度指
标计算。

取
$$\phi_{sp} \approx \phi_s \tag{5.46}$$
$$C_{sp} = (1 - a_s)\eta C_s + a_s C_p \tag{5.47}$$

式中　ϕ_{sp}、C_{sp}——土与加固体复合抗剪强度指标；

　　　ϕ_s、C_s——加固体的抗剪强度指标，kPa；

　　　η——土的强度折减系数，一般取 $\eta = 0.3 \sim 0.6$；

　　　a_s——坑内被动区（局部）加固体置换率，按式（5.48）或（5.49）计算。

情况一：加固深度等于支护结构插入深度时 [见图 5.46（b）]：

$$a_s = \frac{F_p}{F_s} = \frac{ab}{L h_p \tan\left(45° + \dfrac{\phi_s}{2}\right)} \tag{5.48}$$

情况二：加固深度小于支护结构插入深度时 [见图 5.46（c）]：

$$a_s = \frac{ab h_0}{L h_p^2 \tan(45° + \phi_s/2)} \tag{5.49}$$

式中　a——加固宽度；

　　　b——加固范围；

　　　h_0——加固深度；

　　　L——相邻两加固块体的中心距；

　　　h_p——支护桩插入深度；

　　　ϕ_s——土的内摩擦角。

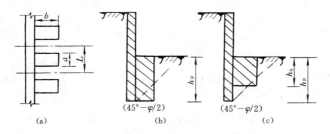

图 5.46　被动区局部加固

（2）方法二

中国台湾欧章煜（Chang-Yu Ou）等认为，可按下式计算挡墙经局部加固后，复合体的材料特性参数：

$$P_{eg} = P_g I_r^m + P_c (I - I_r^m) \tag{5.50}$$

式中　P_{eg}——复合体的等代参数，如模量 E、不排水抗剪强度 S_u、泊松比 ν 等；

　　　P_g——加固体的相应参数；

　　　P_c——未加固土体的相应参数；

　　　I_r——加固比，$I_r =$ 加固面积/总面积；

　　　m——等代参数指数。

同时认为：

1）根据力的平衡条件，当外力直接作用在加固与未加固土面上时，$m = 1.0$。

2）当加固体的无侧限抗压强度 $q_u = 1000\text{kPa}$，$I_r = 25\%$ 时，取 $m = 1.68$ 按平面应变有限元法，可得到合理的支护侧向位移。

3）通过试验及反分析得出，当 $q_u = 2000\text{kPa}$，对于不同的 I_r，用于平面应变条件的复合体等代参数为

$$P_{eg} = P_g I_r^{0.88m} + P_c (1 - I_r^{0.88m}) \tag{5.51}$$

图 5.47 为 q_u—m—I_r 的关系。

（3）方法三

Hsish 认为可假定复合体的摩擦角与未加固土的摩擦角相同，而黏聚力为

$$C = 0.25 q_u I_r + C'(1 - I_r) \tag{5.52}$$

式中　q_u——加固体的无侧限抗压强度，kPa；

　　　I_r——加固比，$I_r =$ 加固面积/总面积；

　　　C'——未加固土的黏聚力，kPa。

图 5.48 表明，$I_r > 25\%$ 后，I_r 增大但最大位移值不再减小，即 $I_r = 25\%$ 为最优加固比。

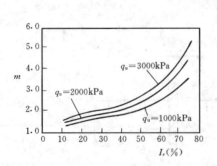

图 5.47　q_u—m—I_r 关系曲线

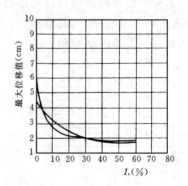

图 5.48　I_r 与最大位移值关系

必须一提的是，尽管被动区局部加固法已在深基坑支护工程广泛采用，但目前尚无成

熟的设计计算方法，以上方法供参考。

5.5.4　基坑加固的其他方法

1. 基坑封底加固

坑底被承压水顶破而发生涌砂、隆起，是基坑工程中最大危险事故之一。当坑底地基不能抵抗承压水时，必须采取安全可靠的地基处理措施。已应用方法有以下三种。

1）采用高压三重管旋喷注浆法，在开挖前，将基坑底面以下做成与坑周地下连续墙结成整体的抗承压水底板。上海合流污水治理一期工程中，彭越浦泵站进水总管的条形深基坑邻近居民多层建筑，长 160m，宽 5.8m，坑底不透水层仅 5m，不能承受其下 $16t/m^2$ 的承压水压力。采用该法后该基坑工程得以安全完成，如图 5.49 所示。武汉泰和广场基坑也是采用此法封底的。

2）采用化学注浆法或高压三重管旋喷注浆法，在开挖前于基坑周围地下墙墙底以上，做成封住基坑周围地下墙墙底平面的不透水加固土层。此加固层底面以上土重与其下面承压水压力相平衡，使基坑工程安全地完成，如图 5.50 所示。

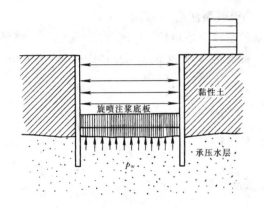

图 5.49　旋喷桩加固土体抗承压水

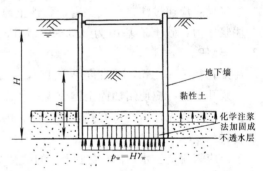

图 5.50　化学注浆法加固土体承压水

计算公式：
$$h\gamma_e \geqslant H\gamma_w$$

式中　h——坑底至加固底面高度；

　　　γ_e——加固层底面以上土层平均重度；

　　$H\gamma_w$——承压水压力。

此外，还要核算加固体和上面砂层的渗透稳定。

3）在基坑外侧或内侧以深井点降低承压水水压，同时在附近建筑物旁边地层中用回灌水控制地层沉降保护建筑设施。当基坑处于空旷地区可不用回灌水措施。

2. 基坑外设防水帷幕

在地下水位以下的松散砂、砾或渗透性较大的地层中，基坑开挖前，必须根据地层透水性和流动性，在排桩式挡墙或密水性较差的挡墙外侧，采用搅拌桩、旋喷桩、水泥系列或化学注浆法做成防水帷幕，严防挡墙缝隙水土流失和挡墙底部管涌。防水帷幕在坑底以下的插入深度务必满足渗透稳定的安全要求，见图 5.51。

浆液种类：

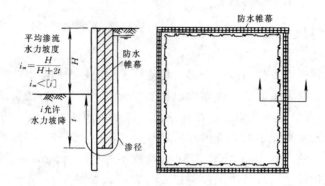

图 5.51　基坑挡墙防水帷幕

1）水泥为主剂的浆液，孔距 1～2m，用于提高土体强度。

2）水泥和水玻璃混合液，用于防渗补强。

3）化学浆液（丙凝、聚氨酯）。

胶凝时间：砂土 2～3min；粉土 5～6min；黏土劈裂注浆 1～2h。

注浆量：应通过注浆实验决定，黏性土地基的浆液充填量约 20％左右。

注浆压力：砂土地基中为 0.5～0.2MPa；软土地基中为 0.2～0.3MPa；粉土大于 0.2～0.5MPa。

注浆孔径 7～11cm，垂直度小于 1％。

注浆孔布置：应使用加固土体成为一整体。

注浆顺序：先外后内，有挡土墙时可先内后外。

材料：

水：应采用清洁水，pH 值小于 4 的酸性水及废水不宜选用。

水泥：普通硅酸盐水泥。

填加料：可适当选用磨细的粉煤灰或矿渣代替水泥。

3. 坑内降水预固结地基法

在市区建筑设施密集的地区，对密封性良好的支护墙体基坑内的含水砂性土或软弱黏性土夹薄砂层等适于降水的地层，合理布设井点，在基坑开挖前超前降水，将基坑地面至设计基坑底面以下一定深度的土层疏干并排水固结，以便于开挖土方，更着重于提高挡墙被动区及基坑中土体的强度和刚度，并减少土体流变性，以满足基坑稳定和控制土体变形要求。开始降水在开挖前的超前时间，按降水深度及地层渗透性而定。在上海夹薄砂层的淤泥质黏土层中，水平渗透系为 10^{-4}cm/s，垂直渗透系不大于 10^{-6}cm/s。当在此地层中的降水深度为 17～18m，自地面挖至坑底的时间为 30d 时，超前降水时间不小于 28d。实践说明降水固结的软弱黏土夹薄砂层强度可提高 30％以上，对砂性土效果则更大。大量工程的总结资料证明适于降水的基坑土层，以降水法加固是最经济有效的方法。为提高降水加固土体的效果，降水深度要经过验算而合理确定，如图 5.52 所示。

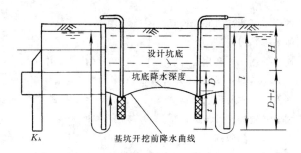

图 5.52　基坑降水预固结地基

5.6　本章小结

　　本书重点在于深度超过 15m 的深基坑工程的渗流分析和防渗体设计和施工以及应用。为此，本章并未对深度较小的基坑进行详细论述。对于深基坑工程常见的设计问题诸如内力分析、应力计算和配筋、结构和地基的稳定计算、基坑变形和沉降计算与控制等，均不在本章叙述范围之内。本章只针对深基坑常用的地下连续墙的设计要点进行阐述，对于基坑地基加固也进行论述。关于基坑的渗流分析和计算以及防渗墙的设计则在第二篇第 7～9 章中有所说明。

　　这里要说明的是，本章只是阐述深基坑的一般设计过程和要点，深基坑的最终设计要经过第 7～9 章的检验后确定。

参考文献

[1] P P Xanthakos. Slurry Walls as Structural Systems ［M］. New York：McGraw-Hill，1994.

[2] 建筑科学院情报所. 国外地下连续墙资料选编 ［M］. 北京，1979.

[3] 土质工学会. 连续地中壁工法 ［M］. 东京：土质工学会，1988.

[4] 赤板，雅章，等. 最近的地下连续壁技术 ［J］. 基础工，1995（11）.

[5] 内藤祯二. 最近的连续地中壁 ［J］. 土与基础，1994（3）.

[6] 冈原. 基础的施工，1994.

[7] 中村靖. 土质与基础 ［M］. 东京：山海堂，1995.

[8] 鹿岛建设. 地基构造的稳定和临时结构，1993.

[9] 鹿岛建设. 基础构造物和地基构造物，1993.

[10] 基础工特集（地下连续壁的本体利用），1987.

[11] 龚晓南. 深基坑工程设计施工手册 ［M］. 北京：建筑工业出版社，1998.

[12] 丛蔼森. 混凝土防渗墙夹泥的类型、成因和预防 ［J］. 水利学报，1983（11）.

[13] 丛蔼森. 对混凝土防渗墙夹泥问题的看法 ［J］. 全国大坝软基学术会论文，1982，10.

[14] 丛蔼森. 地下防渗墙泥浆性能和槽孔混凝土成墙规律的试验研究 ［J］. 中国水利学会基础学组论文集，1985，5.

[15] 丛蔼森. 北京地区混凝土防渗墙情况简介和资料汇编. 第一届全国防渗墙技术交流会论文，

1977，11.

[16] 基础工特集（基础的荷载试验），1996（5）.

[17] 基础工特集（柱状体基础），1997（9）.

[18] 基础工特集（地下连续壁的本体利用）1987（11），1993（4），1997（11）.

[19] 基础工特集，1995（12），1996（8），1997（9）.

[20] 渡边俊雄．基础工程施工技术的现状与展望 [J]．志松，译．探矿工程译丛，1996（2）.

[21] 平井正哉．地中连续壁基础的设计与施工 [J]．基础工，1997（2）.

[22] 丛蔼森．三合一地下连续墙和非圆形大断面桩的开发和应用 [J]．北京水利，1997（2）.

[23] 丛蔼森．地下连续墙液压抓斗成墙工艺试验研究和开发应用 [J]．探矿工程，1997（5）.

[24] 玉野富雄．最新的开挖支护工法 [J]．基础工，1997.

[25] 中国建筑科学研究院．JGJ 120—1999　建筑基坑支护技术规程 [S]．北京：中国标准出版
社，1999.

[26] 黄强．深基坑支护实用内力计算手册 [M]．北京：中国建筑工业出版社，1995.

[27] 黄强．深基坑支护工程设计技术 [M]．北京：中国建筑工业出版社，1995.

[28] 钱家欢，殷宗泽．土工原理与计算 [M]．北京：中国建筑工业出版社，1995.

[29] 本书编写组．基础工程施工手册 [M]．北京：中国计划出版社，1996.

[30] P P Xanthakos. Slurry Walls [M]. New York：McGraw-Hill，1979.

[31] 余志成，施文华．深基坑支护设计与施工 [M]．北京：中国建筑工业出版社，1997.

[32] 深圳市建设局．SJG05—96 深圳地区建筑深基坑支护技术规范．1996.

[33] 孙家乐．深基坑支护体系若干问题的讨论 [J]．地基基础工程，1994.

[34] 黄强，惠永宁．深基坑支护工程实例集 [M]．北京：中国建筑工业出版社，1998.

[35] 唐业清．深基坑工程学，1994

[36] 赵锡宏，等．高层建筑基坑围护工程实践与分析 [M]．上海：同济大学出版社，1996.

[37] 同济大学，天津大学，等．土层地下建筑结构 [M]．北京：中国建筑工业出版社，1982.

[38] 金问鲁．地基基础实用设计施工手册 [M]．北京：中国建筑工业出版社，1995.

[39] 高大钊．软土地基理论与实践 [M]．北京：中国建筑工业出版社，1992.

[40] 刘建航，侯学渊．基坑工程手册 [M]．北京：中国建筑工业出版社，1997.

[41] 陈仲颐，叶麟．基础工程学 [M]．北京：中国建筑工业出版社，1995.

[42] 赵志缙．高层建筑施工手册 [M]．上海：同济大学出版社，1991.

[43] 杨嗣信．高层建筑施工手册 [M]．北京：中国建筑工业出版社，1992.

[44] H F 温特科恩，方晓阳．基础工程手册 [M]．钱鸿缙，叶书麟等，译校．北京：中国建筑工业出
版社，1983.

[45] 常士骠．工程地质手册 [M]．北京：中国建筑工业出版社，1992.

[46] 中国标准化协会．CECS22：90 土层锚杆设计与施工规范．

[47] 秦惠民，叶政青．深基础施工实例 [M]．北京：中国建筑工业出版社，1992.

[48] 驹田敬一．基础设计的留意点 [J]．基础工，1987.

[49] 土质工学会．基础的设计数据，1992.

[50] 大林组．WF 扩底桩工法 [J]．基础工，1995.

[51] 庆伊道夫，等．建筑基础的设计实例 [J]．基础工，1999.

[52] 龚晓南．深基坑设计施工手册 [M]．北京：中国建筑工业出版社，1998.

第6章　井筒式深基础工程设计要点

6.1　概　述

6.1.1　发展概况

随着现代化的高大建筑物的不断涌现，基础工程的重要性日益受到人们的高度重视。基础工程的概念和技术领域已经发生了很大变化。

基础工程作为地下结构物存在于地下，它是由地基和上部工程结构以及钻孔机械、混凝土技术等组成的综合技术，是包括从勘察、规划到设计施工和监测多方面的技术体系。

自从1950年在意大利圣·玛利亚水库坝基首次采用地下连续墙以来，经过20多年的推广和发展，到了20世纪70年代地下连续墙已经成了重要的基础工程施工技术之一。地下连续墙技术在日本得到了快速的发展，从设计理论到造孔机械和施工工法方面，都达到了世界先进行列。可以说，是他们首先提出了地下连续墙基础这个新概念，并且首先付诸实施。1979年在日本的东北新干线高架桥工程中采用的地下连续墙闭合式刚性基础，代替了惯用的沉井式基础，可以说是开了地下连续墙深基础工程的先河。在此后的20年中，地下连续墙深基础由于大型多轴水平铣槽机的研制成功而获得了更为迅速的发展（见表6.1），深度达170m、厚度达3.2m的深基础工程已经是指日可待了。据统计，到1993年7月，日本已在220项工程中使用地下连续墙基础（到2009年达390项）。可以说，日本的地下连续墙技术在世界上遥遥领先。

表 6.1　日本地下连续墙基础工程表

序号	工程名	施工年份	井筒基础尺寸（m）				
			个数	外形	掘削深	壁厚	形状特征
1	东北新干线饭坂街道高架桥	1979.7～1979.12	1	10.0×10.0	25.5	1.5	4个槽段，两箱形断面，刚性接头
			1	7.5×7.5	24.5	1.2	
			1	6.0×6.0	30.5	1.0	
2	大阪府道高速道路	1982.3～1983.3	2	6.0×4.5	37.4	0.8	4个槽段，单箱形断面，刚性接头
			1	6.5×5.0	37.4	0.8	
			1	8.0×6.0	37.4	0.8	
3	东北新干线王子南部高架桥	1982.4～1983.7	1	6.0×8.0	25.0	1.0	4个槽段，单箱形断面，刚性接头
			3	5.5×6.0	20.5	1.0	
			1	5.0×6.0	20.5	1.0	
4	东北新干线第1仲仙道架道桥	1983.5～1984.3	2	8.5×8.5	44.0	1.2	4个槽段，单箱形断面，刚性接头
			1	7.5×7.5	44.0	1.2	
			1	7.0×7.0	43.0	1.2	

续表

序号	工程名	施工年份	井筒基础尺寸（m）				
			个数	外形	掘削深	壁厚	形状特征
5	东北新干线新河岸川桥梁	1983.5～1984.3	2	23.0×11.0	30.5	1.5	4个槽段，单箱形，中隔墙1道
6	东北新干线世目川桥梁	1983.8～1984.6	4	8.0×8.0	41.0	1.2	4个槽段，单箱形，4～8个槽段
			1	12.0×10.0	41.0	1.5	
			2	7.0×7.0	41.0	1.0	
7	本四备赞线北浦港桥梁下部工事	1985.3～1986.5	3	9.0×10.0	59.6	1.5	4个槽段，单箱形断面
			1	7.0×8.0	59.6	1.2	
8	首都高速道路42工区	1985.10～1986.12	1	8.0×7.0	21.0	1.2	4个槽段，中隔墙1道
			1	8.0×7.0	20.0	1.2	
			2	5.0×11.0	22.0	1.2	
9	大阪府道高速道路东大阪线港工区	1987.7	1	20.0×12.0	33.5	1.5	12个槽段，中隔墙1道
10	首都高速道路31工区	1987.1	1	8.0×8.0	20.0	1.2	4个槽段，单箱形断面
			1	7.0×7.0	20.0	1.2	
11	首都高速道路34工区	1987.2	1	8.0×6.0	19.6	1.2	
			1	8.0×5.0	19.1	1.2	
12	青森大桥	1987.1	2	30.0×20.5	43.2	1.5	
13	北海道白岛大桥	1989.1		墙桩	106	1.50	
14	东京湾川崎人工岛	1991.11		墙桩	119	2.80	
15	明石海峡大桥	1990.1		墙桩	75.7	2.20	
16	东京电力地下变电站	1990.5	1	φ146.5	70	2.4	

日本于1986年由35家专业公司成立了"地下连续壁基础协会"，对地下连续墙技术的难题进行了深入研究，提出了相关的施工方法手册和设计指导等技术文件，推进了地下连续墙深基础技术的进展。

目前，地下连续墙基础主要应用于：①大型桥梁基础；②高耸建筑物（灯塔、水塔和电视塔等）；③超高层楼房基础。

为了方便以后设计计算工作，这里把基础工程常用材料和地基的主要特性指标列于表6.2中，供参考。

表 6.2　主要材料与地基的特性表

项目		强度特性		变形特性	
		一轴强度 (N/cm^2)	$A=\dfrac{最大值}{最小值}$	弹性（变形）横量 (N/cm^2)	$B=\dfrac{最大值}{最小值}$
钢材		34000～150000	4～5	2.0×10^5	1
混凝土		1500～7000	4～5	$(1.5\times5.0)\times10^6$	3～4
地基	土	1～100	100	50～5000	100
	砂砾	10～300	30	3000～30000	10
	软岩	100～1000	10	20000～100000	5

6.1.2　地下连续墙基础的分类

基础的作用就是安全地把上部结构的荷载传递到地基中去。从荷载传递这个观点出发，可以把基础划分为图 6.1 的几种型式。

现在不仅可以用地下连续墙代替桩基，而且可以用来代替沉井，做成刚性基础。

根据基础的刚度和设计方法，可把基础按图 6.2 方式分类。

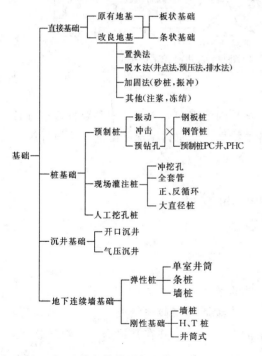

图 6.1　从荷载传递观点出发的基础分类　　　　图 6.2　从刚度和设计方法出发的基础分类

地下连续墙基础的断面可能是闭合的口字形或圆环形结构，也可能是条状、片状或其他非闭合断面型式。从它的刚度来看，有时是像直接基础或沉箱基础那样的刚性体，有时则可能是弹性桩。

这里要指出的是，地下连续墙基础的刚度不仅取决于基础何尺寸和材料特性（即 βL 值），而且取决于各单元墙段之间的接头型式。也就是说，只有采用刚性接头且 $\beta L<1.0$

时，才算是刚体基础；否则的话，即使 $\beta L < 1.0$
的承受水平荷载的基础也不是绝对的刚体基础，
因为它不能传递全部剪力。这一点是地下连续
墙基础所独有的。

如果单从结构型式来看的话，可把地下连
续墙基础分为墙（壁）桩和井筒式基础两大类。
其中墙桩中的断面尺寸较小的桩又叫做条桩
（片桩），参见图 6.3～图 6.5。

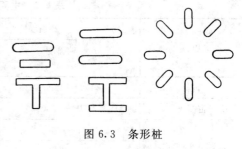

图 6.3　条形桩

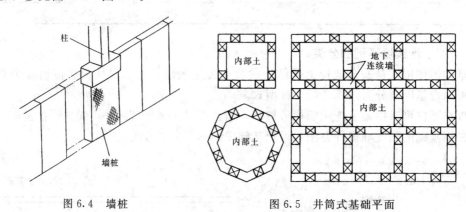

图 6.4　墙桩　　　　　　　　　　图 6.5　井筒式基础平面

有关深基础工程的最新发展概况见本书 1.3 节。

本书仅限于讨论封闭式深基础的有关问题。这是因为很多此类深基础都要进行土方开
挖，于是就形成了深基坑，也就具有深基坑的各种特性。本章讨论深基础的结构设计施工
等方面的问题，至于渗流问题则在第二篇第 7～9 章加以讨论。

6.2　井筒式基础的设计

6.2.1　概述

1. 概要

在这一节里将阐述闭合断面的地下连续墙基础的设计理论和方法。

井筒式地下连续墙基础是利用构造接头把地下连续墙的墙段连结成一个外形为矩形、
多边形或圆环形且其内部可分为一个或多个空格的整体结构，并在其顶部设置封口顶板，
以便与上部结构紧密连接（见图 6.6）。

沉井结构也是中空的深基础结构，但是由于施工速度和安全方面的原因，应用越来越
少了。从 1966～1986 年的 20 年内，沉井在日本基础工程中占有的比例已由 26.1％迅速
下降到 4.0％；而地下连续墙深基础的应用在 1976～1986 年的 10 年内几乎增加了 1 倍。
地下连续墙基础与沉井相比，主要有以下优点。

1）地下连续墙基础能与地基牢固地连接在一起，基础的侧面摩阻力大。

2）由于形成了矩形或多边形的闭合的断面结构，因而可以修建刚性很大的基础。

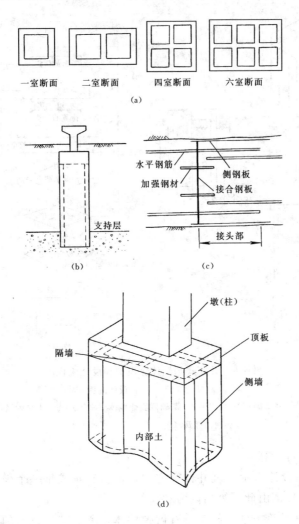

图 6.6　井筒式基础

(a) 矩形闭合断面；(b) 布置图；(c) 刚性接头；(d) 透视图

3）几乎可以在任何地基中施工，也可以在水中施工。

4）可以修建从很小的一直到超大型的任意载面的深基础工程，其最大深度可达 170m。

5）在地表面上进行机械化施工，安全度比沉井法高出很多倍；而且施工噪声和振动均很小，避免造成社会公害。

6）施工过程中不会破坏周围地基和建筑物，因而可以实施接（贴）近施工。

7）可以大大缩短工期并且可以缩小基础工程规模，整体上来说经济效益是显著的。

2. 设计要点

井筒式地下连续墙基础的计算模式和设计流程见图 6.7。基础本身的应力与变位计算方法有以下几种。

1）日本旧国铁提出的方法。它把基础看成是一个刚体，周边地基用 8 种不同弹簧代

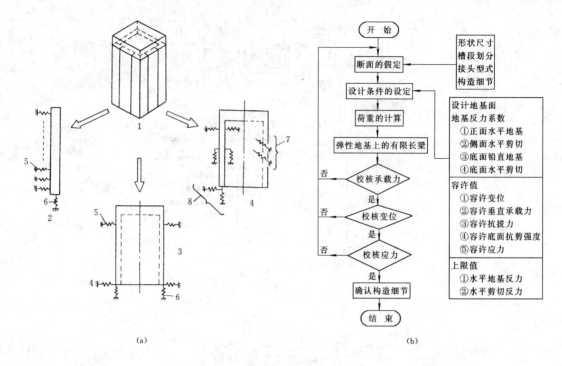

图 6.7　井筒式基础计算模型和设计流程图

（a）计算模型；（b）设计流程

1—井筒式基础；2—桩基础；3—沉井；4—基础侧面弹性体（刚体）；5—水平弹簧；6—铅直弹簧；

7—侧面弹簧（内外面）；8—底面弹簧

换，按静力学方法进行计算。

2）采用道路桥梁设计指示书沉井计算方法，把基础看成是一个弹性体，基础周边地基用 4 种弹簧加以代换，由此计算出内力和变位。

3）采用桩基础的计算方法，把基础看做弹性体，考虑基础正面的被动土抗力和侧面的摩阻力，进行内力和变位计算。

日本道路协会于 1992 年 7 月提出了《地下连续墙基础设计施工指针》，1996 年又进行了修订，由此确定了地下连续墙基础的标准设计方法。它采用的结构型式和接头型式与图 6.6 是一致的。本书介绍也以此指针为基准。

6.2.2　深基础的设计条件

基础的设计条件包括使用材料、地质条件和荷载条件。当然，对每个设计条件都应仔细斟酌。

1. 使用材料

根据日本的统计资料分析，90％的地下连续墙基础的混凝土设计强度大于 30MPa，个别的基础工程的混凝土设计强度大于 60MPa。水下混凝土的设计强度见表 6.3，允许使用强度达到 35～40MPa 的混凝土，其容许值如表 6.3 所示。虽然也允许使用高强度混凝土的流动剂，但使用时必须进行充分的研究。顶板使用的普通混凝土的容许强度可按相关规范选用。

表 6.3　水下混凝土的容许值（日本规范）　　　　　　　　单位：N/cm²

标号		300 号	350 号	400 号
水下混凝土设计基准强度		2400	2700	3000
容许压应力	弯曲压缩	800	900	1000
	轴向压缩	650	750	850
容许剪应力	只用混凝土承受剪切力时（τ_{a1}）	39	42	45
	由斜拉钢筋和混凝土共同承受剪切力时（τ_{a2}）	170	180	190
容许附着力强度（螺纹钢筋）		120	130	140

关于地下连续墙基础使用的钢筋应做出专门规定。另外，由于单元间的接头部位容易成为构造上的弱点且缺乏韧性，因此，将水下混凝土和钢筋的容许值降低 20%，以确保安全。比如日本东京湾某深基础工程，地下连续墙最深 150m，混凝土的施工配比强度为 56MPa，而设计强度只取为 42MPa。现场取样（6 个）实测平均强度达到 84.8MPa，超过设计强度 1 倍多。

2. 地质条件

牢固的地基支承是构筑基础的重要前提，优良的支承（持力）层的标准为：砂土层、砾石层的 N 值应在 30 以上，黏土层的 N 值应在 20 以上（单轴压缩强度 q_u 在 40N/cm² 以上）。一般来说，地下连续墙基础埋置在优良支承层中是很必要的，但考虑到支承层的倾斜和表面不平整，应确保至少保持相当于壁厚的埋深。

当支承层较浅而不能确保基础稳定时，可利用地下连续墙基础侧面摩擦阻力大的优点，增大地下连续墙的深度，以保持其在支承层内适当的埋深，这比增大平面形状更为经济。但是，当支承层为坚硬的泥岩、软岩及硬岩时，挖槽机受到制约，因而还不能说在任何情况下，增加墙深都是经济的。

关于一般情况下的地基设计，有必要判断一下是否与其他地基一样，能保持长期稳定所具有的支承力。

地基反力系数的计算方法与其他类型基础的计算方法没有太大区别，但计算水平向地基反力系数时基础的换算承载宽度为基础的正（前）面宽，此点应予以注意。

3. 荷载条件

关于地下连续墙基础设计所用的荷载及荷载组合应参照有关规范，选用最为不利的荷载组合进行设计。在稳定计算方面，应就平时、地震时、强（暴）风时的情况进行计算比较。另外，还必须考虑地震对基础以上部分的影响。

6.2.3　设计流程

关于地下连续墙基础的设计，可按照图 6.7 所示的设计流程图进行设计，以满足如下基本要求：

1）基础底面的垂直地基应力不能超过基础的容许垂直承载力以及容许抗拔力。

2）基础底面的剪切应力不能超过基础底面的容许抗剪强度。

3）基础的变位量不能超过容许变位。

4）基础各构件产生的应力不能超过构件的容许应力。

有必要对地下连续墙基础进行多次试算设计。如果简略地说明图 6.7 中流程图的话，那就是根据荷载条件与使用挖掘机械相应的单元长度，设定概略的平面形状，然后核算其承载力、变位、构件应力，并进行稳定计算。平面形状的设定和稳定计算通常需进行三四次的试算才能完成。但是，实际上设定平面形状时，由于存在着与邻近建筑物的相互关系、所用挖掘机械以及接头部的施工法和结构尺寸等因素的影响，槽段长度受到限制，进而影响到平面形状。因此如果没有掌握有关地下连续墙的全面知识，很难做出相关决定。

6.2.4　基础的平面形状

正如设计流程表明的，应首先设定平面形状，在这里将对设定的一般性原则进行说明。如前所述，可以依据小型基础构筑大型基础，但实际在设计和施工方面还存在某种限制。其中应特别予以注意的首先是墙厚。日本《连壁基础指针》规定：最小墙厚为 80cm。关于最大壁厚，由于目前受挖掘机械的限制，只能达到 320cm。因而目前地下连续墙基础的墙厚限定在 80～320cm 范围内。其次是地下连续墙基础自身的最小尺寸。关于此点，应首先确保先期构筑的单元在一定长度以上，以及距地下连续墙基础施工时的内部土稳定面至少 5m 左右。另外，单室截面的最大尺寸应在 10m 左右。这是因为墙厚存在上限，随着跨度增大，基础使用的钢筋数量也将增加，在施工上将发生混凝土的填充不饱满等问题。以上所述也适用于多室截面情况下的各室最大、最小尺寸的假定（见图 6.8）。

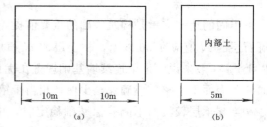

图 6.8　地下连续墙基础平面尺寸
(a) 单室最大尺寸；(b) 最小尺寸

6.2.5　基础的稳定计算

1. 计算模型

根据《连壁基础指针》，连壁基础稳定计算包括如下基本项目。

1）基础底面的垂直地基反力以及侧面地基垂直方向的剪切反力（将抵消垂直荷载）。

2）基础正（前）面地基的水平地基反力、侧面地基的水平向剪切反力、底面地基的剪切反力（将抵消水平荷载）。

3）地下连续墙基础的地基反力、变位及断面内力，是考虑整个基础的抗弯刚度和按弹性地基上的有限长梁进行计算的，得到的基础正面及侧面的地基反力应小于各自的允许值。

考虑上述因素，取计算模型如图 6.9 所示。

从图中可以看出，基础本身为弹性体，计算模型中的弹簧为基础正面的水平弹簧、基础底面水平弹簧、基础底面垂直方向弹簧以及基础底面水平剪切弹簧等四种型式的弹簧。

通常按弹性地基上的有限长梁的方法，建立地基反力、变位和内力之间的方程式：

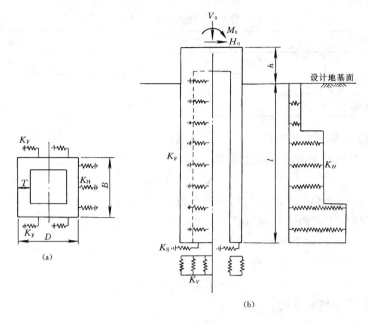

图 6.9　计算模式图

（a）平面；（b）立面

$$EI\frac{\mathrm{d}^4 u_0}{\mathrm{d}y^4} - P = 0 \quad \text{（地上部分）}$$

$$EI\frac{\mathrm{d}^4 u}{\mathrm{d}y^4} + (K_H B + 2K_F D)u = 0 \quad \text{（地下部分）}$$

$$\left.\begin{array}{c}\end{array}\right\} \tag{6.1}$$

式中　EI——基础的抗弯刚度，N/cm^2；

　　　u_0——地上部分的水平变位，cm；

　　　u——地下部分的水平变位，cm；

　　　y——设计地基面以下的深度，cm；

　　　K_H——基础正面的地基反力系数，N/cm^3；

　　　K_F——基础侧面水平方向的地基剪切反力系数，N/cm^3；

　　　B——基础的正面宽度，cm；

　　　D——基础的侧面宽度，cm。

　2. 地基反力系数

　1）基础正（前）面的水平地基反力系数：

$$K_H = K_{HO}(B_H/30)^{-0.75} \tag{6.2}$$

其中

$$K_{HO} = \frac{1}{30}\alpha E_0 \tag{6.3}$$

式中　K_H——基础正面水平地基反力系数，N/cm^3；

　　　K_{HO}——直径 30cm 刚性平板载荷试验得到的水平地基反力系数；

　　　E_0——地基的变形模量，N/cm^2，由表 6.4 推荐的方法测定；

　　　α——地基反力系数的修正系数，见表 6.4；

　　　B_H——基础正面宽度，cm。

表 6.4　修正系数 α 表

项目	正常时	地震时
钻孔内试验	4	8
试件的一轴或三轴试验	4	8
标贯试验 $E_0 = 28N$	1	2

竖直方向的地基反力系数取为 $K_V = 0.3 K_H$。

2）基础侧面水平地基剪切反力系数：

$$K_F = \alpha_F K_H \tag{6.4}$$

式中　K_F——基础侧面水平地基剪切反力系数，N/cm^3；

　　　　K_H——基础正面的水平地基反力系数，N/cm^3；

　　　　α_F——K_F 的修正系数。

当 $1/3 < D/B < 3$ 时，按下式求 α_F：

$$\alpha_F = 0.6(D/B)^{-0.75} \tag{6.5}$$

式中　D——基础的侧面宽度；

　　　　B——基础的正面宽度。

侧面的铅直地基反力系数公式为

$$K_{FV} = 0.3 K_H$$

3）基础底面的垂直地基反力系数：

$$K_V = K_{V0}(B_V/30)^{-0.75} \tag{6.6}$$

其中

$$K_{V0} = \frac{1}{30}\alpha E_0$$

$$B_V = \sqrt{A_V}$$

式中　K_V——基础底面的垂直地基反力系数，N/cm^3；

　　　　K_{V0}——直径 30cm 刚体平面荷载试验得到的垂直地基反力系数，N/cm^3；

　　　　B_V——基础换算宽度，cm；

　　　　A_V——垂直方向的基础本体面积；

　　　　α，E_0 意义同前。

4）基础底面水平方向地基剪切反力系数：

$$K_S = \alpha_S K_V \tag{6.7}$$

式中　K_S——基础底面水平地基剪切反力系数，N/cm^3；

　　　　K_V——基础底面垂直地基反力系数，N/cm^3；

　　　　α_S——反力系数比，一般取 $1/4 \sim 1/3$。因此式（6.7）也有写成 $K_S = 0.3 K_V$ 的。

5）当地基可能液化时，上述的各项地基反力系数均应适当降低。

3. 地基反力的计算

地基础稳定计算中，经常遇到地基反力的计算问题，现简介于下。

1）正面水平地基反力的屈服（上限）值

$$p_{HL}(y) = \frac{1}{n_H} p_P(y) \tag{6.8}$$

其中
$$p_P(y) = K_P \gamma y + 2C \sqrt{K_P}$$

$$K_P = \frac{\cos^2 \phi}{\cos\delta \left[1 - \sqrt{\dfrac{\sin(\phi-\delta)\sin(\phi+\alpha)}{\cos\delta\cos\alpha}}\right]^2}$$

$$K_{EP} = \frac{\cos^2 \phi}{\cos\delta_E \left[1 - \sqrt{\dfrac{\sin(\phi-\delta_E)\sin(\phi+\alpha)}{\cos\delta_E\cos\alpha}}\right]^2}$$

式中　$p_{HL}(y)$——深度为 y 时的正面水平地基反力屈服（上限）值，kN/m^2；

　　　$p_P(y)$——深度为 y 时的正面土体被动土压力，kN；

　　　K_P——正常时的被动土压系数；

　　　K_{EP}——地震时的被动土压系数；

　　　n_H——安全系数，正常取 1.5，地震时取 1.1；

　　　γ——土的重度，kN/m^3；

　　　y——地表面以下的计算深度，m；

　　　C——土的黏聚力，kN/m^2；

　　　ϕ——土的内部摩擦角；

　　　δ, δ_E——基础墙面与土层的摩擦角，一般 $\delta = -\phi/3$，$\delta_E = -\phi/6$；

　　　α——地表面与水平面的夹角。

　　2）侧面的水平方向剪切地基反力的上限值

$$p_{FL}(y) = 1/n_F [\min(0.5N, p_0 \tan\phi)] \leqslant 20/n_F \quad （砂质土） \tag{6.9}$$

$$p_{FL}(y) = 1/n_F (C 或 N) \leqslant 15/n_F \quad （黏性土） \tag{6.10}$$

式中　$p_{FL}(y)$——深度 y 处的侧面水平方向剪切地基反力的上限值，kN/m^2；

　　　n_F——安全系数，正常时取 1.5，地震时取 1.1；

　　　N——标准贯入试验值；

　　　C——土的黏聚力，kN/m^2；

　　　p_0——壁面上作用的静止土压强度，kN/m^2，$p_0 = K_0 \gamma y$；

　　　K_0——静止土压系数，一般取 0.5；

　　　ϕ——土的内部摩擦角；

　　　γ——土的重度，kN/m^3；

　　　y——地表面以下计算点的深度，m。

　　3）日本铁道有关规范推荐的地基反力极限值见表 6.5。表中的土压力计算公式为

被动土压力　　　　　　　　$p_p = \gamma'_e h K_p + 2\sqrt{K_p}$

静止土压力　　　　　　　　$p_0 = \gamma'_e h K_0$

主动土压力　　　　　　　　$p_a = \gamma'_e h K_a - 2C\sqrt{K_a}$

式中　γ'_e——h 区间的土的平均有效重度，kN/m^3；

　　　h——有效计算深度，m；

　　　C——土的黏聚力，kN/m^2；

K_p——被动土压系数，$K_p = \dfrac{\cos^2\phi}{\left[1 - \sqrt{\dfrac{\sin(\phi-\delta)\,\sin\phi}{\cos\delta}}\right]^2}$；

K_0——静止土压力系数，见表 6.6；

K_a——主动土压系数，$K_a = \dfrac{\cos^2\phi}{\left[1 + \sqrt{\dfrac{\sin(\phi+\delta)\,\sin\phi}{\cos\delta}}\right]^2}$；

ϕ——土的内部摩擦角；

δ——壁面与地基土的摩擦角，一般取 $\phi/2$，计算被动土压力时，可以采用 $\delta \leqslant 25° - \phi/5$。

表 6.5 地基反力极限值表

地基反力系数	地基反力的极限值（kN/m^2）
前后壁外侧的水平方向地基反力系数 k_1	最大压缩反力：$p_{1c} = p_p - p_0$ 最大拉拔反力：$p_{1t} = p_0 - p_a$
前后壁外侧的剪切地基反力系数 k_2	砂质土：$p_2 = \sigma_1\tan\delta \leqslant 0.5N$（$\leqslant 20$） 黏性土：$p_2 = C$ 或 N（$\leqslant 15$）
前后壁内侧的水平方向地基反力系数 k_3	最大压缩反力：$p_{3c} = 0.5p_{1c}$ 最大拉拔反力 $p_{3t} = 0.5p_{1t}$
前后壁内侧的剪切地基反力系数 k_4	砂质土：$p_4 = 0.5p_2$ 黏性土：$p_4 = 0.5p_2$
侧壁外侧的剪切地基反力系数 k_5	砂质土：$p_5 = p_0\tan\delta \leqslant 0.5N$（$\leqslant 20$） 黏性土：$p_5 = C$ 或 N（$\leqslant 15$）
侧壁内侧的剪切地基反力系数 k_6	砂质土：$p_6 = 0.5p_5$ 黏性土：$p_6 = 0.5p_5$
底面的铅直方向地基反力系数 k_7	最大压缩反力：极限竖直支持力 最大拉拔反力：基础的自重
底面的剪切地基反力系数 k_8	砂质土：$p_8 = \sigma_2\tan\delta \leqslant 0.5N$（$\leqslant 20$） 黏性土：$p_8 = C$ 或 N（$\leqslant 15$）

注：p_p 为被动土压力；p_0 为静止土压力；p_a 为主动土压力；N 为 $N_{63.5}$ 值；C 为黏聚力；σ_i 为壁面上的正应力；δ 为壁面与地基间的摩擦角。

表 6.6 静止土压系数表

土的种类		K_0
黏性土	硬的 $8 \leqslant N$	0.5
	中等硬 $4 \leqslant N < 8$	0.6
	软的 $2 \leqslant N < 4$	0.7
	非常软的 $N < 2$	0.8
砂质土	非常密的 $50 \leqslant N$	0.3
	密实 $30 \leqslant N < 50$	0.4
	中密 $N < 30$	0.5

注：N 为标准贯入试验值。

这里要指出的是，上述的地基反力系数 K_2、K_4、K_6 和 K_8 以及地基反力计算公式，均是以膨润土泥浆浓度小 3％ 的泥浆中的试验结果为根据的。不过上述公式对于浓度为 3％～10％ 的膨润土泥浆都是适用的。此时地基反力的极限值为：

砂质土：$p = 0.2N \leqslant 100\text{kN/m}^2$

黏性土：$p = C$ 或 $p = N \leqslant 80\text{kN/m}^2$

式中 p——地基反力极限值，kN/m^2；

C——土的黏聚力，kN/m^2；

N——标准贯入度值。

在地基反力达到上限（屈服值）前，地基反力与地基的变位是成正比的；在达到上限（屈服值）后，则利用弹塑性的地基弹簧作为地基反力的模型。此外，还应考虑到基础侧面的垂直方向抗剪阻力以及内部土的阻力，但由于这些阻力要素对基础的侧向阻力结构的影响较小，因此《连壁基础指针》没有考虑这些要素。实际上基础侧面摩擦产生的作用在基础上的轴向力，随着深度的增加而逐渐减小，但是，如果将其输入稳定计算模型的话，计算就变得很复杂且很难说具有实用性。为了计算的简化，才没有考虑上述的侧面摩擦。

4. 稳定计算

在研究地下连续墙基础的稳定时，核对基础底面承载力所用的垂直地基反力以及剪切反力按下面公式计算。由于研究方法的简化，计算基础底面设计条件下的垂直地基反力时不考虑侧面摩擦，因此，实际上这不是基础底面产生的地基反力的全部，这一点应予以注意。但是，校核垂直地基反力时，容许垂直承载力中包括基础侧面摩阻力。

1）垂直地基应力〔见图 6.10 (a)〕：

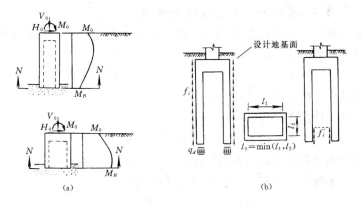

(a)   (b)

图 6.10 基础稳定计算简图

(a) 垂直地基应力；(b) 垂直地基反力

$$P_V = \frac{V_B}{A} \pm \frac{M_B}{I} y \tag{6.11}$$

其中

$$V_B = V_0 + W$$

$$M_B = K_V I Q_B$$

式中 P_V——垂直地基反力，kN/m^2；

V_B——作用在基础底面上的垂直力，kN；

V_0——作用在顶板上的垂直力，kN；

W——基础本身的有效重量（包括顶板的重量），kN；

M_B——基础底面产生的弯矩，kN·m；

K_V——基础底面的垂直地基反力系数，kN/m³；

Q_B——基础的基础底面回转角，rad；

A——基础本身的底面积（只包括混凝土截面），m²；

I——基础本身的截面惯性矩（只包括混凝土截面），m⁴；

y——基础底面外缘到形心的距离，m。

2）剪切地基反力：

$$R_S = K_S A U_B \tag{6.12}$$

式中　R_S——基础底面的剪切反力，kN；

K_S——基础底面的剪切地基反力系数，kN/m³；

A——基础本身的底面积（只包括混凝土截面），m²；

U_B——基础的基础底面水平变位，m。

下面简单介绍一下判断地下连续墙基础稳定所用的底面容许承载力以及容许变位量的计算公式。

3）容许垂直承载力 [见图 6.10（b）]：

$$q_a = \frac{1}{n}\left(q_d + \frac{U\sum l_i f_i + U'\sum l_i' f_i' - W_S}{A}\right) + \frac{W_S}{A} \tag{6.13}$$

式中　q_a——容许垂直承载力，kN/m²；

n——安全系数（平时 $n=3$，地震时 $n=2$）；

q_d——基础底面的极限铅直承载力，砂质土 $q_d=3000$kN/m²，黏性土 $q_d=3q_u$；

U——基础的外周长，m；

U'——基础的内周长，m；

l_i——基础外周面各层厚度，m；

l_i'——基础内周面各层厚度，m；

f_i——基础外周面各层的最大侧摩阻力，kN/m²；

f_i'——基础内周面各层的最大侧摩阻力，kN/m²；

A——基础本体的底面积（只包括混凝土断面），m²；

W_S——基础置换土的有效重量，kN。

在通常情况下，砂质土可取 $f_i=0.5N$（标贯基数）且 $f_i \leqslant 200$kN/m²；黏性土可取 $f_i=C$ 或 N 且 $f_i \leqslant 150$kN/m²。

4）容许抗拔力：

$$q_a' = \frac{1}{n}\frac{1}{T}\sum l_i f_i \tag{6.14}$$

式中　q_a'——容许抗拔力，kN/m²；

n——安全系数，平时 $n=6$，地震时 $n=3$；

l_i——基础外周面侧面摩阻力的各层厚度，m；

f_i——基础外侧面的各层最大侧面摩阻力，kN/m²；

T——连续墙的墙厚，m。

5）基础底面的容许抗剪断力：

$$H_a = \frac{1}{n}(A_I C + W_s' \tan\phi + AC_B + V\tan\phi_B) \tag{6.15}$$

式中　H_a——容许抗剪断力，kN/m²；

n——安全系数，平时 $n=1.5$，地震时 $n=1.2$；

A——基础本身的底面积（只包括混凝土截面），m²；

A_I——基础内部土的底面积，m²；

C——基础底面地基的凝聚力，kN/m²；

C_B——基础底面与地基间的附着力，kN/m²；

W_s'——内部土在底面上的有效重量，kN；

ϕ——基础底面地基土的内摩擦角；

ϕ_B——基础底面与地基间的摩擦角；

V——基础底面上的垂直反力，kN。

6）容许变位。这里所说的容许变位，是包括容许竖直变位量（即沉陷）和容许水平位移量两部分而言的。

与其他型式的基础一样，地下连续墙基础的容许变位量包括取决于上部工程的容许变位量和取决于下部工程的变位量。所谓取决于上部工程的容许变位量，是指对上部构造物不会造成有害影响的变位量。所谓取决于下部工程的容许变位量，是指确保地下连续墙基础稳定的最大允许值。在设计地基面上，变位量不应超过基础宽的1‰（最大5cm）。另外，在超高土压作用于基础上的情况下，平时应将水平变位量控制在1.5cm以下。

6.2.6　细部设计

由于上述的地下连续墙基础稳定计算模型考虑了地基弹塑性弹簧的作用，手工计算地基反力强度和断面内力是很困难的，因此，通常使用电算程序进行计算，可参考《连壁基础指针》卷末的解析程序表。根据该程序表，可算出基础的变位量、正面及侧面的地基反力以及基础本身在竖直方向的内力。可利用算出的地基反力和断面内力进行有关垂直构件和水平构件的设计。在这里，将以构件应力计算中与其他基础的不同点为中心进行说明。

1. 有效墙厚和设计墙厚

关于连续墙基础的设计计算，在进行稳定计算时应使用设计墙厚，在计算钢筋混凝土截面时应使用有效墙厚。地下连续墙基础与沉箱基础等的不同点是施工中使用泥浆，挖槽过程中在沟壁表面形成泥膜，以防止开挖面坍方。泥膜的厚度依地基的种类和泥浆的性能而异，但一般厚度为2~20mm左右。因此，实际的墙厚可能要薄一些，但考虑到无法确认浇注混凝土后的墙体状况，以及地下连续墙基础也是重要的主体构造物这一点，有效壁厚应低于设计墙厚（机械墙厚），取地下连续墙两侧各减少2cm共4cm后的墙厚作为有效墙厚（见图6.11），也即设计墙厚＝有效厚度＋4cm。

各种墙厚有如下关系：

有效墙厚≤计设墙厚≤控槽厚度

近年来，随着地下连续墙施工技术的进步，墙体混凝土质量有了很大提高，有人建议有效厚度等于设计墙厚，而将主钢筋的保护层厚度适当加大一些。

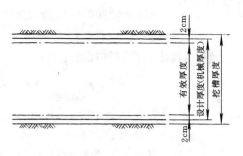

图 6.11　地下连续墙厚度

2. 钢筋配置

关于最小钢筋量的规定，基本上以土木学会的《混凝土标准规范》为基准，概要如下。

1）当轴向力起支配作用时，计算配筋率应为混凝土截面积的 0.8% 以上，而且为混凝土总截面积的 0.15% 以上。

2）当弯矩起支配作用时，竖直方向的最小抗拉钢筋配筋率为 0.3%，水平方向的最小抗拉钢筋配筋率为 0.2%。

地下连续墙基础的槽段间配置有刚性节点接头。如果配置的钢筋量过大，不仅会使钢筋等自身重量过大，而且容易发生二期槽段的钢筋等构架安装困难以及接头部位混凝土浇注不合格等情况。

钢筋配置如表 6.7 所示。

表 6.7　钢筋配置表　　　　　　　　单位：mm

参　　数		最大	最小
钢筋直径	竖直	35	22
	水平	35	19
中心间隔	竖直	300	300
	水平	150	150

主钢筋的保护层：考虑到沟壁表面凸凹不平以及钢筋和埋件安装精度情况，为确保最低限度的保护层，钢筋中心至设计墙厚表面的间距必须在 150mm 以上，即钢筋净保护层在 130mm 以上。我国的净保护层约为 5～10cm。

3）接头部位的配筋。连壁基础分一（先）期构筑和二（后）期构筑两种型式。另外，将在埋深方向上分成几段的钢筋笼连结在一起，构筑各槽段。因此，钢筋接头有两个方向，即竖直和水平两个方向。关于接头部位配筋，首先介绍一下竖直方向的接头。竖直方向接头原则上为搭接接头，搭接接头的长应大于根据下列公式算出的值。另外，搭接接头应交错排列，但考虑到地下连续墙的施工可行性，接头应配置在同一截面内。因而，应尽量在应力小的位置配置接头，同时，用横向钢筋加固接头部位也是很重要的。

搭接长度按下式计算：

$$L_\alpha = \frac{\sigma_{S\alpha}}{4\tau_{0\alpha}}d \qquad\qquad (6.16)$$

式中　$\sigma_{S\alpha}$——钢筋的容许拉应力，MPa；

　　　L_α——垂直方向接头钢筋的搭接长度，cm；

　　　$\tau_{0\alpha}$——混凝土的容许附着力强度，MPa；

　　　d——钢筋直径，cm。

水平方向的接头（单元间接头）与竖直方向一样，搭接接头配置在同一截面内，搭接接头长为钢筋直径的 40 倍，接头部位横向钢筋的间距应在 100mm 以下（见图 6.15）。另外，刚性节点接头部的横向钢筋的配置应比接合面多 0.4%。

4）竖直方向构件的计算。根据上述计算模型算出的断面内力，利用有效墙厚来进行设计。土中的竖直应力因地下连续墙基础的自重而增加，虽然因侧面摩阻力而减少一部分，但由于影响较小，可忽略不计。因此通常将作用于井筒下端（基础底面）的竖直力作为地下连续墙基础应力计算用的轴向力。另外，当地下连续墙基础突出于地表时，可通过其他方法确定轴向力。

5）水平方向构件的计算。根据图 6.9 所示的计算模型算出的横向地基反力以及基础稳定计算得出的基础底面剪切地基反力，进行有关横向构件的计算。图 6.12 为计算横向构件断面力所用的计算简图，是以侧墙和中墙位置为支点的刚架结构。

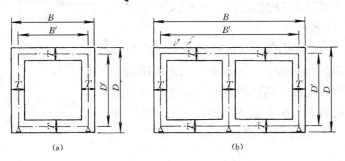

图 6.12　地下连续墙基础水平计算尺寸

（a）单室基础；（b）双室基础

关于加在计算模型上的设计荷载，一般取为计算深度的最大地基反力。但是，如图 6.12 所示，由于按地层将地基分成几层而导致水平向地基反力急剧变化时，可以利用等效地基反力进行计算，具体方法将在下面说明。必须注意的是，不仅要考虑基础底面水平地基反力的影响，也必须考虑基础底面剪切地基反力的影响。

①等效水平地基反力的公式如下：

其中
$$p' = \alpha p_0 \qquad (6.17)$$

$$\alpha = 0.3 + 0.7 \frac{A_1}{A_0}$$

式中　p'——水平向构件等效设计荷载，kN/m^2；

p_0——最大水平向地基反力，kN/m^2；

α——等效荷载换算系数 $0.3 < \alpha < 1.0$；

A_1——图 6.13 所示的斜线部分面积；

A_0——图 6.13 所示的面积 sp_0；

s——计算等效荷载的高度，m；

地下连续墙基础中间部位的 $s = B'$；

基础底面的 $s = 0.6B'$；

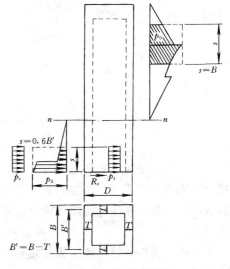

图 6.13　水平荷载图

B'——基础正面的计算跨度（单室基础壁厚中心间距离）。

②计算与基础底面的剪切地基反力等效的均布荷载的方法如下：

$$p_s = \frac{3}{B'}\frac{R_s T}{A} \tag{6.18}$$

式中 p_s——与基础底面的剪切地基反力等效的均布荷载，kN/m^2；

      R_s——基础底面的剪切地基反力，kN；

      T——基础主体的壁厚，m；

      A——基础主体的底面积（只包括混凝土截面），m^2。

图 6.14 为地下连续墙基础中间部位和底面上的荷载图。

图中，p_1 为基础中间部位设计荷载，$p_1 = p'$；p_2 为基础底面上的外部设计荷载 $p_2 = p' + p_s$；p_3 为基础底面上的内部设计荷载，$p_3 = p_s$。

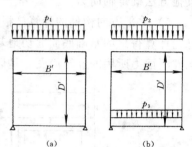

图 6.14 基础水平荷载图
(a) 中间部位；(b) 底面

6) 槽段间接头部的计算。如前所述，由于将混凝土和钢筋的容许值降低到 80%，势必加大了钢筋用量或其直径。因此，为避免接头部位限制构件尺寸，应尽量避免在弯矩较大的截面上配置接头。另外，关于计算弯矩的有效高度，应根据计算的位置，适当利用图 6.15 所示的数据。

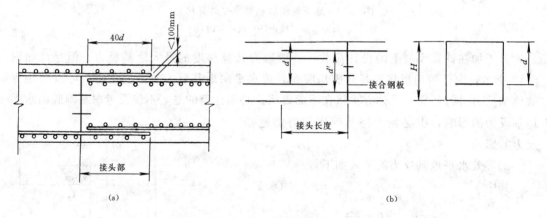

图 6.15 墙段接头钢筋
(a) 基本构造；(b) 钢筋的有效高度
H—有效壁厚；d, d'—有效高度

一（先）期构筑的槽段与二（后）期构筑的槽段间的接头这一部分，混凝土与钢板的接合面无法承受混凝土构件的剪切强度。因此，为了使接合面具有足够的面内及面外的抗剪强度，一般是在接合面配置抗剪钢筋，以使产生的剪切应力低于根据下式算出的容许剪切应力。

另外，这里的钢筋接头为搭接接头，如果使用其他类型的接头构造，可在充分研究后，另行决定容许应力。

$$\tau_a' = 0.144\ p_{st}\sigma_{sy} \tag{6.19}$$

$$p_{st} = \sum A_S/(bD)$$

式中　τ_a'——钢板接合面的容许剪切应力，N/cm²；

　　　p_{st}——包括水平钢筋与抗剪钢筋在内的接合面的钢筋配筋率；

　　　A_S——水平向钢筋与抗剪钢筋的截面积，cm²；抗剪钢筋的附着长度为钢筋直径的8倍；

　　　b——单位长度，cm；

　　　D——有效壁厚，cm；

　　　σ_{sy}——钢筋的屈服应力，N/cm²。

6.2.7　顶板（承台）的设计

顶板是按以地下连续墙为支承的梁式混凝土板设计的，且内部土砂不承受其荷载。如图 6.16 所示，顶板的计算情况可分为两种，即上部墩身混凝土尚未浇注［图 6.16（a）］及上部墩身混凝土已经浇完且已开始承受荷载［图 6.16（b）］，应按不同计算情况来选配顶板的钢筋。另外，当顶板厚度（梁高）大大超过计算跨度的1/2时，可将其作为深梁混凝土板（固定端梁板）进行计算。

如果顶板没能与地下连续墙成为一个整体，就不能将上部构造的荷载顺利地传导给地下连续墙，因此必须将地下连续墙的垂直钢筋充分嵌入顶板内，嵌入顶板的地下连续墙垂直钢筋必须超过锚固长度（见图 6.17）。

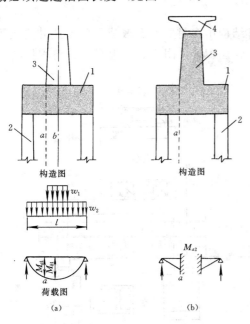

图 6.16　顶板计算简图

1—顶板；2—地下连续墙；3—墩体；4—上部结构

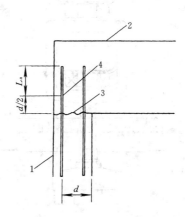

图 6.17　顶板与地下连续墙连接钢筋图

1—地下连续墙；2—顶板；3—结合面；4—锚固钢筋

锚固长度为

$$L_a = \frac{\sigma_{sa}}{4\tau_{0a}}d \tag{6.20}$$

式中　L_a——铅直方向钢筋的锚固长度，cm；

　　　σ_{sa}——钢筋的容许拉应力，N/cm²；

　　　τ_{0a}——顶板混凝土的黏着强度，N/cm²；

　　　d——钢筋的直径，cm。

这里要指出的是，此处虽然是针对井筒式地下连续墙基础来说明的，但是这里所阐述的原则和方法对于后面所提到的几种地下连续墙基础的计算方法同样是适用的。

6.2.8　设计实例1

这里，将以日本某高速路的某个高架桥的井筒式地下连续墙基础为例，详细叙述这种基础结构的设计过程。

1. 工程概况

由于受已成建筑物、道路和地下埋设物以及环境条件的限制，最后选用了口字形地下连续墙基础，基础深约20m，断面尺寸为5m×6m。

2. 地下连续墙基础的设计

(1) 主要技术参数和断面型式的选定

1) 由于硬土持力层埋藏很浅，基础深度较小，基础系数为$\beta l < 1.0$，故可将该工程的口字形基础看做是刚性基础。

2) 经过技术经济比较，高架桥的下部结构由多桩式承台改成了门架式井筒地下连续墙基础，见图6.18。基础断面见图6.19，钢筋配置见图6.20。基础设计流程见图6.21。

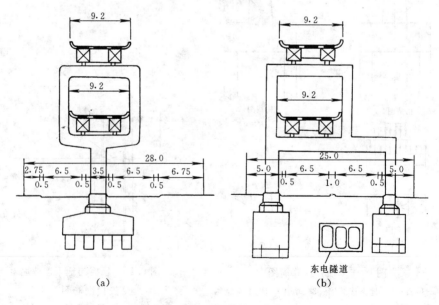

图 6.18　桥的下部结构（单位：m）

(a) 球拍式桥墩；(b) 门式桥墩

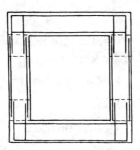

图 6.19　基础横断面

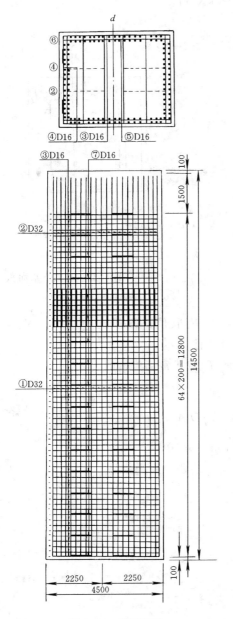

图 6.20　基础钢筋

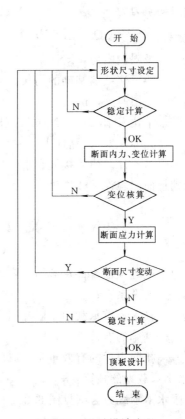

图 6.21　基础设计流程

（2）稳定计算

采用极限地基反力法，对基础的竖直方向（铅直）和水平方向承载力以及抗倾复稳定进行计算。

1）竖直方向承载力的核算：

①基础底面地基极限承载力（端阻力）

$$Q_P = q_d A'$$

式中　Q_P——地基极限承载力，kN；

　　　q_d——桩端阻力，kN/m²，这里 $q_d = 6000\text{kN/m}^2$；

　　　A'——有效支撑面积，m²，见图 6.22。

$$e = \frac{M'_b}{N'_b}, N'_b = N_b + W_c$$

式中　e——合力偏心距，m；

　　　M'_b——基础底面上的弯矩，kN·m；

　　　N'_b——基础底面上的总铅直力，kN；

　　　N_b——基础底面上的铅直外力，kN；

　　　W_c——基础的有效重量，kN。

其中的 N_b、M_b' 由内力计算结果中得到。

②极限侧阻力为

$$Q_f = \sum f_1 U L_1$$

式中　Q_f——极限侧阻力，kN；

　　　U——地下连续墙基础的周长，m；

　　　L_1——地层厚度，m；

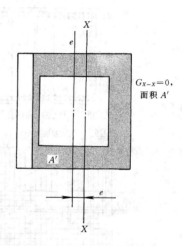

图 6.22　有效支承面积

　　　f_1——单位侧阻力，kN/m²；可按下面办法取值：砂质土 $f_1 = 0.5N$ 且 $f_1 \leqslant 200\text{kN/m}^2$；黏性土 $f_1 = C$ 或 $f_1 = N$ 且 $f_1 \leqslant 150\text{kN/m}^2$。

内部侧阻力不计。墙体接缝和承台顶板处的 f_1 取正常部位值的 1/2。

③基础顶面的容许承载力为

$$R_a = \frac{1}{F_S}Q - W_C + \gamma D_f A'$$

$$Q = Q_P + Q_f$$

式中　R_a——基础顶面容许承载力，kN；

　　　F_S——安全系数；

　　　Q——极限铅直承载力，kN；

　　　W_C——基础的有效重量，kN；

　　　$\gamma D_f A'$——排除土后的有效重量，kN。

2）水平承载力的核算：

①极限水平承载力为（见图 6.23）

$$P_H = P_1 + P_2 + P_3$$

$$P_1 = \sum (P_{pi} - P_{ai}) h_i L$$

$$P_2 = 2B (\sum f_i h_i)$$

$$P_3 = N'_b \tan\theta + A'C'$$

式中　P_1——基础前、后面的极限水平承载力，kN；

P_{ai}——基础背面的主动土压力，kN/m^2；

P_{pi}——基础前面的被动土压力，kN/m^2；

h_i——地层厚，m；

L——基础前（正）面宽度，m；

θ——土的内摩擦角；

C——土的黏聚力，kN/m^2；

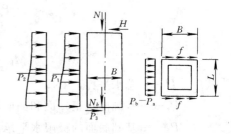

图 6.23　水平承载力模型

P_2——基础外侧面的极限水平承载力，kN；

B——基础侧面宽度，m；

f_i——单位侧阻力，kN/m^2；

P_3——基础底面地基的极限水平承载力，kN；

θ——基础底面和地基摩擦角，取 $\theta = 0.5\phi$；

C'——基础底面的地基黏聚力，kN/m^2；可取 $C' = f$（硬土层 $150kN/m^2$）。

②容许水平承载力为

$$H_a = \frac{1}{F_s} P_H$$

式中　H_a——容许水平承载力，kN；

F_s——安全系数。

3）抗倾复核算：

①极限抗倾覆弯矩 M_R（见图 6.24）为

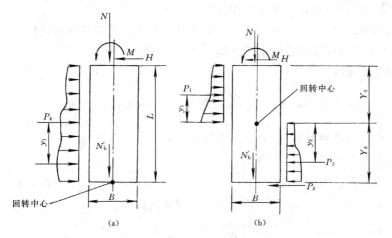

图 6.24　抗倾覆计算计算模型

(a) $P_h < H + P_b$；(b) $P_h > H + P_b$

回转中心在基础本体之外：当 $P_h \leqslant H + P_b$ 时

$$M_R = P_h y_i$$

回转中心在基础本体之内时

$$P_h > H + P_b$$

$$P_b = N_b' \tan\theta + A''C'$$

$$A'' = N_b' / q_d$$

$$M_R = P_1 y_1 + P_2 y_2 + P_b Y_b$$

式中 H——总水平力，kN；

　　P_h——基础前（正）面和侧面的地基极限承载力，kN；

　　P_b——基础底面的极限水平承载力，kN；

　　P_1——Y_0 区间的极限水平承载力，kN；

　　P_2——Y_b 区间的极限水平承载力，kN；

　　Y_0——基础顶面到回转中心的距离，m，也即 $H + P_2 + P_b = P_1$ 的位置。

②倾覆力矩 M_0：

当 $P_h \geqslant H + P_b$ 时

$$M_0 = M + HL$$

当 $P_h < H + P_b$ 时

$$M_0 = M + HY_0$$

③容许的抗倾覆力矩 M_a 为

$$M_a = \frac{1}{F_S} M_R$$

④安全系数平时为 $F_S = 3.0$，有风时为 $F_S = 2.0$，地震时为 $F_S = 1.5$。

（3）变位、断面内力和地基反力的计算

1）计算模型。如图 6.25 所示为 8 种地基反力系数，地基按弹塑性体、基础按刚体考虑。地基反力系数取极限值。地基反力模型见图 6.26。

2）地基反力系数的计算：

$$K_1 = 12.8 \times \frac{1.0}{30} \alpha E_0 D_V^{-0.75} = 0.43 \alpha E_0 D_V^{-0.75}$$

式中 α——根据荷载种类和 E_0 确定的修正系数；

　　E_0——地基的变形模量，N/cm²；

　　D_V——换算荷载作用宽度，m；$L < B$ 时，$D_V = LB$；$B \leqslant L \leqslant 3B$ 时，$D_V = B$；$L \geqslant 3B$ 时，$D_V = LB/3$；B 为基础宽；L 为基础长。

　　$K_2 = 0.4K_1$，K_3、K_4 和 K_6 不考虑，$K_5 = 0.6K_1$

$$K_7 = 12.8 \times \frac{1.0}{30} \times 0.5 \alpha E_0 B_v^{-0.75} = 0.213 \alpha E_0 B_v^{-0.75}$$

$$B_v = \sqrt{A_v}$$

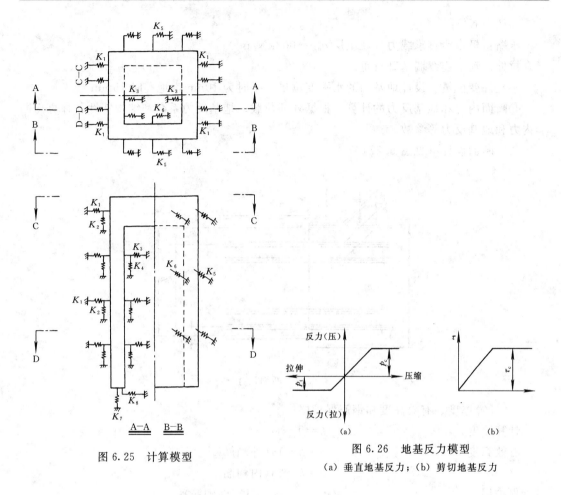

图 6.25　计算模型

图 6.26　地基反力模型

(a) 垂直地基反力；(b) 剪切地基反力

式中　A_v——基础底面积，cm^2；

　　　B_v——基础底面换算宽度，cm。

式中的 0.5 是考虑墙底淤积物而采用的降低系数。

$$K_8 = 0.5 K_7$$

顶板（承台）和墙段接缝部位，K_2 和 K_5 减半。

3）地基反力极限值的计算（弹塑性）：

①p_1（K_1）：

$$p_{max}（压缩）= 被动土压 - 静止土压$$

$$p_{min}（拉伸）= 主动土压 - 静止土压$$

其中的静止土压系数可取为 0.5～0.7。

②p_2，p_5 和 p_8：

砂质土　$p_2 = p_5 = p_8 = 0.5N$，且 $\leqslant 200 kN/m^2$。

黏性土　$p_2 = p_5 = p_8 = C$ 或 N，且 $\leqslant 150 kN/m^2$。

顶板和钢板部位，K_2 和 K_5 减半。

③P_7（K_7）：

压缩：极限铅直承载力（硬土层 $q_d = 6000 \text{kN/m}^2$）；

拉伸：地下连续墙基础自重。

④允许变位量。设计地基面的水平变位量，平时为 10mm，地震时 15mm。

⑤断面内力和地基反力的计算。根据外部荷载、地基反力系数和结构特性，计算出断面内力和地基反力等参数。

（4）断面设计（见图 6.27）

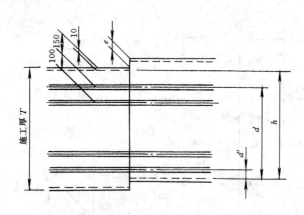

图 6.27　断面尺寸

1）计算厚度、有效高度和钢筋保护层。

计算厚度 $\qquad\qquad h = T - (e+2)$

有效高度 $\qquad\qquad d = h - 14$（外侧筋）

$\qquad\qquad\qquad\qquad d = h - 24$（内侧筋）

保护层 $\qquad\qquad d' = 15 - (e+1)$（外侧筋）

$\qquad\qquad\qquad\qquad d' = 25 - (e+1)$（内侧筋）

式中　T——施工墙厚（公称厚度）；

　　　e——施工误差，按竖直精度 1/500，水平精度 1/50 推算，且不超过 5cm。泥皮厚 1cm。

2）断面计算。墙段接头处弯矩降低 40%，混凝土容许应力降低 20%。

3）配筋。最大直径 Φ35mm，最小间距 15cm。

（5）其他

1）槽段划分。每个槽段的最大长度应小于 8.5m。

2）墙段接头配置方向。墙段接头应放在垂直于桥轴方向，地基反力比较小的部位，并便于施工的部位。

6.2.9　设计实例 2

本实例是一个较为详细的井筒式地下连续墙基础工程计算实例。本工程是一个双室井筒地下连续墙的桥梁基础。

1. 基本资料

（1）设计尺寸和地质条件（见图 6.28）

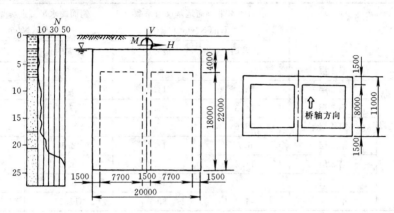

图 6.28　结构尺寸和地基条件（单位：mm）

（2）荷载（见表 6.8）

表 6.8　荷载表

	桥轴方向		垂直桥轴方向	
	正常时	地震时	正常时	地震时
铅直荷重（kN）	80000	80000	80000	80000
水平荷重（kN）	1900	17000	900	19000
弯矩（kN·m）	900	332500	19000	290000

（3）土的特性（见表 6.9）

表 6.9　土的特性表

	土层	层厚（m）	N 值	重度 γ（kN/m³）	黏聚力 C（kN/m²）	内部摩擦角 ϕ	变形模量 E_0（N/cm²）$\alpha=4.8$
第 1 层	Ac	5.0	2	16（7）	25	0	750
第 2 层	中砂 As_1	10.0	7	18（8）	0	20	1250
第 3 层	中砂 As_2	3.0	15	18（8）	0	30	2500
第 4 层	砂砾 Ds	4.0	50	20（10）	0	42	5000

（4）地基反力系数（见表 6.10 和表 6.11）

表 6.10　地基反力系数表 1

		正面的水平方向地基反力系数 K_H(N/cm³)		侧面的水平方向剪切反力系数 K_F(N/cm³)	
		正常时	地震时	正常时	地震时
桥轴方向	第 1 层	4.3	8.6	4	8.1
	第 2 层	7.1	14.3	6.7	13.4
	第 3 层	14.3	28.6	13.4	26.8
	第 4 层	28.6	57.2	26.8	53.7
垂直桥轴方向	第 1 层	6.7	13.4	2.6	5.1
	第 2 层	11.2	22.4	4.3	8.6
	第 3 层	22.4	44.7	8.6	17.1
	第 4 层	44.7	89.5	17.1	34.3

表 6.11　地基反力系数表 2

	正常时	地震时
底面的铅直方向地基反力系数 K_V(N/cm³)	48.8	97.6
底面的剪切反力系数 K_S(N/cm³)	16.3	32.5

2. 计算结果

（1）稳定计算结果（见表 6.12 和图 6.29）

表 6.12　稳定计算结果表

		桥轴方向		垂直桥轴方向	
		正常时	地震时	正常时	地震时
铅直支持力(kN/m²)		1260<1530	1980<2210	1270<1530	2060<2210
底面剪切力 (kN)		330<38330	13890<47920	380<38330	7000<47920
头部变位	水平变位 U_H (cm)	0.12	2.80	0.09	1.72
	回转变位 V_Z (rad)	6.6×10^{-5}	1.6×10^{-3}	5.6×10^{-5}	9.2×10^{-4}
最大弯矩 M_{max}(kN·m)		10550	417830	21730	416110
基础底面的弯矩 M_0(kN·m)		4670	209840	10290	333420
基础部最大剪力 S_{max} (kN)		1160	25450	1040	13620

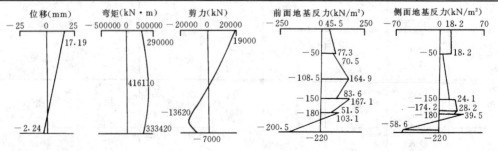

图 6.29　地震时的计算结果

（2）竖直方向应力计算结果（见表 6.13）

表 6.13　铅直应力计算结果表

		配　筋	应力（N/cm²）
桥轴方向	正常时	D22@300 $M=10550\text{kN}\cdot\text{m}$ $N=93200\text{kN}$ $S=1160\text{kN}$	$\sigma_s=0<\sigma_{sa}=18000$ $\sigma_c=100<\sigma_{ca}=800$ $\tau=2.4<\tau_a=39.0$
	地震时	D22@300 $M=417830\text{kN}\cdot\text{m}$ $N=93200\text{kN}$ $S=25450\text{kN}$	$\sigma_s=3500<\sigma_{sa}=30000$ $\sigma_c=280<\sigma_{ca}=1200$ $\tau=54<\tau_a=59.0$
垂直桥轴方向	正常时	D22@300 $M=21730\text{kN}\cdot\text{m}$ $N=93200\text{kN}$ $S=1040\text{kN}$	$\sigma_s=0<\sigma_{sa}=18000$ $\sigma_c=100<\sigma_{ca}=800$ $\tau=1.8<\tau_a=39.0$
	地震时	D22@300 $M=416110\text{kN}\cdot\text{m}$ $N=93200\text{kN}$ $S=13620\text{kN}$	$\sigma_s=100<\sigma_{sa}=30000$ $\sigma_c=200<\sigma_{ca}=1200$ $\tau=23.5<\tau_a=59.0$

（3）地震时水平应力计算结果（见表 6.14）

表 6.14　地震时水平应力表

	配　筋	应力（N/cm²）
桥轴方向	D35@150 $M=1838.8\text{kN}\cdot\text{m}$ $S=952.2\text{kN}$	$\sigma_s=26500<\sigma_{sa}=30000$ $\sigma_c=760<\sigma_{ca}=1200$ $\tau=87.4<\tau_a=59.0$
桥轴直角	D35@150 $M=1000.8\text{kN}\cdot\text{m}$ $S=621.2\text{kN}$	$\sigma_s=13000<\sigma_{sa}=30000$ $\sigma_c=340<\sigma_{ca}=1200$ $\tau=57.0<\tau_a=59.0$

6.3　建筑深基础的设计要点

6.3.1　概述

如今的现代化高层建筑物越来越多，规模越来越大，需要更大承载力的桩基来承受巨大的上部荷载。地下连续墙基础恰恰可以满足这方面的要求。它不但可以代替常规的圆桩来承受上部荷载，甚至可以用建在周边的围护地下连续墙来承受上部荷载，这可以说是名副其实的墙桩（见图 6.30）。

建筑物的地下连续墙基础有以下几种型式：

1）用周边的地下连续墙来承受荷载。

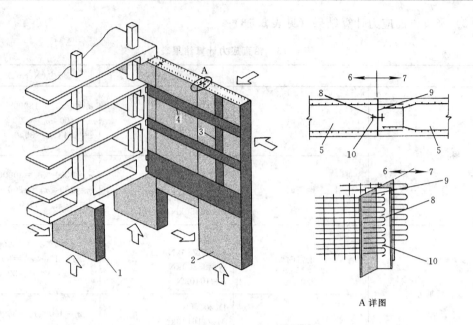

图6.30　地下连续墙桩示意图

1—墙桩（条桩）；2—墙桩；3—与后浇柱结合面；4—与后浇梁结合面；5—墙段；6——期槽；

7—二期槽；8—抗剪钢板；9—接头钢板；10—锚固筋

2）用条桩作为桩基。

3）周边地下连续墙和内部条桩（墙桩）或井筒地下连续墙基础组成的混合基础。

6.3.2　周边地下连续墙桩

1. 概要

这里讨论的是利用建筑物基坑周边的地下连续墙，作为承载桩的情况。根据上部结构和基础结构的型式和相互关系，可有以下几种地下连续墙桩的布置方式：

1）上部为筒式（圆筒或方筒等）结构的楼层。全部的周边地下连续墙都来承受上部结构传下来的荷载（见图6.31）。

2）上部为框架或框——剪结构，地下连续墙位于承载柱的外侧（见图6.32）。

3）上部为框架或框——剪结构，承载柱位于地下连续墙中（见图6.33）。

在2）和3）中，地下连续墙中位于楼层边柱范围内的墙段承受垂

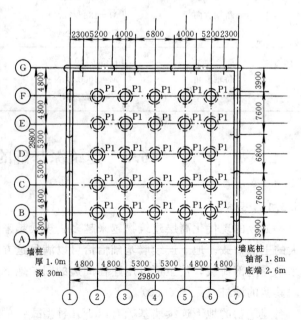

图6.31　地下连续墙桩平面图

直荷载，其他墙段则不一定。

2. 受力特点

在建筑物周边设置地下连续墙，不但要承受竖直荷载，还要在基坑开挖期间（承受水平荷载），起到基坑支护和防水（渗）的作用。这一点与其他的墙（条）桩是不同的。

3. 全部周边地下连续墙都承受垂直荷载

（1）基本数据

下面结合一个高层建筑物工程实例来阐述地下连续墙桩的设计方法。

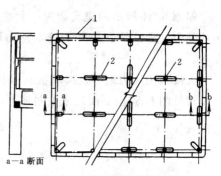

图 6.32　地下连续墙和条桩

1—地下连续墙；2—条桩

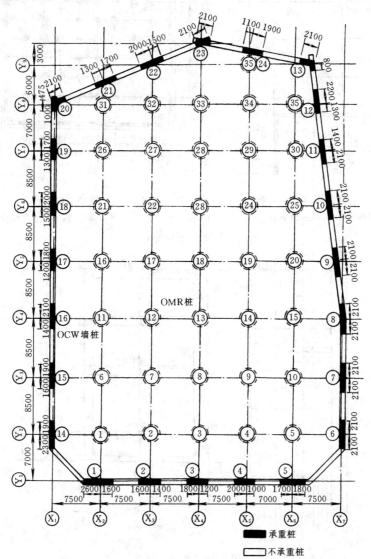

图 6.33　周边地下连续墙桩

如图 6.34 所示的建筑物为一个地上 14 层、地下 3 层的钢和钢筋混凝土组合结构。楼房地基为洪积砂砾和粉砂，桩基持力层为第三纪的粉砂岩。地下水位在地面上以下 5m 左右。

大楼采用周边地下连续墙桩和圆桩基础。它的基础平面图见图 6.35，地下部分的结构型式见图 6.36。下面只来说明地下连续墙桩的设计问题。

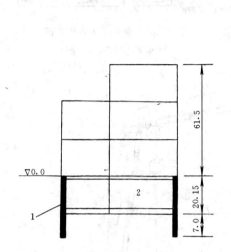

图 6.34　楼层剖面图（单位：m）

1—地下连续墙桩；2—地下室

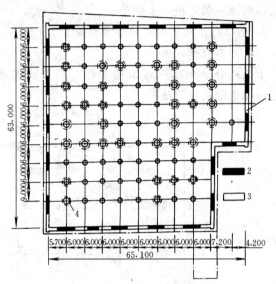

图 6.35　基础平面图（单位：m）

1—地下连续墙桩；2——一期槽段；3—二期槽段；4—扩底桩

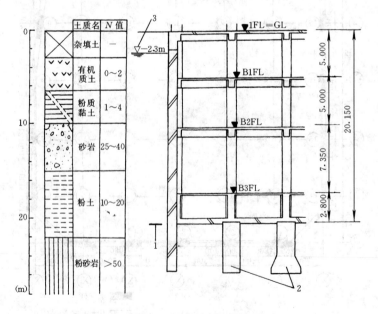

图 6.36　基础剖面图

1—地下连续墙桩；2—基础桩；3—地下水位

（2）地下连续墙桩的设计原则

1）地下连续墙桩的概况。在建筑物外围设置的地下连续墙，具有以下四种功能：①基坑开挖时的支护墙；②长期承受侧压力的地下外墙；③抵抗水平地震力的耐震墙；④桩基。

该工程中采用了中心岛式开挖和逆作法并用的施工工法。经研究比较，最终采用周边地下连续墙桩和内部深基础桩的基础设计。地下连续墙桩的厚度为 1.0m，深基础桩直径 1.4～2.0m（扩底直径为 1.7～3.5m），所有的桩底均以粉砂岩为持力层。基坑深度为 20.15m，桩尖深度为 25.15～27.15m，确保墙桩的有效入土长度不小于桩厚的 5 倍。根据地基的承受能力，确定墙桩的长期承载力为 2500kN/m²，深基础桩为 2000kN/m²。

2）墙桩的设计假定。由于墙桩要承受水平地震力以及基坑开挖支护荷载，墙桩必须具有防水性，因此整个周边地下连续墙都是刚性密封连接在一起的。但是对于水平侧压力来说，仍然是按深度方向的单向板来设计和计算的。

在地下连续墙中使用的混凝土强度 $F_C = 2700$ N/cm²，钢筋为 SD345 级（$\phi 19$ 以下）和 SD295A 级（$\phi 16$ 以下）。混凝土的容许应力见表 6.15。

表 6.15　混凝土的容许应力表

项　目	压　缩	剪　切
长　期	$\dfrac{F_C}{4}$（675 N/cm²）	$\dfrac{F_C}{40}$ 且小于 $\dfrac{3}{4}\left(5+\dfrac{F_C}{100}\right)$ （57.7 N/cm²）
短　期	长期值的 2 倍	长期值的 1.5 倍

（3）墙桩的设计

1）外荷载：

①垂直荷载。要考虑到包括地下室在内整个建筑物的长期竖直荷载以及由地震产生的竖直荷载。通过结构分析得到各柱子的轴向力。

在该工程中，外周各柱的轴向力的偏心不大。地下连续墙的各个墙段都是通过刚性接头连接成整体的，垂直荷载均匀分布在地下连续墙上。长期荷载和地震附加荷载的分布见图 6.37、图 6.38。

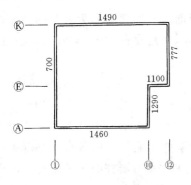

图 6.37　长期荷载分布图
（单位：kN/m）

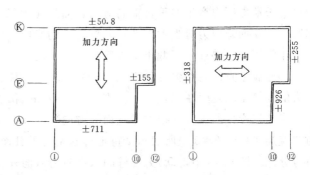

图 6.38　地震荷载分布图
（单位：kN/m）

②基坑开挖时和运行期的侧压力。地面活荷载取为 $q=10\text{kN/m}^2$。开挖前和运行期间土压力按静止土压力进行计算，其静止土压力系数为 0.5。地下水压力按其深度 2.30m 计算。

在开挖基坑过程中，地下连续墙发生位移，土压力由静止土压力改变为主动土压力，即开挖后的土压力系数小于 0.5。

③地震水平力。作用在上部建筑物上的地震水平力是以动力分析结果做参考，根据 $C_B=0.25$ 的 A_i 分布求得的；而作用于地下结构上的地震水平力则是根据建筑技术规范，通过下面公式求得的：

$$\left.\begin{array}{l}K_i=0.1(1-H/40)Z\\Q_i=W_iK_i\end{array}\right\} \qquad (6.21)$$

式中　K_i——水平地震系数；

　　　H——从基础底部算起的深度；

　　　W_i——第 i 层以上的重量；

　　　Z——地震的地区系数；

　　　Q_i——第 i 层地震时水平力。

通过计算，最后求得作用在本建筑物上的总地震水平力为 116000kN。

2）应力计算。首先应选定荷载组合（见表 6.16）。下面对几项荷载加以说明。

表 6.16　荷载组合表

计算方向	荷载组合	容许荷载
垂直于墙轴方向（面外方向）	①+②	长期
	①+②+③+④	短期
沿墙轴方向（面内方向）	⑤	短期

注：①为长期垂直荷载产生的轴向应力；②为长期侧向荷载产生的面外应力（切应力）；③为垂直地震产生的轴向应力；④为地震产生的面外应力（切应力）；⑤为地震产生的面内应力（切应力）。表中的面外方向是指向基坑内方向。

①长期荷载产生的轴向应力。按图 6.37 所示的荷载，在墙厚 1.0m 时算得墙体内最大压应力（K 轴）为 149N/cm²。

②长期侧压力产生的垂直轴向应力（面外应力）。当把地下连续墙作为永久的结构外墙时，长期面外应力应当考虑基坑开挖过程的影响。图 6.39 是⑫轴的内力和位移计算结果。作为墙桩，要计算其低于基坑底部以下的内力。

③地震垂直荷载产生的轴向力。由图 6.38 可以求出地震垂直荷载产生的轴向应力。最大值和最小均发生在⑩轴上，分别为 221N/cm² 和 36.2N/cm²，而且均为压应力。

④地震产生的垂直轴线方向（面外方向）应力。用式（6.21）计算基础的水平地震力时，应当考虑图 6.40 中所表示抵抗地震水平力的几个要素的影响，并按各自的刚度大小进行分配。图 6.40 中，Q_{pw} 为墙桩的水平阻力（面外方向）；Q_{pf} 为墙桩的水平阻力（面内方向）；Q_{pi} 为基础桩的水平阻力；Q_w 为外周地下连续墙正（前）面的被动阻力；Q_f 为外周地下连续墙的侧面摩阻力。

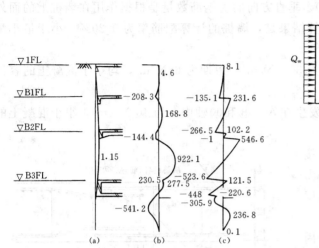

图 6.39　⑫轴内力和位移

（a）位移，cm；（b）弯矩 M，kN·m/m；

（c）剪力 Q，kN/m

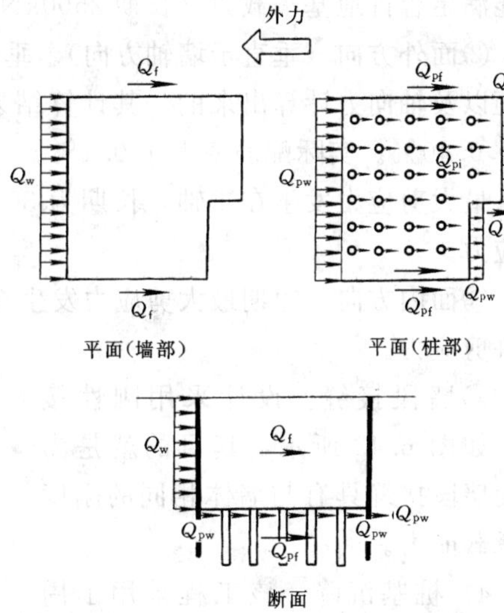

图 6.40　抵抗水平地震力的要素

　　其中，墙桩面外方向（垂直于墙轴方向）的水平阻力和基础桩的水平阻力是按桩头固定、桩尖自由的弹性地基梁法求得的；墙桩在面内方向（即墙轴方向）的水平阻力是考虑了作用于侧面和底面的摩阻力而求得的。关于作用于地下连续墙正（前）面的被动阻力和侧面摩阻力，是参考了建筑设计指导书的要求，全部采用线性弹簧进行评估的。

　　墙桩在地震情况下的面外应力，是与上述 Q_{pw} 相对应的。图 6.41 表示的就是不同方向的 Q_{pw} 和相应的弯矩值。

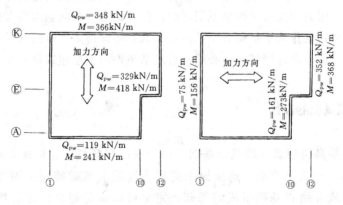

图 6.41　水平地震力引起的面外应力

　　⑤地震产生的面内剪力。地震产生的面内剪力（平行于轴线方向）就是与在④中的面内水平阻力相应的剪力，其最大值发生在Ⓐ、Ⓔ和Ⓚ轴产生水平阻力的时候，为 53700kN。

　　3）断面设计：

　　①地基承载力。由 2）中的①和③两项最大压应力（长期 1490kN/m^2，短期 2210kN/m^2），

均能满足容许地基承载力（长期 2500kN/m²，短期 5000kN/m²）的要求。

②面外方向（垂直于墙轴方向）。垂直方向的主钢筋数量是根据作用在墙桩上的面外弯矩以及轴向力计算出来的。其计算结果是，墙桩的计算配筋率为 0.20%，小于最小配筋率 0.40%。实际配筋率大于 0.4%。

最大剪应力发生在⑫轴，长期为 30.6N/m²，短期为 65N/m²，均小于混凝土的容许剪应力。

③面内方向。短期最大剪应力发生在Ⓐ、Ⓑ和Ⓚ轴中，为 40 N/cm²，小于混凝土的容许剪应力。

④墙段接缝。设计采用刚性接头，如图 6.42 所示，其目的就是为了使墙段接缝具有与墙体相同的刚度和承载能力。

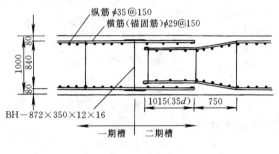

图 6.42　墙段接缝

4）桩基沉降。该工程采用了周边地下连续墙桩和内部深基础桩相结合的基础型式。在沉降计算中，考虑了地基非线性的特点，计算出了两者在长期垂直荷载作用下的沉降量。对每段墙桩和每根深基础桩的沉降量都进行了核算。

沉降计算结果是：墙桩为 0.04～0.18cm，深基础桩为 0.06～0.08cm。另外，相邻的墙桩与深基础桩之间以及相邻的深基础桩之间的不均匀沉降均在 1/2000 以下。

（4）结语

上面通过一个实例，叙述了墙桩的设计概要。与普通桩基设计相比较，墙桩设计需要进行荷载组合。另外，应该注意的是，墙桩对于水平力的抵抗是有方向性的。在面内方向和面外方向上水平阻力的支持结构是不相同的。但是也有一些问题需要考虑。比如，布置成箱状的内部地基，是作为抵抗荷载要素的，那么它要保持多大范围（尺寸）才行？这是需要深入研究的。所以设计墙桩时，必须考虑地基条件与上层建筑物的基础之间的平衡和协调。

6.3.3　组合建筑基础的设计

1. 概述

这里叙述的是高层建筑物的组合基础。由于高层和超高层建筑物不断增加，原来的基础结构已不能完全满足要求。这里提出的地下连续墙基础特别是周边地下连续墙和内部墙（条）桩或井筒式基础组成的基础，完全可以满足超高层建筑物对基础结构的要求。

组合基础可以分成以下几种：

1）周边地下连续墙桩与内部的墙桩（深桩）或圆桩的组合基础（见图 6.43）。

2）周边地下连续墙桩与内部井筒式地下连续墙基础的组合基础（筒式基础）。

本节所说的组合基础，它们的结构刚度都比较大，所以大多数属于刚性基础。

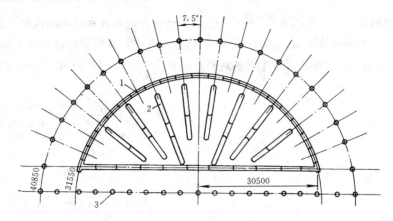

图 6.43　组合基础

1—周边墙桩；2—墙（条）桩；3—灌注桩（φ1500）

2. 组合基础

（1）概要

现在已经有相当一批高层或超高层建筑物的基础采用了周边地下连续墙桩和基坑内部条桩、墙桩和十字桩等组合基础，它们都是用同一种挖槽机建造的，施工干扰小，工作效率高，工程质量有保证，不失为高层建筑的理想基础型式之一。我国的天津冶金科贸中心和滨江商厦（二期）等工程采用了这种组合基础。

（2）组合基础的设计

1）概要。

下面结合一个工程实例来叙述组合基础的设计问题。

这里要介绍的是日本大阪的一座建成于 1992 年的超高层建筑物，在 1995 年的地震中曾经在楼顶测到了 200cm/s² 的地震加速度，但未发生任何损坏。这里将根据原设计和地震观测资料，对建筑物和地基基础进行分析计算，相信会是很有益的。

该建筑物是一座地上 42 层、地下 1 层，总高度为 135.81m 的钢筋混凝土结构（见图 6.44）。主楼基础采用地下连续墙桩和条桩的组合基础。

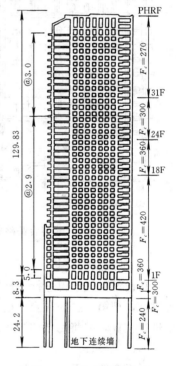

图 6.44　某高楼纵断面

建筑物座于第四纪的冲洪积地层中。地表以下 9～14m 处的砂土层有液化可能。桩的持力层位于地表以下 28.0m 以下的洪积层（砂土，$N>50$）中。

2）组合基础的设计。

图 6.45 是该工程的组合基础平面图。整个基础像 3 个套筒，其中内部两个是闭合的。套筒之间布置有条桩，墙、桩厚度均为 1.0m。这种布置方式，提高了整个基础结构的刚度和承载能力，而且封闭和约束了地基砂土，使其不易发生液化，可大大提高它的抗剪强度和承载能力。

组合基础的设计流程如图 6.46 所示。在计算桩的容许垂直承载力和极限抗拔力的时候，已考虑了液化和相邻桩的影响。在有关的地震荷载计算中，从安全角度出发，降低了水平地基反力系数。计算和设计参考了日本《建筑基础构造设计指针》（1988 年）的有关规定。

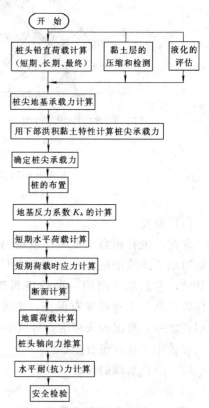

图 6.46　基础设计流程

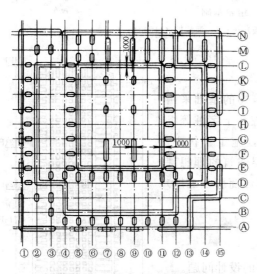

图 6.45　组合基础平面图

3）地震反应计算。

在设计过程中曾进行了地震反应计算。运行以后，把第一层的观测数据输入原设计模型中进行核算，并将每 10 层的观测记录与计算结果加以比较。

下面介绍一下考虑了地基非线性的二次元固定端力矩模型（FEM）进行地震反应计算的结果。

①计算模型。上部结构以及地基基础的计算模型见图 6.47。上部的钢筋混凝土结构被简化成了线性抗剪的多质点系统。基础结构由地下室结构和周边地下连续墙桩以及独立条桩组成，被简化成了质量和刚度都等效的实体。

把地基简化为 4 层结构，各层主要参数见

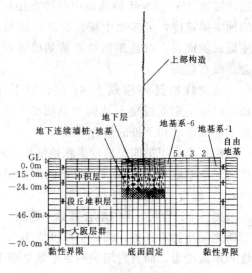

图 6.47　整体计算模型

表 6.17。经过地质勘查和室内试验，得到了如图 6.48 所示的 G/G_0—γ，h—γ 曲线。根据 G/G_0—γ 曲线上 $G/G_0 = 0.5$ 和最大衰减常数，设定 Ramberg-Osgood（R-O）模型的参数，以考虑地基的非线性特性。R-O 模型原为一次元的非线性模型，把它用于二次元模型时应小心。

表 6.17　地基常数表

	层厚/m	v_S (m/s)	泊松比 ν	重度 γ (kN/m³)
冲积层第 1 层	15.0	110	0.4971	17.0
冲积层第 2 层	9.0	140	0.4957	17.5
台地堆积层	22.0	280	0.4824	19.0
大阪层	—	360	0.4703	20.0

利用地基—建筑物的复合计算模型，得到了变形能量的各次衰减常数。建筑物各部分的衰减常数是地基的 5%，是上部结构和基础结构的 3%。根据激励系数较大的一次、二次自然频率以及模式衰减常数，设定瑞雷（Rayleigh）衰减。

输入此震动力到地下 70m 的记录为 $E+F$，即计算模型下端。

②计算结果。地基的最大剪切变形情况见图 6.49，最大加速度分布见图 6.50。在对建筑物影响小的地基中，越接近地表，加速度越大，但是由于地基的非线性特性，加速度增幅较小。与此相反，由于地基的非线性，剪切变形增大得多，特别

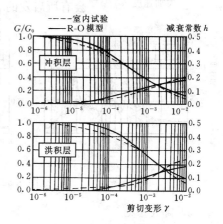

图 6.48　地基的非线性特性

是台地堆积层与冲积层分界附近，剪切变形值超过 0.001，刚度降低率为 0.3 左右。另一方面，在建筑物附近的地基中，由于地下基础结构的约束作用，其加速度和剪切变形均比自由地层小、非线性影响也小。但是剪切变形本身仍达 0.0005，刚性降低率达到 0.5 左右。

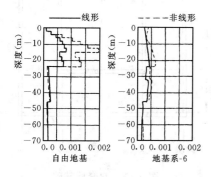

图 6.49　地基最大剪切变形分布

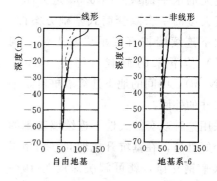

图 6.50　地基最大加速度

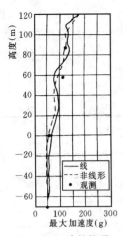

图 6.51　建筑物最大加速度

关于建筑物的反应，可参考图 6.51 所示的最大加速度的分布情形，可以看出，加速度分布图形接近于观测值。图 6.52 是建筑物的加速度反应频谱。计算值在一次恒向周期中很小，最大值也比较低。由于将建筑物下部的基础结构简化为一个实体，上部结构简化成了一个剪切模型，可以说这种复合模型的固有周期反应不完整。但是由于非线性影响，若干恒向周期和最大值都接近了观测值。

③结论。建在坚硬地基上的刚度很大的建筑物，它的地基非线性对建筑物的影响较小。但是对于较大的地震，则应进行非线性对上部结构、基础结构和地基复合体的计算分析，采取相关的技术措施。

本节对地基基础的地震反应分析和计算，对今后的设计工作是会有所启发的。

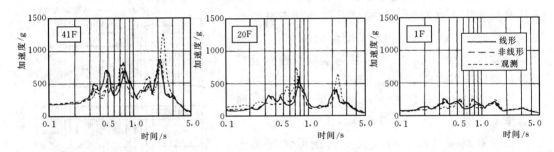

图 6.52　建筑物加速度反应频谱

3. 筒式基础

(1) 概要

这里所说的筒式基础，与第二节所叙述的井筒式略有不同。后者多采用格构式断面（见图 6.6）；前者多采用套筒式结构，而且在建筑物很高的情况下，可能会承受更大的水平荷载。图 6.53 是天津冶金科贸大厦的一个双套筒式基础方案图。外边地下连续墙桩直接承受着上部结构（28 层）传下来的荷载（约为 1000 ～ 1200kN/m），中间的地下连续墙桩侧是中部电梯井的外墙。

采用这种双套筒式地下连续墙基础的另一个好处是，在基坑开挖期间，利用很短的水平钢支撑，就可解决深度为 10 ～ 12m 的基抗开挖支护问题。

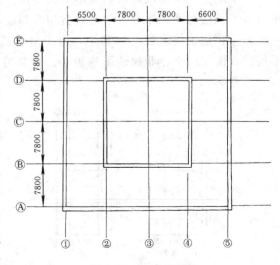

图 6.53　双套筒基础

（2）筒式基础的设计

1）工程概况：

这里叙述的是日本东京某大厦的筒式地下连续墙基础的概况。该大厦地下 2 层，地上 38 层，总高 165.0m（见图 6.54）。地上大楼为钢结构，地下部分则为钢筋混凝土结构。

建筑物基础采用了回字式地下连续墙基础，其主要技术指标为墙厚 800～1500mm，挖槽深度 49.25m，桩长 34.0m，面积 17089m²，浇注混凝土 16894m³。

2）地质条件。

地表以下 36m 以内均为 $N=0～12$ 的淤泥和淤泥质土，40m 以下为砂砾层，是本工程的桩基持力层，N 值可达到 50 以上。

3）筒式基础设计。

本工程的筒式基础兼有抗震墙和承载桩的双重作用，其平面布置图见图 6.55。它的平面形状和尺寸是根据柱子的位置和柱距确定的。基础的底部伸入砂砾层（$N>50$）内 1.5m，容许承载力（长期 2500kN/m²，短期为 5000kN/m²）。

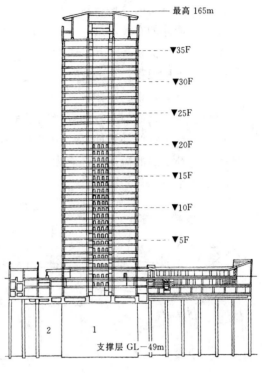

图 6.54　建筑物断面
1—地下连续墙桩；2—灌注桩

由于地震的影响，沿抗震墙轴线（面内）方向的剪切应力达到了 128N/cm²，为传递这部分剪力，墙段接头采用刚性接头方式（见图 6.56）。下面来核算一下接缝上剪力的传递是否满足了要求。

$$\left.\begin{aligned}
Q_D &\leqslant \min(Q_{sa1}, Q_{sa2}) \\
Q_D &= \tau_w t_e l \\
Q_{sa1} &= t_h h_c f_c' l / l_c \\
Q_{sa2} &= \beta P_s t_e l w f_t
\end{aligned}\right\} \tag{6.22}$$

$$f_c' = f_c \sqrt{A_c / A_1}$$

式中　Q_D——铅直方向剪力；

　　　Q_{sa1}——抗剪角钢（L100mm×100mm×7mm×12mm）的抗剪断力；

　　　Q_{sa2}——水平钢筋的容许抗剪断力；

　　　τ_w——混凝土的抗剪强度；

　　　l——地下连续墙长度；

　　　t_h——抗剪角钢的长度；

h_c——抗剪角钢的高度；

f_c'——局部支承混凝土的短期容许抗压强度；

f_c——混凝土的容许抗压强度；

t_c——墙体的有效厚度；

A_c——支承面积，$A_c = t_c h_c$；

A_1——支压面积，$A_1 = t_h h_c$；

l_c——抗剪角钢的间距；

β——水平钢筋与端板的焊接效果系数，焊接 $\beta=1.0$，非焊接 $\beta=0.7$；

P_s——水平钢筋补强筋（$\phi 29@200$）系数，$P_s = 2a_t(xt_e)$；

wf_t——补强筋的短期容许应力；

x——水平钢筋间距。

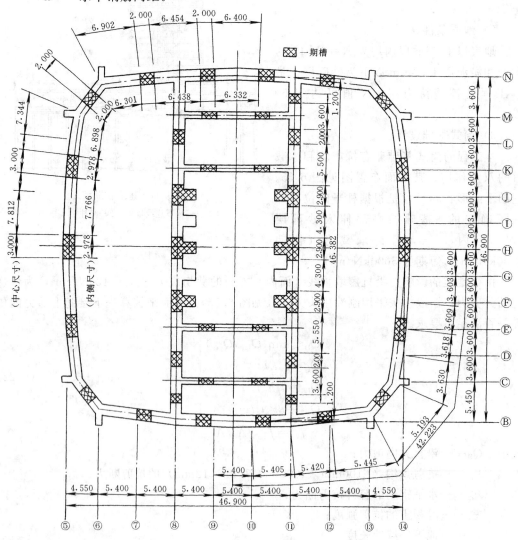

图 6.55　筒式地下连续墙基础（单位：m）

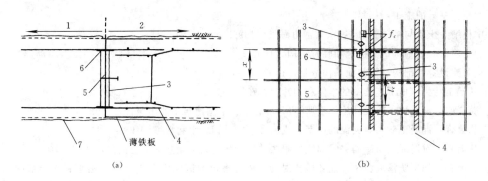

(a)　　　　　　　　　　　　　　　　(b)

图 6.56　墙段接缝计算图

(a) 平面；(b) 侧面

1——一期槽段；2——二期槽段；3——抗剪角钢；4——锚定板；5——隔板（最小 4.5mm）；

6——端板（最小 6mm）；7——帆布

4）施工简介。

使用两台 MEH 液压抓斗挖槽，其精度可达到 1/500。施工过程中使用超声波测试仪来检验挖槽是否满足要求。

清孔后泥浆指标：重度 $10.2\sim11.5\text{kN/m}^3$，黏度 $22\sim40\text{s}$，失水量小于 20mL/30min，泥皮厚度小于 2mm，含砂量小于 1.0%，pH 值为 $7\sim12$。

钢筋笼沿深度方向分为三段进行加工，在吊装（150t 吊车）时再将其连成整体。混凝土的设计标准强度 $F_{\text{C}}=2400\text{N/cm}^2$，坍落度 20cm，含气量 4% 左右，使用了矿渣水泥。空头部分的泥浆用固化方法加以处理，其 $R_{28}=60\text{N/cm}^2$。墙段接头的清理采用了特制的清洗器。

6.4　本章小结

当前，建筑、交通、铁道等部门的大型基础多用封闭式深基础的结构，如采用上部结构与周边地下连续墙基础直接相连，或者是在中间部分再设置一些条桩或墙桩，形成组合式深基础结构，承受更大的荷载。这种布置方式值得借鉴推广。

大型桥梁的深基础，常常设计成矩形、圆形或多边形封闭结构，可为单室或多室的格状结构，一般不在内部设置桩基。此类井筒式深基础常常要挖去内部土（岩），再浇注混凝土，也是一种深基坑结构，在我国已经得到了应用。

参考文献

[1] P P Xanthakos. Slurry Walls as Structural Systems [M]. New York：McGraw-Hill，1994.

[2] 建筑科学院情报所. 国外地下连续墙资料选编 [M]. 北京，1979.

[3] 土质工学会. 连续地中壁工法 [M]. 东京：土质工学会，1988.

[4] 赤板，雅章，等. 最近的地下连续壁技术 [J]. 基础工，1995（11）.

[5] 内藤祯二. 最近的连续地中壁 [J]. 土与基础，1994（3）.

[6] 冈原. 基础的施工, 1994.

[7] 中村靖. 土质与基础 [M]. 东京: 山海堂, 1995.

[8] 鹿岛建设. 地基构造的稳定和临时结构, 1993.

[9] 鹿岛建设. 基础构造物和地基构造物, 1993.

[10] 基础工特集 (地下连续壁的本体利用), 1987.

[11] 龚晓南. 深基坑工程设计施工手册 [M]. 北京: 中国建筑工业出版社, 1998.

[12] 丛蔼森. 混凝土防渗墙夹泥的类型、成因和预防 [J]. 水利学报, 1983 (11).

[13] 丛蔼森. 对混凝土防渗墙夹泥问题的看法 [J]. 全国大坝软基学术会论文, 1982, 10.

[14] 丛蔼森. 地下防渗墙泥浆性能和槽孔混凝土成墙规律的试验研究 [J]. 中国水利学会基础学组论文集, 1985, 5.

[15] 丛蔼森. 北京地区混凝土防渗墙情况简介和资料汇编. 第一届全国防渗墙技术交流会论文, 1977, 11.

[16] 基础工特集 (基础的荷载试验), 1996 (5).

[17] 基础工特集 (柱状体基础), 1997 (9).

[18] 基础工特集 (地下连续壁的本体利用) 1987 (11), 1993 (4), 1997 (11).

[19] 基础工特集, 1995 (12), 1996 (8), 1997 (9).

[20] 渡边俊雄. 基础工程施工技术的现状与展望 [J]. 志松, 译. 探矿工程译丛, 1996 (2).

[21] 平井正哉. 地中连续壁基础的设计与施工 [J]. 基础工, 1997 (2).

[22] 丛蔼森. 三合一地下连续墙和非圆形大断面桩的开发和应用 [J]. 北京水利, 1997 (2).

[23] 丛蔼森. 地下连续墙液压抓斗成墙工艺试验研究和开发应用 [J]. 探矿工程, 1997 (5).

[24] 玉野富雄. 最新的开挖支护工法 [J]. 基础工, 1997.

[25] 中国建筑科学研究院. JGJ 120—1999　建筑基坑支护技术规程 [S]. 北京: 中国标准出版社, 1999.

[26] 黄强. 深基坑支护实用内力计算手册 [M]. 北京: 中国建筑工业出版社, 1995.

[27] 黄强. 深基坑支护工程设计技术 [M]. 北京: 中国建筑工业出版社, 1995.

[28] 钱家欢, 殷宗泽. 土工原理与计算 [M]. 北京: 中国建筑工业出版社, 1995.

[29] 本书编写组. 基础工程施工手册 [M]. 北京: 中国计划出版社, 1996.

[30] P P Xanthakos. Slurry Walls [M]. New York: McGraw-Hill, 1979.

[31] 余志成, 施文华. 深基坑支护设计与施工 [M]. 北京: 中国建筑工业出版社, 1997.

[32] 深圳市建设局. SJG05—96 深圳地区建筑深基坑支护技术规范. 1996.

[33] 孙家乐. 深基坑支护体系若干问题的讨论 [J]. 地基基础工程, 1994.

[34] 黄强, 惠永宁. 深基坑支护工程实例集 [M]. 北京: 中国建筑工业出版社, 1998.

[35] 唐业清. 深基坑工程学, 1994.

[36] 赵锡宏, 等. 高层建筑基坑围护工程实践与分析 [M]. 上海: 同济大学出版社, 1996.

[37] 天津大学, 等. 土层地下建筑施工 [M]. 北京: 中国建筑工业出版社, 1982.

[38] 金问鲁. 地基基础实用设计施工手册 [M]. 北京: 中国建筑工业出版社, 1995.

[39] 高大钊. 软土地基理论与实践 [M]. 北京: 中国建筑工业出版社, 1992.

[40] 刘建航, 侯学渊. 基坑工程手册 [M]. 北京: 中国建筑工业出版社, 1997.

[41] 陈仲颐, 叶麟. 基础工程学 [M]. 北京: 中国建筑工业出版社, 1995.

[42] 赵志缙. 高层建筑施工手册 [M]. 上海: 同济大学出版社, 1991.

[43] 杨嗣信. 高层建筑施工手册 [M]. 北京: 中国建筑工业出版社, 1992.

[44] H F 温特科恩, 方晓阳. 基础工程手册 [M]. 钱鸿缙, 叶书麟等, 译校. 北京: 中国建筑工业出

　　版社，1983.

[45] 常士骠. 工程地质手册 [M] . 北京：中国建筑工业出版社，1992.

[46] 中国标准化协会. CECS22：90 土层锚杆设计与施工规范 .

[47] 秦惠民，叶政青. 深基础施工实例 [M] . 北京：中国建筑工业出版社，1992.

[48] 驹田敬一. 基础设计的留意点 [J] . 基础工，1987.

[49] 土质工学会. 基础的设计数据，1992.

[50] 大林组. WF 扩底桩工法 [J] . 基础工，1995.

[51] 庆伊道夫，等. 建筑基础的设计实例 [J] . 基础工，1999.

[52] 日本建设机械化协会. 地下连续墙设计与施工手册 [M] . 祝国荣等，译. 北京：中国建筑工业出版社，1983.

[53] 龚晓南. 深基坑设计施工手册 [M] . 北京：中国建筑工业出版社，1998.

第二篇 深基坑的渗流分析和防渗体设计

第7章 深基坑的渗流分析与计算

7.1 概 述

7.1.1 渗流分析的目的

本章阐述了深基坑渗流分析和计算方法，给出渗流场内各点的渗流参数（压力、流量和坡降等），特别是关键部位（如地层分界面、地下连续墙底和基坑底面）的渗流参数，据此核算基坑不同部位的渗流稳定性。对于可能产生渗透变形或破坏的部位，提出处理建议。

具体来说，渗流分析要达到以下目的：

1）地基中不会发生严重的管涌和流土。这里所说的"严重"是指会引起基坑失稳的破坏性的管涌和流土。局部发生的不大的渗漏变形是可以设法制止的。

2）坑底地基不会因承压水顶托而发生突涌（水）、流泥和隆起等渗流破坏。

3）基坑周边和坑底涌水量不大，不会影响基坑开挖和混凝土浇注等后续施工。

4）坑内的软土（淤泥质土）能较快脱水固结，以便尽早进行开挖工作。

7.1.2 渗流计算内容

根据基坑的工程地质和水文地质条件、周边环境（建筑、道路和管线等）条件以及基坑开挖深度、基坑运行时间等因素，选择合适的基坑支护和防渗结构，采用简化和详细的渗流分析和计算方法，选择多种计算方案进行技术经济比较，最后提出安全可靠、经济适用的防渗设计。

具体来说，应包括以下计算内容：

1）基坑整体渗流计算。通过计算，得到各控制断面（点）上的渗透压力和渗透坡降、基坑内部总的渗透流量等。

2）计算渗流的平均渗流坡降以及坑底渗流出逸坡降，判断是否会发生管涌、流土等。

3）计算墙底进入不透水层内的深度。如不满足要求，则将墙底向下加深到新的不透水层内再行计算，直到满足要求为止。

4）计算基坑底部地基抵抗承压水突涌的能力，也就是：①墙底以上土重是否大于承压水的浮力而且有足够的安全系数；②平均渗流坡降和地基内部土的渗流坡降是否在允许范围之内。

5）进行基坑降水计算，降水井的数量要留有备用，要满足基坑开挖和安全要求。

6）通过渗流计算和方案比较提出该基坑渗流控制措施。

7.1.3　渗流计算水位

通常坑外地下水位应根据施工工期、施工季节以及地下水位变幅等因素，综合确定。一般情况下，应取施工期最高地下水位。

坑内水位，按规程要求应低于基坑坑底 0.5m。但是对承压水来说，一般要求低于基坑坑底 1.0～2.0m。

上面说的是一般情况下的计算水位。此外，还有一些特殊情况下的坑内地下水位的确定方法。比如，对于地铁接地孔部位为承压水的隔水顶板时，降水应到此顶板以下；当基坑底部位于花岗岩残积土中时，则应降水到残积土或全风化层以下，见 10.2 节。

还有一点要注意，就是在地下水中进行人工挖桩的问题。此时的地下水位在基坑开挖之前，就会降得很深，可能造成不利影响。详见后面 7.7.1 节的说明。

关于渗流计算水头，应注意以下几点：

1）潜水情况下，计算水头 H_1 应等于潜水地下水位与基坑降水后水位的水位差。

2）承压水情况下的计算水头 H_2 有以下两种情况：

①承压水头等于承压水的自由水面高程减去含水层顶板高程，此即常说的承压水头。

②承压水头等于承压水的自由水面高程减去地下连续墙底高程，此水头用于核算坑底地基的渗透稳定。

7.1.4　最不利的计算情况

1）地基上部设有隔水层，下部砂层等与基岩风化层相连。

2）地基上部不透水层全被挖除，基坑底和地下连续墙底全都位于透水层中。

3）基坑局部超深或深度突然变化（阶梯状）部位。

4）基坑的几种支护结构的连接部位。

5）从平面上看，局部存在着薄弱地层（如淤泥、流砂等）部位或是不透水层突然变薄的部位。

此外，还要考虑以下几种计算情况：

1）基坑分层开挖，分层降水。

2）淤泥土的降水与固结。

3）水泵失电（动力）或滤水管堵塞后，地下水位恢复过程。

4）其他事故的渗流分析与计算。

7.2　基坑渗流的基本计算方法

7.2.1　概述

本节阐述深基坑渗流计算的基本原理和方法。

在基坑支护结构前后存在着水位差而出现渗流现象的时候，渗流效应将使基坑水压力分布发生变化。

目前比较流行的基坑支护中的水压力计算，都是采用静水压力的全水头进行计算的。此时，作用在地下连续墙上的水平水压力很大，导致墙体配筋很多，7.2.6 节将讨论这一问题。

笔者认为应考虑作用在地下连续墙上的渗流水压力，下面是渗流水压力的计算方法（见图 7.1）。

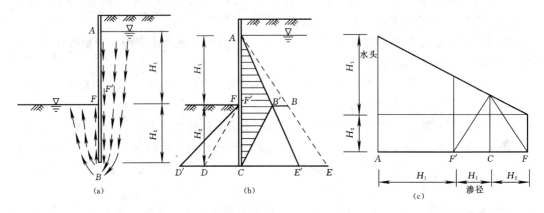

图 7.1　均匀地基渗流计算图

基本假定

1）渗流遵守达西定律，即：

$$v = ki \tag{7.1}$$

式中　k——渗透系数；

　　　i——渗流坡降，也就是单位水头损失。

某段渗流水头损失为

$$\Delta H_i = h_i i_i \tag{7.2}$$

各段水头损失之和应等于总的水头 H，

$$\sum \Delta H_i = \sum h_i i_i = H \tag{7.3}$$

2）渗透水流连续性假定

$$V = k_1 i_1 = k_2 i_2 = \cdots = k_i i_i$$

式中　k_1、$k_2 \cdots k_i$——各地层渗透系数；

　　　i_1，$i_2 \cdots i_i$——各地层渗透坡降。

7.2.2　基坑渗流水压力计算

1. 均质土地基渗流计算

只要存在着水位差，就会产生渗流，而且任何一点的水压力应当是相同的。

现在来看图 7.1 所示的计算情况。在图中，假设坑内水位与坑底平齐，坑内外水位差为 H_1。研究紧贴于墙壁的流线（这是最短的渗流路径）上的水压力分布情况，也就是潜水下贴壁渗流情况。图中的流线自 A 点向下经 F'，再向下绕过墙底 B 点后上升到 F 点。

渗径总长为 $H_1 + 2H_2$。平均渗流坡降 $i = H_1/(H_1 + 2H_2)$。

在图 7.1（b）中，AE 和 DF 是不考虑渗流的静水压力分布线，

静水压力 $F'B = \gamma_w H_1$，

$CE = \gamma_w(H_1 + H_2)$，$CD = \gamma_w H_2$。

由于 $CE > CD$，即 B 点左右水压力不相等，所以才会产生自右向左的渗流。而在考虑渗流水头损失后，墙后 F' 点的水头损失为：

$$\Delta H_1 = iH_1 = H_1^2/(H_1 + 2H_2)$$

实际渗流水压力则为 $FB' = FB - \Delta H_1 = \gamma_w H_1 - \gamma_w H_1^2/(H_1 + 2H_2)$，

或　　　　　　　　　　　$FB' = 2\gamma_w H_1 H_2/(H_1 + 2H_2)$

同理可得，　　　　　　　$CE' = 2\gamma_w H_2(H_1 + H_2)/(H_1 + 2H_2)$　　　　　　　　（7.4）

水流自图 7.1（b）的 C 点流到坑底 F 点时的水头损失为 $\Delta H_2 = iH_2 = H_1 H_2/(H_1 + 2H_2)$，$C$ 点左侧实际渗流水压力为：

$$CD' = \gamma_w H_2 + \Delta H_2 = \gamma_w H_2 + \gamma_w H_1 H_2/(H_1 + 2H_2)　　　　（7.5）$$

整理得，　　　　　　　　$CD' = 2\gamma_w H_2(H_1 + H_2)/(H_1 + 2H_2)$　　　　　　　　（7.6）

对比式（7.4）和（7.6），可以看出两者相等。也就是说 C 点左右渗流水压力相等，即 $CE' = CD'$，这是符合阿基米德定律和渗流力学规律的。此时作用在支护结构上的总水压力为 $\Delta AB'C$。图 7.1（c）是把紧贴墙壁的流线展开后的水头损失情况，由此图不难看出，墙底 C 点压力左右相等。也可看出，渗流水压力是由淹没于坑底下的浮力（H_2）和由水头 H_1 产生的渗透压力两部分组成的。

2. 层状地基渗流计算

可以利用水流连续原理，根据达西定律得出下式

$Q = Av = $ 常数，假定断面积 $A = $ 常数，则有：

$$v = K_1 i_1 = K_2 i_2 = \cdots = K_i i_i$$

式中　v——渗透流速；

　K_i，i_i——各层土的渗透系数和渗流坡降。

由此可得

$$k_1/k_2 = i_2/i_1，\quad k_2/k_3 = i_3/i_2，\cdots　　　　　　　（7.7）$$

根据上面公式，先求得最小的 i（K_i 最大），再推求其余的 i 值，再分段求出水头损失值，最后可得到支护结构上的全部渗流水压力。

$$\sum\Delta H_i = \sum h_i i_i = H_1　　　　　　　　　　（7.8）$$

校核条件：式（7.8）两边相等或误差很小，即说明计算无误。

3. 承压水基坑的渗流计算

与潜水渗流不同的是，承压水渗流计算应当包括贴壁渗流、土体内部渗流和突涌（水）破坏等三种情况。

（1）贴壁渗流

承压水位的自由面并不表示在那个高程上一定有真实的地下水的存在，而是一种势能能量的表示。

但是，由于勘探打孔和坑外降水井的施工或者其他原因，有可能造成承压水向上与潜水连通；还可能是由于承压水顶板隔水层存在缺口，导致地下水连通。此时承压水就具有

了自由水位（面），由此产生的水头是真实存在的，它也会沿着地下连续墙的外、内边界产生贴壁渗流。因为此时渗流要穿过承压水的顶板黏性土层，水头损失比较大，降低了渗流变形和破坏的风险，可能不再是渗流计算的控制情况。从下面例子就可看到。

在 7.3 节的图 7.8 中，假定承压水具有自由水面。由图中可以看出，第一个承压水底板上的静水压力为 319.6kN；而渗流压力为 235.3kN，两者相差 84.3kN。这就相当于水流的势能损失了 $84.3/319.6 = 26.4\%$。

本例把地下连续墙底穿过了第二个隔水层底部，成为"悬挂式"墙。按照贴壁渗流方法，得到墙底 A 点的渗流压力为 234.3kN，它比该处第二个承压水的静水压力 335.6kN 减少了 101.3kN，相当于静水压力损失了 30%。

通常情况下，可以认为承压水的贴壁渗流不是控制情况。

（2）承压水的突涌破坏

在图 7.8 中，已经知道作用在墙底地基的第二隔水层底板上的承压水浮力就是该底板上的水头 $= 35.06m - 6.00m = 29.06m$，而不是作用在基坑底的水头 $19.66m - 6.0m = 13.66m$ 了。

此时在承压水头 29.06m 作用下，如果上部土层饱和重小于承压水的浮托力，即有可能顶穿上部隔水层而突涌。

（3）承压水引起的土体内部渗透破坏

当隔水层厚度较薄，而承压水水头较大时，承压水可能穿过此层黏土而产生渗透破坏。

由于此时渗流是在土体内部进行，应当采用黏土土体本身允许渗透坡降来核算地基的稳定性。通常黏性土体的允许渗透坡降可以采用 $[i] = 3 \sim 6$，或更大，而当出口有盖重时，可取 $[i] = 5 \sim 8$ 或更大。

本章 7.3.5 节对土体内部渗透稳定的实例进行了分析。

（4）多层承压水

当地基中存在着多层承压水时，应根据每层承压水头和隔水层的厚度，分别核算该隔水层的抗浮稳定和内部渗流稳定。

7.2.3　基坑底部垂直渗流水压力计算

1. 计算情况

基坑底部水压力实际就是渗流的浮力。

根据地下水位特性，可分为潜水情况、承压水情况和非稳定流情况三种计算情况。

2. 潜水情况

潜水情况下，垂直水压力（浮力）计算比较简单。可以根据沿程水头损失 ΔH 和总水头 H，求得某个位置（高程）上渗流水压力 H_i，即：

$$H_i = H - \sum \Delta H_i = H - \sum h_i i_i \qquad (7.9)$$

此式对于均匀和非均匀地基都适用。

3. 承压水情况

在此情况下，垂直渗流水压力（浮力）的计算较为复杂。

（1）计算水头的确定

与潜水渗流不同，计算部位（高程）不同时，承压水头压力也不相同，应当根据实际情况加以计算。比如在后面图 7.8 中，此时墙底已位于第二承压水层中，它对第二个隔水层底板的浮托力＝（35.06－6.0）×10kN＝290.6kN，大于平常所说的基坑承压水头（19.66－6.0）×10kN＝136.6kN。

（2）三种计算情况

1）当坑底表层为不透水层，而其下的含水层有承压水时，此时不透水顶板承受全部承压水头 h_w 的作用，且其土体自重应大于承压水头 h_w 产生的浮力，才能保持稳定。

$$\gamma_{sat} t \geqslant F_c \gamma_w h_w \tag{7.10}$$

式中　γ_{sat}——土的饱和重度；

　　　t——含水层顶板到坑底的厚度；

　　　F_c——安全系数，根据工程重要性取值范围为 1.1～2.5，建筑基坑常用 1.1～1.3；

　　　γ_w——水的重度；

　　　h_w——含水层顶板以上的水头。

不透水层的渗透坡降：

$$i = h_w / L \leqslant [I_\pm] \tag{7.11}$$

　　　L——渗径；

　　　$[I_\pm]$——黏性土的允许渗透坡降，通常 $[I_\pm]＝3～6$，当出口上部有盖重时，可取 $[I_\pm]＝5～8$ 或更大。

这里要注意以下几点：

① h_w 的数值有时是从含水层顶部算起的，这就是常说的基坑承压水水头。但是在有些情况下，此水头 h_w 是从地下连续墙底算起的，而且要计算墙底以上的全部土重。

②对于 t 值，应取墙底以上全部土层厚度。

③关于土的重度，有人取土的浮重度 γ'，笔者认为地下水位以下应取饱和重度，地下水位以上应取天然重度。为简化计算，均取为饱和重度 γ_{sat}。

2）当基坑上部的不透水层全部被挖除，坑底以下均为粉土、砂土或卵砾石等透水层，而下部隔水层埋藏又很深时，此时基坑底部作用着很大的承压水头 h_w。只有采用地下连续墙和降水井相结合的方法，才能把承压水位降到基坑底以下 1.0～2.0m，同时还要满足渗透稳定要求：

$$i \leqslant [i]$$

对于粉细砂地基，$[i]＝0.2～0.3$，而对于级配不良的地基，$[i]＝0.1～0.2$。

3）当基坑下部为黏性土与砂土的互层地基时（见图 7.2），则应进行下面计算：

$$\gamma_{sat}(t_1 + t_2) \geqslant F_s \gamma_w h_w \tag{7.12}$$

$$h_w / t_2 \leqslant [i_\pm] \tag{7.13}$$

$$h_1 / t_1 \leqslant [i_{砂}] \tag{7.14}$$

式中　h_w——承压水头；

　　　h_1——出口段剩余水压力，可通过渗流计算得到；

　　　$[i_\pm]$——黏性土允许渗透坡降，通常可取 3～6，出口有盖重时，可取 5～8；

　　　$[i]$——透水层的允许渗透坡降，最小值 0.1～0.2；

　　　F_s——安全系数，根据工程重要性，可取 1.1～1.3 或更大。

此时，要特别注意地基内部的渗透稳定问题，特别是当内部有很薄的黏土层时，尤应注意，也就是要使土的 $i \leqslant [i_{\pm}]$。当黏土层中含有粉细砂夹层时，也要注意渗流稳定问题。

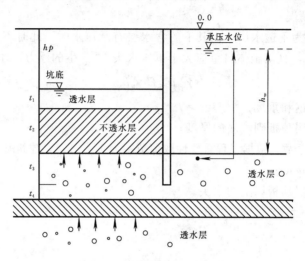

图 7.2　坑底抗浮稳定计算图

（3）另一种计算坑底地基渗流的方法

前面讨论的是利用地基土与地下水的荷载平衡概念来计算和评价地基的渗透稳定性，现在利用地下水的渗透力与地基土浮重度的相互关系，来计算和评价地基的渗透稳定性。

从 2.5.3 节（渗流作用力）可以知道，用渗透力与土体浮重相平衡，取代多个周边水压力（静水压力）与土体和饱和重度相平衡的计算方法，可以大大减化计算，即

$$\gamma' \geqslant \gamma_w i$$

式中　γ'——土体浮重度；

　　　i——渗透坡降；

　　　γ_w——水的重度。

这里所说的浮重度称为有效压力。由此可以得知，土的饱和重度 γ_{sat} 与浮重度 γ' 的不同用途。

具体计算与分析可参考 7.3.3 节的工程实例。

4. 非稳定流计算

这里所说的非稳定流，是指水泵突然停电或者是滤水管堵塞失效，造成地下水上升的一种特殊情况。如果地下水位（特别是承压水）上升过快，会造成基坑内外的破坏。这种现象和基坑的深度、坑底所在地基特性（黏性土或砂性土）、承压水头的大小有关。有的基坑在水泵停电半小时后就发生基坑渗流破坏；有的则停电十几个小时也没事。

这种现象可通过二维或三维渗流电算来了解或判断，7.3 节对此进行计算和分析。

7.2.4　水下混凝土底板的抗浮计算

前面说的是基坑地基土（岩）的渗流计算，现在再来看看基坑底部水下混凝土的抗浮计算情况。

深基坑封底后，一般不应立即停止降水，要等到整个地下室施工完毕并且上部结构具有

足够重量后才能停止降水。如果要提前停止降水，封底层的底板就会受到向上漂浮力（即静水压力）作用。笔者亲见天津某基坑底板混凝土刚浇完就停止了降水，导致地下水沿混凝土底板被顶穿的裂缝上涌，把白色氧化钙（CaO）都带出来了。更有基坑混凝土垫层和底板断裂上浮的情况发生。这就要求封底混凝土与支护结构之间应有足够的强度和承受力来抵抗底板的上浮，以保证混凝土不被破坏。这实际上是一个从总体把握基坑渗透稳定的大问题。

此外，有的工程采用水下开挖土石方，再浇注水下混凝土底板，待混凝土达到设计强度后，再将水抽干，再做上部混凝土结构。本节来讨论此类问题。

坑内外有水头差的基坑，其封底混凝土板要考虑下列两方面的验算。

1. 底板的抗浮验算

有降水措施的基坑抗浮力是由封底混凝土、支护结构自重与土的摩阻力来平衡的。如果按式（7.15）验算不能满足安全系数大于 1.05 时，就应加厚封底混凝土或在井内设减压井继续降水，直至基坑封底混凝土和结构施工后能满足抗浮要求才能停止抽水。

$$K=\frac{P_k}{P_f}=\frac{0.9P_h+\lambda L\sum f_i h_i}{P_f}\geqslant1.05 \qquad (7.15)$$

式中　K——抗浮安全系数；

P_k——为总的抗浮力；

P_f——总的浮力；

P_h——支护、封底及已浇底板等的总重量；

λ——容许抗拔摩阻力与受压容许阻力的比例系数，根据工程的重要性、荷载、质量及土质情况等，可采取 0.4～0.7；

L——支护与土体接触的内外壁周长；

f_i，h_i——分别为支护侧各土层的容许摩阻力和土层的厚度。

2. 封底混凝土板的内力计算

封底混凝土板在静力压力作用下的内力计算，可近似简化为简支单向板的计算，封底层底板面在静水压力作用下产生的弯曲拉应力计算式为：

$$\sigma=\frac{1}{8}\frac{qL^2}{W}=\frac{L^2}{8}\frac{\gamma_w(h+\chi)-\gamma_c\chi}{\frac{1}{6}\chi^2}=\frac{3L^2}{4\chi^2}[\gamma_w(h+\chi)-\gamma_c\chi]\leqslant[\sigma] \qquad (7.16)$$

式中　q——封底底面静水压力，kPa；

L——基底小边尺寸，m；

W——封底层每米宽断面抗弯模量，m^3；

h——封底层顶面处水头，m；

χ——假定的封底混凝土层最小厚度，m；

γ_w——水重度，kN/m^3；

γ_c——混凝土重度，kN/m^3；

$[\sigma]$——封底混凝土的容许抗弯曲拉应力，一般采用 $C_{15}\sim C_{20}$ 混凝土，因荷载作用时间短，可分别取 1200～2000kPa。

目前有关封底混凝土底板的内力计算方法很多，读者可参考相关文献资料。

还要注意，如果基坑的面积很大，则土体与周边结构的摩阻力将被忽略，不起作用；

封底混凝土的内力计算也没有实际意义，主要是抗浮稳定问题。

7.2.5　板桩基坑中的渗流计算

1. 板桩基坑中的平面渗流计算

计算图形如图 7.3 所示。假定 $3-3'$ 和 $7-7'$ 为等势线，则地基被分为 I、II 两段。第 I 段与闸坝地基渗流计算中的进出口段有相同的型式，而第 II 段相当于长为 $2S_2$ 平面底板渗流阻力的一半（见图 7.4）。对这两种情况由流体力学的解可给出阻力系数值，如图 7.5 所示，其中 ξ_1 表示第 I 段阻力系数，根据参数 S_1/T_1 由 $T_2/b=0$ 的一条曲线确定。ξ_2 为第 II 段阻力系数，根据参数 S_2/T_2 及 T_2/b 确定。

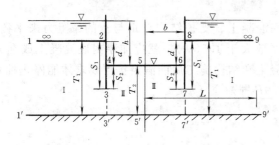

图 7.3　板桩基坑分段计算图

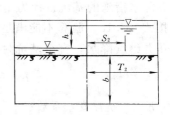

图 7.4　第 I 段示意图

由此可知由板桩一侧渗入基坑的流量为

$$q=Kh\frac{1}{\xi_1+\xi_2}　　　　　(7.17)$$

板桩尖点 3 或 7 的水头为

$$h_F=h\frac{\xi_2}{\xi_1+\xi_2}　　　　　(7.18)$$

基坑底板出口平均坡降为

$$i_F=\frac{h_F}{S_2}　　　　　(7.19)$$

由上式即可校核基坑底面的渗透稳定性。把上式中的 S_2 用入土深度 h_d 代替，当临界渗流坡降 $i_F=1$ 时，则有

$$h_d\geqslant h_F　　　　　(7.20)$$

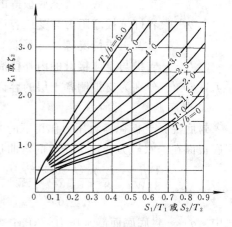

图 7.5　阻力系数曲线图

2. 板桩基坑中的空间渗流计算

根据大量电拟试验求得流入基坑的流量及板桩尖点的位势水头，再与按平面图形求得的相应计算值比较，可找出三向渗流相对平面渗流的修正系数，从而得到板桩基坑三向渗流的排水计算式。

对圆形基坑，其计算式为

$$q=0.8Kh\frac{1}{\zeta_1+\zeta_2}　　　　　(7.21)$$

$$h_F=1.3h\frac{\zeta_2}{\zeta_1+\zeta_2}　　　　　(7.22)$$

式中 q——绕过单位长度板桩的渗流量,因此基坑的总渗流量应为 $Q=2\pi rq$(r 为圆形基坑板桩的半径)。

对正方形基坑,其计算式为

$$q=0.75Kh\frac{1}{\zeta_1+\zeta_2} \tag{7.23}$$

$$h_F'=1.3h\frac{\zeta_2}{\zeta_1+\zeta_2} \tag{7.24}$$

$$h_F''=1.7h\frac{\zeta_2}{\zeta_1+\zeta_2} \tag{7.25}$$

式中 q——绕过单位长板桩的渗流量,因此基坑总渗流量为 $Q=8rq$(r 为基坑一边板桩长度之半);

$h_F'h_F''$——基坑一边的中点及角点处的水头值,即在角点有更高的水头值,因此靠近板桩角点处安全系数最小,常常需把板桩布设得比中部更深些,以保证安全。

对其他型式的基坑,如长方形基坑,对短边板桩角点的水头可用正方形基坑的计算式确定;而长边中点处的水头,当基坑长宽比接近或大于 2 时,即可用平面渗流的计算式确定而不修正。渗流量在长度比接近 2 的情况下,只需将长边按平面渗流计算式求得单宽值 q,而计算总渗流量可忽略短边,得 $Q=2Lq$(L 为长边一条边的长度)。对多边形基坑,可将基坑看做是圆,其等效半径可经依据下式确定:

$$\gamma_k=\sqrt{\frac{A}{\pi}}$$

对于长条形基坑

$$\gamma_k=\frac{L}{2\pi}$$

式中 A,L——基坑的面积和周长。

我们的目的是确定入土深度 h_d,可将 h_d 代替上述公式的 S_2 进行计算。

为了确定入土深度,首先需确定以上各式中系数 $\zeta_2/(\zeta_1+\zeta_2)$ 的取值范围。为此,根据图 7.5,计算后列入表 7.1 中。

表 7.1 $\zeta_2/(\zeta_1+\zeta_2)$ 的系数表

$\dfrac{\xi_2}{\xi_1+\xi_2}$ h_d/T_2 T_2/b	0.1	0.3	0.5	0.7	0.9
1.0	0.55	0.52	0.54	0.54	0.54
2.0	0.58	0.59	0.59	0.59	0.59
6.0	0.70	0.75	0.85	0.84	0.83

注:由于 ζ_1 及 ζ_2 数值存在误差,本表计算结果也略有误差。

在实际工程中,当 T_2/b 较小时,亦即基坑宽度较小时,一般为长方形基坑,其插入深度验算表达式(7.20)右边的 h_F 由式(7.18)确定,则

$$h_d\geqslant\frac{\zeta_2}{\zeta_1+\zeta_2}h \tag{7.26}$$

将上表中 $T_2/b=6$ 对应的最大值代入上式，得长方形基坑坑底最大入土深度 h_{dmax} 为：

$$h_{\text{dmax}} \geqslant 0.85h \tag{7.27}$$

对于圆形基坑，由式（7.21）及式（7.22），按以上分析方法可得

$$h_{\text{dmax}} \geqslant 0.85 \times 1.3h = 1.1h \tag{7.28}$$

对于正方形基坑，一般情况下 $T_2/b<2$，故按式（7.18）可得：

$$h_{\text{dmax}} \geqslant 0.59 \times 1.7h = 1.00h \tag{7.29}$$

7.2.6　基坑支护水压力探讨

1. 概述

基坑支护的结构设计问题本不在本节讨论范围之内，但是进行渗流分析和计算过程中，作用在地下连续墙和其他支护结构上的水压力是很重要的外力，而且原规程（JGJ 120—1999）采用水压力计算模式颇有值得探讨之处，于是在此特作说明。

目前一些规范（程）大多是采用地下连续墙外、内静水压力之差进行设计的，见图 7.6。

由于采用的计算方法不同，作用在地下连续墙上的水压力相差也是不同的。

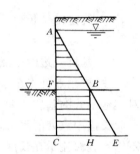

图 7.6　渗流水压力计算简图

2. 工程实例

现在就广州黄埔珠江大桥南锚碇基坑的水压力计算实例来加以说明，该工程的详细情况见本书 21.2 节。

在图 7.7 中给出了基坑静水压力和渗流水压力作用线。根据图中数据，可以算出：

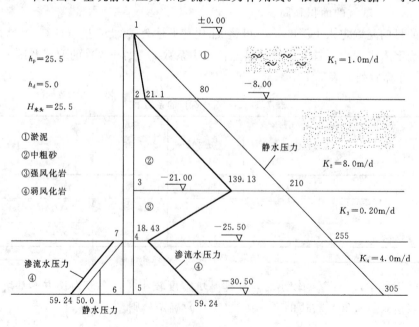

图 7.7　黄埔大桥锚碇基坑渗流计算图

1）静水压力：外侧 3251.25kN，内侧 125.0kN，

外内水压力差（即总水压力）3126.25kN。

2）渗流压力：外侧 1995.75kN，内侧 171.2kN，

外内水压力差（即总水压力）1824.55kN。

3）总压力之比＝总渗压力/总静压力＝1824.55/3126.25＝0.584

由此可见，考虑基坑渗流之后，作用在地下连续墙上的总水压力只有总静水压力的一半多一点。在多层地基的深基坑，这样的结果是很常见的。

在地下连续墙的外荷载中，水压力占有很大比例。现在水压力如果大大降低的话，那就意味墙体配筋也可以大为减少了。所以说，按静水压力来搞基础支护设计，是不合理的。

7.3　深基坑综合渗流分析方法和实例

7.3.1　概述

基坑降水在施工开挖过程中改变了原来的地下水状态：基坑底部及其下面的弱透水层会产生渗透变形，甚至渗透破坏，危及基坑施工的安全；基坑降水也会造成周边的地下水位下降，造成地基下沉，影响周围建筑物的稳定安全。这些都是工程施工中极为关心的问题。为此必须进行基坑降水的渗流分析研究。

本渗流计算采用中国水利水电科学研究院研制的多功能三维渗流计算程序 STSA1，结合某建筑工程深基坑工程的基本资料来进行渗流分析。

7.3.2　基坑工程基本资料

1）基坑剖面图见图 7.8。

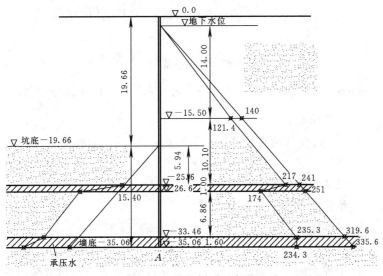

图 7.8　基坑剖面示意图

2）渗透系数见后面。

3）地下水位见后面。

4）基坑平面尺寸 80m×60m，地下连续墙厚 0.8m，假定墙不透水。

5）计算情况：坑内抽水到坑底下 0.5m 后；由于水泵失电或泵管堵塞，基坑停止抽水。计算模拟范围各地层的渗透系数 K 如下：

地层	标高（m）	K（m/d）
①	0.0～−15.5	0.4
②	−15.5～−25.6	1.0
③	−25.6～−26.6	0.01
④	−26.6～−33.46	0.5
⑤	−33.46～−35.06	0.05
⑥	−35.06～−69.06	0.5～1.0

地下水位：①潜水−1.5m；②承压水−3.0m；③坑内抽水到坑底下 0.5m，即 −20.16m。

7.3.3　计算原理和方法

1. 计算假定

由于所研究的基坑的补给水源离基坑较远，一般为 1000～2000m，而基坑及地层厚度的尺寸相对较小，为了提高求解计算的精度，故在计算中采用二维的大范围模型和基坑附近区域的三维小模型相结合的方法，用大模型的计算结果作为小模型的边界条件，而用小模型网络来提高求解精度，特别是基坑的渗流量只有采用三维模型才能取得较准确的成果。

2. 基本方程和边界条件

对于各向异性、非均质的连续介质，服从达西定律的稳定渗流问题可归结为下列定解问题：

$$\frac{\partial}{\partial x}\left(k_x\frac{\partial h}{\partial x}\right)+\frac{\partial}{\partial y}\left(k_y\frac{\partial h}{\partial y}\right)+\frac{\partial}{\partial z}\left(k_z\frac{\partial h}{\partial z}\right)=0（在 \Omega 上） \tag{7.30}$$

$$H(x,y,z)=f(x,y,z)在（s_1 上） \tag{7.31}$$

$$H(x,y,z)=Z(x,y)在（s_3 和 s_4 上） \tag{7.32}$$

$$k_x\frac{\partial H}{\partial x}\mathrm{con}(n,x)+k_x\frac{\partial H}{\partial x}\mathrm{con}(n,x)+k_x\frac{\partial H}{\partial x}\mathrm{con}(n,x)=q（在 s_2 和 s_3 上） \tag{7.33}$$

式中　H——水头函数；

kx、ky、kz——x、y、z 主方向的渗透系数，坐标轴方向与渗透主方向一致；

Ω——渗流区域；

s_1——已知水头值的边界曲面；

s_2——给定流量边界曲面；

s_3——浸润面；

s_4——逸出段；

q——边界上的单位面积流量，这里 $q=0$ 表示为无流量交换边界；

n——边界的外法线方向。

对于各向同性的介质即 $kx=ky=kz=k$，式（7.33）可简化为 $\frac{\partial H}{\partial n}=0$。

3. 有限元法

1）根据变分原理，上述定解问题的求解等价于求下列函的极值问题，即

$$I[H(X,Y,Z)] = \frac{1}{2}\iiint_{\Omega}\left[k_x\left(\frac{\partial H}{\partial x}\right)^2 + k_y\left(\frac{\partial H}{\partial y}\right)^2 + k_z\left(\frac{\partial H}{\partial z}\right)^2\right]\mathrm{d}x\mathrm{d}y\mathrm{d}z = \min \quad (7.34)$$

$$H(x, y, z) = f(x, y, z) \quad (\text{在 } s_1 \text{ 上})$$

2）把所研究区域进行离散化，建立插值函数，为了能够较好地适应复杂边界，本计算程序采用多种类型的等参数单元，最后形成求解各节点水头值的线性代数方程组。对于 n 个未知水头节点共有 n 个方程，用矩阵表示为：

$$[K]\{H\} = \{F\}$$

式中　　$\{H\}$——未知水头节点的列向量；

　　　　$[K]$——渗透矩阵；

　　　　$\{F\}$——右端项。

4. 模型规划和网格划分

（1）计算模拟范围

1）二维计算模型：取坑内抽降后水位（即 $-20.16\mathrm{m}$）为计算模型坐标系 Z 的坐标原点，取基坑地下连续墙的内侧为计算模型坐标系 X 坐标原点；沿 X 轴方向，向坑内取至基坑中心线（即 $X=-30\mathrm{m}$），向坑外取至 $X=1200.8\mathrm{m}$；沿 Z 轴方向，计算模型底部取至 $Z=-48.90\mathrm{m}$，计算模型上部取至原地下水位（即 $Z=19.16\mathrm{m}$）；上游（坑外）水位为 $Z=20.16\mathrm{m}$，下游（坑内）水位为 $Z=0.0\mathrm{m}$；当基坑底部有承压水时，其承压水位为 $Z=-18.66\mathrm{m}$。

2）三维计算模型：取坑内抽降后水位（即 $-20.16\mathrm{m}$）为计算模型坐标系 Z 的原点，取基坑地下连续墙的内侧为计算模型坐标系 X 的原点；取基坑地下连续墙的内侧拐角为计算模型坐标系 Y 的原点；并使 X、Y、Z 坐标形成右手系；三维计算模型沿 X 轴方向，向坑内取至基坑中心线（即 $X=-40\mathrm{m}$，长边），向坑外取至 $X=100.8\mathrm{m}$。计算模型沿 Y 轴方向，向坑内取至基坑中心线（即 $Y=-30\mathrm{m}$），向坑外取至 $X=100.8\mathrm{m}$。沿 Z 轴方向，计算模型底部取至 $Z=-48.90\mathrm{m}$，计算模型上部取至原地下水位（即 $Z=20.16\mathrm{m}$）；当基坑底部有承压水时，其承压水位为 $Z=-18.66\mathrm{m}$。

（2）计算模型网格剖分

根据上述工程的资料和计算要求，二维计算模型的网格剖分：沿 X 轴方向分为 632 个剖面，沿垂直方向（即 Z 轴方向）分为 40 个网格；共 24609 个单元，总节点数为 25280 个，单元采用 8 个节点的等参数六面体单元。将所研究区域分成 6 个渗透分区。三维计算模型的网格剖分：沿 X 轴方向分 45 个剖面，沿 Y 轴方向分 40 个剖面，沿垂直方向（即 Z 轴方向）分 20 个网格；共 32604 个单元，总节点数为 36000 个，单元采用 8 个节点的等参数六面体单元。所研究区域仍分成 6 个渗透分区。

（3）新坐标系的有关参数

地层	Z 坐标(m)	渗透系数 K(m/d)
①	$20.66 \sim 5.16$	0.4
②	$5.16 \sim -5.44$	1.0
③	$-5.44 \sim -6.44$	0.01
④	$-6.44 \sim -13.30$	0.5

7.3.4 计算研究的成果分析

1. 渗流计算内容

1）二维渗流计算进行了坑内抽水到坑底下 0.5m 时，不同距离的补给水源、有无承压水层、承压水层不同渗透性、基坑排水对于承压水层的不同影响半径（即基坑距离承压水位不变处的长度）等共 18 种方案。各方案的计算条件及计算成果详见表 7.2。

表 7.2 二维渗流计算成果表

方案	距离补给水源 (m)	基坑底承压层		基坑墙外地下水位 (m)	最大平均渗透坡降		单宽渗流量 (m³/d·m)	不抽水基坑每天水位上升高度 (m)
		渗透系数 (m/d)	承压不变处与基坑距离		基坑下弱透水层 K3	基坑底面渗流出口		
1	4	0.5	无承压	18.960	6.980	0.0694	2.011	0.0670
2	10	0.5	无承压	18.611	6.965	0.0963	2.007	0.0669
3	30	0.5	无承压	17.571	6.837	0.0680	1.970	0.0657
4	60	0.5	无承压	16.024	6.471	0.0644	1.865	0.0622
5	100	0.5	无承压	14.504	5.989	0.0596	1.727	0.0576
6	200	0.5	无承压	11.419	4.814	0.0479	1.388	0.0463
7	500	0.5	无承压	6.739	2.881	0.0287	0.831	0.0277
8	750	0.5	无承压	5.107	2.190	0.0218	0.632	0.0211
9	1000	0.5	无承压	4.036	1.742	0.0173	0.503	0.0168
10	1000	0.5	60m	15.618	6.824	0.0679	1.969	0.0656
11	1000	1.0	60m	16.183	8.363	0.0834	2.456	0.0819
12	1000	0.5	80m	14.767	6.339	0.0631	1.829	0.0610
13	1000	1.0	80m	15.486	7.886	0.0787	2.316	0.0772
14	1000	0.5	100m	13.857	5.916	0.0588	1.705	0.0568
15	1000	1.0	100m	14.771	7.469	0.0745	2.193	0.0731
16	1000	0.5	200m	10.718	4.565	0.0454	1.317	0.0439
17	1000	0.5	1000m	4.281	1.842	0.0183	0.531	0.0177
18	1000	1.0	1000m	5.062	2.579	0.0257	0.757	0.0252

2）为了比较准确地了解基坑及其附近的渗流状况，在二维渗流计算的基础上又进行了坑内抽水到坑底下 0.5m 的三维渗流计算，利用二维渗流计算成果作为三维计算模型的边界条件进行了不同距离的补给水源、有无承压水层、承压水层不同渗透性、基坑排水对于承压水层的不同影响半径（即基坑距离承压水位不变处的长度）等共 16 种方案的计算。三维各方案的计算条件及计算成果详见表 7.3。

表 7.3 三维渗流计算成果表

方案	距离补给水源 (m)	基坑底承压层		基坑墙外地下水位 (m)	最大平均渗透坡降		1/4 的总渗流量 (m³/d)	不抽水基坑每天水位上升高度 (m)
		渗透系数 (m/d)	承压不变处与基坑距离		基坑下弱透水层 K3	基坑底面渗流出口		
1	4	0.5	无承压	19.06	9.27	0.0919	104.88	0.0874
2	16	0.5	无承压	18.71	9.26	0.0919	104.80	0.0873

续表

方案	距离补给水源（m）	基坑底承压层		基坑墙外地下水位（m）	最大平均渗透坡降		1/4 的总渗流量（m³/d）	不抽水基坑每天水位上升高度（m）
		渗透系数（m/d）	承压不变处与基坑距离		基坑下弱透水层 K3	基坑底面渗流出口		
3	20	0.5	无承压	18.65	9.26	0.0919	104.71	0.0873
4	60	0.5	无承压	17.90	9.07	0.0901	102.63	0.0855
5	100	0.5	无承压	16.77	8.49	0.0846	95.99	0.0800
6	200	0.5	无承压	13.00	6.75	0.0662	76.34	0.0636
7	500	0.5	无承压	7.80	4.09	0.0404	46.30	0.0386
8	750	0.5	无承压	5.90	3.11	0.0313	35.25	0.0294
9	1000	0.5	无承压	4.60	2.41	0.0239	27.28	0.0227
10	1000	0.5	60m	16.90	8.89	0.0882	100.57	0.0838
11	1000	1.0	60m	17.20	9.95	0.0993	115.58	0.0963
12	1000	0.5	80m	18.50	8.67	0.0864	98.13	0.0818
13	1000	1.0	80m	16.90	9.77	0.0974	113.56	0.0946
14	1000	0.5	100m	16.20	8.46	0.0846	95.73	0.0798
15	1000	1.0	100m	16.70	9.62	0.0993	111.75	0.0931
16	1000	0.5	120m	16.10	8.35	0.0827	94.48	0.0787
17	1000	0.5	1000m	5.01	2.62	0.0257	29.62	0.0247
18	1000	1.0	1000m	5.74	3.31	0.0331	38.42	0.0320

　　3）为了研究和了解坑内停止抽水时基坑及其附近的渗流状况，坑内停止抽水时基坑水位上升 0.5m，即基坑水位恢复到与基坑底面高程相平时进行二维渗流计算，计算了不同距离的补给水源、有无承压水层、承压水层不同渗透性、基坑排水对于承压水层的不同影响半径（即基坑距离承压水位不变处的长度）等共 18 种方案的计算。各方案的计算条件及计算成果详见表 7.4。

表 7.4　坑水位上升 0.5m 二维渗流计算成果表

方案	距离补给水源（m）	基坑底承压层		基坑墙外地下水位（m）	最大平均渗透坡降		单宽渗流量（m³/d・m）	不抽水基坑每天水位上升高度（m）
		渗透系数（m/d）	承压不变处与基坑距离		基坑下弱透水层 K3	基坑底面渗流出口		
1	4	0.5	无承压	18.967	6.786	0.0675	1.955	0.0652
2	10	0.5	无承压	18.627	6.771	0.0673	1.951	0.0650
3	30	0.5	无承压	17.617	6.647	0.0661	1.916	0.0639
4	60	0.5	无承压	16.117	6.292	0.0626	1.814	0.0605
5	80	0.5	无承压	15.206	6.018	0.0598	1.735	0.0578
6	100	0.5	无承压	14.640	5.825	0.0579	1.680	0.0560
7	200	0.5	无承压	11.625	4.679	0.0465	1.349	0.0450
8	300	0.5	无承压	9.604	3.856	0.0384	1.112	0.0371

续表

方案	距离补给水源（m）	基坑底承压层		基坑墙外地下水位（m）	最大平均渗透坡降		单宽渗流量（m³/d·m）	不抽水基坑每天水位上升高度（m）
		渗透系数（m/d）	承压不变处与基坑距离		基坑下弱透水层 K3	基坑底面渗流出口		
9	500	0.5	无承压	7.083	2.807	0.0279	0.810	0.0270
10	750	0.5	无承压	5.486	2.134	0.0212	0.615	0.0180
11	1000	0.5	无承压	4.445	1.699	0.0169	0.490	0.0163
12	1000	0.5	60m	15.681	6.618	0.0658	1.910	0.0637
13	1000	1.0	60m	16.229	8.286	0.0808	2.381	0.0794
14	1000	0.5	80m	14.856	6.149	0.0611	1.774	0.0591
15	1000	1.0	80m	15.553	7.646	0.0762	2.246	0.0749
16	1000	0.5	100m	13.976	5.734	0.0570	1.654	0.0551
17	1000	1.0	100m	14.862	7.243	0.0722	2.127	0.0709
18	1000	0.5	200m	10.908	4.430	0.0441	1.278	0.0426

注：坑水位上升 0.50m，即基坑水位与基坑底面高程相平。

2. 二维、三维渗流成果分析

(1) 补给水源距离对基坑渗流场的影响

从表 7.2 二维渗流计算的方案 1～方案 9、表 7.3 三维渗流计算的方案 1～方案 9 和表 7.4 二维渗流计算的方案 1～方案 11 中可以看到：补给水源距离基坑越远，基坑的单宽渗流量越小，基坑底部弱透水层和基坑底面渗流出口的最大平均渗透坡降越小，基坑外连续墙的地下水位也越低。

1) 对于二维渗流基坑底部无承压水、补给水源距离基坑仅 4m（相当于墙体漏洞开口）时，基坑的单宽渗流量为 2.011m³/d·m（总渗流量约为 321.76m³/d），基坑下面弱透水层的最大平均渗透坡降为 6.980，基坑底面渗流出口的最大平均渗透坡降为 0.0694，基坑外连续墙的地下水位为 18.960m，为原地下水位的 99.0%。而当补给水源距离基坑远达 1000m 时，基坑的单宽渗流量为 0.503m³/d·m（总渗流量约为 80.5m³/d），见表 7.5。

基坑底部下面弱透水层的最大平均渗透坡降为 1.742，基坑底面渗流出口的最大平均渗透坡降为 0.0173。

表 7.5　水源补给距离对渗流场的影响表

名称	补给距离	q	Q	$i_大$	$i_出$	外水位
二维	4	2.011	321.7	6.98	0.069	18.96
	1000	0.503	80.5	1.742	0.017	4.036

表中

q——单宽渗流量，m³/d·m；

Q——总渗量，m³/d；

$i_大$——最大平均坡降（第 3 层）；

$i_\text{出}$——出口坡降；

k——渗透系数，m/d。

2）对于三维渗流基坑底部无承压水，当补给水源距离基坑仅 4m（墙体开口）时，基坑渗流计算成果见表 7.6。

表 7.6 水源补给距离影响表

名称	补给距离	Q	$i_\text{大}$	$i_\text{出}$	外水位
三维	4	419.5	9.27	0.092	19.06
	1000	102.1	2.41	0.024	4.60

这说明补给水源距离基坑越远，对基坑的安全稳定越有利。而当墙体开口或出现漏洞时，造成很不利影响。

（2）基坑底部承压水对基坑渗流场的影响

从表 7.2 和表 7.4 的方案 9 和方案 14 的比较，以及表 7.3 的方案 9 和方案 14 的比较可以看到，对于二维渗流计算，补给水源距离基坑为 1000m 时，基坑底部有、无承压水的计算结果见表 7.7。

表 7.7 （二维）有无承压水计算成果表

名称	补给距离	承压水	q	Q	$i_\text{大}$	$i_\text{出}$	外水位
二维	1000	无	0.503	80.48	1.742	0.017	4.04
	1000	有（100m）	1.705	272.8	5.916	0.059	13.86

对于三维渗流计算，补给水源距离基坑为 1000m 时，基坑底部有、无承压水的计算结果见表 7.8。

表 7.8 （三维）有无承压水计算成果表

名称	补给距离	承压水	承压水距离	Q	$i_\text{大}$	$i_\text{出}$	外水位
三维	1000	无	0	109.1	2.41	0.024	4.6
	1000	有	100	382.9	8.46	0.085	16.2

这说明基坑底部有无承压水都对基坑渗流场的影响很大。当基坑底部有承压水时，使渗流的各项指标增加很多，对基坑的安全稳定很不利。

我们还进行了承压水层压力不变处距离基坑为 60m、80m、120m、200m 和 1000m 的二维和三维渗流计算。与补给水源距离对基坑渗流场的影响一样，承压水层压力不变处距离基坑越远，基坑的单宽渗流量越小，基坑底部下面弱透水层和基坑底面渗流出口的最大平均渗透坡降越小，基坑外连续墙的地下水位也越低，详见表 7.9 二维渗流计算的方案 12～方案 18 和表 7.10 三维渗流计算的方案 10～方案 16 的计算成果。

（3）基坑底部承压水层渗透性对基坑渗流场的影响

从表 7.9 二维渗流计算的方案 10～方案 18 和表 7.10 三维渗流计算的方案10～方案 18 的计算成果的比较可以看到：基坑底部承压水层渗透性越大，基坑的单宽渗流量越大，基坑底部下面弱透水层和基坑底面渗流出口的最大平均渗透坡降越大，基坑外连续墙的地下水位也越高。具体比较结果见表 7.11。

表 7.9 二维渗流计算各方案的计算条件及其成果表

方案	距离补给水源 (m)	基坑底承压含水层		基坑墙外地下水位 (m)	最大平均渗透坡降		单宽渗流量 (m³/d·m)	不抽水基坑每天水位上升高度 (m)
		渗透系数 (m/d)	承压不变处与基坑距离		基坑下弱透水层 K3	基坑底面渗流出口		
10	1000	0.5	60m	15.618	6.824	0.0679	1.969	0.0656
11	1000	1.0	60m	16.183	8.363	0.0834	2.456	0.0819
12	1000	0.5	80m	14.767	6.339	0.0631	1.829	0.0610
13	1000	1.0	80m	15.486	7.886	0.0787	2.316	0.0772
14	1000	0.5	100m	13.857	5.916	0.0588	1.705	0.0568
15	1000	1.0	100m	14.771	7.469	0.0745	2.193	0.0731
16	1000	0.5	200m	10.718	4.565	0.0454	1.317	0.0439
17	1000	0.5	1000m	4.281	1.842	0.0183	0.531	0.0177
18	1000	1.0	1000m	5.062	2.579	0.0257	0.757	0.0252

表 7.10 三维渗流计算各方案的计算条件及其成果表

方案	距离补给水源 (m)	基坑底承压层		基坑墙外地下水位 (m)	最大平均渗透坡降		1/4 的总渗流量 (m³/d)	不抽水基坑每天水位上升高度 (m)
		渗透系数 (m/d)	承压不变处与基坑距离		基坑下弱透水层 K3	基坑底面渗流出口		
10	1000	0.5	60m	16.90	8.89	0.0882	100.57	0.0838
11	1000	1.0	60m	17.20	9.95	0.0993	115.58	0.0963
12	1000	0.5	80m	18.50	8.67	0.0864	98.13	0.0818
13	1000	1.0	80m	16.90	9.77	0.0974	113.56	0.0946
14	1000	0.5	100m	16.20	8.46	0.0846	95.73	0.0798
15	1000	1.0	100m	16.70	9.62	0.0993	111.75	0.0931
16	1000	0.5	120m	16.10	8.35	0.0827	94.48	0.0787
17	1000	0.5	1000m	5.01	2.62	0.0257	29.62	0.0247
18	1000	1.0	1000m	5.74	3.31	0.0331	38.42	0.0320

表 7.11 承压水层渗透系数影响计算成果表

名称	补给距离	承压距离	k	q	Q	$i_{大}$	$i_{出}$	外水位
二维	1000	100	0.5	1.71	272.8	5.92	0.059	13.86
	1000	100	1.0	2.19	350.9	7.46	0.075	14.77
三维	1000	100	0.5		382.9	8.46	0.085	16.20
	1000	100	1.0		447.0	9.62	0.099	16.70

这说明基坑底部承压含水层渗透性对基坑渗流场有明显的影响。当基坑底部承压水层渗透性增大时，基坑底部渗透坡降会增大，基坑的总渗流量也增大，这对基坑的安全稳定是不利的。

（4）二维和三维计算成果对比

从表 7.12 二维渗流计算的方案 12～方案 18 和表 7.13 三维渗流计算的方案 10～方案 18 的计算成果的比较可以看到：三维渗流计算各方案计算的基坑渗流量、基坑底部下面弱透水层和基坑底面渗流出口的最大平均渗透坡降、基坑外连续墙的地下水位等都比二维渗流计算各方案的计算结果大，这是因为本工程基坑的尺寸长宽比小于 2，在基坑周围附近渗流场是三维渗流问题，采用二维渗流模型无法模拟基坑周围附近水流的绕渗。而三维渗流计算的结果比较接近工程的实际情况，故下面对工程的渗透稳定分析和安全评估均采用三维渗流计算的成果。

表 7.12　渗流计算各方案二维和三维的计算成果比较表 1

| 方案 | 距离补给水源（m） | 基坑底承压层 | | 基坑墙外地下水位（m） | | 最大平均渗透坡降 | | | |
| | | | | | | 基坑下弱透水层 K3 | | 基坑底面渗流出口 | |
		渗透系数（m/d）	承压不变处与基坑距离	二维计算	三维计算	二维计算	三维计算	二维计算	三维计算
1	4	0.5	无承压	18.96	19.06	6.98	9.27	0.0694	0.0919
2	16	0.5	无承压	18.61	18.71	6.97	9.26	0.0963	0.0919
3	20	0.5	无承压	17.57	18.65	6.84	9.26	0.0680	0.0919
4	60	0.5	无承压	16.02	17.90	6.47	9.07	0.0644	0.0901
5	100	0.5	无承压	15.08	16.77	5.99	8.49	0.0596	0.0846
6	200	0.5	无承压	14.50	13.00	4.81	6.75	0.0479	0.0662
7	500	0.5	无承压	6.74	7.80	2.88	4.09	0.0287	0.0404
8	750	0.5	无承压	5.11	5.90	2.19	3.11	0.0218	0.0313
9	1000	0.5	无承压	4.04	4.60	1.74	2.41	0.0173	0.0239
10	1000	0.5	60m	15.62	16.90	6.82	8.89	0.0679	0.0882
11	1000	1.0	60m	16.18	17.20	8.36	9.95	0.0834	0.0993
12	1000	0.5	80m	14.77	18.50	6.34	8.67	0.0631	0.0864
13	1000	1.0	80m	15.49	16.90	7.89	9.77	0.0787	0.0974
14	1000	0.5	100m	13.86	16.20	5.92	8.46	0.0588	0.0846
15	1000	1.0	100m	14.77	16.70	7.47	9.62	0.0745	0.0993
16	1000	0.5	120m	10.72	16.10	4.57	8.35	0.0454	0.0827
17	1000	0.5	1000m	4.281	5.01	1.84	2.62	0.0183	0.0257
18	1000	1.0	1000m	5.062	5.74	2.58	3.31	0.0257	0.0331

表 7.13　渗流计算各方案二维和三维的计算成果比较表 2

| 方案 | 距离补给水源（m） | 基坑底承压层 | | 总渗流量（m³/d） | | 不抽水时基坑每天水位上升高度（m） | |
		渗透系数（m/d）	承压不变处与基坑距离	二维计算	三维计算	二维计算	三维计算
1	4	0.5	无承压	321.76	419.52	0.0670	0.0874
2	16	0.5	无承压	321.12	419.20	0.0669	0.0873

方案	距离补给水源 （m）	基坑底承压层		总渗流量（m³/d）		不抽水时基坑每天水位 上升高度（m）	
		渗透系数 （m/d）	承压不变处 与基坑距离	二维计算	三维计算	二维计算	三维计算
3	20	0.5	无承压	315.20	418.84	0.0657	0.0873
4	60	0.5	无承压	298.40	410.52	0.0622	0.0855
5	100	0.5	无承压	276.32	383.96	0.0576	0.0800
6	200	0.5	无承压	222.08	305.36	0.0463	0.0636
7	500	0.5	无承压	132.96	185.20	0.0277	0.0386
8	750	0.5	无承压	101.12	141.00	0.0211	0.0294
9	1000	0.5	无承压	80.48	109.12	0.0168	0.0227
10	1000	0.5	60m	315.04	402.28	0.0656	0.0838
11	1000	1.0	60m	392.96	462.32	0.0819	0.0963
12	1000	0.5	80m	292.64	392.52	0.0610	0.0818
13	1000	1.0	80m	370.56	454.24	0.0772	0.0946
14	1000	0.5	100m	272.80	382.92	0.0568	0.0798
15	1000	1.0	100m	350.88	447.00	0.0731	0.0931
16	1000	0.5	120m	210.72	377.92	0.0439	0.0787
17	1000	1.0	1000m	0.531	29.62	0.0177	0.0247
18	1000	0.5	1000m	0.757	38.42	0.0252	0.0320

7.3.5　坑底地基的渗透稳定分析和安全评估

　　基坑降水在施工开挖过程中改变了原来的渗流状态。基坑底部是否产生渗透变形；基坑底部下面的弱透水层是否因渗压过大而被顶穿破坏，危及基坑施工的安全；基坑一旦停止抽水基坑水位回复上升，基坑底部是否被淹没：这些都需要密切关注。下面以方案14的计算工况进行讨论分析。

　　1. 基坑底部的渗透稳定分析

　　从上述的三维渗流计算各方案的计算成果可以看到基坑底部渗流出口的最大平均渗透坡降都很小，均小于0.1。对于一般地层来说，不会产生渗透变形和渗透破坏。故对本工程渗透稳定问题关键在于基坑底部下面的弱透水层是否因渗压过大出现顶穿破坏，危及基坑施工的安全。根据上述的三维渗流计算各方案的计算成果，可以看到基坑底部下面弱透水层（即地层③）是渗透稳定比较薄弱环节，下面就此进行分析讨论。

　　判别地基中任一位置上单位土体的渗透稳定性条件是由四个力决定的：

　　1）土体的浮重度为 $\gamma' = \gamma_w (1-n)(G_s - 1)$；

　　2）压力或沿渗流方向所受的渗透力 $\gamma_w i$；

　　3）土粒间的摩擦力；

4）单位土体所受的凝聚力。

式中　G_s——土粒比重；

　　　n——土的孔隙比；

　　　i——渗透坡降。

为安全起见，一般略去土粒间的摩擦力和土体所受的凝聚力，故在研究渗透稳定问题时，经常只考虑饱和重度和浮力的关系或浮重度与渗透力的关系，见 2.5.3 节。

（1）静水压力和浮力

地层③淹没于水中的土粒由于静水压力的作用而受有浮力，使土粒的重量减轻。同样对于有渗流的土体，只要孔隙彼此连通并全部被水充满，由于各点孔隙水压力的存在，全部土体也将受有浮力，且等于各土粒所受浮力的累计总和。

地层③从整块土体表面水压力来考虑，单位土体的饱和重度 γ_s 为土体浮重度 γ' 与水的重度之和，或为土体干重度与单位土体孔隙中的水重（$n\gamma_w$）之和，即

$$\gamma_s = \gamma' + \gamma_w$$

或

$$\gamma_s = \gamma' + \gamma_w = \gamma_w(1-n)(G_s-1) + \gamma_w$$

（2）动水压力和渗透力

当饱和土体中有水头差时，单位土体就受到沿渗流方向的渗透力 $\gamma_w i$，其中 i 为渗透坡降。渗透力是由水流的外力转化为均匀分布的内力或体积力，或者说是由动水压力转化为体积力的结果。故土体所受的渗透力是由动水压力转化得到的。

2. 对本工程基坑底部下面弱透水层（即地层③）的渗透稳定评估

1）根据三维渗流计算方案 14 的计算成果可知，最大平均渗透坡降 i 为 8.46，水的重度 $\gamma_w = 9.81 \text{kN/m}^3$，故总渗透力 $\gamma_w i = 82.99 \text{kN/m}^3$。

2）土的比重决定于土的矿物成分，它的数值一般为 2.6～2.8，对于弱透水层（即地层③）这里暂取 G_s 为 2.65，土体的孔隙率 n 为 0.4，地层③的土体厚度 t_1 为 1m，故地层③的土体的浮重为 $t_1 \times \gamma' = 1 \times 0.6 \times 1.65 \times 9.81 \text{kN/m}^3 = 9.71 \text{kN/m}^3$；

对于弱透水层上面的土体（即地层②），这里暂取 G_s 为 2.65，土体的孔隙率 n 为 0.4，地层②的厚度 t_2 为 5.44m，故土体的浮重为 $t_2 \times \gamma' = 5.44 \times 9.81 \times 0.6 \times 1.65 \text{kN/m}^3 = 52.83 \text{kN/m}^3$；

对于基坑水位上面的土体（即地层②），这里暂取 G_s 为 2.65，土体的孔隙率 n 为 0.4，地层③地下水位以上的土体厚度 t_3 为 0.5m，故土体的浮重为 $t_3 \times \gamma' = 0.5 \times 9.81 \times 0.6 \times 2.65 \text{kN/m}^3 = 7.80 \text{kN/m}^3$；

以上三者之和为 70.34kN/m³，小于总渗透力 82.99kN/m³，安全系数 $k=0.85 < 1.10$，故不安全。

3. 核算地基稳定的另一方法

本法采用土的饱和重量与浮力相平衡的概念来核算坑底地基渗流稳定。

在本例中，土的饱和重度取为 2.0t/m³，地下连续墙底以上的坑内土体厚度为 $t = 35.06 \text{m} - 19.66 \text{m} = 15.4 \text{m}$，土体饱和重为 30.8$t$（↓），水的浮力为 $(35.06-1.50) \times 1.0 = 33.56$（↑）。可见土重＜浮力，安全系数 $k=0.9$，所以地基渗流不稳定。

4. 基坑一旦停止抽水的淹没情况

表 7.4 中三维渗流计算各方案的最大总渗量都小于 480m³/d，基坑底部每天上升水位不超过 0.1m；方案 14 的总渗量为 382.92m³/d，基坑底部每天上升 0.08m，即 5~6d 上升到坑底。在此情况下，基坑是安全的。

（本节摘自许国安的渗流电算报告）

7.3.6　小结

1）本节采用二维的大范围模型和三维的基坑附近的小模型相结合的计算方法，用大模型的计算结果作为小模型的边界条件，而用小模型网络来提高求解精度，特别是采用三维模型来准确求解基坑的渗流量，这种计算方法是很不错的方法。

2）通常对于潜水条件下的深基坑，常常是用控制渗流出口坡降 i 小于允许坡降 $[i]$ 的方法来确定地下连续墙底的入土深度，即 $i \leqslant [i]$。但从本工程实例的计算结果来看，出口渗流坡降约为 0.1，小于该层地基的允许坡降（约 0.2），是安全的。如果地基中没有⑤和③粉质黏土的存在，基坑底部会发生大的渗透破坏。地下连续墙入土深度需要加长到 35.0m，即地下连续墙的总长度达到 54m 以上才能使地基渗流稳定。

3）本工程基坑底部粉质黏土层③厚度只有 1.0m，是个很薄的隔水层，在承压水作用下会被顶穿突涌。本节给出了在复杂的多层地层条件下，对承压水突涌的计算方法，可作为其他深基坑计算的参考。

4）本节提出了计算水泵失电（失去动力）、故障或滤水管网堵塞条件下的深基坑渗流计算方法，特别提出了地下水恢复上升淹没基坑的问题。在本基坑条件下，地下水恢复速度很慢，对基坑稳定影响不大。但是有的基坑地下水恢复很快，有的只有几十分钟就恢复到原来水位，不及时采取防护措施即可导致基坑事故，为此应引起注意。

7.4　三维空间有限元 1

7.4.1　概述

这里介绍的三维空间有限元的特点是：把渗流场划分为虚、实两种单元和节点以及过渡单元和节点三个部分，建立控制方程，来逐渐求解渗流的各项参数。

本软件主要包括输入模块、计算模块和后处理模块，可用于模拟各种地下水渗流问题，并在多个水利水电、城市基坑中应用，效果很好。

7.4.2　燕塘站基坑渗流计算

1. 模型范围及边界

燕塘站 6 号线深基坑长约 81m，宽约 28m，深约 16m，3 号线深基坑长 86m，宽约 24m，深 32m。两基坑十字交叉。根据基坑降水影响范围、钻孔分布和地下水位分布，确定了计算模型范围：以基坑为中心，将计算区域边界范围前后左右各延伸约 300m，形成长 635m，宽 629m 矩形区域。深度取为标高 -60m 高程平面。四周边界条件为定水头边界，水头值取为 26.85m。顶部和底部边界为隔水边界，见图 7.9。

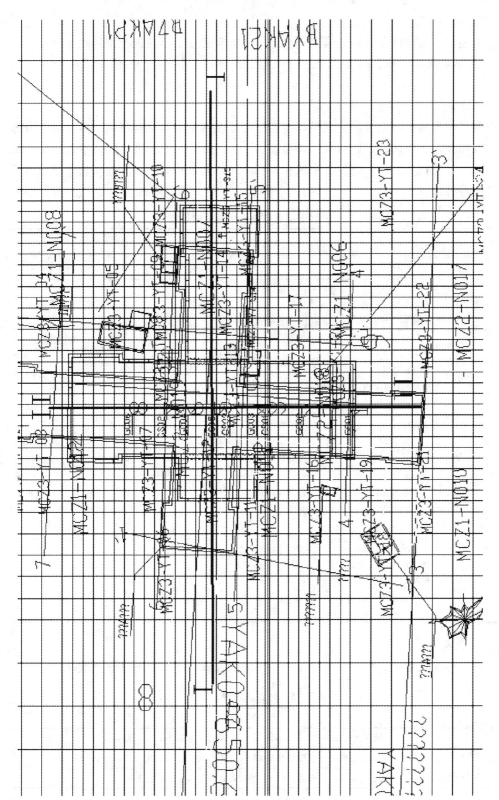

图 7.9　渗流电算平面模型图

2. 网格划分

根据上述已知条件建立的计算模型，利用钻孔资料建立了研究区范围的地层分布（沿3号线基坑中心线），并采用有限元进行了网格划分，共划分单元50700个，节点56364个。

3. 计算参数

根据各岩土层的室内土工试验成果，结合三号线燕塘站抽水试验成果资料，并充分考虑当地工程经验，综合确定计算参数（详见表7.14）。根据钻孔地质分层，本次对人工填土、粉质黏土、残积土、全风化岩、中风化岩和微风化岩进行分层，并选用岩土层渗透系数的建议值进行计算。

表 7.14 各岩土层特征及渗透系数建议值

层号	岩土名称	岩土层特征	室内试验渗透系数 $K(\mathrm{m/d})$	渗透系数建议值 $K(\mathrm{m/d})$	透水性
〈1〉	人工填土	主要由黏性土、少量砂和碎石组成的素填土，欠压实～稍压实，孔隙度较大，透水性不稳定，局部地段存在上层滞水		0.20	弱透水
〈3-1〉	粉细砂	呈透镜体状零星分布，层位不稳定，含黏性土，富水性中等	0.065	1.0	中等透水
〈3-2〉	中粗砂	呈透镜体状零星分布，层位不稳定，含黏性土，富水性中等		10.0	中等透水
〈4-1〉	粉质黏土	土性为粉质黏土、黏土，含少量砂粒，富水性较差	$8.3\times10^{-3}\sim$ 2.07×10^{-4} 0.083	0.08	弱透水
〈4-2〉	淤泥质土	零星状分布冲积洼地，富水性差，为相对隔水层		0.003	微透水
〈5H-1〉 〈5H-2〉	残积土	为砂质黏性土，含砂粒，富水性较差	$7.3\times10^{-4}\sim$ 7.9×10^{-2}	0.08	弱透水
〈6H〉	全风化岩	风化剧烈，呈砂质黏性土状，含未完全风化的石英颗粒，富水性较差	$4.84\times10^{-4}\sim$ 1.3×10^{-1}	0.1	弱透水
〈7H〉 〈8H〉	强中风化岩	强风化岩呈半岩半土状，含砂质较多；中风化岩裂隙发育，破碎～较破碎，透水性较好	$3.3\times10^{-3}\sim$ 8.47×10^{-1} $1.32\sim1.39$	1.40	中等透水
〈9H〉	微风化岩	埋藏较深，岩石较新鲜，裂隙一般不发育，微风化带富水性差	0.045	0.05	弱透水

4. 计算工况

按照计算任务书要求，本次共进行了三个工况的计算，详细工况计算见表7.15。

表 7.15 计算工况表

序号	工况说明
1	地下连续墙深37.5m，$h_{\mathrm{d}}=5.5\mathrm{m}$，墙体 $k=10^{-8}\mathrm{cm/s}$，无帷幕
2	地下连续墙和墙底灌浆帷幕17.5m，$k=10^{-4}\mathrm{cm/s}$，其余同工况1
3	地下连续墙，无帷幕，6号线基坑布置2口抽水井，其余同工况1

5. 工况 1 计算结果分析

为了详细了解各工况计算结果，本次给出了多个剖面的计算结果。

（1）渗流坡降

沿 6 号线长度方向（剖面 I - I）的渗流坡降变化情况见图 7.10。

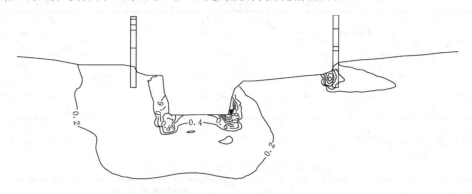

图 7.10　渗流坡降变化图（沿 6 号线方向）

工况 1 沿 3 号线方向（剖面 II - II）的渗流坡降变化见图 7.11。

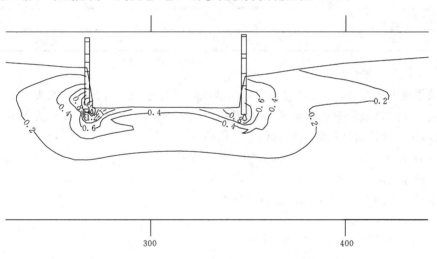

图 7.11　渗流坡降变化图（沿 3 号线方向）

控制断面渗流坡降见表 7.16。

表 7.16　工况 1 不同部位最大坡降

区域		侧壁最大坡降	底部坡降
3 号线基坑	B	0.6	0
	O	0	0
	D	1.8	0
6 号线基坑	A	0.3	0.4~0.6
	C	0.6	0.4~0.6

（2）压力水头分布（见表7.17）

表 7.17　工况 1 不同部位不同区域溢出点高程和压力水头分布表

区域		基坑侧壁		基坑底部	
		溢出点高程（m）	压力水头（m）	溢出点高程（m）	压力水头（m）
3号线基坑	B	−2	2	0	0
	O	−2	2	0	0
	D	−2	2	0	0
6号线基坑	A	9	1	/	0～1
	C	10	2	/	0～2

（3）涌水量计算成果（见表7.18）

表 7.18　不同工况基坑涌水量分布表

工况	基坑涌水量（m³/d）	
	3号线基坑	6号线基坑
1	1440	73
2	432	50
3	381	452

工况 1 计算结果分析：

只采用地下连续墙时，3 号线和 6 号线基坑底部均有 1～2m 的压力水头，而出口段渗流坡降均大于允许坡降，有渗流破坏的可能。其中 3 号线北端渗流坡降为 0.6，南端为 1.8，显示出南北段岩性风化程度和地下水位的差异。

6. 工况 2 计算结果分析

（1）渗流坡降

沿 6 号线方向 I-I 剖面的渗流坡降见图 7.12。

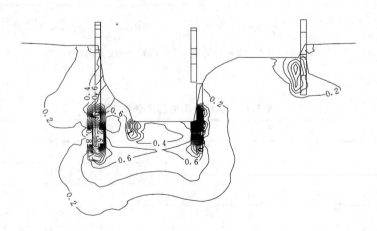

图 7.12　渗流坡降变化图（沿 6 号线方向，工况 2）

不同部位最大坡降见表 7.19。

表 7.19　工况 2 不同部位最大坡降表

区域		侧壁最大坡降	底部坡降
3 号线基坑	B	/	0
	O	/	0
	D	/	0
	防渗墙	2	/
	灌浆帷幕	5	/
6 号线基坑	A	/	0
	C	/	1
	防渗墙	2	0
	灌浆帷幕	5.8	0

（2）压力水头分布见表 7.20。

表 7.20　工况 2 不同部位不同区域溢出点高程和压力水头分布表

区域		基坑侧壁		基坑底部	
		溢出点高程（m）	压力水头（m）	溢出点高程（m）	压力水头（m）
3 号线基坑	B	−4	0	0	0
	O	−4	0	0	0
	D	−4	0	0	0
6 号线基坑	A	8	0	/	0
	C	14	6	/	2～6

工况 2 计算结果分析：

1）3 号线采用灌浆帷幕后，沿线地下水位均低于基坑底部。唯有 6 号线的东段坑底仍有 2～6m 的压力水头，且坡降为 1.0，大于允许值，这是 6 号线没做灌浆帷幕的结果。

2）地下连续墙计算渗流坡降为 2.0，灌浆帷幕为 5.8，均小于允许坡降。

7. 工况 3 的计算成果分析

工况 3 在工况 2 基础上在 6 号线 C 区基坑布置两口抽水井，单井抽水量为 200m³/d，滤管标高为 −7～（−8）m。

从工况 3 的计算结果可知：

1）在 6 号线 C 区基坑内布置两口抽水井后，基坑内地下水位明显降低，基坑底部地下水位高程约 7m，低于基坑底部高程 1m 左右。

2）工况 3 情况下，3 号线的基坑涌水量为 381m³/d，而 6 号线基坑总涌水量（含抽水井）为 452m³/d。

由此可知，按照工况 3 的防渗和降水方案，3 号线和 6 号线深基坑地下水位低于基开挖底部高程，满足设计和施工要求。

8. 小结

1) 采用工况 1（只有地下连续墙）的防渗方案，3 号线基坑地下水位低于基坑底部，但 3 号线中心 O 区深基坑的两侧（靠近 6 号线）存在溢出点；北（B）区的渗流坡降为 0.6，南（D）区的渗流坡降为 1.8。而 6 号线基坑西（A）区的渗流坡降为 0.3，东（C）区的渗流坡降为 0.6（见表 7.16）。由此可知：3 号线和 6 号线深基坑的渗流坡降均大于允许值（0.5），在深基坑开挖过程中基坑侧壁存在发生渗透破坏的可能性。6 号线基坑由于没有切断与承压含水层的水力联系，致使基坑内水位较高，且基坑底部和侧壁渗流坡降较大，存在发生渗透破坏的可能。在施工现场，发生了大面积残积土泥化和流泥现象。

2) 采用工况 2 的防渗和降水方案，即在工况 1 的基础上，增加灌浆帷幕后，3 号线基坑地下水位明显低于基坑底部，防渗和降水效果较好。6 号线深基坑西区地下水位也明显低于基坑底，防渗和降水效果较好；而东区基坑因未设置帷幕，存在 2~6m 的水头压力，不满足降水设计要求。

3) 采用工况 3 的防渗和降水方案，3 号线和 6 号线深基坑内水位高程均低于基坑底部开挖高程 1m 以上。

（本节摘自水利部减灾所刘昌军的渗流电算报告）

7.5　三维空间有限元 2

7.5.1　概述

本节介绍的是按双重裂隙系统渗流原理而开发的计算程序。

本程序基于广义达西定律和渗流连续原理，把地基看成是可压缩的、各向异性的多孔介质，考虑双重裂隙（主干裂隙网络和裂隙岩块）系统，得到三维渗流模型，而后进行渗流分析与计算。

本程序已在多个水利水电工程和基坑工程中得到应用。

7.5.2　燕塘站计算结果及分析

1. 基本数据（见表 7.21）

表 7.21　地层参数

地层及防渗材料	渗透系数（m/d）	地层及防渗材料	渗透系数（m/d）
Q_4^{ml}	0.1	γ_5^{3-1}〈8H〉弱风化	2
Q_3^{al+pl}	0.1	γ_5^{3-1}〈9H〉微风化	0.01
Q^d〈5H〉残积土	0.1	地下连续墙	0.0000864
γ_5^{3-1}〈6H〉全风化	0.08	帷幕灌浆	0.0864
γ_5^{3-1}〈7H〉强风化	1.5		

2. 墙底无灌浆帷幕情况（工况 1）

沿 3 号线长度方向的流网计算情况见图 7.13，局部流网见图 7.14。

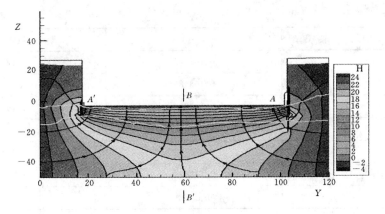

图 7.13　3 号线基坑沿 3 号线方向（$x = 44.2$m）的流网

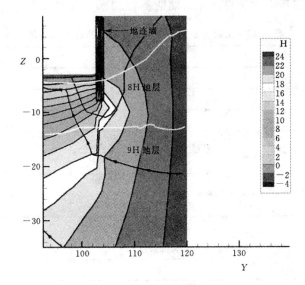

图 7.14　局部放大的流网

AA' 断面上的渗流压力和坡降计算结果见表 7.22。

表 7.22　工况 1 水平控制断面 AA' 上的压力和坡降

y 坐标	压力（MPa）	坡降
20	0.143178	1.52
25	0.123872	1.46
30	0.115934	1.3
35	0.112308	1.22
40	0.109466	1.17
45	0.108192	1.14
50	0.107408	1.12
55	0.107114	1.13
60	0.10731	1.13

续表

y 坐标	压力（MPa）	坡降
65	0.107702	1.14
70	0.108486	1.16
75	0.109858	1.19
80	0.112014	1.23
85	0.114758	1.28
90	0.118874	1.36
95	0.12691	1.48

BB′断面上的渗流压力和坡降计算结果见表 7.23。

表 7.23　工况 1 垂直控制断面 BB′上的压力和坡降

z 坐标	压力（MPa）	坡降
−45	0.61642	0.079
−40	0.563108	0.13
−35	0.506954	0.192
−30	0.447076	0.268
−25	0.382984	0.362
−20	0.31409	0.379
−15	0.238336	0.381
−10	0.148568	1.04
−5	0.043512	2.06
−3.6	0	2.06

3. 墙底有灌浆帷幕（工况 2）

沿 3 号线长度方向的流网计算情况见图 7.15，局部流网见图 7.16。

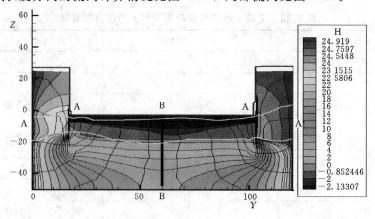

图 7.15　3 号线基坑沿 3 号线方向切面上（$x=44.2$m）的流网

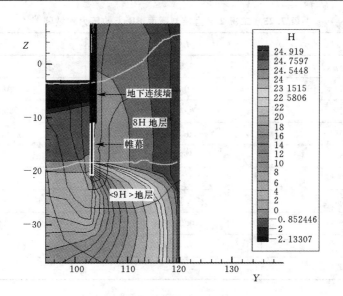

图 7.16　局部流网图

AA′断面上的渗流压力和坡降计算结果见表 7.24。

表 7.24　工况 2 水平控制断面 AA′上的压力和坡降

y 坐标	压力（MPa）	坡降
20	0.061936	0.262
25	0.058898	0.194
30	0.056934	0.154
35	0.05635	0.136
40	0.055762	0.123
45	0.05537	0.118
50	0.055076	0.117
55	0.05488	0.116
60	0.054782	0.114
65	0.054684	0.11
70	0.054684	0.106
75	0.054782	0.108
80	0.055076	0.114
85	0.055468	0.124
90	0.056154	0.137
95	0.057036	0.155

BB′断面上的渗流压力和坡降计算结果见表 7.25。

表 7.25　工况 2 竖直控制断面 BB′上的压力和坡降

z 坐标	压力（MPa）	坡降
−45	0.551348	0.211
−40	0.4557	0.268
−35	0.395038	0.333
−30	0.33026	0.382
−25	0.263228	0.408
−20	0.194726	0.436
−15	0.127302	0.196
−10	0.076244	0.102
−5	0.02205	0.141
−3.6	0	0.76

BB′断面上的渗流坡降变化见图 7.17。

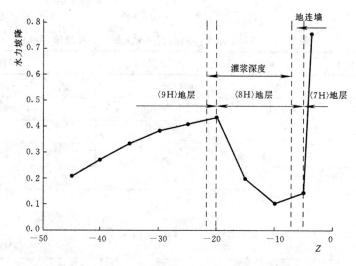

图 7.17　工况 2（有帷幕）时 BB′断面上的渗流坡降

4. 方案对比

（1）AA′断面

基坑底部涌水量见表 7.26。

表 7.26　两种工况下基坑底部涌水量

工况	涌水量（m³/d）
1（无帷幕）	1292.7
2（有帷幕）	824.2

控制断面的渗流压力和坡降，见表 7.27 和表 7.28，以及图 7.18 和图 7.19。

表 7.27 两种工况下控制断面 AA′上的压力

y 坐标	压力（MPa）	
	工况 1	工况 2
20	0.143178	0.061936
25	0.123872	0.058898
30	0.115934	0.056934
35	0.112308	0.05635
40	0.109466	0.055762
45	0.108192	0.05537
50	0.107408	0.055076
55	0.107114	0.05488
60	0.10731	0.054782
65	0.107702	0.054684
70	0.108486	0.054684
75	0.109858	0.054782
80	0.112014	0.055076
85	0.114758	0.055468
90	0.118874	0.056154
95	0.12691	0.057036

表 7.28 两种工况下控制断面 AA′上的渗流坡降

y 坐标	压力（MPa）	
	工况 1	工况 2
20	1.52	0.262
25	1.46	0.194
30	1.3	0.154
35	1.22	0.136
40	1.17	0.123
45	1.14	0.118
50	1.12	0.117
55	1.13	0.116
60	1.13	0.114
65	1.14	0.11
70	1.16	0.106
75	1.19	0.108
80	1.23	0.114
85	1.28	0.124
90	1.36	0.137
95	1.48	0.155

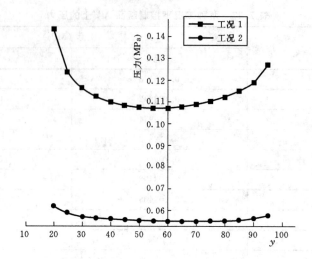

图 7.18　两种工况下 AA′上的渗流水压力

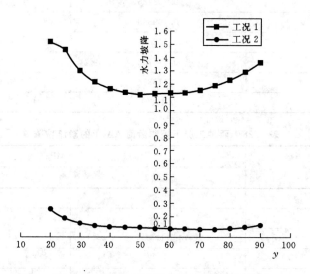

图 7.19　两种工况下 AA′上的渗流坡降

（2）BB′断面

渗流水压力见表 7.29。

表 7.29　两种工况下 BB′上的渗流水压力

X坐标	压力（MPa）	
	工况 1	工况 2
−45	0.61642	0.551348
−40	0.563108	0.4557
−35	0.506954	0.395038
−30	0.447076	0.33026
−25	0.382984	0.263228

X 坐标	压力（MPa）	
	工况 1	工况 2
−20	0.31409	0.194726
−15	0.238336	0.127302
−10	0.148568	0.076244
−5	0.043512	0.02205
−3.6	0	0

渗流坡降见表 7.30 和图 7.20。

表 7.30　两种工况下 BB′ 上的渗流坡降

X 坐标	压力（MPa）	
	工况 1	工况 2
−45	0.079	0.211
−40	0.13	0.268
−35	0.192	0.333
−30	0.268	0.382
−25	0.362	0.408
−20	0.379	0.436
−15	0.381	0.196
−10	1.04	0.102
−5	2.06	0.141
−3.6	2.06	0.76

5. 评价渗流稳定性评价及建议

（1）渗流稳定性评价

3 号线北延线燕塘站基坑区域地层变化显著，地质情况复杂。弱风化地层 γ_5^{3-1}〈8H〉的渗透性比较大，为透水层。工况 1 由于连续墙入岩深度较浅，地层 γ_5^{3-1}〈8H〉中不能起到挡水的作用，所以导致基坑底部渗水量比较大，渗流坡降也远远大于地层的允许坡降（基坑底部为强风化 γ_5^{3-1}〈7H〉地层，允许坡降为 0.6）。数值分析结果表明，工况 1 存在渗透破坏问题。

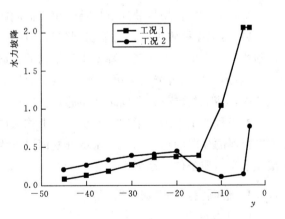

图 7.20　两种工况下 BB′ 上的渗流坡降

工况 2 中，17.5m 的墙底灌浆有效地阻挡了弱风化地层 γ_5^{3-1}〈8H〉的渗水量，减少了基坑底部的渗水量，同时使基坑底部强风化 γ_5^{3-1}〈7H〉地层的水力坡降大大降低。但数值分析结果表明，在基坑底部某些部位，渗流坡降仍然略大于地层的允许坡降。

（2）建议

通过工况 1 和工况 2 条件下基坑底部的渗流坡降比较（图 7.17 和图 7.18）可以看出，工况 2 能够大大降低基坑底部的渗流坡降。

在工况 2 中，采用以下三种方法可以进一步减小基坑底部的渗流坡降：

1）改善灌浆工艺，进一步降低墙底灌浆帷幕的渗透性。

2）加大灌浆深度。

3）进行封底。

（本节摘自清华大学水电系李鹏辉的电算报告）

7.6 支护墙（桩）裂隙渗流计算

7.6.1 概述

当采用灌注桩加桩间防渗、钻孔咬合桩作为基坑支护结构时，当桩间接缝漏水或桩体内部空洞漏水时，此时的基坑侧壁渗流就会像电流短路一样，发生"短路漏水"，可能会造成基坑事故。

在此情况下，如何进行渗流分析，渗流对基坑的影响如何？需要通过渗流分析来加以判断。本节以一个切接灌注桩的基坑渗流为例，做一简要的阐述。

7.6.2 工程概况

某泵站的基坑平面尺寸 32m×28m，开挖深度为 27.5m。基坑支护采用切接灌注桩，桩深 45m。所谓切接，即相邻两桩相切或略有搭接。这种切接桩每桩均配钢筋，所谓搭接，不过几厘米而已。由于要能防渗止水，当两桩连接不好时，须用灌浆方法形成防渗帷幕（见图 7.21）。

实际上，这种切接灌注桩极易产生下面问题。

1）第二序桩施工时，可能切割到第一序桩内的钢筋笼，既增加了施工难度，又可能切割掉第一序桩的主钢筋，降低支护结构的承载力。

2）第二序桩可能偏离第一序桩而在两桩间产生漏洞，使外部地下水在某一高程上涌入坑内，造成基坑事故和周边环境恶化。

本工程的工程地质条件：基坑底以上均为砂夹漂石、卵石和人工抛填块体，中间部位夹有很厚的软弱的粉质黏土；基坑开挖面以下为花岗岩的残积土，全风化层及中、微风化层。水文地质条件：地下水埋深 3m。

7.6.3 桩间空隙的渗流计算

1. 计算假定和公式

由于施工原因，切接桩下部会出现缝隙。假定当基坑开挖至 20m 以下有宽度 0.2m 的缝隙，由此形成的渗流场按 XZ 平面二向渗流问题进行计算，考虑到缝隙的影响具有空间效应，计算时 X 方向的渗透系数用导水系数代替，即渗透系数 k_x 乘上补水长度 πr。r 为计算单元至缝隙的距离，其渗流支配方程为：

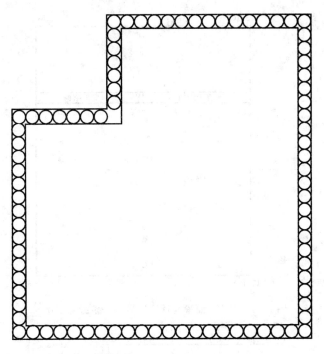

图 7.21　切接灌注桩平面图

$$\frac{\partial}{\partial_x}\left(k_x\pi r\frac{\partial h}{\partial x}\right)+\frac{\partial}{\partial z}\left(k_x\frac{\partial h}{\partial z}\right)=0$$

缝隙处的导水系数为缝隙宽度乘渗透系数，即 $0.2k_x$。

从 XY 平面来看，其渗流支配方程为：

$$\frac{\partial}{\partial x}\left(k_xH\frac{\partial h}{\partial x}\right)+\frac{\partial}{\partial y}\left(k_yH\frac{\partial h}{\partial y}\right)=0$$

式中　kH——导水系数；

　　　H——弱透水层以上的水头。

2. 渗透系数的选取

在基坑开挖面 27m 以上可选用 $k=1\times10^{-2}\mathrm{cm/s}$，基坑开挖面 27m 以下可选用 $k=1\times10^{-4}\mathrm{cm/s}$。

7.6.4　渗流计算结果

选取切接钻孔桩平面 40m×30m 的区域，一侧为开挖的基坑，开挖深度为 27m，另一侧为基坑外即地面，地下水位为地面下 3m，切接钻孔桩在 20m 以下有 0.2m 宽的缝隙，计算分为一条缝隙或五条缝隙的情况。

1. 只有一条缝隙的渗流计算

只有一条缝隙时如图 7.22 所示。假定缝隙处没有管涌破坏，水位不下降的瞬间，它的渗流场的等水头线及渗流坡降线如图 7.23 所示，最大的渗流坡降 $i_{\max}=13.8$，远大于土的允许渗透坡降，一般土在偶然性破坏时的允许平均渗透坡降 $i_{允许}$ 如表 7.31 所示，因而必产生管涌。

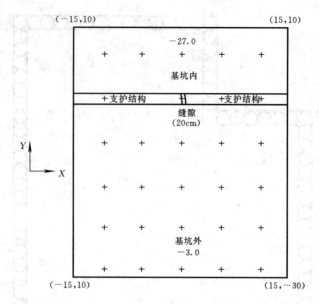

图 7.22　XY 平面渗流计算区域（一条缝隙情况）

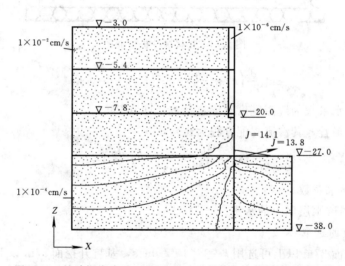

图 7.23　缝隙深度为地面以下 20m 时的等水头线及渗流坡降线

表 7.31　地基土偶然性破坏的允许平均渗透坡降 $i_{允许}$

地基土的类别	建筑物的等级			
	I	II	III	IV
细砂	0.18	0.20	0.22	0.26
中砂	0.22	0.25	0.28	0.34
粗砂	0.32	0.35	0.40	0.48
壤土	0.35	0.40	0.45	0.54
黏土	0.70	0.80	0.90	1.08

当稳定渗流不产生管涌破坏时，它的等水头线如图 7.24 所示，缝隙处水位下降 3m。当缝隙土体发生管涌破坏，它的等水头线如图 7.25 所示，缝隙处水位下降约 22m，会引起附近地区的水位大幅度下降，砂、土涌入基坑内。

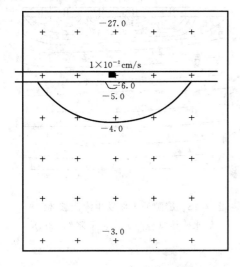

图 7.24　缝隙处土体未发生渗流破坏时的
等水头线（缝隙处水位下降约 3m）

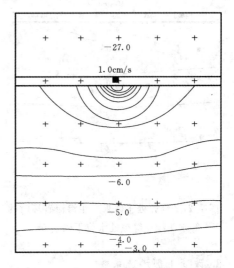

图 7.25　缝隙处土体发生渗流破坏后的
等水头线（缝隙处水位下降约 22m）

2. 五条缝隙

缝隙间距为 5m，如图 7.26 所示。当稳定渗流并假定不产生管涌破坏时，它的等水头线如图 7.27 所示，缝隙处水位下降约 5m。当缝隙处土体发生管涌破坏，它的等水头线如图 7.28 所示，缝隙处水位下降约 23m。

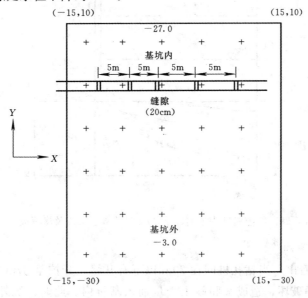

图 7.26　XY 平面渗流计算区域（五条缝隙情况）

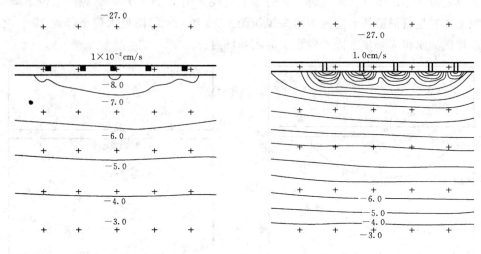

图 7.27　缝隙处土体未发生渗流破坏时的　　　图 7.28　缝隙处土体发生渗流破坏后的
　　　　等水头线（缝隙处水位下降约 5m）　　　　　　　等水头线（缝隙处水位下降约 23m）

3. 改变上部渗透系数

当仅改变 27m 以上土的渗透系数，即由 $k=1\times10^{-2}$ cm/s 改变为 $k=1\times10^{-3}$ cm/s 时，按照图 7.22 只有一条缝隙。当假定缝隙处没有管涌破坏，水位不下降的瞬时，它的渗流场的等水头线及渗流坡降线如图 7.29 所示，比较图 7.23 与本图，两者的差别很小。

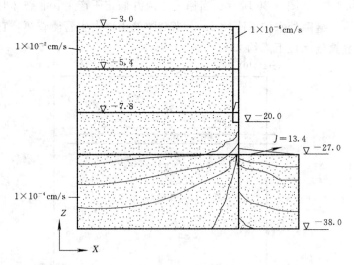

图 7.29　缝隙深度为地面以下 20m 时的等水头线及渗流坡降线

4. 桩间开缝的影响

由上述计算可看出，当钻孔桩间在 20m 以下有开缝，开挖至 27m 时，由于渗流坡降 i 很大，会产生管涌破坏，造成水和砂土大量涌入基坑内。此时，坑外水位大幅度下降，地基淘空引起地面沉陷和建筑物倾斜。

在广州，曾经多次发生过这种涌砂、涌土、涌水入基坑内的工程事故。可分为以下几种情况：

第一类，采用地下连续墙支护时，浇注槽孔混凝土时存在质量缺陷，如墙体内孔洞和接缝漏洞等。当基坑开挖至该处时，发生渗流"短路"，地下水以最短的路径冲开孔洞的泥团，携带大量砂土涌入坑内，造成附近建筑物和地面的沉陷，造成基坑内部施工停顿。

第二类，采用切接桩或咬合桩支护时，桩外常用高压喷射灌浆或水泥灌浆防渗帷幕。由于地基内有树根、石块，或是施工不当，造成帷幕有空隙。基坑开挖时，地下水大量涌入坑内。

第三类，当在支护桩间设有锚杆或锚索时，由于施工不当，水、砂从锚孔涌出大量涌入基坑内，同样造成上述不良影响。

要避免上述不利影响，就得从基坑工程的设计和施工方面做好预防工作。

7.6.5　桩间灌浆帷幕的评价

在前面泵站基坑实例中，可以采用灌浆的方法来处理桩间接缝漏水问题。

灌浆的部位一般有两处：一是在钻孔桩的桩底与破碎岩石及节理裂隙中进行灌浆；二是在桩间侧面灌浆。两种灌浆可采用两阶段灌浆法，第一阶段用水泥、膨润土浆液，第二阶段可用水泥、水玻璃浆液。灌浆排数不宜少于 2 排。

这里关键的是桩间侧面灌浆。上述实例中，桩深 35～40m 以内的地层主要有三层，即夹砂的漂石及卵石层或人工抛填块体、极软的粉砂质黏土层（海相淤泥）和花岗岩残积土层及全风化层。

在夹砂的漂石及卵石层或人工抛填块体中灌浆，由于它们的空隙很大，在灌浆过程中浆液将会沿着压力坡降最大的方向运动，无法形成完整的固结体与相邻桩搭接，无法形成连续的防渗帷幕。

可以认为，在本工程的地质条件下，采用切接灌注桩和灌浆帷幕的方法是不成功的。

此外，在砂层中用同样的材料、同样的方法，用袖阀管灌注桩间的空隙，在广州沿江路某花园大厦也实施过。该大厦的地层中，上部为 2m 的填土，其下为厚约 10m 的中砂层，再下为微风化砂岩。基坑开挖深度 11.15m，支护桩用钻孔灌注桩，桩径为 520mm，桩中心距为 570mm，即桩间有 50mm 空隙，桩间用袖阀管灌浆防渗。当基坑开挖至 5m 时，桩间漏水较严重。当开挖至 9m 时，水和砂大量涌入基坑内，造成附近道路沉陷、房屋下沉，坑内施工停顿。

在粉砂层中灌浆，也很难形成防渗帷幕。

本节提出的桩间裂隙渗流计算方法，对于解决咬合桩、切接桩加防渗帷幕的接缝漏洞问题，地下连续墙接缝或墙体内孔洞漏水问题有指导意义。

7.6.6　咬合桩防渗帷幕实例

1. 概述

有关咬合桩基坑支护出现事故的实例并不鲜见。所谓咬合桩与上节所说的切接灌注桩差不多，区别在于咬合桩配筋桩和素混凝土桩连续配置，试图提高这种桩体的防渗性能。在条件适合的时候，可以起到基坑支护和防渗的作用。但是很多情况下，常因防渗效果不好而造成基坑渗流破坏事故。其原因在于：

1）地基表面为杂填土或建筑垃圾时，钻孔时造成孔壁坍塌，使浇注的混凝土桩体膨大，造成二期桩体无法施工或偏斜，无法咬合。

2）咬合桩分段分期施工，造成混凝土龄期变化较大，新老混凝土强度相差很大，无法咬合。

3）由于桩的施工孔斜可能大于1%，当桩体深度超过一定深度后，相邻桩之间会出现漏洞、开叉、无法咬合。

2. 工程实例

（1）天津地铁1号线

天津地铁1号线某车站基坑支护，原设计用咬合桩作为基坑支护和防渗体，因地基上部杂填土和城市垃圾厚度太大，混凝土和砖石碎体太多，无法连续施工。后改为地下连续墙，解决了上述问题。

（2）天津地铁3号线

天津地铁3号线某车站的咬合桩施工完成以后，在基坑开挖过程中，两个施工段桩间漏水，地下水涌入基坑，一两个月处理不完。

（3）杭州地铁1号线某基坑

1）工程概况：

此车站下穿城内的新开河，长259.6m，宽18.9m。车站底板埋深18.0m。车站支护采用ϕ1000@750mm的钻孔咬合桩，插入比为0.8，见图7.30。

2）地质概况与基坑特点：

本场区地下水分布为两个主要含水层，即浅层潜水和深层承压水。浅层潜水属孔隙性潜水类型，主要赋存于上部①层填土和②层粉土、粉砂中，地下水位埋深0.85～3.45m。承压水主要分布于深部的⑧－1层细砂和⑧－3层圆砾夹卵石中，水量较丰富。隔水层为上部的黏性土层（⑤、⑥层），承压水头埋深约在地表下5m。

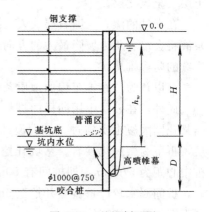

图7.30　基坑剖面图

综合场地地理位置、土质条件、基坑开挖深度和周围环境条件，本工程具有如下特点：

①基坑开挖深度较大，最深达到18m。

②基坑周围地下管线密集，邻近建筑物多，环境条件较差。

③基坑开挖范围内主要为砂质粉土，极易产生开挖面隆起，引起边坡失稳及基坑涌水等。

④基坑底有淤泥质粉质黏土下卧层（顶面距基坑底约5m），对坑底渗透稳定有利。

3）管涌发生情况：

该工程将车站分为东、西两区施工，中间设临时封堵墙（咬合桩墙），先进行东区基坑开挖和主体结构施工。

①第一次管涌。东区基坑开挖期间共出现两次管涌。第一次管涌时间为某日下午17

时 10 分，管涌点位于第 11 段基坑南侧，273 号～274 号桩间坑底，3 小时内共涌出泥砂约 240m³。涌水前该段基坑已基本开挖到设计标高，并开始清底。273 号～274 号桩间渗漏处理也已接近基底。

管涌造成基坑南侧（距基坑边约 20m）1 幢三层居民楼向北侧倾斜，围墙出现裂缝，裂缝宽度最大达 10cm 左右；南侧路面下沉，最大下沉量约 50cm；地下自来水管开裂，造成自来水供应中断。此次管涌波及 273 号～274 号桩，向南最远达 44.5m，向东约 39.7m，向西约 12m。

②第二次管涌。第二次管涌时间为某日下午 14 时 10 分，管涌点位于第 8 段基坑内部，靠近接地网沟槽处。距已浇注完成的第 9 段混凝土底板端头约 5m 处。管涌前第 8 段基坑垫层、防水板及细石混凝土保护层已施工完。4h 内共涌出泥砂约 40m³。处理过程中发现基坑南侧距第一次管涌点以西约 10m 处地面出现轻微裂缝，最大裂缝宽约 5mm，长约 10m，沿基坑纵向分布，影响范围向南最远处 20m 左右。地面最大沉降 3cm。未造成其他财产损坏。

4）管涌原因分析：

①第一次管涌发生的主要原因为咬合桩开叉。根据咬合桩施工记录，273 号、274 号桩成孔过程中因套管钻头变形，造成桩垂直度偏差过大。开挖后，8m 以下两桩之间出现开叉，开挖到坑底后开叉量达 15cm 左右。

基坑开挖到 7m 后，即在桩后逆作 3 根高压旋喷桩，旋喷深度根据经验确定为基底下 3m。如图 7.30 所示，笔者验算了基坑底部稳定性：

$$i < [i]$$

式中　i——坑底土体渗流坡降 $i = h_w / L$（h_w 为基坑内外水位差，m；L 为最小渗径长度，m，这里 $L = 14.5m + 2 \times 3m = 20.5m$）；

　　$[i]$——允许渗流坡降，对于粉土粉细砂，可取 $[i] = 0.2 \sim 0.3$。

经计算，$i = 14.5/20.5 = 0.71$，远远大于 $[i]$，必然发生管涌。

应当注意，高喷桩的防渗质量也有问题。由于高喷孔位偏差和钻孔偏斜，高喷防渗体并未完全堵住咬合桩裂缝。如果高喷桩 3m 失效，则此时 $i \approx 1.0$，已经与临界坡降（$i_c = 0.91$）不相上下。这恐怕是基坑涌砂 240m³ 和坑外巨大变形的主要原因了。

可以说，第一次管涌事故原因为：咬合桩开叉；高喷桩深度不够和质量有问题。

②第二次管涌原因分析。管涌发生后立即将漏水点处防水板揭开，对渗流情况进行观察。用手触摸发现，漏水洞位于接地网沟槽处，直径约 20～30cm，水流方向自东向西（即由第 9 段底板下流出）。由于管涌前基坑内降水工作曾因停电而停止降水约半小时，使坑内水位迅速升高，地下水沿接地网沟槽涌出，并突破较薄弱的接地网沟槽（基坑最低处）垫层涌入基坑内。

管涌约 2h 后，测得位于该处的坑外监测孔 SW8 水位下降了 3m 多。据此推断，基坑附近的咬合桩在底板以下开了叉，基坑外潜水包括坑底承压水从基底以下咬合桩开叉处涌入基坑内，造成地面沉陷开裂。

此次管涌发生是由于坑底以下咬合桩开叉使坑内外地下水连通。10 号中午停电后，基坑内降水中断，使坑内水位迅速升高，结构较松散的接地网沟槽（基坑最低处）的回填土发生管涌或流土，形成空洞，使第 9 区已浇注混凝土底板下承压水沿着接地网沟槽涌入第 8 段垫层下涌出。

5）抢补措施：

为防止管涌对周围环境造成大的影响，施工单位会同有关专家积极商讨对策，暂停基坑开挖，采取"支、补、堵、降"的有效措施，迅速控制了险情。措施如下：

①对支撑结构（钢支撑、钢围檩等）进行排查补强，确保围护的整体安全。

②以渗漏点为中心，在四周堆码土袋墙反压封堵。

③在四周扩大土袋墙围堵范围并浇注混凝土，将土袋墙连为一个整体。

④基坑南侧禁止施工车辆通行。

⑤加强坑内降水措施。

⑥现场不间断地监测。

⑦及时采取高压旋喷及灌浆的方法，在渗漏点外侧进行防渗加固。

6）施工监测：

由于管涌的发生，支护结构变形较大，监测信息对工程施工运作起到了积极的作用。本工程监测项目有：围护结构水平位移、地面沉降、地下水位观测、支撑轴力观测。监测信息情况综合如下（以 11 月 2 日管涌为例）。

①基坑变形情况。支护结构水平位移：管涌前 CX10 累计最大位移 29.02mm，管涌后最大位移为 31.5mm，位于基坑深 12.5m 处（已开挖到第五道支撑）。CX6 土体水平位移呈直线递增，由管涌前的 32.12mm 增大为 52.16mm。第一道支撑轴力减少 1.5t 说明基坑支护结构有"踢脚"现象），第二、三道支撑轴力分别增加 9t 和 14t，支撑总轴力仍在设计预加值以内。说明此次管涌对基坑安全影响不大。

②周边环境变化情况。漏水点处地面最大沉降量达 500mm，距漏水点 20m 以外各测点最大沉降量在 3～12mm 之间。管涌对环境影响较大。

③水位变化情况。坑内水位无明显变化。坑外漏水点附近的 SW8 水位观测井管涌后陡降 5m 左右，此时坑内外水位差由 15m 减少到 10m 左右。抢补措施完成约 3h 后，水位又回升到原标高。SW8 水位陡降证明止水帷幕在 SW8 附近存在缺陷，造成坑内外地下水连通。

7）结语：

①粉土、粉砂地层中基坑的防渗性能对基坑安全和环境保护至关重要，支护体一旦出现涌水、涌砂，波及范围多在 2～4 倍基坑开挖深度，对环境危害极大。

②对支护体渗漏点的补强加固方案，须进行渗流稳定性验算，不能仅凭经验行事。

③降水是深基坑工程施工的重要环节，应当设法保持基坑内长期、连续降水。第二次管涌是由于坑内降水停止造成的。

④坑外水位监测对基坑安全非常重要。当发现坑外水位变化异常时，应提前采取加固补强措施。

（本节摘自李长山"杭州地铁站东区基坑施工涌水涌砂分析"，中国论文下载中心 2008－11－29）

7.6.7　防渗墙的开叉（裂缝）

1. 三峡二期围堰防渗墙工程

该围堰进行了墙体底部开叉（裂缝）的三维渗流计算。计算结果表明，在开叉处的最大渗流坡降达到 $40\sim60$，局部影响很大，但对大面积的砂砾石地基来说，影响尚可接受。详见本书 18.1 节的有关内容。

2. 广东地区某基坑工程

某基坑连续墙在浇注混凝土时由于孔壁塌孔，在墙内夹泥。开挖后，由于水压力作用，水流冲破夹泥形成涌水砂大孔洞，使邻近建筑

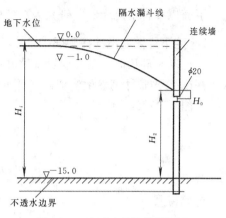

图 7.31　地下连续墙体漏洞图

物沉降和倾斜。该基坑就是由于连续墙有 20cm 的孔洞（见图 7.31）造成水位降低，砂料流入坑内，地面及建筑物引起沉降（见图 7.32）。

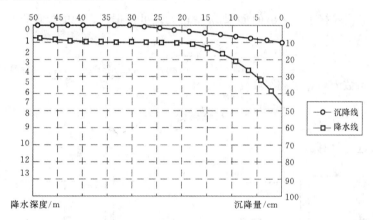

图 7.32　连续墙出现孔洞后水位下降及地面曲线图

7.7　潜水条件下基坑渗流分析小结

7.7.1　概述

大多数深基坑都采用封闭式（落底式）防渗帷幕，也有一部分采用悬挂式防渗帷幕。

工程中防渗止水做不好会引起基坑外的水位下降，若基坑外是软土且较厚时，会引起周围路面和建筑物沉降开裂、管道弯曲断裂，以及对桩产生负摩擦而引起建筑物的沉降。当软土层下有砂层时，其影响范围可达 100m 以上。

特别是当采用人工挖孔桩做建筑物工程桩时，由于人工挖孔桩开挖过程也是降水过程。虽然基坑开挖不深，但是为了挖桩，必须把地下水位抽降到基坑底部以下很深的位置，甚至超过了基坑防渗体底部，则其影响更为严重。

采用悬挂式帷幕时，则帷幕的本身防渗性能和防止地基土（岩）渗流破坏是相当重要的设计课题。

下面以 4 种情况为例,研究潜水条件下基坑防渗设计问题。

7.7.2　地下连续墙悬挂在砂层中

当地基是砂层时,则要验算基坑开挖面的砂层,特别是粉细砂层是否会管涌,要核算入土深度 D 多长才不发生管涌破坏 [见图 7.33(a)]。

由图 7.33(a)可得

$$i=\frac{\gamma'}{\gamma_w}=\frac{H-Z}{2D+h}=\frac{h}{2D+h}$$

即

$$(2D+h)\gamma'=\gamma_w h$$

由此得到

$$D=\frac{1}{2}h\left(\frac{\gamma_w}{\gamma'}-1\right) \tag{7.35}$$

当考虑抗管涌的安全系数 k 时,则

$$D=k\frac{1}{2}h\left(\frac{\gamma_w}{\gamma'}-1\right) \tag{7.36}$$

上式中,$\dfrac{\gamma_w}{\gamma'}$ 比较接近,求出的 D 值误差较大。可根据 $i<[i]$ 的原理得出

$$\frac{h}{2D+h}\leqslant[i]$$

计入安全系数 k 后,可得到

$$D\geqslant\frac{kh(1-[i])}{2[i]} \tag{7.37}$$

可按此式进行计算。

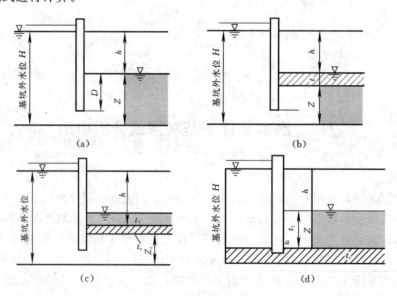

图 7.33　计算模型图

7.7.3　地下连续墙悬挂在坑底表层有黏土的砂层中

当坑底有厚度为 t 的黏性土层时,要验算在水压力作用下,不会向上抬动的厚度 [见

图 7.33（b）］，可用下式求出：

$$t = \frac{(H-Z)\gamma_w}{(\gamma_s)} = \frac{(h+t)\gamma_w}{\gamma_s} \tag{7.38}$$

式中　γ_s——土的饱和重度。

　　　　γ_w——水的重度。

当考虑抗管涌安全系数 k 时，则

$$t = \frac{k(h+t)\gamma_w}{\gamma_s} \tag{7.39}$$

7.7.4　地下连续墙悬挂在双层地基中

地下连续墙悬挂在双层地基中的计算可参见图 7.33（c）。

1）当开挖面有厚度为 t_1 的砂层，特别是粉细砂层，其下有厚度为 t_c 的黏性土层，此时砂层不会管涌的厚度由式（7.40）求出：

$$t_1\gamma_1 + t_c\gamma_c \geqslant (H-Z_c)\gamma_w \tag{7.40}$$

求得

$$t_1 = \frac{(H-Z_c)\gamma_w - t_c\gamma_e}{\gamma_1} \tag{7.41}$$

考虑安全系数 K，

$$t_1 = \frac{K(h+t_c)\gamma_w - t_c\gamma_c}{\gamma_1} \tag{7.42}$$

注意，此时 $\gamma_1' t_1$ 是重力，抵消浮托力。γ_1 是砂的饱和重度。

2）若不透水土层 t_c 有足够抗渗透力时，则抗管涌安全系数 k 可由下式求得

$$k = \frac{\gamma t_c + \gamma_1 t_1}{(H-Z_c+t_c)\gamma_w} \tag{7.43}$$

式中　γ——黏土的饱和重度；

　　　　γ_1——砂土的饱和重度。

在本节所说的两种地基中，如果它们的厚度很薄，可能引起土体内部渗透破坏。此时可按 7.2 和 7.3 节的方法进行核算。

7.7.5　地下连续墙底深入黏土层内

地下连续墙深入黏土层内的计算可参见图 7.33（d）。

此时成为封闭式（落地式）的基坑防渗体。墙底进入黏土层内的深度 t 由该土层的接触渗流坡降来确定，当墙（幕）厚度为 d 时，可由下式估算 t：

$$i = \frac{h_w}{2t+d} \leqslant [i] \tag{7.44}$$

如考虑墙底淤积物影响，可令 $d=0$，$t = \frac{h_w}{2[i]}$

式中　$[i]$——黏土的允许接触渗透坡降，可取 $[i]=4\sim7$。

当地基上部还有隔水层时，渗压水头 h_w 会变小。此时应采用简化法、二维、三维渗流计算程序进行详细计算，求出图 7.33（d）隔水层顶板上 a 点的实际水头 h_{wa}，再进行相关计算。

总之，式（7.44）只是一个估算公式。

7.7.6　小结

根据具体的工程问题、地质条件和防渗设计要求，正确选择渗流计算公式并进行全面的检验，由此给出基坑开挖线、计算墙底线和设计墙底线（见图7.34）。

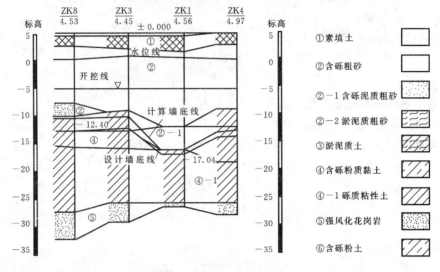

图 7.34　基坑纵剖面图

7.8　深基坑防渗体渗流分析小结

7.8.1　概述

上一节讨论的是基坑底部地基土抗渗流厚度的计算问题。现在来讨论一下，深基坑防渗体的总体的渗流分析和设计问题。

在某些情况下，深基坑防渗体需要做成上墙下幕型式（详见本书9.4节）。本节就来综合讨论一下这种防渗体的渗流分析问题。下面是笔者归纳总结出来的几种情况。

7.8.2　深基坑防渗体深度的确定

本节先考虑潜水条件下，采用《建筑基坑支护技术规程》（JGJ 120—1999）中的有关规定，确定基坑入土深度 h_d，然后再与按简化法渗流计算得到的入土深度 h_d' 进行比较。

　1. 覆盖层地基

1）当采用JGJ 120—1999的方法，按抗倾覆或圆弧滑动公式求出的入土深度 h_d，刚好进入黏土层内时（见图7.35），应按原规程公式（8.4.2）确定其进入黏土层的深度 l，即 $l=0.2h_w-0.5b$。

2）由上面稳定计算出来的 h_d 位于透水层内时（图7.36），应将 h_d 加大，深入到黏土层内的长度 l 由原规程公式（8.4.2）定。

3）当由稳定计算出来的 h_d 小于简化法渗流计算（见7.2节）得到入土深度 h_d'。

①如果此时 h_d' 已经进入黏土层内（见图7.37），则其入土深度 l 应由原规程公式

（8.4.2）定。

　　②如 h'_d 仍未进入黏土层内，可在其下设灌浆帷幕或高喷帷幕，其底部进入黏土层内 1.5～2.0m（见图 7.38）。

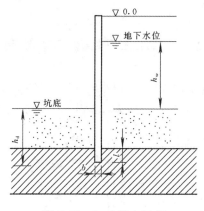

图 7.35　h_d 在黏土层内

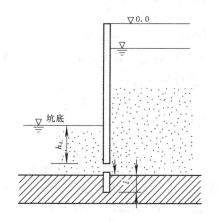

图 7.36　h_d 悬在黏土层外

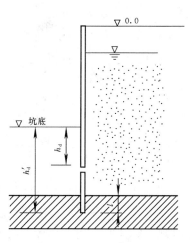

图 7.37　h'_d 在黏土层外

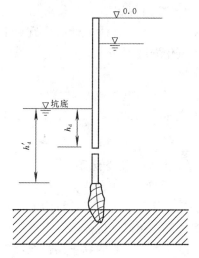

图 7.38　帷幕进入黏土层内

此时要注意防渗帷幕的完整性和连续性，防止帷幕体出现漏洞。

此时要进行以下方案：

①地下连续墙直接插入下面隔水层；

②悬挂式防渗体和水平防渗体组合方案；

③悬挂式防渗体和基坑降水组合方案。

要对三个方案进行技术经济比较，择优选择入土深度。

4）当由稳定条件求出的 h_d 很小时。

这是由于砂砾卵石或风化岩石地基的地基反力系数 m 值很大而造成的，切记不要直接采用这个很少的 h_d。此时应按渗流稳定条件推算入土深度，方法同上。

此时在潜水条件下的入土深度可由下式求出：

$$h_d = h_w / [i]$$

式中　$[i]$——砂砾卵石地基的允许渗流坡降，可参考第 8 章有关内容选取。

　　　h_w——水头。

2. 残积土和风化岩石地基

在此仍把由抗倾复和圆弧滑动计算的入土深度 h_d 与简化法（见 7.2 节）稳定计算得到的 h_d' 进行比较后再行选择。

1) 由于风化岩石的 m 值很大，按稳定条件求出的 h_d 往往很小，按 JGJ 120—1999 的 4.1.2 条规定，$h_d = 0.2 h_p$（h_p 为基坑深度），这是不对的；应按原规程 4.1.3 求出的入土深度 $h_d' > h_d$。

此时可进行如下处理：将地下连续墙底向下延伸，进入风化岩层内 1.0～2.0m；如果下部岩石透水性很大的话，可在墙底下风化岩层内灌浆，帷幕底进入微风化层内 1.5～2.0m（见图 7.39）。

2) 如果按原规程 4.1.3 条求出 h_d' 很大，进入微风化层岩石很深时，此时也宜令地下连续墙底入风化岩层 1.0～2.0m，并在其下逆作水泥灌浆帷幕。

总之，《建筑基坑支护技术规程》（JGJ 120—1999）的 4.1.2、4.1.3 和 8.4.2 条均不适用于岩石基坑。

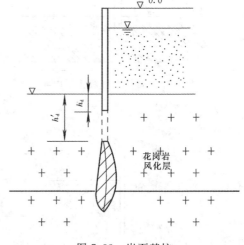

图 7.39　岩石基坑

7.8.3　渗流计算方法的选定

1. 简化计算法（见 7.2 节）

此法比较简单易行，可核算渗流的关键部位（如渗流出口），不同地层交界面上的渗透压力和坡降，用以评价渗流稳定性。但是由于基坑平面尺寸往往很大，不同地层的连续性和厚度变化很大，有的黏土层甚至出现尖灭和缺口现象，此时采用简化计算法容易出现问题。

2. 平面有限元法

在地层特性和厚度分布比较稳定的长条形基坑中，采用平面有限元法进行渗流计算可以获得满意的结果。但是在地质条件变化很大的正方形或圆形基坑中，此法效果不佳。

3. 空间有限元法

这种方法适用于计算地层条件复杂的多层地基和承压水条件下的各种形状的基坑，比如很多悬索桥的锚碇基坑。此法可以给出地基内任何部位的渗流压力、坡降和渗流量，用以判断地基内部的渗流稳定性。

从 7.4 和 7.5 节的渗流空间有限元计算结果可以看出，此法对不同的地层分布（南北有差异）、地下水（潜水和承压水）、防渗型式（防渗帷幕和降水），均能给出渗流计算结果，做出稳定状况分析。反之，平面有限元就不易做到。

在以下情况下，应进行空间有限元的渗流分析：

1）工程重要性高；

2）基坑深度很大；

3）基坑面积很大；

4）软土地基和多层地基；

5）残积土和风化岩石地基；

6）承压水或多层承压水地基；

7）周边环境［建（构）筑物、道路和管线等］复杂；

8）施工工期很长。

7.8.4　潜水和承压水的渗流计算方法

1. 概述

上面各节主要阐述潜水地下水渗流分析和计算方法，现在来综合讨论一下潜水和承压水渗流分析和计算问题。

承压水条件下的基坑主要问题常常是基坑底部地基土的抗浮稳定问题，但是有一些人忽略了地基内部的渗透稳定问题。本节将对这些问题进行讨论。

2. 潜水渗流计算方法

在图 7.40 中，∇_1 表示的是潜水地下水位。笔者是按着地基土允许的平均渗流坡降的概念来确定地下连续墙入土深度的，这里用 h_d 表示。沿着地下连续墙外、内表面上的第一根流线长度最短，则求出的平均渗透坡降（$i=h_1/L$）最大（L 为总渗径长度），所以基坑的管涌或流土破坏常常发生在墙底坑边。这就是所谓的"贴壁渗流"。它的计算方法前面已经说了很多了。

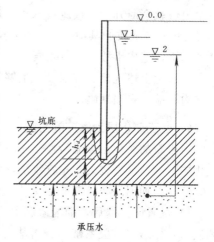

图 7.40　承压水渗流计算图

3. 承压水渗流计算方法

与潜水渗流不同的是，承压水渗流计算首先要确定计算部位的压力水头到底有多大。特别要注意基坑底部的压力水头与深部隔水层底板上压力水头是不同的。

承压水渗流计算情况有三种：贴壁渗流、土体内部渗流和突涌（水）破坏。这里要注意以下一些问题。

1）贴壁渗流要穿过承压水的顶板黏性土层，水头损失比较大，有的损失可达到 20%～30%，大大降低了渗流变形和破坏的风险，所以不再是渗流计算的控制情况。还要注意，设计时不要轻易把地下连续墙底穿透底部的承压水隔水层，以便减少地下连续墙上的荷载。

2）承压水的突涌破坏，特别要注意作用在墙底承压水隔水层顶板上的压力即浮力，应该是该顶板上的水头（如前例中 35.06m－6.00m＝29.06m），而不是作用在基坑底的水头（前例中 19.66m－6.0m＝13.66m）。

此时在承压水头 29.06m 作用下，如果上部土层饱和重小于承压水的浮托力，即有可能顶穿上部隔水层而突涌。

3）承压水引起的土体内部渗透破坏。提到这个问题时，主要是指黏性土的渗透破坏。当黏土层厚度很薄，而承压水水头很大时，承压水可能穿过此层黏土而产生渗透破坏。

由于此时渗流是在土体内部进行，应当采用土体本身允许渗透坡降，来核算地基的稳定性。通常黏性土体的允许渗透坡降可以采用 $[i]＝3～6$，而当出口有盖重时，可取 $[i]＝5～8$。

本章 7.3.5 节曾对土体内部渗透稳定的实例进行了分析，这是一项很重要的渗流计算项目。

4）当地基中存在着多层承压水时，则应根据每层承压水头和隔水层的厚度，分别核算该隔水层的抗浮稳定和内部渗流稳定。

7.8.5　水泵失电（动力）计算和防护

1）本章 7.3 节已经进行了水泵失电（动力）的渗流计算，提出了地下水回升过快造成基坑淹没问题。

2）对于承压水的减压井来说，如果承受的水头很大，那么水泵失电停止抽水后，地下水很快就会回升，以致淹没基坑。19.2 节提到的上海某基坑，建议水泵停电时间不能超过 10min。而杭州某地铁基坑（7.6.6 节）则因水泵停电 30min，使地下水迅速回升而涌入基坑，造成事故。可见水泵失电的危害是很大的。

要避免上述现象，应当设有足够的备用井，保证供电连续不中断，做好基坑的防渗止水结构，减少渗漏缺陷。

7.8.6　岩石风化层对渗流的影响

当岩石的风化层渗流特性是不一样的，特别是花岗岩的强风化层和弱风化层（也叫中风化层）的透水性较大，是富水层，对基坑渗流影响很大。

三峡二期围堰防渗墙的渗流计算结果表明：

1）设置防渗墙后，围堰渗流主要来自防渗墙下的堰基渗流，因而围堰渗流量与防渗墙底部岩体透水性关系密切。当基岩透水性依次降低 10 倍、100 倍时，相应围堰的单宽渗流量分别为原渗流量的 0.11 倍和 0.022 倍。

2）3 种防渗方案以双墙方案渗流量和渗透坡降最小，墙后地下水位最低。防渗墙后的粉细砂和风化砂的垂直和水平接触（出逸）坡降均小于 0.03，即使在风化砂透水性为 $5.0×10^{-4}$cm/s 的不利条件下，深槽部位的新淤砂在墙后和堆石体处的最大水平坡降均为 0.16，均小于其允许渗透坡降，能满足渗透稳定的要求。

3）在单墙方案中，比较了防渗墙入岩深度对渗流的影响。若防渗墙只打到弱风化层表面，则其渗流量和墙后风化砂中的渗透坡降，均比嵌入弱风化带 1m 时增加了约 50%，说明影响明显。同时，防渗墙未嵌入弱风化带时，其墙底渗流状态较恶劣，墙底裂隙中产生的集中渗流对堰基砂卵石和粉细砂的渗透稳定不利。因此，防渗墙还是应以嵌入到弱风化带中一段距离（0.5～1.0m）为宜。

计算表明，岩石基坑中的中（弱）风化层的厚度和渗透系数越大，基坑渗流量越大，对基坑的渗流稳定越不利。特别是当中风化层的裂隙或软弱带与墙底沉渣层相连时，会加大渗流强度，可能造成沉渣层的冲刷变形，使基坑渗流量加大。

（本节选自肖利、王连新等，南京长江四桥南锚碇基坑渗流控制方案研究，长江科学院院报，2009，26，增刊）

参考文献

[1] 丛蔼森. 地下连续墙的设计施工与应用 [M]. 北京：中国水利水电出版社，2001.

[2] 丛蔼森. 多层地基深基坑渗流稳定问题探讨 [J]. 岩石力学与工程学报，2009，28（10）：2018～2023.

[3] 丛蔼森. 当前深基坑工程应当考虑渗流稳定问题 [J]. 第十一届全国岩石力学与工程学术大会论文集，2010：429～434.

[4] 龚晓楠. 深基坑设计施工手册 [M]. 北京：中国建筑工业出版社，1999.

[5] 中国建筑科学研究院. JGJ 120—1999 建筑基坑支护技术规程 [S]. 北京：中国标准出版社，1999.

[6] 丛蔼森. 广州轨道交通 3 号线花岗岩地区残积土渗流分析及相应深大基坑围护结构的防渗设计方法研究报告，2010.

[7] 陆培炎. 科技著作及论文选集 [M]. 北京：科学出版社，2006.

[8] 刘正峰. 地基与基础工程新技术实用手册（第三卷）[M]. 北京：海潮出版社，2000.

[9] 基谢列夫. 水力计算手册 [M]. 北京：电力出版社.

[10] 毛昶熙. 渗流计算分析与控制 [M]. 2 版. 北京：中国水利水电出版社，2003.

[11] 周景星，李广信，等. 基础工程 [M]. 2 版. 北京：中国建筑工业出版社，2007.

[12] 松冈元. 土力学 [M]. 罗汀，姚仰平，译. 北京：中国水利水电出版社，2001.

第8章 深大基坑的渗流控制

8.1 渗流控制的基本任务

渗流控制的基本任务，就是把渗透压力、渗流坡降和渗流量三者控制在允许范围之内，也就是既要满足渗流稳定要求，又要使基坑涌水量不要太大。

8.2 渗流控制原则

8.2.1 渗流控制的目的

1) 防止基坑及支护结构的渗透破坏。
2) 保证基坑底部地基的渗透稳定性。
3) 减少基坑内部的渗透水量。
4) 防止或减少结构物（地下连续墙、桩等）的薄弱部位漏水。

8.2.2 基本措施

对地基来说，渗流控制可分成防渗、降水和反滤三大类。

防渗就是指在基坑周边设置防渗帷幕，进入不透水层，截断渗透水流。当无法全部截断渗流时，则可采用防渗与降水相结合的方式，来保持基坑的渗流稳定。反滤则是指在渗流出口设置砂、砾石等透水材料和压重材料，以防止渗流破坏的发生。

8.2.3 防渗和止水

防渗又可分为水平防渗和垂直防渗两种。对于基坑工程来说，垂直侧壁（墙）和坑底水平防渗都是非常重要的课题。

对于结构物来说，要做好接缝止水和防漏设计，认真施工，防止渗漏破坏。

总之，采取各种适当的措施，避免基坑的地基或地下连续墙本身的渗漏破坏。

8.2.4 基坑降水

这里所说的降水，不但是指基坑开挖过程中的降排水，也是指降低基坑内外的承压水水位。当上覆土重不足以克服承压水的浮托力或不满足土的渗透坡降要求时，就需要降低承压水的压力水头。

通常降水宜在坑内进行。降低深层承压水时，往往对坑外的周边环境造成不利影响，有时需要在坑外设置回灌井，以减少坑外地下水的不利影响。

这里要注意，在有些基坑中，往往表层是透水性小的软土或淤泥土，而下部则是透水性很大的砂砾层，其渗透系数相差十几倍或更多。降水时强透水的砂卵石层中的水会先被大量抽走；而表层软土中水排出很慢，土体固结得慢，不利于及早开挖。在这种情况下，基坑内的地下水不是一层一层往下降落的，应当引起注意。对于软土或淤泥土来说，用管井降水是达不到目的的。

8.2.5　反滤

反滤是指在渗流出口段设置的反滤材料和透水材料的压重等措施。

对于深基坑的垂直侧壁来说，当基坑开挖到坑底时，可能出现管涌流土现象，此时可采用铺设土工布和透水材料（砂、砾等）压盖的方法来制止不太严重的管涌或流土（砂）。

当基坑存在斜向边坡时，可在边坡底部设置反滤材料和压重料，预防管涌和流土的发生。

8.3　允许渗透坡降的参考值

8.3.1　渗流安全准则

由 2.7 节可知，当土体的渗流坡降 i 大于允许渗流坡降 $[i]$ 时，土体就会发生渗流破坏。

土体在渗流作用下是否会发生渗透破坏与渗透坡降大小有关。当渗透坡降超过土体的允许坡降就会发生渗透破坏，即：

$$\begin{cases} 当\ i \leqslant [i]\ 时\quad 安全 \\ 当\ i > [i]\ 时\quad 破坏 \end{cases}$$

其中，$[i]$ 为允许渗透坡降，可由临界渗透坡降（即土体濒临破坏时的渗透坡降）除以安全系数而得，即

$$[i] = i_{cr}/F_s$$

式中　i_{cr}——临界渗透坡降；

F_s——安全系数，其大小可根据工程类别按规范选取，对于 1 级堤防取 2.5；对于 2 级堤防可取 2.0；对于 3 级堤防可取 1.5；对于深基坑工程可取 1.5～2.0。

土体中各点渗透坡降的大小可通过渗流场水压力计算结果获得。临界渗透坡降的大小则与土体的性质和渗透破坏型式有关，宜根据试验确定。如无试验资料，可按 2.7 节方法进行计算。

一般情况下，厚度均匀土体向上渗流的临界渗透坡降试验值 $i_{cr} \approx 1$，而实际采用 $[i] = 0.5 \sim 0.8$。

对于粉细砂堤基的水平临界渗透坡降试验值 $i_{cr} = 0.1$，实际采用的允许值 $[i] = 0.07$。

对于无黏性土来说，其流土型允许渗透坡降较高，可达到 0.4；管涌型允许渗透坡降较低，一般为 0.1 左右；过渡型允许渗透坡降一般为 0.2 左右。对于粉砂和粉土，允许渗透坡降在 0.05～0.07 范围内。

此外，对于有承压水的深基坑，除了满足上述要求之外，其底部的地基土饱和度还应大于承压水的浮托力并有一定安全系数。具体计算方法见第 7 章。

下面选用一些允许渗透坡降的资料供参考。

8.3.2　水利水电地质勘察规范

水利水电地质勘察规范见表 8.1。

表 8.1　无黏性土允许渗透坡降经验值（出口无反滤）

流土			过渡型	管涌	
$C_u \leqslant 3$	$3 < C_u \leqslant 5$	$C_u > 5$		级配连续	级配不连续
0.25～0.35	0.35～0.50	0.50～0.80	0.25～0.40	0.15～0.25	0.10～0.20

从表中可以看出，《建筑基坑工程支护技术规程》（JGJ 120—1999）中 4.1.3 条的计算公式所采用的允许坡降约为 0.29～0.32，不能保护所有地层。

8.3.3　水闸设计规范推荐的允许渗流坡降值

水闸设计规范推荐的允许渗流坡降值见表 8.2。

表 8.2　水闸规范水平段和出口段允许渗透坡降值

地基类别	允许渗流坡降值（安全系数约为 1.5）	
	水平段	出口段
粉砂	0.05～0.07	0.25～0.30
细砂	0.07～0.10	0.30～0.35
中砂	0.10～0.13	0.35～0.40
粗砂	0.13～0.17	0.40～0.45
中砾、细砾	0.17～0.22	0.45～0.50
粗砾夹卵石	0.22～0.28	0.50～0.55
砂壤土	0.15～0.25	0.40～0.50
壤土	0.25～0.35	0.50～0.60
软黏土	0.30～0.40	0.60～0.70
坚硬黏土	0.40～0.50	0.70～0.80
极坚硬黏土	0.50～0.60	0.80～0.90

注：当渗流出口处设滤层时，表列数值可加大 30%。

8.3.4　管涌土允许平均渗流坡降

由于施工质量、地基土的不均匀性、地基土的不均匀沉降，形成局部脱离基础底部轮廓线的渗流通道等偶然性因素影响，以及防止产生内部管涌，一般还要核算沿地基内的平均渗流坡降，应小于表 8.3 和表 8.4 所列的允许平均渗流坡降。

表 8.3　各种土基上水闸设计的允许渗流坡降

地基土质类别		粉砂	细砂	中砂	粗砂	中细砾	粗砾夹卵石	砂壤土	黏壤土夹砾石土	软黏土	较坚料黏土	极坚实黏土
允许渗流坡降	水平段 i_x	0.05～0.07	0.07～0.10	0.10～0.13	0.13～0.17	0.17～0.22	0.22～0.28	0.15～0.25	0.25～0.30	0.30～0.40	0.40～0.50	0.50～0.60
	出口 i_o	0.25～0.30	0.30～0.35	0.35～0.40	0.40～0.45	0.45～0.50	0.50～0.55	0.40～0.50	0.50～0.60	0.60～0.70	0.70～0.80	0.80～0.90

注：1. 已考虑约 1.5 的安全系数。

　　2. 如果渗流出口有反滤层盖重保护，表列数据可适当提高 30%～50%。

　　3. 资料来源：毛昶熙《电模拟试验与渗流研究》。

表 8.4　控制地基土偶然性渗透破坏的允许平均渗流坡降

地下轮廓型式		板桩型式的地下轮廓					其他型式的地下轮廓				
地基土质类别		密实黏土	粗砂、砾石	壤土	中砂	细砂	密实黏土	粗砂、砾石	壤土	中砂	细砂
坝的等级	Ⅰ	0.50	0.30	0.25	0.20	0.15	0.40	0.25	0.20	0.15	0.12
	Ⅱ	0.55	0.33	0.28	0.22	0.17	0.44	0.28	0.22	0.17	0.13
	Ⅲ	0.60	0.36	0.30	0.24	0.18	0.48	0.30	0.24	0.18	0.14
	Ⅳ	0.65	0.39	0.33	0.26	0.20	0.52	0.33	0.26	0.20	0.16

注：根据 B. 丘加也夫实地调查成果分析。

8.3.5　管涌土允许渗透坡降与含泥量的关系

试验结果表明，发生管涌的临界渗透坡降还与细粒中含泥量有关。在浙江的宁波、台州和温州等地，地面 10m 以下砂卵石层中，其颗粒级配分选不好，缺少 2.5～5mm 的砂粒，不均匀系数达 50～170，允许渗透坡降只有 0.3 左右。而在其下部的砂卵石中，由于含泥量（d 小于 0.05mm）逐渐加大，允许渗透坡降也逐渐加大。原状土的渗透试验结果表明：

上部含泥量为 10%，不均匀系数为 30～120，允许渗透坡降为 0.6～3.0；下部含泥量为 15%，不均匀系数为 100～180，允许渗透坡降为 3.0。

以上结果说明，含泥量增加，土的抗渗强度也会增加，具体的数量关系则应根据具体工程的实际情况而定。

8.3.6　黏性土体的允许渗流坡降

1. 土石坝防渗体允许渗透比降

轻壤土（粉土）：$[i]＝3～4$；

壤土（粉质黏土）：$[i]＝4～6$；

黏土：$[i]＝6～10$。

2. 基坑工程黏性土的允许坡降

一般情况下 $[i]＝3～6$；

当出口有盖重防护时 $[i]＝5～8$。

8.4　对基坑底部地基抗浮稳定的讨论

8.4.1　坑底抗浮稳定和结构物抗浮的区别

对于建（构）筑物的抗浮稳定核算，有关规范早有规定。但对基坑底部地基本身的抗浮稳定却少有提及。

坑底地基的抗浮稳定与其上部的钢筋混凝土结构的抗浮稳定是有很大区别的。

1）从时间来看，建（构）筑物的抗浮稳定是永久运行期间的问题，而坑底地基的抗浮稳定则是施工期间的重要问题。

2）从强度来看，地基土的强度显然大大低于混凝土的强度。因此，建筑物混凝土不必考虑是否被承压水局部破坏的问题，而坑底地基则必须考虑被地下水或承压水顶托，因管涌或流土等原因而产生局部破坏。

从风险程度来看，施工期间坑底地基抗浮稳定总是显得更脆弱些，应得到足够的关注。

8.4.2　坑底抗浮的有利和不利因素

1. 有利因素

1）黏性土厚度大且分布连续均匀；

2）黏性土的凝聚力 C 较高；

3）坑底地基土与周围的支护结构（墙、桩等）的摩阻力较大；

4）条形或小型基坑。

2. 不利因素

1）不透水层厚度小，不连续，不均匀；

2）承压水头大；

3）土的透水性大；

4）土的裂隙（如黄土等）发育；

5）岩层节理裂隙发育，风化层透水性大；

6）大面积基坑；

7）地基被墙、桩、降水井和勘察孔切割、穿透。

8.4.3　如何判断坑底抗浮稳定性

1. 抗浮计算方法

目前有几种计算坑底抗浮的方法，多是以上部荷重与下部浮托力相平衡且有一定安全系数来考虑的。实际上这只是一种平衡（即荷载平衡）。前面已介绍了由于土的凝聚力不同而造成的内部抗渗透能力不同，所以还需要核算第二种平衡条件，也就是渗透坡降的平衡问题。

2. 地质勘察工作

目前，基坑的平面尺寸已经做得很大，例如长度可达上千米，宽度可达 200m，基坑面积十几万到二十几万平方米，基坑深度可达 40～50m，基坑内部有几百到上千根大口径的深桩和很多降水井以及多根勘探孔。这样的基坑，其工程地质和水文地质条件变化相当大，给工程带来很多不确定性。要想准确判断坑底地基抗浮稳定性，就必须获得足够的工程地质和水文地质资料。但是目前很多地段的地质勘察工作都没有达到施工图纸设计阶段要求的深度和广度。所以，要想保证基坑施工期间安全稳定，补充地质勘察工作是必不可少的。

3. 如何选取坑底地基抗浮安全度？

渗透水流总是寻找流动阻力最小的孔隙、裂隙、夹层、空洞、通道和各种薄弱的界面流动的，这些部位也正是容易产生渗透破坏的部位。但是这些部位往往无法事先预测到。在渗流控制设计时应当充分考虑这些偶然因素的影响，为此常常采用控制平均渗流坡降的方法，来防止渗透破坏的发生。

对这个问题，要采取具体问题具体分析的方法来解决。

1）如果基坑规模很小，施工工期很短，深度不是很大，坑底土质好且连续，则抗浮稳定安全系数略小些，也是可以施工的。

2）对于特大型基坑，特别是一些滨河、滨海地区，由于海相、陆相交叉沉积，互相交叉，造成不透水层出现缺口漏洞，又受到较高承压水顶托时，宜取较大的安全系数，最大可取 2.5。

3）对风化岩基坑，则应根据基坑底部位于风化岩和残积土中的位置和承压水头的大小，来选取适当的抗浮安全系数。总的来看，可略小些。

8.5　本章小结

1）本章重点讨论了深基坑渗流控制的基本原则和基本措施，可供设计参考。
2）本章提出了不同情况下的允许渗透坡降值。
3）本章探讨了基坑坑底部地基抗浮稳定问题和抗浮措施。

参考文献

[1] 钱家欢，殷宗泽 . 土工原理与计算 [M]. 2 版 . 北京：中国水利水电出版社，1996.
[2] 殷宗泽 . 土工原理 [M]. 北京：中国水利水电出版社，2007.
[3] 水利水电规划设计总院 . GB 50287—2006 · 水利发电工程地质勘察规范 [S]. 北京：中国计划出版社，2006.
[4] 江苏省水利勘测设计研究院 . SL 265—2001 · 水闸设计规范 [S]. 北京：中国水利水电出版社 .
[5] 华东水利学院 . 水闸设计（上）[M]. 上海：上海科学技术出版社，1983.
[6] 水利水电工程地质手册 [M]. 北京：水利电力出版社，1985.
[7] 松冈元 . 土力学 [M]. 罗汀，姚仰平，译 . 北京：中国水利水电出版社，2001.

第9章 深基坑的防渗体设计

9.1 概 述

9.1.1 设计要点

本章只考虑深基坑支护结构的防渗设计。

在取得初勘、详勘和补勘资料以及基坑基本参数之后，参考已建成工程的经验，选取基坑计算的地层参数，进行基坑渗流分析轴计算，求出最小入土深度；再进行基坑的各项稳定计算和内力计算；经多次试算，选用经济合理的入土深度等参数完成最后设计。当工程地质条件复杂、基坑规模大、承受的荷载变化很大时，应选用多种计算参数和计算方法进行计算分析对比，选用合适的入土深度，以保证设计、施工工作的安全进行。

对于岩石基坑，要考虑岩石透水性的影响。有些岩石（如花岗岩）的弱风化层的透水性不但比表层的全风化和强风化层大，甚至比第四系砂层还大。因此，不能认为渗透破坏只发生在第四系的软弱地层（如淤泥和砂层）中。实际上，在超深（如 30~40m 以上）基坑中，其底部透水性较大的岩层中也可能发生渗透破坏。此时可采用水泥帷幕灌浆等方法加以解决。

支护体系设计要坚持安全、质量、经济、方便施工的原则。

在掌握基坑工程特性（平面尺寸和深度等）、场地工程地质条件和水文地质条件、场地周边环境条件等资料后，应对影响基坑工程支护体系安全的主要矛盾进行分析，确定影响支护体系安全的主要矛盾是土压力还是渗流。一般来说，地下水位较高的砂土地基中基坑工程渗流是主要矛盾，特别是有承压水时，矛盾更为突出。软黏土基坑的主要矛盾是支护结构和土体的变形与控制问题。在支护体系选型和设计过程中一定要注意处理好主要矛盾。

在基坑工程支护体系设计中，要重视支护体系失常或土方开挖对周边环境和工程施工造成的影响。当场地开阔、周边没有建（构）筑物和市政设施时，基坑支护体系主要是本身的稳定，可以允许支护结构及周边地基发生较大的变形。这种情况可按支护体系稳定性要求进行设计。当基坑周边有建（构）筑物和市政设施时，应对其重要性、对地基变形的适应能力进行分析，并提出基坑支护结构位移和地面沉降的允许值。在这种情况下，支护体系设计不仅要满足稳定性要求，还要满足变形要求，而且支护体系设计往往由变形控制。但是在上述两种情况下，都必须保证基坑的渗流稳定性。

9.1.2 深基坑防渗措施

1. 基本原则

一般情况下，对于深大基坑，特别是在承压水条件下，应优先采用以防渗措施为主的方案。

对于超深基坑来说，宜首先考虑采用地下连续墙作为支护；深度较浅的基坑，可采用咬合桩、灌注桩与高喷桩、水泥土搅拌桩组合作为支护结构。关键是一定要做好防渗，确保基坑不会发生管涌、流土（砂）、突涌和墙体漏水等破坏，确保基坑周边环境不致遭受大的破坏。

这里要指出的是，当采用桩间防渗方案时，由于灌注桩和防渗桩（高喷桩、水泥搅拌桩等，下同）钻孔偏斜度不一致，会使两种桩之间没有搭接上，无法形成连续的防渗帷幕。钻孔越深、偏斜越大、空隙越大，越可能成为漏水通道。

还有一点，由于灌注桩与防渗桩（帷幕）的刚度不同，在外荷载作用下，两者变形和位移不一致而被拉开缝，也会成为漏水通道。所以对深度较大、重要性较高的基坑工程，不宜采用桩间防渗方案；由于同样原因也不宜采用咬合桩方案。如果真有必要采用时，必须经过认真地论证，采取足够的保证措施。

对于承压含水层顶板高于基坑底的基坑，也不宜采用上述组合方案。否则的话，承压水可能从墙外侧击穿桩间防渗体而形成漏水"短路"，直接涌入基坑内。或者是从咬合桩接缝间进入基坑内。已经有不少基坑发生了此类事故。

2. 主要防渗措施

1）地下连续墙底部加长（不放钢筋）或变截面。

2）地下连续墙底部灌浆（岩石地基或砂砾石地基）。

3）地下连续墙底部或在坑外侧采用水泥帷幕灌浆或高压喷射灌浆（土层）。

4）在基坑外围建造防渗墙（帷幕）。

5）咬合桩。

6）基坑底部水平防渗（水下混凝土底板、高压喷射灌浆或水泥搅拌桩）。

7）冻结法。

9.1.3　不透水层

在基坑防渗设计中，正确理解和认识基坑地基不透水层（隔水层）概念，是极为重要的。

1. 不透水层的概念

所谓不透水层（也叫隔水层），包括黏性土层和低透水率的岩石这两类地层。

（1）黏性土作为不透水层

可作为不透水层的黏性土有黏土、粉质黏土，以及含有少量砾、砂的黏性土，还有残积土和冰碛土等。有时含黏粒较多的粉土也可作为不透水层。

它们可能是冲洪积的、残积的，以及海相或湖相沉积的。总的来说，它们的强度不高，易在强大渗流压力下产生流土（砂）、隆起和突涌等破坏。所以它们必须具有足够的厚度和强度。

一般来说，作为不透水层的黏性土的渗透系数应当小于 10^{-5} cm/s。

（2）低透水性的岩石

可作为不透水层的有黏土岩、砂岩、火成岩或变质岩的微风化层，或者是某些岩石的弱风化层。通常情况下，花岗岩等类岩石的弱风化层是富水层，不宜作为防渗体底部的不透水层，这从广州黄埔珠江大桥的锚碇（见 21.2 节）、燕塘地铁车站（见 20.2 节）等工程可看得很清楚。

岩石风化层中往往含有一些充填物，在较高的水头压力时也会被冲刷出来形成渗漏通道。另外，强、弱风化层中水量丰富，如不采用降水，则挖到坑底时，由于涌水量大，可能无法进行后续施工。所以，不能以为地下连续墙底进入基岩就没事了。

2. 不透水层的连续性

无论是黏性土，还是低透水性的岩石，在平面和空间上都必须是连续无缺口的，其最小厚度要满足前面所说的坑底抗突涌的两个条件（见 7.2 节）。

天津某地铁基坑采用地下连续墙支护，墙底大多进入黏性土中，但有一段地下连续墙底虽然进入粉质黏土中，可是此层黏土并不连续，在几十米以外就尖灭了。所以该段墙底实际是悬在砂层中了。

3. 相对不透水层

1）当上层渗透系数大于下层 100 倍以上时，可认为下层地层是相对不透水层。

2）当上、下层的渗透系数相差在 5 倍以内时，可当做一层来对待，新渗透系数为两层的加权平均值。

3）当下层土比上层土的渗透系数小一个数量级，即 $K_下 \leqslant (1/30 \sim 1/50) K_上$ 时，下层土可认为是相对不透水层，防渗墙或帷幕底可伸入其中。

4）当上层土的渗透系数比下层土小一个数量级时，下层土内便可产生承压水。对于岩石基坑来说，其表层残积土和下面风化层的渗透系数之间就可能出现这种关系。

根据上述几条原则，在一些建筑材料匮乏的地区，可以使用粉土、粉砂来作为河堤或围堰的防渗墙，当然水头不能太高。但在基坑工程中，这些是不能作为不透水层来对待的。

9.2　基坑底部的防渗轮廓线

9.2.1　概述

在结构计算中要对各种外力和荷载的传递和转化路径进行明确的说明。

基坑的渗流稳定同样存在这个关系。对于体形很大、分区较多、地质条件复杂的基坑，需要对它们基坑底部的防渗轮廓线做出明确的安排。

9.2.2　防渗轮廓线设计要点

下面结合一些工程实例加以说明。

1. 天津某综合交通枢纽

此枢纽中设计有国家铁路 1 条、地铁线 3 条，配置有地面公交和出租车以及服务设施。总计基坑面积 20 多万平方米，基坑深度最深 29.5m，最浅 11m。其中的国铁线全部采用明挖施工，以坡道引进（出）国铁进入地下车站。坡道基坑深度由 16m 增加到 29.5m。其他几个地段的基坑深度在 20～25m 之间，最浅的是出租车站基坑，只有 11m 左右。

从该枢纽站地质条件来说，20~22m 以上全是淤泥质粉质黏土和杂填土等不透水层，以下全是透水的砂层，中间虽有黏性土透镜体，但不连续。

在深度 58~63m 的地层中，有 3 个不透水的黏性土⑨₁⑨₃⑩₁互相交错分布，可作为隔水层。但在有些部位并不连续，有些部位厚度很薄，不能作为连续的隔水层（见图 9.1）。

可以看出，除了出租车站基坑底部位于淤泥质土层中以外，部分基坑底部位于不透水的黏性土层中，部分基坑底部位于透水砂层中。

在这么大体形的基坑中，为了保持基坑稳定，就需要对基坑总体的地下防渗轮廓线进行缜密的设计。此时对于较浅的基坑来说，它的地下连续墙入土深度不再是由本基坑的结构计算决定的，而是由整个大基坑的总体渗流稳定要求来确定的。在坡道段的阶梯式地下连续墙下面，承压水有可能从阶梯的空档中突涌，造成基坑渗流破坏。

从基坑平面来看，由于拆迁等原因，各个标段不会同时开工。在各个标段之间应设置临时或永久的防渗隔断地下连续墙或帷幕，并且要满足在最不利条件下的渗流稳定要求。

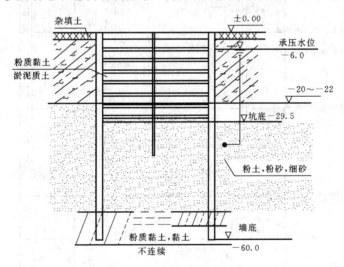

图 9.1　天津市某基坑剖面示意图

2. 广州地铁某交会站

广州地铁某交会站，两条地铁线成十字交叉。上部地铁基坑深度为 16.0m，下部基坑深度为 32.0m，位于花岗岩残积土和风化层中。

原设计上下两个基坑底部全部采用坑内降水和高压喷射灌浆加固地基方案，效果很不理想，且对周边环境影响很大。后在深基坑周边采用灌浆帷幕方法，封闭花岗岩风化层，效果很好。唯因浅层基坑周边未做灌浆帷幕，必须进行深层降水，造成周边楼房沉降；且下部预应力锚索穿透了防渗帷幕，破坏了防渗体的连续性，导致上部基坑漏水进入深基坑，影响其开挖。这就说明，在两个深度不同的交叉基坑内，应当把它们的防渗体互相连接起来，避免出现漏水通道。

在本例中，笔者认为，两个深浅不同的基坑均应采用灌浆帷幕方案，封闭承压水。开挖时只需把基坑内少量渗水排除即可。实践证明，对于这种残积土基坑坑底采用降水和高喷桩加固的方法是不可行的。

3．天津某交通枢纽

此枢纽的基坑总面积约 9 万平方米，主要基坑深度 25～32m，由 4 个标段组成，每个标段控制 2 万～3 万平方米地段。这个基坑地质条件的特点是：第二层承压水的隔水顶板在某些地段缺失，造成该段地下连续墙底悬在透水的砂子和粉土中（见图 9.2）。此段缺失在地质剖面中并无展示，是从众多的勘探孔柱状图中查找出来的。有了这个经验，在以后各标段设计中，均把地下连续墙适当加长，使其真正进入不透水层中。在相邻两个标段之间采用素混凝土地下连续墙作为防渗隔断墙。

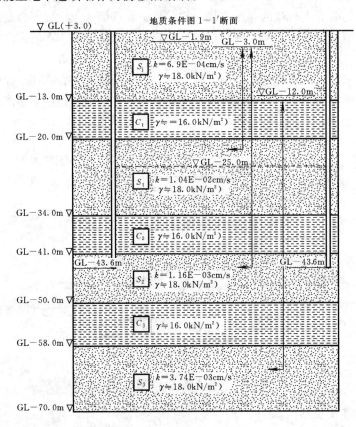

图 9.2　天津某基坑剖面图

4．天津地铁 3 号线某车站基坑

原设计标准段和端头井段地下连续墙底均位于砂层中，基坑开挖过程出现流砂事故。后来在外面补做一道素混凝土防渗墙，但端头井地下连续墙与新防渗墙之间仍然存在漏水通道（见图 24.2），造成了基坑的大事故。

9.2.3　地下连续墙底进入不透水层的必要性

如果地下连续墙底未进入不透水层内，则坑内必须设降水井，同时抽取坑内外的地下水来降低坑内地下水位，以便顺利开挖；同时也降低了坑外地下水位，使坑外环境遭受影响。一旦抽水水泵失电或者是井管滤水段堵塞，则可能造成地下水位迅速回升，在短时间内就会使地下水携带砂或淤泥迅速涌入基坑内，失去稳定。特别当按规程 JGJ 120—1999 的 4.1.3 设计时，墙底悬在透水层中风险更大。所以，在条件允许的情况下，特别是深基坑，均应把墙底深入到不透水层内。

9.2.4　小结

综合以上几个工程实例可以得出以下几点看法：

1) 基坑地下连续墙底部的总体地下轮廓线应当连续，并进入不透水层足够深度。

2) 对于阶梯式深度不同的基坑来说，要注意核算阶梯处渗流稳定，要使防渗结构紧密连续连接。

3) 要仔细分析地质资料，研判不透水层的缺失，防止墙底"悬空"。

4) 防止预应力锚索（杆）或斜向的小桩穿透防渗体。

9.3　地下连续墙的入土深度

9.3.1　概述

所谓入土深度就是指基坑支护结构（地下连续墙、灌注桩等）在基坑底以下的深度，常用 h_d 来表示，也有叫嵌固深度的。它是基坑支护设计中最重要、最关键的指标。

基坑是否安全稳定是由多方面因素决定的。地下连续墙等支护结构具有足够的强度和钢筋用量固然是很重要的，但是各个行业的多个工程实例都证明，基坑破坏的主要原因不是钢筋配的太少，而是坑底入岩（土）深度不够深，与周边环境不协调；或者是对软弱地层和地下水认识有误，没有采取合理的防渗降水措施；或者是结构施工质量太差，从而造成管涌、"突水"事故后再引发滑动、踢脚等破坏，这样的例子举不胜举。在很多情况下，人们忽视了渗水造成的危害，因而付出了很大的代价。

能否保证基坑开挖期间的渗透安全稳定，关键在于地下连续墙底等支护结构的入岩（土）深度 h_d 的大小。对于任何一个深基坑来说，当它存在着渗流破坏问题时，都要根据该工程的具体情况，通过渗流计算，确定一个合理的入土深度 h_d。

笔者曾选取不同的 h_d 进行比较，发现 h_d 与墙体内侧弯矩成反比关系，即 h_d 越小，内侧弯矩越大，则墙底渗透比降也越大，越容易造成基坑涌水破坏。由此看来，应当综合考虑几方面的影响，进行渗流分析和结构计算，再选择合适的 h_d。

由渗流稳定确定的入土深度是基坑设计的最小入土深度。就是说，如果入土深度比这个数值还小，就会发生渗流破坏而导致基坑事故。

9.3.2　地下连续墙入土深度的确定

据了解，国内外已经提出了 20 多个入土深度计算公式，由此可见国内外同行的关注程度之高（见《第二届全国岩土工程实录交流会论文集》，463 页）。

1. 应根据如下条件确定入土深度

1) 在基坑内外土、水压力的作用下，坑底不隆起。

2) 基坑内土体在支护结构水平力作用下，有足够强度。

3）支护结构不产生水平滑动（踢脚）和整体滑动。

4）支护结构不倾覆。

5）支护结构水平位移和沉降在允许范围内。

6）基坑底部在潜水或承压水作用下，不发生管涌或突涌。

7）基坑内降水时，不会影响坑外的周边环境安全。

8）最小入土深度。

其中，第2）点是指在悬臂式基坑中不会因支护结构向内倾覆，推挤坑底土体而造成支护结构失稳和基坑事故。通常这种型式的支护结构的入土深度应大些。

还要注意，当采用人工挖孔桩作为基坑支护时，由于桩长肯定大于基坑深度，在降水挖孔到达桩底时，降水深度加大，形成很大的降水漏斗，基坑所承受的水压力大大超过了原设计值。因此，在基坑开挖之前就可能导致周边建筑物或管线变形或破坏。

日本有资料指出，应当考虑以下几项影响因素来确定入土深度：

1）根据土压力计算插入深度。

2）根据弹塑性的土压力来计算插入深度。

3）基坑底面的稳定（管涌、流土、突水和冻胀等）。

4）挡土墙的支撑力。

5）插入部分的弹性变形的限制。

6）最小的插入深度。

图9.3表示的是基坑的基本破坏型式。除图9.3（a）之外的几种破坏型式都与渗流有着直接或间接的关系，也就是和入土深度有着直接或间接的关系。

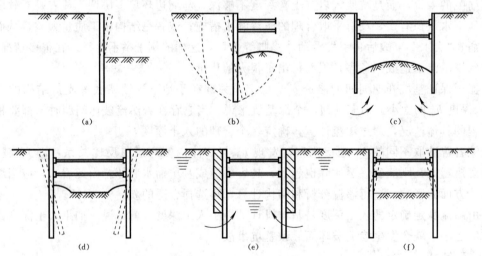

图9.3　围护体系破坏基本型式

（a）墙体折断破坏；（b）整体失稳破坏；（c）基坑隆起破坏；
（d）踢脚失稳破坏；（e）流土破坏；（f）支撑体系失稳破坏

基坑工程的入土深度的具体计算方法见第7章的有关章节。

9.4　深基坑防渗体的合理深度

9.4.1　概述

由前面叙述可知，在存在着地下水渗流条件的基坑中，基坑工程的入土深度不能只按《建筑基坑支护技术规程》（JGJ 120—1999）来确定，还要考虑渗流稳定的要求。

现在把所说的入土（岩）深度的概念扩展一下，即它不仅仅满足结构稳定的深度，而且也满足基坑渗流稳定的深度。这个深度叫做基坑防渗体的深度。

在通常情况下，基坑支护结构上部承受荷载产生的内力较大，需要配置足够的钢筋和足够强度等级的混凝土才能满足要求；但在基坑支护结构的下部，承受的荷载和内力逐渐变小，不需要配置很多钢筋，甚至是素混凝土断面即可承受，只要求此段墙的透水性很小就行了。在此条件下，可以采用以下几种办法：

1）上部为钢筋混凝土，而下部不配置钢筋（即素混凝土）墙体。

2）上部墙体厚度大，而下部墙体厚度变薄的断面型式（见本书 1.3 节）。

3）减少地下连续墙长度，在墙底进行水泥帷幕灌浆或高压喷射灌浆帷幕来防渗，也就是采用"上墙下幕"的做法。

总之，要使基坑支护结构的入土深度和防渗体深度同时满足基坑渗流稳定和基坑工程稳定、强度和造价合理的要求。

这里要指出的是，防渗体的概念比较适用于残积土和风化层中的岩石深基坑，这样就可以避免在岩石地基建造混凝土地下连续墙的施工困难，降低工程造价。

对于第四纪覆盖层中的防渗体，需要认真比较研究。对于粉土、粉细砂、淤泥土等软土地基和承压水地基中的深基坑，应当考虑万一墙下灌浆帷幕失效引起的基坑安全问题。此时的防渗体宜采用地下连续墙加长、不配筋混凝土墙加长，或改变墙体厚度变薄的结构型式。

这里提出的基坑防渗体的合理深度包含两层意思。一个就是在进行基坑防渗和降水的总体方案的技术经济和环境效益比较后得到的基坑总的防渗体系（包括地下连续墙和防渗帷幕）的合理深度；再一个就是确定基坑防渗体的深度时，如何选定基坑上部支护结构（上墙）和下部防渗帷幕（下幕）的经济合理的深度。

总的来说，这是一个基坑防渗和降水、混凝土墙体和防渗帷幕的技术经济和环境效益综合比较的问题。

9.4.2　基坑的防渗和降水方案的比较

一般情况下，在进行深基坑渗流控制设计时，应当把基坑防渗和降水问题统一进行考虑。但在以前设计中，有些并未顾及到这点。比如天津市某个深基坑工程，基坑开挖深度16.7m，地下水位很高并且有 2 层承压水。其中有一部分地下连续墙（包括盾构端头井段）底部未深入到黏性土层内。基坑开挖过程中，地下水突涌入基坑内，造成周边小区的楼房严重倾斜和沉降，从而不得不改变地铁车站设计，增加了很多工程投资。

从上例可以看出，地下连续墙做短（浅）了，其支护结构的造价可以省一些，但是降低承压水的费用则会大大增加，补偿周边环境损失费用大大增加，而且可能造成很坏的环境影响。这里就提出了一个问题：什么样的防渗和降水方案是比较合理的？笔者认为，适当长度的地下连续墙和防渗帷幕以及足够的降水系统结合起来，使得工程投资较少、对周边环境影响较小的方案，才是最合理的。这个深度就是所谓的地下连续墙和防渗体的合理（经济）深度，这种组合防渗结构就是所谓的"防渗体"。在某些情况下，取消大规模降水，适当加长墙体进入黏土层内，可以说是经济合理的。

9.4.3 防渗墙和帷幕的比较

前面已经谈到，基坑防渗体是由地下连续墙等受力结构和下部防渗帷幕组成。之所以这么做，主要原因是出于方便施工和降低工程投资的目标。

在深基坑的防渗体深度确定以后，可以选择两组或更多的地下连续墙深度和防渗帷幕深度方案进行设计施工和经济造价方面的对比，从中选出安全程度高、工程造价小、施工方便的组合方案，作为最终设计选用的地下连续墙和帷幕数据。

9.4.4 深基坑防渗体的合理深度

这里特别要注意以下几点：

1）对于位于岩石中的深基坑来说，地下连续墙不能做得过深，墙底进入强风化或中（弱）风化层即可，其下采用灌浆帷幕，并进入到微风化或弱风化层一定深度（通常 $2\sim 4m$）。这种方案的施工比较便利，工程造价较低，工期较短。

如果把计算得到的入岩深度 h_d 全部采用为地下连续墙，则墙底进入微风化层中很长，施工会很困难，工程造价也会大大提高，工期也会大大拖长。

2）对于第四纪覆盖层中的深基坑来说，要特别注意基坑底部不透水层的连续性，特别是在承压水条件下的深基坑，尤其要注意这一点。如果坑底不透水层的厚度很薄，或者是不连续，可能导致坑底突水涌砂破坏。为此要把防渗体加长到下一个不透水层内。

3）垂直防渗体的上部（上墙）和下部（下幕）的深度和结构特性（厚度、强度和抗渗性），应当根据基坑侧壁和坑底的结构强度、整体稳定、渗透稳定、沉降和位移、工程造价和工期等要求综合确定。

4）上墙下幕的分界点应不小于根据支护结构的各种稳定性和内力计算得到的入土深度。

9.5 深基坑垂直防渗体设计

9.5.1 垂直防渗体设计要点

1. 垂直防渗体的主要型式

根据多年的设计施工实践，提出以下的主要垂直防渗体型式：

1）地下连续墙本身兼做防渗墙。

2）地下连续墙下接水泥灌浆帷幕。

3）地下连续墙（桩）接高压喷射灌浆帷幕。

4）现场灌注桩加桩间防渗和外排防渗帷幕。

5）咬合桩结构。

6）外围防渗墙（帷幕）。

7）冷冻方法形成的防渗帷幕。

2. 设计要点

1）必须进行深基坑渗流分析计算和结构计算，根据计算结果选定合理的防渗体深度。

2）采用的防渗体结构型式必须在任何部位都能保证防渗体的连续性。必须考虑高压喷射灌浆、深层水泥搅拌桩的施工偏斜造成的不均匀、不连续的影响。

3）选用的防渗体必须适合当地的工程地质条件和水文地质条件，必须满足周边建筑物和环境影响、工期和造价的要求。

4）采用上墙下幕防渗体时，两种防渗体之间的搭接长度应满足接触渗流稳定的要求，并不宜小于 2m。

5）设计时可采用如下渗透系数：

地下连续墙：$k \leqslant 1 \times 10^{-7} \sim 1 \times 10^{-8} \, \mathrm{cm/s}$ 或更小；

水泥灌浆帷幕：$k \leqslant 1 \times 10^{-4} \sim 1 \times 10^{-5} \, \mathrm{cm/s}$；

高压喷射灌浆帷幕：$k \leqslant 1 \times 10^{-4} \sim 1 \times 10^{-6} \, \mathrm{cm/s}$；

水泥土搅拌防渗墙：$k \leqslant 1 \times 10^{-5} \, \mathrm{cm/s}$，允许渗透坡降不大于 50。

9.5.2　地下连续墙兼做防渗墙

1. 概述

地下连续墙本身的透水性很小，对于深基坑渗流来说，地下连续墙可看成是隔水墙。

地下连续墙的挖槽精度高，用导管浇注水下混凝土，各道施工工序和过程都是可控制的，它的成墙质量可靠，应当是基坑工程最安全可靠的防渗体。

以往的实践表明，地下连续墙基坑发生事故，大多是由于墙的深度不够，或者是因施工不当导致墙体接缝或内部漏水。本节将讨论这类问题。

对于地下连续墙来说，基坑以下一定深度内受力和配筋较多，再往下就没那么大了，此段就可不配受力钢筋，变成"素"混凝土段，也可把墙体做成上厚下薄的变截面型式。

深基坑采用地下连续墙的优点如下：

1）地下连续墙的结构刚度大，能减少支护结构较大的水平位移。

2）地下连续墙单元墙段长度 6m 以上，防渗止水效果很好，可减少基坑侧壁渗水短路的影响。

3）采用地下连续墙加水平内支撑方式，可使地下连续墙成为"三合一"墙，可兼做地下室外墙，可增加地下室的空间使用面积，并可减少混凝土数量和施工工期。

4）地下连续墙施工无振动、无噪声、污染小，对周边环境影响小。

5）后期土方回填量小，工程费用少。

本节重点关注地下连续墙和基坑的抗渗设计，其他内容见第 5、6 章。

2. 深基坑地下连续墙的深度

根据上节的叙述，地下连续墙的最小深度应当由深基坑的渗流稳定分析计算结果确定，再结合墙体结构的强度、基坑和地基的稳定和经济条件来确定地连墙的设计深度。有关渗流稳定的计算方法见第 7、8 章。

这里需要注意以下几点：

1）应当认真阅读、研究地质勘察报告的文字和图表，详细了解基坑的工程地质和水文地质条件，特别是潜水和承压水的分布和特性，地下水连通情况、承压水顶板地层的连续性、厚度和透水性，确保墙底伸入不透水层（或岩石）内足够深度。这一点非常重要。

2）对于透水砂砾石层很深的基坑，地下连续墙不能进入下面的不透水层而成悬挂式时，此时的防渗墙的长度应当与基坑降水系统结合起来考虑。为了减少对周边环境的影响，宜采用坑内降水的方法。要使降水井底高于地下连续墙底部，这样可把基坑降水对坑外地下水位的影响降到最低。此时的地下连续墙深度要通过试算确定。有关计算见第 7 章和第 10 章有关内容。

3）对于软土地基的深基坑，宜慎用上墙下幕的防渗体、灌注桩或咬合桩支护，而应采用地下连续墙一墙到底的型式。

4）英国规范 BS8004（1986 年）的 2.3.3 条对周边墙的要求是：贯入深度（即入土深度）应足以提供土的被动抗力要求，并防止墙底渗流造成的冲刷。

5）根据钱塘江流域的经验，对于淤泥质土层中的深基坑，特别应当防止地下连续墙底部的踢脚和坑底隆起。有的墙底向内移动可达 20～60cm，引起坑外承压水携带淤泥或粉细砂涌入坑内，形成几米深的泥潭，造成很大事故。

6）广州地区的某个深基坑，也曾因为地下连续墙底部踢脚，向坑内位移过大而造成事故。特别要注意，在开挖中因淤泥土的侧压力过大而造成支护桩和坑内工程桩的侧移破坏。

有的地方软土层很厚，例如澳门南方大厦淤泥厚达 14m（见图 9.4），而钢板桩支护结构长度仅 12m，没有穿过淤泥层。当基坑开挖 9m 时发生踢脚，桩底水平位移达 1.7m，淤泥在压力差作用下，推挤基坑内 $d=500\text{mm}$ 的预应力管桩产生水平位移，最大达 1.5m。在此条件下，采用钢板桩显然是不合理的。

综上所述，深基坑地下连续墙的深度应当在仔细分析地下水和地基土的特性并选用合适的支护结构之后，经多种计算方法比较之后加以选定，并应在设计值上再加长 2～3m，以策安全。

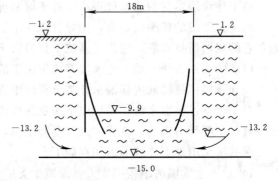

图 9.4　基坑侧墙踢脚图

3. 地下连续墙下部变为素混凝土墙

由于某些原因，比如为了使地下连续墙穿过透水层进入下一不透水层（隔水层）时，地下连续墙的深度往往要增加很多。

在此情况下，墙体下部所受内力将大大减少，钢筋也可大大减少。此时墙的下部可做素混凝土结构，即不配受力钢筋，只根据埋设观测仪器和接头管的需要配置一些构造钢筋（见图 9.5）。这种设计已在天津人才大厦、天津地铁大厦、天津站交通枢纽等地下连续墙中采用并实施，效果很好。

目前"素"混凝土段的长度约为 6～15m。混凝土强度等级与上部墙体相同。还有一种情况，就是在同一个墙段内，浇注不同强度等级的混凝土。在国内不少病险水库土坝中新建防渗墙，往往在下部坝基中使用强度等级较高黏土混凝土（C5～C10），而在上部黏土坝体部位只使用低强度的塑性混凝土（C2～C3）或自硬泥浆，以使新建防渗墙与老坝体保持变形一致。在基坑地下连续墙中也可考虑采用此种结构型式。

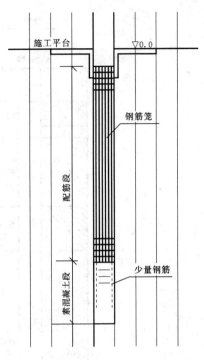

图 9.5　地下连续墙下段变"素"混凝土段

4. 深基坑地下连续墙的变截面设计

（1）概述

当需要把地下连续墙下部改为"素"混凝土段的情况时，还可采用以下方法，即把地下连续墙做成上厚下薄的变截面型式。这里的关键问题是变截面分界点放在哪里合适？

笔者认为可以放在基坑支护计算时采用的"假想铰"位置。对于软土来说，此位置约为坑底以下 $0.3\sim0.5h_p$（基坑深度）。具体数值可根据内力计算得到弯矩 $M=0$ 的深度来比较选定。

（2）工程实例

由于城市用地紧张，人们开始把大型变电站建到地下去，这样还可增加它的自身安全度。比如日本东京电力部门就在海边修建了新丰洲 500kV·A 的巨形地下变电站，它的竖井内径达 146.5m，是目前世界上用地下连续墙修建的最大竖井，墙深 70.0m，墙体上部厚 2.4m，下部厚 1.2m（见表 9.1、图 9.6 和图 9.7）。墙底伸入固结黏土层内 2.0m 以上（实为 4.0m）。

表 9.1　地下变电站竖井指标表

直径	146.5m	说明
深度	70.0m	
壁厚	2.4m（GL—44m） 1.2m（GL—70m）	
槽段数	78（先行、后行各 39）	周长约 460m
掘削土量	约 1360000m³	
混凝土量	约 63000m³	
钢筋量	约 8000t	平均 130kg/m³
钢材量	约 2050t	

竖井周长约 460m，分为 78 个槽段，分两期施工。一期槽段长 8.904m，二期槽段长 3.20m，见图 9.8。由于墙体上厚下薄，采用了以下施工方法：

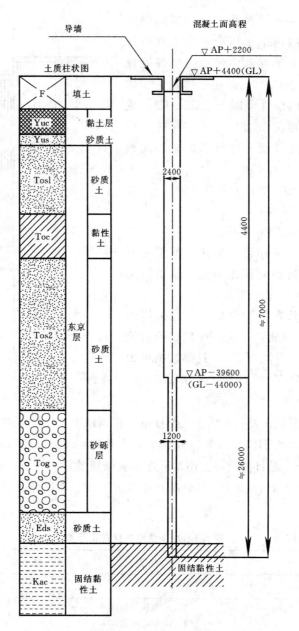

图 9.6　日本新丰洲变电所地下连续墙剖面图

　　上部地下连续墙用两台 EMX320 型铣槽机施工，下部则使用两台改装的 EMX150 型铣槽机，施工顺序见图 9.9。当上部厚 2.4m 的槽段挖完之后，即将改装的 EMX150 铣槽机放入槽内，在导向板 B 及 D 的支撑下，挖出厚 1.2m 的开口段，然后将导向板 D 收缩变窄为 C，继续向下挖掘 1.2m 槽孔，当 C 板全部进入厚 1.2m 的槽孔内以后，再将导向板 B 收窄为 A，则可继续向下挖掘到设计孔底。

　　该工程施工准备 4 个月，机械组装和试运行两个月，一期槽（39 个）施工用了 7 个月，二期槽施工用了 5 个月，总共浇注了 6.3 万立方米的 C30 的混凝土，用了约 8000t 钢

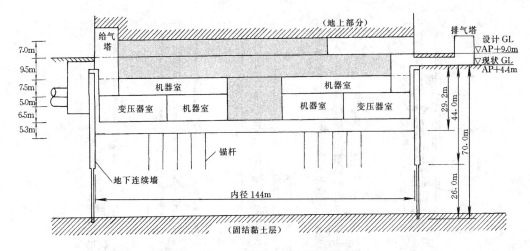

图 9.7　地下变电站剖面图

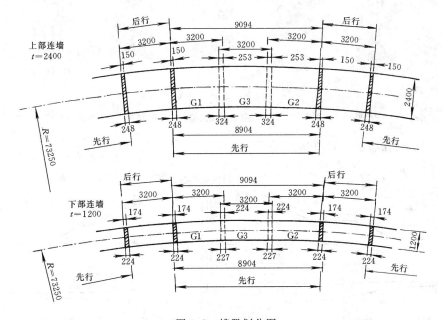

图 9.8　槽段划分图

材，平均用钢量约为 $130 kg/m^3$。

施工中控制挖槽精度小于 1/1000。施工过程中随时检测孔斜并进行纠偏，实测孔斜小于上值。

9.5.3　地下连续墙与灌浆帷幕

1. 概述

1) 本节讨论的是基坑地下连续墙与灌浆帷幕相结合的问题。

在水利水电工程中，很早就采用了地下防渗（连续）墙下面接水泥灌浆帷幕的防渗技术。对于高土石坝来说，常常是在防渗墙工程中埋设 1~2 排灌浆孔，待防渗墙完工后，再通过这些预埋孔向下部复盖层中灌浆。有时大坝很高时，还需要在防渗墙的上游或下游

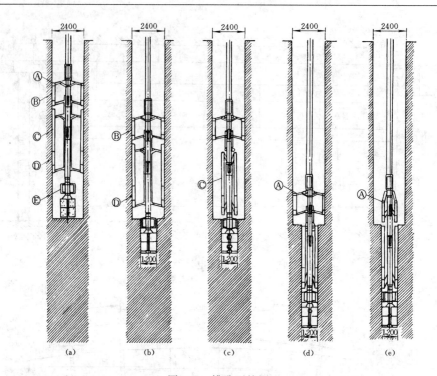

图 9.9 槽孔开挖图

(a) 挖厚槽；(b) 挖窄槽；(c) 变窄导向板挖槽；(d) 挖窄槽；(e) 继续挖窄槽

侧从地面向下钻孔灌浆，如图 9.10 所示。

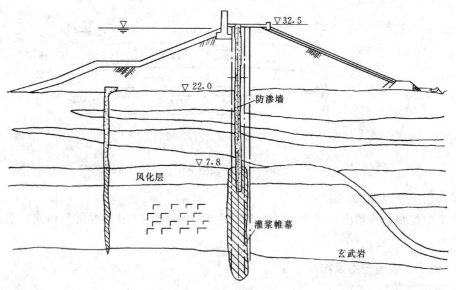

图 9.10 册田水库土坝剖面图

2) 对于深基坑工程来说，特别是对于岩石基坑来说，墙底如果进入微风化层，施工难度会很大也不经济。最好的方案是把地下连续墙底放在岩石表层的强风化或中风化层内，其下再逆作灌浆帷幕，进入微风化层内。

　　3）对于第四纪的覆盖层内的深基坑，当透水层很深时，也可考虑在地下连续墙下部接灌浆帷幕的方法。

　　4）对于地下连续墙底部位于软土（淤泥土）地层的深基坑防渗墙，其底部不宜采用灌浆帷幕。

　　5）灌浆方法：

　　①充（回）填灌浆。在建筑物与地基之间的空洞或空隙进行充填灌浆，往往以减少涌水量和止水为目的，也有用以提高地基承载力和稳定性的。

　　②裂隙灌浆。此法用来封堵岩体中的裂隙渗水通路，多用于隧洞和竖井的开挖。

　　③渗透灌浆。此法使灌浆浆液渗透到土颗粒的孔隙内，凝固后起到加固和防渗的作用。在大孔隙和较大孔隙中，多使用水泥浆、水泥黏土浆进行灌浆，在中等孔隙如中砂地基中，则宜用化学浆液。

　　④脉状灌浆。此法用于透水性小的地基，如粉细砂及黏土层的灌浆。灌入的浆液几乎都是呈脉状渗透。

　　⑤在成层土地基中灌浆，浆液沿着层面渗透，用以提高土体强度，避免发生接触面渗流冲刷。

　　⑥挤密灌浆。此法是用很稠的浆液，将地层"劈开"而灌入地基中。

　　深基坑工程主要用做垂直和水平防渗帷幕，也用来堵漏和加固地基，主要采用的灌浆方法是裂隙灌浆（岩层）和渗透灌浆（覆盖层），可分为岩石灌浆和覆盖层灌浆。

　　6）地基的可灌性。

　　注浆法的适用范围以及对土质改良的结果，不仅取决于注浆材料的性质，也取决于灌浆的方法、灌浆工艺。灌浆方法的选择不仅是灌浆设备的选择，还要看试验结果，考虑注浆经验是否丰富，灌浆管理的方法是否可行等。在国外的工程实践中，常常采用联合的灌浆工艺，包括不同的浆材及不同的灌浆方法的联合，以适应某些特殊的地质条件和专门注浆目的需要，因而灌浆法的适用界限变得更加复杂。

　　在砂砾土层中渗透灌浆时，尤其是当浆液的浓度较大时，要求浆液中的颗粒直径比土的孔隙小，粒状浆材中的颗粒才能在孔隙或裂隙中流动。但粒状浆材往往以多粒的型式同时进入孔隙或裂隙，这可导致孔隙的堵塞，因此仅仅满足颗粒尺寸小于孔隙尺寸是不够的。同时，由于浆液在流动过程中同时存在着凝结过程，有时也造成浆液通道的堵塞。此外地基土是非均质体，裂隙或孔隙的大小不相同，粒状浆材的颗粒尺寸不均匀，若想封闭所有的孔隙，要求粒状浆材的颗粒尺寸必须很小，这从技术和经济的角度来看也是困难的。许多实验的结果表明，灌浆材料能够顺利渗透到土颗粒间的条件是：

$$N = \frac{D_{15}}{d_{85}} \geqslant 10 \sim 15$$

$$N = \frac{D_{10}}{d_{95}} \geqslant 8$$

式中　　N——注入比（可灌比）；

D_{10}、D_{15}——小于某粒径土颗粒质量占总土质量的 10％、15％所对应的粒径；

d_{85}、d_{95}——粒状浆材中，小于某粒径颗粒质量占总质量的 85％、95％所对应的粒径。

若土颗粒的粒径 $D \geqslant 0.8$mm 的土体渗透系数为 $K \geqslant 10^{-1}$cm/s 时，水泥浆材可能灌入。当孔隙的尺寸小于这一数值时，水泥浆液就不可能灌入；即使增加灌浆压力也不会得到理想的渗透灌浆效果。这时只有减小粒状浆材的颗粒尺寸，如采用超细水泥或化学浆材等，才能得到满意的结果。

岩石可灌性：岩石裂隙宽度为灌入材料颗粒直径的 3 倍时为可灌，否则难于将灌浆颗粒灌入裂隙中去。

2. 灌浆防渗帷幕设计

（1）概述

前面已经说到，一个深基坑，是单纯采用地下连续墙作为基坑的支护和防渗结构，还是采用上边是地下连续墙、下边是灌浆帷幕，应当通过设计方案分析、计算和经济比较后确定。

对墙底位于岩石风化层的深基坑来说，应优先考虑采用上墙下幕的设计方案。一般情况下，帷幕底部应进入相对不透水层。

（2）帷幕厚度的确定

1）岩基帷幕厚度的确定

防渗帷幕厚度应根据工程地质条件、作用水头及灌浆试验资料来确定。一般要求，当幕厚小于 1m 时，允许坡降为 10；幕厚 1～2m，允许坡降为 18；幕厚大于 2m，允许坡降为 25。在设计时，根据岩体透水率的不同来确定允许坡降值，再与实际计算坡降对比，如不安全，再加宽帷幕。不同透水率的允许坡降值参见表 9.2。

表 9.2　岩基不同透水率的允许坡降值

透水率	<5Lu	<3Lu	<1Lu
允许坡降	10	15	20

在工程中，因为渗透坡降随深度加大而减小，帷幕可布置成阶梯形，即上部排数多，下部排数少的形状。

2）覆盖层帷幕厚度

一般情况下，覆盖层灌浆帷幕的允许渗透坡降为 2.5～5.0；目前在新疆下板地水电站中，采用 6。在第四系覆盖层中，应根据注浆地层可灌性及注后均匀程度等因素来综合考虑帷幕厚度。

（3）灌浆材料选择

根据预定的材料进行灌浆试验后，选择符合要求的材料和配合比。当多种材料均符合要求时，可根据其综合经济技术性能指标进行选择。一般选择灌浆材料时须考虑：

1）功能符合性。即能达到灌浆的功能指标，如抗硫酸盐侵蚀性、高变形适应性、微膨胀性、亲水固化性、浸润性、抗冻性、低温固化性、可灌性。

2）经济适用性。多种材料同时满足功能性要求时，一般优先选择当地材料和造价较低的材料。

3）环境影响。对于化学浆材，应优先选择没有或低污染材料。试验时应严格控制危害，尽量避免和减少环境污染，保证人员健康安全。

灌浆材料应用最广泛的是水泥，黏土、粉煤灰常作为辅助材料使用，有特殊要求时可以使用超细、改性水泥。化学浆材可根据具体目的选用。

按灌浆的目的选择灌浆材料及对应的工艺方法可参考表 9.3 和表 9.4。

表 9.3　按灌浆目的选择灌浆材料与工艺参考表

注浆目的	浆材类型	施工工艺	浆液类型
岩基防渗	悬浮浆液，低强化学浆液	静压灌浆	普通水泥，改性水泥—超细水泥，聚氨酯改性环氧
岩基固结	悬浮浆液，高强化学浆液	静压灌浆	普通水泥，改性水泥，改性环氧等
地基土防渗	悬浮浆液，快速胶凝浆，化学浆液	静压灌浆，双液灌浆，电动化学灌浆，高喷灌浆	普通水泥，黏土，水玻璃或复合浆，聚氨酯
地基土加固	悬浮浆液，快速胶凝浆，化学浆液	静压灌浆，挤密灌浆，双液灌浆，电动化学灌浆，高喷灌浆	水泥浆，水泥水玻璃浆，聚氨酯浆，改性环氧浆液复合浆液
混凝土加固	高强度化学浆液	静压灌浆	改性环氧，聚酯浆
混凝土接缝，回填灌浆	悬浮浆液	静压灌浆，挤密灌浆	水泥浆，水泥砂浆
堵漏灌浆	快速胶凝浆	静压灌浆，双液灌浆	水泥水玻璃浆，聚氨酯浆，沥青浆
预注浆	悬浮浆液，化学浆液	静压注浆	水泥浆，水泥水玻璃浆
临时工程堵漏灌浆	悬浮浆液，化学浆液	静压注浆，双液注浆，挤密注浆，高喷注浆	

表 9.4　灌浆材料的适用范围

材料	组成成分的大小（mm）	地基的渗透系数（cm/s）	适用范围
水泥	<0.1～0.08	>10^{-2}	砾砂、粗砂，裂隙宽度大于 0.2mm
膨润土黏土	<0.05	>10^{-4}	砂、砾砂
超细水泥	0.012～0.010	>10^{-4}	砂、砾砂、多孔砖墙，裂隙宽度大于 0.05mm 的混凝土、岩石
化学浆液	—	>10^{-7}	细砂、砂岩、微裂隙的岩石

（4）帷幕顶部与底部设计

一般情况下，帷幕顶部与地下连续墙底部的搭接长度不宜小于 2.0m。帷幕底部进入微风化层（有时也可能是中风化层）内 1.5～2.0m。进入覆盖层的黏土层内深度不小于2～5m。

（5）灌浆方法

1）对于岩石地基来说，可采用以下方法：

①自上而下分段钻孔、分段压水、分段循环灌浆、分段检查透水率。

②孔口封闭，自上而下，分段钻孔，分段循环灌浆。一般不用纯压灌浆法。在岩基中不宜用袖阀管灌浆法。

2）对于第四纪覆盖层的灌浆，可采用以下方法：

①自上而下，分段钻孔，分段纯压灌浆，分段检查。

②采用袖阀管灌浆法，自下而上灌浆。

这两种方法，在实际工程中都有采用。

（6）灌浆主要设计参数

1）排数：对于深基坑工程来说，它的设计灌浆深度大多在30m以上。为了保证帷幕质量，建议：

①对于岩石地基，不宜少于2排。

②对于覆盖层地基，宜采用2～3排；当灌浆深度很大或为粉细砂地基时，不宜少于3排。

③在深基坑工程中，灌浆帷幕的排距可在0.8～1.2m左右。

2）孔距：一般一期孔距2.0～3.0m，最小孔距1.0m，可根据地层可灌性来调整。一般来说，单排灌浆难于形成连续的帷幕。

3）灌浆孔序。

当采用单排帷幕时，可按Ⅱ序或Ⅲ序孔布置；当采用二排或多排帷幕时，以梅花孔布置为宜；每排仍可按Ⅱ序或Ⅲ序孔布置。

从施工程序上，单排孔应按Ⅰ→Ⅱ→Ⅲ序孔施工；二排孔时先施工迎水排，堵住来水，再施工背水排，以加强帷幕堵水效果。

三排或多排孔时，应先封闭周边排孔，最后施工中间排，以增强防渗功能。

（7）帷幕的防渗设计标准

防渗标准是指灌浆以后达到的防渗指标。对于重要工程或处于重要位置或重点防护的工程，应采用较高的防渗标准，对于一般工程则可适当放宽。

1）岩石地基的防渗标准。

常用钻孔压水试验成果以单位透水率 q 表示，单位为吕荣（Lu）。其定义为：压水压力 P 为1MPa时，每米试验段长度每分钟注入水量 Q 为1L时，称为1Lu。若压力不等于1MPa时，可按下式求出：

$$q = \frac{Q}{PL} \tag{9.1}$$

式中 L——试段长度，m。

水利水电工程的防渗标准为：大型工程1～3Lu，中型工程一般为3～5Lu，小型工程5～10Lu。

2）松散地基的防渗标准。

松散地基的防渗标准多采用帷幕的渗透系数 k 表示，要求灌浆以后帷幕渗透系数 k 达到 $1 \times 10^{-4} \sim 1 \times 10^{-5}$ cm/s以下。

由于灌浆工程多采用钻孔压水试验成果表示，与渗透系数的关系大致可用下式表示：

$$k = 1.5 \times 10^{-5} q \tag{9.2}$$

式中 q——透水率，Lu；

k——渗透系数，cm/s。

3）深基坑工程的防渗标准。

除了参考水利水电工程以外的深基坑防渗标准外，应根据工程重要性、工程地质和水文地质条件，综合考虑后确定深基坑工程的防渗标准。现在介绍几个工程实例。

①某放射性废料的岩基灌浆帷幕工程。由于对抗渗性要求很高，在三排帷幕灌浆中，中间一排采用化学浆液。防渗标准为 $q \leqslant 1Lu$。

②广州地铁 3 号线某地铁车站的风化花岗岩灌浆帷幕为两排的水泥灌浆。防渗标准为 $q \leqslant 10Lu$。

4）帷幕的允许渗漏量。

很多基坑提出允许渗漏量作为另一项防渗标准。其标准的大小，应根据渗漏量对地层稳定的影响和抽排水能力来确定。如果渗漏量太大，则应降低单位透水率标准，即减少帷幕的透水性。

3. 灌浆试验设计

（1）灌浆试验目的

灌浆试验设计应由设计单位完成。灌浆试验的目的是论证工程地基防渗、加固采用灌浆方法在技术上的可行性、效果上的可靠性和经济上的合理性；推荐合理的施工方法和良好的施工工艺、适宜的灌浆材料和配合比；提供相关的施工参数，如孔、排距、帷幕或固结孔深度、灌浆压力，选定试验参数条件下灌浆已达到的效果及灌浆质量检查标准；提出灌浆机械设备应具备的能力，为编制注浆设计和施工技术要求提供依据。

（2）灌浆试验工作内容

灌浆试验应完成的工作包括：

编制灌浆试验大纲和技术要求；进行灌浆材料、浆液及结石体物理和化学性能试验；按拟定的灌浆工艺和参数完成钻孔、裂（孔）隙冲洗、压水（注水）试验、灌浆；按拟定的灌浆质量检查手段进行不同工艺参数条件下的质量检查；进行试验成果整理，得出试验结论，评价和推荐灌浆施工方法、工艺参数、灌浆材料及配合比、处理标准、检查手段等，编制试验报告。必要时聘请灌浆专家进行咨询和评审。

（3）灌浆试验参数设计

试验参数常常选择多组，通过试验的效果作经济比较，最后选定最优参数用于灌浆工程施工设计中。灌浆试验参数包括钻孔布置型式、灌浆孔径、排距、防渗固结灌浆的深度、灌浆压力、段长、结束标准、检查手段及试验应提交的资料等。

1）灌浆试验孔的布置型式。灌浆试验孔的布置型式应根据地质条件的复杂程度和灌浆目的而定。地质条件简单、灌浆加固、防渗要求较低时，可按单排布置，见图 9.11（a）。复杂和灌浆加固、防渗要求较高时，可按双排布置，见图 9.11（b）。当地质条件极为复杂和灌浆加固、防渗要求极高时，宜布置三排或多排，见图 9.11（c）、（d）。试验孔分序一般按Ⅲ序行，但当地质条件简单时，也可按Ⅱ序设计。施工时先施工Ⅰ序孔，再施工Ⅱ序孔，最后施工Ⅲ序孔。质量检查孔根据需要，多布置在同一施工参数的两个或三个灌浆孔之间，其多少结合试验选定的参数组数确定。

2）灌浆试验孔、排距和孔深的确定。必须结合地基的实际情况，选定多组相近参数并结合经验配比确定。

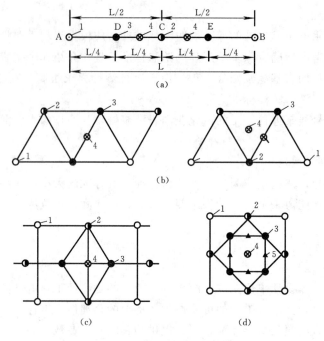

图 9.11　典型灌浆试验孔的布置型式
（a）单排孔布置；（b）三角形布置（c）梅花形布置；（d）方格形布置
1—Ⅰ序孔，2—Ⅱ序孔，3—Ⅲ序孔，4—检查孔，5—Ⅳ序孔

3）灌浆试验压力。可参考经验公式和类似灌浆试验结果选定。

4）浆材配合比。可根据浆材种类和室内材料试验结果，选择 2～3 种施工配合比进行试验，与灌浆试验结果对比，选定合适的浆材与配合比。

5）灌浆结束标准。应根据灌浆方法、灌浆材料、施工工艺和工程重要性等因素进行选定。

6）灌浆质量检查。可通过压水或注水试验，求得单位透水率或渗透系数，与设计指标进行对比。

7）灌浆试验报告编制。报告所依据的资料要完整准确，分析结论明确得当，为设计修改和施工提供可靠资料。

9.5.4　高压喷射灌浆和水泥土搅拌法

1. 概述

高压喷射灌浆和水泥土搅拌（深层搅拌）法都是进行地基处理的方法，它们的工作原理和搅拌方法大体相似，所以在本节综合加以介绍。

这里要着重指出的是，作为基坑侧壁防渗帷幕的高喷桩和水泥土搅拌桩的主要设计参数，如桩径、长度和搭接长度等指标，必须经过深基坑渗流稳定分析和计算后，综合考虑各方面的因素后选定。

2. 高压喷射灌浆的基本原理

高压喷射灌浆法就是指把带有特殊喷嘴的灌浆管钻入预定深度后，再用高压喷射流冲击破碎周围土体，并在喷射水泥浆与其混合的同时，逐渐向上提升灌浆管和喷射浆液。待混和物凝结固化后，就形成了一定厚度的固结体。

固结体的形状与喷射方式有关系。一般可分为旋转喷射、定向喷射和摆动喷射三种 [见图 9.12 (b)]。旋转喷射（旋喷）是指喷嘴一边喷射浆液一边旋转和提升，其固结体为圆柱状 [见图 9.12 (a)]，主要用于加固地基，承受荷载（水平的或垂直的）；也可用它建成闭合的防渗墙，解决渗透稳定问题。定喷则是喷嘴一边喷射一边提升而不旋转，喷射方向是不变的。摆喷则是喷射流在一定角度内（25°～30°）来回摆动。这两种喷射方法形成固结体呈薄壁形状或薄的扇形（见图 9.12）。通常用做防渗墙，解决低水头建筑物的渗流问题，也可用来加固地基或稳定边坡等。

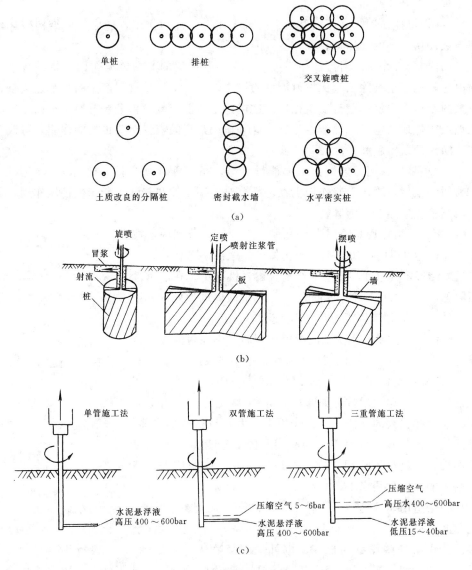

图 9.12　高喷工艺示意图
（a）旋喷桩的组合方式（b）高压喷射灌浆型式；（c）高压旋喷施工工艺

最近几年来，国内又出现了一种喷射角为 90°～180° 的扇形喷射工法，多用来加固一些局部薄弱的部位或用于基坑支护工程中。

根据目前了解的资料，可把喷射压力分成以下三个等级：

中压　$p=20\sim40\text{MPa}$

高压　$p=40\sim60\text{MPa}$

超高压　$p>60\text{MPa}$

图 9.12（c）表示的是高压喷射工艺示意图。

随着我国 30 多年工程实践和理论研究的深入发展，高压喷射灌浆理论又取得了新的进展，现在综合介绍如下。

1）冲切掺搅作用。高压喷射流直接对土体产生冲切作用，造成土体结构破坏，并使浆液与被冲切下来的土体颗粒混合。

2）升扬置换作用。射流在冲切过程中沿孔壁产生的升扬置换作用是指进行水气、浆气喷射时，压缩空气除了起保护射流束的作用外，能量释放过程产生的气泡还能携带被冲切下来的土体颗粒沿孔壁升扬至孔口。这样，土体部分颗粒被升扬置换出地面。同时浆液灌入地层，使地层组成成分产生变化。这一作用是高喷灌浆至关重要的作用，可改善和提高浆液灌注的密实度和强度。

3）充填挤压作用。射流束末端能量衰减，虽不能冲切土体，但对土体产生挤压力；同时喷射结束后，静压灌浆作用仍在进行，对周围土体和浆液不断产生挤压作用，促使凝结体与周围土体结合更为紧密。

4）渗透凝结作用。喷射灌浆过程中除在冲切范围内形成凝结体外，还可以向冲切范围外的土体产生浆液渗透作用，形成渗透凝结层，其厚度与地层的级配及渗透性有关。在渗透性较强的砾卵石地层可达 10～15cm，在渗透性较弱的地层（如细砂层或黏土层），厚度则很薄甚至不产生渗透凝结层。当浆液向周围渗透作用停止或不产生浆液渗透作用时，则在射流冲切范围周边产生明显的浆液凝固层，可称做挤压层或浆皮层。

5）迁移包裹作用（见图 9.13）。试验表明，在射流冲切掺搅过程中，若遇大颗粒（如卵漂石等），则随着自下而上的冲切掺搅，在强大的冲击震动力作用下，大颗粒将产生位移，被浆液包裹，浆液也可沿着大颗粒间孔隙流动直接产生包裹凝结作用，这就是该法用于卵漂石地层及堆石体的依据。高喷固结体的组成见图 9.14。

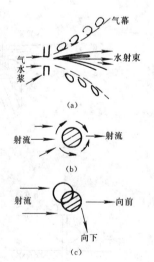

图 9.13　高压喷流理论图

(a) 水气同轴喷射的卷吸作用；

(b) 射流对大颗粒的包裹作用；

(c) 射流的迁移作用

高喷法适用于处理砂土、粉土、砂砾土、黄土、黏性土、淤泥和淤泥质土、人工填土和碎石土等地基。对于卵石含量较多甚至含有一些漂石的地基，也可采用高喷法进行处理。但是对于含有大量漂（卵）石、坚硬的黏土、大量植物根基或很多有机质的地基，必须进行技术论证和现场试验来确定是否能够使用高喷技术。

使用高压灌浆后，改良的土体在性能上有下列几项变化：

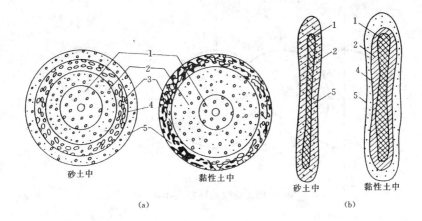

图 9.14　高喷固结体的组成

（a）旋喷固结体横断面示意图；（b）定喷固结体横断面示意图

1—浆液主体部分；2—搅拌混合部分；3—压缩部分；4—渗透部分；5—硬壳

1）提高土层的强度。软弱土层经改良后，其抗剪强度得到提高，因而增加了土层的承载能力、边坡的稳定性及土层的被动土压力等。

2）减少土层的压缩性。改良的土体本身属于低压缩性的坚实材料。

3）减少土层的透水性。高透水性的土层与浆液固结，其透水性降低。一般的改良土的透水系数约为 $10^{-6} \sim 10^{-7}\,\mathrm{cm/s}$，故高压灌浆亦具有止水防漏的功能。

4）增加液化土的抗液化能力。高压灌浆可将原易液化的土层重新组合排列并以水泥凝结，使其具有极佳的抗液化能力，改良后可视为不液化材料。

3．高喷垂直防渗帷幕的型式

（1）概述

高压喷射灌浆帷幕多与地下连续墙或灌注桩等组合使用，由地下连续墙或灌注桩等承受荷载，而高喷桩本身只用来防渗。

（2）旋喷桩防渗帷幕实例

1）长江堤防防渗工程中高喷防渗帷幕。

图 9.15 表示的是单排高喷防渗帷幕。这种防渗帷幕的深度取决于最小厚度 20cm 及实际施工孔斜的大小，总体来说不能太深。

高喷墙质量技术指标要求：

墙体有效厚度：20～40cm；

桩径：60cm；

搭接：20cm；

抗压强度 $R_{28} \geqslant 4\mathrm{MPa}$；

墙体渗透系数：$k \leqslant i \times 10^{-7}\,\mathrm{cm/s}$（$1 \leqslant i < 10$）；

允许渗透坡降 $i > 60$。

2）双排和三排高喷防渗帷幕。

图 9.16 是某个工程采用的高喷防渗帷幕示意图。

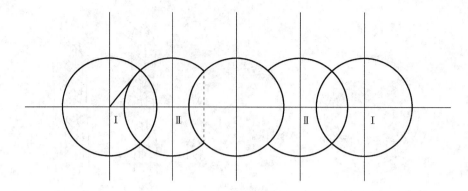

图 9.15 旋喷墙体搭接示意图

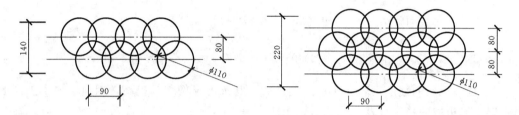

图 9.16 双排墙、三排墙墙厚示意图

桩体必须满足如下技术指标要求：

渗透系数：$k \leqslant i \times 10^{-5} \, \mathrm{cm/s}$；

抗压强度：$R_{28} \geqslant 2.0 \mathrm{MPa}$（风化岩层）或 $R_{28} \geqslant 4.0 \mathrm{MPa}$（卵块石层）。

3）用高喷桩加固地下连续墙的施工导墙。

图 9.17 是某水电站坝基防渗墙施工导墙加固图。由于导墙底部存在着约 30m 厚粉细砂层，已经造成了导墙断裂、槽孔坍塌。采用高喷加固后，避免了上述现象，施工得以顺利进行。

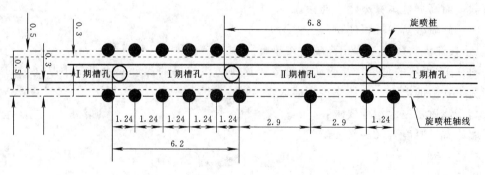

图 9.17 高喷孔位布置图

（3）定喷和摆喷防渗帷幕

1）防渗型式。

定喷和摆喷防渗帷幕主要用做堤坝和基坑周边的防渗。图 9.18～图 9.20 表示的是几种定喷和摆喷防渗帷幕的结构型式。

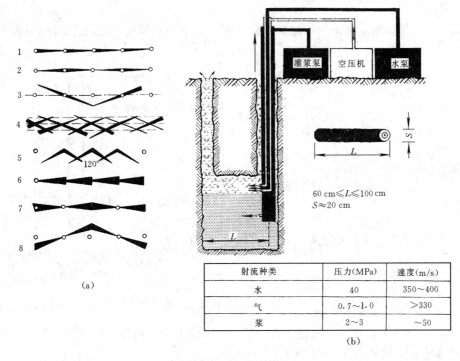

射流种类	压力(MPa)	速度(m/s)
水	40	350~400
气	0.7~1.0	>330
浆	2~3	~50

(b)

图 9.18 定喷示意图

(a) 平面图；(b) 定喷过程图

1—单喷嘴单墙首尾连接；2—双喷嘴单墙前后对接；3—双喷嘴单墙折线连接；

4—双喷嘴双墙折线连接；5—双喷嘴夹角单墙连接；6—单喷嘴扇形单墙首尾连接；

7—双喷嘴扇形单墙前后连接；8—双喷嘴扇形单墙折线连接

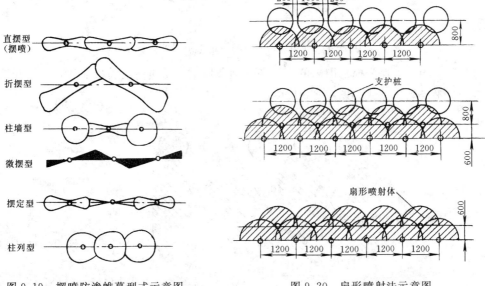

图 9.19 摆喷防渗帷幕型式示意图   图 9.20 扇形喷射法示意图

2）工程实例。

①图 9.21 是工程基坑采用的悬挂式防渗图。这种防渗帷幕只能用于深度不大的，无粉细砂和无承压水的基坑中。

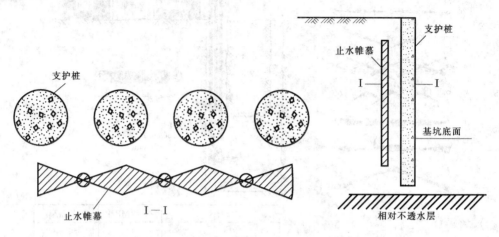

图 9.21　高喷悬挂式帷幕示意图

②郑州金博大厦。该工程开挖范围内的土层条件为粉土和粉质黏土及细砂，基坑开挖 16m。防渗帷幕结构如图 9.22 所示。

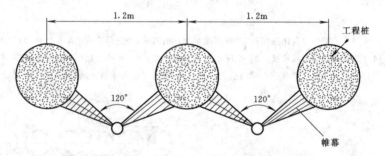

图 9.22　郑州金博大厦竖向帷幕结构示意图

③武汉广场。工程开挖范围内的土层条件为杂填土、粉质黏土和粉细砂，基坑开挖深度 12.8m。帷幕结构型式如图 9.23 所示。

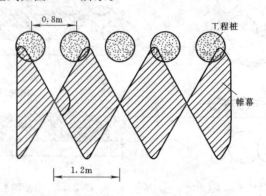

图 9.23　武汉广场竖向帷幕结构示意图

④武汉建银大厦。该工程开挖范围内的土层条件为杂填土、粉质黏土、粉土和粉砂，基坑开挖深度 14m，如图 9.24 所示。

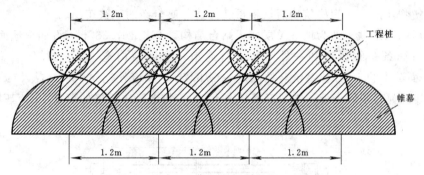

图 9.24　建银大厦竖向帷幕结构示意图

⑤武汉香格里拉大酒店。基坑开挖范围内的土层为杂填土、粉质黏土、粉土和粉细砂，基坑开挖 14m。竖向帷幕结构型式示意图见图 9.25。

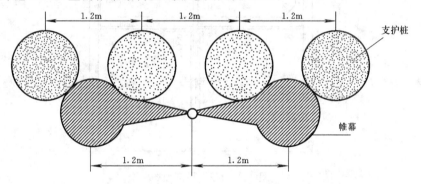

图 9.25　武汉香格里拉大酒店基坑竖向帷幕结构示意图

⑥武汉世贸大厦。该工程开挖范围内的土层条件为杂填土、粉质黏土和粉细砂。竖向帷幕结构如图 9.26 所示。采取这种结构型式的还有武汉百营广场深基坑、芜湖 32 号煤码头基坑等工程。

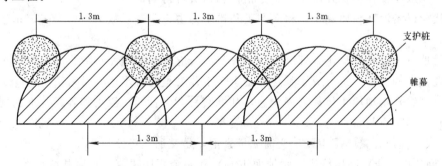

图 9.26　武汉世贸大厦竖向帷幕结构示意图

4. 天津地铁某车站高喷防渗帷幕

(1) 基本情况

天津地铁始建于 20 世纪 70 年代，至今已有 30 多年的历史，已不能满足现在交通的要求，于 2002 年下半年开始对 1 号线进行改扩建。其中某地铁车站地处天津繁华地段，周围建筑物密集，交通拥挤，各种管线错综复杂，是将老河道清淤后修筑的。在凿除旧有建（构）筑物及部分区间构筑物后，将重新修建一座全新的地铁车站。

改建后的该地铁车站为地下单层侧式站台结构，全长 167.532m，设四个地面出入口。车站下面有两条跨线风道和一处跨线人行通道。主体结构宽 9.5～27.4m，总高度约 6.7m，上面覆土约 1.6m。基坑开挖深度一般 8.2m，风道处挖深 10.6m，人行道处挖深 11.5m。共设置五条后浇带，中间三条带宽 1.5m，与老箱体相接处带宽 1m。基坑横剖面图见 9.27。

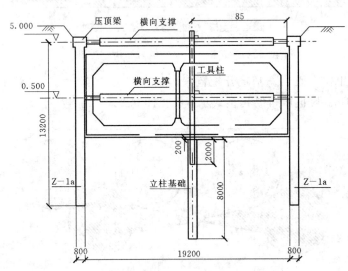

图 9.27　基坑横剖面图

（2）工程地质和水文地质条件

站区位于原青龙河河道中，新建地铁 85% 以上的外边墙都座落在老地铁的回填料中，其中夹杂着大量的砖头、石块、石屑、炉灰渣和木头等杂物，透水性很大，而且钻进很困难。这可从水泥搅拌桩机几次扭断了方钻杆和钻头可得到证明。

原状土以淤泥质粉质黏土、粉质黏土和粉土为主，渗透系数 $K = 0.4 \sim 2.0 \text{m/d}$，稳定性很差。

本段地下水系孔隙潜水，埋藏很浅（0.9m）。经多年运行后，在沿线地铁箱涵和车站的透水性很大的回填土中形成了长达几公里至十几公里的含水槽（带）。

总体来看，本地段土体易坍塌失稳，基坑底易产生管涌、流土和隆起等不利现象。

（3）工程特点与难点

1）该工程地处繁华闹市区，交通流量繁忙，是交通热点路口。

2）南边的 35kV 高压线塔（距地面 12m）和多个高层建筑物距离基坑较近。

3）周围环境对污染（泥浆及噪声、振动等）的要求高。

4）地下水位高，结构稳定和渗漏问题大。

5）地下管线多，地下构筑物多且情况不明，探查和拆移难度大。

6）老地铁回填料成分混杂，大部分为建筑垃圾和炉灰渣，对施工影响很大，同时也影响基坑的防渗效果。

7) 工期紧、项目多、工序多、交叉作业多。

(4) 原基坑防渗设计概况

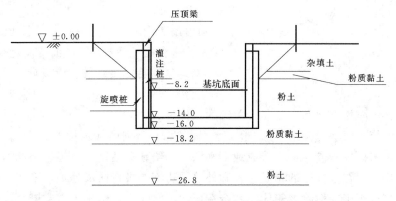

图 9.28　基坑高喷灌浆防渗帷幕剖面图

本工程原设计的基坑周边防渗帷幕为 600@400mm 的深层水泥搅拌桩（见图 9.28、图 9.29）。由于地基中杂填土成分过于复杂，前后两次进场试验均未成功，施工进尺仅 30 多米就多次出现掉钻头和钻杆扭断现象。由于该钻机基架高度 22m，超过南边高压线塔的高度（12m），两者水平距离仅 4.7m，无法满足 35kV 高压线的最小安全操作距离的要求，造成 179 根桩无法施工，只好放弃原方案，改用高压旋喷灌浆方案。

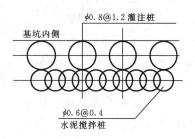

图 9.29　水泥搅拌桩设计图

原设计还有一个缺陷，就是它的基坑底位于粉土层中，而它的防渗帷幕底部并未全部深入下部的粉质黏土层内，特别是车站两端，还悬在粉土层中。

(5) 基坑防渗设计的优化

1) 基坑防渗方案优化要点。

由于原设计的水泥搅拌桩无法实施，决定采用高压旋喷灌浆方案。

笔者考虑到本工程为既有车站改造，老车站回填料中不可预测障碍物很多，旋喷桩的孔斜会较大，桩体质量较差，所以建议将原来的单排旋喷桩改为单排连续防渗帷幕和灌注桩之间的嵌缝旋喷桩的组合防渗方案。另外还将局部旋喷桩加深进入粉质黏土层内，以满足基坑防渗要求。

2) 基坑高喷防渗墙设计。

新的基坑防渗工程是由灌注桩和高压旋喷桩相结合形成的，图 9.30 是笔者建议的防渗设计图。

高压旋喷桩分为两部分，一为灌注桩间的旋喷桩（嵌缝桩），二为灌注桩后单排连续防渗帷幕，两排桩形成一道综合的防渗体。

主要技术参数：

①外排旋喷桩径 $\Phi=1.0m$，桩长 16.9～14.8m，桩间距 0.7m，桩间搭接≥0.3m；灌

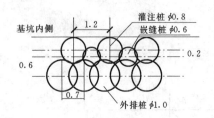

图 9.30　灌注桩与高压
旋喷桩优化设计图

注桩间嵌缝旋喷桩桩径 $\Phi600$。桩体渗透系数应为 $K<1\times10^{-7}\,\mathrm{cm/s}$，$R_{28}\geq5\mathrm{MPa}$。

②采用 P.O 32.5 普通硅酸盐水泥，浆液比重为 1.4～1.5。

③喷射施工中断后，上下桩搭接长度≥1m。

④钻孔垂直度不超过 1‰，桩位偏差≤2.0cm。

3）新老地铁箱涵接缝的防渗设计。

本工程是既有线改造工程，解决新老地铁箱涵底板和边墙接缝的防渗止水问题是非常关键的一件事。

本段地铁箱涵底板埋深约 8m，地下水埋深约 1m，则内外水位差为 7m。在凿除老箱体底板时如果未做好防渗，势必造成地下水涌入，给新车站基坑施工带来麻烦。

为此，应当把在接口处的箱涵底板和外墙周边都要进行防渗处理，形成一个封闭连续的防渗止水带。否则在凿除老箱体时就会造成地下水涌入，给施工带来麻烦。例如，同在 1 号线上与其相邻的另两个车站，按照原设计方案，只在箱体外面施工了桩径只有 0.6m 的小旋喷桩，但接口处底板下面却未进行防渗处理，结果在箱体底板凿除后，基坑内长时间大量涌水，地下水从几公里或更远的地方源源不断地涌来，两个月内无法堵住，使端头处箱涵有所下沉；还有的车站，虽然在接口底板下打了 $\phi600@400$ 的旋喷桩，实际上并未形成封闭连续的防渗帷幕，因而仍然涌水不断。

针对上述情况采取了如下设计方案：在接口处的底板和边墙外分别采用 $\phi1200@700$ 和 $\phi1200@900\mathrm{mm}$ 旋喷桩（见图 9.31），确保形成一个封闭连续的防渗帷幕。经施工验证，效果很好。

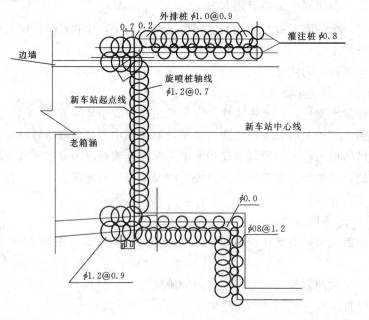

图 9.31　新老箱涵接缝防渗图

4）地下通道段的防渗设计。

本地段下面有电缆方沟横穿地铁，改建时需将基坑内的方沟凿除。此方沟宽约 5.0m，边墙厚 0.6m。旋喷桩施工前只凿除了顶板，两侧边墙和底板均未凿除。为了保证边墙两侧防渗效果，将此部位的嵌缝和外排旋喷桩直径均加大到 1.2m（见图 9.32）。施工时提升速度也要放慢。

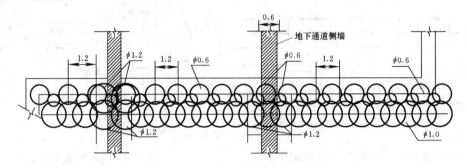

图 9.32　地下通道防渗图

5）现场高喷灌浆试验。

鉴于当时天津地区还没有大规模使高压旋喷防渗墙的经验，为了检验旋喷桩在基坑防渗方面的技术可行性，验证和提出施工技术参数，经监理和业主同意，在现场进行了高压喷射灌浆试验。

成桩后进行了开挖检验，钻取岩芯进行室内力学和渗透试验，其结果见表 9.5。

表 9.5　高喷试桩成果表

项目		试验数据			
		外观情况	成桩桩径 （m）	渗透系数 （cm/s）	抗压强度 （MPa）
新二管	1	桩体与原状土分界面明显，固结体呈混凝土色，水泥含量较多且分布均匀，内部含气孔较多	0.82	$1.3×10^{-7}$	5.3
	2		0.85		5.1
新二管	3	桩体与原状土分界面明显，固结体呈混凝土色，水泥含量较多且分布均匀	1.07	$9.2×10^{-8}$	5.6
	4		1.16		5.7
三管	1	桩体与原状土分界面不明显；固结体呈原状土色，水泥含量少且不均匀；内部含大量气孔	1.67	$1.7×10^{-6}$	3.1
	2		1.84		3.8

试验结果表明，新二管法的抗压强度和渗透系数均能满足设计要求。

（6）高压喷射灌浆施工要点

本工程共投入高喷设备 2 台套，施工人员 80 人，历时 76d，完成 $\phi1.0$m 旋喷桩 6000m 和 $\phi0.6$m 桩 3050m，总计 9050m。

施工流程如下：

旋喷施工参数见表 9.6。

本工程的高喷施工流程见图 9.33 和图 9.34，与常规施工方法相同。鉴于本工程的回填料成分复杂，大块料很多，所以采用专门的工程钻机先行钻孔，然后再用高喷台车喷浆。

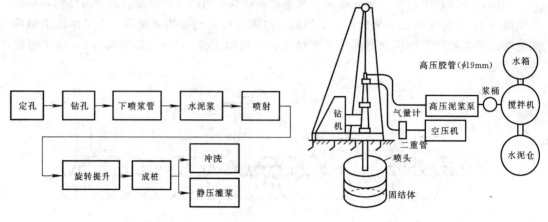

图 9.33　高喷桩施工流程图　　　　图 9.34　高喷桩施工示意图

表 9.6　高喷施工参数表

桩型		外排桩	嵌缝桩
水泥浆	压力（MPa）	38	30
	流量(L/min)	90	70
	比重	1.45～1.50	1.40～1.45
气	压力（MPa）	0.7	0.7
	流量(m³/min)	0.8	0.8
提速(m/min)		15	20

高喷灌浆主要施工设备见下表 9.7。

表 9.7　主要设备表

序号	设备名称	单位	数量	功率	型号及规格
1	高喷台车	台	2	13kW×1	GP－5
2	钻机	台	2	22kW×2	XY－2 液压钻机
4	高压浆泵	台	1	90kW×1	PP－120
5	空压机	台	1	37kW×1	YV－6/8
7	搅灌机	台	2	11kW×2	WJG－80
8	灌浆泵	台	3	4kW×3	HB－80
9	其他设备：电焊机，潜水泵，排污泵等				

工地用水量为 6m³/h，工地用电功率 200kW，380V。

开挖两个 20m×5m×3m 贮浆池，浆池需两天清除一次。

高压喷射灌浆施工初期的 26 根外排桩分两序进行，先进行 I 序孔施工，再进行 II 序孔施工，间隔 48h；剩余的所有外排 $\phi 1.0m$ 桩，均为连续施工，不分期。

（7）评论

1）既有线改造工程应进行详细工程地质和水文地质勘察工作，特别要注意查明原建（构）筑物周边的回填材料的物理力学和渗流特性以及地下水的特性、地层渗透系数、富水程度及流动和补给等。

2）既有线改造的基坑防渗设计应注意以下几点：

①防渗体底部应进入不透水层内足够深度，不应悬在透水层中。

②当坑底存在承压水层时，应专门进行基坑的渗流计算和坑底隆起、突涌计算。

③新老构筑物（箱涵）接头部位的防渗体应能防止箱涵两侧长距离（含）水带的渗漏的影响。防渗体应采用大直径的高喷桩，并有足够的搭接厚度。

④所有部位的防渗体质量均应连续均匀，无漏洞和缺陷。

3）灌注桩和防渗体组合作为基坑支护时，其防渗体常采用深层水泥搅拌桩或高压喷射灌浆帷幕。这里应注意，由于混凝土和防渗体的刚度及变形特性差别很大，在承受同样水平荷载时，防渗体的变形很大，有可能脱开灌注桩体而产生漏水缝，个别部位可出现管涌和流砂、流土。这一点在深基坑中会更明显，不宜采用。

总的看来，水泥搅拌桩的水泥土的物理、力学和渗透性能均比高喷灌浆帷幕差，所以建议水泥搅拌桩防渗体的设计深度不要超过 15m，高压喷射灌浆帷幕则不宜大于 20m。

4）本工程因原有回填料质量太差而放弃了水泥搅拌方法，改用高压喷射灌浆帷幕方法解决了穿透乱石、垃圾、混凝土和混凝土块等复杂地层难题，采用新二管法形成的高喷防渗墙质量经开挖验证为优良，值得在类似工程中采用。

5）关于高喷防渗体设计、施工。本工程在基坑防渗体设计中，将高喷防渗体改为两排，即灌注桩之间的嵌缝桩和外排的高喷桩防渗帷幕。外排高喷桩径应考虑孔位偏差和孔斜偏差（1%）的影响，采用大直径的高喷桩，这样可减少连续防渗墙的接头，增加墙体厚度。

总而言之，本车站是在几乎全部为建筑垃圾和炉灰渣的垃圾坑内，对原设计进行了优化，采用了合适的施工设备和工艺，顺利建成了一个基坑，是个很成功的工程实例。

5. 对高喷桩间搭接情况的讨论

（1）概述

用高喷桩防渗帷幕作为基坑的侧壁防渗体时，常常看到不少失败的例子。其中原因之一就是设计者没有认真考虑在帷幕底部是否真正连续成一体。

在建筑地基处理技术规范中规定了高喷桩位偏差不大于 50mm，孔斜<1%，用于深基坑防渗体时搭接不小于 300mm。在这种情况下，桩底能搭接上吗？

对高喷连续墙而言，两桩搭接处墙体厚度最薄，在进行质量评定时，将搭接处墙体厚度称为墙体有效厚度，并将其作为墙体厚度是否满足设计要求的评价指标。根据几何计算可知，桩位偏差和垂直度误差均发生在两桩连线两端时（见图 9.35），桩间搭接宽度最小，在施工中应保证此最小搭接宽度不小于有效墙厚，即满足下式：

$$d_e \geqslant 2\sqrt{R^2 - \left(\frac{1}{2}a + \delta + h\varepsilon\right)^2}$$

式中 d_e——有效墙厚，cm；

R——搅拌桩半径，cm；

a——桩间距，cm；

δ——桩位偏差，cm；

h——桩深，cm；

ε——垂直度（%）。

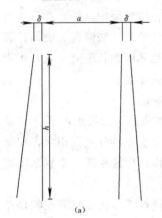 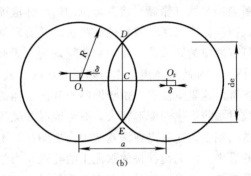

图 9.35　桩位偏斜图

（a）立面图；（b）平面图

　　上面公式还不全面，它没有考虑实际钻孔位置可能在设计孔位的四周任意方向产生偏离和孔斜。如果考虑这种情况，实际偏斜还要大些。

　　本节将以北京城铁房山线穿过永定河滞洪水库的一个高喷桩防渗帷幕为实例，阐述一下如何进行这方面的工作。

　　（2）城铁房山线永定河中堤防护墙工程

　　1）工程概况。

　　城铁房山线有两个桥墩位于永定河中堤上，见图 9.36 和图 9.37。由于堤身和地基中的粉土和砂层易液化，根据抗震要求在两个桥墩设置防护墙，防止地震时砂土震动液化流失。

　　经研究确定，防护墙的深度为 16.7～17.0m。

　　2）设计方案优化。

　　原设计采用 ϕ500@375mm 的水泥搅拌桩作为防护墙。在含有卵砾石和标贯击数很大的地基中，此法是难以施工的。如果按照规范要求孔位偏差 50mm 和孔斜＜1%，则底部两桩之间是搭接不上的，详见后文。

　　根据上面情况，笔者建议采用高喷桩防护墙。按照水电系统的施工方法，用大功率钻机单独钻孔，然后再用高喷台车进行灌浆。

　　为了选择合理的桩径及其中心距，专门用画图的方法进行了不同组合方案的比较（见表 9.8）。高喷桩搭接情况见图 9.38～图 9.40。

　　3）比较和选定。

　　从表 9.8 和图 9.38～图 9.40 中可以看到，如果采用 ϕ500@375mm、ϕ800@500mm

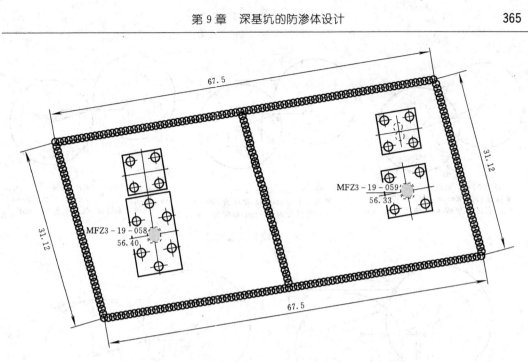

图 9.36　旋喷桩施工平面布置图

孔距 800mm，桩径 1200mm

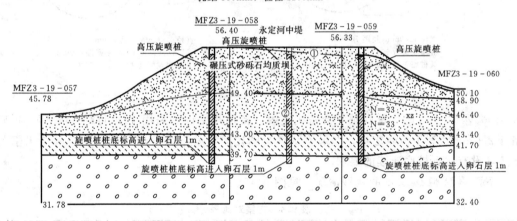

图 9.37　高压旋喷桩施工剖面示意图

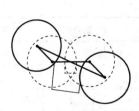

直径 500mm，间距 375mm
桩顶弦长为 330mm，厚度为 125mm
其桩底未搭接，张开厚度为 250mm

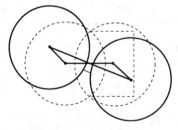

直径 800mm，间距 500mm
桩顶弦长为 624mm，厚度为 300mm
其桩底未搭接，张开厚度为 68mm

图 9.38　高喷桩搭接图 1

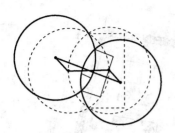 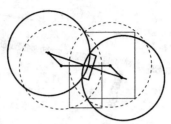 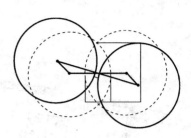

直径 1000mm,间距 500m
桩顶弦长为 866mm,厚度为 500mm
其桩底弦长为 495mm,厚度为 131mm

直径 1000mm,间距 600m
桩顶弦长为 800mm,厚度为 400mm
其桩底弦长为 270mm,厚度为 37mm

直径 1000mm,间距 700mm
桩顶弦长为 714mm,厚度为 300mm
其桩底未搭接,张开厚度为 57mm

图 9.39　高喷桩搭接图 2

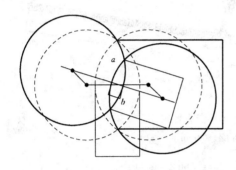 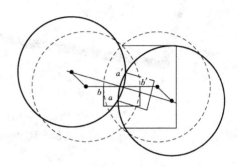

直径 1200mm,间距 700mm
桩顶弦长为 974.68mm,厚度为 500mm
其桩底弦长为 566mm,厚度为 142mm

直径 1200mm,间距 800m
桩顶弦长为 894mm,厚度为 400mm
其桩底弦长为 329mm,厚度为 46

图 9.40　高喷桩搭接图 3

和 φ1000@700mm 时,桩底都不会搭接连续,特别是原设计采用 φ500@375mm 时,桩底错开 250mm,等于桩径之半。如果不认真画图比较,就不会发现这个问题,其结果事与愿违,没有达到桩底连续的要求。

下面再看 φ1200mm 的两种情况,见图 9.40。

表 9.8　方案对比表

序号	直径 (mm)	间距 (mm)	桩顶 (mm)		桩底 (mm)		备注
			弦长	厚度	弦长	厚度	
1	500	375	330	125		脱开 250	底部桩体未搭接
2	800	500	624	300		脱开 68	底部桩体未搭接
3	1000	500	866	500	495	131	
4	1000	600	800	400	270	37	
5	1000	700	714	300		脱开 57	底部桩体未搭接
6	1200	700	974.68	500	566	142	
7	1200	800	894	400	329	46	

通过分析，与 φ1000@600mm 相比，φ1200@800mm 可节省投资 116 万元，约为总投资的 10％～15％。由此可见，不见得桩径小（如 φ1000）方案就好。

最后采用 φ1200@800mm 方案进行施工。

6. 水泥土搅拌法

（1）概述

深基坑（大于 15m）工程中很少使用常规的深层搅拌技术，本节只进行简要介绍。

同样属于搅拌工法的 SMW 工法和 TRD 工法，可以作为较深基坑的侧壁支护和防渗结构。但是对于深度 25m 以上的深基坑来说，应经过技术经济和环境效益比较后慎重选用。

目前水泥土防渗墙深度不宜超过 20m，以深度 12～16m 为最好。

（2）深层搅拌水泥土防渗墙的设计

本节只介绍用于防渗的水泥搅拌桩和防渗墙的设计。

1）水泥土搅拌桩的布置型式。

图 9.41 表示的是水泥土桩的一般布置方式。其中图 9.41（b）、（c）和（d）可作为浅基坑的外围防渗体。

2）多头深搅水泥防渗墙。

常用一机 3 头，也有一机 5 头的。轴距均为 320mm。若一次成墙，则最小钻头直径 340mm；若施工深度小于 15m，可采取两次成墙，则最小钻头直径 260mm 即可。

多头深层搅拌成墙搭接方式：施工多采用一次成墙搭接方式，但在施工深度较浅时，为了降低造价也可采用二次成墙搭接方式。以一机三个钻头为例，搭接方式如下：

①一次成墙搭接方式如图 9.42 所示。

搭接方式是先施工 1、2、3 即为一个单元墙，然后再施工 $1'$、$2'$、$3'$ 即下一个单元墙。l_0 为桩间距，d 为钻头直径，可根据需要选取，则最小墙厚 S 为：

$$S=\sqrt{d^2-l_0^2}$$

δ 为单元墙桩间搭接长度，在施工深度小于 15m 时，δ 不应小于 100mm；在施工深度 15～20m 时，δ 不应小于 150mm；在施工深度大于 20m 时，δ 不应小于 200mm。

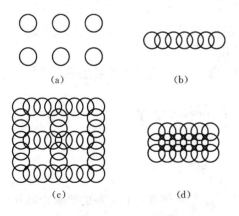

图 9.41 水泥土桩的布置型式

（a）柱状；（b）壁状；（c）格栅状；（d）块状

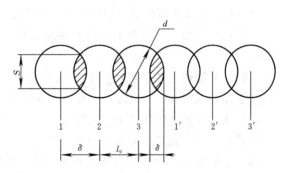

图 9.42 一次成墙搭接方式图

　　②二次成墙搭接方式如图 9.43 所示。

　　搭接方式是先施工 1、2、3 三根桩为第一序，再施工 1′、2′、3′ 三根桩为第二序。1、1′、2、2′、3、3′ 六根桩组成一个单元墙。l_0 为两次施工的桩间距，d 为钻头直径，最小墙厚 S 计算公式同一次成墙。δ 为单元墙桩间搭接长度，在施工深度小于 10m 时，δ 不应小于 100mm。

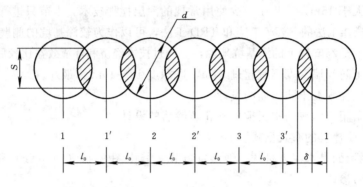

图 9.43　二次成墙搭接方式图

　　3）水泥土防渗墙设计。

　　①防渗墙的设计应按建（构）筑物的防渗要求，确定墙体的位置、厚度、深度以及水泥土的性能指标。

　　②防渗墙的厚度应根据作用水头、水泥土材料特性、地基性状等因素确定。设计时可按下式进行简化计算，以初步确定墙厚。

$$S = \eta_i \frac{H}{[i]}$$

式中　S——有效墙厚，m；

　　　H——墙体两侧水头差，m；

　　　$[i]$——水泥土允许坡降，可取破坏坡降的 1/3～1/2；

　　　η_i——考虑垂直度偏差的系数，可取 1.1～1.4。

　　③防渗墙深度应经渗流计算确定，其中封闭式防渗墙底应进入不透水或相对不透水层 0.5～1.0m。悬挂式防渗墙在堤防中可用于延长渗径。

　　④防渗墙的墙顶可根据上部结构物的要求，采取黏土回填或浇注混凝土等方式与上部结构连接。

　　⑤防渗墙墙体渗透系数宜小于 1×10^{-5} cm/s，允许坡降宜大于 50。

　　⑥水泥掺入比为 7～20%，水灰比 0.5～2.0。

　　（3）水泥土搅拌防渗墙的施工

　　参考有关施工规范，此处从略。

　　需要提醒的是，作为防渗墙的水泥土搅拌桩墙，按照原规范 7.0.7 条的要求，其孔位偏差应小于 20mm，孔斜应小于 0.5%。经笔者核算，在桩深 25m 时，相邻两桩底只在一条直线方向孔斜时只能是相切，而无法搭接。所以规范认为适用深度 25m 是不合适的。要想在任何偏差情况下均能连续成防渗墙，其深度也就在 15～18m 左右。

9.5.5 深基坑外围防渗体的设计

1. 概述

本节所说的外围防渗体，是指在重要的、很深的基坑外围的防渗体，用以降低基坑期间由于基坑透水而造成的风险，是一种附加的深基坑防渗措施。

2. 外围防渗体的设计要点

(1) 轴线位置

一般来说，外围防渗体的轴线应离开原基坑边缘至少 10m。如果外围防渗体与基坑支护地下连续墙同时施工时，则二者之间的距离应满足施工机械和相应设备存放和施工场地的要求，一般不宜小于 20m。

(2) 防渗体底部

一般情况下，外围防渗体的底部应进入土、岩的隔水层内。如果有困难时，也可采用下面办法：外围防渗体底部不进入隔水层内，成悬挂状态；在两道墙或帷幕之间设置降水井，把其中的地下水位降低到一定深度，使基坑支护结构承受的水压力大大降低，也能减少基坑的风险。

(3) 防渗体的型式

1) 混凝土或塑性混凝土防渗墙。

当深度很大时，宜采用这种混凝土防渗墙。因为不承受很大的水平荷载，故其强度等级可低些，通常 C3～C10。

2) 自硬泥浆防渗墙。

这种防渗墙挖槽时是用掺有水泥的泥浆来护壁的，挖槽完成并经验收合格后，这种泥浆会自行硬化成低强度、低渗透性的防渗墙。国内已在两个工程中采用过。

3) 高压喷射灌浆防渗帷幕。

这种帷幕受施工条件限制，不能做得太深。一般情况下，不宜采用单排的高喷桩帷幕，应根据孔深和钻孔孔斜来确定帷幕的排数和施工参数。当帷幕设计深度大于 30～40m 以后，宜用 3 排。

也可考虑采用定喷或摆喷防渗帷幕，由于孔深和孔斜限制，一定要保证帷幕底部的连续性。

4) SMW 或 TRD 防渗墙。

在这两种防渗墙中均不必放置芯材。在深度 40m 以下也能取得良好防渗效果。

如果外围防渗体与基坑地下连续墙的距离较近，那么此外围墙（幕）还可减少主体墙的一部分水平压力。

3. 外围防渗体实例

(1) 润扬长江大桥北锚碇工程

1) 北锚碇基坑支护简况。

经反复讨论，锚碇基础平面设计为矩形，以便调整锚体位置，降低使用阶段基底压力的不均匀系数。根据本工程的具体条件，最终确定基坑支护采用嵌入基岩的地下连续墙加内支撑的围护方案。地下连续墙外包尺寸 69m×50m，厚度 1.2m，共划分为 42 个槽段，槽段间接头采用 "V" 形钢板接头。各槽殿地下连续墙底高程随基岩分布及风化程度变化而不同。强风化岩中嵌深 6m，弱风化岩嵌深 3.0m，微风化岩嵌深 1m。当强、弱风化厚度超过 3.0m 时，嵌入微风化层 0.5m。地下连续墙平均深度 53m，最大深度 56m。基坑最大开挖深度 50m。在地下连续墙外侧的墙段间接缝部位进行摆喷灌浆，使整个围护墙体有较好的止水作用。内支撑采用钢筋混凝土支撑，接原设计有 12 层。实际施工时因坑底岩层顶面起伏较大，取消第 12 层支撑，而将第 11 层支撑略为下移并予加强。各层支撑的平面形状和剖面见图 9.44 和图 9.45。其中围檩宽度为 2～3m。支撑杆件宽度为 2m 和 1m 两种，围檩及支撑杆件截面厚度为 1～1.5m。首层支撑顶面距原始地面 1.5m，底层支撑底面距坑底 1.9m，相邻支撑间距在 4m 左右。在各支撑杆件的交叉处，设置预先逆作的灌注桩和工具柱以承受支撑杆件的重量，并增强其稳定性。

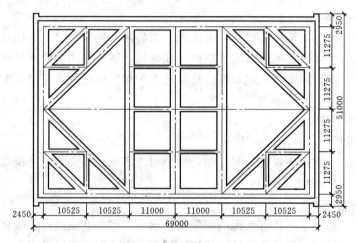

图 9.44　北锚碇基坑支护结构平面图（单位：mm）

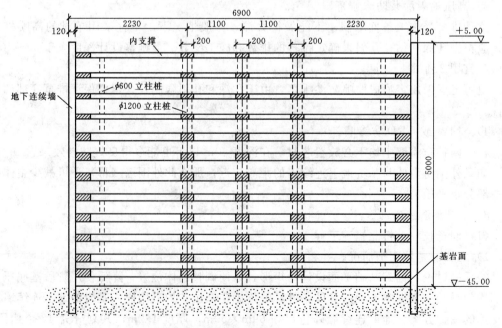

图 9.45　基坑结构剖面图（单位：cm）

此外，为确保安全，在基坑周边距地下连续墙外侧 23m 又用旋喷方法逆作两排防渗帷幕，并在防渗帷幕和地下连续墙之间建造一些降水井，以开挖到较大深度时适当降低坑外水位，使坑内外水位差不大于 30m。坑内水位则随开挖的进行逐步予以降低。

2）高喷桩防渗帷幕设计。

本工程通过方案比较与现场试验，决定在基坑四周距地下连续墙外边缘 23m 处设置两排高压旋喷桩，旋喷桩直径 1.5m，孔距 1.25m，排距 0.7m，平均速度约 53m；在基坑外围形成一道封闭的高喷防渗帷幕，帷幕深度进入基岩 2m。具体布置见图 9.46。

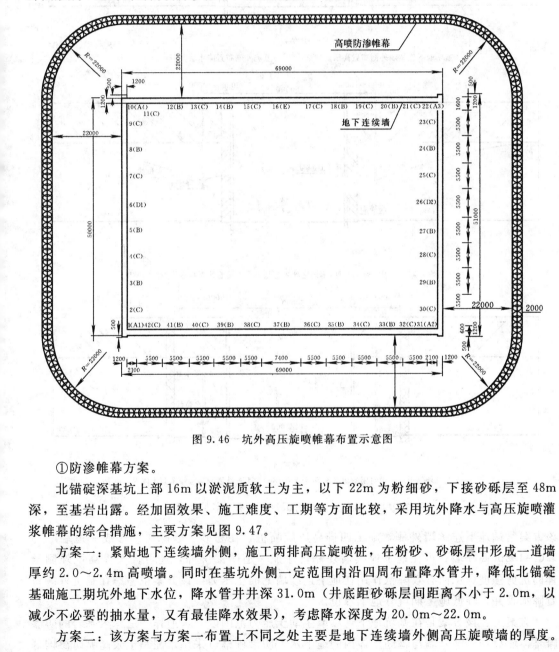

图 9.46　坑外高压旋喷帷幕布置示意图

①防渗帷幕方案。

北锚碇深基坑上部 16m 以淤泥质软土为主，以下 22m 为粉细砂，下接砂砾层至 48m 深，至基岩出露。经加固效果、施工难度、工期等方面比较，采用坑外降水与高压旋喷灌浆帷幕的综合措施，主要方案见图 9.47。

方案一：紧贴地下连续墙外侧，施工两排高压旋喷桩，在粉砂、砂砾层中形成一道墙厚约 2.0～2.4m 高喷墙。同时在基坑外侧一定范围内沿四周布置降水管井，降低北锚碇基础施工期坑外地下水位，降水管井井深 31.0m（井底距砂砾层间距离不小于 2.0m，以减少不必要的抽水量，又有最佳降水效果），考虑降水深度为 20.0m～22.0m。

方案二：该方案与方案一布置上不同之处主要是地下连续墙外侧高压旋喷墙的厚度。

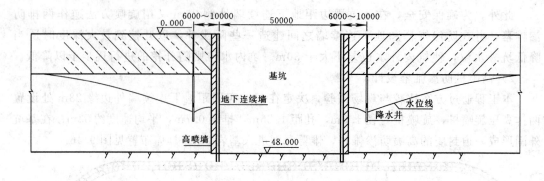

方案一

紧贴地下连续墙外侧布置高压旋喷桩,同时在基坑外侧布置降水管井降水

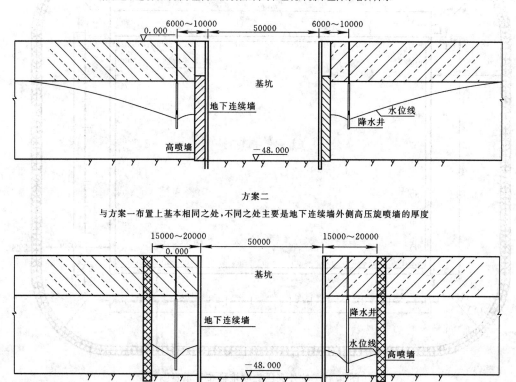

方案二

与方案一布置上基本相同之处,不同之处主要是地下连续墙外侧高压旋喷墙的厚度

方案三

在基坑外侧形成一道封闭的防渗帷幕,然后抽(降)地下连续墙与防渗帷幕间土体内的地下水

图 9.47 坑外降水与高压旋喷注浆方案示意图

该方案紧贴地下连续墙外侧,施工四排高压旋喷桩,在粉砂、砂砾层中形成一道墙厚约4.0～4.2m高喷墙;可在地下连续墙外侧再形成一道防渗屏障,还可大大提高坑外侧土体的抗剪强度,从而有效降低作用在地下连续墙上的土压力。该方案也考虑在基坑外侧布置降水管井,降低施工期坑外地下水位。

方案三:该方案是在基坑地下连续墙主动土压力范围以外,逆作一道深入基岩的防渗帷幕,然后抽(降)墙与幕间土体内的地下水。防渗帷幕可采用水泥黏土浆高喷防渗帷幕或采用塑性混凝土防渗墙。

②方案比较。

施工方面：北锚碇基坑三种降水与加固方案中，方案一、方案二均为紧贴地下连续墙外侧施工高压旋喷桩，施工时间和空间上与地下连续墙等施工有很大干扰，还会影响到直线工期。方案三防渗帷幕布置在离地下连续墙约 15～22m，帷幕施工与地下连续墙施工间影响小。

环境影响：对环境的影响主要是坑外降水而引起地面沉降，还包括施工过程中产生泥浆等废弃物、废水的影响。其中方案三在防渗帷幕与地下连续墙间降水，基本不改变防渗帷幕外的地下水位，不会产生因降水而引起的地面沉降，方案一和方案二降水会引起地面沉降，对周边和土堤有一定影响，需要采取有效防范措施（包括回灌等）。

通过从施工、对环境影响等方面综合研究与比较，决定采用方案三进行施工。

3）高压旋喷施工。

①灌浆方法。结合本工程实际和工艺试验结果，高压旋喷灌浆采用二管法施工。

二管法是利用双管同时输送两种介质，同时喷射高压浆液（25～38MPa）和压缩空气（0.5～0.7MPa），借以减少浆射流与土体摩阻力，从而增加有效射流半径，在同等的浆液喷射能量中获得较大凝结体桩径。

高压旋喷施工工艺流程见图 9.48。

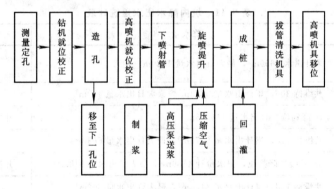

图 9.48　高压旋喷施工工艺流程

②高压旋喷主要施工机械设备见表 9.9。

表 9.9　主要施工机械设备表

设备名称	型号	单位	数量	工作内容	备注
汽车吊	16t	台	1	吊、移设备	
高压泥浆泵	XPB—90 型	台	4	高喷	压力 40MPa，流量 80L/min
空压机		台	4	高喷	风压 40MPa，流量 80L/min
高速搅拌机	NJ600 型	台	4	制浆	容量 600L
高喷台车	DZJ30 型	台	6	高喷	提升高度 25m
岩芯钻机	XY—2 型	台	16	造孔	孔深 500m，φ150mm
泥浆泵	BW200/50 型	台	16	造孔	压力 8MPa，流量 200L/min

③主要施工技术参数。

二重管施工的主要施工技术参数见表 9.10。

表 9.10 高压喷射灌浆旋喷主要施工技术参数表

喷射方法	二管法	喷射方法	二管法
旋喷转速	6～12r/min	气量	6m³/min
提升速度	10～15cm/min	浆液重度	1.38～1.42g/cm³
浆压	35MPa	回浆重度	<1.2g/cm³
浆量	80L/min	喷嘴个数	1～2个
气压	0.7MPa	喷嘴直径	2.5～3.5mm

④浆液材料：使用水泥膨润土浆液。

4）基坑防渗效果分析。

基坑在采用上述封水措施后，从 2001 年 12 月 8 日开始基坑开挖，到第 10 层基坑开挖前，对基坑内日出水量和地下连续墙渗漏情况等进行了统计分析。

①根据坑内降水出水量统计表（见表 9.11）。

从表中可以看出，基坑内部每日最大出水量达到 2926m³，与同类型基坑相比，出水量较大。

表 9.11 坑内降水出水量统计表

降水标高	降水量	备注
0～−14m	累计出水 3650m³，最大日出水量 1020m³	2001 年 12 月 12 日挖第 2 层前降水
−14m	共维持 30d，累计出水量 5973m³，最大日出水量 492m³	
−14～−16.5m	1d 降到位，日出水量 1160.5m³	开挖第 5 层土方前降水
−16.5m	共维持 14d，累计出水量 5576m³，最大日出水量 663m³	
−16.5～−20.5m	分 5d 缓慢降到位，出水量 4166m³，最大日出水量 948m³	开挖第 6 层土方前降水
−20.5m	共维持 11d，累计出水量 4174m³，最大日出水量 603m³	
−20.5～−24.5m	分 3d 缓慢降到位，出水量计 5118m³，最大日出水量 2233m³	开挖第 7 层土方前降水
−24.5m	共维持 9d，累计出水量 3420m³，最大日出水量 797m³	
−24.5～−28.5m	分 3d 缓慢降到位，出水量计 6342m³，最大日出水量 2926m³	开挖第 8 层土方前降水
−28.5m	共维持 7d，累计出水量 2341m³，最大日出水量 897m³	
−28.5～−32.5m	分 3d 缓慢降到位，出水量计 5892m³，最大日出水量 2846m³	开挖第 9 层土方前降水
−32.5m	共维持 8d，累计出水量 3278m³，最大日出水量 556m³	
−32.5～−36.5m	分 2d 缓慢降到位，出水量计 5161m³，最大日出水量 2645m³	开挖第 10 层土方前降水
−36.5m	目前维持 2d，累计出水量 3233m³，最大日出水量 1762m³	

②从已挖出的地下连续墙槽段看，地下连续墙槽段间的接缝泥皮比预计中的 2mm 要厚，实际最大厚度达 5～10mm 左右。由于在地下连续墙槽段处采取接缝高喷止水措施，

在基坑内、外最大 30m 水头作用下，未出现泥皮被击穿而出现渗漏的情况。

③综合印象，曾参与此项工作的某专家认为，这个外围防渗帷幕并非十分理想，漏水量偏大，对基坑开挖速度也有影响。

5）评论。

①本基坑采用矩形基坑设计，逆作 12 道水平混凝土支撑和相应的支撑桩柱，施工难度很大，工期较长，工程成本增加，并非理想的基坑型式。后来逆作的几个同类型锚碇深基坑都改成了圆形。

②本基坑工程采用高喷防渗帷幕，其施工深度超过 45～50m，由于孔位和孔斜偏差，导致下部无法形成连续的帷幕，再加上地下连续墙接缝也存在一些问题，造成基坑的总体防渗效果较差，漏水量很大。今后应当慎用此种防渗方案。

（2）武汉阳逻长江大桥

武汉阳逻长江大桥位于长江二桥下游 27km 处，主桥采用单跨 1280m 的悬索桥。由于南锚碇覆盖层厚度达 51m，离长江大堤仅 150m，对大堤防洪安全影响大。为此在坑外 10m 处又建造了一道自硬泥浆防渗墙，墙厚 0.8m，墙深 51.5m，墙底入基岩 0.5m～1.0m。

基坑防渗效果很好，每天抽水量仅 200m³（润扬大桥基坑的每天最大出水量为 2926m³），基底始经处于干燥状态。其施工速度之快，变形影响之小，国内少见。

详细内容参见 21.1 节。

（3）南水北调工程穿黄盾构北竖井工程

南水北调中线工程穿黄河盾构的北岸竖井，在其外围 25.4m 处修建了厚 0.8m、深 71.6m 自硬泥浆防渗墙，墙底入粉质土土层内。运行情况表明，防渗墙运行情况良好。

详见 9.6.3 节。

（4）上海某基坑外围防渗帷幕

见图 9.49。

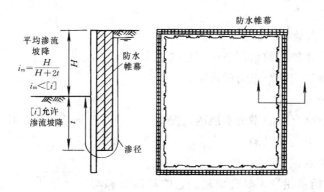

图 9.49　基坑外围防渗帷幕图

4．小结

本节阐述的深基坑外围防渗体对开挖深度很大、重要性很高的大江大河岸边并且有承压水作用的深基坑来说，是很重要的防范风险的措施之一。

从防渗体的结构型式来看，高压喷射灌浆帷幕抗渗性能要差些，深度超过 40～50m

以上的时候，底部连续性和抗渗性都会发生问题。所以要适当控制其适用深度。

自硬泥浆（也叫自凝灰浆）防渗墙不受深度限制，但是墙太深了，施工操作就比较困难，墙体质量的均匀程度不好控制；也有可能漏水。墙深超过50m时应慎用。

塑性混凝土防渗墙可以适用各种深度，可靠度高，只是工程造价略高些。

9.6 基坑底部的水平防渗体设计

9.6.1 概述

当基坑底部没有适当的隔水层可供利用时，在采用降水方案也不经济和可靠时，还可考虑对基坑底部进行水平封底的方法，形成一个相对隔水底板或水平防渗帷幕，与其他方案进行技术经济比较。具体做法有以下两种：

1. 混凝土封底

在沉井或者是地下连续墙竖井的底部没有不透水层或者是不透水层埋藏很深时，此时需要水下浇注混凝土来形成一个隔水底板和干式施工空间（见图9.50）。

混凝土底板应能承受住地下水的浮力，也不会因底板在地下水作用下向上挠曲而破环。

混凝土底板应能靠其自重抵抗地下水的上浮，可按下式计算：

$$\gamma_c x \geqslant k\gamma_w(h+x)$$

式中　γ_c——混凝土的重度，可取23kN/m³；

　　γ_w——水的重度，取10kN/m³；

　　x——混凝土板厚度；

　　h——混凝土板顶面的水头；

　$h+x$——扬压力；

　　k——安全系数，一般$k \geqslant 1.2$。

在基坑平面尺寸较小的情况下，可以考虑周边混凝土侧墙和地基土的摩阻力的影响。

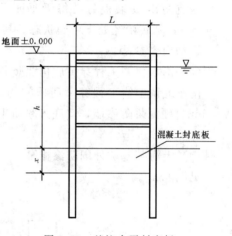

图9.50　基坑水平封底板

2. 水平防渗帷幕

在基坑底部没有合适的不透水层的情况下，采用水泥灌浆或高压喷射灌浆的方法建造一个水平防渗帷幕也是可以的。

这里要注意两点：

1）水平防渗帷幕相当于复合地基，它的整体性和均匀性都不高，必须有足够的厚度和抗渗性才能压住地下水的浮力。

2）由于施工机具的偏斜和孔位偏差，水平防渗帷幕很难在设计高程上形成严密搭接，深度越大，空隙越大（有的出现漏水通道），使其隔水性大打折扣。

武汉地区20世纪90年代的经验证明，在大面积的基坑底部，使用高压旋喷桩形成的水平封底结构，由于设计和施工原因，它的透水性仍然非常大，有的基坑底部土体发生强烈突（管）涌，造成周边楼房和道路管线大量沉降和损坏，最后不得不采用大量深层降水的方法才解决了问题。在上千座基坑中，没有一个采用此法取得成功的实例。

另外，南水北调穿黄倒虹吸的北竖井（设计开挖深度 50m）中，曾设计在竖井底部 50～60m 深处采用高喷桩形成一个厚 10m 的封底。由于效果很差，开挖后无法挡住承压水的突涌，不得不在深度 60m 的水中浇注水下混凝土，形成一个厚度 17.5m 混凝土封底板并在混凝土底板下对地基加固灌浆（深 5m），才得以进行后续施工。

9.6.2　坑底水平防渗设计

1. 设置坑底水平防渗帷幕的条件与方案的选择

以下将针对各种不同条件加以讨论。

1）坑底以下存在承压水层。经验算，承压水层顶面以上的土自重压力无法平衡承压水的顶托力，则应采取加固措施。

①降低承压水头的办法有两种：

a. 在坑内与坑外设置若干减压井。坑外降水对周边环境影响太大，应经论证后再用。

b. 当承压含水层厚度不太大时，可将竖向防渗帷幕向下穿过此含水层，进入下一个隔水层内，截断此承压水。此时承压水头变成了下一个含水层的承压水头，比原计算水头增加了。需要重新进行坑底抗浮核算（见第 7 章），注意此时采用土的饱和重度。

②增加承压水顶板隔水层的厚度。由于帷幕体的重度（约 19～20kN/m³）比原状土增大有限，垂直重量增大也有限。关键是要使水平防渗体具有足够的厚度和抗渗性，提高防渗体的抗渗透能力，可惜此目的很难达成。此时进行抗浮核算可能仍不满足要求，说明光采用水平防渗体解决不了坑底突涌问题，需要另外降水（见图 9.51）或加深垂直防渗体才行。

2）承压水层埋藏较浅，基坑开挖深度较大，基坑底面已进入承压水层。此时可采用以下方法：

①采用坑内降水方案，在这种条件下降水井也是减压井。此时竖向防渗帷幕应进入承压水含水层底部的隔水层内足够深度。

②当承压水含水层厚度不太大时，可用竖向防渗帷幕截断承压水。

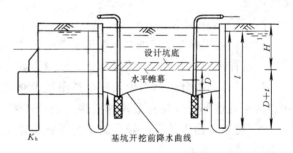

图 9.51　基坑降水图

③当承压水含水层厚度很大，基坑平面范围不大时，在基坑底面以下一定深度处设置水平防渗帷幕，并与竖向防渗隔水帷幕组成封闭式的防渗体。但是，这种方法成功率不高。

3）基坑处于深厚透水层中（无隔水层），此时的深基坑防渗体为悬挂式，设计方法见本章 9.7 节。如果基坑面积很大，则不宜采用水平防渗帷幕。

当基坑的承压水的顶板（隔水层）在基坑开挖时已被挖掉，而承压水的底板隔水层埋藏很深时，基坑的垂直防渗体可做成悬挂式，再加上基坑内降水，应通过技术和经济比较，选定防渗方案。

2. 水平防渗体的厚度与深度

水平防渗体的厚度可根据抗浮稳定条件来确定，即

$$\gamma_s t \leqslant k\gamma_w h$$

式中　γ_s——土体的饱和重度，kN/m^3；

　　　γ_w——水的重度，取 $10kN/m^3$；

　　　h——从防渗体底面算起承压水头，m；

　　　t——水平防渗体厚度，m；

　　　k——安全系数，可取 $\geqslant 1.2$；

此时，$t = k\gamma_w h/\gamma_s$

当基坑内打设了很多桩，基坑平面尺寸较小时，可以考虑桩侧与土体的摩阻力，也可考虑基坑支护结构（墙、桩）与土体的摩阻力影响，此时可按下式来计算 t：

$$\gamma_s t + Q \leqslant k\gamma_w h$$

式中　Q——摩阻力。

为了安全起见，建议不考虑上述影响。

9.6.3　坑底水平防渗措施

1. 水下浇注混凝土板

在某些条件下，或者是在基坑发生突涌（水）事故的情况下，可采用水下开挖的方法，即采用砂石泵把水砂混合物抽出，把基坑挖到预定深度，利用导管或其他方法浇注水下混凝土，使其与周边支护混凝土墙连成一体。有时还要在混凝土板下面进行灌浆，以增强防渗性。

2. 高压喷射灌浆帷幕

此法是利用相互搭接的高压喷射灌浆的桩体形成一个隔水的水平帷幕。由于设计施工等原因，这种帷幕并不是一个不透水的、质量均匀的底板。此法能否成功，取决于两个因素：

1) 设计是否合理。不少人只是在图纸上画了一些互相搭接的几个圆圈就完事了，往往忽略了在底部设计高程上是否搭接，是否连续。

2) 施工。由于桩位不好控制；由于钻机输出扭矩过小，孔斜过大，造成在设计高程上不搭接，不连续。

3. 灌浆帷幕

此法是利用水泥或化学灌浆方法，在设计高程上形成水平防渗帷幕。在可灌性较好的地层条件下，可获得较好的防渗体。

4. 日本的水平防渗帷幕

日本的水平防渗帷幕见图9.52。

5. 南水北调穿黄竖井的水平防渗帷幕

（1）工程概况

南水北调中线输水以隧道倒虹吸方案穿过黄河，线路总长 19.30km。穿黄隧洞包括过河隧洞段和邙山隧洞段，过河隧洞段长 3450m，隧洞总长 4250m，双洞平行布置。根据

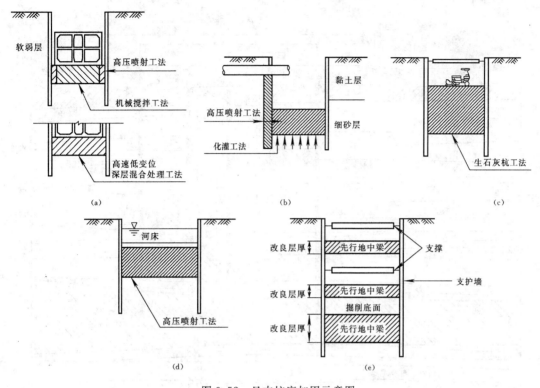

图 9.52　日本坑底加固示意图

（a）减少主动土压力和位移；（b）防渗，防流砂；
（c）防变位；（d）增加被动土压力；（e）开挖前先加固地基

盾构施工要求，隧洞南北两端各设有工作竖井。

北岸竖井为穿黄隧洞盾构机始发井，井口高程 105.6m，井底板顶高程 57.5m，开挖深度 50.1m，内径 16.4m，外径 20.8m。竖井壁外围为钢筋混凝土地下连续墙，厚度 1.5m，外径 18m，底部高程 29m，深 76.6m，混凝土强度等级为 C30W12F200。为保证竖井结构稳定及防渗要求，地下连续墙底部设单排帷幕灌浆深入基岩内，防渗标准 $q \leqslant 10Lu$。用高压旋喷灌浆加固竖井底板下 10m 厚砂层，作为竖井底板下的水平防渗帷幕。竖井前部的盾构始发区及背洞口侧土体也进行高喷加固。竖井外围设有自凝灰浆防渗墙，厚 0.8m，深 71.6m，墙底深入黏土层内（见图 9.53），距井中心 25.4m。

竖井内设置两口降水井，井底高程 42m，井外降水井的井底高程 78m。地下连续墙完成后，竖井内采用逆作法从上至下，每 3m 一层分层开挖，分层浇注钢筋混凝土内衬，内衬厚 0.8m。

北岸竖井地层上部为粉土、粉砂、细砂，松散～稍密状，强度较低，工程地质性质较差。竖井中部、底部为中砂和细砂、中砂、砂砾中粗砂，中密～密实，强度较高。地下连续墙底部位于粉质黏土层中，基岩为黏土岩。

2007 年 1 月初，竖井地下连续墙完成后，内衬逆作法施工开挖到 65.5m 高程（距设计井底 8m）时，在井内外地下水头差 32.5m 的情况下，井底涌水量较大（1200m³/d），

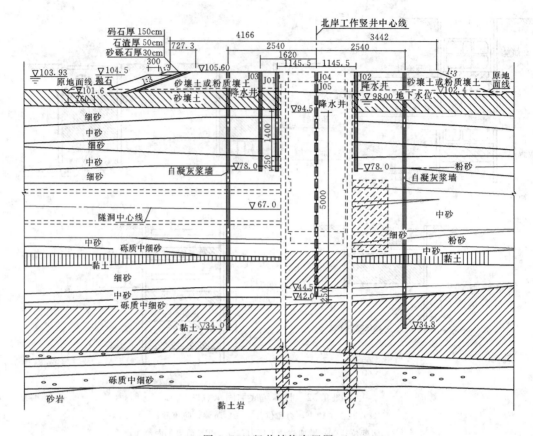

图 9.53　竖井结构布置图

不能继续开挖。经研究决定在此高程平台上提前进行高喷封底（原定开挖至 63.5m 高程）。但钻孔时发现，穿透第一层黏土层后，地下连续墙 11～14 号墙段区域附近孔内涌水严重。钻 11 个孔后，竖井内涌水量达到 2000m³/d 以上，旋喷施工无法进行，遂停止施工。

对漏水原因，一时分析不清，遂决定采用水下开挖方法进行施工。

（2）水下开挖施工的要点

水下开挖和混凝土浇注施工的程序主要为：

1）将竖井充水到 105m 高程。

2）在井口搭设大型钢结构工作平台，在平台上布置水下开挖设备。

3）用砂石泵将竖井内 65.5～45.5m 高程之间的土体抽出。

4）进行井壁清理和井内障碍物处理，完成水下开挖。

5）水下浇注 C20 封底混凝土，浇注厚度 10m（高程 45.5～55.5m）。

6）水下浇注低强塑性混凝土，厚 7.5m（高程 55.5～63.0m），并在后续逆作法施工时将其挖除，仅起临时支撑地下连续墙和压住承压水的作用。

7）进行竖井封底以下土层灌浆加固，加固范围 40.5～45.5m 高程。

8）抽干竖井内的水。

9) 采用分层开挖逆作法，完成高程 66.5m 以下竖井结构施工。

（3）井底封底混凝土下的水泥灌浆

竖井封底混凝土下部 40.5～45.5m 高程的砂层进行灌浆加固。该砂层饱和、密实、级配不良，主要矿物成分为石英、云母等；局部夹有砾砂透镜体，该层顶部含有少量卵石，粒径 4.0～8.0cm。

竖井水下混凝土浇注过程中预埋了灌浆管，灌浆管底标高 46.5m，环状布置 2 排 15 根，中心部位布置 5 根，共 20 根，管径 89mm，灌浆高程为 40.5～45.5m，灌浆管通过焊接（59m）接长到地面，固定在竖井顶部平台上。井底地基灌浆通过预埋管进行，20 个孔，每孔穿过预埋管后钻孔深 6.0m、灌浆深度为 5m。

两排灌浆孔，先施工第一排（外圈）后施工第二排（内圈）。在第一排的灌浆孔中，选定一个孔作为先导孔优先施工，之后再施工其他孔。

钻孔直径 Φ66mm，合金钻头钻进，泥浆护壁。每个钻孔分 3 段，第一段段长 1.0m，第二段 2.0m，第三段 2.0m。

灌浆施工采用自上而下纯压灌浆法。灌浆压力 1.5～2.5MPa。

灌浆材料采用普通硅酸盐水泥 P.O 32.5，浆液水灰比 1：1。

封底混凝土与砂层的接触段（第一段），先行单独灌浆并待凝 24h。其他各灌浆孔段结束后一般不待凝，即进行下一段灌浆。

灌浆结束条件为在设计压力下注入率小于 3L/min，或注入量不大于 5t/m。但第一段注灰量较大时，需待凝复灌。

灌浆结束后进行了检查孔压水试验，压水压力 3MPa，试验段长 2m，持续时间 20min，注水量小于 5L。检查结果表明灌浆效果很好。

（4）对井底涌水原因的分析

竖井内水下开挖、混凝土浇注、井底灌浆完成 3d 后，对井内开始试抽水，抽至井内水位低于井外水位 10m 后，观察一天，未发现异常继续抽水。抽干后暴露出来地下连续墙墙壁洗刷干净，墙面平整无较大渗漏。随后采用原来的施工方法，进行逆作法施工，分层挖除塑性混凝土至 55.5m 高程，分层完成竖井混凝土内衬。从逆作法施工开挖出来的竖井井壁看，地下连续墙墙体质量与上部基本一致，墙段间接缝厚度一般小于 2cm。封底混凝土与井壁结合紧密，接缝不渗不漏。

在水下开挖时，井内外能保持足够的水位差；竖井地下连续墙和自硬泥浆防渗墙之间水位保持在约 80m 高程，两墙间降水井出水量没有增加；自硬泥浆挡水墙之外水位保持在 96～98m 之间。

（5）小结

根据以上情况，可分析如下：

1) 在竖井井内土层开挖施工后期，发生井底涌水的原因是：在井内外水头 32.5m 作用下，地下水穿过地下连续墙下部单排灌浆帷幕，再通过第⑩层砾质中细砂层的勘探孔，穿过第⑧、⑨层壤土层，进入竖井内部，发生了承压水的突涌事故。由于在施工过程中不断强行降水，击穿了原本薄弱且可能不连续的墙下灌浆帷幕；同时勘探孔由于封堵不严密，也使承压水上涌阻力变小，冲刷和扩大了钻孔，最终导致井内大量涌水。

2）地下连续墙墙体及墙间接缝不存在明显缺陷，外围自凝灰浆挡水墙质量也是好的。

9.6.4 对水平防渗帷幕漏洞的讨论

本节结合沈阳地铁 2 号线某地铁车站基坑底部水平防渗帷幕设计施工情况，来阐述水平防渗帷幕漏洞问题。

1. 概述

在建筑地基处理技术规范中，要求高压喷射灌浆桩的孔位偏差不大于 50mm，而对孔斜无规定，采用水泥土搅拌桩的允许孔斜 1‰来做相应计算。

高喷钻机的输出扭矩很小，在砂、砾卵石地基中钻孔时，孔斜是比较大的。对于防渗帷幕来说，极易出现底部漏洞、开口和不连续情况。

在本节中，笔者通过画图和计算来确定高喷桩底的偏差情况。

2. 某基坑底部防渗体设计实例

（1）概况

某车站位于市主干道南段，西邻展览馆，东面为立交桥。车站主体是南北走向，总长度为 149.5m，车站标准段宽度 22.3m，开挖深度 24.71m；端头井宽度 25.9m 和 24.8m，开挖深度为 26.51m。

（2）地质概况

1）工程地质条件：地基上部全为透水的中粗砂、砾砂和圆砾，局部含有粉质黏土透镜体。地基下部为中更新统的冰积层泥砾，勘察中可见到两层（见图 9.54）。

泥砾（⑦-1）：黄褐色、浅黄色，中密至密实状态，饱和。颗粒不均，颗分结果以圆砾及砾砂为主，局部为粉质黏土。卵砾石有风化迹象，具弱胶结性，含土量较大。该层分布连续，厚度 3.20～8.00m，层底埋深 42.00～49.00m，层底标高−7.15～0.35m。

泥砾（⑦-2）：黄褐色、浅黄色，密实状态，湿～饱和。颗粒不均，呈泥包砾状，具胶结性，含土量较大，砾石风化严重。颗分结果以砾砂及粗砂为主，含砾石，局部为粉质黏土。该层分布连续，本次勘察未穿透该层，揭露厚度 4.00～13.00m。

2）水文地质条件。本区段地下水类型第四系松散岩类孔隙潜水，主要赋存在中粗砂、砾砂、圆砾层和泥砾层中，主要含水层的厚度为 30.2～30.9m。单井的单位涌水量为 784.16m³/(d·m)，属水量丰富区。

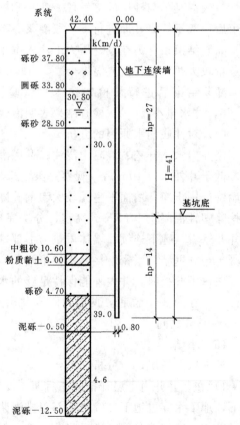

图 9.54　沈阳地铁基坑剖面图

勘察期间实测水位埋深 $10.80\sim12.10\text{m}$。

补充勘察得到的渗透系数表见表 9.12。

表 9.12　地基土渗透系数表

层位	岩性	平均渗透系数 K20		透水性类别
		cm/s	m/d	
③—4	砾砂	3.88×10^{-2}	33.52	强透水
⑤—4	砾砂	3.60×10^{-2}	31.10	强透水
⑦—1	泥砾	4.28×10^{-2}	36.98	强透水
⑦—2	泥砾	0.47×10^{-2}	4.06	中等透水

从渗透系数表中可以看出泥砾⑦—1 为强透水层，与原来对该层的评价"地下水的渗透系数较小，因此该层可起到隔水作用"的结论不符。

现场抽水试验结果见表 9.13 及表 9.14。

表 9.13　抽水试验结果表

抽水孔编号	含水层厚度（m）	观1与观2组合		观1与观3组合		观2与观3组合		推荐值	
		K(m/d)	R(m)	K(m/d)	R(m)	K(m/d)	R(m)	K(m/d)	R(m)
SA—1002	34.30	71.34	98.24	73.30	103.71	76.56	109.20	80	110

表 9.14　2008 年 12 月抽水试验报告书中提出的渗透系数表

降水部位	基坑面积（m^2）	含水层性质	初始水位埋深（m）	渗透系数（m/d）	基坑中心水位降深（m）	排水量（m^3/d）
站体部位	3271.2	潜水	13.5	39	13.2	46750

由表中可以看出现场抽水试验渗透系数比室内试验结果大得多。

⑦—1 泥砾层渗透系数 $K=39\text{m/d}$。该报告还提出抽水中固体颗粒含量达 80mg/L。

（3）基坑防渗和降水方案比较

原设计文件认为，泥砾渗透系数很小，可作为隔水层，以为将地下连续墙底伸入此层内 $2\sim3\text{m}$ 即无问题。但是经过补充勘察和现场抽水试验，发现泥砾层是强透水层，再考虑到相邻车站大量抽水的先例，显然再采用原设计方案是不可行的。为此提出了以下三个方案：全降水方案；高喷水平封底方案；垂直水泥灌浆帷幕方案。

1）全降水方案。

全降水方案根据 2008 年 12 月进行的现场抽水试验结果估算基坑的每天排水量约 50000m^3，鉴于周边建筑物较多，道路繁忙，基坑排水出路很难找到。另外，基坑大量抽水会影响相邻的展览馆和立交桥的位移和沉降；同时由于泥砾层的不均匀系数高达 160 以上，基坑中的细颗粒会因抽水而排走（已发生 80mg/L）。综合以上情况，不宜采用深层降水方案。

2）垂直灌浆防渗帷幕。

此法是把灌浆帷幕深入到泥砾层中去。由于未进行深部地质勘探，无法确定不透水层深度，所以原设计没有考虑此方案。

3）高喷水平封底方案。

原设计高喷水平封底方案的主要参数是在基坑底下 27～35m 之间利用互相套接的高压旋喷桩，构成厚8m 的隔水帷幕，见图9.55。旋喷桩直径0.8m，孔中心距0.6m。最大施工深度 35m。一共约需 8926 根，主要工程量为空桩 24.1 万米，实桩 7.1 万米，消耗水泥 3 万吨。

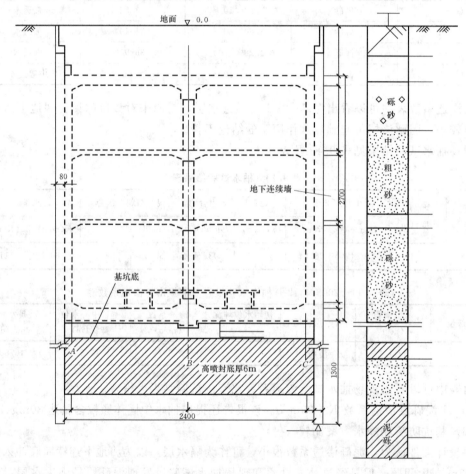

图 9.55 高喷封底图

从设计施工角度看，此设计存在以下几点不足：

①由于允许钻孔偏斜度为 1.5%，则到达孔底时可能最大偏斜 0.525m；在 30 多米的孔底的各孔之间会出现很多漏洞，根本不会互相搭接。

②由于地层阻力随孔深而加大，导致桩体成上大下小的胡萝卜状，由此也导致在孔底的各个桩之间无法搭接成密闭的水平帷幕。

南水北调工程穿越黄河隧道的竖井中曾进行高喷灌浆试验，经过对挖出的桩体进行检验后发现，上部 30m 以内大部分可以达到设计直径 1.0m；而 30～40m，其直径变为 1.0～0.6m；40～48m，其桩径只有 0.6～0.8m。

③由于孔位放线偏差也可导致孔底搭接的厚度变小。

由于以上三个方面的原因，如果采用桩径 0.8m、孔中心 0.6m 的话，那么在孔底可能出现很多空洞，形不成连续的帷幕。

④由于钻孔中心距只有 0.6m，可能在表层砾砂中出现塌孔。目前，基坑已大部分开挖到 9m 深，第一道支撑已经做完。有些部位钻机受到钢支撑的影响而无法到位或施工难度很大。另外，高喷的全部工作均需要在基坑内进行，施工干扰很大。

⑤初步估算，按一台钻机平均每天完成 5 根旋喷桩，则需要约 1800 个台日，如工期按 100d 计算，则需 18 台高喷灌浆设备。以每台设备功率为 180kW 计算，则每日用电负荷超过 3000kW。

⑥本工程水平封底部位为砾砂，最大的卵石达 80mm，且地层坚硬，重型触探击数达 12.4 击，只比泥砾层略小。由此推断，高喷钻孔施工也是相当困难的，对钻孔功效和桩体直径都有很大影响。

从武汉地区 20 世纪 90 年代采用高喷水平封底的实例来看，采用纯水平封底是不可能的。该地区很多工程都是在水平封底出现管涌突水事故之后，又采用降低承压水的方法，才能解决问题，有些则是从一开始就采用半封底半降水方法才能解决问题。

南水北调穿黄隧道竖井的高喷封底（10m）也是不成功的。

总的来看，目前国内罕有纯粹采用高喷水平封底方案取得成功的实例。

（4）实施情况

高喷封底方案开工不久，钻了不到 200 个钻孔就停工了。原因是地层太硬，施工效率太低，资金不够用，而且无法达到渗透系数的要求。在此情况下，由于工期要求太紧，只好改用大口井降水方案。

3. 水平防渗体的漏洞的图形和计算

现在来对上节提出的底部漏洞图形进行分析和计算。

（1）基本数据

1）水平防渗帷幕厚度 8m，幕底深度 35m，桩体直径 φ800mm，相邻桩中心距 600mm。

2）要求：孔偏差≤50mm，孔斜≤1%。

3）计算单元平面尺寸：只取 2.0m×1.4m ＝ 2.8m² 和 2.0m×2.1m＝4.2m² 进行计算。

4）计算情况：

①无孔斜，无偏差；

②沿坐标轴线（x 轴或 y 轴）方向偏斜；

③与坐标轴（x、y）成 45°偏斜，平行偏斜。

④与坐标轴（x、y）成 45°偏斜，交叉（90°）偏斜，详见图 9.56。

⑤漏灌比＝漏洞面积/总面积，可灌比＝1－漏洞面积/总面积，式中总面积＝2.8m²/4.2m²。

（2）绘制漏洞图

本节仅以坐标轴（x、y）方向偏差情况绘图，见

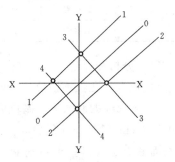

图 9.56　偏斜方向图

x-x、y-y：坐标轴方向，

0-0，1-1，

2-2，45°方向，

3-3，4-5：交叉 90°方向

图 9.57。图中间部位的实线表示的是水平高喷帷幕中出现的漏洞。

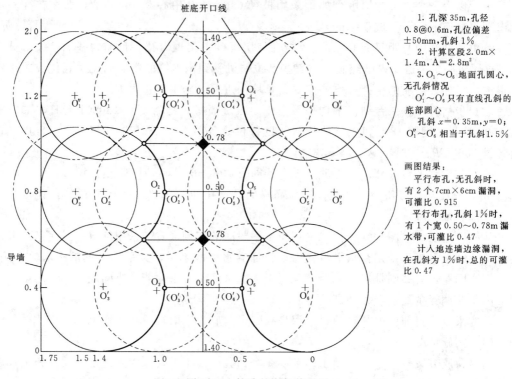

图 9.57　桩孔的底部偏差图

（3）计算结果统计表（见表 9.15）

表 9.15　单元漏洞情况统计表

计算情况	漏洞情况	最大宽度（cm）	漏灌面积（m²）	单元总面积（m²）	可灌比	说明
1	4 个	10×8~7×7	0.084	2.8 (2.0×1.4)	0.915	
2	漏水带	50~78	1.48	4.2 (2.0×2.1)	0.47	
3	漏水带	40~49	1.41	2.8	0.50	
4	漏水带	31~57	1.14	2.8	0.59	

（4）分析和评论

1）在设计孔位不错位（50mm）和无孔斜情况下，每 4 个孔相交处有一个 7cm×7cm 或 10cm×8cm 的漏灌区，基坑内共有 2250 个，总面积 11.025m²，沿地下连续墙边有约 600 个 60cm×13.5cm 漏灌区，总面积 15.12m²。以上两项总计漏灌面积 26.145m²，占基坑总面积的 0.8%。再按砾砂和高喷体渗透系数的加权平均，取全封闭体渗透系数 $K=0.249\text{m/d}$，则相应渗水量达 3000~4000m³/d。

2）实际上，施工时不可能做到每个孔位放线无偏差，钻孔时也不可能无偏斜。如果按规范要求的孔位偏差（±50mm）、钻孔偏斜（±1.5%）来控制的话，那么基坑漏水量会大大增加，以致高喷体的止水效果大大降低了。如孔斜达到 1.5% 时，在坑底可能出现边长 0.8～1.10m 的漏灌空洞。这里还没有计入高喷桩直径上大下小影响。

3）笔者按孔位偏差±50mm、孔斜 1% 情况进行绘制和计算。从表 9.15 中可以看出，渗漏通道宽度可能达到 0.31～1.10m。在钻孔深度 35m 时，可灌浆面积只占基坑总面积的 47%～59%，那是绝对不可能形成连续防渗体的。这说明这种水平防渗体设计是不合理的。

4）还有坑底渗流稳定问题。某些基坑因为打一个直径 6cm 的接地钻孔就造成基坑大量突水流砂事故，何况这种有 50% 左右的漏洞基坑呢！

5）如果要在坑底形成连续的、抗渗透性高的防渗体，则必须：

①加大桩径，缩小中心距。

②降低施工平台高程，使其与防渗体距离越近越好（如果基坑开挖和降水允许这样做的话）。意大利某个竖井的水平防渗体是在 5m 高的平台上施工的，效果不错。

6）读者有兴趣的话，不妨亲自画画图计算一下，不难得出上述结论。

4. 箱型高喷水平防渗体实例

本节提出了高压旋喷桩的水平封堵方案，并从理论角度进行分析，并进行优化处理。

（1）工程概况及场地条件

上海轨道某车站为南北方向，并与其上方已运营的海伦路站斜向交叉。本车站主体为地下二层狭长矩形框架结构，全长 192m，其中与海伦路换乘段相交长度 27m，车站标准段净宽 20.78m，端头井净宽 25.18m。

本车站主体围护为 800mm 厚的地下连续墙，其标准段和端头井的深度分别为 30.5m 和 33.5m，基坑开挖深度分别为 16.3m 和 18.3m。

该场地地质条件除部分为淤泥质黏性土外多为砂质粉土和粉细砂，且⑤₂、⑤₃、⑤₄、⑥和⑦₁层在场地内部分缺失，地层变动较大，其各土层分布及其主要物理力学指标见表 9.16。

表 9.16　地基土主要物理力学指标表

地层编号	土性名称	土层厚度(m)	含水量(%)	孔隙比	塑限指数	液限指数	压缩模量(MPa)	凝聚力(kPa)	摩擦角	静止侧压力系数	渗透系数(10⁻⁵cm/s)
①₁	人工填土	1.60～3.00	—	—	—	—	—	—	—	—	—
②₃	砂质粉土	9.60～13.70	32.2	0.90	—	—	9.85	6.0	28.5	—	21.700
④	泥质粉土	1.00～4.90	48.3	1.36	21.3	1.17	2.17	14.0	11.0	0.42	0.078
⑤₁	黏土	0.70～13.80	36.7	1.07	17.2	0.90	3.96	17.0	16.0	0.56	0.036
⑤₂	砂质粉土	0.00～21.50	34.5	1.00	—	—	8.27	5.0	27.0	0.47	29.000
⑤₃	粉质黏土	0.00～11.20	34.1	0.98	15.7	0.84	3.56	17.0	16.5	0.38	0.702
⑤₄	粉质黏土	0.00～2.50	24.7	0.77	15.6	0.40	5.49	17.0	20.5	0.45	—
⑥	黏土	0.00～4.80	23.6	0.70	17.6	0.33	6.28	36.0	16.0	—	—
⑦₁	砂质粉土	0.00～8.70	28.5	0.80	—	—	11.90	4.0	32.0	—	45.700
⑦₂	粉细砂	6.80～11.70	27.6	0.82	—	—	12.75	3.0	33.0	—	47.600
⑧₁	黏土	未揭穿	36.9	1.07	18.7	0.82	4.77	—	—	—	—

　　该场地地下水水位较高，潜水位常年平均地下水位埋深为 0.5～0.7m。潜水位下部埋藏两种承压水，一种为分布于⑤₂砂质粉土层中的微承压水，其埋深为地表下 18.0～19.5m，其顶板是⑤₁黏土层；另一种为分布于⑦₁砂质粉土层和⑦₂粉细砂层中的承压水，其埋深为地表下 28.3～37.2m，其顶板是⑥黏土层，该承压水水头埋深为地表下 3.0～10.0m。

　　（2）承压水处理措施分析

　　整个车站基坑开挖时需要降⑤₂层微承压水和⑦层承压水，尤其在车站南段。由于⑥层土缺失，地质条件复杂且双层承压水贯通，因此，有效地控制承压水成为基坑开挖的技术难题。

　　1）降水控制技术。

　　若采用坑外降水方案，不可避免地造成周边环境沉降变形，甚至关系到已运营地铁的安危，故该方案只能作为备用应急处理方案。

　　2）隔水控制技术。

　　若采用隔水帷幕进行承压水的控制，要求地下连续墙必须贯穿⑦₂粉细砂层深入其下的黏土隔水层中才能起到防渗帷幕作用，此时地下连续墙施工深度超过 50m。这种超深的地下连续墙不仅增加了施工技术难度和不可控性，而且延长了施工工期和增大了工程费用。

　　3）水平防渗技术。

　　结合本场地存在多层饱和粉砂土和车站基坑长条形以及采用地下连续墙进行基坑围护的特点，提出了水平封堵控制技术，即采用三重管高压旋喷桩法，在基坑坑底地以下一定深度、地下连续墙底以上形成一个水平满堂加固体，利用其高强度和低渗透性封堵承压水，可有效地减少基坑施工对周边环境和运营换乘站的影响，同时，不需施打超深的地下连续墙，从而也节约了成本和缩短工期。

　　南端头井地质条件最为复杂且双层承压水在此贯通，成功处理其承压水是决定水平防渗技术可行性的关键。下面研究换乘站南端头井水平防渗问题。

　　（3）水平防渗技术分析

　　鉴于本工程地层复杂性和周边环境的重要性，基坑水平防渗措施采用三重管高压旋喷桩工法满堂加固形成加固体。由于加固体依靠其上部土体及其本身自重平衡承压水对基坑施工的影响，故水平防渗层应尽可能深埋。为了确保地下连续墙和加固体间强度，水平封堵下底面选在地下连续墙墙底上部 1.5m 处。南端头井的平面尺寸如图 9.58 所示。

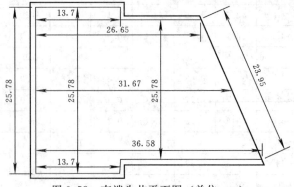

图 9.58　南端头井平面图（单位：m）

1）水平防渗厚度理论分析，计算结果见表 9.17。

表 9.17　加固厚度计算结果表

分析理论	力的平衡	抗剪能力	抗弯能力
加固厚度（m）	3.5	5.0	5.5

根据以上分析，同时考虑抗弯矩法理论计算结果又较前两种方法偏于安全，故鉴于周边环境保护对坑外降水严格控制的要求，在不进行坑外降水的情况下，坑内需实施至少5m 厚的高压旋喷桩满堂加固体，才能满足双层承压水对基坑开挖稳定要求。

2）水平封堵方案优化。

根据理论和有限元模拟分析结果可知，满足安全性要求的水平封堵加固体厚度为5m。为了提高加固体抵抗基坑侧向位移的能力提出了优化设计方案，如图 9.59 所示。在坑底下 2m 和地下连续墙底上 1.5m 分别施打2m 和3m 厚的高压旋喷桩加固体，并在紧邻地下连续墙处施打 3m 宽的高压旋喷桩将上下加固体联接成箱形整体。

当采用箱形优化方案时，地表沉降明显小于原加固方案，且在开挖完成时其坑外最大地面沉降为 10.0mm，该值小于《上海地铁基坑工程施工规范》（SZ－08－2000）规定的 0.1%H（H 为开挖深度，为 16.3mm）地面沉降变形值要求。

优化方案与原加固方案基坑侧壁侧向位移都随深度的增加逐渐增大，但优化方案对于基坑侧向位移的控制效果明显好于原方案。在开挖完成时的最大侧向位移发生在基坑底部稍靠下位置，其值为 10.2mm，同样小于《上海地铁基坑工程施工规范》（SZ－08－2000）规定的 0.14%H 侧向位移值要求。

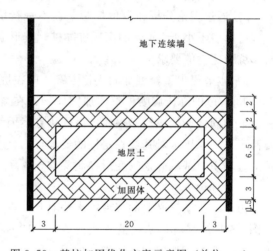

图 9.59　基坑加固优化方案示意图（单位：m）

（4）现场监测结果分析

为了了解水平封堵优化方案的加固效果以及基坑开挖、坑内降水等措施对周边环境的影响，在施工过程中对基坑变形以及周边环境的影响进行了现场监测。监测内容主要包括：支护结构侧向和垂直位移、支撑轴力、周边管线位移、坑外潜水位和周边地表沉降等。

由监测结果中可知：支护结构侧向位移随基坑开挖深度的增加，其侧向位移也不断增大，各测孔最大侧向位移基本出现在基坑开挖面附近，最大值为 13~15mm，与有限元数值模拟分析结果较为接近，且在 0.14%H 规范要求的范围内。

从地面沉降观测结果可知，该段底板浇注完成后，监测断面各测点的沉降速率明显趋缓，各测点的最大垂直位移量均不超过 15mm，且满足 0.1%H 一级基坑开挖要求。

另外，在整个施工过程中，基坑外围污水管线观测点最大累积位移为 25.3mm，其余各管线的最大累积观测值约为 20mm；且至底板浇注完成后，附近各测点的沉降速率已明显趋缓；坑外潜水水位在整个工程施工过程中较为平缓，其水位波动主要与天气降雨相关，说明本工程中水平防渗帷幕抗渗性能较好；基坑西侧建筑物最大累计沉降为11.7mm；轨道交通 4 号线出入口各监测点累计垂直位移量均在预警值以内。

通过以上监测结果说明，水平防渗优化方案不仅能够能够很好地防治双层承压水影响，而且能有效地控制基坑开挖对周边环境的影响和节约施工费用，故该优化方案是一个经济效益与环境效益双赢的加固方案。

（5）结论与建议

通过对地铁换乘站基坑施工中双层承压水影响和治理措施的的理论分析和有限元数值模拟，得到以下结论和观点：

1）由于车站周边环境要求和施工技术以及经济效益的制约，其基坑施工承压水的控制既不能采用坑外降水方案，又不宜采用很深的垂直防渗帷幕措施，承压水水平防渗措施成为该类基坑施工中宜采用的承压水控制措施。

2）通过理论分析和数值模拟，在不进行坑外降水时，需在地下连续墙底上部 1.5m 处施打厚度不小于 5.0m 的高压旋喷桩，其形成的水平防渗加固体可满足场地双层承压水对基坑稳定性的要求。

3）本节提出了箱型加固优化方案，即在坑底下 2m 和地下连续墙底上 1.5m 分别施打 2m 和 3m 厚的高压旋喷桩整体加固体，并在紧邻地下连续墙处施打 3m 宽的高压旋喷桩将上下加固体连接成箱形整体。该优化方案因结构型式改变而提高了整体刚度，从而不仅提高了双层承压水对基坑稳定性的要求，而且减少了基坑竖向变形和侧向位移，较好地满足周边环境对基坑开挖的变形控制要求。

（6）评论

由于手头缺乏必要的资料，无法对此例进行详细的承压水渗流分析，但从承压水水头埋深 3～10m 来看，基坑的水头约为 6～13m，不是很大。如果水平防渗帷幕设计合理，施工控制严格，地层颗粒较细，加固效果较好，是能够达到防渗的目的的。这可能是目前国内唯一成功实例。

对于承压水头很大、地层颗粒很大的深基坑来说，笔者建议慎用此法。

（本节摘自邢皓枫、张振等"复杂地层中地铁换乘站双层承压水处理技术研究"，《岩土工程学报》）

9.7 悬挂式防渗墙的基坑设计要点

9.7.1 何时用悬挂式防渗体

当工程所在地段从上到下都是透水层，无法在有限深度内找到可利用的隔水层，或者由于基坑开挖而将上部不透水层完全挖除以后，基坑全部暴露在透水地基中。在这种情况下，只能采用悬挂式防渗体或者是水平封底的方法。由于水平封底成功率不高，所以大多采用悬挂在透水地基中的防渗体和降水方法。

9.7.2 设计要点

1）上述这两种地基，均需采用防渗体和降水相结合的方法。对于深大基坑的防渗体应采用地下连续墙或在其下部做灌浆帷幕的型式。此时降水系统则是很重要的措施之一。

2）确定防渗体和降水井的参数。

在此应当进行方案比较，即假定几个防渗体深度，分别计算所需要的降水井数量、深度、出水量以及整个方案的工程造价和工期等，从中选出一个造价低、工期短、施工简便、安全可靠的方案，作为最后的设计依据。

根据上海地区经验，有条件时应采用坑内降水，并使井底滤水管底高出外围地下连续墙底一定高度。

采用悬挂式地下连续墙的基坑，要达到减少渗流量和降低出逸坡降的两个目的。

应进行水泵失电时地下水非稳定流计算，取得地下水回复时间等资料，评价基坑的渗流稳定性。

抽水后的地下水位应比常规降水深一些，宜低于坑底 2m 以上，应当做好应急预案。

9.7.3 悬挂式基坑支护的防渗设计

当地基中透水层埋藏无限深时，或者是承压水层上部隔水层被挖掉而下部隔水层埋藏很深时，此时基坑支护地下连续墙就"悬空了"。

还有一种情况，就是基坑周边环境很简单，降水对其影响不大，此时也可把地下连续墙做成"悬空"的，同时在基坑内外降水，来解决基坑开挖施工的渗流稳定问题。此方案能否成立，关键在于它是否经济和对周边环境的影响程度。

此时可用 JGJ 120—1999 的公式 4.1.3 来计算墙底入土深度 h_d。但是要注意，此公式只能用于允许渗透坡降 0.3～0.4 的砂砾地基，对于细粒土地基或级配不良的地基并不适用。

对于潜水地下水条件的基坑，应按贴壁渗流情况进行渗流计算；而对承压水条件下的渗流，应主要以地基抗浮和土体内部渗流情况来计算，详见第 7 章。

9.8 深基础的基坑防渗设计

9.8.1 概述

现在深基础已经不仅仅是指墩基础、桩基础和沉井等常规结构了，而是更多地采用地下连续墙施工技术建成的大型超深的新型深基础，它们可以是非圆形大断面灌注桩，如条桩、墙桩或 T 形桩和十字桩等；也有很多是封闭的圆环形、矩形或其他形状的结构，统称为井筒式深基础。大型深基础的开挖深度已经超过了 110m。本节只讨论井筒式深基础。

井筒式深基础是把其深基坑内的土石方挖除后再进行后续的混凝土结构施工的。要开挖深基坑，必然引起地下水的流动，也就是渗流。这个时候，深基础的施工也就变成了首先要进行深基坑的防渗设计和施工了。这正是本节要讨论的问题，也就是井筒式深基础的基坑防渗设计问题。

9.8.2　井筒式深基础的基坑设计要点

1）分析井筒式封闭深基础的基坑时，也必须遵守本书第7章和第8章所提出渗流分析的基本原则。

2）对于上述基坑来说，由于基坑深度都比较深，地基大多为多层地基，大多都会遇到一层或多层承压水。在此条件下，应当进行专门的渗流分析和计算，采用多种渗流计算（通常应是三维）程序和方法进行计算和对比，从中确定最优方案。

3）位于岩石风化层中的深基础的基坑，在控制渗流压力和流量时，由于岩性的关系，对于压力和坡降控制较易办到，但是要注意控制渗流量不要太大，否则对坑底后续施工不利。也要防止残积土受承压水影响而泥化。

4）基坑深度很大时或者施工工期很长时，应当注意防止基坑底部岩石的化学浅蚀。

深基础的设计可参考第21.1和21.2节的工程实例。有关竖井的设计与施工经验可参考第21章的有关内容。

9.9　本章小结

9.9.1　深基坑工程设计的基本原则

在进行深基坑工程设计时，不但要进行支护结构（如地下连续墙、支护桩、水平支撑和锚杆、锚索等）结构物的设计，也包括对基坑所在地域的地基处理的设计，如防渗、降水和加固等。

现代深基坑，大都是由多层（隔水层、含水层）多种（覆盖层、岩石）地基和多层地下水（潜水、承压水）构成的，周边环境也是很复杂的。

在这种条件下，深基坑工程的设计应注意以下几个基本原则：

1）地基土（岩）、地下水和结构物相结合。

2）基坑侧壁防渗、坑底防渗和基坑降水相结合。

3）工程安全、质量和经济性相结合。

4）设计、施工与监测相结合。

本章特别强调，在保证工程安全、可靠的前提下，通过技术经济比较，达到基坑支护工程的经济合理性。

9.9.2　以渗流控制为主的设计新思路

本书是根据满足深基坑侧壁和坑底地基的渗流稳定的要求，经渗流分析与计算，确定基坑的最小入土深度（也叫嵌固深度），而后再比较几个入土深度，计算支护结构的稳定和配筋情况，从中选定经济的入土深度，从而展开整个基坑工程结构设计和地基处理（防渗、降水和加固）设计。

显然这与以往的设计思路并不一致。

9.9.3　深大基坑应优先考虑防渗为主

这里讨论的是深度大于15m的大基坑，特别是在多层地基和承压水条件下的基坑。这些深大基坑大多位于城市市区或江河、海的岸边。

在这种复杂的地质和周边环境条件下，基坑渗流控制是个大问题。建议应当优先考虑防渗为主的设计方案。所谓优先，是指通过努力可以办得到。所谓防渗，一定是有把握做得到的连续的防渗体。

从规范规程来考虑的话，应当提出基坑防渗体的设计条文，而不是任其把墙底放在砂层等透水层内，成为"悬挂式"。

9.9.4　基坑入土深度的确定

本章提出基坑入土深度应满足以下几个条件：

1）满足基坑的渗流稳定要求，由此求出入土深度的下限值，即最小值。

2）满足支护结构的各项稳定要求。

3）满足强度和配筋要求，满足经济合理和施工方便的要求。

由于支护墙（桩）的最大弯矩与入土深度成反比，我们可以经过技术经济比较，选择经济合理而又方便施工的入土深度作为设计的入土深度。就是说基坑入土深度应以1）、2）为前提，而在1）或3）项中比较选定。

9.9.5　深基坑防渗体的概念

本章提出了深基坑防渗体概念。所谓防渗体，就是指一个基坑的全部防渗结构的总称。它是基坑地下连续墙（上墙）和下部的垂直防渗帷幕（下幕）总称。

防渗体概念的提出有助于明确基坑防渗的总体概念，可以使基坑防渗体设计更合理、更经济。

这里要明确指出，在岩石风化层中的深基坑，更适合于使用基坑防渗体概念，即做成上墙下幕的防渗体，可降低工程造价，便于施工，缩短工期。

对于第四纪覆盖层的深基坑工程，深基坑的防渗体设计应当考虑防渗帷幕的可靠度问题，即不能因为施工质量问题而造成基坑事故。比如，在淤泥土、粉细砂地基和承压水条件下，就不宜采用上墙下幕防渗体。在其他地基情况下，可以采用上墙下幕设计方案。在覆盖层中，把地下连续墙多向下挖一些，少配些钢筋，比采用帷幕造价高不了多少；也就是说，采用加长地下连续墙的方法，更合理些。

9.9.6　深基坑垂直防渗体设计

本章阐述了不同型式的深基坑垂直防渗体设计要点。这里要注意以下几点：

1）对于开挖深度大于15m的深大基坑来说，应当慎用咬合桩或水泥土搅拌桩的防渗体，特别是在地基上部为建筑垃圾和生活垃圾时尤其不宜采用。由于孔位和孔斜的偏差过大，容易产生桩底不连续。

2）地下连续墙兼做防渗体是最安全可靠的措施。可以考虑底部不配筋（或少配筋）或者是减薄墙体厚度的措施来降低工程造价。

3）对于水泥灌浆帷幕和高压喷射灌浆帷幕，在开挖深度或承压水头很大时，至少应采用2排或3排。由于高喷灌浆是控制浆液流动和扩散范围，故应认真考虑底部帷幕的连续性。

4）目前已经引进的 SMW 和 TRD 技术，可以满足基坑防渗要求，但应注意其适用深度和位移控制问题。

9.9.7　坑底水平防渗帷幕

原来采用坑底防渗帷幕的初衷，不外乎是想增加上覆土体的自重和改变加固层土体的渗透性。其中，增加自重的想法没有实际意义，所增自重极为有限。而想通过灌浆改变透水层成为不透水层时存在两个问题：一是即使把该加固层变为不透水层，那也会把浮托力加大了一个相当于层厚的上浮水压力；二是受设计、施工等因素影响，很难把加固层变为不透水层，使上述设想难于实现。

据笔者了解，在深基坑坑底的水平防渗帷幕工程实例中，只有意大利的一个地下水电站基坑有过成功实例。但请注意，该工程是把开挖到距加固层表面只有 5m 的高程上，再向下用高喷方法形成坑底水平防渗帷幕的（详见本书第 22.3 节）。国内在深基坑底部形成水平防渗帷幕的成功实例，则有上海地铁某个车站基坑承压水头小于 10m 的实例，实为罕见。

要做好坑底水平防渗帷幕，应注意以下两个问题：一是设计要严密布置钻孔，不留空隙（特别是桩、墙接触面），要考虑孔位和孔斜偏差引起的桩底不连续情况；二是要认真施工，严格控制孔位和孔斜，特别是尽量减小施工平台高程与设计加固高程的距离，参见 9.6.4 节。

还有一种情况，就是当承压水的顶部黏土层被挖掉以后，深基坑底部位于透水层内，而承压水的底板埋藏很深的大基坑，不要采用水平防渗帷幕，可以采用地下连续墙和深基坑降水的方法。

总之，水平防渗帷幕方法是最容易想到的方案，也是最不容易成功的方案，必须慎重对待。

还要说明，采用水下混凝土的水平防渗底板是完全可行的。

9.9.8　深基础的基坑防渗设计

深基础的成功取决于其基坑能否顺利建成和运行。现在深基础的基坑深度已超过 100m，且多位于大江大河或海水中，多为软土地基，渗流稳定是个大问题。为此，应当采用可靠的防渗体。

9.9.9　悬挂式防渗墙

由于深部隔水层埋藏很深，不少深基坑采用了悬挂式地下连续墙（防渗墙）。在城市市区宜尽量避免这种设计。上海地区表层有深 20～30m 的不透水层，而深部隔水层埋藏很深，很多地方采用了悬挂式地下连续墙结合降水的设计方案，深层降水对地面造成的影响有限，效果不错。而在天津滨海地层，表层隔水层多被分割或被挖走，宜注意其不利影响。

参考文献

[1] 丛蔼森. 地下连续墙的设计施工与应用 [M]. 北京：中国水利水电出版社，2001.

[2] 丛蔼森. 多层地基深基坑渗流稳定问题探讨 [J]. 岩土力学与工程学报，2009（10）：2018～2023.

[3] 丛蔼森. 当前深基坑支护工程应当考虑渗流稳定问题 [J]. 第十一届岩石力学与工程学会学术大会

论文集，2010：429～434.

[4] 龚晓南. 深基坑设计施工手册 [M]. 北京：中国建筑工业出版社，1998.

[5] 中国建筑科学研究院：JGJ 120—1999 建筑基坑支护技术规程 [S]. 北京：中国标准出版社，1999.

[6] 吴林高，等. 工程降水设计施工与基坑渗流理论 [M]. 北京：人民交通出版社，2003.

[7] 地下连续墙的现状 [J]. 基础工，2006（1）.

[8] 张志良. 国外基础工程标准编译 [M]. 北京：中国水利水电出版社，1992.

[9] 中国岩石力学与工程学会锚固与注浆分会. 锚固与注浆技术手册 [M]. 2 版. 北京：中国电力出版社，2009.

[10] 中国水利学会地基与基础工程专业委员会. 水工建筑物水泥灌浆与边坡支护技术论文集 [C]. 北京：中国水利水电出版社，2007：249～258.

[11] 中国水利学会地基与基础工程专业委员会. 水工建筑物水泥灌浆与边坡支护技术论文集 [C]. 北京：中国水利水电出版社，2007：259～263.

[12] 中国水利水电基础工程局. DL/T 5200－2004 水利水电工程高压喷射灌浆技术规范 [S]. 北京：中国电力出版社，2005.

[13] 国家能源局. DL/T 5425－2009 深层搅拌法技术规范 [S]. 北京：中国电力出版社，2009.

[14] 冶金建筑研究总院. JGJ 79－2002 建筑地基处理技术规范 [S]. 北京：中国建筑工业出版社，2002.

[15] 王世明. 地下墙在上海软土地层中应用近况 [J]. 西部探矿工程，1997（7）：26～27.

[16] 杨光煦. 砂砾地基防渗工程 [M]. 北京：水利电力出版社，1993.

[17] 《水利水电工程施工手册》编委会. 水利水电工程施工手册：地基与基础工程 [M]. 北京：中国电力出版社，2004.

[18] 中国水利水电基础工程局. DL/T 5148－2001 水工建筑物水泥灌浆施工技术规范 [S]. 北京：中国电力出版社，2002.

[19] 丛蔼森. 地铁既有线改造的基坑防渗问题 [J]. 全国锚固与注浆技术交流会论文集，2011.

[20] 林鸣，张鸿，徐伟. 润扬长江公路大桥北索塔北锚碇工程施工技术 [M]. 北京：中国建筑工业出版，2003.

第 10 章 深基坑降水

10.1 概　述

首先要说明的是，本章仍然遵循这样一个原则，也就是本书所叙述的内容都是围绕着如何进行深基坑渗流分析和计算、防渗体设计和施工的原则来编写的。因此在本章中，并不是把有关降水的内容全部提到，而是围绕着如何保持基坑中渗流稳定和施工顺利及安全来进行的，重点在于承压水的降水设计问题。

10.1.1　降水的作用

1）截住基坑底部和坡面上的渗水。

2）增加基坑侧壁和底部的稳定性，防止基坑渗流的渗透破坏。

3）减少基坑的水平和垂直荷载，减少支护结构上的作用力。

4）降低基坑内部土体（特别是淤泥和液泥质土）的含水量，提高内部土体开发过程的稳定性。

5）防止基坑底部地基中渗流管涌、流土和隆起，防止承压水突涌。

以上是降水对深基坑工程的有利作用。但必须指出，降水对邻近环境会有不良影响，主要是随着地下水位的降低，在水位下降的范围内，土体的重度从浮重度增大至接近饱和重度。这样在降水水位影响范围内的地面，包括建（构）筑物就会产生附加沉降。

10.1.2　基坑渗水量估算

当工程规模不大，在中等水头情况下，可按表 10.1 和表 10.2 估算渗入基坑的水量：

<table>
<tr><th colspan="2">表 10.1　渗水量工程经验值</th></tr>
<tr><th>名称</th><th>每平方米渗水量（m³/h）</th></tr>
<tr><td>粉砂</td><td>0.04</td></tr>
<tr><td>细砂</td><td>0.16</td></tr>
<tr><td>中砂</td><td>0.24</td></tr>
<tr><td>粗砂</td><td>0.30～3.0</td></tr>
<tr><td>有裂隙岩石</td><td>0.15～0.25</td></tr>
</table>

<table>
<tr><th colspan="2">表 10.2　给水度经验值</th></tr>
<tr><th>岩石</th><th>给水度</th></tr>
<tr><td>粉砂与黏土</td><td>0.10～0.15</td></tr>
<tr><td>细砂与泥质砂</td><td>0.15～0.20</td></tr>
<tr><td>中砂</td><td>0.20～0.25</td></tr>
<tr><td>粗砂及砾石砂</td><td>0.25～0.35</td></tr>
<tr><td>黏土胶结的砂岩</td><td>0.02～0.03</td></tr>
<tr><td>裂隙灰岩</td><td>0.008～0.1</td></tr>
</table>

注：取自"工程地质手册"。

10.1.3　降排水方法与适用范围

基坑的降排水包括降水和排水两方面内容。

排水是指基坑内的明沟排水，主要适用于以下情况：

1）排除上层滞水。

2）开挖过程中，开挖底面上的渗水或外部流入坑内的水。

降水是指土体内部的排水。根据地基土体性质（黏土、砂土）、渗透系数和基坑渗流水头等情况，分别选用轻型井点降水、管井降水、电渗以及渗井降水等方法。

降水方案一般适用于以下情况与条件。

1) 地下水位较浅的砂石类或粉土类土层。对于弱透水性的黏性土层，除非工程有特殊需要，一般无需降水也难以降水。

2) 周围环境容许地面有一定的沉降。

3) 止水帷幕密闭，坑内降水时坑外水位下降不大。

4) 基坑开挖深度与抽水量均不大，或基坑施工工期很短。

5) 采用有效措施，足以使邻近地面沉降控制在容许值以内。

6) 具有地区性的成熟经验，证明降水对周围环境不产生大的不良影响。

常用降水方法和适用范围，见表 10.3。

表 10.3　常用降水方法和适用范围

适用范围降水方法	适用地层	渗透系数(cm/s)	降水深度(m)
集水明排	含薄层粉砂的粉质黏土，黏质粉土，砂质粉土，粉细砂	$1 \times 10^{-7} \sim 2 \times 10^{-4}$	<5
轻型井点及多级轻型井点	同上	$1 \times 10^{-7} \sim 2 \times 10^{-4}$	<6 $6 \sim 10$
喷射井点	同上	$1 \times 10^{-7} \sim 2 \times 10^{-4}$	$8 \sim 20$
电渗井点	黏土，淤泥质黏土，粉质黏土	$<1 \times 10^{-7}$	根据选定的井点确定
管井（深井）	含薄层粉砂的粉质黏土，黏质粉土，砂质粉土，粉细砂	$>1 \times 10^{-6}$	>10
砂（砾）渗井	含薄层粉砂的粉质黏土，黏质粉土，砂质粉土，粉细砂	$>5 \times 10^{-7}$	根据下卧导水层的性质确定

10.1.4　事故停止抽水的核算

当水泵失去动力（失电）以后，地下水特别是承压水会很快恢复，水位上升后会对坑底地基土或已浇注的混凝土底板产生浮托作用，造成基坑底部不稳定。

水位恢复速度与地层渗透系数和水位降落幅度有密切关系，应当事先对此进行必要的核算。有的基坑水泵停电 30min 就造成了承压水突涌。

有些时候，当井的滤水管被堵塞的时候，水泵无法抽水，也会出现上述情况。在设计滤水管和砾料时，应当注意防止堵塞。

10.1.5　施工降水引起地面的沉降与变形

深基坑施工中的降水对周边环境的影响和防范是深基坑设计和施工过程中的一个重要环节。在软土地区深基坑，对地下水的控制是事关工程成败的大事。

对于深大基坑，在提供详细的工程地质和水文地质勘察资料的前提下，应当进行专门的防渗和降水设计。

在深基坑施工过程中进行人工降水，会改变原来的工程地质和水文地质条件，地层的应力场发生变化，受影响范围要比基坑占据的净空大得多。在此范围内，地下水位下降，地层发生位移，相邻建筑物和市政设施（管道、电缆等）产生附加变形，影响它们的正常运行。

随着地下水位下降，细颗粒会随水流走，同时土体的自重应力增加，引起地层的失水固结，造成地面塌陷、开裂和位移。

因此对于深大基坑是否采用降水（特别是降承压水）方案，应当认真分析比较后再行决定。

10.2　基坑降水的最低水位

10.2.1　概述

《建筑基坑支护技术规范》（JGJ 120—1999）的 8.3.2 条要求"设计降水深度在基坑范围内不宜小于基坑底面以下 0.5m"。

有人提出，只要保持开挖土体自重大于该层水的浮托力（扬压力），即可继续挖土而不必降水，甚至挖到基坑底部时，在其上保持 10m 水头也无所谓。

实际上，这样做风险是很大的。如果只是开挖一条管道，基坑底部保持一定的浮托力未尝不可；但是，对于大型的深基坑来说，这样做的风险是很大的。对于大型的深基坑来说，必须专门进行基坑的防渗和降水设计。

应当注意，地下水位降低后，还要满足地基的渗透稳定要求。对于粉细砂类的地基来说，即使地下水位只降低了 0.5～1.0m，在某些情况下，也会发生管涌和流砂。

10.2.2　地铁接地线施工要求的地下水位

对于地铁基坑坑底往往要打接地孔。当坑底表层为黏性土（含残积土）时，打穿此不透水层后，会把下面承压水带到上边来。此时降水水位应低于坑底不透水层底板以下，或是剩余黏土层的饱和重大于承压水浮托力的深度。

10.2.3　残积土基坑的降水水位

当基坑位于岩石的残积土和风化层中时，如果残积土属于黏质砂土或粉土（砂）类时，很容易受到上涌的承压水作用面泥化。此时需要把承压水位降到残积土底板以下。

10.2.4　承压水基坑的降水水位

上海市《岩土工程勘察规范》（DBJ 08－37－2002）引用英国标准局的"场地勘察实施规范"，提出的降压后水位保持在坑底下 1.0～2.0m，在上海地区提出了这一要求。笔者认为此时还要满足坑底地基的渗透稳定要求（见第 7.9 章）。

10.3　基坑降水计算

基坑降水计算可参考常规的计算公式，这里从略。

《水利水电工程地质手册》推荐的影响半径的经验值，见表 10.4。

表 10.4　影响半径经验值

岩石名称	主要颗粒粒径 (mm)	影响半径 (m)	岩石名称	主要颗粒粒径 (mm)	影响半径 (m)
粉砂	0.05~0.1	25~50	极粗砂	1.0~2.0	400~500
细砂	0.1~0.25	50~100	小砾	2.0~3.0	500~600
中砂	0.25~0.5	100~200	中砾	3.0~5.0	600~1500
粗砂	0.5~1.0	300~400	大砾	5.0~10.0	1500~3000

注：当粗砂粒径 0.5~2.0mm 时，R 为 100~150m。

根据单位出水量和水位下降值确定影响半径经验值，见表 10.5。

表 10.5　影响半径 R 经验值

单位出水量$=Q/s_w$	单位水位降低$=s_w/Q$	
单位出水量(L/s·m)	单位水位降低(m/L·s)	影响半径R(m)
>2.0	≤0.5	300~500
2.0~1.0	1~0.5	100~300
1.0~0.5	2.0~1.0	50~100
0.5~0.33	3.0~2.0	25~50
0.33~0.2	5.0~3.0	10~25
<0.2	>5.0	<10

10.4　基坑降水设计要点

10.4.1　概述

由于基坑深度、支护型式、施工方法、地质条件、周边环境的不同，使得基坑降水设计工作变得非常复杂。

基坑降水设计，要综合考虑各种影响因素，首先要确定要降哪种类型的地下水和含水层，要维持哪种地下水和含水层的水位不变或少变化。

10.4.2　应掌握的资料

1. 工程地质和水文地质资料

通过勘察和室内外试验、测试，确定相应的参数。

2. 基坑工程的设计资料

1）基坑的形状、大小、开挖深度和开挖方法等。

2）基坑挡土结构的型式、尺寸、厚度、材料、入土深度、帷幕深度等。

3）支持结构的型式、材料、尺寸等。

4）设计工况。

5）各工况条件下，可能引起的基坑和周边变形等。

3. 基坑周边环境的资料

1）各种地下管线的类型、管径大小、重要程度、距基坑边的距离。

2）地下建（构）筑物的规模、范围、埋深、走向、目前运行状况等。

3）基坑周边环境，住宅、办公楼的基础深度、型式，目前的沉降和变形。

4）基坑施工期间需要保护的对象和允许变形。

10.4.3　基坑降水设计过程

1. 基坑降水方案设计

此阶段现场勘察资料比较少，可参考现场附近已有的工程地质和水文地质资料来选用设计参数，也可采用经验数据。此时，可能需要好几个与设计工况对应的降水方案。另外，此阶段应提出现场抽水试验方案。

2. 抽水试验和优化设计

基坑降水设计方案被选定后，应当先行施工 2～3 口井作为试验井，一般采用单孔抽水、多孔观测的非稳定流试验。现场抽水试验获得实测的水文地质参数，对原降水设计方案进行优化，继续完成其他井的施工。

3. 降水运行阶段

根据上面优化后的设计方案，全部井群施工完成后进入基坑降水运行阶段。在此阶段，应进行部分降水井的群井抽水，将观测孔的计算资料与实际观测资料进行拟合，调整含水层参数。根据群井抽水的环境监测资料为基坑施工的各个工况制订降水运行方案。

10.4.4　基坑降水应以内降水为主，外降水为辅

基坑降水会对坑内和坑外地基以及周边建（构）筑物和地下管线等造成不良影响，特别是在软地基和城市闹市区，这种影响会更大。

很多工程实践表明，深基坑降水应当以内降水为主，外降水为辅。在上海地区的基坑降水工程中，大多是这样做的。

上海复兴东路某电缆隧道为外径 18.57m 的圆形竖井，开挖深度 32.45m，周边地下连续墙厚 0.8m，深 44.3m，墙底并未贯穿承压含水层即第⑦层粉砂，基坑底部在位于此透水层中需在内部设降水井，以降低承压水位。由于地下连续墙的防水（渗）性能高，使其对承压水的流动产生了很大的阻挡作用，就像在流动的水中插了一块板一样，因此在板的两侧也就是在圆形竖井内外造成了水位（头）差。

抽水资料表明：单井抽水时，内外水位差 6m；两井抽水时，内外水位差 10m；三井抽水时，内外水位差 13m。

也就是说，在三井抽水时竖井内部水头降低了 23m，而竖井外的承压水头只降低了10m。这样既能满足井内开挖的要求，又大大降低了外部地基的沉降值，大大减少对周边环境的影响。

10.5　井点降水

10.5.1　概述

井点降水是利用井（孔）在基坑周围同时抽水，把地下水位降低到基坑底面以下的降水方法。

当地下水位高出基坑底面较大，尤其是地层为松散的粉细砂、粉土或透水性较强的砂砾、卵石等地层，且地下水的补给比较充分，采用明沟排水易发生流砂、坍塌时，可采用井点降水。

井点降水可分为轻型井点、喷射井点、电渗井点、管井井点和深井井点等，各种井点的实用范围可按表 10.6 选用。

表 10.6 各类井点实用范围表

井点类型	土层渗透系数（m/d）	降低水位深度（m）
轻型井点	0.1～50	3～6
喷射井点	0.1～50	8～20
电渗井点	<0.1	5～6
管井井点（大口井）	20～200	3～5
深井井点	10～250	>15

应根据土层的渗透系数、要求降低水位的深度以及工程特点，进行技术经济和节能比较后确定井点降水的方法。

1. 轻型井点降水

（1）轻型井点降水系统装置

轻型井点主要由井点管（包括过滤器）、集水总管、抽水泵、真空泵等组成。

轻型井点沿基坑周围埋设井点管，一般距基坑边 0.8～1.0m，在地面上铺设集水总管（并有一定坡度），将各井点管与总管用软管（或钢管）连接，在总管中段适当位置安装抽水水泵或抽水装置。

（2）轻型井点抽水原理

井点系统装置组装完成之后，经检查合格后即可启动抽水装置。这时，井点管、总管及储水箱内的空气被吸走，形成一定的真空度（即负压），地下水被压入至井点管内，经总管至储水箱，然后被水泵抽走（或自流）。

目前，抽水装置产生的真空度不可能达到绝对真空。根据抽水设备性能及管路系统施工质量，系统应保持一定的真空状态。井点吸水高度按下式计算：

$$H = \frac{H_v}{0.1\text{MPa}} \times 10.3\text{m} - \Delta h \qquad (10.1)$$

式中 H_v——抽水装置所产生的真空度，MPa；

Δh——管路水头损失，取 0.3～0.5m；

0.1MPa——绝对真空度，相当于一个大气压，换算水柱高为 10.3m。

吸水高度不是基坑水位降低深度，两者的基本概念不同。

为了充分发挥轻型井点真空吸水的特性，抽水装置的标高布置要给予充分的注意。下面有两种布置型式。

1）抽水装置安装在地面标高上，距地下水有一个距离高度。对降水而言，这个长度产生水头损失。因而，降低地下水位深度较浅。

2）抽水装置安装标高接近原地下水位。这就发挥了全部的吸水能力，达到最大的降水深度。

（3）轻型井点抽水设备

轻型井点抽水的主要设备为：

1）井点管：直径为 38～50mm 的钢管，长 5～8m，整根或分节组成。

2）滤水管：内径同井点管的钢管，长 1～1.5m。

3）集水总管：内径为 100～127mm 的钢管，长为 50～80m，分节组成，每节长 4～6m，每一个集水总管与 40～60 个井点管用软管联结。

4）抽水设备：主要有真空泵（或射流泵）、离心泵和集水箱组成。

低渗透性 $[k=(0.1～10)\times10^{-4}cm/s]$ 的粉土和粉砂（$D_{10}=0.05mm$）应采用真空法井点系统，以便在井点周围形成部分真空，真空井点可增加流向井点的渗流坡降并改善周围土的排水性和稳定性。在真空井点中，在井点和填料中的净真空度为总管中的真空度减去降深（或井管长度）。因此，若降深超过 4.5m，则在井点系统中的真空度就相对很小了。再如，若井点系统中漏气，则必须加大真空泵以便抽气，从而保证真空降水的效果，真空井点所用的离心泵一般为 2BA－9A 或 BA－9A。

必须指出，在高原地带（离海平面高度大于 500m），空气稀薄，尚须减去 1.5m 的吸程。

在开挖接近基岩时，普通井点或真空井点常不能接近岩面，可辅用直径为 25mm、滤管长为 15cm 的袖珍井点，可将边坡角的渗透压力减至最小。

常用真空泵性能见表 10.7 和图 10.1。

表 10.7　真空泵性能比较

型号 （国别）	气缸尺寸		转速 （r/min）	极限真空 （Torr）	名义抽速 （m³/min）	所需功率 （kW）	比功率 $[(kW/(m^3\cdot mm)]$
	直径(mm)	行程(mm)					
WL－200（中国）	400	180	320	10	12	15	1.25
W－5（中国）	455	250	300	10	12	22	1.83
PVT4520（日本）	450	200	320	20	18	22	1.22
VA360/200（瑞士）	360	200	310	5	9	17	1.88

（4）井点管埋设方法

1）水冲法。

利用高压水冲开泥土，井管靠自重下沉。在砂土中压力为 0.4～0.5MPa，在黏性土中压力为 0.6～0.7MPa。冲孔直径一般为 30cm，冲孔深度宜比滤水管底深 0.5m 左右。

2）钻孔法。

适用坚硬土层或井点紧靠建筑物的情况。当土层较软时，可用长螺旋钻成孔。

井点管下沉达设计标高后，在管与孔壁之间用粗砂、砾砂填实，作为过滤层。距地表 1m 左右的深度内，改用黏土封口捣实，然后用软管分别连在集水总管上。

在沉设井点中冲孔是十分重要，故在冲孔达到设计深度时，须尽快减低水压，拨起冲管的同时向孔内沉入井点管并快速填砂，在距地面以下 1m（不宜过小），须用黏土封实以

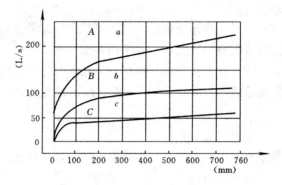

图 10.1　特性曲线

A—WL—200 特性曲线；a—W₅ 特性曲线；B—WL—100 特性曲线；

b—W₄ 特性曲线；C—WL—50 特性曲线；c—W₃ 特性曲线；

防止漏气。

现将一般冲孔时的冲水压力列表 10.8 如下：

表 10.8　冲孔所需的水流压力

土的名称	冲水压力（kPa）
松散的细砂	250~450
软质黏土、软质粉土质黏土	250~500
密实的腐殖土	500
原状的细砂	500
松散中砂	450~550
黄土	600~650
原状的中粒砂	600~700
中等密实黏土	600~750

2. 喷射井点

喷射井点是将喷射器安置在井管内，利用高压水（称喷水井点）或高压气（称喷气井点）为动力进行抽水的井点装置。这种井点不但具有轻型井点安装迅速简便的优点，而且降深大，效果好。

1）应用条件：适用于土层渗透系数为 0.1~50m/d 的地层，降深为 8~20m 的井点。

2）主要设备及性能：

①金属井点管：内部装有喷射器，使井点管内形成较高的真空度，提高降水效果。

②高压水泵或空气压缩机：产生工作压力，把 7~8 个大气压的高压水压入井点管内的喷射器里。国产高压泵型号有 SSM 型、DA 型及 TS 型等。

③循环水槽：保持一定的循环水量，保证高压水泵正常工作。

④低压水泵：把循环水槽多余的水抽走。

⑤导水总管：与井点管连接。

⑥滤水管。

3）井点管布置要求：

当基坑宽度小于 10m，水位降深要求不大时，可采用单排井点；当基坑宽度大于 10m 时，可采用双排井点；当基坑面积较大时，宜采用环形井点。

井点间距一般为 2～3m，孔径为 400～600mm，孔深应比滤水管底端深 1m 以上。井点管下入孔内后，填入粗砂滤料，其上面 1.5m 左右改用黏土封口捣实。

4）注意事项：

①下井点管前必须对喷射器进行检查。

②井点抽水后，若井点周围有翻砂、冒水现象，应立即关闭进行检查处理。

③循环水槽中的水应保持清洁。

3. 电渗井点

电渗井点是利用黏性土的电渗现象而达到降水目的的降水方法。

1）适用范围：渗透系数小于 0.1m/d 的土层，如黏性土、淤泥和淤泥质黏性土。

2）主要设备有水泵、发电机、井点管和金属棒等。

3）原理及布置要求。

土壤通电后，土颗粒电荷自负极向正极移动，水分子由正极向负极移动。因电位差产生水位差。利用这一水位差形成地下水的流动，从而进行地下水的疏干。以井点管为阴极，另在土中埋设 $\phi 20$～$\phi 30$ 钢筋或 $\phi 50$～$\phi 75$ 钢管（金属棒）为阳极。它不仅能排除黏性土中的自由水，而且还能排除结合水。

把阴极井点管布置在基坑外侧，将阳极金属棒埋入坑内并与阴极成平行交错排列，间距为 0.8～1.0m 左右（当采用喷射井点时，宜为 1.2～2.0m）。阳极出露地面 20～40cm，其下端入土深度应比井点管底端深 50cm 左右。阴、阳极数目应相等，分别接在直流电源上。地下水从坑内向坑外流入井点管，从井点管连续抽水。

电源电压一般应小于 60V，直流电源可用电焊机代替。直流电源设备功率为：

$$P = K \frac{FV\phi}{1000}$$

式中　P——直流电源设备功率，kW；

　　　K——设备安全系数，新电焊机为 1.2，旧电焊机为 1.6；

　　　ϕ——选用的电流密度，A/m²；

　　　V——选用的直流电压，V；

　　　F——异性电极间土体断面上渗流帷幕面积，m²，$F = sh$。

其中　s——基坑周长，m；

　　　h——阴极埋置深度，m。

4）施工注意事项：

①应连续不间断抽水，以防土粒堵塞井点管。

②通电前应将两极间地面处理干燥，以免大量电流从土体表面层通过，降低电渗效果。

③在保证砂滤层正常工作的情况下，井点成孔直径应尽量小，以免增加土体电阻，损耗电能。

④电渗真空降水时，宜采用间歇通电。一般可通电 24h 后，停电 2～3h。因为电解产生的气体能增大土体电阻，增加电耗，采用间歇通电可减少上述弊病，还能延长电极的使用年限。

⑤注意安全，严防短路事故，雷雨时工作人员应离开两极之间地带，维修电极应拉闸停电进行。

英国 BS8004 规范对电渗排水方法提出以下建议：正极采用一次性使用的金属杆，水流向设在井管上的负极。电极间距 4.5m，电压 40～180V，每口井要求的直流电流为 15～25A。此方法用于均匀的细粉土层中最有效。

4. 管井（大口井）井点

1）适用条件：含水层渗透系数较大，水量丰富，而厚度不大时可采用管井井点（或大口井）降水法。

2）主要设备：直径 200mm 井管、滤水管、深水泵等。

3）井点布置：井点数、间距、井深视地层、降深要求和基坑形状大小而定。一般沿基坑外围 10～50m 设一井管，每个井管安装过滤器，单独用一台抽水泵。有时，结合工程的需要，可将不同类型的井点灵活应用。

4）井管的埋设：可采用钻孔法成孔，孔径应较井管直径大 200mm 以上。下井管前应先清孔。井管与井壁之间用 3～15mm 砾石充填作为过滤层，并及时洗井。

5. 深井井点

1）适用条件：当含水层为渗透系数较大的砂砾、卵石层，且厚度较大（大于 10m）、降深要求也大（大于 15m）时，可采用深井井点法降水。

2）主要设备：直径大于 300mm 的井点管、滤水管、深水泵等。

3）井点布置：井数、井位、井深应根据含水层性质、降深要求和基坑位置、大小而定，也可根据地区经验而定。

4）井管埋设：成孔方法可据含水层条件和孔深要求分别选用冲击钻、回转钻或水冲钻施工。孔径较井管直径大 300mm 以上。深度应根据抽水期内沉淀物可能沉积的高度适当加大。

10.5.2　井点降水设计

由于受很多不确定因素的影响，如地层的不均匀性，各种参数计算公式假定的局限性，井点系统布置的不同，成孔方法、滤水管安装的不同，抽水设备能力、抽水时间长短不同等，因此，理论上井点降水计算结果还不很精确。但是，只要选择适当的计算公式和正确的参数，还是能满足设计要求的。在降水经验丰富的地区，可按惯用的井点布置方法实施降水。

1. 井点设计需要的参数、资料

1）含水层是承压水或是潜水；

2）含水层的厚度及顶、底板高度；

3）含水层渗透系数（抽水资料或经验值）；

4）含水层的补给条件；

5）地下水位标高和水位动态变化资料；

　　6）井点系统是完整井还是非完整井等；

　　7）基坑规格、位置、设计降深要求。

2. 井点降水设计步骤

根据降水范围，一般按假定间距算出井点根数，然后复算出水量及中心降深。

1）确定环形降水范围的假想半径 r_0。（见图 10.2）。

$$r_0 = \sqrt{\frac{F}{\pi}} \qquad (10.2)$$

当基坑为长方形，$l/B > 2.5$ 时

$$r_0 = \eta \frac{(l+B)}{4} \qquad (10.3)$$

式中　F——基坑面积，m^2；

　　　l——基坑长度，m；

　　　B——基坑宽度，m；

　　　η——系数，由表 10.9 查得。

表 10.9　系数 η 与 B/l 关系

B/l	0	0.2	0.4	0.6	0.8	1.0
η	1.0	1.12	1.16	1.18	1.18	1.18

　　2）确定井点系统的影响半径 R_0。（见图 10.2）。

$$R_0 = R + r_0 \qquad (10.4)$$

式中　R——按有关公式求得或由经验公式确定的影响半径，m；

　　　r_0——环形井点到基坑中心的距离，m。

　　3）设计降深：

$$s = (D - d_w) + s_w \qquad (10.5)$$

式中　s——基坑中心处水位降，m；

　　　D——基坑开挖深度，m；

　　　d_w——地下静水位埋深，m；

　　　s_w——基坑中心处水位与基坑设计开挖面的距离，m。

　　4）基坑总出水量，按大井法计算：

$$Q = 1.366k(2H-s)s/\lg\left(\frac{R+r_0}{r_0}\right) \qquad (10.6)$$

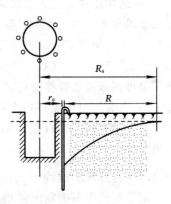

图 10.2　环形井点系统
示意图

式中　Q——基坑总出水量，m^3/d；

　　　k——渗透系数，m/d；

　　5）计算每根井点的允许最大进水量：

$$q' = 120rL\sqrt[3]{k} \qquad (10.7)$$

式中　q'——单井允许最大进水量，m^3/d；

　　　r——滤管半径，m；

  L——滤管长度，m；

  k——渗透系数，m/d。

 6）每根井点的实际出水量

$$q=\frac{Q}{n} \tag{10.8}$$

式中　n——设计井点管的数量。

 7）井点管的长度

$$L=D-h+s_{\mathrm{w}}+\frac{1}{10}r_0 \tag{10.9}$$

式中　h——井点顶部离地面的距离，m；

  若 $q'>q$ 时，则认为符合要求。

  算出基坑总出水量 Q，然后根据每根井点的允许进水量 q' 确定井点根数 $n\left(n=\frac{Q}{q'}+1\right)$，再根据基坑（或一圈井点的）周长算出井点的间距，并复核基坑中心水位降深是否符合设计要求。

 3. 线状井点设计

 1）假定孔内降深 s'，计算出井的影响半径 R；假定井点的间距，算出所需井点根数。

 2）计算每根井点的出水量 q（或一段井点的总出水量 Q）。

 3）计算每根井点的最大允许进水量 q'，且 $q'>q$。

 4）计算垂直井点连线基坑最远边缘处的降深 s（或水位 H_0）。

 5）计算井点中间的降深（在井点相距较远时计算）。

 6）计算总出水量 $Q=nq$。

 轻型井点的布置见图 10.3 和 10.4。

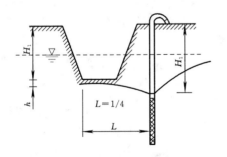

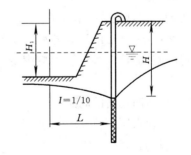

图 10.3　单排井点布置　　　　　　　　图 10.4　环形井点布置

 4. 井点管埋深

 H 可按下式计算：

$$H\geqslant H_1+h+LI \tag{10.10}$$

式中　H_1——基坑深度，m；

  h——基坑底面至降低后的地下水位距离，一般取 0.5～1.0m；

  I——降落漏斗渗流坡降，环形井点可取 1/10，单排井点可取 1/4；

L——并联管至基坑中心或基坑远边的距离，m。

10.5.3 滤水管的设计

滤水管是井点降水系统的重要部分，设计不好，不是造成大量进砂，影响正常抽水，就是进水不畅，形成过大的水跃值，直接影响抽降效果。所以对滤网和填料要选好。

（1）滤管长度

$$l = \frac{Q}{dnv} \tag{10.11}$$

式中　Q——流入每根井管的流量；

　　　d——滤管外径；

　　　n——滤管孔隙比，一般用 $20\%\sim25\%$；

　　　v——地下水进入滤管的速度，一般由经验公式 $v = \sqrt{k}/15$ 求得。k 为含水层渗透系数。

（2）滤管孔眼数（n）的确定

$$n = \frac{F}{\pi r^z}$$

$$F = \frac{Q}{v} \tag{10.12}$$

式中　F——孔限总面积；

　　　r——孔眼半径。

一般孔眼直径为 $15\sim20$mm，孔眼间距为 $30\sim40$mm。

（3）滤网做法

1）先在滤管外缠一层纱网（铁纱网或塑料网），再在外面包一层棕皮，最后用铁丝每隔一段距离扎紧。

2）再缠一层纱网，再在外面包一层无纺布，最后用铁丝扎紧。

3）连续缠 $2\sim3$ 层纱网，然后用铁丝扎紧。

不管用何种做法，纱网孔隙应满足：

$$d_c < 2d_{50}$$

式中　d_c——纱网孔格的间距；

　　　d_{50}——含水层颗粒 50% 的直径。

（4）填料的选择

砂滤层填料颗粒尺寸应控制在：

$$5d_{50} \leqslant D_{50} \leqslant 10d_{50} \text{ 或 } D_{50} = (6\sim7)d_{50}$$

式中　D_{50}——填料的直径；

　　　d_{50}——含水层颗粒的直径。

（5）滤管设计应注意的问题

井管上开孔大小、数量、滤网规格、滤料的大小，均应满足渗流稳定的要求，既要具有较大的透水性，又要防止地层中细颗被抽出，造成周边地面过大沉降和施工事故。天津某冷轧工程的地下水池（深 $6.8\sim7.5$m）施工过程中，在粉细砂地基中打了深

12m、井径 0.4m、间距 15～20m 的降水井，井管外包一层 0.75mm 金属网，再包一层棕皮，滤料为 20～40mm 碎石。抽水后，漏砂量很大，平均每口井为 1～2m³。降水后一周，基坑尚未开挖，此时地面沉降已达 100～150mm；15m 以外砖墙裂开 20～30mm 直至 50mm；15～20m 以外的民房因地面沉降过大导致严重变形和开裂，不得不迁移，造成了严重影响。后来改用土工布和棕皮包裹在井管外面，不再带出大量砂子，取得较好效果。

10.5.4　渗水井点的设计与施工

1. 概述

本法适用于在地层上部分布有上层滞水或潜水含水层，而其下部有一个不含水的透水层或有一个层位比较稳定的潜水或承压含水层，它的水位比上层滞水或潜水水位要低，且上下水位差较大，下部含水层（或不含水的透水层）的渗透性较好，厚度较大，埋深适宜。人工沟通上下水层以后，在水头差的作用下，上层滞水或潜水，就会自流渗入到下部透水层中去。若渗水通道良好，也可采用全充料式井点（即钻孔中全部填充粒料），见图 10.5。

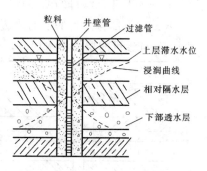

图 10.5　渗水井点结构图

2. 渗水井点设备

用铁管、塑料管制成（用于非全充料式井点中），主要用途是导水和观测水位。其管径一般为 25～300mm。井管上部和下部对应的含水部位和透水部位应钻孔，外缠镀锌铁丝或 20～40 目尼龙网。

自渗降水可省去水泵等设备，在工程降水中是一种较节省的降水方法。

3. 渗水井点的布置

基坑总涌水量确定后，再验算单根渗水井点的极限渗水量，然后确定所需渗水井的数量。可沿基坑周边每隔一定距离均匀布置渗水井。

4. 渗水井点的设计

1）渗水井点设计水位埋深按下式计算：

$$H = S + H_2 + iL \tag{10.13}$$

式中　S——要求水位降深值，m；

　　　H_2——上层滞水水位埋深，m；

　　　L——井点距基坑中必的水平距离，m；

　　　i——渗流坡降。

2）降水量 Q 值的计算公式为：

$$Q = \frac{\pi K (2H_1 - S) S}{nR/\chi_0} \tag{10.14}$$

式中　K——上部含水层渗透系数，m/d；

　　　H_1——上部含水层平均厚度，m；

　　　S——要求水位降深值，m；

R——影响半径，m；

χ_0——假想大井半径，m。

3）自渗后混合水位高度 h'。

按完整承压注水井公式计算自底板算起的混合水位高度，见图10.6。

$$h' = \frac{Q\ln(R/\chi_0)}{2\pi KM} + H_0 \qquad (10.15)$$

式中 Q——降水量，m^3/d；

H_0——自下部承压含水层底板算起的水头高度，m；

M——下部自渗目的层承压水层厚度，m；

K——下部自渗目的层的渗透系数，m/d。

4）若自渗目的层为潜水层时，同样可按潜水公式计算 h'，见图10.7。

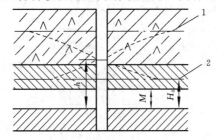

图10.6 渗水井点结构图

1—上层滞水水位；2—下部承压含水层水位

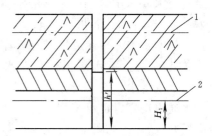

图10.7 渗水井点图

1—上层滞水水位；2—下部潜水层水位

$$h' = \sqrt{\frac{Q\lg(R/\chi_0)}{1.366K} + H_1^2} \qquad (10.16)$$

式中 Q——拟降水量，m^3/d；

H_1——下部自渗目的层潜水层厚度，m。

5. 渗水井点成孔方法

（1）钻孔和填料

可采用30型工程地质钻机下套管成孔，也可采用CZ—22型冲击钻机和旋转钻机水压钻探成孔。当渗水井点深度在15m以内时，也可采用长螺旋钻机水压套管法成孔。钻孔直径一般为127～600mm。当孔深到达预定深度，将孔内泥浆掏净后，下入127～300mm由实管和过滤管组成的铁管，其过滤部分一定要与上部和下部透水层相对应。为了保证井点的渗水量，在铁管周围自上到下应全部回填粒料。若为全充料式渗水井点，则不需下入井管，只需全部回填粒料即可。

（2）渗水井点的洗井

井管下入和回填粒料后，应用空压机洗井或用自来水洗井，至渗水井点内水清为止。

（3）注意事项

渗水井点在制定方案前，应充分了解上部和下部含水层和透水层各自的水位、岩性、透水性和埋藏条件，并对上部含水层的水量、自渗后的混合水位等进行预测计算，以便确定一个合适的自渗设计方案。

10.5.5　小结

1) 在深基坑工程中，很少使用轻型井点降水，但在深基坑采用多层放坡开挖时，可能用到此项技术。例如宝钢铁皮坑基坑就是这么做的。

2) 在北方地下水埋深较深的地区（如北京），常常使用自渗井的办法，来把上层滞水或潜水排到下面地下水中，效果不错。

10.6　疏干井和减压井

10.6.1　概述

用于降水目的管井称为降水井管，不同于供水、灌溉用的管井。

通常把降低潜水水位的降水井管称为疏干井，而把用于降低承压水水位的降水管井称为降压井或减压井。

一般情况下疏干井比较浅。由于承压水含水层埋深不同，基坑开挖深度不同，降压井深浅也不同。

10.6.2　疏干井设计

1. 主要用途

疏干井主要用于降低潜水和浅层承压水——潜水类型的地下水，主要用在：

1) 在放坡开挖中，用来降低基坑内周边边坡中的地下水位，以保证边坡稳定。

2) 在有防渗帷幕的基坑中，用于排除坑内的地下水，以保证基坑和支护的顺利施工。

2. 放坡开挖的降水设计

首先确定井群的排列方式，井距可在计算中有所变化，水位控制点选择在基坑中心、基坑角点、长条基坑的两端，要使该点降水后的水位满足设计要求。放坡开挖在坡顶应设截水沟，并要做好防渗，防止雨水流入基坑内。

边坡的坡面上应用钢丝网水泥喷浆护坡，防止降雨冲刷坡面和入渗。坑底四周设排水沟，将雨水及渗漏水及时排到坑外。

当在地下水位很高和黏土层很厚的基坑中施工时，可采取在坑底开挖纵横排水沟和集水井排水系统。在浇筑底板前，用碎石（屑）和砂填平排水沟，将水引向集水井排到坑外。

3. 有防渗帷幕的降水设计

对于深基坑来说，大多应采用有防渗帷幕的基坑支护型式，大多情况下是采用地下连续墙和灌注桩结构。其中地下连续墙是自身防渗，灌注桩常常要在桩间做止水防渗。

防渗帷幕的深度一般与支护结构的入土深度一致或更深。从基坑渗流来看，基坑的帷幕深度应当以进入不透水的土（岩）层为准，也就是防渗体深度应当大于支护结构深度。在此条件下，基坑内的含水层就会增加了一个封闭的弱透水边界。

在这种条件下，疏干井布置在基坑内，均匀分布。此时，基坑的侧向补给水量很小。如果坑底有足够厚的黏土，涌水量也很小。这样的基坑降水，就像抽排土中的可能抽走的静水量。此时井群布置可参考当地经验确定。上海地区的经验值是 $200\sim300m^2$ 布 1 口井。此时，基坑内应抽出的水体积为：

$$W = FM\mu \qquad\qquad (10.17)$$

W——应抽出水体积，m^3；

F——基坑面积，m^2；

M——疏干井的含水层厚度，m；

μ——含水层的给水度。

如果坑底为未完全封闭的砂类土，则应按坑底进水的大井法计算水量，然后将这些水量再均分到多口井上。

单个水井的井壁进水流速应当满足下式要求

$$\upsilon_w \leqslant \upsilon_j$$

式中　υ_w——井壁流速，$\upsilon_w = Q/\pi D_k L$；

D_k——井径，m；

L——井壁进水长度，m。当水位降到基坑底面以下设计深度时的进水高度；

Q——设计单井出水量，m^3/d；

υ_j——井壁允许流速，$\upsilon_j = \sqrt{k}/15$；

k——渗透系数，m/d。

还应注意及时排除基坑内的雨水。在本书所说的深基坑工程中，一般不会采用无防渗帷幕的支护结构，这里不再讨论。

4. 疏干井的深度

一般情况下，疏干井的深度应超过基坑设计开挖面以下 3～5m，不宜超过帷幕深度，与下层承压水层顶板的距离应不小于 2.0m。

在砂层中的疏干井，如果砂层厚度不大，井深可达到砂层底板。如果砂层厚度很大，井的深度应考虑井内的动水位深度，即

1) 单井抽水的水位降；

2) 其他井抽水对该井的影响，即干扰水位降；

3) 自身井的水头（位）损失。

前两者可以计算得到，第三项则与井的设计与施工直接有关，各井不同。此时井的深度应在井内的动水位以下 5～6m，泵的吸水口应保持在动水位以下 2～3m。如果地下水不稳定，应以中心点水位降达到设计要求为前提，计算各个井点的最大动水位做为确定井深的标准。

10.6.3　减压井降水设计

1. 基本原则

在天然情况下，承压含水层顶板上的水压力与上部地层的自重压力相平衡或小于上部自重压力，因而处于平衡状态。当一个深基坑从上往下逐层挖土，达到一定深度后，上覆土重逐渐减少到不足以平衡承压水压力时，承压水就会冲破上部地层涌入基坑内，形成突水（涌）。这种水来势凶猛，高压水带着泥砂涌入基坑，可能会造成地下连续墙下沉、倾覆、倒塌，内支撑破坏，基坑发生事故。

由此可以看出，承压水的降水设计应以上覆土层稳定为前提。

2. 承压水头降低值的计算

为了保证基坑底面地层的稳定，应当使其自重压力大于承压水压力（详见本书第 7 章

7.2.3 节）。当不满足上述要求时，可采取以下措施：

1）把地下连续墙或防渗体继续加深到下一个隔水层内，以增加上覆土体自重。

2）用减压井把承压力的压力降低。

现在来讨论减压井设计问题。

根据上述原则计算出来的地下水位，可能仍然高出设计基坑底面好几米（比如有的工程高出 8～10m），这是不可以的。原因有以下几个：

①地层连续性较差，特别是大型基坑，它的隔水层并非铁板一块，在空间分布上会出现缺失，造成渗水通道。特别是一些滨海沿河地区，地层沉积互相交叉，更容易出现这种现象。

②很多深大基坑被地下连续墙或支护桩、锚索、工程桩、降水井、勘探孔、穿插切割，承压水很容易沿着这些构筑物与地层的接触面薄弱点突涌，酿成事故。所以应当把承压水位降到基坑设计底面下 1～2m 或其他要求的更深的深度上去。

3. 坑内降水和坑外降水

（1）减压井的布置

当采用地下连续墙或防渗体（帷幕）把承压水含水层完全封闭的时候，此时降水井应布置在基坑内。

当承压水含水层未被封闭时，则坑内降压会影响坑外承压水位的变化。此时减压井的布置则有坑内和坑外两种方式，对此需要加以对比，然后选定。

（2）减压井在坑内

当减压井布置基坑内部时，如果井底滤水管不超过地下连续墙底或防渗体底部，由于坑外承压水流经过绕流进入基坑内，水头损失增加，可使各井的抽水量减少，基坑外水位降幅也减少，对周边环境影响也小。如果坑内滤水管深度超过了防渗体深度，则与减压井布置在坑外无异。

减压井设在坑内还会带来以下几个问题：

1）基坑施工不便，开挖机械可能碰坏外露的井管，施工干扰较大。

2）外露的井管在无内支撑情况下，难于固定、维护和保养。

3）由于上部压重需要，减压井要等到上部结构做完几层后才能拆除，在此之前，在它穿过底板时需做止水防护，上面几层楼板则需预留孔洞。

4）外露井管封井困难，注浆封井效果不好。

（3）减压井在基坑外

坑外降水的优缺点正好与坑内降水的优缺点相反。这里要特别注意坑外降承压水时，对周边环境的影响，有时会比坑内降水大。

究竟是坑内降水，还是坑外降水，关键是看井的滤水管位置是否超过防渗帷幕底部。如果超过了，即使井管在坑内，那其渗流方式仍与坑外降水差不多。

采用坑内降水还是坑外降水，应该根据场地条件、支护结构型式、周边环境要求，通过技术经济比较后选定。

4. 减压井降水设计要点

深基坑在群井抽水条件下，防渗体（幕）深入到含水层什么部位，减压井的平面布置和滤水管的位置在什么深度，都会对地下水渗流场产生不同影响，对周边环境的影响也是不同的。一般可以简化为以下两种情况。

情况Ⅰ：基坑隔水帷幕的插入深度没有超过降压降水目的含水层的顶板（见图 10.8）。即在降压降水目的含水层中没有形成一个人为的隔水边界。为了降低基坑下部承压含水层顶板处的水头，可在坑内或坑外布置降压井群，计算在干扰抽水条件下，基坑底部各任意点的水位降；尤其是基坑中心和边缘角点处的水位降；也可以通过计算坑内外任意点的干扰水位绘制降压目的含水层的水头下降等值线图。厚度较大的含水层，用非完整井降水时，过滤器应放在紧靠含水层顶板的部位，计算任意点的水位或设置观测孔，监测该点的水位时应计算和观测承压含水层顶板处的水头。因为厚度很大的含水

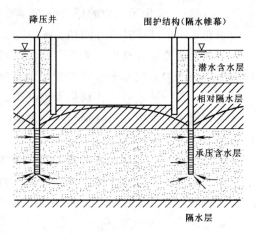

图 10.8　基坑隔水帷幕底
未深入含水层中——情况Ⅰ

层中用非完整井抽水，含水层在不同深度上的水位降是不同的，对于降水目的含水层的下部和底板处的水位降就不必关注。在水平方向上，干扰井的布置应使坑外的水位尽可能的少下降，以减少对环境的影响。

这里要注意，当相对隔水层的自重小于承压水头时才采用此降水方案。

情况Ⅱ：基坑的隔水帷幕部分插入降压目的含水层中，在含水层内部形成了一个人为的侧向不透水边界。由于插入深度不同，降压井不同的布置方式在降压井群抽水的影响下，地下水渗流场发生不同的变化，地下水运动不再是平面流或以平面流为主的运动，而是形成三维流或以垂直流为主的绕流型式。地下水计算时应考虑含水层的各向异性，有些情况下用解析解无法求解，必须借助三维数值模型。情况Ⅱ又可分为两个亚型：

情况Ⅱ—1：基坑隔水帷幕插入降压目的含水层的上部，深入含水层中 3～6m 或插入含水层的深度占含水层厚度的 20%～30% 左右（见图 10.9）。在这种情况下，由于基坑隔水帷幕插入含水层中较浅，如坑内降水过滤器不超过隔水帷幕的深度，则滤水管太短，进水面积太小，单井出水量太小，在基坑面积较大的情况下需要布置较多的井才能达到降水的设计要求。如果井过滤器超过隔水帷幕的深度，井布在坑内或坑外并无太大差异，坑外降水的优点可充分显现出来，而坑内降水的缺点更为突出。因此，一般情况下选择坑外降水，降压井的过滤管顶部位置放在连续墙刃脚以下。由于非完整井抽水引起的三维流影响，尽管过滤管顶部离含水层顶板有一定距离，在群井干扰抽水的情况，考虑含水层的各向异性，在基坑范围内承压含水层顶板处的水位降可以降到设计要求的深度。

情况Ⅱ—2：基坑隔水帷幕深入到降压目的含水层内达 30%～80% 且插入降压目的含水层 10～15m 或 15m 以上时（见图 10.10），采用坑内降水更为优先，降压井长 12m 左右的过滤器不超过隔水帷幕的深度，群井抽水后含水层的地下水通过隔水帷幕底部绕流进入

井内。由于地下水流程增加，渗透坡度变小，基坑范围内承压含水层顶板处地下水位达到设计降深时，抽水量要比坑外降水小。坑外的承压水头下降小，对坑外因降水引起的环境影响小，坑内降水的优点得到充分发挥。

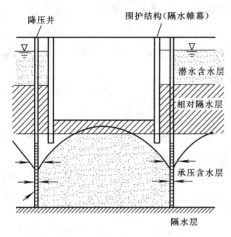

图 10.9　基坑隔水帷幕底部分
深入含水层中——情况Ⅱ-1

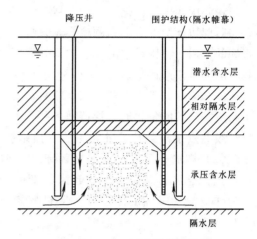

图 10.10　基坑隔水帷幕大部分
深入含水层中——情况Ⅱ-2

如果基坑面积很小，井在坑内影响施工或坑内无法支护固定井管，周围的环境要求并不十分严格，同时隔水帷幕底部离降水目的含水层底板有 10m 或 10m 以上时，也可考虑坑外降水（见图 10.11）。

坑内降水，可以采用考虑含水层各向异性的三维渗流和地面沉降耦合模型进行坑外渗流场的计算和由此引起的坑外地面沉降的估算。

坑外降水计算可以按情况Ⅱ-1的方法处理。降压井的过滤器可置于隔水帷幕底部到含水层底板之间，考虑含水层各向异性的非完整井，计算在干扰井群抽水下，基坑范围内降水目的含水层顶板处的水位降。

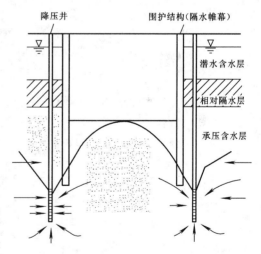

图 10.11　基坑隔水帷幕大部分
深入含水层中——情况Ⅱ-2

10.6.4　小结

在进行疏干井和减压井设计时，以下几点值得注意。

上海地区地层表层 30m 内为连续的黏性土层，是良好的隔水层，减压降水井多位于基坑外侧，对地面及周边环境影响较少。而像天津和武汉的某些地区，由于隔水层连续性差，承压水和上层滞水连通性较好，并有补给，承压水减压井降水时，也会抽取上层滞水（或）承压水，引起地面和周边环境很大变动。为此减压降水井多放在基坑内。

10.7　超级真空井点降水

随着我国四个现代化建设的发展，深大基坑将会越来越多，它们造成的基坑渗流破坏问题和对周边环境的影响问题将会越来越受到人们的关注。超级井点工法将会在这方面发挥很好的作用。特别是它能使基坑外侧地下水位不下降或轻微下降这一特点，对于高层建筑林立的大城市来说是非常有吸引力的。

地球的周围充满了大气，而大气有其自身质量和压力。超级井点工法是一种在超深地层中利用大气的能量，通过保持地下井管内的真空状态进行排水的新型工法。

超级井点工法弥补了井点工法（强制排水）、深井工法（重力排水）和真空－深井工法（强制排水＋重力排水）的不足，同时吸取了以往排水工法的长处。简言之，它是一种把真空泵和深井泵结合起来的新的降水工法。由于它的过滤器采用了双重管构造（特殊分离式过滤器），使其在保持井管内真空状态下，实现连续强制排水（见图 10.12）。

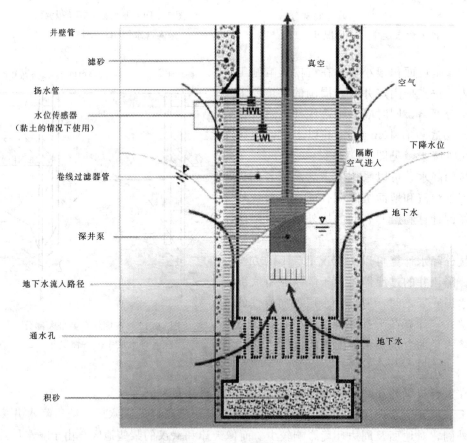

图 10.12　工作原理图

超级井点工法与其他工法的区别：

1）由于特殊分离式过滤器的开发，使该工法能在超深地层中排水，并可在更广泛的地段内进行强制排水（见图 10.13）。

2）与排水深度限定在 6～10m 的井点工法不同，该工法能在与深井工法同等深度下进行强制排水。

3）采用深井排水工法时，由于井管集水效率低而需设置多眼井；而本工法由于利用了真空效应，提高了井管的集水效率，因此大大减少了井的数量。

4）在使用普通的真空－深井工法时，当水位降至滤管部位时，空气会进入井管内而引起真空度下降；超级井点工法使用分离式过滤器，将水与空气分离，只允许地下水通过，因而实现真空强制排水。

超级井点工法降水速度快，降水深度大，特别适用于细颗粒地层的降水，而且工程成本低，很有必要进行推广和应用。本工法的关键是如何长期保持井管中的真空度稳定不变。说到底，就是真空泵的设计和产品加工质量问题。

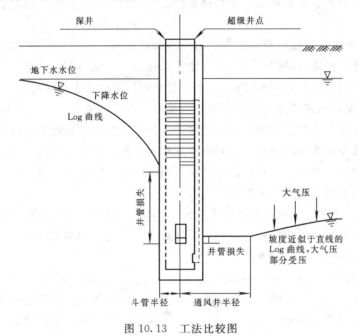

图 10.13　工法比较图

10.8　回　　灌

10.8.1　概述

基坑开挖或降水以后，不可避免地要造成周边地下水位下降，从而使该地段的地面建筑物和地下构筑物因不均匀沉降而受到不同程度的损伤。为了减少这类影响，可以采取一些措施，减缓降水过程过快的影响，还可对保护区采取地下水回灌措施，具体有以下几种：

1）建筑物离基坑远，且地基为均匀透水层，中间又无隔水层时，则可采用最简单、最经济的回灌沟、砂沟和砂井等方法。

2）如果建筑物离基坑近，且为弱透水层或者有隔水层时，则必须用回灌井或回灌砂井。

10.8.2　回灌井的设计

1）回灌井与抽水井之间应保持一定的距离。当回灌井与抽水井距离过小时，水流彼此干扰大，透水通道易贯通，很难使水位恢复到天然水位附近。根据华东地区、华南地区许多工程经验，当回灌井与抽水井的距离大于等于 6m 时，可保证有良好的回灌效果。

2）为了在地下形成一道有效阻渗水幕，使基坑降水的影响范围不超过回灌井并排的范围，阻止地下水向降水区的流失，保持已有建筑物所在地原有的地下水位仍处于原有平衡状态，以有效地防止降水的影响，合理确定回灌井的位置和数量是十分重要的。一般而言，回灌井平面布置主要根据降水井和被保护物的位置确定。回灌井的数量根据降水井的数量来确定。

3）回灌井的埋设深度应根据降水层的深度和降水曲面的深度而定，以确保基坑施工安全和回灌效果。回灌井的埋设深度和过滤器长度的确定原则为：回灌井底宜进入稳定水位以下 1.0m，且位于渗透性较大的土层中；过滤器长度应大于降水过滤器长度。

4）回灌水量应根据实际地下水位的变化及时调节，既要防止回灌水量过大而渗入基坑影响施工，又要防止回灌水量过小，使地下水位失控影响回灌效果。因此，要求在基坑附近设置一定数量的水位观测孔，定时进行观测和分析，以便及时调整回灌水量。

回灌水一般通过水箱中的水位差自灌注入回灌井中，回灌水箱的高度可根据回灌水量来配置，即通过调节水箱高度来控制回灌水量。

5）回灌砂井中的砂必须是纯净的中粗砂，不均匀系数和含水量均应保证砂井有良好的透水性，使注入的水尽快向四周渗透。灌砂量应为井孔体积的 95%，含泥量 $\not> 3\%$，不均匀系数为 3～5 的纯净中粗砂。

6）需要回灌的工程，回灌井和降水井是一个完整的系统，只有使它们共同有效地工作，才能保证地下水位处于某一动态平衡，其中任一方失效都会破坏这种平衡。要求回灌与降水在正常施工中必须同时启动，同时停止，同时恢复。回灌水宜用清水。

回灌系统适用于粉土、粉砂土层、砂、砾等土层因透水性高，回灌量与抽水量均很大，一般不适用。

10.8.3　回灌井的施工

在建筑物沿基坑一边采用回灌井，使建筑物保持原有地下水位。

由于地下水位的降低，使得建筑物下的水位下降，若其下是软弱土层，则将因水位降低而减少土中地下水的浮托力，从而使软弱土层压缩而沉降。因此，使用回灌的办法使地下水位保持不变，以求邻近建筑物的沉降达到最小程度。在施工中最简单的回灌方法是采用回灌沟，如图 10.14（a）所示。图中建筑物离基坑稍远，且无隔水层或弱透水层时，则用回灌沟的方法较为经济易行。但若土层中存有黏质粉土夹层时，则用回灌沟就不适宜，如图 10.14（b）所示，此时应采用回灌井的方法，如图 10.15 所示。回灌井是一个较长的穿孔井管，和井点的滤管一样，井外填以适当级配的滤料，井口并须用黏土封口，以防止空气的进入，这种方法避免了回灌沟的水位形成增加的荷载作用于软弱的黏质粉土上 [图 10.14 （b）]，从而有效地达到回灌地下水使保持原有地下水位不变的作用。

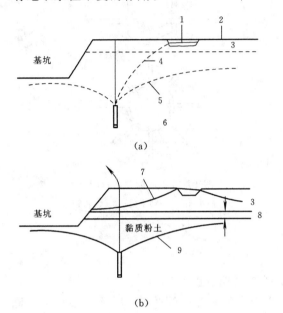

图 10.14 回灌沟
（a）无隔水层的回灌；（b）有隔水层的回灌
1—回灌沟；2—建筑物；3—原有地下水位；
4—回灌后的水位降落曲线；5—无回灌时的
水位降落曲线；6—压缩性土；7—回灌水位；
8—黏质粉土沉降；9—井点水位降落曲线

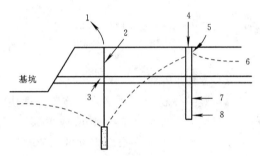

图 10.15 回灌井
1—排水；2—井点；3—黏质粉土；4—回灌水
5—封孔；6—原有地下水位；7—滤料；
8—有孔回灌井管

回灌井水量计算的方法与一般井点的计算方法相同，但水位如何保持不变则须用观测井进行观测。另外，对回灌井灌入的水有时还要进行加压回灌，一般采用的压力为 $100 \mathrm{kN/m^2}$，或 10m 水柱。

10.9 辐射井降水

10.9.1 辐射井概念

所谓辐射井就是由若干条水平辐射管和一个竖直大井组成的辐射形抽（集）水系统。水平辐射管（井）用来汇聚附近含水层的地下水到竖井中，且往往是自流入井。竖井的作用有二点：一是汇集储存水平辐射管流入的地下水，并通过潜水泵将其抽到地面；二是在其上设置不同的施工平台，可以开发不同深度（高程）和不同地层的地下水，见图 10.16 和图 10.17。

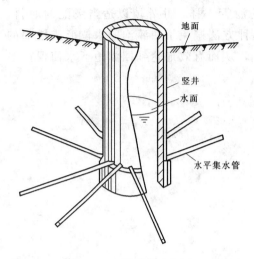

图 10.16　辐射井示意图

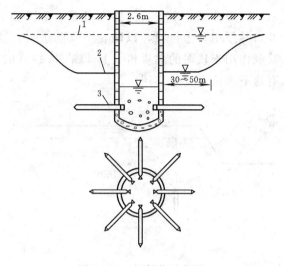

图 10.17　辐射井示意图

1—静水位；2—动水位；3—滤水管

1. 辐射井的特点

1）竖井体积小，井壁薄，施工速度快。

2）竖井深度可达 30～40m 或更深，可开采多层地下水。

3）出水量大。一个辐射井的出水量可相当于同等深度的管井 8～10 个，最大出水量可达 1m³/s。

4）成本低。北京地铁 5 号线工程采用辐射井降水，可比其他方法节省投资数亿元。

5）适用地层和范围广。能在极细的粉土、粉细砂层中打水平管，也能在黄土层、砂砾石层中打出水平辐射管来。特别是对于一种所谓的"疏不干"地层，即一抽水就干，不抽水就有水，导致基坑无法开挖的地层来说，辐射井是一种最有效的降水方法。

6）运行寿命长。

2. 辐射井应用范围

1）城乡供水；

2）农田灌溉；

3）综合治理农业旱、涝、碱灾害；

4）基础和基坑工程降水，可以分层治理上层滞水、潜水和承压水危害。

5）降低尾矿坝、挡水坝的坝体浸润线，确保坝体安全。

10.9.2　辐射井出水量的计算

1. 概述

辐射井出水量的计算，大都采用半经验半理论公式，本节介绍几种方法供参考。

2. 中国水利水电科学院提出的计算公式

（1）潜水辐射井的出水量

根据图 10.18，可写出下列公式

$$q = SVC$$

$$S = 2\pi r h_0$$

$$V = KI = K\frac{\mathrm{d}H}{\mathrm{d}R}$$

$$q = 2\pi r k h_0 \frac{\mathrm{d}H}{\mathrm{d}R} C = \frac{1.365k(H^2 - h_0^2)}{\lg R - \lg r} C$$

式中 S——水流断面面积，m^2；

$\quad V$——断面上地下水流速，$\mathrm{m/d}$；

$\quad q$——抽水流量，m^3/d；

$\quad k$——含水层渗透系数，$\mathrm{m/d}$；

$\quad H$——地下水静水位至不透水层顶板厚度，m；

$\quad h_0$——竖井外地下水动水位至不透水层顶板的厚度，m；

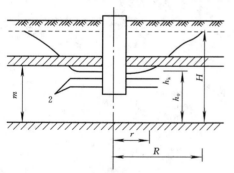

图 10.18 潜水辐射井抽水示意图
1—水平滤水管

$\quad h_k$——动水位至最下部水平滤水管厚度，m；

$\quad R$——抽水最大影响半径，m；

$\quad r$——等效大口井半径，m；

$\quad C$——不完整井系数。

计算 r 的经验公式：

当水平滤水管 L 不等长时

$$r = 2\sum L/3n$$

式中 n——滤水管根数；

$\quad \sum L$——不等长的水平滤水管长度总和，m。

C 值的经验求法：

$$C = \sqrt{\frac{h_k}{h_0}}\sqrt[4]{\frac{2h_0 - h_k}{h_0}}$$

（2）承压辐射井

$$q = \frac{2.73Km(H - h_0)}{\lg R - \lg r} C$$

式中 m——承压含水层的厚度，m。

其他符号同前，见图 10.19。

C 值的求法与上同。

（3）井的非完整系数

井的非完整性系数 C 值可见表 10.10。

图 10.19 承压辐射井抽水示意图
1—承压水位；2—水平滤水管

此公式计算结果与实际情况较接近，可以参考采用。

表 10.10 C 值表

$\frac{m}{h_k}$ 或 $\frac{h_0}{h_k}$	1.3	1.5	2.0	2.5	3.0	4.0	5.0	6.0	8.0	10.0
C	1.0	0.87	0.78	0.71	0.65	0.58	0.52	0.48	0.41	0.37

3. 用裴布依公式计算出水量

辐射井计算模型见图 10.20。

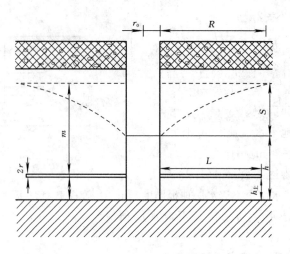

图 10.20　辐射井计算模型

计算公式： $Q = \alpha q n$

其中：

$$q = 1.36 k \frac{m^2 - h^2}{\lg \dfrac{R}{0.75l}}$$

适用条件为：①远离水体或河流；②$l = 30 \sim 50\text{m}$。

式中　Q——辐射井总出水量，m^3/d；

　　　k——渗透系数，m/d；

　　　n——辐射管根数；

　　　S——抽水井深，m；

　　　q——单管出水量，m^3/d；

　　　l——辐射管长度，m；

　　　α——折减系数；

　　　r_0——大井半径，m；

　　　m——含水层厚度，m；

　　　r_0——辐射管半径，m；

　　　h——动水位以下含水层厚度，m；

　　　R——降水影响半径，m；

　　　h_r——辐射管到底板高度，m。

10.9.3　辐射井设计要点

1. 布局基本原则

1）根据基坑面积大小确定井的数量；

2）根据地层确定水平滤水管的类型、长度；

3）根据基坑降水深度和含水层层次确定井的深度、滤水管的层次和根数。

辐射井设计包括竖井设计和水平井设计。竖井设计主要考虑其直径、深度，直径一般设计为 2.6～3.0m，国外井的直径可达 5～6m；深度一般低于基坑底 1.5～2.5m。

水平井设计主要考虑钻孔直径、滤水管直径、长度（l）、水平井的数量（n）及水平井的施工高程，长度一般为 30～50m，水平井数量（n）综合考虑经验系数、基坑总涌水量（Q）、单管出水量（q）而确定，水平井布设在含水层底部上下 30cm 范围内，并可根据实际情况适当调整。

2. 单独使用辐射井降水系统

基坑降水所需辐射井数是由降水面积、降水区的水文地质条件、地表水情况以及使用的设备性能等决定的。大致有以下两种情况：

1）基坑面积不大于 30m×30m，地表没有不断渗入的水流，或者只有一侧渗水，这种情况可用一口辐射井布置在有地表水渗入基坑的一侧，见图 10.21（a）。

2）基坑面积大于 30m×30m，视基坑面积和根据地质条件、钻机可打进滤水管的长度进行布井，可考虑布置两口辐射井或更多，见图 10.21（b）。

3. 辐射井为主与其他降水方法相结合的布置

往往有这种情况，用一口辐射井深感不足，而两口井又觉不经济。此时可以与其他降水方法结合，以期达到经济合理的效果。

1）辐射井与管井相结合。管井布置在辐射井的对面，即辐射井的水平滤水管所不及的地方，见图 10.22（a）。适用渗透性较好的水文地质基坑降水。

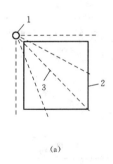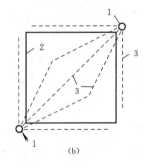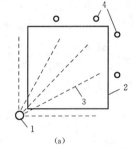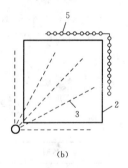

图 10.21　单用辐射井降水

（a）单井降水；（b）双井降水

1—辐射井；2—基坑；3—水平滤水管

图 10.22　辐射井与其他方法并用

（a）辐射井与管井相配合；（b）辐射井与轻型井点配合

1—辐射井；2—基坑；3—水平滤水管；

4—管井；5—轻型井点

2）辐射井与轻型井点相结合。轻型井点布置在辐射井的对面，即辐射井的水平滤水管所不及地方，见图 10.22（b）。它适用于渗透性较差、基坑较浅的水文地质地区。

3）竖井底部打设滤水管（见图 10.23）。

4）竖井底部打设管井。除浅部有较好含水层外，深部也有较好含水，即浅部用辐射井，深部用管井，见图 10.24。

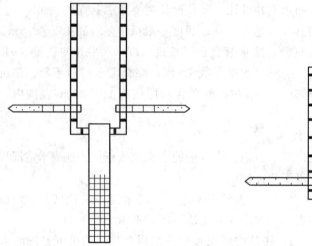

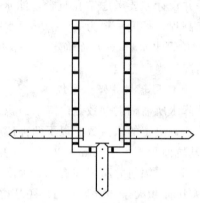

图 10.23　带竖向滤水管的辐射井　　　　图 10.24　带管井的辐射井

10.9.4　辐射井的施工要点

1. 概述

国外辐射井主要用于供水井，竖井井径较大（5.0～6.0m），而深度一般不超过 20m，施工方法为机械冲抓沉井。水平管为内滤式合金滤水管，采用机械直接顶进法成井。所以此工艺施工技术复杂，成井深度浅，工程造价高。

而国内辐射竖井主要施工方法为钻机反循环成孔漂浮法下管，井径 2.9～3.5m，井壁厚度 0.15～0.25m，成井深度 >40m；水平井应用高压水冲顶进法，适用于细颗粒软土地层，井深可达 60m，滤水管采用 φ60mm 波纹管。

国内外辐射井施工方法见表 10.11。

表 10.11　典型辐射井比较表

项目		类型	欧美式	日本式	黄土高原型	中水科型
集水井		井径（m）	5.0～6.0	5.0～6.0	2.5～3.0	2.0～2.9
		厚度（m）	0.50	0.50	0.15	0.15
		成井深度(m)	15	15	>50	>40
		施工方法	机械冲抓沉井	机械冲抓沉井	人工倒挂壁挖，冲抓成孔、漂浮下管	钻机成孔，漂浮下管
水平辐射管		滤水管材料	8″合金钢管	3″合金钢管	土孔	φ89～127 钢管、φ60～78 波纹管
		施工方法	直接顶井钻头前端水砂通过排砂管排出	直接顶进	旋转刮土，高压水冲土，人力推进	直接顶进法、套管钻进法
		打进长度(m)	最长 90，一般 30～40	20（前 10 不带眼）	土孔最长 120	钢管滤水管 30，波纹管 50～70
说明		适用地层	粗砂、砾石、卵石	粗砂、砾石、卵石	黄土裂隙黏土	粉砂、细、中、粗砂、卵石和泥层
		造价	昂贵	昂贵	很低	较低
		应用范围	供水	供水	农田供水	农田排灌、工业供水、基坑排水和尾矿坝降水

2. 竖井施工方法

各种施工方法见表 10.12。

表 10.12　辐射井竖井施工方法比较表

施工方法	外径 (mm)	内径 (mm)	预制节长 (mm)	泥浆套 (mm)	管身混凝土	适宜深度	场地要求 (m²)	地层适应性
沉井法	3400	3000	2000	50	C30	< 35	>100	各种地层
锚喷法	3500	3000	600	无	C20	< 30	>130	地下水较少
漂浮法	3300	3000	1000	无	C20	< 60	>300	各种地层

（1）沉井法

沉井法施工具有安全性高、场地占用小、施工场地整洁等优点，但井壁管在下沉过程中，地层摩擦力较大，所以施工深度较小，北京地区施工的沉井都在 20m 以内。而辐射井竖井设计深度一般都在 20m 以上，最深的达到 30m，为此在施工工艺方面做了较大改进，主要改进措施有：

1）泥浆套润滑。泥浆套厚度 5cm，泥浆密度 1.15～1.3kg/L，采用优质钠膨润土加碱和羧甲基钠纤维素配制。

2）高压射水。在井壁刃角上部预埋射水管，当沉井底部下沉遇到困难时可高压射水。一般射水压力为 1～2.5MPa。

3）压缩空气扰动减阻。在每节沉井管预留 4 个通气或射水孔，当下沉困难时，利用通气孔注入 0.5～0.7MPa 压缩空气，可大幅降低侧壁摩阻力。

4）压重助沉。在井顶均匀放置铁轨或钢管，铺钢板，对称均匀压沙袋或配重。最大压重可达到 60t。

采取上述改进措施后，辐射井竖井的施工深度已达到了 28.5m。沉井底节设计如图 10.25 所示。

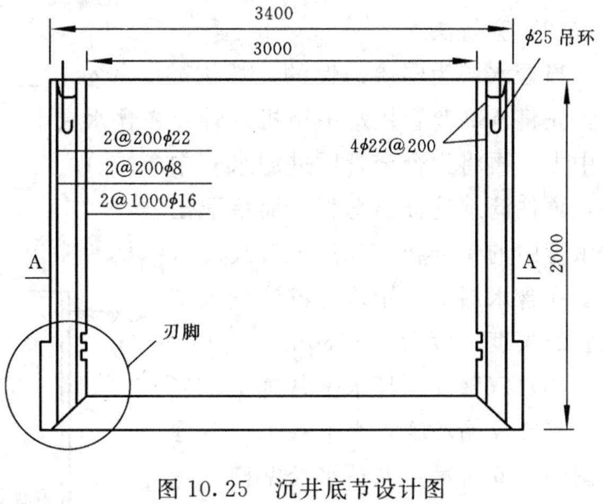

图 10.25　沉井底节设计图

（2）锚喷倒挂壁法

竖井井身开挖：采用人工挖土，机械吊运渣土，由上至下边开挖边支护的施工方法。开挖每循环进尺井深 10m 以上用 0.8m，10m 以下用 0.6m。

竖井支护：采用网构钢架、竖井连接筋、钢筋网联合支护，格栅竖向间距 10m 以上 0.8m，10m 以下 0.6m。连接筋采用 φ18mm 钢筋。接头采用单面搭接焊接，搭接长度 10d。井径（内径）φ3.0m，井壁喷射厚 25cm 的 C20 混凝土，井底采用钢筋格栅＋C20 喷射混凝土封底。

（3）漂浮法

漂浮法的具体实施过程见后文。

（4）人工挖孔成井方法

遇到施工场地狭小，离居民区较近，扰民较严重，或施工机械摆设有困难时多采用人工成井。当遇到地下水时需降水挖掘。为了安全，要求自上而下，边开挖边衬砌，逆作成井。另一种方法是一边人工掘进、一边下沉预制管成井。

3. 水平辐射管井施工方法

目前水平辐射管施工方法较多，如高压水冲法、双壁钻杆法、中心反循环法、跟套管加潜孔锤钻进法等。一般利用专用全液压水平钻机成孔，适用于砂层及黏性土层，遇到少量复杂地层也可成孔。

主要技术参数：

滤水管：$\phi60mm$ 波纹管及钢管；水平成井长度：$30\sim70m$（目前 $50m$）；孔径：$\phi89mm$、$\phi114mm$ 或 3in 波纹聚氯乙烯（PVC）缠丝滤水管。

下面介绍几种常用方法。

（1）直接顶进法

当含水层为渗透性较强的粗砂、砾石和砂卵石地层时，用 $\phi89$ 以上的钢管滤水管直接用水平钻机将其顶进含水层。在顶进的过程中，含水层的细颗粒不断顺水排出，在其周围逐渐地形成一层约 $0.3m$ 厚的良好反滤层，地下水能畅通地渗向滤水管，流入竖井内。而含水层中大量的细颗粒是在顶进过程中被排出，一旦停止顶进，几分钟内被排出的水就变清。滤水管的顶进长度与含水层的结构有关，一般顶进 $15\sim30m$ 远。

（2）套管法

当含水层为弱渗透性的，如细砂、粉砂、土层，用聚氯乙烯柔性波纹滤水管。施工时，先将 $\phi89$ 套管用水平钻机旋转顶入含水层，然后将 $\phi60$ 的聚氯乙烯波纹滤水管插进套管中去，再将铝合金管插进滤水管中去，顶住滤水管拔出套管，而后取出滤水管中的铝合金管，只把波纹滤水管留在含水层中。用这种方法置入滤水管的长度一般为 $30\sim60m$。

（3）双壁反循环水平井施工工艺

双壁反循环施工水平井工艺流程如图 10.26 所示。循环水经钻杆双壁间隙流经钻头特殊装置后，携带岩屑从钻杆内孔排出，钻进设计孔深后，水平滤水管从钻杆中心下入，最后拔出钻杆，用水泥封孔口。此工艺适宜黏土、粉土、砂层和粒径 $<50mm$ 的卵石地层的水平井施工，反循环排渣干净，施工效率高，下管方便。另外，对地层没有冲刷或干扰，避免形成地下空洞。

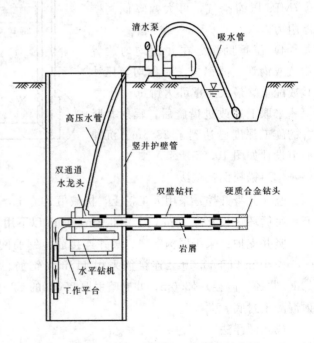

图 10.26　双壁反循环施工水平井示意图

不同水平井施工方法的比较见表 10.13。

表 10.13　三种水平井施工工艺比较表

施工方法	循环方式	钻头型式	对地层干扰	成本	优缺点	适宜地层
高压水冲法	正循环	通过顶杆留在孔内	直接冲刷地层	低	速度快，遇砂层易形成地下空间	黏土、粉土
双壁反循环	反循环	环状，随钻具拔出	对地层没有冲刷	低	速度快，对地层干扰小	砂，粉土，卵石（<50mm）
潜孔锤跟管	正循环	偏心伸缩跟管钻头	跟管钻进，对地层没有冲刷	高	施工工艺复杂，噪声大，成本高	粒径>50mm卵石

4. 水平井管滤水管的选用

水平井滤水管有 3 种：①波谷处缠丙纶丝的 ϕ60mm 聚氯乙烯波纹管；②外缠 80 目纱网的 ϕ50mm 的打眼钢管；③ ϕ58mm 的钢丝骨架缠土工织布管。选用哪一种井管应综合考虑场地地质情况、出水情况和出水含砂量的要求。

1) 聚氯乙烯波纹管适用于各种地层，尤其适用于粉细砂、粉土、粉质黏土等弱含水层，这种水平井管每盘 100m，具有良好柔韧性，装备成井方便快捷，外缠丙纶丝又能有效地阻止砂土流失，经济方便。

2) 打眼缠网钢管适用于强透水地层，如粗砂砾石、卵砾石地层，其优点是孔隙率较大，出水量大，便于在孔内安装；缺点是造价较高，出水含砂量略大。

3) 钢丝骨架缠土工织布管是专门研制的新型水平井管材料，使用情况表明，这种井管能更好地控制水平井出水含砂量，尤其适用于细颗粒含水层的水平井中，具有良好的推广前景。

5. 直径 3m 的竖井施工工艺

竖井是辐射井的水平滤水管施工和集中排水的场所。它的施工方法之一是用钻孔法成孔，漂浮下管法将预制的钢筋混凝土管下到井底。其步骤是：

1) 预制混凝土管，外径 2.9m，内径 2.6m，高 1m。一般采用现场就地预制。

2) 钻孔是用 1 台 SPJ－300 型反循环回转钻机，带动 3m 直径的钻头一次成孔。钻进情况如图 10.27 所示。用 30kW 的动力带动钻盘 3 旋转，钻盘带动方钻杆 2，由方钻杆带动钻杆 4，钻杆带动固定在其末端的钻头 5 旋转，通过钻头上的刮刀将土层刮下，通过动力为 30kW 的 152.4mm（6in）砂石泵 6 将刮下的泥块、砂石连同水一起抽至设置的泥浆池 7 内，砂石泥块沉淀下来，而泥浆又回流到井内的这样一个钻进过程。它适用于土层、砂层、砂砾石层和卵石粒径不大于 100mm 的地层。钻进深度 50m 左右。钻进只需满足下列条件则不会坍孔：

①保持井孔内壁承受 0.015MPa 以上的静水压力，即井孔内水位高于地下水静水位1.5m。

②保持适度的泥浆比重。在粉砂层钻进时，保持 1.04 的泥浆比重，即自然造浆即可满足；砂层钻进时，保持 1.08 的泥浆比重，即需要向孔内投入人造泥浆；在亚黏土、黏土层中钻进时，需不断地向孔内加入清水，稀释泥浆，也叫做换浆。适度的泥浆将保证不坍孔和高速进尺。

③保持孔内缓慢的泥浆流速，易于孔壁形成一层薄泥皮。通过钻杆内排水的流速为 2.8m/s，因而从井口向钻孔底的泥浆流速只有 0.022/s。当然还有绕流，这种流速对井壁

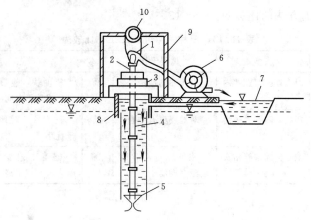

图 10.27　反循环钻机钻进示意图

1—水龙头；2—方钻杆；3—钻盘；4—钻杆；5—钻头；6—砂石泵；

7—泥浆池；8—护筒；9—钻架；10—提吊系统

冲刷甚微。

　　到目前为止，已在流砂层、砂砾卵石层、黏土层中都进行过钻井，已打了近 30 口井，无一坍孔。

　　3) 漂浮下井管。最底部的一节井管是有底的，重约 5t。首先将它吊放入井孔内，并用 4 根钢丝绳拉住，使其浮于水上，然后再吊一节管叠放于其上，接口要封闭好，4 根钢绳平稳下放，此时井管即漂浮起来。就这样逐节叠擦、逐节封闭直至下到井底。为了使井管下沉，需逐节向井管内注水，使露出水面的井口高度便于操作为宜。这种下管法，重要的是密封好管接口，否则会造成下管失败。下好井管后，可向孔壁与井管外壁间的缝隙填土，填实后方可抽出井管内的水，以准备施工水平孔。

10.9.5　辐射井施工事故预防

　　辐射井施工过程中，可能发生的事故有两种：①集水竖井施工过程中的塌孔事故；②水平井施工过程中的涌砂事故。由于竖井口径大，水平井辐射面广，一旦发生塌孔或涌砂事故，将可能酿成严重后果，因此必须制定完善的预防措施和应急处理预案。

　　1. 竖井施工过程中预防和处理塌孔事故的措施

　　1) 应认真研究辐射井施工场地的地质资料，掌握场地内地层岩性和各含水层水位，确定集水竖井施工时可能塌孔的部位。一般来说上部无水的杂填土层、砂层是最有可能塌孔的部位，应针对这些部位制定恰当的技术措施。

　　2) 查明施工场地周围各种地下管线的分布状况，了解场地附近各种建（构）筑物的结构类型、基础型式和基础埋深，分析辐射井施工可能带来的危害。对变形敏感的建（构）筑物，应预先有针对性的采取加固措施。

　　3) 对邻近建、构筑物要制定完善的沉降监测方案，确实做到信息化施工，一旦出现异常，立即分析原因，制定确切的处理方案。

　　4) 钻机开钻前要备有足够的施工供水水源、黏土或黏土粉。当钻进到原始水位较低的砂卵石层时，要加强对孔内泥浆液面的观察，一旦孔内液面下降，泥浆严重漏失，应立即注水并加大泥浆浓度，保持液面高度不低于孔口下 1m。

5）钻井中一旦造成施工区域整体下沉，地面开裂，应立刻用砾料回填到地面，并对地面下沉的范围进行注浆加固。

2. 水平井施工过程中预防及处理涌砂事故措施

1）对于降水层为巨厚层粉、细砂，工程场地水位又较高的区域，应慎重研究辐射井降水方案；否则竖井打成，水平井一开孔，即有可能涌砂不止，以致无法正常施工。这种情况下可根据含水层厚度大小，在竖直方向上设置多层水平井，逐步降低地下水位。

2）应避免在涌砂严重的含水层中开孔，实际施工中可在该含水层底部一定范围的黏土层中开孔，钻孔时调整钻机上仰 1°～3°。由于含水层通常是凹凸不平的，水平井钻孔标高略微调整，一般不会影响降水效果，反而是保障施工安全的技术措施。

3）对施工中涌砂不止的水平井，必须及时封堵。封堵材料可就地取材，如蛇皮袋、草袋、棕皮等。若流砂量很大，则在初步封堵完成后，还应立即注浆处理。

4）正循环钻进时，如钻进地层为干砂层或粉土层，由于钻机给进和高压水力控制不当，则很可能形成空洞。当钻井大量排砂时，应及时注浆充填。如空洞影响到地面，还应在地面打孔注浆处理。

5）水平井下管完成后，应及时测定出水含砂量。对含砂量超过规范要求的水平井，要妥善处理直至达到规范要求。经处理仍不达标的水平井必须注浆封填，不留后患。

10.9.6　辐射井工程实例

以下介绍北京地铁五号线的辐射井降水工程。

1. 施工概况

北京地铁五号线南起丰台宋家庄，北至昌平天通苑北，途径刘家窑、天坛东门、崇文门、东单、东四、张自忠路、雍和宫、和平西桥等繁华闹市区，其中地下站 16 个，地下线 16.9km，全长 27.6km。当地铁施工穿越南二环玉蜓桥和北二环雍和宫处立交桥、护城河及北四环地段时，地面上没有管井降水的施工条件，设计全部应用辐射井降水，因地制宜找空地布设辐射井。另外，在东四站暗挖穿过朝内菜市场和和平里北街—和平西桥区间穿过沿街民房居住区时，因地面拆迁费用较高，设计应用辐射井降水，只需每隔 80～100m 拆迁征地 120～150m² 布设一眼辐射井即可。全线共设计辐射井 37 眼（见表 10.14），解决了以上地段的降水难题，节约拆迁征地等投资数亿元。

表 10.14　地铁五号线的辐射井降水施工情况表

	施工方法	数量	地点	地层情况	最长（深）（m）
竖井	沉井法	14 眼	崇文门、东四、雍和宫、和平里北街—和平西桥区间、北四环	黏土、砂及卵石	28.5
	锚喷法	15 眼	雍和宫、和平里北街—和平西桥区间	黏土、砂及卵石	26
	漂浮法	8 眼	玉蜓桥	黏土、砂及卵石	26
水平井	高压水冲法	3870m	玉蜓桥、崇文门	粉土、砂	50
	双壁反循环	17500m	东四、雍和宫、和平里北街—和平西桥区间、北四环	粉土、砂、卵石	70
	潜孔锤跟管	150m	廖公庄（试验）	卵石	50

2003 年 8 月，北京地铁建设中第一眼，也是最深、施工难度最大的辐射井成功地在五号线东四车站朝内菜市场北墙完成，此辐射井深度为 28.5m，分别在潜水和承压水卵石地层中施工了 8 根长 40～45m 的水平井，出水量达到 50m³/h，解决了地铁车站暗挖穿过朝内菜市场的降水难题。到目前为止，已完成地铁五号线全部设计 37 眼辐射井，水平施工超过 20000m，克服了卵石、流砂等复杂地层的施工难题，辐射井降水控制范围内隧道降水效果达到设计要求，保证了隧道开挖的基本干槽作业，特别是解决了和平里北街—和平西桥区间大量民房拆迁问题及过雍和宫二环既有地铁线、平顶直墙浅埋过北四环降水及施工难题，受到施工单位、监理单位及业主的好评。辐射井平面图见图 10.28。

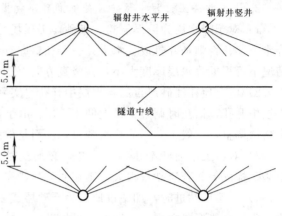

图 10.28　地铁五号线北四环辐射井降水平面布置示意图

2. 施工中出现的问题及处理

在工程施工中出现了许多问题，下面就这些问题的处理及所取得的经验做一简单的总结。

1) 玉蜓桥和崇文门辐射井应用高压水冲法施工水平井，相继出现地面塌陷和地下空洞的情况。虽采取回填或加固措施，避免了工程事故，但对社会及工程造成一定影响。经专家分析，辐射井降水方案是可行的，但在实际施工时要根据不同地层采取不同的工艺方法，特别是在流砂地层施工水平井使用高压水冲法要慎重。

2) 雍和宫西墙辐射井设计 26m，采用沉井法施工竖井。当施工到 11m 时，沉井遇阻施工困难，后采取加重助沉加压至 600kN 也只能沉至 15.4m，最后采用在上部沉井管周围注浆加固，剩下部分采用锚喷倒挂壁的方法施工至 26m。事故原因主要是上面 10m 地层主要为杂填土层，而护壁及润滑泥浆套黏度小，漏失严重，且补充不及时，造成地层塌陷抱死沉井管。

3) 双壁反循环工艺施工水平井对地层冲刷、扰动小，但在流砂地层施工时要采取小流量、快进尺、快下管的措施，防止地层中的砂大量流出，影响滤水管安放或形成地下空洞。经过认真组织，严格施工，在对已施工 1 万多米的水平井进行地质雷达探测表明，地层中没有形成空洞，施工结束 1 年多也没有发现一处地面塌陷或沉降超标的现象。

4) 在水头压力较高的砂卵石地层施工，可以采用从上到下分层施工水平井逐渐卸压的施工方法，能有效地控制水压力对施工造成的影响。

3. 穿越护城河段的辐射井降水

由于采用辐射井降水技术，就无需在护城河内截流施工。如不采用辐射井降水，则需在南护城河内施工 35 眼管井，需筑围堰导流或截流，这将大大增加施工难度，且延长施工周期。按河道内同时布设 2 台钻机施工，工期需 50d，将严重影响汛期防洪。由于这些井均位于护城河内，也给长达两年的降水维护井的检修带来极大困难。

由此可见，本工程采用辐射井降水的社会效益是非常显著的。

本段工程共施工了 9 口辐射井，集水竖井总进尺 245.7m，水平井总进尺 7240.2m，如果单从工程造价来讲，辐射井降水综合费用略高于正常情况下其他降水、堵水发生的费用。但由于采用了辐射井降水，施工的安全保障性大大提高了，而且对南护城河的雨季防洪效益没有丝毫影响，从这个意义来讲，本工程采用辐射井降低地下水位是经济可行的。

10.9.7　小结

1）本节着重介绍了由水利水电系统首先研发应用的辐射井技术。辐射井最早用于城乡供水和农田盐碱洼地治理。20 世纪 80 年代开始，推广应用于基坑降水工程。现在辐射井降水工程日渐增加，相信会有更好的应用前景。

2）辐射井降水技术具有占地少，施工速度快，出水量大，适应地层广和工程成本低的特点。它可以抽取多层地下水，可以解决一般降水方法"疏不干"的地层降水问题，特别是可以解决穿越河道或大型建筑物下面地基的降水难题；值得推广采用。

（本节由杨晓东、丛蔼森写稿）

10.10　减少基坑降水不良影响的措施

基坑降水期间，在基坑四周一定范围内，由于水位降落而引起地面沉降，相应形成以水位漏斗中心为中心的地面沉降变形区，导致其范围内建筑物、道路、管网等设施因不均匀沉降发生断裂倾斜，影响正常使用和安全。问题严重时，导致基坑工程无法继续施工。因此在降水设计中首先要考虑周密，防患于未然。其次是万一出现问题，还应该有补救措施。具体说来，减少降水不良影响的措施有以下几方面。

10.10.1　充分估计降水可能引起的不良影响

降水工程是一项复杂的以岩土及其贮存的地下水为对象的岩土工程。必须按照岩土工程的勘察、设计、施工、监测程序进行。充分估计可能引起的不良影响，切忌盲目冒险，特别是要有周密可靠的监测，制定防范措施，及时发现问题及时处理。

10.10.2　设置有效的止水帷幕，尽量不在坑外降水

在实际工程中，有时会遇到止水帷幕漏水情况，其原因有的是灌浆施工不善，有的因搅拌未能搭接 1‰ 的倾斜度使底部止水帷幕开缝。这些在设计中就要充分考虑，避免发生事故。也有个别工程在围护桩之中用素混凝土桩嵌缝代替旋喷桩，结果使止水帷幕失效，这些失败教训均应引以为戒。对于深基坑工程，尽量不用或少用搅拌桩或素混凝土做止水。

加深竖向止水帷幕，最好到达不透水层，能使止水帷幕发挥最有效的作用。

10.10.3　采用地下连续墙

地下连续墙造价虽高，但能有效隔水，适用于重要工程。在基坑外围也可以采用射水法施工地下连续墙作为基坑的纯止水结构。

10.10.4　坑底以下设置水平向止水帷幕

当含水层很厚、竖向止水帷幕难以穿透或造价太高时，也可以考虑在坑底以下设置水

平向止水帷幕。但是笔者认为，此法止水防渗效果很差，深基坑不宜采用或慎用。

10.10.5 设置回灌系统，形成人为常水头边界

在需要采取沉降防止措施的建（构）筑物靠近基坑一侧设置回灌系统，可保持原有地下水位。

10.11 本章小结

1）本章简要介绍基坑降水设计施工方法。

2）本章特别强调，无论是疏干井还是减压井，都必须把地下水降到基坑底部以下设计要求的水位上，见10.2节的说明。

3）减压井的设计要考虑周边环境和基坑施工方法等要求。

4）超真空井点法是一种最新降水方法，特别适用于黏性和细粒土地基。它可做到基坑外地下水位不下降。

5）本章专门介绍了辐射井降水技术。此法具有占地少、施工快、出水量大、适应地层广和成本底的特点，值得在深基坑降水工程中推广使用。

参考文献

[1] 张治晖，伍军，等."疏不干含水层"的辐射井降水技术 [J]. 岩土工程技术，2000 (3)：159～161.
·[2] 伍军，王成武. 辐射井技术在基坑降水中的应用 [J]. 工业建筑，1990 (5).
[3] 张治晖，等. 辐射井降水技术在大面积基坑工程中的应用 [J]. 探矿工程，2008 (11)：53～55.
[4] 何运晏，等. 辐射井降水技术在浅埋暗挖地铁中的应用 [J]. 探矿工程，2005 (S)：273～276.
[5] 维平，侯景岩. 地铁隧道及深基坑降水施工中辐射井的应用 [J]. 市政技术，2004 (3)：76～78.
[6] 伍军. 辐射井的两种用途 [J]. 地下水，1989 (8)：153～155.
[7] 叶锋，刘永亮. 辐射井降水技术及工程应用 [J]. 施工技术，2005 (5)：51～56.

第 11 章 防渗体接头

11.1 概 述

在地下连续墙施工中，槽段接头和结构节点一直是令人头疼的事情。人人都关心它们，希望它们不要出事，但是问题往往就出在它们身上，有时还会造成不可弥补的缺憾。所以把它们分离出来，专门用一章来进行探讨，希望能对保证地下连续墙质量，减少工程事故有所帮助。

施工接头和结构节点所用的材料包括以下几种：

1）钢管、钢板、钢筋、各种型钢和铸钢。

2）预制混凝土结构（板、工字梁、V 形梁等）。

3）人造纤维布和橡胶等。

4）其他材料（如工程塑料和玻璃钢等）。

可以把施工接头分为以下几种：①钻凿式接头；②接头管；③接头箱；④软接头；⑤隔板接头；⑥预制混凝土接头；⑦其他接头。

我国对施工接头的研究工作起步较晚。在 20 世纪 60 年代里，当时地下防渗墙工程都是采用钻凿式接头。也就是在一期槽孔混凝土浇注后，再用冲击钻把它的两个端孔混凝土凿出来，作为二期槽孔的端头。1969～1970 年，笔者在十三陵水库主坝防渗墙中采用的胶囊接头管，是第一次尝试用接头管来代替钻凿的混凝土。70 年代末期钢管接头管开始使用，预制混凝土板也开始用做施工接头。到目前为止，在我国地下连续墙工程中使用的接头型式可说是五花八门了。

11.2 对防渗体接头的基本要求

不管地下连续墙的接头型式如何，都应当满足以下基本要求：

1）不能妨害已完成的一期墙段，不能影响后续墙段的施工，不能限制施工机械和设备的正常运行。

2）浇注混凝土不得绕过接头而流到外边去。

3）接头结构能承受得住流态混凝土的侧压力，并且不会产生过大的变形。

4）需要的时候，接头应能传递剪力和其他外力，并且具有抗渗（水）性。

5）接头不得窝泥，并且要易于清除。

6）使用简单的工法和设备就能施工。

7）接头在经济上也是可接受的。

8）施工接头的施工和处理，不得影响槽孔内泥浆的技术性能。

9）对于深地下连墙，施工接头的施工应不受深度的影响。例如，施工接头不能因分段搭接错位而影响整体性和垂直性，以致影响后续墙段的施工。

10）施工接头的结构型式应确保混凝土容易流动，密实填满每个角落。

11.3 钻凿接头

11.3.1 概述

所谓钻凿接头，就是把已浇注混凝土的槽段墙体的端部凿去一部分后形成后续槽段的端孔。

钻凿接头有以下几种型式（见图 11.1）：

1）套接接头。在防渗墙工程中，通常把一期槽孔的端孔部位混凝土全部凿掉，使一、二期混凝土之间通过半个圆弧面而套接起来。

2）平接接头。用挖槽机（抓斗和铣槽机）把墙段混凝土切去一部分（通常为 20cm），形成平接接头。

3）双反弧接头。使用专用的双反弧钻头，把相邻一期槽孔混凝土之间的地层挖掉而形成的接头。

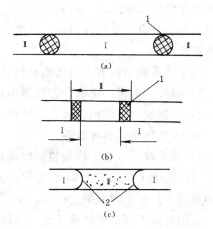

图 11.1 钻凿接头

（a）套接接头；（b）平接接头；（c）双反弧接头

1—切去部分；2—双弧

Ⅰ、Ⅱ—槽段分段

11.3.2 套接接头

这种接头是地下连续墙工程最早使用的也是最简便易行的接头。初期的地下连续墙深度不是很深，而且多为防渗墙，所以使用冲击钻来完成这种接头施工，还是适应当时施工水平的。人们对这种冲击钻机形成的接头对墙体混凝土的破损程度及其表面粗糙夹泥颇有争议。所以除了防渗墙工程中采用外，在其他地下连续墙工程中都不采用。

关于二期接头孔的开凿时间几十年来变化很大，从 24～72h 不等。目前在黏土防渗墙工程中，一般采用 24～36h，而在塑性混凝土防渗墙工程中则为 72h。采用固化灰浆防渗墙，则延迟到 7d 以后。

11.3.3 平接接头

1. 接头型式和适用条件

图 11.2 为几种平接接头型式。可以看出这种接头方式不能使一、二期墙体钢筋互相搭接起来，该处墙体刚度是较小的。再者，图 11.2（a）的接缝有可能造成渗水。图 11.3是平接接头的施工过程图。

平接接头可用于地下防渗墙和临时地下连续墙。

施工机械有：①液压（导杆）抓斗（矩形截面）；②电动或液压铣槽机（见图 11.4）；③高压水枪（哥伦比亚的加塔维塔防渗墙）。

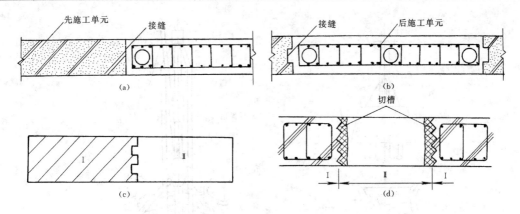

图 11.2　平接接头示意图

（a）平接接缝；（b）切榫式平接接头；（c）切槽接头；（d）切槽接头

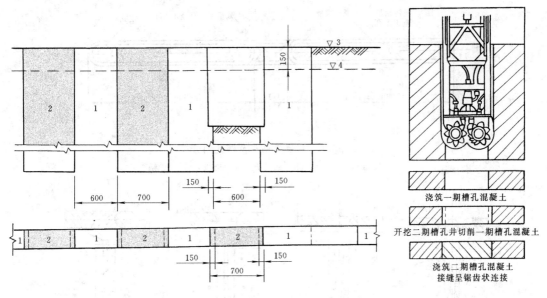

图 11.3　平接接头施工过程图

1——期槽；2—二期槽；3—施工平台；4—导墙底

图 11.4　用液压铣槽机处理墙段接缝的施工工艺示意图

浇筑一期槽孔混凝土

开挖二期槽孔并切削一期槽孔混凝土

浇筑二期槽孔混凝土接缝呈锯齿状连接

2. 应用实例

1）十三陵蓄能电站下池防渗墙。

2）北京新兴大厦基坑地下连续墙。

3）三峡工程大江上游围堰防渗墙。

11.3.4　双反弧接头

从 20 世纪 50 年代初期开始，ICOS 公司就一直在使用双反弧钻头。1972 年用这种钻头建成了深达 131m 的当时最深的地下防渗墙。我国最早在 1980 年的广州某基坑地下连续墙中使用的。后来在不少地下防渗墙工程中得到了应用。

图 11.5 是我国使用的双反弧钻头图和槽孔划分图。图 11.6 是其施工过程图。

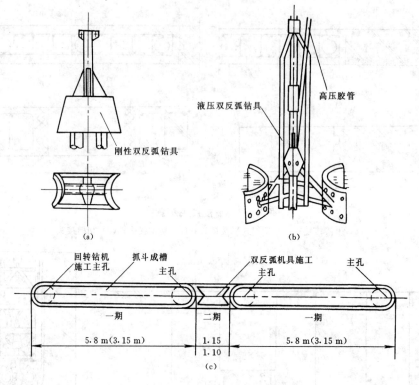

图 11.5 双反弧钻头及槽孔划分

（a）钻具 A；（b）钻具 B；（c）槽段划分

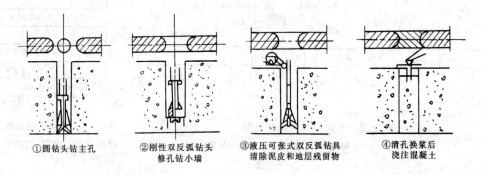

①圆钻头钻主孔　②刚性双反弧钻头　③液压可张式双反弧钻具　④清孔换浆后
　　　　　　　　　修孔钻小墙　　　清除泥皮和地层残留物　浇注混凝土

图 11.6 双反弧接头槽法工艺流程图

11.4 接头管

11.4.1 概述

接头管是应用最多的一种接头。它是把光滑的钢管放到槽段的两端或一端，用来挡住混凝土并形成一个半圆形的弧形墙面。从这个意义上来说，接头管和浇注普通混凝土的滑动钢模板的作用是一样的，它把流态混凝土限制在一定空间之内并最后形成所需要的墙面（见图 11.7），所以也有人把它叫做模管，也有叫连锁管的或叫锁口管的。

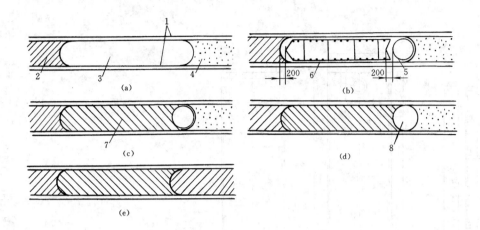

图 11.7 接头管施工程序图

(a) 槽段开挖图；(b) 吊放连锁管及钢筋笼图；(c) 混凝土灌注图；
(d) 接头管拔除图；(e) 已建成槽段
1—导墙；2—已完工的混凝土地下连续墙；3—正在开挖的槽段；4—未开挖地段；
5—接头管；6—钢筋笼；7—完工的混凝土地下墙；8—接头管拔除后的孔洞

接头具有抵抗剪力和防水（渗）的作用，但抵抗弯矩的能力较差。

本节所说的接头管，可分为以下几种型式：①圆管形；②排管（多管）式；③小管式（塑料接头管）。

11.4.2 圆接头管

1. 圆接头管的结构

圆接头管通常是用无缝钢管制作成的，钢管的壁厚 8~15mm 或更厚，每节长度 5~10m。

接头管的外径通常等于设计墙厚，也有比墙厚小 1~2cm 的。

接头管的连接式有以下三种：①内法兰螺栓连接；②销轴连接；③螺栓—弹性锥套连接。

图 11.8 是一种承插式圆接头管结构图。图 11.9 是它的透视图，采用销轴连接。

图 11.10 是我国于 1982 年在长江葛洲坝工程围堰防渗墙中使用的圆接头管。接头管外径等于墙厚 80cm，管长 1.6~6.5m，用厚 8~10mm 的钢板卷焊而成，采用双销轴连接。为消除拔管负压影响，在管底安装有活门，拔管时可补气（水）。实测管壁与混凝土的摩阻力为 $1600~4600N/m^2$。

德国利弗（LEFFER）公司生产的圆接头管两侧焊上两块板条，成为带翼板的圆接头管 [见图 11.13 (c)]。

2. 吊放和起拔设备

(1) 顶升架（拔管机）

1）国产拔管（顶升）机。图 11.11 是国内使用的一种顶升架。它是由底盘、下托盘、上托盘和柱塞千斤顶等几大部件组成。

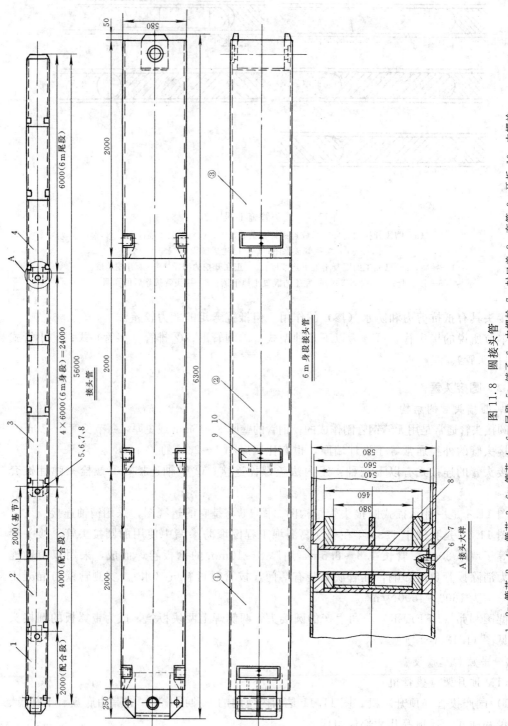

图 11.8 圆接头管

1—2m管节；2—4m管节；3—6m管节；4—6m尾段；5—销子；6—内螺栓；7—封口盖；8—套管；9—牙板；10—内螺栓
①—上管节；②—基管节；③—下管节

图 11.11 中 5 为柱塞 5000kN 千斤顶，共两只，行程为 1.0m，活塞杆直径 ϕ180mm，油压为 2000N/cm^2。图中 2、3 为下托盘及上托盘，它们由连接拉杆 4（共 4 根）连成一体，随油缸活塞而上下运动，两托盘相距为 1.0m。

托盘中央都设有圆孔，直径为 ϕ600mm（可换设 ϕ800mm 圆孔，在槽段宽为 800mm 时使用），使用时将接头管套入孔内。

底座：图中 1 的中央留有槽孔，槽宽为 800mm，顶升架可从一边移向接头管。使用时，将托盘顶升起，使下托盘高出接头管管顶，然后移动顶升架使接头管自底盘槽口处进入架中央，放落托盘使接头管穿入托盘之圆孔内。卸去接头管上端的一对月牙槽盖，将一对铁扁担（专用工具）穿入月牙槽内，并搁于下托盘上，此刻升起托盘，则随同将接头管拔起。

2）国外的拔管机。图 11.12 是德国利弗公司生产的液压的拔管机，其最大起拔力可达到 3500kN。

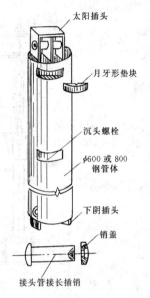

图 11.9　接头管透视图

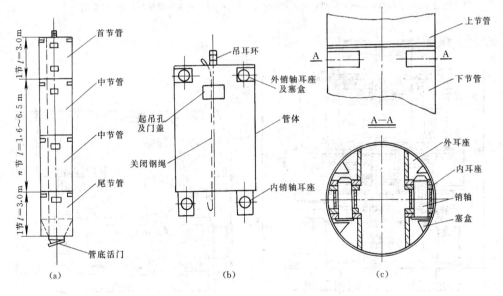

图 11.10　双销轴接头管示意图
（a）接头管示意图；（b）单节管构造示意图；（c）双销轴联接示意图

（2）大型起重机

我国长江葛洲坝防渗墙在起拔直径 0.8m、深 30m 的接头管时，使用了 WK—4 电动吊车或 90t 以上的汽车起重机。其中深 26m 的接头管的初拔力达到了 332.8kN（相当于混凝土侧面摩阻力为 5500N/cm^2）。通常吊车的起重能力应高于设计起拔（摩阻力＋管重）荷载的 1.5～2.0 倍。

（3）振动桩锤

这是利用振动沉桩和拔桩的原理来拔除埋于混凝土中的接头管。据国外文献记载，尚

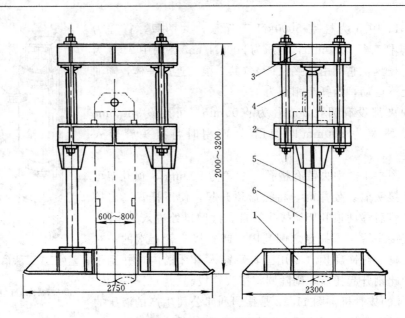

图 11.11　接头管顶升架

1—底盘；2—下托盘；3—上托盘；4—连接拉杆；5—柱塞 5000kN 千斤顶；6—接头管 600~800

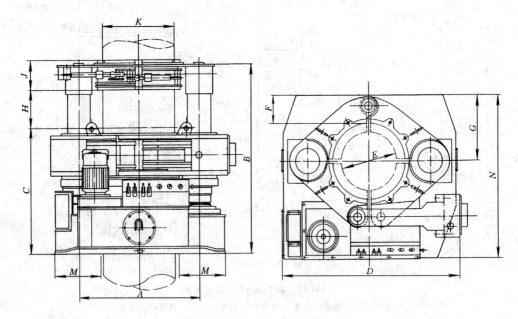

图 11.12　液压拔管机图

无拔管失败的记录，是一种相当可靠的方法。它在槽孔混凝土浇注开始后某一时间，开始振动拔管。天津市人才大厦地下连续墙工程中，曾用振动锤协助拔除事故锁口管。

3.圆接头管的应用

（1）做模板用

这类接头管类似于滑动模板（滑模），在它从槽孔混凝土中缓缓拔出之后，就形成了由接头管的一部分形成的弧面或折线面的接头孔（见图11.13）。

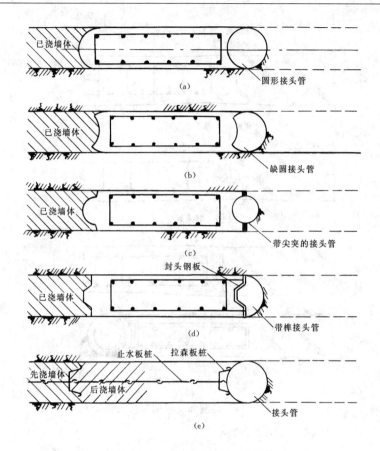

图 11.13　做模板用圆接头管

(a) 全圆接头管；(b) 缺圆接头管；(c) 带翼缘接头管（不常用）；
(d) 带榫接头管（不常用）；(e) 与止水板桩结合的接头管

（2）防漏和支撑

在这种情况中，接头的外形不是由圆管或某一部分结构来决定的，而是由设置在一期槽孔钢筋笼上的构件来决定的。圆接头管所起的作用只是防止槽孔内流动混凝土绕过它流到外面去，造成二期槽孔施工困难。有时担心隔板在浇注混凝土过程中会因流动混凝土侧压力的作用而产生变形，所以在其外再放置圆接头管，给予支撑（见图 11.14）。

（3）改进的圆接头

图 11.15 是一种改进型圆接头。在浇注一期混凝土之前，在槽孔端部放入带缺口圆接头管和一个小管。在一期槽孔混凝土浇注完成之后，将两根管子拔出，待浇注完二期槽孔混凝土之后，在小管位置上用大于原管直径的钻头重新钻出一个钻孔（扩孔），以便把小管孔壁周围的质量较差的混凝土清除掉，露出新鲜混凝土面，然后再用膨胀混凝土将其回填，这样的接头既可增强圆接头的抗剪和抗弯能力，又可增强该接缝的抗渗性能。

11.4.3　排管式接头管

实践表明，使用圆接头管形成接缝面容易在浇注过程中窝泥，造成墙体接缝渗（漏）水。于是有人想到了用几根小管代替大管的办法。在意大利土力公司和卡沙特兰地公司都

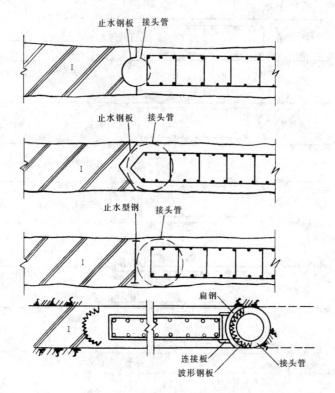

图 11.14　防漏和支撑用圆接头管

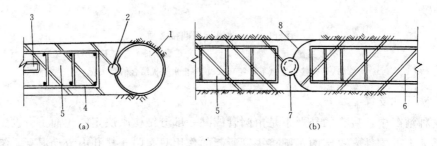

图 11.15　改进型圆接头管

(a) 一期槽孔施工图；(b) 二期槽孔施工图

1—圆接头管（缺口）；2—小管；3—导管；4—钢筋笼；5—一期槽孔；
6—二期槽孔；7—扩孔后填膨胀混凝土；8—接缝面

有此类产品和应用。图 11.16 就是其中一种。

图 11.17 是国内使用的一种哑铃式接头管。它是用两根 $\phi219\text{mm}$ 无缝钢管和钢板组焊起来的，横断面形状像只哑铃的接头管。经过 10 个工程约 10 万平方米地下连续墙工程量的检验，证明这种接头管具有体积小、占用空间少、下放和起拔容易、接缝抗渗性高等优点，很适合于深度在 50m 以下的地下连续墙中使用。

11.4.4　塑料接头管

这里所说的小管接头管与圆接头管、排管接头管不同，这种小管接头管不是拔出来形

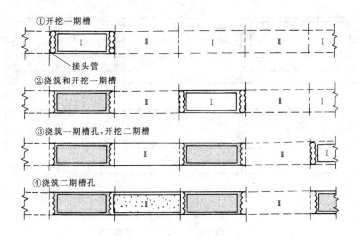

图 11.16　排管式接头管施工过程图

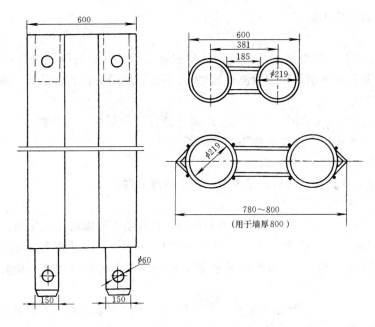

图 11.17　哑铃式接头管（单位：mm）

成接头孔，而是设法将其破碎后形成的。如果说后两种接头管是一种滑模的话，那么这种接头管就是一种固定模板，或者说在槽孔混凝土中的预埋件。

　　这种接头方式所以能实现，是因为它采用了容易被击碎的材料——塑料。这类接头管叫做塑料接头管，至于它的直径是可大可小的，它们的共同特点是，先打碎“自己”，再形成接头孔。这是在接头管系列中唯一使用工程塑料的地方。

　　图 11.18 是意大利土力公司在一个地下连续墙工程中使用 $\phi 180 mm$ 聚氯乙烯管作为墙段之间的接头的工程实例。北京新兴大厦地下连续墙工程中也采用了类似的接头结构。聚氯乙烯管绑扎固定一期槽孔钢筋笼的端部并浇注在混凝土中。二期槽孔开挖时，在抓斗侧边装上一个长的斗齿，一边向下挖槽，一边用长齿将聚氯乙烯管割碎取出孔外。在浇注二

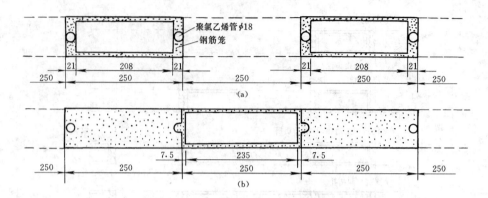

图 11.18　某工程的聚氯乙烯管接头（单位：cm）

(a) 一期槽施工；(b) 二期槽施工

期混凝土前，还要对其表面进行清洗。

11.4.5　接头管的施工要点

1. 吊放

1）吊放之前，一定要对槽孔两端的孔斜和有关尺寸（如墙厚、槽孔总长度和桩号）进行检测（有条件时可用超声波检测仪）。如果不能满足接头管下放要求，则应进行修补，直到满足要求为止。

2）第一次使用接头管时，应事先在地面上进行组装试验，将各管节编上号码，有序堆放。在吊放过程中应严格检查接头连接是否牢固。

3）接头管应露出导墙顶 1.5～2.0m 以上。

4）有些接头管是有方向的，吊放时一定要对准方向。

2. 起拔

1）起拔设备一定要有备用，至少要有两种起拔设备，可随时投入使用。

2）起拔时间是决定拔管成败的关键。通常应当在开始浇注混凝土后的 1.0～2.0h 进行小幅度的拔动（微动），可将接头管抽动约 10cm 或左右扭动，以破坏混凝土的握裹力。

3）接头管应匀速缓慢地拔出槽孔。如果设备起拔力不够，可适当降低槽孔混凝土上升速度，以减少混凝土的侧压力。

11.5　接头箱

11.5.1　概述

这种接头方法与接头管接头施工类似，在单元槽段挖完之后，在一端或两端吊放锁口管与敞口接头箱（也可以使用马蹄形锁口的接头箱），再吊放带堵头板的钢筋笼，在堵头板外伸出的钢筋就进入了敞口的接头箱中。当浇灌槽段混凝土时，由于堵头板的作用，混凝土不会流入箱内。拔出接头箱和接头管就形成了外伸的钢筋接头和空孔，在浇注下一槽段的混凝土时，就成为钢筋连续的刚性止水接头。其工艺过程详见图 11.19。

在这种接头中，接头管只用来给接头箱定位和支撑。能起这种作用的，并不局限于圆管，也可以是其他形状的结构物，如图 11.20 中的定位块 2。

11.5.2　接头箱实例

1. U 形接头箱

如图 11.20 所示，图中的定位块（接头管）能起到固定和支撑接头箱的作用，还可增加墙体在接头处的抗弯刚度。不过要在等厚的槽孔中向两侧地基中挖出一道并不很深的榫槽，也非易事。

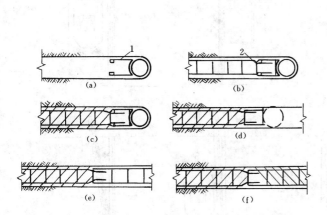

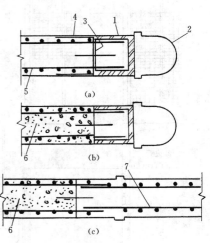

图 11.19　接头箱接头施工过程

（a）插入接头箱；（b）吊放钢筋笼；（c）浇注混凝土；（d）吊出接头管，挖后一个槽段；（e）拔出接头箱，吊放后一个槽段的钢筋笼；（f）浇注后一个槽段的混凝土形成整体接头

1—接头箱；2—焊在钢筋笼端部的堵头板

图 11.20　U 形接头箱

（a）吊放接头箱和钢筋笼；（b）浇注混凝土；（c）拔出接头箱，吊放二期钢筋笼

1—U 形接头箱；2—定位块；3—钢板；4—尼龙布；5—钢筋笼；6—混凝土；7—二期钢筋笼

2. 软管接头箱

如图 11.21 所示，图中的软管在浇注混凝土过程中充胀，可防止混凝土漏到另一侧。

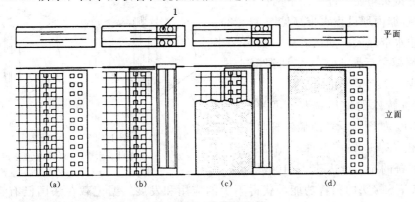

图 11.21　软管接头箱

（a）放钢筋笼；（b）放接头箱；（c）软管充胀堵漏；（d）拔管；

1—软管

3. CWS 接头箱

此接头是利用钢制接头箱（梁）作为接头孔的端模（不再使用圆形接头管）（见图 11.22）。在一期混凝土浇注之后，端模并不拔除而留在原位，以避免接头面上的混凝土受到泥浆污染或挖槽机碰撞，同时可作为二期挖槽的导向装置。当第二期槽段挖完之后，再利用挖槽机本身的装置剥离和拔出端模（接头箱）使两期混凝土能紧密接合。

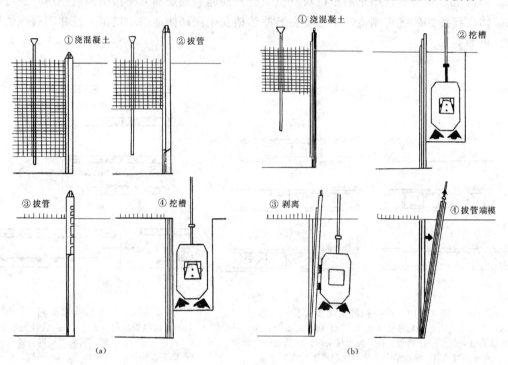

图 11.22　CWS 接头示意图
(a) 圆接头管；(b) CWS 接头

用这种接头箱还可进行以下两种作业：

1）在接缝内埋设止水带（见图 11.23）。此时先把止水带埋入一期槽孔中，而另一半则在拔出端模之后，再浇入二期混凝土中，这样就形成一个完整的止水带。

2）装置特殊的液压锚杆（见图 11.24 和图 11.25）。如图所示，所装锚杆将先后施工的两个相邻墙段锚固起来，借以传递剪力。每根锚杆的拉力可达 $500 \sim 1000 kN$。

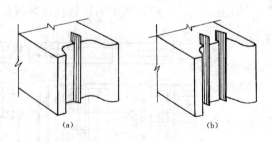

图 11.23　止水带图
(a) 单叶止水带；(b) 双叶止水带

由于 CWS 接头的独特功能，获得不少的应用和发展。据记载在法国已有 10 万平方米的施工实绩。

4. FRANKI 接头（见图 11.26）

这也是一种接头箱式接头。

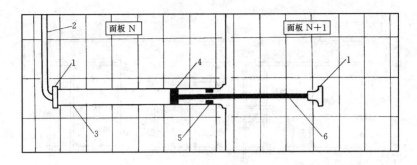

图 11.24 液压锚杆

1—锚板；2—给油管；3—活塞筒；4—活塞；5—限位块；6—锚杆

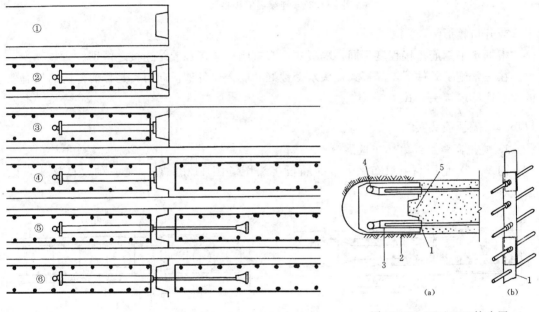

图 11.25 液压锚杆施工过程图

图 11.26 FRANKI 接头图

(a) 接头设计图；(b) 隔板大样图

1—隔板；2—铸钢接头箱；3—水平筋插槽；

4—冲水孔；5—剪力榫

11.6 隔板式接头

11.6.1 概述

这种接头是为了解决各墙段水平钢筋的搭接而设置的。通常先施工的一期槽段的两端以钢板为端板，水平钢筋则伸出其外，此时端板就变成了隔离板，即一期槽孔混凝土浇注仅限于两个端板之间，且不容许漏到外面去。为防止外漏，常采用高强度纤维布或薄铁皮与端板一起组成防止混凝土外漏的长方体盒子（见图 11.27）。

隔板多用钢板制成，也有用工字钢和槽钢的。隔板的型式有：平板形、十字形或双十

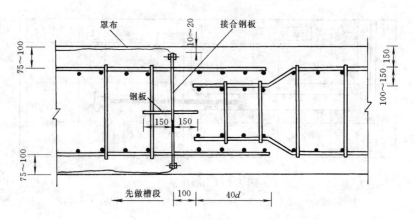

图 11.27　连续墙隔板接头图

字型或开口箱形。

　　根据水平钢筋搭接程度不同，隔板式接头有刚性连接和铰结连接之区别。

　　在正常施工条件下，隔板式接头水密性好并能传递各种横向力，是目前公认的最有效的地下连续墙接头方式。

11.6.2　隔板接头实例

　　1. 使用高强度纤维帆布做隔帘

　　图 11.28 是用高强帆布做隔帘的隔板接头图。图 11.28（a）是一种改良接头，效果较好。

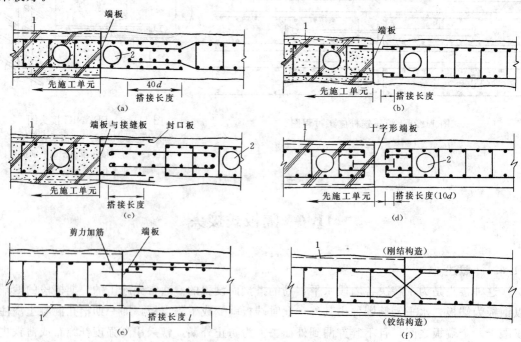

图 11.28　隔板接头图
1—维尼龙帆布；2—导管

通常隔板的宽度宜比设计墙厚小 3～5cm，其长度宜比墙深大 30cm 左右，以便于隔板底部能插入土中，防止隔板移动。如果墙底位于砂砾地基中，则其超深应小于 30cm。隔板上的穿（钢筋）孔孔径应略大于螺纹钢筋外径，其间距和保护层厚度应满足设计要求。高强度（大于 2000N/cm²）和高韧性的维尼伦帆布用螺栓与钢筋笼紧密连接（见图 11.29）。

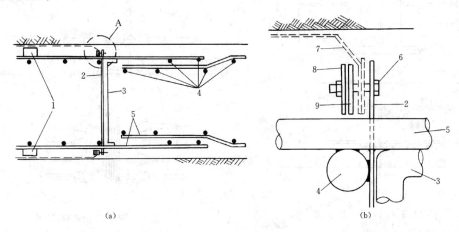

图 11.29　隔板详图

（a）接头布置图；（b）A 处详图

1—垫块；2—隔板；3—加强筋；4—主筋；5—水平筋；6—螺栓；7—帆布；8—钢板；9—橡胶片

2. 使用薄钢板做隔帘

有的地下连续墙工程用薄钢板（铁皮）代替帆布作为硬隔帘，不会轻易被割破撕裂，提高了接头的成功率。图 11.30 就是其中一种做法，薄钢板的厚度为 0.75～1.0mm。我国杭州某地下连续墙工程中曾使用此接头。

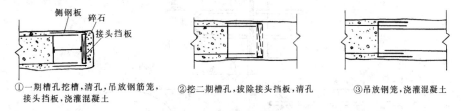

①一期槽孔挖槽，清孔，吊放钢筋笼，接头挡板，浇灌混凝土　　②挖二期槽孔，拔除接头挡板，清孔　　③吊放钢筋笼，浇灌混凝土

图 11.30　用钢板作侧面防护

3. 特殊隔板接头

1）H 型钢接头，如图 11.31 所示。

2）滑槽式接头，如图 11.32 所示。这是日本川崎人工岛地下连续墙中使用过的接头。钢制地下连续墙多采用这种接头。

3）组合式隔板接头，如图 11.33 所示。它把隔板、接头箱、圆接头管、帆布和填充碎石等措施都考虑在一起了。

4）十字钢板接头，如图 11.34 所示。这是把隔板和穿孔钢板结合的接头，利用充气软管防止混凝土泄漏。

5）帆布与钢板共用的隔板接头，如图 11.35 所示。

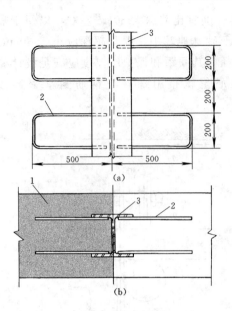

图 11.31　H 型钢接头图

(a) 立面；(b) 平面

1—地下连续墙；2—U 形钢筋；3—H 型钢

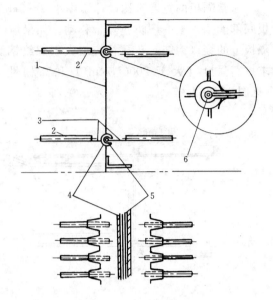

图 11.32　滑槽式接头图

1—钢板（12mm）；2—水平筋；3—多孔钢板；

4—厚壁钢管（内径 114.8mm）；

5—钢管（直径 38.1mm）；6—灌注砂浆

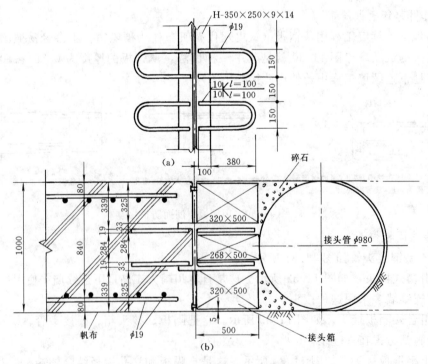

图 11.33　组合式接头详图

(a) 立面；(b) 平面

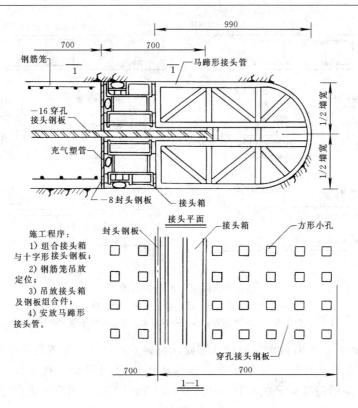

施工程序：
1) 组合接头箱与十字形接头钢板；
2) 钢筋笼吊放定位；
3) 吊放接头箱及钢板组合件；
4) 安放马蹄形接头管。

图 11.34　十字板接头图

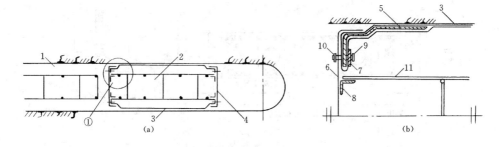

图 11.35　帆布与钢板共同的接头
（a）平面；（b）①处详图
1—后浇注的单元墙段；2—先浇注的单元墙段；3—化学纤维织物薄布；4—平隔板；5—扁钢；
6—隔板；7—扁钢；8—角钢；9—螺栓；10—螺帽；11—钢筋笼

11.7　预制接头

图 11.36 是几种常用的预制接头方式。这种接头方式是在挖槽结束以后，用螺栓或插销把预制的混凝土块连接起来，吊放入接头位置，与槽孔混凝土浇注在一起。

为使预制接头能承受流动混凝土的侧压力，可在接头的另一侧回填砂砾料或碎石或用圆接头管以及充气软管顶住。

这种接头方式可在基坑开挖之后，凿出接头内的钢筋，与墙段的水平钢筋连接起来。

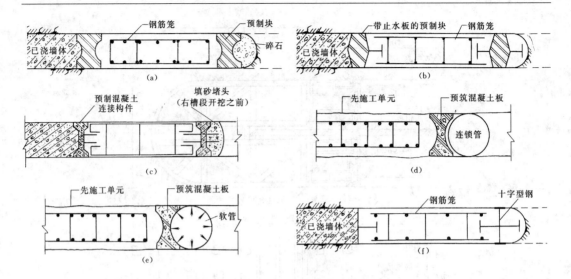

图 11.36　预制接头图

（a）预制块插入式；（b）带止水板预制块插入式；

（c）补强钢板；（d）预制板；（e）预制板和软管；（f）十字型钢插入式

　　需要注意的是，有时由于预制块或螺栓孔位偏差，可能会造成整个接头偏斜。

　　图 11.37 是我国上海金茂大厦地下连续墙中的预制混凝土接头图。地下连续墙厚 1.0m，深 36m。预制接头分成 4 节（10m＋9m＋9m＋10m）制造。吊装时用 14 根高强螺栓连接，总体偏斜度不大于 0.3%。每隔 1m 开一方孔，做提升用。

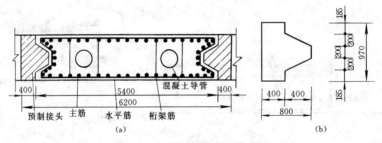

图 11.37　预制混凝土接头

（a）槽孔吊装图；（b）接头详图

11.8　软接头

11.8.1　概述

　　我国在防渗墙工程中，曾结合当时当地的实际情况，研制和使用了一些软性材料接头型式。

11.8.2　胶囊接头管

　　以往我国的防渗墙都采用套接一钻的钻凿法接头方式。这种接头施工速度慢，对墙体混凝土有一定程度的损害，还可能造成接头孔偏斜过大，使一、二期槽孔混凝土搭接宽度无法

满足要求。并且由于接头孔壁粗糙，凹凸
不平，在浇注混凝土过程中，会把沿槽孔
壁上升的淤泥滞留下来，形成接缝夹泥。
为此，笔者利用设计橡胶坝的经验，和施
工单位于 1970 年春在十三陵水库防渗墙工
程中共同进行了接头试验，决定采用胶囊
接头管。这是我国在地下连续墙工程中第
一次采用接头管工艺。

　　胶囊接头是采用橡胶坝工程中使用
的锦纶帆布，做成直径 55～70cm 的胶布
口袋。在槽孔清孔合格后，放入一期槽
孔两端的主孔位置上，向胶囊内充入比
重很大的稠泥浆并使其孔口处保持一定
的内压力。槽孔混凝土浇注完毕后 10～
20h 排出胶囊内部泥浆，送入压缩空气，
将胶囊浮出槽孔外（见图 11.38）。

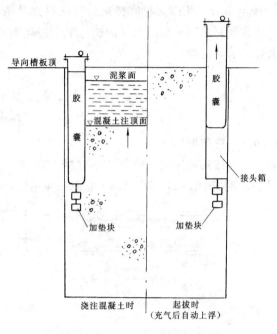

图 11.38　胶囊接头示意图

11.8.3　麻杆接头管

　　某水泵房的圆井是用地下连续墙建造的，内径 21.70m，厚 1.0m，共划分 14 个等长
槽孔。墙深 25.7m。地下连续墙槽段接头采用麻杆接头。

　　麻杆接头管的制作方法：首先在制作地下连续墙一期槽钢筋笼时，两侧设置固定弧状筋；
然后将麻杆用铅丝捆绑成直径 80cm、长 200cm 的圆柱体，每捆中间捆扎一定数量的黏土和砂，
黏土和砂均用旧聚乙烯袋装。将麻杆接头管依次绑扎在一期槽钢筋笼两侧弧形筋上，并使麻杆
接头管中心与二期槽单孔中心相吻合，随钢筋笼一起下放。麻杆接头管结构见图 11.39。

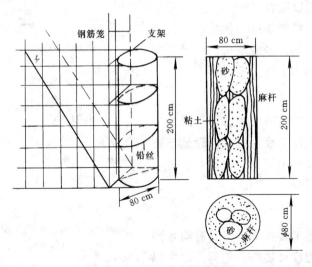

图 11.39　麻杆接头管结构图

　　在接头孔施工中，麻杆接头管起到了导向作用，用直径 1000mm 钻头钻进直径

800mm 麻杆接头管，将麻杆接头管材料充分清除，孔壁新鲜完整，不残留麻杆。因槽端钢筋笼具有足够的混凝土保护层，不会损坏钢筋笼。捆绑的麻杆随钻头的冲击破碎后，浮上孔口浆面上捞出。

11.9　其他接头

11.9.1　充气接头

充气接头利用充气软管防止混凝土外流，这种接头方国内外均有应用实例，可参看图 11.38和图 11.21。图 11.40 也是一种充气软管接头。

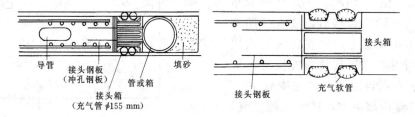

图 11.40　充气软管接头箱

11.9.2　滑模接头

这是我国煤矿地下连续墙中首先使用的接头管。它采用滑模原理，在浇注混凝土过程中逐渐把接头管拔出孔外（见图 11.41）。

接头管长度为 15～20m，分成 3～4 节（每节长 5m），用内法兰连接成整根管。接头管上部密封，管内充以压力泥浆。

何时开始拔管，拔管速度如何控制，是滑模接头的关键技术问题。经现场试验，最佳起拔时间为初凝时间的 1.1 倍。

11.9.3　灌注桩接头

请注意图 11.42 中的剪力槽。要形成这样一个剪力槽，应该先施工灌注桩，后做地下连续墙，以便在大口径桩上切槽。也可在大桩上预留缺口。

11.9.4　防水接头

地下连续墙的施工接头都应当具有防水防渗漏的功能，只是程度可能略有差异。之所以要提出防水接头，是因为这里所说的几种接头的确是为了增强接缝面上的防水防渗性能而设

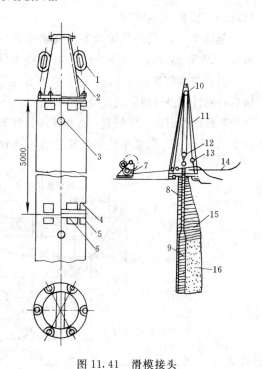

图 11.41　滑模接头

1—吊环；2—变径管；3—穿壁管；4—螺栓窝；
5—螺栓；6—内法兰盘；7—提升机；8—槽孔；
9—接头管；10—提升天轮；11—提升架；
12—滑轮组；13—拉力计；14—泥浆管；
15—泥浆；16—已灌的混凝土

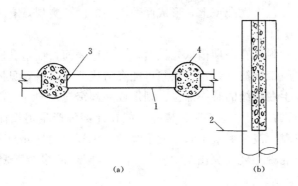

图 11.42　灌注桩接头

（a）平面；（b）剖面

1—地下连续墙；2—墙底；3—剪力槽；4—灌注桩

计的（见图 11.43）。

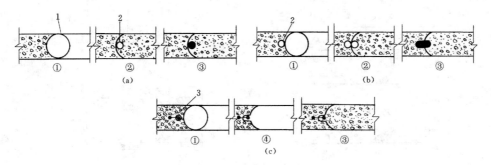

图 11.43　防水接头

（a）单缝管；（b）双缝管；（c）止水片接缝

1—接头管；2—缝管；3—止水片

①—浇灌一期槽孔；②—浇灌二期槽孔；③—接缝灌浆；④—清理止水片

11.10　施工接头的缺陷和处理

1. 常见缺陷

各种施工接头，尽管构造上有差异，施工方法各不相同，但是质量的好坏完全在于设计思路和施工技术是否得当。

地下连续墙的施工过程大部分都在泥浆中进行，肉眼无法观察，仪器探测也不容易，质量好坏都得到基坑开挖之后或者是水库蓄水之后才能得出结论。这是地下连续墙施工最独特的地方。虽然地下连续墙的施工接头并非影响连续墙成败的唯一因素，却是最脆弱的一个环节，也是最容易发生事故的地方。不可否认，地下连续墙工法的特殊施工环境有其先天的不足，若在施工中出现偏差，必然造成种种的缺陷。

（1）圆接头管的常见缺陷

1）在浇注混凝土过程中，混凝土顶面上的淤积物随着混凝土面上升而可能被挤向接头管的死角处，被混凝包夹在孔壁上，形成厚薄不一的淤泥夹层，有可能沿此缝产生渗流现象［见图 11.44（a）］。

如果泥（淤积物）附着在一期槽（先做槽）的孔壁表面，而清孔时又未彻底清除，则夹泥就会被这包裹在施工接缝上。这种缺陷可能会造成严重后果［见图 11.44（b）］。

如果上述情况发生在接缝的某一部位，则形成局部窝泥现象［见图 11.44（c）］。

2）在夹有砂砾石的地层中施工时，槽孔可能在此部位产生坍塌而加了槽宽。插入接头管后，此处尚有空隙。浇注混凝土时，就会绕过接头管而漏到外面去。待接头管拔出之后，就形成一个空心混凝土环（见图 11.45）。外面半圆环的多余混凝土可能会给后面槽孔施工带来困难（挖不动）。

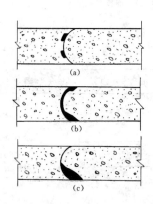

图 11.44　圆接头管常见缺陷
(a) 接缝薄夹泥；(b) 接缝带状夹泥；
(c) 接缝局部窝泥

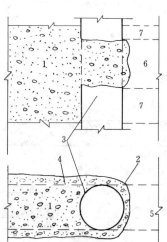

图 11.45　接头管漏混凝土
1—墙体；2—环状混凝土；3—接头管；
4—设计墙面；5—二期槽孔；
6—砂砾层；7—黏土层

（2）隔板式接头常见缺陷

清孔时，中间部位隔板上的淤泥容易被清除掉，但水平钢筋或位于保护层部位的隔板上的淤泥却不易刮除掉。这些未经清除或清除未净的黏泥，在浇注混凝土过程中很容易被包夹于接缝处，轻微者像图 11.46 所示的那样形成局部窝泥，严重者则窝泥贯穿墙体，像图 11.47 所示的那样形成贯通的渗漏通道，带走这些窝泥和周围地基中泥沙，导致地面坍陷和周边建筑物严重变位。有时泥浆、淤积物在施工接缝处与混凝土混合形成一种强度很低、水密性很差的膨润土混合物，虽比窝泥性能略好，但仍是墙体的严重隐患。

有时候，由于吊放钢筋笼后因故迟迟不能浇注混凝土，则伸出隔板外钢筋外侧（保护层）部分已被淤泥充塞而无法清除，浇注混凝土又无法将其挤走时，就会造成此部分钢筋无保护层，对于地下连续墙使用寿命造成不利影响（见图 11.48）。

2. 缺陷的处理

（1）概要

地下连续墙工法有其他工法所无法比拟的优点，但是它的缺陷常常带来一些损失。所以各国都在研究解决这个问题。

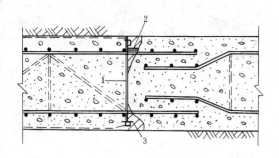

图 11.46　局部窝泥
1—隔板；2—止水板；3—窝泥

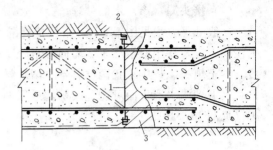

图 11.47　窝泥贯穿墙体
1—隔板；2—止水板；3—窝泥

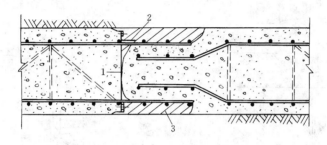

图 11.48　保护层窝泥
1—隔水板；2—止水板；3—窝泥

　　要得到一个质量优良的地下连续墙，必须使地下连续墙施工的每一个环节（挖槽、泥浆、钢筋、混凝土和接头等）都能密切协同才行，也就是要保持地下连续墙施工的连续性和整体性。每个程序都做好了，才能排除各种不利因素影响，使地下连续墙接缝质量完美无缺。

　　（2）圆接头管缺陷处理

　　1）用特制的钢丝刷子，认真刷洗接缝面上的淤积物。

　　2）有可能发生混凝土绕过接头管、形成空心混凝土环缺陷时，可在起始槽段和闭合槽段的相连接的那个接头孔内重新造孔，或是用抓斗抓到槽孔底部，再用原地层材料或砂砾料回填到原孔位。

　　（3）隔板式接头缺陷处理

　　这种接头的主要问题是隔板侧位移和漏浆的预防。在使用隔板接头时，防止侧位移是首先要考虑的问题。这里要说明漏浆的处理问题。图 11.49 是处理接缝上淤泥的一种方法。它用 4 根长 10m 的 H 型钢制成的重约 3t 的钢丝刷来清洗主筋内侧的淤泥，而在保护层（7.5cm）部分则用一个厚 3～5cm 扁铁刷子进行清除。

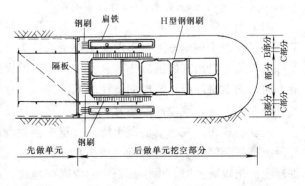

图 11.49　隔板接头淤泥处理

（4）接头漏（渗）水的处理

一般处理方法见图 11.50。根据接缝漏水的程度不同，可以采用：高压注浆或高压喷射注浆，以及低压固结注浆。墙面渗水轻微时，需凿除淤泥和混合砂砾石，用膨胀水泥浆或混凝土填塞。近年来我国已有不少堵水材料可供选用。

当遇到漏水严重而可能危及基坑或周围建筑物安全时，应采取紧急措施，对其进行处理（见图 11.51）。

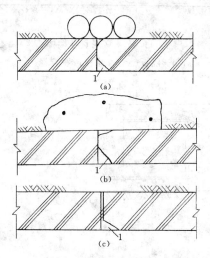

图 11.50　接缝处理图

（a）高压灌浆处理；（b）低压固结灌浆；

（c）渗水处理

1—凿除杂物，回填无收缩水泥

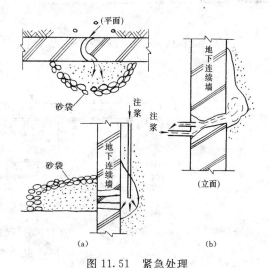

图 11.51　紧急处理

（a）开挖面外注浆；（b）开挖面内注浆

11.11　本章小结

1. 概述

本章讨论了不同接头的特点以及施工缺陷的处理方法，还有以下几点需要在设计和施工中加以注意。

2. 水下混凝土在接头部位的流动特点

本书第 4 章 4.2 节和 4.3 节说明了地下连续墙混凝土墙体的成墙规律以及可能产生的缺陷。现在再来讨论一下水下混凝土在墙段接头（缝）处的流动状况。

从导管底口出来的混凝土，在水平方扩散的同时又向上流动，并且总有新流出来的混凝土向外向上挤压前一段时间浇注的老混凝土，这样不断重复，就形成了整个墙体。

还要注意到，墙段底部还有一些淤积物，这是一些成分很不稳定、内摩擦角极小、很容易流动的稀泥，在水下混凝土浇注过程中会随着混凝土的流动而流动，会被水平流动的混凝土推挤到墙段槽孔的边缘（按头孔和侧壁），会随着混凝土的上升而上升。当槽孔内混凝土面出现高差时，由于淤积物的内摩擦角比混凝土小得多，这些稀泥很容易流到低注处或接头的死角处，并被混凝土包裹住而形成窝泥（见图 4.23）。随着槽孔混凝土面不断上升，泥浆中的悬浮物以及散落混凝土中的水泥、砂石会不断沉降到淤积物顶面上来，使淤积物不断增加。

再来看看接头部位的窝泥情况。水下混凝土是一种流体，只有当流经的界面光滑平整时它更容易流动。如果接头结构表面不平整、不光滑，而是一些死角和拐弯，那么淤积物很容易被混凝土挤压，包裹在这些部位，无法排出，形成窝泥（见图 11.52）。当基坑开挖到该部位附近时，地下水就会从墙外顶破窝泥，造成水的"短路"，水携砂大量涌入基坑。

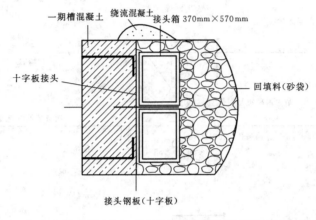

图 11.52 十字板接头事故图

3. 十字和工字接头

近几年流行一种做法，把新基坑地下连续墙的接头做成十字形、工字形、王字形或 V 形，目的是想增加流径，减少水的渗透，有的则是想增加接头刚度，以便传递剪力。

这些接头实施效果并不是很理想。

1）王字、工字接头的外缘钢板保护层很小，仅 2～3cm。对于永久性工程来说，钢板的抗腐能力肯定差。

2）如果出现接头混凝土绕流的情况，这些接头会被混凝土包封住，很难进行清理。

3）由于施工偏斜大，造成墙头接头不搭接而漏水，不得已采用灌浆或高喷桩进行处理。图 11.53 是某悬索桥北锚碇基坑地下连续墙的 V 形接头偏离引起的墙段不搭接平面示意图。

在天津某大型交通枢纽中，地下连续墙接头采用十字和工字形钢板。由于地基上部杂填土和淤泥土未经处理就修建了施工导墙，导致槽孔上部坍塌和混凝土绕流，包裹住接头；还有的是因接头部位回填的砂袋清理不干净而漏水；还有因接头拐角处窝泥而形成漏水通道。在同一个基坑工程中，出现了好几处漏水事故。

总的来说，应当根据场地的地质条件和工程特点，慎重选用王字、工字、十字钢板接头。采用这几种接头，利少，弊多。

4. 圆形接头管评价

圆形接头管表面平整光滑，适合用混凝土和淤积物的流动。很多工程都采用了这种接头方式。

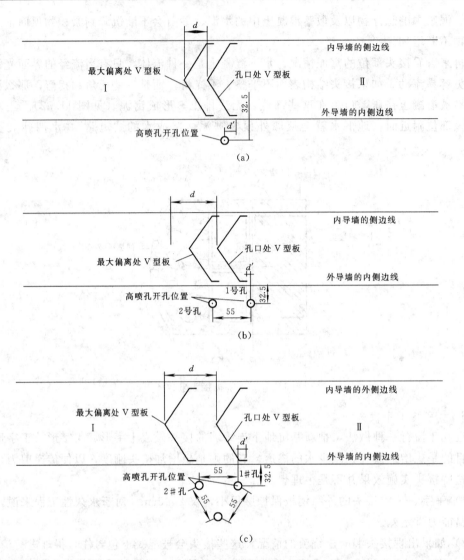

图 11.53　地下连续墙 V 接缝偏离图（最大 d＞50cm）

(a) $d \leqslant 35$cm，$d' = d/2$；(b) 35cm＜$d \leqslant 50$cm；(c) d＞50cm

　　以前不愿采用圆形接头管，是由于圆管不容易起拔，易出事故。现在新的大型拔管机已经研制成功，并且经受了很多考验。目前直径 1.0m 深 150m 的接头管已经成功，很多100m 以上的圆形接头已在多个工程中成功拔管。

　　因此，在当前条件下，可以多采用一些圆形和哑铃形接头管。如果需要，可以在接缝处再进行灌浆或高压喷射灌浆，效果会更好。

　　5. 淤泥和流砂地段接头管的使用

　　这两种地层在地下连续墙造孔过程中，孔壁很容易坍塌，使墙段接头屡屡出现事故。因此在这种地基中，应结合施工平台和导墙的加固对这种地基以及表层杂填地基进行处理，其底部要深入持力层内 1.5～2.0m。尽量采用圆接头管。

参考文献

[1] 赤坂，雅章，等．最近的地下连续壁技术 [J]．基础工，1995．

[2] 内藤祯二．最近的连续地中壁 [J]．土与基础，1994．

[3] 郭玉花，冉崇辉，等．国外复杂地基处理新技术，1996．

[4] 土质工学会．连续地中壁工法，1988．

[5] 地下连续壁工法．基础工，1995．

[6] P P Xanthakos. Slurry Walls [M]．New York：McGraw-Hill，1979．

[7] P P Xanthakos. Slurry Walls as Structural Systems [M]．New York：McGraw-Hill，1994．

[8] 专题译丛（混凝土防渗墙）．水电部成都勘测设计院，1964．

[9] 国外地下连续墙资料选编．建筑科学院情报所编，1976．

[10] 张杭生，张志良．CZF 系列冲击反循环钻机的研制与应用水利水电技术，1996．

[11] 刘发全．防渗墙工 [M]．郑州：黄河水利出版社，1996．

[12] SOILMEC BAUER LEFFER 等公司产品样本．

[13] 日本建设机械化协会．地下连续墙设计施工手册 [M]．祝国荣等，译．北京：中国建筑工业出版社，1983．

[14] 加拿大大坝基础防渗处理（考察报告），1977．

[15] 耿家祥．国外地下连续墙施工设备的现状与展望 [J]．施工技术，1997（1）．

[16] 陆培炎．科技著作及论文选集 [M]．北京：科学出版社，2006．

[17] Deep diaphragm Cut off Walls for dams. 第十四届国防土力学会议论文集：895～898．

[18] 龚晓南．深基坑工程设计施工手册 [M]．北京：中国建筑工业出版社，1998．

[19] 冈原．基础的施工，1994．

[20] 天津大学等．土层地下建筑施工 [M]．北京：中国建筑工业出版社，1982．

[21] 陶景良．混凝土防渗墙施工 [M]．北京：水利电力出版社，1988．

[22] 杨光煦．砂砾地基防渗工程 [M]．北京：水利电力出版社，1993．

[23] 复杂地基处理．第 17 届国防大坝会议论文选，1993．

[24] 齐藤博文．地下连续壁工法施工的留意点 [J]．基础工，1987，15（10）．

[25] 西保．西松式地下连续墙钻进精度管理系统 [J]．钻岩，译．探矿工程译丛，1996（2）．

[26] 杨嗣信．高层建筑施工手册 [M]．北京：中国建筑工业出版社，1992．

[27] 李光雄．地下连续壁论文集．

[28] 基础工特集（地下连续壁的本体利用），1987．

[29] 丛蔼森．深基础工程施工设备和技术的引进及开发应用（鉴定报告），1996．

[30] 丛蔼森．地下连续墙液压抓斗成墙工艺试验研究和开发应用 [J]．探矿工程，1997（5）．

[31] 孙钊，夏可风．1998 水利水电地基与基础工程学术交流会论文集 [C]．天津：天津科学技术出版社，1999．

[32] 丛蔼森．北京地区防渗混凝土墙资料汇编，1977．

[33] 丛蔼森．十三陵水库坝基防渗墙设计施工和运用 [J]．北京水利科技，1985（3）．

第 12 章　深基坑工程监测

本章简要叙述在地下连续墙中和基坑周边埋设观测仪器的方法，以及观测资料的整理和分析方法，简要叙述基坑监测项目设计和观测的基本要求。

12.1　基坑工程监测设计

12.1.1　监测设计要求

基坑工程监测是基坑工程施工中的一个重要环节，组织良好的监测能够将施工中各方面信息及时反馈给基坑开挖组织者。根据这些信息，可以对基坑工程支护体系变形及稳定状态加以评价，并预测进一步挖土施工后将导致的变形及稳定状态的发展；根据预测判定施工对周围环境造成影响的程度，制定下一步施工策略，实现信息化施工。

基坑工程监测不仅仅是一个简单的信息采集过程，而是集信息采集及预测于一体的完整系统。因此，在施工前应该制定严密的监测方案。一般来讲，监测方案设计包括下述几个方面：

1. 确定监测目的

根据场地工程地质和水文地质情况、基坑工程支护体系、周围环境情况确定监测目的。监测目的主要有：

1）通过监测成果分析，预估基坑工程支护体系本身的安全度，保证施工过程中支护体系的安全。

2）通过监测成果分析，预估基坑工程开挖对相邻建（构）筑物的影响，确保相邻建（构）筑物和各种市政设施的安全和正常工作。

3）通过监测成果分析，检验支护体系设计计算理论和方法的可靠性，为进一步改进设计计算方法提供依据。该项目具有科研性质。

不同基坑工程的监测目的应有所侧重。当用于预估相邻建（构）筑物和各种市政设施的影响时，要逐个分析周围建（构）筑物和各种市政设施的具体情况，如建筑物和市政设施的重要性、受影响的程度、抗位移能力等，确定监测重点。

2. 确定监测内容

在基坑工程中需进行的现场测试主要项目及测试方法如表 12.1 所示。

3. 确定监测点位置和监测频率

根据监测目的确定各项监测项目的监测点数量和位置。根据基坑开挖进度确定监测频率，原则上在开挖初期可几天测一次，随着开挖深度发展要提高监测频率，必要时可一天测数次。

4. 建立监测成果反馈制度

应及时将监测成果报告给现场监理、设计和施工单位，达到或超过监测项目报警值后，应及时研究、及时处理，确保基坑工程安全顺利施工。

表 12.1　监测项目和测试方法

监测项目	测试方法
地表、支护结构及深层土体分层沉降	水准仪及分层沉降标
地表、支护结构及深层土体水平位移	经纬仪及测斜仪
建（构）筑物的沉降及水平位移	水准仪及经纬仪
建（构）筑物的裂缝开展情况	观察及量测
建（构）筑物的倾斜测量	经纬仪
孔隙水压力	孔压传感器
地下水位	地下水位观察孔
支撑轴力及锚固力	钢筋应力计或应变仪
支护结构上土压力	土压力计

5. 制定监测点的保护措施

由于基坑开挖施工现场条件复杂，监测点极易受到破坏，因此，所有监测点务必牢固，并配上醒目标志，与施工方密切配合，以确保安全。

6. 监测方案设计应密切配合施工组织计划

监测方案是施工组织设计的一个重要内容，它只有符合施工组织的总体计划安排才有可能得以顺利实施。

12.1.2　施工监测要点

做好施工监测工作是实行信息化施工的前提。施工监测要点如下：

1）根据具体工程特点制定监测方案，包括：监测项目、监测点数量、监测点位置和监测频率，以及监测项目报警值。

2）严格按照监测方案实施监测，并及时将监测报告送交监理、设计和施工技术人员，指导下一步施工。发现险情应立即报告。

3）对测试结果应综合分析。发现险情应及时采取有效措施，包括实施应急措施。

4）监测工作结束后应提交施工监测总报告。

12.2　在防渗墙中埋设观测仪器

12.2.1　在防渗墙中埋设观测仪器

近些年来，我国在混凝土防渗墙内埋设观测仪器的技术与工艺有了很大进步，已先后在碧口、柘林、葛洲坝、邱庄、小浪底混凝土防渗墙内成功地埋设了应变计、无应力计、管式测斜仪、钢筋计等观测仪器，并且大都工作正常，积累了不少宝贵的观测资料，为科学监测防渗墙的运行情况、进一步完善设计理论提供了可靠的依据。

混凝土防渗墙是地下隐蔽工程，其运行状况的好坏直接关系着枢纽工程的安危，因此对其运行状况进行周密的监测尤其必要。凡是大型永久性混凝土防渗墙工程，都应当在墙身内埋设观测仪器。国外的永久性防渗墙工程对这一工作都是非常重视的。加拿大马尼克3号水电站在两道坝基混凝土防渗墙内埋设观测仪器就是一个很好的例子。

12.2.2　埋设方法

墙身内观测仪器埋设工作的内容有：观测断面的选择、仪器种类的选用及其埋设高程的选择、仪器的率定与检查、埋设前的各项准备工作和仪器的埋设等。观测断面应由设计单位在全线槽孔划分与布置完毕后加以选定，应布置在两根浇筑混凝土导管的中央，以使仪器受到的混凝土的冲力与压力均匀。仪器的埋设工作应在清孔验收合格后，浇注混凝土之前的 2~3h 内完成。

我国在墙身上、下游面及墙身内埋设的观测仪器有：土压力盒、渗压计、差动电阻应变计、无应力计、钢筋计、管式测斜仪、测压管等（见图 12.1）。埋设于墙身上、下游面的土压力盒与渗压计可采用"挂布法"，即事先制作一个厚度略小于孔宽的钢筋框架，上

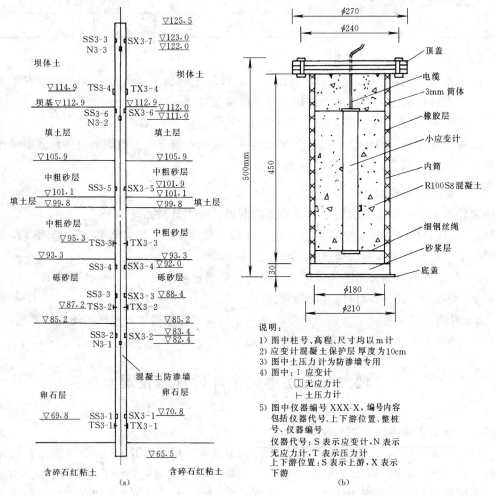

图 12.1　防渗墙观测仪器埋设图

(a) 剖面；(b) 无应力计

下游面焊有钢板制成的保护垫块，以保证框架下设位置准
确并保护仪器不致碰撞孔壁。在其上下游面挂上尼龙布，
再将土压力盒或渗压计按设计位置黏牢在尼龙布上，浇注
混凝土前将挂布的钢筋框架下入孔内，在框架内下设导管，
浇注混凝土后即可使尼龙布及其上固定的仪器紧贴在墙的
上下游面。实践证明，挂布法埋设的仪器在孔壁较为平整
的槽孔中完好率较高。在由冲击钻具造成的槽孔中，也可
使用"液压顶推法"，其效果较好。

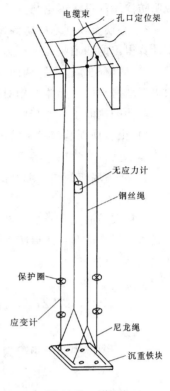

图 12.2　应变计
预设示意图

　　埋设应变计、无应力计时，常采用"垂直吊装埋设法"
（见图 12.2）。用 4 根尼龙绳索起吊一重量约 1t 的长方形铸
铁块下放入槽孔内，边下放边按设计高程将应变计或无应
力计固定在 4 根尼龙绳的中央，从而控制了仪表的位置。
我国采用这一方法不仅成功地埋设了上百组垂直应变计，
还在邱庄水库成功地埋设了水平应变计，使四向应变计组
的埋设成为可能。

　　埋设管式测斜仪与测压管，常在混凝土墙体内起拔钢
管形成预留孔，然后再将测斜管或自计水位计下入孔内。
管模为直径 146～168mm 厚壁无缝钢管，起拔工艺与起拔
接头钢管工艺基本相同。但要注意的是，由于管模直径相
对较小，孔较深时，整根管模极易出现挠曲。为防止此现
象，在浇注混凝土过程中要始终使整根管模处于受拉状态
（可在底端吊重物）。

　　为保证墙身内仪器埋设及观测工作的顺利进行，应做好以下几项工作：

　　1）埋设仪器槽孔的造孔作业应精心施工，孔壁应平整，不允许有较大孔斜、弯曲、
探头石、梅花孔、波浪形等，孔宽、孔深应达到设计要求，孔底基岩也应平整，以满足沉
放重块的要求。

　　2）清孔作业应精心进行，清孔后任一孔深处的泥浆指标均应达到验收标准，孔底淤
积厚度不应超过设计要求。

　　3）每一组仪器的沉重块或钢筋框架均应事先试一下，确认没问题后，再正式下设。

　　4）观测仪器埋设是一项复杂而又细致的工作，应由事先组建的专业班组承担。

　　5）埋设有观测仪器的槽孔浇注混凝土时，在拌和机口及槽孔孔口，按不同孔深留取
至少 4 组试块，进行 28d、90d 或更长龄期的抗压、抗拉（包括极限拉伸值）、弹性模量、
抗渗、徐变等项试验。

　　6）一个墙段的观测仪器埋设完毕后，应测定仪器完好率及初始值，并应将电缆及时
引到临时观测站，暴露部分要有稳妥可靠的保护措施，防止施工过程中被损坏。

　　通过对碧口水电站两道坝基混凝土防渗墙及柘林水电站一道坝体混凝土防渗心墙的系
统观测，初步可得出以下结论：

　　1）以前的设计理论和计算方法得出的防渗墙的应力和水平位移值与实测值差异很大，

说明防渗墙的设计理论与计算方法有待改进完善。

2）心墙土坝坝基中防渗墙顶土体发生塑性变形，按塑性变形区土体处于极限平衡状态计算得出的墙顶竖向土压力与观测值一致，约为 2 倍墙顶土柱重。

3）两侧土体作用于墙面的摩擦力是防渗墙承受的主要竖向荷载之一，摩擦力的方向取决于墙身和两侧土体的相对沉陷方向，作用于单位面积墙面上的摩擦力的数值取决于垂直于墙面的侧向土压力与两侧土体的沉陷差。

4）土石坝坝基防渗墙的水平位移主要发生在土石坝施工期，在不同土层交界面附近的墙体承受较大弯矩。增大墙厚会恶化墙的应力状况。

5）防渗墙作为透水地基的防渗措施或土石坝坝体的防渗补强措施，其效果都很显著。

6）由于混凝土应力应变关系的复杂性，由应变换算应力会产生一定的误差。

加拿大马尼克 3 号水电站和我国葛洲坝水利枢纽工程对地基中两道联合运用的防渗墙的观测成果均证明：两道防渗墙的防渗性能是不均一的，同一道防渗墙的不同部位的防渗性能也是不均一的。

12.3　在地下连续墙中埋设观测仪器

12.3.1　测斜仪的埋设和观测

1. 测斜仪工作原理

测斜仪是一种可精确地测量沿竖直方向土层或围护结构内部水平位移的工程测量仪器。测斜仪分为活动式和固定式两种，在基坑开挖支护监测中常用活动式测斜仪。在基坑开挖之前先将有四个相互垂直导槽的测斜管埋入支护结构或被支护的土体中。测量时，将活动式测头放入测斜管，使测头上的导向滚轮卡在测斜管内壁的导槽中，沿槽滚动，活动式测头可连续地测定沿测斜管整个深度的水平位移变化，如图 12.3 所示。

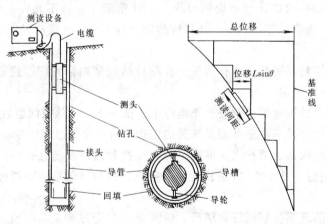

图 12.3　测斜仪原理

测斜仪的工作原理是根据摆锤受重力作用后产生的的弧角变化推算墙体偏斜。当土体产生位移时，埋入土体中的测斜管随土体同步位移，测斜管的位移量即为土体的位移量。放入测斜管内的活动测头，测出的量是各个不同分段点上测斜管的倾角变化 ΔX_i，而该段

测管相应的位移增量 ΔS_i 为

$$\Delta S_i = L_i \sin \Delta X_i$$

式中　L_i——各段点之间的单位长度。

当测斜管设得足够深时，管底可以认为是位移不动点，管口的水平位移值 Δ_n 就是各分段位移增量的总和：

$$\Delta_n = \sum_{i=1}^{n} L_i \sin X_i \qquad (12.1)$$

在测斜管两端都有水平位移的情况下，就需要实测管口的水平位移值 Δ_0，并向下推算各点的水平位移值 Δ，即

$$\Delta = \Delta_0 - \sum_{i=1}^{n} L_i \sin X_i \qquad (12.2)$$

测斜管可以用于测单向位移，也可以测双向位移。测双向位移时，由两个方向的测量值求出其矢量和，得到位移的最大值和方向。

2. 测斜仪的类型

活动式测斜仪按测头传感元件不同，又可细分为滑动电阻式、电阻片式、钢弦式及伺服加速度计式四种，如图 12.4 所示。

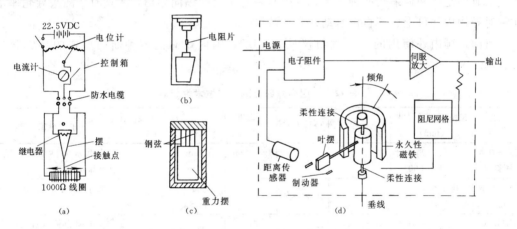

图 12.4　测斜仪原理示意图
(a) 滑动电阻式；(b) 电阻片式；(c) 钢弦式；(d) 伺服加速度计式

1）滑动电阻式。测头以悬吊摆为传感元件，在摆的活动端装一电刷，在测头壳体上装电位计。当摆相对壳体倾斜时，电刷在电位计表面滑动，由电位计将摆相对壳体的倾斜角位移变成电信号输出，用惠斯顿电桥测定电阻比的变化，根据标定结果，就可进行倾斜测量。该测头优点是坚固可靠；缺点是测量精度不高（其性能受电位计分辨率限制）。

2）电阻片式。测头是用弹性好的铍青铜簧片下挂摆锤，弹簧片两侧各贴两片电阻应变片，构成差动可变阻式传感器。弹簧片可设计成等应变梁，使测头的倾角变化与电阻应变仪读数呈线性关系。

3）钢弦式。钢弦式测头是双轴测斜仪，可进行水平两个方向测斜。它通过四个钢弦式应变计测定重力摆运动的弹性变形，进而求得倾斜值。

　　4）伺服加速度计式。它的工作原理是检测质量块因输入加速度而产生的作用力与特殊感应系统产生的反力相平衡，感应线圈的电流与此反力成正比，根据电压大小可测定斜度，所以称其为力平衡伺服加速度计。

　　以上四种类型的测斜仪，在国内外都有厂家定型生产。目前以生产伺服加速度计式测斜仪的厂家较多，加速度计是用于惯性导航的元件，灵敏度和精度较高。我国地质和石油钻井测斜用的陀螺仪在土工监测中尚未看到应用的实例。

　　活动式测斜仪的组成大致可分为四部分：装有重力式测斜传感元件的测头、测读仪、连接测头和测读仪的电缆、测斜管：

　　1）测斜仪测头：倾斜角传感元件。

　　2）测读仪。测读仪应和测头配套选择使用，其测量范围、精度和灵敏度根据工程需要而定。在现场条件下，测斜仪测量结果的重复性一般应等于或优于±0.01°。

　　3）电缆。电缆的作用有 4 个：①向测头供给电源；②给测读仪传递量测信号；③测头量测点距孔口的深度；④提升与下放测头的绳索。电缆除具有很高的防水性能，还不能有较大的长度变化，为此，电缆芯线中设有一根加强钢芯线。

　　4）测斜管。测斜管一般由塑料或铝合金制成。测斜管直径大小不一，长度约 2～4m，管接头有固定式和伸缩式两种。测斜管内有两对正交的纵向导槽，测量时，测头导轮座落在一对导槽内并可上、下自由滑动。

　　目前，国内外使用的一些测斜仪见表 12.2，国内现有的四种断面型式的测斜管见表 12.3。

表 12.2　国内外部分测斜仪技术性能表

型号	测头型式及尺寸（mm）	量程	位移方向	灵敏度（分辨率）	精度	温度（℃）	生产单位
CX—01 型测斜仪	伺服加速度计式，$\phi 32 \times 660$	0°+53°	水平一向	±0.02mm/500mm	±4mm/15m	−10～50	水利水电科学研究院，航天部 33 研究所联合研制
BC—5 型测斜仪	电阻片式 $\phi 36/650$	±5°	水平一向	—	≤±1% F.S	−10～50	水电部南京自动化设备厂
EHW 型测斜仪	—	0°～±11° 0°～±30°	水平一向	—	0.1mm/m		瑞士胡根伯（Huggenberger）公司
100 型测斜仪	伺服加速度计式 $\phi 25.4 \times 660$	0°～±53°	水平两向	±0.02mm/500mm	±6mm/30m	−18～40	美国辛柯（SINCO）公司
Q—S 型测斜仪	伺服加速度计式，$\phi 25.5 \times 500$	0°～±15°		(<40″)	0.5%		日本应用地质株式会社（OYO）
测斜仪	伺服加速度计式	—		1×10^{-4} 基线长	±0.002%	−25～55	奥地利英特菲斯（Interfels）公司
MPF—1 型测斜仪	—		水平两向	0.005%（零漂）	0.02%	−5～60	法国塔勒麦克（Telemac）公司
测斜仪	伺服加速度计式，$\phi 28.5 \times 750$	0°～±30°	水平一向两向	±0.01F.S/℃（零漂）	±0.02% F.S	−5～70	英国岩土仪器（Geotechnical Instrum）公司
测斜仪	伺服加速度计式，$\phi 40 \times 808$	0°～±30°	水平两向	(2in)	10in	−10～40	意大利伊斯麦斯（ISMES）研究所

表 12.3　国内现有的四种测斜管

特性　　　　　管类	丙烯腈-J 二烯-苯乙烯管	聚乙烯管	聚氯乙烯管	高压聚乙烯管
内径(mm)	60	60	58	52
外径(mm)	72	69	70	60
E(N/cm^2)（平均值）	152000	81000	146000	15700
刚度不均匀度	1.2	4.4	7.8	1.5

3. 测斜管的安装或埋设

测斜管可安装在地下连续墙或支护桩钢筋笼上，与钢筋笼一起浇注在混凝土中，也可钻孔埋设在支护结构或地基土体中。安装或埋设过程中注意事项如下。

1）测斜管现场组装后，安装在地下连续墙或支护桩的钢筋笼上，随钢筋笼浇注在混凝土中，浇注混凝土之前应在测斜管内注满清水，防止测斜管在浇注混凝土时浮起，并防止水泥浆渗入管内。

2）在支护结构或被支护土体内钻孔，然后将测斜管逐节组装并放入钻孔内，测斜管底部装有底盖，管内注满清水，下入钻孔内预定深度后，即向测斜管与孔壁之间的间隙由下而上逐段灌浆或用砂填实，固定测斜管。

3）安装或埋设时应及时检查测斜管内的一对导槽，确定其指向是否与欲测量的位移方向一致并及时修正。

4）测斜管固定完毕或浇注混凝土后，用清水将测斜管内冲洗干净，用测头模型放入测斜管内，沿导槽上下滑行一遍，以检查导槽是否畅通无阻，滚轮是否有滑出导槽的现象。由于测斜仪的测头是贵重的仪器，在未确认测斜管导槽畅通时，不得放入真实的测头。

5）量测测斜管导槽方位、管口坐标及高程，及时做好孔口保护装置，做好记录。

6）对于安装在温泉或有地热地段的测斜管，应确定测斜管内的水温是否在测头容许的工作温度范围内。如果水温过高，应在孔口安装冷水洗孔装置。

4. 测斜仪测量侧向位移

1）为保护测斜仪测头的安全，测量前先用测头模型下入测斜管内，沿导槽上下滑行一遍，检查测斜孔及导槽是否畅通无阻。

2）联接测头和测读仪，检查密封装置、电池充电量、仪器是否工作正常。

3）将测头插入测斜管，使滚轮卡在导槽上缓慢下至孔底，测量自孔底开始，自下而上沿导槽全长每隔一定距离测读一次。每次测量时，应将测头稳定在某一位置上。测量完毕后，将测头旋转 180°插入同一对导槽，按以上方法重复测量，两次测量的各测点应在同一位置上，此时各测点的两次读数数值应该接近、而符号相反。如果测量数据有疑问，应及时补测。用同样方法可测另一对导槽的水平位移。一般测斜仪可以同时测量相互垂直的两个方向的水平位移。

4）侧向位移的初始值就是基坑开挖之前连续三次测量无明显差异读数的平均值，或取其中一次的测量值作为初始值。

5）观测间隔时间应根据侧向位移的绝对值或位移增长速率而定。当侧向位移明显增大时，应加密观测次数。

5. 侧向位移观测资料的整理

侧向位移观测记录及整理内容包括：工程名称、测斜孔编号、平面位置和导槽方位、水平位移实测值、最大位移值及发生的位置与方向、位移发展速率、观测时间，施工进度、观测、计算和校核责任人等。为了及时进行险情预报，现场实测数据应立即分析处理后，反馈给施工现场管理人员。

12.3.2　土压力和水压力观测仪器的埋设和观测

1. 观测目的和内容

土压力是基坑支护结构周围的土体传递给挡土构筑物的压力。在基坑开挖之前，挡土构筑物两侧土体处于静止平衡状态。在基坑开挖过程中，由于基坑内一侧的土体被移去，挡土构筑物两侧土原始的应力平衡和稳定状态被破坏了，挡土构筑物由相对静止的状态转化为变形运动的状态，在挡土构筑物周围一定范围内产生应力重分布。在被支护土体一侧，由于挡土构筑的移动引起土体的松动而使土压力降低，而在基坑一侧的土体由于受挡土结构的挤压而使土压力升高。但是这种变化不会无休止地发展下去。当变形或应力超过了一定数值时，土体就产生结构性的破坏而使挡土结构坍塌。因此，土压力的大小直接决定着挡土构筑物的稳定和安全。影响土压力的因素很多，如土体介质的物理力学性质及结构组成、附加荷载的数值、地下水位变化、挡土构筑物的类型、施工工艺和支护型式、挡土构筑物的刚度及位移、基坑挖土程序及工艺等。这些影响因素给理论计算带来一定的困难。因此，仅用理论分析土压力大小及沿深度分布规律是无法准确地表达土压力的实际情况的。而且土压力的分布在基坑开挖过程中是动态变化的，从挡土构筑物的安全、地基稳定性及经济合理性考虑，重要的基坑支护结构要进行必要的现场原型观测。

基坑开挖工程经常在地下水位以下土体中进行。地基土是多相介质的混合体，土体中的应力状态与地基土中的孔隙水压力和排水条件密切相关。静水压力不会使土体产生变形。当孔隙水渗流时，在孔隙水的流动方向上产生渗透力。当渗透力达到某一临界值时，土颗粒就处于失重状态，这就是所谓的"流土"现象。在基坑内采用不恰当的排水方法，会造成灾难性的事故。另一方面，当饱和黏土被压缩时，由于黏性土的渗透性很小，孔隙间的水不能及时排出，基坑承受很大的压力，这称为超静孔隙水压力。超静孔隙水压力的存在降低了土体颗粒之间的有效压力。当超静孔隙水压力达到某一临界值时，同样会使土体失稳破坏。因此监测土体中孔隙水压力在施工过程中的变化情况，可以直观、快速地得到土体中孔隙水压力的状态和消散规律，作为基坑支护结构稳定性控制的依据。

通过现场土压力和孔隙水压力的原位观测可达到以下主要目的：

1）验证挡土构筑物各特征部位的侧压力理论分析值及沿深度的分布规律。

2）监测土压力在基坑开挖过程中的变化规律。由观测到的土压力急剧变化及时发现影响基坑稳定的因素，从而采取相应的保证稳定的措施。

　　3）积累各种条件下的土压力规律，为提高理论分析水平积累资料。

　　土压力和孔隙水压力现场原型观测设计原则，应符合荷载与挡土构筑物的相互作用关系，并反映各特征部位（拉锚或顶撑点、土层分界面、滑体破裂面底部、反弯点及最大变形点等等）以及挡土构筑物沿深度变化的规律。

　　2. 观测仪器和压力传感器

　　深基坑开挖支护工程现场土压力和孔隙水压力观测，在我国已进行多年，积累了不同类型工程的经验，也促进了各类压力传感器的发展。国内目前常用的压力传感器根据其工作原理分为钢弦式、差动电阻式、电阻应变片式和电感调频式等。其中钢弦式压力传感器长期稳定性高，对绝缘性要求较低，适用于土压力和孔隙水压力的长期观测。

　　钢弦式压力传感器的工作原理如图 12.5 所示。当压力盒的量测薄膜上有压力时，薄膜将发生挠曲，使得其上的两个钢弦支架张开，钢弦将拉得更紧。弦拉得越紧，它的振动频率也越高。当电磁线圈内有电流（电脉冲）通过时，线圈产生磁通，使铁芯带磁性，因而激起钢弦振动。电流中断时（脉冲间歇），电磁线圈的铁芯上留有剩磁，钢弦的振动使得线圈中的磁通发生变化，因而感应出电动势，用频率计测出感应电动势的频率就可以测出钢弦的振动频率。为了确定钢弦的振动频率与作用在薄膜上的压力之间的关系，需要对压力盒进行标定。为此可以在实验室内用油泵装置对压力盒施加压力，并用频率接收器量测出对应于不同压力的钢弦振动频率。这样就可以绘出每个压力盒的标定曲线，如图 12.6 所示。当现场观测时，通过接收器量测钢弦的频率，根据标定曲线就可以查出该压力盒此时所受的压力。

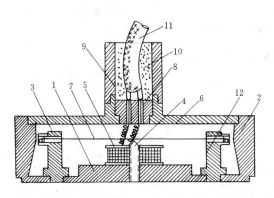

图 12.5　钢弦式压力传感器的工作原理

1—量测薄膜；2—底座；3—钢弦夹紧装置；4—铁芯；

5—电磁线圈；6—封盖；7—钢弦；8—塞子；9—引线套筒；

10—防水材料；11—电缆；12—钢弦支架

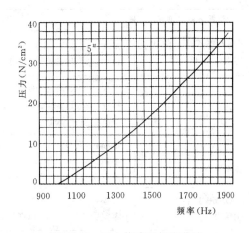

图 12.6　压力传感器标定曲线

　　国内常用的土压力传感器、孔隙水压力计以及相关测量仪器的型号及技术指标见表 12.4、表 12.5 和表 12.6。

表 12.4　国内常用的土压力传感器

仪器名称及型号	主要技术指标	生产厂家
GJZ, GJM 型钢弦式土压力计	量程：250～2000kPa；分辨率：0.2%F.S 精度：1%～2.5%F.S　温度误差：≤3Hz/10℃ 零飘：≤2Hz；接线长度：≥1000m	南京水利科学研究院土工所
钢弦式土压力计	最大量程：15000kPa；分辨率：0.25%F.S 零飘：±2Hz；温度误差：0.3Hz/℃	南京水科院材料结构所
JXY、LXY—4 型振弦双膜式压力盒	最大量程：8000kPa；分辨率：1%F.S 零飘：±1%F.S；温度误差：−0.42～0.28Hz/℃	丹东电器仪表厂
GYH—3 型振弦式土压力盒	最大量程：5000kPa；分辨率：0.15%F.S 零飘：≤5%F.S；温度误差：≤0.1%F.S/℃	丹东三达测试仪表厂
YUA、YUB 型差动电阻式土压力计	最大量程：1600kPa；分辨率：<0.5kPa 精度：1.2%F.S	南京电力自动化设备厂
TT 型电阻应变片式土压力计	最大量程：2000kPa；分辨率：0.5%F.S 精度：1%F.S；零飘：≤0.5%F.S	南京自动化研究所
TYJ20 系列钢弦式土压力计	量程：0.2～3.2kPa；分辨率：≤0.2%F.S 不重复性：≤0.5F.S；综合误差：≤2.5%F.S 工作温度：0～40℃	金坛市儒林土木工程仪器厂
YCX 型振弦式土压力计	最大量程：1.5MPa；稳定误差：±1.0% 温度误差：±0.25%；灵敏度：0.1%	三航局科研所

表 12.5　国内常用的孔隙水压力计

仪器名称及型号	主要技术指标	生产厂家
SZ 型差动电阻式孔隙水压力计	量程：200kPa、400kPa、800kPa、1600kPa 精度：2%F.S 接线任意长 工作温度−25～60℃	南京电力自动化设备厂
GKD 型钢弦式孔隙水压力计	量程：250kPa、400kPa、600kPa、800kPa、1000kPa、1600kPa 精度：2%F.S；零飘：±2Hz 温度误差：±3Hz/10℃	南京水利科学研究院
JXS—1，2 型弦式孔隙水压力计	量程：100～1000kPa；分辨率：0.2%F.S 零飘：<±0.1%F.S 温度误差：−0.25Hz/℃	丹江电器仪表厂，五经街 74 号
GSY—1 型弦式孔隙水压力计	量程：100～3000kPa；分辨率：0.1%F.S 零飘：≤1%F.S；温度误差：−0.25Hz/℃	丹江三达测试仪器厂
KXR 型弦式孔隙水压力计	量程：200～1000kPa；零飘：≤±1%F.S 温度误差：0.5Hz/℃	金坛传感器厂常州市儒林镇
TK 型电阻片式系列孔隙水压力计	量程：0～2000kPa；精度：≤1.5%F.S 分辨率：0.1%F.S；适用温度：−5～50℃	水电部南京自动化研究所
双管式孔隙水压力计	量程：0～1000kPa；精度：100kPa	南京水利科学研究所
水管式渗压计	量程：−100～900kPa；精度：200kPa	水利水电科学研究院

表 12.6　国内常用压力传感器量测仪

类别	仪器名称及型号	主要技术指标	生产厂家
钢弦式	SDP—Z 型袖珍钢弦频率仪	精度：±1Hz	常州市金坛儒林测试仪器厂
	多通道电脑振弦仪	精度：±1Hz；可对小 32 点（可扩展到 100 点）进行自动巡测或选点检测，并打印记录	南京水科院材料结构所
	智能钢弦仪	精度：±1Hz；可对 8 个传感器（可扩展）直接测量频率及数据字显示或打印输出	南京水科院河港研究所
	JD1 型多路振弦仪	40 点（可扩展到 100 点）定点，选点检测数字显示，打印输出。有接口与 PC-1500 机联机	交通部第三航务工程局科研所
差动电阻式	SBQ—2 型水工比例电桥	量程：R：0～111.10Ω，Z：0～1.1110；工作条件：相对湿度≤80%；绝缘电阻≥50MΩ	南京电力自动化设备厂
	SBQ—4 型水工比例电桥	量程：R：0～111.10Ω，Z：0～1.1110；工作条件：相对湿度≤80%；绝缘电阻：≥50MΩ	南京电力自动化设备厂
	SQ—1 型数字式电桥	量程：R：0～120Ω，Z：0.9～1.1；工作条件：温度 0～45℃，湿度＜90%；基本误差：R≤±0.02Ω，Z≤±0.01%	南京电力自动化设备厂
	ZJ—4/5A 型电阻比检测仪	量程：Z：0.8000～1.2000；R：0.01～120.00Ω；精度：Z≤0.02%，R＜0.02Ω；显示数据：R1，R2，Z，Rt；遥测距离：2000m	南京自动化研究所

3. 压力传感器的标定

无论是哪一种型号的压力传感器，在埋设之前必须进行稳定性、防水密封性、压力标定、温度标定等检验工作。

1）稳定性检查。传感器的稳定性是指在一定工作条件下，传感器性能在规定时间内保持不变的能力，包括时漂、温漂、零漂。装配好的压力传感器经低温时效、疲劳试验处理后静放 1～3 个月，从中选择无温漂、稳定性好的压力传感器再进行密封性检验。

2）密封性检验。压力传感器在工作状态下均承受一定的水压力，因此，其防水密封性的好坏关系到其能否正常工作的问题。密封的关键是装配时压力传感器本身的密封和传感器与电缆接头的密封。密封检验方法是将传感器放在 300MPa 水压力罐中进行防水密封试验。

3）压力标定。将压力传感器放在特制的标定设备上，一般用油压标定，也有用水标定和用砂标定。根据压力传感器量程的大小，按 20kPa 或 50kPa 分级加压和退压，反复进行两次，测定电阻或频率值。然后将压力—电阻或压力—频率曲线绘制在坐标纸上，绘出相关曲线，或将压力—频率值输入计算机，用最小二乘法求出压力标定系数。

4）温度标定。将压力传感器浸入不同温度的恒温水中，改变水温测定压力传感器电阻和频率值，将测定值绘制在电阻—频率坐标纸上得出电阻修正系数。

5）确定压力传感器的初始值。传感器的初始值是很重要的，在埋设前要进行多次测量，埋设后在传感器受力前仍需进行测量，根据多次测量确定压力初始值。

4. 压力传感器的现场安装

1）土压力盒的安装。土压力是作用在挡土构筑物表面的作用力。因此，土压力盒应镶嵌在挡土构筑物内，使其应力膜与构筑物表面齐平。土压力盒后面应具有良好的刚性支撑，在土压力作用下不产生任何微小的相对位移，以保证测量的可靠性。

①钢板桩或预制钢筋混凝土构件。对于钢板桩或钢筋混凝土预制构件挡土结构，施工时多用打入或震动压入方式。土压力盒及导线只能在施工之前安装在构件上，受震动冲击比较严重，保护措施至关重要，一般采用安装结构进行安装，如图 12.7 所示。土压力盒用固定支架安装在预制构件上，固定支架、挡泥板及导线保护管使土压力盒和导线在施工过程中免受损坏。

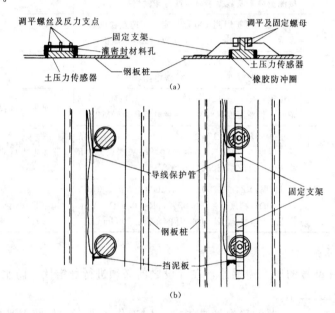

图 12.7　柔性挡土构筑物的传感器安装
(a) 钢板桩土压力传感器安装；(b) 钢板桩导线保护管设置

②现浇混凝土挡土结构。对于地下连续墙等现浇混凝土挡土结构，土压力盒采用幕布法安装，即在欲观测槽段的钢筋笼上布置一幅土工织布。幕布上土压力盒的安装位置事先缝制一些安装袋，土压力盒安装在帷幕上，随钢筋笼放入槽段内。幕布使现场浇注混凝土后土压力盒保持在挡土构件和被支挡土体之间。为使土压力盒均匀受力，且有较大的受力面积，土压力盒宜采用沥青囊间接传力结构。

2) 孔隙水压力计的安装。首先要根据埋设位置的深度、孔隙水压力的变化幅度等确定埋设孔隙水压力计的量程，以免量程太小而造成孔隙水压力超出量程范围，或是量程选用过大而影响测量精度。将滤水石排气，备足直径为 1~2cm 的干燥黏土球。其黏土的塑性指数应大于 17，最好采用膨润土，供封孔使用。备足纯净的砂，作为压力计周围的过滤层。孔隙水压力计的安装和埋设应在水中进行，滤水石不得与大气接触，一旦与大气接触，滤水石层应重新排气。埋设方法一般可采用以下两种：

①压入法。如果土质较软，可将孔隙水压力计直接压入埋设深度。若有困难，可先钻孔至埋设深度以上 1m 处，再将孔隙水压力计压至埋设深度，上部用黏土球将孔封至孔口。

②钻孔埋设法。在埋设处用钻机成孔，达到埋设深度后，先在孔内填入少许纯净砂，将孔隙水压力计送入埋设位置。再在周围填入部分纯净砂，然后上部用黏土球封孔至孔口。如果在同一钻孔内埋设多个探头，则要封到下一个探头的埋设深度。每个探头之间的间距应不小于 1m，且应保证封孔质量，避免水压力贯通。

压力传感器现场安装后，应立即做好引出线的保护工作，避免浸泡在水中和在施工中受损。

5. 土压力和孔隙水压力的观测和资料整理

1) 现场原型观测。观测和资料整理是获得土压力和孔隙水压力变化规律的最后阶段，现场原型观测一般分以下几个阶段：

①基坑开挖之前。观测压力传感器的安装受力状态，检验压力传感器的稳定性，一般 2～3d 观测一次，每次观测应有 3～5 次稳定读数。当一周前后压力数值基本稳定时，该数值可作为基坑开挖之前土体的土压力和孔隙水压力的初始值。

②基坑开挖过程。可根据土方开挖阶段、内支撑（或拉锚）的施工阶段确定观测的周期，每次观测应有 3～5 次稳定读数。当压力值有显著变化时，应立即复测。

③土方开挖至设计标高后。基础底板混凝土灌注之前宜每天观测一次，随后可根据压力稳定情况确定观测周期，现场观测应持续至地下室施工至原有地面标高。

2) 资料整理。由土压力传感器实测的压力为土压力和孔隙水压力的总和，应当扣除孔隙水压力计实测的压力值，才是实际的土压力值。由现场原型观测数据计算出的土压力值和孔隙水压力值，可整理为以下几种曲线。

①不同施工阶段沿深度的土压力（或孔隙水压力）分布曲线。

②土压力（或孔隙水压力）变化时程曲线。

③土压力（或孔隙水压力）与挡土结构位移关系曲线。

当观测到土压力（或孔隙水压）数值异常或变化速率增快时，应分析原因，及时采取措施，同时要缩短观测的周期，有条件时应采用计算机数据处理与分析、反馈系统对支护结构的内力和位移、土压力和孔隙水压力等进行系统监测。

12.3.3　钢筋应力计的埋设和观测

1. 监测范围

在基坑支护结构中有代表性位置的钢筋混凝土支护桩和地下连续墙的主受力钢筋上，宜布设钢筋应力计，监测支护结构在基坑开挖过程中的应力变化。

2. 监测点的布置

监测点布置应考虑以下几个因素：计算的最大弯矩所在位置和反弯点位置、各土层的分界面、结构变截面或配筋率改变截面位置、结构内支撑或拉锚所在位置等。

3. 应力传感器

基坑开挖工程的监测一般都要几个月的工期，宜采用振弦式钢筋应力计。振弦式应力传感器采用非电量电测技术，其输出是振弦的自振频率信号，因此具有抗干扰能力强、受温度影响小、零飘小、受电参数影响小、对绝缘要求低、性能稳定可靠、寿命长等特点，适应在恶劣环境中长期、远距离进行观测。振弦式钢筋计结构如图 12.8 所示。

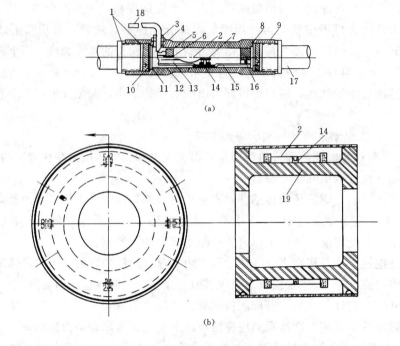

图 12.8　振弦式钢筋计和锚杆测力计

（a）钢弦式钢筋计；（b）振弦式锚杆测力计

1—壳体橡皮垫圈；2—钢弦；3—防水螺钉；4—橡皮垫圈；5—调弦端头块；6—调弦螺杆；

7—铁芯；8—固弦端头块；9—外壳钢管；10—密封螺钉；11—密封垫板；12—调弦螺母；

13—固弦栓；14—线圈；15—线圈板；16—沉头螺钉；17—焊接螺杆；18—电缆线；19—工字型缸体

4. 应力传感器的安装

1）根据测点应力计算值，选择钢筋应力计的量程，在安装前对钢筋计进行拉、压两种受力状态的标定。

2）将钢筋应力计焊接在被测主筋上。安装时应注意尽可能使钢筋应力计处于不受力的状态，特别不应使钢筋应力计处于受弯状态。将应力计上的导线逐段捆扎在邻近的钢筋上，引到地面的测试匣中。

3）支护结构浇注混凝土后，检查应力计电路电阻值和绝缘情况，做好引出线和测试匣的保护措施。

5. 应力传感器的测量和资料整理

1）基坑开挖之前应有 2～3 次应力传感器的稳定测量值，作为计算应力变化的初始值。

2）基坑每开挖其深度的 1/5～1/4 应测读 2～3 次，或在每层内支撑（或拉锚）施工间隔时间内测读 2～3 次。

3）基坑开挖至设计深度时，每两周测读 1～2 次，一直测到地下室底板混凝土浇注完毕，或最上层支撑拆除为止。

4）每次应力实测值与初始值之差，即为应力变化。

交通部三航局科研所 GCB 振弦式钢筋计的主要规格如见表 12.7。

表 12.7　GCB 振弦式钢筋计

传感器变形段外径 （mm）	截面积 S （cm²）	相当于钢筋	力 （kN）
$\phi21\pm0.1$	1.13	$\phi12$	0～20
$\phi25\pm0.1$	2.54	$\phi18$	0～45
$\phi28.5\pm0.1$	3.14	$\phi20$	0～55
$\phi30.0\pm0.1$	3.8	$\phi22$	0～70
$\phi32.0\pm0.1$	4.91	$\phi25$	0～90
$\phi34.5\pm0.1$	6.15	$\phi28$	0～110
$\phi38.0\pm0.1$	8.04	$\phi32$	0～140

12.3.4　观测设备埋设实例

图 12.9 是一个比较有代表性的基坑监测仪器和设备的埋设平面图，可供参考。

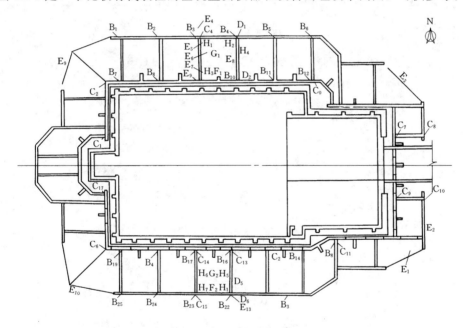

图 12.9　结构平面及测点布置

B_i—顶部水平位移观测点；C_i—沉降观测点；D_i—土压力盒平面埋设位置；

E_i—地下水位观测孔；F_i—土层水平位移测点；G_i—深层土层倾斜测点；H_i—孔隙水压力测点

12.4　本章小结

在深基坑工程施工过程中，加强基坑各项参数，随时观测并对观测资料及时分析判断，是保证基坑工程顺利施工的重要环节之一。应当注意以下几个方面。

1）要注意观测基坑开挖过程中，地下连续墙和水平支撑的位移、转动、偏斜和应力大小。

2）要注意观测基坑内外地下水位（潜水、上层滞水和承压水）的水位、流动方向和流量的变化。

3）要注意观测周边建（构）筑物和地下管线等市政工程的沉降和位移变化。

4）要定期分析观测资料的变化特点和规律性，及时反馈给施工单位，做到信息化施工。

参考文献

[1] 丛蔼森．地下连续墙的设计施工与应用［M］．北京：中国水利水电出版社，2001.

[2]《水利水电工程施工手册》编委员．水利水电工程施工手册：地基与基础工程［M］．北京：中国电力出版社，2004.

第三篇 施 工

第 13 章 深基坑施工要点

13.1 概 述

深基坑施工是完成地下工程和地面建筑物的重要工序，是保证工程质量和安全的重要前提。由于工程地质和水文地质条件、周边环境、基坑支护结构型式以及土方开挖深度等因素的差异，在施工过程中会遇到各种技术难题，比如坑壁的稳定性、坑外地面变形、坑底土体稳定和地下水的突涌和渗漏以及它们对周边建筑物和地下管网安全的影响，都会影响深基坑施工的安全性、可靠性、经济性和施工进度。

一些软土地区的工程实践与试验研究表明，基坑开挖过程中存在着时间和空间效应问题。它与开挖工作面的布局、开挖顺序、每次（段）开挖速度与深度、基坑静置时间以及地下水处理状况等都有着密切的关系。一些岩石风化层和残积土层中的深基坑则出现了坑底残积土泥化、流泥和突水的现象。这些不利因素都需要认真对待。

13.2 施工组织设计

13.2.1 概述

一个深基坑施工能否成功，关键在于地下水处理、土方开挖、支护结构质量和变形监测工作是否准确完成和密切配合。因此，施工前必须认真研究施工方案，编制好施工组织设计，在施工过程中认真组织实施，保证质量和安全控制到位。

确定深基坑工程的施工方案必须根据地下结构的特点，如平面尺寸、开挖深度等，结合工程地质和水文地质条件、场地周边环境、施工设备和技术水平等进行综合研究比较，优化方案，提出合理的施工组织设计。

深基坑工程应当满足以下基本的技术要求：

1) 安全可靠性。要保证基坑工程本身的安全和周边环境的安全。

2) 经济合理性。要在基坑支护结构安全可靠的前提下，从工期、材料、设备、人工以及环境保护等方面综合研究其经济合理性。

3) 施工便利性与工期保证性。在安全可靠和经济合理的条件下，最大限度地满足施工便利和缩短工期的要求。

13.2.2　施工组织设计要点

深基坑的施工组织设计应当包括以下内容：

1）总体施工方案。

2）施工平台高程和尺寸的确定。

3）基坑支护结构的施工方案和技术要求。

4）基坑降水和回灌方案。

5）基坑开挖方案和弃土计划。

6）冬、雨季及汛期的施工方案和措施。

7）施工总进度计划及说明。

8）工程质量要求和质量保证措施。

9）施工安全和文明施工措施。

10）基坑内部和外部环境监测及实施方案。

11）事故处理和应急预案。

其中，对于滨海滨河的深基坑，其施工平台高程应高出地下水位 1.5～2.0m，还要考虑波浪或潮汐对施工平台的影响和淘刷。

在应急预案中，特别要提出基坑底部突然发生突涌（水）时的应急预案。

13.3　基坑的施工方式

13.3.1　基坑的施工分段

对于一些特大型的基坑，或者是有特别需要（如不能同时施工）的基坑，可将整个基坑划分成几个区段（标段），按照需要分期施工。

在不同标段之间需要设置临时的挡土和防渗结构（如地下连续墙、钢板桩、灌浆帷幕等），以保证基坑开挖期间不受相邻标段的影响。

13.3.2　基坑施工方式

根据基坑面积、开挖深度、支护结构型式、工程地质和水文地质条件、周边环境等因素的影响程度，基坑施工基本上可分为正做法、逆作法和混合法三大类。

所谓正做法，就是指由上而下开挖基坑和逆作水平支撑或锚杆（索）到坑底，而后再自下而上施做结构本体。具体来说，有下面几种方法：放坡开挖、分层开挖、分段开挖、中心岛式开挖和盆式开挖。

逆作法是指自上而下，分层进行基坑的土方开挖和结构本体施做，利用结构本体（梁板）作为水平支撑，如此一直做到坑底，也称为盖挖法。逆作法又分为全逆作法和半逆作法两种。半逆作法是指先把地下一层土方挖掉，施做结构本体和顶板，然后再向下逆作的方法。逆作法常用于城市交通繁忙的地铁工程中，也常用在高层建筑基坑中，可缩短工期。

混合法是指地下结构（基坑）一部分或大部分采用正做法施做地下结构，然后利用已做好的结构本体作为水平支撑的一部分，用逆作法施做剩余的地下结构，直到最下面底板。在基坑面积比较大而水平支撑刚度较弱的软土基坑常采用此法，如杭州解放路百货商城的基坑就是采用此种方法施工的。

13.4　基坑土方开挖

13.4.1　基坑土方开挖施工组织设计

深基坑工程的土方开挖施工组织设计，是指导现场施工活动的技术经济文件，是基坑开挖前必须具备的。在施工组织设计中，应根据工程的具体特点、建设要求、施工条件和施工管理要求，选择合理的施工方案，制定施工进度计划，规划施工现场平面布置，组织施工技术物资供应，以降低工程成本、保证工程质量和施工安全。

在制定基坑开挖施工组织设计前，应该认真研究工程场地的工程地质和水文地质条件、气象资料、场地内和相邻地区地下管线图和有关资料以及邻近建筑物、构筑物的结构、基础情况等。深基坑开挖工程的施工组织设计的内容一般包括如下几个方面：

1. 开挖机械的选择

除很小的基坑外，一般基坑开挖均优先采用机械开挖方案。目前基坑工程中常用的挖土机械较多，有推土机、铲运机、正铲挖土机以及反铲、拉铲、抓铲挖土机等，前三种机械适用于土的含水量较小且基坑较浅时，而后三种机械则适用于土质松软、地下水位较高或不进行降水的较深大基坑，或者是在施工比较复杂时采用，如逆作法施工等。总之，挖土机械的选择应考虑到地基土的性质、工程量的大小、挖土和运输设备的行驶条件等。

2. 开挖程序的确定

较浅基坑可以一次开挖到底，较大的基坑则一般采用分段分层开挖方案，每次开挖深度可结合支撑位置来确定，挖土进度应根据预估位移速率及气候情况来确定，并在实际开挖后进行调整。为保持基坑底土体的原状结构，应根据土体情况和挖土机械类型，在坑底以上保留 15～30cm 土层用人工挖除。

3. 施工现场平面布置

基坑工程往往面临施工现场狭窄而基坑周边堆载又要严格控制的难题，因此必须根据有限场地对装土运土及材料进场的交通线路、施工机械放置、材料堆场、工地办公及食宿生活场所进行全面规划。

4. 降、排水措施及冬季、雨季、汛期施工措施的拟定

当地下水位较高且土体的渗透系数较大时应进行井点降水。井点降水可采用轻型井点、喷射井点、电渗井点、深井井点等，可根据降水深度要求、土体渗透系数及邻近建（构）筑物和管线情况选用。地面排水措施在基坑开挖中的作用也比较重要，设置得当可有效地防止雨水浸透土层而降低土体的强度。

5. 施工监测计划的拟定

施工监测计划是基坑开挖施工组织计划的重要组成部分。从工程实践来看，凡是在基坑施工过程中进行了详细检测的工程，其失事率远小于未进行检测的基坑工程。

6. 应急措施的拟定

为预防在基坑开挖过程中出现意外，应事先对工程进展情况预估，并制定可行的应急措施，做到防患于未然。

13.4.2　施工前准备工作

1) 勘察现场，了解现场地形、地貌、水文、地质、地下埋设物、地上障碍物、邻近建筑以及水电供应、运输道路情况，作为计算土方工程量，选择施工方案及组织降水、排水的依据。

2) 将施工区域内的障碍物，如高压线、地上和地下管线、电缆、坟墓、树木、沟渠及房屋、基础等进行拆除、清理。

3) 按照设计和施工要求，做好施工区域内的"三通一平"工作。对不宜留作回填土的软弱土层、垃圾、草皮等应全部挖除。

4) 按照施工组织设计要求，凡需采取人工降水措施的工程，应按要求设置降水设施，并在施工区域内设置地面排水设施。

5) 做好测量放线工作。在不受基础施工影响的范围，设置测量控制网，包括轴线和水准点。根据龙门板桩上的轴线，放出基坑灰线和水准标志。龙门板桩一般应离基坑边缘1.5～2m设置。灰线、标高、轴线应进行复核检查验收后方可破土施工。

6) 基坑施工所需的临时设施，如水电源、道路、排水和暂设设施等，应按施工平面布置图设置就绪。

13.4.3　基坑土方开挖方式

1. 土方开挖的分类及其适用范围

基坑土方开挖形式大体可分为放坡开挖与挡土开挖。开挖方法可分为人工开挖与机械开挖、排水开挖与不排水开挖等。采用哪一种形式和方法，要视基坑的深浅、围护结构的形式、地基土岩性、地下水位及渗水量、开挖设备及场地大小、周围建（构）筑物情况等条件来决定。

2. 放坡开挖

放坡开挖是基坑土方开挖常用的一种形式，其优点是施工方便、造价较低，但它有一定的适用范围，仅适用于硬质、可塑性黏土和良好的砂性土。同时，要有有效的降排水措施。基坑放坡开挖的坡度要视土质情况、场地大小和基坑深度而定。同时，还要考虑施工环境、条件情况，如气候季节、相邻道路及坡边地面荷载等影响。

在黏性土、砂性土的地基中放坡开挖还要处理好地下水和地面排水，要视情况采取坑外或坑内降水、回灌措施。如在坑内采用多级井点降水时，井管布置须设台阶，宽度一般不宜小于1.5m，以保证边坡稳定。

边坡斜面高度一般在5m之内，超过这个高度就必须采用分层分段开挖，分段分层之间应分别设平台，平台的宽度一般为2～3m。若采用机械开挖，应留有足够的坡道。

边坡表面要采取保护措施，确保不被雨水冲刷，减少雨水渗入土体，降低边坡强度。通常可采用在土坡表面抹一层钢丝网水泥砂浆，或喷射砂浆，或铺设薄膜塑料等。在采用砂浆或塑料时，应在边坡设置排水孔，排水孔的末端应设滤水层，以防混浊水流出。在坡顶外 1m 左右要设排水沟或筑挡水土堤，坑内设排水沟和集水井，用水泵抽出积水。

放坡开挖在城市基坑工程中应用不多，而在周边空旷的地域则经常使用。一些水利水电或矿山工程的深基坑多采用放坡开挖，多在周边设置防渗墙或帷幕以防水，基坑深度可达 30m 以上。一些滨海地区的软土基坑，也多采用放坡开挖方式。

3. 分层开挖

这种方法在我国比较广泛应用，一般适用于基坑较深且不允许分块分段施工混凝土垫层的，或土质较软弱的基坑。分层开挖到坑底，整体浇注混凝土垫层和基础。分层厚度要视土质情况进行稳定性计算，以确保在开挖过程中土体不滑移、桩基不位移倾斜。一般要求分层厚度软土地基要控制在 2m 以内，硬质土可控制在 5m 以内。开挖顺序也视工作面与土质情况，可从基坑的某一边向另一边平行开挖，或从基坑两头对称开挖，也可以从基坑中间向两边平行对称开挖，还可以交替分层开挖，如图 13.1 所示。最后一层土开挖后，应立即浇注混凝土垫层，避免基底土暴露时间过长。开挖方法可采用人工开挖或机械开挖。挖运土方方法应根据工程具体条件、开挖方式与方法及挖运土方机械设备等情况，采用设坡道、不设坡道和阶梯式开挖三种方法。

1）设坡道：可设土坡道或栈桥式坡道。

土坡道的坡度视土质、挖土深度和运输设备情况而定，一般为 1：（8～10），坡道两侧要采取挡土或其他加固措施。有的基坑太短，无法按要求放坡，可把坡道设在基坑周边，形成缓坡。

栈桥式坡道一般分为钢栈桥和钢筋混凝土栈桥两种。采用钢栈桥结构一般可用型钢组成，桥面铺设标准路基箱或厚钢板。栈桥结构都要根据挖土机

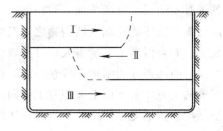

图 13.1　交替分层开挖

械、运输车辆等荷载进行专项的栈桥结构与稳定性设计计算。

2）不设坡道：一般有钢平台、栈桥和阶梯式开挖三种。

钢平台要根据挖土机械和运输车辆的荷载进行设计。挖土机械可用吊车吊下坑底作业，用吊车或铲车出土。或采用抓斗挖掘机在平台上作业，辅以推土机、挖土机等机械或人工集土修坡。

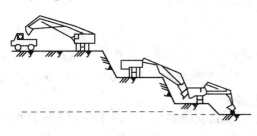

图 13.2　阶梯式接递挖土作业

3）阶梯式开挖：在基坑较深、基坑面积较大时，土方开挖也可采用阶梯式分层开挖，每个阶梯平台作为挖土机械接力作业平台，如图 13.2 所示。阶梯宽度要以挖土机械可以作业为度，阶梯的高度要视土质和挖土机臂长而定，一般 2～3m 高为好，土质好的可以适当高些。采用阶梯式挖土时，应考虑阶梯式土坡的稳定性，防止坍方。

4. 分段开挖

分段分块开挖是基坑开挖中常见的一种挖土方式，特别是基坑周围环境复杂、土质

较差或基坑开挖深浅不一，或基坑平面不规则的，为了加快支撑的形成，减少时空效应影响，都可采用这种方式。分段与分块大小、位置和开挖顺序要根据开挖场地工作面条件、地下室平面与深浅和施工工期的要求来决定。分块开挖，即开挖一块，施工一块混凝土垫层或基础，必要时可在已封底的基底与围护结构之间加斜撑。土质较差的要在开挖面放坡，坡度视土质情况而定，以防开挖面滑坡。在挖某一块土时，在靠近围护结构处可先挖一至二皮土，然后留一定宽度和深度的被动土区，待被动土区外的基坑浇注混凝土垫层后再突击开挖这部分被动土区的土，边开挖边浇注混凝土垫层。其开挖顺序为：

第一区先分层开挖 2～3m→预留被动土区后继续开挖，每层 2～3m 直到基底浇注混凝土垫层→安装斜撑→挖预留的被动土区→边挖边浇灌混凝土垫层→拆斜撑（视土质情况而定）→继续开挖另一个区。

5. 中心岛开挖

中心岛开挖法首先在基坑中心开挖，而周围一定范围内的土暂不开挖，视土质情况，可按 1∶1～1∶4 放坡（应经稳定计算确定），或做临时性支护挡土，使之形成对四周支护结构的被动土反压力区，保护围护结构的稳定性。四周的被动土区可视情况，待中间部分的混凝土垫层、基础或地下结构物施工完成之后，再用斜撑或水平撑在四周围护结构与中间已施工完毕的基础或结构物之间对撑，如图 13.3 所示。然后进行四周土的开挖和结构施工。如果四周土方量不大，可采取分块挖除、分块施工混凝土垫层和底板结构的方法，然后与中间部分的结构连接在一起；也可采用"中顺边逆"的施工工艺，即先开挖中心岛部分的土方，由下而上顺序施工中间部分的基础和结构，然后把中心岛与的结构与周边支护结构连接成支撑体系后，再对周边结构进行逆作法施工，自上而下边开挖土方边施工结构物，直至基础、底板。这种方法比上述两种方法更为安全可靠。在进行逆作法施工时，还可同时施工上部结构。

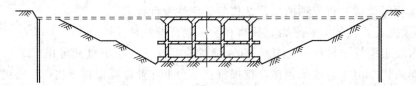

图 13.3　中心岛开挖法——先开挖中心

6. 盆式开挖

在某种情况下，也可视土质与场地情况，采取盆式开挖法，先挖开两侧或四周的土方，并进行周边支撑或基础和结构物施工，然后开挖中间残留（如覆盆状）的土方，再进行地下结构物的施工，见图 13.4。

上述两种开挖法较适用于土质较好的黏性土和密实的砂质土，对于软弱土层要视开挖深度而定。如果基坑开挖较深，残留的土方量就要大，才能满足形成被动土压力的要求。

这两种方法的优点是基坑内有较大空间，有利于机械化施工，并可使坑内反压土和维护结构共同来承担坑外荷载的土压力、水压力。对特别大型的基坑，其内支撑体系设置有

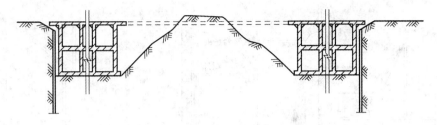

图 13.4　盆式开挖法——先开挖四周或两侧

困难，采用这种开挖方法，可以节省大量投资，加快施工进度。同时，在某种情况下，还可以防止基坑底隆起回弹过大。它的缺点是分两次开挖，如果开挖面积不大，先施工中间或两侧的基础、结构物的混凝土，待养护后再施工残留部分，可能会延长工期。同时，这种分次开挖和分开施工底板、基础，混凝土浇注无法连续进行。还要考虑两次开挖面的稳定性。

分部开挖方法应注意的几个技术关键点。

1）被动土压力区的稳定。不论是先开挖中心还是先开挖四周（两侧），关键是被动土压力区的稳定问题。被动土压力区土的稳定与多种因素有关，包括土本身的性质、挖土深度、坡度大小、施工时间长短等。

2）中心岛的范围。中心岛的范围取决于被动土压力区的土体稳定，一般预留土区应尽量小一些，原则上自身必须稳定。

中心岛结构范围还必须是结构施工能留设施工缝部位。施工期间还须考虑排水沟设置及施工缝处钢筋错开留设的要求。

3）降水。要选择可靠的降水方式和设备，尽可能提前降水，确保足够的降水时间，以提高土体的固结度，这是这种开挖方法施工中重要的一个因素。

根据上海地区经验，在夹有薄砂层的地层中，降水深度为 17～18m，自地面挖到坑底时间为 30d 时，超前降水应不少于 28d。实践说明，这样处理后软弱黏土层强度可提高30%以上，砂性土效果更好。

4）中心岛与围护结构之间的施工。中心岛结构完成后，可在围护结构与中心岛之间设置临时支撑，然后再逐步完成中心岛与围护结构之间的土方和结构施工。

5）应重视开挖面的边坡稳定，防止坍方。

13. 4. 4　人工开挖

人工开挖法虽然原始、劳动强度大、速度慢，但这种方法适应性强，目前在基坑开挖中仍大量采用。即使采用机械开挖也还往往要辅以人工修边、平整基底。

人工开挖对不同基坑土质或岩石都能应用，也可辅以各种机械进行综合性开挖。人工开挖主要解决好以下几个问题。

1. 出土方法

第一皮可用人工或推土机与手推车结合挖运土方。第二皮开始就采用人工开挖，用手推车集土，用各种吊车、塔吊或移动皮带输送机、轮轨式土斗等出土，见图 13.5。在没有出土设备或场地时，可用人工传土，或设置土坡道采用人工手推车出土。

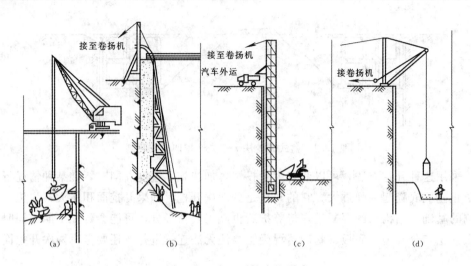

图 13.5　人工开挖出土形式

（a）吊车提土斗；（b）轮轨土斗；（c）井架吊土；（d）扒杆架吊土

2. 坑内外排水

坑外要视地下水位高低、围护结构防渗能力和土质渗透系数大小决定采用什么降排水方法。坑外地表水要设明沟排水。坑内可设明沟或盲沟和集水坑排水，确保坑内人工作业。

3. 堆土

挖运土出坑外后，一般应立即装车运走，不能堆在基坑四周增加对基坑的荷载。如果确实需要在坑顶堆土，在基坑围护结构设计时，应增加这部分的荷载。在坑顶堆土或行走、停放机械设备时，应距坑边缘 1：1.5 坡度线以外。必要时，应对基坑边坡做超载时稳定性验算。

4. 注意安全

分层开挖必须按土质情况放坡，如遇岩石需放炮爆破，只能放小炮。放炮时，炮眼要用草袋等覆盖，以防飞石损坏围护结构或伤人。基坑内必须设有安全出口，以供事故发生时工人能安全撤离。同时，坑顶四周要设置安全栏杆或围墙，要严禁往坑内甩东西伤人。

13.4.5　机械开挖

1. 开挖机械的选择

放坡开挖或挡土开挖都可采用机械化施工。常用的有正铲、反铲、拉铲、抓铲、多斗挖土机和挖掘装载机等挖土机械，辅以推土机、装载机、吊车、自卸汽车等机械设备。挖土机械按其装置容量的大小，又可分为中小型和大型的。各类挖土机械的特性、作业特点和适用范围见表 13.1。挖土机械一般按下列原则选择：①基坑深浅，开挖断面和范围大小；②土的性质与坚硬程度及地下水位情况；③挖土机械的特点和适应程度；④施工现场的条件；⑤经济效益与成本等。

采用机械开挖基坑时，必须开设坡道，辅以人工修整，自卸汽车运土。如果不设坡道，就选用小型的挖土机械，用吊车吊下基坑内作业，或在坑顶、平台作业。

表 13.1　常用挖土机械的选择表

名称	机械特性	作业特点	适用范围	辅助
正铲挖掘机	装车轻便灵活，回转速度快，移位方便，能挖掘坚硬土层，易控制开挖尺寸，工作效率高	1）开挖停车而以上土方 2）工作面应在 1.5m 以上 3）开挖高度超过挖土机挖掘高度时，可采用分层开挖 4）装车外运	1）开挖含水量不大于 27% 的一至四类土和经爆破后的岩石和冻土碎块 2）大型场地平整土方 3）工作面狭小且较深的大型管沟和基槽、基坑、路堑 4）大型独立基坑 5）边坡开挖	土方外运应配备自卸汽车，工作面应有推土机配合平土、集土进行联合作业
反铲挖掘机	操作灵活，挖土、卸土均在地面作业，不用开运输道	1）开挖深度不大 2）最大挖土深度 4～6m，经济合理深度为 1.5～3m 3）可装车和两边甩土、堆放 4）较大较深基坑可用多层接力挖土	1）开挖含水量大的一至三类的砂土或黏土 2）管沟和基槽 3）基坑 4）边坡开挖	土方外运应配备自卸汽车，工作面应有推土机配合，推到附近集土外运
拉铲挖掘机	可挖基坑，挖掘半径及卸载半径大，操作灵活性较差	1）开挖停机面以下土方 2）可装车和甩土 3）开挖截面误差较大 4）可装甩在基坑两边较远处堆入	1）挖掘一至三类土，开挖较深较大的基坑、管沟 2）大量外借土方 3）填筑路基、堤坝 4）挖掘河床 5）不排水挖掘基坑	土方外运需配备自卸汽车，配备推土机
抓铲挖掘机	钢绳牵拉灵活较差，工效不高，不能挖掘坚硬土	1）开挖直井或沉井土方 2）在基坑顶往坑内抓土吊上装车或甩土 3）排水不良的基坑、沟槽也能开挖 4）吊杆倾斜角度应在 45°以上，距边坡应不小于 2m	1）土质比较松软，施工较窄的深基坑、基槽 2）水中取土，清理河床 3）桥基、桩孔挖土 4）装卸散装材料	外运土方时，按运距配备自卸汽车

13.4.6　基坑土方开挖施工应重视的几个问题

深基坑工程有着与其他工程不同的特点，它是一项系统工程，而基坑土方开挖施工是这一系统中的一个重要环节，它对工程的成功起着相当大的作用。因此，在施工中必须非常重视以下几方面：

1）做好施工管理工作，在施工前制定好施工组织计划，并在施工期间根据工程进展及时调整。

2）对基坑开挖的环境效应事先评估，开挖前对周围环境深入了解，并与相关单位协调好关系，确定施工期间的重点保护对象，制定周密的监测计划，实行信息化施工。

3) 当采用挤土和半挤土桩时应重视挤土效应对环境的影响。

4) 重视维护结构的施工质量，包括维护桩（墙）、止水帷幕、支撑以及坑底加固处理等。

5) 重视坑内及地面的排水措施，确保开挖后土体不受雨水冲刷，并减少雨水渗入。在开挖期间若发现基坑外围土体出现裂缝，应及时用水泥砂浆灌堵，以防雨水渗入，导致土体强度降低。

6) 当维护体系采用钢筋混凝土或水泥土时，基坑土方开挖应注意其养护龄期，保证其达到设计强度。

7) 挖出的土方以及钢筋、水泥等建筑材料和大型施工机械不宜堆放在坑边，应尽量减少坑边的地面堆载。

8) 采用机械开挖时，严禁野蛮施工和超挖，挖土机的挖斗严禁碰撞支撑，注意组织好挖土机械及运输车辆的工作场地和行走路线，尽量减少它们对围护结构的影响。

9) 基坑开挖前应了解工程的薄弱环节，严格按施工组织规定的挖土程序、挖土速度进行挖土，并备好应急措施，防患于未然。

10) 注意各部门的密切协作，尤其要注意保护好监测单位设置的测点，为监测单位提供方便。

13.5 基坑施工的环境效应及控制

13.5.1 概述

基坑工程环境效应包括围护结构和工程桩施工，降低地下水位、基坑土方开挖各阶段对周围环境的影响，主要表现在下述几方面：

1) 基坑土方开挖引起围护结构变形以及地下水位降低造成基坑四周地面产生沉降、不均匀沉降和水平位移，影响甚至破坏相邻建（构）筑物及市政管线的正常使用。

2) 支护结构和工程桩若采用挤土桩或部分挤土桩，施工过程中挤土效应将对邻近建（构）筑物及市政管线产生不良影响。

3) 基坑开挖土方运输可能对周围交通运输产生不良影响。

4) 施工机械和工艺可能对周围环境产生施工噪声污染和环境卫生污染（如由泥浆处理不当引起等）。

5) 因设计、施工不当或其他原因造成围护体系破坏，导致相邻建（构）筑物及市政设施破坏。

基坑围护体系破坏可能引起灾难性事故，这类事故可以通过合理设计、采用正确的施工方法、施工过程中加强监测、实行信息化施工予以避免。这类事故的治理往往需要付出巨大的代价。

选用合适的施工机械和施工工艺可减小施工噪声污染和环境卫生污染；合理安排开挖土方速度，以及尽量利用晚间施工可减少土方运输对交通运输的影响。

采用合理的施工顺序、施工速度可以减小挤土桩和部分挤土桩的挤土效应，必要时还可通过在周围采取钻孔取土、设置砂井等措施减小挤土效应造成的不良影响。

由基坑土方开挖引起支护结构变形以及地下水位降低造成地面产生沉降和不均匀沉降，导致对周围建（构）筑物和市政设施的影响，是基坑工程环境效应的主要方面，应特别引起工程技术人员重视。基坑工程对周围环境的影响是不可避免的，技术人员的职责是减小影响并采取合理对策，以保证基坑施工过程中相邻建（构）筑物和市政设施安全、正常使用。本节主要讨论基坑开挖引起地基土体变形产生的环境效应及对策，对其他方面不再作进一步讨论。

13.5.2　基坑开挖引起的地面沉降量估算

基坑开挖引起的地面沉降可能由下述五部分组成。

1）支护结构水平位移造成的沉降。

2）基坑底面隆起造成的沉降。

3）地基土体固结沉降。

4）抽水引起土砂损失造成沉降。

5）砂土通过围护结构挤出造成沉降。

后两种可以从施工工艺、施工管理上加以控制和消除。前三种视具体工程情况也不尽相同。例如，固结沉降主要由地下水位下降引起。砂土地基固结沉降小，软土地基固结沉降大。软土地基固结沉降发展还与地基土渗透性和开挖历时有关。

长期工程实践的观察测定发现，地表沉降主要有两种分布形式。图 13.6（a）、（b）为三角形，（c）、（d）为凹槽形。图 13.6（a）的情况主要发生在悬臂式支护结构；图 13.6（b）发生在地层较软弱而且墙体的入土深度不大时，墙底处显示较大的水平位移，紧靠墙体的地表出现较大沉降；图 13.6（c）和（d）则主要发生在设有良好的支撑，而且支护结构插入较好土层或支护结构足够长时，这时地表最大沉降点离基坑边有一定距离。

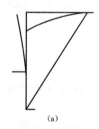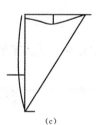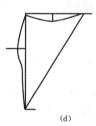

　　（a）　　　　　　　　（b）　　　　　　　　（c）　　　　　　　　（d）

图 13.6　基坑变形模式图

基坑开挖引起地面沉降估算方法大致有三种：经验方法、试验方法、数值分析方法。

（1）经验方法

对于三角形分布形式，派克建议采用地面沉降与距离关系图来估算基坑开挖引起的地面沉降量。地面沉降影响范围为 4 倍开挖深度。

根据工程实践对派克关系曲线法提出修正和完善，建议采用下式计算地面沉降：

$$\delta = 10K_1aH \tag{13.1}$$

式中　K_1——修正系数。地下连续墙 $K_1=0.3$，排桩式围护墙 $K_1=0.7$，板桩墙 $K_1=1.0$。对于地下连续墙，当采取大规模降水时，$K_1=1.0$；

H——基坑开挖深度，m；

a——地表沉降量与基坑开挖深度之比，以百分数表示。

（2）试验方法

主要有模型试验和原位试验两种方法。

（3）数值分析方法

其中有限元是最灵活、使用和有效的方法。对于基坑开挖问题，更有其他方法无法比拟的优势。

13.5.3　基坑工程环境效应和对策

这里讨论基坑施工过程产生的环境效应，包括以下几个方面：

1）因土方开挖和抽排地下水引起的周边地面沉降和位移。

2）土方运输产生的环境污染。

3）施工引起的噪声。

这里主要讨论因土方开挖和抽排地下水引起的周边地面沉降和位移问题。

为了保证基坑施工期间邻近建（构）筑物和市政设施的安全，需要做好以下工作：

1）详细了解邻近建（构）筑物和地下管线的分布情况、基础类型、埋设、材料和接头方式等，分析确定其变形允许值。

2）根据上述确定的变形允许值，采用合理的基坑支护结构体系，并对基坑开挖造成周边沉降进行估算，判断周边环境是否安全，必要时应当采取工程措施。

3）在基坑整个施工过程中进行现场观测，主要有地面和地下管线沉降、支护结构内力和水平位移、地下水位、建（构）筑物的沉降和倾斜等。通过监测分析来指导工程施工，实行信息化施工。

4）必要时，采用逆作法和半逆作法施工，有利于减少基坑开挖造成的周边地面沉降，减少环境影响。

13.6　基坑施工应注意的问题

1）悬臂的支护结构的弯矩与开挖深度的三次方成比例。因此，超深开挖将影响结构安全以及位移的增加。

此外，基坑底的土由于上层土开挖而释放作用于其面上的压力，引起土的膨胀，必须注意防止在水的作用下土产生软化。

2）必须及时施工锚杆或支撑。如果超深开挖后再安装支撑或施工锚杆往往造成事故。

3）必须控制邻近基坑的地面超载，堆土和堆料超过设计要求造成事故的例子是很多的。

4）为什么往往在暴雨后支护结构产生新的位移？主要是有些开挖工程采用人工挖孔桩作为支护结构，在施工过程中已降低了地下水位，在计算支护结构内力和位移时不考虑水压力的作用。但挖孔桩之间往往是局部止水的，暴雨后水位提高，而水压的作用比土压的作用大得多，会产生新的位移。因此，在设计时应该考虑一定的水压力或安装排水孔，注意地面雨水排泄，防止化粪池漏水和其他水源渗入到土中。

5）在软土开挖工程中，止水往往是必须的。止水的方法一般采用高压摆喷墙（定喷墙）或水泥搅拌桩法，但水泥搅拌桩法很难将软土标贯击数 $N>14$ 的黏性土搅拌，因而摆喷墙应用较多，但有些工程却不止水，原因是：

①高压摆喷墙遇到砾石、孤石、障碍物时，墙体有孔洞，会漏水。

②摆喷墙与支护桩之间为软土。当基坑开挖时，摆喷墙受到的水压力与土压力会使软土压缩，摆喷墙会产生弯曲，开裂漏水。

③先施工摆喷墙，然后施工支护结构的人工挖孔桩时：

a. 若基坑不降水人工挖桩孔时，由于软土或粉细砂的存在，容易塌孔。这样，在摆喷墙将与支护结间将产生空隙、孔洞，在水压力及土压力作用下，摆喷墙将产生弯曲破坏，造成漏水。

b. 若基坑不降水人工挖桩孔时，可塑的黏性土或残积层都会因为开挖较深而在挖孔桩内涌泥，这是因为人工挖孔桩内的土面垂直应力为 O，即 $\sigma=0$，而 $\tau=(c+\sigma\tan\phi)$，而在水压力作用下土产生膨胀、软化，内聚力 c 将减少，抗剪强度 τ 接近 0，因而土向孔内涌人，会使摆喷墙与支护结构间产生孔隙。在水压力土压力作用下，摆喷墙破坏而漏水。

c. 若基坑内先降水才施工人工挖孔桩，此时摆喷墙一侧受到水压力，另一侧没有受到水压力。由于摆喷墙支承于软土中，其弯矩可使摆喷墙裂缝而漏水。

13.7　本章小结

本章阐述了深基坑施工组织设计和施工方式选择方面的一些建议，提出了深基坑施工的主要流程及施工注意事项。本章着重指出，施工前应做好施工方案，施工过程中应密切加强观测和控制工作，防止突发事件的发生。

参考文献

[1] 丛蔼森. 地下连续墙的设计施工与应用［M］. 北京：中国水利水电出版社，2001.

[2] 丛蔼森. 高压喷射灌浆技术的最新进展［M］. 北京：中国水利水电出版社，2007.

[3] 龚晓楠. 深基坑设计施工手册［M］. 北京：中国建筑工业出版社，1998.

[4] 杨嗣信. 高层建筑施工手册［M］. 北京：中国建筑工业出版社，2005.

[5] 张联洲，姜旭民. 深基坑防渗帷幕结构形式的研究［M］. 北京：中国水利水电出版社，2007.

[6] 刘建航，侯学涛. 基坑工程手册［M］. 北京：中国建筑工业出版社，1997.

[7] 陆培炎. 科技著作及论文选集［M］. 北京：科学出版社，2006.

第14章 工法和设备

14.1 概 述

14.1.1 地下连续墙施工要点

在第 1 章中曾提到了建造地下连续墙应当经过挖槽、固壁、浇注和联接四道主要的工序。也就是说，在泥浆的保护下使用各种挖槽机械挖出槽（桩）孔，并在其中浇注混凝土或其他材料以形成地下连续墙；还要采取适当的方式，做好墙段之间以及墙体与永久结构之间的连接工作。这一章主要阐述地下连续墙的主要工法以及它们的设备的主要性能和适用范围等。

由于地基的工程地质和水文地质条件、建筑物的功能、施工机械的技术性能的不同，地下连续墙的施工方法和所用机械设备也是各不相同的。到目前为止，地下连续墙的施工工法不下几十种。

根据使用功能的不同，地下连续墙可以分为以下几种类型（见图 14.1）。

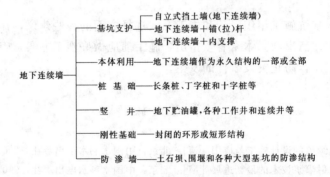

图 14.1 地下连续墙用途

地下连续墙的施工机械和设备包括：①造（挖）孔机械；②泥浆生产、输送、回收和净化设备；③混凝土的生产、运输和浇注设备；④钢筋加工、吊装机械和设备；⑤接头管的加工和吊放、起拔设备；⑥观测设备。

以后章节将陆续对上述机械和设备加以说明。本章主要说明施工方法和造孔设备。

14.1.2 几点说明

第 16～20 章将阐述置换工法（也就是使用泥浆）的主要施工工法、设备和施工过程等。至于使用土方机械（反铲等）建造的防渗墙和不使用泥浆建造防渗墙的方法和设备均不在其内，将在后面相应章节加以阐述。

同样，水泥固化和水泥土地下连续墙也不在这几章的范围之内。

14.2　常用工法概要

14.2.1　概述

根据地下连续墙使用功能、地质条件和施工设备的特点，可把其进行分类，然后再分别加以阐述。图 14.2 列出了地下连续墙的主要工法和设备，图 14.3 是几种代表性工法的示意图。

根据墙体材料的特点，可以把地下连续墙分为以下三类：

$$地下连续墙 \begin{cases} 混凝土地下连续墙（使用泥浆） \\ 水泥固化地下连续墙（使用泥浆） \\ 水泥土地下连续墙（不用泥浆） \end{cases}$$

地下连续墙原本是从桩柱式结构发展起来的，目前应用最多的是板墙（槽板）式地下连续墙。但是在某些特殊场合下，桩柱式地下连续墙仍有不可替代的优点，至今仍在使用。

14.2.2　桩柱（排）式地下连续墙工法

这种地下连续墙是由很多根互相搭接的桩组成的。近年来这种工法往往做成桩间互相分开一定距离，其间空隙用其他方法进行防水处理，形成多种基础施工技术复合而成的地下连续墙。

桩柱式地下连续墙可以用钢筋混凝土（现场浇注或预制）、钢材（型钢）和水泥固化材料来建造。

桩柱式地下连续墙的最大深度已经达到 131m（加拿大马尼克 3 号坝）。

桩柱式地下连续墙可用于基坑支护、桩基础、小型竖井工程。因其防水性较差，已经很少在高土石坝防渗墙工程中使用了。

14.2.3　钢筋混凝土地下连续墙工法

这是目前使用最多的板（墙）式地下连续墙，通常要经过挖槽、固壁、浇注和连接（接头）等工序才能建成。这种工法具有以下特点：

1）振动和噪声污染小，对周围环境影响很少。

2）适用多种地层。由于工法多，施工机械多，可以在从软弱土层到卵漂石层、从风化岩层到坚硬的花岗岩等各种复杂地层中施工，并能取得显著的技术经济效益。

3）墙体质量好。由于采用了高品质的混凝土和连续浇注工艺，使得槽孔内的泥浆能被混凝土完全置换出来，以形成连续均匀的墙体。同时，由于连接（接头）措施的改进，使得墙段之间接缝既能满足强度要求，又能保持很高的防水性，墙体混凝土抗压强度已经超过了 80MPa。

4）墙深和墙厚大。到目前为止，地下连续墙的深度已可达到 170m，墙的厚度为 40～320cm，最薄的墙厚只有 20cm。

5）本体利用和刚性基础。钢筋混凝土地下连续墙不再局限于用做基坑临时支护和土石坝的防渗结构，越来越多地用于各种高强度、高刚度和任意断面形状的深基础，而且地下连续墙本身也可以作为永久建筑物的一部或全部。

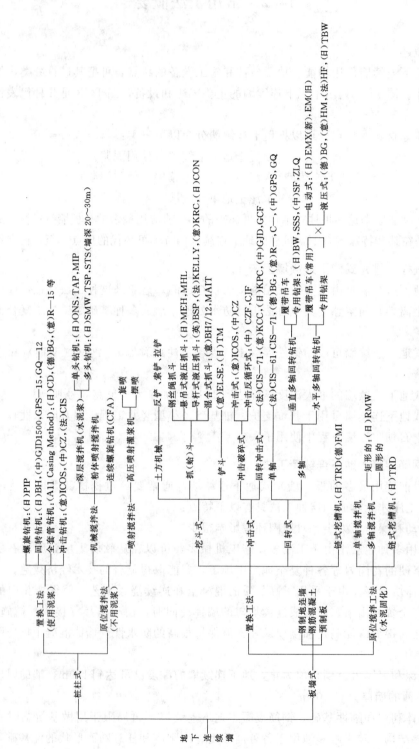

图 14.2　地下连续墙工法和设备示意图

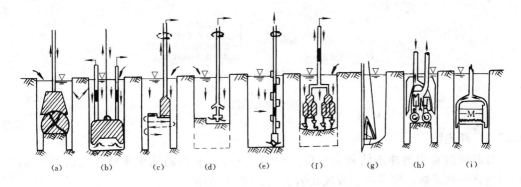

图 14.3　主要工法示意图

（a）导杆式抓斗；（b）冲击反循环（上、下）；（c）冲击反循环（水平）；（d）回转反循环；
（e）旋转锯槽法；（f）多钻头；（g）铲斗式；（h）双轮铣槽法；（i）水平割槽法

14.2.4　钢制地下连续墙工法

钢制地下连续墙与钢筋混凝土地下连续墙的工法基本相同，只是用钢板（型钢）代替了钢筋笼。它的主要特点是：

1）钢制地下连续墙的承载力更高、刚度更大、水平抗弯能力更强，因而可以减少地下连续墙的有效厚度，在接近施工时能得到更多的建筑空间。

2）钢制构件可在工厂预制加工，运到现场后可很方便吊装到槽孔中，加快施工速度。

3）钢制构件接头可以传递剪切力，防水性高，可以得到平整的墙面。

4）钢制地下连续墙的造价高于钢筋混凝土地下连续墙。

此外，还有一些常用的工法，如水泥固化（自硬）地下连续墙、水泥土地下连续墙以及预制墙板地下连续墙等，将在以后各章中陆续说明，这里从略。

14.3　冲击钻进工法和设备

14.3.1　概述

世界上最早出现的地下连续墙都是用冲击钻进工法建成的。虽然基础工程施工技术水平的不断提高，冲击钻进工法不再占据主导地位，但是它仍然是有活力的，有些时候是不能代替的。特别是当冲击钻进工法与现代施工技术和机械设备相结合的时候，它仍然是不可忽视的。

在地下连续墙技术走过将近半个世纪的历程之后，再来回顾冲击钻进工法时，可以发现它已经有了很大变化：首先，不再仅仅靠钻具的自重来冲击破碎岩石，而是采用冲击回转或回转冲击的方式，提高了凿岩效率；其次，不再使用抽筒掏渣或正循环出渣等出渣方式，而是采用反循环出渣的高效率出渣方式，大大提高了钻进效率；再次，现在已经制成和使用大功率、大直径和大深度钻机，使冲击钻进工艺应用更加广泛。

可以把冲击钻进工法分成破碎冲击和回转冲击两大类（见图 14.4）。

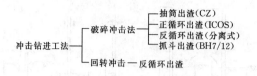

图 14.4　冲击钻进工法图

14.3.2　冲击钻

目前国内常用的冲击钻机为 CZ-5～CZ-8 型。它们的钻头重量往往达到 4t 以上，特别适合于钻进砂、卵漂石层或风化岩层（见图 14.5）。

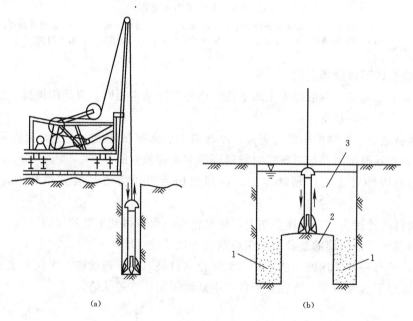

图 14.5　CZ 型冲击钻机
（a）钻主孔；（b）劈打副孔
1—主孔；2—副孔；3—孔内注满泥浆

14.3.3　冲击反循环钻进工法和设备

1. 工法特点

冲击反循环钻进原理：钻机的动力通过传动系统驱动曲柄连杆冲击机构，使钻头作冲击运动，悬吊钻头的双钢丝绳利用同步双筒卷扬设备调节动态与静态平衡，空心套筒式钻头中心设置排渣管，利用砂石泵组把钻渣与泥浆经排渣管及循环管路，从孔底连续地反循环排入设在地面的泥浆净化装置，振动筛除去大颗粒钻渣，旋流器除去粉细砂。净化后的泥浆直接或经循环浆池注入槽孔后循环使用。通过这一循环，钻机完成钻进及排渣作业，直至造孔完毕。

要使钻机由单一的冲击功能转化为既有冲击功能又有反循环排渣功能，特别是为了适应防渗墙槽段双反弧接头孔施工的需要，必须将传统钻机的单钢丝绳改为双钢丝绳来悬吊钻具，以让出钻孔和钻头中心，插入排渣管。为了使钻孔作业正常进行，要求悬吊钻头的两根钢丝绳始终等长。也就是说，在动态、静态作业条件下，有自动调节等长能力的双绳同步卷扬机构是钻机研究的关键技术。

要解决这个技术问题存在一定的困难。在实际作业时，由于卷筒直径的制造误差、钢丝绳缠绕松紧不一、倒放钢丝绳不均匀等，都会造成两根钢丝绳在钻孔过程中不等长。研制的双绳同步机构采用差速同步平衡调节的原理，动力输入轴采用常闭式制动器，左、右卷筒在动态或静态条件下可随意调节双绳平衡。其平衡原理是：动力经链轮、主轴传至平衡轮系装置，并由特殊联接装置分别与左右卷筒连成一体。当悬吊钻头的两根钢丝绳等长时，中心平衡装置带动左右卷筒同步运转；当两根钢丝绳由于外部原因造成长短不一时（即不同步时），中心平衡轮系在带动左右卷筒公转的同时，还将使左右卷筒之间产生相对转动，直至双绳等长，达到新的平衡。

2. 设备

（1）钻机

冲击反循环钻机的主要特点是：

1）钻机为机械传动，液压、电气联合控制和手动机械控制，差动同步主卷扬，性能稳定可靠。在动静工况下，均能保持悬吊钻头的双钢丝绳是平衡的。

2）钻塔液压起落，能整机运输，安装方便。

3）操作系统方便可靠。设有连杆冲击、卷扬冲击两种功能，以连杆冲击为主，特殊情况时，可转换为卷扬冲击。根据进尺要求可任意调节冲程，并设有全自动、半自动、手动冲击装置。

4）移位对孔方便省力。整机采用道轨液压横向移位，钻塔液控调整前倾角度。

5）高效的排渣系统。该机配有真空启动砂石泵组，启动不受深度影响，还可节省上下排渣管时间。

（2）钻具

冲击反循环工艺的实现和工效的高低在很大程度上取决于钻具适用性和可靠性。CZF系列冲击反循环钻机设计了三种不同结构型式的套筒式钻头，即套筒式阶梯钻头（见图 14.6）、双层弧板圆钻头以及平底六角钻头，分别适用于不同地层和不同孔径，并具有较高的效率。为了进行防渗墙接头槽孔施工，还研制了双反弧钻头（见图 14.7）。

对于冲击反循环钻机成槽施工，排渣管是重要的配套钻具之一，排渣管的结构形式、快速装拆的可行性、施钻过程中的可靠性、排渣时的密封性等，将直接影响钻机的施工效率，排渣管的接头形式有三种，即多齿键卡式密封接头、插装式螺纹连接接头、插装式软轴连接接头。CZF 系列钻机采用 $\phi150$ 卡式密封快速接头。

14.3.4　液压抓斗的冲击功能

意大利土力公司的液压抓斗在坚硬地层中挖槽时，可在抓斗上安装冲击齿，进行冲程 $1\sim2m$ 和 $30\sim40$ 次/min 的冲击动作，以便把地层土体凿松，提高挖土效率。图 14.8 左边就是冲击齿，可安装在右边抓斗斗体中间的圆孔内，冲击破碎坚硬土（岩）体。图 14.9 是用于冲击破碎硬岩的方形冲击锤。

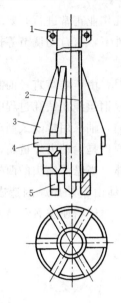

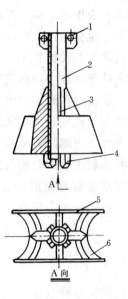

图 14.6　套筒式阶梯钻头

1—吊耳；2—芯管；3—冲击刃板；
4—冲击圆环；5—超前冲击刃

图 14.7　双反弧冲击钻头

1—吊耳；2—芯管；3—冲击刃板；4—超前
冲击刃；5—侧刃板；6—双反弧冲击刃

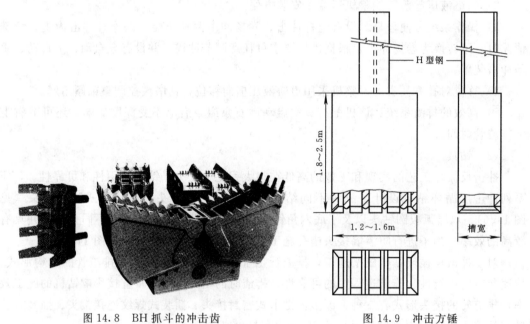

图 14.8　BH 抓斗的冲击齿

图 14.9　冲击方锤

14.3.5　回转冲击工法和设备

1. 工法概要

请注意，这里所说的回转冲击钻进工法与前面所说的冲击反循环钻进工法是不同的。冲击反循环钻进时虽然钻头也有旋转，但那是被动地旋转，它不是钻进的主要工序（方式）。这里要说的回转冲击工法则是施加强大的动力（扭矩），使钻头在回转过程中切削破碎岩（土）体。当遇到坚硬岩（土）体时，则施以一定频率和冲程的冲击，将岩（土）体捣碎或挤入孔壁周围地层内，再继续回转钻进和出渣。不难想象，由于这种钻进工法都是在坚硬地层中进行的，用正循环出渣是不可能的，只有气举法和泵吸反循环方法才能把孔底较多的卵砾石碎块提升到地面上来。下面看到的一些回转冲击钻机都是使用泵吸（或气举）反循环方式出渣的。

2. 设备

法国和意大利等国家早在 20 世纪六七十年代就研制使用了回转冲击反循环钻机，如法国索列旦斯公司的 CIS—71 型、意大利的 KCC 型和 MR—2 型，以及日本 KPC—1200 等。我国在 20 世纪 80 年代研制成功的 GJD—1500 等，也属于此类钻机系列。

14.4　抓斗挖槽工法和设备

14.4.1　概述

最早用于地下连续墙挖槽的是意大利意可思（ICOS）公司研制的蚌式抓斗。20 世纪 50 年代的抓斗是用钢丝绳来悬挂并进行控制的，而且只能在轨道上行走。到了 60 年代才逐渐使用了履带式起重机来悬挂抓斗。1959 年日本引进意可思公司抓斗技术以后，立即投入大量人力物力进行研究开发，在抓斗的研制和应用上成效显著。

这里所说的抓斗，通常都是指蚌（蛤）式抓斗。根据抓斗的结构特点，可把抓斗分成以下几种：①钢丝绳抓斗；②液压导板抓斗；③导杆式抓斗；④混合式抓斗。

14.4.2　钢丝绳抓斗

1. 工法概要

钢丝绳抓斗是用钢丝绳借助斗体自重的作用，打开和关闭斗门，以便挖取土体并将其带出孔外的一种挖土机械。这种抓斗是用两个钢丝绳卷筒上的两根钢丝绳来操作的，其中一根绳用来提升或下放抓斗，另一根绳则用来打开和关闭抓斗。它最早用于地下连续墙的挖槽工作，由于其结构简单耐用、价格低廉，所以至今仍在使用着，特别适合于在含有大量漂石和石块的地基中挖槽。如智利的培恩舍（Pehuenche）坝的防渗墙，原用液压抓斗挖槽，因坝基中含大量漂石，效果不理想。后改用法国地基建筑公司（Soletanche Bachy）的 KL1000 重型钢丝绳抓斗，并配用重 10～12t 的重锤和局部爆破，顺利完成了该工程。三峡上游围堰也使用了钢丝绳抓斗。

2. 设备

国外有很多厂家生产系列化的钢丝绳抓斗，如意大利、法国、德国和日本等。我国也有不少部门研制使用过钢丝绳抓斗，尚未达到商品生产阶段。

（1）意大利的钢丝绳抓斗

意大利的土力和卡沙特兰地公司均生产这种抓斗。

1）土力公司的钢丝绳抓斗。该公司可生产 4 种类型 21 个规格的抓斗。成墙厚度 0.4～1.5m，斗容量 0.7～0.8m³，斗重 2.7～14.0t，可挖深 70m，单抓最大断面尺寸为 1000mm×3200mm。

2）卡沙特兰地公司的钢丝绳抓斗。该公司生产两种类型（DH、DL）的钢丝绳抓斗。

3）迈特（MAIT）公司生产 GRL 和 GRH 型钢丝绳抓斗。

（2）德国的钢丝绳抓斗

德国的宝峨（BAUER）、利弗和沃尔特（WIRTH）公司都生产过钢丝绳抓斗。

（3）日本和法国的钢丝绳抓斗

日本真砂公司于 1971 年生产了 M 和 ML 型钢丝绳抓斗。法国的索列旦斯公司也生产钢丝绳抓斗。

14.4.3 液压导板抓斗

1. 工法概要

国外大约从 20 世纪 60 年代后期开始使用液压导板抓斗。这里所说的液压，是指用高压胶管把高压油（大于 30MPa）传送到几十米深处的抓斗斗体，用以完成抓斗的开启和关闭的动力源；所说的导板则是指用来为抓斗导向以防偏斜的钢板结构。还要说明的是，本文所说的液压导板抓斗，都是用钢丝绳悬吊在履带起重机或其他机架上的。

液压抓斗的闭斗力大、挖槽能力强，多设有纠偏装置，因此可以保证高效率、高质量地挖槽。由于挖槽时土体对斗体的反作用力（竖直向上分力）也是很大的，必须有足够的斗体重量才能保持平衡。这在设计与制造过程中都必须考虑到。

2. 宝峨公司的液压导板抓斗

宝峨公司生产的抓斗有 DHG 和 GB 两种类型。其中 GB24 和 GB50 两种抓斗已由上海某公司推向市场。GB24 和 GB50 的主要参数见表 14.1。

表 14.1　GB 抓斗主要参数表

项　　目		GB24	GB50
成槽深度（m）	MDSG	50	50
	HDSG	50	100
成槽宽度（m）		0.35～1.0	0.8～1.5
成孔直径（m）		1.2	2.5
最大提升力（kN）		240	500
卷扬机单绳拉力（kN）		120	250
副扬机单绳拉力（kN）		75	120
发动机		康明斯	康明斯
额定输出（kW）		146	228
系统压力（kW）		30	30
主泵流量(L/min)		2×260	2×260
DHG 抓斗重量（t）		9～13	15～21
斗容量（m³）		0.8～2.0	1.5～2.8
总重量（不含抓斗）(t)		41	60

3. 日本的真砂液压导板抓斗

真砂工业株式会社早在 20 世纪 70 年代就生产出了 MHL 液压导板抓斗，近年来又推出了 MEH 超大型液压导板抓斗，其最大闭斗力高达 1725kN，可在砂卵石地基开挖深达

150m 和厚度达 3.0m 的地下连续墙。抓斗上配有测斜计和 12 块纠偏导板，以保证所挖槽孔的垂直。图 14.10 为 MEH 液压导板抓斗图。

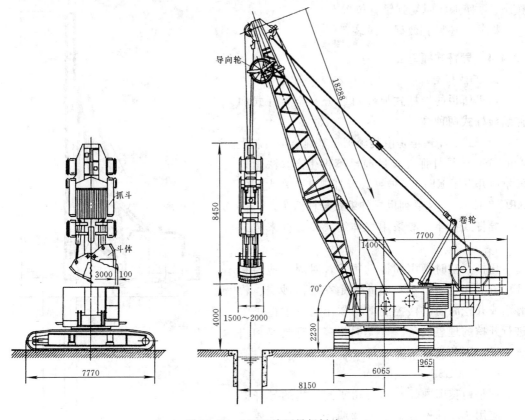

图 14.10　MEH 液压导板抓斗

4. 利伯海尔（LIEBHERR）公司的液压导板抓斗

利伯海尔公司是生产各种起重设备的公司，近年来研制生产新的液压导板抓斗与其先进的履带式起重机配套，加大了市场竞争能力。

（1）结构和操作

通过位于臂杆下部的软管卷盘上的软管把液压传递给抓斗，深度可达 70m。通过以下组件来操作抓斗的张开与闭合：①液压油缸；②抓斗体内部的推杆导向装置；③推杆；④抓斗的斗瓣。

抓斗两侧的斗齿数量相同，从而无需转动抓斗。抓斗的切削刃是用 "HARDOX" 材料加工而成的，可保证其工作寿命长和挖掘的精确性。

本机在抓斗的顶部采用带吊钩滑车的抓斗悬吊装置。当需要的时候，可将抓斗机械地摆动 ±15°。并且钢丝绳也采用了交叉悬吊的方式，也就是本机上有两个分层交错排列的动滑轮。这一独特设计有以下优点：

1）防止抓斗扭转。

2）当只有一个动滑轮工作时，仍可消除偏斜。

3）万一钢丝绳破断，仍可只用第二个动滑轮来提升抓斗。

（2）抓斗的纠偏装置

该装置用于调整抓斗内部结构。在操作室内控制两个液压油缸，可把抓斗斗体外形调整±2°，使抓斗回复到铅直位置上来。

抓斗上还设有数据记录装置。

14.4.4 导杆式抓斗

1. 工法概要

这里所说的导杆式抓斗可以分为全导杆式和伸缩导杆式两种。

导杆式抓斗最早是由英国国际基础公司研制生产的 BSP 全导杆抓斗，目前已不再生产。法国比较早地开发了 KELLY 伸缩式导杆抓斗。意大利的 KRC 和日本 CON 系列也是伸缩式导杆抓斗。

导杆式抓斗一般采用（伸缩式）方杆来传递动力。

导杆开挖时噪声和振动很小，对周围地层和环境影响和扰动也小。因此它是在松散砂层、软黏土或开挖时需严格控制剪切作用的灵敏性土中进行开挖的理想设备。这类抓斗多装有测斜和纠偏装置，因此成槽精度较高。

2. 英国 BSP 全导杆抓斗

这是由英国国际基础公司研制使用的导杆抓斗，应用于英国伦敦地下连续墙的施工。主要参数见图 14.11 和表 14.2。

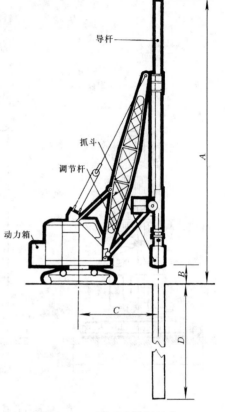

图 14.11　BSP 全导杆抓斗

表 14.2　BSP 全导杆抓斗主要参数

型　　号	S25	S35
挖槽深度 D（m）	25	35
墙厚 W（m）	～1220	～1220
钻架高度 A（m）	21.74	26.62
卸土高度 B（m）	2.0	2.0
设备重（t）	9.125	10.45
动力箱重（t）	1.27	1.27
功率（HP）	90	90
泵流量（L/min）	151～189	151～189
起重设备臂杆长（m）	15/16	19.5/21.5
提升力（kN）	10.0（W=760mm）	13.0
	135（W=1220 mm）	153
	85.3（W=760mm）	95
最小单绳拉力（kN）	114（W=1220mm）	123.5

此外，意大利的卡沙特兰地公司生产一种 KM 型全导杆抓斗。迈特公司也生产全导杆抓斗 HR160 型，它的最大断面尺寸达 2.5m×1.0m，挖深 24～50m。

3. 卡沙特兰地的导杆抓斗

此公司以生产伸缩式导杆抓斗闻名于世。近年来又开发出能旋转 180°的导杆抓斗，对于提高槽孔垂直度很有好处。两种新的抓斗斗体外形图见图 14.12。

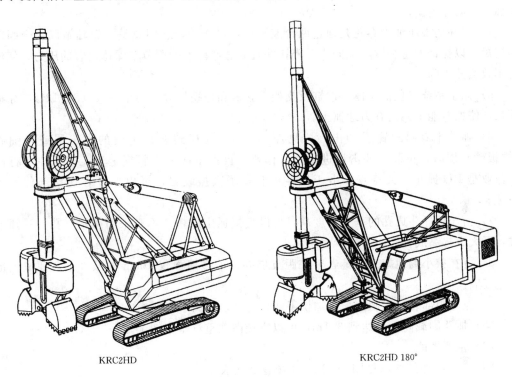

KRC2HD　　　　　　　　　　　　　KRC2HD 180°

图 14.12　两种新抓斗

14.4.5　混合式抓斗

1. 工法概要

这里所说的混合式抓斗是指把钢丝绳和导杆式液压抓斗结合起来而推出的一种新型抓斗。这是一种钢丝绳悬吊的导杆抓斗，也可以叫做半导杆抓斗。

意大利土力公司的 BH 7/12 和迈特公司 HR160 抓斗属于这种混合式抓斗。我国已引进土力公司的抓斗近 80 台，是引进最多的一种抓斗。

2. 土力公司的混合式抓斗 BH7/12

这种抓斗是吸收了钢丝绳抓斗和导杆式抓斗的优点并加以改进而研制生产的，它的结构简单，操作方便，比较适合于我国当前的施工技术水平。

（1）BH 7/12 抓斗特点

1）伸缩式导杆可使抓斗快速地入槽和出槽，并使抓斗抓取顶部地层时，不致产生很大的偏斜；而在深部抓槽时，使用钢丝绳悬吊抓斗，能使其具有较高的垂直精度。

2）只用一个油缸来操作抓斗开合，使其两边斗体受力平衡。其油缸推力达 1330kN，单边斗体闭合力矩达 410kN·m，是同类抓斗中最大的，可以穿过坚硬的砂卵石地层。

3）导杆顶部设有旋转机构，使整个抓斗重量悬挂于其上；每抓二至三次，即用专设的液压马达使斗体旋转 180°，改变斗体两边斗齿个数（一边 3 个，一边 2 个），使抓斗平衡抓土，防止偏斜。

4）抓斗的液压油管卷轮是通过两台液压马达操作的，它们总是给卷轴施以一个固定的扭矩，以保证油管和钢丝绳同步升降，并且通过储能器的调节来保持足够的压力，使油管不致突然下降。

5）抓土系统（包括斗体、油缸及支架、导板和伸缩杆等）的重量大（8～12t），导板较长，使抓斗能平稳而有力地抓土。

6）抓斗上专门配置了冲击齿（见图 14.8），在遇到非常坚硬的黏土层或粉细砂（铁板砂）层时，可装上冲击齿进行冲击作业，再把击散的土料抓上来。用抓斗进行冲击作业是 BH 抓斗一大特点。由于抓斗内装备了减振装置，可以保证各连接部位不致损坏。

7）由于该抓斗成孔的垂直精度高，可以直接抓土成槽，不必采用两钻（孔）一抓方式，可大大提高成孔效率，减少泥浆污染。

8）可在狭小场地施工，笔者曾在距五层办公楼楼墙面仅 10cm 的条件下，建成了地下连续墙。

9）抓斗内部装有强制刮板，加快了卸料速度，提高了生产率。

10）抓斗卸载高度可达到 3.1m，可以直接向载重汽车中卸土。

（2）主要性能

BH7/12 抓斗结构图见图 14.13，主要参数见表 14.3。

（3）性能对比

表 14.4 对一些抓斗进行了调查和比较表 14.3。从表中可以看出，BH7/12 抓斗开挖深度大，斗容量大，油缸个体较小，推力大，纠偏方法简单，而且价格是同类抓斗中较低的。

（4）纠偏措施

为了保障挖槽的垂直精度，BH 抓斗采取了以下几种措施：

1）利用钢丝绳把挖槽系统（斗体加伸缩导杆）悬挂在顶部旋转头上。

2）在挖槽过程中，利用设在旋转头部的液压马达，经常（每挖 2～3 次）使抓斗做±180°旋转（换边），避免向一个方向溜坡。

3）采用长导板（大于 5m），在挖槽过程中导向。

4）加大挖槽系统的重量（8～11t），以增加液压系统工作时的抓斗稳定性。

5）采用了加长的伸缩导杆长度，以便在槽孔上部更容易保持垂直度。

6）为了适应砂、卵石地基或超深孔挖槽时的稳定性、保持槽孔垂直度，笔者采用日本神户制钢所生产的 7055 和 7080 起重机，起重力大，底盘也大，保障抓斗工作时整体的稳定性。

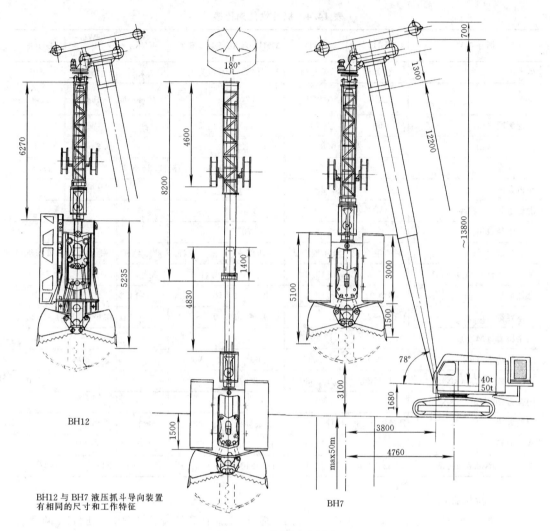

图 14.13　BH7/12 抓斗

表 14.3　BH7/12 抓斗主要参数

序号	项　　目	BH12	BH7	序号	项　　目	BH12	BH7
1	挖槽厚度（mm）	600～1200	600～1200	10	主油缸直径（mm）	240	240
2	斗体开度（mm）	2500	2500	11	主油缸推力（kN）	1360	1360
3	挖槽深度（m）	70	60	12	动力箱型号	2R—150	2R—100
4	配套起重机（t）	80（7080）	55（7055）	13	发动机型号	GM4/53	GM4/53
	发动机功率（kW/r·min）	180/2000	132/2000		发动机功率（kW/r·min）	123/2100	79.5/2100
5	正常工作压力（MPa）	21	21	14	供油量（L/min）	2×168	2×115
6	悬挂（斗＋杆）重量（t）	11	8	15	最大工作压力（MPa）	30	30
7	顶部导架重量（t）	4	4	16	油量调节方式	自动	自动
8	斗体容量（m³）	≥1.2	≥1.2	17	油箱容量（L）	480	480
9	单边斗体闭合力矩(kN·m)	390	390				

表 14.4　抓斗性能对比表

抓斗型号	BH7	BH12	MHL80120	S25	KCR2	SWG 600/1000	DHG8
生产国家	意大利	意大利	日本	英国	意大利	德国	德国
生产厂家	土力	土力	真砂	国际基础公司	卡沙特兰地	利弗	宝峨
开挖深度（m）	60	70	55	25			30
开挖宽度（m）	0.5～1.2	0.8～1.2	0.8～1.2	0.61～1.22	0.5～1.2	0.6～1.0	0.8
斗齿开度	2.5	2.5	2.5	1.88～2.13	2.2～3.1	2.8	2.8
斗齿数	2+3	2+3	2+3～4+3	4+3		4+3	
滑轮组数	1	1	2	—	—		1
工作半径（m）	3.8/78°	3.8/78°	6.0/70°	5.3			
抓斗类别	液压混合式	液压混合式	液压绳索	液压导杆	液压导杆	钢丝绳	液压绳
钻架（导杆）高度（m）	13.8	13.8	15.24	导杆 33.0			16.0
悬挂重量（t）	8.0	12.0	8.3～11.9	10.7～13.0	8.8～13.2	8.2～8.8	13.9
斗体容量（m³）	1.2～2.0	1.2～2.0	0.95～1.3	0.7～1.4		0.6～1.3	1.2
油路压力（MPa）	30	30	14				30
发动机功率（kW）	79.5	123	60	90			
油缸个数/推力（kN）	1/1130	1/1830	2		2		1/120
闭合力(或力矩)（kN·m）	390	390	656				570
纠偏方法	悬挂，±180°	悬挂，±180°	12块导板	导杆	导杆	绳索	
载车型号	7055	7080	LS—118	TES	C40	SW311B	BS640
发动机功率(kW/r·min)	132/2100	180/2100	110/2100		179/2100	242/2100	142/2000

（5）新型抓斗

1）型号系列。近年来，在原有 BH 7/12 抓斗基础上又开发出 BH8 和 BH15 两种抓斗，它们的外形尺寸分别与 BH7 和 BH12 相近，均可放在通用底盘上。新抓斗油缸推力均增高到 1360 kN。此外，还开发了一些改进型抓斗，如全回转抓斗、小型抓斗和自动控制抓斗等。

2）通用动力底盘。该公司近年来研制通用动力底盘，在同一底盘可以安装抓斗，旋挖钻机或者做为起重机使用。例如，SM—760 和 SM—870 动力底盘上就可以完成上面所说的各种工作。

3）全回转抓斗。土力公司最早推出的液压抓斗都是把液压软管的卷轻放在伸缩式导杆架上的，并能旋转180°以改变斗齿不对称（一边 3 个，一边 2 个）的现象，避免孔斜。但是在贴近建筑物施工的时候，由于卷轻在导杆架上的位置不是对称的，当贴近距离小到只有 10～30cm 的时候，旋转180°就不可能了（笔者就遇到过这种情况）。这时候使用土力公司的新抓斗 ROTOGRAB12 就很方便了。这种抓斗可以旋转360°，它的两个卷轮被移到了起重臂杆上。这种抓斗具有以下优点：

①软管卷筒容量大，可以挖深槽。

②卷筒放在起重臂杆上，更便于贴近高层建筑物挖槽。

③闭斗动力加大，更适于挖硬地层。

④斗体的快速开启。

⑤钢丝绳的张紧块能使钢丝绳在闭斗期间保持垂直。

⑥最大挖槽深度可达 70m。

这种抓斗可用于各种坚硬土层以及贴近建筑物的挖槽施工。

4）自动控制抓斗。在土力公司的 BH 型抓斗上均可安装自动检测和计量装置以及纠偏装置，使挖槽工作顺利、快速地进行，而不会出现大的偏差。

测量误差：

深度	±0.1m
厚度	±0.02m
宽度	±0.02m
角度偏差	±0.3°

调整（纠偏）范围：

导杆位移幅度：

宽度	0.10m
厚度	0.06m
轴向偏角	±4°

14.5　旋挖钻钻孔法

在这里阐述一下单头垂直回转钻机在泥浆不循环情况下的钻进工艺和设备，也就是旋挖钻法。

这种钻机对于地下连续墙来说，主要用于两钻一抓工法的钻主孔。

这种钻进工法，常常是通过专用的钻架和动力盘（头）来驱动各种钻具挖槽的。使用履带式起重机，移动和定位都很方便。

这种工法在不会遇到地下水的情况下，可以用短螺旋抓斗或连续螺旋钻（CFA）直接挖土并送出孔外；遇到地下水时，则采用旋挖斗（筒钻）、CFA、全套管、振动沉管和摆（摇）管等钻具和设备来挖槽。无论用哪种方法挖槽，使用的泥浆均不循环使用，即静止使用方式，泥浆的主要作用是固壁和润滑冷却钻具，不再用来输送钻渣。这种办法叫做直接出土法。这种钻进工法在国外的应用已相当普遍，已经成了大直径柱基施工的主要机械设备了。

目前生产和使用这种钻机的有：

土力公司：R-，RST-，CM-；

卡沙特兰地：C-，B-；

迈特：HR-；

宝峨：BG；

14.6 水平多轴回转钻进工法和设备

14.6.1 概述

这里所说的水平多轴回转钻机，实际上只有两个轴（轮），所以习惯称它们为双轮铣槽机。根据动力来源的不同，可以分成电动和液压两种机型。

最早的液压双轮铣槽机可能是由意大利罗地欧（RODIO）公司生产的 Romill 系列，其后是法国索列旦斯（SOLETANCHE）公司于 20 世纪 70 年代研制和应用的 HF4000 系列；近年来意大利（HM）、德国（BC、MBC）和日本（TBW、OCW）也相继开发出了双轮铣槽机。不过日本的铣槽机绝大部分（EM、EMX）都是电动的。

铣槽钻机的特点是：

1）对地层适应性强，淤泥、砂、砾石、卵石、砂岩、石灰岩均可掘削，配用特制的滚轮铣刀还可钻进抗压强度为 200MPa 左右的坚硬岩石。

2）能直接切割混凝土。在一、二序槽的连接中不需专门的连接件，也不需采取特殊封堵措施就能形成良好的墙段接头。

3）利用电子测斜装置和导向调节系统、可调角度的鼓轮旋铣器来保证挖槽精度，精度高达 1‰～2‰。

4）成槽深度大，一般可达 60m，特制型号可达 150m。

5）挖掘效率高，在松散沉积层中，生产效率达 20～40m³/h，在砂岩中可达 16.3m³/h，在中等硬度的岩石中为 1～2m³/h。

由于铣槽机的优越性能，它已广泛应用于地下连续墙施工中。例如，德国布龙巴赫大坝在坝基以下很深范围内发现布格砂岩，其透水性很强，用液压铣槽钻机在这种砂岩中建造了深 20m、共 40000m² 的防渗墙，其造价比三排帷幕造价降低 50％且封堵混凝土的渗透系数小于 10^{-7}cm/s。接着又对美国丰塔内莱坝、纳瓦霍坝和穆得山坝进行了岩石封堵，效果很好。

日本利用铣槽机完成了大量的超高和超深基础工程，最深已达 150m，厚度已达2.8～3.2m，试验开挖深度已达到 170m。可以说，目前世界上最深和最厚的地下连续墙都是使用铣槽机建成的。

14.6.2 液压双轮铣槽机

目前，法国的 HF、意大利的 HM 和 K3、德国的 BC 和日本的 TBW 均属液压双轮铣槽机。

液压双轮铣槽钻机的工作原理如图 14.14 所示。用液压驱使安装在机架上的两个鼓轮向相反方向转动，鼓轮上的碳化钨切刀将地层旋铣、切割、挤碎，松动后的土、砂、卵石、岩石碎块用泵抽吸至地面，液压双轮铣槽机多数安装在履带起重机上作业。

1. 宝峨公司 BC 铣槽机

BC 型铣槽机是一种很好的基础施工设备，20 世纪 90 年代我国长江三峡工地最早引进过一台。为了适应狭窄空间施工条件生产了改进型铣槽机，即 MBC30（导轨式）和

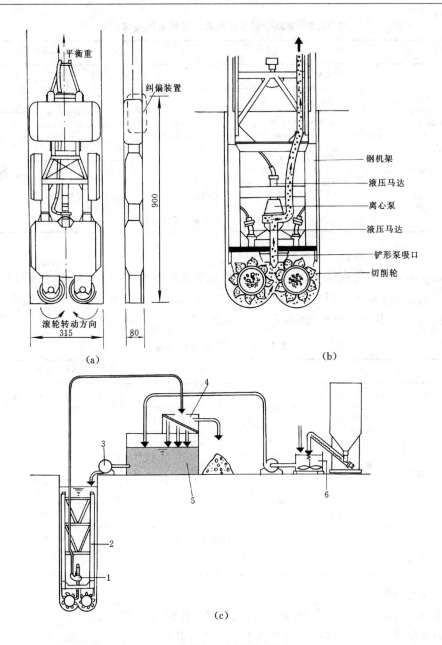

图 14.14　铣槽机工作原理（单位：cm）

(a) 结构图；(b) 切削原理图；(c) 施工过程图

1—泥浆泵；2—铣槽机；3—泵；4—除砂器；5—贮槽；6—泥浆站

MBC30（履带式），主要技术参数见表 14.5。

2. 卡沙特兰地公司的 K3 铣槽机

K3 铣槽机也是利用两个轮式刀片来切割破碎岩（土）体，利用反循环方法出渣的。工作时不振动，无噪声，不会影响周围环境和设施。它能适应各种地层，对于坚硬岩石，它的钻进效率比其他工法更快。它可以装在履带吊车上，也可装在专用的机架上。

表 14.5　宝峨公司生产的双轮铣槽机的技术规格

型　号	BC—15	BC—20	BC—30	BC—30LJ	BC—30YJ	MBC30
总高度（m）	24.1	27.0	29.5	39	39	5
开挖深度（m）	30	44	50	60	100	55
槽宽（mm）	500～1500	500～1500	640～2100	640～2100	640～2100	640～1500
一次成槽长度（mm）	2200	2200	2790	2790	2790	2790
铣槽机重量（t）	12～20	12～20	26～35	26～35	26～35	17～20
装载机械	履带式吊车	履带式吊车	履带式吊车	履带式吊车	履带式吊车	导轨/履带
备注	备有加长机械，可安装钻进坚硬岩石的滚轮铣刀和导向调节系统					

3. 日本的 TBW 液压铣槽机

这是日本竹中工务店从 1966 年开始研制的专用挖槽机械。挖槽时钻机在自重和液压推力作用下，两组横向并列的滚刀对地基土体进行切削。排渣采用强制循环方式（正反循环相结合）。它的技术参数见表 14.6。

表 14.6　TBW 铣槽机规格

项　目			TBW—1	TBW—2
	外形尺寸（W×L×H）（mm）		600×1510×3700	600×1940×3460
主机	滚刀	外径（mm）	ϕ705	ϕ920
		转数（r/min）	0～25	0～19
	侧刀	贯入力（kN）	220	220
		移动量（mm）	200	150
	容许贯入力（kN）		250	250
支柱			1m 的 1 根，6m 的 5 根	6m 的 6 根
挖槽单元长度（m）			1.5～1.9	1.5～1.9

14.6.3　电动铣槽机

日本利根公司研制出电动铣槽钻机，1985 年开始生产 EM 型，近年开始生产 EMX 型。这种钻机配有 4 个滚筒式切削刀和 4 个环形切削刀，在机体上安装了潜水排砂泵，能高效地把开挖的砂土排出地面。在机体的前后左右，边用可调导杆调整机体的姿势，边挖出高垂直精度的矩形槽孔。这种钻机的特点是：

1）滚筒式切削刀交替排列，几乎没有残留部分，能很好地适应砂砾层、固结层及硬质基岩的开挖工作。

2）使用潜水马达高效地驱动滚筒式切削刀。

3）滚筒式切削刀的速度不变，因而开挖效率高。

4）可切削混凝土块，因而接缝部位的截水性好。

5）开挖成墙的厚度范围大。

6）由于配备有垂直精度检测装置和液压纠偏装置，开挖精度高。

EMX 是（新）系列的电动铣槽钻机编号。

此外还有旧型号的 EM—240、EM—320 型电动铣槽机。EM—320 型电动铣槽钻机的成槽宽度也可达 3.2m，成墙深度可达 150m，这种世界上最大的连续墙施工机械已用于日本东京湾的高速公路地下连续墙工程中，该墙厚度达 2.8m，深度达 136m。在试验工程中，墙厚已达 3.20m，墙深已达 170m，轴压强度已超过 100MPa。

14.6.4　德国的大型液压铣槽机

大型液压铣槽机（BC—70）是由两台 BC—30J 型铣槽机组合而成的。BC—30J 型铣槽钻机在构造上有以下特点：

1）配备了高转矩切削刀，可以在坚硬的地基及砾石、卵石等地质条件下进行挖掘工作。

2）为防止排泥管路堵塞配备了卵石破碎机。

3）在滚筒式切削刀和转轮之间安装了缓冲器，以减缓开挖时对刀具产生的冲击力。

4）排泥采用排泥软管，并配有自动升降的软管，省力且效率高。

5）通过液压控制作用在切削刀上的荷载，从而达到平稳的开挖状态。

6）通过安装在机体上的液压马达驱动滚筒式切削刀和排泥泵。

BC—70 型铣槽机的开挖宽度可达 3m 以上。对于大深度的开挖，配备高扬程、大容量的排泥泵，能够实现从挖掘到排泥的高效率。BC—30J 和 BC—70 型铣槽钻机的技术规格见表 14.7。

表 14.7　BC—30J 和 BC—70 铣槽钻机的技术规格

	BC—30J	大型铣槽钻机（BC—70）
主体高	15m	15m
槽宽	640～1500mm	2400～3600mm
一次成槽长度	2600～3000mm	2800～3200mm
转矩	71400N·m	4×71400N·m
切削刀转速	24r/min	24r/min
所用动力	430kW	430kW
排泥泵排泥能力	400m³/h	4×450m³/h
自重	39t	93t
动力的传递	液压马达直接传动	液压马达直接传动
开挖深度	100m	158m

14.6.5　法国的超大型液压铣槽机

这种由法国开发研制的超大型液压挖掘机能适应大厚度、大深度地下连续墙的施工，这种挖掘机配备了大容量高扬程排泥泵 1 台，液压马达 2 台，可开挖基岩和含有漂石的任何地层，甚至能开挖已建的地下连续墙。在粉土（砂）层开挖时为防止切刀上黏附土料及开挖残留岩渣使用鼓形切削滚筒。由于挖掘机姿势的控制关系到开挖精度，因此该机通过自身装有的测斜计来检测机器的倾斜情况，同时利用 6 块修正板进行姿势的修正。施工管理采用能对各种施工数据进行有效处理的快速开挖管理系统。使用计算机进行集中管理，与挖掘机之间的信息交换采用了多重传递系统。同时开挖速度的控制系统和故障判断采用了专家系统，并通过自动稳定管理装置来进行稳定浆液的管理。超大型液压挖掘机技术规格见表 14.8。

表 14.8　法国超大型液压挖掘机（HF10000）的技术规格

主体高度	13m
槽宽	1500～3200mm
一次成槽宽度	3200mm
转矩	2×10000N·m
钻头转速	12～17r/min
需要的动力	750ps
潜水泵	扬程 55m，排出量 10m³/min，直径 8in
开挖深度	170m
总重量	48t
可调导杆	液压驱动，可以前后左右调整

14.7　本章小结

前面已经介绍了一些常用工法和常用机械设备。现在的问题是，摆在面前的工法和设备那么多，该如何选择比较呢？本节就解决这个问题。

在选择地下连续墙的工法和设备时必须考虑以下几个因素的影响：①地层特性；②开挖深度；③墙体厚度和强度；④施工条件；⑤机械设备的特性。

下面简单谈谈如何考虑这些因素的影响问题。

14.7.1　地层特性

一般来说，地层有软与硬、透水与不透水、均匀和不均匀之分，所选用的工法和设备必须与之相适应。

1）在透水性地基中建造防渗墙时，首先不应考虑桩柱式工法，而应在板（墙）式工法选用技术可靠、投资合理的工法。

2）对于中等硬度的粉土、粉砂和最大颗粒粒径小于 10～15cm 含量不是很高的地层，使用回转式钻机是合适的。当地层比较软弱或有塌孔可能时，可用全套管钻进工法和设备。

3）抓斗对地层的适应性很强，从软黏土到含有大漂石的冲击层均可使用抓斗挖槽。当大漂石含量很多时，使用特制的钢丝绳机械抓斗配以 8～10t 重的冲击锤，往往可以取得很好的效果。对于这种不均匀地基，液压或电动铣槽机有时也无能为力。

4）现在在防渗技术方面出现了一种新趋势。这就是在有些透水岩石（如砂岩）中，原来使用灌浆方法处理而效果又很差，现在则干脆把防渗墙做到岩石内部 20～30m，彻底解决表层风化岩石的渗透稳定问题。能胜任这项工作的，非液压或电动铣槽机莫属。

14.7.2　开挖深度和宽度

挖掘深度应该说没有明确的限制，例如无论是抓斗式还是回转式挖掘机械，只要加长悬吊用的钢索或钻杆并改进液压系统就可提高挖掘深度。对于大深度开挖，回转式挖掘机较为适用。因为如用抓斗进行深防渗墙槽孔开挖，下放和提升抓斗需要一定的操作时间，所以槽孔的开挖速度会随深度的增大而减慢，所穿越的地层越硬，操作次数就越多，深度对开挖的影响就越大。而回转式挖掘机具有连续排渣功能，随着开挖深度的增加开挖效率降低不多。表 14.9 列出了前面已提到的几种适合于大深度开挖的机型。

表 14.9　大深度挖掘机参数

机　型	墙厚（cm）	开挖深度（m）
多头钻 BWN—90120	80～120	130
多头钻 BWN—1500K1	150	100
双轮铣 HF—4000（法）	63～150	150
双轮铣 HF—10000（法）	150～320	170
电铣机 EM—240（日）	120～240	150
电铣机 EM—320（日）	200～320	150
双轮铣 BC—70（德）	240～360	158
液压抓斗 MEH（日）	60～180	120

抓斗式挖掘机的挖掘宽度可以通过在允许范围内选择抓斗的大小来选择，此时机械的起吊能力决定开挖宽度。回转式挖掘机是通过回转钻头直径的变化来改变开挖宽度。

地下连续墙挖掘机开挖的墙深和墙厚的变化过程如图 14.15 所示。

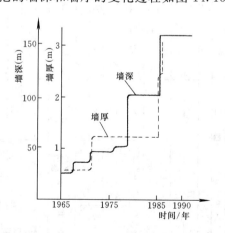

图 14.15　地下连续墙开挖的墙深和墙厚变化过程

表 14.10 是地下连续墙工法适用表，可供参考。

表 14.10　地下连续墙工法适用表

挖槽机 选定条件	桩柱式 1轴 PIPW ONS	桩柱式 多轴 SMW TSP	抓斗 悬垂式(MHL,MEH) MHL	抓斗 导杆式(凯氏) kelly	板(墙)式 垂直多轴(BW) BW5580	回转式 水平多轴 HF HF4000	回转式 水平多轴 EMX EMX150,EMX240	回转式 BC BC30	备注
使用机械	ONS工法	DH608—120m (70D, 90D)	MHL	kelly60m	BW5580	HF4000	EMX150, EMX240	BC30	①MHL55m 可能 ②MEH 可能 ③BW90120 可能 ④柱列式切削孔径 ⑤70D 为 φ55~65cm 　90D 为 φ85cm 和 φ90cm ⑥BW90120 可能 ⑦MEH180cm 可能 ⑧HF10000 可能 ⑨EMX320 可能 ⑩黏性土的黏聚力要考虑 ⑪EM 不可 ⑫掘削中硬岩程度 ⑬SMW5000型 约5m ⑭MHQ型 约7m ⑮HF-4000R 约5m ⑯EMX150LH 约8m ⑰MBC 约5m 直线距离 要检测:一定要检测、防护; 回转式掘削机的噪声防护
掘削深度 H(m)　H≤20	○	◎	◎	◎	◎	○	○	○	
20<H≤30	○	◎	◎	◎	◎	○	○	○	
30<H≤40	△	○	◎	◎	◎	○	○	○	
40<H≤50	×	△	○	○	◎	◎	◎	◎	
50<H≤60	×	×	◎①	×	×③	×⑧	×	×	
60<H≤80	×	×	×②	×	×③	×⑧	×⑨	×	
80<H≤100	×	×	×②	×	×③	○	○	×	
柱列式:切削孔径 φ(cm)　φ7B≤60	◎	◎	◎	◎	◎	×	×	×	
φ>60,B≤80	◎	◎	◎	○	◎	×	×	×	
φ>80,B≤100	○	○	◎	○	×⑥	×	×	×	
板式 壁厚 B(cm)　φ>100,B≤120	×	×	◎	○	×⑥	○	○	○	
φ>120,B≤150	×	×	×②	○	×	◎	◎	◎	
φ>150,B≤240	×	×	×⑦	×	×	×⑧	×⑨	×	
φ>240,B≤320	×	×	×	×	×	×⑧	×⑨	×	
地层　黏性土⑩ 软质	○	○	◎	◎	◎	◎	◎	◎	
黏性土 硬质	△	△	○	○	◎	○	○	○	
砂质土 中砂	◎	◎	◎	◎	◎	◎	◎	◎	
砂质土 密砂	◎	◎	△	○	○	○	○	○	
砾卵	○	○	△	○	◎	◎	◎	◎	
岩盘 qu≤500N/cm²	△	△	×	×	×⑥	×⑧	×	△	
岩盘 500<qu≥5000N/cm²	△	×	×	×	×	×⑧	×⑪	○	
混凝土可否切削	×	×	×	×	×	×⑧	×⑨	○⑫	
现场条件 空头限制	约20m	约25m⑬	约15m⑭	约45m	约8m	约30m⑮	约20m⑯	约35m⑰	
现场条件 设备用地	1000~1500m²	1000~1500m²	2500~3000m²	2500~3000m²	2000~2500m²	2500~3000m²	2500~3000m²	2500~3000m²	
噪音·振动 噪音	要检测	要检测	要检测	要检测	要注意	要注意	要注意	要注意	
噪音·振动 振动	要注意	要注意	要检测	要检测	要注意	要注意	要注意	要注意	
垂直精度	1/100~1/200 (深30m)	1/200 (深30m)	1/500~1/1000	1/500~1/1000	1/500~1/1000	1/500~1/3000	1/500~1/3000	1/500~1/3000	

注　◎:最适用;○:适用;△:可能适用;×:不适用。

第 15 章　工程泥浆

15.1　工程泥浆概述

15.1.1　概述

1. 钻井与泥浆技术的发展

根据传说记载，距今四五千年以前的史前时期，我国劳动人民即已开始凿井解决饮水问题了。考古活动证明，古时已有打入木桩做房屋基础的活动。

确切的史料记载了公元前 250 年前后秦蜀郡太守李冰开凿盐井，此时已经采用向井内注水的方法来排除岩屑。至隋唐时，井深已达 80 多丈（隋唐时期 1 丈约 267cm）。

现代化的钻探技术是随着资本主义工业革命的到来而逐渐形成的，到 19 世纪末 20 世纪初又取得了很大的发展。与此同时，钻井冲洗液也得到了由简单到复杂、由小到大的发展。在近 100 年时间里，钻探冲洗液大体经历了以下几个发展阶段。

1）现代钻井的萌芽时期，大体为 20 世纪的最初 20 年。此时冲洗液从使用清水发展到使用泥浆，也就是未经任何处理的"黄泥加水"，或是利用地层内的黏土自然造浆。

2）随着石油工业的发展和矿业的开发，钻井技术也进入了一个大发展时期，大体时间为 20 世纪 20 年代末期到"二战"结束。此时的钻探冲洗液不仅广泛地使用泥浆，而且泥浆的类型也由传统的细分散泥浆发展到粗分散型的抑制性泥浆。泥浆处理剂的品种也日渐增多。在泥浆性能测试方面，已有简单的测试仪器可供使用。

3）"二战"结束以后，各国经济恢复发展很快，钻探事业有了飞速发展。钻探技术已经在实际经验积累的基础上总结出一些规律，形成了一些理论，钻探工作向科学化发展。与之相应的钻探冲洗液也有了较大的发展。随着高分子聚合物的出现，配制成了低固相聚合物泥浆以及抑制能力很强的油包水反相乳化泥浆。处理剂已经发展成包括无机、有机和高分子化合物的多类型商业产品。在泥浆测试方面，已经使用了包括旋转黏度计在内的整套仪器，这一时期大体为 20 世纪 50 年代到 60 年代末期。在这个时期内，所有关于钻井泥浆的重要课题可说是全部得到了解决。

4）随着科学技术的发展特别是电子计算机的出现，推动了钻井技术向科学化和自动化方向发展。钻井向海洋和地球深部发展（最深钻孔深度已达 1 万米），由此带动了钻井泥浆的发展，泥浆处理剂已经发展到了 200 多个品种 1500 多种商业产品。随着深井和地热钻井的发展，出现了一批抗高温抗污染的处理剂；泥浆从粗分散抑制型发展到不分散低固相泥浆和无固相钻井液；研制了可检测 55 个参数、可自动连续地检测和记录泥浆在循环过程中的各种性能参数的自动检测系统，电子计算机已开始用于钻井和钻井液的控制。

新中国成立前，我国的钻探事业比较落后。在钻井泥浆方面，只是从"黄泥加水"的自然泥浆发展为使用丹宁碱液处理的泥浆，基本上没有仪器去检测泥浆。

　　我国自新中国成立后到 20 世纪 60 年代中期，随着社会主义经济建设的大规模开展，钻探事业也有了很大发展。泥浆类型由细分散型发展为粗分散抑制泥浆，并开始研究深井泥浆。泥浆处理剂特别是有机处理剂已有多种产品，如煤碱剂、野生植物制剂等。1962 年前后，我国制成羧甲基钠纤维素（CMC），1963 年研制成铁铬木素磺酸盐（FCLS）等，可以用成套生产供应的仿苏仪器来测试泥浆性能。

　　我国自 20 世纪 70 年代末期以来，在对外开放政策的鼓舞下，钻井技术泥浆工艺有了较快发展。在 70 年代推广使用了聚丙烯酰胺不分散低固相泥浆；研制了包括抗高温的多种新型处理剂，更新了全部泥浆测试仪器；使用电子计算机进行泥浆的设计和配方的优选工作。

　　2. 工程泥浆的发展概况

　　用于地下连续墙和各种桩基等基础工程的泥浆称为工程泥浆。这种泥浆与石油钻井和地质钻探等部门使用的泥浆有很大区别。

　　1）工程泥浆的使用数量很大，消耗量大，但对它的基本性能要求并不像石油浆那样复杂。

　　2）一般不存在高温高压和超深的工作环境。

　　3）由于钻孔孔径较大，多处于浅表地层，所以容易产生孔壁坍塌现象。

　　4）循环使用次数较少（详见表 15.1）。

表 15.1　工程泥浆特性表

项目＼名称	石 油 泥 浆	地 质 钻 探 泥 浆	工 程 泥 浆
孔壁渗透性	不得堵塞地层孔隙	1）钻探孔防坍、防漏 2）供水井要求保持透水性	堵塞孔隙，减少渗透
深度	超深（＞10000 m）	个别超深井	一般小于 100m，个别可达 200m
高温高压	常见	少见	极少遇到
泥浆数量	不大	不大	很大
孔径	小	不大	大至很大
质量要求	很高	较高	一般

　　与石油和地质部门使用的泥浆相比，我国工程泥浆的发展远远落后于前两者，直到 20 世纪 60 年代末 70 年代初，很多基础工程仍在使用"黄泥加水"式的泥浆。当时城市建设中多采用小口径预制桩，根本不需要泥浆，而大多的地基基础工程多在水利水电铁道交通等工程中进行。这种工程项目场地开阔，料源充足，管理粗放，对泥浆性能的改进尚未深入开展起来。

　　20 世纪 70 年代中后期，随着四个现代化的不断深入，各种基础工程的规模和难度不断加大，对工程泥浆的研究日益被人们所重视。首先从工程泥浆使用最多的水利水电部门开始，投入人力物力进行试验研究并在工程实践中加以应用和改进；随着各种基础工程的不断增加，城市建设、道路交通等科研部门开展了大量科研工作。可以说，现在已经形成了初步的工程泥浆的理论和应用系统。

3．泥浆的基本术语和常用符号（见表 15.2）

表 15.2　常用符号表

符　号	名　称	单　位	说　明
$F.V$	漏斗黏度	s	500/700mL，1500/946mL
$P.V$（η_p）	塑性黏度	厘泊（cP）	
$A.V$	表观黏度，视黏度	厘泊（cP）	
$\eta\infty$	极限黏度	厘泊（cP）	
τ_0，$Y.V$（$Y.P$）	动切力，屈服值	达因/厘米^2（dyn/cm^2）	
θ，τ_s，$G.S$	静切力，凝胶强度	达因/厘米^2（dyn/cm^2）	分 10s 和 10min 两种
$F.L$	失水量	毫升/30 分钟（mL/30min）	压力 70N/cm^2
K	渗失率	毫升/30 分钟（mL/30min）	
$F.C$	泥皮厚度	毫米（mm）	
X	电导率	μV/cm	电阻率的倒数
pH			
$\Delta\gamma$	稳定性	g/cm^3	
	胶体率	%	

15.1.2　泥浆的功能和用途

1．泥浆的功能

在天然地基状态之下，若竖直向下挖掘，就会破坏土体的平衡状态，槽壁往往有发生坍塌的危险。泥浆则有防止坍塌的作用。

虽然保持槽壁稳定是泥浆最重要的一个功能，但是除此之外，泥浆还有多种作用。泥浆的功能因地基状态、挖槽方式和施工条件不同而略有差异。泥浆的一般功能如下。

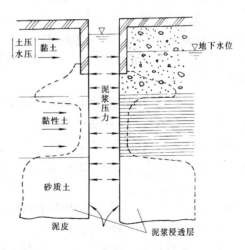

图 15.1　泥浆渗透和泥皮

1）泥浆有防止槽壁坍塌的功能。这是最重要的一条，主要有以下几个方面：①泥浆的静水压力可抵抗作用在槽壁上的土压力和水压力，并防止地下水渗入；②泥浆在槽壁上形成不透水的泥皮，从而使泥浆的静水压力有效地作用在槽壁上，同时防止槽壁的剥落（见图 15.1）；③泥浆从槽壁表面向地层内渗透到一定范围就黏附在土颗粒上，通过这种黏附作用可使槽壁减少坍塌性和透水性。

关于泥浆防止槽壁坍塌的作用问题，可以从砂层的坍塌试验结果中得到证明。

①清水试验。水浸入到砂土中的状态和砂土坍塌的过程如图 15.2 所示。从图中可以

看到，玻璃箱从中间被隔开，左侧填满砂、土，右侧充满清水。又可看到抽掉中间的隔板之后，每隔 15s 的变化情况。斜线表示清水浸入的部分。60s 以后水完全浸没了砂土，同时砂土也完全坍塌了。

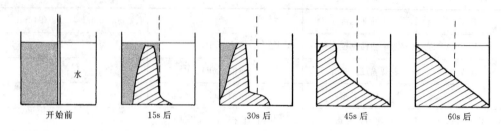

| 开始前 | 15s 后 | 30s 后 | 45s 后 | 60s 后 |

图 15.2　清水试验

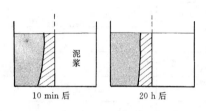

| 10 min 后 | 20 h 后 |

图 15.3　泥浆试验

②泥浆试验。泥浆试验如图 15.3 所示。与清水试验相比，泥浆对砂土的浸入很少，而且在砂土的垂直面上形成了泥皮，砂土完全没有坍塌。

③泥浆为什么能防止砂土坍塌？在地下水位以下的地基土中用泥浆护壁挖槽时，泥浆可以防止槽壁坍塌的原因可用图 15.4 说明：①泥浆充满了被挖掘的空间；②因为泥浆液面一般高于地下水位，所以泥浆通过压力差浸入到地基土内。这时地基土像过滤器一样，只使泥浆中的水分通过膨润土颗粒等填补地基土中的孔隙，逐渐堵塞了水的通道；同时提高了土的抗剪强度，增加孔壁稳定性；③当水的通道完全被堵塞时，槽壁上便形成了一层薄薄的泥皮。

2）泥浆有悬浮土渣的功能。在挖槽过程中，土渣混在泥浆中，成槽之后逐渐沉积在槽底，它不但给插入钢筋笼造成困难，而且会影响混凝土的质量。如对泥浆进行适当管理则能够防止或减少这种沉淀堆积物的产生。

3）泥浆有把土渣携带出地面的功能。用钻头式挖槽机挖槽时，挖下的土渣是通过泥浆向地面循环而被推带出地面的。如果土渣不能迅速排出，就会降低挖槽机的功能，而且泥浆中土渣量的增多也会使泥浆循环的阻力增大，进一步降低挖槽效率。

4）工程泥浆有良好的抗混凝土和地下水污染的能力，可以长时间保持流动状态，在浇注过程中能被混凝土顺利地置换到槽孔外。

5）泥浆有冷却和润滑钻具的功能。

2. 泥浆需具备的性能

1）物理的稳定性（对于重力作用的稳定性）。泥浆即使静置相当

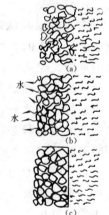

图 15.4　泥浆固
壁过程

一段时间，其性质也没有变化，这就是稳定性高。泥浆长时间处于静置状态，在重力作用下，其固体颗粒发生离析沉淀；在特殊情况下，泥浆的上部成为普通的清水。清水或者接近于清水的泥浆是没有维护槽壁稳定功能的。

2）化学的稳定性。若泥浆被反复使用，水泥、地下水（海水）以及地基土中的阳离

子等会逐渐使泥浆的性质发生变化。这就是说泥浆将要从悬浮分散状态向凝集状态转化。当泥浆出现凝集时，呈悬浮胶体状态的颗粒就要增大，失去形成良好泥皮的能力，这时如果让泥浆静止不动，凝聚态的膨润土颗粒等就开始与水分离而沉降下来。这就要求工程泥浆要有足够的抗污染能力。

3）适当的重度。泥浆的重度有如下作用：

①泥浆和地下水之间的压力差可抵抗土压力和水压力，以维护槽壁的稳定。若泥浆的重度较大，就会增大压力差，提高槽壁的稳定性（见图 15.4）。

②若重度增大，就会提高对土渣的浮托力，有助于把土渣携出地面。可是，如果重度过大，就会产生泵的能力不足或妨碍泥浆与混凝土的置换。

4）良好的触（流）变性。这是衡量泥浆性能的一项重要指标。简言之，这是指泥浆在流动时只有很小的阻力，从而可以提高钻井效率，便于泵送泥浆；而当钻进停止时能迅速转为凝胶状态，静切力大为增加，避免其中的砂粒迅速沉淀；渗入周围地层中的泥浆因不受扰动而快速固结，从而提高孔壁稳定性。

5）良好的泥皮形成性。所谓良好的泥皮形成性是在槽壁表面形成一层薄而韧的不透水泥皮，并在槽壁表面附近的地基土内由于泥浆的渗透而形成浸透沉积层。这是泥浆的重要特性之一（见图 15.1）。

泥浆中如果含有适量的优质膨润土，即可形成薄而韧的不透水泥皮和良好的浸透沉积层。如果泥浆质量恶化，就会形成厚而松、透水性大的泥皮。

6）被泥浆携带到地面上来的地层颗粒应能容易地从沉淀池、振动筛或旋流器中被分离出来。

7）泥浆在钻具的扰动下不得产生过多的气穴（泡），在长距离管道内输送时应具有较小的阻力。

从以上叙述中可以看出，各种情况对泥浆性能的要求往往是不一致的。比如要使泥浆满足固壁和携砂的功能，就必须提高它的黏度和静切力；而要使泥浆容易流动，容易分离，就必须降低泥浆黏度，增加它的流动性。这一点在选择泥浆配比是应该考虑的。

3. 泥浆的用途和分类

（1）按使用方式划分

根据使用方式的不同，可把工程泥浆分为以下三大类：

1）常规泥浆。用于各种灌注桩和地下连续墙等常见基础工程的泥浆。

2）用于顶管用的触变（加压）泥浆。

3）自硬泥浆。这是一种在钻进时当泥浆使用，而钻进结束后即可自行固化的一种泥浆。

（2）按泥浆在槽孔中的流动方式划分

根据泥浆在槽孔中的流动方式，泥浆

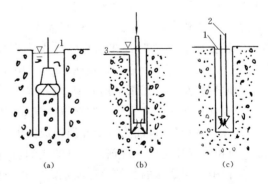

图 15.5　泥浆循环方式

（a）静止方式；（b）正循环；（c）反循环

1—供浆；2—吸出；3—溢出

可分为静止方式和循环方式，后者又可分为正循环、反循环两种（见图 15.5）。

1）静止（不循环）方式。使用抓斗挖槽时即属于这种方式。随着挖槽深度不断增加，不断向槽内补充新鲜泥浆，直到浇注槽孔混凝土时才被置换出来。

我国常用的冲击钻机造槽孔时也是不循环方式。

2）循环方式。使用钻头或切削刀具挖槽时属于泥浆循环方式。在槽内充满泥浆的同时，用泵使泥浆在槽底与地面之间不断循环，把土渣排出孔外。

循环方式又可分为正循环和反循环两种。

①正循环方式。在这种循环方式下，用泵加压把泥浆送入孔底，地层中的细小颗粒（在钻进过程中会混入泥浆中）被上升的泥浆带出孔外。这是一种"有压进，无压出"的泥浆循环方式。不难想象，正循环只对细小颗粒才起悬浮作用，对长条形孔或直径很大的工程桩圆孔来说，都是难于使用的。

②反循环方式。反循环方式可以说是"无压进，有压出"，即泥浆自流入孔，而用泵（或）空气升液器把孔底泥浆抽出孔外。这是使用回转钻机在粗颗粒地层中造孔时常用的泥浆循环方式。目前我国研制的冲击反循环钻机也是采用反循环方式的。

（3）根据泥浆的分散介质划分

根据分散介质的不同，泥浆可分为水基泥浆和油基泥浆两种基本类型，即以水为分散介质的水基泥浆和以油为分散介质的油基泥浆。

1）水基泥浆。以水为分散介质组成的泥浆基本组成是黏土、水和化学处理剂。水基泥浆又可分为以下几种。

①细分散淡水泥浆。含盐量（NaCl）小于 1%，含钙（Ca^{2+}）小于 120mg/L。

②粗分散抑制性泥浆。这是含盐或含钙量较高的泥浆，它又可分为：①钙处理泥浆，含钙量大于 120mg/L，依含钙量不同又有：石灰 [$Ca(OH)_2$] 泥浆，石膏（$CaSO_4$）泥浆和氯化钙（$CaCl_2$）泥浆；②盐水泥浆，含盐量大于 1%，依含盐量不同又有：盐水泥浆、海水泥浆和饱和盐水泥浆；③钾基泥浆，含氯化钾（KCl）大于 1% 的钾体系的泥浆。

③不分散低固相泥浆。固相含量（包括黏土和岩屑）小于 4%（体积百分数）的非分散型泥浆，一般加有选择性絮凝特性的高聚物。

④混油乳化泥浆。上述泥浆中混油 1%～40% 的泥浆，属水包油乳化泥浆。如岩芯钻探小口径金刚石钻进时，在泥浆中加入 0.5%～1% 的乳化油而形成的小口径乳化泥浆；石油钻井混油（柴油或原油）量达 10%～40% 的水包油乳化泥浆。

⑤地热井及深井泥浆。用海泡石黏土配浆，并加有抗高温处理剂的耐高温泥浆。

⑥充气和泡沫泥浆。泥浆中充以空气或天然气形成的比重小于 1 的泥浆。

2）油基泥浆。以油为分散介质组成的泥浆，其基本组成是有机黏土（或其他亲油粉末）、油和油溶性化学处理剂。常见的是油包水乳化泥浆。

工程中使用最多的是细分散淡水泥浆和少量的低固相泥浆。本章将阐述这两种泥浆的主要性能和使用问题。

根据泥浆组成原材料的不同，可把泥浆分为膨润土泥浆、聚合物泥浆、羧甲基钠纤维素泥浆和黏土泥浆（见表 15.3）。

表 15.3　工程泥浆的种类

泥浆的种类	主要材料	一般外加剂
膨润土泥浆	膨润土、水	分散剂、增黏剂、防漏剂、（加重剂）
聚合物泥浆	聚合物、水	不常用
羧甲基钠纤维素泥浆	膨润土、羧甲基钠纤维素、水	分散剂
黏土泥浆	当地黏土、水、纯碱、外加剂	分散剂，增黏剂

15.2　工程泥浆的原材料

15.2.1　概述

大多数泥浆是黏土颗粒（小于 $2\mu m$）分散在水中形成的溶胶—悬浮体系。泥浆不是泥汤，只有具有一定造浆能力的黏土与合乎要求的水以及必要的化学处理剂，才能配制出适合钻进工艺要求的泥浆。有时为预防事故，还需加入加重剂和其他堵漏材料。

大多数泥浆是由黏土、水和各种处理剂组成的。从我国的实际情况来看，这里所说的黏土，是指普通的造浆黏土（简称当地黏土）和膨润土这两种土，本文将这两种土分别加以介绍。我国幅员辽阔，发展水平各不相同，宜根据当地实际情况，进行技术经济分析，最后选定造浆黏土或膨润土。

15.2.2　造浆黏土和水

1. 黏土的组成和黏土矿物的种类

泥浆的主要成分是黏土和水。另外，还要加入一定量的化学处理剂。水基泥浆的特性与主要造浆材料——黏土和水的数量及其特性有密切的关系，因此在研究泥浆的性能之前，必须对造浆主要材料有一定了解。这里主要阐述黏土的组成、黏土矿物的构造及其特点，以及配浆用水。

（1）黏土的成分和黏土矿物的种类

1）黏土的成分。

黏土的主要成分是黏土矿物。有的黏土中一种黏土矿物含量很大，其他黏土矿物含量甚微，如膨润土就是以蒙脱石矿物为主要成分的黏土。有的黏土主要含有两种黏土矿物，如水云母—高岭石黏土。相当多的黏土是多种黏土矿物的混合物。

黏土中除黏土矿物外，尚含有非黏土矿物，如长石、石英、方解石、方英石、蛋白石、黄铁矿、沸石等。这些非黏土矿物的含量不一，它们是泥浆中含砂量的来源。因此，这些含量应越少越好。

此外，黏土中还含有少量有机物和可溶性盐。有机物为树木屑、叶子及其他腐植质等。可溶性盐为钙、镁、钠、钾的碳酸盐、硫酸盐、氯化物和硅酸盐等。黏土中可溶性盐含量大时，对泥浆性能影响很大。

2）黏土矿物。

黏土中的黏土矿物，以其单位晶层的叠置方式不同和层间离子的差别，可分为以下几类。

①高岭石族。代表性矿物为高岭石，包括埃洛石、地开石、珍珠陶土等，高岭石矿物

为主要成分的黏土称为高岭土。

②蒙脱石族。代表性矿物为蒙脱石，包括拜来石、绿脱石、皂石等，蒙脱石矿物为主要成分的黏土称为膨润土。

③水云母族。代表性矿物为伊利石（伊利水云母），包括绢云母、水白云母等，水云母矿物为主要成分的黏土称为水云母黏土或伊利土。

④海泡石族。代表性矿物为海泡石，包括凹凸棒石、坡缕缟石等，形成的黏土分别为海泡石黏土、凹凸棒黏土和坡缕缟石黏土。

3）黏土矿物的化学成分。

大多数黏土是多矿物的混合物。各种黏土矿物的单位晶层的叠置方式不同，但其化学组成却比较相近，它们均属于含水铝硅酸盐，只有海泡石族含镁较高，可称为含水镁硅酸盐。黏土的其他化学成分为金属氧化物。

表 15.4 列出了代表性黏土矿物的化学组成。

表 15.4　黏土矿物的化学成分含量　　　　　单位：%

编号	成分\黏土矿物	SiO_2	Al_2O_3	Fe_2O_3	CaO	MgO	Na_2O	K_2O	TiO_2	烧失量
1	高岭石（江西浮梁高岭村）	45.58	37.22	—	0.46	0.07	0.45	1.7		13.39
2	高岭石（江苏苏州阳山）	47.00	38.04	0.51	0.16	0.22	—			13.53
3	膨润土（辽宁黑山）	68.74	20.00	0.70	2.93	2.17	—	0.20		6.8
4	膨润土（浙江临安）	71.29	14.17	1.75	1.62	2.22	1.92	1.78		4.24
5	膨润土（美国怀俄明）	55.44	20.14	3.67	0.50	2.49	2.76	0.60		14.70
6	膨润土（山东潍县）	71.34	15.14	1.97	2.43	3.42	0.31	0.43	0.19	5.06
7	膨润土（新疆夏子街）	63.70	16.43	5.45	0.28	2.24	2.57	1.94	—	5.57
8	伊利水云母	52.22	25.91	4.59	0.16	2.84	0.17	6.09		7.14
9	伊利水云母（湖南沣县）	64.21	20.13	2.12	0.26	0.52	—			8.27
10	凹凸棒石（美国乔治亚）	53.64	8.76	3.36	2.02	9.05		0.75	—	20.00
11	凹凸棒石（江苏盱眙）	55.35	8.43	5.06	0.15	9.73	0.18	1.85	0.82	17.14
12	海泡石（江西乐平）	61.30	0.57	0.73	0.15	29.70	0.16	0.19		7.10
13	海泡石（澳大利亚南部）	52.43	7.05	2.24	—	15.08	—		2.4（FeO）	19.93

由表 15.4 可见，不同黏土或黏土矿物的化学成分（含量）是不同的，高岭石中的三氧化铝（Al_2O_3）含量较膨润土高，而二氧化硅（SiO_2）含量则较低。若观察不同黏土主要化学成分间的克分子比，则高岭石 $SiO_2/(Al_2O_3+Fe_2O_3)$ 克分子比约为 2，而膨润土的克分子比约为 4，且氧化镁（MgO）含量较高。

表 15.5 是日本主要膨润土产品的化学组成。

表 15.5　日本膨润土的化学成分含量　　　　　单位：%

产地\构成	SiO_2	Al_2O_2	Fe_2O_3	MgO	CaO	Na_2O	K_2O	烧失量	备注
由形县	72.38	14.94	1.76	1.46	1.22	2.74	0.14	4.48	
群马县	65～35	12～15	<3	<3	0.5～4	0.5～4	3.8		
日本西部	64.0	21.0	3.5	2.8		3.0			碱性膨润土，溶胀大
日本南部	64.0	17.1	4.7	5.3		0.7			碱性膨润土，溶胀小

我国的膨润土矿主要分布在辽宁、吉林、河北、山东、浙江、新疆等地。目前开采量较多的有山东、辽宁、河北、湖南和浙江等省。几种主要产品的物理化学性能见表 15.6～15.8。

表 15.6　造浆黏土物理化学性能表

产地	pH	蒙脱石含量（%）	SiO$_2$（%）	Al$_2$O$_3$（%）	Fe$_2$O$_3$（%）	CaO（%）	MgO（%）	K$_2$O（%）	Na$_2$O（%）	TiO$_2$（%）	烧失量（%）	硅铝比 SiO$_2$/(Al$_2$O$_3$+Fe$_2$O$_3$)
黑山	6.8～7.5	70～85	65～73	13～16	1～2.5	1.5～2.5	2～3	0.1～0.5	0.1～0.2	<0.07	<7	4.06～5.60
九台			63.07	18.18		161	2.22	2.15	1.0			3.47
安丘			54.22	21.60	7.38	1.00	1.54	0.06	0.35	1.40		2.50
张家口	6～7	70～90	60	14	2	1.25	3.40	1	1.48	<0.1	<8	4.30
宣化												
昌平			61.96	18.38	7.24	2.46	2.0	2.59	1.50		5.8	3.37
浙江临安			64.09	15.21	2.57	0.96	0.19					3.6
南京龙泉			61.75	15.68	2.15	2.21	2.57					3.4
赤峰												

表 15.7　造浆黏土物理化学性能表

项目种类	产地	颜色	规格	通过率（%）	含砂量（%）	土粒比重	塑性指数	土的分类	土粉含水量（%）
膨润土粉	辽宁黑山	白	200 目			2.50	43.5	黏　土	
	吉林九台	浅黄					21.1	粉质黏土	
	山东安丘	黄		≥975				黏土	<13
	河北张家口	红		≥95	0.6			黏土	≤15
	河北宣化	白						黏土	
普通黏土	北京昌平	褐灰				2.69	15.5～83.5	粉质黏土	
赤峰土粉	内蒙古赤峰	浅黄，白							
浙江土粉									

表 15.8　膨润土粉（200 目）试验结果表（1983.4）

编号	产地	颗粒组成（%）			土的命名	X 射线衍射试验结果
		0.1～0.01	0.01～0.001	<0.001		
1	黑山	35	21	44	粉砂质黏土	黏土矿物全部为蒙脱石，方英石含量比 2 多些
2	张家口	22	22.7	55.3	胶体质黏土	黏土矿物全部为蒙脱石，有少量方英石

编号	产地	烧失量（%）	化学成分（%）								SiO$_2$/Al$_2$O$_3$
			SiO$_2$	Al$_2$O$_3$	Fe$_2$O$_3$	CaO	MgO	K$_2$O	Na$_2$O	TiO$_2$	
1	黑山	5.90	76.98	14.51	2.64	0.29	0.21	0.48	0.58	0.13	5.3
2	张家口	5.67	75.64	15.46	3.16	0.25	0.28	0.50	0.60	0.11	4.89

编号	产地	pH 值	代换性阳离子（毫克当量/100g 土）					代换性（醋酸胺法）		EDTA 法代换量
			代换量	Ca^{2+}	Mg^{2+}	K$^+$	Na$^+$	Ca^{2+}	Mg^{2+}	
1	黑山	8.17	64.46	51.00	9.00	0.61	0.40	57.36	11.59	66.80
2	张家口	8.02	63.19	42.00	13.50	0.52	1.20	65.19	18.88	64.41

（2）蒙脱石的晶体构造和特点

前面所说的几种黏土矿物中，只有蒙脱石含量高的膨润土最适合于制做工程泥浆。

蒙脱石的化学式是 $(Al_{1.67}Mg_{0.33})[Si_4O_{10}](OH)_2 \cdot nH_2O$。蒙脱石矿物的晶体构造是由两层硅氧四面体中间夹有一层铝氧八面体组成，四面体和八面体由共用的氧原子联结，如图15.6所示。同样，在 c 轴方向可重叠，沿 a、b 轴方向可延伸。蒙脱石矿物的晶胞是由两层硅氧四面体和一层铝氧八面体组成，故称为2:1型黏土矿物。其晶胞底面距为9.6（吸水后可达21.4以上）。晶体构造单位中电荷也是平衡的。

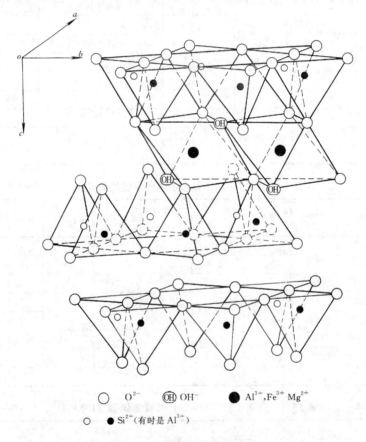

○ O^{2-}　　ⓄⒽ OH^-　　● Al^{3+},Fe^{3+} Mg^{2+}

○ ● Si^{2+}（有时是 Al^{3+}）

图15.6　蒙脱石晶体结构图

蒙脱石矿物晶体构造的特点如下。

1）重叠的晶胞之间是氧层和氧层相对，其间的作用力是弱的分子间力。因而晶胞间联结不紧密，易分散，甚至可分离成片状的颗粒，一般小于 $1\mu m$ 的颗粒达50%以上。

2）蒙脱石矿物晶格的同晶置换现象很多，即铝氧八面体中的铝离子(Al^{3+}) 可被镁离子(Mg^{2+})，铁离子(Fe^{3+})，锌离子(Zn^{2+}) 等置换，置换量可达20%～35%。硅氧四面体中的硅离子(Si^{4+}) 也可被铝离子(Al^{3+}) 所置换，置换量则较小，一般小于5%。因同晶置换使蒙脱石晶胞带较多的负电荷，其阳离子交换容量大，可达80～150 mep/100g 土。

3）蒙脱石黏土由于晶胞间联系不紧密，可交换的阳离子数目多，故水分子易进入晶胞之间，黏土易膨胀水化，分散性好，其造浆率高，每吨黏土可达 $12～16m^3$ 左右。同时，因吸引的反离子多，故接受处理的能力强，易用化学处理剂调节泥浆性能。

4）在钻孔中钻到蒙脱石黏土或含蒙脱石的泥质岩层，易造成膨胀缩径等孔内复杂情况。

表 15.9 列出了主要黏土矿物的特性。

表 15.9 黏土矿物特性表

矿物名称	化学组成	晶胞结构	晶胞底面距（Å）	晶层排列情况	晶胞间引力	阳离子交换容量（meq/100g 土）	土粒比重	造浆特性
高岭石	$Al_4[Si_4O_{10}](OH)_8$	1∶1	7.2	OH 层与 O 层相对	有氢键引力强	3～5	2.58～2.67	不易分散
蒙脱石	$(Al_{1.67}Mg_{0.33})[Si_4O_{10}](OH)_2 \cdot nH_2$	2∶1	9.6～21.4	O 层与 O 层相对	分子间力引力弱	80～150	2.35～2.74	易分散造浆率高
伊利石	$K<1(Al,Fe,Mg)_2[(Si,Al)_4O_{10}] \cdot (OH)_2 \cdot nH_2O$	2∶1	10.0	O 层与 O 层相对间有 K^+	引力较强	10～40	2.65～2.69	不易分散
海泡石	$Mg_8[Si_{12}O_{33}](OH)_4 \cdot (OH_2)_4 \cdot 8H_2O$	2∶1	12.9	双链状结构	—	20～30		抗高温及抗盐

膨润土的物理参数为：土粒比重为 2.4～2.95；粉末体的重度为 8.3～11.3kN/m³；液限为 330%～590%；12%溶解度时的 pH 值为 8～10；比表面积为 80～110m²/g。

2．黏土水化与膨胀

黏土的水化与膨胀是指黏土颗粒的表面吸附水分子，黏土颗粒表面形成水化膜，黏土晶格层面间的距离增大，产生膨胀以至分散的过程（见图 15.7）。黏土的水化膨胀对黏土的造浆，泥浆的性能和黏土质地层孔壁的稳定有重大影响。

（1）黏土水化膨胀的原因

黏土颗粒与水或含电解质、有机处理剂的水溶液接触时，黏土便产生水化膨胀，引起黏土水化膨胀的原因如下。

1）黏土表面直接吸附水分子。黏土颗粒与水接触时，由于以下原因而直接吸附水分子：①黏土颗粒表面有表面能，依热力学原理黏土颗粒必然要吸附水分子和有机处理剂分子到自己的表面上来，以最大限度地降低其自由表面能；②黏土颗粒因晶格置换等而带负电荷，水是极性分子，在静电引力的作用下，水分子会定向地聚集在黏土颗粒表面；③黏土晶格中有氧及氢氧层，均可以与水分子形成氢键而吸附水分子。

2）黏土吸附的阳离子的水化。黏土表面的扩散双电层中，紧密地束缚着许多阳离子，

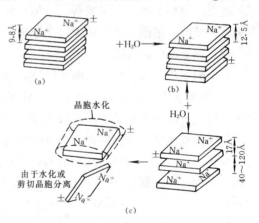

图 15.7 钠蒙脱石的水化作用

(a) 在干空气中（晶胞间距 9.8A）；

(b) 在湿空气中（晶胞间距 12.5A）；(c) 水的悬浮

由于这些阳离子的水化而使黏土颗粒四周带来厚的水化膜。这是黏土颗粒通过吸附阳离子而间接地吸附水分子而水化。

（2）影响黏土水化膨胀的因素

黏土颗粒的水化膨胀程度受黏土矿物本身和外界环境等因素的影响，这些因素如下。

1）黏土矿物本身的特性。黏土矿物因其晶格构造不同，其水化膨胀能力也有很大差别。蒙脱石黏土矿物的晶胞两面都是氧层，层间连接是较弱的分子间力，水分子易沿着硅氧层面进入晶层间，使层间距离增大，引起黏土的体积膨胀。伊利石黏土矿物的晶体结构与蒙脱石矿物的相同，但因层间有水化能力小的 K^+ 存在，K^+ 相嵌在黏土硅氧层的六角空穴中，把两硅氧层锁紧，故水不易进入层间，黏土不易水化膨胀。高岭石黏土矿物，因层间易形成氢键，晶胞间连接紧密，水分子不易进入，故膨胀性小。同时伊利石晶格置换现象少，高岭石几乎无晶格置换现象，阳离子交换容量低，也使黏土的水化膨胀差。

2）交换性阳离子的种类。黏土吸附的交换性阳离子不同，形成的水化膜厚度也不相同，即黏土水化膨胀程度也有差别。例如交换性阳离子为 Na^+ 的钠蒙脱石，水化时晶胞间距可达 40Å，水化膜厚可达 100Å；而交换性阳离子为 Ca^{2+} 的钙蒙脱石，水化时晶胞间距只有 17Å，水化膜厚只有 15Å。

3）水溶液中电解质的浓度和有机处理剂含量。水溶液中电解质浓度增加，因离子水化与黏土水化争夺水分子，使黏土直连吸附水分子的能力降低。其次阳离子数目增多，挤压扩散层，使黏土的水化膜减薄。总体是使黏土的水化膨胀作用减弱。盐水泥浆和钙处理泥浆对孔壁的抑制作用就是依据这个原理。

（3）黏土水化膨胀的过程

黏土的水化膨胀过程经历两个阶段，即表面水化膨胀和渗透水化膨胀两个阶段。

1）表面水化引起的膨胀。这是短距离范围内的黏土与水的相互作用，这个作用进行到黏土层间有四个水分子层的厚度，其厚度约为 10Å。在黏土的层面上，此时的作用力有层间分子的范德华引力、层面带负电和层间阳离子之间的静电引力、水分子与层面的吸附力（水化力），其中以水化力最大。这三种力的净能量在第一层水分子进入时的膨胀压强达到几千大气压。奥尔芬指出，欲将最后几个分子层的吸附水从黏土表面挤走，需要 $(2000 \sim 4000) \times 0.101325MPa$ 的压强。

2）由渗透水化引起的膨胀。当黏土层面间的距离超过 10Å 时，表面吸附能量已经不是主要的了，此后黏土的继续膨胀是由渗透压力和双电层斥力所引起的。随着水分子进入黏土晶层间，黏土表面吸附的阳离子便水化而扩散到水中，形成扩散双电层。由此，层间的双电层斥力便逐渐起主导作用而引起黏土层间距进一步扩大。其次黏土层可看成是一个渗透膜，在渗透压力作用下水分子便继续进入黏土层间，引起黏土进一步膨胀。由渗透水化而引起的膜膨可使黏土层间距达到 120Å，增加溶液的含盐量。由于浓度差减小，黏土膨胀的层间距便缩小，这也是用盐水泥浆抑制孔壁膨胀的原理。

黏土水化膨胀达到平衡距离（层间距大约为 120Å）的情况下，在剪切力作用下晶胞便分离，黏土分散在水中，形成黏土悬浮液。

3. 造浆黏土的鉴定和评价

(1) 概述

自然界的黏土种类很多，依造浆要求来考察，只有蒙脱石矿物含量较高的钠质膨润土才是最好的造浆用黏土。因此寻找和确定某种黏土是否适用于造浆，必须经科学鉴定和评价。鉴定就是确定黏土矿物的种类，检查其是否属于以蒙脱石矿物为主的膨润土。评价就是按造浆要求确定其品级、计算其造浆率等。

1) 黏土矿物的鉴定。

①差热分析，这是鉴定黏土矿物的常用方法。

② x 射线衍射分析。

③化学分析法。化学分析是通过黏土矿物的全部化学分析，测算各种元素的含量，用以判断黏土性能。

二氧化硅与倍半氧化物的分子数之比 K 称为硅铝比，也可称为硅铝率即

$$K = SiO_2/R_2O_3 = \frac{SiO_2}{Al_2O_3 + Fe_2O_3}$$

不同黏土矿物的 K 值是不同的：高岭石，$K=2$；伊利石，$K=2\sim3$；蒙脱石，$K\geqslant4$。

根据硅铝比 K 可粗略判断黏土矿物的类型。笔者在 1969～1970 年发现，SiO_2/Al_2S_3 在 3～4 之间，黏土的造浆能力和泥浆性能都比较好，并已写入水电防渗墙规范中。现在看，这个值接近了蒙脱石膨润土 K 值的下限。今后有关规范的有关内容宜改为 SiO_2/Al_2S_3 应在 3～4 以上。

④其他方法。a. 染色法：可靠性差；b. 红外光谱分析：可用于晶体或非晶体；c. 电子显微镜法：可直接观察黏土颗粒的大小、形状和厚薄等外形，由此来鉴别黏土矿物。

2) 黏土的评价。

黏土在工业上有多种用途，如冶金的团矿、机械制造的型砂等，都需要一定质量的黏土。工程泥浆是黏土在水中的分散体系，从工程施工的要求出发，需要采用优质膨润土或黏土作为造浆材料。

(2) 造浆黏土的评价

对造浆黏土的评价，实际就是从造浆角度出发对膨润土的评价。

1) 钻进对造浆膨润土的要求。

从现代钻进技术要求出发，希望使用的泥浆应具有较小的重度、较好的流变特性、携带岩屑和清洗孔底淤积能力强、失水量小、泥皮薄而坚韧、抗污染能力高、成本较低的特性，以保证钻进效率高、孔内清洁、孔壁稳定。由此对造浆膨润土的要求主要是：①最好用钠质膨润土或经改性处理的人工钠土；②蒙脱石含量高，阳离子交换容量大；③可溶性盐含量少，非黏土矿物含量少；④膨胀倍数大，分散性好，造浆率高；⑤配制的泥浆流变特性好，失水量小。

2) 造浆膨润土的评价项目及指标。

国外造浆用商品膨润土的质量标准，主要是美国石油协会（API）标准。此外，还有最近已被取消的石油公司材料协会（OCMA）标准、日本皂土工业协会标准（JBAS）和苏联标准等。我国尚未制订国家标准，采用国际通用的美国石油协会标准，其主要指标如下：

造浆率	大于 16 m³/t（$A.V=15$cP 时）
失水量	小于 13.5mL/30min
含水量	小于 10%
筛余量	小于 4%（200 目）
屈服值（$Y.V$）	3 倍塑性黏度（$Y.V=3P.V$）

上述质量标准反映了两个方面的要求：①加工质量方面的要求，如细度、水分和含砂量等；②从造浆角度对膨润土的要求，如造浆率、失水量、屈服值和塑性黏度等，它反映了膨润土的本质特征。

综合国内外的有关研究成果，对造浆膨润土的评价项目如下：①蒙脱石含量；②胶质价和膨胀倍数；③阳离子交换容量、盐基总量和盐基分量；④可溶性盐含量；⑤造浆率；⑥流变特性和失水特性等。

上述的造浆率是指泥浆的表现黏度为 15×10^{-3}Pa·s（15cP）时每吨膨润土粉所造出泥浆数量，单位为立方米。而泥浆的流变特性和失水特性也是在上述标准条件下测试的，可查阅相应的规范和手册。

笔者曾主持了两次工程泥浆课题研究项目，对辽宁、吉林、河北、山东和北京地区的商品膨润土粉进行了深入试验研究。到目前为止，山东潍坊地区已经成了全国石油、地矿和工程泥浆的最大供应商，产品质量优良。

（3）当地黏土的鉴定和评价

我国最早在 1958～1960 年在青岛和北京的水库防渗墙工程中使用膨润土泥浆。但是由于当时开采、加工和运输能力受限制，无法形成商品生产规模。在其后将近 20 年的时间内，国内防渗墙都是使用当地黏土制备泥浆，目前仍有不少的桩基和防渗墙工程仍在采用当地黏土来制备泥浆。因此仍有必要针对我国的实际情况，对当地黏土的造浆特性进行介绍和评价。有关规范提出了以下一些要求：

1）黏土颗粒（小于 0.005mm）含量大于 50%，塑性指数大于 25～30，含砂量少于 6%。

2）SiO_2/Al_2O_3 应为 3.0～4.0 以上。

3）含有较多的亲水性阳离子（Na^+、K^+ 等）。

4）水溶液显碱性。

5）可溶盐含量标准为：钙离子含量小于 70mg/L，氯化物含量小于 300mg/L。

根据上面所说的标准，在国内很多地方找到了适合地下连续墙造孔用的黏土，如河北峰土、北京小汤山地区的淤泥质粉土、云南以礼河的磨魁塘黏土等。有关这些当地黏土泥浆性能还会在后面有关章节加以介绍。北京地区及部分国家当地黏土的性能见表 15.10。

4. 泥浆用水

水质对工程泥浆的性能有重要的影响。除用淡水配浆外，有时只能用咸水或海水配浆。

水中含有各种盐类，主要有钙、镁、钠、钾的碳酸盐，重碳酸盐，硫酸盐和氯化物。其具体反映是水的总矿化度和水的硬度。

水的总矿化度是指水中离子、分子和各种化合物的总含量。通常以每升水在 105～110℃下烘干时所得干涸残重来表示。

表 15.10　北京地区及部分国家当地黏土的物理化学性质表

序号	产地	颜色	塑性指数	分类	颗粒组成（%）			化学成分（%）										泥浆质量	使用工程
					>0.05	0.05~0.005	<0.005	SiO₂	Al₂O₃	Fe₂O₃	CaO	MgO	Na₂O	K₂O	TiO₂	烧失量（%）	SiO₂/Al₂O₃		
1	昌平，小汤山	灰加黄锈	19.5~24.0		10	41	49	60.29	15.34	758	2.12	262	1.54	3.05	0.74	5.23	3.85		
2		灰绿	16.5		14	41	45	63.39	15.0	5.29	3.19	233	1.69	3.10	0.65	5.10	4.23	泥浆质量较好：比重 1.16~1.22　黏度 18~25　含砂量 2%~4%	十三陵水库
3		褐	31.2					57.69	18.19	1.91	2.61	268	1.37	2.86	0.69	6.5	3.19		桃峪口水库
4		棕	22.5		11	44.5	44.5	61.96	18.38	7.24	246	2.0	1.50	2.59		5.8	3.31		西斋堂水库
5		灰绿加黄锈	15.5		15	49	36	56.32	15.33	5.75	1.31	2.49	1.61	2.95		8.4	3.71		北台上水库
6		灰绿	19.5	粉质黏土	14	40.5	45.5	61.32	14.41	528	4.40	2.51	1.54	3.06	0.65	6.3	4.23		
7		褐	23.5		12	38	50	51.77	15.9	757	312	2.80	1.23	3.13	0.69	6.9	3.64		
8	昌平，红泥沟上	红	26.8		11.5	46	425	64.77	16.9	658	122	1.20	0.46	1.66	0.79	6.2	3.84		
9	昌平，红泥沟下		14.4		15.5	52.5	32	68.26	1413	570	168	0.69	2.40	4.62	0.79	45	4.63		
10	房山，南尚乐		31.5	重黏土	17	113	757	41.48	31.11	1341	11.3	1.51	0.08	1.83		10.5	1.33		
11	密云，金管笋		25.2	粉质黏土	24.5	36.5	39	62.88	25.27		0.62	1.24	0.38	1.52			2.48		
12	密云，羊山		2097		12.9	47.7	394												密云水库
13	吉林，九台	灰白	21.1		6	5.5	39	63.01	18.18	2.10	1.61	2.22	1.00	2.15			3.47		
14	中国五金矿产进出口公司			膨润土	>0.01	0.01~0.001	<0.001	680	130	2.50							525		
15	日本							7253	1411	2.10	1.51	1.84	2.04	1.07	0.10	4.6	510		
16	苏联		305		2	90.5	7.5	538	273	6.5	2.0	3.70				5.7	1.98		
17			25.0		5	83	12	639	160	4.8	5.6	1.70				8.1	40		

15.2.3　泥浆外加剂

1. 概述

泥浆的性能很大程度上取决于黏土颗粒的分散和水化程度，而化学处理剂的加入，从本质上讲会改变（增强）黏土的分散和水化能力。为了使泥浆性能适合于地基状态和施工条件，通常要在泥浆中加入适当的外加剂。这些外加剂大体可分为：分散剂、增黏剂、加重剂、防漏剂、防腐剂、盐水泥浆剂。

这些外加剂可以单独使用，也可联合使用。它们的主要功能见表 15.11。

表 15.11　常用外加剂表

外加剂的种类	使用目的
分散剂	1) 防止盐分或水泥等对泥浆的污染 2) 有盐分或水泥等污染之后，用于泥浆的再生 3) 增强防止地基坍塌的作用 4) 提高泥水分离性
增黏剂	1) 增强防止地基坍塌的作用 2) 提高挖槽效率 3) 对于盐分或水泥等污染，有保护膨润土凝胶的作用
加重剂	增加泥浆重度，提高地基的稳定性
防漏剂	防止泥浆在地基中漏失
盐水泥浆剂	能在盐水中湿胀并提高黏度
防腐剂	防止羧甲基钠纤维素等有机外加剂在夏季高温时腐败变质

（1）分散剂

分散剂的首要作用是使进入水中的膨润土颗粒分散开来，形成外包水化膜的胶体颗粒，减少了内部摩阻力。其次，泥浆中如果混入水泥的钙离子、地下水或土中的钠离子或镁离子等，泥浆的黏度提高，泥皮的形成性能降低，重度增加，膨润土凝集而泥水分离，有可能造成槽壁坍塌。使用分散剂可以排除这些施工上的障碍，控制泥浆的性能变化。

1）分散剂的性能。

分散剂的种类很多，有不同的特性。一般分散剂的性能如下。

①提高膨润土颗粒的电位。分散剂吸附在膨润土颗粒的表面，提高其负电荷，增大其排斥力，降低颗粒凝聚趋向。

②有害离子的惰性化。通过与有害离子的反应，使其惰性化。

③置换有害离子。由于有害离子使质量降低了的膨润土泥浆，如果加入分散剂，那么在膨润土颗粒表面吸附着的有害离子就会被分散剂置换，泥浆又重新出现分散状态。

2）分散剂的种类及其基本性能。

一般在基础工程中使用的分散剂的种类及其基本性能如下。

①复合磷酸盐类。本类包括六甲基磷酸钠（$Na_6P_6O_{15}$）和三（聚）磷酸钠（$Na_6P_3O_{10}$）。以前在石油钻井中使用，它能置换泥浆中的有害离子。通常使用的浓度为 $0.1\% \sim 0.5\%$ 左右。

②碱类。一般使用碳酸钠（Na_2CO_3）和碳酸氢钠（$NaHCO_3$）。它们在水泥污染泥浆时，可与钙离子起化学反应，变成碳酸钙，从而使钙离子惰性化。但是它们没有使钠离子惰性化的作用，当有海水混入时，反而对膨润土泥浆有凝集作用。另外，对于水泥污染的泥浆，当掺加浓度较小时效果很好，然而掺加到一定的浓度以后反而会降低效果。这个浓度极限根据膨润土的种类不同而有差异，一般在 $0.5\%\sim1.0\%$ 左右。如果在此浓度以下，效果要比腐殖酸类及木质素类为好，可以达到复合磷酸盐类的相同效果。

③木质素磺酸盐类。一般采用铁铬木质素磺酸钠（商品名：泰尔纳特 FCLS）。这是一种以纸浆废液为原料的特殊木质素磺酸盐，呈黑褐色，易溶于清水或盐水。对于防止盐分对泥浆的污染，与磷酸盐类和腐殖酸类分散剂有同等的效果，但是对于防止水泥污染泥浆的效果较差。

④腐殖酸类。一般采用腐殖酸钠（商品名：泰尔纳特 B）。这是对褐煤等原料中加进稀硝酸之后得到的褐煤氧化物，再用苛性钠中和之后产生的，易溶于清水，但不溶于盐水而要发生沉淀，具有提高电位和置换有害离子的作用。防止盐分污染泥浆时，腐殖酸类与磷酸盐类或木质素类有同等的效果，然而防止水泥污染泥浆时腐殖酸类不如磷酸盐类的效果好。

（2）增黏剂

一般均使用羧甲基钠纤维素作为增黏剂。虽然也偶尔把羧甲基钠纤维素单独当做泥浆材料使用，但一般将其作为改善膨润土泥浆性能的外加剂使用。羧甲基钠纤维素是化学处理纸浆的一种高分子浆糊，溶解于水之后成为黏度很大的透明液体，触变性较小，接近于牛顿流体的性质。

在泥浆中掺加羧甲基钠纤维素之后，泥浆性能的变化如下。

1）不管膨润土的种类如何，只要掺入 $0.03\%\sim0.1\%$ 的羧甲基钠纤维素，就能增加泥浆的黏度和屈服值。

2）改善泥皮的性能。

3）包裹住膨润土颗粒，具有胶体保护作用，防止水泥或盐分的污染。

市场上出售的羧甲基钠纤维素，按照高分子聚合程度的不同，从大到小可分为高、中、低三种黏度的商品。

（3）加重剂

在通常情况下，如果膨润土泥浆在配制时的比重为 $1.03\sim1.07$，就能够充分保证槽壁的稳定。然而，在地下水位高或有承压水、地基非常软弱（$N<1$）、土压力非常大（在路下或坡脚处施工）时，在泥浆和地下水之间的水位差不能保证槽壁稳定的特殊条件下，作为一种措施可在泥浆中掺入加重剂，以便增加泥浆的比重。加重剂的种类有重晶石、铁砂、铜矿渣、方铅矿粉末等，常用的是重晶石。它取材容易，掺入泥浆中不易沉淀。重晶石是一种灰白色细粉末，比重为 $4.1\sim4.2$。把重晶石掺入泥浆之后，能够增大泥浆的黏度及凝胶强度。

（4）防漏剂

所谓漏失就是在挖槽过程中，泥浆很快地流入地基土的空隙或流入透水层内的现象。使用防漏剂的目的是堵塞地基土的空隙。表 15.12 是挖地下连续墙的沟槽时使用的主要防漏剂。

表 15.12　防漏剂的种类

防漏剂		防漏效果
组成物质	商品名称	
棉花籽残渣	特尔斯托普（粉）	小
	特尔斯托普（粒），卡尔帕克	大
经石细粉末	特尔希尔（粒）	小
碎核桃皮	特尔布拉格	大
	塔夫布拉格	小
珍珠岩	珍珠岩	小
泥浆纤维	马特希尔，塞尔帕克，塞罗希尔	小
纤维蛇纹石黏土	希库列	小
锯末		大
稻草		大
水泥		小～中

（5）防腐剂

含有羧甲基钠纤维素的泥浆，在夏季高温季节会发生腐败变质现象。可加入浓度为 $(100\sim300)\times10^{-6}$ 的硫化钠解决这个问题。

2. 无机处理剂

无机处理剂大都是化工产品，包括各种盐和各种碱，个别情况也用一些酸。在泥浆处理中，无机处理剂大都与有机处理剂配合使用。

无机处理剂大都是电解质，它们在泥浆中起作用的基本原理是：首先，黏土颗粒通过离子交换，改变黏土颗粒表面吸附反离子的种类和浓度，从而改变双电层的结构、溶剂化膜的厚薄，使双电层斥力增大或减小，由此调节泥浆体系中黏土颗粒聚结或分散，使泥浆的性能适应钻井的需要。其次，无机电解质与有机处理剂发生中和、水解等反应，改变有机处理剂的官能团种类、分子形态，从而调节有机处理剂与黏土颗粒的吸附关系，达到调节泥浆性能的目的。

在泥浆化学处理中无机处理剂可起下列作用。

1）分散作用。它是在离子交换中以低价离子取代黏土颗粒表面的高价离子，使黏土颗粒分散，电动电位升高，水化膜增厚，泥浆黏度升高，失水量下降。如钙膨润土用纯碱处理以提高造浆率；淡水泥浆被钙侵或水泥侵后加入纯碱促使黏土颗粒重新分散，恢复流动性。

2）控制聚结。泥浆中加入高价盐使黏土颗粒处于适度聚结状态（配合有机处理剂护胶），既不高度分散，又不高度聚结成团块，泥浆呈稳定的粗分散状态，如配制钙处理泥浆等。无机处理剂的控制聚结作用，也可用于适当提高泥浆的切力和黏度，增大泥浆悬浮或携带岩屑的能力。泥浆中加入高价无机盐以提高黏度和切力也可用于微漏失层钻进。无机盐的聚结作用是抑制孔壁泥页岩和岩屑水化膨胀与分散，维护孔壁稳定，防止坍塌掉块的依据。

3）调节泥浆的 pH 值。泥浆的 pH 值对泥浆有多方面的影响：泥浆中黏土颗粒的分散和稳定、有机处理剂在泥浆中的溶解度和处理效果、岩屑和孔壁泥页岩的水化膨胀和分散、泥浆对钻具的腐蚀等。每种泥浆都有自己较合适的 pH 值范围。泥浆中加碱或碱式盐可提高 pH 值，加酸或酸式盐可降低 pH 值。

4）沉淀除钙和络合作用。泥浆中加入纯碱或碳酸氢钠可以形成碳酸钙沉淀而除去泥浆中过多的钙离子。加入六偏磷酸钠〔$(NaPO_3)_6$〕，可以与泥浆中的 Ca^{2+} 进行络合（$Ca^{2+} + (NaPO_3)_6 \longrightarrow Na_2[CaNa_2(PO_3)_6] + 2Na^+$）形成水溶性络合物 $Na_2[CaNa_2(PO_3)_6]$，它在水中电离成钠离子和络离子〔$CaNa_2(PO_3)_6$〕$^{2-}$。由于在络合离子中 Ca^{2+} 很难再电离出来，故可使泥浆中的钙离子减少。络合作用还可用于提高部分处理剂的抗温性能，如加少量重铬酸钠（$Na_2Cr_2O_7$）可提高腐殖酸盐和木质素磺酸盐的抗温性能和抑制热分解。

5）使有机处理剂溶解或水解。有些有机处理剂如丹宁酸、腐殖酸等在水中的溶解度很小，黏土不易吸收，用烧碱液处理，配成丹宁碱液和煤碱剂（有用成分为丹宁酸钠和腐殖酸钠），成为水溶性处理剂，易被黏土颗粒吸附，起稀释和降失水作用。

另一些含有可水解的极性基（如酯基、腈基、酰胺基等）的有机化合物，必须用无机化合物进行中和或水解，变成水溶性的有机物才能发挥其效用。例如含有腈基（—CN）的聚丙烯腈在水中溶解，经烧碱水溶液中和变成水溶性的水解聚丙烯腈，方可作为降失水剂。

6）交联和胶凝作用。链状多官能团的高分子化合物，可通过加入适当的高价无机盐进行交联，改善其失水特性和护壁性能，如聚丙烯酰胺与 $FeCl_3$、$Al_2(SO_4)_3$ 等进行交联而得的交联液，是小口径钻进用的无黏土相冲洗液的一种。一些无机盐在一定条件下起化学反应，可形成胶冻状的凝胶用于堵漏，如水玻璃与石灰、水玻璃与硫酸铝等。

7）其他作用。无机化合物在泥浆工艺中还有许多种作用，如配制饱和盐水泥浆以抑制盐层的溶解；用作加重剂，如重晶石（$BaSO_4$）、方铅矿（PbS）、磁铁矿（Fe_3O_4）和石灰石（$CaCO_3$）等；用于堵漏，如云母片、蛭石等。

主要无机处理剂列于表 15.13 中。

表 15.13　泥浆无机处理剂

类别	名称	分子式	20℃时溶解度（g/100g 水）	主要性能	主要用途
碱	氢氧化钠（烧碱，火碱，苛性钠）	NaOH	109.1	强碱，有强腐蚀性，易溶水，易吸潮，吸收空气中 CO_2 后变成 Na_2CO_3，固体 NaOH 比重 2～2.2	调节泥浆 pH 值，中和有机处理剂，使泥浆分散等
	氢氧化钾（苛性钾）	KOH	111.4	强碱有强腐蚀性，易吸潮，白色固体	调节泥浆 pH 值，提供 K^+ 对页岩起抑制作用
	氢氧化钙（熟石灰，消石灰）	Ca(OH)$_2$	0.165	白色粉末，吸潮性强，碱性，有腐蚀性	提供 Ca^{2+}，配制钙处理泥浆，对页岩起抑制作用
碳酸盐	碳酸钠（纯碱，苏打）	Na$_2$CO$_3$	17.7	白色粉末状，水溶液呈碱性，吸潮后易结块	提供 Na^+ 对钙土改性，去钙软化水质，对泥浆起分散作用
	碳酸氢钠（小苏打，焙烧苏打）	NaHCO$_3$	9.6	白色结晶粉末，易溶于水，水溶液呈碱性	于沉淀去钙，溶液 pH 值上升较小
	碳酸钾	K$_2$CO$_3$	112	无色单斜结晶，易潮解，易溶于水	钾泥浆的分散剂

续表

类别	名称	分子式	20℃时溶解度(g/100g 水)	主要性能	主要用途
磷酸盐	六偏磷酸钠	$(NaPO_3)_6$	97.3	无色玻璃状固体片，易潮解变质，溶于水，溶液呈弱酸性，易水解	可络合除钙，处理水泥和石膏侵效果好，是泥浆稀释剂
	三聚磷酸钠	无水物：$Na_5P_3O_{10}$ 六水物：$Na_5P_3O_{10} \cdot 6H_2O$	35（瞬时溶解度）	易溶于水，水溶液呈弱碱性	可络合钙、镁离子，也是泥浆稀释剂
	四磷酸钠 酸式焦磷酸钠 (SAPP) 焦磷酸四钠 (TSPP)	$Na_6P_4O_{13}$ $Na_2H_2P_2O_7$ $Na_4P_2O_7$	溶 3.16	白色粉末溶于水，呈酸性反应，无色透明颗粒，溶于水，呈碱性	可用于除钙，泥浆的稀释分散剂
硅酸盐	硅酸钠（水玻璃）	$Na_2O \cdot mSiO_2$（或 Na_2SiO_3）		为黏稠状半透明液体，能溶于水，呈碱性，并能和盐水相混溶	用于配制无黏土相冲洗液，速凝混合物，硅酸钠泥浆用于钻进膨胀性页岩
硫酸盐	硫酸钠（芒硝）	$Na_2SO_4 \cdot 10H_2O$	19.4	十水芒硝为无色针状结晶。100℃时焙烧失去结晶水成无水硫酸钠粉末，溶于水	用于去钙，有絮凝黏土的作用，可提高泥浆黏度、切力
	硫酸钙（生石膏）	$CaSO_4 \cdot 2H_2O$	0.242（18℃）	白色结晶，溶于水，但溶解度不大	配制钙处理泥浆，絮凝黏土，水泥添加剂
	铵明矾	$(NH_4)_2SO_4 \cdot Al_2(SO_4)_3 \cdot 2H_2O$	15	白色无定形结晶，溶于水，水溶液呈酸性	黏土絮凝剂
	钾明矾	$AlK(SO_4)_2 \cdot 12H_2O$	11.4	无色立方八面体，溶于水	用于抑制泥页岩膨胀
	硫酸铝	$Al_2(SO_4)_3$	36.3	白色结晶粉末，溶于水，呈酸性	交联剂，去孔壁泥皮剂
氯化物	氯化钠(食盐)	$NaCl$	36	白色结晶，易溶于水	用于配制盐水泥浆
	氯化钾	KCl	34.35	白色结晶易溶于水	用于配制钾泥浆，抑制页岩膨胀
	氯化钙	$CaCl_2 \cdot 6H_2O$ 或无水	74.5	无水氯化钙是白色结晶，有强吸潮性，易溶于水	配制高钙泥浆，结构剂，沉淀黏土，水泥速凝剂
	三氯化铁	$FeCl_3 \cdot 6H_2O$	91.8	褐黄色晶体，易潮解	泥浆絮凝剂，交联剂
铬酸盐	重铬酸钠（红矾钠）	$Na_2Cr_2O_7 \cdot 2H_2O$	190	易潮解，有强氧化性	生成 Cr^{3+} 与有机处理剂络合，提高其热稳定性
	重铬酸钾	$K_2Cr_2O_7$	102（100℃）	红色单斜或三斜晶体，有强氧化性，易溶于水	生成 Cr^{3+} 与有机处理剂络合，提高其热稳定性，有抑制作用
硼酸盐	十水四硼酸钠（硼砂）	$Na_2B_4O_7 \cdot 10H_2O$	170（100℃）	无色单斜结晶，易溶于水	无黏土相冲洗液，交联剂
硫化物	硫化钠（硫化碱）	$Na_2S \cdot 9H_2O$	18.7	无色结晶，溶于水呈强碱性	泥浆除氧剂，腐蚀抑制剂
	二硫化钼	MoS_2	不溶	黑色光泽六方体	润滑剂

3. 有机处理剂

有机处理剂在工程泥浆中使用日渐增多，因此有必要对此进行简要介绍。

（1）有机处理剂的种类和特点

1）有机处理剂的种类。

有机处理剂的种类繁多，可按不同方式进行分类。

按在泥浆中起的作用来分，有机处理剂可分为稀释降黏剂、降失水剂、絮凝剂、增黏剂、润滑减阻剂、起泡和消泡剂、页岩稳定剂等。按分子结构的特点有机处理剂可分为非离子型的、阴离子型的、阳离子型的和混合型的（混合型的可同时含有能电离的和不能电离的官能团，或含有阴离子和阳离子两种官能团）。成分有机处理剂可分为丹宁类、木质素类、纤维系列、腐殖酸类、丙烯酸类、多糖类和特种树脂类等。按来源不同有机处理剂又可分为天然高分子及其加工产品、合成高分子、生物制品等。

为讨论方便，阐述作用原理时按有机处理剂分子结构不同来讨论，在介绍常用有机处理剂时则按用途和成分不同分别介绍（有机处理剂的商品名称见表 15.14）。

表 15.14　泥浆有机处理剂

处理剂分类	材料种类	名　称	说　明
分散和稀释剂	丹宁类	丹宁碱液及栲胶碱体（NaT、NaK）	抗温 80~100℃
		磺甲基化丹宁（SMT）及其铬盐（SMT—Cr）	抗温 180~200℃
		磺甲基化栲胶合成丹宁	
		各种植物丹宁（如松柏树皮、红根、柚柑树皮等）	
	木质素类	木质素磺酸钠；铬木质素磺酸盐	
		铁铬木质素磺酸盐（FCLS）	抗温 170~180℃
		无铬木质素磺酸盐复合物	
	丹宁、木质素复合物	丹宁—木质素磺酸盐（DMX）	抗温 180~200℃
	褐煤木质素复合物	铬制剂（腐植酸铬与铬木质素磺酸盐复合）	亦可降低失水量
降失水剂	纤维素类	羧甲基钠纤维素（Na—CMC），降失水用中、低黏度的；速溶羧甲基纤维素（速溶 CMC）聚阴离子纤维素	抗温 130~140℃
	聚醣类	预胶化淀粉，水解淀粉，羧甲基淀粉；糊清	
		爪尔胶，海藻胶	抗温性能均较差，宜在 100℃ 以下使用
		黄原单胞杆菌多糖胶（生物聚合物）	
		野生植物胶（如香叶粉，钻井粉等）	
	腐植酸类	煤碱液（NaC）	抗温 180~190℃
		铬褐煤，硝基腐植酸	抗温 200~230℃
		磺化硝基腐植酸；磺甲基化褐煤；磺甲基腐植酸铬	抗温 200~220℃
		褐煤锌铬合物	
	丙烯酸衍生物类	水解聚丙烯腈(HPAN)，水解低分子量聚丙烯酰胺，聚丙烯酸钠	抗温 200~230℃
		磺甲基化聚丙烯酰胺，聚丙烯酸钙；丙烯酸共聚物	
	树脂类	磺甲基酚醛树脂；磺化褐煤树脂	抗温 180~230℃

续表

处理剂分类	材料种类	名称	说明
增黏剂	纤维素类	羟乙基纤维素（HEC）；羧甲基羟乙基纤维素（CMHEC）甲基羧甲基纤维素（MCMC）；高黏度羧甲基纤维素；聚阴离子纤维素；	抗温性能低
	聚醣类	羧甲基淀粉；羟乙基淀粉；高分子量生物聚合物 野生植物胶（如蒟蒻、田菁、香叶粉、钻井粉等）	
	丙烯酸类	高分子量水解聚丙稀酰胺	
	石棉类	石棉纤维、温石棉，高级温石棉	抗高温用于地热井
絮凝剂	丙烯酸衍生物类	聚丙烯酰胺及其水解物；甲基丙烯酸与丙烯酰胺共聚物 甲基丙烯酸与甲基丙烯酰胺共聚物、甲基丙烯酸与甲基丙烯酸甲酯共聚物等	
	其他共聚物	顺丁烯二酸酐—醋酸乙烯酯共聚物等	
页岩水化膨胀抑制剂	木质素及腐殖酸类	木质素磺酸钾，铬木质素磺酸盐；铬制剂；腐殖酸钾	
	沥青类	磺化沥青，分散性硬沥青	
	其他共聚物	磺甲基聚丙烯酰胺；腐殖酸钾与聚丙烯酰胺共聚物 有机铝络合物	
乳化剂	水包油乳化剂	各种阴离子和非离子表面活性剂，如油酸钠、松香酸钠，十二烷基苯磺酸钠，石油磺酸钠OP—2，OP—10等） 部分稀释剂、降失水剂的磺化体，如木质素磺酸盐；铁铬盐（PCLS）等 部分降失水剂和增黏剂	可做稳定剂
	油包水乳化剂	亲油性的表面活性剂，如司盘—80、石油磺酸铁等 有机酸的高价盐	
润滑减阻剂	表面活性剂	各种阴离子表面活性剂与非离子活性剂的复合物	
	石油炼制的残油或油渣的混合物	磺化残油；磺化沥青，磺化妥尔油沥青	
	有机高分子聚合物	纤维素，部分水解聚丙烯酰胺；植物胶等	

注　引自《钻探工艺学（中）》的附录Ⅱ。

2）有机处理剂的特点。

虽然各类有机处理剂的组成和分子结构各不相同，且分子量的变化范围很大。但它们的与无机处理剂相比又都具有大致相类似的特点。正是这些特点决定了它们与黏土颗粒的关系，与无机处理不同或存在着根本性的差别。有机处理剂的特点大致有如下几个。

①分子量大，且往往由多个链节组成。有机处理剂的分子量小的也是几千到一万，大的可达1000万以上。其中有些有机聚合物的分子是由许多结构相同的链节组成，一个分子含有的链节数从几十个直至几十万个。有机处理剂因其分子量不同，它们与黏土颗粒相互作用的方式也就不同。分子量为几千至几万的是以其官能团吸附在黏土颗粒表面（包括黏土颗粒的端部和层面部分）的方式起作用的；而分子量为百万到上千万的高分子，往往是黏土或其他固体颗粒被高分子链上的官能团吸附或捕获，或者高分子链在黏土颗粒上的

多点吸附的方式起作用。处理剂分子大小的划分见表 15.15。

表 15.15　有机物分类表

分子划分	分子量	碳原子数	分子长（nm）
低分子	16～1000	1～100	0.1～10.0
中分子	1000～10000	100～1000	10.0～100.0
高分子	10^4～10^6 以上	10^3～10^5 以上	10^2～10^4 以上

②分子的结构和形态复杂。有机聚合物处理剂的分子链很长，因而具有很高的柔性，分子卷曲像一个杂乱的线团，称为无规线团。同时大部分处理剂的链节之间可相互旋转，因此在溶液状态，无规线团的形态在不断变化着，时而卷曲收缩，时而扩张伸长，显得十分柔顺。高分子的柔性与分子的结构有关。直链的碳架主链柔性最大，带有支链和环碳链时柔软性降低。当形成网状结构时，分子间受强的氢键束缚，链节僵硬。高聚物分子的形态还受水解度、pH 值和电解质种类及含量的影响。高聚物分子的结构和形态影响高聚物的溶解、溶液的黏度、流动性和吸附等特性。

③有多种作用基团。有机处理剂的作用基团可以是一种，但更多的是有多种作用基团，而且同一种作用基团的数量很大。如部分水解聚丙烯酰胺，不仅有众多的酰胺基，而且随水解度的不同，可以有一定数量的羧钠基，有时还可能有羧基。又如铁络木质素磺酸盐，分子中含有多种作用基团：磺酸基、甲氧基、酚羟基、羟基等。有机高分子含有的作用基团的种类及其在分子结构中的位置不同，影响有机高分子的吸附、水化、抗盐和抗温等特性。另外有机处理剂的不同基团，其活泼性也各异，基团上的氢离子愈易电离则其活泼性愈大，基团的水化或吸附能力愈强。基团的活泼顺序为

磺酸基＞羧基＞甲酰胺基＞羟基

④液相黏度大。有机处理剂溶于水中使溶液的黏度有明显的提高，随着有机处理剂分子量和处理剂的加量的增加，溶液黏度成比例的增大。泥浆液相黏度的增加，使泥浆增稠和失水量降低。故有机处理剂一般都有不同程度的降失水和增黏效应。

⑤ pH 值应控制。泥浆的 pH 值不仅对泥浆中黏土颗粒的分散和稳定有影响；而且对处理剂在泥浆中的溶解度和吸附效果也有大的影响。因此不同的有机处理剂应控制在不同的 pH 值时使用，才能发挥其较好的效用。

15.2.4　泥浆材料的选定

1. 水的选定

若能使用自来水是没有问题的，但在使用地下水、河水或海水等时，要对水质进行检查。对于膨润土泥浆，最好使用钙离子浓度不超过 100ppm、钠离子浓度不超过 500ppm 和 pH 值为中性的水。超出这个范围时，应考虑在泥浆中增加分散剂和使用耐盐性的材料或改用盐水泥浆。

2. 膨润土的选定

由于各种牌号的膨润土性能各不相同，所以要研究哪种膨润土更能满足工程要求。

钠膨润土与钙膨润土相比，其湿胀度较大，但容易受阳离子的影响。对于水中含有大量的阳离子或在施工过程中可能会有阳离子的显著污染时，最好采用钙膨润土。

膨润土的种类不同，泥浆的浓度、外加剂的种类及掺加浓度、泥浆的循环使用次数等会有很大的差异，所以要选用可使泥浆成本比较经济的膨润土。

经过技术和经济方面的论证后，某些地下防渗墙工程采用当地黏土和适当的外加剂来制备泥浆。

3. 羧甲基钠纤维素的选定

预计会有海水混入泥浆时应选用耐盐性的羧甲基钠纤维素。当溶解性有问题时，要使用颗粒状的易溶羧甲基钠纤维素。关于羧甲基钠纤维素的黏度可分为高、中、低三种，越是高黏度的羧甲基钠纤维素价格越高，但是它的防漏效果好。

4. 分散剂的选定

为使泥浆在沉淀槽内容易产生泥水分离，应使用能够减小泥浆凝胶强度及屈服值的分散剂。对于工程泥浆来说，应首选使用纯碱（Na_2CO_3）。在透水性高的地基内，如果对已经变质的、过滤水量增多的泥浆再使用不适当的分散剂，就会进一步增大槽壁坍塌的危险性。所以在这种情况下，最好使用尽管泥浆变质也不会增失水量的分散剂 [碳酸钠或三（聚）磷酸钠等分散剂]。

由于膨润土的种类不同，分散剂的效果大不相同，所以要加以注意。

5. 加重剂的选定

一般来说，除重晶石以外，其他加重剂较难获取。

6. 防漏剂的选定

泥浆的漏失通常分为大、中、小三种情况，选用防漏剂时要根据漏失的规模和漏浆层的空隙大小而定。一般认为防漏剂的粒径相当于漏浆层土砂粒径的 $10\%\sim15\%$ 左右时效果最好。

15.3　泥浆的基本性能和测试方法

15.3.1　概述

1. 概述

本节将要阐述泥浆的主要技术性能（不是全部）和它们的测试方法。

对于工程泥浆来说，目前常用的测试方法有以下三种。

1）在欧美地区实施的美国石油协会标准。它使用马氏（Mash）漏斗（1500/946mL）、旋转黏度计等仪器。

2）日本土木建设部门使用的标准。它的最主要的特点是使用 500/500mL 的黏度漏斗。

3）我国和苏联等国家使用的是苏联用于地质钻探系统的泥浆标准。它的最大特点是使用 700/500mL 的野外黏度漏斗，它的失水量和静切力测量的仪器比较简单，精度不高。

近年来，我国基本建设行业已经逐渐接受了先进的石油泥浆测试仪器和设备，使我国工程泥浆的应用和测试水平都有了很大提高。唯独在最常用的漏斗黏度测试仪器上尚未有统一的标准，所以本书涉及漏斗黏度数值，都要说明所用的漏斗是什么样子的。如无特别说明，则是指 700/500mL 漏斗。

可以把泥浆性能指标分成以下几类。

1）流变（动）性指标。属于这个方面的指标有：①漏斗黏度（$F.V$）；②表观黏度（$A.V$）；③塑性黏度（$P.V$）；④动切力（屈服值）（$Y.V$）；⑤静切力 $G.S$：初切力（10s）、终切力（10min）。这些指标都是用来衡量泥浆的流动性和触变性能的。

2）泥浆的稳定性指标：①胶体率（泌水性）；②稳定性；③化学稳定性。这些指标用来评价泥浆的物理和化学稳定性。

3）泥浆的失水和造壁性：①失水量（$F.L$）；②渗失量（K）；③泥皮（饼）厚度（$F.C$）。这是评价泥浆的造壁（泥皮）和固壁能力的重要指标。

4）泥浆的导电特性：电导率（X）。这是用来判断泥浆性能的一项新指标。

5）泥浆的其他性能：①重度；②含砂量；③pH 值；④固相含量。这些是泥浆的常规指标。它们对泥浆性能有举足轻重的影响。

笔者在 1982～1985 年间以及 1992～1996 年间曾两次主持工程泥浆的试验研究课题，与有关同事一起参照美国、欧洲和日本的有关规范，采用新的泥浆试验仪器和设备，对 6 种国产膨润土和北京地区的黏土的泥浆性能进行了试验研究，共进行了 2200 多组试验，取得试验数据 40000 多个，并在十几项地下连续墙工程中进行了验证，效果不错。

本节将把国内外泥浆方面的有关经验加以介绍。

2. 主要试验仪器

过去地下防渗墙泥浆试验仪器都采用仿苏产品，有的仪器（如 1009 型失水量测定仪）已经不能满足要求。在地质部颁发的《钻探泥浆性能主要测试仪器及方法的规定》和《钻探泥浆仪器配套标准》中已将此仪器淘汰了。有的仪器（如漏斗、电动切力计等）则无法测量膨润土泥浆全部性能指标。

试验所用的主要试验仪器和设备见表 15.16。

表 15.16　主要试验仪器和设备表

序号	名　称	规　格	数量	单位	用　途	说　明
1	旋转黏度计	ZNN—D6	1	台	泥浆流变性	
2	高速搅拌机	QJ5—2	1	台		15000 r/min
3	电动搅拌机	60 型	1	台	搅拌泥浆	6000r/min
4		JBS0—1	1	台		4000r/min
5	分析天平		1	台	称量外加剂	
6	扭力天平	TN—100 型托盘式	1	台		
7	台秤	AGT—10	1	台	称量土粉等	
8	热鼓风干燥箱	DF205	1	台	烘干、恒温	

序号	名　称	规　格	数量	单位	用　途	说　明
9	定时计	12 挡	1	台	计时用	
10	秒表		3	块		
11	电导率仪	IDS—11A	1	台	测电导率	
12	具塞量筒	50～500mL	5	个	絮凝试验	
13	漏斗黏度计	1006 型	2	个	测泥浆黏度（F.V）	700/500mL
14	含砂量测定仪	1004 型	2	个	测泥浆含砂量	
15		ZNH	1	个		200 目
16	因相含量测定器	ZNG	1	个	测泥浆中固相含量	
17	失水量测定仪	1009	2	个	测泥浆失水量和泥饼	
18	泥浆失水仪	ZNS	1	台		小气瓶
19	打气筒失水仪	ZNS—2	1	台		
20	静切力仪	1007	1	台	测泥浆静切力	
21	毛细管黏度				测泥浆黏度	
22	扭簧测力仪	NLJ—A	1	台	校正 ZNN—D6 用	
23	标准筛	20～200 目	1	套	加工土粉	
24	气瓶		1	个	装 N_2 或 CO_2	
25	氧气表		1	个	减压	
26	量筒	5～1000mL				玻璃
27	量杯	500mL、1000mL				搪瓷
28		5～100mL				玻璃
29	三角烧瓶	500mL、1000mL				
30	烧杯	250mL、500mL、1000mL				
31	干湿温度计					
32	温度计					

15.3.2　泥浆的流变特性

流变学是研究流体变形和流动的科学，属于物理化学的一部分。对地下防渗墙泥浆来说，就是研究在外力作用下泥浆内部结构变形和流动的问题。泥浆黏度、动切力、静切力和触变性等都属于流变学的范围。泥浆流变性对钻进效率、孔壁稳定、岩屑的悬浮与排除有直接的影响。研究泥浆流变性已成为近代泥浆工艺的重要内容。

1. 工程泥浆的流变曲线与流型

根据流体的流变特性，可以把它们分为四个基本流型：牛顿流型、塑性流型、假塑性流型和膨胀流型（见图 15.8）。其中后三个都是非牛顿流型。从目前地下防渗墙施工情况来看，它的泥浆流型基本属于牛顿流型和塑性流型这两种。各种流型的特点可以通过流变曲线表示出来。流变曲线是流速梯度（或叫剪切速率）$\mathrm{d}v/\mathrm{d}x$ 与剪切应力的关系曲线。

（1）牛顿流型

水、甘油和大多数低分子溶液都属于牛顿型流体（见图 15.9 中曲线 1）。在试验中发现，某些黏土和电解质用量小的泥浆，在刚刚搅拌完的时候也属于这种流型。它们的流变曲线是一条通过原点的直线，在很小的切力作用下就发生流动，流速梯度与切应力成正比；在层流区内，黏度是常量，它的流变方程式为

$$\tau = \eta_{绝} \frac{\mathrm{d}v}{\mathrm{d}x} \tag{15.1}$$

式中　　$\eta_{绝}$——牛顿流体的绝对黏度。

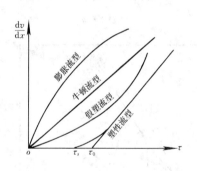

图 15.8　流体的四种基本流型

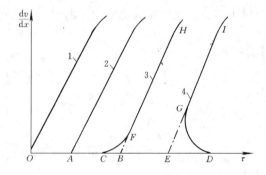

图 15.9　泥浆流型

1—牛顿流型；2—理想塑性流型；

3—触变塑性流型；4—强力塑性流型

（2）塑性流型

塑性流体是非牛顿流体，也叫宾汉（Binghan）流型。塑性流体与其他流体不同的是，它在静止时能形成空间网架结构并具有一定强度，流变曲线不通过原点。根据流变性的差别，可把塑性流型分成以下三种类型。

1）理想塑性流型。这种流型的特点是动切力与静切力相等（见图 15.9 中曲线 2）。当加给泥浆的切力达到极限静切力 θ 时，泥浆就开始流动。而且在开始流动时，其内部结构已经接近于全部破坏，所以它的流变曲线是一条不经过原点的直线。其流变方程为

$$\tau = \theta + \eta_{塑} \frac{\mathrm{d}v}{\mathrm{d}x} \tag{15.2}$$

含电解质和高分子物质较少的泥浆会发生这种流动。

2）触变塑性流型。这种流型常叫宾汉流型（见图 15.9 中曲线 3）。它的流变曲线不通过原点，其直线（BFH）部分的流变方程（宾汉方程）为

$$\tau = \tau_0 + \eta_{塑}\frac{\mathrm{d}v}{\mathrm{d}x} \qquad (15.3)$$

式中　$\eta_{塑}$——塑性黏度；

　　　τ_0——动切力。

　　大多数泥浆都属于这种触变塑性流型。这种泥浆的流动过程如下（见图 15.10）。

　　当加在泥浆上的作用力小于某一数值时，泥浆就像固体那样不发生流动。这个阻止泥浆流动的最大切应力，叫做极限静切力，简称静切力（也叫凝胶强度），用 τ_s 表示。当外力大于 τ_s 后，泥浆才缓慢流动，就像挤牙膏一样，只是接近泥浆管壁的泥浆结构发生了破坏，全部泥浆质点的运动如同一个整体，隔着一层薄膜靠近管壁滑动，称为塞流（或结构流），一直持续到切应力达到 $3\tau/4$（见图 15.11 的 B 点）为止。有的资料指出，AB 段是一段直线。B 点以后，泥浆变为不完全层流，直到 C 点为止（切应力为 τ_M）。此时随着切应力的增加，黏度不断下降，流动性增加，其流变曲线是一段曲线。当外力大于 τ_M 后，其结构破坏速度等于结构恢复速度，二者呈动平衡，泥浆才达到了完全层流状态，流变曲线变成了一段直线，它的延长线与切力轴的交点坐标 τ_0 就是极限动切力（或叫动切力，屈服值）。此时的泥浆遵守宾汉方程：$\tau = \tau_0 + \tau_{塑}$。超过 D 点之后，泥浆变为紊流，不再遵守宾汉方程，其流变曲线也变成了曲线。

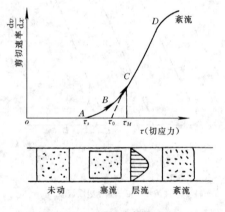

图 15.10　塑性流体流变型

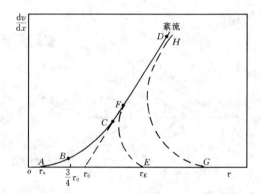

图 15.11　泥浆触变过程图

　　3）强力塑性流型。泥浆在静置过程中，黏土胶粒形成的空间网架结构的强度逐渐增加。如果再让泥浆开始流动，所需的外力就要大得多，甚至比维持泥浆正常流动所需的外力（即动切力或屈服值）还要大。当外力加到足够大并且速度达到一定数值以后，泥浆的流动才变成了触变塑性流动。这种塑性流型叫做强力塑性流型（见图 15.9 中曲线 4）。

　　动切力是在泥浆流动情况下测得的黏土颗粒之间的作用力，它是泥浆塑性黏度保持不变所需要的最小切应力。τ_0 本身并没有实际的物理意义，因为能使泥浆黏度变为常数的不是 τ_0 而是 τ_M（见图 15.10）。但是 τ_0 象征着泥浆结构力的大小和流动状态，且与悬浮和携带钻屑的能力有直接关系，所以在泥浆工艺中，把动切力作为泥浆的一个重要指标来看待。今后在工程泥浆中，应逐渐加强对这个指标的测量和控制。在满足携带岩屑的要求前提下，应使 τ_0 保持在较低数值范围内，以便加快地面净化和分离效率。通常可维

持 $\tau_0 = 15 \sim 30 \mathrm{mg/cm^2}$。

　　泥浆静止时，黏土颗粒之间会形成某种空间网状结构，其结构强度随着静置时间的延长而增加；当泥浆受到扰动（搅拌、振动、外加电磁场等）后，这种结构就会破坏，使泥浆变得容易流动，而在扰动停止以后泥浆又会逐渐恢复它的结构。泥浆的这种特性叫做触变性，也有叫摇溶性的。一般用静切力或终切力（10min）与初切力（10s）之差来表示触变性的大小。用泥浆流变曲线来加以说明，如图 15.11 所示。图中 *ABCFD* 是在泥浆搅拌合格后立即测得的流变曲线，*A* 点的切力值就是初切力（10s）。当把泥浆静置一段时间（10min）后再测量泥浆流变曲线，可能得 *EFD*。如果静置时间再长一些，则可能得到 *GH* 线，完全离开了原来的流变曲线。有时用很高的流速梯度（dv/dx）也很难使 *GH* 与 *AD* 两条曲线完全重合。这种现象的出现，就是由于随着静置时间的增加，泥浆的凝胶强度（也即静切力）不断增加造成的。在本图中，用 $\tau_E - \tau_S$ 之差来表示这种泥浆的触变性。此外，向泥浆中加入电解质或高分子化合物、改变泥浆的温度等，都会使泥浆的触变性发生明显的变化。

　　笔者还用滞后环的方法研究了几种泥浆的触变性。由于泥浆结构的拆散和恢复速度在流速梯度连续增加和下降这两种情况下不一样，在测量中就会得到两条流变曲线，形成一个月牙形的滞后环。可以用月牙环的面积来表示泥浆触变性的高低（见图 15.12）。

　　根据泥浆的触变性——恢复结构所需的时间和最终的凝胶强度（切力）的大小，可把泥浆分成四种典型情况（见图 15.13）。图中曲线 1 表示结构恢复时间很短，终切力很高但不再增长，可以称为较快的强凝胶。曲线 2 代表较慢的强凝胶。曲线 3 代表恢复时间较短而终切力也较小的情况，可以称为较快的弱凝胶。曲线 4 则代表较慢的弱凝胶。可以看出，曲线 2 和曲线 3 的 10min 静切力相差不大，但随着静置时间增加而显出很大的不同。这说明用 10min 的静切力来代表泥浆的触变性的局限性。在泥浆工艺中是用测量泥浆不同静置时间（最多到几天）的流变特性来评价泥浆的触变性的。

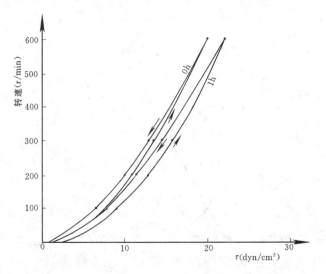

图 15.12　黑山 200 目膨润土粉泥浆滞后环曲线

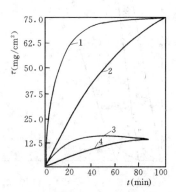

图 15.13　泥浆触变性的四种典型情况

工程泥浆应具有良好的触变性。在施工中泥浆静置的时候，静切力应能较快地增大到某个适当的数值，防止槽孔中钻屑下沉。当泥浆循环使用时，宜采用曲线 3 型的泥浆，以便于泥浆中粗颗粒的分离，又不致使起动泵压过高。当泥浆不循环使用时，可采用曲线 1 型泥浆，以提高泥浆的悬浮和携带能力。

在其他条件相同的情况下，泥浆性能是时间和搅拌动力的函数。在试验中发现，泥浆的流型不是一成不变的，随着静置时间和搅拌动力的增加，泥浆流型也发生变化。从图 15.14 中可以看出：随着静置时间增加，泥浆由牛顿流体变形理想塑性流体变为触变塑性流体，而后又变为强力塑性流型，而在图 15.15 条件下，8—3 号泥浆从牛顿流体变为触变塑性流体。8—5 号泥浆在刚刚搅拌完时是一种理想塑性流体，但到 9h 后，它的初始静切力（10s）已经大大超过了动切力，使泥浆流变曲线出现了一种新形状，变成了强力型塑性流体。随着搅拌动力（转速）的增加，泥浆流型也会发生很大变化。

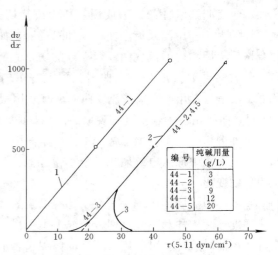

图 15.14 大汤山 200 目流变曲线
1—牛顿型；2—触变塑性流时；3—强力塑性流时

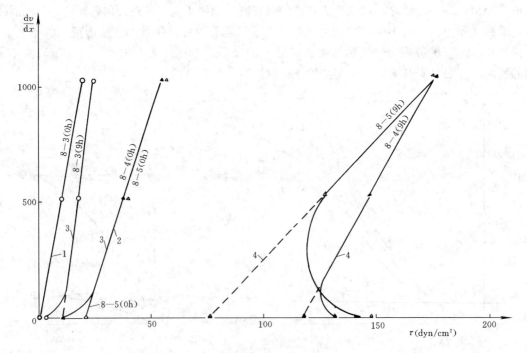

图 15.15 安丘 200 目膨润土粉泥浆流变曲线
1—牛顿型；2—理想型；3—触变型；4—强力型

当然，影响泥浆流型的因素还不止这两种。比如，随着泥浆中用土量增加和外加剂用量的增加，会使泥浆流型发生显著变化。

2. 泥浆流变性指标的测量

泥浆流变性指标包括各种黏度指标、静切力和动切力。

以前在地下防渗墙工程中采用的漏斗黏度计和电动切力计等仪器，对于控制泥浆性能起了很好的作用，但是它们测不出泥浆的一些重要流变参数及其变化情况，而在当前对泥浆提出了更高要求的情况下，深入地探讨泥浆水力学与流变学（特别是塑性黏度和动切力），对于提高钻进效益、改进防渗墙的成墙质量有着密切的关系。要实现上述目的，就必须采用先进的泥浆试验仪器。笔者使用国内已经生产的仿美国范德华氏 35SA 型的六速旋转黏度计（ZNN—D6）及其附属仪器作为基本试验设备，与其他仪器进行对比试验。

泥浆的黏度是泥浆流动时固体颗粒之间、固体颗粒与液体之间以及液体分子之间内摩擦的综合反映。泥浆的组成比较复杂，它是具有凝胶结构的胶体体系和具有触变性能的塑性流体，所以它的内摩擦现象也是相当复杂的。影响泥浆黏度的基本因素有：①黏土和其他固相含量；②土粒的分散度；③土粒的聚结稳定状况或絮凝强度；④化学处理剂的性质和浓度等。

（1）漏斗黏度（$F.V$）

漏斗黏度计构造简单，使用方便，可以测量泥浆的相对黏度（表观黏度）。目前国内外使用的漏斗黏度计有以下三种（见表 15.17 和图 15.16）。

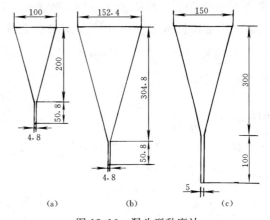

图 15.16　漏斗型黏度计

(a) 500/500mL；(b) 700/500mL；(c) 946/1500mL

表 15.17　漏斗黏度计统计表

名　　称	规格（mL）	21℃的清水黏度(s)	说　　明
马氏漏斗	1000/1500 946/1500	28±0.5 26±0.5	用于石油和基础工程
漏　斗	500/500	19±0.1	日本基础工程
	500/700	15±1	我国地质基础工程

这三种漏斗黏度之间没有明确的换算关系，马氏黏度为 40s 时大约相当于笔者使用的漏斗黏度 20~22s，但两者并非直线相关。一般情况下，当 $F.V>80s$ 以后，测得的漏斗黏度已不能准确反映泥浆的内摩擦情况。漏斗黏度计的缺点是不能在固定的流速梯度下测定不同稠度泥浆的表观黏度。由表 15.18 可以看出，虽然漏斗黏度变化不大，但是泥浆的有效黏度（$A.V$）却有很大变化，所以不宜用漏斗黏度计来测量比较黏稠的泥浆。

表 15.18　漏斗黏度特性表

漏斗黏度 $F.V$（s）	25	30	35	40
流量 Q(mL/s)	20	16.6	14.3	12.5
流速 v_{cp}(cm/s)	102	85	73	64
流速水头 $\dfrac{v_{cp}^2}{2g}$/cm	5.3	3.6	3.2	2.1
雷诺数 Re	650	400	220	
有效黏度 $A.V$（cP）	30	50	70	90

（2）表观黏度（$A.V$）和塑性黏度（$P.V$）

这两种黏度都是用旋转黏度计测量出来的黏度。表观黏度也叫有效黏度或视黏度，常用 $A.V$ 来表示。斯托姆黏度也是一种表观黏度。塑性黏度也有叫结构黏度，它是当塑性流体中的结构拆散速度等于恢复速度并且不随切应力的变化而变化时的黏度值，常用 $P.V$ 来表示。

由式（15.3）可得 $\dfrac{\tau}{\mathrm{d}v/\mathrm{d}x}=\dfrac{\tau_0}{\mathrm{d}v/\mathrm{d}x}+\eta_{塑}$，其中 $A.V=\dfrac{\tau}{\mathrm{d}v/\mathrm{d}x}$，$P.V=\eta_{塑}$，

则得 $A.V=\dfrac{\tau_0}{\mathrm{d}v/\mathrm{d}x}+P.V$。

对于 ZNN—D6 旋转黏度计（见图 15.17）来说，表观黏度（$A.V$）和塑性黏度（$P.V$）按下面公式求出：

$$A.V=\frac{1}{2}\phi 600$$

$$P.V=\phi 600-\phi 300$$

式中　$\phi 600$ 和 $\phi 300$——旋转速度为 600r/min 和 300r/min 时的读数。

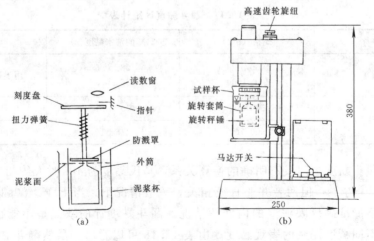

图 15.17　旋转黏度计

（a）工作原理示意图；（b）外形图

黏度单位为泊（P）或厘泊（cP），且 $1cP = \frac{1}{100}P$。$P.V$ 和 $F.V$ 的关系见图 15.18。可以看出，两者非线性相关。

（3）静切力和动切力

在使用 ZNN−D6 旋转黏度计情况下，可以按下面的公式求出静切力（$G.S$）和动切力（$Y.V$）。

$$Y.V = 5.11(\phi 300 - P.V)$$
$$= 5.11(2\phi 300 - \phi 600)$$
$$G.S_1 = 5.11\phi 31$$
$$G.S_2 = 5.11\phi 32$$

式中　$\phi 31$——静置 10s 后转速 3r/min 的读数；

　　　$G.S_1$——10s 的静切力；

　　　$\phi 32$——静置 10min 转速 3r/min 的读数；

　　　$G.S_2$——10min 的静切力。

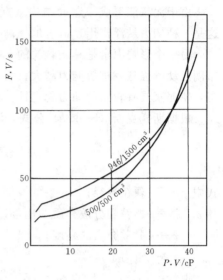

图 15.18　$F.V$ 与 $P.V$ 关系曲线

在试验中采用的是美国石油协会的静切力测量标准（10s 和 10min），与目前采用的标准（1min 和 10min）不同。

（4）卡森高剪黏度

$$\eta_\infty = [1.195(\sqrt{\phi 600} - \sqrt{\phi 100})]^2$$

式中　$\phi 600$ 和 $\phi 100$——旋转黏度计 600r/min 和 100r/min 时的读数。

卡森高剪黏度是剪切梯度 dv/dx 无限大时的一种特性黏度。由于在一定的固相含量及土水比情况下，固相的分散度（比表面积）是决定泥浆内摩擦（即黏度）的主要因素。在此情况下，η_∞ 的大小也说明了胶体的分散程度，η_∞ 越大，说明分散度越大。向泥浆中加入电解质（如 Na_2CO_3、NaCl 和水泥等）时，也是按照上述条件（固相含量和土水比不变）影响泥浆性能的。可以找出 η_∞ 的变化规律以确定最合理的电解质用量。

15.3.3　泥浆的稳定性

1. 概述

泥浆的稳定性是指泥浆的性能随时间而变化的特性。这也是评价泥浆质量的重要指标之一。泥浆所要求的很多性能和稳定性有密切关系。

泥浆的稳定性包括两个方面，即沉降稳定性（动力稳定性）和聚结稳定性。在重力场作用下，如果分散相颗粒不易下沉（或上浮）或下沉速度很小，可以忽略不计，就说这种泥浆具有沉降稳定性（或动力稳定性）。另一方面，不管分散相颗粒的浮沉速度如何，只要它们不易相互黏结变大，即不自动（行）降低分散度，就说这种泥浆具有聚结稳定性。

2. 沉降稳定性（动力稳定性）

影响泥浆沉降稳定性的因素有：分散度、比重、切力和黏度。同一种黏土，颗粒越小，分散度越大，下沉得越慢；泥浆的黏度越大，黏土颗粒越不容易下沉。

　　由于泥浆能形成一定的结构（有静切力），这种结构对黏土颗粒的下沉起阻碍作用，这是一种切力悬浮作用，显著地提高了泥浆的沉降稳定性。

　　另一个影响因素是黏土颗粒的布朗运动或扩散作用。对于尺寸小于 $1\mu m$ 的颗粒来说，布朗运动越强烈，扩散能力越大；它与重力作用相反，可以使胶粒向上扩散而保持悬浮状态，使泥浆具有较高的动力稳定性。

　　根据斯托克斯（Stokes）公式，泥浆中匀速下沉的球形颗粒的速度为

$$v = \frac{2r^2(\rho - \rho_0)g}{9\eta}$$

式中　　r——颗粒半径；

　　ρ、ρ_0——颗粒和分散介质的比重；

　　　　η——分散介质的黏度；

　　　　g——重力加速度。

　　取 $\rho = 2.7$，$\rho_0 = 1.0$，$\eta = 1.5 \times 10^{-3} \mathrm{Pa \cdot s}$，沉降 1cm 所需时间列于表 15.19 中。

表 15.19　不同粒径颗粒的沉降速度

颗粒粒径（μm）	沉降 1cm 所需时间
10	31.0s
1	51.7min
0.1	86.2h
0.01	359d
0.001	100y

　　由表 15.19 可以看出，颗粒大于 $1\mu m$ 便不能长时间处于均匀悬浮状态。用普通黏土配制的泥浆，其中的黏土颗粒大都在 $1\mu m$ 以上，故不加处理剂将难以获得稳定的泥浆。因此，欲提高泥浆分散体系的沉降稳定性，必须缩小黏土颗粒的尺寸，即应采用优质黏土造浆，以提高其分散度，其次应提高液相的比重和黏度。

　　3. 泥浆的聚结稳定性

　　泥浆的聚结稳定性是指泥浆中的固相颗粒是否容易自动降低其分散度而聚结变大的特性。泥浆分散体系中的黏土颗粒间同时存在着吸引力和排斥力，这两种相反作用力便决定着泥浆分散体系的聚结稳定性。

　　泥浆分散体系中黏土颗粒之间的排斥力是由于黏土颗粒都带有负电荷，黏土颗粒表面存在双电层和水化膜。具有同种电荷（负电荷）的黏土颗粒彼此接近或碰撞时，静电斥力使两颗粒不能继续靠近而保持分离状态。同时黏土颗粒四周的水化膜，也是两颗粒彼此接近或聚结的阻碍因素。当两颗粒相互靠近时，必须挤出夹在两颗粒间的水分子或水化离子，进一步靠近时便要改变双电层中离子的分布。要产生这些变化就需要做功。这个功等于指定距离时的排斥能或排斥势能。

　　（1）阻碍黏土颗粒聚结的因素

1）扩散双电层的静电斥力。如前所述，黏土颗粒在移动时具有表示负电荷多少的 ξ 电势。显然，ξ 电势越高，颗粒之间斥力越大，越难以聚结。

2）吸附溶剂化层的稳定作用。吸附作用降低了固—液界面上的表面能，从而降低颗粒聚结趋势。吸附溶剂化层的溶剂（水化膜的水）具有很高黏度和弹力，构成了阻碍颗粒聚结的机械阻力。

（2）引起颗粒聚结的因素

1）颗粒之间的吸引力（范德华力）。这种吸引力的作用范围较大，有的资料介绍可达 500Å 以上。当颗粒之间距离达到此吸力范围且吸力大于斥力时，黏土颗粒之间就可能发生聚结（或叫絮凝）。

2）电解质的聚结作用。电解质的加入有压缩双电层、降低 ξ 电位的作用。当 ξ 电位降到一定程度，斥力小于吸力时，泥浆就会发生明显的聚结，出现沉淀或有凝胶生成。

胶粒开始明显聚沉的 ξ 电位，叫做临界 ξ 电位。这个电位很小，约为 $25\sim30mV$（有人认为，此值约 $10\sim15mV$）。

使溶胶开始明显聚结所加入的电解质的最低浓度，称为聚沉值或絮凝值，一般用毫克分子每升为单位。钠蒙脱石和钙蒙脱石溶胶聚沉值见表 15.20。

表 15. 20　钠蒙脱石和钙蒙脱石溶胶的聚沉值

溶胶（浓度 25%）	聚沉值（毫克分子/L）	
	NaCl	CaCl$_2$
钠蒙脱石	$12\sim16$	$2.3\sim3.3$
钙蒙脱石	$1.0\sim1.3$	$0.17\sim0.23$

由以上分析可知，黏土颗粒的聚结是两种互相矛盾的作用力（斥力和吸力）相互作用的结果。在低的和中等电解质浓度时，当胶粒质点互相接近到某个距离时，斥力和吸力就同时出现了。随着距离进一步缩短，斥力起重要作用，势能上升；同时胶粒间的吸力也因距离缩短而加大。当胶粒距离再接近时，越过能峰之后，势能开始下降，引力占绝对优势，胶粒就发生聚结了（见图 15.19）。而在高的电解质浓度时，由于 ξ 电位很低，斥力很小，甚至不存在能峰，胶粒在比较远的距离内就会因吸力的作用而聚结。

（3）凝聚沉降状态

泥浆失去聚结稳定性以后，会导致泥浆体系动力不稳定而发生沉降，出现水土分层现象。这是由于：①电解质使黏土颗粒电动电位降低，失去静电斥力而相互黏结变大。有的资料介绍，一般稳定的胶体的电动电位 $\xi=70mV$，有时只要

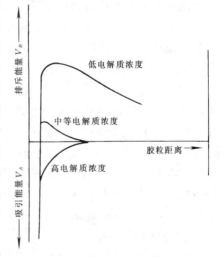

图 15.19　胶粒间净作用能与
胶粒距离的关系

降到 15～10mV（一说 30～40mV）就会发生凝聚；②高分子物质的吸附絮凝作用，也可使泥浆中的黏土完全絮凝沉淀，水土分层。在试验过程中曾多次发生这种现象，特别加入水泥后，盛放在量筒中的泥浆有时会析出总体积 6％～8％的清水来。

凝聚沉降状态的泥浆已经失去了泥浆的基本性能，是不允许使用的。

（4）凝聚与分散的结合状态

当泥浆中的有用固相处于分散稳定状态，而颗粒较大的无用固相发生聚沉的状态，称为凝聚与分散的结合状态。不分散低固相泥浆中的选择性絮凝状态就是这种状态的典型。在目前地下防渗墙工程中，还很少使用这种泥浆。

4. 泥浆的几种内部状态

（1）分散状态

1）细分散状态。具有沉降稳定性和聚结稳定性的泥浆属于这种分散状态，也有叫稳定状态或散凝状态的。在这种泥浆中，黏土颗粒的分散度很高，水化膜较厚，双电层中的电动电位较高，泥浆中没有很多的聚沉离子。特别是高价阳离子，在一定的固相含量和 pH 条件下，能保持相对稳定。缺点是易受电解质（Na^+、Ca^{2+} 等离子）的影响而失去稳定性。目前地下防渗墙工程中使用的泥浆就是这一类型的泥浆。

2）粗分散状态。向泥浆中加入或混入适量的电解质时，黏土颗粒的扩散层被压缩，电动电位降低，水化膜变薄，静电斥力变小，有一部分胶粒发生絮凝，形成充满泥浆体系的无数小絮凝块，其间包裹着自由水，这些自由水随同团块一起运动。由于这些絮凝团块尺寸较细分散泥浆的大，又能在水中分散，故称为粗分散体系。

（2）凝胶状态

在某些情况下，泥浆会失去流动性，变成豆腐脑状的凝胶状态。黏土颗粒多为片状结构，其平面和端面处带电性质很不均匀。当体系中颗粒浓度很大并有过量电解质加入时，很容易使分散相彼此黏结，包住了全部液体，形成布满整个有效空间的连续网状结构，使体系失去了流动性。凝胶的一个重要特点是体系中分散相和分散介质处于连续状态。有时当防渗墙泥浆中加入过量水泥时，就会出现这种状态。

5. 凝胶的老化（陈化）现象

和其他胶体一样，泥浆的凝胶也会表现出老化（或陈化）现象，其中之一就是脱水收缩：生成的凝胶放置一段时间之后，会在大体上不改变凝胶外形的情况下，分离出其中包含液体（水）的一部分。其原因是形成网架结构时粒子间可黏结而未黏结部分的吸力还能进一步起到相吸作用，它改变着凝胶内部粒子间的相互位置，使各粒子间进一步黏结而缩小了网架结构中的空间，把其中包含的液体挤出一部分来（见图 15.20）。

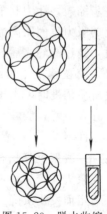

图 15.20　脱水收缩

6. 泥浆稳定性测量方法

（1）析水性（胶体率）试验（动力稳定性）

把泥浆试样放进玻璃量筒内静置 24h（也有 10h 的），如果顶面无水析出，则性能优良；虽有水析出，但不超高 3％～5％者，仍为合格，可以边使用边注意其性能变化。如果泥浆中有水泥混入，水极易析出，由此可以简单判断泥浆质量的优劣。通过试验达到合格的泥浆，还要进行下面所说的上下比重差试验。

（2）稳定性（上下比重差）试验

将已经静置了 24h 的泥浆，分别从容器上部 1/3 和下部 1/3 取出泥浆试样测定其比重。如果上下比重差不大于 0.02，则认为合格。

（3）悬浮分散性试验（化学稳定性）

这是新开发出来的试验方法，比较复杂，有兴趣的读者，可参考相关文献的内容。

15.3.4　泥浆的失水与造壁性

1. 基本概念

泥浆的失水与造壁性是泥浆的重要性能，它对松散、破碎和遇水失稳（如水化膨胀）地层的孔壁稳定有着重要影响。

水在泥浆中呈三种形态，即化学结合水、吸附水和自由水。自由水在压力差作用下向具有孔隙的地层中渗透，造成泥浆失水。随着泥浆水分渗入地层，泥浆中的黏土颗粒便附着在孔壁上成为泥饼（也叫泥皮的），还有一部分颗粒进入到地层孔隙里面去了，这就反过来阻止继续失水。一般情况下，孔壁上泥皮可在几分钟内形成。

泥浆失水的前提条件是：存在压力差和存在裂隙或孔隙的岩石或土层。

若泥浆中细黏土颗粒多而粗颗粒少，则形成的泥皮薄而致密，泥浆失水少。反之，粗颗粒多而细颗粒少，则形成的泥皮厚而疏松，泥浆失水量便大。

泥浆在孔内失水的全过程可分为三部分，即初失水、动失水和静失水。这是根据开始钻进、正常钻进和停止钻进等几个过程而划分的，详见图 15.21。

2. 泥浆的失水与造壁性

泥浆失水和造壁特性的影响因素比较多，主要有压力、时间、黏度、温度、固相含量和外加剂等。泥浆失水量随压力的增加而增加（见图 15.22）。由图 15.23 可以看出，失水量随用土量的增加而变小，随试验用滤纸张数的增加而减少。失水量随静置时间的增加而变小。还对泥浆失水量的测量方法进行了

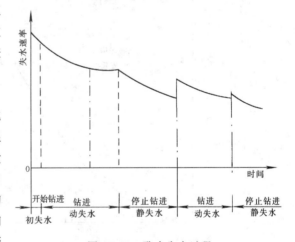

图 15.21　孔内失水过程

比较，发现实测 30min 失水量比实测 7.5min 失水量的 2 倍相差 10%～20%或更多，今后做失水量试验时应当考虑这种影响。需要指出的是，由于国内滤纸质量较差且不稳定，用这种滤纸做出的失水量普遍偏大（见表 15.21），不能反映泥浆的实际情况。此外，泥浆温度升高或加入电解质和高分子化合物时，它的失水量也要发生显著变化，将在后面加以说明。

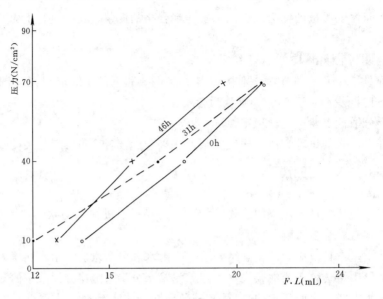

图 15.22 压力对失水量的影响

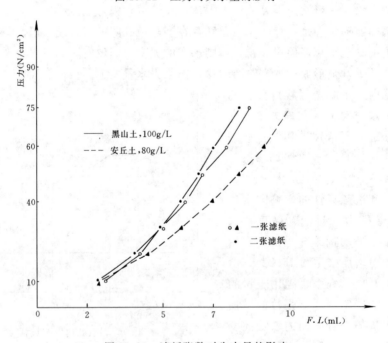

图 15.23 滤纸张数对失水量的影响

表 15.21 滤纸效果（失水量）比较表   单位：mL

试验编号	定量滤纸	美国滤纸
锦 35	18	10
锦 36	20	11

泥皮（泥饼）是泥浆在透水界面上渗透失水后留下的一层黏土颗粒和部分地层颗粒的

混合物。在试验室中，把失水量试验留下的泥皮厚度作为泥浆的泥皮厚度，用 $F.C$ 或 $M.F$ 表示。

泥皮厚度 h 可用下面公式表示：

$$h = \frac{V_f}{A\dfrac{C_c}{C_m} - 1} \tag{15.4}$$

式中　V_f——泥浆失水量；

　　　A——渗滤面积；

　　　C_c——泥饼中固相的体积；

　　　C_m——泥浆中固相含量。

可以看出，泥皮厚度不仅决定于失水量的大小，也和泥浆的固相含量及其类型有关。要降低泥皮厚度，不仅要降低失水量，还要从降低固相含量、改变固相性质等方面采取措施。随着失水量和固相含量的减少，C_c/C_m 增大，泥饼厚度也将变小；当泥浆中固相含量不断增多，致使 C_m 接近于 C_c 时，泥皮厚度将急剧增加。过去有时使用质量比较差的黏土制造泥浆，用量很大，$C_m = 20\% \sim 30\%$，泥浆失水量很大，形成松散而厚的泥皮，对防渗墙的质量极为不利。向泥浆中加入过量的电解质，也会使泥皮厚度显著增加。

图 15.24 是宣化膨润土泥浆加入 425 号矿碴水泥后测得的泥皮厚度变化曲线。可以看出，加入水泥会使泥浆的泥皮厚度显著增加。当水泥用量增加到每升水 50g 时，试验用泥浆杯中的泥浆 260mL 全部漏光，泥皮厚度达 16.5mm。

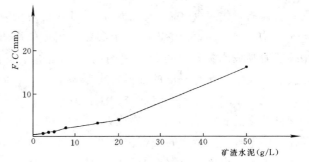

图 15.24　宣化膨润土泥浆泥皮厚度曲线

一般情况下，泥皮厚度随着静置时间的增加而变小（见图 15.25），随着压力的增加而变小（见图 15.26）。泥浆受到过量水泥的污染时，它的失水量和泥皮厚度随着静置时间的增加而急剧增加。

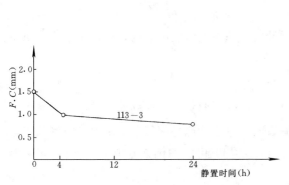

图 15.25　黑山膨润土泥浆泥皮厚度曲线

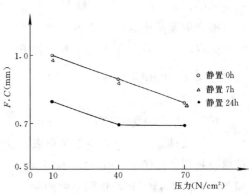

图 15.26　黑山泥浆压力和泥皮厚度曲线

试验研究表明，处于分散稳定状态的泥浆，能在透水地层上很快形成不透水的泥皮；而处于絮凝状态的泥浆，只形成厚而松散的透水量很大的泥皮。所以，为了提高泥浆的护壁能力，就应当使泥浆保持分散稳定状态。

通常采取的降低失水量和改善造壁性能的措施如下。

1）使用优质膨润土或人工钠土造浆。它们的颗粒细、呈片状、水化膜厚，能形成致密、透水性小的泥皮，而且可以在固相较少的情况下满足对泥浆造壁性和流变性的要求。

2）加入羧甲基钠纤维素或其他有机聚合物，以保护黏土颗粒，提高水化膜厚度，使失水量降低。

3）加入一些极细的胶体粒子（如腐殖酸铝沉淀、磺化沥青等），堵塞泥皮孔隙，减少泥皮渗透性，降低失水量。

3. 失水量和泥皮的测量

测量失水量目前都是测定泥浆静失水，采用的ZNS—3型气压式失水仪（见图15.27）。测试条件：压差 7.1×10^5 Pa，过滤面积 45.3cm^2，温度 $20 \sim 25$℃（常温）。测量时连续测两个点（7.5min 和 30min）的失水量数据，代入公式 $\theta = \theta_0 + K\sqrt{t}$，可求得总失水量 θ_{30}、初失水 θ_0 和渗失率 K 三个参数。用渗失率 K 来表征泥浆失水特征，可以避免瞬时失水量的干扰，把泥浆的失水特性与泥皮的性能紧密联系起来。在温度、泥浆浓度和黏度等一定的情况下，胶体颗粒的级配和分散度是影响 K 值的主要因素。可以找出 K 值与泥浆中电解质加量之间的变化规律，以渗失率 K 最小为原则确定出该种电解质的最优用量。

由图 15.28 可以看出，如果根据 $A.V$、$Y.V$、$G.S$ 以及 $F.L$ 等指标来看，Na$_2$CO$_3$ 的用量应为 5～

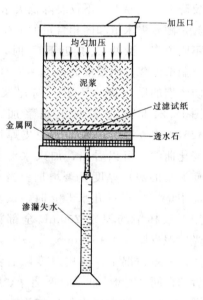

图 15.27　泥浆失水仪（API）

7.5g/L 水。但是此时泥浆的性能很不好，不适于地下防渗墙工程使用。如果用 η_∞ 和 K 来选择的话，Na$_2$CO$_3$ 的用量应为 2.5～3.5g/L 水，此时的泥浆指标完全满足要求。今后，确定泥浆配比时，应将 K 值作为主要的技术指标加以评价。

泥皮厚度测量：在上述试验条件下，测量留在滤纸上的泥膜厚度，通常单位为 mm。

15.3.5　泥浆的电导特性

1. 泥浆的电导特性

在泥浆中存在着带电离子。在电场作用下，由于这些离子的移动而使泥浆具有导电特性。在泥浆试验中，笔者用电导率来表征泥浆的导电性。电导率等于电阻率 ρ 的倒数，它的单位是西［门子］/cm，也有写成 Ω^{-1}/cm（Ω^{-1} 是电阻 Ω 的倒数）或 mV/cm，实际常用 mV/cm 或 μV/cm，它们之间的关系为

$$1V/cm = 10^3 mV/cm = 10^6 \mu V/cm$$

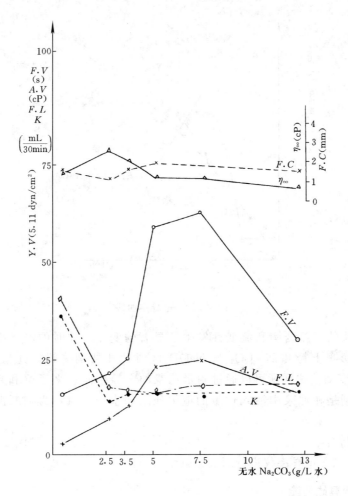

图 15.28 η_∞ 和 K 变化曲线（安丘土粉）

　　电导率的大小取决于溶液中电解质的组成和浓度。当泥浆的配比和浓度发生变化时，它们的电导率也要发生变化。

　　电导率可用下面公式来计算：

$$X = \alpha C F (u_正 - u_负)$$

式中 α——离解度；

　　　C——浓度；

　　　F——法拉第数；

$u_正$、$u_负$——正负离子的绝对运动速度。

　　由上式中可以看出，泥浆中电解质浓度增大，导致泥浆中离子数目增加，在初期会使电导率随着增大。但是，随着离子数目增多，离子运动速度变小，离解度也变小。当泥浆中电解质达到一定数量时，上述两种因素的影响都很大，以致再增大浓度时，反而导致电导率下降（见图 15.29）。

　　另外，在泥浆中电解质浓度达到某一数值以后，大多数电解质的电导率都有急剧上

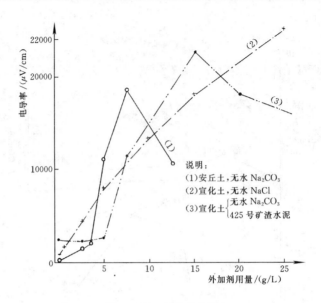

图 15.29　电导率曲线

升的现象，泥浆的内部结构和流变性发生了显著的变化。此时的电导率可以称为临界
电导率，对于膨润土粉和 Na_2CO_3 与 NaOH 这两种外加剂来说，此值一般在 $1000 \sim 2000 \mu V/cm$ 内变动。这样就可以通过测量泥浆的电导率曲线来了解和判断泥浆性能的
变化情况，特别是在泥浆中混入过量的电解质（如水泥）时，为判断泥浆性能提供了
一个新手段。

2. 电导率的测量

采用 IDS—11A 电导率仪进行测试。

15.3.6　泥浆的其他性能

1. 泥浆的比重

通常用比重称来测量比重。当泥浆中固相含量
较多或颗粒尺寸较大时，可采用容积较大的量筒
（$500 \sim 1000$ mL）取样称重，求出泥浆的比重来。
比重计的外形见图 15.30。

根据过去施工经验，用当地黏土制造的泥浆比
重多在 $1.15 \sim 1.20$ 或更大；使用膨润土粉制造的新
鲜泥浆一般约为 $1.04 \sim 1.08$，超过 $1.08 \sim 1.10$ 的很
少；不用土粉的聚合物泥浆比重约为 $1.002 \sim 1.02$ 左右。

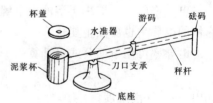

图 15.30　泥浆比重计

2. 泥浆的含砂量

现场施工时可采用 1004 型含砂量仪（见图 15.31）测量含砂量。

使用 200 目以上的膨润土粉时，新制泥浆中含砂量很少，可以不测或少测。在挖槽过
程中，泥浆中混入了地层颗粒后，含砂量才会有所增加，一般不超过 $5\% \sim 8\%$，也有达
到 $15\% \sim 20\%$ 的。

3. 泥浆的 pH 值测量

可使用广范试纸和精密试纸来测量泥浆的 pH 值。泥浆中存在带电离子，而且很容易受外界电解质的作用使泥浆电学特性发生变化，泥浆的 pH 值变化实际上反映了泥浆电化学特性的变化，也就是泥浆基本性能的变化，应当把 pH 值作为泥浆的经常性控制指标。

泥浆适于在碱性环境中使用，新鲜泥浆的 pH 值宜在 7.5～10.0 之间；当 pH 值＞10～10.5 后，泥浆变稠，性能变坏；pH 值＞11 后，泥浆黏稠得无法使用。

pH 值与外加剂用量的关系见图 15.32。

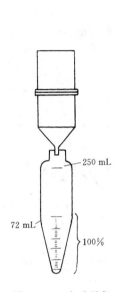

图 15.31　含砂量仪

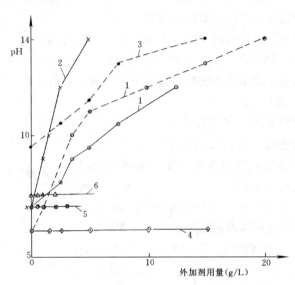

图 15.32　泥浆 pH 值

1—Na$_2$CO$_3$，安丘土，九台土；2—NaOH，黑山土；
3—425 号矿渣水泥（Na$_2$CO$_2$ 2g/L），安丘土；4—NaCl，黑山土；
5—竣甲基钠纤维素，黑山土；6—Na-PAN，黑山土

4. 泥浆的固相含量

首先测定出泥浆的比重，然后用下面公式计算出固相含量：

$$n_s = \frac{G_S(G_B-1)}{G_B(G_S-1)} \times 100\%$$

式中　　n_s——固相含量，$n_s = \dfrac{干燥物质重量}{总重量} \times 100\%$；

　　　　G_S——固态物比重，2.5～2.7；

　　　　G_B——泥浆比重。

假定几个不同的 G_S 值，可以从图 15.33 中查得相应的固相含量。

还有一些泥浆性能指标，与工程泥浆关系不大，这里从略。

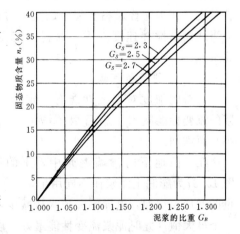

图 15.33　泥浆比重和固态物质
含量的关系

15.4　泥浆性能的变化与调整

1. 概述

泥浆是一种具有触变性的溶胶—悬浮体系，它的很多性能都是随时间而变化的。此外，电解质、高分子化合物以及其他材料的加入，泥浆搅拌时间和速度，土的种类和用水水质，泥浆温度和养护方法等，都会使泥浆的性能发生变化。这一节将根据试验情况，谈谈影响泥浆性能的主要因素和控制方法。

影响泥浆性能的主要因素有：①搅拌速度和时间；②土的种类和用量；③静置时间；④温度；⑤水质；⑥外加剂的种类和数量；⑦水泥用量。

因限于篇幅，下面简单介绍一下各项因素的影响。

2. 搅拌速度和时间

试验表明，在同样条件下，增大泥浆搅拌机的速度，可以改善泥浆的流变性能，降低泥浆的失水量和泥皮厚度，提高泥浆的动力稳定性（见图 15.34）。图中 39—1、3、7 和 39—2、4、8 的材料用量相同。增加泥浆搅拌时间也可以改善泥浆性能（见图 15.35），但是搅拌时间过长，泥浆性能并没有显著改善，白白浪费了时间和能源。试验得到的膨润土泥浆的最优搅拌时间约为 10min 左右。如果搅拌以后能够静置较长时间，则泥浆搅拌时间可为 7～10min。对于普通黏土来说，搅拌时间对泥浆性能影响不大，但是提高搅拌速度却可以使它的性能得到显著改善。这就是说，在当地普通黏土泥浆的生产过程中，应当从提高搅拌速度入手来获得性能良好的泥浆。

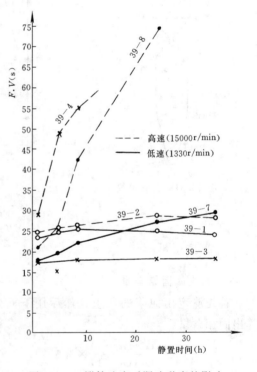

图 15.34　搅拌速度对漏斗黏度的影响

3. 土的种类和用量

土粉的细度对泥浆性能有一定影响。泥浆的流变性能随着土粉目数的增加（细度变小）而增加。

在目前地下防渗墙泥浆中，土的用量是决定泥浆性能的主要因素。图 15.36 和图 15.37 为膨润土泥浆在不同用土量时的性能曲线。可以看出，泥浆的流变性指标随用土量的增加而增加，电导率和失水量减少，泥皮厚度增加；泥浆的高剪黏度 η_∞ 常常是达到一个最大值（此时泥浆流变性能最好）以后再下降。这说明用增加用土量的办法来改善泥浆性能，不一定能取得最佳效果。

从图 15.38 中可以看出不同产地的膨润土泥浆性能差别很大。

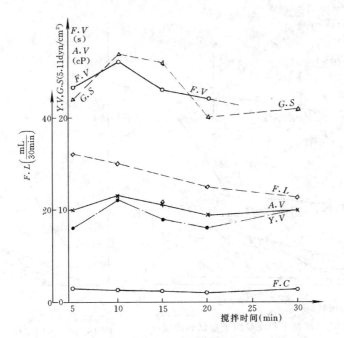

图 15.35　安丘 200 目膨润土粉泥浆搅拌时间试验曲线

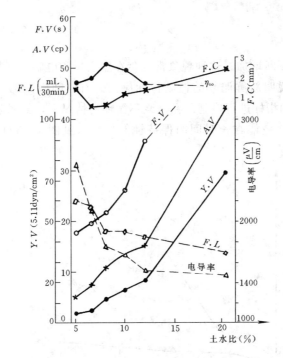

图 15.36　安丘 200 目膨润土粉泥浆用土量试验曲线

4. 静置时间

一般情况下，新鲜泥浆的流变性能随静置时间的增加而增加，随失水量和泥皮厚度的增加而减少。但是如静置时间过长，会出现泥浆老化（陈化）现象，即流变性指标变小，

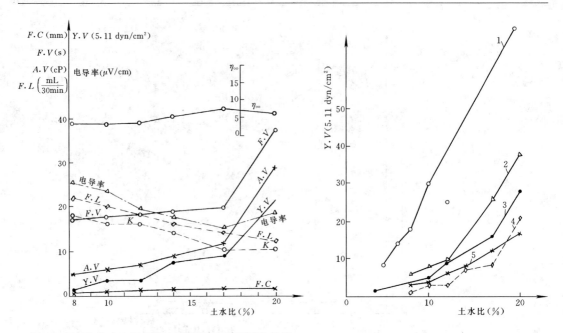

图 15.37　九台 200 目膨润土粉泥浆用土量试验曲线

图 15.38　不同泥浆的动切力 (Y.V)
（静置时间：4h）
1—安丘土；2—黑山土；3—张家口土；
4—九台土；5—宣化土

失水量和泥皮厚度则不断增加。这种现象常发生在用土量和电解质（特别是水泥）用量比较大的情况下。这就说明新鲜泥浆的控制指标应当是有时间限制的，一般可采用搅拌后 8～24h（国外 24h）的指标进行控制。在泥浆不循环的情况下，如泥浆在槽孔内停留时间较长，则所选用的泥浆应能在长时间内保持性能稳定（见图 15.39），从图中可以看出，选用 8—02 配比较好。

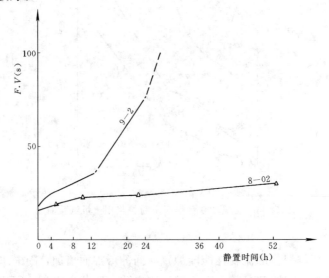

图 15.39　泥浆静置后的性能变化曲线

由于普通黏土的物理化学性能差别很大，所以泥浆的时间特性曲线也有很大差别。

5. 温度

泥浆在生产、存放和使用过程中，由于周围环境温度的变化而使其性能受到影响。

泥浆温度升高后，大都出现高温分散现象（见表 15.22）：黏度和切力增加，甚至会发生凝胶和固化现象；失水量和泥皮厚度增加。某些黏土用量少，土质较差的泥浆，则可能出现高温钝化（黏度和切力下降）现象。

表 15.22　温度对泥浆性能的影响

	项　　目	温度 （℃）	F.V （s）	A.V （cP）	Y.V （dyn/cm²）	静置时间 （h）
（1）	水：土：纯碱＝1000：100：3 γ＝1.05	室温	23.5	11	8	5
		30	48.5	18	13	1
（2）	水：土：纯碱＝1000：100：3 γ＝1.05	室温	21.8	11	10	5
		30	40.1	18	12	1

试验表明，泥浆的周围环境温度变化幅度大于 5℃ 时，某些泥浆的性能就会发生显著改变（见图 15.40）。这就要求试验室在长时间内保持室温恒定。试验也说明在气温过高或低的地区建造防渗墙时，在泥浆生产、存放、运输和使用过程中，都要采用适当的措施，以减少环境温度对泥浆性能的不利影响。冬季施工时则应不使其受冻。

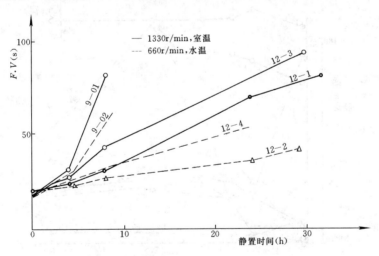

图 15.40　搅拌速度和养护温度对泥浆性能的影响
（室温 23～29℃，水温 20～23℃，安丘土粉）

6. 水质

泥浆生产用水中含有较多的高价阳离子时，会使泥浆性能变坏。试验表明，在其他条件相同的情况下，纯水（去离子水）拌和的泥浆性能比用自来水拌和的好。在实际施工过程中，可能会遇到各种各样的水。应当通过试验了解所用的水对泥浆性能的影响并采取适当的措施来达到所要求的泥浆性能。

　　7. 外加剂

　　对目前水电防渗墙泥浆中可能使用的几种无机和有机外加剂进行了试验研究，得出了在试验条件下的外加剂最优用量，并对它们的作用机理进行了探讨。

　　试验表明，过去那种用钠质土和钙质土互相转换的观点来解释化学外加剂对泥浆性能的影响作用是不完全的。无机化学外加剂的作用机理有以下三个方面：

　　1）阴离子（特别是高价阴离子）吸附使黏土晶体边缘的双电层带负电，这是化学外加剂的基本作用机理。

　　2）在阳离子周围形成的阴离子云，使阳离子活度降低，降低了对带负电的黏土胶粒的吸引作用。

　　3）离子交换吸附，改变了黏土胶黏表面水化膜的厚度。

　　试验表明：纯碱（Na_2CO_3）是一种比较好的无机分散剂，泥浆性能与纯碱用量的关系曲线见图 15.41。纯碱用量过多时，反而使泥浆性能恶化。对于某些含钠离子较多的黏土（如北京小汤山黏土）泥浆来说，不用加纯碱即可获得较好的泥浆，加纯碱后会使泥浆性能变坏。

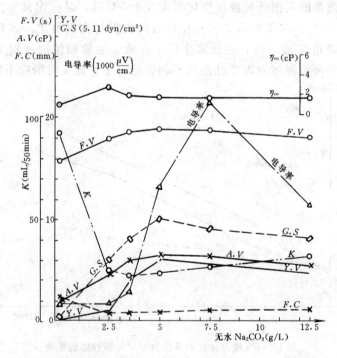

图 15.41　黑山 200 目膨润土粉泥浆（无水 Na_2CO_3）试验曲线

　　在地下连续墙泥浆中使用食盐（NaCl）和烧碱（NaOH），对泥浆性能的改善作用不大。一般情况下不要单独使用它们。

　　有些化学处理剂（如 $FeSO_4$）会降低泥浆的触变性能，使用时要慎重。

　　对羧甲基钠纤维素、铁铬木质素磺酸盐、水解聚丙烯腈钠盐和硝基腐殖酸钠等有机外加剂进行试验研究，用羧甲基钠纤维素和铁铬木质素磺酸盐改善泥浆性能，其效果是很显著的（见图 15.42 和图 15.43）。

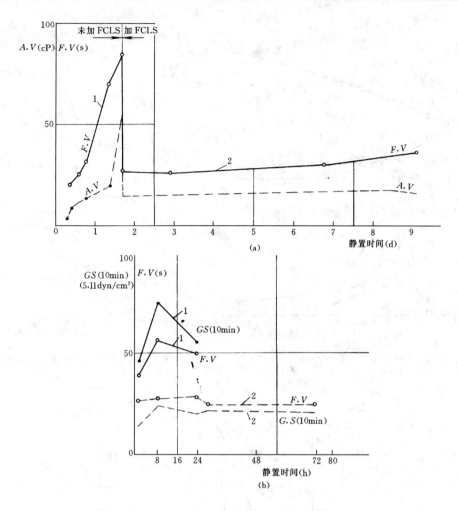

图 15.42　膨润土粉泥浆 FCLS 试验曲线

(a) 安丘 200 目膨润土；(b) 黑山 200 目膨润土

1—未加 FCLS；2—加 FCLS

8. 水泥

对于各种水泥对泥浆性能的影响，从物理性能、化学成分、电化学和流变特性等方面进行了试验研究。被水泥中的钙离子严重污染的泥浆性能会发生以下变化（见图 15.44 和图 15.45）。

1）黏度和切力增加，流动性变小，甚至形成凝胶或沉淀。

2）失水量迅速增加，泥皮变得厚而松散，孔壁稳定性下降。

3）pH 值和电导率增加。

试验表明：

1）不是所有泥浆在加入水泥以后，都立刻受到不良影响，也不是只要加入一点水泥，泥浆性能就迅速恶化。一般地说，当地土泥浆受水泥的影响要小些。在使用的膨润土中，受水泥影响的程度是不同的。

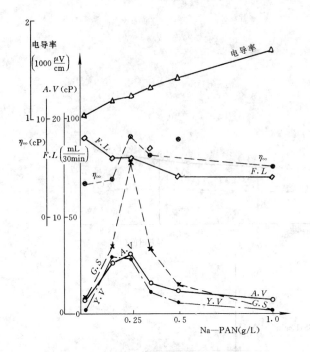

图 15.43　聚丙烯腈（Na—PAN）试验曲线

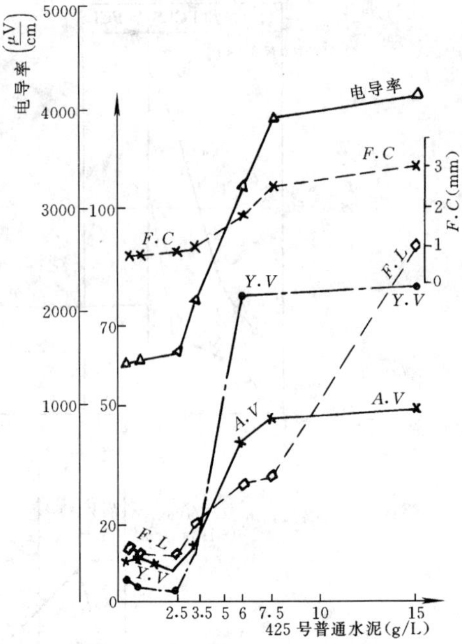

图 15.44　425 号普通水泥试验曲线

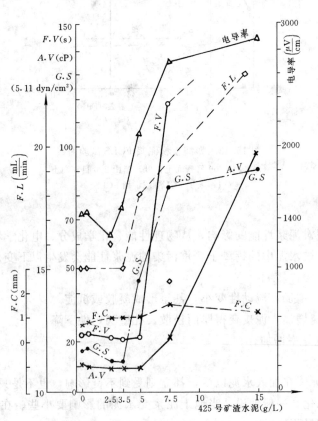

图 15.45　425 号矿渣水泥试验曲线

2）水泥品种（普通水泥和矿渣水泥）对泥浆的影响程度没有明显的差别。但是，由于过期水泥中游离石灰含量高，因而对泥浆的影响要大些。

3）泥浆受水泥的影响程度，主要取决于膨润土或黏土的抗盐特性，土粉和化学外加剂用量以及水泥的用量等。

4）为减轻水泥对泥浆的影响，应采取如下措施：①尽量减少用土量；②加入合适的外加剂，广泛使用纯碱，并根据具体情况采用羧甲基钠纤维素、铁铬木质素磺酸盐等；③改革浇注工艺，尽量避免混凝土或水泥砂浆对槽孔泥浆的扰动和掺混。

试验表明，膨润土泥浆和当地普通黏土泥浆的技术特性有着显著差别。在泥浆生产、存放和使用过程中，应当充分考虑这种差别。

15.5　泥浆质量控制标准

由于地下连续墙的功能和泥浆材料等各不相同，国内外对泥浆质量的控制标准也有不少出入。

15.5.1　我国水电标准

我国《水利水电工程混凝土防渗墙施工技术规范》（SL 174—96）中的 4.06 和 4.07 条分别对膨润土和当地黏土泥浆提出了要求（见表 15.23 和表 15.24）。笔者认为表 15.24 中的 pH 值改为 8.5~10.5 比较合适。

表 15.23　新制黏土泥浆性能指标

项目	单位	性能指标	试验用仪器	备注
比重		1.1~1.2	泥浆比重秤	
漏斗黏度	s	18~25	500/700mL 漏斗	
含砂量	%	≤5	含砂量测量器	
胶体率	%	≥96	量筒	
稳定性		≤0.03	量筒、泥浆比重秤	
失水量	mL/30 min	<30	失水量仪	又称为滤失量
泥饼厚	mm	2~4	失水量仪	
1min 静切力	N/m²	2.0~5.0	静切力计	
pH 值		7~9	pH 试纸或电子 pH 计	

表 15.24　新制膨润土泥浆性能指标

项目	单位	性能指标	试验用仪器	备注
浓度	%	>4.5		指 100kg 水所用膨润土重量
比重		<1.1	泥浆比重秤	
漏斗黏度	s	30~90	946/1500mL 马氏漏斗	
塑性黏度	cP	<20	旋转黏度计	
10min 静切力	N/m²	1.4~10	静切力计	
pH 值		9.5~12	pH 试纸或电子 pH 计	

15.5.2　我国建工标准

我国 GB 5202—2002《建筑地基基础工程施工质量验收规范》第 5.2.12 条提出的泥浆性能指标见表 15.25。这些控制指标对膨润土和黏土泥浆都是有效的。

表 15.25　泥浆的性能指标

项次	项目		性能指标	检验方法
1	比重		1.05～1.25	泥浆比重秤
2	黏度		18～25 s	500mL/700mL 漏斗法
3	含砂量		<4%	
4	胶体率		>98%	量杯法
5	失水量		<30mL/30min	失水量仪
6	泥皮厚度		1～3mm/30min	失水量仪
7	静切力	1min	20～30mgf/cm²	静切力计
		10min	50～100mgf/cm²	
8	稳定性		≤0.02g/cm³	pH 试纸
9	pH 值			7～10

15.5.3　英国标准

英国基础工程标准（BS 8004∶1986）提出的泥浆质量控制标准为：

泥浆比重：<1.1；

马氏黏度：30～90s；

静切力（10min）：1.4～10Pa；

pH 值：9.5～12（一般用下限值）。

15.5.4　德国标准

德国工业标准《现浇混凝土地下连续墙的设计与施工》（DIN 4126∶1983）对膨润土泥浆提出的要求是：

比重：<1.10；

马氏黏度 $F.V$：30～50s；

塑性黏度 $P.V$：小于 20cP；

静切力（10min）：1.4～10Pa；

pH 值：9.5～12。

15.5.5　日本标准

日本地下连续墙工程对泥浆性能的要求见表 15.26。这些指标适用于基坑支护或作为深基础的地下连续墙工程。

表 15.26　日本泥浆控制表

项目	膨润土泥浆		聚合物泥浆		说明
	挖槽时	清孔时	挖槽时	清孔时	
比重	1.04～1.20	1.04～1.10	1.01～1.20	1.01～1.10	
黏度（s）	20～36	22～30	20～36	20～30	500/500mL

项目	膨润土泥浆		聚合物泥浆		说明
	挖槽时	清孔时	挖槽时	清孔时	
失水量（mL）	<30		<30		
泥皮厚（mm）	<3.0	<1.0	<2.0	<1.0	
pH 值	7.5～10.5	7.5～10.5	7.5～11.5	7.5～11.5	
含砂量（%）	<5	<1	<5	<1	

表 15.27 是日本某工程的泥浆管理标准，泥浆配比为膨润土 6%、羧甲基钠纤维素 0.1%。

表 15.27　日本泥浆管理标准表

	制造时	掘削中	清孔后
比重	1.02～1.05	1.05～1.20	1.05～1.13
黏度	23～32s	21～32s	21～32s
失水量	15mL 以下	40mL 以下	40mL 以下
泥皮厚	5mm 以下	10mm 以下	10mm 以下
含砂量	—	5% 以下	5% 以下
pH 值	7.5～10.5	7.5～10.5	7.5～10.5
稳定性	—	—	0.06 以下

日本对黏滞性指标控制为：

塑性黏度（$P.V$）：大于 8cP；屈服值（$Y.V$）：小于 10lbf/100ft² （48cP）。

必须注意，日本采用 500/500ml 黏度漏斗。

15.5.6　意大利标准

意大利地下连续墙的泥浆控制指标大致如下：

马氏黏度：37～55s；

比重：<1.08（新鲜泥浆），<1.15（浇注期间）；

失水量：18mL（压力 0.7MPa）；

泥皮厚：<2.5mm；

塑性黏度：20cP；

pH 值：<11.7；

静切力：<200dyn/m²；

胶体率：98%；

含砂量：小于 3%～4%。

15.5.7　美国标准

美国大多数地下连续墙工程使用的泥浆的膨润土用量约为 4%～6%。通过以下几个方面的试证和论证来选定最终的泥浆配合比。

1）失水特性。通常在第一个槽孔或者在其附近开挖一个试验槽孔来进行试验。图15.46是这种试验结果之一，即槽孔总的失水量与时间的关系曲线。可以看出，当膨润土用量小于4%时，总失水量会显著增加。如果把用土量提高到4.5%～5.0%，总失水量就会大为减少。

2）悬浮能力。如果开挖的土沉淀于底部，将形成一层软泥层。通常，软泥层是很难被浇注的混凝土所推移或置换的。为避免这种沉淀，在开挖期间需要利用泥浆悬浮岩屑使沉淀减到最少。根据试验结果，剪切强度为75dyn/cm²（约15lbf/100ft²）时能悬浮1mm粒径的砂粒（这是粗砂的平均粒径）。如果把所用泥浆的10min静切力保持在75dyn/cm²以上（这对于浓度4%～6%的大多数膨润土泥浆是能够达到），那么泥浆的悬浮能力是可满足要求的。图15.47表示的是膨润土浓度与悬砂量的关系曲线。

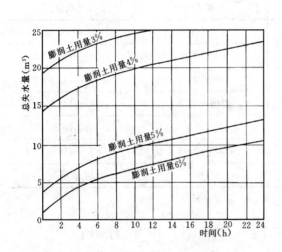

图15.46　槽孔的总失水量与时间的关系曲线
（槽孔尺寸：4.6m×30.5m×0.61m，
地基 $K=5\times10^{-3}$cm/s）

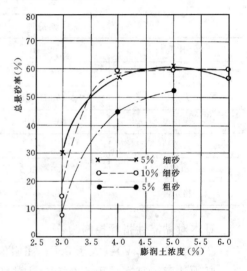

图15.47　悬砂量与膨润土浓度的关系

另外，砂砾地层要求较高的静切力以防止坍孔。但是这需要综合加以考虑，以避免给其他工序造成困难。比如在浇注混凝土之前，常用空气升液器来清理孔底，这就要求泥浆的阻力（静切力和动切力）要小一些才好。但是如果静切力太小，岩屑就会在回水软管、输浆管、泵及连接件中造成堵塞而使排渣困难。

3）被混凝土置换的特性。这是一个很复杂的问题。这里所说的泥浆被混凝土置换的特性是指泥浆从槽孔底部、接头管、钢筋以及相邻槽孔接触面上全被流动的混凝土置换出来，留下干净的接触面的能力。为了达到上述目的，以往都是限制泥浆的比重、含砂量以及淤积厚度。现在看来，泥浆黏度和静切力的影响也是不可忽视的。

开始浇注混凝土时，刚搅拌好的混凝土先是横向流动，把泥浆从孔底和钢筋周围置换出来并推挤泥浆向上升起。根据试验观察结果来看，槽孔中泥浆比重不能大于1.25。

浇注混凝土时，泥浆的塑性黏度应大于20cP，相应的膨润土浓度约为10%～12%。

这是根据从垂直面上置换泥浆的理论分析得出的，并已被实验所证实。根据这些试验，残留在槽孔壁上的泥皮厚度为

$$\delta = \left[\frac{2\eta_p v}{\Delta\gamma \cdot g} \left(\frac{2Z}{Z_0} - 1 \right) \right]^{\frac{1}{2}}$$

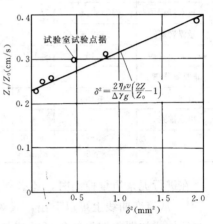

式中 δ——泥皮厚度，mm；

η_p——塑性黏度；

v——混凝土上升速度；

$\Delta\gamma$——混凝土与泥浆重度之差；

Z_0——基底初始位置混凝土与泥浆交界面的高度；

Z——初始位置以上的距离。

图 15.48 残留的膨润土泥皮厚度的变化

图 15.48 表示的是 Z_v/Z_0 与 δ^2 的关系曲线。

上面提到的塑性黏度控制值 20cP 是在假定沿垂直面被混凝土吸附或新混凝土扫刷的泥皮厚度小于 0.01cm 的前提下得到的。当然，这个控制值只能参考使用，因为有很多因素的影响，会使此值发生较大的变化。

4）分离（净化）特性。循环、处理和回收浆以供重复使用，这在一般地下连续墙工程中都是必须进行的工作。一般情况下，如果大于 100 目的固体颗粒能被清除，泥浆的重复利用是可能的。但是，有时这可能引起泥浆浓度增加很多，大的岩屑和砂用振动筛分离，细颗粒用旋流器分离或在沉淀池中沉淀。振动筛的效率取决于固体含量及泥浆的黏度，如果泥浆的含沙量大于 30%，其效率将降低。然而，没有严格的黏度极限，超过它筛分就变慢了。用较稀的泥浆有可能更有效地清除进入孔内的泥砂。只有未分散的黏土块才可以用机械分离。受天然黏土污染的泥浆，唯一的清理方法是用稀释剂处理，但这不是经常能够达到要求的。

5）泵送泥浆。由于泥浆有触变性，致使泥浆开始流动比维持流动要求更高的泵吸压力，所以当再启动泵时，所采用的单位压力 p 必须克服停泵期间泥浆获得的剪切强度。这要求：

$$\frac{pr}{2L} > \tau_f$$

式中 r——管径；

L——管的长度。

在这种情况下，剪切应力 τ_f 采用 10min 的静切力，但此值往往较高。例如，已知 $p = 50\text{lbf/in}^2$（0.35MPa）、$\gamma = 3\text{in}$ 及 $L = 1000\text{ft}$ 时，只有泥浆的剪切强度小于 90lbf/100in^2，才能重新开始流动。如果超过此值，那么停泵 1h 以上，就要把管线放空。

通过上面的分析，可以把泥浆的控制指标列成表 15.28，这些指标是对一般情况而言的。对于已经明知工程所在地或者是积累了丰富经验的情况，指标范围可以大大缩小。另外有些情况下，并非一定要把表中所列指标都进行控制。

表 15.28　美国泥浆控制指标

功用	膨润土平均浓度 (%)	比重	塑性黏度 (cP)	马氏黏度	静切力 (10min) (mgf/cm²)	pH 值	含砂量 (%)
护壁	>3~4	>1.03	—			—	>1
止水过程	>3~4	—	—		—		1
悬浮岩屑	>3~4	—	—		>60~75	—	
被混凝土置换	<15	<1.25	<20	根据土壤类型定范围		<12	<25
非胶质分离	—	—	—		—	—	<30
清除杂质	<15	<1.25					<25
用泵排浆	—	—	—		变量	—	
范围	>3~4 <15	>1.03 <1.25	<20		760~95	<12	>1

在进行泥浆质量控制时，还必须注意以下几点：

1）从流变曲线上可以看出，表观黏度取决于量测系统的剪切速度，塑性黏度是量测理想液体或初期剪切强度很低的浆体流动的阻力的。通常，塑性黏度必须结合 10min 胶体静切力来描述其流动特性。

2）虽然马氏漏斗试验不能提供绝对的黏度值大小，但它为常规的施工工作提供有用的数据。因此，在比较的基础上显示地基条件和泥浆特性的关系时，它是简单和实用的。

3）当研究流变曲线和用于胶体特性的理论分析时，宾汉（Bing Han）屈服应力（动切力）是重要的。不过，实际上很少需要估计这个应力，而且它与初始的或 10min 的静切力几乎无关。

15.5.8　我国台湾地区的泥浆控制标准

比重：1.02~1.15；

漏斗黏度：23~65s（有水），21~45s（500/500mL）；

失水量：<30mL/30min（坍塌地层小于 15mL/30min）；

泥皮厚度：<3mm；

pH 值：8.5~11.7；

含砂量：挖槽时<7%，浇注时<3%。

15.5.9　笔者建议

笔者的建议见表 15.29。

表 15.29　泥浆控制指标建议表

项目	单位	膨润土泥浆			黏土泥浆			聚合物泥浆		备注
		搅拌后	挖槽时	清孔后	搅拌后	挖槽时	清孔后	搅拌后	清孔后	
比重		1.03~ 1.08	1.05~ 1.30	1.10~ 1.20	1.1~ 1.2	1.15~ 1.35	1.20~ 1.30	1.01~ 1.03 -	1.02~ 1.10	
漏斗黏度 F.V (700/500mL)	s	20~30	25~50	25~35	18~25	25~45	25~30	20~40	20~30	

续表

项目	单位	膨润土泥浆			黏土泥浆			聚合物泥浆		备注
		搅拌后	挖槽时	清孔后	搅拌后	挖槽时	清孔后	搅拌后	清孔后	
塑性黏度 $P.V$	cP	8～15	10～30	10～20						
动切力，$Y.V$	cP	20～60								$Y.V$ $>G.S$
静切力 （10min）	dyn/cm²	50～100	50～150	≥75～100	50～100		75～100			$<G.S$ （10min）
失水量	mL/30min	≤15～20	<40	<30	20～30	<40	<30	<30		
泥皮厚	mm	<2～3	3～10	<3.0	2～4		3～6	<2.0	<1.0	
pH 值		7.5～10.5	8.5～11.0	8.5～10.5	7～9		8～10	7.5～11.5	7.5～11.5	
含砂量	%	<1.0		≤5～8	<5		<5～8	<5	<1	
稳定性		≤0.03		≤0.03	<0.03					
胶体率	%	96～98		>98	96～98		>98			

注　应根据工程类别（防渗、承重）和膨润土质量，结合本工程情况选用适当的指标。

15.6　超 泥 浆

　　近年来，在国外的基础工程中逐渐使用了没有（或很少）膨润土粉的超泥浆（Super Mud，SM），笔者所在单位也从 1993 年开始对此进行了引进和试用，相信在今后城市施工的基础工程（地下连续墙和灌注桩）中可能会逐渐引入应用，为此特在此加以介绍。

　　1. 超泥浆的基本性能

　　（1）特性

　　超泥浆是一种由高分子聚合物组成的高浓缩性乳液稳定液，用于地下连续墙或桩基施工，具有稳定沟槽的功能，可取代传统的膨润土。其分子量为 $1.5 \times 10^7 \sim 1.8 \times 10^7$，分子与分子之间通过交链彼此相连（见图 15.49），遇水之后产生膨胀作用，因此可提高水的黏滞度（见图 15.50），可在孔壁表面形成一层坚韧的胶膜，防止孔壁坍塌。

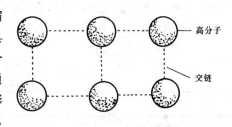

图 15.49　交链连接图

　　超泥浆材料特性如下：

　　1）成分：聚丙烯酰胺（Polyacrylamide）。

　　2）物理化学特性：①沸点：220°F（104℃）；②比重：1.0；③溶点：0°F（－18℃）；④蒸发速度：1（乙酸丁酯 1）；⑤水溶性：明显；⑥外观和气味：白色、黏性、不透明液体，轻微气味。

　　3）燃烧及爆炸数据：①闪点：大于 300°F（149℃）；②熄灭材料：使用酒精泡沫，干冰（CO_2）等；③特殊熄火步骤：戴上可单独使用的正压力呼吸器及安全防火服装，用

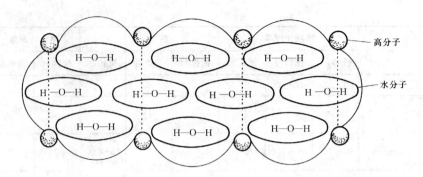

图 15.50　遇水膨胀图

水喷洒容器以保持其冷却状态。

4）安全数据：①安全性：良好；②不相容物质：强氧化剂；③危险性聚合作用：不会发生。

（2）超泥浆的特点

1）很容易溶于水中。

2）不会腐败变质。

3）配制的泥浆能快速凝聚或分散，可以马上使用。

4）可使槽孔内悬浮的砂或沉渣凝聚团粒化，促进迅速沉降。

5）单独使用时没有造壁能力，但它可以在黏土、未固结粉砂或砂的表面形成薄膜，保持孔壁形状不变。

6）与膨润土合用，具有造壁能力和降失水特性。

7）易受可溶盐类的影响，必须与纯碱（Na_2CO_3）合用。

8）SM 泥浆本身带阴离子，而黏土颗粒表面也带阴离子。在挖槽过程中，两者不会混合，其钻渣含水量很少，可以直接装上卡车运离工地。

9）耐盐性高，在海水中也可使用。

（3）超泥浆配比（见表 15.30）

表 15.30　超泥浆的配比

材　　料	黏土层	砂　　层	砂砾层
超泥浆	0.1%	0.1%～0.15%	0.1%～0.2%
膨润土	0～0.1%	1.0%～2.5%	2.0%～3.0%
碳酸钠	0～0.1%	0.05%～0.1%	0.05%～0.1%
堵漏剂	—	按 0～1% 比例 直接投入孔内	直接投入孔内
黏度 （500/500mL）	24～26s	24～35s	28～45s
比重	1.00～1.005	1.005～1.01	1.01～1.02

注：在强透水地层中使用超泥浆时，应加入堵漏剂。

2. 超泥浆的使用和回收

（1）超泥浆的制备

1）使用纯碱（Na_2CO_3）将水的 pH 值调整到 8～11。

2）配比。超泥浆：水＝1：（500～800）。

3）黏度：马氏漏斗（946/1500mL）黏度应达到 32～60s。

（2）使用方法（见图 15.51）

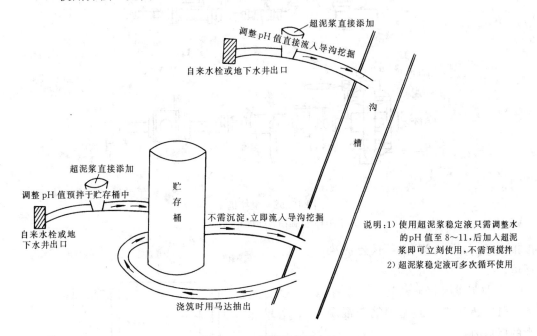

图 15.51　超泥浆使用方法

1）直接使用。制备后直接进入沟槽中。

2）循环使用。可以回收贮存，多次使用。

（3）拌合机

这里要说明的是，使用通常采用的旋转式拌合机是无法把超泥浆材料那么长的分子链打碎的，但是利用射流或高频振动的方法是可以做到的。图 15.52 就是一种射流搅拌装置的示意图。

（4）质量控制

挖槽之前，必须进行下列工作：

1）检测 pH 值是否在 8～11 之间。若 pH＜8，则应加入纯碱使其恢复到要求范围。

2）检测黏度是否满足要求，否则应加入超泥浆，使其恢复到要求范围之内。

（5）回收

使用超泥浆钻进时，不会与土砂颗粒混合，故泥浆中含砂量极低，可多次重复使用。用完后，可用胶管将泥浆抽回到贮浆罐（桶）中去，以供后续槽段使用。

3. 超泥浆的废弃

向欲废弃的泥浆中加入漂白粉（次氯酸钠）使其分解，24h 即完全变成中性，可以直

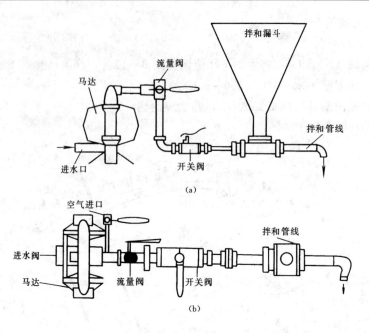

图 15.52　搅拌机

（a）立面图；（b）平面图

接排入下水道或沟渠，不会污染环境。

4. 超泥浆对钢筋混凝土的影响

（1）超泥浆不影响钢筋与混凝土的握裹力

将竹节钢筋放在按 1：800 配制的超泥浆中浸泡 30min，再与混凝土浇注成圆柱形试块，按规定的方法进行测试（见图 15.53），发现超泥浆对两者之间的握裹力并无影响（见表 15.31）。

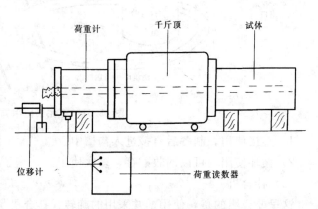

图 15.53　拉力试验示意图

表 15.31　试验结果综合表

编　号	钢筋直径（cm）	握裹长度（cm）	握裹表面积（cm²）	拉力 T（N）	握裹力 τ（N/cm²）	平均握裹力 τ（N/cm²）
涂水（1）	2.48	52	405.14	88000	217.2	218.1
涂水（2）	2.48	52	405.14	88700	218.9	
涂超泥浆（1）	2.48	53	412.93	55700	134.9	205.4
涂超泥浆（2）	2.48	53	412.93	105500	255.5	
涂超泥浆（3）	2.48	53	412.93	93300	225.9	

注：混凝土抗压强度为 1400N/cm²。

（2）超泥浆不会增加透水性

在清水和 1：800 超泥浆条件下分别制作水泥浆试块，养护 28d 后进行三轴透水试验。结果表明，超泥浆并不增加其透水性。

5．超泥浆使用实例

（1）概况

超泥浆首先产生于美国，使用的基础工程是很多的。香港和东南亚地区应用于很多工程中。

（2）日本国的工程实例（桩基）

施工现场：神奈川县横须贺市内；

施工桩数：35 根（全扩底桩）；

钻渣量：约 15000m³。

1）柱状图和泥浆配比。图 15.54 为该现场地质柱状图。由图得知，地下水位在 4m 左右。地表至 3.5m 为填土，混有混凝土块和卵石。3.5～8m 为细砂和砂质粉土，该层对泥浆没有特别大的问题。8m 以下均为 N 值低的粉砂层，但混有固结粉砂，恐怕泥浆失水会造成剥落坍塌，需要注意泥浆失水量。桩的承载层为砂质固结粉砂层，N 值非常大，担心扩底后会混入大量沉渣。另外，该现场离海非常近，而且旁边就有一条河，靠近河口，担心受盐污染。在这种现场施工，粉砂会逐渐混入泥浆中。盐混入泥浆后会使泥浆的流动性变差，密度进一步增大，沉渣清除困难。这将使施工时间延长，特别是在测定孔壁时需要替换泥浆，将浪费很多时间。

为解决这个问题，施工单位采用了超泥浆。对于沉渣问题，利用超泥浆的凝聚性容易解决。对于耐盐性问题，通过采取现场旁边河中的水化验盐浓度，认为即使盐混入泥浆中，也不会超过 500mg/L。不同盐浓度对泥浆性能的影响见表 15.32。

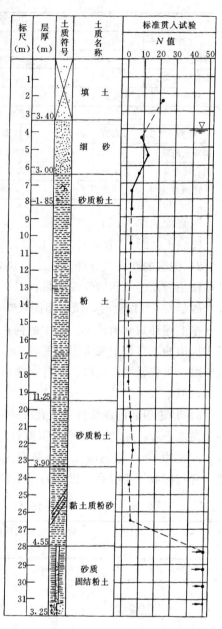

图 15.54　地质柱状图

表 15.32　不同盐浓度泥浆试验结果

种类	盐浓度（NaCl 0mg/L）				
	黏度（s）	比重	失水量（mL）	泥皮厚度（mm）	pH 值
膨润土泥浆	27.7	1.025	14.4	1.07	10.55
羧甲基钠纤维素泥浆	36.8	1.015	10.1	0.91	10.30
超泥浆	28.4	1.010	14.2	0.40	10.11

盐浓度（NaCl 5000mg/L）				
种类	黏度（s）	比重	失水量（mL）	泥皮厚度（mm）	pH 值
膨润土泥浆	24.1	1.025	24.2	1.50	9.7
聚合物泥浆	32.8	1.015	18.7	0.90	9.4
超泥浆	27.8	1.010	16.8	0.50	9.8
盐浓度（NaCl 10000mg/L）				
种类	黏度（s）	比重	失水量（mL）	泥皮厚度（mm）	pH 值
膨润土泥浆	23.1	1.025	35.6	1.80	9.6
聚合物泥浆	31.7	1.015	21.5	0.80	9.3
超泥浆	25.1	1.010	18.2	0.50	9.5

泥浆配比如下：

膨润土：2%；超泥浆：0.15%；碳酸钠：0.1%。

2）泥浆的性质及管理。施工前决定每施工 5 根桩进行一次回收泥浆的再搅拌处理，具体做法为：①确认回收泥浆量（以泥浆箱内剩余量核对）；②添加 0.1% 的碳酸钠搅拌；③含砂量在 2% 以上时，添加超泥浆 0.1%；④含砂量在 2% 以下时，添加超泥浆 0.05%。

按上述计划开始钻进。第 1 个桩孔钻至约 8m 时上部孔段发生坍塌。原因是地质柱状图中标出的上部填土层实际深度近 9m，且大部分由碎渣和孤石构成。所以，填土层有很大空隙，很快就漏失坍塌。于是，采取措施将套管下至 10m，重新开钻，上部虽有暂时性漏失，但未成为问题。

3）钻进引起的泥浆性质变化见表 15.33。推测第 1 个桩孔回收泥浆的盐浓度急剧上升和黏度下降，是填土层碎渣和孤石的空隙残留海水所致。采取的对策是，搅拌新泥浆时，改变约 40m³ 量的配比，以膨润土 3%、超泥浆 0.15%、碳酸钠 0.1% 的比例配制泥浆，并与回收泥浆混合。以后的新泥浆按最初的配比配制。

表 15.33　钻进引起的泥浆性质变化

项目 泥浆	比重	黏度（s）	失水量（mL）	泥皮厚度（mm）	含砂量（%）	pH 值	钙离子（mg/L）	浓度（mg/L）	备注
新泥浆	1.01	28.7	13.6	0.4	—	10.2	—	—	
第 1 个孔的回收泥浆	1.02	25.4	13.8	0.5	0.1 以下	9.0	76	896	配制新泥浆 40m³；膨润土±3%；SM 0.15%；Na₂CO₃ 0.1%
第 10 个孔的回收浆	1.02	25.7	12.8	0.5	0.1 以下	9.5	128	1314	
第 20 个孔的回收浆	1.03	24.3	20.2	0.5	0.2%	9.4	82	2761	再搅拌：SM0.07%；Na₂CO₃ 0.1%
第 30 个孔的回收泥浆	1.03	25.4	18.2	0.6	0.2%	9.4	82	3066	未再搅拌

第 20 个桩孔泥浆回收时，因失水量有增加的趋向，仅将超泥浆的量改为 0.07% 进行重新搅拌。

4）钻孔后和清底后含砂量与密度的变化。使用超泥浆，沉淀物和砂凝聚粒化，容易进入钻斗内，扩底部分的沉渣和含砂量比以往减少，并能够用钻斗容易地排出孔外。该现场停钻后的作业顺序列于表 15.34。

表 15.34　钻进结束后的工序

停钻 →测深（确认深度）→静置 30 min→清底→测深→测定孔壁→测深→无沉淀（OK）…→下钢筋笼

→灌注混凝土 ———→有沉淀（NO）———→用泵置换→测深（OK）

按该顺序进行了施工，测定了第 1 个桩孔和第 20 个桩孔的停钻后和清底后密度与含砂量变化见表 15.35 和图 15.36。

表 15.35　第 20 桩孔的测定结果

项　　目	比　　重		含砂量（%）	
钻进深度	钻孔后	清底后	钻孔后	清底后
地表—15m	1.05	1.04	3.0	1.5
地表—20m	1.07	1.05	3.0	1.5
地表—25m	1.10	1.05	6.5	2.5
地表—30m	1.17	1.08	14.0	3.5
地表—31.5m	1.28	1.10	17.0	7.0

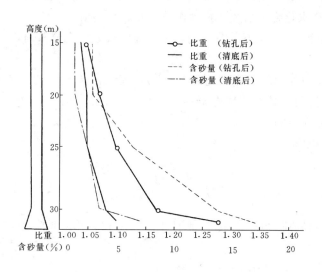

图 15.55　桩孔测定结果

由表可知，停钻后的含砂量密度相当高，但经 30min 较短时间后两者都充分沉降，并通过清底排出孔外。

沉渣处理后，未进行泥浆置换就进行了孔壁测定。

（3）超泥浆在我国台湾地区的应用

我国台湾地区约在 20 世纪 90 年代初从美国引进该产品，已经在黏土和砂层地基中建造成功了深约 32m 的地下连续墙和深 35m、ϕ1.6m 的灌注桩。

（4）超泥浆在泰国、我国香港的应用

在泰国和我国香港也有不少应用的工程实例。

（5）超泥浆在国内大陆地区的应用

国内大陆地区最早是由北京水利工程基础总队于 1993 年进行了试验性应用；上海地区于 1996 年也进行了试验性应用，效果不错。目前尚没有已建成的工程实例。

15.7　本章小结

本章比较详细阐述了工程泥浆基本原理、性能变化和调整、质量控制等方面的内容。这里特别强调以下几点：

1）黏土泥浆和膨润土泥浆是有区别的。

①黏土泥浆是靠重力来维持槽孔稳定的，它对外加剂的反应不敏感，有时甚至不加纯碱，黏土泥浆也能使用。

②膨润土泥浆则主要依靠化学力（还有重力）来维持槽孔稳定的。这种泥浆必须加入外加剂，调节和改善其性能，才能具有良好的使用性能。

2）黏土泥浆可在搅拌完成后立即放入槽孔内使用，有时可直接将黏土块倒入槽孔内，经过钻机和抓斗搅动后，也能达到护壁作用。

3）膨润土泥浆在搅拌完成后不能立即放入槽孔内使用，它必须通过静置一段时间（通常 24h），待完全水化膨胀后才能发挥作用。此点是必须切记的。

4）纯碱（Na_2CO_3）是最好的分散剂，也是最经济的无机分散剂，在工程泥浆中少用氢氧化钠（NaOH）。

5）工程泥浆在浇注水下混凝土过程中，易被流动混凝土中的钙离子（Ca^{2+}）污染，使泥浆性能劣化，使用次数不宜超过 3～4 次。

6）超泥浆具有很高的抗海水污染特性，特别适用对环境保护要求高的大江大河和滨海的桥梁和基础工程中。

参考文献

丛蔼森．地下连续墙的设计施工与应用［M］．北京：中国水利水电出版社，2001．

第16章 地下连续墙的施工

16.1 概 述

16.1.1 施工过程图

挖槽是地下连续墙工程最重要的一道工序（作业）。本章将深入阐述槽孔开挖施工过程和清孔方法、孔斜控制和泥浆的施工管理等。

前面曾经谈到地下连续墙的主要施工过程分为挖槽、（泥浆）固壁、浇注和连接（接头）等四道主要工序。一般地下连续墙的施工过程见图 16.1。

本章阐述刚性混凝土地下连续墙的挖槽施工过程。一般说，要完成以下几项工作：

1）测量放线。

2）修建施工平台、导墙和临时建筑。

3）设备运输、安装和试运转。

4）购买原材料和零配件。

5）搅拌泥浆并静置 24h。

6）挖槽和清孔以及废渣和废浆处理和外运。

7）钢筋和埋件加工及吊放。

8）混凝土的生产、运输和浇注。

9）接头管（箱）的吊放和起拔。

10）墙体质量检测。

16.1.2 施工计划

1. 概述

根据 ISO9000 的要求，一个土建（基础）工程在施工前应提交以下文件：施工组织设计和项目质量计划。后者是指为了预定的质量目标，在不同阶段（过程）应当遵循的质量标准；而前者则是为了实现上述质量目标以及经济效益目标而采用的技术的和管理方面的措施和手段。这里着重说说施工组织设计的编制问题。

（1）施工组织设计

根据收集和调查得到各种资料和信息，结合本单位和本工程的具体条件，研究比较和选择技术安全可靠、施工方便和经济合理的施工方案，是施工组织设计的首要任务。

施工组织设计应包括以下内容：

1）工程概况。

2）工程地质和水文地质条件。

3）主要施工机械的型号和台数。

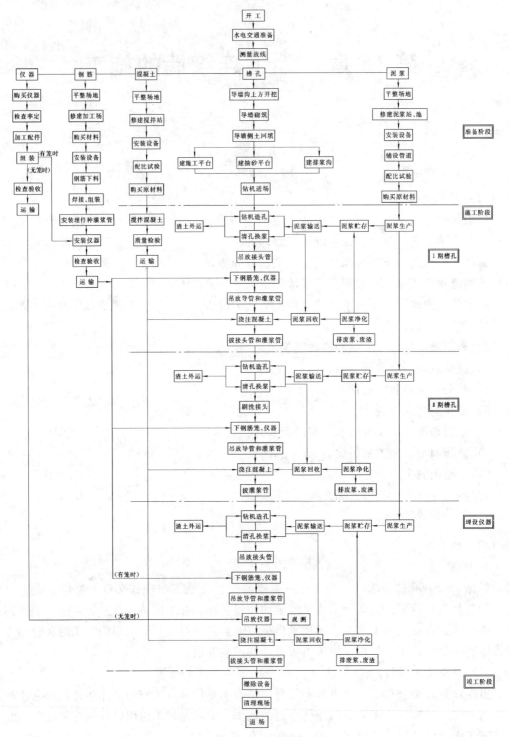

图 16.1　地下连续墙施工过程

4）施工准备工作计划，包括：

①现场障碍物（地上与地下的）拆除和平整。

②内部和外部（必要时）交通道路的修筑。

③临时生产设施和生活设施的搭设。

5）施工现场布置及总平面图。

6）各种材料、机械设备、用电、用水和劳动力的用量和分阶段供应计划。

7）施工顺序与过程计划、对各道工序的施工顺序和过程，以及互相衔接问题，应包括：

①基坑降水和回灌方案。

②土方开挖方法、顺序及施工技术要求，弃土计划。

③桩基或地下连续墙施工和技术要求。

④基坑支护方法、顺序和技术要求。

8）冬季、雨季和汛期施工方案和措施。

9）施工总进度计划，包括绘制网络图以及施工进度说明。

10）施工监测方案及实施方案。

11）工程质量要求和质量保证措施。

12）施工安全和文明施工措施。

13）事故处理和应急措施。

（2）修改和调整

施工过程中，应随时监测和检验，一旦发现施工过程与原计划有较大出入，应及时分析研究，进行必要的调整、修改，甚至推翻原来的施工组织设计，提出符合实际情况的新方案，使工程质量、工期和效益目标都能实现。

2. 地下连续墙的施工组织设计

应包括以下主要内容：

1）选定挖槽机械。

2）导墙设计。

3）单元槽段（槽长）的划分。

4）挖槽方法和泥浆生产、回收计划。

5）沉渣清理计划。

6）钢筋的加工、运输和吊装计划。

7）混凝土的浇注计划。

8）施工接头的试验与调整计划。

9）质量及施工管理计划。必须准备好下列图纸和必要的文字说明：

①施工平台和导墙设计图。

②槽段划分图。

③总平面布置图。挖槽机、钢筋加工场、泥浆搅拌站和废弃泥浆池等的平面布置图和设备布置图。

④临时道路和给排水设计图。

⑤供电、配电设计图。

⑥钢筋和埋件加工图。

⑦施工顺序和过程图。

16.2 施工平台与导墙

16.2.1 施工平台

地下连续墙的施工机械化程度是很高的，有的时候要动用很多大型机械设备进入现场。如何保证各种机械设备安全顺利地运转，并且不会对槽孔稳定造成不良影响，这是本节要解决的问题。

本节将说明如何选择施工平台的高程和有关尺寸，导墙的高度、结构型式和有关尺寸，修筑平台和导墙时应注意的事项。

1. 施工平台高程的选定

地下连续墙的挖槽机和混凝土运输以及吊装机械等大型设备，都必须放在平整和加固的场地上，才能保证施工顺利进行。这个场地就叫做施工平台或工作平台。在施工平台上还要修建为挖槽机导向用的导墙（导向槽）。导墙顶部高程与施工平台高程基本相同，这里先来确定施工平台高程。

在确定施工平台高程（即导墙顶高程）时，应遵守以下几个原则：

1）应比地下连续墙的设计顶部高出 0.5～1.0m 以上。

2）高出地下水位 1.5～2.0m 以上。

3）当在江河湖海（水库）施工时，应高出施工期的最高水位或潮水位，并根据工程的重要性，留有足够的安全超高。

4）应能顺利地排除废浆、废水、废渣和弃土。

5）应便于挖槽机、起重机和混凝土罐车等大型机械顺利方便地进出现场，道路坡度不宜过大。

6）基坑的地下连续墙施工平台高程，应进行经济比较后再加以确定，要考虑土方开挖、支撑型式和施工、地下连续墙造价等因素的影响。比如在城市施工时，常常可以把表层土挖去 2～3m 或更多些，这样可把杂填土和地下障碍物清除掉，使导墙坐落在密实地基上；地下连续墙深度小了几米，造价降低了，也便于支撑体系的施工。

7）应使导墙坐落在密实的原状土或经过辗压夯实的填方地基上。

8）还要注意到（特别是对防渗墙工程），随着工程接近尾声，施工现场的地下水位会有明显变化，会造成挡水侧水位上升，使导墙地基含水量增加，稳定性降低。必须考虑到这种水位变化带来的不利影响，必要时要把施工平台的高程抬高些。

2. 平台的主要尺寸和施工技术要求

施工平台是挖槽的工作平台、运输道路和现场仓库。在场地狭小的时候，它也是泥浆站、泥浆池和除砂器的工作场所。施工平台应平坦、坚固、稳定，并且要有足够场地供各种机械和设备使用。

平台的宽度取决于挖槽机的类型及其布置方式、泥浆系统及墙体材料搅拌站的位置和布置方式，一般宽度为 15～25m。

施工平台一般用当地土料和砂砾级配料铺筑而成。修建施工平台时，应根据实际情况在表面铺筑砂砾级配料，并要注意保持雨季或冬季施工时能够正常施工。

在一些大城市里，基坑和桩基施工工程量往往很大，多台机械在场内施工，地面非常泥泞。现在很多工地上都在实施硬底施工，也就是把施工场地上普遍铺设一层 10cm 左右的低标号混凝土，可减少环境污染，加快施工进度。

在粉细砂或淤泥地区，由于地基承载力和沉降变形不能满足要求，应采用挖除或加固的办法，使地基承载力和变形能力达到要求。

3. 施工平台的布置

1）应选择坚硬密实的地基建造导墙，导墙的位置、高程和分段应与其他临建设施和工序协调配合，不产生干扰。

2）当使用轨道（18kg/m 轻轨）时，所有轨道均应平行于防渗墙的中心线，轨枕间应填充道渣碎石，不得产生过大或不均匀沉陷。

3）临时道路应畅通无阻，并应确保雨季和冬季施工正常进行。

4）倒浆平台可用浆砌块石或现浇混凝土修建。

5）随着施工接近尾声，地下水位逐渐上升，有可能危及某侧导墙地基安全时，应把挖槽机放在另一侧导墙的地基上。

6）在城市施工时，往往只能在导墙一侧留出 10～15m 的场地作为施工平台（见图 16.2）。

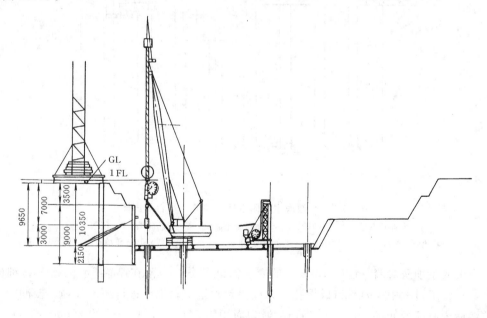

图 16.2　施工平台布置

4. 施工平台和导墙的加固

现代地下连续墙使用大型施工机械，对施工现场地基的承载能力（应大于 100kN/m²）和变形能力要求是很高的。即使采用冲击钻机挖槽，当墙很深时，往往要用两三个月或更长的时间才能挖完一个槽孔，对地基的要求也是较高的。因此可以说，施工平台和导墙的质量及稳定乃是地下连续墙顺利施工的必要前提。当施工平台和导墙不能满足要求时，就必须进行加固和处理。

1) 换土和填方。将地基表层不是很厚的软土、粉细砂挖除，然后回填砂砾料或黏土（分层夯实）。地基表层的杂填土应全部挖除。当地下水位较高、挖方不易进行时，可采用填方的方法，使平台顶高程至少高出地下水位 2.0m 以上。

2) 地基处理。当软弱土层深度较大、地下水位较高时，还可采用深层地基处理办法，常用的有：①振冲加固粉细砂地基（见图 16.3）；②高喷方法；③深层搅拌方法和水泥土搅拌桩法；④强夯方法。

3) 在施工平台表面铺设砂砾料、建筑垃圾、风化坡积料、泥结砾石和低标号混凝土等，也是一种有效方法。

4) 在大江大河或滨海地区的施工平台临水一侧，应采用抛石、浇注混凝土边坡等方式予以加固和防护。

【例 16.1】　小浪底主坝防渗墙施工平台加固（见图 16.3）。

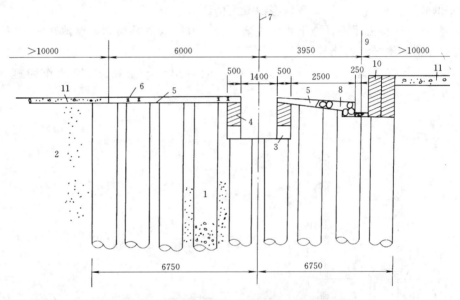

图 16.3　小浪底主坝附近防渗墙施工平台加固图

1—振冲碎石桩；2—粉细砂；3—钢筋混凝土底梁；4—加筋砖墙；5—混凝土板；
6—轨道（4 条）；7—防渗墙中心线；8—浆砌石；9—排水沟中心线；10—砖墙；11—砂砾卵石

小浪底主坝防渗墙（墙厚 1.2m）的右岸滩地部分，坐落在厚约 8m 的松散粉细砂地基中，在施工过程中很容易造成坍孔。为此决定对这层粉细砂进行振冲处理。振冲的范围是防渗墙中心线两侧各 6m，长 297m，处理面积为 3564m^2，总方量约 28500m^3。要求加固后地基重度不小于 19kN/m^3。按此要求布置 10 排振冲孔，孔距 1.5m，排距 1.33m，共计 1980 根。用粒径不大于 150mm 的砂卵石回填。使用两台 25t 和 16t 吊车吊挂 ZCQ—55 和 ZCQ—30 型振冲器，装载机运填料。

振冲加固后，取得了良好效果。在平台临水一侧，则用抛石加以防护。在施工平台上行走和操作的有工作荷载达 80t 的 BH12 抓斗、6m^3 混凝土罐车、40t 起重机等，并经历了两个汛期洪水的考虑，建在粉细砂地基上的施工平台和导墙安稳如初。

16.2.2　导墙

1. 概述

导墙（也有叫导向槽）是用钢、木、混凝土和砖石等材料在施工平台中修建的两道平行墙体。它是地下连续墙施工中一个很重要的临时构筑物，绝大多数地下连续墙施工工法都需要这道导墙，只有使用土方机械、远离沟槽施工的泥浆槽法才不需要导墙。

导墙可以起到以下几种作用：

1）它是标定地下连续墙位置的基准线，为挖槽施工导向。

2）靠它加固和固定槽口，保持土体稳定和泥浆面高程，防止槽口土体和槽内土体坍塌，防止废泥浆、雨水、污水进入槽孔内。还可作为泥浆储存池使用。

3）作为钢筋笼和埋件、混凝土导管、接头管和埋设仪表的吊放导向和操作平台，并可作为上述物件的支承和固定物。有时也作为挖槽机的支承平台。

4）作为检测挖槽精度、标高、水平及垂直尺度的基准和验收设备（如 DM—684）的操作平台。

2. 导墙型式和结构

（1）概要

近 50 年来，随着施工机械和技术的不断发展，导墙的结构型式也不断变化，特别是我国从 1958 年的木导板发展到今天的各种材料建成的导墙，变化非常显著。

导墙可由以下几种材料建成：

1）木材。厚 5cm 的木板和 10cm×10cm 方木，深度 1.7～2.0m。

2）M7.5 号砂浆砌 100 号砖。常与混凝土做成混合式结构。

3）钢筋混凝土和混凝土，深度 1.0～1.5m。

4）钢板。

5）型钢。

6）预制钢—混凝土结构。

7）水泥土。

当地层承载力较低，而施工钻机荷载很大时，常将导墙顶部向两边加长为混凝土板。

（2）导墙设计和施工

1）导墙设计应注意的事项。

①表层地基状况：土体是密实的还是松散的，有无地下埋设物，回填土状况。

②荷载情况：挖槽机的重量与安装方法，荷载型式（分布、集中）及与导墙的距离，钢筋笼与埋件的重量以及在导墙顶上的支承点位置，混凝土罐车的重量及作用位置。

③相邻建筑物与导墙的相互影响。

④地下水位状况：是否会有水位的急剧变动。

⑤导墙应做成便于拆除的结构。

⑥当导墙作为基坑支护结构的压顶梁时，应配置足够的水平钢筋。

⑦导墙完工后，应立即在内侧撑上短支撑或者是向内填土代替支撑。

2）导墙的施工要点。

导墙的位置、尺寸准确与否直接影响地下连续墙的平面位置和墙体尺寸能否满足设计要求。导墙间距应为设计墙厚加余量（4～6cm）。允许偏差±5mm，轴线偏差±10mm，一般墙面倾斜度应不大于1/500。

导墙竖向面的垂直程度是决定地下连续墙能否保持垂直的首要条件。

导墙的顶部应平整，以便架设钻机机架轨道，并且作为钢筋笼、混凝土导管、接头管等的支承面。

导墙后的填土必须分层回填密实，以免被泥浆掏刷后发生孔壁坍塌（见图16.4）。

（3）导墙实例

1）钢筋混凝土导墙。

①日本常用的导墙。图16.5是几个地下连续墙工程导墙工程实例，图16.6是几种特殊条件下导墙结构图。

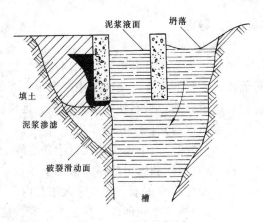

图16.4　导墙的坍塌

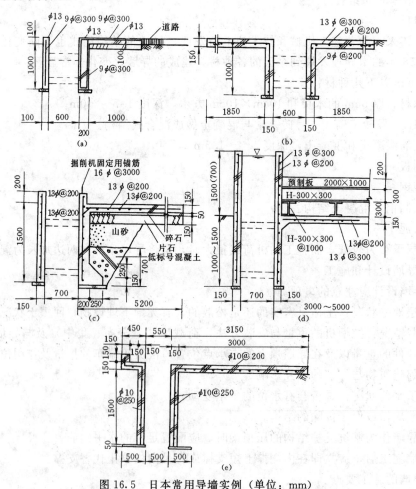

图16.5　日本常用导墙实例（单位：mm）

（a）单侧施工，挖方；（b）双侧施工，挖方；（c）单侧施工，填方；（d）单侧施工，加强导墙；（e）单侧施工，挖方

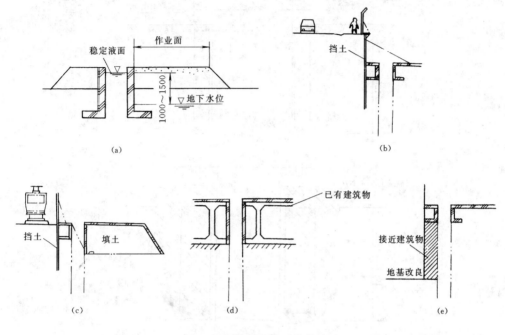

图 16.6　特殊条件下的导墙

（a）地下水位高；（b）高差大；（c）接近铁道；（d）内有建筑物；（e）接近建筑物

②美国在地下建筑物中施工用的导墙结构见图 16.7。

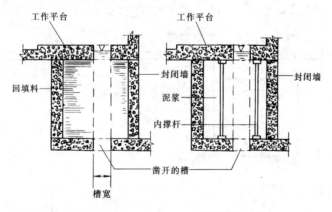

图 16.7　美国地下结构中的导墙

③意大利等国家更喜欢厚的钢筋混凝土导墙，见图 16.8。

④图 16.9 是我国钢筋混凝土导墙中的一例。

2）砖混凝土导墙。

整体式钢筋混凝土现浇导墙的缺点是拆除很难。根据施工经验和体会，笔者陆续使用了三段式的砖混凝土导墙，它是由钢筋混凝土底板、砖立墙和钢筋混凝土顶板组成的（见图 16.10）。底板长度为 0.5～2.0m，厚度为 15～20cm。当导墙是挖方修建的，则底板长度可以大大缩短，有时就使用一道地梁。混凝土标号 100～150 号。

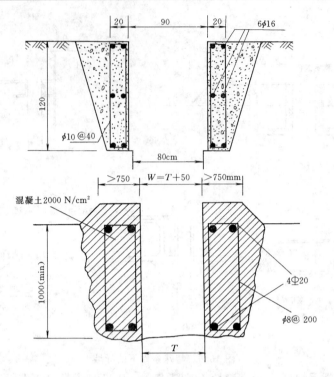

图 16.8　意大利等国的导墙图

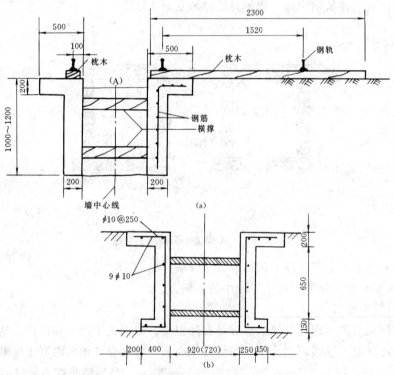

图 16.9　我国钢筋混凝土导墙（单位：mm）

(a) 铺设导轨；(b) 加强式导墙

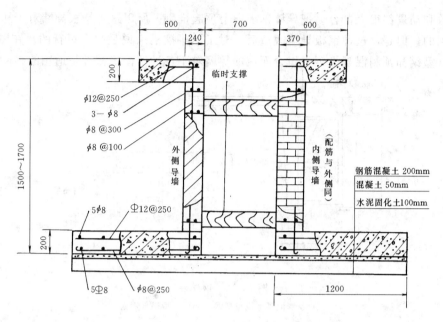

图 16.10　砖混凝土导墙

砖立墙一般是用 75 号砂浆砌筑 100 号机砖建造的。墙的厚度从 24 墙到 50 墙不等，以适应荷载的变化。砖立墙最大高度 3～4m。为了增强导墙的承载和变形能力，常在砖墙内插入 $\phi6$ 钢筋，做成加筋砖墙，并把上下两层混凝土联系起来。还有的每隔 2～4m 在导墙内设钢筋混凝土柱子，效果不错。

混凝土顶板可以起到防护导墙受集中荷载的损害。一般在装载车（装土用）和混凝土罐车经常靠近的一侧，板长 0.6～1.0m，板厚 0.15～0.20m；另一侧在不使用冲击钻的情况下，板长 0.4～0.8m，板厚 0.12～0.15m 即可。

这种混合式导墙的另一个特点是拆除很方便。

3）钢导墙。

图 16.11 是笔者曾经使用的钢板导墙。通过实践证明，这种导墙用于冲击钻造孔是合适的，因为冲击钻上下提升次数较少，而且导墙间距较大（通常比设计墙厚大 20cm），很少撞击导墙钢板。但是用抓斗挖槽时，每间隔几分钟抓斗就要上下一次，而且抓斗斗体有好几吨重，对导墙钢板的

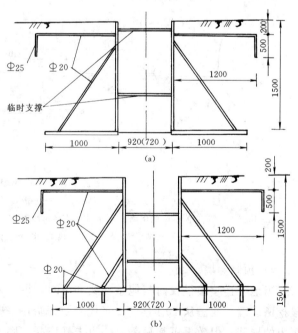

图 16.11　钢板导墙（单位：mm）

（a）普通墙；（b）加强壁

590

深基坑防渗体的设计施工与应用

冲击次数和动量都很大，容易把导墙钢板向上顶起推翻。所以这种钢板导墙对于抓斗来说是不适用的。但是，这种钢板导墙改造后，对于抓斗挖槽来说是完全可行的。在图 16.12 中，用（型钢和预制混凝土钢板组合而成的导墙对于各种挖槽机械都是适用的。

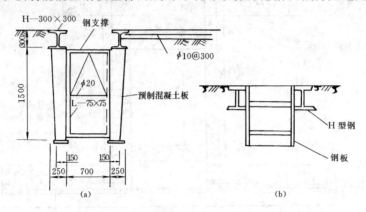

图 16.12　钢导墙
（a）预制混凝土板与型钢；（b）H 型钢与钢板

4）木板导墙。

我国从 1958 年开始采用地下连续墙技术，到 20 世纪 70 年代末期将近 20 年的时间里，防渗墙工程中一直使用木板导墙（当时叫导向槽），80 年代已很少使用，现在已经没人再用木板导墙了。

图 16.13 是木板导墙的实例。

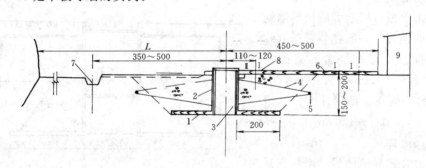

图 16.13　施工平台布置及木板导墙示意图（单位：cm）

1—挑梁（15×15×200）；2—槽板（厚度 5）；3—立带 5×（15～18）×（170～200），间距 70～100；

4—锚绳，双股直径 6mm 的钢筋；5—锚木，直径不小于 10；6—枕木 15×15×（400～500），间距约 60；

7—排浆沟；8—窄轨，轨距 762mm 或 610mm；9—工具棚

5）预制导墙。

当地下连续墙很长而其他条件又许可时，可以采用预制导墙结构，分段建造导墙，分段挖槽成墙。我国从 20 世纪 70 年代末期开始在一些城市地下连续墙工程中采用过预制混凝土的导墙，但效果不甚显著，一直未推广开。图 16.14 是一种用预制混凝土板组合起来的导墙，可以重复使用。图 16.15 也是一种预制导墙，可以重复利用。

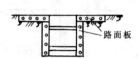

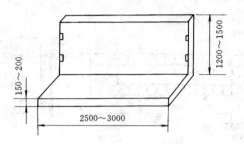

图 16.14　预制混凝土板组合导墙　　　图 16.15　可重复利用的预制混凝土导墙

6）其他导墙实例。

①软土地基中的导墙（见图 16.16）。为了提高导墙和轨道底板的承载力并减少沉陷变形，在轨道一侧导墙后每隔 1.85m 打入 10m 深的（型钢桩，在另一侧每隔 0.9m 打入 1 根角钢，作为导墙的支承。

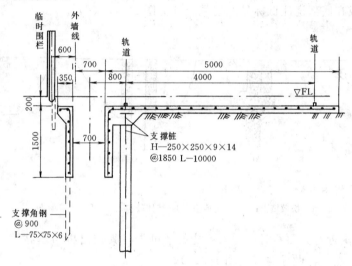

图 16.16　软土中的导墙

②水泥土导墙（见图 16.17）。这种导墙可以防止槽孔上部孔壁坍塌，在粉细层或软弱软土（淤泥）层中使用是很有好处的。

③桩柱式导墙（见图 16.18）。可以想象，这种导墙也有防止孔壁坍塌的作用。

④导向板结构。当地下连续墙深度不大、地基土质较好、槽段施工工期较短时，就可以用两块现浇好或预制的混凝土平板作为导墙（见图 16.19），在苏联、我国均有使用实例。

（4）导墙的稳定措施

在施工过程中，由于地质条件、上部荷载、泥浆质量等原因，会造成导墙坍塌。

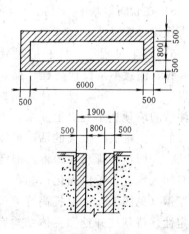

图 16.17　水泥土导墙（单位：mm）

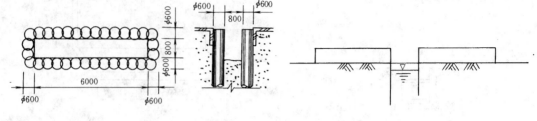

图 16.18　桩柱式导墙（单位：mm）　　　　　　　　图 16.19　平板导墙

为了使地下连续墙施工得以顺利进行，应当注意以下几点：

1）槽孔开挖过程中，泥浆面不得低于导墙底以下。

2）导墙要有足够的深度（1.2～2.0m），填土要密实。导墙太浅、填土太松，就会在浇注后的地下连续墙体表面上留下瘤子（见图 16.20）。对于表层松散的地基来说，要把导墙加深些，或在底部浇注低标号的混凝土［见图 16.20（d）］。

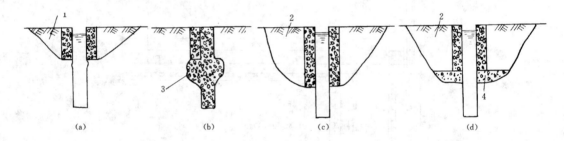

图 16.20　导墙做法

1—松散填土；2—密实填土；3—墙体鼓包；4—低标号混凝土

3）当地表附近有大漂石时，如果可能的话可先将其挖出再回填黏性土或者用土壤固化剂加以固化，然后再做导墙（见图 16.21）。

4）把导墙支承在木桩、混凝土桩或钢桩（见图 16.18）上面。

5）在软弱地基中，可把导墙底部地基用振冲、高喷或深层搅拌等方法予以加固，然后再修建导墙（见图 16.22）。

6）施工过程中，最好把混凝土墙顶浇注高程（注意不是设计高程）提高到导墙底部以上 0.3～0.5m，以保持导墙稳定。如果浇注后的墙顶达不到以上要求，也就是通常所说的"空桩头"太大的话，可以采用如下办法：①回填砂砾料；②将上部空余部分的泥浆加入水泥，予以固化；③在固化部分插入型钢（见图 16.23），提高导墙施工期间的稳定性。待基坑开挖和主体结构完工后，再将其割掉。

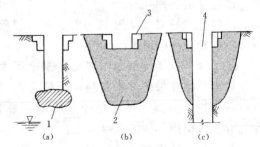

图 16.21　导墙地基处理

1—大漂石；2—回填土；3—导墙；

4—8～10 天后挖槽

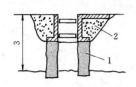

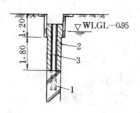

图 16.22　软弱地基中的导墙　　　　　　　图 16.23　导墙的稳定

1—加固的地基；2—填土；　　　　　　1—地下连续墙（$t=800mm$）；2—固化灰浆；

3—软弱地基　　　　　　　　　　　　3—型钢 H—300×300

16.3　槽段的划分

16.3.1　概述

一般情况下，地下连续墙都不是一次就能完成的，而是把它分隔成很多个不同长度的施工段，用 1 台或是许多台挖槽机按不同的施工顺序分段建成的。这种施工段叫做槽段，它的长度则叫做槽段长度和槽孔长度，已建成的墙则叫做墙段（长度）。

实际上，大多情况下一个槽段也是用 1 台或几台挖槽机分几次开挖出来的。每次完成的工作量叫做一个单元，它的长度就叫做单元长度。通常，使用抓斗时，它的单元长度就是抓斗斗齿开度（2.5～3.0m），习惯上就把这种抓斗单元叫做"一抓"。遇常地下连续墙的槽段由 3～4 个单元（抓）组成，也有二抓或一（单）抓成槽的。

当采用两钻（孔）一抓或冲击钻机采用主副孔法造孔时，常把每个槽段划分为主孔（导孔）和副孔两种单元。

在上述情况下，一道地下连续墙是由许多墙（槽）段组成的，而每个墙（槽）段则是由 1 个或几个单元构成的，这些单元又常常是采用跳仓的方法，分为一、二期单元先后施工的。

当采用分层水平挖槽和反循环出渣工法（如索列旦斯公司的工法）时，槽段内没有单元之分。它只是沿深度方向，把槽孔分成好多层，分层开挖，每次都从槽的一端挖到另一端。

16.3.2　槽段（孔）长度的确定

1. 概述

一般来说，加大槽孔长度，可以减少接头数量，提高墙体的整体防渗性和连续性，还可提高施工效率。但是泥浆和钢筋以及混凝土用量也相应增加，给泥浆和混凝土的生产和供应以及钢筋笼吊装带来困难，所以必须根据设计、施工和地质条件等，综合考虑后确定槽孔长度。

2. 影响槽孔长度的因素

（1）设计条件

1）地下连续墙的使用目的、构造（同柱子及主体结构的关系）、形状（拐角、端头和圆弧等）。

2）墙的厚度和深度。一般来说，墙厚和深度增大时，槽孔稳定可能有问题，槽长应小些。

（2）施工条件

1）对相邻建筑物或管线的影响。

2）挖槽机的最小挖槽长度，即单元长度。

3）钢筋笼及其埋件的总重量和尺寸。

4）混凝土的供应能力和浇注强度（上升速度应大于 2m/h）。

5）泥浆池的容量应能满足清孔换浆和回收浇注泥浆的要求（通常泥浆池容量不小于槽孔体积的 2 倍）。

6）在相邻建筑物作用下，有附加荷载或动荷时，槽长应短些。

7）必须在规定时间完成一个槽段时，槽长应短些。

（3）地质条件

挖槽的最关键问题是槽壁的稳定性，而这种稳定性则取决于地质和地形等条件。遇到下列情况时，槽长应采用较小数量值：①在极软的地层；②极易液化的砂土层；③预计会有泥浆急速漏失的地层；④极易发生塌槽地层。

此时，最小槽孔长度可小些，可只有一个抓斗单元长度（约为 2.5～3.0m）。实际上，槽孔最大长度主要受三个因素制约，即：①钢筋笼（含埋件）的加工、运输和吊装能力；②混凝土的生产、运输和浇注能力；③泥浆的生产和供应能力。

一般槽长为 5～8m，也有更长或更短的。国内外的标准槽长都在 6m 左右。

3. 副孔长度的确定

（1）副孔长度的计算

这里所说的副孔，不仅仅是指冲击钻机施工中所说的副孔，也是指用两钻（孔）一抓方法施工时用抓斗挖土的中间那部分土体。在上面这两种情况下，副孔的形状是一样的，是一个两侧面向内凹进的板块（见图 16.24）。在图中，两边先钻出来的孔叫主孔或导孔，两主孔之间的部分就叫副孔。此时一个单元总长度为

$$L' = W + D \qquad (16.1)$$

式中　L'——单元总长度；

　　　W——抓斗的开斗宽度；

　　　D——主孔直径（或墙厚）。

实际施工中，各个单元都是互相搭接一个主孔直径的。为了计算和使用方便，常常把两相邻主孔中心距离取为单元长度 L_0，并且应满足下面关系：

$$L_0 \leqslant W \qquad (16.2)$$

（2）影响副孔长度的因素

副孔长度对挖槽效率的影响是很大的，应根据墙厚、地质条件、槽孔深度和副孔施工方法和设备确定合适的副孔长度。

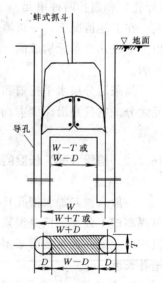

图 16.24　单元挖槽长度

W—抓斗张开宽度；D—导孔直径；T—设计墙厚
（$T = D$ 的情况）

一般来说，墙厚（主孔直径）小时，副孔要短一些；地层松散时，副孔可长些；地层坚硬时，副孔宜短些；槽孔很深时，副孔要短些。

对于冲击钻机来说，副孔长度约为主孔直径的 $1.5\sim1.7$ 倍（见表 16.1）。日本使用 ICOS 冲击钻时则为墙厚的 2.0 倍。副孔过长时，会降低钻孔效率，易打成梅花孔和小墙，很难清理掉。

表 16.1　冲击钻副孔长度参数

孔深（m） 主孔直径（m）	$<30\sim35$	>40
0.8	$1.2\sim1.3$	1.20
0.7	$1.2\sim1.3$	$1.1\sim1.2$

对于抓斗来说，上述原则也是适用的。在这种条件下，要注意选择合适的抓斗的斗齿开度（以下简称抓斗开度）。

4. 槽孔长度的确定

（1）主副孔法（两钻一抓法）

在此情况下，单元长度 L_0 等于抓斗的开度，槽孔的施工长度为

$$\left.\begin{array}{l} E'=nW+D=E+D \\ E'=nW+T \end{array}\right\} \tag{16.3}$$

或

式中　n——单元数；

　　D——主孔直径；

　　T——墙厚；

　　W——斗齿开度；

　　E——槽孔标准长度。

E 可由下式求出：

$$E=nL_0=nW \tag{16.4}$$

槽孔标准长度就是地下连续墙建成后，墙段接缝之间的长度。槽孔总数由下式求出：

$$N=L/E \tag{16.5}$$

式中　N——槽孔数；

　　L——地下连续墙长度。

当槽段两端导孔直径大于墙厚时（见图 16.25），式（16.3）变为

$$E'=nW+D_1 \tag{16.6}$$

式中　D_1——端导孔直径；

　　n——总单元数，图中 $n=3$。

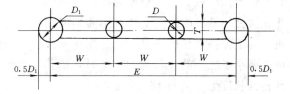

图 16.25　两钻一抓（$D_1>T$）的槽长

（2）矩形抓斗（铣槽机）成槽时

在很多情况下，可以直接用抓斗（常用液压抓斗）和液压（电动）铣槽机直接挖土成槽。此时槽段中的单元长度就是抓斗的开斗宽度或是铣槽机的有效宽度（见图 16.26）

$$E=nW \tag{16.7}$$

式中，$n=1$、2、3、4、5。一般情况下，$n\leqslant5$，并且 $n=1$、3、5 为好。当一个槽孔是由

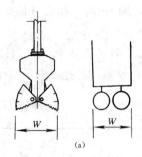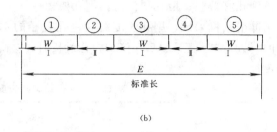

图 16.26　矩形抓斗槽孔长度

(a) 单元长度/开度；(b) 划分图

几个（3个或3个以上）单元组成时，为了使挖出的槽孔在轴线上保持平直，通常槽孔两端的单元和中间的一期单元长度等于抓斗开斗宽度 W，其他单元（二期单元）长度 L_0' 均小于 W，可取

$$L_0' = (0.3 \sim 0.7)W \tag{16.8}$$

上式中，仅当地质条件不好时才取上限值。此时槽孔标准长度和施工长度分别为

$$E = n_1 W + n_2 L_0' = [n_1 + (0.3 \sim 0.7)n_2]W$$

$$E' = \begin{cases} E + t & \text{（一期槽）} \\ E & \text{（二期槽）} \end{cases} \tag{16.9}$$

式中　E——标准长度；

　　　E'——施工长度；

　　　n_1——标准单元（一期单元）个数；

　　　n_2——非标准单位（二期单元）个数；

　　　t——接头管厚度或是切取一期墙体的厚度（注意，此时常用板状哑铃形接头管，所以 $t < D$ 或 $t < T$）。

上式对于使用预制钢混凝土接头的情况也是适用的，此时 t 为预制件的厚度。

（3）弧形抓斗和多头钻机成槽时

弧形抓斗就是水平断面为圆弧形的抓斗。这种挖槽机能独立挖槽，不需别的钻机。为了保持槽孔的平直度，二期单元长度也要小于抓斗的开斗宽度。此时，槽孔的标准长度为（见图16.27）：

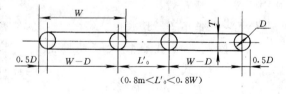

图 16.27　弧形抓斗槽孔长度

$$\left. \begin{array}{l} E = n_1(W-D) + n_2 L_0' \quad （T=D \text{ 时}） \\ E' = n_1(W-D) + n_2 L_0' + D \end{array} \right\}$$

$$\tag{16.10}$$

式中符号意义同前。

（4）采用刚性接头（箱）时

此时结构上有传递水平剪力的要求，要埋设钢筋和预埋件等，所以接头（箱）预留的空间较大（有关接头的内容，可在第11章找到详细说明），此时槽孔长度要加大。

表 16.2 是日本使用的槽孔长度表，可供参考。

表 16.2　槽孔长度参考表

掘削机械	壁厚 (mm)	单元长 L_1 (m)	槽段长（m）		
			1 单元	3 单元	5 单元
MHL 液压抓斗	500～1200	2.50	2.50	6.0～7.0	9.5～11.5
电动油压抓斗（MEH）	800～1800	3.50	3.50	8.0～9.8	—
导杆抓斗（KELLY）	400～1500	2.20	2.20	5.4～6.2	8.6～10.1
导杆抓斗（BSP）	800～1200	2.50	2.50	6.0～7.0	9.5～11.5
水平多轴回转钻机（液压）	630～3200	2.40 (3.20)	2.40 (3.20)	5.8～6.7	9.2～11.0
水平多轴回转钻机（电动液压）	1200～3200	2.40 (3.20)	2.40 (3.20)	5.8～6.7	9.2～11.0
垂直多轴回转钻机（BW）	800	2.72	2.72	6.4～7.6	—
	100	3.80	3.80	8.6～10.6	—
	1200	4.00	4.00	9.0～11.2	—

16.3.3　槽孔的划分

1. 概述

由于结构物的形状、挖槽机、接头结构和施工方法的差别，槽孔的划分方法也各不相同，可以分为以下几种情况加以阐述：

1）使用圆形接头管。各种两钻一抓工法、弧形抓斗以及各种垂直回转钻进工法都属于这种类型。

2）使用平板状接头结构或平接接头。各种液压铣槽机、矩形抓斗等工法属于此种类型。

3）使用预制的钢—混凝土结构接头。

4）使用冲击钻机钻凿接头。

划分槽孔时应当考虑以下几个原则：

1）应使墙段分缝位置远离墙体受力（弯矩和剪力）最大的部位。

2）在结构复杂的部位，分缝位置应便于开挖和浇注施工。

3）在某些情况下，可以采用长短槽段交错配置的布置方式，以避开一些复杂结构节点（墙与柱、墙与内隔墙等），这在一些深厚的地下防渗墙中也较为常见。把短槽作为二期槽，便于处理接缝。

4）墙体内有预留孔洞和重要埋件，不得在此处分缝。

5）槽段分缝应与导墙（特别是预制导墙）的施工分缝错开。

6）在可能的条件下，一个槽段的单元应为奇数；如为偶数，挖槽时可能造成斜坡。

2. 使用圆形接头管的槽孔划分

图 16.28 是一些使用圆接头管的地下连续墙槽孔划分图。图 16.28（a）是以挖槽机的最小挖掘长度（一个单元长度）作为槽段长度，适用于减少相邻结构物的影响、必须在

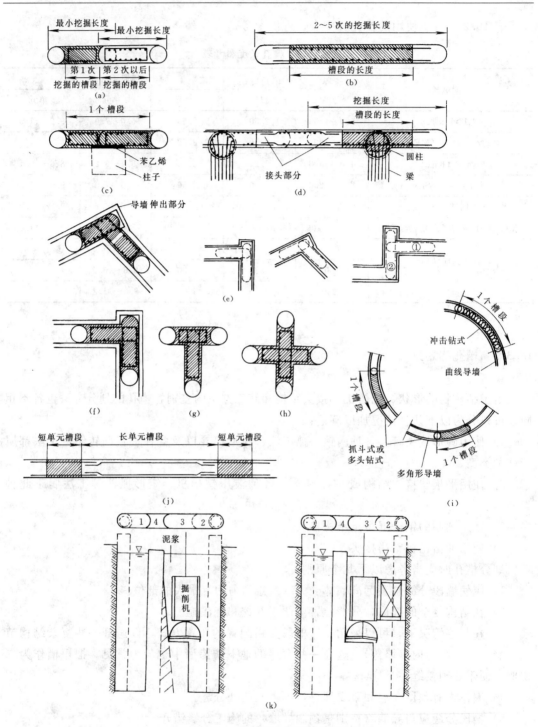

图 16.28　圆接头管槽孔划分

较短的作业时间内完成一个单元槽段，或必须特别注意槽壁的稳定性等情况。

　　图 16.28 （b）为较长的单元槽段，一个单元槽段分几次完成，但在该槽段内不得产生平面弯曲现象。通常是先挖该单元槽段的两端，槽段内进行跳仓式挖掘。

图 16.28（c）为开挖地下墙内侧的基坑后，使墙体和柱子连接起来，将墙段接头设在柱子的位置上，但也有时将接头和柱子位置错开。

图 16.28（d）为通过浇注混凝土使柱子和地下墙成为一个整体，地下墙的接头设在柱和柱的中间。

图 16.28（e）为钝角形拐角，最好使用一个整体钢筋笼。为避免因拐角而造成墙体断面不足，可使导墙向外侧扩大出一部分。

图 16.28（f）为直角形拐角。钢筋笼和图 16.28（e）相同，最好是一个整体形状，但有时将钢筋笼分割开插入槽内。

图 16.28（g）为 T 字形。为便于制作和插入钢筋笼，单元槽段的长度不能太大。

图 16.28（h）为十字形。和图 16.28（g）相同，不宜采用较大的单元槽段。由于在这种情况下导墙不易稳定，所以需要对导墙加固，或在导墙附近不得有过大的荷载，而且必须特别注意槽壁的稳定和挖槽精度。

图 16.28（i）为圆周形状或曲线形状的地下墙。如用冲击钻法挖槽，可按曲线形状施工；如用其他方法挖槽，可用短的直线段连接成多边形。

图 16.28（j）为长短槽段的组合型式，适用特殊接头（构造接头）的情况下使用。一般先施工长槽段，在短的槽段内设置接头装置。

图 16.28（k）为偶数单元的不利影响和改进措施。

在图 16.29 中，请注意二期单元的净宽不大于 0.61m，这是为了保持槽孔孔壁平直而采用的。在实际施工中，还应考虑二期单元这块土体是否能在挖槽过程中保持稳定问题。比如在图 16.29（c）中，当 1 号单元挖完后再挖 2 号单元时，如果 5 号单元太薄，就可能在 2 号单元施工过程中被挤入已挖好的 1 号单元内，那么 2 号单元也就无法在原位上挖到底。这就是说，5 号单元必须有足够的长度。不应小于抓斗开度 W 的 0.3 倍［见式（16.6）］，或不小于 0.6～0.7m（京津地区经验，日本不小于 0.8m）。

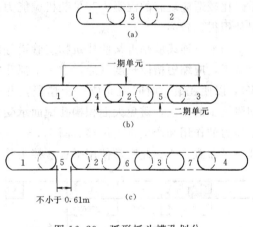

图 16.29　弧形抓斗槽孔划分
（a）三抓；（b）五抓；（c）七抓

当地下连续墙穿过第四纪覆盖层进入基岩时，常用两钻一抓的方法。图 16.30 是笔者在某工程中采用的方法，使用三种钻机来建造基坑的 T 形地下连续墙。图 16.31 则是在某水库防渗墙中使用的方法。

3. 使用平板状接头或平接接头的槽孔划分

使用矩形抓斗成槽时，槽孔端部不是半圆弧，而是矩形。所使用的接头管大多为平板状或者小直径的聚氯乙烯管，也有直接切割一期墙段的混凝土而形成的接头。总之在这种情况下，槽孔接头宽度应小于墙的厚度，在狭小施工空间或某些特殊部位，它比圆接头管更好用。

图 16.32 是最常见的液压抓斗三抓成槽工序图。图中的抓斗开斗宽度 $W=2.5$m，首先抓出两边单元（一期），然后再抓中间单元（二期单元），槽孔内随时充满泥浆。为了保

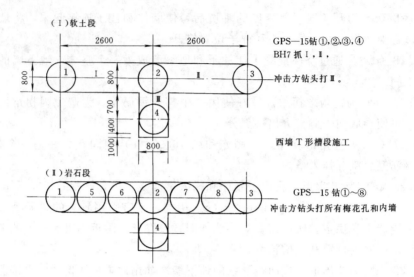

图 16.30　T 形地下连续墙槽孔划分

持墙面平直，中间一抓长度比两端单元长度小，约为（0.3～0.7）W。这种槽孔施工长度多为 6～7m，它的混凝土用量和钢筋笼的尺寸和重量比较适应现有的混凝土和吊装机械能力，所以使用得比较多。

　　当地下连续墙贴近某些建筑物或管道等结构物施工，应缩短槽段长度（通常取一个抓斗开度 W），以便在最短时间内完成一个槽段，并采用间隔施工的方法，避免大面积槽孔壁面承受侧向土压力的作用和产生过大位移。图 16.33 就是这样一种布置方式。此时常使用平板状接头管。

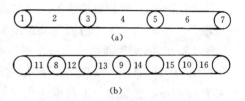

图 16.31　入基岩防渗墙槽孔划分

(a) 覆盖层内挖槽；(b) 基岩内挖槽
1、3、5、7、8、9、10—主孔；
2、4、6、11、12、13、14、15、16—副孔
（抓斗）或小墙（冲击钻机）

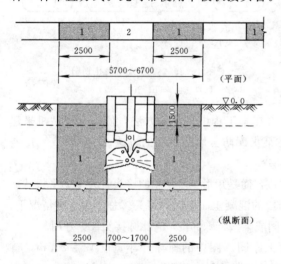

图 16.32　三抓成槽工法示意图

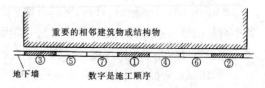

图 16.33　贴近施工的槽孔划分

　　地下连续墙拐角处应单独划分出一个槽段（见图16.34），并且至少有一边导墙向外延伸0.2～0.3m。角槽上不要安排两个等长的挖槽单元，以避免第二抓时槽壁偏斜和坍孔。比如图16.34（b）中一边长2.5m，另一边长应大于$W+1.7T$。这样在第二抓抓完之后，还能保留有40～60cm的小墙（土柱），可减少交角处土体坍塌。考虑起重机吊装钢筋笼的能力和吊放难度，角槽不能太长。

　　由于建筑物的结构型式和尺寸以及挖槽机性能各不相同，应当针对具体某个实际情况来划分槽孔。图16.35是天津冶金科贸中主体楼基坑地下连续墙槽段划分图。为了解决后浇带、吊物孔和与变电站的联系，采取了多种槽孔分段型式。天津滨江商厦（二期）工程的边柱直接位于地下连续墙墙顶。为了满足柱子两侧至少2.0m范围内不得分缝的要求以及原来一期工程残留预制桩拆除要求，经反复比较，选定长短槽段组合的槽孔分段方式，保证了顺利施工。

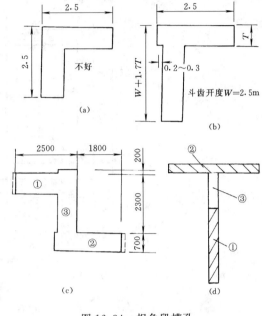

图16.34　拐角段槽孔

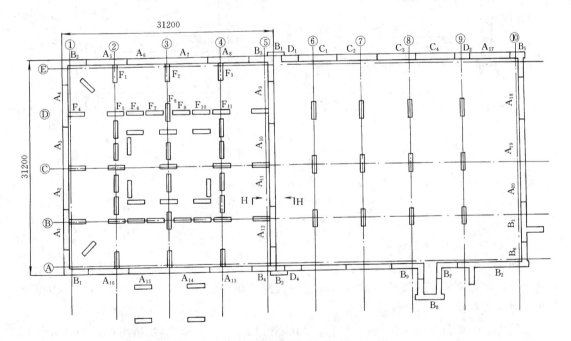

图16.35　天津市冶金科贸中心槽孔划分

　　对于封闭式结构，要注意使槽段分缝避开结构受力最大的部位，见图16.36。

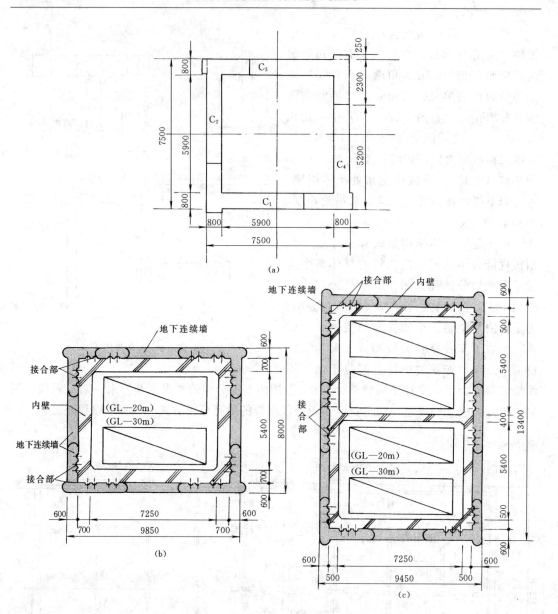

图 16.36　竖井地下连续墙槽段划分

(a) 某工程；(b)、(c) 日本

4. 特殊结构的槽孔划分

图 16.37 是按地下连续墙与桩基的关系划分槽段的。图 16.37（a）所示接缝位于桩基之上，可提高地下连续墙的承载力和减少沉降变形。图 16.37（b）所示的则是由桩承受主要垂直荷载。

图 16.38 则是与永久结构连接时的槽孔划分图。图 16.38（a）所示内外结构分开施工，图 16.38（b）则是内外墙体合一。

图 16.39 是自立式 T 形基坑挡土墙的槽孔布置图。

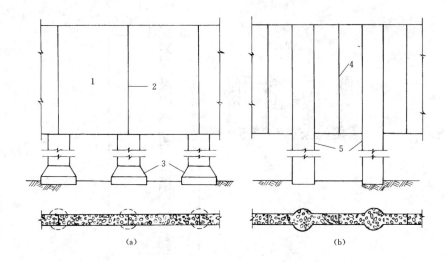

图 16.37　地下连续墙与桩的布置

(a) 地下连续墙支撑在桩上；(b) 桩基作承重结构

1—地下连续墙板；2—墙体接缝；3—支承桩；4—接缝在墙内；5—支撑桩

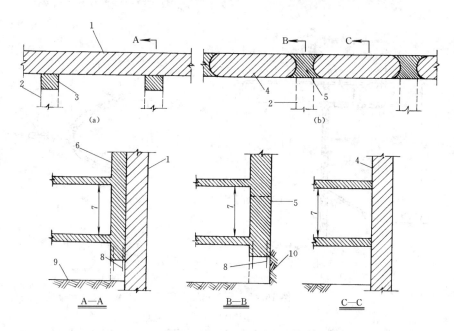

图 16.38　地下连续墙与永久结构布置

(a) 常规做法；(b) 特殊做法

1—地下连续墙；2—肋（墙）；3、5—柱子；4—条墙；6—内衬墙；
7—基础层楼板；8—插筋；9—基坑底；10—基坑开挖支撑

图 16.40 是码头挡墙的结构分缝图。可以看出分缝不在受力最大的部位。

图 16.41 是在墙段分缝处的内侧打桩，以补强墙段分缝处的抗剪强度，同时也加强了基坑内侧地基，对提高土的被动抗力有好处。

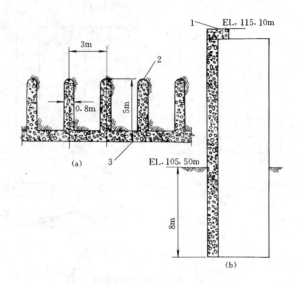

图 16.39　T 形自立式基坑挡土墙分段

(a) 水平截面；(b) 纵剖面

1—顶面；2—肋；3—板

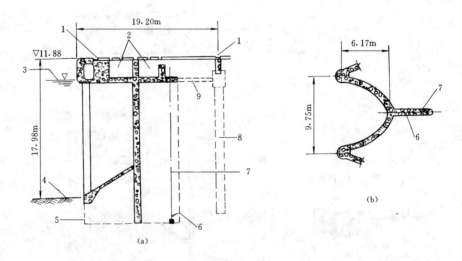

图 16.40　码头挡墙分段

(a) 纵剖面；(b) 平面

1—起重机轨道；2—砂箱；3—蓄水位 9.14m；4—疏浚后高程−6.10m；5—入砂土最少 0.9m；

6—后墙；7—65t 锚杆；8—直径 1.37m 的桩，桩底−6.5m；9—φ30 拉杆

图 16.42 则是一种 T 形自立挡土墙的墙段划分图。注意这里的加劲肋板是放在基坑内侧的，这样做的好处是可以把这些肋板做永久结构的一部分，可降低工程造价。

图 16.43 是槽段采用平接时的槽段划分图。它的一期槽可用抓斗或铣槽机来开挖，而二期槽既可用抓斗在两个一期槽端部开挖，也可用铣槽机开挖（切去两边一期槽混凝土各 0.2m）。

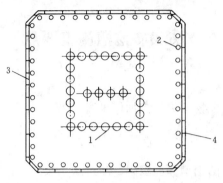

图 16.41　槽段划分

1—基础桩 $\phi2.0\mathrm{m}$；2—补强桩 $\phi1.0\mathrm{m}$；3—地下连续墙（$t=600$）；4—分缝

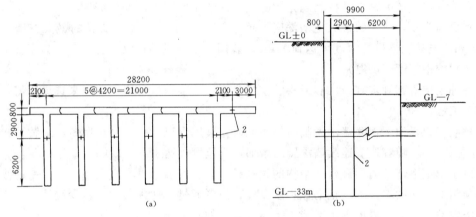

(a)　　　　　　　　　　　　　　　(b)

图 16.42　T 形自立墙槽段划分

(a) 平面图；(b) 断面图

1—基坑底；2—接头

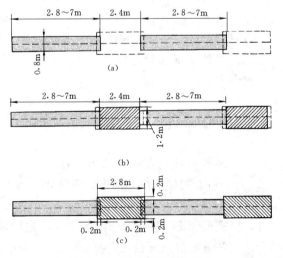

(a)

(b)

(c)

图 16.43　平接时的槽段划分

(a) 一期槽孔（用抓斗或铣槽机）；(b) 二期槽孔（用抓斗）；(c) 二期槽孔（用铣槽机）

16.4　挖槽施工要点

16.4.1　概述

在本节中将对一些主要挖槽关键点加以说明。

1. 槽孔尺寸和挖槽工法

（1）槽孔深度

各种挖槽机都有不同的挖槽深度极限。超过这个极限，挖槽效率就会降低。

对各种型式的抓斗来说，随着孔深的增加，它的升降时间会加长，挖槽效率逐渐降低，其挖槽深度就有一个极限。对于水下挖槽机（如多头钻或铣槽机等）来说，机械提升力和高油（水）压的密封结构问题是影响其挖深的主要因素。

到目前为止，抓斗的最大挖槽深度不超过 120m，而 BW 型多头钻的最大挖槽深度可达 130m，电动铣槽机的深度可达到 170m。我国冲击钻机的最大挖深已经突破了 200m。

（2）挖槽宽度（墙厚）

各种挖槽机都规定有最大和最小的挖槽宽度，可根据这种变化范围来选择所需要墙厚和施工工法。

一般来说，地下连续墙用做临时挡土墙时，其厚度以 40～60cm 为多，用做结构墙时为 60～120cm，随着地下连续墙深度的增加，其厚度可达 150～250cm 或更大。

由于把地下连续墙用做永久结构的越来越多，它的墙厚也在逐渐加厚。另一种倾向是采用预制地下连续墙，减少钢筋保护层厚度；或者通过施加预应力，减少墙体厚度，提高其经济效益。这对于城市闹市区施工是很有好处的。

在任何情况下，墙体厚度的最后实际（完工）尺寸不得小于设计墙厚。如果挖槽机宽度与设计墙厚一致，一般来说，由于超挖的影响，实际槽宽不会小于设计墙厚。但是由于在软弱地基中挖槽时可能产生"缩颈"现象，或者是由于泥皮质量不好而在孔壁上形成了很厚的泥皮，从而会使墙体的实际厚度小于设计墙厚。此时，会出现以下情况：

实际挖槽宽度≥设计墙厚≥实际墙体厚度

在实际工程中，常令挖槽机的宽度比设计墙厚小 1～2cm，再计入挖槽时的超挖量，实际槽孔宽度（墙厚）一般会大于设计墙厚的。

2. 挖槽要点

在以上所说的各项准备工作完成后，应按施工计划进行下列作业（工作）。

（1）制备泥浆

按事先已经试验验证的材料配合比，在泥浆站内搅拌泥浆，其数量应为槽段体积的 1.0～2.0 倍，并要静置 24 h 左右。挖槽前向导沟内放满泥浆。

（2）钻导孔

采用两钻一抓工法时，应提前钻出一些导孔。导孔质量决定墙段接头质量，所以一定要认真地对好孔位，用合适的钻进参数进行钻孔，要保证孔斜和孔径能满足规范要求。

（3）挖槽

由于现代挖槽机外形尺寸和重量都很大，下面专门来谈谈它们的承载底盘问题。

挖槽机具的装备方式可分为通用的起重机和专用机架两种方式。其中起重机方式又可分为汽车起重机和履带起重机两种。挖槽机的悬吊方式可分为钢索式和导杆式两种。由于上述种种不同，挖槽机的安装方法和移动方法也不相同。

1) 起重机方式。

通常使用履带式起重机。起重臂长因挖槽机具（如抓斗等）的差异而不同，大约为 13～20m。起重臂倾角通常为 65°～75°。倾角太大的话，起重机本身稳定性好，但其过分靠近导墙，会影响地基的稳定，同时对抓斗出土装车带来不便。

起重机履带方向与导墙成直角时稳定性最好，但因其靠近导墙，使导墙承受荷载加大，所以也有平行布置履带的方式，还有横跨导墙两侧进行挖槽的，这两种布置方式适合于施工场地比较狭窄的情况。只有意大利土力公司的抓斗可以在与导墙斜交的情况下挖槽。

对于回转起重机进行抓斗排土装车的方式，要避免改变起重臂角度，以免带来不利影响。现在使用的一种办法是让起重臂悬吊抓斗只做垂直上下（挖土和出土）动作，而让装载机到抓斗下面去接土，然后再装到汽车上去或运到暂存土场中去（见图 16.44）。

起重机必须位于平整密实的地面上，稳定性好，旋转起重臂时不得碰撞他物。

2) 专用机架方式。

专用机架通常组装于能在轨道上移动的自行台车上。专用机架装在机道上，稳定性高，定位方便，但机动性差。

使用专用机架时应注意以下几点：

①由于轨道是安装机架的基准，所以铺设时一定要确定正确的位置并保持水平。

②所有挖槽机械的荷重都要作用在导墙和施工平台上，它们必须具有足够的强度和变形能力。

③悬吊挖槽机具的钢索和导杆，必须在导墙中心线上成铅直状态（见第 17.7 节），同时要使顶部滑轮容易改变位置。

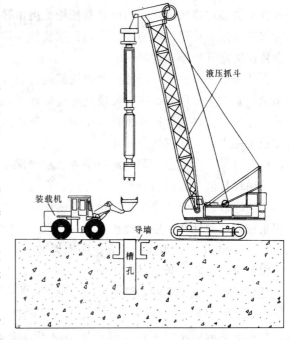

图 16.44　抓斗挖槽出土示意图

④轨道位置不得影响钢筋笼的吊入和混凝土的浇注作业。

3. 排渣方式和挖槽速度

(1) 排渣方式

根据泥浆的循环方式，可把排渣方式分为以下几种：①正循环排渣；②反循环排渣；③抽筒排渣；④直接出土。

各种方法的特点见表 16.3。

表 16.3　排渣方式表

序号	排渣方式	泥浆循环方式	工作原理	适用条件	适用深度
1	正循环	正循环	靠泥浆向上压力将土渣浮托出地面上	导孔施工，细颗粒地层	
2	反循环	反循环	用泵（或压气）抽吸孔底土渣和稠泥浆到地面上	导孔、槽孔，砂、砾卵石地层	压气法＞10m 潜水泵 30～40m 离心泵 75m 左右
3	抽筒掏渣	不循环	用抽筒一次次地掏出土渣和稠泥浆到地面上	导孔、槽孔，各种地层	
4	直接出土	静止	用抓斗、筒钻等直接把原状土挖出地面	用于槽孔，各种地层	

（2）挖槽速度

挖槽速度取决于挖槽机对地质条件的适应性和排渣能力。一般在软土地基条件下，挖槽速度不会超过排渣速度，因此软基挖槽速度由排渣速度决定。用抓斗直接排渣时，抓斗容量和升降速度决定挖槽速度。使用泥浆反循环排渣时，泵送能力和泥浆中混入土渣的数量和粒径决定其挖槽速度。

在硬质地基条件下，挖槽速度因挖槽装置对地质条件的适应性不同而有很大差别。一般来说，垂直单轴回转钻机对硬质地基适应性差；冲击钻是适用的，但排渣速度慢，如改用反循环排渣会好些。抓斗也是可用的，液压抓斗由于不会使作用在斗齿上的压力降低，所以挖土能力远大于钢丝绳抓斗。

由此可见，应根据不同的地质条件和挖槽深度来选用挖槽机。

反循环排渣是常用的一种排渣方式。有时需要把从槽孔内抽吸上来土渣和泥浆一起送到远处的除砂器去分离净化。泵送土渣的距离取决于泵的总扬程、流量和管道摩阻等，目前很难进行精确计算。根据经验，只要泥浆比重和黏度都保持较低值［比重 1.10，黏度40s（500/700mL）］，则吸泥泵泵送距离为 200m，压气法输送距离为 50m。

实际观测证明，超过一定深度（34m）后，用压气法（空气升液法）排渣更有利。

还要说明一点，实际挖槽速度与包括浇注混凝土和起拔接头管等工序在内的某个槽段的成墙施工效率是不一样的。如果考虑到移动机械、处理土渣作业时间和可能的相互干扰，实际的成墙效率肯定比挖槽效率小得多。还要注意到，为了槽孔稳定，提高挖槽精度，有时必须有意识地放慢挖槽速度。必须放弃那种只求速度数量，不求质量的做法。

4. 挖槽顺序

最初的地下连续墙挖槽都是按跳仓法进行的，也就是两期挖槽法，即先挖单数槽孔，后挖偶数槽孔，最后建成一道连续墙体。

近年来出现了一种新挖槽法，它除了在第一个槽孔内放两根接头管（箱）外，从第二个槽孔开始，按序号（2，3，4，5，…）一路做下去。此时每个槽孔内只需放置 1 根接头管。这种挖槽法可叫顺序挖槽法。

这两种挖槽方法都是可行的。两期挖槽法的二期槽孔不需放接头管，施工简易些；顺序挖槽法每次只用 1 根导管，但每槽都用。应根据工程的实际情况来选用适当的挖槽法。

挖槽顺序如图 16.45 所示。

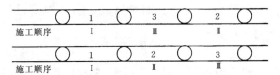

图 16.45　挖槽顺序

16.4.2　复杂地层中的挖槽

1. 概述

这里所说的复杂地层（基）是指：①含漂石和大孤石的第四纪覆盖层；②透水性很大的地基；③软弱地基（淤泥和流砂）；④超载很大的地基；⑤岩石地基；⑥拐角段挖槽。

上面几种地基中，有关岩石地基建造地下连续墙的情况将在第 24.4 节中加以说明。本节将主要阐述上述前三种情况。

2. 含漂石和大孤石的覆盖层

这种地层多出现在地下防渗墙工程中，而且往往这种地层很深，建造的防渗墙也很深。比如我国的小浪底和三峡工程，美国的新瓦德尔坝和智利培恩舍坝的复益层地基都含有数量很多的漂石和大块石，有的大块石粒径达到 4~6m，尤以花岗岩球状体最硬最难处理。

在这种含有漂石和大孤（块）石地基中，如何进行地下连续墙的挖槽工作呢？以下几种办法可供选择。

（1）选择合适的挖槽机

在这种地基中，单单使用冲击钻机，钻进速度太慢，用大型回转钻机是不可能的。液压抓斗也不好用，因为它的液压系统经不起坚硬岩块的冲击。最好的挖槽方案是采用重型冲击锤和重型钢丝绳抓斗联合挖槽。冲击锤长达 7m 以上，重达 8~11t，而钢丝绳抓斗自重可达十几吨。

（2）采用适当的挖槽方法

施工时，一般是用抓斗挖槽，它可把较大漂（块）石直接抓出孔外。但是当块石太大、粒径超过槽孔宽度时，可改用重型冲击锤将其击碎成块体，再用抓斗将其掏出。总之，要善于使用抓斗和冲击锤，两者互相配合，可加快挖槽效率。

（3）打回填

有时在槽孔边缘上卡了一些特大岩块，造成槽孔向某方向溜坡。此时可向槽孔内回填坚硬的卵漂石或大块石到卡石部位以上，然后用重型冲击锤头猛烈冲砸这些块石，以便把卡在槽边的大岩块砸碎，再用抓斗挖出去。这种做法在我国叫做"打回填"。在上述美国和智利两个防渗墙挖槽过程中，也是这么做的。

另外，由于猛烈冲砸会导致槽孔坍塌，此时可根据实际情况而采用回填砂砾料或低标号混凝土以及固化灰浆的方法加以处理，然后再用抓斗继续挖槽。

(4) 爆破

使用前面所说三个办法可以解决绝大部分含大孤石地基的挖槽问题，但是在很小的一些部位上，则必须使用爆破的方法来解决挖槽施工以及纠正槽孔偏斜的问题。

爆破有两种方法：①在挖槽前进行全面预爆破；②在挖槽过程中对孔身内部作局部爆破。

1）全面预爆破。

此法要求先在防渗墙轴线附近打钻孔，装上聚氯乙烯管，管内装药卷进行爆破。当墙厚超过 600mm 时，一般要钻两排爆破孔。

这种方法只适于深度较小（10～20m）的情况下，太深则爆破效果不好，且经济效益不佳。

2）孔内局部爆破。

这里又可分为孔内钻孔爆破和孔内定向聚能爆破两种方法。

①孔内定向聚能爆破。实验证明，当药包具有一定形状、一定内置凹槽的情况下爆炸时，将在凹槽的轴线方向产生聚能作用。药包爆炸的总能量虽然并没有增加，但却可以使爆炸能量积蓄、汇合，并集中在一定的方向上。因而，它的爆破威力比一般爆破的威力要大许多倍，而且具有较强的穿透能力。

②孔内钻孔爆破。造孔过程中，当孔底遇到大孤石时，先用岩心钻机在大孤石中钻孔，再将普通爆破筒放入钻孔内爆破，将槽孔范围内的孤石破碎成粒径小于 30～40cm 的碎块，叫做孔内钻孔爆破。

③对爆破方法的几点说明。

a. 在开挖过程中，在槽孔内某一深度上采用局部爆破方法，对加快施工进度和纠正偏斜来说，是可供选择的最后一种手段。

b. 采用爆破方法来矫正槽孔的局部缺陷时，卡在孔壁上的岩石可能很难炸掉。此时可先回填块石到爆破部位，然后再准确钻孔爆破。

c. 局部爆破可能位于浇注的混凝土墙段附近，这就要求大大减少装药量（采用微迟爆破），以便使邻近混凝土中的振动波速不大于 50mm/s（这是美国规范规定的新建筑物的风险界限）。国外在邻近混凝土中取芯情况表明，即使一些振动波速超过了危险界限 50mm/s，也没发现裂隙。

d. 关于槽孔孔壁在爆破过程中的稳定问题，至今还未发现有任何孔壁坍塌的情况（即使在爆破部位以上）。这可能是因为这些地层总的说是稳定的，而局部爆破的荷载又很小所致。

(5) 地下连续墙的特殊做法

当地下连续墙遇到大孤石时（见图 16.46），可以先用低标号混凝土（或固化灰浆）将槽孔回填，然后在大孤石周围注浆（有必要时），再降水挖土把大孤石挖出来。挖到设计底高程后，再立模板浇注混凝土，形成连续墙。

3. 强透水地基

强透水地基是指渗透系数大于 100m/d 的砂砾石、卵石或漂石地层，有些地基中会出现架空现象，其渗透系数可达 800～1000m/d（如密云水库的白河主坝防渗墙地基），还

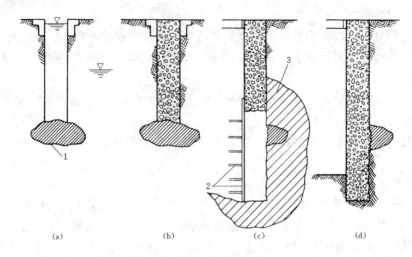

图 16.46　大孤石的处理

（a）遇到大孤石；（b）回填低标号混凝土；（c）开挖，立模，浇注；（d）形成地下连续墙

1—大孤石；2—模板；3—灌浆

有溶洞发育的石灰岩地基。

在强透水地基中挖槽时，泥浆往往会大量漏失，造成泥浆面迅速下降，甚至引起槽孔坍塌。这种现象叫漏浆。在石灰岩地区以及某些质量很差的土石坝中挖槽时，一个槽孔的几百立米泥浆会突然在极短时间内漏得一干二净，造成导墙、轨道和很大范围的土体坍塌。

在强透水地基中挖槽时，应注意以下几点：

1）事先分析漏浆的可能性，采取适当的措施，准备足够的堵漏材料和设备。

2）槽段不要太长，采用间隔（2~3 个槽段）施工、逐渐合拢的施工方法。通过提前进行的试验槽段不断总结挖槽施工经验，指导下一步挖槽。

3）泥浆应具有较高的黏度、较好的造壁性和较小的比重。宜采用优质膨润土泥浆，并加入适当的堵漏剂。

4）在挖槽过程中，在快要到达漏浆部位时，可向槽孔内投放黏土球（块），使其在钻头冲击挤压下，堵住漏浆通道。必要时可投入一定数量的水泥，使泥浆迅速变稠。

5）在严重漏浆部位，可在其周围一定范围内进行静压注浆或劈裂注浆，堵塞漏浆通道，然后再挖槽。

4. 软弱地基

这里所说的软弱地基是指淤泥或淤泥质土以及粉细砂一类的地基，它们具有如下特点：①承载力很低，沉降变形大；②易发生流土、液化和管涌。

在这种地基内挖槽，应注意以下几点：

1）应对施工平台和导墙部位进行加固处理，可根据地基情况，采用振冲、搅拌和注浆等方法进行加固，加固深度应深入到下面的地基持力层中，加固的效果应使地基承载力达到 80~100kN/m^2 或以上。

2）槽长宜短些，提高地层的水平拱效应。对于抓斗或铣槽机来说，可以采用一个挖槽单元就是一个槽段的方法，避免挖槽机等重型机械长时间地在一个槽段停留，快速挖槽，快速浇注混凝土。

3）使用优质泥浆，特别要注意提高泥浆的流变性和造壁性，提高泥浆比重。

4）施工平台应高出地下水位 1.5～2.5m，以保持足够的泥浆静压力，增强泥浆渗透能力。

5）对于非常软的地基（如淤泥），在挖槽过程中可能出现坍塌或产生"缩径"时，应事先对该地层进行加固处理。

6）混凝土罐车和吊车不得靠近导墙，挖槽机履带应平行于导墙，尽量减少附加荷载对导墙的影响。

5. 拐角挖槽

拐角挖槽以后，其内侧（阳角）土体呈两面临空状态，很容易发生坍塌（见图 16.47）。特别是此部位导墙在回填不密实的地基中，由于某些原因导致地下水位上升，或者有重型机械（如挖槽机、起重机或混凝土罐车）在它附近作业时，更容易出现坍塌，而外侧（阴角）孔壁一般不会坍塌。为防止内侧孔壁坍塌，可采取以下措施：

1）内侧导墙墙底一定要坐落在老土上。

2）消除地下水上升的不利因素。

3）重型机械不要靠近作业，如果必须靠近作业时，应做成坚硬地面或铺设厚钢板。

4）拐角槽段不要太长，力争快速施工完成。

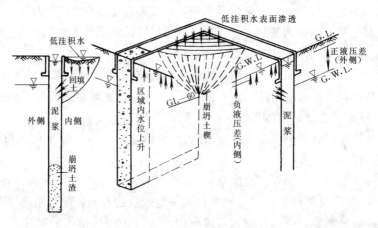

图 16.47   拐角内侧孔壁坍塌

16.4.3   挖槽的质量保证措施

以下这些措施都是在挖槽中必须重视和执行的。

1）导墙的施工可能损坏邻近建筑的基础。为此，应事先采取措施，如注浆、微桩加固、插入木桩或钢轨等。

2）回填土是不稳定的，可能在挖槽中坍塌。这时可用置换回填土层、注浆、调整泥浆性能和压力来解决，但是最有效的方法是使导墙的基础穿过回填土层，坐落到老土上去。

3）当施工与邻近基础太接近时，连续墙与基础之间的土可能被挖去，此时建议用微桩或深导墙稳定这部分土体。

4）浅层的松砂在挖槽过程中可能坍塌，为此泥浆最好能渗透进去，使松砂稳定，挖槽作业穿过该层也应放慢速度使泥浆充分渗透。固结注浆也可用于稳定松砂地层。

5）在非常软的黏土层中，由于机械振动，槽段可能发生挤入或坍塌，地基改良或预固结技术可增进槽段的稳定性，增加泥浆压力或采用减小槽段宽度也是有利的。

6）泥浆流失在砂砾层中是常见的现象，严重时可导致槽段坍塌。对于可能产生泥浆流失地场地，建议在泥浆中加入堵漏材料并增加泥浆的黏度。

在上层是充满地下水的饱和砂层、中层是黏土层、下层是缺少地下水的砂砾层的地层条件下挖槽，经常碰到砂层中的地下水渗入和在砂砾层中的泥浆损失问题。要防止地下水的渗入，必须增加泥浆的压力。然而这样一来将导致砾石层中更多的泥浆流失。换句话说，如果要减少泥浆流失，泥浆的压力就应比较低，这时要承担槽段坍塌的风险。当地下水位比较高且和泥浆流失同时发生的时候，最好在泥浆中加入泥浆流失控制剂，并同时提高泥浆的压力。这些经验值得借鉴。

7）低含水量的黏土可能在槽段开挖中遇到泥浆后膨胀，最好采用高密度的聚合物泥浆。

8）地下水位的升高可能导致突然的槽段坍塌，这种情况常常发生在小场地中地下连续墙施工快结束的时候。这时应控制地下水位，可设置井点进行降水。

9）在地层含有承压水的地方，当连续墙槽段开挖到这一层时可能坍塌，这时最好事先安置泄压井以减少承压水的压力。

10）如果地下水含有大量的钙、钠、铁元素，泥浆会很快变质。这时建议用聚合物泥浆，因为这种泥浆比较稳定。

11）当开挖槽段穿过地下障碍物时，大的木块常在冲积层中发现，这时需要将这些木块破碎。碰到大漂石时，部分导墙要被拆掉以腾出地方取走漂石。

16.5　清孔和换浆

16.5.1　概述

这里所说的清孔，是指挖槽结束并经终孔验收合格以后，把槽孔中的不合格泥浆以及残留在孔底和孔壁上的淤泥物清除掉的工序（作业）。

清孔工作包括以下 3 个方面：

1）把槽孔内不合格的泥浆置换出去，换成合格泥浆。

2）清除孔底淤积物，使其厚度不大于规范要求。

3）清除一期墙段混凝土接头面上的泥皮和淤积物，以满足规范要求。

对于钢筋混凝土地下连续墙来说，由于钢筋笼和埋件吊放时间过长，孔底淤积物厚度再次超过规定时，此时需要第二次清孔工作。清孔过程见图 16.48。

16.5.2　土渣的沉降

挖槽停止以后，悬浮在槽孔泥浆中的土渣就会分离沉淀出来，增加了孔底淤积物厚度。影响土颗粒沉降的主要因素有：①土渣的大小和形状；②泥浆和土渣的比重；③泥浆的流变特性。

根据日本滕田会社的试验资料，在用 FEW 抓斗挖槽结束后 12min 和 13h，分别在不同深度上采取泥浆试样，测定泥浆比重和含砂量，其结果如图 16.49 所示。所用泥浆的膨润土浓度为 8％。图 16.50 是孔底淤积厚度与静置时间的关系线。图 16.51 是淤积物的颗粒分配曲线。从图 16.51 中可以看出，大于 0.1mm 的颗粒占 68％以上。

由此可知，不能悬浮在泥浆中而要沉降的砂粒，在挖槽后 2h 即可沉淀 80％，经过 4.5h 几乎全部沉淀完毕。粒径越大，沉降速度越快。另外，悬浮在泥浆中不会沉淀的微细砂，会随静置时间增加，而密集在槽底附近，使泥浆比重加大。

对于孔底淤积物厚度，可以采用如图 16.52 所示的测锤进行检测。其中图 16.52（a）是我国水利水电系统使用的，图 16.52（b)是日本常用的。也可采用电测方法（见图 16.53）来测淤积物厚度。

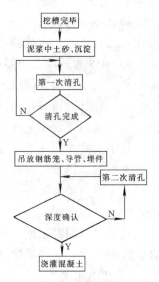

图 16.48　清孔程序框图

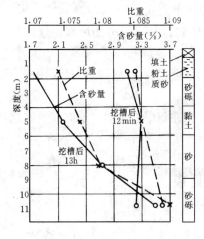

图 16.49　槽内泥浆比重和
含砂量的分布

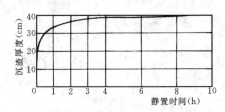

图 16.50　沉渣厚度过程线

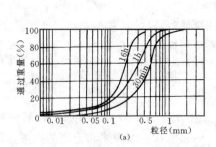

(a)

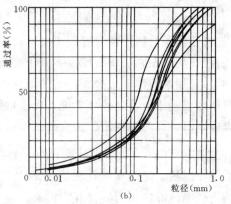

(b)

图 16.51　沉渣试验结果

16.5.3　换浆和清底

1. 换浆和清底的必要性

前面已经说到，挖槽后泥浆中的粗颗粒会沉淀到孔底，不断增加淤积物厚度。此外，在挖槽过程中未被清理的土砂，以及吊放钢筋笼接头管和预埋注浆管以及埋设仪器的时候，从孔壁上刮落的泥皮和土砂等也要堆积到孔底。这些淤积物都必须清理掉。

在槽底有淤积存在的状态下，如果插入钢筋笼和浇注混凝土，淤积会给地下连续墙带来种种重大缺陷，以致影响地下连续墙的使用。主要有以下几个方面的影响：

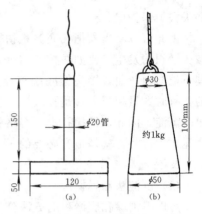

图 16.52　测深锤

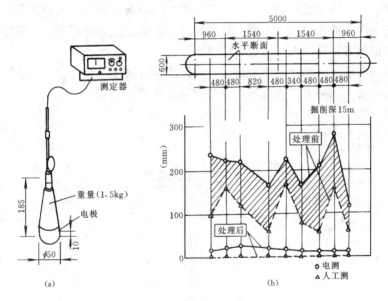

图 16.53　电测沉渣

(a) 装置；(b) 测量结果

1) 淤积很难被混凝土置换出地面，绝大部分残留在槽孔底和侧壁上，成为墙底与持力层之间的软弱夹杂物，使墙体承载力下降，沉降加大。另外，淤积物会影响墙底部承载和防渗能力，有时也是造成管涌破坏的一个原因。

2) 淤积物混入混凝土内部之后，会降低墙体混凝土的均匀性和强度。另外，在浇注过程中，由于混凝土的流动，会使淤积物集中到槽段接头处，降低了接头部位的抗渗性和结构强度。

3) 如果槽孔混凝土顶部有大量的淤积物，会降低混凝土的流动性和浇注速度，有时可能造成钢筋笼或其他埋件上浮。

4) 淤积物会造成混凝土上部质量变差。

5) 淤积物过多，会使钢笼或接头管、预埋管等无法放到预定位置，可能使底部的钢筋失去了保护层。

由此可以看出，把孔底淤积物彻底清除掉是十分必要的。如果采取适当的措施，可以减少淤积的发生。比如在挖槽结束时，认真清除残留的土渣；在钢筋笼外侧加上垫块，使其下端向内弯曲，接头管底端直径变小等。但是悬浮在泥浆中的土渣是不断沉淀到孔底的，有时数量相当大，是孔底淤积物的主要来源。在浇注混凝土之前和过程中，都会产生很多沉淀。因此，把槽孔内不合格的部分（有时可能是全部）泥浆清除置换出来，并用合格泥浆来代替，就是很有必要的了。可以说清底和换浆都是必不可少的。

2. 清底和换浆方法

（1）沉淀法和置换法

可以把清除孔底淤积的方法分为沉淀法和置换法两种基本方法。

沉淀法是待土渣沉淀到槽孔底部之后再进行清底；置换法则是在挖槽结束后，对槽底土渣进行清除，在土渣还没来得及再次沉淀之前，就用新泥浆把槽孔内泥浆置换出槽外。

清底方法不同，清底时间也不同。置换法是在挖槽结束后立即进行，所以对于泥浆反循环工法的挖槽施工，可以在挖槽后立即清底。

沉淀法应在钢筋笼或埋件吊装之前进行。但若等待浇注时间太长，可能需要在浇注混凝土之前再次清底。此时由于钢笼和埋件的妨碍，很难清干净。

（2）清底方法

清底方法有以下几种（见图 16.54）。

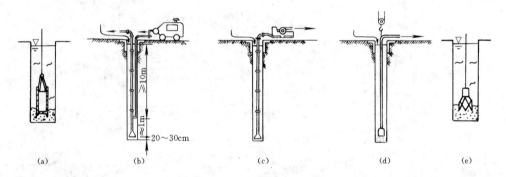

图 16.54　清底的施工方法

（a）抽筒换浆法；（b）空气吸泥法；（c）导管吸泥法；（d）潜水泵吸泥法；（e）抓斗清底

1）抽筒换浆法。这是在防渗墙施工中仍在大量采用的清孔方法。它把第 16.3 节介绍的抽筒（容量约 $0.3m^3$）下到孔底后，不断冲击孔底淤积物，使其通过底阀进入筒内，达到一定数量后，连同进入筒内的泥浆一并提出槽外倒掉。如此反复循环多次，可达到减少孔底淤积和置换不合格泥浆的目的。

一般情况下，用抽筒清孔时，按槽孔体积计算，清孔效率可达 $100\sim150m^3/d$。

2）空气吸泥法（压气法）。这是使用空气升液（压气）法来抽吸孔底淤积物和稠泥浆，送到槽孔外，经净化处理后再回到槽孔内。

在较浅的槽孔内，使用空气吸法的效率是比较低的。一般应在大于 10m 深的槽孔内使用。

3）导管吸泥法。这是利用浇注混凝土用的导管，将其上端接入砂石泵，作为泵的吸水管放入槽孔内，通过移动导管来抽吸孔底淤积和稠泥浆。因为混凝土导管本身是不透水的，所以做泵的吸水管正好合适。

有时因吊放钢筋笼、接头管或注浆管以及埋没仪器等，使槽孔不能在短时间（4h 以内）浇注混凝土，孔底淤积物厚度就会增加而超出标准值。此时就可利用已放在孔内的混凝土导管进行上述清孔吸泥工作。

这个方法在槽孔深度小于 30m 左右是可行的，效率较高。如果槽孔太深，移动导管就会比较困难。

4）潜水泵吸泥法。潜水泵从孔底吸泥，清孔效率较高。

5）抓斗清底。抓斗可以直接把孔底残留的淤积物带出孔外，清底效果比其他方法好。实践证明，用抓斗挖槽时，可以把绝大部分土体以固体方式排槽孔外，它的泥浆比重和含砂量变化不大，而且残留在孔底的土渣也是很少的，所以这种槽孔的清孔工作很快就可完成。

6）反循环钻机吸泥法。当使用反循环钻机（挖槽机）挖槽时，它的清孔工作也是很方便的。只要在挖槽结束后，继续抽吸孔底残留土渣和稠泥浆，并用合格泥浆补入槽孔中，很快就会满足要求。

16.5.4　接头刷洗

1. 刷洗接头的原因

这里所说的接头是指地下连续墙墙段之间的接缝，这是为了施工需要而设置的。接头的种类很多，大体可分为钻凿式接头和非钻凿式接头。钻凿式接头就是用挖槽机在一期槽孔墙两端混凝土中再钻凿出一个等于或小于设计墙厚的空间而形成。为了减少施工困难程度，常常在混凝土浇注后 20~30h 左右就开始钻凿接头孔，使混凝土中尚未水化完成的 $Ca(OH)_2$ 与泥浆发生化学反应而生成较厚的泥皮。由于这种钻凿接头表面凹凸不平，很难把泥皮清除干净。

此外，接头孔壁上的淤积物还可能来自以下方面：二期槽孔挖槽时，由于钻具（头）对地层的冲击、挤压而使黏泥挂到孔壁上，浇注混凝土顶部的淤积物被推挤到孔壁上。

接头孔壁上的淤积物如不清除，会降低墙体抗渗性和结构强度。由此酿成重大质量事故的并不鲜见。

2. 接头刷洗方法

刷洗接头的方法有以下几种：

1）用特制钢丝刷子沿接头孔壁，分段上下往复刷洗，直到刷子不见淤泥为止。

2）用特制刮板刷洗，如图 16.55（a）所示。

3）用高压水冲洗，如图 16.55（b）所示。

4）利用抓斗刷洗，如图 16.56 所示。

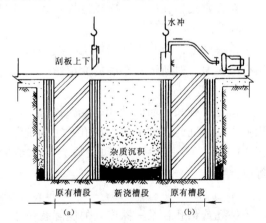

图 16.55　用刮板刷洗接头

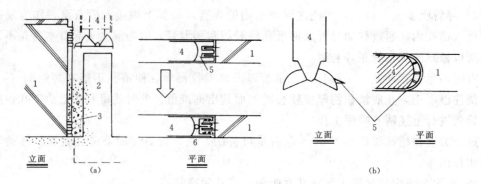

图 16.56　用抓斗刷洗接头

（a）平缝；（b）弧形缝

1——一期槽；2—二期槽；3—碎石；4—抓斗；5—刮齿；6—高压水

5）利用特制的接头清洗机。

6）利用 H 型钢制成刷子清洗。

接头的刷洗应在清底之前进行。如果吊放钢筋笼以后还要二次清孔，可下入钢管或利用浇注导管来抽取孔底淤积。

16.6　检测和验收

16.6.1　概述

挖槽精度很大程度上决定了地下连续墙的质量好坏。由于挖槽施工是在泥浆下进行的，看不见，摸不到，很难发现问题。只有随时进行检查和纠正，才能使挖槽工作顺利进行。

对挖槽质量的检查可分为日常检测和验收两种型式。施工单位的质量检查部门和挖槽班组负责日常检测工作，在自检合格的基础上，由监理和上级质量部门负责验收事宜。

16.6.2　检测

在日常挖槽施工中，应注意检查以下项目：

1. 孔位（槽段位置）

槽段中心线应与设计墙体中心线平行，孔位（分缝位置）偏差应小于 1～3cm。冲击钻机施工时，对轨道和导墙的变位影响很大，此时应特别注意测量基准线变化情况。

2. 槽宽（墙厚）

槽宽必须大于墙的设计厚度。这对于用抓斗和各种回转钻机挖槽来说不成问题。但是用冲击钻造孔时，如果主、副孔尺寸和造孔方法选择不当的话，就会造成波浪孔形（见图 16.57）。可采用一个高和长均为 1.5 倍墙厚、厚度为一个墙厚的钢筋框架检验是否等宽。

3. 孔斜

钻孔或槽孔在某一深度处的实际孔位中心与设计孔位中心的距离就是该孔深处的孔斜偏斜值，偏斜值与孔深之比就是孔斜率。

简易测量孔斜的方法通常采用孔口偏差值换算法（见图 16.58）。

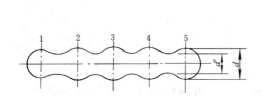

图 16.57　槽形孔孔壁的波浪形

1、3、5—主孔孔位；2、4—副孔孔位

d'—主副孔之间的孔宽；d—主孔或

副孔孔位处的孔宽

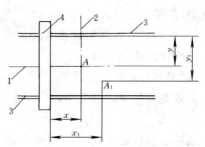

图 16.58　测量偏差值示意图

1—墙轴线；2—孔位中心线；

3—孔口导向板；4—直尺

在距孔位中心一定距离处垂直于导向槽放一直尺，组成临时直角坐标系，当钻头下入孔内不受孔壁影响的情况下，将钢丝绳或钻杆中心相对位置的两个坐标记录下来，钻头缓慢下降，每下降 2m 记录一次，直至下至距孔底 0.5m 处，测量结束，即可计算出不同孔深处孔位中心的孔口偏差值。再根据相似三角形即可计算出对应某一孔深处的偏差值和孔斜率。

下面讨论一下如何计算槽孔的偏斜。如果通过检测求得了孔口偏斜值 A，则根据相似三角形，孔底偏斜值 B 为

$$B = \frac{H+h}{h}A \qquad (16.11)$$

式中　B——孔底偏斜值，cm；

　　　H——孔深，m；

　　　h——桅杆钻架高度，m；

　　　A——孔口偏斜值，cm。

在某些情况下，孔底偏斜值已被限定为已知数值，也可求出相应的孔口偏斜值 A：

$$A = \frac{h}{H+h}B \qquad (16.12)$$

要想快速而精确地测量，需借助超声波测斜仪。

目前我国对地下连续墙孔斜没有统一的要求，允许接头孔孔斜值从 2/1000～1/100，相差很大，但是必须满足接头套接孔的两次孔位中心在任一深度的偏差值不得大于设计墙厚的 1/3。如使用接头管（箱），则不受此限制。

4. 孔深

施工孔深是指自导墙顶面向下到槽孔底部的深度，它通常要大于设计孔深。可用钢尺逐节丈量钢丝绳或钻杆长度来测得精确孔深，为鉴定基岩、清孔验收和计算工程量提供可靠数据。

对于墙底深入基岩内部的地下连续墙，还必须确认墙底入岩深度是否满足了设计要求。这就需要进行如下基岩鉴定工作：

1）根据已经采取的岩样，确认是否已经到达或进入基岩以内。

2）如确认已进入基岩内，则应确认基岩面顶部高程及其深度。

3）根据基岩面起伏变化情况，确定实际入岩深度，以保证在任一部位的入岩深度均不小于设计深度。

4）填写鉴定表和保留岩样。

基岩鉴定是项困难工作，应慎重进行。

5. 孔形

用冲击钻机造孔时，最容易在槽孔孔壁和孔底出现梅花孔、探头石和小墙（见图16.59）等不良孔形。这些对墙体的均匀性和抗渗性都是不利的。

在使用抓斗等挖槽机施工时，上述现象一般不会出现。但是这种槽孔也会出现一些不良孔形（见图16.60）。图中的地下连续墙表现为移位、偏转和厚度不均匀，在立面上则表现为墙顶偏斜、结构埋件移位等。

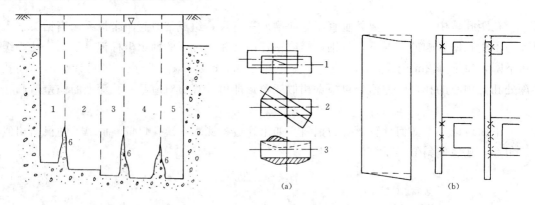

图 16.59　槽形孔孔底小墙示意图　　　　　图 16.60　地下连续墙孔形图

1、3、5—主孔；2、4—副孔；　　　　　　　（a）平面；（b）立面

6—孔底小墙　　　　　　　　　　　1—平移；2—扭转；3—厚度变化

目前已经有很多工程采用先进的超声波测斜仪来检测槽孔孔形、孔深及孔斜，为地下连续墙施工提供了很好的帮助。有关超声测斜仪情况将在下面加以说明。

16.6.3　超声波检测仪的应用

为了快速准确地检查已成钻孔或槽孔的几何形状，以便为下钢筋笼或钢管以及浇注混凝土等工序创造良好的条件，可使用用超声波检测仪。日本电子研究所（KODEN）生产的DM型超声波检测仪已被世界各国所应用。下面说明一下已经引入我国的DM—684检测仪的工作原理和使用情况。它有以下几个特点：

1）地下连续墙槽孔是一个窄而深的长槽，用超声波检测仪能同时测试出槽的宽度、厚度和深度，以及尺寸偏差和孔壁形状。

2）各种测试数据均可记录在特种记录纸上，可同步绘出图形，能简便、直观地看出槽孔问题。

3）当使用当地黏土泥浆造孔，孔底泥浆比重较大时，也能量测准确。

4）仪器性能优越。DM—684检测仪由日本电子研究所制造，是电子学和超声波技术的结晶。

本仪器工作原理：利用控测器发射并接收从槽孔壁反射回来的超声波，确定超声波传播时间，推算出探测器到槽孔壁的距离，并把测得孔壁形状绘于电感光记录纸上，如图 16.61 所示。

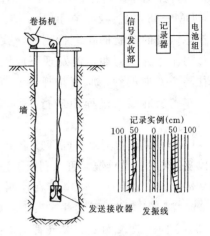

图 16.61　DM—684 检测仪
工作简图

DM—684 的主要功能和特点：

1）测量深度：100m。

2）测量范围（平面尺寸）：0～8m。

3）泥浆比重：1.2。

4）量测方向：$x—x'$ 和 $y—y'$ 同时测量，全自动控制，可进行快速测量和记录。

5）绞车：电缆和钢丝绳能同步转动，0～20m/min。

6）特殊信号处理电路能分辨墙面和悬浮物。

7）干性电感光纸可以防止记录成果的退色和消失。

8）电源：交流电电压 220V，频率 50～60Hz。

9）超声波频率 100kHz。

10）测量精度±0.2%。

DM—684 可以有效地用于测量各种冲击或回转钻机、土钻和所有用护筒方法钻成的孔以及用各种抓斗或钻机开挖的槽孔。检测地下连续墙槽孔或桩孔，也可指导钢筋笼顺利下到槽（桩）孔内。

DM—684 检测仪在泥浆比重达到 1.2 时，仍能测出清晰的孔形，墙面情况记录在电感光纸上；可在 $x—x'$ 和 $y—y'$ 方向同时量测，并很容易地转换方位；在记录纸上量测的各种数据很方便读出；绞车的电缆卷筒和钢丝绳卷筒同步转动；绞车上装有上限开关和下限开关，以便潜水探测器在测量结束时自动停下来。DM—684 还设置了用来分辨墙面和悬浮物的信号特殊处理电路。为了安全使用 DM—684 检测仪，该机装备了断路器，高压保护电路，记录笔尖自动停止功能；电感光纸可防记录成果的退色和消失；该机可通过全自动绞车实现快速测量和记录；水下传感器的深度可连续地显示在数字深度指示器上。DM—684 检测仪最大测深 100m，最大测径 16m，检测精度可达±0.2%，可在－10～50℃环境温度内进行测试。仪器工作过程如下：

1）将已调试好的绞车连同探测器固定到钻孔护筒或防渗（连续）墙的导墙顶部，对准中心。

2）用电缆把绞车与记录器连接起来，接通电源。

3）选择合适的孔径或槽宽的测量范围，选定送纸方式和送纸速度。

4）选定孔壁标志线：要使所测孔壁限定在标志线之内。

5）将探测器下放到地面以下 2m 处，校定超声波波速以及其他一些项目。

6）接通记录器电源，打开必要的开关。开动绞车，将探测器下入孔内，测试不同深度时的槽孔或圆孔壁形状并随时绘图于电感光纸上。

一旦探测器碰到孔底，绞车立即停止下降，振动反向开关，把探测器提出孔外。

DM—684 检测仪正在我国一些工程中应用。首先可对抓斗抓成的试验槽孔进行测试，找出问题，进行改进。在使用抓斗施工初期，曾发现下放钢筋笼不畅。经检测，都往同一方向偏斜，原因是抓斗在抓土时没有转向造成的，在剩余的施工过程中进行了调整，使工程得以顺利进行。

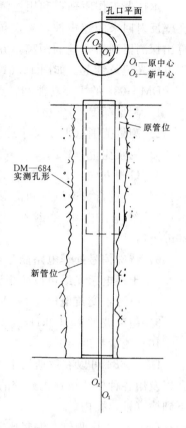

图 16.62　DM—684 指导
下管示意图

DM—684 可检测出不同深度上槽（桩）孔的形状、直径以及偏斜和扭曲情况。可以利用得到的孔壁图形或计算数据来指导施工。例如，1994 年在检测北京市第三制药厂直径 2m、深 101.5m 的曝气井时发现，如果按照原来给出的孔口中心向下放入 ϕ1.4m 曝气管，就会在半路上撞上孔壁而卡管；如果按照实测孔壁形状，将孔口中心稍作移动，则管子可以顺利下到孔底（见图 16.62），这就避免了不必要的返工。又如在用 DM—684 检测某个用回转钻机建造的长 5.5m 矩形槽孔时，发现在 30m 深处有一个突出的"小墙"，U 形曝气管无法下放，随即进行处理，很快解决了问题。

16.6.4　验收

根据目前的施工规范要求，地下连续墙在挖槽施工过程中要进行三次验收，即单孔验收、终孔验收和清孔验收。

1. 单孔验收

对于那些墙底入岩或深入黏土隔水层的防渗墙来说，常常通过先行施工的单孔（主孔）来查明地质情况，确定基岩或黏土所在位置和高程。所以要进行单孔验收，验收的项目如前面所说。验收的重点是确定基岩面或黏土层面。

对于不入岩的地下连续墙来说，常不进行单孔验收。

2. 终孔验收

应包括以下内容：

1）孔位、孔深、孔斜、槽宽。

2）基岩岩样和入岩深度。

3）一、二期槽孔接头的搭接厚度（指钻凿接头）。

3. 清孔验收

应包括以下内容：

1）孔底淤积厚度。

2）槽孔泥浆性能。

3）接头刷洗质量。

我国现行的水电和城建系统的规范对上述指标要求不一样，详见表 16.4。

表 16.4　清孔指标

项目	水利水电工程混凝土防渗墙施工技术规范 (SL 174—1996)	建设部 GB 50202—2002
孔底淤积厚度（cm）	≯10	≯20
黏土泥浆密度（g/cm³）	≯1.30	≯1.20
黏度（s）	≯30	—
含砂量（%）	≯10	—
取样时间（h）	1.0	1.0
取样深度（m）	未规定	孔底以上 0.2

16.6.5　成墙质量检查

1. 概述

成墙质量的检查是指对一整道混凝土连续墙的质量进行一次总的检查，其项目有：墙段墙身混凝土质量的检查，墙段与墙段之间套接质量与接缝质量的检查，墙底与基岩接合质量的检查，墙身顶留孔及埋设件质量的检查，成墙防渗效率的检查等。在检查之前，首先要对施工过程中积累的工程技术资料进行查对与分析，从中发现问题，并可对各项质量得出初步的结论。通常需要查对与分析的工程技术资料有：每个槽孔的造孔施工记录和小结（包括事故情况及处理结果），主要单孔的基岩岩样鉴定验收单及终孔通知单，槽孔终孔验收成果记录及合格证，槽孔清孔验收成果记录及合格证，每根导管的下设、开浇、拆卸记录表，孔内泥浆下混凝土浇注指示图（即混凝土顶面上升指示图，包括混凝土顶面反映出的方量与实浇方量的每时段核对曲线图），拌和站及孔口混凝土质量检查成果，每个槽孔混凝土浇注施工小结（包括事故情况及处理结果），造浆黏土的物理、化学、矿物、阳离子交换容量分析试验成果，造孔及清孔泥浆性能指标，混凝土原材料的物理、化学、矿物分析试验成果，混凝土配合比试验成果，混凝土试块试验成果，墙内埋设件埋设记录，坝体测压管及墙身观测仪器的初步观测成果等。属于每一个槽孔的成果资料，施工单位应逐孔装订成册，并加印封面。

下面分别简述每个项目的具体检查方法。

2. 墙身混凝土质量的检查与评定

在墙段混凝土浇注 28d 之后，应在对质量有疑问的墙段、浇注质量较差的墙段，以及浇注质量较好的、具有代表性的墙段，慎重选定检查孔位，用岩芯钻机钻检查孔取混凝土芯，一方面检查混凝土芯中有无裂缝、夹泥、混浆等质量问题，另一方面对混凝土芯的重度、抗压和抗拉强度、弹模、抗渗标号等物理力学性能进行试验。钻检查孔过程中还应分段进行注水或压水试验，得出墙身混凝土的透水性资料。

通过钻检查孔检查与评定墙身混凝土的质量是一种较为直观与可靠的方法。常采用岩芯钻机，孔径 108～127mm，钢粒或合金钻进。应由有经验的技工精心操作，不然稍一不慎，检查孔极易于偏出墙外，因此，一般认为这一方法仅适用于深度为 40m 左右的混凝土地下连续墙。检查孔的数量不宜过多。一道地下连续墙挑选有代表性的质量较好的数个墙段钻 1～3 个检查孔；对质量有疑问的墙段应选择有代表性的单孔，钻 1～2 个检查孔；对质量较差的墙段，应归纳为几种类型，每种类型选择一个有代表性的墙段，钻 1～2 个检查孔。检查孔中压水试验的压力一般以采用 $10N/cm^2$ 为宜，经过论证后最大也不宜超过 $20N/cm^2$，以免把墙身混凝土压穿。宜尽量采用 3 个压力阶段压水（但也允许采用一个压力阶段压水）。检查孔完成检查任务后，应当用水泥砂浆自下而上有压封孔，并填好封孔记录表，存档备查。

3. 墙段与墙段之间套接质量与接缝质量的检查

此处重点介绍墙段间接缝质量的检查。

墙段间接缝是墙身的薄弱环节。因此，对墙段间接缝质量的检查必须严格、细致。质量不良的接缝中充满着软塑状黏泥，一般规律是墙顶部缝最宽，随着深度的增加，缝宽逐渐变小，但也不能忽视有少数接缝的缝宽自孔口至孔底几乎是等宽度的。对墙段间接缝质量检查的具体方法有开挖法与检查孔法，两种方法应当结合采用。

防渗墙体质量检查，在条件允许时应首先将墙顶以下 $1\sim2m$ 的墙身两侧的土石挖除，并将暴露出来的墙顶部分刷洗干净，用钢卷尺测量每一个接缝在墙顶处及墙顶以下 $1\sim2m$ 处的缝宽。逐缝作好记录，对较宽的接缝应绘出素描图。一般要求缝宽应小于 0.5cm，而且沿半圆弧水平走向应当是不连续的。对于质量不合格的墙段间接缝，应当选择有代表性的部位，骑缝钻岩芯检查孔，取出混凝土芯，分段进行注水或压水试验。骑缝检查孔的偏斜方向应当与接缝的偏斜方向一致，以尽量做到沿缝钻进。骑缝钻检查孔的意义有两点，一是为了较准确地检查接缝质量，二是为了确定处理深度。

近年来，有的工地先在接缝两侧的墙身中各钻一个检查孔，然后试用超声波检测法，综合利用声波波速与声波衰减两个指标来检测接缝的宽度，但目前只能得出定性的结论，今后仍应进一步开展这方面的研究工作。

4. 墙底接合质量的检查

槽底嵌入基岩（或持力层）中的深度从单孔基岩鉴定验收单及终孔通知单中可以得出较为准确的数值。但是，大多数情况下墙底与基岩并没有直接接触，其间夹有一层由黏土颗粒与岩屑组成的淤积层。也就是说，槽底嵌入基岩（或持力层）中的深度并不等于墙底嵌入的深度。因此，尚需检查墙底混凝土与基岩（或持力层）顶面之间的实际距离，即检查浇注混凝土后的孔底淤积的实际厚度，以及该段淤积层的透水情况。一般均通过墙身预留检查孔或专门钻孔进行检查。钻孔检查时，只要精心操作，即可较准确地测量出墙底以下淤积层的厚度；通过墙身预留灌浆孔则难于直接测量，一般要采用孔内水下电视或录相来观测淤积层厚度。

墙底以下淤积带的透水性需采用压水试验的方法进行测定。止水顶塞应卡在紧靠淤积带上部的混凝土墙内，压水压力以不大于 $20N/cm^2$ 为宜。淤积带的渗透系数大都小于 $10^{-6}cm/s$，但其抗冲刷能力很差。压水试验测得的透水性实际上是淤积带与表层基岩共同的透水性。

5. 墙身埋设件质量的检查

这项检查包括对起拔预埋钢管管模形成的预留基岩灌浆孔质量，钢筋笼埋设质量，观测仪器埋设质量的检查。

预留基岩灌浆孔质量检查项目有：孔位中心、孔斜、孔深。实际孔位中心与设计孔位中心允许误差一般为 $\pm3cm$，量大孔斜率应小于或等于 5‰，孔深以钢尺实际丈量数为准。

钢筋笼埋设质量不允许用钻孔进行检查,应检查其原材料、焊接、下设质量、混凝土开浇前孔底淤积厚度、混凝土浇注质量等,综合分析后即可得出结论。

观测仪器埋设质量的检查,一般在墙段混凝土浇注完毕 36h 后进行,应逐个测定仪器的完好率,还应检查孔口以上电缆的保护措施是否符合设计要求。

6. 成墙防渗效率的检查

对成墙防渗效率的估算,一般采用以下两种方法:

1)计算同一水头下,建墙后渗流量的减少值与未建墙时的渗流量之比率。例如,马尼克水电站根据观测资料估算出,穿过防渗墙的渗流量为 $0.017\text{m}^3/\text{s}$,还估算出未建墙时的渗流量为 $0.4\text{m}^3/\text{s}$,由此估算出防渗墙的效率为

$$E_Q = \frac{0.4 - 0.017}{0.4} \times 100\% = 96\%$$

2)计算渗流通过防渗墙的水头损失与同一时间上下游水位差之比率。例如,碧口水电站拦河土坝 1975 年底开始蓄水,当年冬季水库正常蓄水位运行时,河床段上下游水位差 87m。观测资料表明,通过两道防渗墙的水头损失为 83m,由此估算出防渗墙的效率为

$$E_P = \frac{83}{87} \times 100\% = 95\%$$

7. 墙面平整度检查

墙面经开挖暴露之后,应达到以下质量标准:

1)墙面垂直度应满足设计要求,一般 $\leqslant \dfrac{H}{200}$(H 为墙深)。

2)墙体中心线偏差不大于 30mm。

3)墙面应平整,局部突起(均匀黏土中)不大于 100mm。

4)接头搭接厚度满足设计要求,无软弱夹层或孔洞,无渗水。

通过对成墙质量的检查,当发现有足以影响连续墙安全运行的质量缺陷时,必须进行补强处理。在选择补强处理方案时,既要处理好有质量缺陷的墙段,又不要影响周围质量良好墙段的完整性。因此,事先要进行处理方案比较,选取其中的最优方案。曾经采用的补强处理措施有:①用冲击钻打掉有质量缺陷的墙段或接缝两侧的混凝土,重新造孔,重新浇注混凝土,简称为"钻凿法";②紧贴有严重质量缺陷墙段的上游建造新墙,简称为"上游建墙法";③在有严重质量缺陷墙段上游的覆盖层中进行水泥黏土灌浆或化学灌浆,形成灌浆帷幕,简称为"灌浆法"。对于墙身上部的质量缺陷,也可采用局部凿除,立模补浇混凝土进行处理。无论采用哪种补强处理措施方案,都要严格控制质量,不允许发生新的质量问题。处理完毕后,对其质量仍要再进行一次全过程检查。

16.7　钢筋的加工和吊装

16.7.1　概要

这一节里,将阐述地下连续墙钢筋图设计要点,钢筋的加工以及吊装施工过程和注意事项。

钢筋的加工和吊装过程见图 16.63。

16.7.2 钢筋施工图

1. 基本要求

地下连续墙的钢筋笼与普通在地面上施工的钢筋网架不同，它要放到槽孔泥浆中去，和混凝土浇注在一起成墙。这种钢筋笼不但要满足结构应力方面的要求，还要在加工、存放、运输、立直和吊放过程中具有足够强度，不会发生过大的弯曲和扭曲变形，还要有足够的混凝土保护层厚度，避免在任何部位发生露筋现象。

2. 钢筋笼的主要尺寸和构造要求

（1）钢筋笼的外形尺寸

图 16.64 是钢筋笼构造的一般型式。前面已经谈过，钢筋笼的大小是决定槽段长度的主要因素。

为了有利于钢筋受力、方便施工和加快成墙速度，钢筋笼应尽量整体加工和吊装（墙深小于 30m）。如果地下连续墙的厚度、深度都很大，有时候槽段长度也必须很长时，则整体钢筋笼的尺寸和重量太大，而无法适应起吊能力、作业场地和运输方面的要求，此时可采用以下两种办法：

1）沿墙的深度方向把钢筋笼分成两段或三段。在吊放入槽过程中，将它们连接成整体，分段长度以 15～20m 为宜。天津市冶金科贸中心大厦的条形桩深 47m，是把钢筋笼分成三段（18m、17m 和 12m）下入槽孔的。

竖向接头宜放在受力较小处，接头型式有钢板接头、电焊接头、绑扎接头、锥形螺纹接头等，还有使用钢丝绳卡子固定钢筋的接头。绑扎接头的搭接长度不小于 $45d$，当搭接接头在同一断面时，搭接长度应加长到 $70d$，且不小于 1.5m。

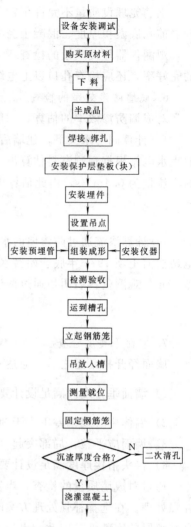

图 16.63 钢筋加工和埋件
施工过程图

2）沿地下连续墙长度方向把槽段钢筋笼分成两片或三片，吊放时一片一片地入槽。这种实例在国内外都有。为了防止各片钢筋笼下放时卡住，可在先下放的钢丝笼侧用钢筋（或圆钢）做上两道滑轨。

实践证明，采用第一种方法分段时，钢筋接头数量很大，连接花费时间长，弄不好还得二次清孔，不到万不得已不要采用。沿水平方向分片的方法，可以快速完成钢筋笼吊放入槽工作，是个值得推广的经验。当地下连续墙作为永久结构使用并且有传递水平剪力的要求时，此种分片方法则应慎用。

（2）钢筋桁架

地下连续墙的钢筋笼与普通的钢筋网（架）不同，它必须在存放、运输和吊装过程中具有足够的强度和刚度，才能顺利入槽就位。

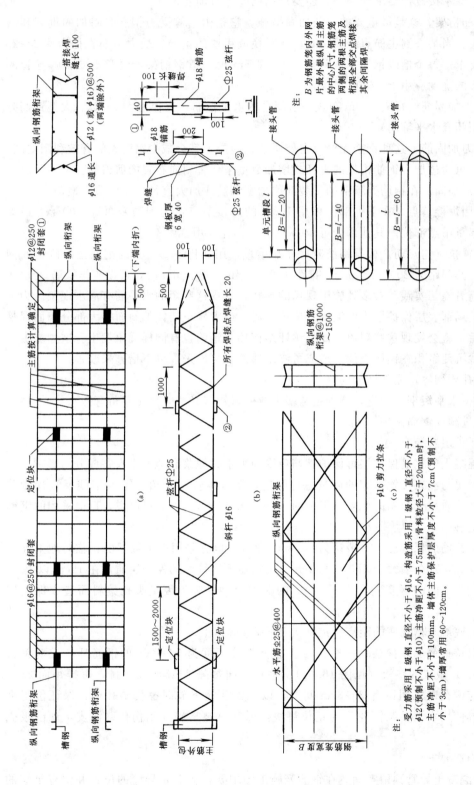

注：受力筋采用 I 级钢，直径不小于 φ16。构造筋采用 I 级钢，直径不小于 φ10。主筋净距不小于 75mm，直径不小于 20mm 时，φ12（预制不小于 φ16）主筋净距不小于 100mm。墙体主筋保护层厚度不小于 7cm（预制不小于 3cm），墙厚常用 60～120cm。

图 16.64　钢筋笼的构造和尺寸

(a) 一般钢筋形式；(b) 纵向钢筋桁架；(c) 钢筋笼的加强（槽段较宽时）

为此，除了按设计要求配筋外，还要对钢筋笼进行加固。

1）钢筋桁架。这是最重要的一条加固措施。它是由两侧受力钢筋和附加的垂直和斜向弦杆组成。当某一侧主筋直径较小时，有时换成粗些的钢筋。受力钢筋直径为 $\phi22\sim25$ 即可满足要求。每个槽段钢筋笼内间隔 $1.0\sim1.5m$ 设一道钢桁架，注意不要影响导管的位置。桁架的挠度应小于 $1/300$。

2）水平加固筋。每隔 $2.0m$ 布置一道闭合的水平箍筋，直径为 $\phi14\sim22$。大型钢筋笼应全部采用闭合水平箍筋。

3）剪刀加固筋。这种钢筋无论放在外层还是内层，都会减少钢筋笼的有效利用空间，不宜采用。可通过加大钢筋桁架的直径或增加数量来代替斜向布置的剪刀筋。

4）孔口加固。在钢筋笼顶部的吊装部位加密钢筋或加大直径，还可采用型钢。

5）采用焊接节点。在下列部位采用 100% 的焊接节点：①钢筋笼两端；②受力最大部位；③起重吊点部位。其他部分可 50% 点焊。绑扎少用。

6）设置拉（勾）筋。根据钢筋笼尺寸和重量，用几排 $\phi12\sim16$ 的钢筋把两侧钢筋网连接起来，其间距为 $200\sim500mm$，排距 $1.2\sim1.5m$。槽长 $6m$ 时，可设 4 排拉筋。

根据笔者施工实践和对多处施工现场的观察，发现这些短的水平筋有渗水现象。为了某种需要把局部表层保护层内的混凝土凿掉之后，或者修正墙体偏斜而将大部分墙面混凝土凿除之后，就会发现这些现象。此外预埋结构接头钢筋也有同样现象发生。这主要由于泥浆中土砂沉淀淤积在钢筋表面上形成了渗水通道。可以采取以下措施来改善：

1）清孔要彻底，泥浆性能要好。

2）减少水平短钢筋用量，特别是两端不要做弯钩（必要时可做直角弯钩）。

3）改进预埋钢筋做法。

（3）保护层

水下混凝土的钢筋保护层可保护钢筋免受地下水、泥浆和地基中有害成分的影响。关于现浇混凝土与泥浆接触引起的质量恶化问题，据日本资料介绍，经 X 射线反复探测分析，可以确认质量受影响的厚度是很小的（$1\sim3cm$ 以下）。因此可以说，目前采用的钢筋保护层是足够的。

关于主钢筋的保护层，一般认为 $7\sim8cm$ 即可。也有采用以下数据的：临时地下连续墙大于 $6.0cm$，永久墙大于 $8.0\sim10.0cm$，钢板地下连续墙的保护层通常在 $15cm$ 以上。

墙段接头之间的钢筋应有 $10\sim15cm$ 的保护层，以避免因接头孔偏斜而造成保护层减少。

钢筋笼底端与槽孔底的距离应控制在 $30\sim50cm$ 以上。

为了保持钢筋的保护层，一般是在主筋上焊接高度为 $5\sim6cm$ 的钢筋耳环或薄钢板（厚 $2\sim3mm$）做成的垫板（见图 16.65）。垂直方向每隔 $3\sim5m$ 设一排，每排每面 $2\sim3$ 个，垫板与槽孔壁之间留有 $2\sim3cm$ 间隙，以免钢筋笼下放时擦伤槽孔壁，保证位置准确。过去曾使用水泥砂浆滚轮作为定位垫块，因其易被挤碎并刮伤孔壁泥皮，现已极少使用。

（4）构造要求

1）为混凝土导管预留空间。在钢筋笼施工图中要预先确定导管的位置并留有足够的空间，其沿墙的长度方向不得少于 50～70cm，笼子越长，留出的空间应越大，导管周围应设置箍筋或拉筋以及导向筋（ϕ12～16）。为防止水平钢筋卡住导管，应将受力主筋放在内侧，水平分布筋放在外侧。

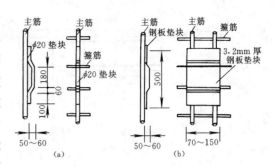

图 16.65　钢筋笼定位垫块（单位：mm）
(a) 钢筋耳环垫块；(b) 钢板垫块

2）钢筋笼主钢筋的最小间距。主筋最小间距为 7.5～10cm。最小净距宜大于 5cm。

水平钢筋的间距应为 15～20cm。如非受力部位，其距可达到 30～50cm。

3）钢筋笼底部钢筋应向内收拢，以免下放钢筋笼时刮伤孔壁，如图 16.64 所示，其中虚线是将底端做成闭合三角形，可增强底部刚度。

4）受力筋宜使用Ⅱ级钢筋，直径通常为 22～28mm，个别有用直径 32mm 的主筋，最小直径宜不小于 16mm。水平筋可用Ⅱ级钢筋，直径不小于 12mm，也可采用Ⅰ级钢筋。

5）拐角部位的钢筋布置型式如图 16.66 所示。图 16.67 是比较典型的拐角钢筋设计图。在钢筋布置上，应注意以下几点：

①挡土面水平筋直径加粗，内侧不变。

②挡土面竖向筋直径不变，内侧加粗。

③为增加吊装刚度和稳定，应设置直径 22～25mm 的斜撑，待下笼时逐根切割掉。

④一定要在地面上找好角槽钢筋笼的重心，再平稳下放到位。

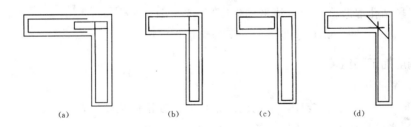

图 16.66　拐角钢筋布置型式

3. 地下连续墙钢筋施工图实例

1）日本川崎人工岛地下连续墙钢筋图。1991 年日本在修建东京湾高速公路的川崎人工岛地下连续墙工程时，其槽段长 9.277m（二期），墙厚 1.0m，墙深 119m，见图 16.68 (a)。其钢筋全长 116m，是分 6 节制作后组装的，钢筋笼总重 166.6t，最长一节长 22.5m，重 35.7t。一期槽的钢筋笼总重 270.2t（含工字钢接头），单件最重 61.8t。其主筋 ϕ35～51，间距 17.5cm。采用隔板式接头。设计混凝土强度 3600N/cm²，现场钻孔取样 26 组的平均强度为 8380N/cm²。

图 16.68 (b) 也是一个超深防渗墙的配筋图。主筋直径为 ϕ41，间距 15.0cm，对称

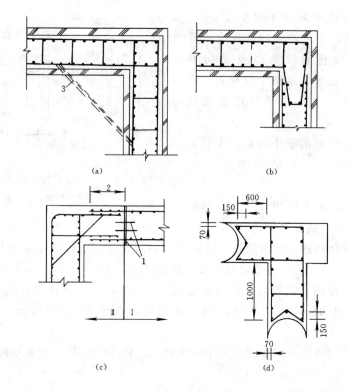

图 16.67　典型的拐角钢筋设计图

(a)、(c)、(d) —L 型；(b) —分离型

Ⅰ——期槽孔；Ⅱ—二期槽孔；

1—接头钢板；2—搭接；3—临时加固筋

配置。经现场钻孔取芯检验，试块平均强度达 83.8MPa/cm²。

2）图 16.69 和图 16.70 是我国的地下连续墙钢筋图。

16.7.3　钢筋加工和组装

1. 主要作业内容

1）钢筋下料。切断、接长，主钢筋应采用对焊或锥形螺纹连接。

2）钢筋半成品加工。如弯钩、箍筋、拉筋、弯直角或斜角等。

3）组装焊接。

4）设置保护层垫板（块）。

5）安装接头箱、连接钢板、止水钢板等预埋件，用泡沫板加以防护。

6）安装其他埋件和观测仪器等。

7）装贴罩布（防混凝土进入）等。

8）设置吊点。

2. 钢筋加工

1）主钢筋尽量不采用搭接接头，以增大有效空间，有利于混凝土流动。

2）有斜拉钢筋时，应注意留出足够的保护层。

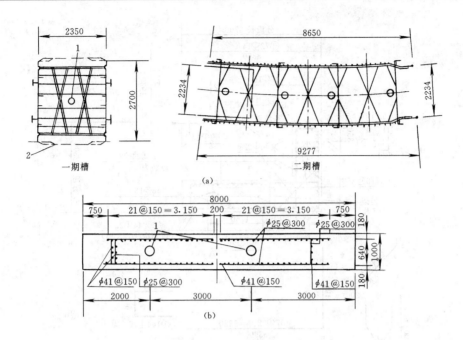

图 16.68　超深钢筋笼图

(a) 川崎人工岛地下连续墙钢筋图；(b) 某超深墙钢筋图

1—导管；2—土土织物

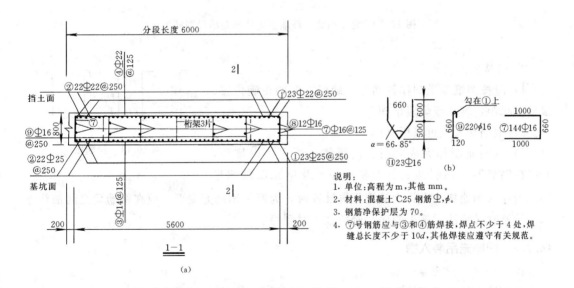

图 16.69　北京西北三环地下连续墙钢筋图

(a) 剖面图；(b) 直槽段

3）主钢筋应采用闪光接触对焊或锥形螺纹连接。

4）钢筋应在加工平台上放样成型，以保证钢筋笼的几何尺寸和形状正确无误。

5）拉（钩）筋两端做成直角弯钩，点焊于钢筋笼两侧的主钢筋上（见图 16.71）。

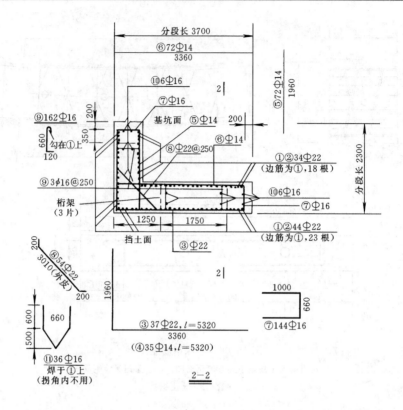

图 16.70　北京西北三环地下连续墙角槽段钢筋图

3. 钢筋笼的制作

1) 应按图纸要求制作钢筋笼, 确保钢筋的正确位置、根数及间距, 绑扎或焊接牢固。

2) 钢筋交叉点可采用点焊。

3) 钢筋笼制作完成之后, 按照使用顺序加以堆放, 并应在钢筋笼上标明其上下头和里外面及单元墙段编号

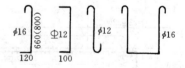

图 16.71　拉筋图

等。当存放场地狭小需将钢筋笼重叠堆置时, 为避免钢筋笼变形, 应在钢筋笼之间加垫方木。堆放时必须注意施工顺序, 避免施工时倒垛。

16.7.4　钢筋笼吊装入槽

1. 水平移位和吊装入槽

当钢筋笼加工场距槽孔较远时, 可用特制平台车将其运到槽孔附近。

水平吊运钢筋笼时, 必须吊住四个点。吊装时首先要把钢筋笼立直。为防止钢筋笼在起吊时弯曲变形, 常用两台吊车同时操作 (见图 16.72)。为了不使钢筋笼在空中晃动, 可在其下端系上绳索用人力控制, 也有使用 1 台吊车的两个吊钩进行吊装作业的 (见图 16.73)。为了保证吊装的稳定, 可采用滑轮组自动平衡重心装置, 以保证垂直度。

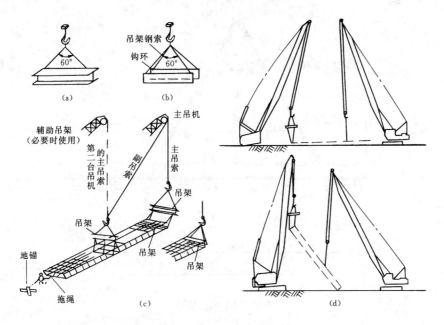

图 16.72　吊入钢筋笼方法

(a) 二索吊；(b) 四索吊；(c) 起吊方法；(d) 双机起吊

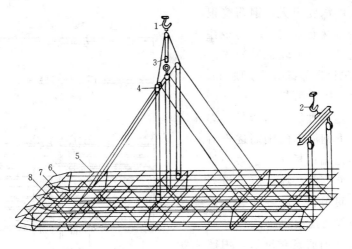

图 16.73　钢筋笼起吊方法

1、2—吊轮；3、4—滑轮；5—卸甲；6—端部向里弯曲；

7—纵向桁架；8—横向架立桁架

　　大型钢筋笼可采用附加装置——横梁、铁扁担和起吊支架等（见图 16.74）。

　　钢筋笼进入槽孔时，吊点中心必须和槽段中心对准，然后缓慢下放。此时应注意起重臂不要摆动。

　　如果钢筋笼不能顺利入槽时，应该马上将其提出孔外，查明原因并采用相应措施后再吊放入槽。切忌强行插入或用重锤往下压砸，那会导致钢笼变形，造成槽孔坍塌，更难处理。

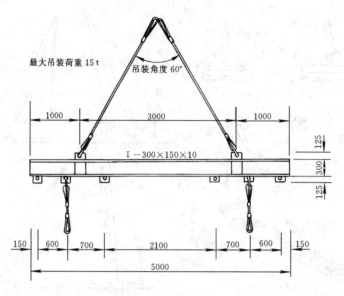

图 16.74 吊装横梁

在吊放入槽过程中，应随时检测和控制钢筋笼的位置和偏斜情况，并及时纠正。

2. 钢筋笼分段连接

当地下连续墙深度很大、钢筋笼很长而现场起吊能力又有限时，钢筋笼往往分成两段或三段。第一段钢筋笼先吊入槽段内，使钢筋笼端部露出导墙顶 1m，并架立在导墙上，然后吊起第二段钢筋笼，经对中调整垂直度后即可焊接。焊接接头一种是上下钢筋笼的钢筋逐根对准焊接，另一种是用钢板接头。第一种方法很难逐根对准钢筋，焊接质量没有保证而且焊接时间很长。后一种方法是在上下钢筋笼端部将所有钢筋焊接在通长的钢板上，上下钢筋笼对准后，用螺栓固定，以防止焊接变形，并用同主筋直径的附加钢筋@300 一根与主筋点焊以加强焊缝和补强，最后将上下钢板对焊即完成钢筋笼分段连接。图 16.75、图 16.76 也是分段连接实例。经检测，接头强度不小于钢筋笼的设计强度。

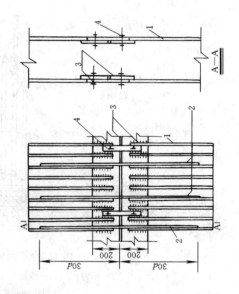

图 16.75 钢筋笼分段连接构造图

1—主筋；2—附加筋同主筋直径，长度 60 倍主筋直径@300 一根；
3—连接钢板厚度根据主筋等截面计算不足部分附加筋补；
4—定倍钢板 300×60×16 用 φ20 螺栓定倍及防焊接变形

16.7.5　钢筋笼制作与吊装的质量要求

具体质量要求见表 16.5。

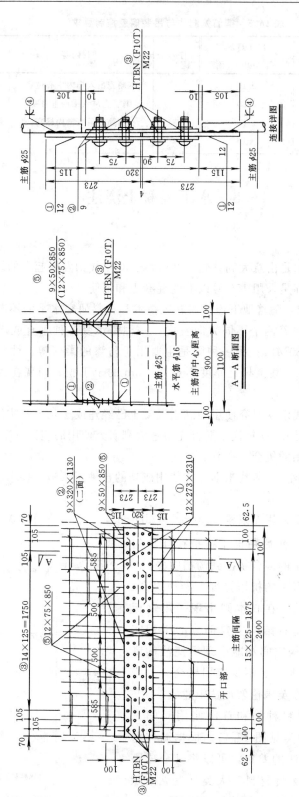

图 16.76　钢筋笼分段连接图

①—接合板；②—加强肋反；③—连接螺栓 M22；④—焊缝（8mm）；⑤—朴强板

表 16.5　钢筋笼制作与吊装偏差控制要求

序号	项目内容	容许偏差 (mm)	序号	项目内容	容许偏差 (mm)
1	竖向主筋间距	±10	5	钢筋笼吊入槽内中心位置	±10
2	水平主筋间距	±20	6	钢筋笼吊入槽内垂直度	2‰
3	预埋件位置	±15	7	钢筋笼吊入槽内标高	±10
4	预留连接筋位置	±15			

16.8　水下混凝土浇注

16.8.1　墙体材料

地下连续墙施工技术是由意大利首先在 20 世纪 50 年代初发展起来的。当时不管是用来承重还是用来防渗，都是采用 150 号以上的混凝土和钢筋混凝土。

20 世纪 50 年代末期，随着地下连续墙施工技术和材料研究水平的不断发展，它的墙体材料和施工技术开始向着两个不同方向发展：一种是承受各种垂直或水平荷载的刚性墙，抗压强度已经超过 80MPa；另一种则是主要用于防渗的柔（塑）性防渗墙，它的抗压强度最小的不足 1MPa，甚至只是厚度不足 0.5mm 的土工膜。到现在为止，用于防渗墙的材料不下几十种。

我国 20 世纪 50 年代末期研究使用的黏土混凝土已经建成了几十座防渗墙，使用数量已达几十万立方米。也是在 50 年代末期首先由意大利研究使用的塑性混凝土，到了 70 年代以后才取得了广泛应用的机会。

首先由法国在 20 世纪 60 年代末期研究使用成功的自硬泥浆施工技术。迅速推广到了世界各地。

美国和加拿大则善于采用泥浆槽（Slurry Wall）施工技术。他们喜欢用土方机械（如反铲）挖出长长的沟槽，然后用推土机把搅拌均匀的砾石水泥、黏土和泥浆的混合物推到沟槽中去。

在刚性墙方面，混凝土的抗压强度不断地提高，现在已有超过 80MPa 的。在日本则出现了用钢板（或型钢）作为连续墙垂直结构主要部分的工程实例。为了减少占用的结构空间和减少现场浇注的麻烦，预制连续墙（板）也有了不少应用机会。后张预应力地下连续墙已经在英国伦敦地铁中建成。

地下连续墙墙体材料种类和首次使用时间见表 16.6。墙体材料的种类见图 16.77。根据墙体材料的技术性能和施工方法的差别，可以将其分成刚性混凝土、塑性材料和柔性材料三大类（参见文献 [1]）。表 16.7 列出了它们的主要性能和特点。

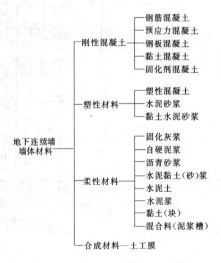

图 16.77　墙体材料分类

表 16.6　墙体材料首次使用时间表

序号	材料名称	首次使用年份	国　家	说　　明
1	混凝土	1950	意大利	
2	钢筋混凝土	1950	意大利	
3	预制墙板混凝土	1970	法国（日本）	
4	后张预应力混凝土	1972	英国	
5	钢—混凝土	1986	日本	见第 22.5 节
6	黏土混凝土	1958	中国	含粉煤灰混凝土
7	塑性混凝土	1957	意大利	
8	水泥砂浆	1964	苏联	
9	沥青砂浆	1962	意大利	
10	黏土水泥浆	1964	法国（德国）	
11	固化灰浆	1970	法国（日本）	
12	自硬泥浆	1969	法国	
13	黏土块（粉）	1959	波兰（中国）	
14	混合料（泥浆槽）	1952	美国，加拿大	
15	土工布（膜）		日本	

表 16.7　地下连续墙分类表

分类 / 项目	刚性混凝土	塑性材料	柔性材料
主要用途	挡土，深基础，深基坑	防渗（承重）	防　渗
抗压强度（MPa）	C10～C50（个别 C80）	C2～C5	0.2～1.0
弹性模量（MPa）	15000～30000	300～1000	10～150
渗透系数（cm/s）	$<10^{-8}$	10^{-6}～10^{-8}	10^{-6}～10^{-7}
主要材料名称	钢筋（钢板）混凝土，预应力混凝土，黏土混凝土	塑性混凝土，水泥砂浆	固化灰浆，自硬泥浆，混合料，黏土，水泥黏土浆，土工膜
主要施工方法	泥浆下挖槽和浇注		方法各种各样，有的不用泥浆

16.8.2　水下混凝土浇注

1. 概述

地下连续墙的混凝土是靠导管内混凝土面与导管外泥浆面之间的压力差和混凝土本身良好的和易性与流动性，不断填满原来被泥浆占据的空间而形成连续墙体的。由此可见，要得到质量优良的地下连续墙，必须具备以下几个条件：

1）要生产出品质优良的混凝土拌和物，要具有良好的和易性与流动性以及缓凝（延迟硬化）的特性。

2）要连续不断地供应足够数量的混凝土。

3）槽孔泥浆性能要好，即比重要小，稳定性好（沉渣少），抗污染能力强。

2. 主要施工机械和机具

(1) 混凝土搅拌机

为了适应不同混凝土的搅拌要求，搅拌机已发展了很多机型。按其工作过程可分为连续式和周期式，按工作原理可分为自落式和强制式，主要代号意义如下：

自落式：

　　　JG——鼓形；

　　　JZ——反转出料；

　　　JF——倾翻出料。

强制式：

　　　JQ——涡浆；

　　　JX——行星；

　　　JD——单卧轴；

　　　JS——双卧轴。

搅拌机的主要性能指标是搅拌筒的生产容量，即搅拌筒每次能搅拌出的混凝土的容积，它决定着搅拌机的生产率，是选用搅拌机的主要依据。

(2) 混凝土的运输设备

1) 混凝土搅拌运输车。目前大量采用的是容量为 6.0m^3 和较小的搅拌运输车，它是由普通汽车底盘改装而成的，由汽车发动机引出动力，以液压传动驱动搅拌筒。

2) 自卸汽车或改装的普通汽车。在工程量不大或边远地区使用。

3) 小型翻斗车。

4) 混凝土泵。混凝土泵的种类很多。按驱动方式可分为柱塞式、挤压式和风动式。随着液压技术的发展，柱塞式中的机械式泵将被液压式泵所取代，而柱塞泵又有被挤压泵取代的趋势。

(3) 水下混凝土的浇注设备

1) 混凝土搅拌运输车直接倒入导管。

2) 混凝土泵（车）。可用混凝土泵从搅拌机出口直接输送到混凝土导管内，输送距离 200～400m。为保证浇注连续进行，应有备用泵。

混凝土泵也适于在狭小空间内使用。

3) 专用浇注架。使用专用浇注架，可以完成以下动作：①将料斗提升，把混凝土倒入导管；②安装和拆卸导管；③使导管在浇注过程中，以一定幅度上下往复运动，有利于混凝土扩散。

4) 用起重机和吊罐联合作业。这种方法也是经常使用的。

(4) 浇注小机具

1) 混凝土导管。

混凝土导管是由长 2～3m、直径 200～300mm 或更大的薄壁钢管（或椭圆形钢管）组装而成的输送混凝土的管道。

①材料。我国最早使用的混凝土导管是用厚 3～5mm 的薄钢板卷焊而成的。近年来则采用热轧无缝钢管。

②管长和管径：

a. 我国最早使用的导管内径 230mm，标准管长 2.0m，另配有长 0.3m、0.5m、0.8m 和 1.0m 的短管。法兰外径 336mm。

b. 无缝钢管的导管。使用的无缝钢管的内径有 $\phi200$、$\phi250$ 和 $\phi300$ 等几种。标准导管长度也是 2.0m。

c. 日本在薄防渗墙中使用扁的（15cm×50cm）的混凝土导管。

（3）管节连接有以下几种方式：①法兰连接，为防止漏水，应放橡胶片；②螺纹连接；③外螺母连接；④卡绳连接。

目前，法兰连接仍在一些工程中继续使用。在钢筋用量很大的地下连续墙工程中，使用卡绳式导管日益增加。但是，当导管使用长度超过 30m 以后，切忌用吊车把它们全部吊起来再放入槽孔中。那样做的话，可能造成事故。

2）孔口用具。

孔口用具包括大小井架、长短绳套，导管夹板、漏斗、皮球等。

①接料漏斗。漏斗上口较大，便于接受混凝土进入导管内部，有圆形和长方形两种。

②钢丝绳套。有长短两种。长绳套长约 2.5～3.5m，主要用于升降混凝土导管。短绳套长约 1.3～1.5m，用于提升井口的小机具。

③大小井架。大井架用于支承导管及其上的小机具，可用 12cm×15cm 方木或型钢制成。

④导管夹板。这是吊放和起拔导管的夹具，常用 6mm 钢板热锻而成。

⑤隔离器。这是用来隔断导管内泥浆和混凝土联系的必备物件，可用木材、混凝土和金属结构制成。近年来多用包以胶布的排球内胆，效果不错。

3）储料斗和溜槽。

当地下连续墙需要使用 2 根以上导管进行浇注时，为了满足混凝土连续浇注、把导管底部埋住的要求，常要准备大的储料斗以及溜槽，以便把混凝土及时顺利注入指定的任意导管中。

3. 常用参数计算

（1）首批混凝土数量

为保证防渗墙混凝土浇注质量，必须保证在开浇阶段通过导管浇注的首批混凝土在管外的堆高不小于 0.8～1m。根据这一要求并参考图 16.78，可得槽孔内所需首批混凝土量为

$$V_0 = 2 \times \frac{1}{2}RhB = RhB \tag{16.13}$$

式中　V_0——首批混凝土数量，m^3；

　　　R——导管作用半径，m；

　　　h——混凝土堆高，m；

　　　B——槽孔宽度，m。

一般地，首批混凝土拌和物的坍落度较小。若取混凝土的坡率为 1：4，$h=1m$，则 $R=4h$，可得

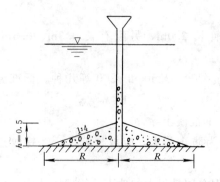

图 16.78　首批混凝土数量（单位：m）

$$V_0 = 4hhB = 4B \qquad (16.14)$$

当 $B = 0.8\text{m}$ 时，$V_0 = 3.2\text{m}^3$，即当槽孔宽度（即墙厚）为 0.8m 时，首批混凝土量应不少于 3.2m^3 与导管内混凝土量 V_1 之和。

$$V = V_0 + V_1 \qquad (16.15)$$

式中的 V_1 是未知的。可用式（16.16）求。

开导管时储斗内必须储存的混凝土量应保证完全排出泥浆，以使导管出口埋于一定高度（一般要求 0.8m 以上）的流态混凝土中，防止泥浆混入混凝土中。

$$V_1 = h_1 \frac{\pi d^2}{4} + H_c A \qquad (16.16)$$

其中

$$h_1 = \frac{H_w \gamma_w}{\gamma_c}$$

式中　d——导管直径，m；

　　　H_c——首批混凝土要求浇注深度，m，见图 16.79；

　　　h_1——槽段内混凝土达到 H_c 时，导管内混凝土柱与导管外水压平衡所需高度；

　　　H_w——预计浇注混凝土顶面至导墙顶面高差，m；

　　　γ_w——槽内泥浆重度，取 12kN/m^3；

　　　γ_c——混凝土重度，取 24kN/m^3。

在浇注最后阶段，导管内混凝土柱要求的高度 h_c 可按下式计算：

$$h_c = \frac{p + H_w \gamma_w}{\gamma_c} \qquad (16.17)$$

式中　p——超压力，在浇注高度小于 4m 的槽段时，不宜小于 $50 \sim 80\text{kN/m}^2$。

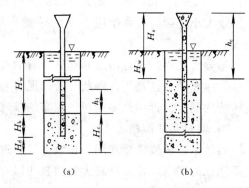

图 16.79　开浇和终浇计算图
(a) 储斗容量计算；(b) 储斗高度计算

（2）导管布置高度

由于防渗墙混凝土是在泥浆中浇注，为保证混凝土能顺利通过导管下注，必须使管内混凝土在其底部出口的压力大于管外泥浆压力（这在工程中通常称为超压力）。

由图 16.80 可知，要使混凝土拌和物顺利沿导管下注，导管内混凝土柱产生的压力和使管内混凝土流出管底的超压力之间应满足下式

$$\gamma_c H_c \geqslant p + \gamma_w H_{cw} \qquad (16.18)$$

式中　γ_c——混凝土拌和物重度，kN/m^3；

　　　H_c——导管顶部至槽内已浇混凝土面高度差，m；

　　　p——超压力，其值一般取为 73.5kPa；

γ_w——槽孔中泥浆重度，kN/m^3；

H_{cw}——槽孔内泥浆高度，即泥浆液面与槽孔内已浇混凝土面之高差，单位为 m。

由式（16.18）可得

$$H_a \geqslant \frac{p - (\gamma_c - \gamma_w) H_{cw}}{\gamma_c} \qquad (16.19)$$

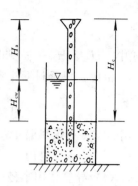

图 16.80　导管顶部
最小高度

式中　H_a——导管顶部高出槽孔内泥浆液面的高度，单位为 m；
　　　　其余符号意义同前。

式（16.19）是整个浇注过程中均要满足的条件。事实上，当 $H_{cw} = 0$ 时，即混凝土即将浇出泥浆液面时，所需的 H_a 值最大。因此，在布置导管及承料漏斗时，通常以下式确定导管的设置高程：

$$H_a = \frac{p}{\gamma_c} \qquad (16.20)$$

防渗墙混凝土的重度一般不低于 $20.6kN/m^3$，故作为粗略估计，导管顶部高程应高于槽孔泥浆液面 3.6m。

下面是另外一种计算方法（见图 16.81）。

导管的作用半径取决于导管的出水高度。出水高度可按下述压力公式计算：

$$p = 0.25h_1 + 0.15h_2$$

即　　　　　　　　　$h_1 = 4p - 0.6h_2$

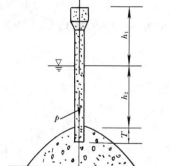

图 16.81　导管灌注法
工艺参数示意图

式中　p——导管下口处混凝土柱的超压力，也即重力减去浮力后的净压力；
　　　h_1——导管出水高度，m；
　　　h_2——混凝土面至水面高度，m。

为保证作用半径，超压力值不得小于表 16.8 中的规定。

表 16.8　超压力最小值

竖管作用半径 （m）	超压力值 （N/cm²）
4.0	25
3.5	15
3.0	10

（3）承料漏斗斗容

承料漏斗的斗容，一般不小于开浇时首批混凝土数量 V。由于槽孔内泥浆压力的存在，一般在首批混凝土下注时，导管内总要留有一定量的混凝土（见图 16.82）。

由图 16.82 可知，导管内混凝土柱与管外泥浆压力平衡时，有

$$\gamma_c H_{ca} = \gamma_s H_{cw} \qquad (16.21)$$

即

$$H_{ca} = \frac{\gamma_s}{\gamma_c} H_{cw} \qquad (16.22)$$

式中　H_{ca}、H_{cw}——见图 16.82，m；其余符号意义同前。

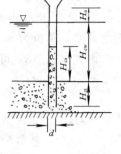

图 16.82　承料斗容积计算示意图

由此，得承料漏斗容积应满足下式

$$V \geqslant V_0 + \frac{\pi}{4} d_t^2 \cdot \frac{\gamma_w}{\gamma_c} H_{cw} \qquad (16.23)$$

式中　V——承料漏斗容积，m³；

　　　d_t——导管内径，m；其余符号意义同前。

（4）导管作用半径

混凝土在离开导管后向四周扩散，接近管口的混凝土比远离管口的混凝土质地均匀，强度也高。为保证墙体混凝土的整体质量，应考虑作用半径 R 的问题。混凝土扩散半径 $R_{最大}$ 与保持流动系数 K、混凝土灌注强度 I、混凝土柱的超压力 p、导管的插入深度 T 及平均混凝土面坡度 i 等因素有关。根据经验公式，混凝土的最大扩散半径 $R_{最大}$ 为：

$$R_{最大} = KI/i \qquad (16.24)$$

式中，i 值当导管插入深度为 $1.0 \sim 1.5\text{m}$ 时，取 $1/7$。I 的单位为 m³/(m²·h)。

导管有效作用 R 半径与最大扩散半径的关系为

$$R = 0.85 R_{最大} = 0.85 \times \frac{KI}{1/7} = 6KI$$

当基底不平及情况复杂时，作用半径应缩小，一般最大值不超过 4m。

5. 导管插入深度

导管插入深度与混凝土表面坡度和作用半径有关。插入深度小，则表面坡度变大，作用半径减小，混凝土扩散不均，易分层离析。

导管的插入深度与混凝土灌注强度、保持流动系数、灌注深度等有关，可用下式计算：

$$T = 2KI \qquad (16.25)$$

若以 $I = \dfrac{R}{6K}$ 代入，则得

$$T = 2K \frac{R}{6K} = \frac{R}{3}$$

式中　T——导管插入深度，m；K、I 意义同前。

一般插入深度 T 不得小于 0.8m。施工时，最好控制最小插入深度大于 $1.0 \sim 1.5\text{m}$。

4. 混凝土系统的作业方式

混凝土的供料、搅拌、运输和浇注这几道工序的总和叫混凝土系统。近年来，比较常用的混凝土系统有以下几种：

1）自建混凝土搅拌站，用混凝土罐车运送并注入槽孔内。在城市内施工时，不能自建搅拌站，可购买商品混凝土（见图 16.83）。

2）自建混凝土搅拌站，用小翻斗车（容量 0.3~0.6m³）或汽车运到现场，装入吊罐，用起重机吊入槽孔内，这在防渗墙工程中是常用的。

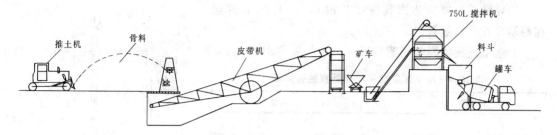

图 16.83　混凝土浇注工艺流程

3）自建混凝土搅拌站，用小翻斗车或改装的汽车运送到现场，爬上浇注平台后，再倒入料斗内。这在小型防渗墙工程中是常用的。

4）用人工小推车运送混凝土。

5. 水下混凝土浇注

（1）对混凝土的基本要求

1）对混凝土拌合物的要求。

①具有良好的流动性，其坍落度应为 18～22cm，扩散度应为 34～40cm。坍落度保持 15cm 以上的时间不少于 1h。

②具有良好的和易性和黏聚性，以减少砂浆的流失和拌和物分层（沉淀）。黏聚性可用析水率（ΔB）来表示：

$$\Delta B = \frac{V_w}{V_c} \times 100\% \tag{16.26}$$

式中　V_w——析水体积；

　　　V_c——混凝土体积。

当 $\Delta B = 1.3\% \sim 1.7\%$ 时混凝土拌和物最稳定，适于水下混凝土的浇注。增加水泥特别是细骨料用量，能获较小的析水率。

③具有延迟固化（缓凝）的特性，初凝时间不小于 6h，终凝时间不大于 24h。

④对于防渗墙工程，其水胶比不宜大于 0.65，水泥标号不低于 325 号。胶凝材料不宜少于 350kg/m³；对于地下连续墙工程，水灰比不应大于 0.6，水泥用量不少于 370kg/m³，水泥标号不低于 425 号。

⑤石子粒径应小于 40mm，对于钢筋较多的钢筋混凝土地下连续墙来说，石子直径不宜大于 25mm。

⑥应掺入适量的减水剂（如木质素等），以减少用水量和离析。

2）导管的布置。

①导管间距不得大于 3.0～3.5m（见图 16.84）。导管直径小于 200mm 时，间距不大于 2m。

②导管与一期槽孔端或接头管的距离为 1.0～1.5m，距二期槽端为 1.0m。

③当槽底高差大于 25cm 时，导管应放在其控制范围的最低处。

④导管底口与槽底距离应为 15～25cm。

⑤导管应密封不漏水。

⑥导管总长度应比槽孔深度长出 0.5～1.0m，并应在两端设置几节短管。

⑦地下连续墙厚与导管直径的关系（见表 16.9）：

表 16.9　地下连续墙厚与导管直径的关系

墙厚（cm）	圆形导管内径（cm）
50～70	20
80～90	25
100～150	30

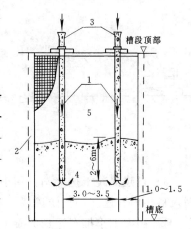

图 16.84　混凝土导管布置图
1—导管；2—锁口管；3—漏斗；
4—混凝土；5—泥浆

浇注钢筋混凝土地下连续墙时，导管直径应大于石子粒径的 8 倍。

（2）水下混凝土浇注

1）浇注过程。

①清孔合格后 4h 内应开始浇注混凝土，如需下入钢筋笼和埋件时，也不宜超过 6～8h。此时在钢筋笼和各种予埋件下入槽孔后，可能需要二次清孔。二次清孔合格以后，方可进行浇注准备工作。

②搭设浇注平台，准备好泥浆泵，混凝土搅拌站做好开盘准备。

③各项准备工作做好以后，开始搅拌和运输混凝土到现场，在注满大料斗以后，即可开始浇注混凝土，其要点如下（见图 16.85）。

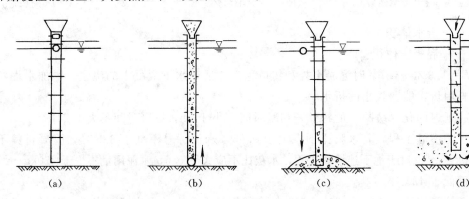

图 16.85　混凝土浇注施工过程

a. 把导管下到距槽底 15～25cm 处，导管内放入木球或排球内胆（导管内径 $\phi230mm$ 时，放 $\phi220mm$ 木球），以便开浇时把混凝土和泥浆隔离开。

b. 开浇时，先用坍落度为 18～22cm 的水泥砂浆，再用大于导管容积的同样坍落度的混凝土，一下子把木球压至管底。

c. 满管后，提管 25～30cm，使木球跑出管外，混凝土流至槽孔内，再立即把导管下到原处，使导管底部插入已浇注的混凝土中。

d. 迅速检查导管内是否漏浆，若不漏浆，立即开始连续浇注混凝土。随着混凝土面的不断上升，导管相应提升，断续拆管，连续浇注。

④在浇注过程中，导管埋入混凝土内的深度应控制在 2.0～6.0m。有多根导管时最好同时拆卸同样长度的导管（1～2 节）。如不能同时拆卸，也要控制导管底口的高差不大于 1.5～2.0m。要保持槽孔混凝土面高差不大于 0.3～0.5m。

⑤每 0.5h 测定一次槽孔混凝土面至少三处的深度，每 2h 测定一次导管内混凝土面的深度，及时填绘槽孔混凝土浇注进度图，以便核算混凝土浇入量，判断浇注是否顺利进行。

⑥槽孔孔口设置盖板，避免混凝土散落槽孔内。

⑦在浇注过程中，可使导管作 30cm 的上下往复运动，有利于混凝土的密实。但不得横向运动，以免泥浆和沉渣混入混凝土内。

⑧混凝土浇注应连续进行，因故中断时不得超过 30～45min。流动性（坍落度）及和易性不合格的混凝土不得进入槽孔。槽孔混凝土上升速度不得小于 2.0m/h（地下连续墙应大于 3.0～3.5m/h）。

⑨浇注过程中，后续混凝土应徐徐进入导管内，以免把空气带入混凝土内，形成高压气囊。

⑩被混凝土置换出来的泥浆，应及时进行处理。

⑪混凝土面接近孔口 3～5m 时，浇注速度会放慢。应采取措施（如抽出稠泥浆，抬高管口等），保证浇注工作顺利进行。

⑫设计高程以上再浇注 0.3～0.5m（个别达 1.0m）。

16.9　孔底浇砂浆问题

我国现行的施工技术规范中规定开浇前先在槽孔底部浇注水泥砂浆。这条规定的原意是希望混凝土和槽底地基结合得更紧密一些。实际上这是难以达到的。

目前防渗墙大多使用当地黏土泥浆，清孔合格后，其重度可达于是 13kN/m³，浇注的砂浆重度约为 18～19kN/m³，二者的重度差是比较小的，不可能均匀平铺在槽孔底面上，有相当一部砂浆与底部稠泥浆混和后呈悬浮状态；由砂浆送来了很多水泥中的钙离子，更加速了槽底泥浆的絮凝聚结。在浇注过程中，这些重度小的、易流动的淤积物的相当多的部分就会被混凝土从孔壁上携带上升（见图 16.86），在某些特定条件下就会混入混凝土内部或接缝部位，而造成墙体质量有问题。

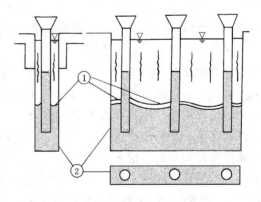

图 16.86　孔底砂浆去向
①—混凝土顶面；②—孔壁面

1. 双层导管

采用钢导管时，施工中易发生故障，混凝土易产生分层离析。国外近年来采用双层管进行灌注，效果很好。双层管是由加料斗、主管及底部管组成（见图 16.87）。主管由于有细孔的刚性外管和柔性的内管构成，内外管两端加以固定。在底部内管末端装有单向阀门。当混凝土流出时阀门开启，混凝土流完时就自动关闭。在施工过程中，管的下端从混凝土中拔出而浸在水中时，水也不会浸入内管。同时，由于水压作用，内管在无混凝土时被压扁，混凝土不易出现离析现象。

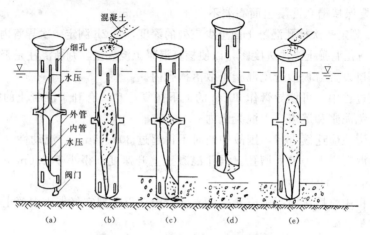

图 16.87　双层导管示意图

(a) 双层管构造；(b) 浇注混凝土；(c) 浇注间歇时；

(d) 中途提起灌注管进行浇注；(e) 插入混凝土中浇注

2. 超深防渗墙的混凝土浇注问题

1）当槽的深度达到 70～80m 或更深时，从导管底口出来的混凝土将具有很大的速度和动能。假设墙深为 75m，混凝土重度为 23kN/m³，槽孔内泥浆重度为 12kN/m³，则此时导管底口上混凝土净压力为 $p=(23-12)\text{kN/m}^3 \times 75\text{m}=825\text{kN/m}^2$。底口混凝土流速可按下式估算：

$$v=\phi\sqrt{2gH}$$

式中　ϕ——流速系数，考虑到泥浆的摩阻作用，取 $\phi=0.5$。

在这种情况下，从导管底口流出的混凝土不是像希望的那样平铺在槽孔底部，而有很大一部分与槽底碰撞后又向上射流，其射流高度可达 7～15m。射流大部分又落回到后浇的槽孔混凝土表面，细颗粒则悬浮在泥浆中，加大了泥浆的比重。并且由于水泥中钙离子对泥浆的污染，使其变得更加黏稠和更易混入混凝土中，对槽孔混凝土质量影响极大。另外，混凝土具有的巨大动能对槽孔壁的稳定性也是不利的。这种现象已被模拟试验所证实（见图 16.88）。在某工地施工时，按照常规方法浇注混凝土。成墙后发现，墙顶 8～9m 都是不硬化的混和物，究其原因是浇注后期测量混凝土顶面高程时，把淤积物表面当成了真正的混凝土表面，这些淤积物的大部分来自混凝土喷射物。

有鉴于此，笔者认为在浇注超深槽孔混凝土时，应对

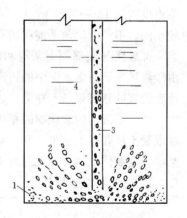

图 16.88　超深槽孔混凝土
喷射示意图

1—孔底淤积；2—混凝土射流；
3—导管；4—泥浆

常规方法加以改进。

2）超深槽孔混凝土的浇注措施：

①采用大直径导管，其内径应达到 25～30cm。

②取消孔底先浇水泥砂浆。

③导管埋深（见表 16.10）：

表 16.10　导管埋深与槽孔深对应关系

槽孔深（m）	导管埋深（m）
＞60	≥8
36～60	3～8
20～30	2～6
＜20	2～4

④导管底口高差。孔深大于 60m 以后，相邻导管底口的高差不得大于 2m（一节管长）；各导管的底口总高差不得大于 4m。

⑤孔深大于 60m 以后，要控制混凝土罐车的入槽时间不能太快，不宜少于 5～8min。

⑥改变测锤形状和重量，以测得真实混凝土表面。

3. 浇注过程中的质量缺陷

在浇注过程中可能产生以下质量缺陷（见图 16.89）：①骨料分离；②断面缩减；③混入淤泥土砂。

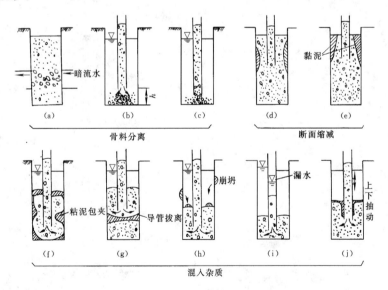

图 16.89　浇注过程的质量缺陷示意图

(a) 暗流水冲刷；(b) 拔管过高；(c) 骨料分离；(d) 坍落度不足而内坍；(e) 开力不足；
(f) 泥浆卷入；(g) 折拔错误；(h) 坍孔；(i) 导管漏水；(j) 过分上下抽动

要避免这些质量缺陷，就必须严格执行操作规程，及时检测，正确判断槽孔浇注情况，才能得到均匀、密实的连续墙体。

16.10 本章小结

1）本章重点阐述刚性地下连续墙施工过程及应注意的事项。地下连续墙的主要施工过程，可分为挖槽、（泥浆）固壁、（钢筋混凝土）浇注和连接（接头）四道主要工序。

2）本章强调要重视施工平台和导墙的地基加固问题。在淤泥等软土地基和粉细砂地基以及地下水位很高的情况下，均应考虑该处地基加固，而且必须使其底部伸入到持力层内 1.5～2.0m。

3）本章给出了地下连续墙槽（墙）段划分方法和很多实例，对于挖槽、钢筋笼、检测等各道工序提出了不少建议，尤其强调做好槽段水下混凝土浇注工作，防止出现大的质量事故。

参考文献

[1] 丛蔼森. 地下连续墙的设计施工与应用 [M]. 北京：中国水利水电出版社，2001.
[2] 丛蔼森. 防渗墙回填材料 [J]. 北京水利科技，1978.
[3] 日本土质工学会. 连续地中壁工法，1988.
[4] 日本建设机械化协会. 地下连续墙设计施工手册，1975.

第 17 章 防渗帷幕的施工

17.1 概 述

17.1.1 防渗措施

在确定深基坑工程围护体系时，应根据工程水文地质条件和环境条件，确认是否需采用防渗帷幕。防渗帷幕的型式应结合工程水文地质条件、基坑围护结构型式、场地条件、施工条件等综合考虑。防渗帷幕的主要工法有：灌浆帷幕法、高压喷射灌浆法、深层搅拌法和冷冻法等。

防渗帷幕工法的优缺点简介如下：

灌浆帷幕法适用地层较广，施工方便，目前国内灌浆帷幕深度已经达到 150m，是当前主要的防渗帷幕施工方法。

高压喷射灌浆法成幕质量好，适用土层广，但深度超过 30～40m 时成幕质量差。

当采用高喷与支护桩共同形成防渗帷幕时，要注意防渗帷幕对支护结构变形的适应性并采取正确的施工工艺，使形成的防渗帷幕有较好的连续性和完整性。

深层搅拌法成本低，但只适用于软土地基，适用深度 15～18m。

在选用时应因地制宜，综合分析，选择合理的防渗帷幕。

17.1.2 防渗帷幕施工应注意的问题

防渗帷幕施工应重点抓好以下四个环节。

1. 帷幕施工质量

1）严格按规定的配合比和材料进行施工。

2）严格按设计的孔距、孔深、垂直度、搭接长度、复喷的规定，保证帷幕体连续密实。

2. 检验手段

1）抽芯检查。重点检查搭接部位、帷幕底部、水平帷幕与竖向帷幕的连接部位。

2）全部抽芯钻孔，需按原材料配比及时回填。

3. 施工方法

帷幕施工必须采取信息化施工法，严密监测，及时反馈信息，对水量、水位、帷幕体的变形等持续观测。必要时需在帷幕体内侧设水位观测孔，定期测量承压水头变化，指导渗流排水作业。

4. 应急应变措施

1）对水泥土体帷幕应准备灌浆措施备用。

2）基坑侧壁渗漏时，视水量大小用插管导流，用草袋堆砌或混凝土封堵，或采用灌浆封堵。

3）坑底涌水时，采用速凝灌浆、埋管减压、反滤压堵等。

17.2　防渗灌浆帷幕

17.2.1　概述

1. 防渗帷幕灌浆的应用

在基坑工程中，防渗帷幕灌浆用在以下几个部位：

1）用做基坑支护结构（地下连续墙和支护桩等）底部以下的防渗体。

2）用做支护桩之间的防渗体。

3）用做基坑底部的水平防渗（帷幕）。

4）用做基坑底部的被动土区加固体。

5）用于基坑事故处理（如墙体漏水、坑底地下水突涌等）。

可以看出，基坑防渗灌浆帷幕主要用于三个方面：一是用于防渗止水，如上面1）、2）和3）；二是用于加固地基，如4）；三是用于事故处理，主要是堵漏，如5）。

在基坑工程中，大部分是在第四纪覆盖层中进行灌浆，也会在风化岩体中进行灌浆，如上面提到的1）、2）和3）。

在大多数情况下，使用水泥类浆液即可满足大部分灌浆要求。只有进行堵漏灌浆时，才需要使用化学浆液。

2. 岩石中灌浆方法

在岩石风化层中灌浆时有以下三种方法：

1）全孔一次灌浆法。

2）自上而下分段灌浆法：用于岩石表面比较破碎时（见图17.1）。

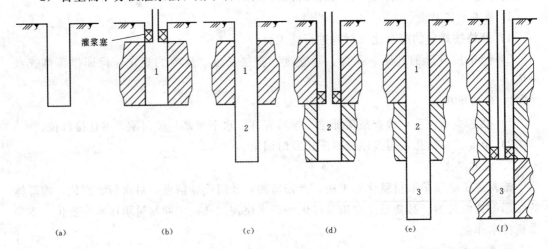

图 17.1　自上而下灌浆法

（a）第一段钻孔；（b）第一段灌浆；（c）第二段钻孔；（d）第二段灌浆；（e）第三段钻孔；（f）第三段灌浆

1、2、3—施工顺序

3）孔口封闭灌浆法。

4）自下而上分段灌浆法（见图 17.2）。

5）综合灌浆法。

3. 覆盖层中灌浆方法

在第四纪覆盖层中灌浆，则可选择以下几种方法：

1）自上而下分段纯压式灌浆；

2）自上而下分段循环灌浆；

3）自下而上袖阀管分段灌浆。

本节将对上述各项做简要叙述。

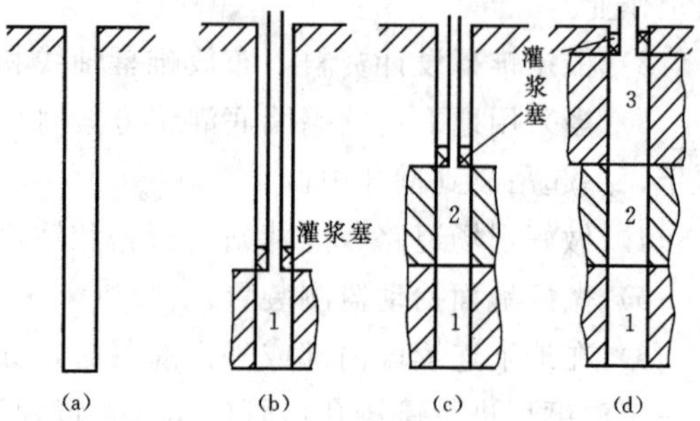

图 17.2　自下而上灌浆法

(a) 钻孔；(b) 第一段灌浆；

(c) 第二段灌浆；(d) 第三段灌浆

1、2、3—施工顺序

17.2.2　灌浆材料

1. 水泥类灌浆材料

（1）水泥

可使用硅酸盐水泥或普通水泥。灌浆用水泥品质应符合有关规范要求。

（2）水

应符合拌制混凝土用水的要求。

（3）掺合料

根据需要，可在水泥浆液中加入下列掺合料：

1）砂：粒径小于 2.5mm，细度模数不大于 2.0。

2）膨润土或黏性土：黏粒含量不小于 25%，塑性指数不小于 14，含砂量不大于 5%，有机物含量不大于 3%。

3）粉煤灰：可用 I、II 或 III 级粉煤灰，品质应符合要求。

4）水玻璃：模数宜为 2.4～3.0，浓度宜为 30～45 波美度。

5）其他掺合料。

根据灌浆需要，还可加入下列外加剂：

1）速凝剂：水玻璃等。

2）减水剂。

3）稳定剂。

（4）水泥灌浆

水泥灌浆一般使用纯水泥浆，有需要时可使用下列类型浆液。

1）细水泥浆液是干磨或湿磨细水泥浆、超细水泥浆。

2）稳定浆液指掺有稳定剂，24h 析水率不大于 5% 的水泥浆液。

3）混合浆液指掺有掺合料的水泥浆液。

4）膏状浆液指塑性屈服强度大于 20Pa 的混合浆液。

17.2.3　岩石风化层防渗帷幕灌浆

1. 施工准备

1）如果在地面进行灌浆作业，则应事先做好混凝土盖板，并在具有足够强度后再在其上作业。

2）根据帷幕设计资料，布放帷幕轴线和孔号，做好标志。

3）当采用地下连续墙墙底灌浆方案时，应在混凝土浇注前把预埋灌浆管固定在钢筋笼上，一起吊放到槽孔中。

4）做好现场道路、搅拌站、管路和钻机就位等各项准备工作。

5）做好地面抬动监测装置。

6）在地下连续墙内部或外部灌浆时，如需要在第四纪复盖层中钻孔，则应在进入基岩一定深度后进行镶铸孔口管的工作，以保证基岩段灌浆正常进行。

2. 钻孔

1）采用回转式钻机和金刚石或硬质合金钻头钻进，也可采用冲击式或冲击回转式钻机钻进。

2）钻孔孔位与孔斜偏差应满足规范要求。

3）钻进结束后，应进行钻孔冲洗，孔底沉积厚度不得大于20cm。

3. 裂隙冲洗和压水试验

1）采用自上而下分段循环灌浆法、孔口封闭灌浆法时，各灌浆孔（段）在灌浆前应采用压力水进行裂隙冲洗，直到水清净为止。冲洗压力为灌浆压力的80%，并不大于1MPa。

2）先导孔采用自上而下分段进行压水试验，可采用单点法或五点法。

3）采用自上而下分段灌浆法、孔口封闭灌浆法时，各灌浆段在灌浆前宜进行简易压水，压力为灌浆压力的80%，并不大于1MPa。压水时间为20min，每5min测读一次压入流量。

采用自下而上灌浆法，可在孔底段进行一次简易压水。

4. 灌浆

1）帷幕灌浆宜采用循环式灌浆，也可采用纯压式灌浆，见图17.3。当采用循环灌浆时，射浆管距孔底不得大于50cm。

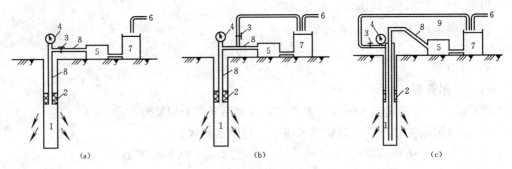

图 17.3　灌浆方式示意图

（a）、（b）纯压式灌浆；（c）循环式灌浆

1—灌浆段；2—灌浆塞；3—阀门；4—压力表；5—灌浆泵；6—供浆管；7—储浆搅拌机；8—进浆管；9—回浆管

2）进行帷幕灌浆时，地下连续墙（支护桩）底和基岩接触部位的灌浆段应先行单独灌浆并待凝。接触段在岩石中的长度不得大于2m。以下灌浆段长度可采用5～6m。

3）采用自上而下分段灌浆时，灌浆塞应阻塞在该灌浆段顶以上 0.5m 处，以防止漏浆。各灌浆段灌浆结束后，一般可不待凝。

4）当基坑底部为花岗岩时，因其表面风化层比较厚，岩石破碎，透水性大，往往采用自上而下分段循环灌浆法，也可采用孔口封闭分段循环灌浆法。

5）帷幕灌浆孔各灌浆段不论透水率大小，均应按技术要求进行灌浆。

5. 灌浆压力和浆液变换

1）灌浆压力应根据工程和地质情况进行分析计算并结合工程类比拟定，必要时进行灌浆试验论证，再在施工过程中加以调整。

2）灌浆应尽快达到设计压力，但对于注入率较大或地面易于抬动部位应分级升压。

3）灌浆浆液应由稀到浓逐级变换。帷幕灌浆浆液的水灰比可采用 5、3、2、1、0.8、0.6（或 0.5）六个比级。灌注细水泥浆时，水灰比可采用 2、1、0.6（或 1、0.8、0.6）三个比级。

灌注稳定浆液、混合浆液、膏状浆液时，比级宜少，其配比和变换方法应通过室内浆材试验和现场工艺试验结果确定。

4）浆液变换原则如下：

①当灌浆压力保持不变、注水率持续减少，或注入率不变而压力持续升高时，不得改变水灰比。

②当某级浆液注入量已达 300L 以上，或灌浆时间已达 30min，而灌浆压力和注入率均无改变或改变不显著时，应改浓一级水灰比。

③当注入率大于 30L/min，可根据具体情况越级变浓。

④灌浆过程中，灌浆压力或注入率突然改变较大时，应立即查明原因，采取相应的处理措施。

⑤灌浆过程中应定时测记浆液密度，必要时应测记浆液温度。当发现浆液性能偏离规定指标较大时，应查明原理并及时处理。

⑥灌浆过程的控制也可采用强度值（GIN）等方法进行。

6. 灌浆结束和封孔

灌浆段结束条件为：

1）采用自上而下分段灌浆时，灌浆段在最大设计压力下，注入率不大于 1L/min 后，继续灌浆 60min 可结束灌浆。

2）采用自下而上分段灌浆时，在该灌浆段最大设计压力下，注入率不大于 1L/min 后，继续灌注 30min 可结束灌浆。

3）帷幕灌浆孔采用自上而下分段灌浆时，灌浆孔应采用"分段灌浆封孔法"或"全孔灌浆封孔法"加以封堵。

7. 特殊情况处理

1）帷幕灌浆的终孔段，其透水率或单位注灰量大于设计规定时，应继续加深钻孔和灌浆。

2）灌浆过程中，会发生冒浆、漏浆、串浆、涌水现象，应及时分析，查找原因，采取对应措施。

3）灌浆因故中断后，应接规范要求恢复灌浆。

8. 工程质量检查

1）帷幕灌浆必须做好施工过程（工序）的质量控制和检查工作。

2）帷幕灌浆工程质量检查成果应以检查孔压水试验成果为主，结合对施工记录、成果资料和检验测试资料的分析，进行综合评定。

3）帷幕灌浆检查孔的数量可为灌浆孔总数的10％左右。检查孔应采取岩芯，绘制钻孔柱状图。

4）检查孔压水试验应在该部位灌浆结束后14d进行，自上而下分段卡塞进行压水试验，采用单点法或五点法。

5）帷幕灌浆工程质量的评定标准为：

①墙底与基岩接触段及其下一段的透水率合格率为100％。

②其余各段合格率不小于90％。

③当设计防渗标准（透水率）小于2Lu时，不合格试段的透水率不超过设计规定的200％（即<4Lu）；当设计透水率≥2Lu时，不合格段的透水率不超过设计规定的150％且分布不集中：灌浆质量可评为合格。

9. 其他说明

有关化学灌浆不在此做叙述。

17.2.4 覆盖层防渗帷幕灌浆

1. 砂砾石地基的可灌性的判别

通常采用下列判别公式

$$M=\frac{D_{15}}{d_{85}}$$

式中 M——可灌比；

D_{15}——砂砾石地层中含量为15％的颗粒粒径，mm；

d_{85}——灌浆材料中含量为85％的颗粒粒径，mm；

常见灌浆材料的 d_{85} 见表17.1。

表 17.1 常见灌浆材料的 d_{85} 值

灌浆材料	42.5水泥	32.5水泥	磨细水泥	膨润土	黏土	水泥黏土浆	粉煤灰
d_{85}（mm）	0.06	0.075	0.025	0.0015	0.02~0.026	0.05~0.06	0.047

一般情况下，当 $M\geq10$ 时，可灌水泥黏土浆；当 $M\geq15$ 时，可灌水泥浆。

实践证明，所用灌浆材料满足上述条件时，可使砂砾石层的渗透系数降低到 $10^{-5}\sim10^{-4}$ cm/s 的水平。

另外，由于水泥颗粒的最大粒径接近0.1mm。一些工程实践表明，对于<0.1mm的颗粒含量<5％的砂砾石地层，都可进行水泥黏土浆的有效灌浆。

经验表明，地层的渗透系数越大，灌浆效果越好，灌浆后渗透系数降低越多。反之，地层渗透系数越小，灌浆后渗透系数降低也少。不同灌浆材料可适用地层的渗透系数见表17.2。

表 17.2　不同灌浆材料可适用地层的渗透系数

灌浆材料	可灌地层的最小渗透系数	
	cm/s	m/d
水泥砂浆（细砂）	1.0	800
普通水泥浆	0.2	170
掺有减水剂的水泥浆	0.1	100
水泥黏土浆	5×10^{-2}	40
黏土浆	5×10^{-2}	40
磨细水泥黏土浆	5×10^{-2}	20
膨润土浆	10^{-2}	10
硅酸钠	10^{-2}	10

总之，砂砾石地层结构复杂，确定砂砾石层是否可灌、选择何种浆液适宜，最好采用上述多种判别方法进行综合分析，最好进行现场灌浆试验。对于地基中存在的不同分层情况，选用不同的灌注材料。

2. 砂砾石地基灌浆的一般要求

（1）做好灌浆试验

灌浆试验对于砂砾石地层灌浆十分重要。进行灌浆之前应仔细调查分析地质情况、选择灌浆方法和浆液材料、拟定灌浆参数，之后应选择有代表性的地点进行必要的现场试验，根据试验成果最后确定施工方案及灌浆参数。

（2）设置盖重和制定表层处理措施

砂砾石地层一般比较松散，灌浆时往往发生冒浆、串浆现象，压力不易提升。因此预先在砂砾石表面建造一层盖重（混凝土或黏性土铺盖）是十分必要的。表层处理也可采用开挖置换或加密孔灌浆，灌浆时应增加浆液中水泥含量，采用自上而下灌浆法。

（3）进行浆液配比设计和浆液试验

砂砾石灌浆一般注入量很大，对浆液的要求也更为严格和多样化，浆液的质量对灌浆工程的质量和造价影响很大。因此，要预先进行浆液成分和配合比设计。砂砾石地基多灌注水泥黏土浆，各地黏土性能差别很大，因此各种浆液配合比还要经过室内试验和现场试验调整确定。

（4）施工次序

砂砾石灌浆的施工次序应遵照分排分序逐渐加密的原则进行。先灌注下游排，再灌注上游排，后灌注中间排。同一排孔分 2～3 个次序灌注，先施工 I 序孔，后施工 II 序孔、III 序孔。相邻两个不同次序孔的灌浆原则上应待先序孔灌完后，方可施工后序孔。但当采用自上而下灌浆法时，后序孔可在滞后先序孔 10m 的条件下随后施工。

3. 灌浆方法

砂砾石地层灌浆的方法很多，我国常用的有循环钻灌法、预埋花管法、套管灌浆法和打管灌浆法。

（1）循环钻灌法

循环钻灌法是我国独创的一种灌浆方法，也称为边钻边灌法。这种方法是在冲积层中自上而下逐段进行钻孔和灌浆，各段灌浆都在孔口封闭。循环钻灌法后来被扩展到岩石地基灌浆施工中，并加以改进，发展成为目前普遍采用的孔口封闭灌浆法。

1）循环钻灌法的特点：

①适宜于砂卵砾石中灌注水泥黏土浆或水泥浆。

②在钻孔的过程中，利用循环泥浆对地层进行灌浆。

③由于每段灌浆都是在孔口封闭，各个灌浆段可以多次复灌，因而灌浆质量好。

④与预埋花管法相比，可以节省大量的管材。

⑤工序相对比较简单，操作容易。

循环钻灌法的缺点是：由于钻灌工序交替进行，因此工效相对较低；各段灌浆均在孔口封闭，因而灌浆时地表常常冒浆严重，即使进行深部灌浆时也不能使用很高的灌浆压力；当覆盖层由多种地层组成，需要灌注不同类型浆液时难以施工。

2）循环钻灌法的施工程序及技术要点。

循环钻灌法的主要施工程序有：建造盖重层或灌浆盖板—孔口管段钻孔—孔口段灌浆—镶铸孔口管—待凝—第二段钻孔—第二段灌浆—第三、四段钻孔、灌浆……直至终孔—封孔。图17.4为循环钻灌法灌浆示意图。

采用循环钻灌法应注意以下施工技术要点。

①建造灌浆盖板。为了使灌浆达到一定压力，防止和减少冒浆，确保灌浆效果，一般需要在砂砾石表面构筑一个盖重层，它可以是黏土铺盖，也可以是混凝土板。例如，埃及阿斯旺高坝砂砾石帷幕灌浆建造了厚达22～40m黏土铺盖，密云水库和岳城水库的黏土铺盖厚达8m。采用混凝土盖板的厚度应根据地层结构和灌浆压力进行选择，地面允许抬动不得超过砂砾石灌浆深度的1%～2%，宽度可超出边排孔1.5m，混凝土的强度等级为C15。

②孔口管段钻孔与灌浆。在混凝土灌浆盖板浇注完成并达到70%强度以后，就可以开始钻进孔口管段。钻孔直径比孔口管直径大一级即可，深度以穿透混凝土盖板深入被灌的冲积层1.0～1.5m为宜。然后在混凝土盖板内安装灌浆塞进行灌浆，直至达到结束条件。

③镶铸孔口管。在循环钻灌法工艺中，

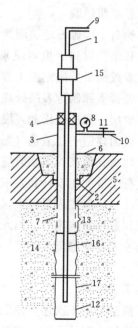

图17.4　循环钻灌法灌浆图
1—灌浆管（φ42mm钻杆）；2—防浆环；3—孔口管；4—封闭器；5—黏土铺盖；6—混凝土或砂浆；7—孔口管下部的花管；8—压力表；9—进浆管；10—回浆管；11—阀门；12—孔壁；13—盖板灌浆段；14—砂砾石层；15—钻机立轴；16—孔内灌浆管；17—射浆花管

每一个灌浆孔都要镶铸一根孔口管。孔口管的作用很重要，它钻孔时保护孔口，灌浆时用于安设孔口封闭器，实现全孔的压力灌浆。当灌浆是在已经浇注了混凝土盖板的条件下进行时，其孔口管的施工方法可参见 17.6 节。

当灌浆需在土层中设置灌浆帽时，灌浆帽的结构见图 17.4。施工方法为先挖一个面积 0.8m×1.0m、深 0.8m 的浅坑，在浅坑中央用 $\phi130\sim\phi150$ 的钻头钻进 $1.5\sim2.0$m，再换小一级钻头钻至砂砾石层内 1m，之后在全孔内下设底部带有孔眼的孔口管。浅坑底部孔口管四周缠绕麻绳或草绳作为防浆环，浅坑内浇注混凝土。孔口管管口高出地面 10cm，加工有螺纹，可与孔口封闭器连接。

④自上而下逐段钻孔与灌浆。一般使用最稀一级水泥黏土浆（如水泥：黏土：水 = 1：1：12）作为冲洗和护壁的循环泥浆，遇到孔壁坍塌掉块的孔段，可酌情换用浓一级或二级的浆液护壁，严重时可使用纯水泥浆，或停钻先行灌注。待孔壁稳定后正常钻进。对钻进时灌入到地层中的浆液应计量统计，计入孔段注入量中。

每一段钻孔和灌浆的长度视地层的渗透情况和钻孔孔壁的稳定性而定，一般为 $1\sim2$m。孔口管以下两段均为 0.5m，孔口管段及其以下两段灌注纯水泥浆，以便在上部形成一个强度较高的盖重层。每一段钻孔完成后，应当使用清水或稀循环泥浆冲洗钻孔 10min，冲净孔底钻渣。接着进行灌浆，灌浆方法为孔口封闭、循环式灌浆，即在孔口管上安设孔口封闭器，使用钻杆作为灌浆管下至接近孔底（距孔底不大于 0.2m）进行灌注，直至结束。灌浆时应当注意经常活动灌浆管并保持孔口有一定的回浆量，避免灌浆管被浆液凝住造成事故。一段灌浆完成以后，接着可进行下一段钻孔作业而不必待凝，直至终孔。

（2）预埋花管法

预埋花管法，也称为套阀花管法、袖阀花管法。它是法国人首先发明的，称为索列丹斯（Soletanche）法。这种方法是先钻出灌浆孔，在孔内下入特制的带有孔眼的灌浆管（花管），灌浆管与孔壁之间填入特制的"填料"，然后在灌浆管里安装双灌浆塞分段灌浆。

1）预埋花管法的特点。

①灌浆孔一次连续钻完，灌浆和钻孔工序分开进行，施工效率高。

②灌浆在花管中进行，无塌孔之虑，灌浆段隔离也比较容易。

③可以任意采用自下而上或自上而下灌浆方式，也可以先灌全孔中的任何一段，或对某一段多次复灌，灌浆质量有保证。

④可以使用较大压力灌浆，灌浆过程中发生冒浆、串浆的可能性小。根据地层情况和工程需要可以进行渗透性质的灌浆，也可以进行挤密灌浆或劈裂灌浆。

⑤对各种冲积层的适应性好，可区别不同冲积层选用不同的浆液。可适应深厚覆盖层灌浆。

预埋花管法的主要缺点是需要预埋花管，且无法回收。另外，预埋花管法的施工程序较多，花管的制作和下设、填料、灌浆等技术均比较复杂。

2）预埋花管法的施工程序及技术要点。

预埋花管法的主要施工程序（见图 17.5）为：钻孔—清孔—下填料—下花管—起套管（如采用套管护壁钻孔时）—待凝—冲孔—卡塞—开环—灌浆。

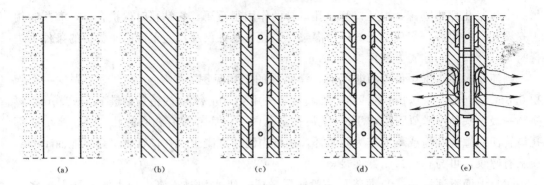

图 17.5　预埋花管法施工程序（图中粗实线代表套管）
(a) 钻孔并下套管；(b) 注入填料；(c) 下设花管；(d) 拔出套管；(e) 下入双灌浆塞灌浆

各道工序中应注意以下技术要点：

①钻孔。可以使用各种适宜的机械和方法钻进灌浆孔。由于在钻孔中要下入花管，因此钻孔终孔孔径不宜太小，通常为 91～150mm。

如采用回转钻机泥浆护壁钻孔时，孔口宜埋设保护管。钻孔过程应详细记录地层情况，先导孔要绘制钻孔柱状图。这些资料是日后决定灌浆浆液、压力的依据。应尽量防止孔斜，各个深度的钻孔偏距不得超过孔深的 2.5%。护壁泥浆最好使用膨润土浆液。泥浆的技术性能应进行专项试验和定期检验。钻孔结束后应立即清孔，除尽残留岩芯、岩屑。清孔可采用黏度为 20～22s 的稀泥浆。

清孔完成后应立即注入填料，下设花管，否则应当重新清孔。

②下填料。填料又称"夹圈"，是一种低强度的水泥黏土浆。它在花管与钻孔的环状间隙中起胶结和封闭作用，保证浆液在灌浆时能横向流出，而不会沿孔壁上冒。

填料由水泥、黏土和水组成，并可加入适当水玻璃等外加剂调节其性能，具体的配合比应当根据工程要求和使用材料，由实验室经过试验得出。北京密云水库坝基帷幕灌浆使用的填料中水泥、粉质黏土（塑性指数 14～17）与水比例为 1∶1.2∶3.2、1∶2.6∶4、1∶2.6∶5，相应待凝期分别为 5d、7d、14d。长江堤防若干防渗帷幕灌浆工程填料采用的配合比是水泥∶粉质黏土∶水为 1∶(1.5～1.7)∶2，其 5～7d 强度为 0.3～0.5MPa。开环压力 0.1～0.3MPa。填料中的黏土成分含有一些粉粒较好，所以对黏粒含量过高的黏土，可加入一定比例的粉细砂或粉煤灰。

向灌浆孔中充灌填料应使用灌浆泵和导管从孔底注入，置换出孔内清孔泥浆，至孔口返出的填料与注入的填料密度之差不大于 0.02g/cm³ 为止。充灌时间应尽量缩短，最长不超过 60min。

填料须具备的性能：力学强度适宜，易于被压裂开环和防止向上冒浆；收缩性小，在凝固过程中不会与孔壁或花管脱开；早期强度增长快，后期强度增长慢。

③下花管。花管可用 $\phi60～\phi89$ 的管材制成（见图 17.6），以前使用钢管，现在多使用塑料管。在满足管内可顺利下入灌浆塞的前提下，管子直径宜尽量小。花管内壁须光滑，管底封闭要严密牢固。管子上每隔 33～50cm 钻一环出浆孔，每环孔 3～4 个，孔径 10～15mm。出浆孔的外围用弹性良好的橡皮套箍紧，橡皮套的厚度为 1.5～2.2mm，宽

度 100～150mm。一些工程上曾用自行车内胎作为橡皮套，效果良好。为了防止在下花管时橡皮套移动或翻卷，可在其下端用细铁丝或塑料胶带缠绕扎紧，称为防滑环。

这样，每个橡皮套如同一个单向阀门，在灌浆压力作用下浆液可以由里向外流出，但灌浆结束或中止后，浆液不能返流。

为了使花管周围填料厚度均匀，花管需位于钻孔中心的位置，为此可在花管上每隔一定距离（10～15m）安设定位装置。

用做花管的塑料管，应当尺寸规格整齐标准，便于加工和连接；内壁平整光滑，灌浆塞可以在里面移动自如；具有足够的强度，能承受灌浆和下管时的内外压力。中国水利水电科学研究院岩土工程研究所经过试验，

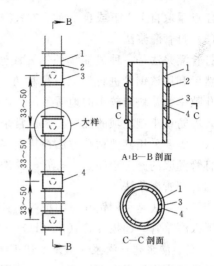

图 17.6　灌浆花管组装与结构示意图
1—花管；2—防滑环；3—橡皮箍；4—射浆孔

采用外径 63mm、内径 53mm、每米质量 1.15kg 的聚氯乙烯管可以满足上述要求。

由于帷幕灌浆通常比较深，每根花管都需要用多根塑料管连接起来。通过实验可采用插压法连接，先将每个接头与下面一节花管连接好，管子的端头和接触面要涂抹黏接剂。可采用四氢呋喃等黏接剂，四氢呋喃涂抹 5min 后就可以提供较高的黏结力。下管时，后一节管插入前一节管已经安好的接头内，插好后再用注射器向接头缝隙中注满四氢呋喃，这种连接方法迅速、方便、可靠。

向钻孔内下花管时，填料对花管的浮力很大，需要采取增重措施（如在管内填入粉细砂），使其自由下降。下管时边下边填砂，动作要迅速，但不得强力下压或扭转。

下花管是预埋花管法灌浆的一道关键工序，预先应当做好充分准备，力求一次成功，避免出现故障又拔起重来，造成损失。花管下入前应当逐节进行检查，在地面进行全孔预安装，逐节编号，各环出浆孔位置应与图纸一致。下管时应详细校核并记录各段花管长度和搭接尺寸，下设位置与设计位置的偏差等。花管下端离孔底距离不得大于 20cm。孔口高出地面 10～20cm。

花管下设时间不宜太长，一般应控制 6～8h。花管下设完成填料凝固后，在花管内下入细管，将充填的细砂冲洗出来，保持管内干净。

花管在不进行灌浆工作时，管口都要加上塞子或盖子，防止落入异物。

④待凝。花管下设完毕以后，需待凝一段时间。待凝时间视填料配合比及地下水活动情况不同，一般待凝为 5～14d。

⑤开环。通过压力作用压开橡胶箍，压裂填料形成通路，给浆液进入砂砾石层创造条件，这一工序叫"开环"。在压浆过程中压力突降或吸浆率突增时，表示已经开环。

开环可以采用清水，也可以采用 1:8～1:4 的稀黏土水泥浆。开环后清水或稀浆应持续灌注 5～10min，根据其渗透性确定开灌浆液配比。

⑥灌浆。开环后就可以开始灌浆。每一环孔作为一个灌浆段单独进行灌浆，灌浆方法

可以任意采取自上而下或自下而上方式灌注，都属于纯压式灌浆。

（3）打管灌浆法

打管灌浆法是一种最简单的钻孔灌浆方法。它是将钢管（灌浆管）打入到砂砾石层中，然后利用该钢管进行灌浆。这种方法适用于砂砾石层埋藏较浅、厚度较薄、结构疏松、孔隙率大、块石较小的地质条件，以及临时性工程或对防渗性能要求不高的帷幕灌浆工程。堤防或小型土坝的加固灌浆也常采用这种方法。当砂卵砾石中夹有漂石时，钢管难以打入，需要采用其他钻孔方法补打灌浆孔的措施。

打管灌浆的施工程序是：打管—冲洗—灌浆—提管—灌浆—直至孔口。

（4）套管灌浆法

套管灌浆法是利用钻孔时的护壁套管进行灌浆的方法。它的施工程序是：套管护壁钻孔—下入灌浆管—起拔套管（1～2m）—安装灌浆塞—灌浆—再起拔套管及灌浆管（1～2m）—安装灌浆塞—灌浆—重复上述工序，灌注至孔口。

各道工序应注意以下技术要点：套管护壁钻进灌浆孔至设计深度，包括先打管后钻进和先钻进后打管的方法，以及使用扩孔钻头、钻孔套管跟进的方法，直至终孔。然后在套管内下入底端带有花管的灌浆管至孔底段，起拔套管至第一灌浆段段顶，安装灌浆塞对第一段进行灌浆；之后再分别上提套管和灌浆管，自下而上地逐段灌浆。

由于拔管后容易塌孔，每个灌浆段不能太长，视地层的稳定情况而定，一般为1～2m。

采用这种施工方法，钻孔由于有套管护壁，消除了塌孔的隐患。采用先进的全液压工程钻机和 Odex 扩孔钻头跟管钻进，效率高，孔深可达60m左右。需要注意的是，在灌浆过程中，浆液容易沿着套管外壁向上流动，甚至地表冒浆；如果灌注水泥浆时间过长，则可能会凝结固住套管，造成起拔困难。

套管灌浆法也属于自下而上纯压式灌浆。

（5）无塞上提灌浆法

无塞上提灌浆法不使用灌浆塞，利用在孔内充灌的细砂隔离灌浆段进行灌浆。它的施工程序是：钻孔—下管或跟管—冲洗—下花管—填砂、起套管—逐段上提灌浆管并灌浆直至孔口。

各道工序的技术要点是：

1）钻孔可采用泥浆护壁，钻孔至设计深度后在孔内下入套管，也可利用跟管钻进成孔。

2）通过套管用清水洗孔，尽量将孔内及孔壁残留泥浆冲洗干净。

3）在套管内下入灌浆管（钻杆），灌浆管下端一节为带有孔眼的花管，孔眼外用橡皮套阀保护。

4）边向孔内填灌粉细砂，边起拔套管，灌浆管留在孔内。细砂要填满填实至孔口。

5）通过灌浆管和前端的花管进行灌浆，自下而上灌一段，上提一段，直至孔口。

无塞上提灌浆法是一种纯压式灌浆法，这种方法在某些情况下可作为其他灌浆方法的补充。

4. 灌浆浆液的选择和配制

（1）灌浆浆液的选择

砂砾石地基灌浆通常使用水泥黏土浆液，也有使用纯水泥浆和水泥水玻璃浆液的。空隙较大时，可使用水泥砂浆或由多种材料拌制的膏状浆液等。

水泥黏土浆的主要优点是稳定性好、注入能力强、防渗效果好，在许多情况下可就地取材，因而价格便宜。

水泥黏土浆中黏土和水泥的比例应根据工程要求和地质条件而定。一般情况下，对于永久性工程，可采用水泥：黏土＝1∶1～1∶4，干料：水＝1∶1～1∶3，浆液稳定性小于 0.02，析水率小于 2％，黏度小于或等于 60s（500/700 漏斗黏度计），浆液结石 28d 抗压强度不小于 0.3～0.5MPa。

进行多排孔帷幕灌浆时，边排孔宜采用水泥含量较高的浆液，中间排孔可采用水泥含量较低的浆液。另外帷幕浅部也宜采用水泥含量较高的浆液。临时性的工程可适当减少水泥含量，甚至使用黏土浆。有时候一个工程的地基由多种地层组成，这就要针对不同地层选用不同的浆液。

（2）水泥黏土浆的拌制与储存

1）水泥和黏土的质量应符合要求，可采用 32.5 级普通硅酸盐水泥。黏土的黏粒含量高一些更好，含砂量应当尽量小。

2）应先制备和储存足够的黏土浆。黏土浆的拌制时间不宜少于 30min，搅制好的泥浆应使用筛网或旋流式除砂器除砂，筛网孔眼尺寸应不大于 2mm。黏土泥浆的密度宜不小于 1.25g/cm³，黏度为 38s。

3）配制水泥黏土浆时应先加水，再加水泥，后加入黏土浆。加入黏土浆后拌制时间不应少于 2min。水和水泥的数量、加入黏土浆的数量都要预先计算好制成表格，便于现场应用。

4）配置好的水泥黏土浆在 8h 内应当使用完毕，否则应予以废弃。

17.3　高压喷射灌浆

17.3.1　高喷灌浆的适用范围

高压喷射灌浆防渗和加固技术适用于软弱土层，如第四纪的冲（淤）积层、残积层以及人工填土等。我国的实践证明，砂类土、黏性土、黄土和淤泥等地层均能进行喷射加固，效果较好。对粒径过大、含量过多的砾卵石以及有大量纤维质的腐殖土地层，一般应通过现场试验确定施工方法。对含有较多漂石或块石的地层，应慎重使用。

对地下水流速过大喷射浆液无法在喷射管周围凝固、无填充物的岩溶地段、永冻土和对水泥有严重腐蚀的地基，不宜采用高压喷射灌浆。

在水利水电建设中，高喷灌浆广泛应用于低水头土石坝坝基、堤防、临时围堰的防渗，边坡挡土，基础防冲，地下工程缺陷的修补等工程。

17.3.2　高喷灌浆的方法

高压喷射灌浆方法常用的有单管、两管、三管三种，多管法国内尚少应用。

单管高喷灌浆的工艺流程如图 17.7 所示。

单管法是用高压泥浆泵以 20～25MPa 或更高的压力，从喷嘴中喷射出水泥浆液射流，

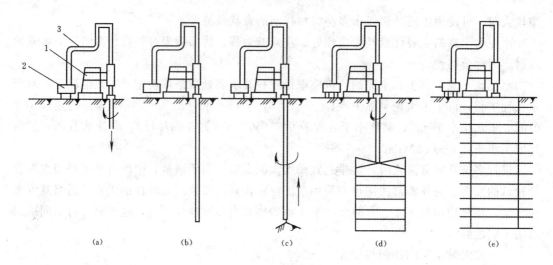

图 17.7　单管旋喷法施工工艺流程

（a）钻机就位钻孔；（b）钻孔至设计标高；（c）旋喷开始；（d）边旋喷边提升；（e）旋喷结束成桩

1—钻孔机械；2—高压泥浆泵；3—高压胶管

冲击破坏土体，同时提升或旋转喷射管，使浆液与被剥落下来的土石颗粒掺搅混合，经一定时间后凝固，在土中形成凝结体。这种方法形成凝结体的范围（桩径或延伸长度）较小。一般桩径为 0.5~0.9m，板状凝结体的延伸长度可达 1~2m。加固质量较好，施工速度较快，成本较低。

二管法是用高压泥浆泵产生 20MPa、25MPa、38MPa 的浆液，用压缩空气机产生 0.7~0.8MPa 压力的压缩空气，浆液和压缩空气通过具有两个通道的喷射管，在喷射管底部侧面的同轴双重喷嘴中同时喷射出高压浆液和空气两种射流，冲击破坏土体，在高压浆液射流和它外围环绕气流的共同作用下，破坏土体的能量比单管法显著增大，喷嘴一边喷射一边旋转和提升，最后在土体中形成直径明显增加的柱状固结体，其直径达 80~150cm。除上述情况外，二管法也有采用高压水和低压浆液两种介质的。二管法使用的喷射管都是一种同轴的双钢管，内管输浆，内管和外管之间的环形通道输气，故又称为二重管法，至今工业民用建筑行业仍沿用此名。

三管法是使用能输送水、气、浆三个通道的喷射管，从内喷嘴中喷射出压力为 30~40MPa 或更高的超高压水流，水流周围环绕着从外喷嘴中喷射出的圆管状气流，同轴喷射的水流与气流冲击破坏土体。由泥浆泵灌注较低压力的水泥浆液进行充填置换。这种方法的水压力一般很高，在高压水射流和压缩空气的共同作用下，喷射流破坏土体的有效射程显著增大。喷嘴边旋转喷射边提升，在地基中形成较大的负压区，携带同时压入的浆液进入被破坏的地层进行混合、充填，在地基中形成直径较大、强度较高的旋喷桩凝结体，起到防渗或加固地基的作用。其直径一般有 1.0~2.0m，比二管法大，比单管法要大 1~2 倍。

新三管法是先用高压水和气冲击切割地层土体，然后再用高压力的水泥浆对土体进行二次切割和喷入。水、气喷嘴和浆、气喷嘴铅直间距约 0.5~0.6m。由于水的黏滞性小，易于进入较小空隙中产生水楔劈裂效应，对于冲切置换细颗粒有较好的作用。高压浆液射流对地层二次喷射不仅增大了喷射半径，使浆液均匀注入被破坏的地层，而且由于浆、气喷嘴和水、气喷嘴间距较大，水对浆液的稀释作用减小，使实际灌入的浆量增多，提高了凝结体的结石率和强度。该法高喷质量优于三管法，适用于含较多密实性充填物的大粒径地层。

近几年，在上述几种基本的喷射灌浆工法的基础上，日本、意大利等国又先后开发出了具有大直径的工法、交叉射流工法、多管工法以及改变技术参数的工法。它们各有特色，可见本书 4.7 节。

17.3.3　高喷灌浆工艺参数的选择

施工工艺技术参数的选择直接影响着高压喷射灌浆的质量、工效和造价。

高喷施工工艺技术参数包括水、气、浆的压力及其流量、喷嘴直径大小及数量、喷射管旋转速度、摆角及摆动频率、提升速度、浆液配比及密度、孔距与板墙的布置型式等。施工实践表明，要获得较大的防渗加固体，一般应加大泵压，但限于国内机械水平，常用的喷射水压力为 20～40MPa。

我国目前高喷灌浆常用的工艺参数见表 17.3。

表 17.3　高喷灌浆常用工艺参数

项　目			单管法	两管法	三管法	新三管法
水	压力（MPa）				35～40	35～40
	流量（L/min）				70～80	70～100
	喷嘴（个）				2	2
	喷嘴直径（mm）				1.7～1.9	1.7～1.9
压缩空气	压力（MPa）			0.6～1.2	0.6～1.2	1.0～1.5
	流量（m³/min）			0.8～1.5	0.8～1.5	0.8～1.5
	喷嘴（个）			2	2	2
	喷嘴间隙（mm）			1.0～1.5	1.0～1.5	1.0～1.5
水泥浆	压力（MPa）		22～35	25～40	0.1～1.0	35～40
	流量（L/min）		70～120	75～150	70～80	70～110
	密度（g/cm³）		1.4～1.5	1.4～1.5	1.6～1.7	1.4～1.5
	喷嘴（出浆口）（个）		2	2	1～2	2
	喷嘴直径（mm）		2.0～3.2	2.0～3.2	6～10	2.0～3.2
	孔口回浆密度（g/cm³）		≥1.3	≥1.3	≥1.2	≥1.2
提升速度 V（cm/min）	粉土		15～25	15～25	10～15	15～30
	砂土		15～30	15～30	10～20	15～35
	砾石		10～20	10～20	8～15	10～25
	卵（碎）石		8～15	8～15	5～10	8～20
旋（摆）速度	旋喷（r/min）		宜取 V^{**} 值的 0.8～1.0 倍			
	摆喷（次/min）*		宜取 V^{**} 值的 0.8～1.0 倍			
	摆角	粉土、砂土	15～30			
		砾石、卵（碎）石	30～90			

*摆动一个单程为一次。**单喷嘴取高限，双喷嘴取低限。

　　高喷灌浆孔的孔距应根据墙体结构型式、墙深、防渗要求和地层条件，综合考虑确定。

　　高喷灌浆的工艺参数和钻孔布置初步确定以后，一般宜进行现场试验予以验证和调整。特别是重要的、地层复杂的或深度较大（≥40m）的高喷灌浆防渗工程，一定要进行现场试验。高喷灌浆试验可按照下述原则进行：

　　1）确定有效桩径或喷射范围、施工工艺参数和浆液种类等技术指标时，宜分别采用不同的技术参数进行单孔高喷灌浆试验。

　　2）确定孔距和墙体的防渗性能时，宜分别采用不同的孔距和结构型式进行群孔高喷灌浆试验。

17.3.4　浆液材料和机具

　1. 浆液

　　高喷灌浆最常用的材料为水泥浆。黏土（膨润土）水泥浆有时在防渗工程中使用。化学浆液使用很少，国内仅在个别工程中应用过丙凝、脲醛树脂等浆液。

　　高喷用的水泥应根据灌浆目的和坝堤地基的地质情况而定。一般应采用较高的强度等级。在地下水有侵蚀性的地方应选用有抗侵蚀性的水泥，以保证防渗板墙或帷幕的耐久性。

　　为了提高浆液的流动性和稳定性，改变浆液的凝胶时间并提高凝结体的抗压强度，可在水泥浆液中加入外加剂。根据加入的外加剂及注浆目的的不同，高喷水泥浆液可分为普通型、速凝－早强型、高强型、抗渗型。

　　在水泥浆中掺入2％～4％的水玻璃，其凝结体渗透性降低，如表17.4所示。如果工程以抗渗为目的，最好使用"柔性材料"，可在水泥浆液中掺入10％～50％的膨润土（占水泥重量的百分比）。此时不宜使用矿渣水泥，如仅有抗渗要求而无抗冻要求者，可使用火山灰水泥。日本采用的三种抗渗型浆液见表17.5。

表 17.4　掺入水玻璃的水泥浆凝结体的渗透系数

土的类别	水泥品种	水泥含量（％）	水玻璃含量（％）	渗透系数（cm/s）
细砂	32.5硅酸盐水泥	40	0	2.3×10^{-6}
		40	2	8.5×10^{-8}
粗砂	32.5硅酸盐水泥	40	0	1.4×10^{-6}
		40	2	2.1×10^{-8}

注：水玻璃模数2.4～3.0，浓度30～45波美度。

表 17.5　日本采用的部分抗渗型浆液

喷射浆液	配比（kg/m³）	使用目的与范围	备注
水泥浆	水泥760，水760，添加剂60	一般地及加固与防渗	
	水泥760，水750，混合剂11.4	一般地及加固与防渗	一般强度型
	早强水泥980，水677，混合剂14.7	承重地及加固与防渗	高强型
水泥黏土浆	水泥80，水693，膨润土380，添加剂50，混合剂14.4	一般地及加固与防渗	低强型
水泥—水玻璃浆	A液：水玻璃250（L），水250 B液：水泥200，膨润土200，水365，混合剂123	地下水大时，地基加固与防渗	

普通水泥浆液可不进行室内试验，其他浆液根据需要进行一些必要的试验，如测定浆液的密度、含砂量、静切力、黏度、失水量、胶体率（或析水率）、酸碱度、流散直径、凝结时间等。

2.钻孔机

高压喷射灌浆的施工机械设备由普通地质钻机或特种钻机、高压泵等组成。由于喷射方法不同，使用的机械设备也不尽相同。表 17.6 为不同喷射方法使用的主要施工设备表。

（1）回转式钻机

各种回转式岩芯钻机均可在高压喷射灌浆造孔中应用。

（2）冲击回转钻机（全液压工程钻机）

这种钻机机械化程度高，对地层的适应能力强，尤其在复杂的卵砾石地层造孔工效较高。国产的机型有 MG－200（河北宣化）、MGY－100（重庆探矿）、SM－3000（河北三河）、QDG－2（北京探矿）等，进口的机型有 SM305、SM400、SM505 等。

表 17.6　高压喷射灌浆主要施工机具表

设备名称	规　格	单管	两管法	三管法	新三管法*
提升台车	起重 2～6t，起升高度 15m。深孔或振孔高喷宜用高架台车或履带吊车式高喷台车	√	√	√	√
钻机	100～300m 型地质钻机，跟管钻进钻机等	√	√	√	√
高压水泵	最大压力 50MPa，流量 75～100L/min			√	√
灌浆泵	超高压泥浆泵，最大压力 60～80MPa，流量 150～200 L/min	√	√		
	高压泥浆泵，最大压力 40MPa，流量 70～110L/min				√
	灌浆泵，压力 1～3MPa，流量 80～200L/min			√	
搅拌机	卧式或立式	√	√	√	√
空气压缩机	气压 0.7～0.8MPa 或 1～1.5MPa，气量 6m³/min		√	√	√
喷射管	单管	√			
	二重管（二管）		√		
	三重管（三列管）			√	√

* 新三管法，同时喷射高压水和高压浆。

（3）振动钻机

振动钻机适用于高喷灌浆的钻孔，能穿入覆盖层中的砂类土层、黏性土层、淤泥地层及砂砾石层。它的重量轻，搬运解体方便，钻孔速度快。国产机型有 ZHX－1 型（辽宁抚顺）、70 改进型和 76 型（铁科院）、XJ100（北京探矿）等。

3.灌浆设备

高压喷射灌浆设备是按高压喷射灌浆施工工艺要求，由多种设备组合而成，如图 17.8 所示。

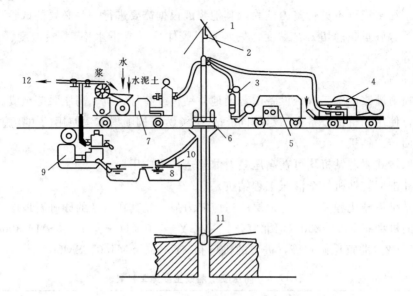

图 17.8　三管法高压喷射灌浆设备

1—三角架；2—接卷扬机；3—转子流量计；4—高压水泵；5—空气压缩机；6—孔口装置；

7—搅灌机；8—储浆池；9—回浆泵；10—筛；11—喷头；12—供静压灌浆与钻孔用

（1）搅浆机

搅浆机现常用的有卧式搅浆机和立式搅浆机两种。

（2）灌浆泵

根据高压喷射灌浆的要求，对于三管高喷，一般压力应大于 0.8MPa，流量大于 80L/min。但单介质喷射时需用较高压力的高压泥浆泵。笔者 1992 年引进的意大利产高压泥浆泵的工作压力可达 60MPa。

WJG80 型搅灌机是将搅浆机和灌浆机组装在一起的灌浆专用设备。

几种常用的灌浆泵技术性能见表 17.7。

表 17.7　几种常用灌浆泵技术性能表

设备名称、型号		主要性能	生产厂家
通用灌浆泵	BW250/50 型	压力 3~5MPa，排量 150~250L/min，功率 17kW	
	200/40 型	压力 4MPa，排量 120~200L/min	
	100/100 型	压力 10MPa，排量 80~100L/min，功率 18kW	
	HB80 型	单缸单作用柱塞泵，压力	
高压灌浆泵	PP—120 型	压力 30~40MPa，排量 50~145L/min，功率 90kW	北京探矿机械厂
	SMC—H300 型	压力 10~30MPa，排量 150~750L/min，功率 132.5kW	
	XPB—90 型	最大压力 60MPa，排量 90~160L/min，功率 90kW	天津聚能高压注浆泵厂
	GPB—90 型	压力 45MPa，排量 76~119L/min，功率 90kW	天津通洁高压泵公司

（3）水泥上料机

水泥上料机有皮带上料机、气动上料机和螺旋上料机等许多种类，工地上常用的是螺旋上料机。

（4）高压水泵和水管

1）高压水泵。高压水泵的一般要求为压力 20～50MPa，流量 50～100L/min。高压喷射灌浆施工中常用的是 3D2－SZ 系列卧式三柱塞水泵。

2）高压水管。高压水管一般选用 4 层或 6 层的钢丝缠绕胶管。常用的高压水管内径有 16mm、19mm、25mm、32mm 四种，工作压力为 30～60MPa。爆破压力一般为工作压力的 3 倍。胶管的连接可用卡口活接头或丝扣压胶管接头。

（5）空气压缩机

两介质和三介质高压喷射灌浆需要压缩空气和主射流（水或水泥浆）同轴喷射，以提高主射流的效果。高压喷射灌浆常用的 YV 型活塞式普通空气压缩机的技术性能见表 17.8。

表 17.8　常用空气压缩机技术性能

型号	排气量 （m³/min）	排气压力 （MPa）	排气温度 （℃）	冷却方式	动力 （kW）	备注
YV 3/8	3	0.8	<180	风冷	电动 22	移动式
YV 3/8	3	0.8	<180	风冷	电动 22	
YV 6/8	6	0.8	<180	风冷	电动 40	移动式
CYV 6/8	6	0.8	<180	风冷	柴油 52.9	移动式
ZV 6/8	6	0.8	<180	风冷	柴油 29.4	

（6）提升、卷扬及旋摆设备

提升、卷扬及旋摆设备包括卷扬机、提升台车、旋摆机构，用于控制喷射流运动，以形成要求性状的凝结体。

1）卷扬机。卷扬机按速度可分为快速、慢速、手摇三种。

2）提升台车。提升台车用于吊放喷射管，固定安装卷扬机和旋摆机构。对提升台车的要求是：①应有足够的承载能力，确保台车稳定性；②应有合理的高度，移动定位方便准确；③自重轻，便于安装、拆卸和运输。高压喷射灌浆最普遍用的提升台车为四腿塔架型。台车由底盘、塔腿及天轮组成。一般架高 18m 时，底盘为 3m×5m。

3）旋摆机构。旋摆机构是使喷射装置定向、摆动和旋转的设备。通常采用的旋摆装置坐落在台车底盘上，其结构如图 17.9 所示。转盘的工作转速为 5～10r/min。偏心轮上预制孔位置可按四连杆机构计算确定，一般按摆角为 10°、22°、30°、45°预制孔位，也可根据工程要求专门配制偏心轮。

（7）喷射装置

喷射装置按射流介质不同可分为单管、两管、三管和多介质喷射装置，由高压水龙头、喷射管及喷头三部分组成。喷头上装有（高压）喷嘴，喷嘴装在喷头的一侧、两侧或底部，喷嘴型式如图 17.10 所示。

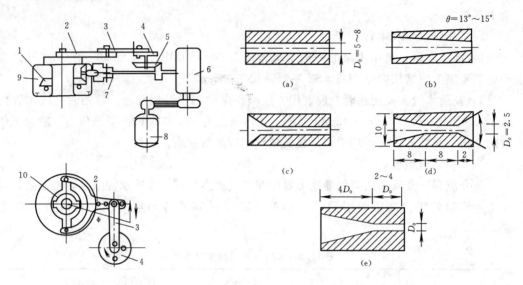

图 17.9　旋摆机构

1—转动伞齿轮；2—摆臂；3—拉杆；4—偏心轮；

5—摆动伞齿轮；6—减速机；7—旋摆离合器；

8—电机；9—转盘；10—导向卡

图 17.10　喷嘴型式

（a）圆柱式；（b）收敛圆锥形；（c）流线形；

（d）双喷嘴；（e）三重管喷嘴

1）单管喷射装置。单管喷射装置用以输送一种高压浆液，使高压浆液在地层中切割掺搅升扬置换土体。单管水龙头安装在喷射管的顶部，它将高压胶管和旋摆的喷射管连接起来，而将高压浆液从胶管输送给喷射管、喷头。喷嘴构造见图 17.11。其直径一般为 $1.6 \sim 3.5 \mathrm{mm}$。

2）两管喷射装置。两管喷射装置中浆液和压缩空气分别输入喷射管内两根不相通的管道，使压缩空气从喷头的外环形喷嘴喷出而包围在高压喷浆射流的外侧。两管喷射装置，如图 17.12 所示。

3）三管喷射装置。三管喷射装置如图 17.13 所示，由三管水龙头、高压喷射管及喷头组成。

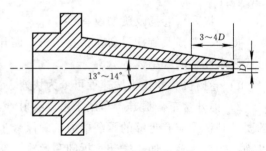

图 17.11　单管喷嘴结构

三管高压水龙头是由外壳与芯管两部分组成。外壳上有活接头，用软管与高压水泵、空气压缩机、泥浆泵连接。旋摆喷射时，芯管旋转，外壳不动。

三管法的喷射管能同时输送水、气、浆三种介质而不互相串通，见图 17.13。它有两种型式：一种是三列管，即用直径 108mm 套管内放 3 根平行的管子而成，各段管之间用管接头压胶圈连接；另一种是三重管，由三个不同直径的同心管套装在一起。

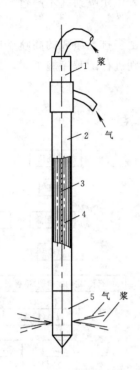

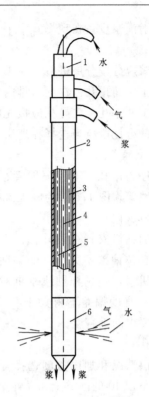

图 17.12　两管喷射装置

1—二管水龙头；2—二管；3—浆管；

4—气管；5—喷头

图 17.13　三管喷射装置

1—三管水龙头；2—三管；3—浆管；

4—水管；5—气管；6—喷头

4）多介质喷射装置。多介质喷射装置与三介质喷射装置相似，只是在供气方面多一套气粉装置，即用压缩空气将灌浆材料（如水泥粉）携带灌入地层，可为浆、气、粉喷射，也可为水、气、粉或水、气、粉、浆喷射，从而充分改善凝结体结构，提高桩体或墙体质量。

（8）浆液回收设施

浆液回收设施由振动筛、储浆池、回浆泵组成。高压喷射灌浆中回收孔口产生大量冒浆，加以处理后再利用。

（9）监控设备

监控设备是为了在高压喷射灌浆施工中对各种机具与机械设备工作状况及时了解，以便控制施工质量。为此，对水、气、浆的压力与流量，喷射管提升、旋转或摆动速度，进浆和冒浆密度等进行记录与整理分析。

17.3.5　高喷施工

1．施工准备

施工前应做好准备工作，包括工程现场调查、搜集工程地质和水文地质等有关资料，了解和掌握工程设计要求。根据高压喷射类型和喷射型式选择高压喷射设备，根据地层的情况选择合适的钻孔设备。

高压喷射灌浆设备在现场宜集中布置。设备安放位置以距喷射孔不超过 50m 为宜。

2. 施工顺序

高喷灌浆应分排分序进行。在坝、堤基或围堰中，由多排孔组成的高喷墙应先施工边排孔，后施工中间排孔。在同一排内如果采用钻、喷分别进行的程序施工时，应先施工Ⅰ序孔，后施工Ⅱ序孔。先导孔应最先施工。

高喷墙的合拢段应当选择在地层条件相对较好的部位。

3. 工艺流程

施工程序为钻孔、下置喷射管、喷射提升、成桩成板或成墙等。图 17.14 为施工流程示意图。

（1）钻机就位

将使用的钻机安置在设计孔位上，使钻杆对准孔位中心，孔位偏差不大于 5cm。钻机就位后，用水平尺校正机身，使钻杆轴线垂直对准钻孔中心位置，钻杆的垂直度偏差不得大于 0.5%，以确保钻孔达到设计要求的垂直度。

（2）钻孔

根据地层情况和加固深度选择合适钻机。在标准贯入击数小于 40 的砂类土和黏性土层进行单管旋喷时，多使用旋转振动钻机，钻进深度可达 30m。对于较密实、标贯击数较大的地层宜用地质钻机钻

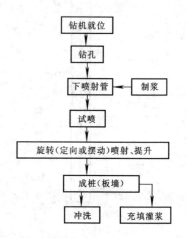

图 17.14　高压喷射灌浆施工流程图

孔，砂砾层中可采用跟管钻进工艺。在二重管和三重管高喷中，为了提高工效、降低造价，宜优先使用跟管钻进。也可采用地质钻机钻孔，泥浆护壁。

采用套管或跟管方法钻进时，在起拔套管前应向钻孔内注满护壁泥浆，或下入特制的聚氯乙烯花管护壁。聚氯乙烯花管的性能应满足设计要求，也可采用下入喷射管后起拔套管再进行喷射灌浆。

当在钻孔中直接进行高喷时，钻孔孔径应大于喷射管直径 20mm。对于封闭式防渗板墙，高喷灌浆孔深入相对不透水层或岩层不宜小于 0.5m；对于悬挂式防渗板墙，应大于设计深度 0.3m。当孔深小于 30m 时，钻孔的孔斜率应不大于 1%。

（3）下入喷射管

使用旋转振动钻机钻孔时，下管与钻孔两道工序合二为一，钻孔完毕，下管作业即完成。使用地质钻机钻孔时，终孔后须取出钻具，换上旋喷管下入到预定深度。在下管过程中，为防止泥砂堵塞喷嘴，可采取包扎塑料膜或胶布的防护措施，也可边低压送水、气、浆边下管，水压力一般不超过 1MPa。如果压力过高则易将孔壁射塌。

在砂卵石地层采用跟管钻进，钻孔达到设计孔深后注入护壁泥浆，再拔出套管。护壁泥浆应根据施工机械、工艺及穿越土层情况进行配合比设计和试验，在现场配制使用。

（4）喷射

喷射管下到设计深度后，开始时先送高压水，再送水泥浆和压缩空气（在一般情况下

压缩空气可迟送 30s）。之后原地静喷 1～3min，待达到预定的喷射压力和喷浆量，且孔口冒出浆液后，再按预定的提升、旋转或摆动速度，自下而上进行喷射作业，直到设计高度方可停送水、气、浆，提出喷射管。喷射过程中必须时刻注意检查浆液的流量、压力、气量以及旋、摆、提升速度等参数是否符合要求，并随时做好记录，绘制作业过程曲线。旋喷桩的喷浆量 Q 可按下式计算：

$$Q = \frac{H}{v} q (1+\beta)$$

式中　　H——旋喷长度，m；

　　　　v——旋喷管提升速度，m/min；

　　　　q——泵的排浆量，L/min；

　　　　β——浆液损失系数，一般取 0.1～0.2。

旋喷过程中，冒浆应控制在 10%～25% 之间（单管或二管法）。

（5）冲洗

当喷射管提升到设计标高后，喷射完毕，应及时将各管路冲洗干净，管内、机内不得残存水泥浆，以防堵塞。通常把浆液换成水在地面上喷射，以便把泥浆泵喷射管内的浆液全部排出，直至出现清水为止。

（6）充填灌浆

喷射结束后浆液凝固析水，凝结体顶部会出现凹陷，应随即在喷射孔内进行静压充填灌浆，直至孔口液面不再下沉。

（7）移动机具

喷射灌浆结束后，把钻机等机具设备移到新孔位上，进行下一孔的施工作业。相邻两桩施工间隔时间应不小于 48h，间距应不小于 4～6m。

17.3.6　质量检查和控制

1. 质量检查项目

一般防渗工程的高喷灌浆工程质量检查项目主要是墙体的渗透性，同时要求墙体连续、均匀，厚度符合要求。重要工程高喷板墙应检验其渗透稳定和结构安全。

当有特殊要求时，可检查高喷凝结体的密度、抗压强度、弹性模量、抗溶蚀性等。

2. 质量检查方法

高喷灌浆工程质量难以进行直观地检查。通常采取的检查方法有：开挖观察、取样试验、钻孔取芯和压水试验、围井渗透试验、整体效果观察等。必要时应进行电探、渗流原型观测、载荷试验等。应当根据设计对喷射桩体或板墙的技术要求，选取适宜的方法对适当的部位进行抽样检验。

对于高喷防渗板墙，质量检查的重点宜布置在地层复杂的、施工过程中漏浆严重的或可能存在质量缺陷的部位。

3. 围井检查

围井是为检查高喷板墙质量而构筑的，以被检查板墙为其一边的封闭式井状结构物（见图 17.15）。围井可适用于各种结构型式的高喷防渗板墙的质量检查。它的做法是在已施工完毕的板墙的一侧加喷若干个孔，与原板墙形成三边、四边或多边形围井。

（1）对围井的要求

1）围井的数量可根据需要确定。

2）围井各边的施工参数应与墙体结构一致。

3）围井板墙内的平面面积，在砂土、粉土层中不宜小于 $3m^2$，在砾石、卵（碎）石层中不宜小于 $4.5m^2$。

4）围井的深度应与被检查板墙的深

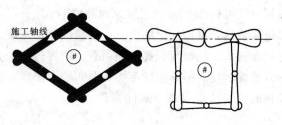

图 17.15 围井检查

△—已施工孔；○—加喷孔；#—检查孔

度一致，悬挂式高喷板墙的围井底部应采用局部高喷的方法进行封闭。当围井用于注水试验，且注水水头高于围井顶部时，围井顶部应予以封闭。

（2）围井试验

围井形成至少 14d 以后，可在井内开挖对墙体进行直观检查，也可在墙体上取样进行试验。当需利用挖出的井体进行注（抽）水试验时，井内开挖的深度应深入到透水层内，也可在井内钻孔进行注（抽）水试验。

（3）渗透系数的计算

利用围井进行渗透试验时，可按照《水工建筑物防渗工程高压喷射灌浆技术规范》（报批稿）的规定计算高喷板墙的渗透系数。

4. 在墙体上钻孔检查

厚度较大和深度较小的高喷板墙（旋喷或摆喷板墙）可采用在墙体上钻孔的方法检查工程质量。

5. 其他检查方法

1）物探法检查。在防渗墙墙体上或上下游两侧钻孔，对墙体进行超声波探测，检查防渗墙的连续性和密实性。

2）载荷试验。当高喷凝结体是用于加固地层，具有承载作用时，有时需要对旋喷凝结体进行垂直或水平的载荷试验。

3）整体效果观测检查。通过观测对比防渗墙施工前后下游渗漏量的大小，观测上下游测压管水位的变化，检验高喷墙的整体防渗效果。

17.4 深层水泥搅拌桩防渗墙

17.4.1 概述

深层搅拌工法是利用搅拌机械把固化剂（水泥或石灰等）送入软土层深部，同时施以机械搅拌，使固化剂和软土拌合均匀，并在水的作用下，固化剂与软土之间产生一系列物理和化学反应，改变了原来软土的性状，使之硬结成水泥土或石灰土体。这种水泥土具有显著的整体性和水稳定性，其强度明显高于原状土。

深层搅拌法由日本人在 20 世纪 60 年代首创，20 世纪 70 年代后期引入我国，大量用于软土地基的加固和防渗。

深层搅拌法适用于处理淤泥、淤泥质土、粉土和黏性土地基，可根据需要将地基加固成块状、圆柱状、壁状、格栅状等形状，主要用于形成复合地基、基坑支挡结构、在地基中形成防渗帷幕及其他用途。深层搅拌法施工速度快，无公害，施工过程无振动，无噪声，无地面隆起，不排污、不排土、不污染环境和对相邻建筑物不产生有害影响，具有较好的经济和社会效益。本节只讲水泥防渗墙的简要情况。

我国的深层搅拌工法有湿法和干法两种。湿法以水泥浆为主，有时加减水剂（为木质素等）和速凝剂；干法以水泥干粉，生石灰干粉等为主。干、湿两法各有不同的适应性和利弊，单就概念上说，湿法搅拌较均匀，易于复搅，但水泥土硬化时间较长，在天然地基土含水量过高时，桩间土多余的孔隙水需较长时间才能排除。干法搅拌均匀性欠佳，很难全程复搅，但水泥土硬化时间较短，且一定程度降低了桩间土的含水量，在一定范围内提高了桩间土的强度。

国产搅拌机有以下几种：

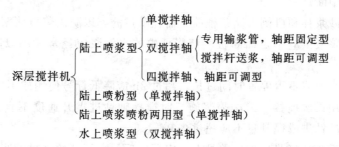

目前，最深的深层搅拌桩（墙）已可做到 25m 左右，但是能够确保防渗质量的深度在 15~20m 左右。

质量检验主要方法如下：

1）检查施工记录，包括桩长、水泥用量、复喷复搅情况、施工机具参数和施工日期等。

2）检查桩位、桩数或水泥土结构尺寸及其定位情况。

3）在已完成的工程桩中应抽取 2%~5% 的桩进行质量检验。一般可在成桩后 7d 内，使用轻便触探器钻取桩身水泥土样，观察搅拌均匀程度，同时根据轻便触探机数用对比法判断桩身强度，也可抽取 5% 以上桩采用动测法进行质量检验。

4）采用单桩载荷试验检验水泥土桩承载力。也可采用复合地基载荷试验方法，检验深层搅拌桩复合地基承载力。

近年来，在采用深层搅拌法施工形成的水泥土中插入型钢用以形成加筋水泥土挡墙和防渗墙（日本称为 SMW 工法），在基坑围护工程中得到越来越多的应用。深层搅拌法工艺流程见图 17.16。

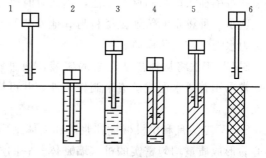

图 17.16 深层搅拌法工艺流程

17.4.2　施工时应注意的问题

1）严格控制桩位和桩身垂直度，以确保足够的搭接长度和整体性。施工打桩前需复核建筑物轴线、水准基点、场地标高；桩位对中偏差不超过 2.0cm，桩身垂直度偏差不超过 1.0%。

2）挖除表层障碍物，若埋深 3.0m 以下存在障碍物时与设计人员商量，酌情处理。

3）水泥必须无受潮、无结块，并且有出厂质保单及出厂合格证。发现水泥有结块，严禁投料使用。

4）对湿法搅拌桩，应严格控制水灰比，一般水泥浆液的水灰比为 0.45～0.5。

①应用经过核准的定量容器加水，为使浆液泵送减少堵管，应改善水泥的和易性，增加水泥浆的稠度，可适量加入减水剂（如木质素磺酸钙，一般为水泥用量的 0.2%）。

②水泥浆必须充分拌和均匀，每次投料后拌和时间不得少于 3min，拌和必须连续进行，确保供浆不中断。

③水泥浆从砂浆拌和机倒入储浆桶前，需经筛过滤，以防出浆口堵塞；并控制储浆桶内储浆量，以防浆液供应不足而断桩。储浆桶内的水泥浆应经常搅动以防沉淀引起的不均匀。

④制备好的水泥浆不得停置时间过长，超过 2h 应降低标号使用或不使用。

⑤成桩宜采用二次搅拌。二次喷浆施工时搅拌轴钻进提升速度不宜大于 0.5m/min，或钻头每转一圈的钻进或提升量不应超过 1.0～1.5cm。

⑥必须待水泥浆从喷浆口喷出并具有一定压力后，方可开始钻进喷浆搅拌操作，钻进喷浆必须到设计深度，误差不超过 5.0cm，并作好记录。

17.4.3　对深层搅拌法评价

深层搅拌法只能用于软土地基加固和防渗，而且目前适用深度为 15～20m，可取得较好的防渗效果。深度再加大，虽可以施工，但质量难以保证。

17.5　SMW 工法

前面已经说明，SMW 工法是由日本发明并大量使用的，可以简要说，SMW 工法就是搅拌桩中插入增强芯材的工法，当然有时也可以不放芯材。

这是一种将水泥等硬化材料与其他外加剂与土体就地混合形成桩体或防渗墙的方法，简称为水泥土桩或防渗墙。

SMW 工法将从拌合站送来的浆液，通过螺旋钻的空心钻杆不断前进而被压入土层中。常采用普通水泥或矿渣来制作浆液，并可掺入 2% 的膨润土粉，以改变水泥浆液的流动性。

SMW 工法是利用机械搅拌浆液和土体来形成连续的防渗墙体，它比高压喷射灌浆法更容易形成质量均匀密实的桩（墙）体。它的施工工效高，不排泥（或极少），不污染环境，不受季节限制。在城市建设和地铁的基坑中，已经有不少工程实例。

SMW 工法的钻头直径为 550～850mm，最大施工深度可达 30m。

17.6　TRD 工法

17.6.1　概述

TRD 工法（Trench Cutting Re－mixing Deep Wall Method）是由日本发明的一种施工方法。

以往的原位搅拌水泥土排桩地下连续墙施工技术在深度增加后，施工难度加大，特别是垂直精度或墙壁质量成为问题。TRD 施工法是在以往施工方式的基础上研究改进而成的。它基本上属于原位搅拌系统，但兼有地下连续墙的形态，在确保施工精度、墙体质量均匀性、提高防渗性、降低钻进装置净高等方面有所改善。

17.6.2　TRD 工法概要

1. 技术概要

TRD 施工法是使用插入地下的链锯式切削具，切削地基形成槽孔，同时在原位搅拌混合土与固化材料（水泥系固化材料、添加剂、水等混合成的悬浮液），构筑水泥加固地下防渗（连续墙）。

通过这种水平钻进、垂直搅拌方式能确保墙体的均匀性，有效地构筑无接缝、防渗性好的墙体。

钻机由钻进、搅拌、混合的本体和支撑本体的主机构成。导向架位于主机的侧面，导向架上配有能够水平移动的链锯式切削具。切削具由固定数个切削钻头的连续链、驱动马达和桅杆等构成。桅杆的内部装有向下端排出口输送固化液的数个配管和倾斜仪插入管。钻机高度低，最大仅 10m 左右，整体稳定性好。

2. 特点

1）水平连续性。构筑的墙体无接缝、均匀、防水性好。

2）竖向墙体质量均匀。垂直混合、搅拌全部土体，能够构筑竖向偏差小的均匀墙体。

3）精度高、施工能力强。能自行移动，垂直性好，能够高精度施工。能够在砂砾、硬黏土层、砂质土、黏性土中发挥高钻进搅拌能力，特别是不需要以往施工法必须的预先钻孔。

4）稳定性高。钻机高度低，施工中桅杆又插入地下，能够确保高稳定性。

5）能够施工斜墙。能够施工从垂直至水平俯角 30°的斜墙。

6）能够施工等厚墙体。因为墙体水平方向等厚、均匀，能够以任意间隔设置芯材，与同排柱墙相比能减少总钻进工作量。TRD 钻机外形见图 17.17。其工法特点见图 17.18。

3. 适用范围

TRD 施工法用钻机有 TRD－15 型和 TRD－25 型两种（见表 17.9）。目前已生产出深度大于 50m 的钻机。

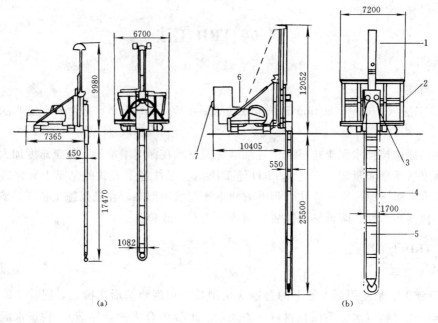

图 17.17　TRD 工法机械外形图

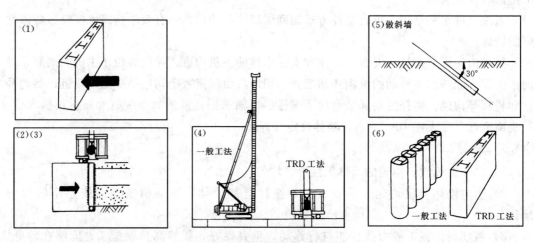

图 17.18　TRD 工法的特点

表 17.9　TRD 施工法用钻机主要性能

机　型	TRD—15	TRD—25
作业时重量（t）	60.5	127.0
平均接地压力（kPa）	91	158
尺寸（高×宽×长，m）	9.98×6.70×7.37	12.05×7.20×10.41

1）施工深度和壁厚。TRD 施工法的施工深度和壁厚的适用范围列于表 17.10。超过适用范围的深度、壁厚时，对钻机进行一些改造后也能够施工。此外，还能进行曲线施工，曲线施工需要以 1m 切削具行程为单边的多角形施工，已有以 52 角形施工直径

16.4m 圆形墙的实例。目前最深已达 53m。

表 17.10　TRD 施工法的适用范围

机　型	施工深度（m）	壁厚（cm）
TRD—25	25.5	50～70
TRD—15	17.5	45～50

2）土质。适用于硬黏土层、砂砾、砂质土、黏性土等多种土质。地下含有卵石或有障碍物时，需事先调查研究能否施工，并讨论适当对策。卵石层有粒径 25cm 左右的施工实例。

TRD 工法可在渗透系数 $k=10^{-2}$ cm/s 的砂、砾地层中，形成渗透系数 $k=10^{-8}\sim10^{-7}$ cm/s 的防渗墙。

3）芯材。芯材通常使用 H 型钢，能够以任意间隔插入配置。根据施工目的，还能够插入预制板、钢板桩和预制桩等。

4）邻近构筑物施工时，TRD—25 型钻机构在前面及侧面能以距墙边 65cm 的距离施工，背面能够以距墙边 10.5m 以上距离施工。TRD—15 型钻机的规模小，前面及侧面距墙边的施工距离均为 45cm，背面距墙边的施工距离为 7.5m。

5）净高受限制的施工。TRD 施工法因为钻机整体高度低，能够在净高受限制下施工，见表 17.11。

表 17.11　TRD 施工法的作业高底表

机　型	装置的高度（m）	作业高度（m）
TRD—25	12.052	13.0
TRD—15	9.980	10.5

6）斜墙施工。经过改造的专用钻机可在以下范围施工：

施工墙长度：15m；

施工墙厚度：45cm；

墙倾角：垂直至水平俯角 30°；

适用土质：主要为黏土和砂土。

TRD 施工法已通过日本建设机械化协会的技术审查。

17.6.3　TRD 工法实例

1. 概况

日本某排水泵基坑，开挖深度 24.7m，采用地下连续墙作为围堰结构，壁厚 0.6m，墙深 53m，周长 164m，周边墙面积 8669m²，插入长 30.5m 的 H 型钢 H—450×300 共 324 根。

地质：上部（0～−24m）为 $N\leqslant10$ 的砂质土；

　　　中部（−24～−47m）为 $N>60$ 的砂卵砾石层；

　　　下部（−47～−53m）为 $N>60$ 的砂砾石和 $N=10$ 左右的不透水层。

地下水位（潜水）在地面以下 2m，地下 30m 有承压含水层。

2. 基坑防渗设计

由上可知，基坑存在承压水和砂砾石透水层，为此必须控制挖槽机械的偏斜度，墙体的透水性也要少，这样才能达到防渗止水的目标。

表 17.12 是桩排式防渗墙和坑底水平防渗、桩排式防渗墙及 TRD 防渗墙三个设计方案的比较。

表 17.12 基坑防渗方案对比表

方案名称	①桩排墙＋坑底防渗	②桩排式防渗墙	③TRD 防渗墙
主要指标	为抵抗扬压力，对底部透水层防渗	加大墙深，抵抗扬压力	同左
防渗墙深度（m）	40	53	53
平面图	SMW 工法		
特点	坑底防渗体很厚，很难形成不透水帷幕，施工成本高	钻孔偏斜大，易导致孔底墙体分开，漏水	可连续成墙，比 SMW 防渗墙的垂直度高，防渗性好
经济性	3.64	1.02	1.0
评价	不好	尚可	好

经过技术经济比较，最后选用了 TRD 防渗墙。

3. 墙体材料

墙体设计强度：$0.5N/mm^2$；

现场管理强度（28d）：$0.63N/mm^2$；

改进强度（28d）：$1.05N/mm^2$；

通过室内试验，选用两种浆液配比见表 17.13 和表 17.14。

表 17.13 搅拌浆液配比表（每 m^3）

膨润土	水	注入率	流动度	失水率
$35kg/m^3$	$600kg/m^3$	61.3%	200mm	1.16%
管理标准			（200±30）mm	<3%

表 17.14 固化浆液配比表（每 m^3）

高炉矿渣 B	水灰比	水	注入率
$290kg/m^3$	117%	$340kg/m^3$	43.5%
控制指标	流动度≥150mm/3h，失水率<3%，$q_{28}=1.05N/mm^2$（设计 $0.5N/mm^2$）		

4. TRD 防渗墙施工

（1）地基加固

用于本工程的 TRD 钻机重达 130t，接地压力较大，故须对施工平台和导向槽的地基予以加固，加固范围长 9.26m，加固厚度为 1.5～0.75m。加固后地基承载力要求达到

$0.4N/mm^2$ 和 $0.2N/mm^2$（后部）。

（2）施工机械和现场布置

采用 2 台 TRD 钻机，施工现场平面尺寸为 $70m \times 50m$，内部配置浆液搅拌站、芯材堆放和加工场、各种仓库、试验和维修设备等。

（3）孔斜控制

要求孔斜 $< 1/250$。现场观测结果表明，墙体实际孔斜值仅 $1/1000 \sim 1/500$，远远小于允许值。这样使 H 型钢芯材能够顺利下放到指定位置。

（4）浆液配比的现场变更

采用室内配比，由于强度较大，浪费水泥较多，所以对原配比进行了变更，见表 17.15，采用后期固化液配比进行施工。

表 17.15　固化浆液配比表（每 m^3）

项　　　目	水泥 （kg/m^3）	水灰比 （%）	流动度 （mm）	q （N/mm^2）
初期	290	117	200	$0.44 \sim 1.27$
中期	280	107	186	$0.83 \sim 2.10$
后期	270	96	183	$0.36 \sim 0.84$
控制指标			$\geqslant 150$	$q_u \geqslant 0.63$

5. 基坑开挖情况

经基坑开挖证实，防渗墙墙面平整，无漏水，无凹凸，一直安全开挖到坑底。

6. 评价

对比表 17.12 和本工程的防渗体设计方案，可以看到采用短的桩排式防渗侧墙与坑底水平防渗帷幕的组合方案，由于要抵抗很大的承压水浮托力，需要很厚的水平防渗帷幕才行，而且要形成这种不透水的防渗帷幕也相当困难；这种桩排式防渗侧墙由于孔斜关系，两根桩间可能出现漏洞或根本连接不上，使防渗墙整体失效；而且它的成本也比 TRD 高出 2.64 倍。TRD 防渗墙是连续成槽，墙体均匀连续，质量有保证，因此它比短墙加水平帷幕的设计方案更可取。

所以要把基坑侧壁和基坑底的防渗问题综合考虑，才能取得较好的技术经济效益。

17.7　本章小结

本章主要阐述了基坑防渗帷幕的几种施工方法。防渗帷幕可作为地下连续墙或灌注桩等基坑侧壁（墙）支护结构的防渗体延长部分，即上墙下幕结构。此防渗工法还可用来作为支护桩与桩之间防渗止水结构，由于篇幅所限，本章未做详细评说。

这里要特别指出的是，必须根据工程的重要性、基坑开挖深度、工程地质和水文地质条件以及施工方法，综合进行技术经济比较后，选定本工程的防渗设计和施工工法。其中的深层水泥搅拌桩不适用于深基坑工程。高压喷射灌浆工法用于垂直防渗帷幕比水平防渗帷幕效果更好。水泥灌浆工法与其他工法比较起来，可以适用于更大深度的地基中。

参考文献

[1] 丛蔼森. 地下连续墙的设计施工与应用 [M]. 北京：中国水利水电出版社，2001.

[2] 丛蔼森. 高压喷射灌浆技术的最新进展. 第四次水利水电地基与基础工程学术会议论文集 [C]. 北京：中国水利水电出版社，2007.

[3] 中西涉，中泽重. 高压喷射搅拌工法的变迁与展望 [J]. 土与基础，2006 (7)：10~12.

[4] 吉田宏. 高压喷射搅拌工法的技术课题与展望 [J]. 基础工，2009 (5)：8~13.

[5] 杨晓东. 锚固与注浆技术手册 [M]. 北京：水利电力出版社，2009.

[6]《水利水电工程施工手册》编委会. 水利水电工程施工手册：地基与基础工程 [M]. 北京：中国电力出版社，2004.

[7] TRD 工法钻机 [J]. 建设机械，2008 (11)：29~32.

[8] 地基处理手册，1994.

[9] 复杂地基处理. 第 17 届国际大坝会议论文译，1993.

[10] 大坝的分期建设、加高和改造. 第 18 届国际大坝会议论文，1994.

第四篇 应　　用

第 18 章　水利水电工程的深基坑和深基础

18.1　三峡二期围堰和基坑工程

18.1.1　概况

1. 枢纽概况

长江三峡水利枢纽位于西陵峡中的三斗坪镇。枢纽由大坝、电站、船闸和升船机等组成，是世界上最大的水利水电工程。

大坝为混凝土重力坝，最大坝高 183m，全长 2309.47m。电站由两座坝后式厂房组成，装机 18200MW。

船闸位于左岸，为双线连续五级船闸。升船机位于它的右边。

2. 导流和围堰概况

三峡工程采用三期导流方式，分三期施工，计划总工期 17 年。一期围堰在中堡岛的右边，主河槽继续过流通航，此阶段主要施工纵向围堰和导流明渠。使用时间为 1993 年至 1997 年 11 月大江截流结束。

二期围堰在中堡岛左边大江和岸边。在二期围堰保护下，修建河床段泄洪坝段、左岸厂房坝段及电厂等。使用时间为 1997~2003 年，共 7 年。

三期围堰是对导流明渠进行截流，施做碾压混凝土围堰，施做剩余建筑物。

可以看出，二期围堰是总体施工的关键部位。

3. 二期围堰概况

三峡工程二期围堰由上、下游土石围堰和右岸混凝土纵向围堰组成（见图 18.1），共同保护二期主体工程溢流大坝和电站大坝的施工，使用年限 7 年，是三峡工程最重要的临时建筑物之一。土石围堰断面采用两侧石渣中间夹风化砂堰体和垂直防渗的结构型式。其中上游围堰全长 1439.60m，堰顶高程 88.50m，最大高度 82.50m，防渗墙 4.22 万平方米，墙顶高程 86.20m，帷幕灌浆 7789.00m，土工膜 3.72 万平方米，振冲 4.39 万平方米。基坑承受的最大水头超过 95m。

围堰地基地质条件复杂。表层为厚 5~10m 的粉细砂层，影响围堰地基的渗透稳定性。原河漫滩残积冲积层内有花岗岩石质的块球体，基岩全、强风化层中也有包裹着的块球体，块径一般 1~3m，最大 5~6m，石质坚硬完整，饱和抗压强度达 100MPa。基岩为

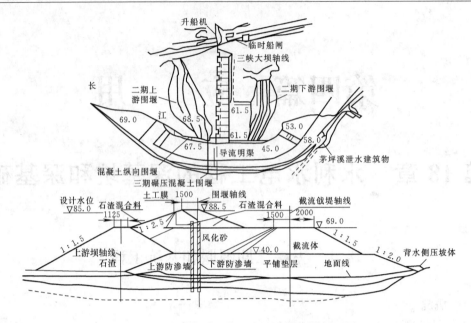

图 18.1　长江三峡二期围堰平面及上游剖面图

闪云斜长花岗岩，弱风化层岩体坚硬。河床左侧基岩面有倾向河心和下游、倾角大于 70° 的双向陡坡陡坎，上下高差近 30m。这些条件对防渗墙施工极为不利。

堰体防渗结构为塑性混凝土防渗墙上接土工合成材料，墙下透水岩体采取帷幕灌浆处理。上游围堰有 162.0m 长的深槽段，采用双排防渗墙，两墙中心间距 6.0m，最大深度 73.5m，墙厚 1.0m、0.8m，嵌入岩石深度 0.5～1.0m。墙体材料抗压强度 $R_{28}=4\sim 8MPa$，抗折强度 $T_{28}\geqslant 1.5MPa$，初始切线弹模 $E_0=700\sim 1000MPa$，渗透系数 $k=1\times 10^{-7}cm/s$，允许渗透坡降 $i>80$。

18.1.2　设计方案和渗流分析

1. 二期围堰设计方案

围绕着三峡的导流和围堰问题，国内外很多单位在几十年时间内进行了大量试验研究工作。限于篇幅，本节只综述实际采用方案的基本情况。

2. 二期围堰渗流分析

（1）渗流分析主要内容

1）建立三维饱和—非饱和渗流计算模型。

2）确定非饱和计算参数。

3）建立二维和三维非稳定渗流计算模型。

4）对三峡二期围堰不同的施工运行状态和防渗墙进行模拟计算和渗流控制优化分析。

5）对防渗墙开叉和裂缝等特殊状态开展有限元计算与物理模型试验，分析缺陷对二期围堰的影响和控制措施。

（2）二期围堰饱和条件渗流分析

1）地质条件。

二期上游围堰下伏的基岩为闪云斜长花岗岩，并有中细粒花岗岩脉和辉绿岩脉穿过。

堰基下有数条断裂分布，构造岩胶结较好。根据岩体水文地质类型、渗透性差异及渗流场特性，分为 4 种水文地质结构类型。

基岩表面有厚薄不一的风化带，其中全风化带厚度一般为 0～4m，强风化带厚度一般为 0～20m，弱风化带厚度一般为 8～30m。

全风化带渗透系数一般为 0.1～2.6m/d，最大为 6m/d；强风化带渗透系数一般为 0.1～4m/d，最大为 11m/d；二者差异不大，同属 a 类岩体，其渗透系数一般为 1～5m/d。

二期上游围堰左堰肩位于牛场子小沟内，沟底高程为吴松（下同）80～90m，堰基为坡积砂质壤土，厚 1～4m。左漫滩宽 200～300m，滩面高程为 41～66m，向河床倾斜，堰基除部分基岩裸露外，还分布有冲积粉细砂层、砂砾石层和夹砂块球体层（厚 2～7m），以及残积块球体层（厚度一般为 1～5m）。

原河床底高程一般为 20～41m，沿轴线最低高程为 14m。堰基河床覆盖层为冲积粉细砂和砂砾石层，两侧较薄，厚度一般为 1～4m，其上部为厚 1～2m 的粉细砂层。围堰轴线下游有长约 150m、宽 300m 的深槽，顺江河床最低高程为 6m。河床中心槽部位覆盖层较厚，一般为 7～15m，其中上部为粉细砂层，一般厚 6～10m，最厚 13m；下部为砂砾石层，一般为 3～10m。沿轴线基岩面最低高程约 2m，深槽部位基岩面最低高程－6.3m。

右漫滩宽 320～380m，滩面高程为 41～65m，覆盖层以粉细砂层为主，厚度一般为 1～4m，最厚 9.40m。部分地段为块球体或块球体夹砂层，厚度一般为 2～5m，最厚 9m。

覆盖层各土层渗透性如表 18.1 所示。架空块球体渗透系数极大，葛洲坝水库蓄水后，块球体间的空洞已被粉细砂充填，其渗透性与"块球体与夹细砂"大致相当，河床砂卵石层上部空隙由细砂充填，渗透系数有较大降低。

表 18.1　覆盖层渗透系数勘探结果

岩性	位置与厚度	渗透系数 k(m/d)	
		葛洲坝蓄水前	葛洲坝蓄水后
细砂	漫滩一般为 5～12m，最大 17.6m	最大 13.3，最小 3.2，一般为 4.3～8.7	
块球体	漫滩 3～10m	25.7（155 孔）	
夹细砂砂卵石	河床一般为 0.5～5m，最大 18.5m	35.3（156 孔） 182.2（968 孔），100.22（162 孔） 55.4（967 孔），17.8（605 孔）	13.16（2166 孔） 9.74（2168 孔）

上述岩层中，曾对粉细砂和风化砂进行过渗透变形试验。由粉细砂表面冲刷试验测得，其起动流速为 6.30～12.90cm/s。粉细砂和风化砂垂直渗透允许坡降 2.0，水平冲刷渗透坡降为 1.5，风化砂和 5～150mm 过渡带的接触渗透允许坡降为 2.0，粉细砂的垂直渗透允许坡降为 0.56。

2）二期上游围堰的工程布置及堰体材料渗透性。

①三峡水利枢纽为一等工程。二期上横围堰虽是临时建筑物，但因使用期长、围堰高、基础地质条件复杂、拦蓄库容大（达 20 亿立方米），故定为二等工程。围堰整体结构为：河床深槽部位采用双排混凝土防渗墙土石围堰，左右岸采用单排混凝土防渗墙土石围

堰（简称为双墙方案）。另有两个比较方案：单排塑性混凝土防渗墙加土工膜斜墙和单排塑性混凝土防渗墙方案。三种防渗方案的防渗墙均伸入基岩弱风化带1m。

②堰体填料及其渗透性。三种围堰防渗型式均考虑了最大限度地利用当地储量丰富的风化砂材料。根据前述地质部门提供的堰基各岩层的渗透特性，参数列于表18.2中。

表 18.2　堰体填料和堰基渗透性

编号	填料或全强风化带	渗透系数采用 k(cm/s)
k_1	风化砂或全强风化带	5.0×10^{-3}，5.0×10^{-4}
k_2	石碴	5.0×10^{-2}，5.0×10^{-3}
k_3	新淤砂	5.0×10^{-4}，5.0×10^{-3}
k_4	砂卵石层	5.0×10^{-2}，5.0×10^{-3}
k_5	弱风化带	2.0×10^{-4}，2.0×10^{-5}，2.0×10^{-6}
k_6	微风化带	2.0×10^{-5}，2.0×10^{-6}，2.0×10^{-7}
k_7	混凝土防渗墙	1.0×10^{-7}，1.0×10^{-8}
k_8	截流体	0.1
k_9	土工膜（厚5mm）	1.0×10^{-10}，1.0×10^{-11}

③设置防渗墙后，围堰渗流主要来自防渗墙下的堰基渗流，因而围堰渗流量与防渗墙底部岩体透水性关系密切。当基岩透水性依次降低10倍、100倍时，相应围堰的单宽渗流量分别为原渗流量的0.11倍和0.022倍。

④三种防渗方案以双墙方案渗流量和渗透坡降最小，墙后地下水位最低。防渗墙后的粉细砂和风化砂的垂直和水平接触（出逸）坡降均小于0.03，即使在风化砂透水性为5.0×10^{-4}cm/s的不利条件下，深槽部位的新淤砂在墙后和堆石体处的最大水平坡降均为0.16，均小于其渗透坡降，能满足渗透稳定的要求。

⑤在单墙方案中，比较了防渗墙深度对渗流的影响。若防渗墙只打到弱风化带表面，则其渗流量和墙后风化砂中的渗透坡降均比嵌入弱风化带1m时增加了约50%，说明影响明显。同时，防渗墙未嵌入弱风化带时，其墙底渗流状态较恶劣，墙底裂隙中产生的集中渗流对堰基砂卵石和粉细砂的渗透稳定不利。因此，防渗墙还是应以嵌入到弱风化带中一段距离（0.5～1.0m）为宜。

3）运行期稳定渗流分析。

运行期稳定渗流分析包括平面和三维有限元计算研究，其目的是了解堰基稳定渗流的一般规律，分析岩层渗透参数和防渗墙的型式对渗流的影响，具体求出坝体浸润线及出逸点，了解左岸绕防渗墙的渗流特性和墙体开裂不良工况的危害，评价帷幕防渗方案的可行性。

①平面有限元计算。平面计算选取深槽所在剖面为典型计算剖面。3个防渗方案的剖面型式及成果见图18.2。从计算结果可知：

a. 深入弱风化层1m的防渗墙有效地截断了地下水渗透，三种防渗方案均起到有效的防渗作用。其中，两道防渗墙前后地下水位相差68～69m，起到了联合防渗的作用，第一道墙承担总水头差的40%～45%，第二道墙承担了总水头差的53%～60%。单高墙前后地下水位相差约67m，承担了总水头差的96%。单墙加斜墙前后地下水位相差约61m，承担了总水头差的 87%。

b. 由于堰体的主要填料风化砂比防渗墙的渗透性高 1000 倍以上，继续降低防渗墙透水性对堰体渗流的影响不大。表 18.2 中，当 K_7 从 1.0×10^{-7} cm/s 降至 1.0×10^{-8} cm/s 时，防渗墙承担的水头几乎没有增加，渗流量减少得极少。

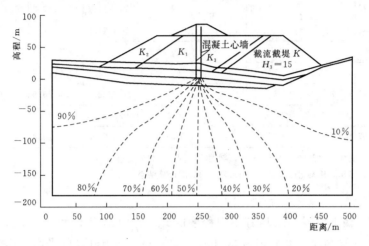

图 18.2　双墙方案等势线分布

②心墙开叉的三维渗流计算。

为研究局部开叉或裂缝对围堰渗流的影响，以单厚墙为例，假定防渗墙在基础砂卵石所在的深 12m 范围内，形成或留有 $0.1 \sim 0.2$m 的空隙，其内由砂卵石充填，依此条件进行三维渗流分析。

取深槽段做简化三维模型，由于对称关系共取剖面尺寸相同的 7 个剖面，其中开叉范围为第 6~7 剖面，模型布置如图 18.3 所示，堰基和堰体各层透水性分别为 $k_1 = 5.0 \times 10^{-3}$ cm/s、$k_2 = 5.0 \times 10^{-2}$ cm/s、$k_3 = 5.0 \times 10^{-2}$ cm/s、$k_4 = 5.0 \times 10^{-3}$ cm/s、$k_5 = 2.0 \times 10^{-4}$ cm/s、$k_6 = 2.0 \times 10^{-5}$ cm/s、$k_7 = 5.0 \times 10^{-7}$ cm/s。防渗墙厚度为 1.2m，上游水位 85m，下游水位 15m。计算结果见表 18.3。

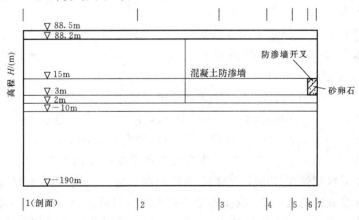

图 18.3　防渗墙开叉的计算模型

表 18.3　三峡二期围堰防渗墙底部开叉时三维渗流计算结果

项目	弱风化带垂直坡降	新淤砂水平坡降		开叉处砂石水平坡降		距心墙 X 米处浸润线高程/m			
位置	J1（墙后）	J2（墙后）	J3（堆石）	J4（墙底）	J5（墙后）	X=0m	X=10.9m	X=21.7m	X=59.5m
剖面 1	24.86/24.78	0.02	0.02/0.03			17.3/17.4	17.2/17.3	16.9/17.0	16.2/16.3
剖面 2	24.65/24.43	0.02	0.02/0.04			17.5/17.9	17.4/17.7	17.1/17.4	16.4/16.7
剖面 3	23.82/23.09	0.02	0.02/0.05			18.5/19.5	18.3/19.2	17.8/18.6	16.6/17.1
剖面 4	22.45/20.69	0.07/0.08	0.07/0.1			20.3/22.3	19.2/20.7	18.1/19.0	16.6/17.1
剖面 5	20.95/18.11	0.07/0.08	0.07/0.1			20.6/22.5	19.3/20.8	18.1/19.1	16.6/17.1
剖面 6	19.62/16.00	0.07/0.08	0.07/0.1	46.1/39.8	0.82/1.36	20.6/22.5	19.3/20.8	18.1/19.1	16.6/17.1
剖面 7	19.57/15.87	0.07/0.08	0.07/0.1	46.0/39.7	0.83/1.4	20.6/22.5	19.3/20.8	18.1/19.1	16.6/17.1

注：1. 剖面 1 与剖面 6 之间的距离为 180m，剖面 6 与剖面 7 之间为开叉范围。
　　2. 24.86/24.78 指开叉宽度分别为 0.1m 和 0.2m 的计算结果。

计算结果说明：

a. 开叉处心墙下游浸润线均有不同程度的升高，但幅度不大。开叉宽度为 0.1m 和 0.2m 时，开叉处浸润线高度分别为 20.6m 和 22.5m，和未开叉的平面计算结果相比，仅抬高 3.6m 和 5.5m，且只对离开叉处 50m 范围内的地下水有一定的影响，对 100m 范围以外的影响不大。

b. 开叉处卵石内水平渗流集中，坡降高达 40～60，对局部渗透稳定不利。但集中渗流在墙后很快得以消散，墙后最大水平坡降不到 0.1，仍可满足渗透稳定要求，围堰仍可安全运行。

c. 开叉 0.2m×12m 时渗流量比不开叉时增大了 $7.54×10^{-3}m^3/s$，对基坑涌水量影响不大。

③左岸绕渗的三维渗流分析。

三维渗流分析截取了左岸约 24 万平方米的绕渗区域，共布置了 11 个计算剖面，共计节点数达 4000 个。其防渗线总长 598m，计算所用的渗流参数与平面计算时一致。

计算结果表明：

a. 左岸绕渗得到有效控制，防渗墙后浸润面较低，堰体和山坡表面均无出逸现象。计算的 598m 长防渗线内，总渗流量仅为 $4.04m^3/min$。80m 绕渗段内的渗流量为 $0.02m^3/min$，仅占总渗流量的 0.6%。

b. 由地下水面等高线图可知，三维渗流的地下水面等高线的分布与地形等高线基本一致。地形较陡处，地下水位降落也较快，地下水等高线的分布也较密，这是因为堰基微风化岩体透水性较小，渗透地下水主要在全强风化带内或地势较高处的弱风化带内流动。

c. 由平面图还可看出，穿过堰体堰基的地下水主要向深槽汇集，使深槽地下水位抬高，深槽旁的地下水等高线最集中。如 11 剖面的堰后地下水位抬高到 24.2m，比相同条件下平面横型计算成果高出 7m。截流堤处的最大出逸坡降为 0.34，满足渗透稳定要求。风化砂与粉细砂中的最大水平渗透坡降达 0.80，仍小于风化砂和粉细砂之间的水平接触渗透允许坡降。

18.1.3　防渗墙的施工

1. 施工过程

（1）第一阶段施工

1996 年 9 月 23 日～1997 年 4 月 26 日，在墙体轴线右端头 140.465m 的范围进行液压铣槽机试验，主要完成了 BC30 铣槽机性能和生产性试验。试验设备除 1 台 BC30 铣槽机外尚有 GSD 机械式抓斗、SM400 全液压工程钻机、CZF－1500 冲击反循环钻机各 1 台。进行了固壁泥浆、硬岩钻爆、灌浆管埋设、槽孔倾斜度检测、预灌浓浆等 5 项专题工艺试验，总计完成了工程量 3740m²，成墙效率 1200m²/（台·月）。收集了大量试验数据，为下一阶段积累了经验，选定了施工方案。

（2）第二阶段施工

1997 年 5 月 5 日～1997 年 9 月 20 日，左、右岸预进占段共 227.9m 长的防渗墙施工，其目的是为了争取工期，降低高峰期的施工强度。

本阶段主要成槽设备为 BC30 铣槽机 1 台，GSD 机械式抓斗 1 台，SM400 液压工程钻机 1 台，CZF－1500 冲击反循环钻机 9 台，CZF－1200 冲击反循环钻机 6 台。

左段采用了"两钻一抓"法成槽，墙段连接采用"双反弧接头"法，完成工程量 2997m²。右段采用铣槽机与冲击钻配合的"铣钻结合"法成槽，墙段连接采用钻凿法和铣削法，完成工程量 4737m²，施工工效达到 1068m²/（台·月）。两段共完成工程量 7506m²，最高月成槽 3166m²，最高月成墙 2345m²。

（3）第三阶段施工

1997 年 11 月 15 日～1998 年 8 月，左右漫滩和河床部位共 676.98m 长的主墙段施工，在大江截流、施工平台形成及对堰体风化砂振冲加密后进行。主要施工设备为 BC30 铣槽机 1 台，GSD 机械式抓斗 1 台，BH12 液压抓斗 1 台，SM400 全液压工程钻机 3 台，CZF－1200、CZF－1500 冲击反循环钻机共 25 台，CZ－22、CZ－30 钢绳冲击钻机 20 台。左右漫滩采用"两钻一抓"法成槽，槽段连接采用双反弧接头法和钻凿法。深槽段采用"铣抓钻结合"法成槽，墙段连接采用钻凿法。对块球体采用各种爆破措施。该阶段完成工程量 30769.12m²。最高月成槽 6070.86m²，最高月成墙 6440.39m²。

三个阶段总计完成墙轴线长 992.35m，截水面积 42244.26m²，浇注混凝土 59652.84m³，墙下帷幕钻孔灌浆 7789.22m。最大墙深 73.50m，平均墙深 42.91m。根据不同的墙深确定三种不同的墙厚 0.8m、1.0m 和 1.1m。

整道墙体被分成 245 个槽段，槽段长一般为 5.9～7.5m。墙体材料根据不同的槽深分为两种，孔深小于 40m 者采用柔性材料，孔深大于 40m 者采用塑性混凝土。

2. 成槽方法

1）"两钻一抓"法，应注意付孔长度一定要小于抓斗的最大开度。一般要求不大于抓斗最大开度的 2/3，否则可能出现漏抓的部位，而且抓取困难。

2）"铣砸爆"法，其工艺要点是对风化砂、粉细砂、砂卵石和全风化岩用铣槽机铣削，对块石、块球体和强、弱风化岩采用钻爆法爆破，或用 6t 重锤冲击砸碎后进行铣削。

3）"铣钻抓结合"法，其工艺要点是对上部风化砂用铣槽机铣削，对风化砂中所夹块石、平抛石及覆盖层中的砂卵石由抓斗（配 10t 重锤）抓取，下部基岩、混凝土接头及部分砂卵石由冲击反循环钻机钻凿。该法三种设备互相配合充分发挥各自的优势，实现了12.3m²/d 的较高工效。

3. 墙段连接方法

本道防渗墙除了采用传统的钻凿法接头外，还采用了 43 个铣削法接头和 31 个双反弧接头。

4. 陡坡、块球体及硬岩处理

压力大于 100MPa 的坚硬花岗岩、块球体以及左侧大于 70°陡坡段的钻凿是本工程的最大难题。施工中除采用了传统的槽孔内聚能爆破外，还大量采用了地面钻孔预爆和槽内钻孔爆破。地面钻孔预爆采用全液压工程钻机和偏心扩孔跟管钻具，大大提高了钻孔工效，经钻爆后铣槽机在花岗岩中的工效提高 2～3 倍，冲击反循环钻机工效提高 1～2 倍。陡坡段钻进采用了一种专门设计的槽内定位爆破工艺，效果良好。

5. 平抛垫底层及其他漏失层的处理

根据截流要求，二期围堰填筑深槽段采用平抛砂卵石垫底，最厚达 20 余米。此外在防渗墙轴线其他部位也存在块石架空或砂卵石漏失区。对于这些造孔时严重漏浆的部位，一般可用先导孔查明漏失范围并估计漏失量的大小，然后采用偏心扩孔和管钻具钻孔并灌注浓浆。灌浆孔距 1.0～1.5m，灌浆段长 0.75m，灌浆压力 0.15～0.20MPa。使用的浆液有膨润土浆、水泥膨润土浆、水泥水玻璃膨润土浆、水泥砂浆等。

6. 固壁泥浆

由于地质情况复杂，又采用冲击反循环钻机、抓斗和液压铣槽机施工，这就对固壁泥浆提出了很高的要求，因此采用了密度较小的低固相膨润土泥浆。膨润土为湖南澧县产钙基膨润土，泥浆的配合比（%）为：水 100、膨润土 6、碳酸钠 0.4。泥浆的性能为：密度 1.043 g/cm³，黏度 33s，失水量 19.8mL/30min，泥皮厚 1.4mm，动切力 5.6Pa，1min 静切力 4.2Pa，10min 静切力 11.2Pa。

泥浆的制备采用 NJ1500 型泥浆搅拌机，该机的生产能力为 15m³/h，搅拌时间不小于 5min，浆液搅拌后经 24h 膨化，黏度提高 10%。使用后的泥浆经与铣槽机配套的 BE500 型泥浆净化系统及与反循环钻机配合的 JHB 型泥浆净化机，进行筛分和旋流净化处理，除去 0.074mm 以上的颗粒，重新回到储浆池中。清孔换浆后的泥浆指标为密度不大于 1.1g/m³，黏度 20～35s，含砂量小于 3%。

7. 混凝土材料和搅拌运输系统

上游围堰左右两端各设混凝土搅拌站 1 座，均由 4 台 JS500 型强制式混凝土拌和机及其配料系统组成，另配 4～5 辆 6m³ 混凝土搅拌运输车，负责运输混凝土。

墙体混凝土材料有两类，槽孔深度小于 40m 的采用柔性材料，槽孔深度大于 40m 的采用塑性混凝土，两种混凝土材料的配合比见表 18.4。

表 18.4　每 m³ 混凝土材料用量表　　单位：kg

材料种类	水泥	卵石	风化砂	天然砂	膨润土	水	粉煤灰	分散剂	外加剂
柔性材料	260	—	1370		70	370			1.3
塑性	180	72	—	1341	100	282	80	0.027	0.9
混凝土	260		石渣粉 1385		80	330		0.27	1.7

墙体材料施工特性：入槽坍落度 20～24cm，坍落度保持 15cm 以上的时间不小于 1h，扩散度 35～40cm，初凝时间大于 6h，终凝时间不大于 24h。

墙体材料检验成果：抗压强度 $R_{28}\geqslant 4$MPa，深槽段 $R_{28}\geqslant 5$MPa；抗折强度 $T_{28}\geqslant$ 1.5MPa；初始弹性模量 $E_i<1500$MPa，$E_i/R_{28}<250$；渗透系数 $K_{28}<i\times 10^{-7}$cm/s；允许渗透坡降 $i>80$。

8. 墙内仪器埋设和原型观测

为了监测防渗墙的运行情况，确保工程安全，二期上游围堰共布设了 6 个观测断面，埋设了 141 支仪器，包括测压管、渗压计、测斜管、应变计、无应力计、压应力计和土压力计等。

18.1.4　二期围堰的效果

二期围堰在其建设过程中，于 1998 年汛期就开始直接挡水了。1998 年 7 月 2 日，长江出现了第一次洪峰，当时围堰正处于施工的关键时刻，上游围堰第一道墙于 6 月 22 日刚建成。6 月 25 日基坑开始限制性抽水，上游围堰第一道防渗墙在不断增大的水头作用下逐渐发生变形，且墙体向下游方向的最大变形超过了技术设计阶段计算的最大变形值。为了鉴别这时围堰的运行是否正常，根据实际的施工断面和填料参数重新作了计算，墙体最大变形的计算值与实测值两者比较接近，差别在 2%左右。其次在墙体变形沿高程的分布曲线上最大挠度底部为 ▽ 3.5～9.5m 处，为 1.83‰；顶部在 ▽ 70.5～73.5m 之间，为 3.43‰，小于 6.0‰的允许值。同时，整个曲线变化光滑，无突变现象，可见防渗墙工作正常，没有发生断裂的可能。

1998 年长江共发生过 8 次洪峰，其中 8 月 16 日的第六次洪峰最大流量达 61000m³/s，围堰堰体和墙体变形都在正常范围内。1999 年汛期的 3 次洪峰，最大流量达 58000m³/s，工程运行良好，围堰的最大位移没有超过 1998 年汛期的变形值，工程是安全的。初期基坑抽水后，从上游围堰背水坡的渗漏量来看，量水堰的测值略大于 20L/s，连同下游围堰的渗漏量 45L/s，合计约 65L/s。1999 年汛期，采用容积法测得上下游基坑渗漏量合计为 190～210L/s，均远小于设计预计的渗水量 600L/s，基本上做到了滴水不漏，固若金汤。

2002 年 5 月和 7 月，二期上下游围堰先后拆除，围堰上下游先后向基坑进水，标志着二期围堰胜利完成历史任务。在 1998～2002 年汛期前的四年多的运行期中，二期围堰没有出现过危及安全的问题，很好地完成了保证左岸基坑主体工程的顺利施工和坝址下游安全的重任，达到了设计的要求，它是三峡工程中质量最好的单项工程之一。正如著名的水利水电专家、三峡公司技委会主任潘家铮院士评价的："从众多因素综合分析，三峡工程二期围堰建设，就总体而言无疑已达到国际领先水平"，"在极其严峻的水文、地质、工期条件下，二期围堰的建成标志着中国水利水电建设又登上新的台阶，跻身于国际先进水平，值得庆贺"。

18.1.5　小结

三峡是国人几十年努力奋斗的结果。各方面的人员进行了艰苦卓绝的科学研究和现场试验，取得了世人瞩目的成就。

（本节选自《砂砾石地基垂直防渗》（宋玉才等编著）和《长江三峡深水高土石围堰的研究与实施》的有关内容，在此表示感谢。）

18.2 桐子林水电站导流明渠

18.2.1 概述

本节介绍导流明渠结构设计和施工的新技术，即采用框格式地下连续墙和大直径灌注桩的组合深基础，代替深基坑开挖的新技术开发和应用情况。

1. 试验研究的目的和意义

我国能源事业的发展关系我国四个现代化的进程，特别是绿色能源的发展日益迫切。

水电作为绿色清洁能源，是我国大力开发的能源项目。目前我国的大型水电项目多分布在西南、西北的高山峡谷中，海拔很高，交通不便，建设周期较长。为此要求各个环节、各个工序都要设法加快建设进度。其中的导流和围堰工程，又是控制前期建设速度的重要环节。

在导流围堰工程中，常常要用明渠导流。邻近河道的导流挡墙又常常是位于第四纪的砂卵石透水地基之上。导墙的结构型式、防渗和地基承载力问题是控制导流设计、导墙施工的关键因素。为了解决这个难题，笔者开展了试验研究工作。

本课题的目的就是通过吸取国内外先进经验，结合水电工程特点，研究出采用墙桩组深基础结构代替深基坑开挖的方法，以期达到缩短建设工期、节省工程投资并能确保安全施工的目的。

此项技术如能在类似的导流明渠或其他挡土（水）墙中得到应用，可取得显著的技术经济效益。

2. 国内外研究水平综述

地下连续墙从 20 世纪 50 年代初期在意大利首次应用以来，已有将近 60 年的历史，最近 20 多年又形成了一种地下连续墙深基础技术，它是为了适应跨跃大江大河和海湾的桥梁、城市高层建筑等对深基础的要求而产生的。这种深基础通常都是做成圆形和矩形等封闭结构，有时为了承重需要还在内部做框格式地下连续墙或大口径灌注桩。这种结构在日本已经应用了很多。

国内从 20 世纪 90 年代初期，随着引进先进的地下连续墙技术和设备，在高层建筑的基础中已经采用了地下连续墙和灌注桩或非圆形大直径灌注桩（长条桩）组合的基础型式，在大江大河的桥梁中已经使用了圆形和矩形的地下连续墙深基础结构。在水电工程中还没有此类技术的工程实例。

3. 课题的理论和实践依据

本课题经过方案比较后，采用了墙桩组合深基础和"L"形钢筋混凝土底板、导墙结构。它的作用机理是：垂直墙承受水压力和土压力，将总的水平荷载传递给很厚的水平底板，由厚板承受弯矩和垂直方向的水、土压力和结构自重。此厚板相当于群桩基础的承台。在厚板下的节点部位设置大口径灌注桩，用以承受总的垂直荷载；各桩之间用地下连续墙连接起来，以增加结构总体刚度，控制结构变形以满足设计要求；在结构周边设置地下连续墙，防止外水渗入，保持基坑渗流稳定；在导流渠出口段防止因水流冲刷淘空而造成结构失稳。

经过多年实践证明，本课题所采用的地下连续墙和大口径灌注桩的设计和施工都是成熟可行的。至于厚的混凝土底板和导墙混凝土浇注，在水电工程中都是成熟工艺。

4. 课题研究内容和实施方案

本课题研究对象是桐子林水电站导流明渠出口段的左导墙和底板。导墙最高为 24m，第四纪覆盖层深为 30m，导流渠的大部分底板和导墙均位于覆盖层中，右边底板与基岩相连接。

左导墙两边都会挡水和挡土。如果做重力式导墙，则相当于软基重力坝，其断面尺寸和工程量都很大，而且在狭窄河道中无法布置，施工难度太大，所以不能采用。

还有一种做法是把覆盖层挖除 30 多米，然后做悬臂式和扶壁式挡墙结构。此方案在基坑开挖和降水、排水方面都很困难，也无法实施。

针对本工程的水文、地质和施工要求，笔者提出了框格式地下连续墙和大口径灌注桩的组合深基础方案。此方案特点是采用周边封闭的地下连续墙和大口径灌注桩以及厚板组成的结构体系，分别挡土、挡水、承受主体荷载（弯矩和垂直力），且具有周边防渗和防止下游回流淘刷的功能，施工难度不是太大。此方案比上边深基坑方案的优点是，不必开挖深部土石方，施工人员、设备不必到深井（坑）内作业，确保了安全，同时可降低工程造价，缩短工期。

这里要特别说明的是，采用大口径灌注桩与地下连续墙相结合的深基础方案，比全部采用地下连续墙的框格式方案要好。采用大口径桩，可以用来承受垂直荷载，可减少地下连续墙的配筋；在四个方向上，便于框格地下连续墙的节点连接，而且连接的成功率和接头质量有保证。

本课题实施流程如下：

1）首先进行详细地质勘察和室内外试验，确切了解施工场地的工程地质和水文地质情况，以及洪水水文情况。

2）在现场进行必要的试验，如地下连续墙和大口径灌注桩试验，了解施工的可能性，特别是桩、墙接缝施工效果情况。

3）按施工设计图进行施工。

4）通过基坑开挖和现场观测，验证本课题的可行性。

5）总结。

5. 本课题实施的关键环节

1）如何保证大口径灌注桩的定位（即垂直度）准确。

2）如何保证大口径灌注桩中四个对称布置的凹形接口钢板准确定位，即角度偏差不能太大。

3）对于不对称布置的三个、两个或一个凹口板的准确定位。

4）如何保证浇注混凝土时，混凝土不会绕流而堵塞凹口板。

5）如何控制泥浆性能，保证孔壁不坍塌。

6）十字桩和一字地下连续墙施工顺序。

本节重点介绍雅砻江桐子林水电站的导流明渠地基处理和左导墙防渗及结构设计

情况。

本工程利用地下连续墙和大直径灌注桩组合深基础，来代替最深达 32m 的深基坑开挖和回填工程，取得了显著的技术经济和社会效益。

中国水电七局成都水利水电建设有限公司参与本课题，并负责具体实施工作。

18.2.2　工程概况

1. 总体布置

桐子林水电站位于四川省攀枝花市盐边县境内，距上游二滩水电站 18.0km，距雅砻江与金沙江汇合口 15.0km，是雅砻江下游最末一个梯级电站，电站装机容量为 60 万千瓦。水库正常蓄水位为 1015.00m，总库容 0.912 亿立方米，水库具有日调节性能。桐子林水电站以发电任务为主。

桐子林水电站枢纽建筑物由重力式挡水坝段、河床式电站厂房坝段、泄洪闸（7 孔）坝段等建筑物组成。

桐子林水电站施工期临时建筑物级别为 4 级，采用右岸明渠导流方式、主体工程分二段三期进行施工。

2. 导流明渠及左导墙设计简介

导流明渠布置在右岸滩地上，结合右岸三孔泄洪闸的布置，导流明渠渠身段底宽 63.8m，明渠中心线混凝土底板长 609.773m。明渠进口底板高程为 982.00m，出口高程为 986m。

（1）明渠左导墙（左导）0−217.883～（左导）0＋000 段结构设计

根据地形地质条件及结构布置，明渠左导墙采用类似于半重力式的挡土墙结构。

导墙墙身及底板采用 C20 混凝土，导墙迎水面高程 982.00～984.00m 及底板迎水面设置厚 0.5m 的 HFC35 抗冲磨混凝土。

（2）明渠左导墙（左导）0＋000 ～0＋125 段结构设计

该段为主体工程泄洪闸结合段，包括 3 孔泄洪闸及重力坝段（1 号、2 号坝段）。

泄洪闸结合段垂直水流方向长度 74.6m，重力坝段长 50.74m，顺水流方向桩号 0＋000～0＋060 为闸室段，桩号 0＋060～0＋125 为护坦段。

泄洪闸室范围内导流明渠由左侧 L 形导墙、右侧底板、重力坝段构成。底板总宽度 74.6m，其中 L 形导墙底板宽 40.4m，右侧底板宽 34.2m，顺水流方向长度为 60m，底板顶高程为 982.00m。L 形导墙顶高程为 1014～1004.80m，厚 6.2m，最大高度 54m（包括齿槽），导墙内侧需预埋闸墩钢筋。基础最低建基高程为 960.00m，底板结构高度为 960.00～974.0m，厚 22m～8m，采用 C20 钢筋混凝土。

桩号 0＋060～0＋125 为护坦段，导流明渠由左侧 L 形导墙、护坦底板以及边坡衬护组成，总底宽 63.8m，底板顶高程 982.00m，顺水流方向共分为三段，长度分别为 21m、21m、23m。L 形导墙垂直水流方向底板宽度 40.40m，底板结构厚度 8.0m，C20 钢筋混凝土。底板、边墙表面设置 50cm 厚 HFC35 耐磨混凝土，边墙耐磨混凝土高度 2.0m。导墙顶高程 1010.00～1004.80m，厚 6.2m，最大高度 48.8m（含齿槽）。

（3）明渠左导墙（左导）0＋125～（左导）0＋326.481 段结构设计

根据地形地质条件及结构布置，明渠左导墙采用 L 形结构（原设计水平段底板在明渠的外侧），该结构类似于半重力式挡土墙和悬臂式挡土墙，导墙结构尺寸为：导墙顶宽 6.2m，内外侧直立，底板宽 31.2m，导墙桩号 0+125～0+177.713 段底板厚 8.0m，导墙桩号 0+177.713～0+215.198 段底板由厚 8.0m 渐变至 6.0m，导墙桩号 0+215.198～0+326.481 段底板厚 6.0m，在内侧墙与底板交界处设置 4.0m（宽）×8.0m（高）的倒角。

　　导墙距底板 2.0 及底板表面设置厚 0.5m 的 HFC35 抗冲磨混凝土，其余混凝土采用 C20。

　　导墙桩号 0+220m 下游段基础由于是深厚覆盖层，不具备开挖建基的条件，同时由于该段基础基岩和覆盖层分界线变化较大，设置沉井施工困难，同时工期也较长，而导墙桩号（左导）0+220.000 下游段在施工期承受的水平荷载不大，永久运行期导墙两侧水平荷载基本平衡。因此，考虑到这些因素，对该覆盖层处理采用了框格式连续墙结构。

　　出口段导流明渠的平面图见图 18.4。

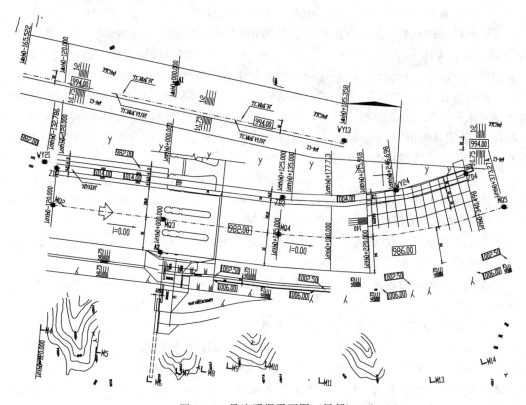

图 18.4　导流明渠平面图（局部）

18.2.3　地质条件

1. 导流明渠出口段地质条件

　　导流明渠出口及左导墙末端覆盖层一般厚 15～30m，最大约 37m，由上部漂砂卵砾石层（厚 3～8m）、中部青灰色粉砂质黏土层（最大约 32m）和下部砂卵砾石层（4～6m）组成。河床覆盖层按其成因和地层结构特征自下而上分为三层：

　　第 1 层：砂卵砾石层（alQ$_3$），为早期河流冲积层，分布于深切河谷底部，厚度一般为 4~6m，局部缺失此层，分布不稳定。卵砾石成分以英云闪长质混合岩、玄武岩、正长岩及砂岩等为主，粒径 2~10cm，磨圆度较好，充填中细砂，结构较密实。

第 2 层：青灰色粉砂质黏土层（Q_3^{al}），属河流堰塞沉积，成分较单一，一般厚22~32m。该层天然状态略显层理，具有遇水软化、失水干裂的特点。其成分以粉粒、黏粒为主，其中黏粒含量占 10%~40%，并有零星砾石、碎屑、炭化木等分布，局部夹细砂层透镜体。

第 3 层：含漂砂卵砾石层（alQ_4^{al}），为现代河床冲积层，厚度一般为 3~8m，卵砾石成分为英云闪长质混合岩、玄武岩、正长岩、大理岩及砂岩等，粒径一般为 0.5~8cm，漂石含量约占 3%，靠岸坡有孤石分布。该层卵砾石磨圆度较好，充填中细砂，结构较松散，密度略低。

试验成果表明，砂卵砾石层属连续级配但不均匀，砂粒含量偏少，其中卵砾石含量占 80%左右（砾石含量 50%），砂的含量占 15~18%。第 3 层漂石含量约占 3%，湿密度 23.4kN/m³，密实度略低于第 1 层，但都属于中等压缩性土层，为强透水性。

桐子林组粉砂质黏土层，其中砂粒含量平均 9.9%，粉粒含量平均 57.1%，黏粒含量平均 33.0%，天然密度 18.72kN/m³，含水量 30.14%。物性指标表明，该层成分均一，属低塑性、中液限、孔隙比大、压缩模量较低、中低压缩性土。室内小三轴固结排水剪力试验，其内摩擦角 $\phi = 20.5° \sim 31.50°$，平均 $\phi = 26.2°$，反映有围压排水情况下强度有所提高。现场承载试验成果表明，该层承载力较低，取其载荷曲线的比例极限值 $R_c = 0.3MPa$，极限强度值 $R_c = 0.5MPa$。预计随着深度的增加，承载力会有适当的提高，但预测此类土的流变特性将十分明显。

关于粉砂质黏土层的抗液化性能，参照二滩电站堰基同类土的试验成果。该层属非液化土，在地震基本烈度Ⅶ度情况下液化的可能性不大，但其土的动剪应力比随固结应力比 K_c 的增加而增加，随破坏振次 N_f 的增加而减少。

该类土的抗渗稳定性较强，经室内试验其破坏坡降 $i_f = 88 \sim 149$，但该层在扰动情况下破坏坡降仅为 10~30，其破坏型式为流土或水力劈裂。

覆盖层下伏基岩为砂页岩，岩体以弱风化为主，以Ⅳ级岩体为主，页岩挤压破碎带为Ⅴ级岩体。

2. 导流明渠出口及左导墙末端工程地质条件评价

青灰色粉砂质黏土层承载力低，具中等压缩性，抗冲性能很差，不宜直接作为地基。

下伏基岩为砂页岩，岩体弱风化弱卸荷，较松弛，变形模量 $E_0 = 2 \sim 4GPa$，砂岩抗冲性能较好，页岩及煤系夹层抗冲性差。作为地基需清除松弛岩体，并对页岩及煤系夹层采取相应的处理措施后可满足基础及防冲要求。

明渠出口边坡岩体为砂页岩，自然坡度为 40°左右。以砂岩占多数，页岩薄层状且表现为挤压揉皱，部分为层间挤压破碎带。表部岩体强风化强卸荷，为层状~碎裂和层状~块裂结构的Ⅴ级岩体，边坡整体是稳定的。

建议开挖坡比为 1：0.75~1：1。

18.2.4　深基坑渗流分析与控制

1. 概述

由于水电站建设过程中，需要进行三次导流，修建三次围堰。选择一期导流和围堰来分析渗流问题。

2. 堰体结构布置

一期纵向围堰布置于右岸河漫滩外侧，采用土石围堰，堰顶宽度为 12.0m，堰顶高程为 994.00m，枯期围堰堰顶轴线总长 1056.68m，最大堰高约 16m。堰体分两区堆筑，即砂砾石区和石渣堆筑区。砂砾石区主要考虑便于堰体高喷防渗墙施工，该区顶宽 8.0m，迎水面、背水面坡比为 1:1.75。石渣堆筑区布置在迎水面，增加堰面的抗冲能力，该区顶宽 4.0m，迎水面坡比为 1:2.0。

根据一期导流水力学模型试验成果，对枯期围堰堰面采用厚 0.6m 的袋装石渣保护。

3. 枯期围堰堰体及堰基防渗设计

堰基覆盖层一般为 3 层，即：与基岩相接的砂卵砾石层（①层）、分布在河床表面的含漂砂卵砾石层（③层）、夹在这两层之间的粉砂质黏土层（②层）。①层一般厚 3～8m，粒径一般为 2～10cm，卵砾石含量占 80% 左右，砂的含量占 15%～18%；③层一般厚 3～10m，卵砾石粒径一般为 0.5～8cm，砂卵砾石及砂的含量与①层基本相同，漂石含量约占 3%；②层一般厚 4～26m，成分以粉粒、黏粒为主，其中黏粒含量占 10%～40%，渗透系数 $1.7\sim6.8\times10^{-6}$ cm/s，该层特点为遇水软化、失水干裂。

根据一期枯期围堰地质条件分析，堰基防渗采用高喷或混凝土防渗墙均是可行的。经综合分析，枯期围堰堰基采用高喷防渗墙防渗。

由于枯期围堰不高，堰顶高程为 994.00m，堰基防渗施工期间，河床水位一般在高程 990.00m 以下。因此，将堰体堰基防渗统一考虑，采用相同的防渗型式，即利用围堰堰顶作为堰体堰基的高喷防渗墙的施工平台。枯期围堰高喷防渗墙深度一般在 40.0m 以内，局部最深为 51.0m。

由于导流明渠枯期施工，基坑内外水头差不大，单排高喷墙的厚度能满足允许渗透坡降的要求，但高喷墙桩与桩之间一定要紧密连接。围堰设置一排高喷防渗墙，桩径 1.2m，桩间距适当加密，为 0.8m。另外，由于河床覆盖层第②层不连续，局部存在缺口。该地段采用两排高喷墙，高喷防渗墙平面布置、高喷防渗墙的浆液配比等，通过现场试验后选定。

4. 渗流计算

（1）计算方法

采用理正平面渗流程序（5.3 版）计算。平面渗流只计算设计工况，即上游水位为 992.00m，下游水位为 956.00m（基坑地面），高喷防渗墙最大深度约 51m。

根据不均匀介质中各向异性饱和流动与非饱和流动的二维渗流方程，采用二维问题渗出面的迭代求解法，推导出相应的有限元数值离散格式，并对得到的非线性离散方程采用隐式和二阶精度的时间积分法进行求解，同时采用向量化的共轭梯度法求解大型稀疏线性方程组，进行有限元计算。

（2）计算简图

根据围堰防渗深度及基础开挖高度，选取桩号 0+125m 断面作为计算断面，计算简图如图 18.5 所示。

（3）基本参数

覆盖层、基岩的渗透系数参考试验资料确定，高喷灌浆的渗透系数根据工程类比确

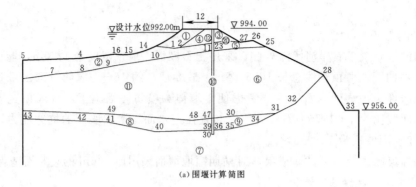

(a)围堰计算简图

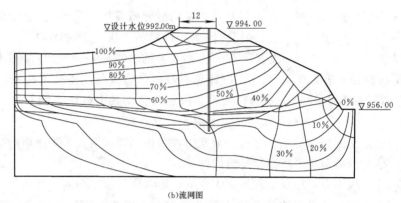

(b)流网图

图 18.5　围堰计算简图和流网图

定，渗透系数计算见表18.5。

表 18.5　渗流计算参数表

材料名称	k_x （cm/s）	k_y （cm/s）
堆石	1.0E-2	1.0E-2
砂砾石	5.0E-2	5.0E-2
含漂砂卵砾石 alQ₄3	5.7E-2	5.7E-2
青灰色粉砂质黏土 Q₃ₜ3	6.8E-6	6.8E-6
砂卵砾石 alQ₃	3.18E-2	3.18E-2
基岩	1.0E-4	1.0E-4
高喷灌浆	9E-6	9E-6

（4）计算成果

通过计算，最大单宽渗流量为 $0.564\mathrm{m^3/(m \cdot h)}$。

从围堰及基础各层渗透坡降分析，第③层中计算最大坡降为 0.39，高于该层允许渗透坡降，其余各层均小于允许渗透坡降，因此，应在基坑开挖边坡采取必要的反滤和压重等措施，防止出现渗透破坏。

5. 明渠底板抗浮计算

根据《水闸设计规范》（SL 265—2001），抗浮稳定计算按下列公式计算：

$$K_f = \frac{\sum V}{\sum U}$$

其中：K_f——底板抗浮稳定安全系数；

　　　$\sum V$——作用在底板上全部向下的铅直力之和，kN；

　　　$\sum U$——作用在底板基底面上的扬压力，kN。

根据《溢洪道设计规范》（DL/T 5166—2002），锚固地基的有效重按下列公式计算：

$$G_2 = (\gamma_r - 10)\eta TA$$

其中：G_2——锚固地基有效重标准值，kN；

　　　γ_r——锚固地基岩体的重度，kN/m^3，取 $26.5kN/m^3$；

　　　A——底板计算面积，m^2；

　　　η——锚固地基有效深度折减系数，取 0.95；

　　　T——锚固地基有效深度，m，$T = S - L/3$；

　　　S——锚筋锚入地基的深度，m；

　　　L——锚筋间距，m。

经计算，明渠底板抗浮安全系数为 1.13，大于规范允许的最小安全系数 1.1，满足抗浮要求。

18.2.5　出口段结构布置方案比较

1. 概述

桐子林水电站位于山区河道中，河床狭窄，山高坡陡。在此情况下布置河床挡水、泄洪和电站厂房，是很困难的。再加上洪水流量大、河床窄小，施工导流的难度也很大，不得不采用三期导流二段设计施工方案。

导流明渠出口段位于深约 37m 的覆盖层上，位于河床中的左导墙的最大高度超过了 50m。遇到洪水时，出口段河床冲刷问题很严重。所以出口段的混凝土底板和左导墙不仅要使结构物表面能够承受高速水流冲刷，还要防止河道回流冲刷导流明渠出口混凝土底板。为此目的，进行了多个设计和施工方案比较，最后选定了导流明渠底宽 63.8m 和框格式地下连续墙方案。

2. 方案选用过程

本工程从 1994 年提出可行性研究报告至今，经历了多次方案变动和审查变更，到 2009 年 12 月底，基本上完成方案比选工作，最后选定了框格式地下连续墙方案进行施工图设计。

在方案比较和选用进程中，对导流明渠的基坑分别提出了几个基本方案：

1）全部自然放坡开挖，全部现场浇注混凝土。此方案的一期导流工期为 36 个月。

2）基坑墙锚方案：采用地下连续墙和锚索作为开挖支护。此方案总工期 72 个月，其中一期导流工期为 24 个月。

3）沉井方案：左导墙末端（0+170 下游）采用沉井方案。此方案的总工期为 72 个月，其中一期导流工期为 22 个月（开挖 12.5 个，浇注 9.5 个月）。由于地基组成复杂，软土、砂卵石和风化岩分布不稳定，导致沉井施工困难，工期长，风险大。

4）地下连续墙和围井基础。此方案左导墙下面为地下连续墙基础，出口段则采用地下连续墙围成的围井，开挖后，再浇注混凝土。此方案可把一期导流工期由 22 个月缩短到 12 个月。

5）围井方案。此方案（0＋000～0＋150）段闸室和消力地段全部采用地下连续墙围井。此外，左导墙全部采用地下连续墙基础，出口段则采用地下连续墙围井作为开挖支护。上述采用地下连续墙围井的，与沉井不同，它是采用地下连续墙作为开挖基坑的外墙。随着基坑自上而下开挖再设置 6～7 道钢筋混凝土水平支撑，保持基坑稳定。挖至设计高程后，再依次自下而上浇注结构混凝土。

6）框格式地下连续墙深基础方案。此方案是将导流明渠出口段 0＋215 以下布设成纵向 4 道、横向 12 排的地下连续墙框格网，地下连续墙底深入弱风化砂页岩内 1～2m，周边地下连续墙兼做基坑的防渗结构。明渠的左导墙和底板做成 L 形结构，支撑在框格式地下连续墙上。底板厚 6～8m，导墙底部厚 4～6m，承受水压力。此方案总工期 66 个月，一期导流工期 14 个月。

2008 年 11 月提出的调整优化专题报告中，根据导流明渠宽度，消能防冲，地基处理方式，提出了五个方案，进行技术经济比较（见表 18.6），最后选定了底宽 62m 的方案，平面布置见图 18.6。

此时的左导墙为底板在外边的 L 形导墙，仍不理想，遂又进行了以下方案比较。

7）框格式地下连续墙和大直径灌注桩的组合深基础。此方案是对框格式地下连续墙深基础方案的改进。

原方案的关键点是十字交叉点的地下连续墙的设计和施工方法，特别是如何保证同样是厚度 1.2m 的十字形地下连续墙的四个接头孔准确定位，以及 T 字形、直角形等厚地下连续墙准确定位问题，很不好解决，很不容易解决。

为了改变这种状况，笔者提出了用大直径灌注桩代替交叉点处的等厚地下连续墙方案。经过现场钻孔和成桩试验，证明此法完全可行后，即应用在本工程中。

18.2.6　对原设计的优化和改进

1. 概述

笔者将交叉节点结构优化成"大桩"型式，解决了框格式地下连续墙深基础的技术瓶颈，确保了本课题项目顺利和快速施工目标的实现。

招标设计阶段采用的是墙厚均为 1.2m 的框格式地下连续墙（见图 18.6）。它的节点也是等厚的地下连续墙（见图 18.7），断面有十、T、L 三种型式，墙底还要入岩 1～2m。这些节点处的地下连续墙的施工是本课题成败的难点，即使采用改善泥浆性能或者采用高喷方法对地基进行加固，都无济于事。因为十字地下连续墙是一种轴对称结构，它的任何一点的位置需要两个尺度（坐标）来确定。无论是节点墙先施工还是后施工，都会遇到钢筋笼和接头钢板在两个互相垂直方向（X，Y）和轴线（180°）方向上精确定位问题。还有，由于入岩 1～2m 的要求，必须采用冲击钻机挖槽。挖槽过程中，由于冲击钻头的巨大冲击作用，会导致十字交叉处临空的槽壁坍塌。这样不但增加了造孔难度，而且导致浇注混凝土时发生严重的绕流，堵塞接头钢板空间，造成二期槽无法继续施工。

从图 18.7 中可以看出，由于抓斗的尺寸和性能限制，抓斗必须放在在四个（至少两个）墙边方向上才能挖出一个十字槽上部土层，还要再换上冲击钻来凿出下部岩石。这无疑造成了施工布置混乱，功效低下。

表 18.6　各方案综合比较表

分类		方案 1	方案 2	方案 3	方案 4	方案 5
工程地质		覆盖层深 34m，主要为粉砂质黏土层，覆盖层下为 IV 类基岩	同方案 1	覆盖层深 39m，主要为粉砂质黏土层，覆盖层下为 IV 类基岩	同方案 3	同方案 3
枢纽泄洪闸		1) 枢纽河床为 5 闸孔和明渠 2 闸孔的布置，结构设计计算方法常规可靠 2) 建基面为 IV 类基岩，建筑物的应力及整体稳定具有可靠的保证 3) 枢纽泄洪能力满足设计要求，消能效果较好	同方案 1	1) 枢纽河床 4 闸孔和明渠闸孔的布置简洁，结构设计计算方法常规可靠 2) 同方案 1 第 2 点 3) 由于明渠闸孔泄量偏小，该方案明渠闸孔数较方案 1、2 多，因此泄洪能力较方案 1、2 低，但经过堰面优化仍可以满足要求，消能效果较好	1) 枢纽整体布置较复杂，改建闸孔由于结合导流布置，夹在河床闸孔和明渠闸孔中间，布置特殊，同时结构设计较复杂 2) 导流明渠改建闸孔基础基坑采用围井进行逆做法开挖置换，围井设计难度较大，细部构造复杂，受力条件复杂； 3) 改建闸孔的堰面抬高使得枢纽泄能力较方案 3 更低，但经过堰面优化仍可以满足要求，消能效果也略差于方案 3	1) 基本同方案 4 2) 基本同方案 4，但主要因改建闸孔位置更靠近主河床，基础处理较方案 4 更复杂，基坑深度加深，进一步加大了围井的设计难度 3) 基本同方案 4
导流	一期导流（水力学条件）	采用全年导流，流量 10800m³/s，堰面流速 <5m/s，河床最大流速 4.26m/s，一期围堰及缩窄河床导流保护难度大，导流风险较大	采用枯期导流，流量 2744m³/s，导流风险小	同方案 2	同方案 2	同方案 2
	二期导流	导流流量 12700m³/s，单宽流量约 290m³/(s·m)，最大流速约 14m/s 左右，明渠出口下游护岸保护范围大，保护难度大，导流风险较大	同方案 1	导流流量 12700m³/s，单宽流量约 210m³/(s·m)，最大流速约 10.3m/s，明渠出口下游护岸坡保护范围减小，保护难度减小，导流风险较小	同方案 3	导流流量 12700m³/s，最大单宽流量约 150m³/(s·m)，最大流速约 8.0m/s，明渠出口护岸坡保护范围减小，保护难度减小，导流风险较小

续表

分类		方案 1	方案 2	方案 3	方案 4	方案 5
导流	二期导流明渠左导墙结构	左导墙基础主要采用开挖建基，末段采用连续墙，连续墙下游侧采用墙锚结构，但二期基坑下游侧采用墙锚结构，连续结构在粉砂质黏土层覆盖层中实施锚索，存在较大风险	同方案 1	左导墙基础主要采用开挖建基，末段采用连续墙，取消了二期基坑下游侧连续墙结构，连续墙承受二期下游围堰的侧向土压力，对结构不利	左导墙基础全部采用连续墙和围井，连续墙采用的特点与方案 3 相同，同时存在围井结构复杂，施工难度大的特点	同方案 4
	三期导流	三期导流采用枯期导流，枯期围堰挡水发电	同方案 1	同方案 1	三期导流采用枯期，历时两个枯期，汛期采用过水围堰保发电和度汛，比前三个方案导流难度大	同方案 4
施工	基础处理施工难易程度	连续墙最大深度约为 34m，施工有一定难度	连续墙最大深度约 34m，施工难度同方案 1	连续墙最大深度比方案 1、方案 2 大	连续墙最大深度约为 46m，闸室段采用围井（深度 34m），施工难度比方案 3 大	连续墙最大深度约为 47m，闸室段采用围井（深度 39m），施工难度比方案 4 大
	工期	首台机发电工期为 51 个月，总工期为 63 个月	首台机发电工期为 53 个月，总工期为 65 个月	首台机发电工期为 53 个月，总工期为 65 个月	首台机发电工期为 53 个月，总工期为 66 个月	首台机发电工期为 63 个月，总工期为 78 个月
工程直接投资	泄洪工程（万元）	30080.81	30080.81	29420.80	44779.53	46074.88
	导流工程（万元）	80259.06	76405.99	77006.96	70325.19	75801.41
	合计（万元）	113474.69	109621.62	109562.58	118239.54	125011.11
	投资差（万元）	0	-3853.07	-3912.11	4764.85	11536.42

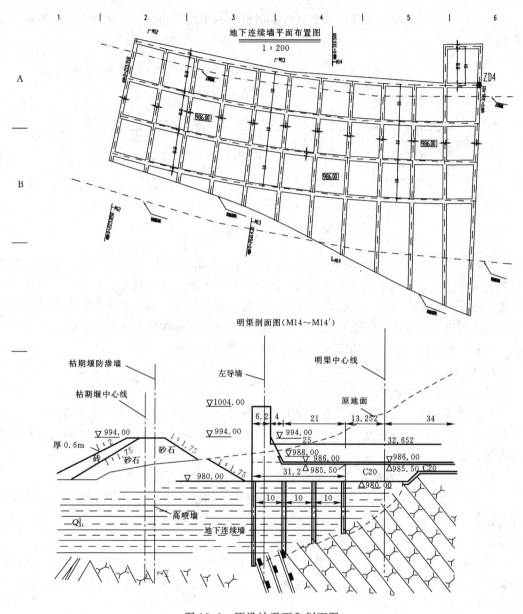

图 18.6　原设计平面和剖面图

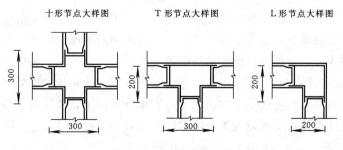

图 18.7　原设计节点图

基于以上原因，对节点设计方案进行了调整。其中之一的做法是在节点处做厚墙（见图 18.8）。

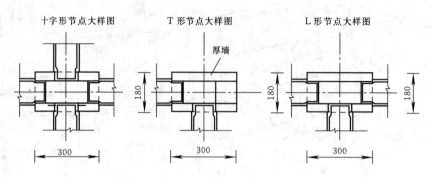

图 18.8　改进的节点设计图

上面图中，把 X 轴或 Y 轴方向的墙厚加大到 1.8m 后，对中容易一些，但是仍然没有改变两个轴线方向对准难度大的问题。同时，当一字形地下连续墙先施工，十字地下连续墙后施工时，则十字地下连续墙要在四个方向上进行对准，难度仍大；槽壁坍的风险更大；目前还没有建造 1.8m 地下连续墙的合适钻机设备。所以此办法无法实现。

还有一种办法，就是采用下面所说的墙桩组合的深基础方案。

2. 墙桩组合深基础优化方案

（1）结构断面的优化

为了解决上述问题，笔者提出了用大直径灌注桩来代替节点处地下连续墙的方案。即在节点处采用大桩，两桩之间仍采用地下连续墙（见图 18.9）。这是基于以下原因而采用的代替方案：

1）圆是一种点对称的结构，点的定位可由一个尺度（即圆心角）来确定。

2）圆桩在挖孔时，由于地层土体拱的作用使土体减少了坍塌可能。另外，由于采用冲击钻机挖孔，钻头会把周围冲击挤压密实，也减少了坍塌可能。总之，圆桩挖孔可减少坍塌，大大减少混凝土绕流的不良影响。

3）采用大直径灌注桩，加大了接头钢板在圆断面内的空隙，可以使二期地下连续墙的钢筋笼更顺利地吊放，使一、二期混凝土的摩擦接触面更大些。这对提高结构强度和顺利施工都有利。

4）采用大直径灌注桩以后，大大改变了基础的受力状态，使整个结构变成了上部厚 6～8m 的底板和厚 6m 的导墙构成的 L 形结构，连同下部大直径灌注桩组成的受力体系来承受主要荷载；而框格地下连续墙则起着加大大桩之间的刚度、防渗、抗冲刷的作用。这种组合深基础型式肯定比纯粹由地下连续墙组成的框格式深基础要好得多。

5）圆桩先施工（一期），一字形地下连续墙后施工。这样做的好处是，后施工的地下连续墙钢筋只需对准圆桩上的一个方向的接头钢板就可以了，施工占地少，不影响场区内地面交通。这也是保证整个深基础工程能够顺利完成的关键点之一。

6）经过对桩径 2.2m、2.5m、3.0m 的比较，选定大桩直径为 2.5m。

鉴于此，笔者推荐采用了墙桩组合深基础的结构型式。

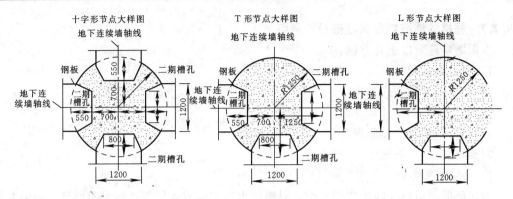

图 18.9　大桩节点图（单位：mm）

（2）平面布置的优化

根据电算结果分析，把原来的四排纵墙改为两道半，即第三排纵墙只从第七排横墙开始；第一、三排间距维持原来的 10m 不变，第二、三排的间距增加到 17.5m（见图 18.10），这是为了施工方便。横墙仍为 12 道，间距仍为 10m。

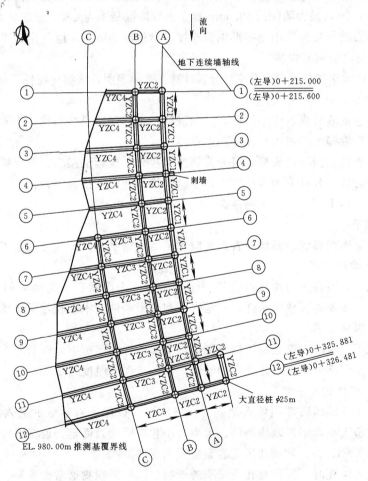

图 18.10　优化后的平面布置图（单位：mm）

18.2.7 框格式墙桩组合深基础设计要点

本课题应注意以下几方面：

1）组合深基础的布置。

2）节点的结构型式与构造。

3）组合深基础的计算分析。

4）组合深基础的监测设计。

5）组合深基础的施工。

1. 前期成果简介

为保证明渠运行期间出口的安全，对明渠出口末端覆盖层需进行封闭处理。明渠左导墙末端墙高约 24.0m，导墙与基础需联合挡土挡水，同时还需满足抗冲刷要求。

通过对沉井和框格式混凝土地下连续墙方案进行比选，导流明渠出口及左导墙末端采用框格式混凝土地下连续墙大直径灌注桩组合深基础。

组合深基础是由纵横相连的混凝土墙和节点的大直径灌注桩组成。

连续墙顺水流方向间距为 10.0m，顺水流方向设置 12 道墙；垂直水流方向设置 3 列地下连续墙均厚 1.2m，最大墙深约 30.0m。地下连续墙混凝土为 C30，根据应力计算配筋。

地下连续墙槽段接头采用十字形钢板连接，钢板厚 30mm。地下连续墙墙顶钢筋伸入底板 2.0m 并与底板钢筋焊接。

已委托武汉大学进行了应力及变形分析计算。成果表明，该结构在各工况下是安全的。

2. 地下连续墙接头

整个地下连续墙分成若干个墙段，分期进行施工。两墙段之间的接头质量是十分重要的，应避免成为渗漏水的通道和强度隐患点。

目前地下连续墙槽段接头型式可分为钻凿法接头、拔管法接头、双反弧接头、止水片接头等；按受力状态分可分为柔性接头、半刚性接头和刚性接头三种。

经过比较，本工程采用工字钢接头。

3. 平面布置

框格式地下连续墙的纵横墙布置首先应满足结构需要，其次应方便施工。

4. 地下连续墙厚度

通常情况下，混凝土防渗墙厚度选择主要考虑三个因素：一是墙体的允许渗透坡降值，二是施工设备及施工技术条件，三是强度和变形条件。本工程地下连续墙厚度选择主要基于后两者因素考虑。

在满足地下连续墙的渗透稳定以及强度和变形条件的前提下，针对本工程地下连续墙的技术特点，参照部分国内已建工程的经验，确定防渗墙厚度为 1.2m。

5. 地下连续墙嵌岩深度

混凝土地下连续墙底部须伸入地基内一定深度，以保证有足够的嵌入深度和防渗效果。至于其数值大小，则视地质条件、水头大小和灌浆与否而定。通常将墙底伸入弱风化或坚硬岩石 0.5~1.0m，软弱或风化岩石应嵌入深些。

在考虑嵌入深度时，须注意孔底淤积的影响。这些淤积物通常由泥浆、岩石碎屑或砂组成，其厚度和性能与造孔泥浆质量优劣以及孔底清渣情况有关。优质泥浆在孔底形成的淤积少，劣质泥浆则易产生很厚的淤积。用液压抓斗挖槽或使用专用清孔器清孔时淤积很少，而用冲击钻的抽筒清孔时有时会留下较多的淤积。

云南某土坝防渗墙采用当地黏土制泥浆，孔底淤积较厚，实地开挖测量为 10～30cm。从泥浆孔内检查，平均淤积厚 0.391m。设计入岩 0.5m，可见个别部位的墙底并未伸入基岩内。最后决定对墙底接触区与基岩表层做灌浆处理。

北京某水库土坝防渗墙，嵌入风化砂岩 0.5m，清孔验收时发现孔底淤积厚度达 0.2～0.3m。压水试验时，在压力 0.03MPa 时开始漏水；压力达到 0.06MPa 时，最大单位吸水率达到 15.1L/(min·m)，超过允许值太多，最后决定重建。

以上工程实例说明，地下连续墙入岩深度太少是不利的。但深度过大，会对施工造孔带来很大的困难，而且增加地下连续墙底应力集中现象。

根据电算成果及本工程地质实际，考虑墙底一般嵌入基岩 1.0m，同时考虑到临河侧纵向墙在永久运行期间可能的冲刷以及明渠出口末端横向地下连续墙在二期导流期间及永久运行期间可能的冲刷，该部位墙底入岩加深为 2.0m。

由此，加上嵌岩深度，地下连续墙最大深度为 33m。

6. 地下连续墙结构计算

委托武汉大学对明渠左导墙框格式混凝土连续进行计算分析，分析了二期下游围堰所在断面导墙在各个工况下的应力变形，计算分析了连续墙嵌岩深度 0.8～1.3m、1.5～2.0m、连续墙接头考虑刚性连接和铰接等情况。这里只选出了其中一次计算结果。

（1）计算理论与材料本构模型

本阶段的计算理论均照理想弹塑性模型，并且均采用增量求解法。

导墙及地框墙混凝土按照线弹性材料考虑、覆盖层、砂卵砾层、裂隙密集破碎带、断层和Ⅲ～Ⅴ类岩层按照材料非线性考虑，屈服准则为莫尔－柯卢姆（Mohr－Coulumb）屈服准则。连续墙与岩土材料的交界面用右德曼（GOODMAN）单元进行接触模拟。

（2）计算模型

计算模型见图 18.11。

（3）计算结论

1）在各种工况下，地框墙的土岩体中应力均比较小，塑性区主要在断层附近及两侧与地框墙交界面附近。

2）在各种工况下，地框墙的水平位移最大约 8.5mm，最大垂直沉降约 6.2mm，不均匀沉降最大约 2.7mm。

3）在运行期，1 号地框墙（从河道左至右 4 道连续墙分别为 1 号～4 号）底端河道方向外侧产生了约 1.299MPa 的垂直拉应力。由于地框墙产生了向明渠方向倾覆的趋势，使得土岩体对其产生了较大的摩擦，故产生了垂直拉应力。别的部位地框墙均受压，最大压应力约 3.7MPa。

4）在各种工况下，地框墙的横河向水平拉应力均比较小，最大约 0.3MPa，主要产生在导墙的明渠底板上表面。

5）地框墙上的横河向水平剪应力最大约 3.3MPa，在完建期该应力主要产生在 1 号与 2 号墙之间的接头中部；在运行期，该应力主要产生在 1 号～2 号，以及 3 号～4 号之

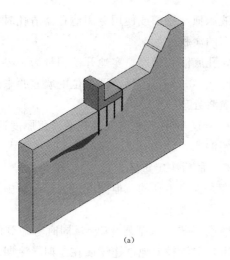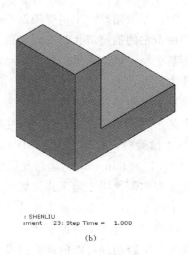

图 18.11　导墙修改方案的计算模型

(a) 槽段整体模型及材料分区；(b) 左导墙模型

间的接头中部，但是此时最大横河向水平剪应力产生于 4 号地框墙嵌岩端附近；

6）在完建期，地下连续墙在 1 号墙河道方向外侧的中部，产生了 4.74MPa 的顺河向拉应力，在 4 号墙嵌岩端该应力约为 7.44MPa，但是影响范围比较小；而在运行期，1 号墙河道方向外侧的中部产生了最大约 4.959MPa 的顺河向拉应力，4 号墙嵌岩端产生了约 6.39MPa 的顺河向拉应力。由此应力结果可知，在运行期，1 号墙该应力比较大，4 号墙应力相对小一些。

7）改变地框墙的嵌岩深度（从以前的 1.5～2m 减少为 0.8m～1.3m），地框墙的水平位移增大，增幅约 5%，而垂直沉降变化不明显；土岩体、连续墙的主应力、剪应力有一定变化，但都不大，两种嵌岩深度都是可行的。

8）连续墙接头铰接和固结对计算成果有一定影响，但除个别计算成果（如顺河向拉应力）变化稍大外，其余变化都不大。因此，连续墙接头固结、铰接均是可行的。

9）采用不同方法对连续墙进行稳定计算，安全系数均在 1.8 以上，连续墙是稳定的。通过对连续墙进行应力配筋计算，单宽连续墙需要钢筋截面面积为 $3672mm^2$。

以上计算是垂直水流方向的连续墙还未向明渠右侧延伸至基岩的计算成果，通过对该成果的分析，连续墙结构是基本可行的。同时在二期下游围堰的堆筑过程中，作用在连续墙上的土压力应通过一定措施减少，如采用加筋土、堆筑钢筋石笼等，这对连续墙结构是有利的。

根据《雅砻江桐子林水电站施工导流方案及枢纽泄洪闸布置调整优化专题报告》咨询意见，对连续墙布置进行了调整，即对明渠底板覆盖层基础均采用连续墙加固，垂直水流方向的连续墙向明渠右侧延伸至基岩，这对改善连续墙的受力条件是有利的，该调整的委外计算正在进行。

18.2.8　组合深基础施工要点

1. 主要施工流程

主要流程包括：施工场地平整—施工平台—导墙—大桩钻孔、吊放钢筋笼和接头钢板、浇注混凝土—地下连续墙挖槽、清孔、吊放钢筋笼、浇注混凝土—上部结构。

2．施工平面布置

施工平面布置的内容包括：施工平台、场内道路、泥浆系统、混凝土系统、风水电系统以及场内交通、钢筋加工场地等主要设施的平面布置。

3．施工平台布置

由于一期枯期围堰堰基防渗施工期间，河床水位一般在高程 990.00m 以下。为尽早进行框格式连续墙施工，将框格式连续墙桩施工平台高程定为 990.00m，但框格式连续墙施工顶高程仍然是 985m。

4．施工道路布置

框格式连续墙施工道路从右岸公路接引至施工现场，为满足施工材料、设备进场对道路的要求，须将与右岸公路连接段以坡比小于 10％降至 990.00m 高程。另由右岸公路接引至围堰，以围堰作为膨润土等制浆材料的上料平台。

5．供浆系统布置

框格式连续墙正式施工用制浆站与框格式连续墙生产性试验同用一个制浆站。根据连续墙施工特点及现场具体情况在连续墙正式施工区域靠雅砻江侧（桩号：明渠 0＋237）附近位置处修建一座面积 400m²，浆池储浆量约为 625m³ 的泥浆制浆站进行集中供浆。在制浆站内设置两台 NJ－1500 型制浆机，为框格式连续墙造孔施工提供新制膨润土浆。

制浆站采用"一字形"布置，在制浆场地布置膨润土库房、制浆平台、储浆池、送浆管路、供水管路等设施。各池长度均为 5m。

6．排污系统布置

在施工框格式连续墙时，在施工区域附近修建沉渣池作为施工废水、废渣初清用，初清后的浆液用 3PN 泥浆泵排至沉淀池内进行两次沉淀，沉淀后合格的浆液返回槽孔使用，不合格浆液排至废浆池内处理。初清的钻渣采用自卸汽车运至渣场集中堆放。沉渣池采用 C20 现浇混凝土浇筑，其中底板为 15cm 厚混凝土，四周为 30cm 厚混凝土，在混凝土底板内布设 ϕ10 线性钢筋，钢筋间距为 30cm。

7．管路布置

排污管路采用 ϕ108 钢管由沉渣池铺设至沉淀池，使经过初步过滤的浆液在沉淀池内进行二次净化，净化后合格的泥浆重复使用，不合格的泥浆排至废浆池内处理后排放至指定位置。

8．混凝土系统

可利用本工程已建的混凝土拌和楼。

9．钢筋笼及接头钢板焊接组装场地

钢筋笼及接头钢板焊接组装场地设置在连续墙工作面下游，大致桩号范围为（明渠）0＋350.00～（明渠）0＋470.00。在该部位的基岩开挖至 990.00m 高程，场地平整后浇筑 20cm 厚找平混凝土。

10．临建设施施工

框格式连续墙临建设施主要包括导墙、护筒、倒浆平台等。施工平台高程为 990.00m。

（1）导墙施工

框格式连续墙导墙采用 C20 现浇混凝土，其结构型式为（宽×高）60cm×200cm，导墙内布设 ϕ20 钢筋。导墙修建要求如下：

1) 导墙基础应修筑在坚实的地基上。如地基土较松散或较弱时，修筑导墙前应采取加固措施。

2) 导墙宜用现浇混凝土构注。

3) 导墙高度一般在 0.5～2.0m 之间，顶部高出地面不应小于 50mm。

4) 导墙的中心线与框格式连续墙轴线重合，导墙内侧间距宜比连续墙厚度大 40～100mm。

5) 导墙外侧填土应夯实。夯实填土时，导墙应采取措施防止导墙倾覆或位移。

（2）护筒施工

护筒是桩施工中对桩口保护的重要组成部分。为满足大桩施工要求，本工程护筒采用 C20 现浇混凝土。护筒设计为深 2.0m，内径 $R=140cm$，外径 $R=160cm$，混凝土内设 $\phi10$ 钢筋，钢筋间距为 20cm。

（3）倒浆平台施工

倒浆平台是保证框格式连续墙施工时泥浆顺利排出的重要通道。根据现场施工需要，倒浆平台采用 C20 现浇混凝土，混凝土浇筑厚度为 15cm，倒浆平台要平整，中间不得有积水。

11. 大桩和地下连续墙施工

（1）槽段划分及施工顺序

根据框格式连续墙沿河向为 2.5 道墙、横河向为 12 道墙的布置型式，本框格式连续墙工程共划分 33 个大桩，"一"字槽 92 个。

本工程采用先桩后墙的施工方法。施工工序分两步进行，首先在高程 990.00m 进行桩施工，再进行"一"字墙施工。施工大体划分成两个施工区域，即首先集中设备进行周围部分 A 道、1 道、L 道的桩施工，待该部分的桩施工完成后将施工桩的设备转移至剩余部位进行桩施工，同时进行该部位的"一"字墙导向槽等临建设施施工。临建设施完成后即展开"一"字墙的施工，如此循环进行。

（2）造孔施工

1) 桩造孔施工：采用 JKL10 型和自行改装的 CZ—8E 型冲击钻机进行大直径节点桩造孔。钻孔出渣方式采用泥浆正循环出渣。

2) 地下连续墙施工：槽段造孔施工采用 CZ—6D 冲击钻机配合 BH—12 液压抓斗成槽。上部覆盖层采用"抓取法"施工，下部基岩部分采用 CZ—6D 型冲击钻机进行主付孔法施工。

其施工顺序为先施工顺河向槽段，再施工横河向槽段；先施工一期槽，再施工二期槽；在槽孔内，先施工奇数抓，再施工偶数抓，最后采用冲击钻机破碎基岩成槽。

3) 由于本工程所处地理位置 990m 高程以下基本为粉砂质黏土层，其特性为遇水易液化，承载能力不强，在成槽施工过程主要采取以下措施：

①为减少施工设备对地层的振动，采取换填法，将施工平台下 2m 范围内的粉砂质黏土层置换为砂卵石层，使其成为缓冲层。

②在成槽施工过程中采用优质的膨润土造浆，并在制浆时加入羧甲基纤维素（增黏剂）以改善泥浆性能，提高泥皮质量。

③桩在造孔过程中，会出现钻孔缩径、塌孔等，需要根据孔内地层的实际情况采用相应的措施进行及时处理，如回填碎石、黏土来密实孔壁，以及采用小进尺、勤出渣等方法。

（3）固壁泥浆

本工程根据现场的实际情况，钻孔泥浆采用膨润土浆，制浆材料质量应满足规范要求，外加剂采用工业纯碱、羧甲基钠纤维素。制浆设备选用 NJ—1500 型高速膨润土泥浆搅拌机两台。在混凝土浇注施工中置换出来的性能达到标准的泥浆，回收到储浆池后重复使用。

（4）清孔

清孔时如果单元槽段内各孔孔深不同，清孔次序为先浅后深。

桩清孔采用正循环法。其主要施工工艺为：桩孔钻进至设计孔深后，采用 4PN 泥浆泵向孔底注入新制泥浆，将孔内沉渣及含砂量较高的泥浆置换出桩孔。清孔完成后，孔内泥浆各项指标应满足设计要求。

槽段清孔采用"气举法"清孔。成槽以后，先用抓斗抓出槽底余土及沉渣，再用"气举法"吸取孔底沉渣，经泥浆净化机净化后的泥浆返回槽内，并用刷壁器清除已浇墙段接头处的淤积物。清槽后泥浆性能及淤积等指标应满足规范、设计要求。

（5）钢筋笼制作、运输与下设

钢筋笼就近制作，分成 2～3 节制作，在同一平台上一次成型。上节笼长度一般在 20m 左右，下面的 1～2 节笼根据槽孔深度调整。

为利于接头板的清理及与二期槽钢筋笼下设，接头板须向上延伸至高程 990.00m。

钢筋笼起吊采用 200T 履带吊作为主吊，40T 汽车吊作为副吊（行车路线离槽边不小于 3.5m），直立后由 200T 吊车吊入槽内。在入槽过程中，缓缓放入，不得高起猛落，强行放入，并在导墙上严格控制下放位置，确保预埋件位置准确。

钢筋笼入槽后，用槽钢卡住吊筋，横担于导墙上，防止钢筋笼下沉，并用四组（8 根）φ50 钢管分别插入锚固筋上，防止上浮。

钢筋笼入槽后的定位最大允许偏差符合下列规定：①a 定位标高误差为 ±50mm；②b 沿墙轴线方向为 ±75mm。

钢筋笼接头焊接的型式和允许偏差按 DL/T 5144—2001 有关规定执行。

（6）接头施工

接头施工采用向接头孔内填筑黏土袋，即在钢筋笼下设前预先准备足够的蛇皮袋，每袋装入的黏土为蛇皮袋容积的 2/3 左右，并对蛇皮袋进行封口。钢筋笼下设完成后，采用人工投袋的方式，同时向几个接头孔内填筑黏土袋，在填筑黏土袋时要及时测量黏土袋的高程，使黏土袋上升速度基本相同，以防止黏土袋将钢筋笼挤偏或移位。黏土袋的填筑高程一般比混凝土顶面高 5～7m，直至填筑到孔口，防止混凝土将黏土袋浮起。

（7）混凝土浇注

1）墙体混凝土要求。混凝土设计等级为 C30F50W8；混凝土入孔时的坍落度为 18～22cm；扩散度为 34～40cm；坍落度保持 15cm 以上，时间应不小于 1h。

2）混凝土配合比。混凝土是框格式连续墙施工的重要材料，混凝土的使用对成墙的质量有着至关重要的影响。框格式连续墙用混凝土由施工单位组织试验配合比，试验完成后上报监理工程师审批。

3）混凝土浇注方案。由左岸混凝土拌和楼统一拌制，运输采用 9m³ 混凝土罐车运输到各个槽孔进行浇注。每个槽段造孔、清孔和下设钢筋笼完毕后，采用直升导管法浇注水下混凝土。

18.2.9　主要技术成果和创新点

1. 主要技术成果

（1）挖孔设备

选择合适的挖孔设备，快速高效完成墙桩深基础的施工。

导流明渠出口段的地基上部为粉砂质黏土，深度在8～37m范围内，下部为砂卵石和砂页岩，设计要求入岩为1～2m。

针对本工程地质特点，经过对国内现有施工设备的调研考察和分析，采用JKL10型和自行改装的CZ－8E型冲击钻机进行大直径节点桩造孔。此钻机具有钻孔快、成桩稳定、质量保证率高等特点。一字槽部位采用CZ－6D冲击钻机配合GB30液压抓斗进行施工，其中GB30液压抓斗具有在黏土地质中快速成槽的能力，但无法伸入坚硬基岩。冲击钻机对各种地层均具有较强的适应性，但其施工工效较低。因此两种设备结合最大的发挥了各种设备的优势，提高了施工工效。

实践证明，优化后在"十"字交叉部位只要摆放1台钻机，即可解决多个方向挖孔和挖槽问题，并可保证挖孔过程中钻孔的稳定和施工安全。此种方法切实可行，比等厚的框格式地下连续墙大大提高了施工工效。

这里要特别强调的是，上述冲击钻机都是钢丝绳吊装重型钻头，利用自重冲击凿孔，它的钻孔垂直度最好，是现有常规钻机中孔斜最小的。这就保证了大直径桩的准确定位，施工实践也证明了这一点。

（2）先桩后墙的施工次序

选定先桩后墙的施工次序，确保了墙桩接头的准确定位。

针对框格结构，按照先桩后墙、先顺河向后横河向、先深后浅的原则，顺序施工。这里的关键技术点是桩墙的施工次序问题。

如果先施工"一"字墙再施工节点桩，主要存在以下三个问题：首先在下设节点桩钢筋笼时将面临同时对接2～4个接头，如果"一"字槽钢筋笼底部出现偏差则节点钢筋笼无法下设至孔底；如果节点钢筋笼不能下至孔底，则将严重影响工程质量，增加了施工难度。其次相邻槽段不能同时施工，会拖长工期。再次"一"字槽施工完成后，将节点桩的施工道路隔断。如果修复成可供施工的道路，则会增加较多的费用。

如果先施工节点桩再施工"一"字墙，首先由于接头较多的节点钢筋笼先下设，则以后每个"一"字槽只需要对应一个接头即可，可保证所有的钢筋笼均能下至孔底，从而保证了工程质量，降低了施工难度。其次由于节点桩先浇注混凝土，形成了加固地基土的基桩，可保证两个相邻槽段同时施工。再次由于节点桩本身占地较少，施工现场内各框格内仍可通行，免去了施工场地内的修建施工道路产生的费用。

框格式地下连续墙于2010年1月6日正式施工，2010年4月28日完工，较合同工期提前了18d，为桐子林水电站导流明渠后续工程提供了良好的条件。

（3）防止混凝土绕流的措施

通过"模袋法"和"投袋法"施工试验及应用，并研制混凝土清除装置，成功解决了混凝土绕流和清除问题。

　　根据框格式墙桩及接头钢板的结构型式，分别试验了"模袋法"和"投袋法"来防止混凝土绕流。

　　1）模袋法。"模袋法"是指在节点桩钢筋笼外侧采用高强工业滤布包裹，形成一个模袋（见图 18.12）。当桩内灌入混凝土后，将工业滤布挤压至孔壁，从而阻挡混凝土进入接头内。但在实际混凝土浇注过程中发现，当混凝土浇注到一定高度后，测量结果显示有混凝土进入接头内。分析其原因是由于混凝土浇注速度过快，当混凝土面上升到 15m 左右时，由于混凝土尚未凝固，侧压力过大，导致模袋被挤破，使混凝土流入接头内部。因此在试验多次失败后，后期施工中没有再使用。

图 18.12　模袋示意图

　　2）投袋法。"投袋法"就是向接头孔内投放黏土袋。钢筋笼下设完成后，采用人工投袋的方式，同时向接头孔内投放黏土袋，黏土袋的填筑高程一般比混凝土顶面高 5～7m，直至填筑到设计混凝土面以上 2～3m，防止混凝土将黏土袋浮起。大桩的接头就是用此法施工完成的。

　　3）刮齿。当浇注过程中，有混凝土绕流进入接头钢板内部空腔时，需要将其清理掉。工程人员加工了一个与接头结构相吻合的接头清理装置——刮齿（见图 18.13），将其固定在液压抓斗的斗体上，使其沿接头处的钢板向下滑动，利用斗体自重将黏结在钢板上的黏土袋或少量混凝土切削剥离。最后用抓斗将槽底清理干净，再进行接头刷洗和清孔，进行水下混凝土浇注施工。

　　经现场开挖观察，只有少量的混凝土绕流到接头钢板内，再经清理后，接头钢板上基

图 18.13　刮齿

本无黏土和混凝土附着物。因此采用投袋法配合刮齿，成功解决了浇注过程中混凝土绕流到接头钢板内的问题。

2. 主要技术创新点

（1）用组合桩墙深基础代替基坑开挖

圆满实现了用不开挖的墙桩组合深基础，代替深基坑开挖回填及浇注的基本设想。这是水利水电基础施工的一大创新。它意味者可以在不开挖（或者少开挖的）的情况下就能进行大型建（构）筑物的施工，而不必承担开挖深基坑带来的风险。在条件（如施工平台高度）允许时，可以考虑在汛期进行本课题的深基础施工，缩短水电站的建设工期，降低工程投资。

（2）墙桩组合深基础

采用框格式地下连续墙和大直径灌注桩的组合深基础，采用大直径灌注桩作为节点桩，使设计和施工更加完善、更加顺利，更具可操作性，是覆盖层地基处理技术的又一创新。此外，本课题采用下部墙桩组合深基础与上部导墙和底板组成的 L 形结构型式，为明渠导流边墙以及其他类似结构提供了一个设计先例，将会产生更大影响。

（3）先墙后桩的施工方法

本课题采用先桩后墙的施工方法，使墙桩的定位更加准确和顺畅，是本项技术成功的关键之一。本课题使用钢丝绳冲击钻机造大桩的圆孔，孔斜小，有利于保持十字接头孔稳定和钢筋笼及接口钢板的吊装。

（4）防止混凝土绕流

本科题采用有效的措施，有效防止了混凝土绕流进入接头钢板内空腔，并对少量绕流混凝土进行了清除，使后续的地下连续墙施工更为顺利。

（5）采用合适的挖孔设备

本课题选用了合适的钻孔和挖槽设备以及恰当的施工组织设计，为以后与本课题类似的深基础施工提供了良好的先例。

（6）课题成果总体评价

本课题系统地分析了国内外框格式地下连续墙的现状和发展趋势，研究的目标和水平具有高起点。

研究方法：从理论上和实践上论证本课题所用技术的合理性和可行性，着重强调各种施工工艺的实用性和降低施工成本。

技术路线：集成国内外框格式地下连续墙的新理论、新方法、新工艺，研究适合我国水电施工的深基础的结构型式和施工工艺，采用了墙桩组合深基础。

技术与成果的水平：本研究项目以桐子林水电站导流明渠工程为依托对象，科研成果已经直接应用于该项目的实际工程中，使框格式地下连续墙桩组合深基础比合同工期提前18d完成，实现了导流明渠工程节点工期按期完成的目标，为导流明渠后续工程提供了较宽松的时间和良好的基础。

本课题成果在国内水利水电基础行业具有领先水平。

18.2.10　本课题的技术、经济社会效益

1. 技术经济效益

（1）工期提前效益

通过对框格式地下连续墙的结构优化，合理设备配置，采用防止接头混凝土绕流及清理措施等，并将成果应用于依托项目工程，使得项目顺利实施并较合同工期提前18d完工，为桐子林导流明渠工程后续施工赢得了时间，创造了良好施工条件。

（2）加强施工管理，充分发挥设备生产效率，节约施工成本

通过选择合适的钻孔设备，合理的项目管理，确保了设备的安全稳定运行，充分发挥了设备的生产效率，为框格式地下连续墙和大直径桩连续、快速施工奠定了基础。本项目主要投入了 GB30 液压抓斗 1 台、CZ−6D 冲击钻机 12 台、CZ−8E 冲击钻机 2 台、JKL10 钻机 7 台，ZX−200 泥浆净化机 1 台等。其中 GB30 液压抓斗完好率 98%，利用率 85%；JKL10 钻机完好率 100%，利用率 30%；CZ−8E 冲击钻机完好率 93%，利用率 71%；CZ−6D 冲击钻机完好率 91%，利用率 40%；ZX−200 泥浆净化机完好率 89%，利用率 98%。设备完好率及利用率均有较大提高。桐子林水电站导流明渠工程通过精细化管理，以较少的资源投入，高强度、高效率地完成了框格式地下连续墙施工任务，节约了施工成本。

（3）防止混凝土绕流施工经济效益

通过对防止混凝土绕流技术的研究，使其具有对各种接头形状的适应能力，在本项目代替了常规的接头处理方式，加快了施工进度，降低了施工成本。

（4）通过严格的质量管理，取得了较好的质量控制效益

本项目通过严格的质量管理，严格控制钻孔和挖槽的偏斜度，适用泥浆净化机清孔，专业技术人员指导钢筋笼焊接及下设，水下直升导管法混凝土浇注，保证了工程的施工质量。

框格式地下连续墙共检查、验收及评定 103 个单元工程，合格率 100%。其中 99 个单元工程质量评定为优良，优良率 96.1%。

2. 钻孔取芯检查

对钻孔取芯检查的情况见图 18.14。

3. 社会效益

本课题技术开发和应用成功，填补了水电施工领域的空白，相信不仅会引起水利水电

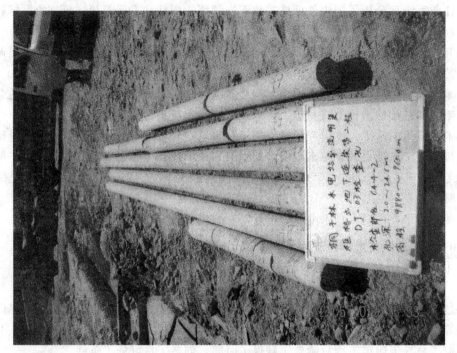

图 18.14　岩芯图

行业的重视，而且会引起其他行业的关注，很快得到推广和应用。

18.2.11　小结

1）本课题项目是我国水电行业首例采用框格式地下连续墙和大直径灌注桩的组合深基础的工程项目。它的成功开发为水电和建筑行业进行覆盖层地基处理提供了更便利的施工技术及实例。它可以在自然地面上采用深基础工程来代替深基坑的开挖和回填，避免了深挖方带来的风险。这种新技术必将受到更多的关注，得到更多的推广和应用。

2）实践证明：雅砻江桐子林水电站导流明渠框格式地下连续墙工程施工技术方案合理，施工组织和管理切合实际和卓有成效，工程质量可靠。

3）本工程采用框格式地下连续墙和大直径的灌注桩的组合深基础，与厚 6～8m 的底板和导墙（厚 4～6m）组成 L 型结构，对于本工程的设计和施工来说，都是很实用的。工程完工后，取得显著的技术经济和社会效益。

4）关于一字形地下连续墙的接头问题，从结构电算结果来看，采用铰接或钢性接头均可行。在施工期间，导墙两侧承受的水压力互相平衡，抗渗要求不高。由此看来，一字形地下连续墙接头采用圆管即可，不必采用工字形钢接头。

5）本项技术可用于以下工程：

①我国西南地区深厚覆盖层中建坝，常常遇到深基坑开挖问题。目前国内地下连续墙的设计、施工技术和装备，可以解决这样的难题。

②本课题技术可用于大型导流明渠的边墙和底板的深基础结构中。

③本课题技术可用于小型挡水（土）坝（墙）中。

（本节由田彬和丛蔼森等撰写）

18.3   盐官排洪闸的地下连续墙

18.3.1   概述

盐官排洪闸位于浙江省海宁县盐官镇的钱塘江左堤上，是为了解决太湖流域洪水出路而修建的重点工程项目。这里是观潮胜地，要在钱塘江左堤上打开 120m 宽的口门来兴建排洪闸，颇不容易。

为了减少土石方开挖，加快施工进度，设计单位计划采用地下连续墙作为闸边墙的主体。先前设计的地下连续墙不便于施工，经笔者建议修改后，改为 T 形地下连续墙方案，见图 18.15 和图 18.16。

地质简况：地表以下 10～15m 均为淤泥质粉质黏土，标准贯入值 1～3，挖槽时经常发生坍塌。

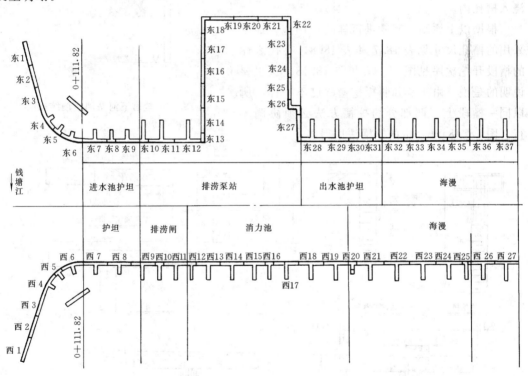

图 18.15   盐官排洪闸的地下连续墙槽段平面图

18.3.2   设计要点

根据本工程的具体特点，结合施工经验，对原地下连续墙设计进行了如下改进：

1）把原来长 8.0m、厚 0.5m 的肋板尺寸加以改变，以适应地下连续墙抓斗施工的需要。实际采用的肋板长度为 2.5m 和 5.8m。原肋板布置不太合理的，也进行调整。

2）把原设计在进口圆弧段、修配车间北侧等部位的封闭式挡土墙改为开敞式挡土墙，节省了混凝土和投资，也便于施工。

3）对原设计挡土墙进行了较大改动。槽段划分原则是：

①每个槽段都必须有一个肋板，而且肋板必须位于中央，左右偏差不大于20cm。

②肋板一般情况下不到墙底，同一槽段上下两部分挖槽方法必须协调一致。

③两个小槽（一抓槽）不得连在一起，以保证抓斗能够站位挖槽。

④肋板水平长应小于5.5m，以保证抓斗挖远端槽孔时臂杆倾角不小于70°～75°。

⑤槽段尺寸不能太大，使现场吊车能吊起最大钢筋笼，混凝土拌和站能供应充足的混凝土，浇入槽孔内。

根据以上原则，反复进行修改和调整，最后采用的槽孔尺寸见表18.7和表18.8，有代表性的槽段开挖次序见图18.17和图18.18。这里要说明的是说，由于墙和肋板挖槽深度不一样，所以同一槽段上下两部分的挖槽方法必须协调才行。图18.18（b）中的挖槽法用得多。

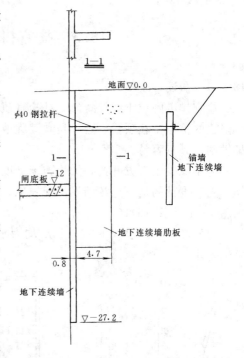

图18.16　盐官下河站闸边墙结构图

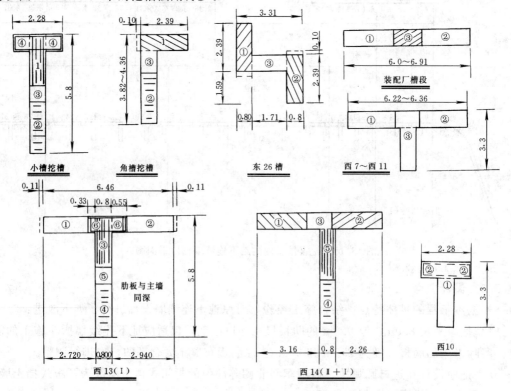

图18.17　槽段挖槽次序图

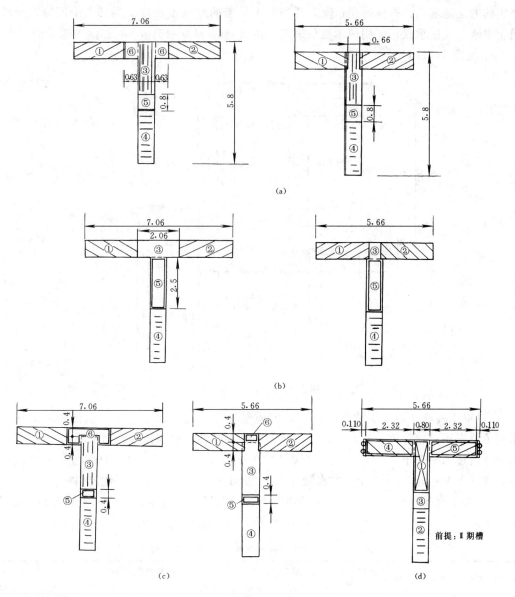

图 18.18　标准槽段开挖次序图

　　整个地下连续墙共划分 69 个槽孔，总长 695m，挖槽面积 10250m²，浇注混凝土 9000m³。最大的 T 形槽孔长 7.06m，肋长 5.8m，墙深 27.2m，面积 350m²，浇注混凝土 280m³，用钢筋 25t，钢筋笼长 25.7m。

　　4）采用沥清木板做变形缝，把它绑在二期槽段钢筋笼的端面上，下入槽孔。

　　5）钢筋笼分片。肋长 5.8m 的槽段，钢筋笼尺寸大，很重，不好吊放。为此将墙与肋的钢筋分成两片下放。

18.3.3　施工要点

　　1）本工程地表附近是淤泥质土，又赶上雨季施工，导墙是很重要的。导墙底应放在坚实的老土地基上。根据地质情况，适当加大导墙的厚度或长度。局部填平原河沟地段，填土很软，无法承载，采用短木桩处理之。木桩直径 $\phi 12\sim15cm$，底部深入老土内 $0.8\sim1.0m$（见图 18.19）。

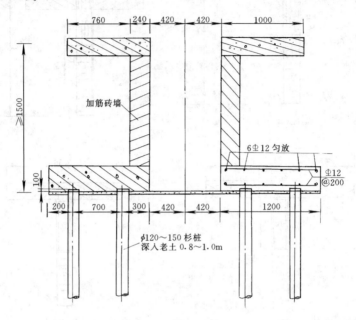

图 18.19　深沟段导墙图

2）本工程所在地区虽生产膨润土，但质量较差。为了保证施工期槽孔的稳定安全，采用了原来用于顶管的一种特殊泥浆。这是一种用膨润土粉与特种外加剂混和的泥浆。它的 200 目过筛率大于 85%，浓度大于 6.4% 时胶体率大于 98%，漏斗黏度为 $25\sim35s$，表现黏度（$A.V$）为 $15\sim20cP$，失水量为 $18\sim23mL/30min$。泥浆触变性能很好。

3）关于圆弧段施工。由于抓斗是矩形，在圆弧形导墙施工时，无法造出连续的槽孔来。实际上，应当把导墙做成不等宽的折线形，才能造出连续墙。

表 18.7　盐官排洪闸地下连续墙槽孔分段表 1

序号	槽号	次序	断面尺寸 （m）	主墙深 （m）	肋板深 （m）	浇注高程 （m）	抓槽面积 （m²）	开挖方量 （m³）	说明
1	东1	Ⅱ	6.5×0.8	9.0	/	4.5		39	上游翼墙
2	东2	1	6.0×0.8	12.0	/	4.5		50.4	上游翼墙
3	东3	Ⅱ	6.0×0.8	14.5	/	4.5		62.4	上游翼墙，缝1
4	东4	Ⅰ	6.44×2.5×0.8	22.5	10.5	4.5		120.43	圆弧段
5	东5	Ⅱ	2.28×2.5×0.8	22.5	10.5	4.5		50.54	圆弧段
6	东6	Ⅱ＋Ⅰ	6.44×2.5×0.8	22.5	10.5	4.5		120.43	圆弧段，缝2
7	东7	Ⅰ	6.36×3.3×0.8	24.7	13.3	4.5		141.64	进水池
8	东8	Ⅱ	2.28×3.3×0.8	24.7	13.3	4.5		65.92	进水池
9	东9	Ⅰ	6.36×3.3×0.8	24.7	13.3	4.5		141.64	进水池，缝3

序号	槽号	次序	断面尺寸 （m）	主墙深 （m）	肋板深 （m）	浇注高程 （m）	抓槽面积 （m²）	开挖方量 （m³）	说明
10	东 10	II	2.28×5.8×0.8	27.2	14.7	4.5		99.68	进水平台，缝 3
11	东 11	I	7.06×5.8×0.8	27.2		4.5		197.95	进水平台
12	东 12	II＋I	7.06×5.8×0.8	27.2		4.5		197.95	进水平台，缝 4
13	东 13	II	5.700×0.8	13.5	/	4.5		22.94	装配场，付厂房，缝 4
14	东 14	I	6.700×0.8	13.5	/	4.5		62.3	装配场，付厂房
15	东 15	II	5.70 只	13.5		4.5		62.3	装配场，付厂房
16	东 16	I	5.70 只	13.5		4.5		62.3	装配场，付厂房
17	东 17	II＋I	5.70 只	13.5		4.5		62.3	装配场，付厂房
18	东 18	II	3.41×2.39×0.8	13.5		4.5		57.12	装配场，付厂房
19	东 19	I	6.37×0.8	13.5		4.5		61.15	装配场，付厂房
20	东 20	II	6.38×0.8	13.5		4.5		61.25	装配场，付厂房
21	东 21	I	6.37×0.8	13.5		4.5		61.15	装配场，付厂房
22	东 22	II	3.41×2.39×0.8	13.5		4.5		51.94	装配场，付厂房
23	东 23	I	5.7×0.8	13.5	/	4.5		57.6	装配场，付厂房
24	东 24	II	57×0.8	13.5		4.5		57.6	装配场，付厂房
25	东 25	I	6.21×0.8	13.5		4.5		57.9	装配场，付厂房
26	东 26	II	2.39×3.31×2.39×0.8	13.5		4.5		62.3	装配场，付厂房
27	东 27	II＋I	6.91×0.8	13.5		4.5		66.34	装配场，付厂房，缝 5
28	东 28	I	6.4×5.8×0.8	13.5	/	4.5		154.51	出水池，先于东 27
29	东 29	II	6.4×5.8×0.8	24.1	11.2	4.5		154.51	出水池
30	东 30	I	6.41×5.8×0.8	24.1	11.2	4.5		154.69	出水池
31	东 31	II	2.28×5.8×0.8	24.1	11.2	4.5		80.02	出水池，缝 6
32	东 32	I	5.88×5.8×0.8	22.3	9.3	4.5		129.04	海漫
33	东 33	II	5.88×5.8×0.8	22.3	9.3	4.5		129.04	海漫
34	东 34	I	5.88×5.8×0.8	22.3	9.3	4.5		129.04	海漫
35	东 35	II	5.88×5.8×0.8	22.3	9.3	4.5		129.04	海漫，缝 7
36	东 36	I	6.5×5.8×0.8	24.5	9.3	4.5		150.8	海漫
37	东 37	II	6.5×5.8×0.8	27.0	11.8	4.5		173.8	施工平台 9.0
38	东 11 补 1								
39	补 2								
40	东锚墙	I	6.7×0.8	14.7				78.80	

表 18.8　盐官排洪闸地下连续墙槽孔分段表 2

序号	槽号	次序	断面尺寸 (m)	主墙深 (m)	肋板深 (m)	浇注高程 (m)	抓槽面积 (m²)	开挖方量 (m³)	说明
1	西 1	Ⅰ	6.5×0.8	9.0	/	4.5		39	上游翼墙
2	西 2	Ⅱ	6.0×0.8	12.0	/	4.5		50.4	上游翼墙
3	西 3	Ⅰ	6.0×0.8	14.5	/	4.5		62.4	上游翼墙
4	西 4	Ⅰ+Ⅱ	6.44×2.5×0.8	22.5	10.5	4.5		120.43	圆弧段
5	西 5	Ⅱ+Ⅰ	2.28×5.6×0.8	22.5	10.5	4.5		50.54	圆弧段
6	西 6	Ⅱ+Ⅰ	6.44×5.6×0.8	22.5	10.5	4.5		120.43	圆弧段
7	西 7	Ⅰ+Ⅱ	6.22×3.3×0.8	22.8	10.5	4.5		117.01	护坦
8	西 8	Ⅱ+Ⅰ	6.3×3.3×0.8	22.8	10.5	4.5		118.31	护坦
9	西 9	Ⅰ+Ⅱ	6.3×3.3×0.8	22.8	10.5	4.5		125.35	护坦
10	西 10	Ⅰ	2.28×3.3×0.8	22.8	10.5	4.5		56.85	护坦
11	西 11	Ⅱ	6.3×3.3×0.8	22.8	10.5	4.5		125.35	护坦
12	西 12	Ⅱ+Ⅰ	2.28×5.8×0.8	21.1	9.8	4.5		68.95	闸室，缝 10
13	西 13	Ⅰ	6.46×5.8×0.8	21.1	21.1	4.5		181.41	闸室，缝 10
14	西 14	Ⅱ+Ⅰ	6.22×5.8×0.8	21.1	21.1	4.5		174.2	闸室，缝 10
15	西 15	Ⅱ	5.66×5.8×0.8	21.1	9.8	4.5		121.95	闸室，缝 10
16	西 16	Ⅰ	2.28×5.8×0.8	22.8	10.5	4.5		74.85	消力池，缝 11
17	西 17	Ⅰ+Ⅱ	6.57×5.8×0.8	22.8	10.5	4.5		147.95	消力池，缝 11
18	西 18	Ⅱ+Ⅰ	6.58×5.8×0.8	22.8	10.5	4.5		148.12	消力池，缝 11
19	西 19	Ⅱ	6.57×5.8×0.8	22.8	10.5	4.5		147.95	消力池，缝 11
20	西 20	Ⅰ	2.28×5.8×0.8	22.3	9.3	4.5		69.14	海漫，缝 12
21	西 21	Ⅱ	5.56×5.8×0.8	22.2	9.4	4.5		123.72	海漫，缝 12
22	西 22	Ⅰ+Ⅱ	2.39×2.5×0.8	22.2	9.4	4.5		61.25	海漫，缝 12
23	西 23	Ⅰ	6.17×4.8×0.8	22.2	9.1	4.5		122.72	海漫，缝 12
24	西 24	Ⅱ	7.06×5.8×0.8	22.2	9.3	4.5		148.68	海漫，缝 12
25	西 25	Ⅱ	7.06×5.8×0.8	22.2	9.3	4.5		148.68	海漫，缝 12
26	西 26	Ⅱ	2.28×5.8×0.8	22.2	9.3	4.5		69.14	海漫，缝 12
27	西 27	Ⅰ	6.5×5.8×0.8	24.5	9.3	4.5		150.8	海漫，缝 12
28	西 28	Ⅱ	6.5×5.8×0.8	27.0	11.8	4.5		173.8	海漫，缝 12
29	西 29	Ⅰ	7.0×0.8	15.2	/	4.5		85.2	孔口 7.0～

18.4　本章小结

本章阐述了三个有代表性的水利水电工程的基坑工程，应关注本章以下几点：

1）举世瞩目的三峡工程，历经几十年的风风雨雨，终于建成运行。其中的二期围堰和导流工程是关系整个工程成败的关键。该围堰长 1439.60m，高 82.50m，承受的最大水头 95m 以上，为世界之最大的临时挡水工程。二期围堰工程进行了多项科学研究和现场试验，在最短时间内建成了此项工程。运行效果优良。

三峡二期围堰的很多经验值得推广应用。

2）在桐子林水电站导流明渠工程中，笔者建议采用了框格式地下连续墙和大直径钻孔灌注桩的组合深基础和 L 形导墙－底板结构，代替了 32m 深基坑的土石方开挖和混凝土浇筑工作，取得了很好的技术经济效益，加快了工期，节约了工程成本，降低了施工风险。今后可在类似的水电、建筑工程中推广。

3）盐官排洪闸工程中，首次采用大型的 T 形地下连续墙用于闸墙结构中，通过修改设计、精心施工，取得了良好效果。这种 T 形地下连续墙可以提高挡土墙的承载力和抗弯能力，值得类似工程使用。

参考文献

丛蔼森. 地下连续墙的设计施工与应用 [M]. 北京：中国水利水电出版社，2001.

第 19 章　城市建设中的深基坑和深基础

19.1　天津市冶金科贸中心大厦

19.1.1　概况

1) 本工程首次采用挡土、防水和承受垂直荷重三合一的地下连续墙和非圆形大断面桩（条桩）技术，用于天津高层（28 层）楼房的深基坑（础）工程中，经过设计、施工等有关方面的共同协作顺利建成。并经检测证明，工程质量很好，为推广这一新技术做了贡献。

本工程共完成地下连续墙 244m，43 个槽段，墙深 18～37m，墙厚 0.8m，基坑截水面积 14067m²。条桩 68 根，深 27～37m，断面 2.5m×0.6m，锚桩最深达 47.0m。总共挖出土方 10053m³。整个工程分主、副楼两期施工。其中主楼部分在 84d 内完成了造孔面积 10000m² 和约 7000m³ 土方，效率很高。

2) 天津市冶金科贸大厦位于天津市友谊路北段路东，周围与交通管理中心、835 电话局办公楼和居民楼相邻。它的总建筑面积约 3.0 万平方米，主楼地上 28 层，地下 3 层，是一座集办公、娱乐和公寓为一体的综合大厦。该中心由天津市冶金科贸公司投资兴建，由天津市第三建筑公司总承包。主体结构由北京有色冶金设计研究总院承担。笔者参加了基础工程总体方案和地下连续墙及桩基的施工图设计工作，北京水利工程基础总队承担了地下连续墙和条桩桩基的施工。

3) 根据引进设备和技术的特点以及本工程的地质、施工场地、周围环境和红线限制等条件，笔者提出了"三合一"（即挡土、防水和承重相结合）的地下连续墙方案，并把已在北京市东三环道路改造工程中采用的条桩技术应用到本工程的承载桩基中。这两种技术的采用成功，给本工程基础的工程带来了明显的技术、经济和社会效益。

4) 笔者于 1993 年 4 月开始介入本工程基础方案和可行性研究工作，7 月中旬经天津市有关专家多次审查通过了初步设计，8 月中旬审查通过了基础工程设计方案之后开始了施工图设计，同时施工队伍进场准备。10 月 21 日开始挖槽，至 12 月 13 日完成地下连续墙施工，1994 年 1 月 13 日完成 56 根条桩施工，副楼基坑工程是在主楼施工到地上 6 层时，即 1995 年春天进行的。

5) 主要工程量见表 19.1。

表 19.1　天津冶金科贸大厦基坑工程量

部位	类别	数量（个）	周长（m）	面积（m²）	挖方量（m³）	抓槽天数（d）	说明
主楼	地下连续墙	21	121.6	4690	3752	53	墙厚 0.8m
	条桩	56		5184	3110	31	断面 2.5×0.6m

续表

部位	类别	数量（个）	周长（m）	面积（m²）	挖方量（m³）	抓槽天数（d）	说明
付楼	地下连续墙	22	122.4	3372	2698		
	条桩	12		821	493		
合计	地下连续墙	43	244.0	8062	6450		
	条桩	68		6005	3603		
总计				14067	10053		

19.1.2　地质条件

1）本工程地表以下 1.6～4.0m 为人工杂填土层，主要由炉灰渣、砖块、石子等组成。其下为粉土、黏土和粉细砂。

2）地下水位位于地表以下 0.8～1.2m。经水质化验，地下水对混凝土无侵蚀性。

19.1.3　基坑支护和桩基方案

1. 原设计方案

本工程由主楼、副楼和配楼三部分组成。桩基础和基坑工程分为主楼、副楼和配楼先后施工。主、副楼基坑长 70.2m，宽 31.2m，深 12.0m。基础底板板厚 2.2m，平面尺寸为 70.2m×31.2m。为减少地基附加压力和不均匀沉降，将基础底板外挑 2.5m。

基础桩：ϕ0.8 灌注桩，共 330 根，其中主楼 225 根，外挑段 43 根，桩长 36m（有效桩长 24m，间距 2.2m），单桩承载力 2200kN/根。圆桩造孔进尺 8100m，挖方约 4100m³，水下混凝土 4050m³。

2. 新基坑支护和桩基方案

由于基坑周围有多座楼房和电力、电信管线，对基础沉降和水平变形很敏感，打桩会影响周围居民的正常生活（后来事实证明了这一点）；而且本工程施工场地很小，特别是主楼施工期间，场地面积不过 40m×40m，不可能同时安排几台普通打桩机进场施工。

经过技术经济比较并报经天津市建委批准，最后采用"三合一"地下连续墙和条形桩基方案。

3. 基坑支护方案

1）根据有关方面的意见和本工程具体特点，提出以下一些可行的基坑开挖、支护和结构施工方案：①地下连续墙和钢支撑；②周边地下连续墙、中筒地下连续墙和钢支撑；③地下连续墙和楼板支撑（逆作法）。

2）经多方比较，最后采用方案①，即"三合一"地下连续墙和钢支撑方案。这种三合一地下连续墙可以取消原基础周边外挑的 2.5m 底板，共可节约 1000m³ 混凝土（占底板混凝土总量的 20%）；可节约支承外挑底板的 43 根 ϕ0.8m 桩，节约混凝土 519m³；还可节约地下室外墙（厚 500mm）混凝土的一部分，约 720m³。这种地下连续墙还能起承重桩基的作用，约为 800～1000kN/延米。

在与设计、筹建和施工单位配合协调下，基坑深度由原来的 12.0m 减少到 10.0m，取得了显著的技术经济效益。

根据本工程施工特点，参考上海地区施工经验推荐钢管支撑方案。它是利用本工程为煤气管道准备的 $\phi377mm$ 钢管，可以一物两用，节约投资。

3）桩基方案（见图19.1）。

根据估算，需使用6台反循环钻机，才能在一个月内完成主楼的225根 $\phi0.8m$ 桩基工程。而在当时施工现场不到 $40m\times40m$ 的条件下，这是不可能做到的。它所产生的大量废浆废渣的堆放和外运都将严重影响周围环境。

为了满足建设单位的要求，根据已在北京取得的经验，笔者提出了用非圆形大直径灌注桩（即条桩）代替圆桩的方案。具体的说就是在这么一个窄小的工地上，在周边地下连续墙施工完成之后，立即用同一台液压抓斗，把断面 $2.5m\times0.6m$、深 $37.0m$ 的条形桩（共56根）快速建造完成。两种桩的比较见表19.2。

表19.2　条桩和圆桩对比表

类别	根数	断面 （m）	有效长 （m）	混凝土 （m³）	承载力 （kN）	静压承载力 （kN）	单位混凝土承载力 （kN/m³）	工期
条桩	54（实）	2.5×0.6	24	1944	7500～8000（估）	10500～13000	292～361	1台抓斗 31d
圆桩	182	Φ0.8	24	2184	2200		183	6台钻机 30d（估）

经实际静压测桩，说明条桩的技术经济效益是显著的。

4）关于试桩。为了验证桩基承载力和沉降，本工程要求进行2根条桩静压桩试验。

本来在考虑本工程桩基方案时，曾准备采用一柱一桩方案。那样的话，单桩承载力将达 13000～15000kN，用抓斗施工并无困难，但是找不到静压试桩设备，故放弃此方案，最后采用了断面较小的 $2.5m\times0.6m$ 的条桩，估算其承载力约为 7500～8500kN。此时采用中国建筑科学研究院地基所的现有静压桩设备是可行的。

为不与基坑开挖相干扰，商定试桩在基坑外进行。为了利用试桩作为塔吊基础桩，把锚桩与试桩设计成不对称布置。其中利用地下连续墙的 A14 和 A15 墙段做近端锚桩，远端锚桩则是利用两根深 47m，断面 $2.5m\times0.6m$ 的条桩。有关试桩平面布置和试验结果图见图19.2和图19.3。

由静压桩试验确定两根桩的极限承载力分别为 16000kN 和 18000kN。如果按允许沉降量为 10mm 来确定大直径桩基的允许承载力的话，那么它们分别达到了 10500kN 和 13000kN，即1根条桩的承载力相当 5～6 根 0.8m 的圆桩。如果按单桩承载力 10500kN（取小值）计算，则52根条桩总承载力将达 546000kN。在不计入周边地下连续墙的承载力的情况下，已经大大超过设计荷重（495000kN）。这就为将来结构增层（高）提供了良好的基础。

根据静压试验结果，可以求得桩身单位侧摩阻力 $66kN/m^2$（原采用 $40kN/m^2$），桩端承载力可达 $1400～1600kN/m^2$（原采用 $800～1000kN/m^2$）。

5）本工程的基坑支护和桩基工程经过上述优化和改进后，在保证工程质量的前提下，快速、安全、文明施工，大大缩短了工期，降低了工程造价，减少了环境污染，得到了各

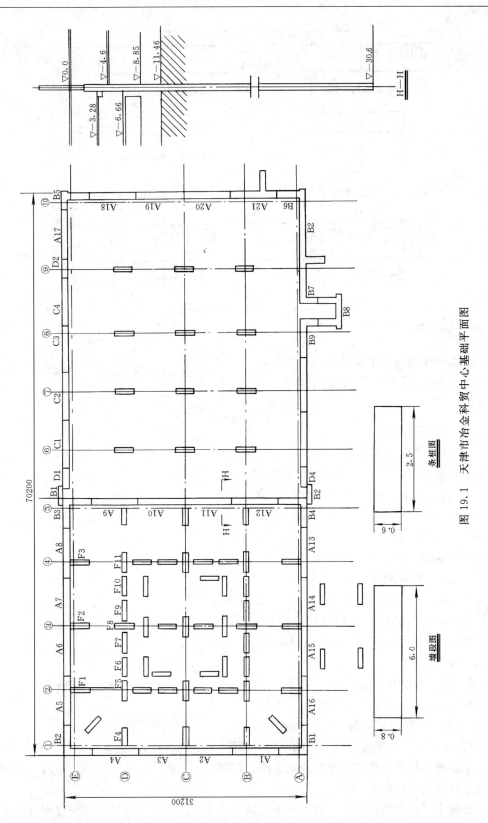

图 19.1　天津市冶金科贸中心基础平面图

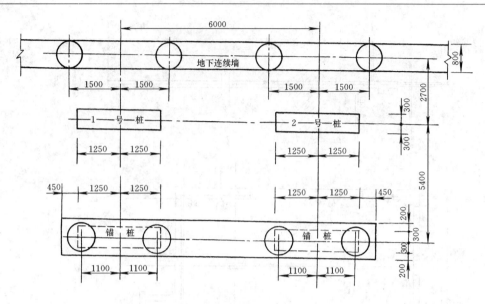

图 19.2   试桩平面布置

界的好评。

根据初步估算，本项目共节约了混凝土约 2000m³，降低工程投资不少于 200 万元。

19.1.4   施工图设计

1）经过将近 4 个月的时间，反复进行比较和多次审查认定，确定主副楼基坑长 68.5m，宽 31.2m（计入吊物孔为 35.8m），深 10.0m。地下连续墙厚 0.8m，主楼深 37.0m，副楼深 27.0m。混凝土强度等级为 C25。

2）条桩断面均为 2.5m×0.6m，主楼深 37.0m，52 根，副楼深 27.0m，12 根。另在基坑南侧设有 4 根试桩和锚杆，兼做塔吊基础桩，深度分别为 37.0m 和 47.0m。

3）本工程基坑采用正做法施工。采用一道 φ377mm 钢管做内支撑，立桩为 φ355×8mm 钢管，其下端埋入条桩内 0.5m。

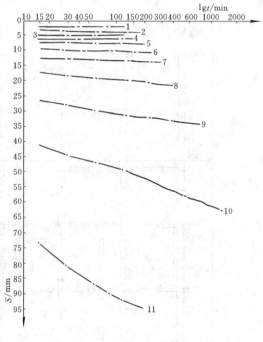

图 19.3   试验结果图

4）为了避免主副楼之间过大的不均匀沉降，在两者之间设置了一条宽 1.05m 的后浇带，主副楼的地下连续墙也是断开施工的。在副楼地下连续墙施工后期，用两个短槽将两段地下连续墙连接起来。

根据本工程的地质条件、地下连续墙结构尺寸、混凝土浇注强度和起重能力等因素来选择墙段长度。本工程的标准槽长为 6.0m，钢筋笼重约 11～12t。

主副楼地下连续墙共划分为 43 个槽段（其中主楼 21 个，副楼 22 个）。

19.1.5　施工

1）在本工程中使用从意大利进口的 BH7 液压抓斗（配日本 7055 吊车）和 BE—10 泥浆搅拌机及配套设备和机具，进行地下连续墙和条桩的挖槽工作和泥浆的生产和回收工作。该抓斗可抓深 60m、厚 0.5～1.2m 的槽孔，单边闭合力矩为 390kN·m，单抓槽长（开度）2.5m。

BH7 抓斗能够自行完成切削和抓土、运送土料并将其很方便地装车运走。它的效率比使用冲击钻机高出 15～20 倍。在城市地下连续墙施工中，通常都采用直接抓土成槽，它的切削能力和挖孔精度完全可以满足要求。在标准槽长为 6.0m 的槽孔中，通常采用三抓成槽方法，即先在槽的两端各抓一段（长 2.5m），然后再抓中间的土体，墙的精度可达 1/300，桩的精度可达 1/200。

2）由于本工程表层土质条件差，地下水位较高，因此采用了 L 形钢筋混凝土导向槽，其净宽分别为 0.92m（地下连续墙）和 0.72m（条桩），高 1.70m，导墙为 L 形。北侧电缆沟处因两者相距太近，外侧导墙改为直墙（厚度加大）。导向槽混凝土为 C25。施工平台的地面应填筑 30cm 厚砂砾料或石渣并应碾压夯实。导墙拆模后，应立即在其顶、底加上方木支撑。当附近有车辆通过时，应在导向槽内回填砂砾料，顶上铺钢板。

3）本工程采用山东安丘的 200 目膨润土粉制造泥浆，每立米水中放入土粉 85～95kg，纯碱 2.5～3.5kg，新泥浆比重约为 1.04～1.06，一般要静置 24 小时以后再用。用过的泥浆要回收利用。清孔标准为：泥浆比重小于 1.15，含砂量小于 10%，黏度小于 35s，沉渣厚度小于 10cm。此外还使用美国的超泥浆进行了试验。

4）本工程采用自行设计和制造的哑铃式接头管和拔管机。这种接头管占地小，起拔力小，防水效果好。在一期槽孔的两端放入接头管，在混凝土浇注过程中随混凝土面上升和凝固时间加长而逐渐拔出此管，即可在两端形成两个半哑铃形接缝。在二期混凝土浇注之前，则用特制的刷壁器将壁上泥皮反复刷洗干净。

5）标准槽段的钢筋笼长 17.06m，宽 5.6m，重约 11～12t，在专门的平台上加工成形。为了防止吊装时变形，在钢筋笼中设置了三道加劲钢筋桁架以及加强上下两片钢筋联系的钩筋。为了加强接缝两端混凝土强度，在笼的两端也设有竖向和水平钢筋，下设导管的部位也设有导向钢筋。钢筋起吊和放入槽孔时，使用 40t 和 16t 两台吊车互相配合，将整个钢筋笼放入槽孔内。

6）在泥浆下浇注混凝土，必须具有良好的和易性和流动性，其坍落度 18～22cm，扩散度 34～38cm。施工时控制每小时槽孔混凝土上升速度不少于 2m/h，导管埋深 2～6m，混凝土面高差不大于 0.5m。

19.1.6　效果

1）对主楼基坑开挖后观察和检测，证明地下连续墙已经达到了原来的"三合一"要求。墙表面平整，在天津地区很不容易。施工单位为了抢工期，在没有做上钢管支撑的情况下，在悬臂状态下挖深 6m 后墙顶变位也仅为 1.5～2.0cm，挖到 10m 深（即到达基坑底以后），位移达到 2.5cm（电话大楼侧）后，就不再增加了。

笔者认为由于沿基坑地下连续墙周边的 15 根条桩紧贴地下连续墙，在墙体承受外侧土、水压力时，起到了有力的反向支承作用，这是墙体变位较小的主要原因之一。

2) 开挖后对条桩进行观测，发现混凝土质量非常好，而且表面平整、角部垂直，其长边或短边的尺寸约增加 2～3cm。

3) 缺陷及处理。

①由于停电和处理其他事故的影响，A9 槽的接头管没有来得及拔出来，结果造成了接头管与墙体之间被拉开的裂缝漏水，后经过在墙外灌浆处理而停止。

②A11 槽因车辆挤压，导墙坍塌，导致边上一抓抓偏而在基坑造成了约 40cm 的突起，但没有影响边柱的尺寸和施工。

③局部墙面露筋。

④开挖基坑中还发现，渗水能沿着墙内钢筋周边流到基坑里，虽然只是一些"洇"水点，但对底板和边墙防水来说仍需处理。

在浇注结构混凝土之前，用防水胶粉进行了防水处理，效果不错。

4) 主楼已经于 1995 年 8 月封顶，基础桩和地下连续墙均已承受全部荷重，1997 年正常营业，未发现任何异常现象。

19.1.7 结语

1) 所引进的设备和技术可以适应天津地区复杂的地质条件，按设计要求，在天津软土地基中建成了深达 47.0m 的条桩和挖深 10m 的高层楼房的基坑地下连续墙（深度 27～37m）。

2) 首次在高层建筑基坑中采用了临时围护与永久使用相结合的"三合一"（挡土、防水和承重）地下连续墙并获得成功。这种基坑型式对地下连续墙的施工作业提出了更高要求，而且使用现有的引进设备和技术是完全可以做到的。

3) 根据引进的设备和技术特点，结合国内桩基施工现状，从 1993 年开始，开发使用条桩（矩形桩）。经静力压桩检测和基坑开挖观察，天津市冶金科贸中心条桩质量优良，一根条桩的承载力约为 ϕ0.8m 圆桩的 5～6 倍。

4) 实践证明，笔者引进的设备和技术是适合大城市基础工程施工的。在闹市区施工，首先遇到的问题就是噪声不能太大，再者泥浆和废渣土对地（路）面不能造成污染。对于设备自身来说，必须是快速高效、移动灵活方便，还必须是自带动力（柴油机）。可以说笔者引进的设备和技术都具备了这些要求，因而能顺利完成像天津冶金科贸大厦这样的基础施工任务。

5) 笔者一直坚持了这样一条原则，即不论是地下连续墙，还是桩基础施工，不考虑泥浆的正循环、反循环或者是不循环（冲击钻用）的输送地层土料的方式，而是采用"直接取土"方式，也就是在地下连续墙（含条桩）施工中直接用抓斗挖取近于原状的土料提出孔外，或在桩基施工中则直接用筒式钻具（或螺旋钻具）旋挖土料提出孔外，装入汽车或装载机运走。其结果是由于泥浆不再承担输送土料的任务（只管护壁和润滑）而用量大大减少，费用下降，特别是污染大大减少。这些优点正被一个又一个已经完成的工程所证实，也正被越来越多的人士所接受。

19.1.8 点评

1）这是笔者与设计单位合作设计并主持施工的天津市第一个用进口液压抓斗施工的基坑地下连续墙和条桩工程。

2）这是国内第一个集挡水、防水和承重"三合一"的地下连续墙。本工程首次采用了哑铃型接头管，已经申报了国家专利。

3）这是国内第一个采用非圆形大断面灌注桩（条桩）的建筑桩基础工程。

4）这是一个单一式（整体式）地下连续墙，墙身混凝土与内衬紧密连接。

5）由于地下连续墙深度较大，不存在渗流破坏。

6）本工程技术经济和社会效益优良，工程运行多年无故障。

19.2 上海地区的基坑降水工程

19.2.1 上海地区降水工程特点

从上海工程地质资料和降水工程资料可以知道，上海地区基坑降水有以下特点：

1）上海地区浅部（大约 30m 左右），地层多为黏性土（含淤泥质土），渗透系数较小。

2）深部（30m 以下）的承压水有多层（三层），地层从细砂到粗砂至砂砾石，透水性较大，而且厚度很大，可达上百米。

3）由于地层的上述特点，上海地区基坑渗流稳定的关键问题是如何解决承压水对基坑底部的浮托问题。由于承压含水层厚度太大，很难把地下连续墙底深入下部隔水层内。只有采用降水减压的办法才能满足渗流稳定要求。

4）由于降水井不能完全穿过含水层，所以以大多按承压非完整井进行计算。

5）减压井大多放在基坑外侧，可以减少很多施工干扰，减少底板混凝土内封井困难。

6）由于承压水埋藏在 30m 以下，地面沉降和位移较小，详见本节后面工程实例的说明。

19.2.2 上海环球金融中心基坑降水工程

1. 工程概况

上海环球金融中心位于上海浦东新区陆家嘴金融贸易区。该工程由中心塔楼及附属裙楼组成，其中心塔楼地上 101 层，地面以上高度为 492m，地下 3 层，建筑地块总面积 30000m²。

塔楼区是直径为 100m 的圆形基坑，面积 7855m²，基坑支护采用厚 1m 的地下连续墙，墙顶标高+1.65m，墙底标高为-30.00m，连续墙深度为 34.0m（场地绝对标高约为 4.00m）。基坑大底板开挖深度为 18.35m，电梯井基坑最深开挖深度为 25.89m。墙底位于砂层中。

工程场地周围环境复杂。工程西侧为东泰路 88 层金茂大厦，相距 40m；北侧为世纪大道，离建筑红线约 50m 处地面下有正在运营的 m2 线地铁和银城路地道；东侧和南侧为公园规划用地及银城东路和银城南路。本工程周边地下管线很多。

2. 场区工程地质及水文地质条件

拟建工程场地邻近黄浦江,工程地基均属第四纪河口—滨海相、滨海—浅海相沉积层,第⑥层底板深28m。以上地层主要由饱和的淤泥质粉质黏土、黏土、粉质黏土夹砂组成。建设场地浅部地下水属潜水类型,主要补给来源为大气降水与地表径流,地下水位埋深为0.5～1.2m。下部承压水分布在约深28m以下第⑦层及以下的砂层中。本场地缺失第⑧层和第⑩层,为上海市第Ⅰ、Ⅱ、Ⅲ承压水含水层的连通区,三个含水层组互相连通,有直接的水力联系。承压含水层层顶标高为-23.88～-25.37m,承压水层层底标高为-138.83～-145.07m,承压含水层厚度约为117m。根据2004年塔楼区抽水试验资料,1月承压水的静止水头埋深约为9.70m。承压含水层的水头受开采和人工补给的影响而变化,一般波动在地面以下4～10m之间。

3. 降水设计

(1) 基坑底板稳定性分析

本基坑开挖较深,场区承压含水层顶板与基坑底板之间土层厚度较小,按前面7.2.3节公式对基坑底板进行稳定性分析(见图19.4)。

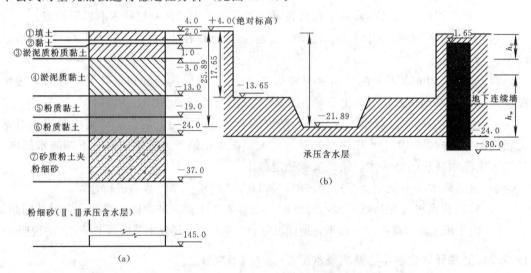

图 19.4　基坑开挖与地层示意图

(a) 地层柱状图;(b) 基坑开挖示意图

若要满足$F \geqslant 1.1$,即承压水头需降低14.92m才能满足底板稳定性要求。但考虑电梯井底到基坑开挖面到⑦的顶板仅厚2.11m,为安全起见,应将⑦的水头降到基坑开挖面以下1.0m,即深27.00m左右,以保证施工的顺利进行。

(2) 抽水试验

抽水试验始于2004年1月16日上午9时20分,至1月18日9时完成,抽水井流量为1152m³/t。待抽水井开始抽水约1500min后,三口观测井水位变化趋于稳定。抽水结束时,观测井G1水位降低1.51m,观测井G2水位降低1.97m,观测井G3水位降低2.06m,抽水井水位降深8.63m。

选用承压水非完整井并考虑含水层各向异性的非稳定流计算公式,三口观测井实测资料采用配线法计算结果如下。

主楼区水文地质参数：垂直渗透系数 $k_z=2.870\mathrm{m/d}$，水平渗透系数 $k_r=3.189\mathrm{m/d}$，导水系数 $T=373.107\mathrm{m^2/d}$，释水系数 $S=6.06\mathrm{E}-03$，压力传导系数 $a=8.01\mathrm{E}+04\mathrm{m^2/d}$。

裙房区水文地质参数：垂直渗透系数 $k_z=3.897\mathrm{m/d}$，水平渗透系数 $k_r=4.330\mathrm{m/d}$，导水系数 $T=506.65\mathrm{m^2/d}$，释水系数 $S=2.35\mathrm{E}-02$，压力传导系数 $a=2.15\mathrm{E}+04\mathrm{m^2/d}$。

抽水试验结果表明，由于主楼区桩基密布而且钢管桩施工时的击振使原有地基结构受到明显破坏，其结果是地基变得更加密实，渗透系数变小，且比较均匀；而裙房区桩比较稀疏，受施工击振影响小，所以渗透系数较大。

（3）降水计算

计算以承压水水头埋深 9.70m 作为条件，减压井过滤器位于第⑦$_{-1}$、⑦$_{-2}$ 的承压含水层中，过滤器长为 21m，为非完整井。选用各向异性非完整井非稳定流公式计算，参数利用抽水试验所获得的数据。根据计算结果，在塔楼基坑地下连续墙外 7m 左右布置 14 口减压井（其中 44 口为备用井）。同时在坑内增加 2 口应急备用减压井。

4. 降水试运行

开启 5 口减压井，选择 1 号、4 号、7 号、10 号、12 号井作为抽水孔，G1、G2、G3、G4 号井作为观测孔做试验抽水。试验抽水始于 2004 年 6 月 30 日上午 9 时 25 分，至 7 月 2 日 9 时 53 分完成，5 口井抽水开始以后流量恒定，主孔水位比较稳定。待抽水井开始抽水约 2500min 后，4 口观测井水位变化趋于稳定。最后抽水结束时，G1 水位降 11.84m，G2 水位降 11.59m，G3 水位降 10.55m，G4 水位降 11.24m。

水位恢复试验始于 2004 年 7 月 3 日上午 10 时 30 分，至 7 月 4 日 6 时 00 完成，主要以 G1 和 G2 的水位恢复，5 口主井停止抽水后约 1200min（20h）后，观测井水位恢复到初始状态。由此可以分析得出，一旦停电停止抽水时间间隔不能超过 10min，否则将影响基坑安全。

5. 基坑开挖与地下水运行控制

基坑开挖时，对降压井降水运行要进行分阶段细化。信息化管理要求降水运行详细分为下面 9 个阶段，见表 19.3。

表 19.3　降水运行表

阶　　段	序号	开挖面标高（m）	降水控制水位标高（m）
开挖阶段	1	−8.45	−5.5
	2	−11.55	−14.0
	3	−14.15	−17
	4	−16.86	−19
	5	−21.89	−23
	6	−21.89	−23
浇注大底板阶段	7	−16.95	−19
	8	−14.20	−17
	9	−11.65	−10

由表中可看到，下部基坑开挖和浇注时，承压水位低于开挖面 1.2～2.85m。

6. 基坑降水的环境控制

近二十年来上海深层（针对第⑦₁层及其以下层）降水实践经验证明，深层降水对地面沉降的影响是较小的，由于降水引起的承压水头降落漏斗的坡度不大，对建、构筑物产生的差异沉降可以忽略不计，不会影响其安全性。

根据抽水试验所测资料计算，塔楼基坑降水使金茂大厦周围承压水头下降约为 7～8m 左右；因地铁距离较远，其影响更小些。基坑降水没有对金茂大厦和地铁二号线造成有危害性的影响。

19.2.3　上海地区某深基坑降水工程

1. 工程概况

该深基坑工程位于上海近郊，基坑采用壁厚 1.2m、深 53.00m 的地下连续墙筒体作为支挡结构，筒体平面布置呈正三十二边的近似圆形，轴线外径尺寸为 29.46m，基坑开挖深度为 34.90m。场地地面标高为 −1.00m。

据勘察资料显示，基坑底部以下有高水头的承压含水层。为保证基坑开挖施工的顺利进行，须对基坑下的深层承压水进行减压降水。

2. 场区工程地质、水文地质条件

该深基坑所处场地平坦，①～④层自地面至地面下 52.00m 左右为黏性土，⑤₁ 层 52.00～56.00m 为粉细砂，⑤₂ 层 56.00～62.00m 为砂质粉土，⑥层 62.00～76.00m 为粉细砂，⑦层 76.00～86.00m 为含砾粗砂，⑧层 86.00～92.00m 为中砂，⑨层 92.00～95.00m 为砂质粉土（未穿）（见图 19.5）。

第一承压含水层为⑤₁，粉细砂层，其厚度变化较大，局部缺失。第二承压水层由⑥粉细砂层、⑦含砾粗砂层和⑧层中粗砂层组成，其含水层分布范围广，厚度大，透水性强。第一、二承压水层相互有水力联系，承压水埋深约地面以下 6～7m。

3. 减压降水设计

根据场区承压含水层厚度大（30～40m），上部粉细砂厚 13～16m，导水系数 500m²/d；中下部为含砾粗砂与中砂厚约 16m，导水系数为 3000～4000m²/d；要求的水位降深大（动水位降到 −22m）的特点，采用非完整井群井降压降水。

（1）目的

降低深层承压含水层顶板附近的水头，防止基坑底板隆起及深层承压水突涌，造成底板失稳，并使降水对周围环境的影响在允许范围内，以保证开挖施工顺利进行。

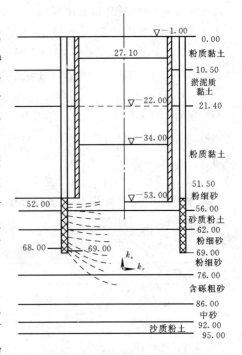

图 19.5　基坑及抽水井剖面图

（2）设计思路

鉴于场区的实际情况，若要将基坑底部整个承压含水层范围内各点的水头都降到安全值，必将布设较多的井点，井径达 1m 的井约 18～20 口，抽水量高达 60000～70000 m³/d，不但成本高，而且降落漏斗的范围大，引起的地面沉降范围和沉降值也大，对环境影响是很不利的。如充分考虑含水层的各向异性，只使承压含水层顶板附近粉细砂层中的水降到 −22m，而尽量少涉及或不涉及承压含水层的主体部分（砂砾石层）的水头变化，即在降低上部含水层的水头的情况下，中、下部含水层中只有一部分水通过垂直渗透补给上部粉细砂层。由于垂直渗透系数大大小于水平渗透系数，使位于上部含水层中的井抽出的水量大大减少，而顶板附近的水头同样可以达到要求的降深，确保基坑底板稳定。而中下部含水层中水头高于设计要求的降深，甚至含水层底部的水头下降很小，或没有明显的下降，这样使含水层因水头下降引起骨架的变形量大大降低。同样在降落漏斗的范围内都能受到中下部含水层中水的垂直补给，降水引起的降落漏斗面积缩小，且很快稳定，使降水引起的地面沉降的影响范围及沉降量缩小到最低的限度，这是本次降水方案的主要特色。

（3）基坑底板稳定性分析

基坑底板的稳定条件是：底板到承压含水层顶板的土重应大于承压水的顶托力，即

$$H \gamma_s \geqslant F_s \gamma_w h$$

式中　H——坑底到承压含砂层顶板间距离，m；

　　　　h——承压水头高出承压含水层顶板的高度，m；

　　　　γ_s——坑底到承压含水层顶板间土的平均饱和重度，kN/m³；

　　　　γ_w——水的重度，kN/m³；

　　　　F_s——安全系数。

按勘察资料计算，水位降到 −21.40m 以下能使基坑底板稳定。因此，水位降到 −22.00m 左右对保证底板安全已有足够的安全储备。注意此时承压水位仍在坑底以上约 12m。

（4）降压井群设计

根据场区工程地质、水文地质资料并结合抽水试验及历年来在上海地区多项深层井点降水工程实例，确定水文地质参数，采用考虑含水层各向异性的非稳定流非完整井的计算公式。

从排水和开挖施工方便等因素考虑，经过计算，沿筒体外围周边布设抽水井点 14 口，其中 2 口为备用井（井位布置根据现场施工条件确定），观察井 6 口。先布设 3 口抽水井（井深 69m），后经过抽水试验，测得导水系数 $T=500\text{m}^2/\text{d}$，越流因数 $B=110$，释水系数 $S=8\times10^{-3}$，调整其余 11 口井的深度为 65m，其中 1m 沉淀管，16m 过滤器，单井出水量在 1000～1400m³/d 左右，观测井深度为 38.50～81.00m 不等（平面布置见 19.6）。

4. 降水对环境的影响

（1）降水运行

1）成井结束后于 9 月 28 日开始降水，初期采用部分井抽水，开启的泵均匀布设在深基坑四周，以控制圆形连接墙的不均匀沉降。水位降深随开挖深度增加而逐渐超前推进，

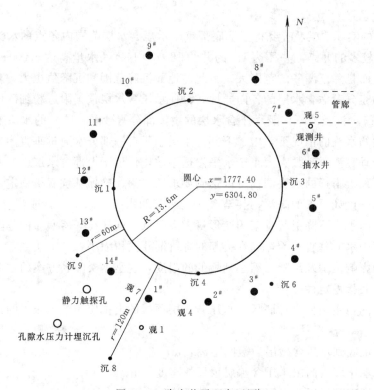

图 19.6　降水井平面布置图

据工作进展调控抽水井及流量，以减少降水引起的地面沉降。

2）为保证降水运行不间断，现场准备了 3 台 75kW、1 台 90kW 的发电机组作为备用电源，实行 24h 值班，做到随时可以启动，切换电源。

3）现场备有水泵，若某一水泵出现故障，在最短时间内进行调换，以保证降水正常运行。

（2）监测工作的布置

1）抽水试验之前，布设环境监测网，并观测二次数据作为"初始值"，降水运行期间（包括降水结束后 5d 内）进行每天一次的沉降监测。

2）进行每天一次不同埋深的孔隙水压力值的测试。

3）每隔 4h 测水位一次，同时记录各井开泵停泵时间及出水量。

4）建设方对连续墙进行了测斜观测。

（3）实际运行效果

自 9 月 28 日开始降水以来，降水运行正常，深层承压水位一直保持在－22m 左右。10 月 17 日以前，14 口井出水一直很清，未出现浑水和出砂现象。10 月 24 日基坑内开挖土方至－34.9m，浇注 300mm 素混凝土垫层完毕，并开始绑扎基坑底板钢筋，降水效果明显，保持了深基坑内干式开挖施工，基坑底板稳定。实践证明，降水设计方案切实可行。

（4）降水对环境的影响

1) 降水初期受周围环境的影响不明显，随着下部承压水头的降低，埋深 $-3.80m$、$-7.80m$、$-15.00m$、$-24.00m$、$-35.00m$ 的孔隙水压力值均缓慢下降。

2) 由于降水只降低承压含水层上部粉细砂层处的水头，降水运行引起的地面沉降量也较小。自降水运行开始至 10 月 24 日深基坑开挖结束，距深基坑约 120m 处的沉 8 累计沉降量为 4.5mm，距深基坑约 60m 处的沉 9 累计沉降量 15.4mm。这个沉降量反映了由降水和基坑开挖引起周围地面沉降量的叠加。

5. 小结

本工程降水颇有特色。它利用垂直渗透系数远小于水平渗透系数的特点，只降低了承压水顶板附近粉细砂的承压水头，而不涉及承压含水层主体部分（砂、砾石层）的水位变动。在此条件下，承压水位也未降到基坑底部以下。这些说明进行详细的地质勘察和试验工作及充分分析利用这些资料的必要性，值得借鉴。

6. 点评

上述基坑为竖井式基坑，坑底没有各种桩和降水井的穿插，采用降水后地下水位高出坑底是可行的。

但是，对于大型深基坑来说，由于周边地下连续墙和基坑底部大量的承载桩、抗拔桩、临时承载桩、降水井和勘探孔的穿插分割，使得各层承压水互相连通。在此情况下，宜慎重采用地下水位高出基坑底部的做法。

19.3　北京新兴大厦基坑支护工程

19.3.1　概述

新兴大厦位于东单北大街与金鱼胡同交叉叉口的西南角，王府饭店东侧。从 1992 年 10 月到 1993 年 4 月，共完成了以下工程量：基坑平面尺寸 63m×52.4m，周长 230.8m，基坑深 17.5m（4 层地下室），地下连续墙深 23.0m，墙厚 0.6m。挖槽面积 4368m²，浇注水下混凝土 3016m³。锚杆 4 层共 339 根，总长 14228m，最大拉力 1500kN/根。

19.3.2　基坑支护设计变革

原设计采用三层地下室，已在基坑的西北和东西建造了直径 1.2m 和长约 14.0m 的人工挖孔桩。后来投资方变动，新业主要求改为四层半地下室，并且不能改变设计外墙位置。新的基坑开挖深度加深到 17.5m，比西边的王府饭店基坑还低 1.0m，这样原来的支护桩已无法满足要求，必须采用新的支护结构。在此情况下，只有采用三合一地下连续墙才能解决这个难题。新的地下连续墙外墙皮与老桩相距仅 0.2m。由于人工挖孔时产生偏斜，并且桩周围土体会变疏松或坍塌，这样地下连续墙挖槽时极易碰到老桩（实际挖槽时发生多次）。

南边的基督教青年会大楼地下两层已经完工，外墙与地下连续墙墙面相距仅 25cm，只能在地下连续墙外侧做一道 24 砖墙的直墙作为导墙。在这个地段挖槽是很令人担心的。

西边的王府饭店外墙与地下连续墙相距仅 2.7m，其东侧地下连续墙施工后，留下了

4 排土层锚索没有拔除，而伸入本工程基坑内，给地下连续墙施工带来很大麻烦。由于王府饭店施工在前，本工程基坑已无打土层锚索的可能。北、东和南边可打锚索。

基坑支护设计图见图 19.7。

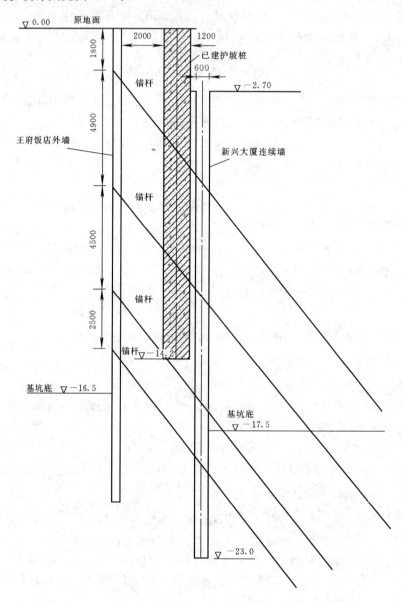

图 19.7　新兴大厦地下连续墙设计图
（图中锚索是王府饭店伸过来的，需拔除）

在此情况下，如何解决基坑的开挖和支护呢？经研究比较，决定采用如下方案：

1）基坑东半部采用正做法，即从上而下分四层挖土和做锚索，西边王府饭店一侧则保留一部分土体作为临时支护。

2）浇注东边底板、梁、柱直到地面。

　　3）西边剩余土体采用半逆作法施工，也即利用西边地下连续墙和东边已完成的地下室结构作为支撑，逐次向下挖出剩余土体。

　　4）浇注西边底板和上部结构的混凝土。

　　在开挖过程中，利用埋设仪器及时观测，以确定王府饭店的安全。实测水平位移不到 1cm。

　　5）由于周边环境的限制，部分外侧导墙只能做一道直立砖墙，无法承受起拔接头管的荷载，因而此部分采用平接接头。

19.3.3　施工要点

　　1）施工难度大：

　　①地处繁华闹市，场地窄小，没有堆存建筑材料和土渣的地方。

　　②对噪声控制极严，夜间不准施工。

　　③对泥浆和挖土污染路面问题控制极严。

　　在这种条件下，只有恰当安排好挖槽与浇注混凝土等工序，避开不利因素影响，才能达到最高的施工效率和经济效益。

　　2）关于施工平台高程的选定。为了保证地下连续墙施工时，导向槽和孔口地面稳定，决定把现场土体下挖 2.7m，使导墙底坐落在老土上，同时又不会对进出场交通造成困难。可用开挖土料填东南角的大坑。还可把原施工老桩顶部全部暴露出来，以便使土层锚杆避开老桩。实践证明，这种做法很好。

　　3）本工程是首次使用进口抓斗，建造当时北京最深的基坑和地下连续墙。

　　4）在本工程中使用了以下接头方式：

　　①哑铃式接头。

　　②聚氯乙烯塑料接头管（ϕ160mm）。

　　③平切接头：用液压抓斗 BH7 直接切除一期混凝土 10～15cm。实践证明，在地下水位较低和水量不大的情况下，是可行的。

　　前面已经谈到，本工程外侧导向槽的导墙只能做成很薄的直墙，施工时承载力很少，无法承受液压拔管机的压力，所以才采用了 2）和 3）接头方式。

　　5）为了解决西边王府饭店伸过来的 50 多根锚索切断问题，曾想了很多办法。实践证明，用 BH7 抓斗直接切断或将其拔出的办法最好。

19.3.4　点评

　　1）这是一个紧邻高层建筑物（王府井大厦）仅 2.5m 的深基坑（17.5m），是在置换原有基坑支护（人挖）桩和邻近高层的预应力锚索后建成的。

　　2）这是一个一体化整体基坑支护结构，地下连续墙面预留有"胡子筋"，开挖后凿出，与内衬混凝土浇注在一起。

　　3）本基坑采用两期开挖：一期用锚杆支撑，正做东边结构的 80%，留出西边与王府井紧邻二排柱的土方做支撑；二期也采用正做法，即利用已做好的柱、梁、板和西边地下连续墙做支撑，自上而下挖土至坑底，再做结构。

19.4　北京嘉利来世贸中心基坑条桩支护工程

19.4.1　概述

本文阐述用条桩作为基坑支护结构的设计施工要点。

从理论上讲，在截面面积一定的条件下，矩形（条形）截面的抗弯能力要比圆形截面大，因此用条形桩代替圆桩作为深基坑支护结构，更有其优越性。

从对条桩所做的静载和动载试桩结果来看，条桩承受侧摩阻力更大，对于保持基坑稳定是有利的。

1997 年笔者首先把条桩用于北京嘉利来世贸中心的深基坑支护，取得了较好效果，现介绍如下：

本工程坐落在北京市东三环北路与新源南路交叉口的西北角。北临发展大厦，南面与昆仑饭店相对（见图 19.8）。

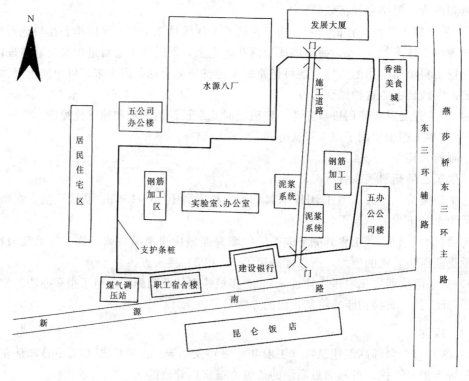

图 19.8　嘉利来基坑施工平面图

本工程是一个包括两座（34 层和 24 层）主楼的综合商业和办公服务设施。地下设有4 层商场和汽车停车场。整个建筑群的建筑面积 32 万平方米，基坑面积约 2 万平方米，采用不设永久分缝的筏板基础。

本工程的基坑采用条桩和锚索支护体系，桩间采用高喷板墙防渗止水。

本工程的基坑周长 650.5m，基坑支护面积约 1.1 万平方米。条桩（支护桩）共 196

根，断面尺寸为 2.5m×0.6m，桩深 17.6～21.5m，支护面积 9316m²，混凝土方量为 5840m³，钢筋（材）624t。高喷（摆喷）板墙 196 段，使用水泥 590t。条桩内设 2～3 层锚索，共 844 根，总长 18260m。

19.4.2　地质条件和周边环境

在地表以下 30m 以内，基本上是粉质黏土、黏质粉土和粉砂、粉土的互层地基。基坑坑底深度 13.0～17.5m，分布有多层粉砂和粉土层。

本工程所在地区的地下水可分为台地潜水、层间潜水和潜水（微具承压）。

本工程地处繁华地带，其地下结构外墙与周围建筑物相距很近，在施工过程中尚不能将其拆除，给本工程基坑支护施工带来不少麻烦。本工程红线以外的地方不能占用。所有的临时设施和施工平台都必须在红线围墙之内。

19.4.3　基坑支护设计

1. 为什么不用三合一地下连续墙？

本工程地下室外墙承受上部荷载，使用三合一地下连续墙是可能的。笔者曾与设计单位多次协商，终因本工程的特殊状况，即水平向受力钢筋太粗、太多而未采用三合一地下连续墙。

2. 为什么采用条桩支护？

本工程的基坑深度为 13.5～17.5m，这在软土地区也是比较深的基坑，使用常规的基坑支护方法，难以满足要求。如采用地下连续墙作为临时支护，则工程造价太高而无法中标。

在此情况下，笔者根据使用条桩做工程承载桩的经验，提出用条形桩作为基坑支护的结构，主要特点是：

1）采用断面尺寸为 2.5m×0.6m 的条桩，深度 17.6～21.5m，条桩间净距 0.8m（个别达到 1.7m），采用 2～3 层预应力锚索做水平支撑。

2）条桩之间的土体用高压旋喷灌浆方法加以封堵。

3）由于条桩的抗弯能力强，所以不必为锚杆设置水平腰梁。

4）与地下连续墙相比，条桩钢筋笼加工、运输和吊放都比较省事，也不需吊放和起拔接头管。要知道，本工程 80% 以上的周边导墙上都没有放置接头管顶升器的地方。

3. 条桩和锚杆设计要点

根据基坑深度、地质条件和上部荷载的不同，把基坑支护分为四种，进行计算和设计（见图 19.9）。

计算数据：砂层 $\phi=32°$，$C=0$，$\gamma=2.0t/m^3$；

计算数据：砂层 $\phi=32°$，$C=0$，$\gamma=2.0t/m^3$；

地面 $q=2.0t/m^2$。

计算情况：

1）基坑深 $h_p=16.3m$，计算墙深 18.0m，墙厚 0.6m，锚索 2 层。

2）基坑深 $h_p=14.7m$，计算墙深 16.0m，墙厚 0.6m，锚索 2 层。

3）基坑深 $h_p=18.0m$，计算墙深 20.5m，墙厚 0.8m，锚索 3 层。

计算模式：弹性抗力法和 m 法。

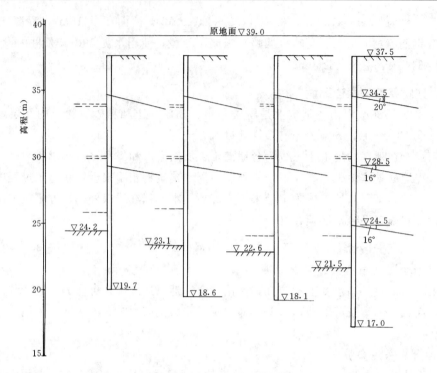

图 19.9　基坑支护设计图（初期）

其中锚杆分别位于桩顶以下 6.6m、11.6m 和 15.6m 处。第一层设计拉力 72t，第 2 层 90～115t，第 3 层 100t/根，倾角 20°和 16°。

4. 断面设计

计算弯矩：内侧 40.0t·m，外侧 30.0t·m。

由于条桩所承受弯矩不大，所以决定桩的断面尺寸为 2.5m×0.6m，可满足设计要求。另外，为了便于锚杆施工，每根条桩上预先埋设 $\phi=158$mm 钢套管，每桩二至三层。

锚索安全系数为 1.4，另外考虑受力不均匀系数为 1.20。由此可以求得锚索设计参数。在施工现场进行了 3 根锚杆的现场试验。

5. 局部支护设计

(1) 香港美食城段（见图 19.10）

为了在香港美食城正常营业情况下，进行基坑支护工程施工，设计把此段地下室外墙向内侧移动了 570mm。此段采用了密排条桩方案，各条桩之间净距 0～20cm。条桩完工后，在桩间做高喷防渗处理。这样此部分不必考虑降水措施。为控制基坑顶部位移，采用了三层锚索。

(2) 水源八厂段

此段位于 1 号楼的西面。此段地下室外墙皮到水源八厂围墙的墙垛只有 58cm。

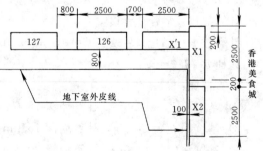

图 19.10　香港美食城段设计图

这段基坑支护最后也采用了条桩方案，其外皮净距只有 5cm。每两个墙垛之间布置一根条桩，桩间净距 0.45～0.80m。为了保证施工安全，将帽梁顶提高 1.4m，即在现地面上施工。此外，为了避免围墙在挖槽期间失去稳定，巧妙地把其拱跨下的土掏出，浇注了钢筋混凝土，效果很好（见图 19.11 和图 19.12）。为了减少基坑顶部位移，也设置了三层锚索。

桩间土体采用旋喷（360°）方法进行处理，以形成较厚防渗体，提高防渗效果。

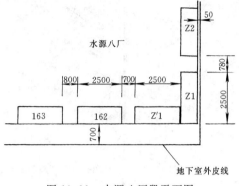

图 19.11　水源八厂段平面图

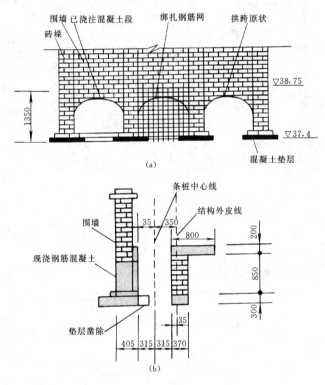

图 19.12　水源八厂段导墙构造图

(a) 拱跨基础施工图；(b) 横剖面图

（3）建设银行段

建设银行为一个四层砖混结构，底板下原有深约 8m 的桩基，但新基坑在此处深达 17.5m，使老桩悬空；又因不能拆迁，而突出于基坑之内 1.9m，使其两端成为阳角，容易造成坍塌。为此将两个阳角的 56 号、57 号和 65 号、66 号条桩分别连接成角槽形成地下连续墙（见图 19.13），而在中间部位布置 7 根条桩，净距 1.03m，桩间采用高喷板墙止水。

抓斗挖槽时，其高压卷轮外缘与楼房外墙相隔仅 10cm，施工难度很大。最后采用的基坑支护设计见图 19.14。

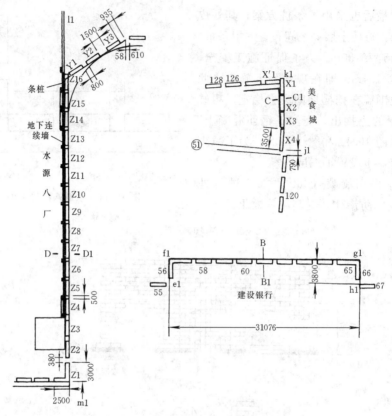

图 19.13　建设银行段支护平面图

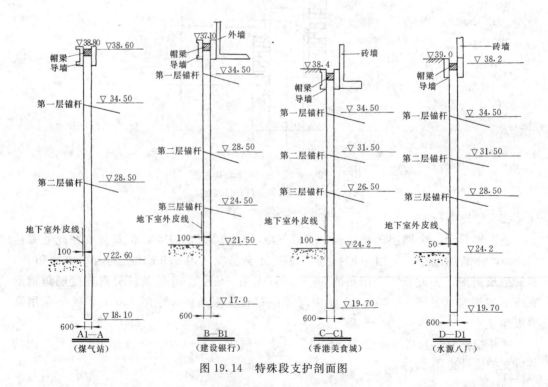

图 19.14　特殊段支护剖面图

19.4.4　桩间防渗与基坑降水

1. 概况

根据第二期地质报告和补充钻探以及抽水实验结果证实，由于 1995 年官厅水库放水的影响，北京城区地下水位普遍上升，造成本工程地下水呈承压状态，局部地段已高出基坑底部。此时无法再采用原来在基坑周边和内部抽水的方案。基坑上部存在的台地潜水和层间潜水位于黏性土层中，降水比较困难。综合考虑以上因素，笔者提出在条桩间建造高喷（摆喷）防渗板墙和基坑内部打潜井抽水的方案，得到业主、监理和总包单位的认可。

所谓高喷防渗板墙就是利用高压喷射灌浆设备在两条桩之间形成一道水泥土防渗薄墙。

2. 高喷防渗板墙设计

1）顶部高程 35.0～36.0m（帽梁底），底部深入不透水层（粉质黏土）内 1.0～1.5m，但不得穿透此不透水层。

2）摆喷角：一般 20°～30°，采用 180°喷嘴（两个）；局部地段的盖梁已经施工，钻孔则布置在条桩内侧，利用 90°的两个喷咀进行喷射灌浆（见图 19.15）。

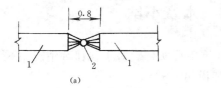
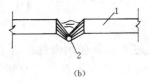

图 19.15　摆喷示意图

(a) 180°喷嘴　(b) 90°喷嘴

1—条桩，2—喷嘴

3）最小的板墙厚度应大于 15cm，渗透系数 $\leq 10^{-6} \sim 10^{-7}$ cm/s。

4）水泥浆液水灰比 1 : 1～1 : 0.75，比重 1.55～1.75。

实际建防渗板墙 196 段。

3. 基坑降水

在基坑内部打一些浅的渗井，把上部两层潜水渗到基坑底部，再把它们抽出基坑外。但是此浅井不得穿透基坑下面的不透水层，以防止承压地下水涌入基坑或顶破隔水层。

施工过程中共打了 23 眼浅渗井，降水效果不错，达到了预想的要求。

19.4.5　施工要点

本工程条件复杂，施工难度大，主要施工过程如下：

1）三通一平和临时设施准备工作。

2）条桩施工。

3）高喷防渗板墙施工。

4）基坑自渗井施工和运行。

5）基坑开挖和锚索施工。

6）特殊地段施工和处理

19.4.6   工程质量和效果

本基坑已经经历了 4 年多的实际考验，未产生大的位移和变形。实测基坑顶部最大位移 14mm（北边），一般 3～6mm。即使在复工期间，1 号楼用柴油锤打 ϕ400 预制桩时，与圆桩相距仅 40cm 的东侧条桩支护墙顶也仅位移 2～3mm，属弹性变形范围之内。

19.4.7   点评

这是国内第一个采用条桩做基坑支护的工程，开挖深度 17.5m。

1）2004 年又在北京市水务局高 28 层住宅楼的深 13m 的基坑中，同样采用了条桩和锚索作为基坑支护，取得成功。

2）由于 1995 年官厅水库放水后，抬高了整个北京市城区地下水位，使好几个深基坑地基管涌，混凝土底板抬动，本工程地下水上升了 2m 多。本基坑增加了条桩间摆喷止水，顺利完成施工。

3）由于其他原因，基坑建成后拖延 5 年才重新复工。但基坑支护的绝大部分完好，仍能起到支护防水作用。

19.5   本章小结

1）本章叙述了几个有代表性的深基坑工程实例。对于在何种情况下采用防渗方案，何种情况下采用降水方案，作出了分析和说明。

2）本章分析了京津沪地区的地下水和地层特点，对于深基坑的防渗和降水方案进行了对比，对于今后的深基坑设计和施工会有所帮助。

3）笔者首次提出了"三合一"地下连续墙和非圆形大断面灌注桩（条桩）的设计和施工技术及工程实例，对相关工程有推广应用价值。

4）采用哑铃型接头管作为地下连续墙的接头结构，是个占地小、起拔力小、接头质量高、事故率很小的接头管。

参考文献

[1] 丛蔼森. 地下连续墙的设计施工与应用 [M]. 北京：中国水利水电出版社，2001.
[2] 姚天强，石振华. 基坑降水手册 [M]. 北京：中国建筑工业出版社，2006.

第20章 地下铁道工程的深基坑

20.1 天津市于家堡交通枢纽一标段基坑工程

20.1.1 概述

天津市塘沽区于家堡商务中心位于海河北岸，北至新港路，东、西、南三面环水，面积 3.46km²，规划总面积 90 万平方米。

于家堡商务中心共规划有 5 条地铁线路，其中 Z1、B1 及 B2 线三条地铁线与京津城际铁路延伸线的于家堡车站交会于中心区北端，形成综合交通枢纽。

本枢纽的基坑面积达 20 万平方米以上，总周长约 1600m。本工程滨临于河海岸边缘，地质情况极为复杂，建设难度很大。

本节只介绍市政工程 1 标段的设计施工基本情况（见图 20.1）。

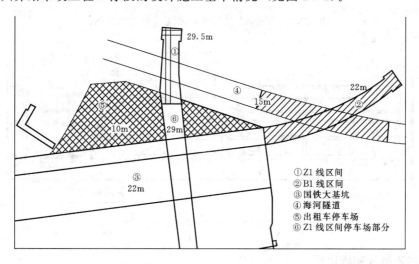

①Z1 线区间
②B1 线区间
③国铁大基坑
④海河隧道
⑤出租车停车场
⑥Z1 线区间停车场部分

图 20.1 于家堡枢纽 B1、Z1 线区间与海河隧道节点示意图

海河隧道及于家堡枢纽配套市政公用工程 B1 线、Z1 线区间概况如下。

（1）中央大道海河隧道工程

中央大道海河隧道工程第二标段主体隧道全长 2.48km。主体结构为单层箱体结构，箱体底板厚度 1.5m，侧墙厚度 1.0m，顶板厚度 1.4m。围护结构采用 800～1000mm 厚地下连续墙，墙长 28m，B1、Z1 节点部位基坑内设置三道混凝土支撑，支撑竖向采用 $\phi 402 \times 12mm$ 工具柱支撑。

（2）于家堡枢纽配套市政公用工程 B1 线、Z1 线区间

B1 线轨道交通地下结构工程主体为全现浇钢筋混凝土箱型结构，单箱三室净跨

（6.85＋7.0～3.5＋7.5）m，净高 6.16m。顶板、底板厚均为 1.2m，侧墙厚 1m，中间隔墙厚 0.6m。单层箱体全长 174m，箱体东侧端头为 B1 线盾构井，西侧与大铁基坑接口部位为局部四层结构，如图 20.2 所示。围护结构采用 1200mm 厚地下连续墙，墙长 61m，坑内设置 5～6 道水平混凝土支撑，支撑竖向采用 ϕ500mm 工具柱支撑。部分 Z1 线轨道交通地下结构工程主体为全现浇钢筋混凝土箱型结构，单箱三室净跨（6.67＋8.0～5.08＋6.9）m，净高 6.16m。箱体顶板、底板厚度均为 1.5m，侧墙厚度为 1m，隔墙厚度为 0.6m。单层箱体全长 88m，箱体东侧端头为 Z1 线盾构井，西侧是位于出租车停车场内的四层结构，如图 20.3 所示。围护结构采用 1200mm 厚地下连续墙，墙长 61m，坑内设置 7 道混凝土支撑，竖向采用 ϕ500mm 工具柱支撑。

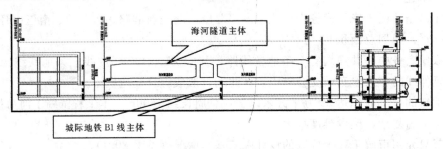

图 20.2   部分 B1 区间与海河隧道节点纵断面

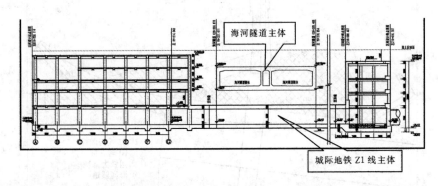

图 20.3   部分 Z1 区间与海河隧道节点纵断面

20.1.2 地质概况和周边环境

1. 周边环境

（1）交通状况

场区附近有新港路和胜利路两条道路。其中新港路为双向 8 车道道路，连接天津港口和塘沽中心区，是对外联系的主要交通干线，交通压力比较大，早晚高峰堵塞比较明显，但对节点整体施工无影响。胜利路贯穿整个施工场地，且穿过部分 B1 线、Z1 线与海河隧道的节点，是施工现场内车辆、机械行走的主要道路。

（2）周边建筑

施工现场场区内建筑物已拆迁完毕，基坑开挖深度的 1.5 倍范围内无人员居住、办公或需重点保护的建筑物，基坑周边的环境较为开阔，开挖对周边建筑物基本无影响。现场

距基坑最近的现有高层建筑物仅为 Z1
盾构区间东南角 21 层的鑫茂大厦，距
离盾构井基坑约 45m，受开挖影响较
小。另据初步了解，该建筑为桩基基
础，受地面沉降影响小。

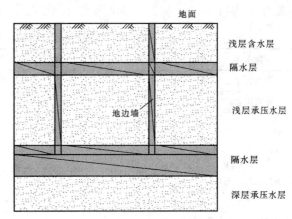

图 20.4　地质剖面示意图

2. 地质概况

(1) 工程地质条件

根据地质报告及现场实际情况，
场区内主要不良土层主要包括两个方
面：一是在地面下 1.5～17.5m 范围
内，存在着厚度从 1～12.5m 不等的
淤泥质粉质黏土层，其灵敏度高、强
度低，呈流塑状，极易发生蠕动和扰动，工程性质差；二是地面下 25～58m 范围内主要
为粉砂和细砂层，标贯值很大，接近甚至超过 50，对液压成槽机的成槽效率影响较大，
给槽壁稳定带来负面影响。

(2) 水文地质条件

场内表层地下水类型为第四系孔隙潜水。赋存于第 Ⅱ 陆相层与第 Ⅴ 陆相层之间的粉
土、砂土层中的地下水具承压性，为浅层承压水。第 Ⅴ 陆相层以下的粉土、砂土层中的地
下水与浅层地下水没有直接联系或联系很小，为深层承压水。潜水存在于人工填土层①
层、新近沉积层②层、第 Ⅰ 海相层④层中。潜水地下水位埋藏较浅，水位埋深约为 0.5～
1.5m（高程 -0.84～-1.74m）。以第 Ⅱ 陆相层$⑤_1$粉质黏土、$⑤_3$黏土、$⑥_1$粉质黏土、
$⑥_3$黏土为相对隔水底板。潜水主要依靠大气降水和地表水入渗补给，水位具有明显的
丰、枯水期变化，受季节影响明显。高水位期出现在雨季后期的 9 月份，低水位期出现在
4～5 月份。浅层承压水以第 Ⅱ 陆相层$⑤_1$粉质黏土、$⑤_3$黏土、$⑥_1$粉质黏土为相对隔水
顶板，$⑥_2$粉土、$⑥_4$粉砂、$⑦_2$粉土、$⑦_4$粉砂、$⑦_5$细砂、$⑧_2$粉土、$⑧_4$粉砂、$⑧_5$细
砂、$⑨_2$粉土、$⑨_4$粉砂、$⑨_5$细砂为主要含水层，厚度较大，分布相对稳定。浅层承压水
水位受季节影响不大，水位变化幅度小，主要接受上层潜水的越流补给，同时以渗流方式
补给深层地下水，稳定水位埋深约 7.4～9.62m。

根据抽水试验分析，本区地层有以下特点：

1) 上部潜水层初始水位为 1.43m，下部承压含水层初始水位埋深约为 9.00m，上下
含水层水头差比较大，说明两层水力联系不明显。

2) 群井抽水试验过程中，大流量抽水时，上部潜水层水位变化不明显，说明潜水含
水层与下部含水层之间水力联系比较弱，两层之间的相对隔水层的隔水性比较明显。

3) 抽水试验过程中单井涌水量非常大，初步估计单井出水量达到 80t/h 以上。

4) 从水位恢复试验曲线规律可以得出，3min 内水位就恢复了 10%，8min 内水位恢
复到 20%，5h 左右水位就恢复 60%，前期水位恢复非常迅速。

5) $⑥_2$至$⑨_4$层渗透系数比较大，各层水力联系比较明显，砂性较重。

鉴于以上特性，认为现场第一承压含水层（$⑥_2$至$⑨_4$层）顶板最浅埋深为 18.58m，

下部埋深达到 60.0m 左右。基坑潜水含水层与承压含水层关系见表 20.1。

表 20.1　基坑潜水含水层与承压含水层关系

含水层	层号	底板埋深（m）	水位埋深（m）
潜水含水层	①$_1$～④$_1$	17.0	1.4
相对隔水层	⑤$_1$～⑥$_1$	18.56	
第一承压含水层	⑥$_2$、⑥$_4$、⑦$_2$、⑦$_4$、⑦$_9$、⑧$_2$、⑧$_4$、⑧$_5$ 、⑨$_2$、⑨$_4$、⑨$_5$	58.09	9.0
相对隔水层	⑨$_3$、⑩$_1$、⑩$_3$	65.2	
第二承压含水层	⑩$_2$、⑩$_4$、⑩$_5$	68.0	

20.1.3　工程施工难点

1. 开挖深度大，孔斜难控制，支撑体系复杂，提高挖土效率是难点

1）成槽精度控制是难点。本标段地下连续墙墙深达 60m，要求成槽垂直度必须控制在 3‰以内，垂直度较难保证。为此，需要在机械设备、施工工法及施工过程中加强控制才能保证垂直度，满足设计及规范要求。地下连续墙垂直度控制是支护结构施工的难点之一。

2）深基坑支撑施工伴随开挖施工进行，相互影响。如何运用"时空效应"概念，确定基坑开挖的施工顺序和施工流程，保证各工序有序、安全、有效进行是本工程难点。

2. 淤泥土软土降水是难点

本工程所处场区地下水位高，地下水丰富，并且开挖范围内淤泥质软土厚达 20 多米。故确保淤泥质软土降水成功，是保证基坑顺利开挖的重中之重。

3. 地面下 30～60m 范围内砂层开挖困难

在地面下 30～60m 范围内主要为粉砂和细砂层，标贯值很大。根据相关施工经验，在标贯值大于 30 的土层中，抓斗的成槽效率下降，大于 50 就挖掘困难。而且由于该层粉砂和细砂含承压水，地下水丰富，孔壁稳定性差，可能发生流砂，易发生塌孔，对成槽垂直度影响很大。

同时，由于硬砂土层的成槽效率低，30m 以上的杂填土、淤泥质黏土、粉土、粉质黏土层成槽后长时间空槽更容易出现坍塌。因此，如何在施工过程中合理地配置泥浆、控制成槽进度、防止塌孔是地下连续墙施工的难点之一。

4. 槽段混凝土绕流

槽段混凝土绕流是由于槽壁在浇注过程中坍塌而造成流动的混凝土绕过接头管（板）进入下一个槽段的现象。绕流的原因很多，主要有一些几个方面：

（1）地质方面的问题

这是主要原因之一，是指淤泥土等软土或者是粉细砂地基未经有效处理而导致的塌槽绕流，可能导致大面积的塌槽破坏（见本书 3.5 和 3.10 节）。

（2）施工方面的问题

1）槽内泥浆液面高度不够。

2）泥浆性能指标不合格。

3）地下连续墙钢筋笼平整度差和成槽垂直度不满足要求，导致钢筋笼刮擦槽壁。

4）成槽到灌注时间过长，引起的槽壁坍塌。

（3）接头方面的问题

1）地下连续墙工字钢板下端未插入槽底或插入深度不满足要求。

2）地下连续墙工字钢板两侧与槽壁间未采取防绕流措施。

3）接头箱未下放到槽底或起拔时间过早。

4）接头箱背后回填料不密实。

5. 槽段接头质量难控制

地下墙的接头止水性能对基坑开挖的安全至关重要。本工程地下连续墙基坑开挖前在坑内设置降水井实施基坑内降水，降水后坑内水位在地表下 30m 左右，而坑外的承压水水头在地表下 1m 左右，水头差达到近 30m，一旦发生墙体接缝渗漏水的险情，堵漏工作极其困难，将对基坑安全和周边环境带来风险。因此接头处理是施工的难点之一。

6. 接头箱起拔难度大

根据初步估算，在理想垂直状态下，顶拔接头箱需克服的接头箱自重（约 50t）与侧壁的摩阻力（单位阻力取 $20kN/m^2$）之和就已达到 400t 以上，这样大的顶拔力对接头箱本身与导墙承载力的考验都相当大，因接头箱自身材料焊接加工质量、连接部位螺栓抗剪强度不足或导墙地基强度不够，导致接头箱被拔断或埋管的风险将大大增加。

对于上部的接头箱，为顺利起拔接头箱，其制作精度（垂直度）应在 1/1000 以内。安装时必须垂直吊放，偏差不大于 50mm。同时，抽拔时应掌握时机，一般混凝土达到自立程度（3.5～4h）即开始松动接头装置，每次抬高 5cm，每隔 5min 顶拔一次。根据混凝土浇注记录曲线和表格记录的数据，确定拔管高度，严禁早拔、多拔。同时考虑到混凝土浇注时将产生侧向推力，导致接头箱的摩擦力增加，本工程地下连续墙在先行幅的钢笼两侧均设置止水钢板接头，与钢筋笼水平筋牢固焊接，整体起吊入槽。顺幅则只设置单边止水钢板接头，减少接头起拔的风险。

由于止水钢板与钢筋笼水平筋焊接，混凝土浇注时产生的侧向压力受到水平筋的约束，可大大减小止水钢板的侧向变形，保证止水钢板和接头箱之间的间隙，有利于起拔。在接头箱上涂抹减摩剂也能减小摩阻力。

7. 钢筋笼变形难以下放

本工程钢筋笼总长为 60m，主要分为三部分，分别为中板以上的素混凝土段（8.34m）、标准配筋段（36.4m）、底部素混凝土段（15.26m），首开幅钢筋笼最大重量为 72.2t。为方便吊装施工，钢筋笼按设计配筋情况分三节起吊，中段长度达到近 36.4m，重 51t。在起吊过程中如果钢筋笼加强措施不到位或起吊方法不对，极易导致钢筋笼发生不可恢复弯曲变形，导致钢筋笼难以入槽。另外，加工过程中钢筋笼尺寸偏差或加工场地平整度达不到要求，钢筋笼本身存在一定的扭曲，也将导致钢筋笼难以入槽。

20.1.4　深基坑渗流稳定和降水

1. 基坑底部抗突涌稳定性分析

1）基本思路：依据抽水试验报告，本区潜水与场区第一承压水含水层水力联系微弱，因此在潜水层布置浅层降水管井，对坑内浅层土体进行疏干降水，以有效降低被开挖软土含水量。为减少浅层降水对坑外的影响，浅层井井底尽量不超过承压含水层顶板，但为满足降水要求，对于 Z1 线局部开挖较深部位布置了少量井深为 27.0m 的浅层混合降水井。

2）开挖过程中，当基坑开挖深度在含水层顶板 1.0m 以上时，为防止基坑突涌，基坑底面的安全稳定性可按下式进行验算。

$$h_s \gamma_s > F \gamma_w h_w$$

式中　　F——基坑底部抗突涌安全系数，取 1.20；

　　　　h_s——基坑底面至承压含水层顶板之间的距离，m；计算时，承压含水层顶板埋深取最小值；

　　　　h_w——承压含水层顶板以上的承压水头高度，m；

　　　　γ_s——基坑底面至承压含水层顶板之间的土的层厚加权平均饱和重度，取 19.0kN/m³；

　　　　γ_w——水的重度，取 10.0kN/m³。

3）当基坑开挖深度在含水层顶板上 1.0m 以内或低于含水层顶板时，为防止基坑管涌，需把地下水水位控制在开挖面下 1.0m，并且要核算隔水层厚度被减薄后的黏性土的渗流稳定性，取两者最不利的情况作为降水设计依据。

对于本工程开始考虑降承压水临界深度计算：

$$1.2 \times 10 \times (18.58 - 9.0) = (18.58 - h_w) \times 19.0$$

解得，临界深度 $h_w = 12.53$m，即当基坑开挖深度大于 12.53m 时，承压水安全水位在 9.0m 以下。

①出租车停车场深基坑稳定性分析。本基坑最大开挖深度为 9.3m，小于 12.53m 的承压水临界深度，因此承压水安全水位在 9.0m 时本层不需降低承压水。

②出入口基坑稳定性分析。本基坑大部分开挖深度为 9.2m，小于 12.53m 的承压水临界深度，本层不需降低承压水。

③B1 线深基坑稳定性分析。本基坑开挖深度为 21.045~24.832m，大于 18.58m，基坑开挖深度已进入承压含水层中，即开挖面低于承压含水层顶板最浅埋深，因此安全水位须低于开挖面，需把承压水水位下降至 -22.045m 和 -25.832m 以下。

④Z1 线深基坑稳定性分析。本基坑开挖深度为 28.544~28.912m，大于 18.58m，基坑开挖深度已进入承压含水层中，即开挖面低于承压含水层顶板最浅埋深，因此安全水位须低于开挖面，此需把承压水水位下降至 -29.544m 和 -29.912m 以下。

2. 降水计算

（1）深层减压井分析计算

根据前述基坑突涌稳定性安全验算结果，必须对承压含水层采取有效的减压降水措施，才能防止产生基坑突涌破坏。为了有效降低和控制承压含水层水头，确保基坑开挖施工顺利进行，必须进行专门的水文地质渗流计算与分析。根据拟建场地的地质条件、基坑围护结构特点以及开挖深度等因素，本次设计采用了三维渗流数值法进行计算，为减压降水设计与施工提供理论依据。

为了克服由于边界的不确定给计算结果带来的随意性，定水头边界应远离水源。通过试算，本次计算以整个基坑的东、西、南、北最远边界点为起点，各向外扩展约 1000m，即实际计算平面尺寸为 3000m×3000m，四周均按定水头边界处理。

在降水过程中，坑内地下水位大幅度下降，基坑外的地下水将通过基坑周围的支护连续墙墙底绕流进入基坑，地下水流态为三维非稳定流。

根据计算区的几何形状以及实际地层结构条件，对计算区进行三维剖分。根据水文地质特性、基坑中连续墙埋藏深度，水平方向将模型剖分为 242 行、343 列，垂向将其剖分为 10 层。

（2）深层降水设计

1）Z1 线基坑降水设计。

根据计算，当开挖基坑深度为 28.544～28.912m 时，需要在坑内布置 9 口深层降水井。备用井按降水井的 40% 布置，则需布置 4 口坑内备用深层降水井。另外，为及时了解坑外水位的变化，布置 4 口坑外观测井兼应急降水井。预测基坑附近地面沉降值约为 16～19mm。

2）B1 线基坑降水设计。

根据计算，当开挖基坑深度为 21.045～24.832m 时，需要在坑内布置 7 口深层降水井。备用井按降水井的 40% 布置，则需布置 3 口坑内备用深层降水井。为及时了解坑外水位的变化布置 3 口坑外观测井兼应急降水井。预测基坑附近地面沉降值约为 11～13mm。

3. 浅层疏干降水井分析计算

为确保基坑顺利开挖，需降低基坑开挖深度范围内的土体含水量。

坑内疏干井数量按下式确定：

$$n = A/a_{井}$$

式中　n——井数；

　　A——基坑需疏干面积，m^2；

　　$a_{井}$——单井有效疏干面积，m^2。

按照每 200～250m^2 布设一口疏干井考虑，同时为减少浅层降水对坑外的影响，浅层井井底尽量不超过承压含水层顶板。但为满足降水要求，对于 Z1 线局部开挖较深部位布置了少量超过 27.0m 的降水井。浅层降水要求备用井按降水井的 20% 布置。

Z1 线基坑面积约为 3521.0m^2，需布设 12 口井深 18.0m 的疏干井（其中 7 口为水泥管井，5 口为钢管井），6 口井深 27.0m 的浅层降水井（井管材质为钢管）。

B1 线基坑面积约为 4691.0m^2，需布设 24 口井深 18.0m 的浅层降水井（其中 22 口为水泥管井，2 口为钢管井）。

出租车停车场基坑面积约为 12697.0m^2，需布设 64 口井深 17.0m 的浅层降水井（井管材质为水泥管）。本基坑为放坡开挖，因此需布设护坡井点，井点间距按 15.0～16.0m 沿基坑周边布设，护坡井共布置 25 口，井深 10.0m，井管材质为水泥管。

出入口基坑面积约为 497.0m^2，需布设 3 口降水井，井深 17.0m。

4. 成井技术要求

1）成井必须满足设计井径、井深要求。

2）成井完成后及时洗井，必须做到水清砂净，保证井底无沉淀淤泥。

3）回填滤料必须选用 0.2～0.3cm 的干净石屑，滤料规格必须整齐干净、圆度要好，绝不准含砂，确保回填量。

4）无砂管施工井管全部采用子母口井管，井口 1.5m 以下的滤水管外包一层 60 目的滤网，上部用黏土封填止水，以防漏砂返砂将井淤死，外用 5cm 宽的三排竹片，每节管用三道 8♯铁丝牢牢绑紧。

5）钢管孔隙率必须保证不小于 20％，安装必须保证焊接质量。

6）选用 60～80 目的滤网，用铁丝缠紧，滤网规格现场做部分滤水试验。

7）井点定位必须避开支撑梁、柱等结构。

关于基坑降水的其他事项从略。

20.1.5　地下连续墙施工要点

1. 概述

本节重点阐述本工程地下连续墙施工的主要流程和重点技术措施。

2. 施工平台和导墙

（1）施工场地和施工平台加固

根据本工程现场情况及施工需要，在施工场地布置了施工作业平台，用带钢筋网片混凝土进行了场地硬化，以满足抓斗施工及土方车辆的行驶要求。弃土临时堆放在施工场地的中部空地上。

液压抓斗和旋挖钻机主机重量较大，且在工作过程中可能会产生振动，要求地面必须具有较大的地基承载力（100kPa 以上），因此在挖槽机、旋挖钻工作地段（施工平台）上铺设了直径 16@300 双层双向钢筋网片，混凝土采用 C30，厚度为 250mm。

（2）导墙地基加固

1）根据地质报告，在基坑地基大范围内分布着厚度不均的软弱地层（淤泥质粉质黏土），其存在深度范围在地面下 1.5～17m 之间，厚度在 1～12.5m 之间。该层淤泥质粉质黏土层土灵敏度高、强度低，呈流塑状，极易发生蠕动和扰动，工程性质很差。其天然平均含水率为 40％，最高达 68％，孔隙比约 1.1。

2）通过试挖槽对槽段内的土质情况进行统计，在地面 25～60m 范围内存在巨厚砂层，与地质报告情况基本吻合。从试成槽记录可以看出，硬砂土层对于液压抓斗成槽机的施工工效影响很大，不得不在 28.67m 以下采用旋挖钻进行引孔。在成槽后 8h，重新进行了超声波检测，超声波检测结果反映的一个问题就是地面以下 6～9m 位置的软弱土层部位在长时间晾槽后有明显的坍塌现象。

综合以上两点情况，应对导墙下的土体进行加固，提高土体强度，增加土体稳定性，保证地下连续墙施工期间槽壁土的稳定，为地下连续墙施工提供安全保证。经研究并借鉴其他相同工程的经验，在坚硬砂层成槽阶段可采用旋挖钻机进行松土，而不挖土，可以有效地控制基槽的垂直度。

（3）水泥搅拌桩的设计和施工

1）搅拌桩的设计参数。

导墙下软弱土层采用 Φ600@400 水泥土搅拌桩进行加固，采用湿法施工，桩中心到开挖槽壁边 750mm。考虑到地下水位埋深较浅，将搅拌桩桩顶施做到导墙底，将导墙直接施做在具有一定承载力的搅拌桩顶上，见图 20.5 和图 20.6。

为保证槽孔侧壁的稳定性，水泥搅拌桩的桩底必须进入较为稳定的黏土层内。根据地

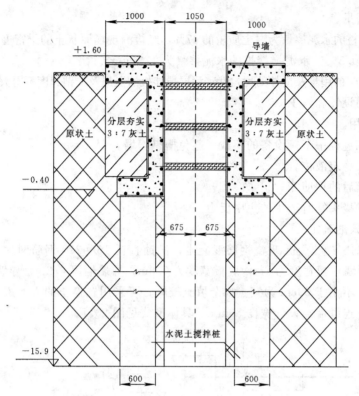

说明：本图结构尺寸均以 mm 为单位，标高均以 m 为单位。

图 20.5　导墙下水泥土搅拌桩加固剖面图

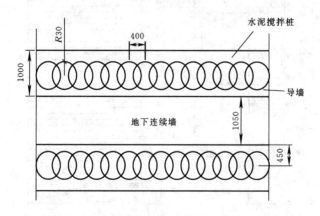

图 20.6　加固局部（平面）详图（单位：mm）

质资料，东侧 B1 线水泥搅拌桩均为导墙下至大沽高程－13.3m，南侧基坑端头水泥搅拌桩均为导墙下至大沽高程－15.9m。而在北侧明挖段和盖挖段之间地下连续墙的分界处，土体加固深度为导墙下至－15.6m。

2）施工参数。水泥土搅拌桩施工采用 P.O 42.5 普通硅酸盐水泥，水灰比为 0.45～0.55，水泥浆液比重 1.77～1.87。

在进行水泥搅拌桩施工时，每组两根搅拌桩其每延米水泥用量及总体水泥用量按要求不得少于设计用量。

该水泥搅拌桩的水泥掺量为湿土质量的 17％，经检测现场原状土的干密度为 1.96g/cm³，天然含水率为 30.5％。水泥搅拌桩的水泥掺量为 123kg/m。

为保证水泥浆的用量及搅拌的均匀性，深层搅拌机的上提及下钻速度不得大于 0.5m/min。

（4）导墙的设计和施工

1）导墙作用。

①承受施工过程中车辆设备的荷载，避免槽口坍塌。

②存储泥浆稳定液位。

③搁置入槽后的钢筋笼。

④承受顶拔接头管时产生的集中反力。

2）导墙型式的确定。

导墙断面采用"］［"形现浇钢筋混凝土，满铺直径 16@200 钢筋网片，混凝土强度等级为 C30，导墙顶板宽度为 1m，底板宽度为 0.8m，导墙墙厚 0.2m，导墙高度 2m，以墙底进入原状土不小于 30cm 为宜。如杂填土较厚，可采用置换土的方法进行加固。导墙的净距大于地下连续墙的设计宽度 50mm。具体型式见图 20.7。

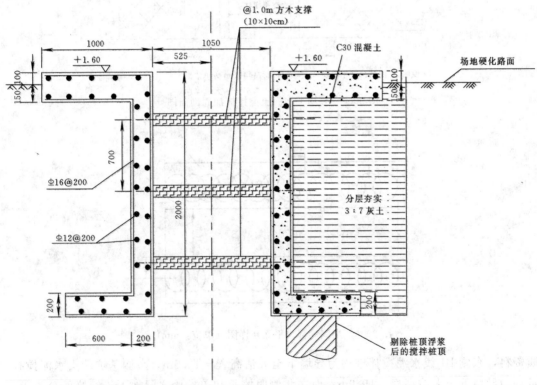

说明：本图结构尺寸未说明均以 mm 为单位，标高均以 m 为单位

图 20.7　导墙及施工平台结构型式示意图

导墙施工顺序如下：

平整场地→测量放样→挖槽→浇筑垫层混凝土→绑扎钢筋→立内侧竖墙模板→浇筑底板→立外侧竖墙混凝土→养护→设置横向支撑→外侧土方回填→浇筑顶板。

3. 挖槽施工要点

（1）T 形幅地下连续墙开挖

根据试挖槽的经验，在无导向孔的情况下，液压抓斗第一抓成槽时在两侧均为原状土时，其垂直度较好。如果遇较硬砂层，可以采用旋挖机对槽内的砂层进行松动，这样可以有效保证地下连续墙的成槽垂直度，并能提高成槽的速度，见图 20.8 和图 20.9。笔者认为，第三抓时有临空面，所以这种挖槽方法不是最好。

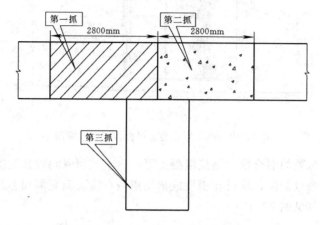

图 20.8　"三抓"成槽示意图 1

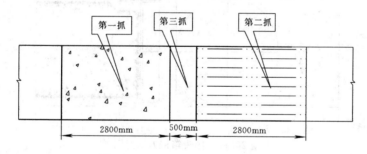

图 20.9　"三抓"成槽示意图 2

（2）平直段地下连续墙成槽

平直段地下连续墙每段均采用三抓成槽，第一、二抓斗均直接采用液压抓斗进行挖槽，两抓之间留设 50cm 的自立"鼻梁土"，在两抓完成后，再开挖中间的自立"鼻梁土"，该方法能够有效保证成槽精度。

（3）刷壁

刷壁是连续墙施工中的一个至关重要的环节，刷壁的好坏将直接影响到连续墙围护防水的效果。由于槽段超深，且接头箱直接放置在止水工字钢板之后，很难完全紧密贴合，从而导致浇注混凝土的过程中，在接头箱和止水钢板夹缝内不可避免地产生或多或少混凝土、砂浆和进入的砂性土体等混合形成固结物。在成槽过程中悬浮在泥浆中的砂颗粒迅速沉淀在工字钢板的内侧，沉积后又形成了非常坚硬的胶结物。如果以上所说的这些固结物、胶结物不能有效清除，地下连续墙接头就形成了夹泥，成为基坑开挖后漏水的渠道，会严重危害基坑开挖的安全。为了妥善处理该部位，避免这些固结物、胶结物在后期强度上升以后难以处理，在前序幅接头箱顶拔完成之后，立即用成槽机或旋挖钻进行相邻幅段与其接头部位的挖槽施工。同时，采用可拆卸液压抓斗铲刀对工字钢板上的泥皮、土渣、绕流物等进行铲除，见图 20.10。

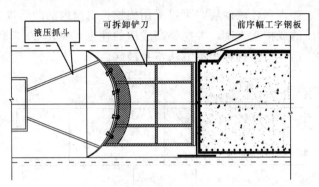

图 20.10　液压抓斗装上可拆卸铲刀示意图

对于槽段下较深处的混合物、绕流混凝土等，由于成槽时间较长变得较硬且液压抓斗铲刀冲击力减小而难以铲除，则可在槽段成槽结束后在接头箱底部加上钢板三角铲刀并借助锁口管定位冲击（见图 20.11）。

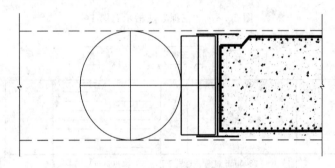

图 20.11　接头箱铲刀示意图

通过以上两种措施，将止水钢板上的硬化附着物在其最终凝固之前铲除，保证止水钢板接缝处的止水效果。

在清除绕流附着物后，再采用刷壁器进行刷壁，以去掉接头钢板上的泥皮。

1）刷壁器采用偏心吊刷，以保证钢刷面与接头面紧密接触，从而达到清刷效果。

2）后续槽段挖至设计标高后，用偏心吊刷清除先行幅接头面上的沉碴或泥皮，上下刷壁的次数应不少于 20 次，直到刷壁器的毛刷面上无泥为止，确保接头面的新老混凝土接合紧密。

4. 泥浆的制备与管理

（1）泥浆的作用

在地下连续墙挖槽过程中，要保证液压抓斗成槽的安全与质量，护壁泥浆生产循环系统的质量控制指标是关键的一个环节。泥浆起到护壁、携渣、冷却机具、切土润滑的作用。性能良好的泥浆能确保成槽时槽壁的稳定，防止坍方，同时在混凝土浇注时对保证混凝土的浇注质量起着极其重要的作用。

（2）泥浆池结构设计

泥浆池长 30m、宽 10m、深 2.5m，地面以下 2m，地面以上 0.5m，泥浆循环再生处理、废浆池容量为 600m³，为开挖方量的 1.72 倍，满足开挖泥浆供给要求。

泥浆池底板为混凝土底板，池壁采用 37 砖墙砂浆砌筑，砂浆为 M7.5，池内壁抹 1：2 的水泥砂浆。

（3）泥浆配合比设计

根据在地层、地下水状态及施工条件和天津塘沽地区施工经验进行泥浆配合比设计，采用优良的膨润土、纯碱、高纯度的羧甲基钠纤维素和自来水作原料搅拌而成，见表 20.2。

表 20.2　新制泥浆配合比（1m³ 浆液）

膨润土品名	材料用量（kg）				
	水	膨润土	羧甲基钠纤维素	Na_2CO_3	其他外加剂
钙土（Ⅱ级）	1000	80～100	0～1	2.5～4	适量

（4）泥浆制备方法

将水加至搅拌筒 1/3 后，启动制浆机。在定量水箱不断加水的同时，加入膨润土粉、碱粉等外加剂，搅拌 2min 后，加入羧甲基钠纤维素继续搅拌 1min 即可停止搅拌放入新浆池中，待静置水化 24h 后使用。

（5）泥浆性能指标

根据现场的实际地质情况，为了保证 30m 以下的砂层稳定，现场适当提高泥浆比重和黏度，增大槽内泥浆的静水压力，提高护壁效果。在掺入泥浆池前将块状的黄土捣碎再掺入泥浆池中充分搅匀，以达到提高泥浆比重的目的。

（6）泥浆的循环使用与回收处理

回收的泥浆分不同部位予以处理。槽段内大部分泥浆可回收利用。对于槽底的泥浆必须先经过砂振动器除砂，排入循环池调整后待用。对于距槽底 5m 以内的泥浆应排入废浆池并及时外运。

本工程地层含砂量较大，对泥浆性能有较大的破坏作用。循环泥浆经过充分除砂沉淀后才可回收利用。为了保证正常泥浆供应，应将泥浆池内沉砂及时清除，以保证泥浆池有足够的容量。

5. 钢筋笼和预埋件

（1）钢筋笼制作

1）钢筋笼加工平台。

现场专门搭设四座钢筋笼加工台架，平台尺寸分为 60m×6m。平台采用 10 号槽钢焊接成格栅，平台标高用水准仪校正。加工平台应保证台面水平，以保证钢筋笼加工时钢筋能准确定位和成形。

标准段和端头井的钢筋笼采用整体制作成型。"L"形、"T"形、"Z"形钢筋笼因加固钢筋、斜撑较多、重量大、吊装困难，应减小槽段宽度，以减小钢筋笼重量。"Z"形钢筋笼由两个"L"形组合而成。

2）钢筋笼加工。

①先在专用模具上加工制作钢筋笼桁架，以保证每片桁架平直，桁架的高度一致。桁架利用钢筋笼的主筋制作，并采用机械连接成一根通长钢筋桁杆。

②在平台上先安放下层水平分布筋，再放下层的主筋。下层筋安放好后，再安放桁架和上层钢筋，每幅钢筋笼纵向设计 5 排桁架，横向桁架除吊点处必设置外，其余每隔 5m 设置一道，且导管处桁架不布设腹杆。考虑到钢筋笼起吊时的刚度和强度的要求，每隔 5m 在钢筋笼上下层设置 $\Phi16$ 剪力拉条。在钢筋笼顶部将横向钢筋做成双排。横向桁架加设斜筋。

③钢筋主筋采用机械连接。埋设件采用电焊，除主要结构节点须全部焊接外，其余可按 50% 焊接，焊接搭接长度必须满足单面焊 10d（d 为较小直径），搭接长度为 45d。吊钩与主筋采用双面焊接，长度为 5d。

④每幅预留三个混凝土导管通道，导管间相距 2～3m，导管距两边 1～1.5m，每个导管通道设 8 根通长的 $\Phi12$ 导向筋，以利于导管上下。

⑤为保证钢筋的保护层厚度，在钢筋笼内外每侧按竖向间距 4m 设置两列钢板垫块。

3）工字钢接头。

①工字钢接头与钢筋笼整体焊接，采用双面焊接。为了防止混凝土从工字钢底部绕流，工字钢长度满足底部深入槽底 20cm。

②槽段依据工艺分为首开槽、顺槽、封闭槽三种。首开槽为双工字钢接头，顺槽为单侧工字钢接头，封闭槽没有工字钢接接头。为防止绕流，在工字钢两外侧设 $\Phi32$ 的钢管，在两内侧设 $\Phi50$ 的灌浆管，均与工字钢接头板同长。$\Phi50$ 灌浆管在地下连续墙混凝土浇注后，可增强止水效果。

工字钢背混凝土侧采用接头箱，接头箱外缘上焊接角钢，起到防混凝土绕流的作用，剩余空间夯填碎石、土袋。

4）钢筋接驳器安装与控制。

①根据设计图纸，计算出每一幅地下连续墙中预埋接驳器的数量、标高、规格。

②把每一层接驳器固定于一根 $\Phi18$ 或 $\Phi20$ 的钢筋上，从钢筋笼顶向下确定接驳器的中心标高，确保每层板的接驳器数量、规格、中心标高与设计一致。

③把上述预埋钢筋与地下连续墙外侧水平钢筋点焊固定，焊点不少于 2 点。

④混凝土导管部位无法安装接驳器，施工时将该部分接驳器移至导管两边，但必须保证每幅墙的钢筋接驳器的数量不变。

⑤筋笼加工结束后，应将钢筋接驳器的盖子拧紧，在钢筋笼下放入槽时应再次检查盖子是否全部盖好。

⑥接驳器的安装标高是根据钢筋笼的笼顶标高来控制的为确保正确无误，钢筋笼下放时用水准仪跟踪测量钢筋笼的笼顶标高。下放到位后用垫块加以调整，确保预埋接驳器的标高正确无误。

⑦筋接驳器的外侧用泡沫板加以保护。

（2）钢筋笼吊装

1）吊装说明。

根据设计图纸可知，地下连续墙钢筋笼多为"T"形，总长 60.6m，可分为三段，分别为上部素混凝土段（8.5m）、中部标准配筋段（36.5m）、下部素混凝土段（15.5m），钢筋笼最大重量为首开幅的 72.2t。钢筋笼分三节吊放。计算吊装参数主要针对标准配筋段。

采用两台大型起重设备，双雌槽段主吊为 300t 履带吊，副吊为 150t 履带吊，主、副吊同时作业。

根据设计要求，"T"形钢筋笼水平布置 3 榀桁架，竖向布置 2 榀桁架。由于本工程"T"形钢筋笼较长，吊装时用 8 号槽钢作斜撑，使得钢筋笼起吊时横向均匀受力，同时使纵向保持足够的抗弯刚度，防止侧向倾斜。

2）吊点布置。

①布置 2 道横向吊点。

②布置 5 道纵向吊点，主吊设 2 道吊点，副吊设 3 道吊点。具体布置见图 20.12。

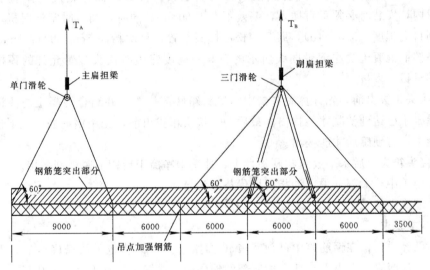

图 20.12　钢筋笼吊点布置示意图

3）钢筋笼吊装加固。

本工程钢筋笼采用分节起吊入槽，根据设计图纸及施工经验，钢筋笼内设置 3 道纵向桁架。考虑到钢筋笼为"T"形，起吊时的横向刚度要求较高，钢筋笼内设置横向桁架，间距为 4m。另外在"T"形伸出部分设置斜撑，斜撑采用 8 号槽钢，每 3m 一根。钢筋吊点处用 40mm 圆钢加固。钢筋笼最上部第一根水平筋改为 Φ32 筋，平面用 Φ25 钢筋作剪刀撑以增加钢筋笼整体刚度。每幅槽段两端每侧各加密一根钢筋（直径同主筋）。

（3）灌浆管和声测管预埋

连续墙钢筋笼放入 Φ50 灌浆管作为墙底灌浆预埋管，在顶部点焊于钢筋笼上，中部用圆环固定于钢筋笼。每幅放置两根。灌浆管放置前须将铁管两端包起，防止杂物和泥浆堵塞管口。该灌浆管上部应高于导墙顶面 0.3m，下部超出地下连续墙底 1.0m。

声测管每 25m 布置一处，施工中用注浆管代替声测管，不再单独布置。

（4）监测元件预埋（见表 20.3）

表 20.3　地下连续墙施工时需要埋设的测量元件及标志

监测项目	测量元件或标志	单位	数量（每处）	备注
连续墙内力	钢筋计、电阻应变仪	个	24	钢筋计布置在连续墙的钢筋上，每25m布设一处。

（5）接头箱吊放和顶拔

1）接头箱在钢筋笼下放之后安放，按设计位置准确就位。下放孔底后，再向上提升2m左右，检查是否能够松动，然后利用其自重沉入地层中并将其上部固定，背后空间用黏土和砂石回填密实。

2）从现场取第一车混凝土和以后每根接头箱接头部位混凝土的混凝土试块，放置于施工现场水中，用以判断混凝土的初凝、终凝情况，并根据混凝土的实际情部况决定接头箱的松动和拔出时间。

3）对于上部的接头箱，为防止接头箱难于起拔，接头箱制作精度（垂直度）应在1/1000以内，安装时必须垂直插入，偏差不大于50mm。同时，抽拔时掌握时机，一般混凝土达到自立程度（3.5~4h），即开始松动接头装置，每次抬高5cm，每隔5min顶拔一次，严格按照混凝土浇注记录曲线所示的在某一高度终凝时接头装置允许的顶拔高度顶拔，严禁早拔、多拔。

4）接头箱拔出前，先计算剩在槽中的接头箱底部位置，并结合混凝土浇注记录，确定底部混凝土已达到初凝才能拔出。最后一节接头箱拔出前，先用钢筋插试地下连续墙体顶部混凝土，有硬感后才能拔出。

5）接头箱拔出后水平放置在硬地坪上，冲洗干净凉干后刷上脱模剂备用。

实际施工中，大部分采用沙袋回填代替接头箱。

（6）墙底灌浆施工

1）基本要求。

前面已经说到，在钢筋笼中已放入 Φ50 灌浆管。在钢筋笼吊放槽底以后，再将笼顶焊点割掉，让灌浆管自由下落插入槽底部的地层中。连续墙混凝土浇注完毕后，每个接头都要按照设计要求灌浆，不得遗漏。注浆浆液采用单液水泥浆。

2）技术参数。

加固后残渣层的强度和压缩模量大于原状土的指标，灌浆加固后土体强度 $P_s > 1.0$MPa。灌浆压力及灌浆量应由试验定，一般可采用以下参数：

灌浆压力：$P = 0.5 ~ 2$MPa；

灌浆流量：$Q = 15 ~ 20$L/min；

注浆量：120kg/孔，240kg/幅（水灰比 0.55）；

控制方法：可根据注浆压力，也可根据灌浆量控制，见表 20.4。

表 20.4　浆液配比（重量比）

材料名称	水	水泥	膨润土
规格	自来水	普硅 42.5	200 目
重量比	0.6	1	0.03

3）施工顺序。

采用两序布孔，间隔灌浆的顺序施工。

6. 水下混凝土浇注

1）混凝土配合比应按流态混凝土设计，地下连续墙采用的混凝土为 C40 防水防腐钢筋混凝土，抗渗等级 S10，掺加 CFA—2F 阻锈防腐剂，混凝土坍落度以（20±2）cm 为宜。

2）采用混凝土浇注机架进行地下连续墙混凝土浇注。按规定的位置安装混凝土导管。采用法兰盘连接式导管，连接处用橡胶垫圈密封防水。导管在第一次使用前，在地面先作水密承压试验。导管内应放置保证混凝土与泥浆隔离的橡皮球胆。导管底口应距槽底 200～300mm 以上。导管上放置方形漏斗。混凝土初灌量应能满足导管首次埋置深度的需要。

3）应在钢筋入槽后 4h 内开始浇注混凝土，浇注前先检查槽深，判断沉渣是否过厚、有无坍孔，并核算所需混凝土方量。如不满足要求，应进行二次清孔。

4）开始浇注时，先在导管内放置隔水球胆，管内泥浆从管底排出。将混凝土车直接对准漏斗倒入混凝土。初注时保证每根导管有 6m³ 混凝土的容量。

5）混凝土浇注中要保持连续均匀下料，混凝土面上升速度不低于 2m/h，导管埋置深度控制在 2～6m。在浇注过程中随时测量混凝土面标高和导管的埋深，严防将导管口提出混凝土面。同时通过测量掌握混凝土面上升情况推算有无坍方现象。因故中断浇注时间不得超过 30min。

6）三根混凝土导管浇注时，应注意浇注同步进行，保持混凝土面呈水平状态上升，其混凝土面高差不得大于 500mm，防止因混凝土面高差过大而产生夹层现象。

7）在浇注过程中，导管不得横向运动。

8）混凝土浇注时严防混凝土从漏斗溢出流入槽内，或者直接从槽口掉入槽内，以免泥浆受到污染，质量恶化，反过来又会给混凝土的浇注带来不良影响。

9）混凝土浇注面应高出设计标高 30～50cm。

10）每幅地下连续墙混凝土到场后先检查混凝土原材质保单、混凝土配比单等资料是否齐备，并做坍落度试验，检查合格后方可进行混凝土的浇注。混凝土浇注时应做三次坍落度试验，并做好试块。每浇注 100m³ 混凝土做一组试块，不到 100m³ 混凝土按 100m³ 做一组。每幅做一组抗渗试块。

20.1.6　连续墙接缝防渗漏施工

在二期槽孔挖槽完成之后，利用超声测试仪检测了一期槽孔接头处有无夹泥和漏水通道。检测发现，漏水通道很多。

地下连续墙施工完成后，在接缝外侧打 3 根 Φ800@600 的咬合高压旋喷桩，桩长为 60m 深，防止接头漏水。

20.1.7　深基坑工程质量评价

在基坑降水、土方开挖和支撑、结构本体施工过程中，均未发生重大事故，比较顺利地完成了深基坑和主体结构施工。

20.1.8　评论

1）本工程的地质条件非常复杂。基坑上部有 20 多米的淤泥质软土，下部有厚达 30

多米的硬砂层（标贯基数大于 50 击）。承压水埋深很浅，承压水头高达 30m。

2）由于承压水的顶部隔水层在基坑开挖时被全部挖掉，使基坑底部直接位于粉砂或细砂层中；再加上承压水的底部隔水层（60～70m）有漏洞，个别部位地下连续墙底成悬空状态，致使基坑降水非常困难。本基坑的地下连续墙底深入黏性土中。

3）由于地基上部为淤泥质软土，承载力很低，因此对施工平台和导墙地基进行了加固处理。采用水泥搅拌桩的方法，对 15～17m 以上的淤泥土进行加固，其底部深入下面的持力层内 1.5～2.0m，实施效果很好。

4）本工程地下连续墙深度超过 60m，基坑深度很大，地质条件很复杂，如何防止接头漏水是非常关键的问题。本工程从接头结构到施工的各道工序，都采取了行之有效的措施，取得了良好防渗效果。

5）本工程最大钢筋笼长度超过 50m，重量超过 72.2t，而且好多幅是 T 形钢筋笼，吊放难度很大。本工程采用了 300t 和 150t 履带吊车和各项保障措施，完成了 200 多个钢筋笼吊放，效果很好。

20.2　广州地铁 3 号线燕塘站

20.2.1　概述

1. 工程概况

燕塘站是广州地铁 3 号线北延线和 6 号线的交会站，成十字形，长宽约 131m×85.6m。其中 6 号线基坑深度 16～23m，地下连续墙深 22～29m；3 号线基坑深 32m，地下连续墙深 37.5m。施工方法为明挖法，地面标高 26.50～28.95m，结构底板标高 -3.50～-3.80m。

两个基坑高差 16m，为此在交叉处的 6 号线方向，采用灌注桩和预应力锚索以及高喷桩止水帷幕来封堵此段缺口。但由于预应力锚索穿透了西边地下连续墙下的水泥灌浆帷幕以及轨排井西边的高喷止水帷幕，从总体设计方面并未形成完整的防渗结构，造成了地下水自坑外向坑内的渗漏。

6 号线基坑底部位于残积土 5H 和全风化层 6H 中，而 3 号线坑底则位于全风化层 6H 及强风化层 7H 中。

基坑平面布置见图 20.13。剖面图见图 20.14。

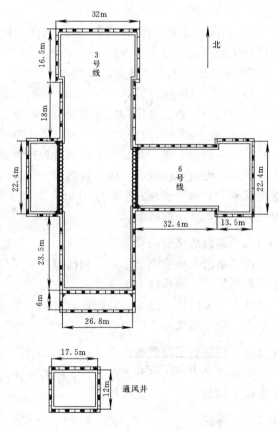

图 20.13　基坑平面布置

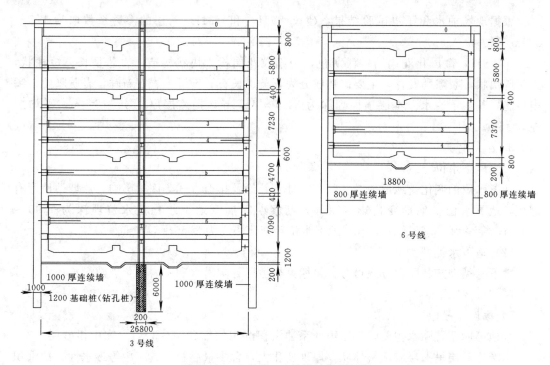

图 20.14　3 号线、6 号线结构剖面图

2. 工程地质和水文地质条件

（1）工程地质

场地地层上部覆盖层为第四系全新统冲积相粉质黏土层和淤泥质土层、第四系残积粉土层，下伏基岩为燕山期（γ53−1）花岗岩。具体情况如下：

1）素填土。

2）冲积−洪积−坡积土层（Q3ml）含〈4−1〉粉质黏土、〈4−2〉淤泥质土。

以上两层可视为相对不透水层。

3）花岗岩残积层，根据土的特性可分为〈5H−1〉和〈5H−2〉两个亚层，均为粉土。此层土黏性差，遇水崩解、流土。此层透水性小，$k=0.05\sim0.1\text{m/d}$。

4）本场地下伏基岩为燕山期（γ53−1）花岗岩，按岩石风化程度、强度分述如下：

①〈6H〉全风化花岗岩：厚度 2.70～7.10m，浅黄、褐黄色，岩石风化剧烈，原岩结构已基本破坏，但尚可辨认，岩芯呈坚硬土柱状。含高岭土和砂成分较多，遇水易软化崩解。此层透水性较小，可取 $k=0.1\text{m/d}$。

②〈7H〉强风化花岗岩：厚度 9.90～10.20m，褐黄色，岩石风化强烈，原岩结构已基本破坏，岩芯呈半土半岩状、碎块状，岩质极软。遇水易软化、崩解。岩石裂隙面多见被水浸泡变色，含高岭土成分较多。基岩赋存的裂隙水具有承压水特性。

③〈8H〉中风化花岗岩：浅灰、灰色，中细粒花岗结构，块状构造，岩石裂隙发育，裂隙面多被铁锰质渲染，岩芯呈碎块状、短柱状，岩质较硬。基岩赋存的裂隙水具有承压水特性。厚度 1.10～26.00m，尤其以风井与 3# 线基坑北端深度较大，该地层水量丰富，岩面多见被水浸泡痕迹。

根据现场抽水和压水试验结果，建议〈7H〉和〈8H〉两层的渗透系数取为 1.5～2.0m/d。

④〈9H〉微风化花岗岩：浅灰色，中细粒花岗构，块状构造，岩芯呈长、短柱状，少量碎块状，裂隙稍发育，主要矿物成分为石英、长石、云母。岩石新鲜，岩质坚硬，锤击声脆，基本不透水。本层顶面埋深为 34.7～41.9m，揭露层厚 2.45～5.4m，平均层厚 3.46m。

3. 水文地质

(1) 地下水位

地下水位的变化受地形地貌、赋存条件、补给及排泄方式等因素影响，燕塘站地形有起伏，地下水位受地形变化影响明显，勘察期间揭露地下水稳定水位埋深为 1.90～6.50m，标高为 23.68～27.55m。地下水位年变化幅度为 2.50～3.20m。

(2) 地下水类型

地下水类型按其赋存方式可分为第四系松散层孔隙潜水和基岩风化裂隙微承压水，其主要特征分述如下。

1) 第四系松散层孔隙水。

场地第四系孔隙水主要赋存于第四系冲洪积沉积的细砂层〈3-1〉和中粗砂层〈3-2〉。本场地砂层呈夹层状透镜体状，厚度变化大，含少量黏粒，具有中等透水性。冲洪积土层、河湖相淤泥质土透水较差，多属弱、微透水层。对基坑影响很小。

2) 基岩风化裂隙水。

块状基岩裂隙水主要赋存于花岗岩强风化层和中风化层中。由于风化基岩深度及裂隙发育程度的差异，基岩裂隙水赋存不均一、不稳定，其富水程度与渗透性也不尽相同，在裂隙或构造发育地段，有一定富水性。由于强风化带上部全风化岩和残坡积土以土性为主，透水性差，在一定程度上起到相对隔水作用，因此本层基岩裂隙水具微承压水特征。

(3) 抽水试验成果分析

根据抽水试验结果，对本场地的水文地质条件及地下水的赋存条件进行如下分析：

1) 本场地基坑底部地下水为承压水，承压水头为 30m。在基坑开挖至基底时会发生突涌（水），造成基底土体泥化、流土。

2) 本场地地下水含水层主要为花岗岩中风化〈8H〉层和强风化〈7H〉层。

3) 根据抽水试验结果分析，本场地下水特别是下层基岩裂隙水很丰富，渗透性较强。由于基岩裂隙发育存在随机性和方向性，相互之间的连通性较差，采用降水方案效果不明显，在施工中不宜采用该方案。

4) 建议在基坑开挖前，采用有效的止水措施或加固措施，对基底地层进行处理，防止基坑浸水泥化。

4. 课题由来

2008 年初，了解到燕塘站基坑工程的设计情况，得知基坑深 32m，而入岩仅 5.5m，且位于透水性很大的强、弱风化花岗岩层中，觉得设计有些问题，建议采用以防渗为主的设计方案。后经现场抽水试验，影响了周边环境稳定，地铁总公司要求停工，另行考虑处理办法。经现场查勘后建议利用水电系统的帷幕灌浆技术，在地下连续墙底下做 2～3 排灌浆帷幕，以防渗措施代替降水，可保证周边环境安全和基坑安全施工。此方法得到地铁总公司认可，遂于 5～6 月进行灌浆试验，7～9 月进行施工，9 月进行基坑开挖，至今已完工，效果不错。广州地铁总公司有关领导同志委托笔者进行花岗岩残积土基坑渗流研究。经多方面协商，已于 2009 年 12 月底完成了课题研究工作。

20.2.2　原基坑防渗设计存在的问题

1. 入岩深度不够

由前面提到的资料可知，3 号线基坑深 32m，地下连续墙深 37.5m，入岩深度 h_d 只有 5.5m，而且墙底位于透水性很大的强风化和中风化的花岗岩中。这显然是根据《建筑基坑支护技术规程》(JGJ 120—1999) 的 4.1.2 条来设计的，但是没有考虑地下连续墙底位于像砂子一样透水的地基中这样一种情况，也就是没有考虑基坑的渗流稳定要求。按照该规程 4.1.3 的要求，h_d 应为 $1.2 \times 1.1 \times 30m = 39.6m$，相应墙深为 $32m + 39.6m = 71.6m$；相当于进入微风化层〈9H〉内 15～20m，又会造成施工困难。

如果按照 8.4.2 条的要求，则墙底插入下卧不透水层〈9H〉的深度为 $0.2 \times 30m - 0.5 \times 1.0m = 5.5m$，此时墙深约为 45～55m，施工难度仍然很大。

从以上两项计算结果可知，进入微风化花岗岩这么深的地下连续墙，施工起来是相当困难的。这种设计是不合理的。

2. 原设计采用的方案不合理

3 号线北延线各站基底大部或局部位于花岗岩残积土和全风化层上。残积土遇水软化崩解、基底土层软化、承载力下降、受力变形增大，对基坑施工、围护结构安全、主体结构承载力均有显著不利影响，原设计认为需要采取预处理措施。

以此为指导，从 2007 年 4 月开始，对这几个车站坑底的 5H−1、5H−2、6H 等地层分别进行残积土预处理试验，包括：

1) 小基坑预处理泡水试验（两天），验证残积土降水效果和地基承载力。

2) 基坑底部残积层预处理工艺试验，对比袖阀管劈裂注浆和旋喷桩的可行性和加固效果，确定施工参数，推算残积土的地基承载力。

现场试验证明，采用袖阀管注浆无法形成有效的水平封底。

根据试验结果，采用了如下基底加固设计。

1) 旋喷桩采用格栅式布置，局部双排均采用 $\phi600$ 三管旋喷桩进行加固，桩间均为密排相切布置，桩间距 600，加固范围为基底面以上 0.3m 至基底面以下 3m，侧墙边为 5m，共约 2050 根桩。

2) 从地面开始施作旋喷桩。

3) 开挖至基坑底，凿出完整桩头。旋喷桩之间采用级配砂石进行换填，深度为基底以下 300mm。

4) 排水盲沟中设置透水盲管，排水沟纵向坡度不少于 1%。

5) 每块底板设置集水井。排水盲沟需向最近的集水井放坡。

6) 主体底板施工时预留对板底的注浆措施，待主体结构完成后适时注浆。

从本节前面介绍的内容来看，原来设计考虑的是对基坑底部进行加固和降水相结合的方案。但应当注意到，残积土的泥化主要是因为承压水从土的内部涌出而造成的，其次是承压水出露后变为水平流动时对残积土的冲刷。如果不把承压水问题解决了，也就是降水未做好，加固效果也将无法达成。在这种粉土地基中，采用大口井降水的效果是极差的。

特别当从地面向下用高喷桩加固风化岩地基时，由于孔深（22～33m）和孔斜（1.0%～1.5%）的影响以及下部的坚硬地基造成桩的扩散半径变小，导致高喷桩成为上大下小的胡罗卜状，很难达到设想的加固效果。6号线基坑挖到底时，看不到很密集的高喷桩的痕迹，坑底的残积土受承压水顶托，泥泞一片，地基土受到很大扰动，即可证明高喷无效。总的实施效果没有达到原来的预想。

3. 基坑的新防渗方案

解决基坑防护问题有两种方案。一个方案就是已经在3号线北延线几个基坑中实施了的降水和加固坑底方案，目的是降低地下水位，减少泥化，并且通过加固地基提高地基承载力。

由于本工程地下连续墙短了，基坑开挖期间有大量地下水涌出（约1500m³/d）。有人想采用强行排水的方法把基坑挖到底。按此法在3月现场抽水，由于出水量过大（单井最大500m³/d）、周边沉降过大（9.8mm）而终止。这种地基加固和降水方案不可行。

另一个方案就是笔者提出的采用基坑防渗（体）方案。在这里，笔者提出采用垂直防渗体来隔断承压水的影响。所谓基坑防渗体就是指地下连续墙和它下面的灌浆帷幕组成的防渗结构。此防渗体的底部要深入到不透水的微风化层9H内，这样就可消除承压水上涌或水平流动对坑底土性风化物（5H、6H）的冲蚀破坏影响。

实践已经证明，水平防渗帷幕很难在本基坑底部形成有效的防渗体，所以不在这里进行详细比较。

经过几次讨论和技术经济比较，最后决定沿燕塘站3号线深基坑和通风井周边，采用水电系统常用的垂直灌浆帷幕方法。6号线不做帷幕灌浆，仍采用降水方案。

20.2.3　燕塘站深基坑渗流分析和计算

1. 渗流计算的必要性

由于基坑的开挖改变了地基中的土体应力、变形和地下水的形态，对于地下水来说，发生了很大变化。

1）首先，由于基坑不断开挖，作用在基坑支护结构上的外水压力不断加大。

2）其次，由于渗流压力的作用，渗流会绕过墙底向上流动，可能在基坑底部产生管涌或流土等渗透变形和破坏。

3）再者，承压水会穿过坑底地基土体向上突涌，造成坑底隆起和流土等渗透破坏。

上述现象由于地基土体的特性不同以及承压水头的大小不一样，造成的后果也有很大的不同。

由于对工程的承压水认识不足，没有采取恰当的防护措施，导致基坑因渗流问题而发生问题。

有人认为岩石基坑不会出现问题，这也是一个误区。再加上《建筑基坑支护技术规程》（JGJ 120—1999）的某些条文存在问题，使本基坑地下连续墙的入土深度只有5.5m，不到基坑开挖深度32m的0.2倍。由此引发了一系列问题。

鉴于此，有必要讨论一下本基坑的渗流分析和计算问题。

本基坑的渗流是一个典型的多层地基和承压水条件下的深基坑渗流。由于花岗岩表层的残积土和全风化层的土体渗透系数很小，起到了相对隔水层作用，造成基岩裂隙水具有承压性质。

具体渗流计算方法请见第 7 章，本节只简要介绍。

2. 渗流计算水头

1）坑外地下水位。根据施工季节、工期以及地下水位变幅等因素，确定本工程承压水埋深在-2.0m。

2）坑内水位。一般对于承压水基坑来说，基坑坑底地下水位应低于坑底 1.0～2.0m。在本工程中，降水后地下水位应低于残积土和全风化层底面以下，才能避免承压水对坑底土体的泥化影响。

3）基坑开挖深度按 32m 计，采用墙下防渗帷幕的条件下，暂时取渗流计算水头为 30m。

3. 渗流计算情况

1）6 号线和 3 号线只有地下连续墙，无防渗帷幕。

2）3 号线周边防渗帷幕深 17.5m，6 号线原状不变。

3）3 号线周边做防渗帷幕 17.5m，6 号线增设 2 口抽水井。

计算简图见图 20.15。

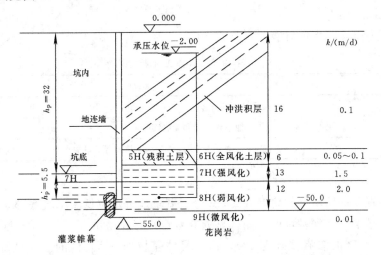

图 20.15　广州地铁某基坑剖面图

4. 计算方法

1）基本计算法。

2）平面有限元法。

3）空间有限元法。

5. 空间有限元法（一）

（1）概述

这里介绍的三维空间有限元的特点是：把渗流场化分为虚、实两种单元和节点，以及过渡单元和节点三个部分，建立控制方程来求解渗流的各项参数。

本软件主要包括输入模块、计算模块和后处理模块，可用于模拟各种地下水渗流问题，在多个水利水电、城市基坑中应用，效果很好。

（2）燕塘站基坑渗流计算

1）模型范围及边界。

燕塘站 3 号线深基坑长约 81m，宽 28m，深 32m；6 号线深基坑长 86m，宽 24m，深 16m。两基坑十字交叉。根据基坑降水影响范围、钻孔分布和天然地下水位分布，确定了计算模型范围：以基坑为中心，将计算区域边界范围前后左右各延伸约 300m，形成计算长 635m，宽 629m 矩形区域。深度取为标高 -60m 高程平面。四周边界条件为定水头边界，水头值取为 26.85m。顶部和底部边界为隔水边界。

2）网格划分。

根据上述的计算模型，利用钻孔资料建立了研究区范围的地层分布（沿 3 号线基坑中心线），并采用有限元进行了网格划分，共划分单元 50700 个，节点 56364 个。

3）计算参数。

根据各岩土层的特征、室内土工试验成果，结合 3 号线燕塘站抽水试验成果资料，并充分考虑当地工程经验综合确定。根据钻孔地质分层，本次对人工填土、粉质黏土、残积土、全风化岩、中风化岩和微风化岩进行地层分层，并选用岩土层渗透系数的建议值进行计算。

4）计算工况。

本次共进行 3 个工况的计算，详见表 20.5。

表 20.5　计算工况表

序　号	工况说明
1	地下连续墙深 37.5m，$h_d=5.5$m，$k=10^{-8}$cm/s，无帷幕
2	地下连续墙和墙底灌浆 17.5m，$k=10^{-4}$cm/s
3	地下连续墙，6 号线基坑布置 2 口抽水井

5）小结。

①采用工况 1 的防渗墙的防渗方案，3 号线基坑地下水位低于基坑底部，但 3 号线中心区（见 7.4 节的图）深基坑的两侧（靠近 6 号线）存在溢出点，北（B）区的渗流坡降为 0.6，南（D）区的渗流坡降为 1.8。而 6 号线基坑西（A）区的渗流坡降为 0.3，东（C）区的渗流坡降为 0.6。由此可知，3 号线和 6 号线深基坑的渗流坡降均大于允许值（0.5）。在深基坑开挖过程中，基坑侧壁存在渗透破坏的可能性。6 号线基坑由于没有切断与承压含水层的水力联系，使基坑内水位较高，且基坑底部和侧壁渗流坡降较大，存在发生渗透破坏的可能。

②采用工况 2 的防渗方案，即在工况 1 的基础上增加灌浆帷幕，3 号线基坑地下水位明显低于基坑底部，防渗和降水效果较好。6 号线深基坑西（A）区地下水位也明显低于基坑底，防渗和降水效果较好；而东区（C）区基坑因未设置帷幕，存在 2~6m 的压力水头，不满足降水设计要求。

在此工况下，6 号线基坑中地下连续墙上的最大渗流坡降为 2.0，灌浆帷幕上的最大渗流坡降为 5.8，均未超过允许值。

③采用工况 3 的防渗和降水方案，3 号线和 6 号线深基坑内水位高程均低于基坑底部开挖高程 1m 以上，满足设计和施工要求，因此建议采用该方案进行深基坑降水设计。

6. 空间有限元法（二）

（1）概述

本节介绍的计算程序是按双重裂隙系统渗流原理而开发的。

本程序基于广义达西定律和渗流连续原理，把地基看成是可压缩的、各向异能的多孔介质，考虑双重裂隙（主干裂隙网络和裂隙岩块）系统，得到三维渗流模型，而后进行渗流分析与计算。

本程序已在多个水利水电工程和基坑工程中得到应用。

（2）燕塘站计算结果及分析（见表 20.6）

表 20.6　地层参数

地层及防渗材料	渗透系数（m/d）
Q_4^{ml}	0.1
Q_3^{al+pl}	0.1
Q^{el}〈5H〉	0.1
γ_5^{3-1}〈6H〉	0.08
γ_5^{3-1}〈7H〉	1.5
γ_5^{3-1}〈8H〉	2
γ_5^{3-1}〈9H〉	0.01
地下连续墙	0.0000864
帷幕灌浆	0.0864

1）基本数据：①工况 1：只有地下连续墙（现状），无灌浆帷幕；②工况 2：地下连续墙（现状）和灌浆帷幕。

2）墙底无灌浆帷幕情况：此时基坑涌水量达 1292.7m³/d。

3）墙底有灌浆帷幕。

（3）方案对比（见表 20.7）

1）基坑底部涌水量。

2）控制断面的渗流压力和坡降。

表 20.7　两种工况下基坑底部涌水量

工况	涌水量（m³/d）
1	1292.7
2	824.2

（4）渗流稳定性评价及建议

1）广铁 3 号线北延线燕塘站基坑区域地层变化较大，地质情况复杂。弱风化地层 γ_5^{3-1}〈8H〉的渗透性比较大，为相对透水层，而工况 1 由于连续墙入岩深度较浅，在地层 γ_5^{3-1}〈8H〉中不能充分挡水，所以导致基坑底部渗水量比较大，渗流坡降也远远大于地层的允许坡降（基坑底部为强风化 γ_5^{3-1}〈7H〉地层，允许坡降为 0.6）。数值分析结果表明，工况 1 存在渗透破坏问题。

2）工况 2 中，17.5m 的墙底灌浆有效地阻挡了弱风化地层 γ_5^{3-1}〈8H〉的渗水量，减少了基坑底部的渗水量，同时使基坑底部强风化 γ_5^{3-1}〈7H〉地层的渗流坡降大大降低。但数值分析结果表明，在基坑底部某些部位，渗流坡降仍然略大于地层的允许坡降。

3）建议。通过工况 1 和工况 2 条件下基坑底部的渗流坡降比较可以看出，工况 2 能够大大降低基坑底部的渗流坡降。在工况 2 中，采用以下两种方法可以进一步减小基坑底部的渗流坡降：①控制灌浆工艺，进一步降低墙底灌浆的渗透性；②加深灌浆深度。

7. 渗流计算小结

本章采用几种不同的计算方法，从平面有限元到空间有限元以及简化计算方法，结合燕塘站基坑的工程和水文地质条件、基坑开挖深度以及承压水头的大小，对基坑渗流方面的几个参数进行了计算和分析。从计算结果来看，基本接近该基坑的实际情况，特别是在没有设置灌浆帷幕之前的基坑总涌水量 1500m³/d 左右，误差不超过 1%。这些方法均可供今后设计参考。

当基坑地基和承压水情况比较复杂时，宜采用空间有限元的方法进行渗流计算。

20.2.4 灌浆帷幕的试验和设计

1. 灌浆方法比较

常用的帷幕灌浆有循环灌浆和袖阀灌浆等。在花岗岩残积土和风化层中不宜采用袖阀灌浆方法，这可从前一阶段的试验结果得到证明。建议采用分段循环灌浆方法。

2. 灌浆试验

为确定设计和施工参数，在基坑帷幕施工前在原 2 号抽水井的周边布置 44 个灌浆试验孔，单排孔施工，孔距 2m。试验孔先采用袖阀管施工工艺，56d 施工 6 个孔，但没有一个孔能正常结束。后采用水电行业常用的循环注浆方式施工，从 2008 年 5 月底到 6 月 22 日完成试验孔 9 个，其中检查孔一个，灌浆段长 2～4m，灌浆压力 1.0～1.5MPa，水灰比 5∶1。灌后检查孔透水率最大 14.7Lu，最小 2.9Lu，平均 8.7Lu，能够满足设计要求。

根据灌浆试验结果，建议采用双排帷幕，排距 1.0m，孔距 2.0m，两序法施工。

由于施工工期的关系，在取得施工参数后，进行灌浆施工。

3. 水泥灌浆帷幕设计

经有关部门批准，决定在 3 号线和风井周边布置两排水泥灌浆帷幕，排距 1.0m，梅花形布孔，孔距 4.0m，两序法施工。帷幕底进入微风化层内 1.5m。6 号线的西侧也在灌浆范围之内，但东侧不做灌浆（见图 20.16）。

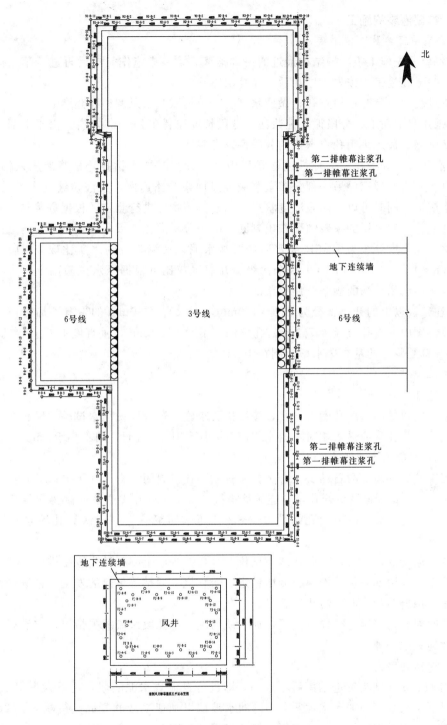

图 20.16　燕塘站帷幕灌浆平面图

除风井帷幕位于内侧外，其余各段均位于基坑外侧，可减少对基坑开挖的干扰。

帷幕深度从地下连续墙底以上 2m 至微风化岩〈9H〉面以下 1.5m。

20.2.5　帷幕灌浆的施工

1. 灌浆施工参数和技术要求

1）每单元先施工距围护结构最近的一排帷幕。第一排施作完毕后再进行第二排帷幕施工。每一排孔施工中按先 1 序孔后 2 序孔次序施工。

灌浆过程中应及时钻检查孔，做压水试验，根据试验结果调整灌浆参数。

2）采用自上而下、分段循环灌浆法。分段长度控制在 2～4m 左右。由于上部岩石破碎，不便卡塞，最后采用孔口卡塞的分段循环灌浆法。

3）灌浆方法和配比。循环灌注法是用内外两管同时插入钻孔，把浆液压入钻孔后，一部分进入到岩石裂隙，另一部分多余浆液经过回浆管路返回，浆液始终处于流动状态，不会产生沉淀。同时可以对回浆浓度状态、回浆量等指标进行测定，根据进浆与回浆的浆液重度的差值，对岩层的吸浆情况作出判断，准确分析灌注效果，以调整参数。

灌浆采用强度等级为 42.5R 级普通硅酸盐水泥，水泥浆液的水灰比取 3∶1、2∶1、1∶1、0.8∶1、0.6∶1、0.5∶1 六个比级。开灌水灰比可根据压水试验确定。浆液灌注过程中应按照由稀至浓的顺序，调整浆液浓度。

4）注浆段以上的开孔直径为 110～130mm，下入直径 90mm 的聚氯乙烯管作为外套管。灌浆范围内的终孔直径为 76mm，孔位偏差不大于 100mm，垂直度不大于 1%。

5）帷幕灌浆后的基岩透水率控制在 10Lu 左右。

2. 施工要点

（1）造孔

选取一定数量的一序孔做先导孔，按勘探要求施工，分段做压水试验，段长 2～4m。

先导孔终孔孔深应进入相对不透水岩层（q 小于 3Lu）〈9H〉内不小于 5m。其余灌浆孔进入〈9H〉层内不小于 1.5m。

施工工艺：采用金刚石钻头、合金钻头进钻，孔口封闭、自上而下分段灌浆。工艺流程：ϕ110mm 三翼合金钻头开孔至与连续墙搭接 2m 处→自流式注浆→镶铸聚氯乙烯管并待凝 8～12h→ϕ76mm 钻头扫孔钻孔 2m→洗孔压水灌浆→下一回次钻孔灌浆至终孔→封孔。

造孔采用 HGY—200C 型回转地质钻机及合金钻头或金刚石钻头进钻进。

钻孔施工采用低泵量、慢速、低压钻进、防止烧、埋钻等事故的发生，钻进过程中三翼钻头需要用岩芯管导向，防止钻孔倾斜。

钻孔时对孔内情况进行详细记录，如地质情况、各孔段水流漏失情况、空洞等，以备有针对性地集中处理。

（2）镶铸孔口管

采用 ϕ110mm 钻头钻进结束后不取钻，即进行自流式水泥灌浆，再下入聚氯乙烯管，适当情况下可在浆液中加入水泥重量 3% 的水玻璃以加速浆液的凝固，待凝 8～12h 后方可进行下一施工工序。同时保证聚氯乙烯孔口管的深度、垂直度及牢固性。

（3）孔口段以下部分灌浆方法

孔口段以下采用自上而下分段灌浆，各段段长 2～4m。各灌浆段灌浆开始前必须做简易压水试验，压水试验压力为该段灌浆压力的 80%。

当漏失严重时先采用水泥水玻璃浆进行自流式灌注,待凝 12h 后复灌。

采用孔内循环式灌浆,射浆管下至离孔底 50cm 以内。

灌浆塞塞在已灌段底以上 0.5m 处,防止漏灌。后期采用孔口封闭、孔内分段循环灌浆方法。

(4) 制浆工艺

浆液的配制方法:加适量水→加定量水泥高速搅拌 30s→储浆槽内低速搅拌→使用。

水泥水玻璃浆的配制方法:加适量水→加定量水泥高速搅拌 30s→储浆槽内低速搅拌搅拌 30s~1min→加水玻璃→使用。

在灌浆过程中,按规范要求变换浆液浓度。

(5) 灌浆压力

采用 1.0~2.0MPa。在地表不冒浆等现象的正常情况下,将灌浆压力尽量升高到指定压力。

(6) 灌浆结束标准

Ⅰ序孔当最浓级浆液每米注入量达 200L 时,可结束灌浆,待凝 8~12h 扫孔后采用开灌水灰比复灌。如果吸浆量与灌前变化不大,则采用加入速凝剂的浆液灌注 200L 再待凝,重复上述过程直到当吸浆量小于 1L/min 时,再持续灌浆 30min 后结束灌浆。

Ⅱ序孔及后序孔,当吸浆量小于 1L/min 时,再持续灌浆 30min 后结束灌浆。

(7) 封孔要求

封孔采用 0.5:1 浓浆及人工配合将孔内封堵密实。

3. 特殊情况处理

若遇塌孔、空洞、冲洗液大量漏失时等现象时,必须停止进钻,然后进行灌浆工作,待复杂孔段灌浆完并待凝 8~12h 后进行后续工作。

在灌浆过程中,当遇漏浆、冒浆、串浆、地表严重抬动等现象时,基本上采取降压、限流、间歇灌浆、待凝,或改用水玻璃水泥浆灌浆并待凝、再复灌等方法进行处理。

本次灌浆在 110d 内,投入钻机 13 台,灌浆泵 6 台及附属设施,共完成钻孔 178 个,钻孔进尺 10632.8m,灌浆进尺 4475.9m,灌入水泥 1089.3t。

20.2.6 质量检查和效果

1. 质量检查方法

灌浆的质量检查由基坑开挖检查、设置抽水孔做基底抽水试验和灌浆帷幕检查孔检查综合评定。

1) 基坑开挖同时也是检查灌浆质量的一个方法,开挖从 2008 年 7 月中旬开始到 2009 年 4 月下旬将基底完全封闭,开挖可控,且其周边建筑物沉降稳定。

2) 帷幕灌浆在 2008 年 11 月底完成后,在 3#线基坑的南端和北端各布置有一个抽水孔,南端抽水孔基本抽不出,北端抽水孔的日抽水量 18m³/d,相对较小。

3) 帷幕灌浆的检查孔,在某单元的灌浆孔施工完成后即进行施工,基本布置在漏量较大的部位或灌浆出现不正常过程的孔的周边。在全孔灌浆范围内取芯,并分段做压水试验检查灌浆质量。根据压水试验结果进行评定。

本次施工检查,平均单位透水率为 $q=14.6Lu$,比原来要求的 10Lu 略大,基本上可满足开挖要求。q 较大原因可能和灌浆孔距较大（4.0m）有关系。

2. 灌浆资料分析

在施工每个单元的先导孔时，将芯样整理、素描和拍照，然后进行钻孔和灌浆各工序，直到检查孔施工完毕。结合单孔的透水率和单位吸浆量来分析注浆效果，同时收集基坑不同开挖深度的坑内排水的数据和周边建筑物的沉降数据进行分析。

（1）早期检查孔

2008 年 9 月中旬，对早期 5 个检查孔的压水资料进行分析，可知灌浆后的单位透水率最大 77.5Lu，最小 7.5 Lu，平均 16.9Lu，较施工前平均 52.3Lu（最大 279.8Lu）已有较大程度下降。检查孔没取到完整的水泥结石。检查孔灌浆单耗较相同部位灌浆孔减少较多，但仍具较强可灌性，该单元单位注灰量最大 725.0kg/m，最小 39.7kg/m，平均 142.2kg/m。

从灌浆孔压水情况分析，在当时已施工的所有灌段中，灌浆前各段压水试验透水率大于 100Lu 的约占 10.0%，50～100Lu 的占 68.6%。所有的灌段基本上都能达到规范和设计要求的结束标准，且灌入量较大，平均单位耗灰量约 300kg/m。其他 8 个单元的情况与风井单元基本上相同。

（2）串浆现象

灌浆过程中，部分孔的第一段至第三段约 8m 的灌浆范围，孔口周围地表跑浆严重，与地下连续墙相接部位串浆也较多，甚至部分孔段串出地面跑浆。在该部位灌浆过程中，浆液中掺入适量的速凝剂，并采用间歇灌浆、限压限流等处理方式，地表不再跑浆，能按设计和灌规的要求正常结束灌浆。各单元的第二排孔串跑浆情况基本消失。

由于部分孔段灌浆进地表跑浆严重，部分浆液与泥浆反应后凝固时间慢，后续孔土层钻进时孔壁出现缩径现象，成孔困难。

（3）封闭抽水井

基坑 2 号抽水井旁 2m 布置灌浆孔，在基坑开挖 8m 时即出现涌水，三个孔的涌水量为 3～7L/min，但灌浆量却较小，平均单耗 220.0kg/m，灌后孔口不再涌水。后扫开 2♯抽水孔，孔内仍有涌水，涌水量约 1L/min，而且在岩心中并未发现水泥结石。后将该孔做一段灌注，单位耗灰量 38kg/m。

在实际工作中发现大部分的灌浆孔中Ⅰ序孔、Ⅱ序孔的透水率和单位耗灰量逐级减小。

（4）基坑内的抽水效果

3 号线基坑开挖与帷幕施工基本同步进行。随着帷幕灌浆的逐步完成，基坑内涌水量逐渐减少（见表 20.8）。

表 20.8　基坑内涌水量

开挖日期	基坑深度（m）	涌水量（L/min）	说明
2008.7.28	7	70	施工中
2008.10.23	14	150	施工中
2008.12.23	21	50	已完
2009.2.15	26	80	已完（6 号线漏入）
2009.4.9	32（坑底）	85	已完（6 号线漏入）

风井处在基坑内施工帷幕，完工后开挖，开挖过程无水涌出，开挖顺利。

测量数据表明基坑及周边建筑物安全。

6 号线东侧基坑仅做基底旋喷加固基底、未施做帷幕部位，在开挖过程中，涌水量最大时约为 500m³/d，给开挖工作带来很大困难。由于大量抽水，周边的马路出现了开裂，建筑物出现了倾斜及不均匀沉降（最大达 90mm）。为此对路基及建筑物基础进行了加固处理。同时，因 6 号线基坑先开挖，渗漏水大量涌入后开挖的 3 号线基坑内，造成大片流泥。

20.2.7　结语

施工结果证明，在花岗岩残积土和风化层以及承压水基坑中，采用地下连续墙和水泥灌浆帷幕组成的防渗体是成功的。在这种地基中，采用降水和坑底加固方案不可行。

20.3　本章小结

本章重点叙述两个有代表性的地铁深基坑防渗体设计施工方面的主要内容。于家堡交通枢纽是在滨海沉积的淤泥和粉细砂地基中修建的，而燕塘站则是在花岗岩的残积土和风化层的地基中修建的深达 32m 的交会基坑。应当说这两个基坑是很有代表性的深大基坑。

本章内容对深基坑的防渗体设计可做参考。燕塘站的经验说明，花岗岩的风化层是透水性较强的地基，地下连续墙底必须深入足够的深度（由渗流计算定），才能保证基坑不被渗流破坏。这种风化层基坑不能用《建筑基坑支护技术规程》（JGJ 120—1999）的公式进行设计。

第 21 章 悬索桥的锚碇基础

21.1 武汉阳逻长江大桥南锚碇基坑

21.1.1 概述

武汉阳逻长江公路大桥是武汉绕城公路东北段跨越长江的重点工程。桥址位于武汉长江二桥下游 27km 处。主桥采用主跨为 1280m 的单跨悬索桥。由于南锚碇处覆盖层厚度达 51m，离长江大堤仅 150m，对大堤防洪安全影响大，所以南锚碇基坑的设计和施工是本桥的关键。

21.1.2 水文地质及工程地质条件

1. 地质条件

南锚碇位于长江南岸的 I 级阶地，地面标高约为 21.5m，覆盖层为厚 51m 的第四系冲积亚黏土、淤泥质亚黏土、亚黏土夹亚砂土、粉砂、细砂、含砾细中砂及圆砾、下伏砾岩、砂岩。强风化砾岩顶板标高为 $-27.7 \sim -31.5$m，岩性破碎，强度较低；弱风化砾岩顶板标高为 $-29.2 \sim -44.2$m，完整性较好，饱和单轴抗压强度在 $12.8 \sim 29.4$MPa 之间。

2. 水文地质条件

地下水埋深上部潜水为 $0.4 \sim 0.6$m，下部承压水为 $1.05 \sim 2.5$m。基岩裂隙水水量不均，具有一定的承压性。水文地质参数见表 21.1。

表 21.1 南锚碇水文地质参数表

岩性	导水系数 T （m²/d）	越流系数 （L/d）	渗透系数 K （cm/s）	弹性释水系数 u	压力传导系数 a （m²/d）
亚砂土			7.52×10^{-4}		
亚黏土		4.04×10^{-4} ~3.08×10^{-3}	1.74×10^{-4}		
细砂	565.8		1.58×10^{-2}	2.48×10^{-3}	273689
圆砾			2.74×10^{-2}		
砾岩			$1.16 \times 10^{-4} \sim 2.54 \times 10^{-4}$		

21.1.3 南锚碇圆形地下连续墙设计施工要点

初步设计阶段根据南锚碇的地质情况、防洪要求、施工设备以及施工工期安排等提出了圆形地下连续墙、矩形地下连续墙以及沉井方案。

由于沉井在下沉过程中刃脚处会发生翻砂现象，周边土体发生漏斗形下陷变形，周围土体形成主动破裂区或被动破裂区，影响范围较大。首节沉井需采用排水下沉，降水会破坏挡水帷幕，引起长江大堤沉降。另外，由于洪水位高于锚碇处地面标高，一个枯水期不能完成沉井施工，大开口沉井周边会发生管涌现象，渡汛风险大。

而地下连续墙可在一个枯水期施工完毕，其密水性较好，再在其外侧 10m 处采用自凝灰浆法设置防渗墙，这样防洪安全更有保障。最终选择采用圆形地下连续墙方案，见图 21.1。

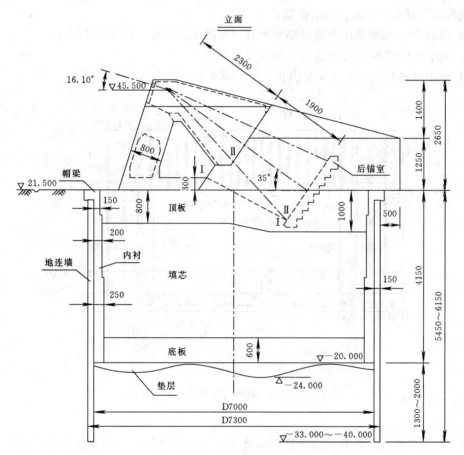

图 21.1　南锚锭一般构造

基坑支护设计要点：

根据南锚碇地质情况及防洪要求，南锚碇基础采用内径为 70m，壁厚为 1.5m 的圆形地下连续墙加钢筋混凝土内衬作为基坑开挖支护结构。地下连续墙嵌入弱风化砾岩 1～2.5m，至标高 −33～−40m，地下连续墙总深度 54.5～61.5m，开挖深度 45m，采用 35 号水下混凝土。地下连续墙施工完成后，采用逆作法，分层 3m 开挖土体，分层施工内衬。内衬采用 30 号混凝土，厚 1.5～2.5m。

1. 地下连续墙槽段连接型式

地下连续墙具有墙体深、厚度大、嵌岩等特点，为确保地下连续墙的施工质量和施工进度，本工程采用两台 HF12000 液压铣槽机。通过对五种接头方法进行综合经济技术比较，确定采用铣接法的平接连接方式。

2. 地下连续墙嵌岩深度

通过对地下连续墙周边地质条件的研究，避免地下连续墙底脚发生渗流以及踢脚破坏，保证基坑的抗隆起稳定性，地下连续墙在基坑底面以下入土深度不小于10m。地下连续墙嵌入弱风化砾岩1～2.5m，地下连续墙总深度54.5～60.5m。

3. 地下连续墙封水、降水、排水

采取以下封水、降水、排水措施：

1）墙底10m深度范围内设置灌浆帷幕（见图21.2）。

2）地下连续墙外10m处设置自凝灰浆防渗墙。

3）坑内设置井点降水井以及砂井。

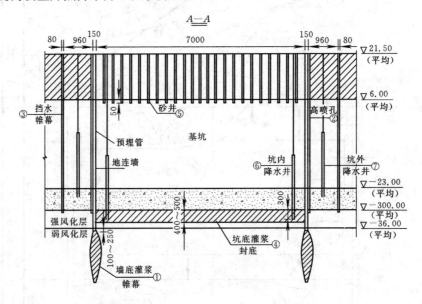

图 21.2　封水、降水、排水总体平面布置

4. 防渗墙设计

采用自凝灰浆墙，布置在地下连续墙外10m处，与地下连续墙呈同心圆，直径93m。墙底穿过砂砾石层，深入基岩0.5～1.0m，平均深度51.5m。

根据圆形地下连续墙墙底基岩的裂隙及渗透系数，在设计最大水头差的情况下，计算基坑外向基坑内的渗水量。

5. 地下连续墙施工要点

导墙→成槽→下钢筋笼及注浆管→插入导管→浇水下混凝土→循环下一槽段施工→完成地下连续墙及墙底注浆。

21.1.4　结语

圆形地下连续墙在施工过程中，其受力、变形得到很好的控制，基坑封水效果很好，每天抽水量仅为200m³，基底始终处于干燥状态。其施工速度之快，变形影响之小，创国内深基坑之最。

施工监测结果与计算结果相比，钢筋拉应力偏小，最大位移两者基本相同。

21.2 广州黄埔珠江大桥锚碇

21.2.1 概况

本工程位于广州市的东部，是珠江三角洲经济区主要的交通干线，是广东省规划建设的一条环绕华南中心城市的高速公路。该高速公路由珠江三角洲环形高速公路东环段、西环段、南环段及北环段组成。

珠江黄埔大桥是广州东二环高速公路跨越珠江的重要工程。珠江的江心洲—大濠沙岛将珠江黄埔大桥分为北汊桥及南汊桥，即北汊桥 383m 独塔双索面钢箱梁斜拉桥与南汊桥 1108m 单跨悬索桥。

南汊桥采用双塔单跨钢箱梁悬索桥，跨径组成为 290m+1108m+350m，北塔桩号 K10+026m，位于大濠沙岛的大堤外侧浅水区，距离堤脚 20m；南塔桩号 K11+134m，位于南岸边滩浅水区。北锚碇位于大濠沙岛上，桩号 K9+736m；南锚碇位于南岸阶地上，桩号 K11+484m。北边跨为 290m，边中跨比 0.262；南边跨为 350m，边中跨比 0.316。锚碇结构见图 21.3。

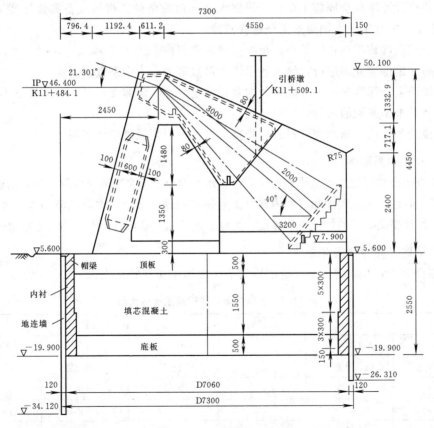

图 21.3 锚碇总体构造图

珠江大桥桥位处河道百年一遇洪水的设计水位为 7.00m，历年最低水位为 3.09m；风暴潮最高潮水位为 6.73m，最低潮水位为 3.29m，高潮平均水位为 5.73m，低潮平均水位为 4.18m，平均潮水位为 5.00m。涨潮最大潮差为 7.44m，平均潮差 1.55m，落潮最大潮差 2.93m，平均潮差 1.55m。300 年一遇洪水最大流速为 0.94m/s，平均最大流速为 0.76m/s。

桥区水道受潮汐影响，潮汐为不规则半日潮，在一个太阴日内两涨两落，且两次高、低潮位和潮差各不相同，涨落潮历时也不相等。

锚碇施工期间正处珠江大汛期，施工洪水频率取为 30 年一遇，其相应潮水位低于现有围堤顶。

21.2.2 对原施工图设计的评审意见

2005 年 1 月 9～11 日，广东省交通厅在广州市主持召开了"国道主干线广州绕城公路东段（珠江黄埔大桥）主桥部分施工图设计审查会"。与会专家认为施工图设计的内容和深度基本上达到了要求，经过修改、完善和补充后可以用于工程施工。此外，应完善以下几点：

1）补充完善有关工程地质、水文地质、地震参数等方面的设计基础资料。

2）建议根据两个锚碇的圆形地下连续墙的结构受力特点，结合水文和地质条件，深化分析计算，进一步优化结构设计和配筋。

3）建议设计单位会同施工单位，根据水文和地质条件、机具设备和施工环境等，合理确定施工方案和工艺。加强施工全过程监控。

4）导墙底部粉喷桩长度偏小，至少应深入砂层内。

5）补充勘探应立即进行，给出各层渗透系数等岩土力学系数。

6）墙底入岩深度应综合考虑各种因素后确定，不一定非要穿过 18m 厚的强风化层。

7）墙底帷幕灌浆的可行性应经试验验证。

8）锚碇基坑应根据勘探资料进行降排水设计，力争做到经济实用。

21.2.3 补充地质勘察

继续查明南北锚碇所在地段的地层岩性、水文地质及不良地质条件等，重点勘察基岩的埋藏深度、岩性、风化程度和节理构造等。通过室内外岩土物理力学试验和水文地质试验，为锚碇的设计提供必要的物理力学参数，为地下连续墙和基坑开挖提供岩石鉴定依据。

21.2.4 场地工程地质条件

经综合分析，北、南二个锚碇的地质条件大体相同（见表 21.2）。

表 21.2 北锚碇与南锚碇地质条件比较

编号	北锚碇	南锚碇	编号	北锚碇	南锚碇
〈1〉	人工填土层	√	〈4〉	亚黏土	不连续
〈2-1〉	淤泥、淤泥质土	√	〈5-1〉	全风化岩	√
〈2-2〉	粉细砂	√	〈5-2〉	强风化岩	√
〈2-3〉	淤泥质砂	√	〈5-3〉	弱风化岩	√
〈3〉	中粗砂	√	〈5-4〉	微风化岩	√

差别在于南锚碇的中粗砂层较厚，渗透系数较大；岩石风化破碎程度比较大，透水性

大，基坑渗流量大。

21.2.5　水文地质条件

1. 地下水位

(1) 北锚碇地下水位

孔隙含水层埋藏较浅，勘察期间揭露地下水埋深 $0.85\sim1.3m$，相应地下水位标高为 $4.30\sim4.75m$，属微承压水。基岩裂隙水埋深 $0.65\sim1.10m$，相应水位为 $4.50\sim4.95m$，属承压水。

(2) 南锚碇地下水位

孔隙含水层地下水埋深 $1.0\sim1.8m$，相应地下水位标高为 $3.80\sim4.60m$，属微承压水。基岩裂隙水埋深 $0.7\sim1.30m$（以上水位均从地面绝对高程 $5.6m$ 算起），相应水位为 $4.30\sim4.90m$，属承压水。

2. 渗透系数

在本场地的初勘和补勘过程中，均进行了群孔抽水试验（初勘只进行了砂层抽水），并提出了有关地层的渗透系数（见表 21.3 和表 21.4）。

表 21.3　初勘主要地层渗透系数 (k) 建议值　　　　单位：m/d

岩土名		淤泥、淤泥质土	砂层	亚黏土	全风化混合岩	强风化混合岩	弱风化混合岩	微风化岩	备注
北锚碇	k	0.50	8.5	0.03	0.03	0.5	0.7	0.30	
南锚碇	k	0.50	6.5	0.03	0.03	0.5	0.7	0.30	

表 21.4　补勘主要地层渗透系数 (k) 建议值　　　　单位：m/d

岩土名		淤泥、淤泥质土	砂层	亚黏土	全风化混合岩	强风化混合岩	弱风化混合岩	微风化岩	备注
北锚碇	k	0.001	2.5	0.025	0.008	0.50	1.00	0.131	
南锚碇	k	0.0002	7.5	—	0.02	0.20	3.50	0.131	

3. 潮汐对地下水位的影响

孔隙含水层和弱风化岩层的裂隙含水层的地下水位均受潮汐水位的影响。其中南锚碇地下水位受潮汐影响很明显，水位滞后效应小（约 $2.0h$），北锚碇地下水受潮汐影响略小，水位滞后效应较大（约 $3.5h$）。

4. 水文地质条件评价及建议

(1) 北锚碇基坑水文地质条件评价及建议

1) 本区存在两个主要含水层，上部为冲积含泥细砂孔隙含水层，总厚度约为 $14m$，渗透系数为 $1.174m/d$；下部为弱风化混合花岗岩裂隙含水层，渗透系数为 $0.1595m/d$，总厚度约为 $15m$。前者属于中等透水层，后者属于弱透水层。在两含水层之间的残积砂质黏土为相对隔水层，渗透系数为 $0.025m/d$，属弱透水层。

2) 冲积含泥细砂孔隙含水层和弱风化混合花岗岩裂隙含水层的地下水位均受潮汐水位的影响，并明显滞后 $2.5\sim5h$。

3）场地地面标高约为 5.6m（广州市城建高程），高于正常潮汐水位，基坑中心与珠江水面的距离约为 261m，故正常珠江潮汐对基坑施工和涌水量的影响不大，但需要作好防潮洪准备。

4）锚碇基坑支护钢筋混凝土地下连续墙，深度约为 36～40m，已全面穿透强风化岩，并进入弱风化裂隙含水带之中。预测经处理后的涌水量仅为 454～638m³/d，可采用集水坑汇水疏干方法。在开挖过程中，因含水层静储量大量排出，瞬时最大涌水量可达 1704m³/d，此时可采取适当减缓下挖速度。

5）基坑开挖深度为 30m，大部分位于强风化岩之中。据地下水渗流动力分析，基坑底部在稳定流状态下，入岩深度 $h_d=3m$ 处的渗流最大出逸（渗）坡降为 2.151，大于强风化岩的临界水力坡度经验值，可能会出现渗流破坏。应考虑加大地下连续墙深度和墙底帷幕灌浆等措施。

（2）南锚碇水文地质条件评价及建议

1）本区存在两个主要含水层，上部为孔隙含水层，总厚度约为 21m，渗透系数为 3.238m/d；下部为弱风化混合花岗岩裂隙含水层，渗透系数为 1.781m/d，总厚度约为 10m。两者均属于中等透水层。

与北锚碇相比，本工程段含水层渗透系数大、没有相对隔水层，基坑中心与珠江水面的距离仅为 88m，故本工程段的水文地质条件远比北锚碇段复杂，应引起注意。

2）孔隙含水层和弱风化混合花岗岩裂隙含水层的地下水位均受潮汐水位的影响，并有一定的滞后现象（2.0～5h）。

3）场地地面标高约为 5.6m，高于潮汐水位，但基坑中心与珠江水面的距离约为 88m，故对珠江潮汐对基坑涌水量有较大的影响。

4）锚碇基坑支护用钢筋混凝土地下连续墙，深度约为 34.5～36.0m，已全面穿透强风化岩，并进入弱风化裂隙含水带之中。当墙深 34.5m 时，预测涌水量为 1551m³/d，需要采取帷幕灌浆等措施。

5）基坑开挖深度为 25.5m，大部分位于强风化岩之中。根据地下水渗流动力分析，基坑底部在稳定流状态下，出现渗流破坏的可能性高于北锚碇，应考虑加长地下连续墙深度和墙底帷幕灌浆等措施。

6）在开挖过程中，因含水层静储量突然大量排出，瞬时最大涌水量可达 6270m³/d，对工程施工条件有一定的影响。

21.2.6 基坑渗流计算

1. 概述

根据本工程特点，专门进行了基坑渗流计算，主要计算方法有三维空间有限差分法、平面有限元法和简化计算法。

2. 对墙底入岩深度 h_d 的探讨

h_d 的大小，关系到基坑工程安全和工程造价，应当慎重选择。

h_d 不但要满足基坑和墙体的稳定和强度分析，还要满足渗透稳定要求，也就是要满足平均渗透比降和最大出逸比降以及抗突涌的要求。

本次计算曾选取 h_d＝4m、8m、10m、13m 进行比较，发现 h_d 与墙体内侧弯矩成反比关系，即 h_d 越小内侧弯矩越大，则墙底渗透比降越大，越容易造成基坑涌水破坏。由此看来，应当综合考虑几方面的影响，进行分析比较计算，再选择合适的 h_d。

原设计最小 h_d＝3.0m，经渗流计算，出逸比降很大，远远超出允许值，不宜采用。

本次计算采用北锚碇 h_d＝6～9m，南锚碇 h_d＝9～10m。此时的 h_d 并不是指地下连续墙的深度，而包含防渗帷幕在内的深度。

3. 计算断面

北锚碇选在详勘钻孔 MDZK9 处（即 9、10 墙段），南锚碇选在详勘钻孔 MDZK18 处（即 25、26 墙段）。

这两处是最不利的断面，因其上面没有（或极少有）隔水层，砂层和基岩中水互相连通。

4. 计算成果分析

（1）三维空间有限差分法

从计算结果可以看出，h_d＝3.0m 时北锚最大出逸比降 i_{max}＝2.151，远远大于强风化层的允许比降 0.7；同样 h_d＝3.0m 的南锚碇基坑，其最大出逸比降达 1.568，均可能发生渗透破坏。因此原设计的最小入岩深度 h_d＝3.0m 是不安全的。

而当 h_d＝6m 或 h_d＝9m 并在墙底下进行帷幕灌浆，即无大碍。

（2）平面有限元法

从计算结果表中可以看出，h_d≤6.0m 时基坑不安全。如果墙底帷幕灌浆深入到微风化层，则基坑是稳定的。

（3）简化计算法

计算原理见本书第 7.2 节。

在分层地基中，可以认为总的水头损失等于由各分层地基中水头损失之和，且各层土的渗透系数 k 和渗透比降 i 成反比。由此首先求得最小的渗透比降 i（其渗透系数 k 最大），再推求其余 i 值，再分段求出其水头损失值，最后可得到地下连续墙上的全部水压力图形，并且可以判断基坑底部渗流是否稳定。

计算结果见图 21.4。

5. 渗流计算小结

通过基坑渗流计算，可以了解到它的必要性。在本工程条件下，应当把渗流计算出来的 h_d 作为基坑地下连续墙入岩深度的主要依据。

两个锚碇均应考虑把地下连续墙墙底的入岩深度 h_d 增加到一定的数值，方可保证基坑不会发生事故。并且要求把透水性很大的墙底弱风化层和部分的微风化层用灌浆的方法加以封堵，使基坑能够正常施工。

21.2.7　基坑防渗和降水设计

1. 设计要点

本工程的两个锚碇位于珠江岸边或江心岛上，其锚碇基础要穿过较厚的淤泥土层和易液化砂层以及风化的花岗混合岩层，地下水位很高且承压，所以基坑和地下连续墙的运行条件是很不利的。为了保证地下连续墙施工期间和基坑开挖的安全运行，就需要采取综合

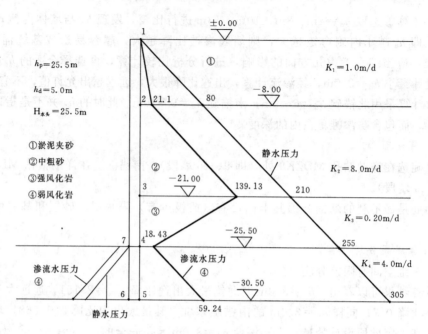

图 21.4 渗流计算图

的技术措施来实现这一目标。

首先是选定全适的施工平台高程和加固措施,使地下连续墙在安全的环境下建造完成;其次应当对导墙的深部地基予以加固,保证地下连续墙施工期间不会发生坍塌事故和墙壁面的平整度过大问题。

为了防止基坑开挖过程中出现漏水事故,应当考虑以下几项措施:

1) 地下连续墙墙底要深入岩层内足够长度,基本保证基坑不会发生严重的渗透破坏事故。

2) 墙底以下要设置防渗灌浆帷幕,其深度应足以保证基坑不发生渗透破坏和便于正常施工。

3) 在地下连续墙与墙接缝外侧进行高压旋喷灌浆,以增加接缝止水的抗渗安全度。

4) 在墙外侧设置简易的防渗墙帷幕,增加基坑开挖期间的安全。对于南锚碇基坑来说,因其地基下部没有黏土隔水层,全风化层又缺失,砂层中水和岩层中水连通,所以采取外围防渗墙帷幕很有必要。

5) 基坑降水和岩层排水。基坑上部要降水,下部基岩透水性较大,也要降水。

2. 地下连续墙设计要点

关于墙底入岩深度 h_d,前面已进行了讨论。这里想指出的是由于北锚碇残积亚黏土④和全风化岩〈5-1〉的隔水作用很强,而且岩石性能较好;南锚碇虽然基坑深度较小,但地层透水性大,岩性又较差,所以南锚碇的 h_d 应比北锚碇的大些。采用 $h_d=3.0$ m 是不安全的。

从墙底入岩来说,北锚碇大都深入到弱风化层中,个别有进入微风化岩中者;而南锚碇则大都深入到微风化岩中。

本工程两个锚碇的弱风化岩的透水性较大,属中等透水层,不能把墙底放在此层。建议在原墙底下部设置水泥灌浆帷幕, 深度 10～15m, 进入微风化岩层内。

3. 墙底灌浆

(1) 概述

由于本工程基岩表层的弱风化层透水性大, 属中等透水层, 完全靠地下连续墙来解决岩石渗流是不安全的, 也是不经济的。因此在本工程地下连续墙墙底要设置防渗灌浆帷幕。

墙底灌浆有两个目的: 一个是清除墙底存在的沉淀淤积物, 堵塞挖槽时造成的岩石裂隙, 提高墙底岩石的承载力和防管涌能力; 另一个是延长墙底的防渗路径, 进一步降低渗透比降和出逸比降, 降低基坑底部的涌水量。

(2) 墙底灌浆帷幕设计 (见图 21.5)

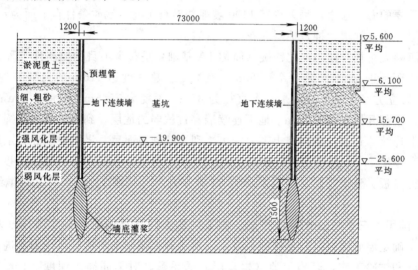

图 21.5 防渗帷幕图

深度取为 10～15m, 底部深入微风化层内 1.5m, 两排, 最小孔距 1.4m。压水试验结果显示单位吸水率 $q=3.2Lu$, 一般水泥浆难以灌入岩层, 可考虑采用磨细水泥或改性水玻璃浆液灌浆。灌浆压力不宜小于 3MPa。

(3) 南锚碇墙底灌浆设计

南锚碇墙底灌浆帷幕深度取为 10～15m, 底部深入微风化层内 1.5m, 两排, 错开布置, 最小孔距 1.4m。由于基岩透水性大, 单位吸水率 $q=17.8Lu$, 可采用水泥灌浆。

(4) 灌浆试验

有关灌浆参数应通过试验确定。

4. 基坑降水

上部淤泥层应一次降水到其底面以下, 令其早些固结, 便于土方机械运作。以下地层开挖时, 则每次降水到该坑底以下 1.0～2.0m。

基岩内要设置排水孔明沟排水, 估计坑底涌水量不大。

21.2.8 小结

黄埔大桥锚碇基坑是 2005 年广州地区在花岗岩地区施工的深基坑, 由于在地下连续墙内预先埋设灌浆管,在地下连续墙完工后进行了墙下基岩的水泥帷幕灌浆,取得了较好效果。此经验值得借鉴。

(本节选自丛蔼森"广州珠江黄埔大桥悬索桥锚锭地下连续墙施工图设计补充咨询报告",2005 年 4 月)

21.3　日本明石海峡大桥

日本明石海峡大桥是世界上跨距最长的悬索桥,桥长为 3910m,其中悬索桥跨距 1990m。工程开始于 1988 年,于 1998 年建成。两个锚碇施工区域为人工吹填而成。

明石海峡宽约 4km,沿桥长方向覆盖层的最大厚度约 110m,最大潮汐为 4.5m/s。整个海峡是重要的海上通道,每天约有 1400 艘船舶航行于此。地质条件自上而为:淤积层、上部洪积层、明石地层、神户地层和花岗岩基岩。

明石海峡大桥神户岸边的北锚碇(简称 1A 基础)是整个项目的控制性工程,直接影响到项目的顺利进行。1A 是一个长 85m、宽 62m、总高度达 115m 的大型混凝土块体,总方量 53 万立方米。其下基础是一个直径为 85m、深度为 75.5m、墙厚 2.2m 的地下连续墙竖井,内部开挖深度 64.5m。地下连续墙穿过软弱的地层,到达坚硬的花岗岩之中。

待地下连续墙建成,将内部土、岩挖出,到达基础底面后,浇筑垫层混凝土和钢筋混凝土底板和厚度 2.0m 侧壁内衬;筒内用碾压混凝土填实。孔部部分再浇筑厚度为 6m 的钢筋混凝土盖板。整个竖井共浇筑混凝土 38 万立方米(见图 21.6)。其上再继续浇筑锚碇结构。

1A 基础用了三年时间才得以完成。施工中最大问题是如何保持底部地基基础的稳定,也就是确定墙底插入岩石足够的深度,以避免开挖期间的渗透破坏。为此进行了详细的地质勘察和试验工作,以确定地(岩)层渗透系数。对不同插入深度(10m、15m 和 20m)进行空间模拟计算,最后选定插入深度为 10m,此时安全系数为 2.14。

在施工过程中,通过不同部位埋设的仪器进行监测。原估算渗水量为 200m³/d,实测值不到估算值的 25%。实测基坑隆起变形也在允许范围之内。

法国地基公司根据工程的技术特点和难点,与日本大林组合作,克服重重困难,设计制造和共同完成了该锚碇的地下连续墙的施工。

由于锚碇区域紧靠海岸线,施工之前先要进行人工回填,形成足够的施工平台。根据锚碇区域地质特点,设计施工的地下连续墙为圆形。

地下连续墙完全采用法国地基公司为此工程专门设计制造的超级液压、铣槽机

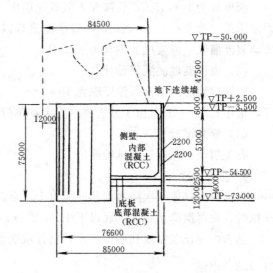

图 21.6　明石海峡大桥的锚碇

进行地下连续墙施工。

21.4　本章小结

　　本章叙述了三个悬索桥锚碇深基坑的设计施工简况。本章想着重表达的是，虽然深基坑位于岩石之中，仍要认真对待深基坑的渗流稳定问题。阳逻大桥和黄埔大桥都对基坑底部的岩石风化层进行了帷幕灌浆。而明石海峡大桥则是进行了详细的地质勘察和试验工作，以确定地（岩）层渗透系数，对不同入土深度（10m、15m 和 20m）进行空间模拟计算，最后选定入土深度为 10m，足见对此问题的重视。这些对于今后的类似深基坑工程都有很高的参考价值。

第22章   竖井工程

22.1   鹤岗煤矿通风副井

1974年首次在鹤岗煤矿的流砂地基中建成了深度达30m和50m的两通风竖井。这种施工方法改变了过去常用的冻结法可能造成的安全隐患，在煤矿行业中得到了推广和应用，有的还用地下连续墙建造煤矿的主井。到目前为止，全国各地已经建成了几十座这样的竖井。

22.2   意大利地下水电站的竖井和隧道

1. 概述

意大利在软土地基中建成了普热塞扎若竖井式抽水蓄能水电站。该水电站的4台立轴25万千瓦的发电机组安装在四个相距40m的内径达23.6～27.5m的地下连续墙竖井中。该竖井孔口高程159m，井底高程96m。竖井有效深度为63m，周边地下连续墙的最大深度为69m，是分成上下两个同轴竖井分别建造的。上井深35m，直径27.5m；下井深37m，直径23.6m（见图22.1），总面积2.1万平方米。

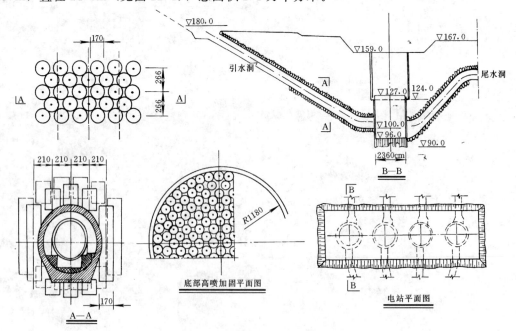

图22.1   地下水电站设计图

2. 工程地质和水文地质

该工程的地质状况由上而下可划分为黏土和超固结的粉砂土，粉砂和超固结粉砂（夹黏土），粗、细砂层三层，深处还有砂卵石。

地下水位于砂层和砂卵石层中，地下水位为高程130m。在该水位以下钻孔和注浆时，应先进行降水。降水井直径800mm，深70～80m，井底高程为89～79m，低于竖井底7～17m。

3. 井底加固

为了防止基坑坑底地基隆起破坏，在竖井开挖到最终坑底以上9m时暂停开挖。在此工作面上，采用高压喷射灌浆工法（T2法）进行喷射灌浆，以便在坑底形成一个厚6m的底塞，以提高地基的强度。

开挖到高程105m时，在此平台上使用CM－35钻架和T2高喷工法，向下钻孔并进行高压喷射灌浆，在高程96m以下建造一个厚6m的防渗帷幕体。它是利用两个动力头进行双轴灌浆施工的。

通过钻孔取芯验证，加固体的无侧限抗压强度达到了0.2MPa（黏性土）和0.9MPa（粗砂）。

4. 引水和尾水隧洞的施工

水电站的引水和尾水隧洞也是用特殊方法建造的。它使用高压喷射灌浆设备和技术（T2法）在隧洞周边建成支承围护和防水桩，再将洞内土体挖出，浇注洞身混凝土并安装管道。高压喷射灌浆工作是在地表进行的，最深达68m，实测孔斜小于0.8%，桩径达1.7m。用岩芯钻机取芯试验，测得其无侧限抗压强度达$300\sim500\text{N/cm}^2$，符合设计要求，足以保持洞内开挖时的稳定又不会使开挖太难。

5. 竖井的施工

由于担心孔斜的影响，导致63m深的竖井底部偏斜过大，造成水轮发电机等布置困难，所以采用了上下两个同轴竖井的设计。

竖井按地下连续墙的方法进行施工。上段竖井挖到设计标高以后，再进行下段竖井地下连续墙施工。通过降低地下水位来确保施工安全。

施工监测表明，井筒没有沉降。

6. 主要工程量

勘探钻孔：1910m；

井底加固：3200m；

钻孔进尺：111000m；

隧道加固：19220m；

地下连续墙：21000m^2；

降水井：25眼。

22.3　川崎人工岛竖井

日本东京湾横断道路中有一段长约10km的海底隧道，需要解决换气和掘进出发地问题。为此决定在隧道中部位置建造一个人工岛，岛中心设置换气通风井，同时作为隧道掘进出发地（工作井）。

人工岛是在 28m 的海水中建造的，直径 189m。其周边是用钢管桩和钢结构建造的框架结构，中心部位是一个内径 98m、深 119m、厚 2.8m 的地下连续墙竖井，详见图 22.2。

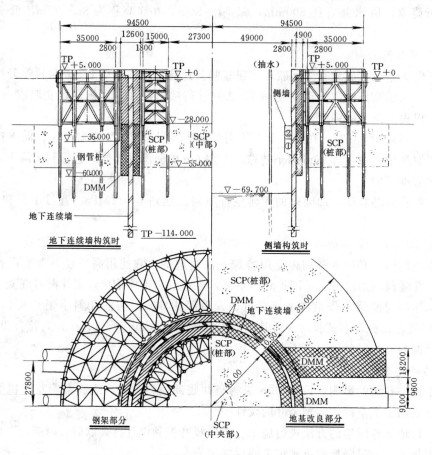

图 22.2　川崎人工岛

人工岛在水深 28m 以下的海底全是淤泥，-55.0m 以上的 $N=0$，-70.0m 附近为砂质土和黏性土互层的洪积土层，$-110 \sim -130$m 之间为 $N>50$ 的砂性土层，也是本工程的持力层。

在此情况下，综合考虑上部荷载、地基承载力、基坑侧向荷载以及涌水管涌的安全问题，在基坑开挖深度为 69.7m 的条件下，墙底应到达 -105m。但是考虑到此高程距不透水层还有一段距离，并为了减少基坑开挖期间的排水量，最后决定墙底加长 9m，到达 -114m 为止。

地下连续墙共划分槽段 56 个，一期槽段长 3.2m，二期槽段长 8.96m（见图 22.3）。

施工时把 119m 长的钢筋笼分为六段，分段制作分段下放。一期槽段钢筋总重 166.6t，最长一段 22.5m，重 35.7t。二期槽段钢筋最大一段重 61.8t。钢筋笼用船运到平台上。钢筋直径 35～51mm，间距 15～17.5cm。二期槽钢筋笼施工接头约 100 个。

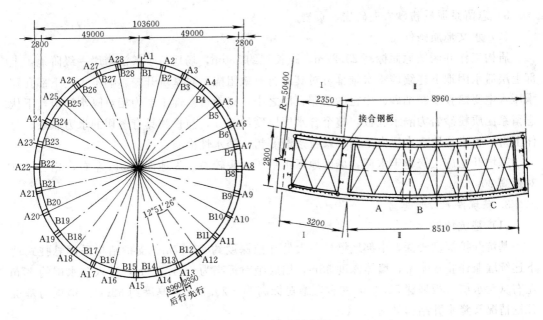

图 22.3 槽段划分图

混凝土设计强度 36.0MPa，实际取芯检测，平均强度大于 83.0MPa（最大平均值 84.80MPa）。

22.4 武汉长江隧道南段盾构井

1. 工程概况

武汉长江隧道工程位于武汉长江一桥与二桥之间，是一条沟通内环线以及武昌和汉口中心城区的重要通道。该工程江南段盾构井位于武汉理工大学（三层楼校区）足球场内，为盾构机进行隧道掘进前的始发工作井。

基坑形状呈长方形，起止里程 LK5+270～LK5+292.90，东西方向长 36.69m，南北方向宽 23.10m，基坑面积约 850m²，基坑开挖深度为 21.17m（绝对标高为 2.107m），中部地梁处最大开挖深度为 22.17m（绝对标高为 1.107m）。基坑采用 800mm 厚地下连续墙加内支撑（混凝土支撑及钢管支撑）作为围护结构，连续墙兼作止水帷幕。

2. 工程地质条件及水文地质条件

（1）工程地质条件

场区地层除地表为呈松散状态的人工填土和局部分布有第四系湖积层外，上部由第四系全新统冲积软～可塑粉质黏土组成，中部由第四系全新统稍密～密实粉细砂组成，下部基岩为志留系泥质粉砂岩夹砂岩、页岩。其岩土层结构特征如下：

1）人工填土层。

2）第四系全新统冲积层：

④-1 到 ④-5 为黏土和淤泥质粉质黏土的隔水层。

④-6 以下为粉土、粉细砂、中粗砂、⑥卵石等透水层。

3）志留系泥质粉砂岩夹砂岩、页岩。

（2）水文地质条件

盾构工作井区域地面标高23.27m，距长江约550m，场地位于长江南岸一级阶地，上部上层滞水因地下连续墙止水帷幕可对其进行有效阻隔，对基坑开挖影响不大，下部孔隙承压水主要赋存于粉细砂、中粗砂及卵石层之中，以上覆黏性土层为相对隔水顶板，下伏志留系泥质粉砂岩为隔水底板，整个含水层厚度约32m，与长江具有密切的水力联系。总体上讲，整个承压含水层由上到下颗粒逐渐变粗，透水性由弱变强。

基坑开挖施工跨越丰水期，场区地下水承压水头较高，为地面下3m左右，相当于绝对标高20.27m。

3. 基坑降水设计思路

（1）基坑特点

基坑开挖深度较深，中部地梁处最大处开挖深度约22.17m。支护结构采用悬挂式地下连续墙兼作止水帷幕，墙体深度38m，墙底绝对标高为−14.728m，进入含水层约17m左右（含水层底板埋深52.40m左右，绝对标高为−29.70m，厚约32m）。地层与基坑开挖情况及降水井结构见图22.4。

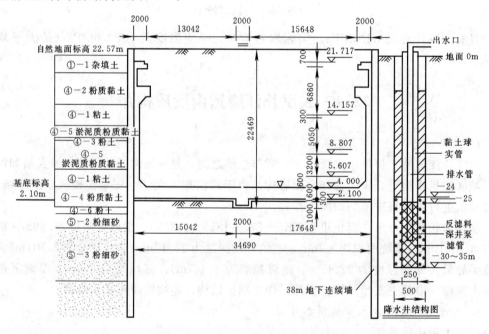

图22.4 基坑设计图

（2）设计思路

在天然状态下，下部承压含水层作用在顶板上的水头压力是与承压含水层顶板以上土层压力相平衡或小于上覆土压力的。但是随着基坑开挖深度的增加，坑底下隔水顶板土体厚度随着开挖深度的加深逐渐变薄，承压含水层顶板上覆土体自重应力逐渐减少，同时承压含水层中的承压水对隔水顶板的水压并未减少，而当承压水水压力超过顶板土体自重应力时，承压水就会突破上覆土层涌向已开挖基坑内，从而产生涌水、涌砂现象，形成地下水患。

　　该工程在充分考虑含水层的各向异性基础上，只是使承压含水顶板附近的粉土、粉细砂层中的承压水降到地面下 23m，尽量少涉及或不涉及承压含水层的主体部分（中粗砂、砾石层）的水头变化，即在降低上部粉细砂含水层水头的情况下，中、下部较粗颗粒含水层只有一部分水会通过垂直渗流补给上部粉细砂。由于垂直渗透系数远小于水平渗透系数，使位于上部含水层中的井抽出的水量可大大减少，而含水层顶板附近的水头同样可以达到要求的降深，确保基坑坑底土体的稳定，而中下部含水层中的水头高于设计要求的降深，甚至含水层底部的水头下降很小。因此含水层因水头下降引起土体骨架的变形量大大降低，这样使降水引起的地面沉降的影响范围及沉降量相对减小，即在保证基坑涌水量一定的同时，获取基坑降水的最大降深。

　　坑内降水和坑外降水的利弊：同等水位降深坑内降水所需井数偏少，经济投入小，但影响土方开挖和钢管支撑的施工，不利于对降水井系统的保护，同时增大后期封井的难度；如果将降水井布置于坑外，为保证良好的降水疏干效果，降水井的深度必须大于墙底深度，考虑深层含水层渗透系数较大，则布置的降水井数量需大幅增加，同时基坑涌水总量过大，相应抽排的含砂量过大，不利于对周边房屋及构筑物的沉降控制。

　　综合上述因素，考虑基坑周边建筑物分布过于密集，距基坑周边较近，且大部分建筑物基础均采用天然地基，对沉降变形极为敏感，为尽量减小高强度降水对其造成的沉降影响，结合地下连续墙体的深度以及含水层的渗透性能，降水井设计深度应浅于地下连续墙的深度 3~5m，同时考虑基坑长宽比不大，降水井的布置采用环形封闭式，沿基坑内侧布设。

　　4. 基坑降水设计计算

　　降水井作为临时抽水构筑物，主要目的在于人工降低基坑范围内的地下水位，以便工程基础施工能够在疏干和安全的条件下进行。

　　根据水文地质勘察报告，2005 年 3 月的非完整井的抽水试验资料，承压含水层渗透系数取 19m/d，影响半径取 250m，含水层厚度为 32m，承压水位按 20m 考虑。

　　计算公式采用《建筑地基基础设计规范》（GB 50007-2002）附录 7 中 F.0.5 基坑涌水量计算公式（承压水~潜水、非完整井、稳定流、均质含水层）。

　　基坑涌水量采用大井法进行估算，为 26755.60m³/d，即 1114.80m³/h。据计算所得的基坑涌水量，如果单井抽水量设计为 50m³/h，则需 22 口降水井。如果单井抽水量设计为 80m³/h，则需 14 口降水井。考虑到基坑面积小，降水井布置太多势必会对基坑施工、降水井维修及保养等造成很大影响，故该基坑单井抽水量按 80m³/h 设计，沿基坑内布置 14 口降水井及 2 口观测井（M1、M2），同时考虑部分安全储备，将明挖段处防淹门处 W15~W18 布置四口降水井兼作备用井。具体井位布置见图 22.5。

　　降水井布置在基坑内，呈环状，井距 5~9m。过滤器距连续墙大于 3m，且已避开基坑内支撑、结构及地梁等。为验算在不同深度的井深情况下，止水帷幕对单井流量的影响，井深按 30m、32.50m、35m 三种规格进行设计，成孔直径 500mm，井管直径 250mm，0~25m 为实管，25~30m（32.5m、35m）为滤水管。实管为壁厚 3~4mm 钢卷管，外径 250mm，滤管为壁厚 3~4mm 钢卷管，外径 250mm，侧壁钻孔，孔径 18mm，

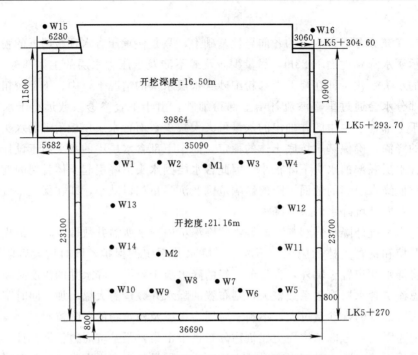

图 22.5 武昌盾构始发井水位降水井平面布置图

孔距 8cm。滤管外包缠 12 目钢丝网一层，60 目尼龙网三层。滤料填料 0~24m，降水井实管；部分填风干黏土球，滤水管部分填 2~4mm 绿豆砂。

5. 基坑降水信息化施工管理

（1）降水井的施工管理

为最大限度发挥单井降水效果，减少降水井群的井数，在满足降水井质量的基础上，要求管井的出水量尽量大一些，井损失尽可能小一些。因此，施工中应重点控制以下方面：

1）为了保证降水井滤水管的孔隙率，应严格按照规范要求控制在 20％以上，增大汇水面积，减少地下水涌入井内的阻力。

2）保证成井的钻孔口径，以便增大滤料的围填范围，增大过滤器及其周围的有效孔隙率，减小地下水流入过滤器的阻力，保证足够的涌水量，减小井壁水跃值。

3）严格控制滤料规格的大小，施工过程中严把管井的施工质量关，从严控制降水井单井的出水量及含砂量。

（2）降水运行系统

基坑开挖之前完成全部的安装调试试抽水，同时对电路系统和排水通道系统进行布置。电路系统采用双回路控制，以便在主电源临时停电时，在 10min 内继续供电抽水。

排水管道采用 ϕ89mm 泵管进入两条 ϕ350mm 钢管，再通过沉淀池汇入 ϕ800mm 主排水管进入市政排泄管网。

（3）降水井的维持运行

根据单井抽水试验和群井抽水试验反复验证确定的水文地质参数，采用"天汉"软件进行校检演算。根据地下水位的变化情况、土方开挖及支撑架设的总体安排，考虑不同的施工工况，将降水运行细化为 6 个施工阶段，在每一个不同的施工阶段，将承压水的水头控制在基坑开挖面以下 0.50～1m 左右。施工各阶段状况见表 22.1。

表 22.1 施工各阶段状况表

阶段	开挖深度 （m）	绝对标高 （m）	水位埋深 （m）	水位标高 （m）	备注
第 1 阶段	0～6.65	23.27～16.62	7.15	16.12	调试试抽
第 2 阶段	6.65～10.15	16.62～13.12	10.65	12.62	正式抽水
第 3 阶段	10.15～13.15	13.12～10.12	13.65	9.62	正式抽水
第 4 阶段	13.15～16.15	10.12～7.12	16.65	6.62	正式抽水
第 5 阶段	16.15～18.65	7.12～4.62	19.15	4.12	正式抽水
第 6 阶段	18.65～22.21	4.62～1.06	23.21	0.06	正式抽水

上述第 1 阶段期间，从施工安全上分析，开挖深度范围内不需要开启降水井，即地下水位位于开挖面以下或位于开挖面以上但不具备产生突涌的条件。开挖期间主要通过预挖集水坑对坑内明水及雨季积水进行抽排，方便土方开挖和外运。

后续阶段根据承压水位标高，主要将地下水水位控制在开挖面以下 0.50～1m 左右，开启坑内部分降水井进行抽排，降水井的启动尽量采用对称、均匀交错的方式开启。

当基坑开挖至地面下 22.21m 左右，盾构始发井进入结构底板浇注阶段，承压水控制在地面下 23m 左右，坑内全部降水井基本上要全部开启进行抽排。

基坑底板施工完毕并达到一定强度后，为减小降水井井管对结构施工造成影响，以及减弱长期抽水对周边产生的沉降，根据施工季节的地下水位，在充分考虑底板混凝土强度的基础上，合理调配开启井群的数量。因该始发井并未考虑基础抗浮，故应根据侧墙结构及中板的施工进度，在满足设计抗浮的前提下，逐步减少承压井的开启数量，待结构自身压重与承压水的顶托力平衡后才可停止全部深井降水。

停井顺序为"先里后外，先深后浅"，封井原则为"以砂还砂，以土还土"，对最后封堵的降水井，在井管内埋设注浆管，注浆方式采用双液注浆对其进行有效封堵。

6. 基坑突发事件及原因分析

2005 年 10 月 11 日，当竖井基坑开挖深度达到 18.50～20m 时。坑内一未封钻孔出现严重的涌水涌砂险情。总承包单位对其进行了及时回灌（用水和砂）并反压混凝土，才使险情得以有效控制，后来由武汉丰达地质工程有限公司设计并施工了双液注浆，才保证了基坑的顺利开挖。

分析该险情发生的原因，首先是涌水点出现在地面下 18.50m 处，而当时降水井的降深已经达到了 20m，同时坑内局部地方已挖至地面以下 20m 左右，为何会出现上述险情？后经在坑底施工了 3 种不同深度的观测井（地面以下 23m、25m、27m），取得观测资料说明了上述险情发生的原因：尽管降水井中的水位已降至地面以下 20m，涌水点出现在地面下 18.50m 左右，但因降水井的深度只有 32m，观测的水位是反映该深度处的承压水头，而勘探孔的深度肯定超过 40m。从地层结构看，26m 以下见砂层，且土体颗粒逐步变粗，渗透性增强，故钻孔中所反映的承压水头远高于降水井中所反映的承压水头。而在强含水层中，水头损失的程度是较低的，故而 18.50m 处的钻孔出现险情。

　　7. 基坑相关监测成果及分析

　　(1) 基坑内水位监测

　　由于基坑的开挖是根据施工的进度由浅入深、逐步分层开挖、分层架设支撑而开展的，因此具体的降水维持操作是根据开挖的加深逐步降低承压水水头，力求以最小的抽水量达到安全施工的目的，使地下承压水的抽排可能引起的地面变形和对周边建筑物的影响达到最小的程度。

　　通过信息法施工来指导基坑降水，有利于实时掌握围护结构及周边环境的动态变化，能尽早发现异常情况并及时处理解决。

　　(2) 基坑涌水量监测

　　根据 2005 年 10 月 21～22 日现场的实测数据，基坑涌水量（16 口井）平均约 674m³/h，比估算值（1114.80m³/h）减少 40％左右。基坑外东侧的 W18 井在盾构井内开启 14 口井及基坑外开启 2 口井的情况下，静水位为 11.50m，比设计计算时的水位（9.70m）高 1.80m。

　　原因为：前期设计未考虑止水帷幕对降水的影响，但当基坑存在的止水帷幕深度大于降水井深度时（该连续墙进入含水层 17m，占含水层厚度的 52.30％，较降水井深度深 3～8m），这个人工边界的形状、大小、插入深度影响了地下水渗流场的变化。主要表现为基坑外地下水水平渗透补给受到帷幕的阻隔，要通过墙底绕渗的方式由垂直向上补给，这就导致了坑外地下水的补给方向和渗流路径的增加，而垂直向的渗透系数大大小于水平向渗透系数，因此坑内的涌水量比设计时减少，同时坑外的观测井的地下水承压水头实测值比设计值偏高。本书 19.2 节也有类似现象。

　　(3) 基坑周边主要建筑物变形监测

　　基坑于 2005 年 6 月开始挖土施工，基坑内降水井于 2005 年 7 月 21 日正式启动，进行抽水作业。受边坡失稳的影响，8 月 23 日周边各建筑物观测点迅速呈不均匀下沉，且沉降速率超过设计要求。在险情发生后，施工单位立即对变形较大的周边建筑物进行基础加强处理（如广播楼基础进行注浆加固）。在建筑物基础加固处理后一段时间内，各建筑的变形得到了有效控制。但随着基坑开挖深度及降水井开启数量的增加，基坑周边建筑物继续变形。该基坑于 12 月 9 日浇筑底板，在底板浇筑完毕一段时间后，竖井内的降水井逐渐关闭，于 2006 年 1 月 18 日关闭完所有的降水井。同时可看出，自从基坑底板基坑浇注完毕并养护达到一定的强度后，各建筑物角、边变形观测点的沉降速率明显变小，并从 2005 年 12 月 25 日以后，各建筑物监测点呈平稳趋势。

　　基坑西侧的男生公寓（距基坑约 15m）最终沉降量均小于 10mm，基坑北侧的电教楼（距基坑约 24m）最终沉降量在 20～30mm 之间，基坑东侧的广播台（距基坑约 8m）沉降量较大，在 20～60mm 之间。基坑西侧的男生楼沉降量小于理论设计计算沉降量，但北侧的电教楼及东侧的广播台沉降量比理论计算沉降量偏大。

　　在降水影响程度相同的范围内，基坑周边地表的差异沉降较大，说明该工程中支护体系的变形对地表沉降影响比降水对沉降的影响要大。

8. 评论

武汉长江隧道工程江南段盾构井于 2005 年 6 月开始挖土施工，2005 年 12 月 9 日底板浇注完毕，2006 年 3 月 16 日侧墙及中梁施工完毕，满足结构抗浮后降水井全部封堵。通过该深基坑工程开挖的实践，证明该深基坑降水的设计与施工是成功的。

该深基坑降水的设计与施工成功之处主要表现在以下两个方面：

1）在武汉紧邻长江地段高富水性、高补给性区域，基坑开挖深度达 22.21m，采用中深井降低地下承压水，要好于前期业主拟采用的地下连续墙＋水平高压旋喷封底的五面封堵的设计方案，有效地缩短了施工工期及控制了施工的成本，创造了显著的经济效益和社会效益。

2）用信息化降水理念来指导深基坑施工，根据监测数据动态地进行信息法管理。通过水位及变形监测资料发现，在防渗止水帷幕的深度大于降水井深度一定范围且群井干扰抽水时，基坑实际涌水量小于设计涌水量，且坑内承压水位降深、支护结构及周边建筑物的变形量均在控制范围以内。

22.5　本章小结

本章提出了应当注意以下几个问题：

1）竖井开挖深度很大时，必须注意解决渗流问题。

2）川崎人工岛的深基坑全部建在软土地基中，是在 28m 深的海水中和 50 多米标贯击数 $N=0$ 的淤泥中施做了深度 119m 的地下连续墙和人工岛，实属罕见。为了安全起见，最后又把地下连续墙加深了 9m，使基坑底部的砂性土层厚度达到了 74.3m。此时的饱和土重可达 150t/m²，完全可以抵挡住地下水和海浪的冲击。

3）武汉过江隧道的盾构井则采取了另一种深基坑维护方式。在承压水含水层厚度很大的情况下，采用了短地下连续墙和降水减压井相结合的方案，并且降水井布置在基坑内部和滤水管底高出地下连续墙底的做法使本基坑的降水问题得到完满解决。

这一做法比短地下连续墙和水平高压旋喷帷幕相结合的做法要高明得多，风险小得多。

参考文献

[1] 丛蔼森. 地下连续墙的设计施工与应用 [M]. 北京：中国水利水电出版社，2001.

[2] 王立. 基坑工程应用技术 [M]. 武汉：武汉出版社，2008.

第 23 章 环保工程

23.1 概 述

23.1.1 发展概况

从 20 世纪 70 年代中期开始，国外有些国家把地下连续墙用于环境保护工程。美国 1976 年在提尔登铁矿尾矿坝中建成了地下防渗墙，以防止尾矿水对地下水的污染。意大利的某石油化工厂，则用深十几米和长十几公里的地下防渗墙把厂区围封起来，以避免对周围地下水的污染。

我国是在 20 世纪 80 年代初期开始采用地下防渗墙技术来治理地下水污染的。1980 年笔者所在的设计院接受冶金工业部环保局和某市环保部门的委托，对某铁合金厂的铬渣场造成的地下水污染提出治理方案。该厂采用溶解法生产金属铬，生产废渣中可溶性六价铬在渣场堆存过程中渗入地下水，威胁着位于下游的城市水源地的安全。考虑到当时（现在仍是）没有彻底根治六价铬的方法，建议在铬渣场周边修建一道深入到不透水岩层的地下防渗墙，把污染物封存在由底部不透水岩层和周边防渗墙围成的"地下盆"中，逐步降低周围地下水和土壤中的六价铬浓度，并将封闭圈内含六价铬的废水抽回到生产车间重复利用。由于降低了圈内地下水位，加大了圈内外水头差，使圈内的污水不易向外渗透，待适当的时候再治理封闭圈内的污染物。此工程于 1982 年完成并收到了显著的技术经济和社会效益。这个方法对于那些目前根本无法治理的有机的或无机的污染物，包括一些低放射性的废物，不失为一个切实可行的办法。20 世纪 90 年代中期，国内又有一些用地下连续墙来治理金矿废渣污染的工程出现。

23.1.2 机理

除了一些污染物可能因蒸发或放射作用向空中扩散一部分外，很多污染物都是以水为载体，随着水体的流动而扩散到远处的。所以它也要遵循水的流动规律：

1）由高处向低处流动，由压力高的地方向压力低处流动。

2）地下水所在地层渗透性大小，影响其流动（渗透）速度，即遵循达西定律 $v=ki$。（式中 v 为流速，k 为渗透系数，i 为渗流坡降）。

3）在某些地层，地下水会因毛细管作用，向水面以上爬升一段距离，通常很小，常可忽略不计。

23.1.3 应用范围

①有害的工业废物（液）堆放场的防渗体。②尾矿坝或选矿场的防渗体。③城市垃圾场的防渗体。④火电厂粉煤灰堆场的防渗体。⑤露天矿山的周边防渗体。⑥为防止海水内侵地下水建造的隔离墙。⑦石油化工厂的围封墙。⑧低放射性的废渣（液）防护体。

物长期渗透作用对墙的渗透性的影响，对含有塑性细粒的黏土与膨润土回填料和已试验过的污染物的大部分，可用调整细粒含量来保持渗透性在容许的范围内。可是，这必须保持足够的渗透作用时间，以便离子交换和孔隙液体的交换得以完成。必须通过检验来判断膨润土或土壤骨架是否易溶于污染物中，通常使用已经受污染的土壤进行检验，因为这些材料的混合物在受到污染物的渗透作用时变化较小。

23.3.3 污染物对混凝土材料的影响

1. 概况

这里将阐述含有水泥材料的混凝土（或砂浆）在污染物作用下的腐蚀（溶蚀）问题。下面以笔者在 1980 年主持的某铁合金厂铬渣场混凝土防渗墙设计时所做的混凝土溶蚀试验研究为例，来阐明地下连续墙抵抗污染的情形。

某铁合金厂在生产金属铬过程中，产生了含有可溶于水的六价铬离子废渣，在堆放过程中污染了地下水源，其矿化度高达 300～1000mg/L，总硬度达 10～20 德国度，pH 值大于 8.4。防渗墙建成后，封闭圈内的地下水矿化度和 pH 值会有显著提高，这对混凝土的侵蚀作用是否会加大？为此专门进行了防渗墙混凝土的抗溶蚀试验。

2. 试验方法和内容

到目前，还没有统一的试验方法可借鉴，根据本工程特点，采用了以下两种方法：
①用不同浓度的含铬水养护混凝土试块，测试不同龄期试件的抗压强度、渗透性和生成物的化学成分以及铬侵入混凝土内的数量，并同清水中养护的混凝土试件进行对比。
②在制铬车间和铬渣堆场采取已工作了 20 多年的混凝土试件进行矿物分析，以作为本防渗墙受铬侵蚀的佐证。

试验采用的是 28d 强度为 7.5MPa、抗渗标号为 S6 的黏土混凝土（掺入膨润土粉 47.3kg/m³）。养护用水为清水、六价铬离子浓度为 150mg/L 和 5000mg/L 的含铬水。养护龄期分别为 28d、60d、90d 和 180d。

X 射线衍射试验和化学成分分析试验的试样，是从试件表面的侵染层中取出磨细后，再过 4900 孔筛。

电子探针测试试件则是在试件表层取下小块，表面磨平抛光，并在真空中镀上一层碳膜。

3. 试验结果分析

（1）污染水对混凝土抗压强度和抗渗性的影响

从图 23.2 可以看出，抗压强度随龄期增加而增加，对六价铬浓度的影响不大，六价铬浓度增加对混凝土强度可能有增强作用。国外也有资料认为，混凝土中加入微量铬之后，能提高混凝土的强度和密度。

从混凝土的渗透试验结果中可以看出，即使在含铬浓度达 5000mg/L（相当于环境水的 30 倍）情况下，其抗渗性仍随龄期的增加而增加，与常规混凝土的变化规律是一致的。

（2）铬侵入现象分析

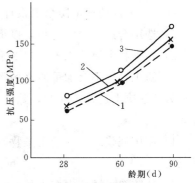

图 23.2 含铬水对抗压强度的影响

1—清水；2—含铬 150mg/L 水；

3—含铬 5000mg/L 水

　　1）养护水中铬的去向。经化学分析证实，养护水中的六价铬浓度随时间增加而减少。其中一部分吸附于试件表面和容器孔壁，一部沉淀于容器底部，还有一部分侵入混凝土试件内部。

　　2）铬侵入混凝土内的深度。劈开试件后可以观测到由于铬的侵染使混凝土表层变成黄色，最大浸染深度达 11mm（见表 23.1）。

表 23.1　铬侵入混凝土深度层

编号	浸泡天数	深度（mm）	六价铬浓度（mg/L）
1	65	8	5000
2	90	10	5000
3	180	11	5000
4	180	—	180

　　当六价铬浓度仅为 180mg/L 时，仅见到试件表面呈现黄色，测不出浸染深度来。

　　3）铬侵入数量及其对混凝土的影响。为解决这个问题，进行了 X 射线衍射分析、电子探针测试和化学分析试验。

　　不管是用此次试验的试件，还是现场采取的试件，均未测出可能危及防渗墙安全的临界六价铬含量。特别是在密实度很高的黏土混凝土中，铬的含量几乎为零。

23.3.4　小结

　　上面两种不同材料的试验结果说明，防渗体的材料组成和密实程度不同，对其抗污染能力的影响是很大的。混凝土和砂浆的防渗墙抗污染能力要高于帷幕灌浆、高压旋喷灌浆和深层水泥搅拌桩法形成的帷幕；而当渗透坡降大于 100 时，SB（黏土和膨润土的混合物）的抵抗污染的能力就会大大下降。

23.4　设计施工要点

23.4.1　概述

　　在污染地区的地下防渗墙设计和施工过程中，必须解决以下几个问题：

　　1）选用合适的墙体材料，以承受污染物（包括地下水）的长期侵蚀和渗透。

　　2）污染物和地下水不会对地下防渗墙的正常施工产生不利影响。

　　3）施工过程不会加重原来的污染，产生新的污染（二次污染）。

　　为了解决上述几个问题，除了选用合适的墙体材料和泥浆材料外，还应注意以下几个方面：

　　1）所用泥浆应能承受污染物（或地下水）的不利影响，泥浆回收系统也应放在封闭圈以内。

　　2）从防渗墙槽孔中挖出的钻渣应堆放到封闭圈内。

　　3）在施工顺序上，应先做封闭圈的上游方向的地下防渗墙，以便尽早把上游未被污染的地下水与污染区分隔开来。

23.4.2　防渗墙的平面设计

下面简要说明一下污染物堆场的防渗墙和抽水井的平面设计。

1) 不透水岩层埋藏较浅时，可将防渗墙直接伸入到岩石中去，见图 23.3 (a)。

当油罐等破裂漏油渗入地下，可能污染地下水时，可迅速在污染源下游修建防渗墙，并在其上游打井，抽出被污染水，防止污染水体流到下游地区，造成不利影响，见图 23.3 (b)。

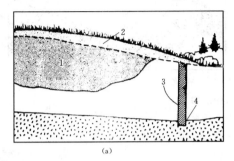 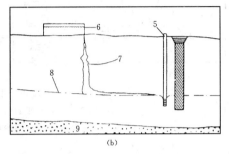

图 23.3　防渗墙的位置

(a) 墙底入岩；(b) 墙前抽水

1—垃圾场；2—黏土；3—防渗墙；4—基岩；5—抽水井；6—油罐；7—污染范围；8—地下水；9—岩石

2) 当污染物堆场较小且基岩埋深不大时，可修建封闭的防渗体将污染源封闭。对于圈内的污染水体，则可用泵将其抽出，送到处理厂去，见图 23.4。

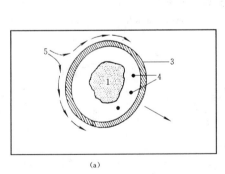 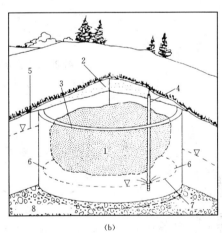

图 23.4　封闭圈防渗墙

(a) 平面图；(b) 透视图

1—垃圾场；2—黏土；3—防渗墙；4—抽水井；5—地下水；6—污染区；7—抽污水；8—不透水层

3) 有时也可把地下防渗墙修建成半封闭式的，见图 23.5。

4) 当污染物堆场位于河流分水岭一侧，此时只需在其下游方向修建地下防渗墙，见图 23.6。

5) 当污染物堆场建设在坡地上时，可以采取抽水的方法抽出污染水体，降低地下水位，使其避开污染物，见图 23.7。也可采用防渗墙方法，使地下水位降低，避开污染物。

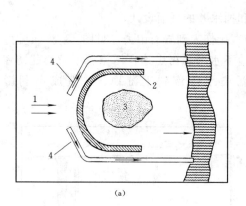
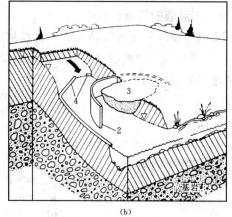

（a）　　　　　　　　　　　　（b）

图 23.5　半封闭防渗墙

（a）平面图；（b）透视图

1—地下水流向；2—防渗墙；3—垃圾场；4—排水沟

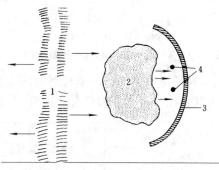

图 23.6　分水岭一侧的防渗墙

1—分水岭；2—垃圾场；3—防渗墙；4—抽水井

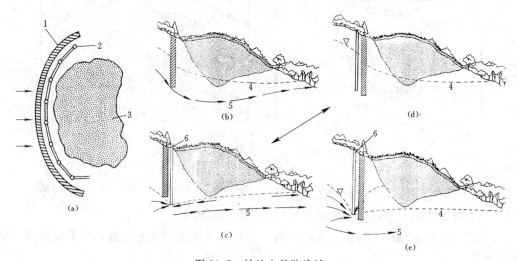

图 23.7　坡地上的防渗墙

（a）平面图；（b）抽水前；（c）抽水后；（d）抽水前；（e）抽水后

1—防渗墙；2—井点；3—垃圾场；4—原地下水位；5—新地下水位；6—处理厂

23.5　铬渣场防渗墙工程实例

23.5.1　污染情况和治理方案

1. 铬污染情况

某铁合金厂 20 世纪 50 年代末开始生产金属铬，自投产以来共积存铬渣 25 万吨，现每年约排放 15000t 铬渣，这些铬渣露天堆放在该厂西南角，形成了一个占地 4 万平方米、高约 15m 的铬渣山。从制铬车间排出的铬渣中，含有 30%～40% 的水和 0.8%～1.3% 的可溶性六价铬（有剧毒），被渗水带入地下，污染了土壤和地下水，使15～20km² 范围内的 1800 多眼水井遭受污染，7 个居民点的生活用水需从外面引水解决，各种农作物也受到不同程度的污染（见图 23.8）。地下水污染前峰已接近了某水源厂，威胁当地生活用水的安全。投产十几年来，该厂曾花费了 1000 多万元进行治理，虽使污染有所减轻，但污染问题仍未得到彻底解决。

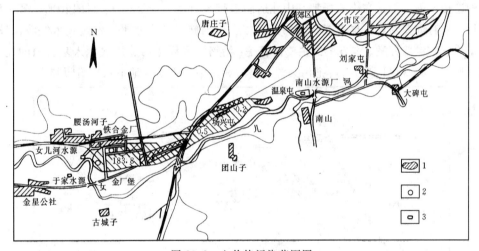

图 23.8　六价铬污染范围图

1—地下水六价铬污染范围；2—地下水污染源数字含量，mg/L；3—水源地

铬渣场位于河左岸一级阶地上，表层为厚 4～5m 的黏土，塑性指数 17～21，垂直节理比较发育，故垂直渗透比水平渗透性强。黏土层下面是厚度 5m 左右的砂卵石和砂砾石含水层，渗透系数 40～160m/d，地下水埋深约 5～6m。经取样进行物理化学试验表明：

1）在地面以下 2～3m 处的地层内，六价铬含量较大，最大含量在地面以下 0.5～1.5m 处。

2）在地下水位以上的砂砾石层中也含有相当多的六价铬。

3）基岩表层的土状风化带中尚未发现六价铬。

根据上述分析，可将六价铬的污染过程分为垂直渗透（富集）和水平运移两个环节。由于本工程的水文地质特点，入渗的六价铬除被水流带走一部分外，另一部分仍滞留在地下水位上、下一定深度的地层内。

观测资料还表明，在铬渣场开挖的一些抽水井和观测孔中产生了含铬地面水的集中渗漏，把大量六价铬带进了地下水中，这也是造成地下水污染的原因之一。

2. 治理方案

彻底改革铬的生产工艺，不再生产含六价铬的废渣，乃是消除铬污染的根本方法，但是目前还难以实现。

对于多年积存下来的大量铬渣所造成的污染，可以采用以下两种办法进行治理：一是像日本等国那样，根据目前治理铬污染的标准，设法把铬渣中的六价铬变成不溶性的三价铬，将其作为建筑材料、肥料或其他工业原料并加以使用，但是此种方法并不彻底；二是采取工程措施，把铬渣场封闭起来，使其与周围的地下水分隔开来，留待将来再去处理。

该厂曾投资 360 多万元，在铬渣场附近建成了一个以铬渣和硅锰渣为主要原料的制砖车间（几年试生产后已停止制砖），但每年亏损 100 多万元。同时每年还要支付铬渣污染罚款费 15 万～20 万元。因此，经过比较分析，认为目前切实可行的办法是把铬渣山封闭起来，与地下水隔开，先解除当前存在的污染公害，然后研究经济有效的治理方法。封闭的方法有两种：一种是在现有铬渣山表面做一层不透水的保护层，以隔绝降水或地面垂直渗透（富集）的途径；另一种是在铬渣场地基中建造防渗帷幕（墙），把含铬水封闭起来。第一种方法实行起来有许多困难，也不能根除污染。根据国内施工技术水平，经过技术经济比较后，选用了地下防渗墙方案。本方案的主要内容是：沿铬渣场周边修建墙底深入基岩内的地下防渗墙（见图 23.9 和图 23.10），把污染源（铬渣和含铬黏土以及地下水）封闭起来。

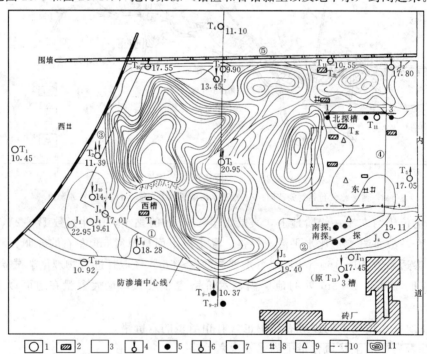

图 23.9 铬渣防渗墙工程平面图

1—施工次序；2—探槽；3—孔号、孔、孔深 (m)；4—压水钻孔；5—渗水试验；

6—抽水钻孔；7—探槽取样点，下部为取原状土；8—测地下水流速井；

9—厂过去打的井；10—渣场范围界线；11—渣场等高线，线距 1m

23.5.2　铬渣场防渗墙的试验研究

用地下防渗墙治理环境污染，目前还没有成熟经验，有些新问题需要通过试验研究来论证解决。防渗墙能否达到预期效果，必须解决好以下三个问题：

1）地下防渗墙的墙体材料须经受得住含铬地下水的长期渗透和化学溶蚀。

2）须能消除含铬地下水对防渗墙施工的不利影响。

3）须能控制防渗墙施工过程中不加重原有的污染，也不产生新的（二次）污染。

为了解决地下水六价铬离子对墙体材料的影响问题，进行了近一年时间的试验研究。试验结果表明，混凝土的抗污染能力强，抗压强度和抗渗标号随龄期的增加而增加，养护水质对它没有明显的影响，即使在养护水中六价铬离子浓度为现场地下水六价铬离子浓度的 30 倍，其结果也是

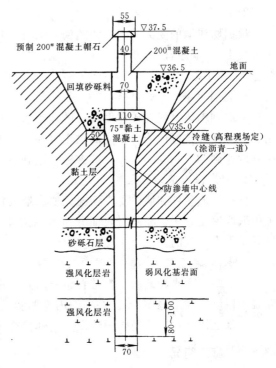

图 23.10　防渗墙标准断面图

如此。六价铬离子对混凝土有一定的增强作用。此外，在受铬侵蚀的环境中工作了 10～20 年的混凝土结构中取试样，经 X 射线衍射试验表明，在强酸和强碱条件下的混凝土中检测出了铬的化合物，而在铬浓度很高但 pH 值较低环境中工作了十多年的无渗渣场混凝土中尚未检测出铬。这说明在铬浓度较低和 pH 值为 7～8.5 的地下水中，铬对地下防渗墙的正常工作不会有什么不利影响。

泥浆是防渗墙施工中必不可少的材料。地下防渗墙的造孔和浇注工作都要在槽孔泥浆中进行，所以含铬地下水对泥浆的影响也是一个很重要的问题。为此，笔者调查了几个土料场，根据开采运输条件、泥浆性能和造价等方面的要求，最后选定了辽宁省黑山县八道壕公社的 200 目膨润土粉作为本防渗墙的造浆材料。实践证明，所选用的膨润土和泥浆配比完全满足要求。

地下连续墙施工需使用大量的泥浆和水，会将地表的铬渣带到地下水中或其他未被污染的地方去。如果控制不好，还会加重污染或造成新的污染（二次污染）。为此，进行了专题研究，在施工中提出了相应的措施和要求，达到了预期的效果。

23.5.3　防渗墙设计

1. 平面布置

根据工程地质条件、施工场地布置，及受到周围各种建筑物和设施的限制，对 4 个方案进行了比较，并征得冶金部有关部门的意见，选定了防渗墙方案，将防渗墙的总长度定为 800m。

2. 墙厚

根据防渗墙的受力情况、渗透稳定条件、造孔设备、施工水平以及所用墙体材料（黏土混凝土），墙厚宜为 70cm。计算了墙体应力，并对墙体的抗渗能力进行了核算。墙体结构见图 23.10。

3. 墙体材料

考虑到墙体材料在矿化度较高的地下水中化学溶蚀，以及六价铬离子的渗透作用，采用了密实度和抗侵蚀能力较高的黏土混凝土作为本防渗墙的墙体材料，要求其 28d 龄期抗压强度达到 $700\sim800N/cm^2$，抗渗标号达到 S_6，弹性模量控制在 $1400000N/cm^2$ 左右。

4. 墙底深入基岩的深度

根据地质条件和墙体受力情况，要求墙底深入弱风化安山质凝灰岩内 $0.8\sim1.0m$。施工中取样鉴定查明，在基岩表面分布着一层厚 $2\sim3m$ 的黏性土层，这对增加墙体的防渗效果是很有好处的。

5. 地面建筑物

为了防止雨水和地面水携带着铬渣而到处漫流造成新的污染，在防渗墙顶部设有一道混凝土栏墙，高出地面 1m。在墙的内外两侧设有排水沟，封闭圈内设有抽水泵房作为抽取地下水之用，在铬渣场周围新设了一部分观测孔（井）。

23.5.4 施工简况

本防渗墙是一项环保治理工程，其施工工艺与水利工程防渗墙有很多不同之处。防渗墙通过的地段多被污染，有的则直接位于铬渣上。在造孔过程中地表铬渣被带入地下水，同时污染了槽孔中的泥浆，在抽砂和换浆过程中又将这些污染物带到地面，且泥浆和混凝土生产系统每天都产生大量废水。这些废渣、废浆和废水，如果任其流放，可能加重原有污染或造成新的污染。为此，提出了以下措施：

1) 将钻机布置在防渗墙封闭圈外侧，排浆沟设在内侧，以便将造孔过程中产生的铬渣岩屑直接堆放在封闭圈内。施工中应避免扰动老渣山，不要将含铬很高的部位暴露出来。

2) 将整个防渗墙分成五段，按次序进行施工，以达到逐步降低地下水位和六价铬离子浓度、控制施工污染的目的。

3) 施工过程中产生的三废（渣、浆和水）必须经过检验和处理后，再排放到指定地点。在造孔过程中，发现槽孔内泥浆含铬量过高时，须及时投药加以处理。

4) 加强对地下水的监测工作，增加观测次数和化验项目，发现问题需及时处理。

施工过程满足施工组织设计中提出的要求，各方面进行配合，顺利地解决了施工污染问题。

在施工中，采用装配式钢导墙代替常用的木导墙或钢筋混凝土导墙。实践证明，这种钢导墙的安装、拆卸和运输都很方便，周转次数多，造价便宜，保证了防渗墙的顺利施工。

通过对砂石料场的调查，最后采用了质量较好的绥中石子，要求用造孔泥浆拌和混凝土，并加入高效外加剂，得到了和易性与流动性都很好的混凝土，每立方米混凝土可以节约水泥 100 多千克，节省了工程投资。

23.5.5　质量监控和工程效益

为了评价防渗墙的工程质量提出了下面四个办法：①在墙体内打检查孔进行压水试验；②在有代表性部位将防渗墙两侧土体挖去 5m 以上，实地观察测量墙体质量；③在防渗墙封闭圈内打一眼抽水井，通过抽水观测封闭圈内地下水位和六价铬浓度的变化情况；④在封闭圈内外补打一批观测孔，以观测分析铬渣场地下水位和水质的变化情况。

防渗墙共有 82 个槽孔，混凝土试块的抗渗合格率达到 100%，平均抗压强度为 841N/cm²，离差系数 $C_v = 0.15$，均方差 $\sigma = 12.6$，平均弹性模量为 14.4×10^5 N/cm²。在防渗墙工程中，墙体材料的主要指标能同时达到设计要求是很不容易的。墙体内钻孔压水试验结果表明，墙体的透水性是极小的。墙体钻孔和开挖情况表明，墙体质量均一，外观良好，墙面没有发现混凝土分界缝或夹缝（洞），墙体接缝处夹泥很少。

经过一年多的运行和观测，位于铬渣场下游 40m 的 5 号和 6 号截流井中六价铬含量已比建防渗墙之前下降了 85%～90%；封闭圈内外六价铬含量相差 50～100 倍。内外水头差达 0.5～0.8m，实现了设计上提出的圈外水位高于圈内水位的要求。在下游污染区内，检测井超标率和六价铬含量均有所下降，铬污染前峰正在后退（见表 23.2）。所有这些都说明防渗墙的防渗效果显著。

表 23.2　污染前峰地下水六价铬含量变化表　　　　　单位：mg/L

项　　目		最高值	平均值	最高值	平均值	最高值	平均值
1981 年		0.141	0.077	0.14	0.106	0.111	0.046
竣工后	1982 年	0.090	0.021	0.16	0.061	0.056	0.022
	1983 年	0.032	0.010	0.056	0.026	0.040	0.0064
	1984 年	0.016	0.0063	0.032	0.015	0.016	0.0037

防渗墙建成后，切断了地下水中六价铬的来源，使水中含铬量迅速下降，加上地下水本身的净化作用，使受污染区地下水质迅速好转，从而降低了这部分受污染水的处理费用，还可将抽出来的水作为工业生产用水（已经这样做了）。而封闭圈内六价铬浓度很高的地下水抽送到制铬车间，可作为铬盐的浸出液。

防渗墙建成后，在短期内解除下游污染公害，并解除铬对某城市主要产菜区的威胁，保护该城市主要水源地的安全和人民的健康。同时使工厂和环保部门有充足的时间去研究综合治理铬渣的办法。在尚无改变目前生产工艺前，为工厂提供了一个不会产生新污染的铬渣堆场，并为今后铬渣的回收利用创造了条件。

实践说明，本防渗墙已达到了原设计预期的效果。防渗墙工程的总投资（决算）为 421 万元，相当于过去 18 年铬污染治理费用（1100 万元）的 1/3 左右，从资金回收年限来看，防渗墙建成后 3～4 年，就能抵偿全部投资。

23.5.6　结语

1）采用地下防渗墙把铬渣场封闭起来。阻止污染源继续进入地下，对于其他工业废渣造成的地下水污染也是可行的。在目前条件下，无论从技术上，还是从经济上看，都是一种切实可行的办法。

2）位于污染环境中的防渗墙，与普通的防渗墙有许多不同之处，在设计和施工方面都必须解决一些特殊问题。

23.6　美国提尔登铁矿尾矿坝

　　美国密执安州提尔登铁矿的尾矿堆置区位于一邻近的天然洼地内，共需修建六座土坝封堵垭口。土坝为砂砾料黏土斜墙坝，其中最高的一座坝高 30.5m，斜墙厚 4m，下设防渗墙防止污水外渗（见图 23.11）。六座防渗墙全部采用自硬泥浆防渗墙，墙顶总长 3350m，其中最长的一道墙长 1646m，墙厚 0.6m，最大墙深 24m，总面积 49000m²。

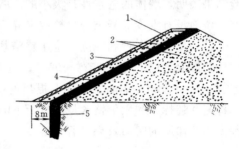

　　施工时首先用铲运机沿防渗墙中心线开挖一条宽 4.0m、深 0.9m 的基槽，然后用一台反铲挖土机挖深至 12m，再用两台导向抓斗挖至基岩。12m 以下的墙体部分分两期槽孔交错开挖，其中一期槽孔长 2.2m，二期槽孔长 1.6m。自硬泥浆主要成分的配比为水 1000kg、水泥 165kg 及膨润土 40kg。成槽两天后，灰浆经过静置而硬凝成果酱状胶体。这时沿墙顶铺一层厚 0.3m 的干黏土并放置一星期，任其沉陷。一星期后用羊脚碾压实，使黏土层与防渗墙顶紧密结合，此后即可填筑黏土斜墙和坝体。

图 23.11　提尔登铁矿尾矿坝防渗布置示意图
1—尾矿堆放最高线；2—砂砾料区；3—抛石护坡；
4—黏土斜墙，厚 0.4m；5—自硬泥浆防渗墙，厚 0.6m

　　自硬泥浆防渗墙于 1976 年兴建。采用上述 4 台设备施工，根据一次五天的施工记录，平均一天建墙 1225m²。每平米墙体的造价，当墙深在 12m 以内时为 40 美元，在 12～24m 时为 45 美元。

23.7　山区工业废渣堆场的防渗

23.7.1　概述
　　过去"三线"建设时期，很多工厂迁往内地山沟里。工厂生产的废物就堆积在山区河道两岸，有时已经进行了治理，有的虽已治理，但效果不好。
　　本节提出的两个工程实例，或许对类似工程有参考价值。

23.7.2　岸边废物堆场的防渗
　　1. 概况
　　图 23.12 所示的是山区河道岸边的废物堆场。该堆场是在河道左岸用当地的砂卵漂石堆积而成，高出河槽 10～15m。
　　该堆场一直运行正常。遭遇特大事故（如强震和洪水）的情况下，堆场未必安全，故需要采取新的防护措施。

该堆场地层上部为砂卵漂石，深约 10m，下部为页岩。堆场的北边和西边均为页岩出露。堆场地势为西北高，东南低。堆场内污染水可能向河道左岸渗漏。

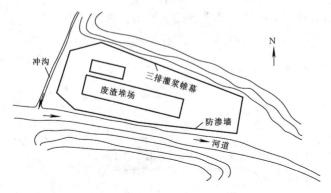

图 23.12　岸坡堆渣场平面图

2. 防护设计原则

笔者根据 1980～1982 年治理锦州铁合金厂铬渣场的设计施工经验，结合本工程情况，提出以下设计方案：

1）堆场周边建造灌浆防渗帷幕（见图 23.13），深入页岩的微风化层内 1.5m 以上，在周边形成防渗帷幕，防止堆场内污染水渗漏进入河道内。

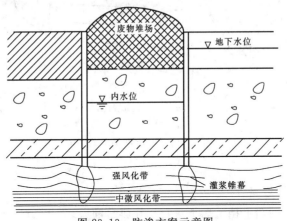

图 23.13　防渗方案示意图

2）在临河道地段的砂卵漂石层建造地下连续（防渗）墙，其目的是防止特大洪水对左岸护岸和堆场临河侧防渗体的冲刷破坏，同时也是为了增强场内污染水主要渗流方向的防渗能力。

3）在堆场内外设置观测井，随时监测地下水动向。

4）在堆场内设置抽水井，在周边防渗体建成后，用水泵抽一些污染水，使坑内地下水位低于外面的地下水位。在运行期间也要保持这种状态。这样做的目的是外边地下水可以渗入堆场内，但场内污染水不会外渗入河道中。

3. 施工及效果

目前该工程已经完工，效果很好。

23.7.3　河道废物堆场的防渗

1. 概况

图 23.14 表示的是一个山区河道堆场的平面图。它是利用原有的河道采取裁弯取直的方式，在保护老堆场的同时，又形成了一个新堆场。

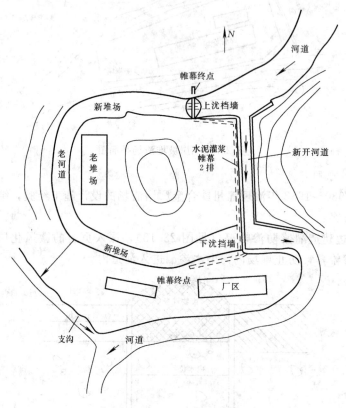

图 23.14　河道堆场平面图

2. 防渗设计要点

笔者采用如下设计思路：

1）在上下游河道的挡水挡土墙下进行水泥帷幕灌浆。

2）在两个挡墙之间施做水泥灌浆帷幕。

3）将灌浆帷幕向北岸和南岸延伸，直到灌浆帷幕顶部高程高出设计挡水位为止。

4）关于老河道污染水是否向支沟渗漏问题，经调查分析，认为不会发生。

5）老河道其他部分高山丘陵，不会发生向堆场外渗漏问题。

3. 实施情况

现已全部完工，效果很好。

23.8　本章小结

现在工业废物的治理已经刻不容缓了。

　　笔者从 1980～1982 年进行锦州铁合金厂铬渣场的设计施工以来，一直关注着这方面的进展。现对工业废渣堆场的治理提出以下建议：

　　1) 在堆场院周边设计防渗墙和防渗帷幕，工程重要性高的，应采用地下连续（防渗）墙下接水泥灌浆帷幕的设计方案。如果要求帷幕透水性很小，可考虑采用一排或多排化学灌浆帷幕。

　　此外，还可以采用只设地下连续（防渗）墙方案，也可采用只有水泥化学灌浆帷幕或高压喷射灌浆帷幕或水泥土搅拌防渗墙等设计方案。其中高喷和水泥土防渗体的透水性大些，应慎用。

　　2) 治理污染的一个重要指导思想是：抽出堆场内的污染水，降低场内地下水位，不使污水外渗。有些时候抽出的污染水还可送回车间，重复利用。

　　3) 有很多废物堆场位于山区河道岸边，遇大暴雨和洪水时，易被淹没或者冲毁，影响下游环境，故应及早做好堆场的防洪措施。

参考文献

［1］丛蔼森. 用地下连续墙治理地下水污染［J］. 地质与勘察，1997（1）.

［2］丛蔼森. 地下连续墙的设计施工与应用［M］. 北京：中国水利水电出版社，2001.

［3］丛蔼森. 李国芳，等. 混凝土（铬）溶蚀试验报告［R］. 北京市水利勘测设计院，1981.

［4］胡家恒. 土与膨润土泥浆防渗墙，防渗墙译文摘编（四），1983.

［5］P Spooner，R Wetzel. Slurry Trench Construction for Pollution Migration Control，1985.

［6］丛蔼森. 工业废物的工程治理技术和实例. 第二届废物地下处置学术讨论会论文集，2008（9）：517～530.

第 24 章 工程事故分析和预防

24.1 概 述

深基坑工程是个涉及多门学科和多个行业的综合性工程。在一些重要的大型工程中，基坑工程能否做得好，关系到整个工程的成败。本章主要讲述深基坑工程发生各种事故的原因、处理方法以及预防措施，相信会对今后深基坑的规划、勘察、设计、施工和管理等方面的工作提出一些建议。

根据本书宗旨，本章只讨论与地下水和渗流有关的一些问题。根据有关专家的看法，80%以上的深基坑事故（武汉地区是 90% 以上）与水有着直接或间接的关系，所以把这些问题解决好了，深基坑的安全度也就大大提高了。

有人曾调查了 243 个深基坑事故工程，发现事故由施工原因引起的排第一位，占46.6%；排第二位的是设计，占 39.9%。这个调查说明，设计这个环节在基坑工程事故中占了将近四成，必须引起足够的注意。当然，一个基坑发生事故，是由各方面原因造成的，涉及规划、建设、勘察、设计、施工、监理和质量监督等部门，包括周边环境、地质条件等各个方面。

基坑施工开挖过程中，由于受到基坑四周的侧向水、土压力、地面荷载和坑底下承压水顶托力的作用，往往产生一定的位移和变形。而当位移和变形超过基坑支护的承受能力时，基坑就会产生破坏。基坑破坏的常见型式见表 24.1。

表 24.1　基坑的主要破坏型式和特征

破坏型式	主要特征和原因
侧壁和边坡失稳	1）侧墙倾斜、断裂、地面塌陷 2）管涌、流土、流砂 3）整体滑坡
坑底隆起	1）对软土地基特性认识不足，计算失误 2）侧墙深度不够
坑底突水	1）承压水头过大 2）侧墙深度不够，上覆土重不够 3）大量突水、涌砂，坑外地面塌陷
支护结构破坏	1）荷载和设计参数选取不当 2）施工质量存在严重缺陷 3）补救措施不当

24.2　勘察、规范和设计问题

24.2.1　勘察问题

勘察本是一切工程设计工作的前提，但基坑工程中的很多事故都与勘察有关系，主要问题是：

1）勘察工作不细致，没有达到规范要求的精度和深度。

2）提供了错误的地质剖面图和错误的岩土技术参数。

3）施工过程中，未能及时了解新的情况，进行补充勘察。

天津地铁 1 号线某车站对承压水就有误判的情况。在该车站的初勘报告中，并没有提出地基中有承压水。在坑底突涌事故发生并造成周边居民楼被迫搬迁的事故后，才补充勘察，确认了承压地下水的存在，在一定程度上导致了设计失误。

24.2.2　规范的问题

作为全国性的基坑支护规范《建筑基坑支护技术规程》（JGJ 120－1999）在前期指导基坑支护设计方面起了很好的作用。但是随着近年来基坑规模越来越大，周边环境条件越来越复杂，特别是地下水的影响越来越大，该规程已经不能适应新的情况了，从而导致了不少基坑事故，甚至付出了血的代价。

有关此规程的问题已在 4.5 节进行了评论，这里不再叙述。

24.2.3　设计问题

直到 20 世纪 90 年代，全国也只是在京、沪、津等几个大城市有一些不太深的基坑工程，基坑的设计理论和实践也比较少，到 90 年代中期，还没有基坑支护设计规范可借鉴，没有适用的设计方法可让更多的设计人员使用。

还有一点，就是大多数基坑工程的设计人员对水力学，特别是渗流力学了解较少、应用不精，导致了不少不良的设计实例发生。

这里还要指出的是，有些工程建设单位或业主单位不按科学办事，为了按既定的工期完工，或为了降低工程费用，胡乱拍板定方案，结果欲速则不达，反而浪费了工程投资，造成了工程事故。

24.2.4　实例

1. 天津地铁 3 号线某车站

（1）工程概况

该车站为岛式站台，结构型式为双柱双层三跨的现浇混凝土框架结构。车站主体结构长 178.4m，结构标准段宽为 20.5m，端头井段宽度为 24.9m。车站主体基坑开挖深度约为 16.91～18.71m，采用 800mm 的地下连续墙。出入口、风道的开挖深度约为 10.25m，采用 ϕ850mm@600 的 SMW 桩。水平支撑均采用钢管内支撑体系。

车站设置了 4 个出入口及 2 个风道，采用明挖顺做法施工。

（2）车站周边环境

车站周边主要为已建和待建的民用建筑，北侧为新闻中心、商用及民用建筑，西侧为居住小区，东侧有立交桥等。

本工程主要受影响的建筑物为车站西侧小区的 1 号、4 号、5 号、6 号住宅楼，距车站西侧基坑的距离分别为 10.0m、11.9m、12.1m、14.1m。

（3）车站工程地质及水文地质概况

1）工程地质条件。

本站地面较为平整。站区地层从上到下依次为人工填土层、新近沉积层、第Ⅰ陆相层、第Ⅰ海相层、第Ⅱ陆相层、第Ⅲ陆相层、第Ⅱ海相层、第Ⅳ陆相层，见图 24.1。

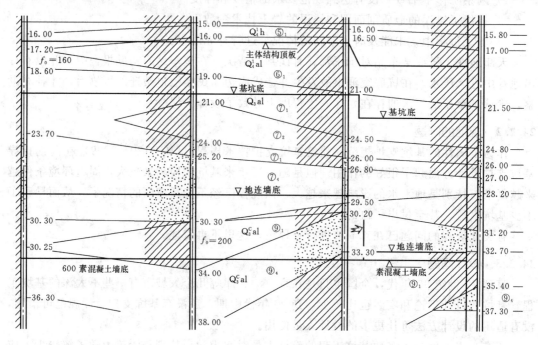

图 24.1　某车站基坑纵剖面图

本站地层上部为粉质黏土和淤泥质粉质黏土层，为不透水层，⑦层以下为黏性土和砂性土互层。

车站主体结构基底位于⑤₁ 和⑥₁ 粉质黏土上。车站主体结构的标准段地下连续墙（28m 深）未将第一层承压水隔断，其底部位于⑦₄ 粉砂中。端头井段地下连续墙（32m 深）虽将第一层承压水隔断，其底部位于⑨₁ 粉质黏土中，但是第二层承压水并未被隔断。此层承压水可从深墙侧面进入基坑中。

2）水文地质条件。

本场地内表层地下水类型为第四系孔隙潜水和赋存于第Ⅱ陆相层及以下粉砂及粉土中微承压水。

潜水赋存于人工填土层①层、第Ⅰ陆相层③层及第Ⅰ海相层④层中。该层水以第Ⅱ陆相层⑤粉质黏土、⑥粉质黏土为隔水底板。

潜水地下水位埋藏较浅，勘测期间水位埋深约为 1.65～2.40m。

微承压水以第Ⅱ陆相层⑤₁ 粉质黏土、⑥₁ 粉质黏土为隔水顶板，以⑥₂ 粉土、⑦₂ 粉土、⑦₄ 粉砂为主要含水地层，含水层厚度较大，分布相对稳定。勘测期间微承压水稳定水位埋深约为 2.13～4.53m。潜水、微承压水含水层含水介质颗粒较细，渗透坡降小，地下水径流十分缓慢。经抽水试验，①₁～⑤₁ 层渗透系数为 0.12～0.14m/d，⑥₁～⑦₆ 层渗透系数为 0.38～1.42m/d。

（4）施工概况

1）地下连续墙施工。

① 800mm 钢筋混凝土地下连续墙。

本工程车站主体围护结构采用 800mm 钢筋混凝土地下连续墙，共计 76 幅，总长 419.4m。

2007 年 12 月 12 日至 2008 年 1 月 28 日完成 54 幅地下连续墙施工，2008 年 6 月 22 日至 2008 年 8 月 1 日完成剩余 22 幅地下连续墙施工。

② 800mm 素混凝土地下连续墙。

2008 年 8 月 1 日至 2008 年 9 月 27 日完成 51 幅地下连续墙施工。

这是后来补做的防渗墙，但其墙底仍未封闭第一层承压水⑨₄ 含水层，所以基坑仍突涌。

③ 车站西侧地下连续墙接缝处理。

采用 φ600mm 咬合 200mm 高压旋喷桩，单根桩长 24m，共计 94 根。

这是为了防止接缝漏水，影响西侧居民小区楼房的稳定。但是由于原地下连续墙仍位于⑦₄ 粉砂中，仍难以避免承压水在基坑底部的突涌。

2）降水井施工。

先后两次施工了 39 口降水井，其中坑内潜水（疏干井）23 口，坑内减压井 3 口，坑外减压井 3 口，坑外观测井 10 口。先在坑内打减压井，后来又在坑外打减压井，地面继续沉降。

（5）基坑事故概况

由于地下连续墙底未进入不透水层，基坑开挖过程中，承压水坑底突涌不断发生。虽然补打了厚 600mm 的素混凝土防渗墙，但其墙底位于⑨₄ 层中，并没有封闭住该层的承压水，所以突涌事故不断加大，把已浇注的混凝土垫层都顶托起来，结果不得不把商品混凝土运来倒入基坑封堵承压水，封堵厚度达到 2.5m。

（6）评论

1）基坑坑底稳定计算。

下面是笔者根据工程地质和水文地质条件，对该基坑底部地基的稳定性进行的核算，计算简图见图 24.2，计算结果见表 24.2。计算公式为：

$$\gamma_{sat} t \geqslant k \gamma_w h_w$$

式中　γ_{sat}——土的饱和重度，t/m^3，取为 $2.0t/m^3$；

　　　　t——上覆的不透水层厚度，m；

　　　　γ_w——水的重度，取为 $1t/m^3$；

　　　　h_w——承压水头，m；

　　　　k——安全系数，$k=1.1～1.2$。

表 24.2　稳定性计算结果

计算剖面	ZD-588	JD583	标准段墙底
桩号	DK15+978.4	DK15+923.7	（位于⑦₄层中）
t	7.2	7.0	11.5
h_w	20.7	20.5	26.0
$\gamma_{sat}t\ (t)\ \downarrow$	14.4	14.0	23.0
$\gamma_w h_w\ (t)\ \uparrow$	20.7	20.5	26.0
$k=(\gamma_{sat}t)/(\gamma_w h_w)$	0.645	0.65	0.80

由以上计算结果可知，这几个断面的坑底抗浮稳定均不满足要求。

此外，求得渗透坡降约为 0.35～0.40，也大于允许渗透坡降，可以说该基坑的防渗设计不合理。

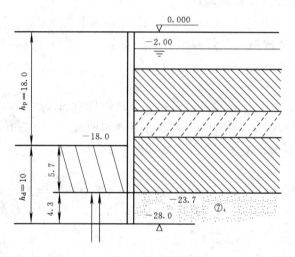

图 24.2　某基坑渗流剖面图

2）评论。

①按常规地下水渗流计算的话，地下连续墙的深度均未满足《建筑基坑支护技术程》（JGJ 120—1999）的 4.1.3 和 8.4.2 的要求（见 4.5 节），这道地下连续墙显然短了。

②这个基坑的问题，实际上是一个基坑底部地基抵抗承压地下水的突涌（水）的问题。笔者简单核算了一下，它的安全系数只有 0.65 左右，与允许值 1.1～1.2 相差很远。虽然一再采取各种补救措施，但始终把它的墙底放在⑨₄粉砂中，导致一错再错。

这些失误的关键是现行基坑支护规范存在不少问题，没有引起足够重视。还有就是有些设计人员对水和渗流理解不深。

③现在基坑越来越深，周边建（构）筑物对沉降和变位越来越敏感。在此条件下，应多采用垂直防渗方案，即以防渗为主的方案。也就是通过地下连续墙和水泥灌浆、深层搅拌桩或 SMW 相结合的方法，把防渗体做到足够深度，而不要大量抽取承压水，影响周边环境。

④像这个基坑表层存在有淤泥土地区，建（构）筑物对地基沉降和水平变位很敏感，大量抽取承压水会造成很多隐患，弊大于利。

⑤今后在地质敏感地区，要进行多层地基深基坑的渗流分析和设计的研究工作，宜专项审查基坑渗流方面的计算和设计问题，这样可大大减少事故的发生。

2. 广州地铁 3 号线北延线某车站

（1）工程概况

该车站的详细情况见 22.2 节。这是一个交会车站，3 号线在下面，基坑开挖深度 32m，地下连续墙深 37.5m，墙底入岩深度 5.5m。

（2）原设计简介

原设计单位根据《建筑基坑支护技术规程》（JGJ 120－1999）编制的理正软件进行基坑工程设计。

由于墙底位于风化花岗岩内，它的水平抗力系数 m 很大，求出的入岩深度 h_d 很小。按照该规程 4.1.2 的规定，即求出的多支点的嵌固深度（入岩深度）h_d 小于 0.2h（基坑深度）时，h_d 取值为 0.2h。此处 $h=32m$，则 $h_d=0.2×32m=6.4m$，实际采用 $h_d=5.5m$。

（3）施工过程及变更

基坑开挖之前，有人提出入岩深度太少，基坑渗流不稳定。原设计想通过降低地下水位和加固坑底地基的方法来解决渗流问题，结果造成坑底残积土泥化和流泥，周边建筑物过大沉降。实践证明，此法不可行。

最后采用笔者建议，采用水利水电常用循环灌浆方法，在墙底施工做水泥帷幕灌浆深 17.5m，顺利解决了渗流不稳定问题。

（4）评论

这是一个在花岗岩残积土和风化岩石中的深基坑防渗设计实例。可以看出，由于对风化岩地基特性认识不足，导致设计的入岩深度过小，造成基坑坑底承压水突涌流泥和周边建筑物的过大沉降和水平位移。

实际上，从水文地质条件来看，花岗岩的强弱风化层是富水带。在本工程中，它们的渗透系数 $k=1.0～2.0m/d$，相当于中细砂的透水性。本工程的地下连续墙底就像悬在砂子透水层中一样，才导致基坑出事故。

由此可以看到，在花岗岩风化层地带，只按强度和滑动稳定条件来计算入岩深度 h_d 是不对的，还要满足渗流稳定条件的要求。具体地说，就是由渗流计算得到的入岩深度作为最小值，再考虑其他要求，选定最后的设计入岩深度；也可考虑上墙下幕的防渗体型式。

24.3　深基坑施工问题

24.3.1　概述

这里要说明一下，本节所说的深基坑施工问题，并不是专门指参加该项工程施工的施工单位造成的。实际上，基坑在施工过程中发生大大小小的事故，是由工程设计、地质条件、周边环境等各种因素造成的。本节只是概要叙述由于渗流问题引起的深基坑事故。

本节着重说明一下深基坑在地下连续墙挖槽、浇注和接头等工序上的一些问题和预防措施。

24.3.2　挖槽施工问题

在挖槽施工过程中，出现过以下一些事故：

1) 在软土地区施工时，对施工平台和导墙没有进行必要的加固，导致平台塌陷、导墙偏斜、甚至悬空及掉入槽孔内，致使后续工作无法正常进行。更有甚者，由于施工平台大面积坍塌，使正在工作的钻机掉入塌坑内。

在这种地基中挖槽时，很容易造成局部坍塌，形成"粗脖子"，给后续的接头施工带来很大难度。

2) 在松散透水地基中挖槽时，由于缺乏造泥浆用的黏土，或者是膨润土运输成本太高而采用劣质泥浆挖槽，造成槽孔大面积坍塌。在含有漂石的地层中，还容易发生掉钻事故。例如，在西藏某水电站围堰防渗墙中，尚未完工就已经掉了 13 个钻头（已经捞上 8 个）。

在粉细砂地基中挖槽时，在挖槽机或钻具的不断重复冲击下，粉细砂会突然液化，即很快把砂中水排出，使砂的密实度加大，从而增加对抓斗或钻具的握裹阻力，使抓斗或钻具无法拔出而掉落其中。例如，在长江大堤除险加固工程中就曾在一段江堤的粉细砂地基掉落 6 台薄抓斗而无法拔出，而在 8 年之后，在同一地段又发生了盾构机（TBM）在到达接收井不到 5m 的地段被埋死的事故，最后只好重新做一个接收井，再用人工把盾构机从粉细砂中挖出来。

3) 挖槽中，如果对泥浆的生产、使用、回收和净化等工作管理和控制不严，对槽孔底部淤积物清理不彻底，则稠泥浆和淤积物就会随浇注的混凝土向上流动，可能夹在墙体接缝或墙体内部，形成"窝泥"。在基坑开挖以后，承受水头加大后，就会形成漏水通道而造成基坑事故。有的基坑工程几个月也处理不完这些漏洞。更有些水库因这些事故，不得不放空水库进行修补。

4) 对挖槽检测、监控不到位，槽孔偏斜、不平整，导致整个钢筋笼下放遇阻，下不去上不来。

24.3.3　水下混凝土浇注问题

1) 有些工程的导管连接不牢，在浇注过程中被拔断，掉落到混凝土中；有些操作记录不严格，致使导管底部拔出混凝土面还不知道。

2) 混凝土浇注入仓顺序混乱，导管拆拔无序，造成槽孔混凝土面不能均匀上升，出现很大落差，使浮在混凝土面上的淤积物滑向墙体接缝或其他低洼处，形成窝泥。

3) 对于超深（>70m）地下连续墙的水下混凝土浇注控制不严，造成底部混凝土喷射现象，严重污染泥浆，造成混凝土顶面上有 7~8m 的不硬化的砂砾混合物。

24.3.4　接头施工问题

1) 由于挖槽尺寸偏大，特别在淤泥土或流砂层部位，槽孔扩大，使接头不能完全封闭槽孔端部空隙，造成混凝土绕流现象。

2) 在软土地区采用十字或工字钢接头时，往往在外侧预留空间，用回填砂袋的方法抵消流动混凝土的侧压力。如果砂袋不能及时回填到足够高度，会使流动混凝土顶破外围软土，流向砂袋一侧，使后续工作难以进行。

24.4　基坑开挖问题

24.4.1　概述

在基坑开挖过程中，与地下水渗流有关的事故有以下几个方面：①放坡开挖问题；②坑底渗流稳定问题；③墙体渗漏问题。

24.4.2　基坑土方开挖问题

有些工程忽略了淤泥土不能用管井降水的习惯做法，而是从上到下均用管井降水。结果地下水位在一两天之后就可降到要求深度，可是淤泥层内的上层滞水水位并未显著下降。这样的话，淤泥土无法排出，土体没有固结，抗剪强度（c、ϕ）很小，即使开挖边坡 1：3 或 1：4，但是在开挖深度并不大（2～3m）的情况下，仍然发生整体圆弧滑动，把基坑中间的工具柱和桩都挤倒了。

24.4.3　坑底渗流稳定问题

随着基坑不断向下开挖，很多稳定问题就会暴露出来，如基坑侧墙的整体圆弧滑动、墙体内移和踢脚、坑底隆起、承压水突涌（水）和管涌流砂等。

需要特别指出的是，有的软土基坑开挖到底部，地下连续墙和支护桩处在最不利条件下，会向基坑内部移动或踢脚（即墙顶外倾斜，而墙底向坑内倾斜）。墙体越短，上述位移就越大。据了解，在南方某些地铁基坑的内移值可达到 20～60cm，其后果是墙顶的钢管水平支撑，脱离两端墙体支承而向下塌落，砸向其下的水平钢支撑，导致整个基坑失稳。

24.4.4　墙体渗漏问题

墙体渗漏表现在墙体接缝漏水和墙体内部漏水两方面。

（1）墙体接缝漏水

漏水现象是由两种原因造成的：

1）由于接头型式不好，特别是十字板或工字钢接头局部容易窝泥。

2）由于槽孔混凝土浇注方法不当，造成槽孔混凝土顶面的淤积物移动到接头处窝在那里。

（2）墙体内部漏水

这是由于槽孔混凝土浇注方法不当，在墙体内部形成窝泥造成的。

上述的窝泥抗渗流冲刷能力非常小，基坑开挖以后，在较大渗流压力作用下，即被冲走而漏水，酿成事故。详细可见 4.1 及 4.2 节。

24.4.5　深基坑破坏型式

由于设计上的过失或施工上的不慎，往往会造成基坑的失稳。造成基坑失稳的原因很多，主要可以归纳为两个方面：一是因结构（包括墙体、支撑或锚杆等）的强度或刚度不足而使基坑失稳；二是因地基土的强度不足而造成基坑失稳。

1. 内支撑基坑

1）由于施工抢进度，超量挖土，支撑架设跟不上，使支护墙缺少大量设计上必须的支撑；或者由于施工单位不按图施工，抱侥幸心理，少加支撑，致使支护墙体应力过大而折断，或支撑轴力过大而破坏或产生危险的大变形，如图 24.3（a）所示。

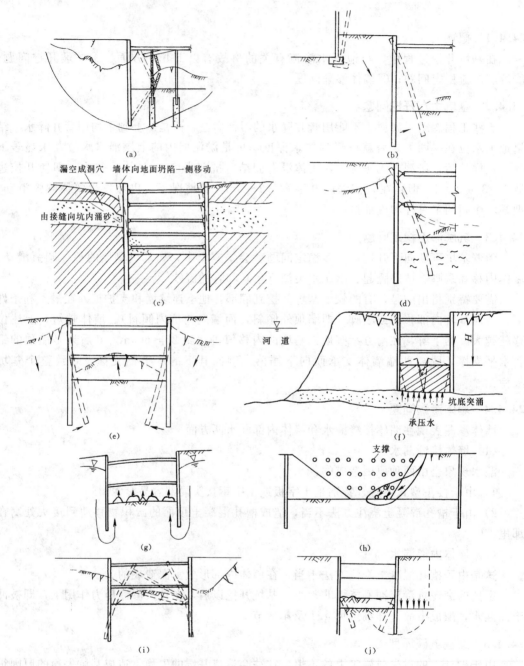

图 24.3　内支撑基坑的破坏型式 1

（a）缺支撑或超挖；（b）围护墙底的位移非常大；（c）漏砂导致失稳；（d）支撑失稳；

（e）底部隆起破坏；（f）突涌破坏；（g）冒水翻砂（管涌）；（h）长条形基坑内部放坡导致破坏；

（i）内倾破坏；（j）"踢脚"造成隆起量过大

2）由于支护体系设计刚度太小，周围土体的压缩模量又很低，从而产生很大的支护踢脚变形，如图 24.3（b）所示。

3）在饱和含水地层（特别是有砂层、粉砂层或其他的夹层等透水性较好的地层），由于支护墙的止水效果不好或止水结构失效，致使大量的水夹带砂粒涌入基坑，严重的水土流失会造成支护结构失稳和地面塌陷的严重事故，还可能先在墙后形成洞穴而后突然发生地面塌陷，如图 24.3（c）所示。

4）由于支撑的设计强度不够或由于支撑架设偏心较大，达不到设计要求而导致基坑失稳，有时也伴随着基坑的整体滑动破坏，如图 24.3（d）。

5）由于基坑底部土体的抗剪强度较低，致使坑底土体产生塑性流动而产生隆起破坏，如图 24.3（e）所示。

6）在隔水层中开挖基坑时，基底以下承压水冲破基坑底部土层，发生坑底突涌破坏，如图 24.3（f）所示。

7）在砂层或粉砂地层中开挖基坑时，在不打开井点或井点失效后，产生冒水翻砂（即管涌），严重时会导致基坑失稳，如图 24.3（g）所示。

8）在超大基坑，特别是长条形基坑（如地铁车站、明挖法施工隧道等）内分区放坡挖土，由于放坡较陡、降雨或其他原因导致滑坡，冲毁基坑内先期施工的支撑及立柱，导致基坑破坏，如图 24.3（h）所示。

9）由于支撑设计强度不够，或由于加支撑不及时、坑内滑坡，支护墙自由面过大，使已加支撑轴力过大而破坏；或由于外力撞击、基坑外注浆，打桩、偏载造成不对称变形等，导致支护墙四周向坑内倾倒破坏，俗称"包饺子"，如图 24.3（i）所示。

10）在多层水平支撑条件下，如果支护墙入土深度较小而地基土质又比较软弱时，则可能发生底部支护墙的"踢脚"破坏，如图 24.3（j）所示。

图 24.4 也是内支撑基坑破坏的几种情形。

2. 拉锚基坑

1）由于锚杆和围护墙、锚杆和锚碇连接不牢，或者由于锚杆张拉不够紧、太松弛，或者由于设计上或施工上原因造成锚杆强度不够或抗拔力不够，或者由于锚杆安装后出现未预料的超载，或者锚碇处有软弱夹层存在等原因，导致基坑变形过大或破坏，如图 24.5（a）所示。

2）由于支护墙入土深度不够，或基坑底部超挖，导致基坑踢脚破坏，如图 24.5（b）所示。

3）由于选用支护墙截面太小，或对土压力估计不正确，或者墙后出现未预料的超载等原因，导致支护墙折断，如图 24.5（c）所示。

4）由于设计锚杆太短，锚杆整体均位于滑裂面以内致使基坑整体滑动破坏，如图 24.5（d）所示。

5）由于墙后地面超量沉降，使锚杆变位，或产生附加应力，危及基坑安全，如图 24.5（e）所示。

锚杆基坑的破坏型式类似于拉锚基坑。图 24.6 表示的是它的几种破坏型式。

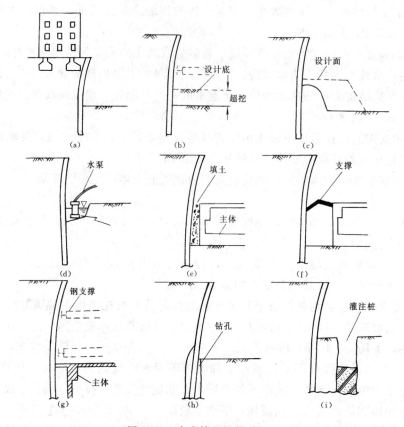

图 24.4　内支撑基坑的破坏 2

(a) 超载；(b)、(c) 超挖；(d) 泵坑；(e) 填土不良；(f) 支撑挠曲；

(b) (g) 同时撤支撑；(h) 钻孔回填不实；(i) 桩头不到顶

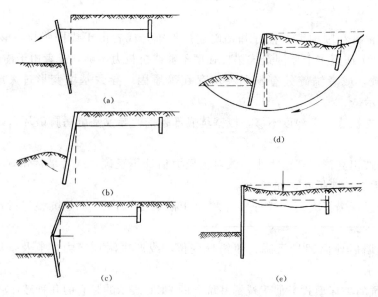

图 24.5　拉锚墙桩基坑的破坏型式

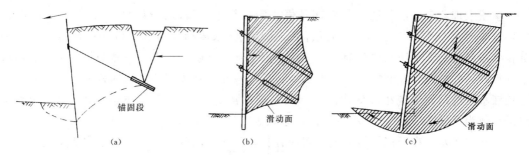

图 24.6　锚杆支护结构的破坏型式

(a) 内部滑动；(b) 内部滑动破坏；(c) 整体滑动

24.5　高压喷射灌浆问题

24.5.1　概述

国内很多基坑采用高压喷浆方法来施做防渗帷幕、支护桩间防渗，还用来进行基坑底部加固或做水平防渗帷幕。实践证明，绝大部分垂直防渗帷幕是成功的，但有不少是不成功的，而水平防渗帷幕则少有成功实例。

1999 年和 2009 年曾出版了两本有关武汉地区基坑支护的书，分别是《武汉地区深基坑工程理论与实践》和《武汉地区基坑工程应用技术》。书中总结了自 20 世纪 90 年代初至今，武汉地区基坑支护设计、施工、观测和管理的成功经验和一些教训，特别是地下水（承压水）对基坑支护的影响和控制措施方面，以及高压喷射灌浆防渗问题，有很深刻的认识和见解，值得大家借鉴。

1. 工程地质条件

武汉市地处长江两岸，市郊区跨越长江中游的主要地貌单元，包括长江一级阶地、二级阶地和三级阶地。长江一级阶地（近代冲积平原）中，由于全新世（Q4）地层组合呈典型的二元结构——上部以黏性土为主、下部为粉细砂及底部卵砾石层（与长江水体相通），因而存在三种类型的地下水，即上层滞水、潜水和承压水。

2. 水文地质条件

由于地层组合及地下水的埋藏条件不同，一级阶地的地下水分为三种类型，即上层滞水、潜水及承压水，具体特征如下：

上层滞水埋藏于表层杂填土和淤泥质黏性土中，地下水位埋深 1m 左右。这层水在一级阶地中普遍埋藏，但因含水层不连续，对深基坑危害不大。

潜水埋藏于临江一带的浅层（小于 10m）的粉土或粉砂层中，其下有黏土底板相隔。地下水位深 1m 左右。由于含水层（粉土及粉砂层）渗透系数小，不易排水疏干，往往采用隔渗帷幕进行控制，但当帷幕不严密、有漏洞存在时，会发生管涌；而在不设帷幕又无井点降水的情况下，将发生大范围流砂。管涌或流砂会造成坑壁塌滑和坑外大面积地面下沉，破坏周边管线、道路及房屋。20 世纪 90 年代中期，汉口沿江的红日大厦、君安大厦和时代广场基坑就是因这层潜水含水层发生管涌，导致局边环境被严重破坏。

承压水埋藏于上部黏性土与底部基岩之间的粉土、粉砂、粉细砂、粗砾砂及卵石之中，总厚度在 30～40m 之间，因属层间水且与长江水体相通而具有较大的承压性。由于沉积韵律变化，该承压水层分为三个亚层，即上部交互层（粉土、粉砂与粉质黏土互层），中部粉砂、粉细砂和底部粗砾砂或卵石层。承压水测压水头在长江汛期普遍大于 10m，且随长江水位涨落而出现相应变化。上部交互层的渗透系数为 0.5～3.0m/d，中部粉砂层渗透系数为 7～12m/d，底部粗砾层渗透系数为 12～35m/d。

承压水含水层在长江一级阶地中普遍存在，且含水层厚度很大，承压水头很高，成为武汉地区深基坑工程的一大特点。当基坑开挖接近或挖穿承压含水层顶板时，坑底产生突涌。随着承压水向上渗流，砂土大量涌出。因水土大量流失，基坑外侧产生大面积下沉。前述的太和大厦、世贸大厦、武广大厦和最近的武汉地铁金色雅园车站等基坑事故均属此类。

3. 地下水对深基坑工程的危害

从 1993～2008 年的 15 年中，在长江一级阶地近千座基坑中，地下水控制失败的主要类型有以下几种：

1）在邻江段的潜水含水层中，因竖向隔渗帷幕质量漏洞产生侧壁"管涌"，导致周边地面下沉和管线、道路及房屋破坏。其中有因水泥土搅拌桩"开叉"造成的（如红日大厦）；有因采用单管高喷，质量难以保证而引起侧壁"管涌"，导致周边环境破坏的（如君安大厦）；也有因锚杆施工打穿竖向帷幕，沿锚孔发生"管涌"，导致邻近大片民房拆除的（如时代广场大厦曾因此事故两次回填基坑）。

2）在承压水层中，由于单纯采用水平（封底）帷幕（多为高喷注浆）和竖向帷幕（粉喷桩或刚性咬合桩）而没有管井降水减压相辅助，高水头承压水冲破"封底"漏洞或水平帷幕与竖向帷幕接合部，发生"突涌"，导致周边环境严重破坏。

最典型的事故是 1993 年施工太和大厦基坑，因挖深大于 10m，会挖穿承压水顶板，故设计采用了 3m 厚的高压旋喷水平封底帷幕和周边竖向咬合桩"帷幕"。施工后，因旋喷桩搭接不上，出现漏洞，而且水平与竖向帷幕接合不紧密，开挖后底坑和侧壁发生"突涌"和"管涌"，近万平方米的基坑有大量流砂涌出，造成坑外道路下沉 40～50cm，并使在建的高架桥严重歪斜，补救和加固工程注浆耗费了数千吨水泥，损失金额 800 余万元。

又如世贸广场大厦，同样采用 3m 厚的水平封底帷幕，施工时因表层杂填土中障碍太多而使注浆孔无法等间距咬合，开挖后有 21 处突涌点冒砂，导致临近建筑物开裂。而后补打了 6 口深井，减压降水才制止了突涌。

3）基坑开挖深度接近或挖入交互层（粉质黏土、粉土、粉砂互层）中，即使有深入到下部粉细砂层至卵石层中的深井降水，已将下部含水层的承压水头降至坑底以下，但交互层中水仍然带压并仍会"管涌"。其根本原因是前面所说的一级阶地的承压含水层在三个亚层中，这三个亚层虽有统一的水力联系和同一个水头压力，但各自的渗透系数差别很大，尤其是"交互层"还具有垂直渗透系数远远小于水平渗透系数的特性。这样，交互层就像一个相对不透水层一样压在上面。这些因素导致了同一口降水井中，交互层中水位高于下部粉细砂层水位的现象，且两者存在"恒定"水位差。这个水位差的存在是很多基坑发生"管涌"或底板"突涌"的直接原因。

4）基坑周边较大范围的规律性地面沉降。在本地区一级阶地上，深 12m 以内的基坑降低承压水后，会在周边 30m 内造成地面下沉 0.6‰～2‰，最大沉降 400～500mm，产生裂缝宽度达 0.5～30mm。

5）在有些工程中，因强力抽排水而造成事故。如在某个工程中，当开挖接近坑底时，潜水从粉细砂层中流出，随即设置集水坑用潜水泵明排，排出的水含砂量很大，很快引起坡脚及周边土体下沉，造成管道折断事故。

4. 深基坑地下水控制的基本经验

由于基坑开挖深度不同，所涉及地下水类型不同。基坑位于阶地的不同地段，地层相变则使含水类型及含水层组合发生变化，这两方面的因素决定了地下水控制原则和方法的差别。为此将基坑按开挖深度划分为三种类型：一层地下室（深度小于 6m）的浅基坑；二层地下室（深度在 10m 左右）的中深基坑；三层以上地下室及地铁车站（深度大于 15m）的超深基坑。同时，将基坑所处位置按一级阶地的"滨江段"、"中间段"和"边缘段"加以区分。以下就是按照这两种划分相组合总结的经验。

1993～2008 年的 15 年中，武汉地区深基坑地下水控制所取得的最主要的经验可概括为以下三条：

1）武汉地区深基坑事故中，90％以上是因为地下水控制失效造成的。其中浅部粉土、粉砂构成的潜水含水层发生侧壁"管涌"和下部承压水发生底土"突涌"所造成的地下水土流失，导致基坑周围大范围地面沉陷是最危险的灾害。这类沉陷与一般意义上地下水位下降引起地层固结沉降有着本质区别，在事故分析时必须将两者区分开。侧壁"管涌"和底土"突涌"实质是流砂涌出，它造成的沉陷是破坏性的，而且影响范围很大，小则几十米，大则百米以上。应急抢险措施主要是迅速回填反压，然后采取补救措施，如潜水的侧壁管涌采取注浆堵漏或井点降水疏干，承压水底土突涌最有效的处理措施是深井降水减压。

2）对浅层的上层滞水和潜水（粉土、粉砂含水层）大多数情况下可以采用竖向隔渗帷幕加以控制，而对深部承压水不宜采用水平封底式隔渗帷幕。十几年的经验证明，武汉地区采用水平帷幕甚至竖向加水平的"五面"帷幕封堵没有一处取得成功。其原因是承压水头很高（一般均大于 10m 水头，压力超过 $10t/m^2$），且地下水有一定流速，加之浅部杂填土中障碍很多，很难保证高喷或静压注浆质量，无法形成连续严密的水平防渗体。在特殊情况下（如超深基坑且周边环境敏感、严峻），采用"落底式竖向帷幕"，即将连续墙嵌入不透水的承压水层底板中，可以有效控制承压水及其上部地下水。由于工程造价昂贵，需作技术、经济比较。

3）深井降水是防止承压水突涌的最有效措施。为防止承压水突涌的深井降水方案，可分为"减压降水"和"减压加疏干"两种。前者是指基坑底至承压水顶板之间尚保留一定厚度的相对隔水层（黏土或粉质黏土，此类地层的渗透系数小于 5～10），但其厚度不足以抵抗突涌。后者是指基坑已挖穿承压水顶板进入承压含水层。一般的地下水控制方式是竖向隔渗帷幕（主要方法是水泥土深层搅拌桩或高压喷射灌浆帷幕）阻断上层滞水和潜水，防止侧壁管涌；再用深井降水（减压或疏干）防止底板突涌，而不用水平封底帷幕。1995 年至今有几百座基坑降水，没有一处再采用水平封底帷幕，全都采用深井降水成功地控制了承压水突涌。

24.5.2　评论

国内利用高压喷射灌浆方法进行地基处理，提高地基承载力的工程不在少数，效果不错。用在水库、水闸和江堤的防渗墙也是不错的，因为它不必开挖出来，漏一点水影响不大。但是把高喷方法用于基坑的垂直防渗时，当设计、施工参数不合理，施工水平不高时，就发生了很多事故。例如，不管基坑深度有多深，一律把旋喷桩之间的搭接长度取为0.1～0.2m；也不考虑施工孔斜，只管地面上互相搭接，忽略了在基坑底部是否能搭接上，能否起到防渗作用；高压喷射灌浆水平防渗帷幕的设计和施工都是很粗放的，没有考虑在基坑底部是否能形成防渗连续体。

高压喷射灌浆法施做的水平防渗帷幕失败的工程实例，不只出现在武汉地区，还有沈阳地铁某车站和南水北调穿黄竖井等。据了解，上海有一例成功案例。这些情况可参考本书9.6.4节和22.2节。

24.6　竖井问题

24.6.1　概述

我国在煤矿和市政等行业建造了不少竖井。由于地质条件、环境条件和施工水平不同，也发生了一些工程事故。本节选择有代表性的工程实例加以分析。

24.6.2　煤矿竖井突水事故

1. 概况

我国自1974年使用防渗墙（帷幕凿井法）在鹤岗煤矿做通风竖井以后，已经建成了几十座煤矿立井和斜井，成为煤矿行业最有效的特殊凿井法之一。但在施工过程中，防渗墙段接头易产生夹泥缝，泥浆下灌注混凝土易形成泥浆絮凝团块。井筒开挖后，常常发生渗水、漏水，甚至发生突涌事故，影响凿井进度，井壁质量和增加工程造价。

2. 工程实例

1）大同四台沟副立井混凝土防渗墙法凿井突水事故。该井表土段防渗墙深度为16.6m，砂卵石层。掘进到井筒西南方向井深12.7～16.2m处接头部位，发现此处有1条近似三角形的夹泥带，高3.5m，底宽0.5m，开始涌水量很小，逐渐增大至40 m^3/h，连水带砂向井内涌来，直至淹井。井内砂柱高度1.88～2.33m，涌水量约90m^3/h。

采用旋喷桩法处理，旋喷深度18m，旋喷高度7m（即自井深11～18m），旋喷桩孔数5个，间距0.4m，旋喷桩位置在外护井与帷幕墙之间。施工顺序为3号孔、1号孔、5号孔、2号孔、4号孔（见图24.7）。

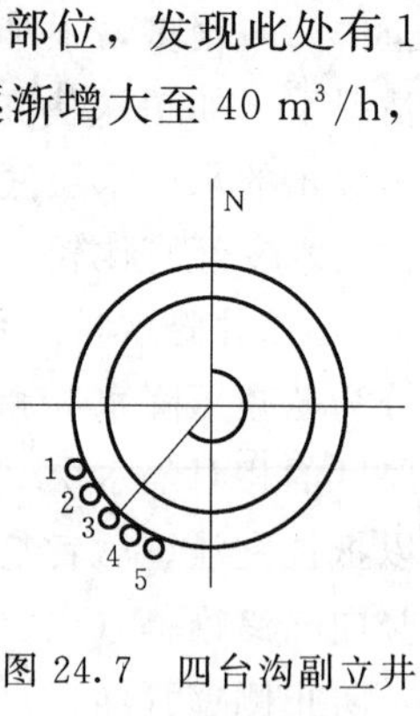

旋喷注浆后，井内排水检查，注入浆液填满空洞，井内涌水量小于8m^3/h。整个工程消耗水泥58.50t，其中P.O 42.5水泥36.8t，特种水泥21.75t，旋喷桩总长35.34m。

图 24.7　四台沟副立井
旋喷桩孔布置

2）龙口梁家主井帷幕突水事故处理。该井防渗墙深 50m，开挖过程出现 3 次透水冒砂事故。开挖至 17.89m 深处，地层为中砂，井壁侧压力为 0.25MPa。在 12 号孔接头缝（缝高 0.3m，宽 0.2m）透水冒砂，涌水量最大 100m³/h。冒砂量为 90m³，地表下沉 100mm（距井壁 4~5m 范围内）。

掘至 23.2~23.7m 处，地层为中细砂、粗砂，井壁侧压力 0.32MPa，在 22 号、21 号孔之间的工作面透水冒砂，涌水量为 169m³/h，涌砂量约为 70m³，并夹带泥块和井壁碎块。事后发现靠近 21 号孔、距接头缝 1~3m 处有一高 550mm、直边为 650mm、斜边为 750mm 的直角三角形空洞，洞口外小里大。

掘至 36.7~43.9m 的黏土含砾粗砂层处，井壁侧压力为 0.5MPa。根据现场观察，1 号孔接头缝至 2 号孔部位距工作面 7m 处有一竖缝，此处壁厚 250~300mm，先从缝内喷水，几秒钟后从 36.7m 处下滑一块混凝土井壁，伴随着声响涌水冒砂，涌水量为 188m³/h，冒砂量为 77m³/h，共冒出砂 214.9m³，地表下沉 300mm。

为堵住涌水，进行多次壁后注浆，注入浆量 254.7m³，最大注浆压力 2.45~2.95MPa，注浆孔布置如图 24.8 所示。经排水后检查，只发现在 32.9~33.9m 处帷幕壁局部被压裂（缝宽 0.5~1.0mm），其余未发现异常。

以上两例工程处理后的帷幕井筒经受住考验，在接头部位没有发现错位、变形、开裂现象。

3．事故原因分析

1）地层为含水砂层、含卵石、砾石复杂地层，流动性大，渗透性强；墙段间接夹泥过厚，抵抗不住高水位下渗流冲刷；墙体内夹混浆絮凝团，使得混凝土强度降低、壁厚不够等，是造成突水事故的主要原因。

2）接缝夹泥。混凝土防渗墙由于受单个槽造孔延续时间及混凝土拌和、运输和浇注能力的限制，采用分段浇注施工。墙段之间必然

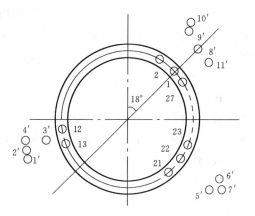

图 24.8　梁家主井注浆孔布置

会有一条垂直的、平面呈半圆形接缝。要求缝宽小于 5mm，且顺半圆弧水平走向应当是不连续的。在我国煤矿采用混凝土帷幕法凿井期间，在暴露出墙段接缝中，一般夹泥厚度 5~20mm，最厚达 40~60mm。一般规律是顶部缝最宽，随着深度增加缝宽逐渐变小，但也有少数接缝的缝宽自孔口至孔底几乎等宽。可见墙段间接缝质量不达标的情况相当普遍，其中部分接缝夹泥过厚，直接危及凿井施工的安全。

3）泥浆下浇注混凝土中夹泥。导管法浇注泥浆下混凝土，导管埋入液态混凝土的深度直接影响混凝土的质量。试验表明，导管插入混凝土深度不足 1m 或小于 0.6m 时，混凝土拌和物会以骤然下落方式向四周扩散，导管附近出现局部隆起及溢流现象。这说明液态混凝土不是平稳流动和扩散的，混凝土表面泥浆和沉渣会被卷入混凝土内形成混合层，破坏了混凝土的整体性和均匀性（参见 4.2 和 4.3 节）。

4）泥浆性能达不到规范要求，造孔泥浆失去护壁性能；不重视清孔换浆，尤其是泥

浆相对密度、稳定性及抗钙侵性等达不到规范要求，直接影响浇注混凝土形成的帷幕段间接缝、墙体和墙底与基岩接触带质量，埋下质量隐患。

冬季施工，泥浆受冰冻影响，泥浆中自由水结冰，泥浆结构被破坏。当温度稍回升时泥浆即刻出现离析，破坏泥浆的稳定性，致使清孔换浆质量差，槽孔中残留沉渣厚度超过施工规范，在泥浆下浇注混凝土过程中，部分沉降物就会积聚到混凝土表面，形成夹泥。

煤矿混凝土帷幕法凿井的泥浆一般用土配制，经羧甲基钠纤维素、碳酸钠预处理，泥浆中的黏土颗粒周围均吸附有钠离子，遇到水泥浆后，水泥浆中的钙离子与钠离子发生交换反应。

泥浆受水泥浆污染后，其性能指标会急剧变差，发生不同程度的絮凝。絮凝团块在浇注槽孔混凝土过程中被推挤到相邻两槽段间的接缝处形成接缝夹泥；或包裹在墙体内的任一部位，形成混浆、包泥。待立井开挖时，在外部水压作用下，薄弱部位就可能成为突水通道。

4. 处理方法

透水事故都是在开挖过程中发现的，可准确确定部位、水压和缝隙特征，所以注浆方式为定点、定向、定位少注，多次间歇。注浆浆液浓度（水：水泥）控制在 1：1～0.8：1，注浆压力控制在 1.7～2MPa，浆液中加入 5%～10% 的氯化钙。当遇到接头孔处井壁塌落、透水点较大、注浆时间长、没有控制好压力时，井壁会出现局部裂隙，造成井壁内外联通，可采用水下封底注浆。在注浆过程中，随时掌握注浆情况，分析注浆效果，预测注浆薄弱点，保证注浆质量。

还可采用旋喷注浆。在旋喷注浆前向井内回填土，其高度超过透水部分至少 1.5m。处理时，在帷幕裂缝的一定范围内均复喷 2～3 次，旋喷桩位置在外护井内侧、混凝土帷幕外侧，使用 42.5MPa 普通硅酸盐水泥浆。造孔或旋喷时，若不返水、返浆则使用黏土浆，采用静压注浆方法充填壁后空洞或松散砂体，然后再旋喷注浆。

（本节选自王承源"混凝土帷幕法凿井突水事故分析和处理"）

24.7　本章小结

1）本章介绍了一些基坑工程事故。我国基坑工程越来越多，发生事故的工程也在增加。这些事故本来是可以避免的，但是由于各种原因的复杂组合，事故最终还是发生了。

2）基坑事故是由多方面原因造成的。要避免基坑事故的发生，也必须依靠各个方面的密切协调配合才能实现。

3）应当继续关注深基坑的设计和科研工作，要精心设计出符合工程实际、安全可靠和经济适用的深基坑工程方案，特别是加强对深基坑渗流的分析和设计。

4）要精心施工，制定深基坑的应急预案，以便在发生事故时能够正确应对。

5）要继续加强质量监管和管理工作。

参考文献

［1］丛蔼森. 地下连续墙的设计施工与应用［M］. 北京：中国水利水电出版社，2001.

［2］丛蔼森. 当前基坑工程应当考虑渗流稳定问题. 第十一届全国岩石力学与工程学术大会论文，2010（10）.

［3］丛蔼森. 多层地基深基坑的渗流稳定问题［J］. 岩石力学与工程学报，2009（10）.

［4］基坑工程中侧壁漏水事故处理实例. 基础工，2009（9）：48～50.

第 25 章 深基坑工程技术展望

25.1 地下连续墙技术展望

1. 概述

地下连续墙技术至今已经有半个世纪的历史，它不断地用现代工业技术成果改造着自身，同时为人类的现代化进程作出了巨大贡献。在 21 世纪它会得到更快的发展和更广泛的应用，帮助人们建设更高的楼房和跨度更大的桥梁以及地下空间等。

本章简要叙述地下连续墙技术在未来的发展。

2. 地下连续墙的结构型式

(1) 无泥地下连续墙

20 多年以前，谈到地下连续墙的时总是把它和泥浆密切联系在一起。今天再给地下连续墙下定义就很困难了。因为现在很多地下连续墙可以不用泥浆就能建成，比如高压喷射灌浆形成的防渗墙以及水泥搅拌桩形成的防渗墙等。今后无泥浆防渗墙会逐渐增多。

(2) 墙体断面

1) 墙体断面不再局限于长条形，由于在大型桥梁（跨海、大江大河）基础工程中的应用，其横断面将更多地采用空心圆环或方环形状，或者是十字桩、丁字桩等，以便承受更大的垂直和水平荷载。在不太长的时间里，地下连续墙单桩承载力达到 20000kN，环形基础的承载达到 30000～40000kN，是完全有可能的。

2) 根据地下连续墙的承受荷载和渗透稳定要求，今后的地下连续墙可以采用不等厚的断面，即上部厚而下部薄的型式。根据结构受力条件的要求，地下连续墙的厚度已经可以大于 3.0m，其最小厚度已达到 20cm。

3) 根据结构受力情况，防渗（连续）墙还可做成上下不同强度和刚度，既可上硬下软，也可上软下硬。

4) 根据墙体受力情况，可沿地下连续墙长度方向把它分成几段，分别采用不同的断面型式和厚度以及不同的施工工艺，就像马尼克 3 号坝下的防渗墙那样。

5) 今后钢制地下连续墙和钢筋混凝土结构的地下连续墙以及预制地下连续墙会得到更为广泛的应用。

6) 随着现代化对环境保护方面的要求日益严格，研制和应用无公害的地下连续墙的结构型式和施工方法是非常必要的。

3. 挖槽机械和工法

现在世界先进国家都投入了大量人力和财力来研制开发新一代地下连续墙的施工机械。

在目前条件下，各种型式的抓斗仍然占据着地下连续墙挖槽机械的主要市场，它比垂

直单轴或多轴回转钻机的适应性更广、效率更高、更耐用。但是地下连续墙的深度达到
100～120m 以后，水平多轴回转钻机（铣槽机）将比重型液压抓斗还要优越。有人预测
液压抓斗的最大挖槽深度为 120～130m 比较合适。如果槽孔再深的话，只能用铣槽机来
完成了。而这一变化才不过十几年的时间。

挖槽机在向着又深又厚方向发展时，超薄（厚 200mm、深 150m）型地下连续墙机也
已完成了生产性试验。

新的挖槽机的出现后，往往会有一种新的施工方法伴随着出现。

4. 泥浆

目前很多地下连续墙都是借助于泥浆而建造的，因此它的施工过程均属于"污染作
业"，现在还没有办法解决这个问题。日本有人提出了把地下连续墙的各个施工环节全部
封闭起来的构想，不过没有几年甚至 10 年的时间恐难以实现。

过去 50 年已经对各种泥浆性能进行了广泛深入的试验研究和应用。今后的主要问题
是能否找到无公害泥浆材料或污染较少、容易处理的泥浆材料。

此外，泥浆的生产、输送、回收和净化等方面的设备和工艺的研制也将大力进行下
去，以便使地下连续墙施工达到高效无污染的水平。

5. 墙体材料

正如前面多次提到的那样，今后地下连续墙的墙体材料仍将向着以下两个方向发展：

1）在承受垂直和水平荷载为主的地下连续墙中，它的墙体材料应当满足强度高、刚
性大。目前最大抗压强度已超过 85MPa，估计不久即可能达到 100MPa。这种高强度的材
料（混凝土）如何浇注到深度超过 100m 的槽孔中去，是需要认真研究解决的。

2）在防渗为主的地下连续墙中，有时并不需要很高的强度指标。此时可采用渗透系
数很小的塑性混凝土、自硬泥浆、固化灰浆和黏土等，有时可以用土工膜（聚乙烯、聚氯
乙烯）作为防渗材料。

6. 接头

可以这样说，今后地下连续墙能否发展，特别是能否向大深度方向发展，主要取决于
墙段之间的接头型式是否得到了妥善解决。目前接头型式可说是五花八门，但是用于深度
超过 80m 以上的并不多。

7. 测试和监控

随着计算机技术和无线电测控技术的发展，对地下连续墙的检测和监控工作也实现了
电子化和自动化，这就使地下连续墙的信息化施工成为可能。

由于地下连续墙或桩的承载力很大，已经很难用常规方法进行墙（桩）体质量和承载
力检测。今后采用自平衡测桩法将会越来越多。

25.2　新基坑工程技术展望

1）制定新的建筑基坑支护技术规程。新的规程应当充分考虑基坑工程技术的最新成
果，特别是渗流理论与实践的最新成果，为今后新基坑设计和施工提供良好的指导。

2）深基坑工程设计和施工技术创新。吸收国外的先进经验，研究试验出适应我国国

情的深基坑工程结构和施工方法，要安全可靠、经济适用。

　　3）研制大功率、大直径（大厚度）和大深度的钻孔、挖槽和配套新设备，新设备应具有模块化、智能化、节能、环保、高可靠度和低成本等特点。

　　4）实施信息化施工。今后的新基坑工程规模会越来越大、越来越深，周边环境会越来越复杂。这需要加强对基坑施工过程的全程监测，及时反馈信息，实现信息化施工。

　　5）创建更多的优质工程。现在深基坑工程中存在着不少薄弱环节，作业粗放，事故不少。今后应当加强协作，选择合理可行的设计和施工方案，加强质量监测检查，确保施工过程的可控性，创建出更多的优质工程。